“十三五”国家重点图书出版规划项目
海洋强国出版工程第二期：
高 技 术 船 舶 与 海 洋 工 程 装 备 系 列
总主编　吴有生

无人无缆潜水器技术

Autonomous Underwater Vehicle

张铁栋　姜大鹏　盛明伟 等　编著
庞永杰　主审

内容提要

本书系统地论述了无人无缆潜水器重要组成、功能原理、操作技术、发展趋势等，比较全面地阐述了当前国内外无人无缆潜水器技术的进展，使读者能够全面了解无人无缆潜水器技术领域的相关内容，可为从事潜水器技术领域的研究工作者提供参考和启发，提高我国在无人无缆潜水器技术的开发与应用能力。

图书在版编目(CIP)数据

无人无缆潜水器技术/张铁栋等编著. —上海：
上海交通大学出版社，2018
(高技术船舶与海洋工程装备系列)
海洋强国出版工程. 第二期
ISBN 978-7-313-20625-1

Ⅰ. ①无… Ⅱ. ①张… Ⅲ. ①潜水器 Ⅳ.
①P754.3

中国版本图书馆 CIP 数据核字(2018)第281999号

无人无缆潜水器技术

编　　著：张铁栋　姜大鹏　盛明伟 等
出版发行：上海交通大学出版社
地　　址：上海市番禺路951号
邮政编码：200030
电　　话：021-64071208
印　　制：上海盛通时代印刷有限公司
经　　销：全国新华书店
开　　本：710 mm×1000 mm　1/16
印　　张：42
字　　数：749千字
版　　次：2018年12月第1版
印　　次：2018年12月第1次印刷
书　　号：ISBN 978-7-313-20625-1
定　　价：178.00元

总　序

在人类历史上，船舶是最早出现的人造运载器之一。世界上的江河湖海孕育了人类数千年的文明史，也见证了船舶技术漫长的发展历程。进入21世纪，船舶设计制造技术为适应世界经济与社会发展的需求而不断推陈出新，众多类型各异、功能多样的载人和无人海洋工程装备正以融合当代创新技术的新面貌出现在浩瀚的海洋空间中，创造出海洋运输、海洋探测、海洋开发的新局面。这一新局面的技术内涵十分丰富，覆盖了"海洋科学研究、海洋资源开发、海洋安全保障"三大方向，其技术发展的总趋势可简要概括为"绿色、智能、深海、极区"这八个字，即聚焦于"绿色、智能"技术，以"深海、极区"装备技术为两个新增长点。具体而言，以"节能减排"为主要目标的"绿色技术"成为决定船舶市场竞争力的主导因素之一；针对海洋探测与开发的不同需求而出现的特种工程船舶正在以前所未有的功效大显神通；属于"智能船舶"领域的水面无人艇及水下无人潜水器技术以丰富多彩的形式在国内外"遍地开花"；缆控无人作业潜水器和深海油气开发的前沿水下生产系统等深海装备技术获得了迅猛的发展和广泛的应用。这些创新技术驱动着人类向更深、更远的大洋海底进发。

在此背景下，上海交通大学出版社邀请了一批国内船舶与海洋工程界的专家学者，策划了"海洋强国出版工程第二期：高技术船舶与海洋工程装备系列"。这套系列丛书不是为了覆盖海洋装备的所有类型，也不是想展示从基础理论、设计技术、评估方法到系统配置和特种设备的技术内容，而是想从高技术船舶与海洋工程装备的"浩瀚海洋"中选取几滴极具代表性的"水珠"，通过其各自折射出的"晶莹剔透、色彩缤纷"的技术内涵，帮助广大读者树立对我国在该技术领域的发展趋势的初步印象，同时对高技术船舶与海洋工程装备的相关技术形成全面、清晰的概念，这将对我国船舶与海洋装备技术的进一步创新发展起到极大的启迪与推动作用。

整套丛书包含4个板块。第1个板块是船舶总体技术中与"绿色技术"相关的两个亮点：水动力节能技术和一项特种推进技术。

"绿色技术"对"研究水面与水下流场中运载器的运动，以及与运动相关的流场”的船舶水动力学提出了要求，即减小船舶的航行阻力、提高推进效率、优化航行性能，从而节省船舶功率消耗，降低温室气体的排放。因此，与“精细流场预报、精细流场测量、精细流场控制”(“三精细”)相关的科学与技术必然成为今后相当长一段时期内船舶水动力学关注的焦点。在内容丰富的基础类共性技术中，我们选择能够反映出“三精细”的一个侧面，且受到国际航运界与船舶界高度关注的“水动力节能技术”列入本套丛书，这就是由周伟新、黄国富编著的《船舶流体动力节能技术》。该书结合中国船舶科学研究中心的作者团队多年来研究与应用于数百艘船舶的成功经验，详细介绍了国内外船舶流体节能技术的最新研究成果；针对船型优化减阻技术、船舶表面减阻技术、高效推进技术、桨前水动力节能装置、桨后水动力节能装置、风力助推技术等主流节能技术，不仅阐述了其机理、基础理论、设计方法和性能预报方法，还介绍了包括模型试验、数值水池虚拟试验和实船试验在内的相关水动力节能效果验证技术。这些内容既适用对新造船的设计优化，也适用对服役船舶的节能改造。该书是我国在该技术领域的第一部专著，其问世无疑顺应了当今发展绿色船舶技术和未来的长远发展需求。

推进器是决定船舶经济性、快速性、安静性等绿色性能的重要环节。在众多不同类型的船舶推进器中，有关各种螺旋桨的研究是最多的，其应用也是最广泛的。此外还有喷水推进器、泵喷推进器、电磁流推进器等方面的研究。目前在船舶螺旋桨技术领域中，我国虽已有多部学术专著出版，然而有关喷水推进技术的专著在国内外并不多见。在本套丛书内，针对这类推进系统的绿色优化问题，由王立祥、蔡佑林编著的《喷水推进及推进泵设计理论和技术》一书，紧密围绕性能优良的喷水推进泵及装置的设计需求，分别以环量理论和三元速度矩理论阐述了轴流和混流两类喷水推进泵性能的定量分析与设计技术，并介绍了高比转速前置导叶轴流泵和低比转速轴流泵两类新型喷水推进泵。全文凝聚了来自中国船舶及海洋工程设计研究院的作者团队四十余年来对喷水推进和推进泵理论研究、技术设计、试验以及工程应用的经验和成果。

本套丛书的第2个板块为读者展示了用于海洋探测与工程作业的四类极具代表性的特种船舶：一类是我国近十年来在数量及船型种类上增长较快且技术水平已跨入世界先进行列的海洋综合科考船，另外三类是在海洋开发中发挥重要作用却又很少被总结成书的特种工程船舶——挖泥船，半潜船与起重、铺管船。

在人类尚在使用风帆船航海时就开始了对海洋的考察。继19世纪机械动力取代风帆、20世纪初钢质船得到普遍应用之后，海洋科考船作为较早出现的船舶类型之一，为人类认识海洋发挥了重要的作用。进入21世纪，我国海洋科考船技术迎来了突飞猛进的发展。以“科学”“向阳红”“东方红”“大洋”“实验”“雪龙”等知名系列的大型综合科考船纷纷面世。它们集成了船舶领域的诸多新技术，其中部分船舶的综合技术水平已跨入了世界海洋科考船的先进行列。在本套丛书中，由中国船舶及海洋工程设计研究院的专家吴刚、黄维等编著的《海洋综合科考船设计》一书，正是作者基于其科考船设计团队的多年科研成果和设计经验，从海洋科考船的各种使命和典型船型出发，系统描述了由其特有功能、特点所决定的关键设计技术及相应的科考探测设备与支持系统。这本书的面世填补了国内有关此类船型设计技术专著的空白，顺应了我国加快海洋科学研究步伐的需求。

数百年前我国的渔民和南下远航商船就以南海九段线内的岛礁为生息和休整的家园。进入21世纪以后，为改善南海海洋经济发展的环境条件，提升海域安全救助保障能力，我国利用自主建造的“天鲸号”绞吸挖泥船和“通途号”耙吸挖泥船等海洋工程船，在我国南沙领海创造了前所未有的高效施工奇迹，大大改善了海岛生态环境。此后，这类工程船就成了人们关注的“神器”，它是一种依靠船载的绞吸挖泥装置及配套的输运系统，在一片水域中连续进行挖掘、提升、搬移和运送海底泥沙和岩石等作业的工程船舶，俗称“挖泥船”。近年来，为适应我国国民经济的持续稳定发展，提出了从内河、沿海到深远海的水利清淤防洪、港口航道建设、滨海区域开发、吹填造陆筑岛的广泛需求，也带动了挖泥与疏浚装备技术的发展。经过多年努力，我国已经成为挖泥与疏浚装备的设计与建造大国，并拥有世界上最大的挖泥船船队，不仅摆脱了对国外产品的依赖，还实现了对外出口。目前我国在该领域已具备了从耙吸到绞吸、从清淤到挖岩、从浅挖到深挖、从短排距到长排距的施工能力，单船最大开挖与输运能力达到了每小时几千方，实现了全电驱动、自动和智能挖掘操控。由费龙、程峰、丁勇等编著的《耙吸、绞吸挖泥船工程设计》一书即是作者团队在中国船舶及海洋工程设计研究院完成了近百艘挖泥船的设计工作而形成的成果与经验结晶。这本书的内容包含了耙吸、绞吸两类挖泥船，分别阐述了这两类船型的总体与结构设计，动力系统、疏浚系统与集成监控系统的设计技术，同时还介绍了泥泵、泥管、绞刀、闸阀、转动弯管、快速接头、装驳装置等特有关键件的相关技术，为读者全面、清晰地梳理了该类工程船的技术概貌。

针对大型军民特种装备的水面运输与装卸、海洋能源开发装备与海上建筑的水面安装定位、特种海洋打捞工程的支撑作业等不同需求，“半潜运输船”“半潜工程船”“半潜打捞船”“多功能半潜船”“坞式半潜船”等各类半潜船应运而生。

半潜船的设计既不同于其他水面船，也不同于潜艇。它的装载对象多种多样，各自的重量与重心位置也各不相同，不仅需要优化承载平台结构的安全可靠性，更需解决装载、卸载和航行过程中船货重心和浮心的精细调控，从而完成那些看似原理简单却极其危险的海洋任务。中国船舶及海洋工程设计研究院的专家仲伟东、尉志源、迟少艳等编著了《半潜船工程设计》一书，填补了该类船舶的设计技术在出版领域的空白。该书从半潜船的需求与运用、历史与发展等角度出发，总结了半潜船设计的关键要素、系统组成、原则与方法，重点剖析了对半潜船甚为关键的全船和局部结构设计、快速精准的压排载和调载系统、安全可靠的阀门遥控和液位遥测系统、符合世界压载水公约要求的超大排量压载水处理系统、节能高效的推进系统与动力定位系统、先进智能的船载运动监测及预报系统所涉及的关键技术要义，还通过案例分析说明了典型作业模式的关键环节和控制要素。全书内容丰富，渗透了作者和所在团队与单位的心血。

近百年来，海洋资源开发广度与深度的不断拓展对海上起重与铺管作业的水深、起重能力、铺管方式、环境适应性的要求越来越高。起重船、铺管船和兼具起重和铺管两种功能和用途的起重、铺管船便由此产生。这类特种海洋工程船舶是海洋油气开发装备安装、海底管线铺设、海上桥梁建设、海上风电安装、水工桩基施工、废弃平台撤除、应急抢险打捞等海洋作业中不可或缺的利器。当今的起重船已有单体型、双体型、多体型、半潜式等多种船型，最大起重能力可达上万吨；同时，装备全回转起重机，具备自主航行、深海作业、动力定位等功能已成为现代起重船的特点。铺管船也随着漂浮铺管法、拖曳铺管法、挖沟铺管法、S 型铺管法、J 型铺管法、R 型法等铺管工艺的演进而出现了多种船型。中国船舶及海洋工程设计研究院的专家周健、马网扣等编著了《起重、铺管船工程设计》一书，本书介绍了多类起重、铺管船设计中与常规船舶不同的总体、结构、总布置、稳性的特点与原则，着重描述了体现这类船特有功能的全回转起重机、J 型和 R 型铺管作业系统、压载和抗倾调载系统、动力定位系统、多点锚泊系统等特殊系统的原理、机构组成、技术要点及计算分析方法。该书是作者团队多年以来从事起重、铺管船研究积累的宝贵成果，也是国内第一本该技术领域的学术专著。

本套丛书的第 3 个板块是在“智能船舶”领域中基于遥控、路径规划、自主感知控制，率先实现部分“智能化”的水面无人艇及水下无人潜水器技术。“智能船舶”是指运用感知、通信、网络、控制、人工智能等先进技术，具备环境及自身感知、多等级自主决策及控制能力，比传统船舶更加安全、经济、环保、高效的新一代船舶；其技术内涵覆盖了环境目标智能探测、航行航线智能操控、能源动力智能管理、辅机运行智能监控、安全状态智能监护、节能环保智能监测、振动噪声智能控制、载货物流智能跟踪、特定作业智能实施、全船信息综合集成等众多方面。时至今日，世界上出现的真正的大型智能船舶凤毛麟角，已投入运行的“智能船舶”，其实也只实现了上述技术内涵中的一部分。与此同时，国内外涌现出大量不同尺度、不同功能的小型水面无人艇和水下无人潜水器。它们虽体形小、装载设备不多，但集中反映了智能感知、航行、操控技术中的不少最新研究成果。其中，由哈尔滨工程大学的专家张磊、庄佳园、王博等编著、苏玉民主审的《水面无人艇技术》一书全面介绍了水面无人艇的总体技术、环境感知与数据融合技术、目标识别与跟踪技术、决策规划技术、智能控制与系统设计技术、导航通信技术、集群协同技术、任务载荷技术、搭载技术等；由哈尔滨工程大学的专家张铁栋、姜大鹏、盛明伟等编著、庞永杰主审的《无人无缆潜水器技术》一书则重点介绍了这类水下航行器的承压结构和密封技术、推进与操纵技术、水下导航定位技术、水下声学通信技术、浮力调节技术、安全自救技术、能源管理及水下能源补充技术、布放与回收技术、自主决策与控制技术、编队控制与协同导航技术、水下声/光/电探测技术等。这两本书能够帮助读者在了解无人海洋航行器技术的同时，拓展对智能船舶共性技术的认识。

本套丛书的第 4 个板块是“深海”开发技术中值得关注的两类截然不同的典型装备。一类是深海油气开发的前沿技术装备——水下生产系统；另一类是深海探测与作业不可或缺的无人遥控潜水器。

海洋是人类远未充分开发的资源宝库。2018 年，我国原油对外依存度已达 69.8%；天然气对外依存度达 45.3%。开发深海油气资源对我国经济的可持续发展具有重要的意义。世界海洋油气开发已经并正向深海域延伸，油气生产系统从水面向水下与海底转移是必然的趋势。而“水下生产系统”是深海油气开发装备的关键组成部分，其技术水平和可靠性决定了深海油气田开发的成败，其演化也引领着深海油气开发技术的发展。来自中国海洋资源发展战略研究中心的李清平、秦蕊，中国石油大学（北京）的段梦兰等编著了《水下生产系统》一书，这本书是基于作者二十多年来在该领域的研究经历及其在国内外水下油气田开发工程实践与科研成果，系统梳理了我国在该领域的科研成果，介绍了水下井口及采油树、水下连接器和管汇、水下控制系统、水下增压与水下输配电系统等水下生产系统关键设备内涵的相关技术，剖析了典型的工程方案，分析了该技术领域的未来发展趋势和我国的重点发展方向。该书的出版将有助于加快我国深海油气开发技术的研究与发展进程。

由水面母船（水面海洋平台、水下深海空间站）上的操作人员通过脐带缆遥控、操纵带机械手和作业工具，用无人遥控潜水器进行的水下作业，是数十年来人类开展深海探测和深海资源开发作业必不可少的技术手段。世界上已经出现了一大批具备潜深能力达百米至万余米、配备多种探测器件与作业工具的轻载级和重载级无人遥控潜水器，根据其作业要求分为观察型、取样型或作业型。来自上海交通大学的专家连琏、马厦飞与来自广州海洋地质调查局的专家陶军等人成功完成了我国 4 500 米级无人遥控潜水器“海马号”的自主研发与设计建造，同时编著了本套丛书中的《无人遥控潜水器技术》一书。本书详细介绍了无人遥控潜水器的专业基础知识及关键技术，涉及设计方法、运动学和动力学建模、运动操控与模拟、波浪中升沉运动补偿、吊放回收系统、能源与信息传输系统、水面与水下作业控制系统，及脐带缆、绞车、中继器、传感器与作业工具等内容，是国内第一本系统介绍该技术领域的学术专著。

这套“海洋强国出版工程第二期：高技术船舶与海洋工程装备系列”的 10 本专著，从“绿色技术”“特种工程船舶技术”“无人智能技术”“深海技术”四个不同的角度，为读者提供了我国高技术船舶与海洋工程装备技术领域的十滴“晶莹水珠”。每一本书都饱含了作者及其所在团队多年来的研究成果和实践经验，兼顾了国内外相关技术信息的要点，取材翔实可靠，资料数据生动实用，可读性强。我想，船舶和海洋工程界的同仁们会和我一样，衷心感谢每一位作者的创新成效和辛勤付出，感谢他们所在单位的大力支持，也感谢上海交通大学出版社编辑团队热情、认真和卓越的工作。相信这套丛书的出版能为船舶与海洋工程技术领域的人才培养、科技与产业发展发挥积极的作用。

吴有生

2018 年 12 月

前　言

“深海蕴藏地球上远未认知和开发的宝藏，要得到这些宝藏，必须在深海进入、深海探测、深海开发等方面掌握关键技术。”作为一种智能化的新型水下作业装备，无人无缆潜水器与载人潜水器、遥控式潜水器优势互补，三者可发展为互联互通，紧急情况下可互援互救，从而共同组成强有力的海洋科学考察和作业装备系统，为人类深海科学考察提供强有力的支撑。

无人无缆潜水器具有作业范围广、机动性强、对母船依赖小等令人瞩目的性能优势，使其在海洋研究、海洋资源勘查和海洋救助等方面获得了越来越广泛的应用。近几年国内外在无人无缆潜水器技术研究方面都取得了显著的进展。哈尔滨工程大学水下智能机器人技术国防科技重点实验室，从20世纪90年代就一直致力于无人无缆潜水器技术的研究，完成和正在进行该方面多项国家级重大项目，积累了丰富的研究成果。本书涵盖了这些成果中的精华部分和同期国内外的一些研究成果，系统地论述了无人无缆潜水器重要组成的功能原理、技术要求、发展趋势等，比较全面地阐述了当前国内外无人无缆潜水器技术的进展，使读者能够全面了解无人无缆潜水器技术领域的相关内容，可为从事潜水器技术领域的研究工作者提供参考和启发，共同提高我国无人无缆潜水器技术的开发与应用能力。

本书共分15章。第1章介绍了无人无缆潜水器的定义、用途以及分类，尝试从需求角度出发，概述无人无缆潜水器技术的应用背景。第2章总述了无人无缆潜水器的各组成部分及其特性，为后续无人无缆潜水器各技术的详细论述做铺垫。第3章从设计方法、结构与性能计算等方面，详细讲解了如何开展无人无缆潜水器的总体设计工作，并提出了相应的计算方法与估算公式。第4章详细介绍了无人无缆潜水器的承压结构和密封技术，并阐述了不同设计规范下的校核方法。第5章集中论述了无人无缆潜水器的推进与操纵技术，介绍了操纵推进的配置形式以及操纵性实验的开展。第6章从不同的技术途径出发，针对水下导航系统的特点，系统介绍了无人无缆潜水器的水下导航定位技术。第7章介绍了无人无缆潜水器的水下无线通信相关技术。由于声波是水下无线通信的最佳载体，因此本章在重点讲解声学通信方法基础上，简要讲解了激光通信以及超长波通信。第 8 章主要讲解了无人无缆潜水器的安全自救技术，介绍了增大潜水器浮力、减少潜水器重量以及释放指示信标三方面的安全自救手段。第 9 章系统地论述了各类电池的原理及特性，讲解了锂离子电池的能源管理及水下能源补充方式，展望了未来无人无缆潜水器能源技术的发展趋势。第 10 章从浮力调节方式的角度出发，阐述了无人无缆潜水器的浮力调节技术原理，并综述了其分类形式和相应的关键技术。第 11 章在详尽介绍无人无缆潜水器的布放回收方法基础上，重点介绍了滑道式布放与回收技术。第 12 章系统介绍了无人无缆潜水器系统的自主决策以及控制问题，从而有助于读者清晰了解和掌握智能决策（规划）系统的组成与实现。第 13 章从控制体系结构、任务分配、编队控制、协同导航等几方面入手，重点介绍了多无人无缆潜水器协同作业的关键技术问题。第 14 章从声、光、电等探测手段入手，系统地介绍了无人无缆潜水器的水下探测设备、方法以及具体应用。第 15 章在综述水下滑翔机技术现状的基础上，分别阐述了浮力驱动型水下滑翔机、混合推进型水下滑翔机和波浪滑翔机的技术特点及应用现状。

本书第 1、2、6、7、8、13 章由姜大鹏撰写，第 3、4、5、9、10、11 章由张铁栋撰写，第 12 章由姜大鹏与李岳明共同撰写，第 14 章由盛明伟撰写，第 15 章由王延辉撰写。本书承庞永杰教授主审，为本书的构思、撰写以及最终书稿润色，提供了诸多建设性意见，在此表示衷心的感谢。本书得以出版，要感谢哈尔滨工程大学水下智能机器人技术国防科技重点实验室的全体同仁。他们近 30 年来在潜水器领域所积累的工作经验为本书的撰写，提供了大量的材料。多年合作的其他院所研究团队也为本书提供了不少资料，再此一并致谢。最后，特别感谢和怀念徐玉如院士在无人无缆潜水器技术领域的支持与引领。

为与本书各章主题一致，书中未深入阐述流体力学、水声通信等方面理论，其理论和相应背景材料可在书末参考文献中找到。由于作者学识水平有限，本书难免有诸多不成熟和欠妥当之处，望各位读者不吝赐教，多提宝贵意见，使本书得以不断完善。

编　者

2018 年 5 月

目　　录

绪　论

1.1 无人无缆潜水器的概念

无人无缆潜水器(或无人水下航行器,水下智能机器人,Autonomous Underwater Vehicle,AUV)是一种不依赖于母船供电,以遥控或自主方式进行控制,能够回收和反复使用,能长期在水下航行作业的潜水器[1]。无人无缆潜水器能够广泛应用于海洋科学研究、海洋工程和军事领域,实施诸如水下探测、海洋环境特征跟踪[2]、水下地图构建[3]、水下铺管[4]、搜寻失事飞机[5]、搜寻水雷[6]等多种作业任务。无人无缆潜水器主要由载体结构、能源和推进系统、控制系统、导航设备、通信设备和任务载荷等部分组成,通过任务载荷的灵活配置以实现不同的作业要求。

概要来说,无人无缆潜水器根据既定的作业使命,依靠内置的计算机控制系统拟定航行路线,依靠基础运动控制系统实现基本的定高、定深、定速航行(除此之外还要根据任务的要求实现姿态的稳定控制),并在此基础上利用携带的作业载荷实施各种物理、化学、生物等探测。无人无缆潜水器主要依靠多种不同类型的声呐系统、摄像机等声、光探测设备实现避碰,搜寻目标,测量水流速度、海底距离及地形、海底沉积特性,定位导航及水下通信等功能。

1.2 无人无缆潜水器的任务使命

无人无缆潜水器具有广泛的用途,既可以应用于民用领域,也可以应用于军事领域。根据无人无缆潜水器专业网站 AUVAC 的统计,无人无缆潜水器已经在如下领域获得了应用:反潜作战;海滩调查;海缆敷设;海底管线巡检;海底地图绘制;环境监测;爆炸物处理;部队防护;内河航路绘制;海洋地球物理调查;港口防卫;船体监测;水声研究;海地设施检查、维护和修理;情报、信息与侦察;海洋科学调查;反水雷作战;海底矿产调查;海洋学调查。

早期的无人无缆潜水器主要用于海洋科学调查、水下勘察和水下目标探测等领域。随着载体技术、计算机技术、自动控制技术以及水声通信技术等领域的发展,无人无缆潜水器逐渐向协同作业方向发展。多个无人无缆潜水器通过相互的信息交互,可以实现多种时间和空间尺度上的观测与作业。

1.2.1　无人无缆潜水器在海洋科学研究领域的应用

无人无缆潜水器可以根据所研究海洋现象的不同进行任务载荷的配置以及作业方式的调整。由于没有与作业母船之间缆系的约束，无人无缆潜水器可以在远离母船或者母船难以到达的地方开展作业。无人无缆潜水器灵活配置的特点使其可以满足不同海洋科学研究对潜水器作业空间和时间尺度的要求。举例来说，无人无缆潜水器已经成为气候变化研究中的观测工具，可实现全球尺度内长时间的海洋观测；此外，它们还可应用于小范围急剧变化的海洋生物、化学现象的快速观测与跟踪。多无人无缆潜水器组网协同作业是无人无缆潜水器的重要发展方向之一，它们可以与卫星遥感、浮标等传统海洋观测手段一起使用，为海洋科学研究以及建模提供不同时间、不同空间跨度的数据，从而加深人类对相关领域的认识，进而促进相关学科的发展。下面举两个无人无缆潜水器在海洋科学研究中应用的典型例子进行说明[7]。

1. 海底精细探测

无人无缆潜水器通过携带的各种仪器可以实现对海底复杂环境的灵活探测与观测作业。胡安·德富卡(Juan de Fuca)海岭位于太平洋板块和胡安·德富卡(Juan de Fuca)板块接缝处，海底地震和火山活动频发。2011 年 4 月，海岭上的火山喷发。同年 8 月蒙特利湾海洋研究所(Monterey Bay Aquarium Research Institute，MBARI)的科学家在该海域布放了 Dorado 无人无缆潜水器进行相关测绘研究。该潜水器在火山喷发区域定高 50 m 航行，通过搭载的多波束声呐获得了火山口附近的地貌信息。由于无人无缆潜水器可以充分发挥机动灵活的特点，因此能够获得热点区域的精细测绘信息。该研究所的研究人员在火山喷发间隙已经利用上述潜水器在相同区域进行过多次测绘，通过火山喷发前后测绘信息的对比，可以清楚地看出新岩浆流的厚度和分布。这为海洋地质科学研究提供了极具价值的研究数据。

2. 海洋生态过程观测

人类赖以生存的氧气有一半是来自于海洋浮游植物的活动。海洋浮游植物通过光合作用吸收二氧化碳产生氧气并合成有机物。然而，海洋浮游植物中某些藻类可以产生对鱼类、海洋哺乳动物乃至人类有害的毒素。为了研究有害藻类的特性，需要采集有代表性的水样进行生化分析。海洋浮游植物经常聚集在厚度不大的一层水层里，并且聚集层的地点和深度随着季节、风向以及洋流情况不断变化。利用传统的科考船搜寻浮游植物聚集层往往效率低且花费较大。即便找到了聚集层，利用吊放采样的方法进行水样采集时容易错过聚集层里浮游植物的峰值点。使用无人无缆潜水器，可以有效解决该类采样过程中的搜索、跟踪以及峰值采样问题。2010 年 10 月，蒙特利湾海洋研究所的研究人员利用携带快速水样采集器的 Dorado 无人无缆潜水器和 Tethys 长航程无人无缆潜水器开展了海洋浮游植物聚集层的研究工作。在此过程中，无人无缆潜水器实时运行其峰值参数捕捉算法，在穿越浮游植物聚集层的瞬间，由叶绿素荧光信号峰值点触发水样采集器进行采样作业。该次试验解释了浮游植物聚集层里面软骨藻酸毒素水平与悬浮的海底沉积物之间的关联，加深了海洋生态学家对有害藻类勃发和分布特性的认识。

1.2.2 无人无缆潜水器在军事领域的应用

随着信息化技术的发展和武器装备的技术进步，现代战争正逐渐由原有的作战系统的模式向基于信息系统的体系作战方式转变。在未来的战场对抗中，在信息系统的支撑下，各种作战要素、作战单元、作战系统融合成一个有机整体，共同感知战场态势，实时共享战场信息，准确协调战场行动，同步遂行作战任务，适时进行精确评控，以最为有效的作战力量，对最具价值的作战目标释放最为精确的作战效能。智能化的无人作战武器系统必将是未来战争中争夺信息优势、实施精确打击、完成战场特殊作战任务的重要手段之一，是未来体系作战中不可或缺的重要角色，是有人武器装备体系的必要补充。在未来信息化、立体化、高科技背景下的战争中将具有独特的地位并发挥不可替代的作用，满足海空天一体化作战、信息化作战和智能化作战的战略需求。因此，未来的作战体系必将是有人作战系统和无人作战系统平台之间的有机结合。

无人无缆潜水器是无人武器系统中的重要成员，是配合有人作战系统、构成立体化和网络化作战体系的重要组成部分，它们具有自主规划和自主航行的能力，能够自主完成海洋/海底环境信息获取，固定/移动目标探测、识别、定位与跟踪以及区域警戒等协同作业任务，如图 1-1 所示。

根据美国国防部发布的《无人系统综合路线》[8]，未来 20 年内无人系统将着重满足如下四方面的需求：

（1）侦察与监视（reconnaissance and surveillance）。

（2）目标探测与标记（target identification and designation）。

（3）反水/地雷作战（counter-mine warfare）。

（4）生化、辐射、爆炸物品侦察（chemical，biological，radiological，nuclear，explosive (CBRNE) reconnaissance）。

具体到水中无人系统而言，在未来 20 年内其优先发展的作战任务主要集中

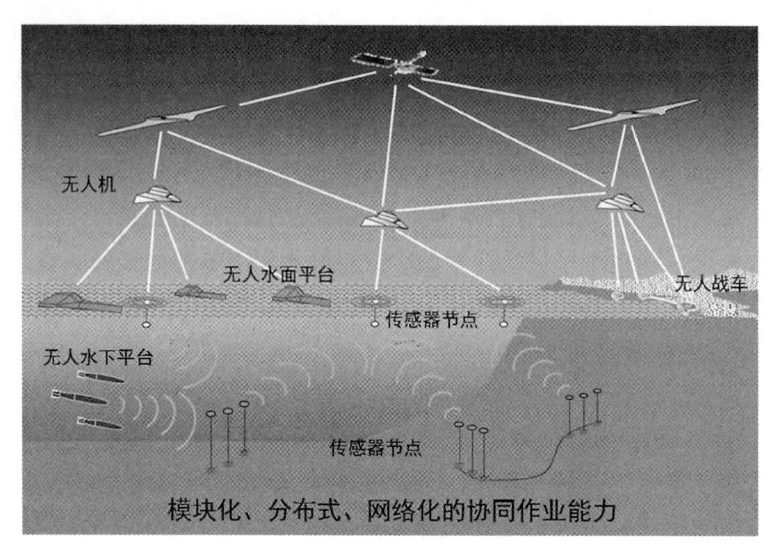

图1-1 无人无缆潜水器在空海一体战中的作用

在如下方面(见表1-1)：

(1) 反水雷战(mine countermeasure，MCM)。

(2) 反潜战(anti-submarine warfare，ASW)。

(3) 区域环境感知(maritime domain awareness)。

(4) 区域安全警戒(maritime security)。

表1-1 美军对水下无人系统/水面无人系统的需求排序[9]

任务区	便携式	轻型	重型	大型
情报、信息、侦察(ISR)	1	1	1	1
探测与识别(inspection/identification)	2	2	2	2
反水雷(MCM)	3	3	3	3
载荷投递(payload delivery)	8	7	4	7
生化核爆侦察(CBRNE reconnaissance)	4	5	8	12
感应器植入(covert sensor insertion)	5	4	10	11
滨海水面战(littoral surface warfare)	12	9	5	5
特战队补给(SOF resupply)	6	10	9	6
攻击(strike)	14	8	7	8
通信导航网络节点(CN3)	7	6	12	13
远海反潜(open ocean ASW)	13	17	6	4

（续表）

任　　务　　区	便携式	轻　型	重　型	大　型
信息操作(information operations)	11	11	13	10
时效性打击(time Critical strike)	15	13	11	9
数字地图创建(digital mapping)	9	12	15	14
海洋学指标探测(oceanography)	10	16	16	15
诱捕/领航(decoy/pathfinder)	16	15	14	17
海底地形探测(bottom topography)	17	14	17	16

在美国国防部高级研究计划署和美国海军研究局共同发表的《水下无人系统发展计划》中，进一步论述了无人无缆潜水器在ISR、探测与识别、反水雷、反潜战、海洋学、通信与导航网络节点、有效载荷布放、信息操作等方面的具体需求。随着水下无人系统技术的快速发展和对其军事需求的进一步明确，无人无缆潜水器的发展特征及方向也越来越趋向于多类型、智能化和群体化。一方面为了提高自主能力、续航力、负载与作战能力，研究和开发尺寸较大、成本相对较高的无人无缆潜水器；另一方面，研制小型、廉价的无人无缆潜水器以满足不同的需求；第三方面是重点推进多无人无缆潜水器的协同作战技术的研究。

与单个AUV相比，多AUV系统能够大幅缩短探测时间，从而更为及时地完成特定区域的环境感知工作。同时，多AUV凭借其空间分布的特点，可以完成大范围内特定物理量的同时探测工作，从而得到对某些物理量的空间描绘，并在此基础上实现对其演变过程的预测，这是单个AUV无法做到的。多AUV系统也可用于战场环境探测、反潜作战、雷区搜索、区域监视与巡逻、电子信息战等多种作战任务。通过与水面无人艇USV、空中无人机UAV的信息交互与协同作业，可以组成立体式监测网络，实现对特定海域的监视与警戒[10-11]。

1.3 无人无缆潜水器的分类

水下无人系统可以从排水量和续航力两个方面进行分级，各级别平台作战活动范围和担负的主要任务不同。美国以排水量为标准，将水下无人系统大致分为如下四类[1]。

(1) 便携式：排水量小于50 kg。

(2) 轻型：排水量约 250 kg。

(3) 重型：排水量约 1 500 kg。

(4) 大型：排水量约 10 t。

上述四类水下无人系统的典型平台如图 1-2 所示。

图 1-2 典型水下无人系统

目前，美国海军研制的具有代表性的水下无人系统主要有：BLUEFIN 公司研制的 BLUEFIN 系列无人无缆潜水器，Hydroid 公司研制的远程环境监测装置(remote environmental monitoring units，REMUS)系列无人无缆潜水器和美国国防高级研究设计局研制的海马(SEAHORSE)型水下无人潜水器等。BLUEFIN 系列无人无缆潜水器包括了 BLUEFIN-9、BLUEFIN-12 和 BLUEFIN-21 等型号(见图 1-3)。质量从 50 kg 到 750 kg，潜深从 200 m 到 4 500 m，续航能力从 12 h 到 30 h。依据搭载能力，可装备双频侧扫声呐、海底浅剖声呐、多波束测深声呐、全球定位系统(GPS)、惯性导航单元、多普勒速度计、温盐深传感器、水下摄像机、荧光计、混浊度传感器等有效载荷模块。近年来,美国海军已开始重视非对称攻击,采用“BLUEFIN”对多艘战舰进行水下爆炸物检测的工作(见图 1-4)。

图 1-3　BLUEFIN-12 型与 BLUEFIN-21 型无人无缆潜水器

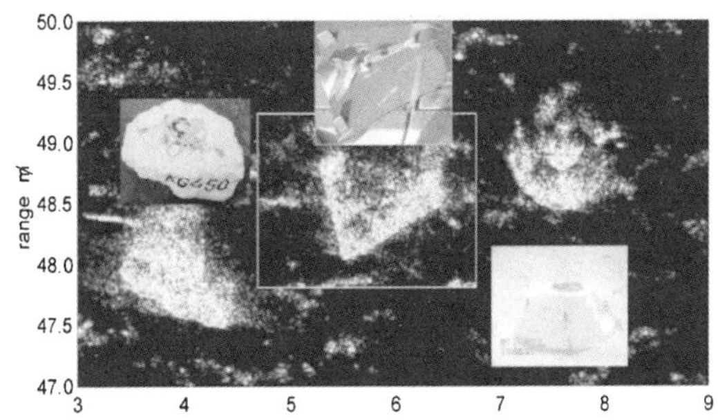

图 1-4　BLUEFIN-9 型无人无缆潜水器及其探测的水雷图像

Hydroid 公司研制的 REMUS 系列无人无缆潜水器共有 REMUS-100、REMUS-600、REMUS-3000 和 REMUS-6000 等多个型号。质量从 37 kg 到 862 kg,潜深从 100 m 到 6 000 m,依据航行速度和搭载设备的配置,其续航能力一般为 22 h。该无人无缆潜水器可装备的探测设备种类与 BLUEFIN 型基本相同,如双频侧扫声呐、海底浅剖声呐、多波束测深声呐、荧光计、温盐深传感器等。REMUS 系列 AUV 已经被多国军方采购。其中,英国海军已经接收了 REMUS-600 型 AUV,用于水下侦察(包括搜索水雷)。美国海军配备的 REMUS-100 型 AUV 曾在海湾战争期间清扫港口水雷中大显身手,利用其装备的侧扫声呐,发现了数枚水雷并进行了图上标定(见图 1-5)。

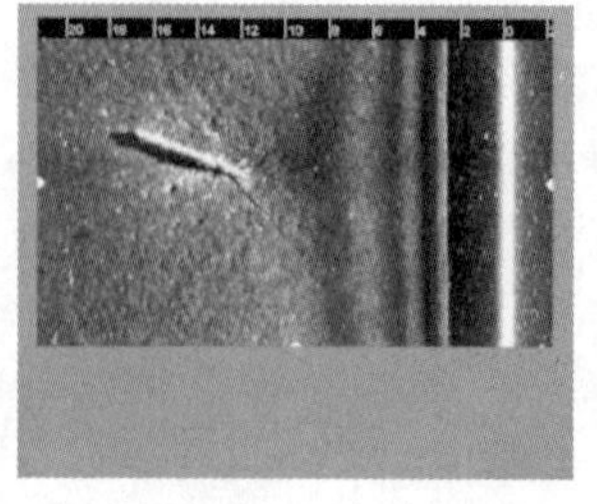
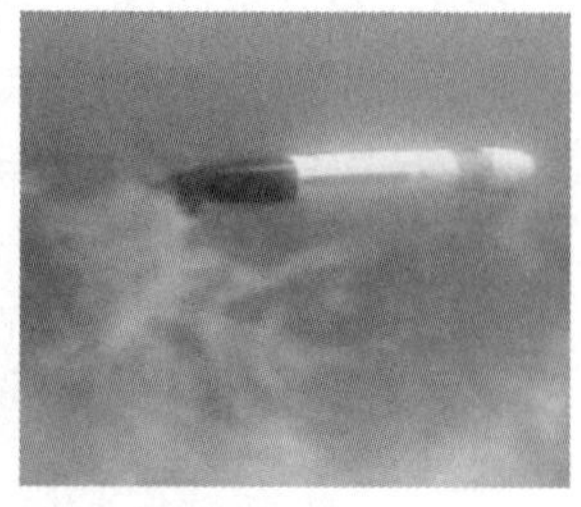

图 1-5　REMUS-100 型 AUV 用于海湾探雷和对化学物源头的追踪

REMUS 型无人无缆潜水器已成为美国研究水下无人舰队，即多无人无缆潜水器的协调与控制技术研究的主要对象之一(见图 1-6)。

(a)

(b)

图 1-6　两种型号 REMUS 型 AUV

(a) REMUS-600 型 AUV　(b) REMUS-6000 型 AUV 及其探测的海底地形

2 无人无缆潜水器的组成

2.1 无人无缆潜水器系统组成及概述

无人无缆潜水器通常由载体结构、控制系统、导航系统、能源系统、推进系统和任务载荷等组成。无人无缆潜水器的总体设计涉及水动力外形、耐压结构、能源、推进系统、操纵与控制方式等众多方面[1]。

本章以一艘小型无人无缆潜水器为例，介绍无人无缆潜水器的系统组成以及各分系统的设计要点。图 2-1 所示的无人无缆潜水器是在我国“十二五”期间 863 计划支持下开发的小型无人探测潜水器(以下简称 HAILING AUV)。该潜水器主要是针对我国在海洋资源考察、海底地形地貌探测、海洋环境数据采集等方面低成本、高精度自主探测的需求而研制的。开展小型自主探测系统的总体优化、系统集成、模块化和水下环境信息的高精度探测以及适应高海况下作业的安全布放与回收等技术研究，实现潜水器系统的工程化和产品化，可为我国海洋资源考察和科学研究提供技术支撑。

图 2-1 某小型无人无缆潜水器(HAILING AUV)

2.2 典型无人无缆潜水器系统组成

2.2.1 潜水器总体结构

无人无缆潜水器的载体结构一般包括耐压舱结构和非耐压结构。耐压舱结构主要用来布置电池、导航和控制等设备，多采用铝合金、钛合金等材料制成。根据作业深度的不同，耐压舱结构可以采用单一整体耐压圆柱壳结构，也可以采用多个分散耐压圆柱壳结构和多个球壳结构。非耐压结构主要用来保证无人无缆潜水器具有较好的低阻低噪外形，保证潜水器航行稳定性。非耐压结构往往采用玻璃钢、碳纤维等材料制成。近十余年来，非耐压结构乃至耐压结构已经逐渐开始使用碳纤维材料，以达到减轻载体重量、提高系统抗腐蚀能力的目的[12]。

根据对国内外在研和在役的无人无缆潜水器资料分析，无人无缆潜水器的总体布置形式大致可以分成五种类型[1]：

(1) 鱼雷型纵向整舱布置。主体段采用单壳体耐压圆柱壳结构，利用横舱壁将结构纵向分为若干个舱段，每一个舱段作为一个模块。电池、控制设备、信号处理设备等主要布置在耐压舱中。加拿大的 Theseus 型采用了这种方式[13]。

(2) 鱼雷型横向分段布置。采用多个横向舱段拼接而成，每个舱段的重力和浮力是自平衡的。通常每个段有多个耐压舱，各舱呈分散布置。美国的 BLUEFIN－12 型以及 REMUS－600 型潜水器都采用了这种方式[14-15]。

(3) 鱼雷型纵向分舱布置。主要耐压舱采用多个圆柱形耐压舱纵向布置方式。美国的“海马号”无人无缆潜水器采用了这种布置方式[16]。

(4) 扁平流线型整舱布置。主要耐压舱采用圆柱形耐压舱纵向布置方式，外层为复合材料制成的非耐压结构，外形采用扁平流线型。我国沈阳自动化研究所新开发的“潜龙-Ⅲ号”无人潜水器即采用了扁平流线型的结构[17]。

(5) 不规则形布置。设置数个主要耐压舱，可采用圆柱形耐压舱纵向布置方式。分舱布置时，设置多个耐压舱，各个耐压舱是分散布置的，没有明显的主次之分。法国的 ALISTER 潜水器[18]大致可以归入这种类型。

图 2－1 所示的 HAILING AUV 可以看作是“鱼雷型纵向分舱布置”和“扁平流线型整舱布置”类型的综合。如图 2－2 所示，HAILING AUV 艇体外型选为 Nystrom 流线型回转体形式。潜水器共分为三个舱段，分别为艇首部舱段、艇尾部舱段与中间舱段。艇首部舱段进流段为一个半球形；艇尾部舱段去流段借鉴 HUGIN 系列潜水器的尾部型线，采用低阻性型线；中间舱段为平行中体，以提高艇体的有效容积，同时留有负载布置空间，满足今后在工程应用中不同负载更换的需求。考虑到能源设备的布置和用户使用方便，整个艇体采用平底结构。在艇体的首部舱段主要布置避碰声呐、摄像机等传感器。中间舱段主要包括耐压舱、动力能源以及负载等设备。在尾部舱段，布置主推电机、舵机、螺旋桨等设备。该小型智能探测系统主尺度如表 2－1 所示，外形如图 2－2 所示。

表 2-1 HAILING AUV 主尺度

总长/m	4.4
直径/m	0.53
首段长度/m	0.7
平行中体段长度/m	2.8
尾段长度/m	0.9

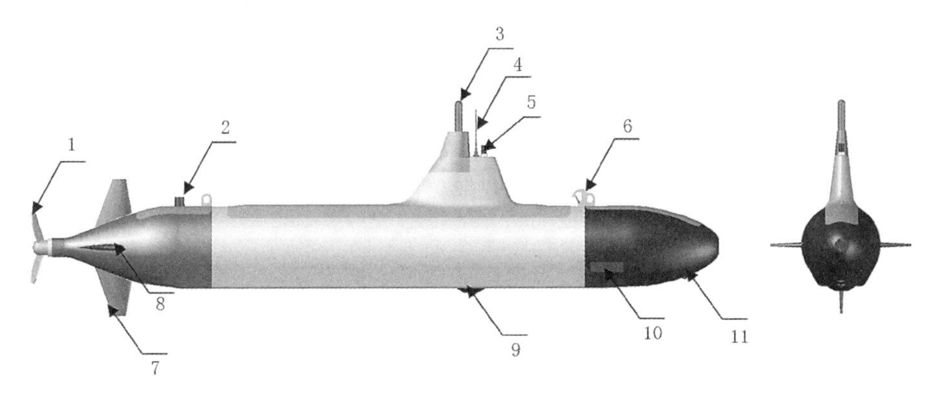

图 2-2 HAILING AUV 总布置图

1—螺旋桨推进器;2—通信声呐;3—GPS 天线;4—无线电;5—频闪灯;6—起吊环;7—垂直襟翼舵;8—水平翼;9—多普勒与惯性导航系统;10—多波束测深侧扫声呐;11—摄像机

为满足用户的多种需求,研究人员通过对总布置的优化设计,提供了一次性电池和充电电池两种能源配置方案,用户可以根据不同的作业需要进行选择。图 2-3 为 HAILING AUV 的两种总布置方案图。

为使无人无缆潜水器系统在满足多任务需求的同时,具备较高的通用性、保障性和经济性,采用多学科综合优化设计方法研究载体的构型特征,

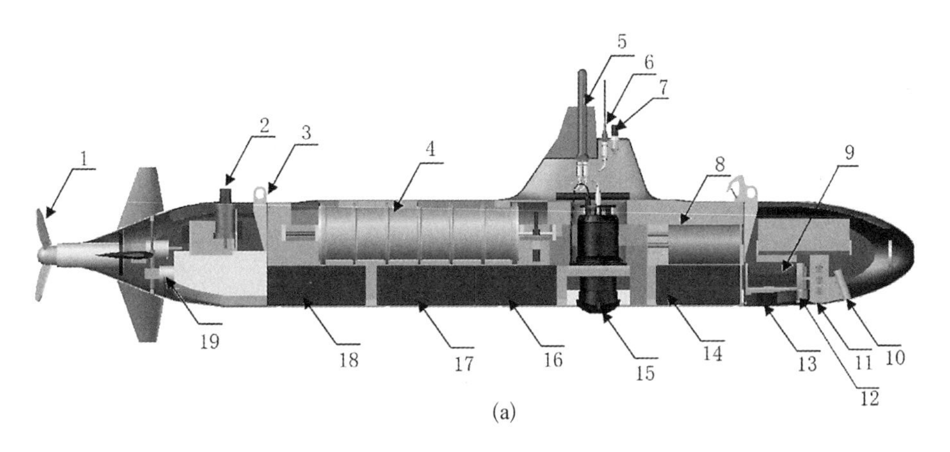

(a)

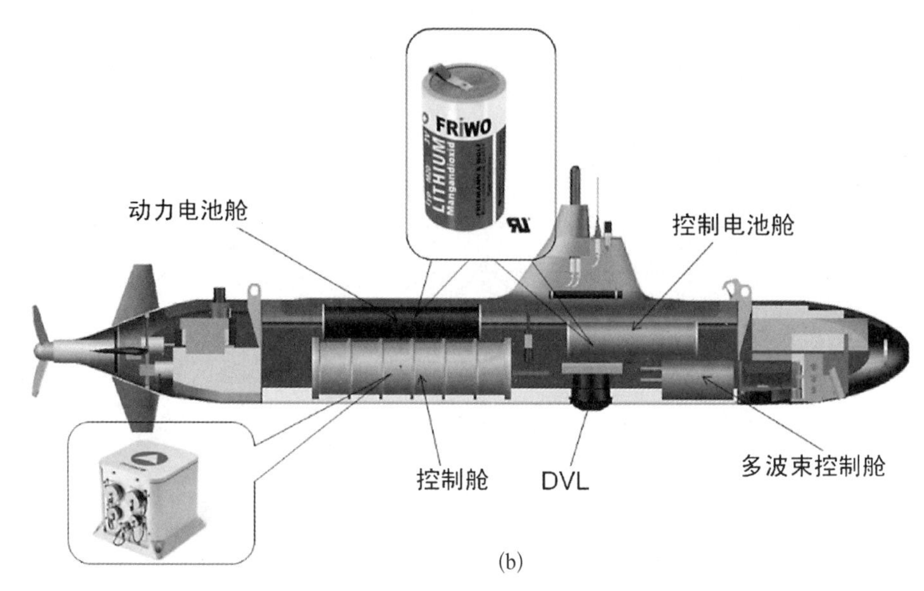

(b)

图 2-3 不同能源方式下的系统总布置方案

(a) 充电电池为能源的布置方案 (b) 一次性电池为能源的系统布置方案

1—螺旋桨推进器;2—通信声呐;3—吊环;4—控制舱;5—GPS 天线;6—无线电;7—频闪灯;8—多波束控制舱;9—多波束测深侧扫声呐;10—声速仪;11—物理抛载(可卸);12—高度计;13—机械抛载;14—控制电池组-1;15—多普勒与惯性导航系统;16—控制电池组-2;17—动力电池组-1;18—动力电池组-2;19—舵机

进行模块化设计,并规范主要功能模块的标准,使之可以满足不同客户的任务需求。

在传统的潜水器设计中,艇型和主尺度主要由快速性要求、设备能源总布置所决定,很少考虑操纵性的要求。但是,对于用于水下作业的潜水器而言,通常具有五个自由度或六个自由度的运动能力,要求潜水器具有良好的操纵性能,能保证准确及时地到达预定地点,安全顺利地完成水下作业任务。因此,在潜水器初步设计阶段,能够综合考虑快速性、操纵性的要求,找到艇型参数、主尺度和操纵面参数的最优组合解集,给设计者足够的设计决策权,才能保证潜水器具有最优的航行性能。多学科与多目标优化提供了一种用于解决此类问题的手段,这也是舰艇设计领域的重要发展方向。

2.2.2 浮力材料及构件

一般来说,能够提供浮力的材料统称为浮力材料。传统的浮力材料一般使用封装的低密度液体(如汽油、氨、硅油等)、泡沫塑料、金属锂、木材等。封装的低密度液体易泄漏,从而容易污染海域;泡沫塑料、木材等材料的模量和强度小,不能够满足深海使用要求；金属锂的强度和模量能够满足深海使用要求，但是容易与水发生反应并且价格昂贵。固体浮力材料是一种低密度、高强度、少吸水的固体物质，兼具轻质和耐压的特性。高强度固体浮力材料对保证潜水器尤其是大潜水器、深潜水器必需的浮力，提高潜水器的有效载荷，减少其外形尺寸，提高潜水器水下安全性具有重要作用[19]。

具体而言，固体浮力材料具有如下特性：

(1) 能够承受海洋环境全方位静水压，在规定使用深度内不发生破坏，具有良好的耐压性能。

(2) 材料密度低，自身密度只有水的一半左右甚至更低，能够为水下系统提供足够的净浮力从而提高系统工作性能。

(3) 吸水率低而体积弹性模量高，保证材料能够在较大水压下提供稳定的浮力，保证水下系统安全可靠地工作。

(4) 具有良好的安全可靠性，保证系统在水下复杂环境中正常使用。

(5) 良好的理化性能，如绝缘、隔热、阻燃、隔声等。

(6) 良好的机械加工性能，使得材料能够按设计的形状、尺寸、曲面通过机械加工成型，材料性能各向同性，便于系统的装备和打磨修补。

(7) 材料无毒无害无味，对环境无污染。

固体浮力材料大体上分为三类：化学发泡法固体浮力材料、纯复合泡沫浮力材料和合成复合泡沫浮力材料。化学发泡法固体浮力材料是利用化学发泡方法制成的泡沫复合材料；纯复合泡沫浮力材料是由空心玻璃小球混杂在树脂中形成的，其中空心玻璃小球占体积的 60%～70%；合成复合泡沫浮力材料是由复合泡沫与低密度填料组合改性而成的。

化学发泡法固体浮力材料，是伴随着相关发泡助剂、增强材料等的发展而发展的，在水面和浅海应用较多。复合泡沫浮力材料由于其压缩强度高、浮重比大、耐腐蚀以及易于机械加工等特点，大大拓宽了浮力材料的服务水深和应用领域。

以 HAILING AUV 为例，为减少艇体重量，选用密度为 0.40 g/cm^3 的复合泡沫浮力材料。首先对所选用的浮力材料进行了压力测试。试验按加压、保压和卸压程序进行，在保压过程中未发现异常现象，压力保持稳定。构件从压力筒取出后，检查构件均未发现异常，压力试验结果表明，吸水率在 0.5%以内。在对浮力材料进行加压测试之后，可以根据所确定的浮力材料安装位置，对浮力材料进行成型化和曲面化的加工，使其与周围设备、壳体相配合，便于安装与维护，如图 2-4 所示。

2.2.3 耐压舱

图 2-4 浮力材料在潜水器内的安放图

无人无缆潜水器的耐压舱内主要布置电池、导航和控制等设备及传感器,是各种电子设备正常工作必需的"防护罩"。一般而言,潜水器耐压舱形状主要取决于最大设计深度和潜水器的有效载荷。无人无缆潜水器耐压舱多采用球形和圆柱形(或者其组合)形式。球形耐压舱的主要优点是在均压下大部分区域两个方向的中面主应力相等且是同样半径圆柱壳体周向中面应力的一半,缺点是不利于内部的空间布置,不易于加工制造。圆柱壳体耐压舱的优缺点与球形耐压舱正好相反。从承受深水压力的结构力学性能角度考虑,球形舱体形式优于圆柱壳体形式;从设备的布置可行性及空间综合利用率综合考虑,选用圆柱壳结构形式的比较多。耐压舱结构既有采用单个整体耐压圆球/圆柱壳体结构的,也有采用多个分散耐压圆球/圆柱结构的[20]。

无人无缆潜水器在水下作业时不仅需要抵抗海水腐蚀及应力腐蚀,还必须承受变载荷对结构的考验及深海环境的高压;此外,对于长时间在海洋环境中作业的无人无缆潜水器而言,海洋生物腐蚀也是必须考虑的问题。因而优异的抗腐蚀性能和高的比强度是耐压壳体材料所必须满足的首要条件。耐压舱常用材料有钢、钛合金、铝合金、玻璃、陶瓷和复合材料。钢材料有着很长的使用历史,应用非常广泛。钛合金和铝合金是应用很广的两种材料,其优点是密度小、比强度高;玻璃材料抗腐蚀性好,重量轻,成形方便,承压能力突出,但是比较致命的弱点在于玻璃材料抗拉强度和冲击韧性低,影响其实际应用;陶瓷材料具有优越的强度、硬度、耐氧化、耐腐蚀等性能;复合材料密度小、比强度和比模量都比较大,且有较为优良的耐热、耐疲劳、耐蠕变等性能,是比较有应用前景的耐压材料。

以 HAILING AUV 为例,其设计深度是 1 000 m,综合考虑建造成本和性能,研究人员针对控制设备耐压舱选用了 7075 铝合金材料,外形采用圆柱壳体形式,端面采用平面密封形式,该圆柱形耐压壳体的主要参数如表 2-2 所示,其照片如图 2-5 所示。耐压舱封头采用了钛合金材料,其尺寸参数如表 2-3 所示,其照片如图 2-6 所示。

表 2-2 控制舱圆柱壳体耐压参数

总长/mm	内径/mm	壳板厚度/mm	肋骨个数
1 000	250	7	4
肋骨尺寸		法兰尺寸	
宽度/mm	高度/mm	宽度/mm	高度/mm
10	20	10	25

表 2-3 耐压舱封头尺寸参数

	壳体外部分		壳体内部分	
几何尺寸	外径/mm	厚度/mm	外径/mm	厚度/mm
	314	13	250	20

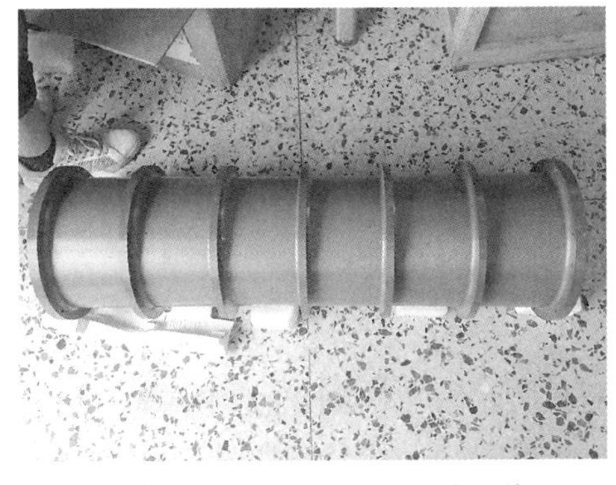

图 2-5 控制设备耐压壳体照片

图 2-6 控制设备耐压舱封头照片

控制设备耐压舱的内部空间用于放置嵌入式计算机、无线电/光纤/水声信号处理设备、漏水检测、舵机驱动器以及与上述设备/系统配套的继电器开关、稳压模块等，控制设备耐压舱总布置照片如图 2-7 所示。

2.2.4 推进系统与控制面

无人无缆潜水器的推进系统和控制面主要是用于保证潜水器能够按照指令完成航向、深度、速度(甚至姿态)的保持和改变，主要包括推进电机、推进器、舵机和控制面。推进电机通过传动装置驱动推进器或者与推进器集成为一体，推进器主要有普通螺旋桨、导管桨和泵喷推进器。舵机通过传动装置驱动控制面(垂直舵和水平翼的统称)的运动。无人无缆潜水器的推进器，按照功能的不同主要分为主推进器和辅助推进器。主推进器主要在巡航或者较高航速的常用工

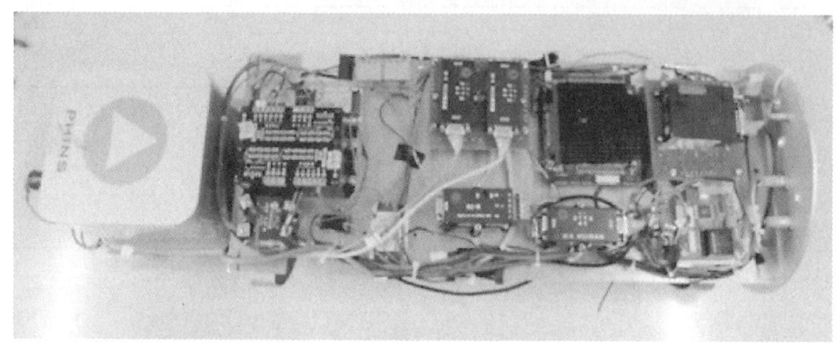

图 2－7　控制舱内总布置照片

况下使用，一般安装在潜水器的尾部；辅助推进器一般在特殊工况下使用，通常采用槽道式的垂向推进器和横向推进器，一般布置在航行器的前、后部。无人无缆潜水器的控制面大多布置在潜水器的尾部，并且通常和主推进器系统联合使用实现潜水器在三维空间的运动。

无人无缆潜水器的推进系统设置主要根据其任务对机动性能的要求而定。最简单的方式是螺旋桨推进，推进电机直接驱动螺旋桨或者推进电机通过减速齿轮机构驱动螺旋桨；其次是导管桨方式，特点是在螺旋桨外缘增加一个导流罩，以提高螺旋桨在低速工况下的推进效率和推力系数；较为复杂的是泵喷推进器以及螺旋桨和电机集成一体化推进装置。对于机动性特别是低速机动性要求较高的无人无缆潜水器，通常需要配备辅助推进装置，包括槽道式或者外挂式推进装置[1]。美国的 REMUS 系列、挪威的 HUGIN 系列等无人无缆潜水器采用的是开式单个螺旋桨方式(见图 2－8)；美国的蓝鳍-金枪鱼(BLUEFIN)系列多采用导管桨方

图 2－8　HUGIN 系列无人无缆潜水器

式(见图 2-9);美国的“海马号”等无人无缆器采用的是泵喷推进方式(见图 2-10);法国的 ALISTER-3000 型等潜水器除了在尾部采用主推进器之外还设置了槽道桨(见图 2-11);英国的“泰利斯曼号”潜水器除了在尾部两侧外部加载了四个一体化推进装置外,还在中部外挂了两个一体化推进装置(见图 2-12)。

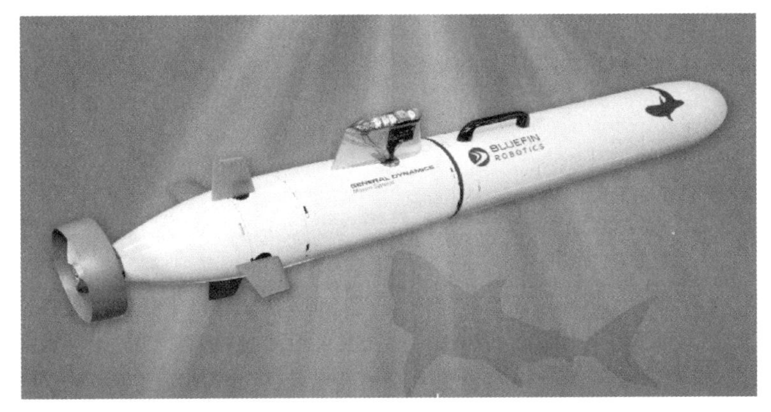

图 2-9 蓝鳍-金枪鱼(BLUEFIN)无人无缆潜水器

图 2-10 “海马号”无人无缆潜水器

对于走航式无人无缆潜水器来说,在较高航速下利用控制面来改变航行器的姿态和深度是比较常用的手段。通过改变舵翼的攻角,可以获得较大的作用力(力矩)从而能够驱动潜水器快速完成姿态的变化。无人无缆潜水器的舵翼大多布置在潜水器的尾部,常用的布置方式有十字形布置(见图 2-8)和 X 形布置方式,如图 2-13 所示。

图 2-11 ALISTER-3000 型无人无缆潜水器

图 2-12 “泰利斯曼号”无人无缆潜水器

以 HAILING AUV 为例，在电机和螺旋桨的设计与研制时，通过对比两叶螺旋桨和三叶螺旋桨的性能，确定了两叶螺旋桨形式（见图 2-14）。通过对多个翼型的筛选，确定了具有低阻高升阻比特点的 SD6060 翼型。同时，对桨型进行了设计。

图 2-13 EXPLORER 无人无缆潜水器

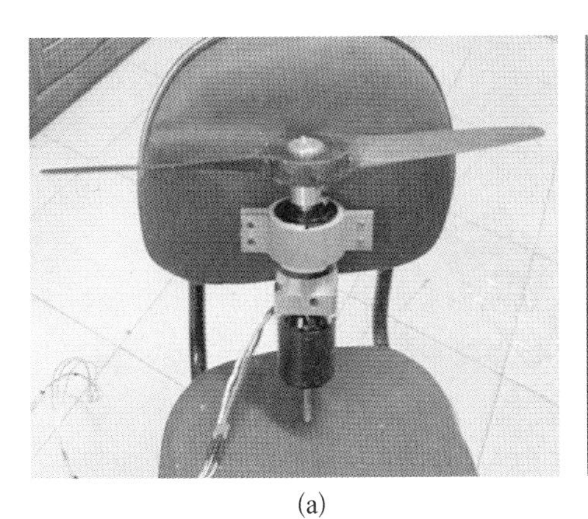

(a)

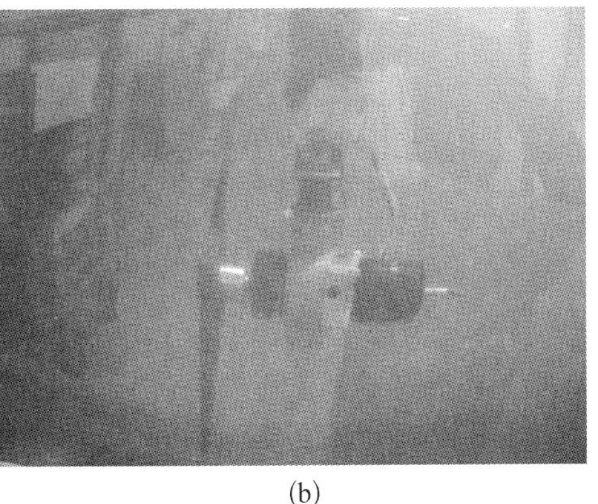

(b)

图 2-14 两叶螺旋桨推进器试验模型及试验照片

(a) 试验模型 (b) 试验照片

依据优化后螺旋桨的敞水性能结果，对电机进行了优化改进，额定转速下的电机效率由原 75%提高到 86%。在系泊状态和不同的来流状态下对桨机配合效率进行测试，试验表明桨机配合效率由原来的 52%提升到 59%。

HAILING AUV 的控制面采用了尾部十字型的布置方式(见图 2-1)。在控制面的设计方面水平舵与垂直舵设计为梯形舵形式。舵面尺寸根据海上试验结果做了进一步的改进，在保持原翼型剖面的同时，舵面积由 0.04 m^2 增加到 0.06 m^2。并对比分析了不同掠角下的升阻比，确定舵翼参数。结合艇体，计算

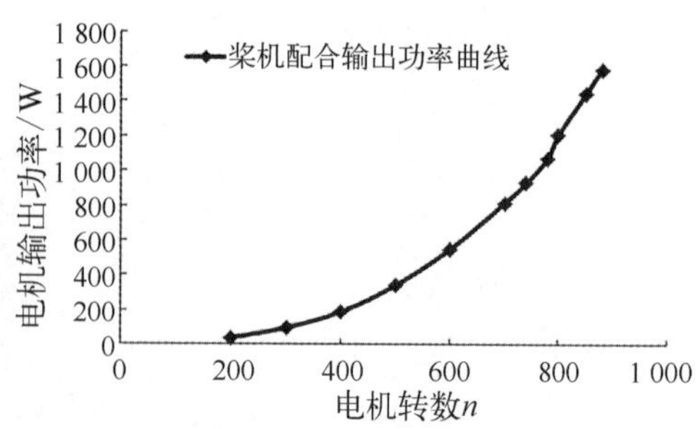

图 2-15 推进器桨机配合测试

分析了不同航速、舵角下的阻力与升力数值。结果表明在 3 kn 航速下，舵力平均提升 35%；在 5 kn 航速下，舵力平均提升 40%。HAILING AUV 后续的海上试验结果也进一步验证了改进后的舵翼大幅提高了自主探测系统的操控性能。

2.2.5 能源系统

能源系统是为无人无缆潜水器提供动力源，为设备、仪表和任务载荷提供电源的各种装置的集合。能源系统是无人无缆潜水器的基本系统之一，占潜水器总重量或总体积的很大一部分，其选型正确与否对于潜水器研制工作能否顺利进行具有关键作用。

无人无缆潜水器使用的能源系统包括蓄电池、燃料电池、太阳能电池和热气机等。出于尺寸和安全方面的考虑，蓄电池是无人无缆潜水器应用最为广泛的能源方式。目前已有多种不同种类的电池用于潜水器上：锂离子电池，锂聚合物电池，镍金属氢化物电池，铅酸电池等。电池类型的选择主要从能量密度、电压、充放电率、成本和安全性等方面考虑。

锂离子电池具有很高的能量密度，在电池周期内任一点均可以充电，不存在电池记忆的问题。定制的锂离子电池组如果充放电不正确存在爆炸的风险。对于在无人无缆潜水器上的使用而言，通常为其设计一套锂离子电池管理系统，通过附加监视电路来监视电池健康状况和负荷状态，从而对整个电池系统的使用进行管理，保证系统的安全。

锂聚合物电池的性能与锂离子电池类似，锂聚合物电池使用类似于聚丙烯腈的固态聚合物代替锂离子内的有机化合物。该类电池很难燃烧可以根据应用特殊成型。

镍金属氢化物电池的成本与前述两种电池相比较低，其能量密度也较低。镍金属氢化物电池有一些记忆效应。镍镉电池可以有比较大的放电率，适合需较大放电功率的场合。

铅酸电池成本低，可靠性高，但是能量密度远低于前述电池。银锌电池也具有较大的放电率和较高的能量密度，但是成本高，充电比较麻烦。

无人无缆潜水器对能源系统的要求可以概括为体积小、重量轻、能量密度高、安全可靠以及成本低。早期的无人无缆潜水器多采用铅酸电池和银锌电池，近 20 年来可充电的锂离子电池得到了广泛的应用。

以 HAILING AUV 为例，考虑到用户的不同需求，研究人员选取了一次性电池和充电电池两种能源配置方式。在充电电池配置方式中，选用的是由多组电池通过串并联方式组合而成的承压锂离子电池组，经过多次的压力测试试验，验证了承压锂离子电池组放电性能的稳定性。承压电池组的电芯采用的是“单体铝塑膜动力锂离子电池”，是一种安全型磷酸铁锂电芯。该种电芯单体标称电压为 3.2 V，标称容量为 50 A·h，质量为 1 kg。在一次性电池配置方式中，动力电池组的组合方式为 29 个串联 4 个并联，则电池组的额定电压为 102～122.4 V，工作电压为 100 V。电池组最大工作电流为 12 A。根据实际工作电流及考虑 116 只单体电池的一致性，电池组实际容量为 10.440 kW·h，总质量为 31.32 kg。控制电池组的组合方式为 8 个串联 10 个并联，则电池组的额定电压为 24～28.8 V，工作电压为 24 V，最大允许工作电流为 30 A。根据实际工作电流及考虑 80 只单体电池的一致性，电池组实际容量为 7.2 kW·h，总质量为 21.6 kg。

2.2.6 控制系统

控制系统是无人无缆潜水器最重要的系统之一，相当于人类的大脑。控制系统的主要作用是对潜水器进行使命和任务规划，控制潜水器的执行机构（推进器、控制面等）和各种声光电探测传感器，按照要求完成潜水器机动以及其他的操作。

无人无缆潜水器的控制系统，从计算机软件系统的角度出发，可以分为底层基础运动控制软件和高层智能决策软件。底层基础运动控制软件用于控制潜水器的航行状态和姿态，控制部分传感器的作业。高层智能决策软件用于根据作业使命并结合潜水器探测信息完成潜水器的使命规划、任务规划和作业规划。无人无缆潜水器的控制系统从硬件设备角度进行划分，可以分为潜水器内部相关硬件和支持平台相关硬件。其中潜水器内部相关硬件包括布置和安装在潜水器耐压舱内部的控制处理计算机、导航处理单元以及任务载荷处理单元等；支持平台相关硬件包括安装在支持母船或岸上的操作员工作站、天线以及相关通信支持设备等。

下面主要从计算机软件角度对 HAILING AUV 的控制系统组成进行简要介绍。HAILING AUV 的控制系统软件运行于耐压舱内的两台嵌入式计算机上(见图 2-7)。在执行探测作业任务过程中,该软件系统完成传感器信息处理、智能决策、运动控制解算、控制指令输出等一系列的计算任务。

根据该潜水器的研究目标,智能探测系统能够根据不同作业使命的需求搭载相应的探测模块完成探测任务,完成的控制系统软件设计方案如图 2-16 所示。

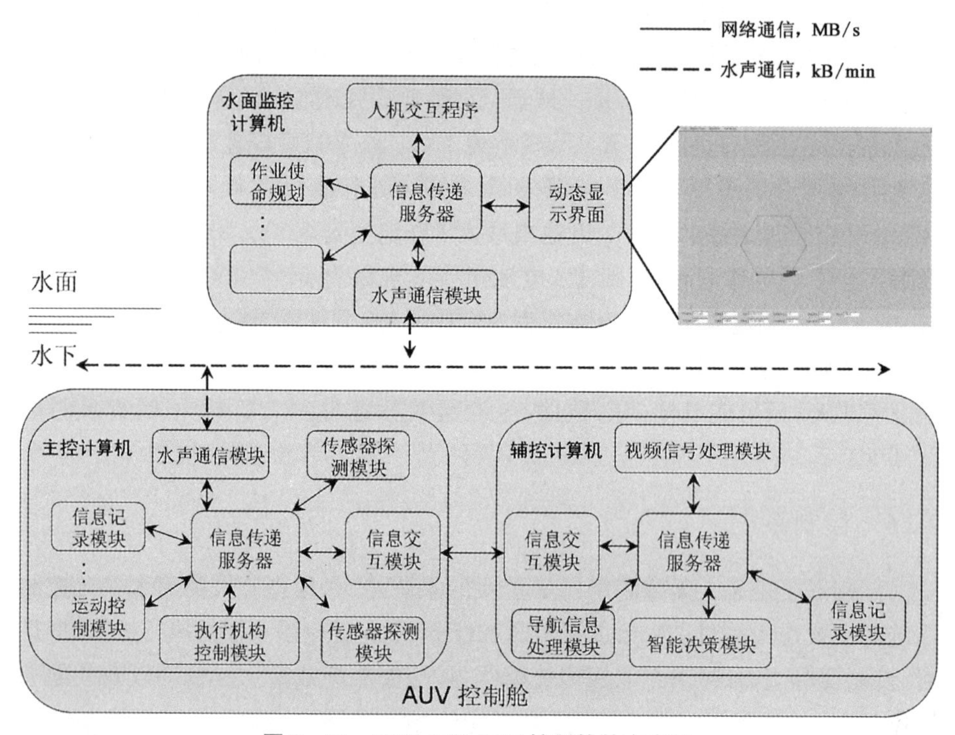

图 2-16 HAILING AUV 控制软件方案图

在图 2-16 所示的智能探测系统软件中,各功能子系统(计算机间通信、导航解算、运动控制、数据采集等)被抽象成相互独立的软件模块,各功能模块作为独立的进程/任务运行在相应的计算机上。运行于同一计算机上的软件模块之间采用统一的软件接口来实现信息的交互,水密舱内不同的计算机通过统一的信息交互协议进行信息的交互。水面监控计算机与水下计算机之间通过水声通信模块进行指令与信息的传递。该软件系统方案具有如下特点:

(1) 模块化。每个基本功能抽象为一个独立的模块,方便项目组内不同专业背景的研究人员相对独立地进行程序的开发和调试以及最终程序的运行。功能模块之间没有直接的联系，只能通过信息传递服务器获得运算所必需的其他模块的信息。模块化的设计思想使得软件系统的层次、分工明确，便于后续开发工作中模块的维护与升级。同时，模块化的设计以及统一接口的定义方便设备的更新换代，并且使得系统能够根据作业任务的不同进行软件模块的快速搭载。

（2）分布式。每一个功能模块作为独立的进程可以运行在不同的机器、不同的操作系统上，这从根本上体现了该结构的分布式特点。嵌入式计算机系统可能由数台计算机组成基于网络协议的信息传递服务器，可以高效地完成不同计算机进程/任务间的消息传递，从而可以将所有的计算机作为一个整体来对待，能忽略计算机以及操作系统之间的差异。同时，根据对作业过程中计算机状态的监控实现功能运算模块在计算机之间的合理配置，以保证对计算机资源的合理利用。

（3）星形拓扑结构。所有的信息交互以信息传递服务器为中心，呈现星形通信结构。信息传递服务器在整个软件系统中处于核心地位，负责协调各种信息在不同模块之间的交换。简单来说，其他功能模块与信息传递服务器之间是客户端与服务器的关系，功能模块向信息传递服务器提交运算结果同时从服务器获得进行下一步计算所需的必要信息。系统配备的不同传感器的更新速度有很大差异，利用信息传递服务器进行信息的维护和统一分发有利于实现数据的同步以及维持信息的一致性。

该研制方案所带来的优势是明显的，首先，无论功能模块的数量如何，通信结构总能保持这样一种简单的拓扑形式。该体系结构不会由于一个模块的增减对其他模块的代码造成变动，在很大程度上限制了一个模块的错误代码对其他模块带来影响，从而有利于节省开发调试所用的时间。同时，很多时候不同的模块需要同一传感器信息作为解算输入，利用信息传递服务器进行信息的统一分发保证了数据的一致性。其次，采用此种软件组织形式在很大程度上实现了软件的复用，提高软件复用带来的优势包括降低开发成本（减少开发时间）、提高系统性能、提高软件系统可靠性等。这对于缩短系统研发周期，提高系统可靠性以及加快探测系统向实用化发展具有积极的意义。

整个软件系统用标准 C＋＋语言编制，保证了整个软件系统核心模块和基本功能模块的源代码只要在不同的编译环境下编译就可以在不同平台（水面监控计算机为标准工控机，水下计算机为基于 PC104 总线的嵌入式计算机）以及不同操作系统（水面监控计算机为 Windows 操作系统，水下计算机为嵌入式操作系统 VxWorks）上应用。

具体到探测系统上来，耐压舱内两台计算机所运行的软件模块以及计算机之间的信息交互如图 2－17 所示。

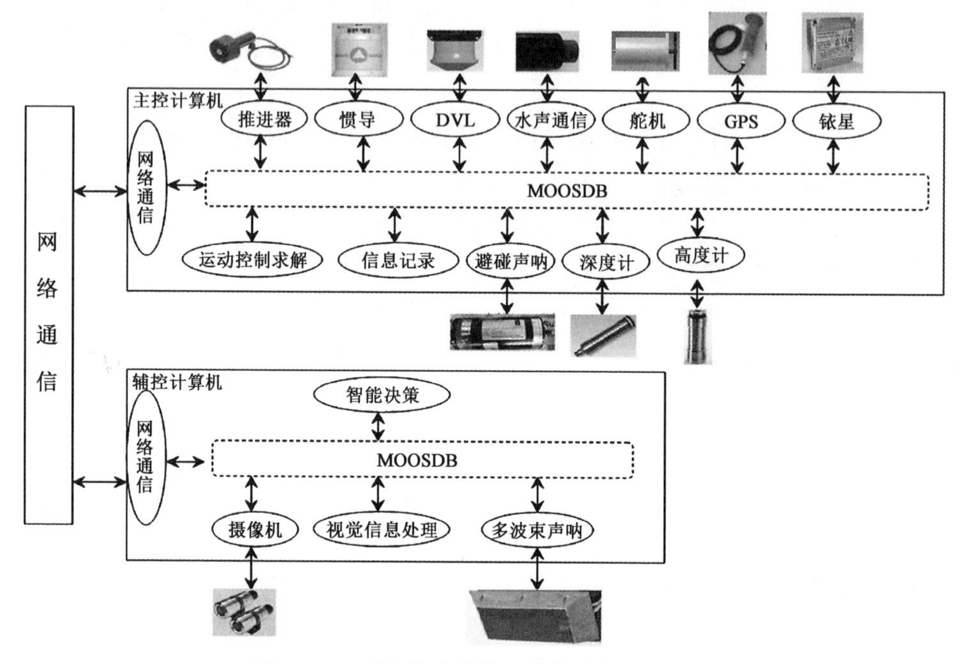

图 2－17　耐压舱内计算机软件功能划分方案

如前所述，在整个软件中，信息传递服务器处于整个软件系统的核心地位。针对现代操作系统对网络协议栈的广泛支持，确立了基于 TCP/IP 协议的信息传递服务器设计方案。在实际的工作过程中，每一个功能模块作为一个客户端与信息传递服务器建立连接，按照既定的通信协议进行数据的交互。

2.2.7　布放回收装置

无人无缆潜水器的布放回收是其实施作业的重要环节。除了岸基布放回收潜水器之外，通过水面舰船或潜艇布放回收潜水器也是比较常用的方式[1]。潜水器的具体布放回收方式与母船（母艇）的使命任务、母船（母艇）的起吊装置或甲板机械装置或武器发射装置、潜水器大小/尺寸/外形等因素有关。民用潜水器在深远海作业多以水面工作母船为主要回收方式。水面船上的布放回收装置，按照在母船上的搭载位置，分为船尾布放回收方式和舷侧布放回收方式；按照布放回收工作原理分为起重机式、倾斜滑道拖绞式和框架式。其中，起重机式吊放使用舰船起吊装卸设备，是将起吊、变幅和回转机械组合一体的装卸方式，

BLUEFIN－21 潜水器采用的就是这种布放方式(见图 2－18)；倾斜滑道拖绞式属于舰船滚装装卸设备，挪威的 HUGIN 系列潜水器(见图 2－19)采用的即是这种方式；框架式回收布放系统的典型代表是 REMUS－6000 型潜水器的布放系统(见图 2－20)。

图 2－18　BLUEFIN－21 潜水器布放系统

图 2－19　HUGIN 系列潜水器布放系统

图 2－20　REMUS－6000 型潜水器布放系统

以 HAILING AUV 为例，该潜水器采用的是滑道式布放回收方式(见图 2－21)。布放回收装置工作时，由母船上的操作员通过上位机向下位机可编程控制器控制系统输入控制信号，下位机接收控制信号后，按预先设定的程序控制相应电磁阀的动作顺序，从而控制所对应液压回路的液压缸或液压马达动作，完成对载体的布放回收等工作。该系统由收放架体、液压系统及测控系统三部分组成。控制系统上电，启动液压系统。支架驱动油缸动作，带动支架绕基座销轴转动，待转到指定工作角度后，托架驱动油缸前伸，托架带动入水架及潜水器一并前移，移动到位后剪断潜水器绳索，将潜水器放入水中。潜水器回收时，马达带动链轮转动将入水架放入水中，卷扬机绳索与潜水器连接好后，将潜水器拖到入水架上，通过液压马达带动链轮将入水架及潜水器收回，托架驱动油缸动作将托架收回，支架驱动油缸缩回。布放回收装置结构图如图 2－22 所示。

图 2－21 HAILING AUV 布放回收装置

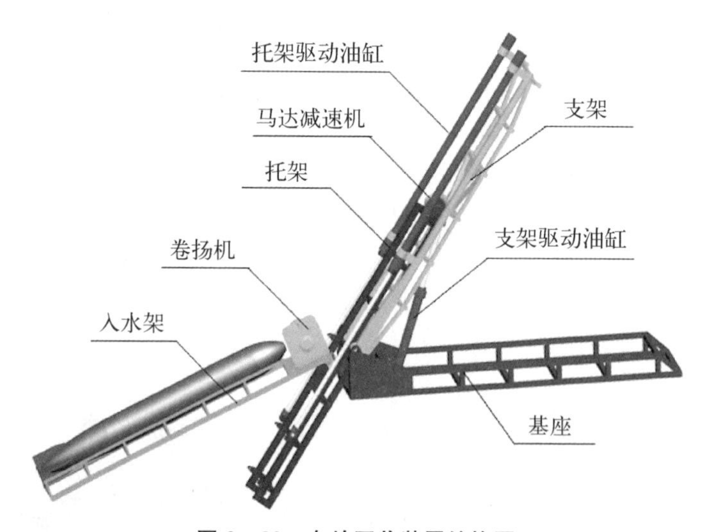

图 2－22 布放回收装置结构图

2.2.8 安全自救系统

安全自救系统是保证潜水器系统安全的一条重要防线。对大多数无人无缆潜水器而言，安全自救系统指的是在意外情况发生时能够自动完成固定压载抛除动作的控制系统和机械系统的总称。不同的潜水器设计的安全自救系统各有不同。以 HAILING AUV 为例，在系统建造之初，研究人员根据潜水器的工作时间、工作深度和工作能力等要求，综合考虑其所配备电池的能量大小、耐压壳体的厚度、搭载设备的多少等特点，对潜水器安全自救系统的物理参数及能够完成的功能提出了如下的设计要求：

(1) 设计搭载两套安全自救系统，一套为主动抛载装置，另一套为无源抛载机构。每套安全自救系统可弃压载重大于 6 kg，每套安全自救系统总质量(不含压载和抛载控制舱)不超过 4 kg。

(2) 正常情况下，两套安全自救系统可分别用于下潜压载的释放与上浮压载的释放，当需要紧急抛载时，可一起工作，抛掉全部压载实现潜水器上浮。

(3) 安全自救系统设计工作深度 1 000 m，独立工作时间 96 h。

(4) 安全自救系统安装后需保持小型智能探测系统的流线外形。

其中，主动抛载装置的控制抛载方式的实现可分为三种方式：① 通信控制抛载方式；② 传感器信息控制抛载方式；③ 自检控制抛载方式。

通信控制抛载方式是指安全自救系统通过接收来自潜水器上位机或水声通信设备给予的信息指令，完成压载的释放。此方式方便岸上监测系统能随时发送指令使潜水器上浮。

传感器信息控制抛载方式是指安全自救系统通过检测潜水器下潜深度以及工作时间，判断探测系统是否已超过预设深度或预设工作时间，从而进行压载的释放。此方式保证了潜水器在与岸上通信系统失去联系时仍能安全上浮。安全自救系统是为保证潜水器安全性而配备的系统，因此须确保其自身的安全可靠性。

系统状态自检控制抛载方式是指其自身出现漏水或电源电压低于预设电压时释放压载，实现潜水器的上浮。主动抛载装置从完成不同功能的机械结构上进行划分，可以包括控制及动力舱、抛载机构、可弃压载三部分，控制及动力舱独立布置，其他部分结构如图 2－23 所示。

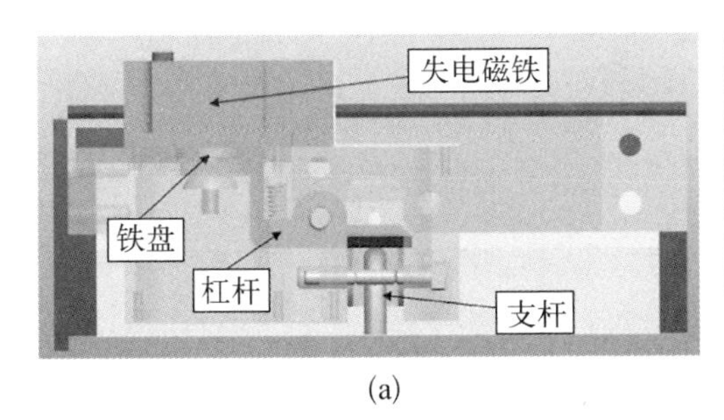

(a)

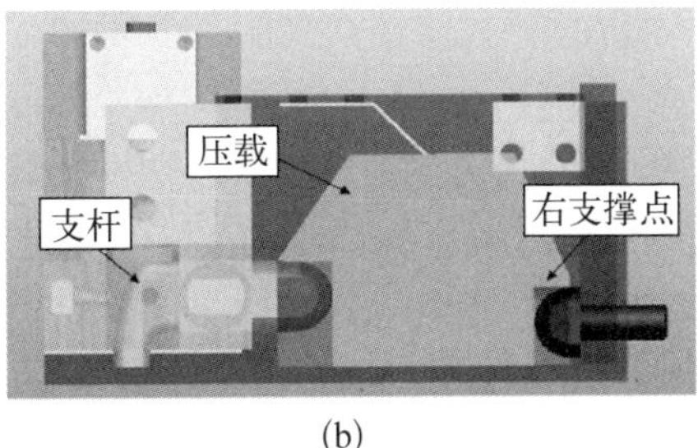

(b)

图 2－23　主动抛载系统结构图

(a) 主动抛载装置首向视图　(b) 主动抛载装置侧向视图

抛载机构为安全自救系统的执行机构，可弃压载是安全自救系统抛载的有效重量。抛载机构采用失电磁铁作为驱动元件，并通过杠杆机构传动到压载支撑点上。失电磁铁在不通电情况可产生吸力，通过杠杆传动使压载支撑点产生支撑力，从而可保证压载固定在潜水器上。当失电磁铁因通电而吸力消失时，可弃压载因自身的重力作用脱离压载支撑点，从而完成压载的释放。

无源抛载系统主要基于定深抛载装置的超深抛载方式。定深抛载装置通过采用爆破片感应外部水深的变化，当潜水器下潜深度超过爆破片可承受压力(10.8～12 MPa)时，完成压载的释放，从而实现潜水器的上浮。无源抛载机构结构如图 2-24 所示。

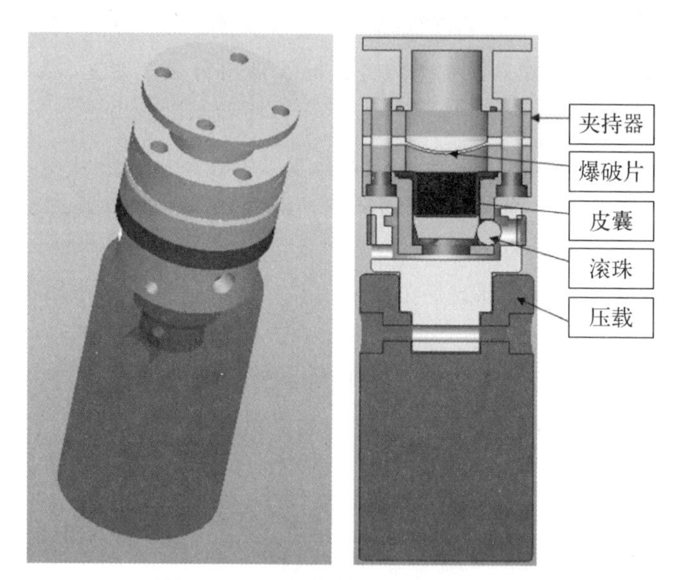

图 2-24　无源抛载机构结构示意图

3 无人无缆潜水器总体方案设计技术

3.1 总体方案设计基本方法

总体方案设计是一项涉及学科面广、技术密集度高、学科间耦合作用复杂的系统工程设计，是无人无缆潜水器研制过程中的重要环节，很大程度上决定着潜水器最终的性能。由于在方案设计初始阶段，载体、能源、推进、操纵等分系统在设计信息上存在的不确定性，总体方案设计必然是一个反复的、不断完善的过程。在设计过程中，不但涉及流体力学、结构力学、材料力学、能源学科、人工智能、控制理论等多个学科知识，还要解决各学科间的耦合问题以满足不同应用背景下的潜水器技术性能需求。总体方案设计难以找到一个不变的或大体可以遵循的设计方法和步骤，也没有一个完善的设计准则，所以其成败往往取决于设计师的实际经验、技巧和学识。在拟定方案时，特别是在初级阶段，设计师们的经验、洞察力和发明创造才智会起很大的作用。非常熟悉现有潜水器各种类型并能发挥总体感的设计师，能够较准确地确定潜水器的最合理结构形式、主尺度和性能，在满足设计任务书要求的前提下，最终设计出一台排水量与主尺度最小、技术性能最优的潜水器[20]。潜水器总体设计流程如图 3-1 所示。

潜水器设计过程一般是按照方案设计、初步设计、技术设计和施工设计这四个阶段展开，由最初的概念直至全部加工图纸、技术文件的完成。总体方案设计又称可行性设计，是为满足设计任务书而进行方案比较和分析的研究工作。在方案设计的初始阶段，首先在分析设计任务书的各项要求基础上提出实施步骤，同时运用计算机辅助设计的现有程序，对多个方案的设计要素进行估算和比较分析，评价任务书中各项要求的可行性和经济性，最后确定一个或几个可行的设计方案。方案设计必须考虑设计任务书的各项要求，并提供主尺度、排水量等技术指标，初步绘制总布置草图，并且选定艇型、结构型式、动力与能源和主要设备，确定各分系统的原理图[21-22]。方案设计还需要提供各方案的说明书以及定性的报告，尺度比较、费用估算等研究报告，供用户或方案设计审查和会审，并为后续设计做准备。在这个阶段，基本的艇体性能、推进系统形式、操纵控制方式和各重要的分系统都已确定并经过审批。绝大多数创造性的设计点都在方案设计的过程中完成，之后的设计阶段主要是获得更准确的性能数据分析结果并完善一些局部细节的设计[23-24]。设计自由度随设计过程的变化如图 3-2 所示。

在潜水器方案设计中，常采用如下几种方法：

(1) 母型设计法。该方法选用能够满足大部分技术任务书要求的现有潜水

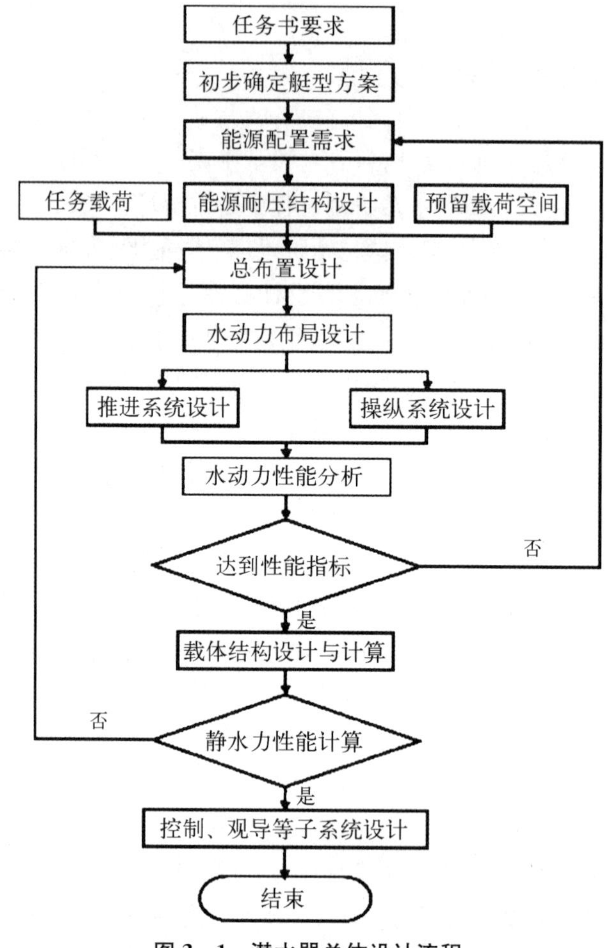

图 3－1　潜水器总体设计流程

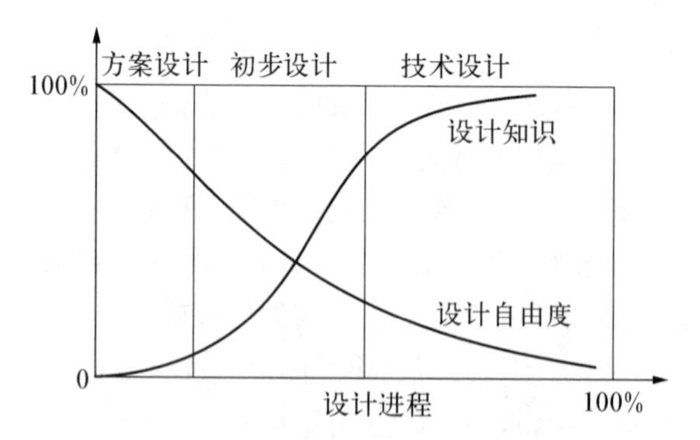

图 3－2　设计自由度随设计过程的变化

器作为母型，利用如型线结构、部件、重量指数、各种经验系数等方面的对比资料，通过采用各种公式和换算系数使问题的解法得到简化。

“母型”这个名词，不仅可理解为实际存在的潜水器，而且也可理解为设计文件、总布置图、主要性能、计算载荷和说明书等。如果所设计的潜水器只是某些性能不同于它的母型，如所要设计的潜水器只是航速和下潜深度与母型不同，那么可保留母型的设备形式与组成，只需重新计算动力装置的功率、推进器和承压结构体的强度以及相应补充和改进局部构件或设备，从而显著地简化了潜水器的设计。

(2) 逐渐近似法。逐渐近似法是潜水器设计中最常用的方法，通常是在缺少母型或者设计中缺少必要的原始资料的情况下采用。由于缺乏具体资料，设计人员在设计初始阶段不能准确地确定潜水器的重量、浮体体积和其他一些未知性能。另一方面，对于潜水器与其使用环境之间的关系以及潜水器各性能参数之间的关系来说，虽然存在具体的数学表达形式，但是某些性能指标(如使用操作、经济效益、机动性、释放回收等)很难用数学关系式表述，因此对一些不确定性问题采用逐渐近似求解就是十分必要的。在设计初期，可在已知参数与未知参数并存的方程公式中引用一些暂定的参数。如按经验公式计算推进功率时，就要采用潜水器运动阻力系数与排水量的暂定值，因为这些数值需要在潜水器设计完成时才能确定，甚至还要通过模型试验确定，而求出推进功率暂定值只是用于近似地确定动力装置重量和整个潜水器重量，当然，这些也取决于承压结构体直径、材料及其他一些参数。

(3) 方案法。潜水器设计过程中，在满足技术任务书提出的潜水器形式、用途和主要性能的前提条件下，其结构形式、承压结构、轻外壳的材料、推进器系统、造价等都会有不同的设计方案。方案法就是要在满足技术任务书的主要性能要求下，依据某个最佳标准(如最低重量与造价，以及最佳速度、下潜深度、有效载荷等)，通过分析和计算，选定最佳方案。这种方法常常需要大量的绘图、计算工作。因此人们采用计算机辅助设计方法以求提高设计质量、缩短设计周期，使设计工作建立在更为科学的基础上。

(4) 系统法。在潜水器设计时，为使潜水器(尤其是复杂的潜水器)的设计工作能够顺利进行，设计人员常常同时使用上述三种方法，按照一定的系统设计过程开展工作。

对于潜水器的设计顺序，在政治、经济制度不同的国家也各不相同。无论是民用还是军用潜水器，其设计程序都必须从“概念”开始。通常根据国民经济或国防发展的需要，由国家计划部门或用户提出设计研制新潜水器的“概念”，并在有关技术部门或论证研究中心的研究论证基础上,结合国内外的技术条件提出潜水器的设计(技术)任务书。

3.2 艇型设计技术

3.2.1 艇型设计基本原则

艇型设计包括确定潜水器的主尺度与外形,是阻力性能计算的前提,也是总布置设计中要考虑的重要因素。线型的优劣直接影响到的速度和操纵性,优良的线型可为后期的控制器设计打下坚实的基础。艇型设计的目标是确定艇体外形、长度、直径等参数,优化设计最小航行阻力的载体线型。同时需兼顾载体内部设备的布置要求、载体结构形式、装配要求、加工成本等多方面因素。由于应用需求不同,潜水器外形尺寸、结构形式存在很大差异。

在艇型的选择上通常遵循以下原则[20]:

(1) 艇体阻力小,航行性能好。

(2) 具有足够的强度,能够抵抗一定的海浪的冲击。

(3) 便于总布置以及后期维护。

(4) 使用寿命长。

(5) 良好的工艺性。

无人无缆潜水器由于自身搭载的能源有限,这就要求艇体必须具有优良的外形,要求最大限度地减小艇体的阻力,以有限功率达到设计任务书要求的航速及续航力。通常来说光顺性良好的艇体具有最少的表面积,相应的摩擦阻力也就最小。对于一个封闭容积来说,球形的表面积最小,但在水下航行时,球形外壳阻力很大,从逻辑上来说最有效的壳体应是流线型,具有最小的圆形剖面。目前的水下装备设计中,流线型回转体以其几何形状简单、线型可用数学解析式表达、便于定量分析、具有优良的流体静力动力特性等优点而广泛应用于工程实际中。但人们仍寻求各种有效的方法来降低流线型回转体的阻力和流噪声并改善其水动力性能。

目前,线型种类繁多,常见线型如图 3-3 所示。其中,大多数无人无缆潜水器都采用单体轴对称回转体线型,如鱼雷型线型和水滴型线型。从外形上看,它们一般都比较修长,具有较大的艇长宽比 L/D 值,阻力较小[1]。鱼雷型无人无缆潜水器外形尺寸参数如表 3-1 所示。

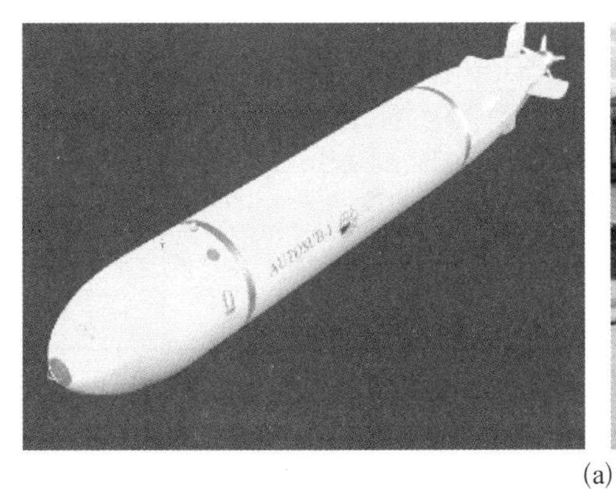

(a)

(b)

(c)

图 3-3 回转形艇体

(a) 鱼雷型艇体 (b) 水滴型艇体 (c) 低阻型艇体

表 3-1 鱼雷型无人无缆潜水器外形尺寸参数

序号	模 型	排水量/kg	巡航深度/m	巡航速度/kn	最大速度/kn	深度/m	直径/m	宽高比	国 家
1	AUSS	1 260	6 500	3	5	5.2	0.8	6.5	美 国
2	NMRS	1 020	180	4	7	5.23	0.533	9.8	美 国
3	LMRS	1 190	460	4	7	6.1	0.533	11.4	美 国
4	SEAHORSE	4 539	300	3	6	8.69	0.97	8.9	美 国
5	REMUS-100	38	100	3	5	1.57	0.19	8.3	美 国
6	REMUS-600	240	600	3	5	3.25	0.324	10.0	美 国
7	REMUS-6000	862	6 000	3	5	3.84	0.71	5.4	美 国
8	BLUEFIN-12	135~225	200	0.5	5	2.1~3.8	0.324	6.5~11.8	美 国

(续表)

序号	模　型	排水量/kg	巡航深度/m	巡航速度/kn	最大速度/kn	深度/m	直径/m	宽高比	国　家
9	GEOSUB	2 400	3 000	2	4	6.8	0.9	7.6	英　国
10	ARCS	1 360	300	4	5.5	6.4	0.68	9.4	加拿大
11	THSEUS	8 600	1 000	2	—	10.7	1.27	8.4	加拿大

Huggins 和 Pakwcod 在 Parsons 等人研究基础上，提出了一个低阻层流无人无缆潜水器线型，如图 3-3(c)所示。风洞试验结果表明，在艇体表面都是层流边界层，而且没有发生流动分离现象。在相同航速下，该线型阻力仅为普通鱼雷型线型的四分之一，具有明显的减阻效果。

相比而言，非回转形艇体虽然水下阻力较大，主要表现为形状阻力，但其有较好纵摇或横摇的稳定性能，非常适合执行高精度的海底探测作业任务(见图 3-4)。

图 3-4　非回转形艇体

目前无人无缆潜水器还有一些采用多体艇型形式，如 ABE、SEABED。多体艇型由多个单体联结而成，不但提高了航行的稳定性，而且增大了设备的布置空间，提升了设备搭载能力，较为适合海底精细探测与作业需要（见图 3-5）。

图 3-5　多体艇型

3.2.2　艇型设计方法

1. 艇型函数

目前，流线型回转体具有几何形状简单、使用数学解析式表达线型方便定量分析、流体水动力性能优良等优点，广泛应用于工程实际中[25]。在设计时，可采用数学表达式来描述艇型曲线，通过改变曲线中的参数值来表示一系列的曲线簇，从而方便有效地改变艇体的几何形状，以满足对流体水动力性能、几何尺寸等的不同要求。在建立艇体的数学表达式时，应保证在具有广泛的适用性条件下尽可能简单。著名数学家凯尔文（J. E. Kerwen）曾证明，用多项式表达整个流线型回转体，如果要达到满意的精度，至少需要用 200 阶以上的多项式来表达[26]。格兰韦尔等人经过多年的研究，为简化流线型回转体线型表达式，提出分段表示线型方程的思想，即把回转体线型分为若干特征段（见图 3-6），分段建立表达式，而各分段通过分界点的边界条件又可以将其构成整体[27]。如图 3-6 所示，图中 L 表示为艇体长度，L_H 和 L_T 分别表示首段和尾段长度，L_C 表示平行中体长度。

设计中，根据实际情况确定线型表达式的可调参数。可调参数的选择与确定需要遵循如下四个原则：

（1）可调参数必须是独立的。

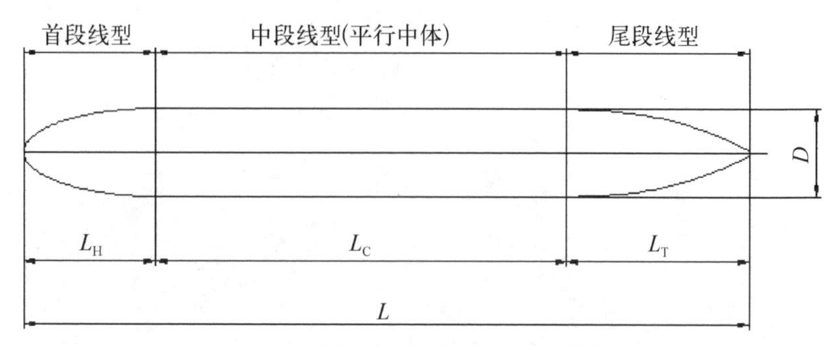

图 3-6 艇体基本参数及几何外形分段

(2) 可调参数的数值变化对于线型的几何形状应当是较敏感的，以达到便于对线型的几何形状进行调控的目的。

(3) 在可调参数值的允许变化范围内，应使数学表达式所能够表示的线型范围尽可能大，以增加该表达式的适用范围。

(4) 可调参数应具有一定的物理意义，反映线型的几何特性，以便于设计应用时可以根据线型的需要迅速地确定可调参数的数值或调整方向。

目前常采用的艇型如图 3-7 所示，其艇型函数[28-29]分别如下。

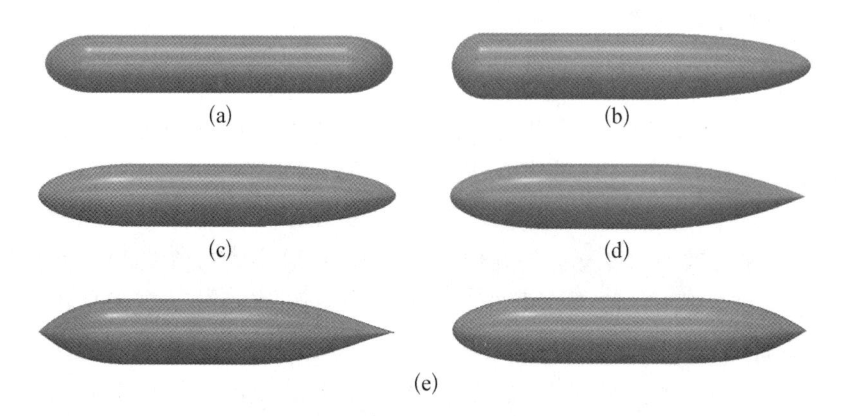

图 3-7 艇体外形

(a) 函数(1)艇体形式 (b) 函数(2)艇体形式 (c) 函数(3)艇体形式 (d) 函数(4)艇体形式 (e) 函数(5)艇体形式

(1) 艇首尾部均为半球体形式，平行中体段为流线型回转体。艇型的水动力性能较差，主要是因为艇首尾压差较大，导致黏滞阻力较大。该方案具有的优点是加工成本低廉、设备布置空间相对较大。艇型首尾部的曲线方程为

首部：
$$y=\pm\sqrt{R_0^2-(x-R_0)^2} \tag{3-1}$$

尾部：
$$y=\pm\sqrt{R_0^2-(L_C-x-R_0)^2} \tag{3-2}$$

式中，x 表示曲线上某一点距离首部顶点的水平距离；y 表示曲线上某一点距离首部顶点的垂直距离；R_0 为圆弧半径。

（2）艇体进流段是一段圆弧，去流段是半椭圆，中间段为一平行中体。该方案在尾部的有效装配空间比半球体形式有所减少，加工成本也随之增加，但由于尾部线型变得尖瘦，水动力特性有所改善。艇体首尾部曲线方程为

首部：
$$y=\pm\sqrt{R_0^2-(x-R_0)^2} \tag{3-3}$$

尾部：
$$y=\pm\frac{R_0}{L_R}\sqrt{L_R^2-(x-R_0-L_C)^2} \tag{3-4}$$

式中，L_R 为去流段长度。

（3）艇体首尾部均进行椭圆修正，为了减小压差阻力，尾部尖端沿切线延长，水动力性能得到显著改善，但由于首尾线型的尖瘦，艇体有效装配空间有所减少。艇体首尾部曲线方程为

首部：
$$y=\pm\frac{D_0}{2L_E}\sqrt{L_E^2-x^2} \tag{3-5}$$

尾部：
$$y=\pm\frac{D_0}{2L_R}\sqrt{L_R^2-x^2} \tag{3-6}$$

式中，D_0 为横剖面最大直径；L_E 为进流段长度。

（4）采用 Nystrom 流线型回转体（也就是常说的水滴形艇型）形式，根据需要增加平行中体段，以提高艇体的有效布置空间。艇体纵剖面进流段为一个半椭圆，去流段是一段抛物线。艇体首尾部曲线方程为

首部：
$$y=\frac{D_0}{2}\left[1-\left(\frac{x_E}{L_E}\right)^{n_E}\right]^{1/n_E} \tag{3-7}$$

尾部：
$$y=\frac{D_0}{2}\left[1-\left(\frac{x_R}{L_R}\right)^{n_r}\right] \tag{3-8}$$

式中，x_E 为进流段上纵向位置距横剖面最大直径处的距离；n_E 为进流段椭圆指数；x_R 为去流段上纵向位置距横剖面最大直径处的距离；n_r 为去流段抛物线指数。

（5）首尾采用格兰韦尔双参数平方多项式圆头回转体线型，保持较大的长径比，中部仍然为一平行中体。该方案尾部锥角有所减少，推迟了尾部的边界层

分离，减少了漩涡阻力，但尾部的有效容积减少，给尾部装置的安装及加工制造带来了不利影响。艇体首尾部曲线方程为

$$
\begin{aligned}
&y^2 = f(x) = r_0 R(x) + k_{s1} K_{s1}(x) + Q(x) \\
&R(x) = 2x(x-1)^4 \\
&K_{s1}(x) = \frac{1}{3} x^2 (x-1)^3 \\
&Q(x) = 1-(x-1)^4(4x+1)
\end{aligned}
\tag{3-9}
$$

$$(0 \leqslant x \leqslant 1)$$

式中，r_0 为数学线型在 $x=0$ 处的曲率半径；k_{s1} 为数学线型在 $x=1$ 处的曲率变化率；函数 $R(x)$ 与 $K_{s1}(x)$ 分别为 r_0 与 k_{s1} 的影响函数，它们的几何意义分别是当 r_0 与 k_{s1} 为单位值时对 y 坐标值的贡献，通过研究 $R(x)$ 与 $K_{s1}(x)$ 沿 x 轴的分布，可以得到 r_0 与 k_{s1} 对 y 坐标值的贡献情况，亦即对首部线型丰满度的影响；$Q(x)$ 为主函数。

从5种艇体纵剖面压强分布曲线图(见图3-8)可以得出艇体表面压强沿长度方向的变化规律为首部驻点的正压强最大，从驻点向后压强迅速减小，并在回转体的首段靠近圆柱中段的地方达到负压强最大，此后在圆柱中段又恢复稳定到零压强附近；在接近尾部曲线段处，压强再次急剧增大至负压强最大值附近(流动发生分离)，随后在尾部压强先降至0，后变为正压并增加。相比较而言，最后一种艇型具有较好的流场特性，压强梯度小，转折点位置靠后，压强分布曲线较平坦等特点。

2. 首尾艇型设计

以函数(5)艇型为例，详细讲述首尾艇型设计过程。设计过程中，通常将用

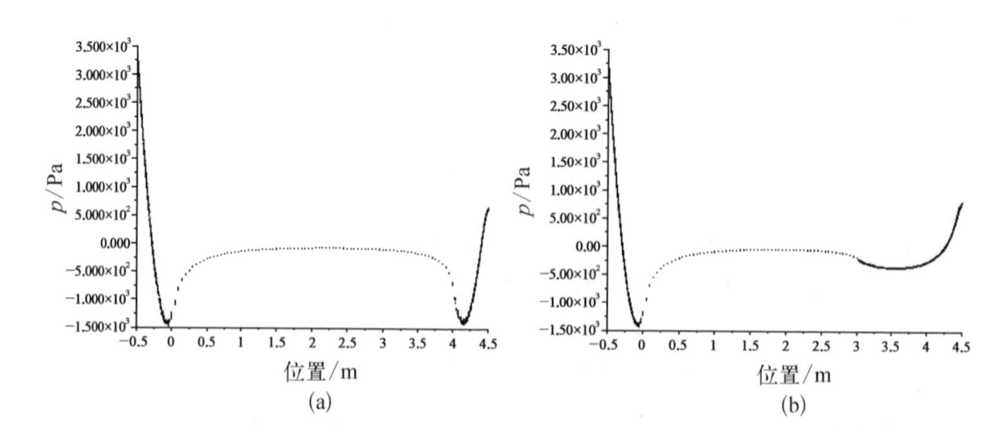

(a) (b)

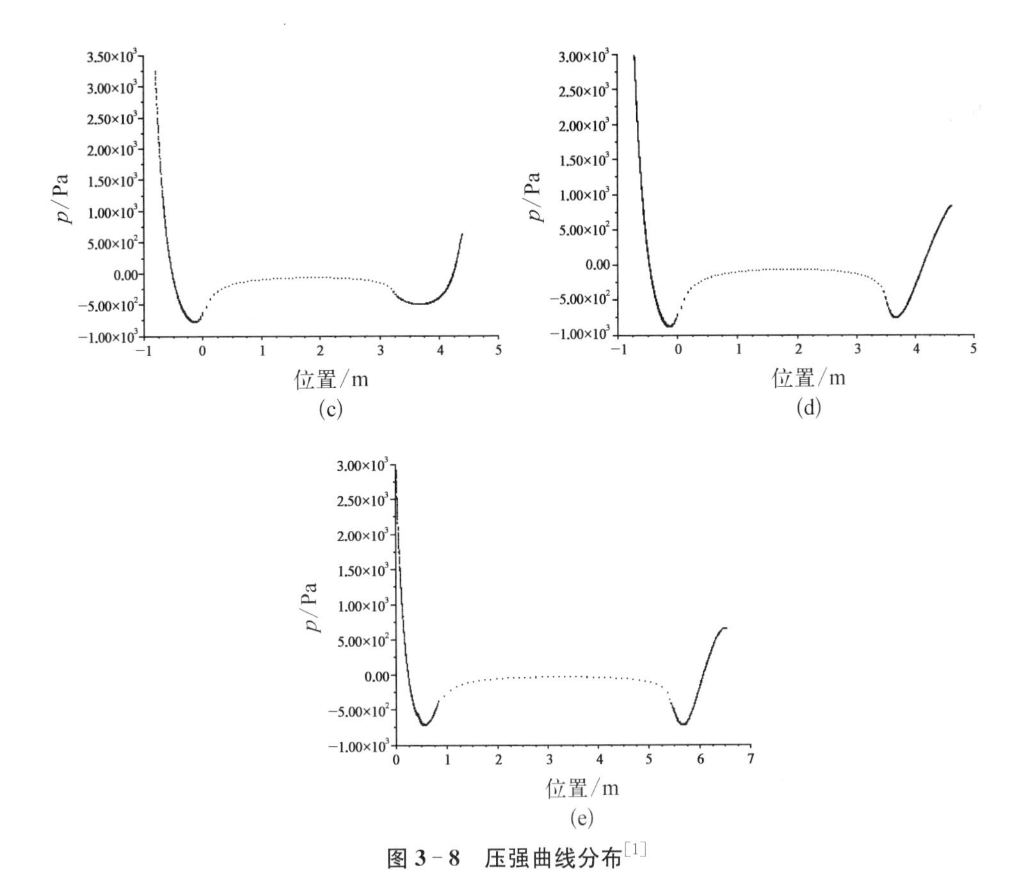

图 3-8 压强曲线分布[1]

(a) 函数(1)艇体纵剖面压强分布曲线 (b) 函数(2)艇体纵剖面压强分布曲线 (c) 函数(3)艇体纵剖面压强分布曲线 (d) 函数(4)艇体纵剖面压强分布曲线 (e) 函数(5)艇体纵剖面压强分布曲线

有量纲的坐标表示的艇体线型称为物理线型;相应地,用无量纲的坐标表示的线型称为数学线型。数学线型是对物理线型的一种抽象表示,它隐含了物理线型中有关具体尺寸的几何参数,减少了变量,便于进行数学分析,更具一般性,并且反映了线型几何形状的本质与内在规律,具有更广泛的适用性。

1) 首部线型设计

(1) 首部数学线型的建立。式(3-9)是艇体的数学线型的表示形式。设艇体总长度为 L,最大直径为 D,首段长为 L_H,平行中体段长为 L_C,尾段长为 L_T。取坐标系原点位于艇体顶端,Ox 轴沿艇体的轴线指向尾部,Oy 轴垂直 Ox 轴向上,则首部线型上任意一点 $P(X, Y)$ 在曲线函数中的坐标值表示为[30]

$$
\begin{aligned}
x &= X/L_H \\
y &= Y/(D/2)
\end{aligned}
\tag{3-10}
$$

显然可得：

$$
\begin{aligned}
&A\text{ 点：} && X=0,\ Y=0 \rightarrow x=0,\ y=0 \\
&B\text{ 点：} && X=L_H,\ Y=\frac{D}{2} \rightarrow x=1,\ y=1
\end{aligned}
\tag{3-11}
$$

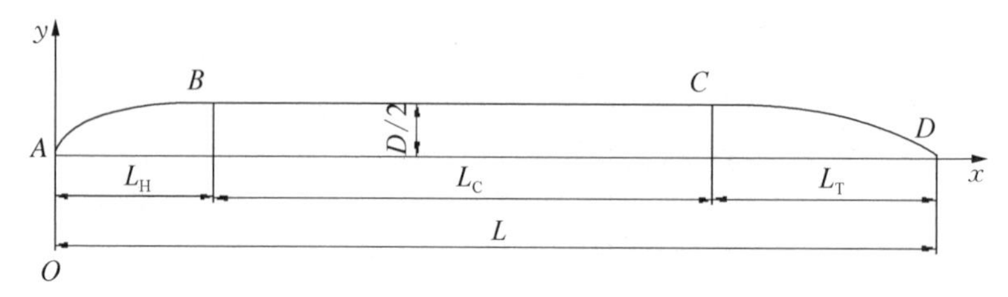

图 3-9 艇体型线坐标系

将式(3-9)中的各影响函数代入主函数中可得

$$
\begin{aligned}
y^2 &= 2r_0x(x-1)^4+\frac{1}{3}k_{s1}x^2(x-1)^3+1-(x-1)^4(4x+1) \\
&= f(x,\ r_0,\ k_{s1})
\end{aligned}
\tag{3-12}
$$

式(3-12)中的 r_0，k_{s1} 等可调参数需要确定的可行域，以便适合潜水器的线型，因此需要满足如下约束条件：

a. 零值条件。在艇体线型中，如果 $f(x,\ r_0,\ k_{s1})<0$，y 值没有任何物理意义，因此必须满足：

$$
y^2=f(x,\ r_0,\ k_{s1})\geqslant 0 \quad 0\leqslant x\leqslant 1 \tag{3-13}
$$

应用几何上包络线的概念，获得参数的可行域如下：

$$
\begin{cases}
y^2=f(x,\ r_0,\ k_{s1})=0 \\
f'=\dfrac{\partial f(x,\ r_0,\ k_{s1})}{\partial x}=0
\end{cases}
\tag{3-14}
$$

联立求解上述方程组，得到 r_0 与 k_{s1} 的参数方程为

$$
\begin{cases}
r_0=\dfrac{x^2(3x^2-10x+10)}{2(x-1)^4} \\
k_{s1}=\dfrac{3(x^3-5x^2+10x-10)}{(x-1)^3}
\end{cases}
\tag{3-15}
$$

b. 单位值条件。在 $0\leqslant x\leqslant 1$ 的范围内，y 值大于 1 是没有意义的。由单位值曲线方程组得到的约束条件为

$$\begin{cases} y^2 = f(x,\ r_0,\ k_{s1}) = 1 \\ \dfrac{\partial[f(x,\ r_0,\ k_{s1}) - 1]}{\partial x} = 0 \end{cases} \tag{3-16}$$

联立求解上述方程组，得 r_0 与 k_{s1} 的参数方程为

$$\begin{cases} r_0 = \dfrac{3x+2}{2x} \\ k_{s1} = \dfrac{3(x-1)^2}{x^2} \end{cases} \tag{3-17}$$

c. 极大值与极小值条件。为保证首部线型的光顺，在 $0 \leqslant x \leqslant 1$ 范围，y 值不应存在极大值或极小值，则有

$$\frac{\partial y^2}{\partial x} = f'(x,\ r_0,\ k_{s1}) = 0 \tag{3-18}$$

联立方程组求解，可得

$$\begin{cases} r_0 = \dfrac{15x^2}{10x^2 - 5x + 1} \\ k_{s1} = \dfrac{30(x-1)^2}{10x^2 - 5x + 1} \end{cases} \tag{3-19}$$

d. 拐点条件。无人无缆潜水器的首部线型同样不应存在拐点，则无拐点区域包络方程组为

$$\begin{cases} y'' = 0 \\ y''' = 0 \end{cases} \quad \text{或} \quad \begin{cases} 2ff'' - f'^2 = 0 \\ f''' = 0 \end{cases} \tag{3-20}$$

式中

$$\begin{cases} f' = 2r_0(x-1)^3(5x-1) + \dfrac{1}{3}k_{s1}(x-1)^2(5x-2)x - 20x(x-1)^3 \\ f'' = 8r_0(x-1)^2(5x-2) + \dfrac{2}{3}k_{s1}(x-1)(10x^2-8x+1) - 20(x-1)^2(4x-1) \\ f''' = 24r_0(x-1)(5x-3) + 2k_{s1}(10x^2-12x+3) - 120(x-1)(2x-1) \end{cases}$$

由于该方程组含有参数的乘积项，很难用解析法求解 r_0 与 k_{s1} 的表达式，但

可采用数值法求解。通过在[0，1]区间选取不同的数值 x_i，求解出相应的 r_{0i} 与 k_{s1i} 数值，从而绘制出由 r_{0i} 与 k_{s1i} 所构成的曲线簇，确定出拐点包络线。

根据上述约束条件，可以得到对应四个约束条件的四条曲线，四条曲线所包含区域的重叠部分即为最终的参数可行域，如图 3-10 所示。

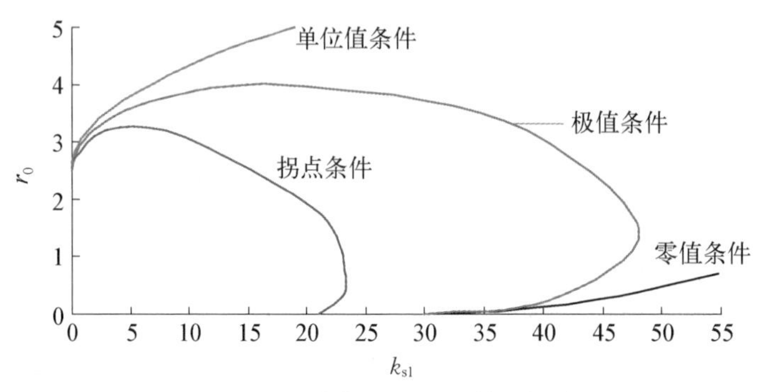

图 3-10 参数 r_0 和 k_{s1} 的可行域

(2) 参数影响分析。在潜水器总布置中，首部通常需要布置探测类或通信类传感器，传感器的类型、尺寸与数量则由首部的容积来决定。首部的容积可表示为

$$\Delta = \int_0^{L_H} \pi Y^2 \mathrm{d}X \tag{3-21}$$

则艇体首部物理线型丰满度系数 ψ_H 可表示为

$$\psi_H = \frac{\Delta}{\pi (D/2)^2 L_H} \tag{3-22}$$

将式(3-21)代入式(3-22)中，可得

$$\psi_H = \frac{4}{D^2 L_H} \int_0^{L_H} Y^2 \mathrm{d}X \tag{3-23}$$

将式(3-10)代入式(3-23)中可得

$$\psi_H = \int_0^1 y^2 \mathrm{d}x = 2/3 + r_0/15 - k_{s1}/180 \tag{3-24}$$

由式中可见，ψ_H 随着 r_0 的增大而增大，随着 k_{s1} 的增大而减小。根据 r_0 与 k_{s1} 的可行域范围可以计算得到首部数学线型可选择的丰满度系数范围。

在影响函数 $R(x)$ 和 $K_{s1}(x)$ 及主函数 $Q(x)$ 方面，图 3-11～图 3-13 分别给出了影响函数 $R(x)$，$K_{s1}(x)$ 以及主函数 $Q(x)$ 随 x 的变化曲线。从图中可以看出 $R(x)$ 和 $Q(x)$ 对 y 产生正影响，而 $K_{s1}(x)$ 对 y 产生的是负影响[29-30]。

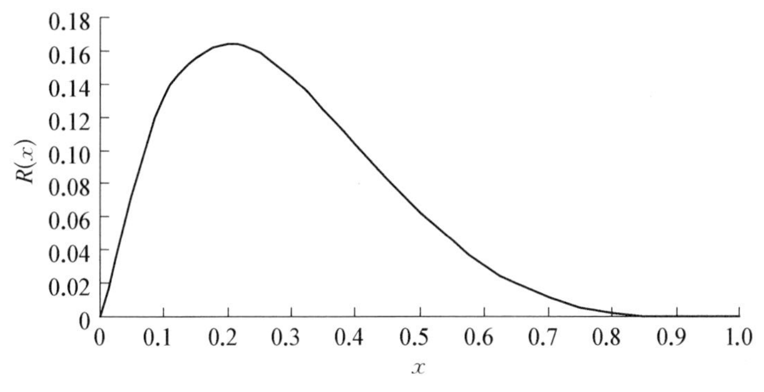

图 3-11　影响函数 $R(x)$ 的曲线

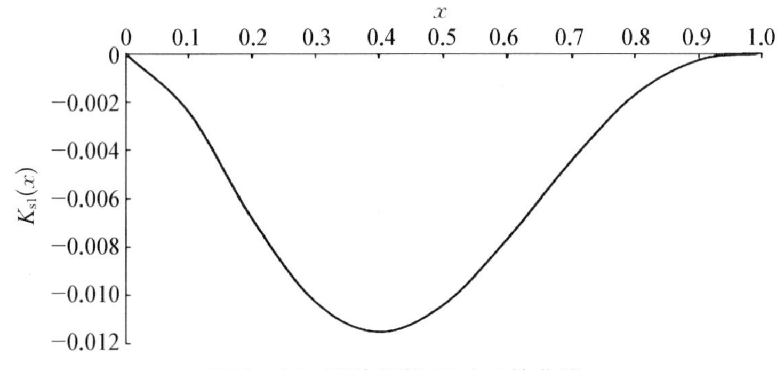

图 3-12　影响函数 $K_{s1}(x)$ 的曲线

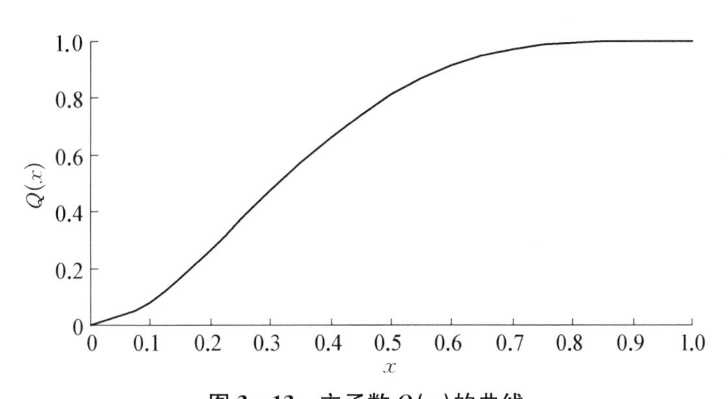

图 3-13　主函数 $Q(x)$ 的曲线

通过分析 r_0 与 k_{s1} 的影响函数 $R(x)$ 和 $K_{s1}(x)$，可得

$$\begin{cases} R'(1/5)=0,\ R''(1/5)<0 \\ R_{\max}=R(1/5)=0.163\,84 \\ K'_{s1}(2/5)=0,\ K''_{s1}(2/5)>0 \\ K_{s1\min}=K_{s1}(2/5)=-0.011\,52 \end{cases} \tag{3-25}$$

由式(3-25)可见，$R(x)$ 比 $K_{s1}(x)$ 大一个数量级，进而可得 r_0 对线型几何形状的影响比 k_{s1} 大得多，并且由于 $R(x)$ 在靠近线型顶端 ($x=1/5$) 取得极大值，因此 r_0 增大，线型前部将变得丰满。而 $K_{s1}(x)$ 对线型产生的是负影响，且在靠近前端 ($x=2/5$) 处取得极小值，因此 k_{s1} 越大，线型首部越尖瘦，尾部越丰满，在满足物理线型要求，r_0 尽量取小值，k_{s1} 尽量取大值，以利于改善艇体流体性能，减小湿表面积，降低摩擦阻力。不同 r_0 和 k_{s1} 下的双参数多项式首部数学线型曲线见图 3-14[29-30]。

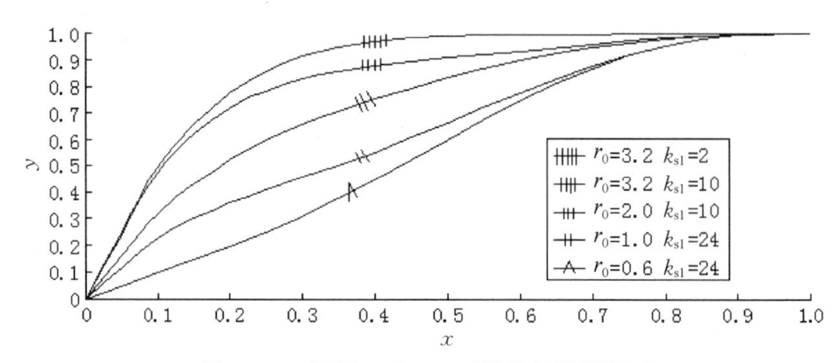

图 3-14 不同 r_0 和 k_{s1} 时的首部数学线型

(3) 首部物理线型的建立。在满足首部设备轴向最小长度的条件下，确定物理线型参数 L_H 数值。从参数 r_0，k_{s1} 的可行域中取值，得出在可行域范围内不同值时上万条曲线的参数。参数确定后，按照物理线型的要求，借助计算机筛选出符合上面讨论的曲线可调参数。各组参数所对应的物理线型曲线如图 3-15 所示。综合考虑艇体阻力特性、加工工艺、内部设备安装尺寸、艇型美观性等各方面因素，从上述可调参数中选取最优数值，从而计算得到艇体首部线型的型值表[29]。

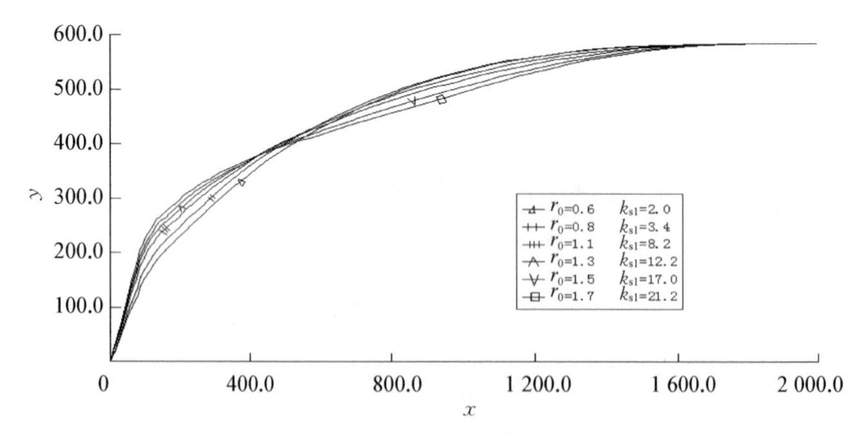

图 3-15 不同参数下的首部物理型线

2）尾部线型设计

(1) 格兰韦尔尖尾物理线型方程的建立[31]。具有尖尾的线型方程的回转体外形如图 3－16 所示，物理线型方程如下：

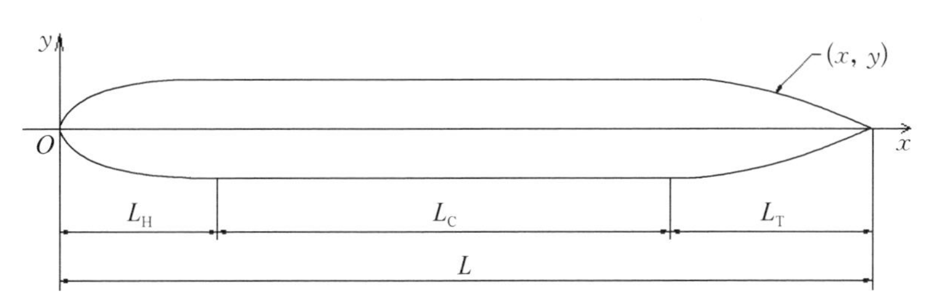

图 3－16　尖尾型艇体示意图

$$\frac{Y(x)}{L-L_C}=\frac{1}{2f_r}\left[S_t^2F_1(x)+\left(\frac{1-x_m}{x_m}\right)^2K_1F_2(x)+G(x)\right]^{1/2} \quad (3-26)$$

式中，

$$x=\frac{L-X}{L_T}$$

$$F_1(x)=-x^2(x-1)^3$$

$$F_2(x)=-x^3(x-1)^2$$

$$G(x)=x^3(6x^2-15+10)$$

x_m——不含平行中体最大直径处的无量纲轴向值，即

$$x_m=\frac{L_H}{L_H+L_T} \quad (3-27)$$

K_1——最大直径处无量纲曲率，即

$$K_1=(-2x_m^2f_r)\frac{d^2Y(L_H)}{dX^2}(L_H+L_T) \quad (3-28)$$

f_r——不含平行中体的长细比，即

$$f_r=\frac{L-L_C}{D} \quad (3-29)$$

S_t——尾端处线形无量纲斜率，即

$$S_t = [-2(1-x_m)f_r]\frac{dY(L_H+L_T)}{dX} \tag{3-30}$$

D ——回转体最大直径，m；

L ——艇体长度，m；

L_H ——首部长度，m；

L_T ——尾部长度，m；

L_C ——平行中体长度，m。

对于尖尾艇型的物理边界条件为

$$\begin{aligned} & Y(L_H) = \frac{D}{2} \\ & Y'(L_H) = 0 \\ & Y''(L_H) = K_1' \\ & Y(L_H + L_T) = 0 \\ & Y'(L_H + L_T) = S_t' \end{aligned} \tag{3-31}$$

式中，K_1'——最大直径处有量纲曲率；S_t' ——尾端处外形有量纲斜率。

(2) 物理线型参数确定。对于水滴形潜水器的设计要求，卡克斯、格兰维尔(Granville)等人经过大量的试验研究发现，尾端处外形的最大斜率应小于 tan 18.5°，如果此条件不能实现，可适当增加尾部长度 L_T。考虑到尾部与平行中体相接时，最大直径处的曲率为 $K_1'=0$，则格兰维尔尖尾线型方程变为两个参数 L_T，S_t'。其中的 S_t' 可行域为 $0<S_t'<\tan 18.5°$，也即尾端半角 α 的可行域为 $0<\alpha<18.5°$。

结合尾部设备的安装情况，即尾部电机对轴向长度的要求，确定尾部长度的可行域。根据尾部设备的安装要求，对尾部物理线型加以限制。

根据首部可调参数编程原理：在尾端半角 α 的可行域内取定一个值，尾部长度 L_T 在可行域内取不同的数值，便可得到一系列的曲线参数；然后再取定一个 α 值，尾部长度 L_T 在可行域内取不同的数值，又得到一系列的曲线参数；循环上述过程便可得到所有曲线参数；最后，根据尾部物理线型的限制条件来筛选满足要求的曲线参数。

考虑到艇体尾端的流体动力特性，过于丰满不利于减小漩涡阻力，也不利于避免分离现象的发生，而过于尖瘦又不利于设备的布置和安装。同时，在考虑艇体横、纵坐标的限制时，应尽量选取 L_T 较小时的参数，以满足长细比的要求。

在实艇设计中，由于潜水器航程需求，需要携带大量的电池以提供足够的能源，因此，艇体内部平行中体段可能需要采取并排布置多个电池舱形式，则潜水器的艇型将不再是一个纯粹的圆形回转体，其横剖面可能变为一个椭圆。因此，需要对上述圆形回转体进行修改，可通过将其在 z 方向按照所需椭圆长短轴比例的要求进行拉伸，来获得艇体线型（见图 3-17）。

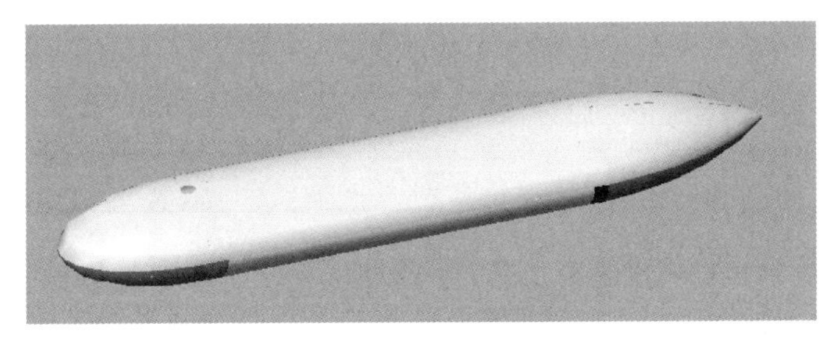

图 3-17 裸艇体实体模型

3.3 艇体结构设计

3.3.1 采用碳纤维增强复合材料的一体化结构形式设计

1. 碳纤维复合材料

近年来，随着复合材料的迅速发展和在众多领域的成功应用，采用复合材料制作舰船结构已经显示出金属材料无法比拟的优越性，这类新材料的应用也有效地促进了潜水器设计技术的发展。碳纤维复合材料具有轻质高强、设计自由度大、耐腐蚀、成形工艺性好等优点，尤其适合于中小型无人无缆潜水器的个性化设计和小批量生产，在潜水器上的应用潜力巨大。

碳纤维是碳纤维复合材料的主要组成材料，也是复合材料的承载主体，决定着复合材料沿纤维方向的强度和模量[32]。碳纤维材料的基本形式有纤维丝束和机织物。对于潜水器外壳板的制作，首选碳纤维机织物，如图 3-18 所示。它是单向连续纤维

图 3-18 碳纤维机织物

束沿 $x-y$ 方向正交布置的平纹布或斜纹布，还包括特殊设计要求的三方向、四方向的三维编织物，其优点是使用方便并能避免直接使用纤维丝束铺层制造而导致的某些方向强度太低[33]。根据国标，碳纤维机织物可分为两种等级，如表 3-2 所示。

表 3-2 碳纤维机织物两种等级的强度

等　　级	抗拉强度/MPa	拉弹性模量/GPa
高强度一级	≥3 400	≥240
高强度二级	≥3 000	≥210

树脂基体是复合材料的另一组成材料，通过参与化学反应固化成型，对碳纤维起到支撑、保护作用并实现载荷传递。树脂基体性能直接关系到复合材料的使用温度、压缩性能、横向性能、剪切性能、耐湿热性能、抗冲击损伤性能等。树脂基体的类型和品种非常多，按照固化特性分为热固性树脂和热塑性树脂，环氧树脂基体是热固性树脂中的一种，也是在复合材料中占据主导地位的基体材料。环氧树脂基体的主要性能包括与各种纤维匹配性好、耐湿热性能好、成型工艺优良、机械加工性能好、价格便宜等。国内的环氧树脂牌号主要有 618(E-51)、610(E-44)、634(E-42)等。其中 618 环氧树脂是一种广泛使用的黏结剂，具有黏接强度大、浇注工艺性好、流动性好、绝缘性好、收缩率小、吸水率低等优点，是制作潜水器复合材料外壳板的首选基体材料。

2. 一体化设计

复合材料结构的成型工艺创造了结构一体化设计(或称为“一体成型式”结构)的前提条件。潜水器外壳板采用一体化设计，不但可以大大减少零件数量，而且可以减少连接件和连接过渡区附加重量、减少装配，是减轻结构重量、降低成本的有效技术途径。复合材料一体式潜水器与加筋壳式潜水器在结构特点上是一致的(见图 3-19)，主要区别在于复合材料与传统金属材料相比，其可设计性使得加强结构不局限于型材，而更加灵活。

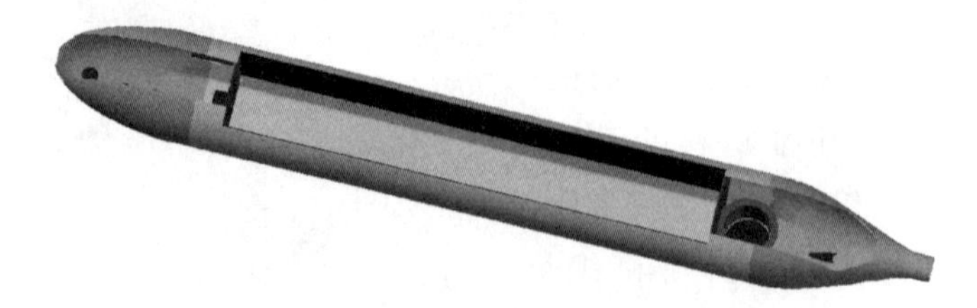

图 3-19 碳纤维复合材料一体成型式潜水器结构

艇型结构整体化设计主要是通过碳纤维复合材料单层板的铺层设计完成的。主要要求包括[34-35]：

(1) 单层板的铺层顺序应尽可能采用对称均衡铺层，以消除耦合效应。

(2) 铺层设计一般有 4 个铺设角(0°，±45°，90°)，且每个铺设角所占的铺层比例应不少于 10%，以利于刚度协调。

(3) 层组厚度对单向带应不超过 4 层，以防发生基体沿纤维方向开裂。

设计中，可在舱段间采用横向加强舱壁连接，舱段两侧采用纵向隔板骨加强，纵向隔板和横向隔板既是外壳的加强结构，又起到安装布置内部设备的作用。在满足艇体强度要求的同时也满足了系统的耐腐蚀性要求。为了进一步提高整个艇体的总纵强度，同时减轻重量，可在轻外壳与纵向隔板间浇注浮力材料，设置成夹层结构(见图 3-20)。这样既可提高艇体浮力又可提升艇体总纵强度。

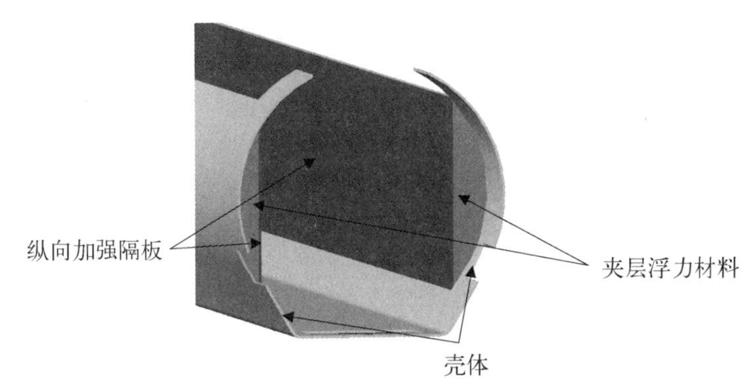

图 3-20　壳体的夹层结构

碳纤维复合材料一体化壳体工艺过程如下：

(1) 将选用的碳纤维预浸布在模具内设定温度下保持一定时间固化工艺成型。

(2) 加工阳模模具。使用数控加工雕刻版材料，加工的尺寸与艇体设计的相同。

(3) 加工阴模。使用玻璃纤维预浸布在阳模的表面糊制 10 mm 的玻璃钢，在外侧做加强支架以防止变形，待树脂固化后将玻璃钢从阳模上脱下并加以处理。

(4) 在阴模的内表面贴上“特氟龙”材料的脱模布以防止黏连，将处理好的碳纤维预浸布贴在阴模内。

3. 结构计算分析

由于纤维复合材料具有正交各向异性的特点，用弹性力学的解析法计算十分烦琐。目前,采用有限元软件进行仿真计算是解决复合材料结构强度问题的通用方法。正交各向异性材料的本构关系可以通过下式表示:

$$\begin{Bmatrix} \varepsilon_x \\ \varepsilon_y \\ \varepsilon_z \\ \gamma_{xy} \\ \gamma_{yz} \\ \gamma_{zx} \end{Bmatrix} = \begin{bmatrix} \frac{1}{E_x} & -\frac{\nu_{yx}}{E_y} & -\frac{\nu_{zx}}{E_z} & 0 & 0 & 0 \\ -\frac{\nu_{xy}}{E_x} & \frac{1}{E_y} & -\frac{\nu_{zy}}{E_z} & 0 & 0 & 0 \\ -\frac{\nu_{xz}}{E_x} & -\frac{\nu_{yz}}{E_y} & \frac{1}{E_z} & 0 & 0 & 0 \\ 0 & 0 & 0 & \frac{1}{G_{xy}} & 0 & 0 \\ 0 & 0 & 0 & 0 & \frac{1}{G_{yz}} & 0 \\ 0 & 0 & 0 & 0 & 0 & \frac{1}{G_{zx}} \end{bmatrix} \begin{Bmatrix} \sigma_x \\ \sigma_y \\ \sigma_z \\ \tau_{xy} \\ \tau_{yz} \\ \tau_{zx} \end{Bmatrix} \tag{3-32}$$

其张量表示形式为 $\boldsymbol{\varepsilon} = \boldsymbol{S}\boldsymbol{\sigma}$。式中,$\boldsymbol{\varepsilon}$,$\boldsymbol{\sigma}$ 分别为宏观的材料应力与应变张量,$\boldsymbol{S}$ 为弹性柔度矩阵。根据以上式子,可以通过施加不同的载荷条件,解除本构关系中各个参数的耦合作用,就能独立求出各个材料参数,获得材料本构关系式。

对于复合材料结构分析方面,ANSYS 软件能够提供一系列单元进行数值模拟,可设置多达 250 层以上的铺层数,并给出多种解决方案来处理复合材料层合结构问题。主要步骤包括[36]:

(1) 有限元模型的建立。由于潜水器作业环境特殊,承载结构复杂,而且要求具有很强的安全性,所以,对各个部件及连接位置的应力和变形都需要进行仔细检验。由于复合材料特殊的叠层结构,建模过程中需要对其由下至上逐层进行材料参数的详细定义,即各层的材料性质、纤维主方向的方向角以及层厚度等信息。在 ANSYS 中,第一层默认为最下边的一层,其他各层沿单元自身坐标系的 z 轴逐层向上累加(见图 3-21)。

在建立结构的几何模型阶段,可对实际结构进行合理简化,主体结构通常可分为首部、中部、尾部三个部分。在建立几何模型时,结构连接处可认为耦合在一起,从而简化计算并更接近真实情况,而建模分析也将会比实际中的情况更偏于保守。根据 ANSYS 提供的适用复合材料的单元类型,可选择 SHELL99 单元对几何模型进行网格划分。所有的板壳被切割成规则形状,并尽量将各面划

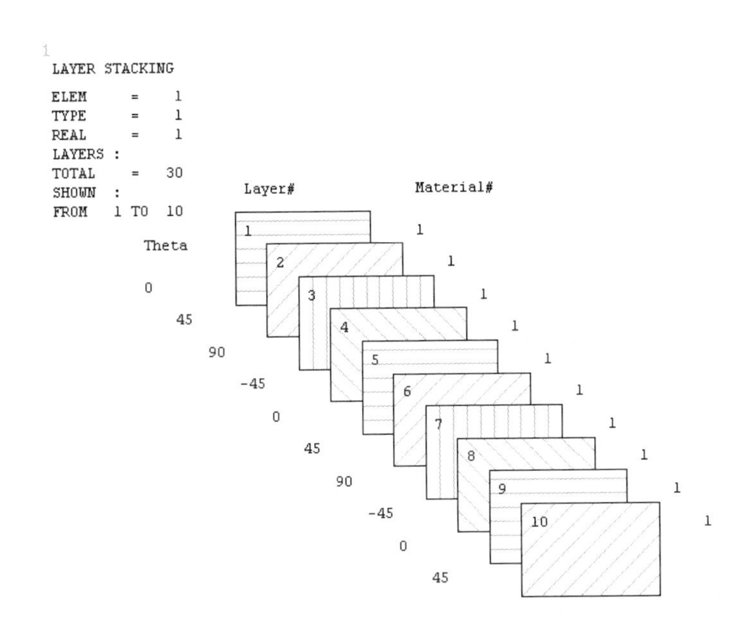

图 3-21 碳纤维结构分层

分成四边形网格，以提高计算精度。为了反映不同结构的材料和几何性质，可将不同的实常数赋予各个结构。针对于双点吊放工况，有限元模型需对边界条件进行处理，选择两个起吊点处刚性固定，即将吊点处 x，y，z 各方向的平动自由度及转动自由度全部约束。根据上述简化和约束，建立的有限元模型如图 3-22 所示。

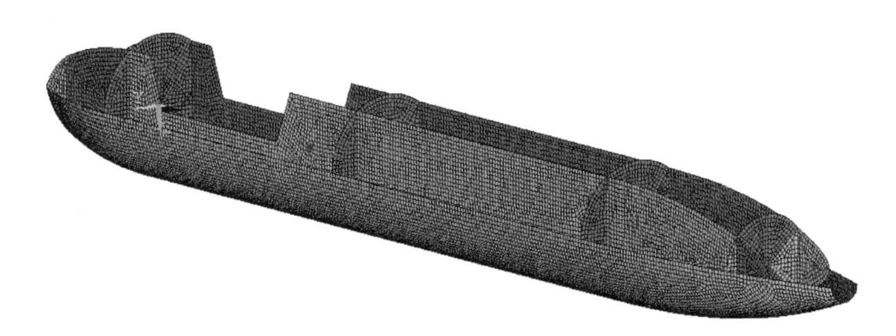

图 3-22 无人无缆潜水器有限元模型

(2) 载荷施加。潜水器内部结构紧凑，各种设备紧密相连。加载结构载荷时，分两种形式对受力状况进行模拟，一种是用加载重力加速度的方式来表示潜水器结构自身的重力作用；另一种是以等效集中力代替潜水器内部各种仪器、耐压结构、浮力材及外壳等设备的重力作用，将它们按照相应位置进行载荷施加。通过启动 ANSYS 计算分析软件的通用后处理求解器，在上述所设定的双点吊放工况下，分析两种不同复合材料铺层形式承载结构的强度和刚度情况，计算出各构件所产生的应力和变形值(见图 3-23)。

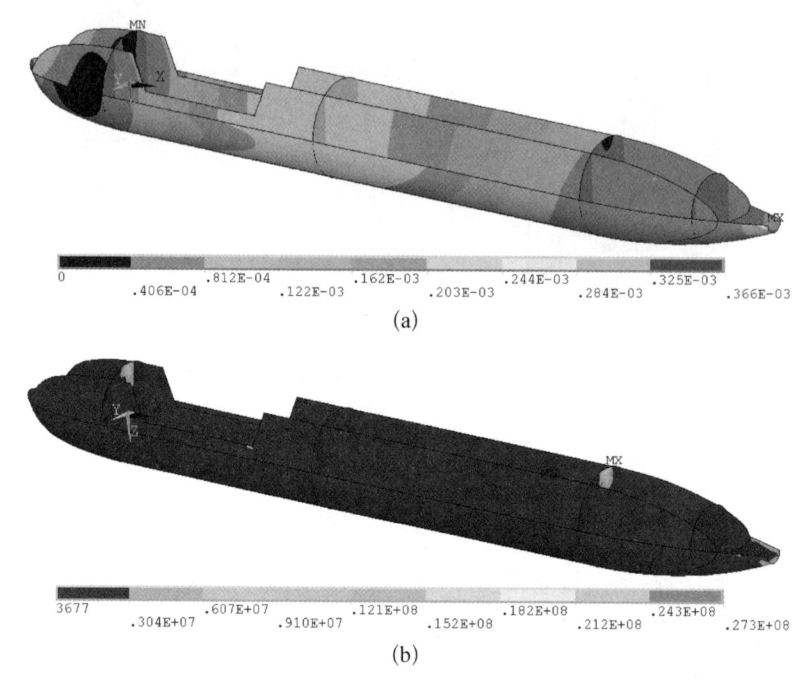

(a)

(b)

图 3-23 无人无缆潜水器的有限元分析结果

(a) 吊放动载荷为 2.0 工况的变形图 (b) 吊放动载荷为 2.0 工况的应力图

复合材料的模型要比各向同性材料复杂，使用 ANSYS 分析复合材料结构问题时要特别考虑以下几点：

(1) 单元类型选择。针对复合材料结构问题进行分析时，ANSYS 软件中有多种单元类型可供选择，常用的是 SHELL 单元和 SOLID 单元，包括 SHELL 单元中的 99、91、181、190 和 SOLID 单元中的 46、186、191 七种单元类型。SHELL99 是一种三维 8 节点壳单元，这种单元一般应用于分析薄到中等厚度的板结构或壳结构。类似的 SHELL91 单元也可以处理复合材料问题，只不过它最多允许 100 层铺层材料，另外，SHELL91 更适用于大变形的情况。SHELL181 是 4 节点三维壳单元，该单元支持所有的非线性功能，允许有多达 250 层的材料层。SOLID46 是三维实体单元 SOLID45 的一种叠层形式，用来建立叠层壳或实体的有限元模型。SOLID191 是三维实体单元 SOLID95 的一种叠层形式，与 SOLID46 类似，SOLID191 可以模拟厚度不连续的情况，但是 SOLID191 单元不支持非线性材料和大挠度情况。除此之外，针对不同复合材料的模拟分析问题，还可使用 SOLID95、SHELL63、SOLID65、BEAM188、BEAM189 等单元。

(2) 叠层结构定义。叠层结构是复合材料的一个主要特点。它通常由多层正交各向异性材料复合而成，并且每层的主方向可能不同。一般来说，对于叠层复合材料进行分层材料定义时主要应用以下两种方法，一是定义每层的材料参数来确定材料层性质，二是定义本构矩阵来确定宏观的力和力矩与宏观的应变以及曲率之间的关系，进而确定材料的分层性质。

(3) 定义失效准则。失效准则用于获知在所加载荷条件下，各层是否会失效。由于复合材料的各向异性，在研究复合材料强度时，不能用主应力和主应变来判断。在 ANSYS 中，常应用三种失效准则，它们分别是最大应力准则、最大应变准则和蔡-吴张量准则。使用者可以从中自行选择合适的失效准则进行分析。有关失效条件的设置问题，三种准则各不相同，对于最大应变失效准则来说，可以设定 9 个失效应变；对于最大应力失效准则，可设定 9 个失效应力；对于蔡-吴失效准则，允许有 9 个失效应力和 3 个附加耦合系数。定义失效准则时应重点考虑以下两个方面：

a. 在所有方向上都要定义失效应力或失效应变，以满足材料正交各向异性的要求。

b. 当对于某个特定的方向不希望检验其失效应力或失效应变时，可以在这个方向上设定一个比较大的数值。

(4) 计算工况。对潜水器承载结构进行强度和刚度分析时，将基本载荷定为潜水器在空气中的重量。而设计载荷是用基本载荷乘以动载荷系数得到的，因为它必须要考虑潜水器在工作中可能出现的超载、穿越水面时的特殊受力状况和母船运动对潜水器所造成的影响。其他方面的考虑，如材料缺陷、计算误差和制造工艺等则通过安全系数来表示。在动载荷系数的规定上，不同国家的规范要求不尽相同，其制定原则主要是各个国家根据本国的海况、技术水平、辅助设备以及交通状况等因素所确定的。不同国家规范中对动载荷系数、安全系数制定的标准，如表 3-3 所示[37]。

表 3-3 国内外潜水器的动载荷系数和安全系数

所属规范	日本深海	俄罗斯规范	中国救生	中国规范
吊 放	3	4	3	3
回 收	4	4	4	4

（续表）

所属规范	日本深海	俄罗斯规范	中国救生	中国规范
动载荷系数	1.437 5	1.8	3	1.7
安全系数	4	3.2	1.8	1.8

3.3.2 外形分段模块化结构形式设计

1. 模块化定义

模块化是20世纪中期发展起来的一种标准化形式。快速设计和快速生产的舰船武器系统、大型装备、航天器和电子设备等高度复杂的产品向传统的设计方式和生产模式提出了挑战，当设计、制造或研究、开发面对着过于庞大、复杂的系统时，通常处理和思考问题的方法已无能为力，人们就将把大系统分割成若干相对独立的部分，从而产生了模块化这一使问题易于解决的标准化方案。英国从20世纪60年代后期就应用模块化概念开发武器系统，美国首先出现了标准电子模块。随着复杂的大系统日渐增多，模块化也就成了人们用来处理复杂问题的常用方法。模块化进程通常需要遵循以下原则：

（1）功能和结构相对独立。所有模块都有它所针对的、相对独立的任务，它所实现的功能包含在全体功能集合里，并且有评价及监控其性能的指标。

（2）软、硬件接口标准化。所有模块都可以通过标准软、硬件接口与其他模块相连接，不但表现在硬件结构上的连接，最重要的是要实现功能融合的要求。

（3）具有可重构性。除了主体模块相对固定些，所有功能模块，可执行增减替换的操作，以实现不同的功能要求。

（4）建立完备的功能模块组。根据已确定的功能集合中每一功能，分别建立有针对性的模块，所有功能模块组成一系列的模块库，每一功能需求都有与之相对应的功能模块来实现，才能仅仅通过模块的增减替换，就搭建出满足所有功能需求的潜水器系统。

无人无缆潜水器具有技术密集、研制费用高、更新速度快、任务需求多样、生产批量小等特点，因此，外形分段模块化设计是一种“以少变求多变，以组合求创新”的研发策略，是通过可互换的标准单元模块组合为载体，这些单元模块可重新拆装，组成具有新功能的新潜水器载体或新结构，而结构单元模块可多次重复利用。无人无缆潜水器的研制，通过系列化和模块化设计，可以在基本型号的基础上，根据需求派生出新的型号，以满足不同用户的需求。这种设计方法既可缩短研制周期、尽快地适应作业环境和作业任务的变化，也降低了研制成本。外形分段模块化设计可以最大限度地继承和利用现有成功的经验与成果,减少设计和试验工作量,降低研制风险和研制费用,缩短研制周期。

2. 分段模块化结构形式

从分段模块化设计思想来考虑,无人无缆潜水器的结构根据艇体外形可分为首部舱段、中间舱段和尾部舱段三个部分。根据功能划分的需求,三个部分又可以具体分解为几个功能模块部分。通常功能模块包括环境探测与信息采集模块、控制模块、能源模块、动力推进与操纵模块等四个基本部分。各个分段分别集成了深度计、高度计、避碰声呐、多普勒测速仪、摄像机惯性导航系统等。各分段可根据使用要求,在基本分段上更换不同类型传感器,以满足任务需求。如在探测结构舱段实现多波束测深声呐模块与侧扫声呐模块的更换,从而实现海底地形探测与海床目标探测不同任务的需求(见图 3-24)。

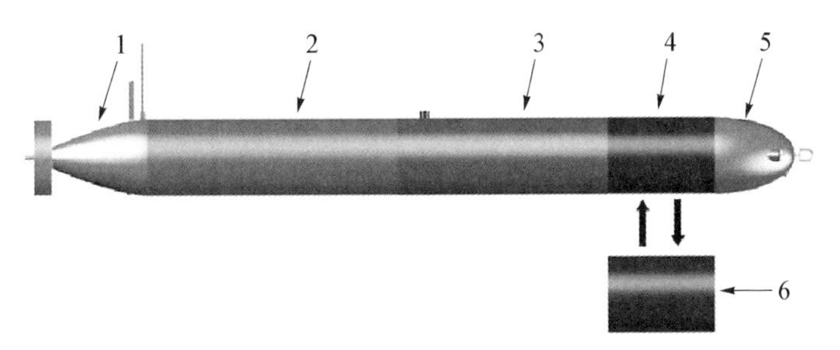

图 3-24 舱段结构示意图

1—尾部舱段,也可称作动力推进模块;2—属于中段,通常为动力能源模块;3—属于中段,是控制与通信模块;4,6—可更换功能模块;5—首部舱段,可称作环境探测与信息采集模块

各模块化结构舱段的连接形式目前有以下几种[38]:

图 3-25 分段模块化后的潜水器

(1) 舱段间采用拉杆连接，如图 3－26 所示。拉杆末端的螺纹与模块 2 头部螺纹孔形成螺纹副；拉杆穿过模块 1 将模块 2 的头部拉入模块 1 的尾部并将其连接为一体。两个模块间采用径向密封形式，密封部位位于模块 2 在模块 1 内的延伸部分。

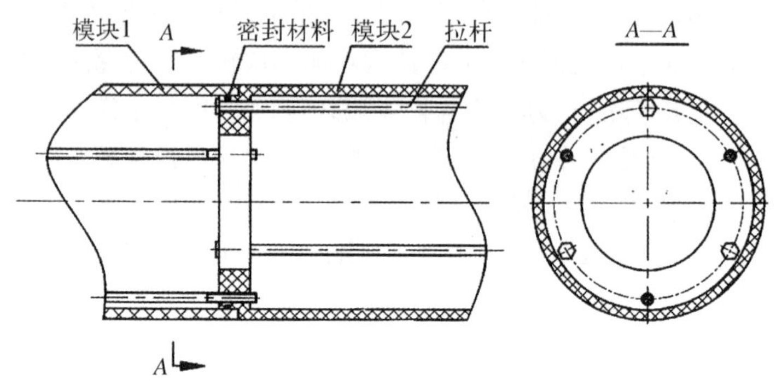

图 3－26　拉杆连接示意图（参见文献[38]）

(2) 舱段间采用螺栓连接，如图 3－27 所示。螺栓穿过模块 1 尾部的外壁与模块 2 头部的螺纹孔形成螺纹副，从而将模块 2 的头部固定在模块 1 的尾部；密封材料位于模块 2 的螺纹孔前部。

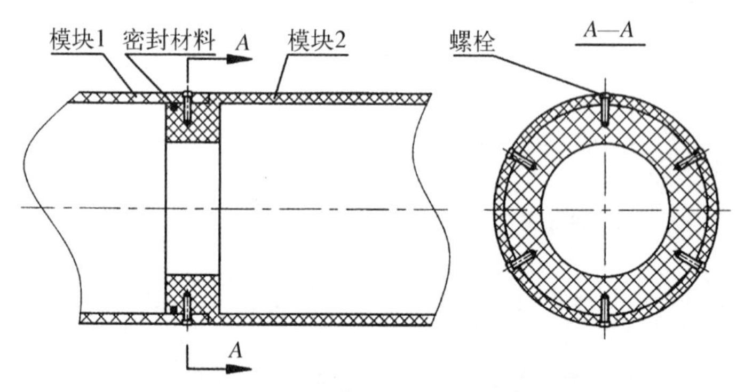

图 3－27　螺栓连接示意图（参见文献[38]）

(3) 螺纹连接，如图 3－28 所示。模块 2 的头部与模块 1 的尾部形成径向螺纹副，从而使模块 1 与模块 2 连接为一体；密封材料在模块 2 的螺纹前部。

拉杆连接形式要求各模块在轴向设置紧固拉杆的螺纹孔及穿过拉杆的通孔，拉杆在无人无缆潜水器的轴向均布且使潜水器各模块连接为一体；螺栓连接形式是由螺栓穿过设在各模块壁上的孔从而将各模块连接为一体；螺纹连接形式则通过设在模块壁上的螺纹副进行连接。就成本而言，拉杆连接形式在工艺和材料费用方面比螺栓连接与螺纹连接形式高；螺纹连接形式必须在模块壁

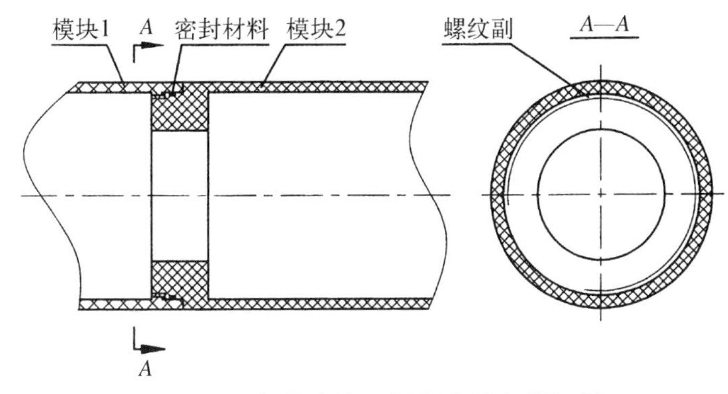

图 3-28 螺纹连接示意图(参见文献[38])

上设同轴度较高的螺纹,所以螺纹连接形式在工艺费用方面比在模块壁外部直接攻出径向螺纹孔螺纹连接形式稍高。

金属材质的拉杆在无人无缆潜水器轴向起到拉紧与加固的作用,其抗弯与抗拉性能比潜水器本体壁上的螺纹副好;同时,螺纹副由于在模块轴向旋合,其抗弯与抗拉性能比依靠模块壁对螺栓的剪切作用所形成的连接形式好;在连接强度方面,拉杆连接形式在上述三种形式中最好,螺栓连接形式最差。

用拉杆串联或用螺栓紧固的形式能保证各模块连接方向的一致性,依靠螺纹副串联的各模块需要相对的旋转运动,这种运动影响各模块之间方向的一致性,对电器连接造成一定的困难;同时,拉杆串联会使潜水器在轴线方向挤压电器的连接结构,容易对线路造成损伤;螺栓紧固的形式是由螺栓在潜水器的壁上径向紧固,对内部线路不会造成损伤;所以在模块化程度方面,螺纹连接形式最低,螺栓连接形式比拉杆连接形式稍高。

拉杆在各模块串联时不占用无人无缆潜水器的径向空间,螺栓连接与螺纹连接形式的螺栓孔与螺纹副均设在各模块的径向部分,占用潜水器轴向空间,使潜水器的长度增加;而螺纹副占用潜水器舱壁的厚度要小于在舱壁上设螺栓孔所需的厚度,因此在冗余长度方面,拉杆连接形式较螺纹连接形式优,螺栓连接形式最低。

由拉杆连接的各模块在安装与拆卸时要按顺序进行操作,螺栓连接或螺纹连接的各模块可不按顺序对任意模块进行拆装;而螺栓连接的各模块只需要扳手对螺栓进行操作即可完成各模块的拆装,螺纹连接的各模块需要对潜水器本体加固后用专用工具进行拆装;因此在拆装方便程度上,螺栓连接形式最高,螺纹连接形式最低。

3.4 性能计算

3.4.1 阻力性能估算方法

由于还没有精确的公式来计算潜水器的阻力，在方案设计阶段只是按经验公式或数值模拟对阻力进行估算。

1. 阻力公式估算

对于在水下运动的潜水器，如果潜深超过了一个艇长，那么可以忽略兴波阻力的影响，则总阻力可表示为

$$\begin{aligned} R_{\mathrm{T}} &= R_{\mathrm{f}} + R_{\mathrm{PV}} + R_{\mathrm{AP}} \\ &= \frac{1}{2}\rho V^2 (S_{\mathrm{f}} C_{\mathrm{f}} + S_{\Delta \mathrm{f}} C_{\Delta \mathrm{f}} + S_{\mathrm{PV}} C_{\mathrm{PV}} + S_{\mathrm{AP}} C_{\mathrm{AP}}) \end{aligned} \tag{3-33}$$

式中，R_{T} 为总阻力；R_{f} 为摩擦阻力；R_{PV} 为形状阻力；R_{AP} 为附体阻力；C_{f} 为摩擦阻力系数；$C_{\Delta \mathrm{f}}$ 为粗糙度补贴系数；C_{PV} 为形状阻力系数；C_{AP} 为附体阻力系数；S_{f}，$S_{\Delta \mathrm{f}}$，S_{PV}，S_{AP} 表示相应的阻力面积，通常可用湿表面积、迎流面积或者艇体长度平方（L^2）来描述；V 为航速。

需要注意的是，在式(3-33)中，阻力系数是无量纲量，其数值与特定的阻力面积相对应，因此设计者计算时阻力系数应与阻力面积保持一致，也就是说设计者不能采用基于迎流面积得到的阻力系数与潜水器湿表面面积相乘来得到摩擦阻力数值。

在式(3-33)中，各阻力成分如下：

1) 摩擦阻力 R_{f}

在潜水器低速运动中，摩擦阻力将是裸船体阻力的主要组成部分。潜水器的摩擦阻力包括两部分，一部分是艇体光滑表面的摩擦阻力，是由水的黏性而引起；一部分是由于潜水器表面的粗糙度导致摩擦阻力的激增。

摩擦阻力具体计算步骤如下：

(1) 计算雷诺数 $Re = VL/\nu$，其中 L 为特征长度(m)，V 是航速(m/s)，ν 是指海水的运动黏性系数，它是与海水的温度、压力以及含盐量有关的函数，如表3-4所示[39]。

表 3-4 运动黏性系数和密度与温度间的变化关系

温度/℉	密度/(lb·s²/ft⁴)	运动速度/(ft²/s)
32	1.994 7	—
34	1.994 6	—
36	1.994 4	—
38	1.994 2	—
40	1.994 0	—
42	1.993 7	1.656 8
44	1.993 4	1.603 5
46	1.993 1	1.553 1
48	1.992 8	1.505 3
50	1.992 4	1.459 9
52	1.992 1	1.416 6
54	1.991 7	1.375 8
56	1.991 2	1.226 8
58	1.990 8	1.299 6
60	1.990 3	1.264 1
62	1.989 8	1.230 3
64	1.989 3	1.197 9
66	1.988 8	1.166 9
68	1.988 2	1.137 2
70	1.987 6	1.108 8
72	1.987 0	1.081 6
74	1.986 4	1.054 4
76	1.985 8	1.030 3
78	1.985 1	1.006 2
80	1.986 6	0.983 0

(2) 根据光滑平板摩擦阻力公式，计算出摩擦阻力系数 C_f。常用的平板摩擦阻力公式有以下几种[40]：

a. 伯拉奇公式：

$$C_f = \frac{R_f}{\frac{1}{2}\rho S V^2} = 1.328 Re^{-1/2} \tag{3-34}$$

b. 桑海公式：

$$\frac{0.242}{\sqrt{C_f}} = \lg(Re \cdot C_f) \tag{3-35}$$

或当 $Re = 10^6 \sim 10^9$ 时，为

$$C_f = \frac{0.4631}{(\lg Re)^{2.6}} \tag{3-36}$$

c. 普朗特-许立汀公式：

$$C_f = \frac{0.455}{(\lg Re)^{2.58}} \tag{3-37}$$

d. ITTC 推荐公式：

$$C_f = \frac{0.075}{(\lg Re - 2)^2} \tag{3-38}$$

e. 普朗特过渡流摩擦阻力公式：

$$C_f = \frac{0.455}{(\lg Re)^{2.58}} - \frac{1700}{Re} \tag{3-39}$$

以上各式中，伯拉奇公式只适用于边界层为层流的情况，而桑海公式、普朗特-许立汀公式、ITTC 推荐公式适用于湍流边界层。式(3-39)是普朗特根据平板试验得出的经验公式，只适用于边界层为过渡状态的情况。

(3) 确定粗糙度补贴系数的数值。上述公式都是在光滑平板的理论或实验研究基础上得到的，但是因为在海水中的水下潜水器艇体表面不可能保持光滑，这将影响边界层中的流动，从而影响摩擦阻力系数，这种影响通常用摩擦阻力系数的修正值来计入，称为粗糙度补贴系数 ΔC_f，其数值为 0.000 4～0.000 9。

2) 形状阻力 R_{PV}

形状阻力是由于艇体后部或沿前进方向的艇体曲率骤变处发生流场分离而

引起压力梯度变化所产生的阻力。剩余阻力受艇体形状影响很大。水下运动的物体，若仅从流体动力性能的角度考虑，其理想的外形为一流线型的回转体，且其长度直径比为6左右。而实际的潜水器外形，除深潜救生艇与上述艇型较为接近外，大多数都相去甚远，其外形流线型较差。而就为数众多的开式框架结构的无人带缆潜水器而言，外形对其快速性更为不利。因而，形状阻力在总阻力中所占的比例较大，尤其在高速运动的情况下是裸艇体阻力的主要成分。

对于裸艇体的形状阻力系数一般按艇型相仿的母型选取，也可按下式估算：

$$C_{PV}=C_{\Phi}\cdot K\cdot\frac{A}{S} \tag{3-40}$$

式中，A 为水下艇中部横剖面面积；$K=f(B/H)$；S 为水下湿表面积；C_{Φ} 可由下式获得，

$$C_{\Phi}=f(L_{R}/A^{1/2},\ \phi) \tag{3-41}$$

式中，L_{R} 为去流段长；ϕ 为水下纵向棱形系数，$\phi=\nabla/(L\cdot A)$。

若线型图尚未完成，则水下湿表面积可按下式进行估算：

$$S=\left(a+b\frac{L}{\nabla^{1/3}}\right)\cdot\nabla^{2/3} \tag{3-42}$$

式中，$\nabla=\frac{\pi}{b}LBH$；$a=3.25$（回转体），3.9（常规型）；$b=0.83$。

剩余阻力系数 C_{r} 由于流动分离现象的复杂性很难通过分析预测得到。为了解决这个难题，设计者可通过模型试验测量在不同速度下的模型阻力。从总阻力中减去由ITTC公式算出的摩擦阻力就是剩余阻力。

3）附体阻力

除艇体阻力外，潜水器的附体阻力也不容忽视。附体阻力占到总阻力很大的一部分，特别是因为潜水器带有很多的光源、照相机、机械手等。螺旋桨自身的阻力并不计算在其中，但是与之相连的部件、暴露的轴系等需要计算其中。就裸船体阻力来说，附体阻力计算公式如下：

$$R_{AP}=1/2\rho AV^{2}C_{AP} \tag{3-43}$$

式中，C_{AP} 是附体阻力系数。在实际试验中并不分别测量附体各部分阻力数值，而是只计算总阻力系数大小。大部分附体阻力系数都是基于迎流面积。表3-5列出了常用的附体阻力系数[39]。

表 3－5 典型附体阻力系数估算值

附　　体	附体阻力系数	公式中的面积项
半球形(圆顶)	0.015	横截面积
天线	1.2	投影面积
圆柱	1.2	投影面积
鱼雷状武器	0.005	湿表面积
流线型凸起	0.005	湿表面积
表面开孔	0.5	迎流面投影面积
平板	0.011	迎流面投影面积

4) 阻力其他估算方法

设 V 表示航速，L 表示艇长，D 表示艇体最大直径；∇表示艇体全排水量。S. F. Hoerner 提供了两种用于计算阻力系数的简易算法[41]。虽然该算法是基于特定的船体几何范围，但仍可用于初期的估算。

基于湿表面积：$$C_{AP}=C_f\left[1+1.5\left(\frac{D}{L}\right)^{3/2}+7\left(\frac{D}{L}\right)^{3}\right] \tag{3-44}$$

基于迎流面积：$$C_{AP}=C_f\left[3\left(\frac{L}{D}\right)+4.5\left(\frac{D}{L}\right)^{1/2}+21\left(\frac{D}{L}\right)^{2}\right] \tag{3-45}$$

考虑到艇首尾形状系数的影响，Gillmer 和 Johnson 对式(3－44)进行改进[24]，如下：

$$C_{AP}=C_f\left[1+0.5\left(\frac{D}{L}\right)+3\left(\frac{D}{L}\right)^{7-n_f-n_a/2}\right] \tag{3-46}$$

式中，n_f，n_a 分别为首部和尾部的形状系数。

另外一些估算公式如下：

$$C_D=C_f\left[1+60\left(\frac{L}{D}\right)^{-3}+0.0025\frac{L}{D}\right]\frac{S}{L^2} \tag{3-47}$$

$$C_D=\frac{c_{ss}\pi A_p}{A_f}\left[1+60\left(\frac{L}{D}\right)^{-3}+0.0025\frac{L}{D}\right] \tag{3-48}$$

式中，$A_p=LD$；$A_f=\frac{1}{4}\pi D^2$；$c_{ss}=3.397\times10^{-3}$；

$$C_D = C_f(1+k) \tag{3-49}$$

式中，$k=0.6\sqrt{\frac{\nabla}{L^3}}+9\frac{\nabla}{L^3}$。

2. 基于CFD的数值计算方法

除了采用简单的经验公式进行潜水器阻力估算之外，较为准确的阻力计算方法是采用母型船资料和模型试验并借助于流体计算软件。在设计过程中，由于资料欠缺或者模型试验周期长、耗资大，往往难以满足多方案优化选型的进度要求，使得这些方法实施起来存在大量的困难[43]。当今计算流体力学的飞速发展及其在潜水器水动力预报方面的应用为解决以上困难提供了新的有效途径。FLUENT是目前水动力性能计算中比较流行的商业软件，其采用了计算流体力学主流使用的有限体积法，同时提供了众多的湍流模型、近壁面处理方式、网格自适应技术、多重网格加速收敛技术，有效地保证了计算结果的真实性与可靠性，并极大地提高了计算的准确性与快捷性[44]。在潜水器阻力性能计算方面，Fuglestad等采用计算流体力学的方法计算了挪威潜水器HUGIN-3000型的阻力，并对比了模型试验数据，验证了计算的有效性[45]。Phillips等用CFD方法计算了多个不同形状和尺寸的潜水器的阻力，并对比了模型试验数据，验证了使用CFD方法辅助艇型设计的可能性[46]。同样，采用计算流体力学的方法，Listak等得出了仿生潜水器的水动力性能并对比了模型试验数据[47]。以FLUENT软件为例，其计算过程如下：

(1) 几何模型建立。采用前处理软件ICEM对潜水器进行1∶1建模，如图3-29所示。

图3-29 300 kg级无人无缆潜水器数值模型

建立好模型后，根据模型确定计算域。计算域的选择主要是根据潜水器的运动，考虑使流场充分发展的需要，控制域可选为圆柱体域。计算域可从潜水器首部向前延伸1.8倍艇长，从潜水器尾部向后延伸4倍艇长，沿宽度方向左右各延伸1倍艇长,深度方向上下各延伸1倍艇长。为方便下一步网格划分并保证网格质量,计算域划分如图3-30所示。

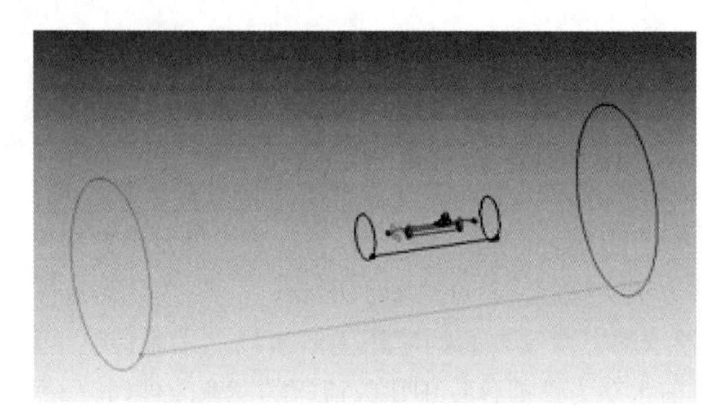

图3-30 控制域流场的分块

(2) 网格划分。计算的潜水器模型可采用混合网格,把计算域分成两块,将网格区域归为含潜水器的内流场和剩余的外流场两部分。内流场采用非结构化网格,因为非结构化是一种适应性最强的网格形式,可以适应任何形状的求解区域。同时非结构化网格在生成过程中采用一定的准则进行优化判断,因而能生成高质量的网格,很容易控制网格的大小和节点的密度,它采用随机的数据结构有利于进行网格自适应。外流场由结构化六面体网格和棱柱体网格构成,从而达到减少网格数量和提高网格质量的目的。混合网格形式如图3-31所示。

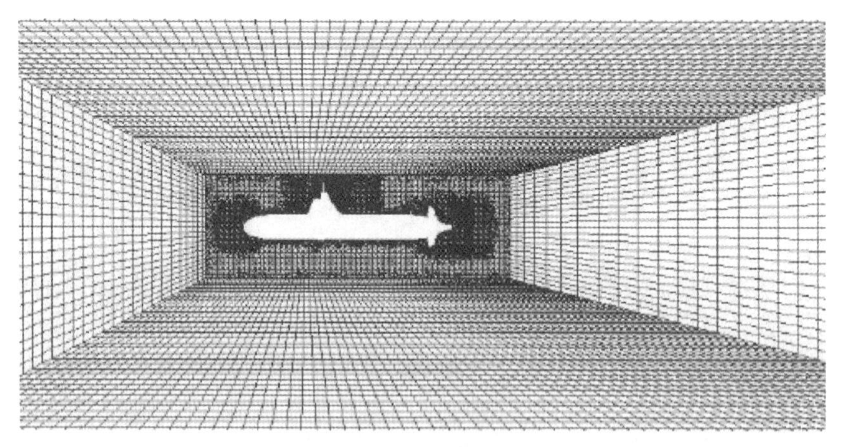

图3-31 混合网格

(3) 边界条件的设置。计算区域的入口处设为速度入口条件(velocity inlet),在FLUENT软件中设置相应的速度大小,方向沿$-x$方向;计算区域的出口处设为压力出口条件(pressure outlet),该边界处的流动是完全发展的,出流面上的流动情况由区域内部外推得到，且对上游流动没有影响；其他控制域边界条件也设为速度入口条件，模拟潜水器在水中的真实环境情况，因为计算域足够大，使得四周不受潜水器的影响；潜水器表面设为无滑移的壁面条件(WALL)；内部边界不用设置，FLUENT 软件默认为内部连接面；整个计算域为流体。

(4) 直航阻力试验数值模拟。在 FLUENT 软件中，选择隐式分离求解器，时间选择定常选项，采用标准 $k-\omega$ 模型为湍流模型，采用标准壁面函数，使用 SIMPLEC 算法对压力速度耦合方程组进行求解，离散方程中扩散项采用中心差分格式，对流项中压力采用 Standard 方式离散，动量、湍动能和湍动耗散率采用二阶迎风格式离散。欠松弛因子用于控制每个迭代步内所计算的场变量的更新。速度入口处给定不同的来流速度模拟直航试验，得到对应阻力，如表 3-6 所示。艇体周围的流场情况如图 3-32 和图 3-33 所示。

表 3-6 无人无缆潜水器的阻力性能

速度/(m/s)	0.5	1	1.5	2	2.5	3
阻力计算值/N	9.22	37.64	84.83	150.33	234.18	336.35

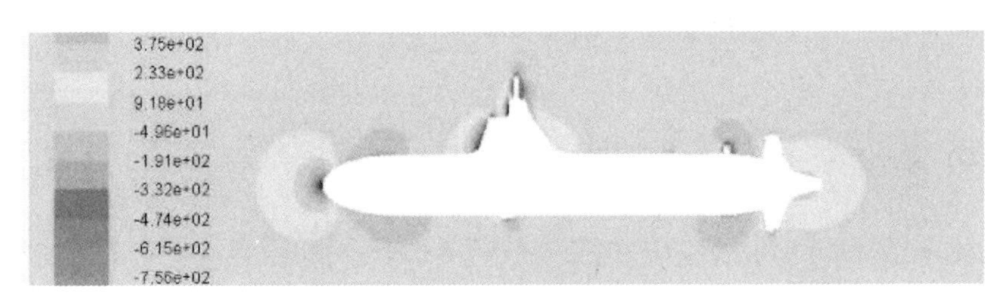

图 3-32 压力云图

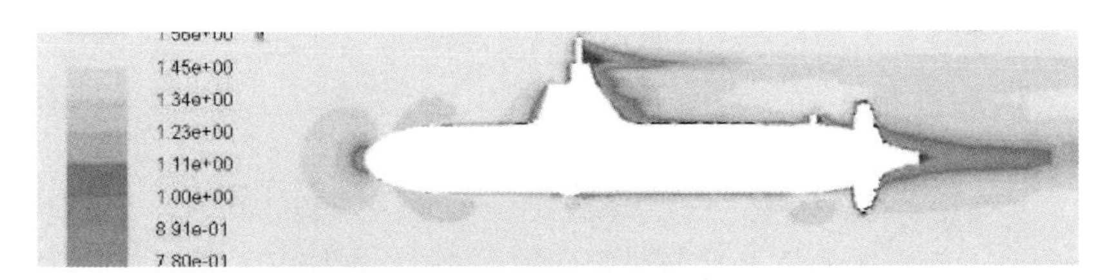

图 3-33 速度云图

3.4.2 操纵性能估算方法

潜水器操纵性水动力系数的确定是操纵性能估算的关键。由于在总体方案的初始设计阶段，设计的自由度决定了艇型参数甚至主尺度都无法确定，因此常采用近似估算方法获得水动力系数。虽然精度有限，但是仍可以满足以规范为要求的潜水器操纵性设计要求[48-49]。

近似计算方法认为艇体和各附体分别可用等值椭球体及等值平板的理论计算结果来确定；在“迭加原理”和所谓“相当值”的基础上，即假定潜水器的水动力系数（包括加速度系数、速度系数、角速度系数）等于艇体和各附体（舵、翼等）的水动力系数之和，同时计及艇体与各附体的相互影响[50]。

在我国标准中，关于主艇体与附体水动力系数的近似估算公式如下[51]：

(1) 对垂直面运动，主艇体线性水动力系数按式(3-50)～式(3-53)计算：

$$Z_w'^{(H)}=-\left[0.22-0.35\left(\frac{H}{B}-1\right)+0.15\left|\frac{H}{B}-1\right|\right]\nabla^{2/3}/L^2 \quad (3-50)$$

$$M_w'^{(H)}=\left[1.32+0.037\left(\frac{L}{B}-6.6\right)\right]\left[1-1.13\left(\frac{H}{B}-1\right)\right]\nabla/L^3 \quad (3-51)$$

$$Z_q'^{(H)}=-\left[0.33+0.023\left(\frac{L}{B}-7.5\right)\right]\left(2-\frac{H}{B}\right)\nabla/L^3 \quad (3-52)$$

$$M_q'^{(H)}=-\left[0.575+0.10\left(\frac{L}{B}-7.5\right)\right]\left(1.65-0.65\frac{H}{B}\right)\nabla^{4/3}/L^4 \quad (3-53)$$

(2) 对水平面运动，主艇体线性水动力系数按式(3-54)～式(3-57)计算：

$$Y_v'^{(H)}=-\left[0.22-0.35\left(\frac{B}{H}-1\right)+0.15\left|\frac{B}{H}-1\right|\right]\nabla^{2/3}/L^2 \quad (3-54)$$

$$N_v'^{(H)}=-\left[1.32+0.037\left(\frac{L}{H}-6.6\right)\right]\left[1-1.13\left(\frac{B}{H}-1\right)\right]\nabla/L^3 \quad (3-55)$$

$$Y_r'^{(H)}=\left[0.33+0.023\left(\frac{L}{H}-7.5\right)\right]\left(2-\frac{B}{H}\right)\nabla/L^3 \quad (3-56)$$

$$N_r'^{(H)}=-\left[0.575+0.10\left(\frac{L}{H}-7.5\right)\right]\left(1.65-0.65\frac{B}{H}\right)\nabla^{4/3}/L^4 \quad (3-57)$$

式中，L 为艇长，m；B 为型宽，m；H 为型深，m；∇ 为排水体积，m^3。$Y_v'^{(H)}$，$N_v'^{(H)}$，$Z_v'^{(H)}$，$M_v'^{(H)}$ 分别表示主艇体线性水动力和力矩导数。

附体线性水动力系数计算的关键在于附体的力 $Y'^{(i)}_v$ 和 $Z'^{(i)}_w$ 的计算。

水平鳍线性水动力系数按式(3-58)计算：

$$
\begin{aligned}
Z'^{(\mathrm{hf})}_w &= -\frac{\bar{C}^{(\mathrm{hf})} b_0^{(\mathrm{hf})} (4.6 b_0^{(\mathrm{hf})} - 6.7 \bar{D}_\mathrm{H}^{(\mathrm{hf})})}{(2.04 \bar{C}^{(\mathrm{hf})} + b_0^{(\mathrm{hf})}) \times L^2} \\
\bar{C}^{(\mathrm{hf})} &= \frac{A^{(\mathrm{hf})}}{b_0^{(\mathrm{hf})} - \bar{D}_\mathrm{H}^{(\mathrm{hf})}}
\end{aligned}
\tag{3-58}
$$

垂直舵线性水动力系数按式(3-59)计算：

$$
\begin{aligned}
Y'^{(\mathrm{vf})}_v &= -\frac{\bar{C}^{(\mathrm{vf})} b_0^{(\mathrm{vf})} (4.6 b_0^{(\mathrm{vf})} - 6.7 \bar{D}_\mathrm{H}^{(\mathrm{vf})})}{(2.04 + b_0^{(\mathrm{vf})}) \times L^2} \\
\bar{C}^{(\mathrm{vf})} &= \frac{A^{(\mathrm{vfU})} + A^{(\mathrm{vfL})}}{2(b_0^{(\mathrm{vf})} - \bar{D}_\mathrm{H}^{(\mathrm{vf})})}
\end{aligned}
\tag{3-59}
$$

各附体的力 $Y'^{(i)}_v$ 和 $Z'^{(i)}_w$ 确定后，可以利用式(3-60)计算该附体的其余线性水动力系数。

$$
\begin{aligned}
N'^{(i)}_v &= Y'^{(i)}_v \cdot x^{(i)}/L \\
Y'^{(i)}_r &= Y'^{(i)}_v \cdot x^{(i)}/L \\
N'^{(i)}_r &= Y'^{(i)}_v \cdot (x^{(i)}/L)^2 \\
M'^{(i)}_w &= -Z'^{(i)}_w \cdot x^{(i)}/L \\
Z'^{(i)}_q &= -Z'^{(i)}_w \cdot x^{(i)}/L \\
M'^{(i)}_q &= -Z'^{(i)}_w (x^{(i)}/L)^2
\end{aligned}
\tag{3-60}
$$

式中，水动力系数的上角标 (i) 表示附体，其中 (i) 取 hf，vf，分别表示水平鳍、垂直舵；$x^{(i)}$ 为附体面积中心在 x 轴方向坐标值，单位为 m；$A^{(i)}$ 为各附体实际面积；$b_0^{(i)}$ 为各附体内插翼展长；$\bar{C}^{(i)}$ 为附体外露翼平均弦长；$\bar{D}_\mathrm{H}^{(i)}$ 为各尾附体处艇体平均直径。具体各参数的含义如图 3-34 所示。

潜水器(潜艇)的操纵性能指标有很多类，在公开的国家军用标准中给出了目前研究比较成熟的性能指标的计算公式。当获得所需的潜水器原始数据和水动力系数时，即可运用标准中规定的检验操纵性的指标与计算方法，求解各性能指标值，从而定量地分析和评价潜水器的操纵性。

潜水器垂直面稳定性可以用动稳定性系数和静不稳定性系数两个指标来检验，其表达式分别如式(3-61)和式(3-62)所示[51]。

$$
K_\mathrm{vd} = \frac{l'_q}{l'_a} > 1 \tag{3-61}
$$

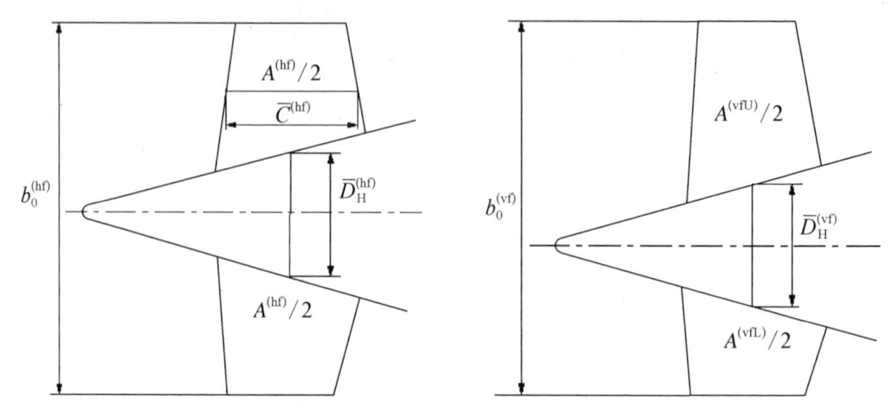

图 3-34 潜水器附体示意图

$$l'_a < 0 \tag{3-62}$$

式中，l'_q 为相对阻尼力臂，$l'_q = -M_q/(m+Z_q)$；l'_a 为相对倾复力臂，$l'_a = -M_w/Z_w$。其中，m 为质量；M_q 为单位纵摇角速度 q 引起的力矩 M；M_w 为单位垂向速度 w 引起的力矩 M；Z_q 为单位纵摇角速度 q 引起的力 Z；Z_w 为单位垂向速度 w 引起的力 Z。

潜水器垂直面机动性评价指标为逆速率和升速率。潜水器定深等速航行时，首尾升降舵逆速可分别为

$$U_{ib} = \left(\frac{m'ghZ'_{\delta_b}}{Z'_{\delta_b}M'_w - Z'_wM'_{\delta_b}}\right)^{1/2} \tag{3-63}$$

$$U_{is} = \left(\frac{m'ghZ'_{\delta_s}}{Z'_{\delta_s}M'_w - Z'_wM'_{\delta_s}}\right)^{1/2} \tag{3-64}$$

尾升降舵升速率为

$$\frac{\partial U_\zeta}{\partial \delta_S} = \frac{U^3}{57.3m'gh}\left(\frac{M'_w}{Z'_w} - \frac{M'_{\delta_s}}{Z'_{\delta_s}} + \frac{M'_\theta}{Z'_w}\right)Z'_{\delta_s} \tag{3-65}$$

式中，U_ζ 表示潜浮速度，Z'_{δ_b}，Z'_{δ_s} 分别表示首尾升降舵的水动力和力矩导数，M'_θ 表示单位俯仰角速度 θ 引起的水动力矩。

对于水平面操纵性能估算，潜水器水平面内稳定性同样可用动稳定性系数和静不稳定性系数两个指标来检验，其表达式分别如式(3-66)和式(3-67)所示。

$$l'_\beta = \frac{N'_v}{Y'_v} > 0 \tag{3-66}$$

$$K_{hd}=\frac{l'_r}{l'_\beta}>1 \tag{3-67}$$

式中，l'_β 为相对倾复力臂，$l'_\beta=\frac{N'_v}{Y'_v}$；$l'_r$ 为相对阻尼力臂，$l'_r=\frac{N'_r}{-(m'-Y'_r)}$；$m$ 为质量；N_r 为单位摇首角速度 r 引起的力矩 N；N_v 为单位横向速度 v 引起的力矩 N；Y_r 为单位摇首角速度 r 引起的力 Y；Y_v 为单位横向速度 v 引起的力 Y。

潜水器水平面机动性能可以采用相对定常回转直径 D_s 和 Z 型机动处转期 t'_a 来评价。

由线性运动方程：

$$\begin{aligned}&Y'_v v'-(m'-Y'_r)r'=-Y'_\delta\delta\\&N'_v v'+N'_r r'=-N'_\delta\delta\end{aligned} \tag{3-68}$$

可求解小舵角缓慢定常回转直径为

$$r_s=K\delta \tag{3-69}$$

式中，$K=\left(\frac{V}{L}\right)K'=\left(\frac{V}{L}\right)\frac{N'_v Y_{\delta_r}-N'_{\delta_r}Y'_v}{N'_v(m'-Y'_r)+N'_r Y'_v}(1/\delta)$，为回转性指数(舵效指数)，在数值上表示单位方向舵角引起的定常回转角速度。

定常回转时的角速度 $r_s=V/R_s$，所以相对定常回转直径 D_s 可以按下式求解：

$$D_s=\frac{2R_s}{L}=\frac{2}{K'\delta}=2\,\frac{N'_v(m'-Y'_r)+N'_r Y'_v}{N'_v Y'_\delta-N'_\delta Y'_v}\cdot\frac{1}{\delta} \tag{3-70}$$

Z 型机动处转期 t'_a 可以按下式求解：

$$t'_a\approx 2\sqrt{\frac{I'_z-N'_{\dot{r}}}{N'_{\delta_r}}} \tag{3-71}$$

3.4.3 静水力性能估算方法

总布置不仅是一门科学，也是一门艺术，不存在解析方法来求解，而与设计者的丰富经验有直接关系。总布置设计直接影响到潜水器的总体性能，因此它也是一艘潜水器设计成功的重要环节。在总布置设计中，需要考虑仪器设备的正常运作，布置紧凑，安全可靠，便于设备拆装、维修及今后的改装等因素。

进行潜水器总布置设计时，估算潜水器重量、分析潜水器的重量特征是十分重要的工作。由于潜水器浮于水面或潜浮于水中时，只受到重力和浮力的作用，其平衡取决于重力、重心、浮力和浮心之间的关系。进行潜水器设计，必须计算出重力、重心、浮力和浮心，并使其满足平衡条件：重力等于浮力，重心与浮心具有相同的横向、纵向坐标。

潜水器的总重量是艇上各部分重量的总和，包括结构重量、设备重量、有效载荷、浮力材料重量等。设各部分重量为 W_i，重心坐标为 (x_i, y_i, z_i)，则总的重量和重心坐标可由下式求得：

$$W=\sum W_i \tag{3-72}$$

$$x_g=\frac{\sum W_i x_i}{W},\ y_g=\frac{\sum W_i y_i}{W},\ z_g=\frac{\sum W_i z_i}{W} \tag{3-73}$$

在水下状态时，潜水器的排水体积及形心位置是固定的。固定浮容积包括耐压舱容积、浮力材容积以及所有能提供浮力的附属件、非耐压艇体外壳和框架的排水体积等。固定浮容积 ∇_0 及容积形心的计算通常应该列表进行，计算方法与计算重量、重心的方法相似。

$$\nabla_0=\sum \nabla_i \tag{3-74}$$

$$x_b=\frac{\sum \nabla_i x_i}{\nabla_0},\ y_b=\frac{\sum \nabla_i y_i}{\nabla_0},\ z_b=\frac{\sum \nabla_i z_i}{\nabla_0} \tag{3-75}$$

潜水器是左右对称的，重力分布也保持左右对称，故一般不会产生横倾。潜水器在水下作业时，要求浮力与重力平衡，这样不至于增加垂向推进器的负担，从而节省能源。从安全的角度出发，需要有一定的正浮力，因此初步设计阶段要求：

$$\begin{gathered}\nabla_0=W+\Delta W\\ x_b=x_g,\ y_b=y_g,\ z_b-z_g=\bar{h}\end{gathered} \tag{3-76}$$

式中，ΔW 为要求的储备浮力，用以平衡如实现无动力下潜时所携带的压载重量、电缆等不可计算重量；$\bar{h}$ 为稳心高。

随着制图软件和办公软件功能的越来越丰富，上述计算过程可通过专业软件制表实现，一些如坐标位置和转动惯量等数据可从制图软件中直接得到，从而提高了整个估算过程的效率，如图 3－35 所示。

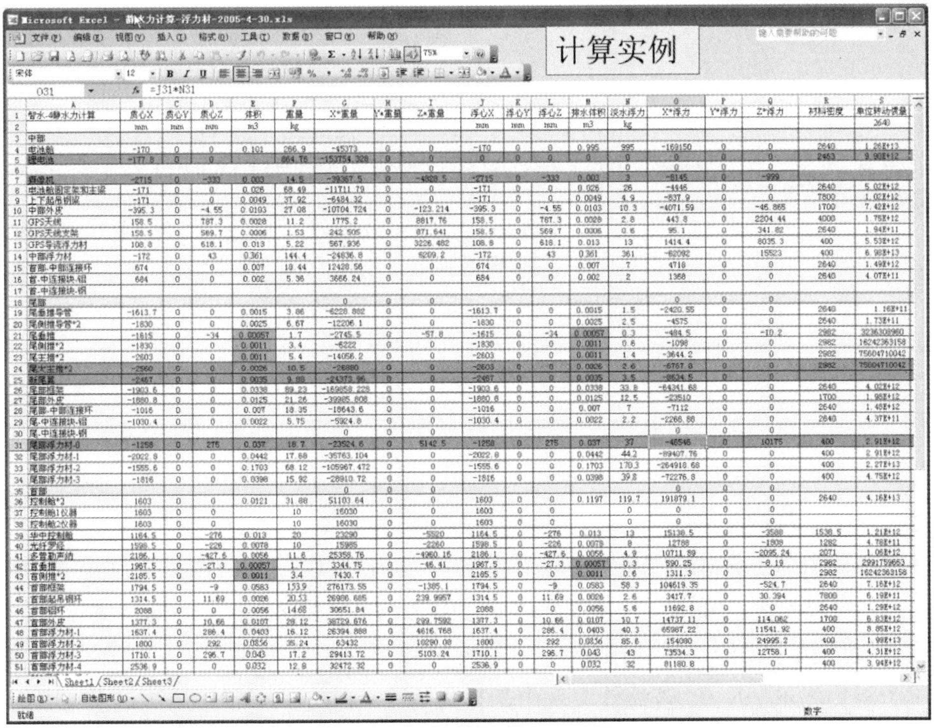

计算实例

	智水-4静水力计算	质心X	质心Y	质心Z	体积	重量	X*重量	Y*重量	Z*重量	浮心X	浮心Y	浮心Z	排水体积	淡水浮力	X*浮力	Y*浮力	Z*浮力	材料密度	单位转动惯量
2		mm	mm	mm	m3	kg				mm	mm	mm	m3	kg					2640
3	中部																		
4	电池舱	-170	0	0	0.101	266.9	-45373	0	0	-170	0	0	0.995	995	-169150	0	0	2640	1.26E+13
5	锂电池	-177.8	0	0		864.76	-153754.328	0	0	0	0	0	0	0	0	0	0	2463	9.90E+12
6							0	0	0					0	0	0	0		
7	舵机	-2715	0	-333	0.003	14.5	-39367.5	0	-4828.5	-2715	0	-333	0.003	3	-8145	0	-999		
8	电池舱固定架和主梁	-171	0	0	0.026	68.49	-11711.79	0	0	-171	0	0	0.026	26	-4446	0	0	2640	5.02E+12
9	上下起吊钢梁	-171	0	0	0.0049	37.92	-6484.32	0	0	-171	0	0	0.0049	4.9	-837.9	0	0	7800	1.02E+12
10	中部外皮	-395.3	0	-4.55	0.0103	27.08	-10704.724	0	-123.214	-395.3	0	-4.55	0.0103	10.3	-4071.59	0	-46.865	1700	7.42E+12
11	GPS天线	158.5	0	787.3	0.0028	11.2	1775.2	0	8817.76	158.5	0	787.3	0.0028	2.8	443.8	0	2204.44	4000	1.75E+12
12	GPS天线支架	158.5	0	569.7	0.0006	1.53	242.505	0	871.641	158.5	0	569.7	0.0006	0.6	95.1	0	341.82	2640	1.94E+11
13	GPS导流浮力材	108.8	0	618.1	0.013	5.22	567.936	0	3226.482	108.8	0	618.1	0.013	13	1414.4	0	8035.3	400	5.53E+12
14	中部浮力材	-172	0	43	0.361	144.4	-24836.8	0	6209.2	-172	0	43	0.361	361	-62092	0	15523	400	6.98E+13
15	首部-中部连接环	674	0	0	0.007	18.44	12428.56	0	0	674	0	0	0.007	7	4718	0	0	2640	1.49E+12
16	首-中连接块-铝	684	0	0	0.002	5.36	3666.24	0	0	684	0	0	0.002	2	1368	0	0	2640	4.07E+11
17	首-中连接块-钢																		
18	尾部						0	0	0						0	0	0		
19	尾垂推导管	-1613.7	0	0	0.0015	3.86	-6228.882	0	0	-1613.7	0	0	0.0015	1.5	-2420.55	0	0	2640	1.16E+11
20	尾侧推导管*2	-1830	0	0	0.0025	6.67	-12206.1	0	0	-1830	0	0	0.0025	2.5	-4575	0	0	2640	1.73E+11
21	尾垂推	-1615	0	-34	0.00057	1.7	-2745.5	0	-57.8	-1615	0	-34	0.00057	0.3	-484.5	0	-10.2	2982	3236308960
22	尾侧推*2	-1830	0	0	0.0011	3.4	-6222	0	0	-1830	0	0	0.0011	0.6	-1098	0	0	2982	16242363158
23	尾主推*2	-2603	0	0	0.0011	5.4	-14056.2	0	0	-2603	0	0	0.0011	1.4	-3644.2	0	0	2982	75604710042
24	尾大主推*2	-2560	0	0	0.0026	10.5	-26880	0	0	-2603	0	0	0.0026	2.6	-6767.8	0	0	2982	75604710042
25	新尾翼	-2467	0	0	0.0035	9.88	-24373.96	0	0	-2467	0	0	0.0035	3.5	-8634.5	0	0		
26	尾部框架	-1903.6	0	0	0.0338	89.23	-169858.228	0	0	-1903.6	0	0	0.0338	33.8	-64341.68	0	0	2640	4.02E+12
27	尾部外皮	-1880.8	0	0	0.0125	21.26	-39985.808	0	0	-1880.8	0	0	0.0125	12.5	-23510	0	0	1700	1.98E+12
28	尾部-中部连接环	-1016	0	0	0.007	18.35	-18643.6	0	0	-1016	0	0	0.007	7	-7112	0	0	2640	1.48E+12
29	尾-中连接块-铝	-1030.4	0	0	0.0022	5.75	-5924.8	0	0	-1030.4	0	0	0.0022	2.2	-2266.88	0	0	2640	4.37E+11
30	尾-中连接块-钢						0	0	0						0	0	0		
31	尾部浮力材-0	-1258	0	275	0.037	18.7	-23524.6	0	5142.5	-1258	0	275	0.037	37	-46546	0	10175	400	2.91E+12
32	尾部浮力材-1	-2022.8	0	0	0.0442	17.68	-35763.104	0	0	-2022.8	0	0	0.0442	44.2	-89407.76	0	0	400	2.91E+12
33	尾部浮力材-2	-1555.6	0	0	0.1703	68.12	-105967.472	0	0	-1555.6	0	0	0.1703	170.3	-264918.68	0	0	400	2.27E+13
34	尾部浮力材-3	-1816	0	0	0.0398	15.92	-28910.72	0	0	-1816	0	0	0.0398	39.8	-72276.8	0	0	400	4.75E+12
35	首部						0	0	0						0	0	0		
36	控制舱*2	1603	0	0	0.0121	31.88	51103.64	0	0	1603	0	0	0.1197	119.7	191879.1	0	0	2640	4.16E+13
37	控制舱1仪器	1603	0	0		10	16030	0	0	1603	0	0		0	0	0	0		
38	控制舱2仪器	1603	0	0		10	16030	0	0	1603	0	0		0	0	0	0		
39	华中控制舱	1164.5	0	-276	0.013	20	23290	0	-5520	1164.5	0	-276	0.013	13	15138.5	0	-3588	1538.5	1.21E+12
40	光纤罗经	1598.5	0	-226	0.0078	10	15985	0	-2260	1598.5	0	-226	0.0078	8	12788	0	-1808	1282	4.78E+11
41	多普勒声纳	2186.1	0	-427.6	0.0056	11.6	25358.76	0	-4960.16	2186.1	0	-427.6	0.0056	4.9	10711.89	0	-2095.24	2071	1.06E+12
42	首垂推	1967.5	0	-27.3	0.00057	1.7	3344.75	0	-46.41	1967.5	0	-27.3	0.00057	0.3	590.25	0	-8.19	2982	2991759663
43	首侧推*2	2185.5	0	0	0.0011	3.4	7430.7	0	0	2185.5	0	0	0.0011	0.6	1311.3	0	0	2982	16242363158
44	首部框架	1794.5	0	-9	0.0583	153.9	276173.55	0	-1385.1	1794.5	0	-9	0.0583	58.3	104619.35	0	-524.7	2640	7.16E+12
45	首部起吊钢环	1314.5	0	11.69	0.0026	20.53	26986.685	0	239.9957	1314.5	0	11.69	0.0026	2.6	3417.7	0	30.394	7800	6.19E+11
46	首部铝环	2088	0	0	0.0056	14.68	30651.84	0	0	2088	0	0	0.0056	5.6	11692.8	0	0	2640	1.29E+12
47	首部外皮	1377.3	0	10.66	0.0107	28.12	38729.676	0	299.7592	1377.3	0	10.66	0.0107	10.7	14737.11	0	114.062	1700	6.83E+12
48	首部浮力材-1	1637.4	0	286.4	0.0403	16.12	26394.888	0	4616.768	1637.4	0	286.4	0.0403	40.3	65987.22	0	11541.92	400	8.85E+12
49	首部浮力材-2	1800	0	292	0.0856	35.24	63432	0	10290.08	1800	0	292	0.0856	85.6	154080	0	24995.2	400	1.99E+13
50	首部浮力材-3	1710.1	0	296.7	0.043	17.2	29413.72	0	5103.24	1710.1	0	296.7	0.043	43	73534.3	0	12758.1	400	4.31E+12
51	首部浮力材-4	2536.9	0	0	0.032	12.8	32472.32	0	0	2536.9	0	0	0.032	32	81180.8	0	0	400	3.94E+12

图 3-35 潜水器静水力性能估算

3.4.4 能源估算方法

潜水器对能源的总需要量取决于它的主要使命及水下航行或工作时间。潜水器上主要的能源消耗主要分为动力消耗 P_P 与设备用电消耗 P_H 两个部分。动力消耗部分通常包括推进器、舵机等执行机构。设备用电消耗主要包括各类传感器、处理计算机等设备用电消耗。设潜水器航行距离为 S，航行速度为 V，则能源消耗 E 可表示为

$$E=(P_P+P_H)\frac{S}{V} \tag{3-77}$$

1. 动力能耗估算

通常在动力能耗中推进器能耗占主要成分，其能耗的传递如图 3-36 所示。设潜水器速度为 V，阻力为 R_T，假设潜水器为中性浮力，在水下保持平衡状态，则推进器的有效功率 P_E 为

$$P_E=R_TV \tag{3-78}$$

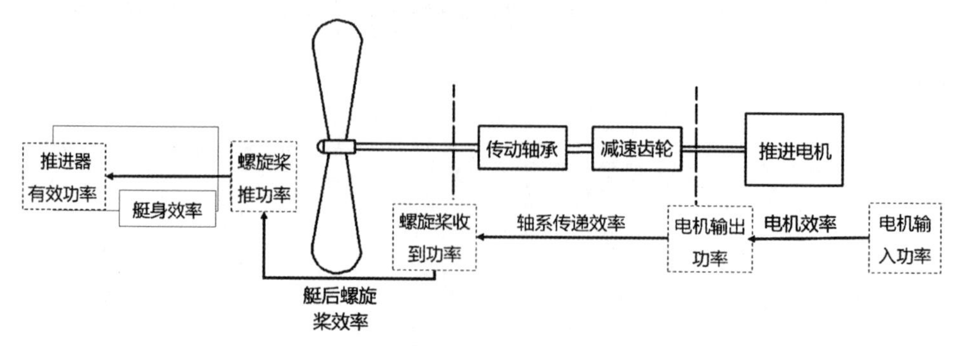

图 3-36 传递示意图

P_E 由螺旋桨传递而来，与螺旋桨推功率 P_T 之间需要考虑推力减额和伴流分数两个因素影响。

1）推力减额

当螺旋桨在艇后工作时，由于它的抽吸作用，桨盘前方的水流速度增大，降低了艇尾部分的分布压力，导致艇体压差阻力增加。此外，艇体尾部水流速度的增大，也使摩擦阻力有所增加。由于螺旋桨在艇后工作时引起的艇体附加阻力称为阻力增额 ΔR_T。若螺旋桨发出的推力为 T，则其中一部分必须用于克服艇的阻力 R_T，而另一部分则要克服阻力增额 ΔR_T，即

$$T = R_T + \Delta R_T \tag{3-79}$$

式中，螺旋桨发出的推力中只有 $(T - \Delta R_T)$ 这一部分是用于克服阻力 R_T 并推船前进的，故称为有效推力 T_E。在习惯上，通常将 ΔR_T 称为推力减额，并以 ΔT 表示。则推力减额分数 t 为

$$t = \frac{\Delta T}{T} = \frac{T - T_E}{T} = \frac{T - R_T}{T} \tag{3-80}$$

由此可得艇体阻力和螺旋桨推力 T 之间的关系为

$$R_T = T(1 - t) \tag{3-81}$$

2）伴流分数

伴流的存在，使螺旋桨与其附近水流的相对速度和船速不同。桨盘处伴流的平均轴向速度为 u，则螺旋桨与该处水流的相对速度 V_A 为

$$V_A = V_i - u \tag{3-82}$$

伴流的大小通常用伴流速度 u 对船速 V_i 的比值 w 来表示，w 称为伴流分

数，即

$$w=\frac{u}{V_{\mathrm{i}}}=\frac{V_{\mathrm{i}}-V_{\mathrm{A}}}{V_{\mathrm{i}}}=1-\frac{V_{\mathrm{A}}}{V_{\mathrm{i}}} \tag{3-83}$$

则

$$V_{\mathrm{A}}=(1-w)V_{\mathrm{i}} \tag{3-84}$$

由式(3-81)和式(3-84)可得

$$P_{\mathrm{T}}=TV_{\mathrm{A}}=\frac{R_{\mathrm{T}}}{1-t}\times(1-w)V_{\mathrm{i}}=\frac{1-w}{1-t}P_{\mathrm{E}} \tag{3-85}$$

其中 $(1-t)/(1-w)$ 项称作船身效率 η_{H}。对于一个设计良好的尾部和螺旋桨来说，船身效率基本保持在 1 左右。

推力减额分数的大小与艇型、螺旋桨尺度、螺旋桨负荷以及螺旋桨与艇体间的相对位置等因素有关。用理论方法来计算推力减额是很困难的，通常都是根据艇模自航试验或经验公式来决定，也可以根据图 3-37 中与直径相关的函数进行近似估计。

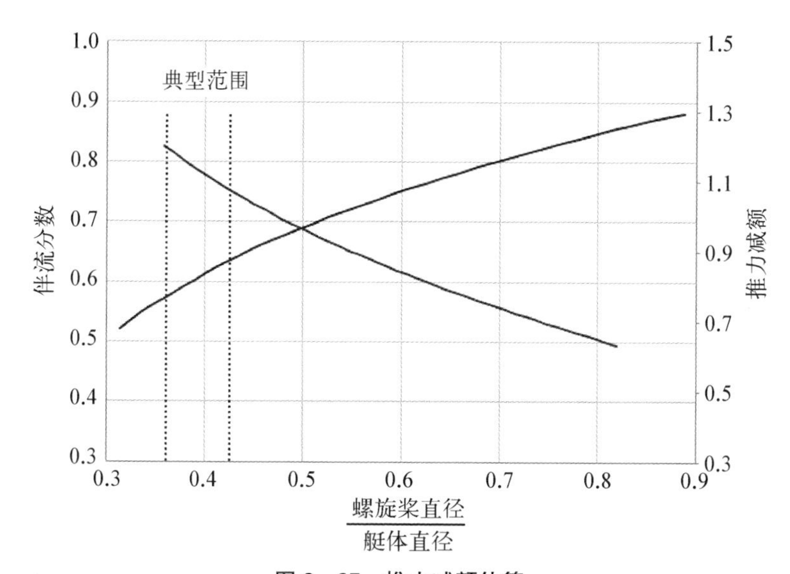

图 3-37 推力减额估算

考虑到螺旋桨自身的能量损失，则螺旋桨收到功率 P_{DB} 与推力功率 P_{T} 表示为

$$P_{\mathrm{T}}=\eta_{\mathrm{B}}P_{\mathrm{DB}} \tag{3-86}$$

式中，η_B 称为艇后螺旋桨的效率。

设轴的转速为 n，螺旋桨扭矩为 Q，则 P_{DB} 表示为

$$P_{DB}=2\pi nQ \tag{3-87}$$

由式(3-86)可得

$$\eta_B=\frac{TV_A}{2\pi nQ} \tag{3-88}$$

式中，$\eta_B=\eta_0\eta_R$，由敞水效率 η_0 和相对旋转效率 η_R 两部分构成。η_0 可由螺旋桨敞水试验测得，与螺旋桨种类、直径、转数、叶片数和一些其他因素有关。η_R 表示敞水效率与实测的差异。对一个潜水器来说 η_R 的值在 0.95～1 之间变化。

由于从电机到螺旋桨要通过轴系来传动，因而，功率传递到螺旋桨已较电机输出功率小，差额部分消耗于机械转递过程中，则 P_{DB} 与 P_S 表示为

$$P_{DB}=\eta_S P_S \tag{3-89}$$

式中，η_S 代表轴系传递效率，一般 $\eta_S=0.97\sim 0.985$。

对于电机来说，其自身工作中也存在能量损耗，因此其输入功率 P_C 与输出功率 P_S 表示为

$$P_S=\eta_C P_C \tag{3-90}$$

式中，η_C 代表电机效率。

由式(3-85)、式(3-86)、式(3-89)、式(3-90)，可得

$$P_E=\eta_H\eta_0\eta_R\eta_S\eta_C P_C \tag{3-91}$$

则推进器效率表示为

$$PC=\frac{P_E}{P_C}=\eta_H\eta_0\eta_R\eta_S\eta_C \tag{3-92}$$

显然，推进器效率愈高，能量消耗愈小。通常在估算中，忽略 η_H，η_R，η_S 影响，则式(3-92)变为

$$PC=\eta_0\eta_C \tag{3-93}$$

则由螺旋桨的敞水效率和电机效率，就可近似估算出推进器效率。

由式(3-93)，可估算出动力消耗为

$$P_P=P_C t=\frac{P_E}{\eta_0\eta_C}=\frac{R_T V}{\eta_0\eta_C} \tag{3-94}$$

2. 设备能耗估算

设备能耗主要由板载计算机、传感器等所产生。设 P_i 为第 i 个传感器或计算机的自身功率，t_i 表示该设备工作时间，则设备能耗 P_{H} 为

$$P_{\mathrm{H}}=\sum_{i=1}^{n}P_i t_i \tag{3-95}$$

由式(3-95)可见，设备能耗大小取决于自身功率与运行时间两个因素，而设备自身功率大小通常是固定的，因此，当设备配置固定时，应根据作业需求确定执行任务过程中各电气设备的工作模式，例如在整个航行过程中，该类传感器是否一直处于工作状态，还是仅在部分时间内工作，然后计算出各电器设备的工作时间，从而可相对准确的估算出设备能耗。

需要注意的是，通常设备的供电还需要进行电压的转化，此时又将损耗一部分能源，考虑该因素，式(3-95)改写为

$$P_{\mathrm{H}}=\eta_{\mathrm{e}}\sum_{i=1}^{n}P_i t_i \tag{3-96}$$

式中，η_{e} 表示电压模块转换效率。

若将式(3-33)代入式(3-94)，则有

$$P_{\mathrm{P}}=\frac{\frac{1}{2}\rho V^3(S_{\mathrm{f}}C_{\mathrm{f}}+S_{\Delta\mathrm{f}}C_{\Delta\mathrm{f}}+S_{\mathrm{PV}}C_{\mathrm{PV}}+S_{\mathrm{AP}}C_{\mathrm{AP}})}{\eta_0\eta_{\mathrm{C}}} \tag{3-97}$$

将式(3-97)代入式(3-77)中，求解 $\frac{\mathrm{d}S}{\mathrm{d}P_{\mathrm{P}}}=0$，可得

$$P_{\mathrm{P}}=\frac{P_{\mathrm{H}}}{2} \tag{3-98}$$

该式表明了为实现潜水器最大续航能力，动力消耗与设备消耗间的理论上的比例关系。

4 无人无缆潜水器承压结构和密封技术

4.1 承压结构设计技术

承压结构主要用于承受深水压力，从而为内部电子元器件装置、仪器设备和内部人员提供合适的生活和工作环境，并保护它们不会因海水压力和腐蚀而受到损害，因此要求承压结构具有足够的强度和可靠的密封性。

4.1.1 承压结构形式

现代潜水器的承压结构形式主要包括球形、圆柱形、椭球形、锥形和倒锲形等多种形式，如图 4-1、图 4-2 所示，各承压结构形式的优缺点见表 4-1[12,20]。目前，在载人潜水器承压结构形式中，普遍采用球形及球形组合的承压结构体形式。球形壳体具有稳定性高和体积密度小的优点，另外，球形壳体上适于简易地切割舱口、舷窗和电缆套管孔，但是球形壳体不便于布置设备和人员，导致舱容利用率不高。对于无人无缆潜水器来说，工作深度浅于 1 000 m 的潜水器普遍采用圆柱形承压结构，工作深度深过 5 000 m 的普遍采用球形及球形组合的耐压结构形式。由于承压结构形式的选择与舱室的内部布置和使用要求、材料的加工工艺和制造条件、经济性、可靠性、流体阻力等众多因素有关，因此上述规律并不绝对。环肋加强圆柱壳以其更好的内部布置条件、更低的加工要求、更优越的水动力形状在无人智能潜水器中应用更为广泛。

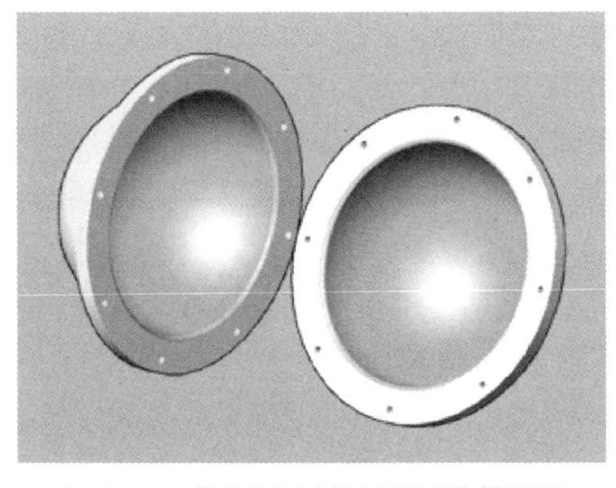

图 4-1　球形承压结构三维实体模型图

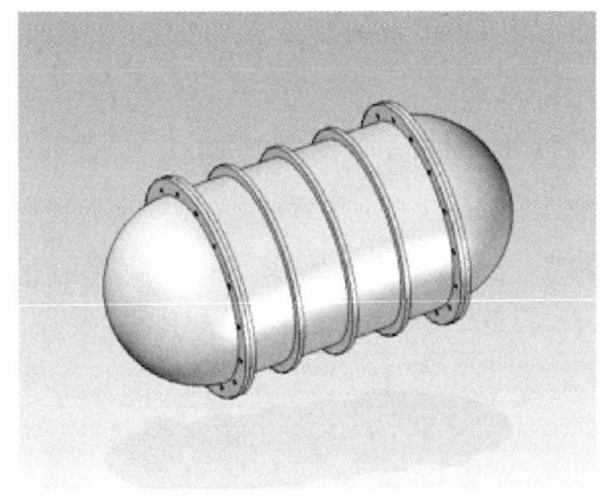

图 4-2　圆柱形承压结构三维实体模型图

表 4-1 各种承压结构体形式的优缺点比较

承压结构体形式	优　　点	缺　　点
球　形	具有最佳的重量-排水量比； 容易制造壳体杯形管节； 容易进行应力分析而且准确； 稳定性高，体积密度小； 材料利用率高	不便于内部舱室布置； 流体运动阻力大； 不易加工制造； 空间利用率低
椭球形	具有较好的重量-排水量比； 能较有效地利用内部空间； 容易安装壳体贯穿件	制造费用高； 结构的应力分析较困难
圆柱形	最易加工制造； 容易进行内部舱室布置； 内部空间利用率最高； 流体运动阻力小	重量-排水量比值最大； 内部需要用肋骨加强； 稳定性问题； 材料利用率较低

4.1.2 承压结构计算校核

潜水器在水下受到海水压力作用，承压结构是潜水器核心设备的保护体。一旦承压结构出现结构破损，将导致舱内进水，进而将引发各电子仪器、电池的短路失控。因此，承压结构必须符合强度要求，壳板及肋骨应力不应超过许用应力，同时壳板应有足够的稳定性，不应发生屈曲问题[52-53]。在中国船级社潜水器规范(CCS 规范)和德国劳氏船级社潜水器规范(GL 规范)中，对于承受外压的环肋圆柱壳，计算的强度和稳性特征量主要包括壳板强度、肋骨强度、壳板稳性、舱段总体稳性。目前 CCS 规范中对圆柱形耐压壳的强度和稳性计算，基本上是套用了潜艇设计规则中的有关部分，所提供的各种应力和屈曲压力计算公式是针对 600 MPa 级的 921 材料，并且潜深在 300 m 左右的承压结构。潜水器与潜艇虽然结构相似，但还是有诸多不同之处[21-22,29]。比如，潜水器材料目前一般是采用具有高比强度、高比刚度的金属或非金属材料，如 800 MPa 级的合金材料，采用这些高强度材料将使潜水器的承压结构能够满足更深的作业深度需求，因此，在具体计算过程中，需要引起注意[54-58]。本节将分别对 CCS 规范和 GL 规范的校核过程加以介绍。

1. 基于 CCS 规范的环肋圆柱形承压结构计算方法

1) 安全系数

依据 CCS 规范，计算压力取工作压力的 1.5 倍。

2）应力计算与校验

环肋圆柱形承压结构是现代潜水器设计中经常采用的形式，这些环向肋骨常常是刚度相同和等间距布置，如图 4-3 所示。肋骨或强肋骨可以布置在承压结构体内部或外部，成内肋骨或外肋骨形式，其强度分析和强度标准相同。应该指出，圆柱壳上设置肋骨，目的是为了提高壳体的稳定性，但同时也破坏了壳体的无力矩状态，从而在壳体母线方向上产生弯曲[54-55]。增加封头深度的连接方式如图 4-4 所示。

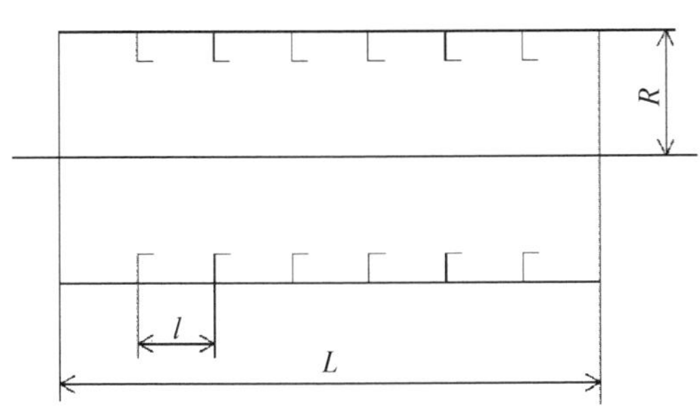

图 4-3 肋骨加强图

图 4-4 连接方式(增加封头深度)

对于在均匀外压力作用下的一系列等间距同刚度环肋加强圆柱壳，可以简化为两端为刚性的固定在弹性支座上的复杂弯曲弹性基础梁来研究[56-57]，力学模型如图 4-5 所示。

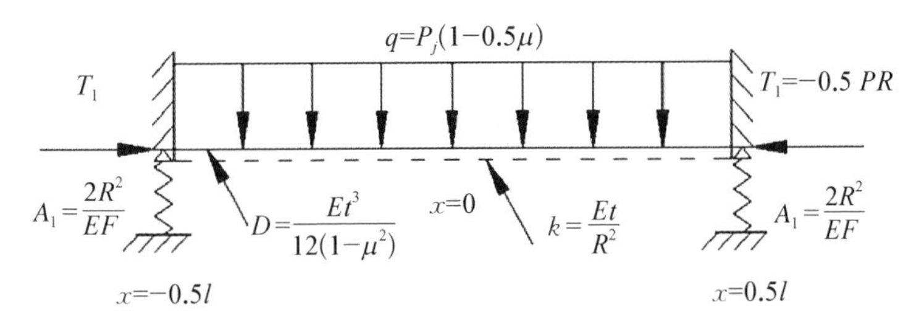

图 4-5 环肋圆柱壳梁带计算力学模型

其中两端弹性支座的柔性系数为

$$A_1=\frac{2R^2}{EF} \tag{4-1}$$

为表示方便，引入代表符号和辅助函数[58]，如式(4-2)和式(4-3)所示。

$$\begin{cases} u_1 = u\sqrt{1-\gamma} \\ u_2 = u\sqrt{1+\gamma} \\ u = \dfrac{\sqrt[4]{3(1-\mu^2)}}{2} \dfrac{l}{\sqrt{Rt}} \\ \gamma = \dfrac{\sqrt{3(1-\mu^2)}}{2} \dfrac{P_j R^2}{Et^2} \end{cases} \tag{4-2}$$

$$\begin{cases} F_1(u_1, u_2) = \dfrac{\sqrt{1-\gamma^2}(\cosh 2u_1 - \cos 2u_2)}{F_5(u_1, u_2)} \\ F_2(u_1, u_2) = \dfrac{3(1-0.5\mu)(u_2 \sinh 2u_1 - u_1 \sin 2u_2)}{\sqrt{3(1-\mu^2)} F_5(u_1, u_2)} \\ F_3(u_1, u_2) = \dfrac{6(1-0.5\mu)(u_1 \cosh u_1 \sin u_2 - u_2 \sinh u_1 \cos u_2)}{\sqrt{3(1-\mu^2)} F_5(u_1, u_2)} \\ F_4(u_1, u_2) = \dfrac{2(1-0.5\mu)(u_1 \cosh u_1 \sin u_2 + u_2 \sinh u_1 \cos u_2)}{F_5(u_1, u_2)} \\ F_5(u_1, u_2) = u_2 \sinh 2u_1 + u_1 \sin 2u_2 \end{cases} \tag{4-3}$$

式中，u 为一般弹性基础梁所共有的一个重要参数，表示壳体几何形状的计算参数；t 为壳板的厚度；R 为承压结构的理论半径；μ 为泊松比；l 为肋骨间距；F 为肋骨截面积；E 为材料弹性模量；P_j 为计算压力。

应用壳带梁的弯曲理论可以得到应力计算公式为

$$\sigma_i = K_i \frac{P_j R}{t} \tag{4-4}$$

故所需校核的应力包括：

(1) 跨度中点处壳纵剖面上的中面应力 σ_1，表达式如下：

$$\begin{aligned} K_1 &= 1 - \frac{F_4(u_1, u_2)}{1+\beta F_1(u_1, u_2)} \\ \sigma_1 &= K_1 \frac{P_j R}{t} \end{aligned} \tag{4-5}$$

(2) 支座边界处壳横剖面上的内表面应力 σ_2，表达式如下：

$$\begin{aligned} K_2 &= 0.5 - \frac{F_2(u_1, u_2)}{1+\beta F_1(u_1, u_2)} \\ \sigma_2 &= K_2 \frac{P_j R}{t} \end{aligned} \tag{4-6}$$

(3) 肋骨应力 σ_f，表达式如下：

$$
\begin{aligned}
K_f &= \left(1-\frac{\mu}{2}\right)-\frac{\beta F_1(u_1,\ u_2)}{1+\beta F_1(u_1,\ u_2)} \\
\sigma_f &= K_f\ \frac{P_j R}{t}
\end{aligned}
\tag{4-7}
$$

在上列各式中，β 表示一个跨度上壳体面积 lt 与肋骨型材剖面积 F 的比值，是肋骨对壳体的影响参数，即 $\beta=\frac{lt}{F}$；K_i 为肋骨的存在对壳板应力的影响（$i=1,\ 2,\ f$），是参数 u 和 β 的函数。参数 β 越小，肋骨越大，K_i 也越大。

CCS 规范对圆柱壳的三个强度的限制条件如下[59-60]：

$$
\begin{aligned}
\sigma_1 &= K_1\ \frac{P_j R}{t} \leqslant 0.85\sigma_s \\
\sigma_2 &= K_2\ \frac{P_j R}{t} \leqslant 0.85\sigma_s \\
\sigma_f &= K_f\ \frac{P_j R}{t} \leqslant 0.85\sigma_s
\end{aligned}
\tag{4-8}
$$

3) 稳性计算与校核

随着潜水器潜深增大，为减轻承压结构体的重量，采用的钢材的屈服极限越来越高，因而确保承压结构体的稳定就越来越重要。在均匀外压作用下，具有肋骨和中间支骨的圆柱壳体有以下几种失稳形式[20]：

(1) 壳板局部失稳。当肋骨和中间支骨的刚度超过自身的临界刚度，在均匀外压力 p 作用下，可能出现这种失稳形式。此时肋骨及中间支骨保持自身正圆形不变，成为壳板的刚性支座周界。壳板则在两者之间形成一个半波，从而在众多间距内形成若干连续的凹凸交替半波。从横剖面看，则在整个圆周上形成许多凹凸交替半波，如图 4-6(a)所示。

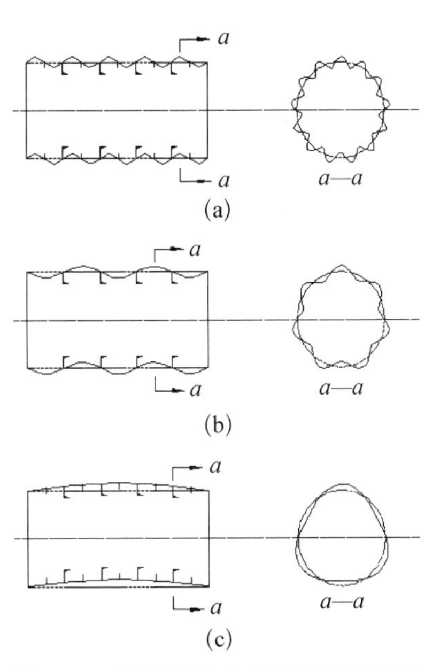

图 4-6 环肋圆柱壳失稳形式示意图

(2) 中间支骨失稳。当肋骨刚度超过其临界刚度，而中间支骨小于其临界刚度时，可能出现这种失稳形式。此时，肋骨保持自身正圆形不变，成为壳体的刚性支座周界，而中间支骨将连同壳板一起失稳。壳板在母线方向上的每个肋骨间距内形成一个半波，在若干肋骨间距内形成若干连续的凹凸交替半波。从横剖面看，则在整个圆周上形成若干凹凸交替的半波。其波数比壳板局部失稳的波数要少一些，但比肋骨失稳时的波数要多得多，如图 4-6 (b)所示。

(3) 肋骨失稳。当肋骨刚度小于其临界刚度，外压力超过其临界压力时，肋骨将连同壳板和中间支骨一起在舱段内失稳，也就是整个舱段内圆柱壳丧失其总稳定性。此时，仅舱段的两端横舱壁和框架肋骨保持正圆形不变，成为壳的刚性支座周界。壳体在母线方向上整个舱段只形成一个半波。从横剖面看，则在整个圆周上形成 2～4 个整波，如图 4-6(c)所示。

若圆柱壳仅具有肋骨，则前两种失稳形式都为同一种表现形式，即仅有两种失稳形式，如图 4-7 所示，分别称为肋骨间壳板失稳(局部失稳)和肋骨失稳(舱段失稳)。下面对上述两种形式的稳性计算分别加以介绍。

(a)

(b)

图 4-7　环肋圆柱壳失稳形式

(a) 肋骨间壳板失稳　(b) 肋骨失稳

(1) 环肋圆柱壳的舱段总体稳定性。由李兹法可确定环肋圆柱壳总体失稳的欧拉载荷 P_e (理论临界压力)为[57-59]：

$$P_e = \frac{\left[\frac{D}{R^3}(n^2-1+m^2\alpha^2)^2 + \frac{Et}{R}\cdot\frac{m^4\alpha^4}{(m^2\alpha^2+n^2)^2} + \frac{EI}{R^3 l}(n^2-1)^2\right]}{n^2-1+0.5m^2\alpha^2} \tag{4-9}$$

式中，$\alpha = \frac{\pi R}{L}$；D 为壳的抗弯刚度；m，n 为失稳时沿壳的长度方向形成的半波数和沿圆周方向形成的整波数，由上式取最小值的条件可确定数值大小；I 为考虑带板的肋骨惯性矩，可由下式确定：

$$I = I_0 + \frac{lt^3}{12} + \left(y_0 + \frac{t}{2}\right)^2 \frac{ltF}{lt + F} \tag{4-10}$$

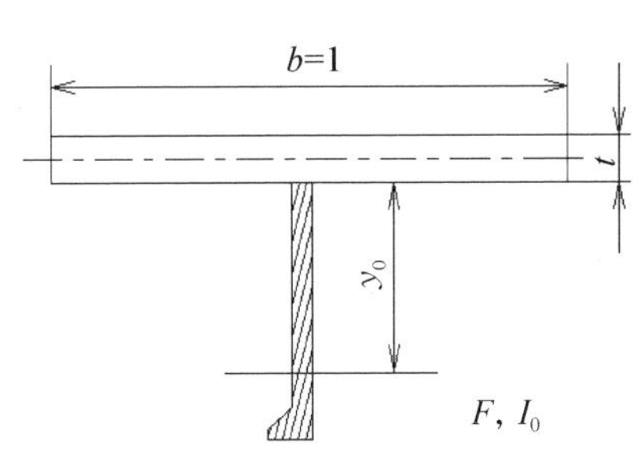

图 4-8 带板肋骨惯性矩示意图

式中，I_0 为肋骨型材的自身惯性矩（见图 4-8）；y_0 为肋骨型材中性轴离壳体内表面距离；F 为肋骨型材剖面积。

因为在常用的尺度范围内，通常在 $m=1$ 时可得到最小的 P_e 值，故式(4-9)可简化为

$$P_e = \frac{\left[\frac{D}{R^3}(n^2 - 1 + \alpha^2)^2 + \frac{Et}{R} \cdot \frac{\alpha^4}{(\alpha^2 + n^2)^2} + \frac{EI}{R^3 l}(n^2 - 1)^2\right]}{n^2 - 1 + 0.5\alpha^2} \tag{4-11}$$

在式(4-11)中，方程右边方括号内的各项分别表示壳板抗弯刚度、壳板抗压刚度和肋骨抗弯刚度对理论临界压力 P_e 的影响。由于 $(n^2 - 1 + \alpha^2)^2$ 与 $(n^2 - 1)^2$ 同量级，且 $D \ll \frac{EI}{l}$，因而方程括号内的第一项与第三项相比可忽略，故式(4-11)可进一步简化为

$$P_e = \frac{\left[\frac{EI}{R^3 l}(n^2 - 1)^2 + \frac{Et}{R} \cdot \frac{\alpha^4}{(\alpha^2 + n^2)^2}\right]}{n^2 - 1 + 0.5\alpha^2} \tag{4-12}$$

设 $\chi = \frac{\left[(n^2 - 1)^2 + \frac{10^4 \alpha^4 \beta}{(\alpha^2 + n^2)^2}\right]}{3(n^2 - 1 + 0.5\alpha^2)}$，$\beta = \frac{lt\left(\frac{R}{100}\right)^2}{I}$，则式(4-12)进一步简化为

$$P_e = \frac{3EI}{R^3 l}\chi \tag{4-13}$$

式中，系数 χ 为 α, β 和 n 的函数，可根据 α, β 值查图 4-9 确定。

(2) 肋骨间壳板的稳定性。因为仅壳板丧失了稳定性，故 $I=0$, $\alpha = \frac{\pi R}{l}$，则由式(4-11)得肋骨间壳板的临界压力为

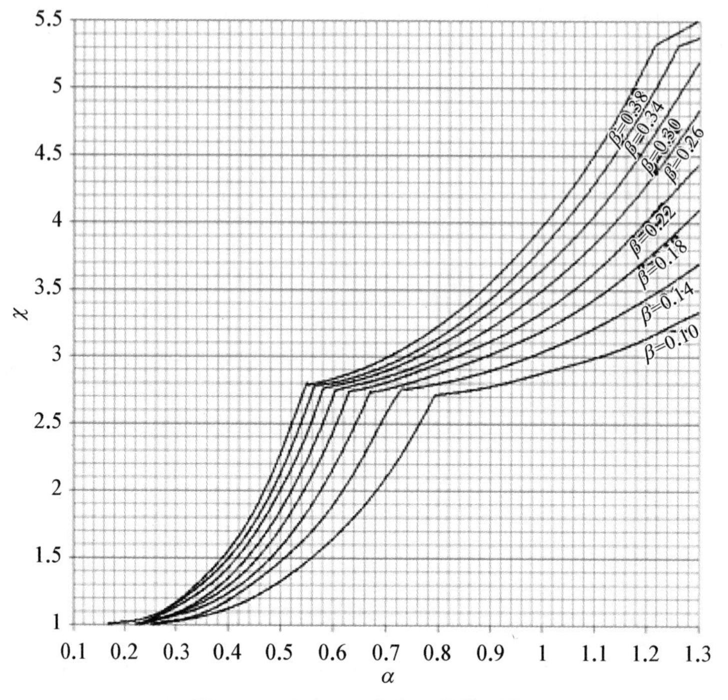

图 4-9 χ 与 α，β 和 n 的关系图

$$P_e=\frac{\left[\frac{D}{R^3}(n^2-1+\alpha^2)^2+\frac{Et}{R}\cdot\frac{\alpha^4}{(\alpha^2+n^2)^2}\right]}{n^2-1+0.5\alpha^2}\tag{4-14}$$

由于壳板失稳时，圆周上形成的波数 n 较多，故 $(n^2-1)^2\approx n^2$，则式(4-14)进一步简化为

$$P_e=\frac{\left[\frac{D}{R^3}(n^2+\alpha^2)^2+\frac{Et}{R}\cdot\frac{\alpha^4}{(\alpha^2+n^2)^2}\right]}{n^2+0.5\alpha^2}\tag{4-15}$$

式(4-15)称为密西斯公式，由密西斯(Mises)在 1929 年首先导出。在式(4-15)中，波数 n 由 P_e 的最小值确定，实际上 n 比较大，且难以估计，因此应作进一步简化。

设 $A=\frac{n^2}{\alpha^2}$，则式(4-15)可改写成

$$P_e=\frac{D\alpha^2}{R^3}\frac{1}{A+0.5}\left[(A+1)^2+\frac{EtR^2}{D\alpha^4}\frac{1}{(A+1)^2}\right]\tag{4-16}$$

对于一般的钢材来说，$\mu=0.3$，$u=\dfrac{0.463l}{\sqrt{Rt}}$，所以可得

$$\frac{D\alpha^2}{R^3}=\frac{Et^2}{R^2}\frac{0.373}{u^2} \tag{4-17}$$

$$\frac{EtR^2}{D\alpha^2}=0.657u^4 \tag{4-18}$$

式(4-16)中可近似取 $A+1=1.346u$，将式(4-17)和式(4-18)代入式(4-16)可得

$$P_e=\frac{0.603}{u\quad 0.371}E\left(\frac{t}{R}\right)^2\approx\frac{0.6}{u\quad 0.37}E\left(\frac{t}{R}\right)^2 \tag{4-19}$$

利用式(4-19)所获得的精度完全能满足初步设计需要。

前面讨论了采用肋骨加强的圆柱壳的稳定性问题，给出了它们的理论临界压力 P_e 的计算公式，但是试验结果表明，各类壳体的实际临界压力 P_{cr} 都低于理论值[60-61]。产生这种误差的因素很多，主要包括以下两个方面：

(1) 在实际建造过程中，承压结构体总是存在初始挠度，从而在均匀外压力作用下，将引起壳体内的附加弯曲应力，这种附加弯曲应力促使壳体提前失稳，因此这种误差是偏于危险的。

(2) 壳体材料的弹性模量 E 并不是始终保持不变的。在实际应用中，当壳体中的应力超过比例极限后，弹性模量 E 就已下降，因此使得临界压力也下降，所以这种误差也是偏于危险的。

基于上述原因，在进行实际计算中，需根据式(4-20)对理论临界压力进行修正，从而得到实际临界压力为

$$P_{cr}=C_gC_sP_e \tag{4-20}$$

式中：C_g 为考虑了壳体有初挠度对壳体稳定性不利影响的修正系数；C_s 为考虑到材料不符合胡克定律对壳体稳定性不利影响的修正系数。

根据上述计算结果，对于承受外压的圆柱壳体的稳性校核，相应分为舱段总体稳性校核和壳板稳性校核两部分内容，具体计算如下[59]。

(1) 环肋圆柱壳板失稳的校核公式如下：

$$P_{cr}=0.75C_sP_e\geqslant P_j \tag{4-21}$$

式中，P_e 可由式(4-19)确定；C_s 可根据参数 $\dfrac{\sigma_e}{\sigma_s}$ 由图 4-10 查得，$\sigma_e=\dfrac{P_eR}{t}$。

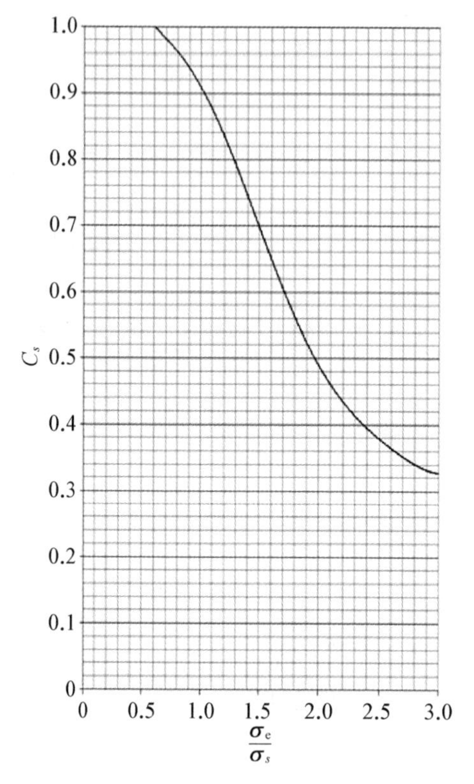

图 4-10 C_s 与参数$\frac{\sigma_e}{\sigma_s}$的关系

(2) 舱段总体稳性校核公式如下：

$$P_{cr}=0.83C_sP_e \geqslant 1.2P_j \tag{4-22}$$

式中，P_e 可由式(4-13)确定，其中：

$$\alpha=\begin{cases}\pi R/L & (\text{无强肋骨时})\\ \pi R/(L-a) & (\text{有强肋骨时})\end{cases}$$

C_s 可根据参数 $\frac{\sigma_e}{\sigma_s}$ 由图 4-10 查得，其中 $\sigma_e=\frac{P_eR}{t+F/l}$。

2. 基于 GL 规范的环肋圆柱形承压结构计算方法[62-65]

GL 规范与 CCS 规范相似，也是根据计算压力 p，计算壳板和肋骨的应力是否满足许用值要求，但与 CCS 规范不同的是，在壳板强度校核时，GL 规范的应力均取等效应力进行校核。

1) 安全系数

在耐压壳校核计算式，GL 规范对潜水器下潜深度进行了分类，包括以下几种：

(1) 名义下潜深度。名义下潜深度是指潜水器可以进行无限制操作的下潜深度，单位为 m。对应的压强为名义下潜压强，单位为 bar*，两者关系表达式为

$$\text{名义下潜压强}=\text{名义下潜深度}\times 0.101$$

(2) 测试下潜深度。测试下潜深度是承受外压的耐压壳和设备进行相应测试的下潜深度，在此深度下主要进行强度、气密性、设备功能测试。与之对应的压强为测试下潜压强 TDP。

(3) 极限下潜深度。极限下潜深度指不考虑蠕变情况下潜水器将失稳破坏的下潜深度，对应的压强称为极限下潜压强，即计算压强。

针对载人和无人潜水器的不同特点，GL 规范设置了相应的安全系数，其安

---

* bar(巴)，压强的非法定单位，1 bar = 10^5 Pa。

全系数随深度变化,如表 4 - 2 和表 4 - 3 所示。

表 4 - 2 无人潜水器安全系数

名义下潜压强/bar	5	10	20	30	40	50	≥60
测试下潜压强/名义下潜压强	1.70	1.40	1.25	1.20	1.20	1.20	1.20
极限下潜压强/名义下潜压强	3.20	2.40	2.00	1.87	1.80	1.76	1.73

表 4 - 3 载人潜水器安全系数

名义下潜压强/bar	5	10	20	30	40	50	60≤名义下潜压力<400	≥400
测试下潜压强/名义下潜压强	1.50	1.30	1.20	1.20	1.20	1.20	1.20	1.10
极限下潜压强/名义下潜压强	2.20	1.90	1.80	1.75	1.70	1.65	1.60	1.50

2) 应力计算与校验

(1) 壳板强度计算。跨中处壳板强度计算表达式如下:

$$\sigma_{\varphi}=E\frac{w_{\mathrm{M}}}{R_{\mathrm{m}}}+\nu\cdot\sigma_{x}^{m}\pm\nu\cdot\sigma_{x,m}^{b} \tag{4-23}$$

$$\sigma_{x}=-\frac{\sigma_{0}}{2}\pm\sigma_{0}\left(1-\frac{\nu}{2}\right)F_{4}\frac{A_{\mathrm{eff}}\cdot F_{2}}{A_{\mathrm{eff}}+s_{\mathrm{W}}\cdot s+L\cdot s\cdot F_{1}} \tag{4-24}$$

式中,R_{m} 表示耐压圆柱壳的平均半径;ν 表示泊松比;w_{M} 表示肋骨中点径向位移;L 表示耐压壳舱段长度;s 表示壳板厚度,s_{W} 表示肋骨宽度;σ_{0} 表示非环肋圆柱壳周向应力;$\sigma_{x,m}^{b}$ 表示肋骨间纵向弯曲应力;σ_{x}^{m} 表示纵向薄膜应力。σ_{0} 表达式为

$$\sigma_{0}=-\frac{p\cdot R_{\mathrm{m}}}{s} \tag{4-25}$$

w_{M} 表达式为

$$w_{\mathrm{M}}=-\frac{p\cdot R_{\mathrm{m}}^{2}}{E\cdot s}\left(1-\frac{\nu}{2}\right)\left(1-\frac{A_{\mathrm{eff}}\cdot F_{2}}{A_{\mathrm{eff}}+s_{\mathrm{W}}\cdot s+L\cdot s\cdot F_{1}}\right) \tag{4-26}$$

式中,参数 A_{eff}, F_{1}, F_{2}, F_{4} 表达式由 GL 规范给出,如下表示:

$$F_{1}=\frac{4}{\theta}\frac{\cosh^{2}\eta_{2}\theta-\cos^{2}\eta_{2}\theta}{\dfrac{\cosh\eta_{1}\theta\cdot\sinh\eta_{1}\theta}{\eta_{1}}+\dfrac{\cos\eta_{2}\theta\cdot\sin\eta_{2}\theta}{\eta_{2}}} \tag{4-27}$$

$$F_2 = \sqrt{\frac{3}{1-\nu^2}} \frac{\cosh^2 \eta_2\theta - \cos^2 \eta_2\theta}{\dfrac{\cosh \eta_1\theta \cdot \sinh \eta_1\theta}{\eta_1} + \dfrac{\cos \eta_2\theta \cdot \sin \eta_2\theta}{\eta_2}} \tag{4-28}$$

$$F_4 = \sqrt{\frac{3}{1-\nu^2}} \frac{\dfrac{\cosh \eta_1\theta \cdot \sin \eta_2\theta}{\eta_2} + \dfrac{\sinh \eta_1\theta \cdot \cos \eta_2\theta}{\eta_1}}{\dfrac{\cosh \eta_1\theta \cdot \sinh \eta_1\theta}{\eta_1} + \dfrac{\cos \eta_2\theta \cdot \sin \eta_2\theta}{\eta_2}} \tag{4-29}$$

$$A_{\mathrm{eff}} = A_{\mathrm{F}} \frac{R_{\mathrm{m}}}{R_{\mathrm{c}}} \tag{4-30}$$

$$\eta_1 = \frac{1}{2}\sqrt{1-\gamma} \tag{4-31}$$

$$\eta_2 = \frac{1}{2}\sqrt{1+\gamma} \tag{4-32}$$

$$A_{\mathrm{eff}} = A_{\mathrm{F}} \frac{R_{\mathrm{m}}}{R_{\mathrm{c}}} \tag{4-33}$$

$$\theta = \frac{2 \cdot L}{L_{\mathrm{eff}}} \tag{4-34}$$

$$L = L_{\mathrm{F}} - s_{\mathrm{W}} \tag{4-35}$$

式中，A_{F} 为肋骨十字区域的面积；L_{F} 为肋骨间距；R_{c} 为圆心到肋骨（含带板）区域型心的半径，L_{eff} 为带板有效长度。各参数如图 4-11 所示。

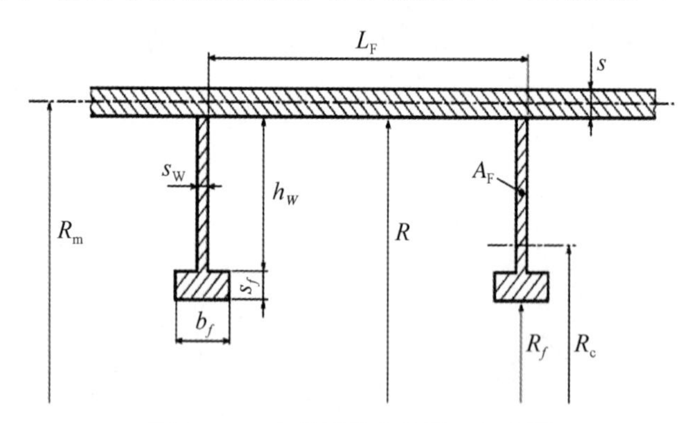

图 4-11 加筋圆柱壳肋骨几何布置

同理，在跨端处壳板强度计算表达式为

$$\sigma_{\varphi} = E \frac{W_{\mathrm{F}}}{R_{\mathrm{m}}} + \nu \cdot \sigma_x^m \pm \nu \cdot \sigma_{x,\,\mathrm{F}}^b \tag{4-36}$$

$$\sigma_x = -\frac{\sigma_0}{2} \pm (\sigma_0 - \sigma_{\varphi,F}^m) F_3 \tag{4-37}$$

式中，W_F 表示肋骨处径向位移；σ_x，σ_φ 分别表示周向和轴向应力，正负号表示壳体的外内表面；$\sigma_{x,F}^b$ 表示肋骨处周向应力；$\sigma_{\varphi,F}^m$ 表示肋骨处纵向应力；F_3 表达式为

$$F_3 = \sqrt{\frac{3}{1-\nu^2}} \frac{-\dfrac{\cosh \eta_1\theta \cdot \sinh \eta_1\theta}{\eta_1} + \dfrac{\cos \eta_2\theta \cdot \sin \eta_2\theta}{\eta_2}}{\dfrac{\cosh \eta_1\theta \cdot \sinh \eta_1\theta}{\eta_1} + \dfrac{\cos \eta_2\theta \cdot \sin \eta_2\theta}{\eta_2}} \tag{4-38}$$

W_F 表达式为

$$W_F = -\frac{p \cdot R_m^2}{E \cdot s}\left(1 - \frac{\nu}{2}\right)\left(1 - \frac{A_{\text{eff}} \cdot F_2}{A_{\text{eff}} + s_W \cdot s + L \cdot s \cdot F_1} \cdot \right.$$

$$\left. \cos \eta_1\theta \cdot \cos \eta_2\theta \frac{\sqrt{\dfrac{1-\nu^2}{s} \cdot \dfrac{F_4}{F_2} + \gamma}}{4 \cdot \eta_1 \cdot \eta_2} \sin \eta_1\theta \cdot \sin \eta_2\theta \right) \tag{4-39}$$

得到的应力应满足下式：

$$\sigma_i < \min\left\{\frac{R_{m,20^\circ}}{A}, \frac{R_{eH,\tau}}{B}\right\} \tag{4-40}$$

式中，$R_{m,20^\circ}$ 表示室温为20℃时的最小抗拉强度；$R_{eH,\tau}$ 表示设计温度下材料的屈服极限或材料应变为 0.2%时对应的应力。A、B 的取值见 GL 规范，如表 4-4 所示，$\sigma_i = \sqrt{\sigma_x^2 + \sigma_\varphi^2 - \sigma_x \cdot \sigma_\varphi}$。

表 4-4 各种工况的安全系数

材　料	名义下潜压力		测试下潜压力		极限下潜压力	
	A	B	A'	B'	A''	B''
铁素体材料	2.7	1.7	—	1.1	—	1.0
奥氏体材料	2.7	1.7	—	1.1	—	1.0
钛	2.7	1.7	—	1.1	—	1.0

(2) 肋骨强度计算。周向应力表达式为

$$\sigma_{\varphi}=-\frac{pR_{\mathrm{m}}L_{\mathrm{eff}}(1-\nu/2)\dfrac{R_{\mathrm{m}}}{R_{f}}}{A_{D}\dfrac{R_{\mathrm{m}}}{R_{D}}+L_{\mathrm{eff}}s} \tag{4-41}$$

弯曲应力为

$$\sigma_{\varphi,D}=\pm w_{\mathrm{el}}\cdot E\cdot e\,\frac{n^{2}-1}{R_{C}^{2}} \tag{4-42}$$

式中,肋骨的弹性变形 w_{el} 表达式如下:

$$w_{\mathrm{el}}=w_{0}\,\frac{p}{p_{g}^{n}-p} \tag{4-43}$$

式中,w_{0} 是耐压壳体允许的最大不圆度,表达式为 $w_{0}=\pm 5\%\times 2\times R_{m}$;$p$ 表示极限下潜压力;p_{g}^{n} 见式(4-57);e 代表肋骨端部到肋骨(含带板)区域型心的距离;e 等参数计算方法详见规范,此处不一一列出。肋骨参数如图 4-12 所示。

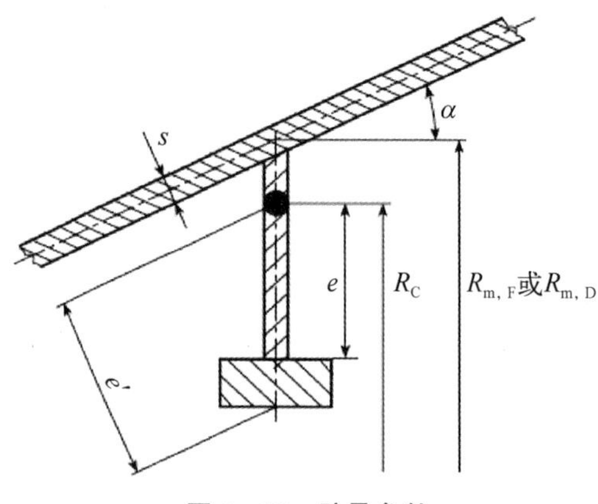

图 4-12 肋骨参数

肋骨应力应满足如下条件:

$$\sigma_{\mathrm{s}}\geqslant|\sigma_{\varphi,D}|+|\sigma_{\varphi,F}^{m}| \tag{4-44}$$

式中,σ_{s} 是材料的屈服极限。

3) 稳性计算与校核

(1) 壳板稳性。理论弹性屈服压力计算表达式为

$$p_{\mathrm{cr}}^{\mathrm{el}}=\frac{2\cdot\pi^{2}\cdot E\cdot f}{3\cdot\varphi\cdot(1-\nu^{2})}\cdot\left(\frac{s}{R_{\mathrm{m}}}\right)^{2}\cdot\frac{\dfrac{R_{\mathrm{m}}\cdot s}{L^{2}}}{3-2\cdot\varphi\cdot(1-f)} \tag{4-45}$$

式中,

$$\varphi=1.23\,\frac{\sqrt{R_{\mathrm{m}}\cdot s}}{L} \tag{4-46}$$

$$f=\frac{\sigma_{x}^{m}}{\sigma_{\varphi,M}^{m}} \tag{4-47}$$

$$\sigma_{\nu}=\sqrt{(\sigma_{\varphi,M}^{m})^{2}+(\sigma_{x}^{m})^{2}-\sigma_{\varphi,M}^{m}\cdot\sigma_{x}^{m}} \tag{4-48}$$

理论弹塑性屈服压力计算表达式为

$$p_{\mathrm{cr}}^{i}=p_{\mathrm{cr}}^{\mathrm{el}}\cdot\frac{1-\nu^{2}}{1-\nu_{p}^{2}}\cdot\left[\frac{E_{\mathrm{t}}}{E}\cdot\left(1-\frac{3\varphi}{4}\right)+\frac{E_{\mathrm{s}}}{E}\cdot\frac{3\varphi}{4}\right] \tag{4-49}$$

式中，ν_{p} 为弹塑性泊松比，其表达式为

$$\nu_{p}=0.5-(0.5-\nu)\frac{E_{\mathrm{s}}}{E_{\mathrm{t}}} \tag{4-50}$$

式中，E_{t} 为切线模量，E_{s} 为割线模量，其表达式分别为

$$E_{\mathrm{s}}=\frac{\sigma_{\nu}}{\varepsilon_{\nu}} \tag{4-51}$$

$$E_{\mathrm{t}}=\frac{\mathrm{d}\sigma_{\nu}}{\mathrm{d}\varepsilon_{\nu}} \tag{4-52}$$

如果 $\sigma_{\nu}>\sigma_{e}$，则有

$$E_{\mathrm{t}}=E\cdot\left\{1-\left[\frac{\sigma_{\nu}-z\cdot\sigma_{0.2}}{(1-z)\cdot\sigma_{0.2}}\right]^{2}\right\} \tag{4-53}$$

$$E_{\mathrm{s}}=E\cdot\frac{\sigma_{\nu}}{\sigma_{0.2}\left[z+(1-z)\arctan\frac{\sigma_{\nu}-z\cdot\sigma_{0.2}}{(1-z)\cdot\sigma_{0.2}}\right]} \tag{4-54}$$

理论弹塑性屈服压力 P_{cr}^{i} 乘以 r 应大于计算压力 P_{j}，即

$$P_{\mathrm{cr}}^{i}\cdot r\geqslant P_{j} \tag{4-55}$$

式中，r 表示折减系数，其表达式为

$$r=1-0.25\cdot \mathrm{e}^{-\frac{1}{2}\left(\frac{p_{\mathrm{cr}}^{\mathrm{el}}}{p_{\mathrm{cr}}^{i}}-1\right)} \tag{4-56}$$

（2）总体稳性。总体稳定性的屈曲压力如式(4-57)表示：

$$p_{g}^{n}=p_{F}+p_{B} \tag{4-57}$$

式中，

$$p_F=\frac{(n^2-1)E\cdot I_F}{R_{C,D}^3\cdot L_F}\cos^4\alpha\frac{n^2-1}{n^2-1+\beta^2\frac{1}{2}\frac{p_D}{p_D+p_m}}\tag{4-58}$$

$$I=\frac{bh^3}{12}+\frac{L_{\text{eff}}t^3}{12}+\left(\frac{h}{2}+\frac{t}{2}\right)^2\frac{L_{\text{eff}}tbh}{l_{\text{eff}}t+bh}\tag{4-59}$$

$$p_B=\frac{E\cdot s}{R_m}\cos^3\alpha\frac{\beta_B^4}{(n^2-1+\beta_B^2/2)(n^2+\beta_B^2)^2}\tag{4-60}$$

$$p_m=\frac{E\cdot s}{R_M}\cdot\cos\alpha^3\cdot\frac{\beta^4}{\left(n^2-1+\frac{\beta^3}{2}\right)(n^3+\beta^3)}\tag{4-61}$$

$$p_E=\frac{1}{n^2+0.5\left(\frac{\pi\cdot R}{l}\right)^2}\cdot\left[\frac{E\cdot h^3}{12(1-\mu^2)}\cdot\left(n^2+\left(\frac{\pi\cdot r}{l}\right)^2\right)^2+\frac{E\cdot t}{R}\cdot\frac{\left(\frac{\pi\cdot R}{L}\right)^4}{\left(n^2+\frac{\pi\cdot R}{L}\right)^2}\right]\tag{4-62}$$

$$p_D=\frac{2(n^2-1)E\cdot I_D\cdot\cos\alpha^3}{R_{C,D}[R_m-4(R_M-R_{C,D})](L_D+L_{D,T})}\cdot\frac{n^3-1}{n^2-1+\frac{\beta^3}{2}}\tag{4-63}$$

$$\beta_B=\frac{\pi\cdot R_m}{L_B}\tag{4-64}$$

式中，L_B 为舱壁间距离；α 为半顶角，式中参数如图 4-12 和图 4-13 所示。

所得到的屈曲压力应满足于

$$p_g^n>1.07P_j\tag{4-65}$$

3. CCS 和 GL 规范比较[68]

1) 应力校核比较

通过对两个规范的理论公式的分析发现，CCS 和 GL 规范在强度计算方面有许多不同之处，主要体现在以下几个方面：

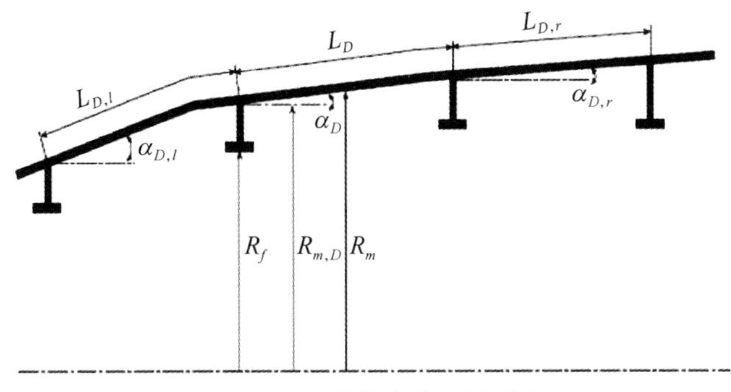

图 4-13　总体失稳肋骨形式

(1) 在设计载荷的确定上，GL 规范针对不同的下潜深度，定义了不同的安全系数，而 CCS 规范安全系数统一取为 1.5。

(2) 两个规范都是在明确计算压力 p_j 的前提下，计算得到壳板和肋骨的相应应力，我国规范取纵向力的极大值来考虑纵向力对壳弯曲的影响，即梁柱效应，而 GL 规范则没有体现。

(3) 两个规范对于相应强度特征量的计算较为一致。但在强度的衡准上，GL 规范是对于等效应力进行校核，同时考虑了耐压壳体内外表面应力的不同，而 CCS 规范考虑的是应力最大的那个表面。

(4) 在肋骨应力的考虑上，两个规范有较大差异。GL 规范对于内外肋骨布置形式和偏心距有所考虑，CCS 规范这方面没有做任何处理。此外，CCS 规范在肋骨强度校核计算中，用肋骨的周向应力表示肋骨平均应力，忽略了初始缺陷造成的附加弯曲应力。GL 规范对于制造误差有相应的计算公式和测量方法，在计算中将肋骨应力细分成两部分考虑(压应力和弯曲应力)，弯曲应力占到了肋骨应力的很大比例，并通过两者的绝对值和来校核结构强度。

2) 稳性校核比较

两个规范在壳板稳性的计算上和安全衡准方法上差别较大。CCS 规范在材料非弹性屈曲方面引入了物理非线性系数 C_s 和几何非线性系数 C_g 考虑初始缺陷，通过在弹性屈曲的基础上乘以上述相应的修正系数解决弹塑性问题。但对于大深度潜水器来说，承压结构采用高强度材料，壳体半径厚度比值小，因此承压结构破坏压力的计算不能完全套用潜艇规范的修正系数。GL 规范计及了材料弹性模量与应力之间的非线性关系，通过应力与材料比例极限大小的判断，在承压壳体弹性屈曲公式中引入非弹性段的材料切线模量 E_t 和割线模量 E_s，从而考虑了材料非线性影响。在校核时，GL 规范并未区分几何非线性和物理非线性，而是校核计算理论弹塑形临界压力与折减系数 r 乘积是否大于计算压力。

在总体稳定性的校核中，两个规范基本上是一致的。在理论临界压力的计算上，CCS规范取一档肋距为附连带板宽，而GL规范对于带板宽度有相应的算式。修正系数的选择上，GL规范是直接取为1.07，并把得到的结果就作为最大的允许工作压力，而CCS规范是经过两次修正之后的结果。CCS规范对总体稳定性的修正和校核准则较严格，使极限工作压力反而比GL规范小。

4. 有限元计算方法

目前，用于潜水器承压结构体应力分析主要有理论计算、规范校核及有限元计算三种方式，其中，理论计算与规范校核已经比较成熟，在实际工程中得到了大量的应用。需要注意的是，我国潜水器规范沿用了潜艇设计计算规范中的相关部分，对承压结构的强度和稳性所提出的计算及其校核标准，是针对常规潜艇和核潜艇的艇体结构设计，规范中所提供的各种应力和屈曲压力计算公式是针对潜深在300 m左右、半径厚度比超过20、采用600 MPa级的921材料的耐压结构。一般潜艇的半径厚度比在100左右，所以规范的理论基础为薄壳理论。而大深度潜水器承压结构的结构形式、制造材料及几何参数特点与一般潜艇有显著的差别，以日本"深海6500型"耐压球壳为例，半径厚度比为14，达到中厚壳范围，结构在达到其极限承载力时材料已进入非线性屈服阶段，这时，横向剪切变形的影响必须予以考虑，所以沿用潜水器结构设计计算规则，完全采用规范中的图表公式，显然并不完全适用于潜水器承压结构体的结构设计[67-71]。

近年来，随着计算技术的迅猛发展，大批有限元计算软件得到了很好的发展，常用的有ANSYS、MSC. Patran、MSC. Nastran、ABQUS等。鉴于ANSYS强大的前后处理功能及良好的工程应用实例，很多研究者借助于有限元分析方法，来模拟计算潜水器耐压结构的破坏强度和破坏过程。本节将采用ANSYS有限元分析的方式对潜水器耐压结构进行强度和稳性分析，为潜水器结构设计提供可靠的参考[21-22]。

1) 有限元计算过程

考虑到圆柱壳的中面曲率半径远大于壳板厚度(>20倍)，可以用薄壳理论来分析此环肋圆柱壳。在几何建模时，将圆柱壳、环形肋骨及法兰的三维实体模型全部用面表示，并耦合成为一个整体，模型如图4-14所示。网格划分时，采用壳单元SHELL93对环肋圆柱壳及肋骨进行网格划分，划分完网格的单体环肋圆柱壳模型如图4-15所示。

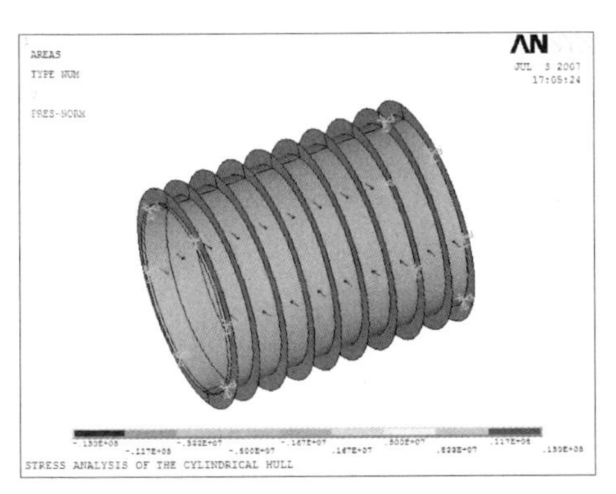

图 4-14 几何模型

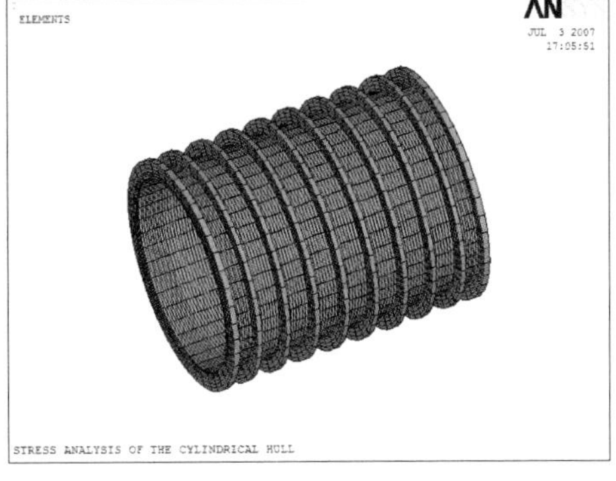

图 4-15 网格模型

考虑到承压结构体在安装到潜水器中时，两端需要用球型封头进行密封，并且要固定在承载框架上。因此，在对模型添加几何约束时，决定将承压结构两端进行简支约束。依据潜水器下潜深度和安全系数，在承压结构体上施加面载荷，启动 ANSYS 求解器进行求解。

在强度分析方面，选用静力求解方式进行分析。求解完毕后，得到承压结构体的变形图，以及其在径向、周向及轴向的应力云图如图 4-16 所示。

从图中可以清楚地看到壳板周向最大应力出现的位置，利用 ANSYS 后处理器中设定路径获取指定位置应力的方法，依次得到相邻肋骨跨度中点处壳板周向应力、肋骨与圆柱壳连接处壳板轴向应力及肋骨应力。按照 CCS 规范公式对壳板及肋骨强度进行校核。

在稳定性分析上，工程实际中由于结构制造必然产生初始缺陷，几何完善的潜水器承压结构是不存在的。因此，在进行稳定性分析之前应先进行静力分析，加载预应力(以考虑结构内部的缺陷)。由于承压结构体两端的球型封头同样受到海水的压力，其压力经法兰传递给圆柱壳，需要在圆柱壳两端加载线载荷以考虑封头压力对圆柱壳稳定性的影响。接下来，进行特征值屈曲分析。选择分析类型为 Eigen Buckling，设定模态提取数和模态扩展数都为 6，进行求解分析。

提取由 ANSYS 直接计算得到的承压结构体的前 6 阶屈曲振动的频率值。取其中的非零最小值 F 作为承压结构体弹性屈曲的载荷安全系数，计算其最小弹性临界压力 P_{ε} 为

$$P_{\varepsilon} = 15F \text{ MPa} \tag{4-66}$$

按照规范中公式得其弹性临界应力 σ_{ε} 为

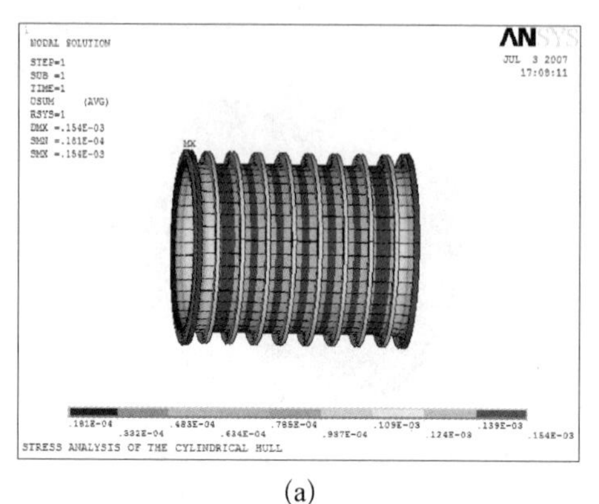

(a)

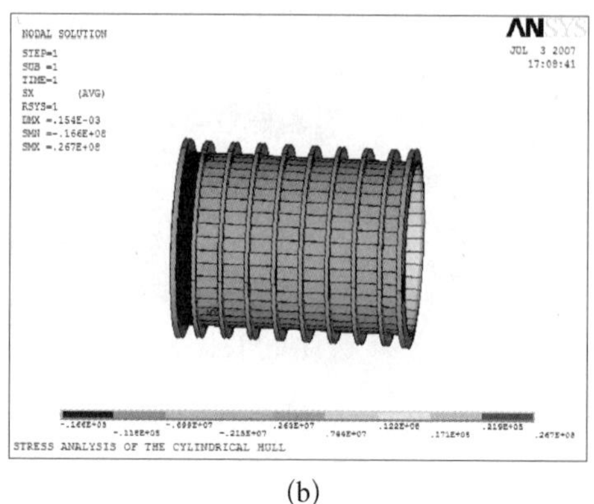

(b)

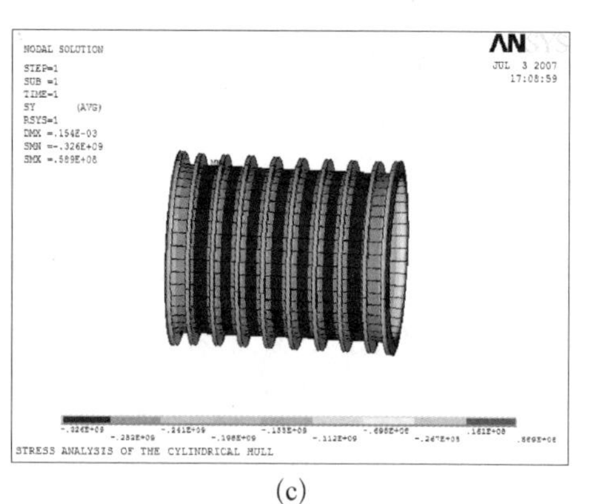

(c)

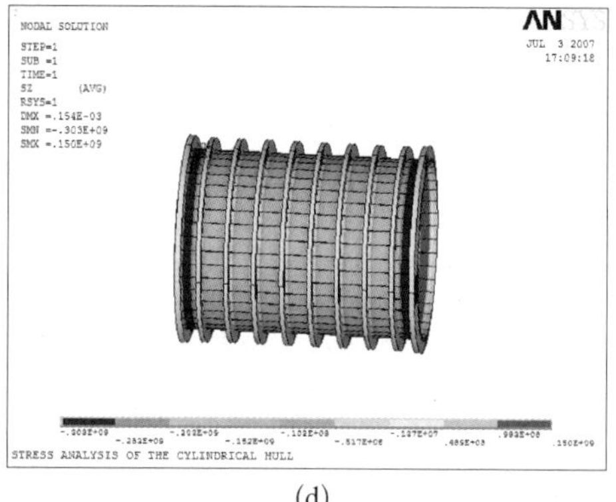

(d)

图 4-16 承压结构强度分析结果

(a) 变形图 (b) 径向应力 (c) 周向应力 (d) 轴向应力

$$\sigma_{\varepsilon}=\frac{P_{\varepsilon}R}{t+F/l} \tag{4-67}$$

得 $\sigma_{\varepsilon}/\sigma_{s}$ 数值,将其代入 C_{s} 公式,可得 C_{s} 数值:

$$C_{s}=0.3\times\arctan\left[-1.4924\times\left(\frac{\sigma_{\varepsilon}}{\sigma_{s}}-1.5\right)\right]+0.0053\times\left(\frac{\sigma_{\varepsilon}}{\sigma_{s}}\right)^{-1}+0.096\times 3^{-\frac{\sigma_{\varepsilon}}{\sigma_{s}}}+0.0016 \tag{4-68}$$

由此得到临界屈曲压力为

$$P_{cr}=0.84C_{s}P_{\varepsilon} \tag{4-69}$$

若其值大于 $1.2P_{j}$,则满足 CCS 规范要求。

2）有限元优化设计

环肋圆柱壳作为潜水器耐压结构的一种重要结构形式，其壳体重量、结构尺寸对潜水器运行的平稳性、速度都起到很大的作用。因此满足一系列条件的情况下要尽量使耐压结构的自身重量最小，这样也可以节省材料，降低成本，并且还可以减小参与壳体传递振动的质量，减小整个壳体自身的振动。本节旨在利用 ANSYS 提供的结构优化设计工具，在满足强度、稳定性、刚度和工艺等条件下，运用基于参数化的有限元分析方法，对壳体的几何参数加以合理配置，实现壳体结构的优化设计，达到目标函数（重量/体积）的最小化，使壳体的各项性能有所提高。

（1）优化设计理论。工程结构优化设计，实际上就是利用数学上的最优化理论，把问题归结为单个或多个自变量的优化问题。其基本的数学表述为：对于一组选定的设计变量 α_1, α_2, …, α_N，试确定其具体的取值，使得以这些设计变量为自变量的多元目标函数 $f_{obj}=f_{obj}(\alpha_1, \alpha_2, \cdots, \alpha_N)$ 在满足一定的约束条件下，取得其最大值或最小值。优化设计前必须指定设计变量、状态变量和目标函数。

a. 设计变量。一个设计方案可用一组基本参数来表示，这组参数在优化设计过程中不断地修改调整，一直处于变化的状态，这些基本参数称为设计变量。设计变量的全体可用一个列向量来表示，即 $\boldsymbol{\alpha}=[\alpha_1 \quad \alpha_2 \quad \cdots \quad \alpha_N]^{\mathrm{T}}$。设计变量的取值要具有实际的意义，即需要满足一定的合理性范围的限制(比如杆件的截面积必须大于零)，这些设计变量取值范围的限制条件可以表达为如下的不等式组：

$$\alpha_{iL} < \alpha_i < \alpha_{iU} (i=1, 2, \cdots, N) \tag{4-70}$$

式中，N 为设计变量的总数；α_{iL} 和 α_{iU} 分别为第 i 个设计变量 α_i 合理取值范围的下限以及上限。

b. 状态变量。一个可行的设计必须满足某些设计限制条件，这些限制条件称为约束。状态变量就是设计要求满足的约束条件，因此又称为约束变量。它们是设计变量的函数，约束函数有的可以表示成显式形式，即反映设计变量之间明显的函数关系，有的则只能表示成隐式形式，需要通过有限元法或动力学计算求得。约束从数学上可以表达为如下的不等式组：

$$g_{jL} < g_j(\alpha_1, \alpha_2, \cdots, \alpha_N) < g_{jU} (j=1, 2, \cdots, M) \tag{4-71}$$

式中，$g_j(\alpha_1, \alpha_2, \cdots, \alpha_N)$ 称为状态变量，是以设计变量为自变量的函数；g_{jL} 和 g_{jU} 分别为第 j 个状态变量取值范围的下限以及上限；M 为约束状态变量的总数。

c. 目标函数。目标函数 $f(\alpha)$ 是评价设计的标准，它必须是设计变量的函数。优化设计总是使目标函数最小化，因此，在明确设计变量、约束条件和目标函数之后，优化问题可以表示成一般的数学形式，即求设计变量 $\boldsymbol{\alpha}=[\alpha_1\quad\alpha_2\quad\cdots\quad\alpha_N]^{\mathrm{T}}$，使 $f(\alpha)\rightarrow\min$，且满足约束条件：$g_{jL}<g_j(\alpha_1,\alpha_2,\cdots,\alpha_N)<g_{jU}$。

在优化设计中，采用一般的建模方法对结构进行一次又一次的建模，不仅计算结果难以保证，而且效率不高，故采用参数化建模和优化。参数化又称参数驱动，即建立图形约束和几何关系与尺寸参数的对应关系，由尺寸参数值的变化直接控制实体模型的变化。参数化设计是一种解决设计约束问题的数学方法，它是在结构形状比较定型时，用一组参数来约定尺寸的关系，然后通过尺寸驱动达到改变结构形状的目的。参数化有限元分析优化的流程如图 4-17 所示。

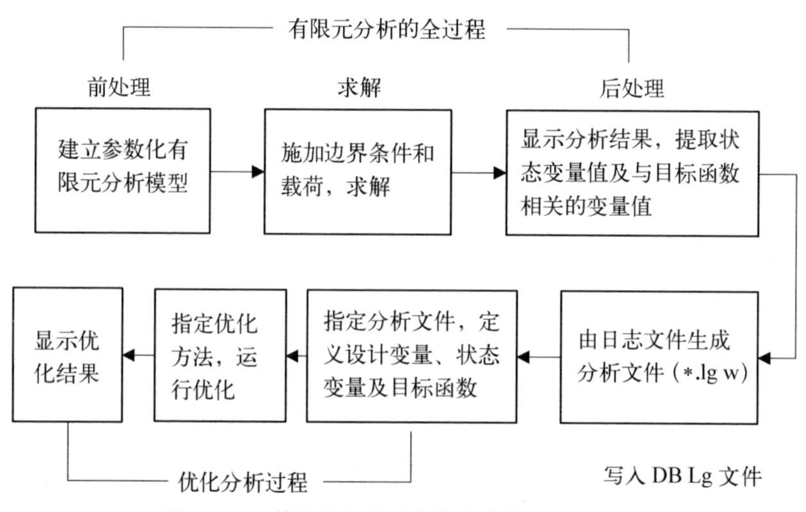

图 4-17　基于有限元的参数化优化设计流程图

(2) 具体优化设计步骤如下：

a. 参数化有限元模型的建立。由前面章节中的比较，在优化设计中，有限元模型选定为轴对称形式。建模过程中分别以壳板厚度 T、圆柱壳总长度 L、圆柱壳内半径 R、肋骨宽度 B、肋骨高度 H、肋骨个数 N、法兰宽度 FB 及法兰高度 FH 为参数。选择壳体、法兰及肋骨的使用材料，设定模型左右两端简支，各个肋骨截面及圆柱壳外表面均受到极限深度的海水压力。

b. 设定各个变量。完成圆柱壳结构的静力计算后，利用通用后处理器获取壳体的体积 V_{OL}、结构综合位移(USUM) D_{EF}、肋骨中点处壳板周向应力 σ_1、肋骨根处壳板轴向应力 σ_2 及肋骨应力 σ_3。利用上述数值及建模过程中设定的各个参数，分别设定优化过程中的设计变量、状态变量及目标函数，如表 4-5 所示。

表 4-5　环肋圆柱壳优化设计变量

	设计变量				状态变量				目标函数
变量名称	板厚/m	肋宽/m	肋高/m	肋个数	最大 σ_1/MPa	最大 σ_2/MPa	最大 σ_3/MPa	最大变形/m	体积/m^3
	T	B	H	N	Y_{max}	Z_{max}	LG_{max}	D_{EF}	V_{OL}
最小值	0.01	0.015	0.035	1	无	无	无	无	无
最大值	0.015	0.03	0.046	8	370	510	261	2.0×10^{-3}	无

（3）优化设计结果。以结构重量最轻（即体积最小）为设计目标，在满足各个敏感部位应力要求的条件下，将几何参数加以合理配置，达到结构优化的目的。按照上述优化流程图，采用一阶优化方法，设定目标函数容差为 0.000 05 m^3，共进行了 15 次迭代达到最优配置，优化前后结构尺寸及相应结果的比较如表 4-6 所示。

表 4-6　结构尺寸变化及优化结果对比

		T(板厚)	B(肋骨宽)	H(肋骨高)	N(个数)
设计变量	初始值/m	0.014	0.025	0.046	8
	优化值/m	0.015	0.020 7	0.040 3	8
	增长比例/%	7.14	−17.2	−12.4	0
状态变量		Y_{max}	Z_{max}	LG_{max}	D_{EF}
	初始值/MPa	309	298	249	1.5×10^{-3}
	优化值/MPa	309	310	260	1.56×10^{-3}
	增长比例/%	0	4.0	4.4	4
目标函数		V_{OL}			
	初始值/m^3	0.066 7			
	优化值/m^3	0.062 7			
	增长比例/%	−6.0			

由表 4-5 可以看出,肋骨宽度 B 和肋骨高度 H 与优化前相比,均有一定程度的减少,肋骨根处壳板轴向应力 σ_2、肋骨应力 σ_3 和最大综合位移都一定程度的增加,但是仍然满足应力、变形各自极值的约束条件。在结构尺寸减少而载荷不变的情况下,变形和应力增大,符合实际受力及变形情况。优化后与优化前的结构体积相比,减少了 6.0%,即重量减少了 6.0%,该体积或重量即为最小体积或重量。

4.2 密封设计技术

4.2.1 密封简介

密封是为了防止气体、液体和固体的泄漏或者阻止外部颗粒、流体进入密闭空间或管道系统。具有密封功效的零部件称为密封件,较复杂的密封连接称为密封结构或密封装置。通常,密封作用的有效性采用密封度来衡量。密封度是用泄漏率来表示,即单位时间内介质的体积或质量的泄漏量。密封泄漏量为零的情况称为零泄漏,零泄漏对可拆密封而言是一种理想情况。实际经验表明:零泄漏往往是指用高分子聚合体密封的情况,而金属与金属之间的密封很难实现零泄漏。

密封的分类有很多种。按密封介质可以分为液体密封、气体密封等;按密封压力可以分为高压密封、中低压密封、真空密封等;按接触面间的相对运动状态分为动密封和静密封,具体分类如图 4-18 所示[20]。习惯上常采用后者分类方式。静密封是指密封面之间没有相对运动的密封,而动密封则是指密封接合面之间有相对运动,如旋转密封和活塞缸体密封等。

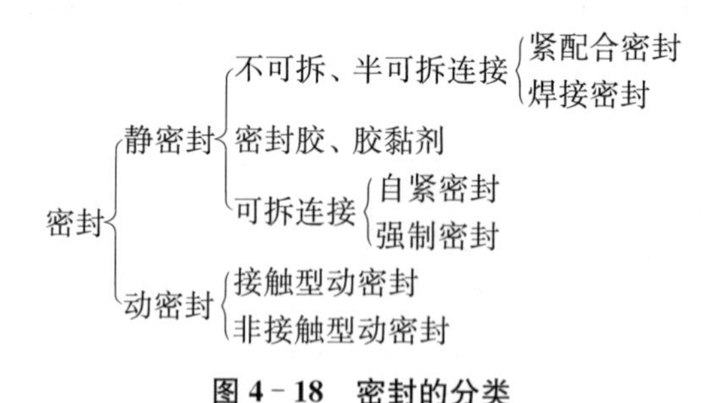

图 4-18 密封的分类

4.2.2 承压结构密封方法

目前,承压结构体的密封多采用“接触密封法”,即在彼此相接的两表面间,夹一个具有很高机械强度和弹性、有相当大的恢复变形能力材质的辅助元件，从而将已有的间隙塞满，阻止有压力的海水通过间隙进入体内。对于接触型密封，无论动密封还是静密封都是固体间的接触密封，其中垫片密封就属于典型的接触型密封，其原理如图 4－19 所示[12,20]。

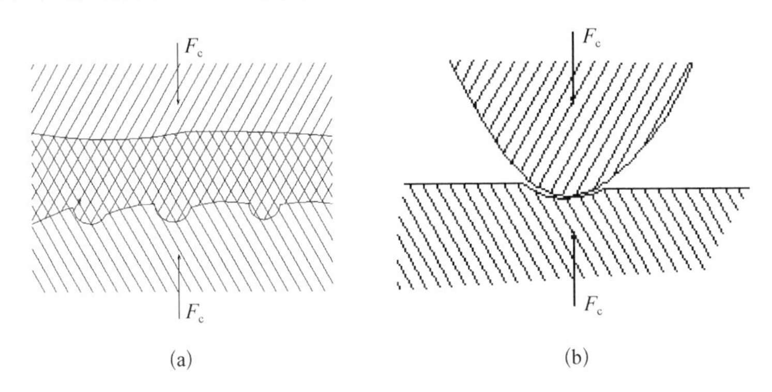

图 4－19　垫片密封原理

（a）塑性面接触密封　（b）弹性线接触密封

潜水器承压结构体的密封，为了方便封头拆装，又能可靠密封，常用的密封元件为橡胶 O 型密封圈。O 型圈是一种使用广泛的挤压型密封件，O 型圈在安装时截面被压缩变形，堵住泄漏通道，起到了密封的作用。使用 O 型圈进行密封，具有下列优点：

（1）结构简单，体积小，安装部位紧凑，装卸方便，制造容易。

（2）具有自密封作用，不需要周期性调整。

（3）适用参数范围广，使用温度范围可达－60～200℃，用于动密封装置时，密封压强可达 35 MPa。

（4）价格便宜。

橡胶 O 型密封圈的密封性能来自它出色的变形复原性。一旦被压缩，O 型圈总是趋于恢复其原来的截面，从而产生自动的压紧力效应。围绕处于使用状态的 O 型圈的外壳的任何变形都被 O 型圈材料的自行移动所补偿，直到初始的压缩效应消除为止。如果丧失了变形复原性或初始的压缩后，O 型圈也就失去密封作用。O 型密封圈安装在相应的封闭密封槽内，其横截面可在拉伸和挤压下作轴向、径向或折角变形，这就产生密封所必须的初始接触应力，各种密封沟槽的形状和特点如表 4－7 所示。接触应力的分布状况可以用抛物线近似地描绘出来，如图 4－20 所示，即有

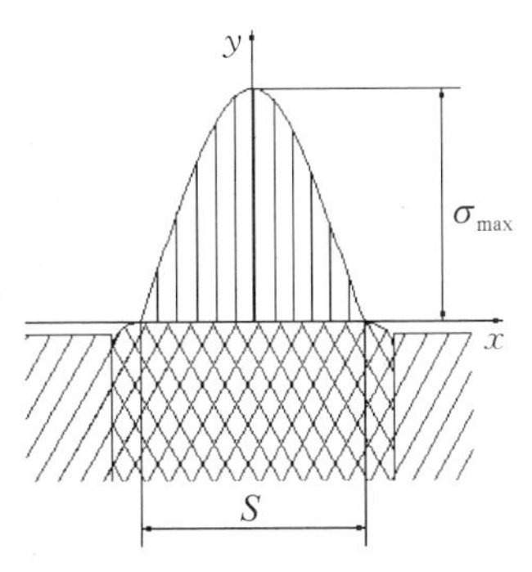

图 4－20　O 型密封圈变形的接触应力分布

$$\frac{x^2}{(S/2)^2}+\frac{y}{\sigma_{max}}=1 \quad (4-72)$$

式中，S 为接触宽度；σ_{max} 为最大接触应力。

表 4-7 各种密封沟槽的形状与特点

沟槽形状	沟槽名称	特点
	矩形沟槽	适用于动密封和静密封，是使用最普遍的一种
	V 形沟槽	只适用于静密封或低压下的动密封，一般因摩擦阻力大，易挤入间隙
	半圆形沟槽	仅用于旋转密封，且不普遍
	燕尾形沟槽	适用于低摩擦密封，因工艺性差，一般不采用
	三角形沟槽	仅用于法兰盘及螺栓颈部比较狭窄的地方

O 型圈在压缩率不超过原截面的 15%～20%时，可以获得较长的使用寿命；如果采用矩形密封槽，则其深度 h 相当于 O 型密封圈受压变形后的高度，其宽度 b 则应大于处在压缩状态下的 O 型圈的宽度，从而为 O 型圈留下足够的空间供膨胀使用。O 型密封圈相对变形的允许范围为：对于静密封结构取 15%～20%。在水下密封设计中，小截面直径的 O 型密封圈的相对变形应靠近上限，大截面直径的 O 型密封圈的相对变形应靠近下限。

值得注意的是，在所有的密封计算方法中均认为橡胶 O 型密封圈是不可压缩的，即泊松比为常量（$\mu=0.5$），也就是说 O 型圈受压时，其体积保持不变，而只改变形状。但实际上橡胶是可压缩的材料，其泊松比 μ 可小到 0.42～0.49。考虑到这一情况，对于一般只受外部水压的壳体静密封影响不大，但对于液压传动的水下设备的密封（如油缸活塞杆等），其 O 型圈同时受水压和油压的双向作用，密封圈本身的参数会发生变化。苏联科学院希尔绍海洋研究所对观察型潜水器作业实践的研究分析表明，随潜水器下潜深度的增加，由于密封圈被压缩，密封圈的摩擦力减小，油的浸水量增加，并且在某一深度下会失去密封性。为此，在设计受双向压力的 O 型圈密封时，密封槽的深度 h 应做适当修正，以使 O 型圈的相对变形适当加大。

这里要说明的一点是，O型密封圈的表面应当光滑，截面应当圆整。水平分模的O型密封圈在毛刺去除后，对轴向变形结构基本没什么影响。对于径向变形的密封结构，由于其上毛刺正处于最大变形点，所以会造成密封结构失去密闭性，特别是对于动密封情况，多次反复运动是造成局部破损的根源，因此最好使用45°角斜分模面的O型密封圈，使毛刺的分布错离接触面，从而使密封可靠、密封圈寿命增长。

实践表明，O型密封圈的损坏，相当部分是由装配造成的。原因可能是配合尺寸、公差不合理，没有适当的工艺斜角，装配时零件不清洁等。因此，在装配O型密封圈时，常常在O型密封圈上涂少许硅油，其目的一方面在于补偿O型密封圈和密封表面光洁度的不足，另一方面是起润滑作用。

承压结构体封头的密封结构通常有如图4-21所示的几种形式[12]，其中(e)的结构形式是俄罗斯海洋技术研究所的专利。双O型圈密封结构在"CR-01"6 000 m承压结构密封中经过多次6 000 m水深试验，证明其是非常可靠的密封结构。总之，如果密封结构设计合理，采用O型密封圈对潜水器承压结构体进行密封，是结构简单、性能可靠的密封方式。

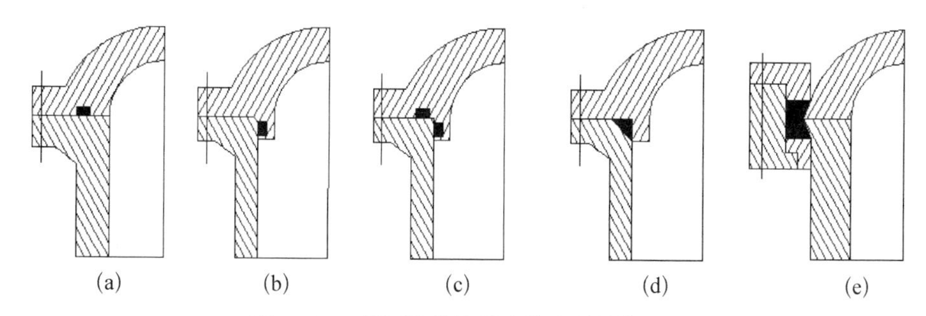

图4-21 承压结构体封头的密封结构形式

(a) 密封形式1 (b) 密封形式2 (c) 密封形式3 (d) 密封形式4 (e) 密封形式5

5 无人无缆潜水器推进与操纵技术

5.1 概述

潜水器的推进与操纵技术是指潜水器借助其推进与操纵装置来改变或保持潜水器的运动速度、姿态、方向和深度的能力,推进与操纵性能是潜水器的重要航海性能。当潜水器具有良好的推进与操纵性能时,既能稳定地保持航向、深度和航速,提高水下作业任务的准确性,又能迅速改变航向、深度和航速,准确地执行各种机动任务,提高潜水器的航行安全。由于任务不同,潜水器对推进与操纵的要求也不尽相同。综合起来,潜水器在执行任务过程中主要包括巡航、搜索和悬停三种水下状态。由于海流的存在,为满足潜水器的使命任务,一般要求潜水器在悬停或近乎悬停状态下可实现至少五个自由度的运动,从而在水流作用下也能够保持良好的机动性。在这种情况下,尾部只安装一个螺旋桨,仅依靠桨、舵的配合就满足上述要求是很难办到的。在实际应用中,通过主推进器提供潜水器主要前进动力,配备辅助推进器(侧推进器)和舵翼来满足潜水器在水下良好的操纵性能。通常,潜水器推进与操纵方式的选择应当遵循如下原则[12,20-22]:

1) 满足良好的操纵性要求

潜水器最大的特点之一就是低速航行,舵效很差,再加上艇体的非流线型,较小的长宽比,导致艇体航行稳定性欠佳。然而,潜水器在水下作业时需要具有良好的操纵性能。如在搜索目标时,要求潜水器能灵活地改变航向;当发现目标时,能准确地保持航向;特别是当捕捉到目标时,在航速几乎为零的情况下,能自如地调整潜水器的位置和姿态。所以说,可提供良好操纵性能的推进与操纵方式,为潜水器作业提供了便利的条件。

2) 高效的推进效率

追求高效推进效率的主要目的不是为了增大自身的最大航速,而是为了最大限度地扩大续航能力,增大潜水器对海底的搜探面积,这是由于下述原因:

(1) 潜水器在水下作业时能见度很差,从而增大了水下作业搜索的难度,增大续航能力无疑有助于任务的完成。

(2) 从能源角度来分析,潜水器自持力低,排水量设计一般都很小,导致能源储备十分有限,因此提高推进效率,有效利用能源显得十分重要。

还应进一步指出,潜水器在下潜和上浮过程中用去了相当部分的能量,因此推进效率的微小提高就可换来搜索面积的较大增加,并且随着下潜深度的加大这种作用越发明显。

3）最小的推进与操纵装置重量

潜水器的设计排水量一般都相对很小，但随着下潜深度的增大，耐压壳体厚度迅速增大，导致重量急剧增加。另外，复杂的水下作业任务中又需要装配各种仪器设备，使得艇体重量进一步加大。因此，在满足强度的条件下，尽可能减小推进装置的自身重量，对提高工作效益有着重要的意义。

潜水器推进与操纵装置配置不同、推进与操控系统设计不同，都会引起潜水器推进与操纵性能上的差异，因此本章将从潜水器操纵性分析、操纵推进配置设计等方面分别予以介绍。

5.2 无人无缆潜水器操纵性分析

由于海洋环境的复杂性，潜水器六个自由度运动的强非线性和相互耦合，其操纵运动模型相当复杂。尤其是带有操纵面（舵、翼等）的潜水器，其操纵面的动力学特性更是控制系统决定输出的关键所在。

潜水器操纵性分析解决的一个重要问题就是操纵运动性能预报。简单地说，潜水器的操纵性是指潜水器借助其操纵装置来改变或保持潜水器的运动速度、姿态、方向和深度的能力。研究潜水器操纵性有很多种方法，其中较为成熟的是采用解析方法研究操纵运动特性。利用解析方法研究操纵性，重要的一步是建立动力学方程（也称操纵性数学模型）。方程的建立必须首先确知方程中的诸多受力项：重力、浮力、螺旋桨推力、艇体的水动力以及其他扰动力。在相应于艇体坐标系的动力学方程中，艇体的水动力是以水动力系数的形式来表达的，因此，求取水动力系数值成为操纵性理论分析的前提。

求取作用在潜水器上水动力系数的方法主要有三种，即拘束模型试验方法、半理论半经验的估算方法和数值计算方法。拘束船模试验方法采用与实际潜水器几何相似的模型在水池（或水槽）中进行拘束模型试验，测量水动力，通过分析得到水动力系数。这种方法是最为可靠的一种方法，其中尤以平面运动机构（PMM）试验最为广泛。

在获得所有需要的水动力系数后，根据建立的潜水器空间六自由度动力学模型，编写相应的程序，可以实现潜水器运动的数值模拟，分析其运动性能，进行操纵性预报。

不论是水平面运动或者是垂直面运动，潜水器从操纵开始直到进入终态之前，都有一个非定常的过渡过程。操纵后潜水器的响应是快还是慢，过渡过程中有无振荡，过渡的趋势是稳定还是发散等，都是操纵的重要性能。为从理论上分析这些性能，必须首先建立潜水器非定常运动的数学模型——运动方程。

5.2.1 水下空间运动方程

1. 坐标系的选取与运动参数定义

为了研究潜水器操纵运动的规律，确定运动潜水器的位置和姿态，并考虑到操纵运动相当于刚体在流体中受重力和水动力作用下的刚体运动一般问题，对于坐标系、名词术语和符号规则的选择必须顾及刚体力学和流体力学的习惯和计算上的方便性。根据国际拖曳水池会议(ITTC)推荐和造船与轮机工程学会(SNAME)术语公报的体系，建立如图 5-1 所示坐标系，各坐标轴均按右手系确定[49,72]。

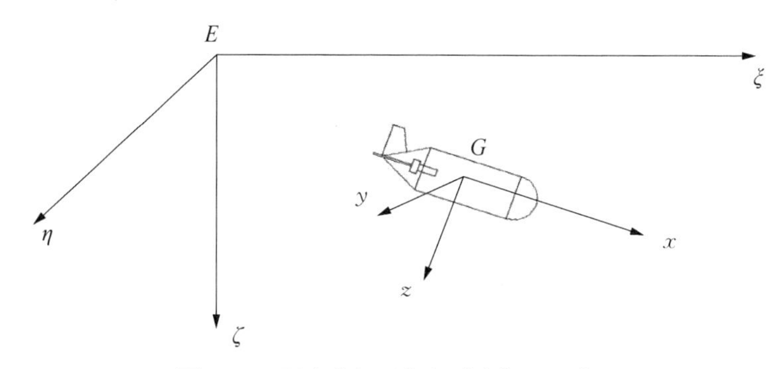

图 5-1 固定坐标系与运动坐标系示意图

(1) 固定坐标系 $E-\xi\eta\zeta$(简称“定系”)，固定于地球。固定坐标系又称大地坐标系，是潜水器空间运动的惯性参考系。固定坐标系的原点 E 可取为海面或海中的任意一定点，$E\zeta$ 轴的正向指向地心，$E\xi$ 轴和 $E\eta$ 在水平面内相互垂直，轴的正向可以任选。一般地，$E\xi$ 轴与潜水器的运动主航向为正向。$E-\xi\eta\zeta$ 构成了一个右手直角坐标系。

(2) 运动坐标系 $G-xyz$(简称“动系”)，固联于潜水器，随艇一起运动。运动坐标系又称艇体坐标系，是固联于潜水器艇体上的坐标系。Gx 轴、Gy 轴和 Gz 轴，分别是经过点 G 的水线面、横剖面和纵中剖面的交线，正向按右手坐标系的规定，即 Gx 轴指向艇首、Gy 轴指向右舷、Gz 轴指向艇底为正，并认为 Gx，Gy 和 Gz 是潜水器的惯性主轴。

如果潜水器相对于地球的速度为 $\boldsymbol{U}$，$\boldsymbol{U}$ 在运动坐标系 $G-xyz$ 上的投影为纵向速度 u、横向速度 v、升沉速度 w；旋转角速度为 $\boldsymbol{\Omega}$，在运动坐标系上的投影

为横倾角速度 p、纵倾角速度 q 和首摇角速度 r。潜水器受到的外力 $\boldsymbol{F}$ 在运动坐标系 $G-xyz$ 上的投影分量分别为纵向力 X、横向力 Y 和垂向力 Z。

因此，潜水器的六自由度运动可用如下的向量表示：

$$\boldsymbol{\eta}_1=[x \quad y \quad z]^{\mathrm{T}}; \qquad \boldsymbol{\eta}_2=[\phi \quad \theta \quad \psi]^{\mathrm{T}}$$
$$\boldsymbol{v}_1=[u \quad v \quad w]^{\mathrm{T}}; \qquad \boldsymbol{v}_2=[p \quad q \quad r]^{\mathrm{T}}$$
$$\boldsymbol{\tau}_1=[X \quad Y \quad Z]^{\mathrm{T}}; \qquad \boldsymbol{\tau}_2=[K \quad M \quad N]^{\mathrm{T}}$$

式中，η_1，η_2 描述了潜水器在固地坐标系中的位置和姿态；v_1，v_2 为潜水器在运动坐标系中的线速度和角速度；τ_1，τ_2 为潜水器在运动坐标系中所受的总力和力矩。整理成表 5-1 的格式。

表 5-1 运动参数和力的动坐标分量

	矢　量	x 轴	y 轴	z 轴
相对于固定坐标系	位移 角度	x ϕ	y θ	z ψ
相对于随体坐标系	速度 $\boldsymbol{U}$ 角速度 $\boldsymbol{\Omega}$ 外力 $\boldsymbol{F}$ 外力矩 $\boldsymbol{M}$	u p X K	v q Y M	w r Z N

2. 坐标系转换

由于运动坐标系并不是一个惯性参考系，因此在分析潜水器运动时，需要将固定坐标系中的动力学方程内各参数转换到运动坐标系中，从而得到相应的动力学方程在运动坐标系内的表现形式[73-74]。定、动坐标系下速度之间的转换表达式如下：

$$\begin{bmatrix}\dot{x}\\ \dot{y}\\ \dot{z}\end{bmatrix}=\boldsymbol{J}_1(\eta_2)\begin{bmatrix}u\\ v\\ w\end{bmatrix} \tag{5-1}$$

式中，

$$\boldsymbol{J}_1(\eta_2)=\begin{bmatrix}\cos\psi\cos\theta & -\sin\psi\cos\phi+\cos\psi\sin\theta\sin\phi & \sin\psi\sin\phi+\cos\psi\sin\theta\cos\phi\\ \sin\psi\cos\theta & \cos\psi\cos\phi+\sin\psi\sin\theta\sin\phi & -\cos\psi\sin\phi+\sin\psi\sin\theta\cos\phi\\ -\sin\theta & \cos\theta\sin\phi & \cos\theta\cos\phi\end{bmatrix} \tag{5-2}$$

$\boldsymbol{J}_1(\eta_2)$ 为正交矩阵，即：$\boldsymbol{J}_1^{-1}(\eta_2)=\boldsymbol{J}_1^{\mathrm{T}}(\eta_2)$

则有

$$\begin{bmatrix} u \\ v \\ w \end{bmatrix}=\boldsymbol{J}_1^{-1}(\eta_2)\begin{bmatrix} \dot{x} \\ \dot{y} \\ \dot{z} \end{bmatrix}=\boldsymbol{J}_1^{\mathrm{T}}(\eta_2)\begin{bmatrix} \dot{x} \\ \dot{y} \\ \dot{z} \end{bmatrix} \tag{5-3}$$

定、动坐标系下转动速度之间的转换表达式如下：

$$\begin{bmatrix} \dot{\phi} \\ \dot{\theta} \\ \dot{\psi} \end{bmatrix}=\boldsymbol{J}_2(\eta_2)\begin{bmatrix} p \\ q \\ r \end{bmatrix} \tag{5-4}$$

式中，

$$\boldsymbol{J}_2(\eta_2)=\begin{bmatrix} 1 & \sin\phi\tan\theta & \cos\phi\tan\theta \\ 0 & \cos\phi & -\sin\phi \\ 0 & \sin\phi/\cos\theta & \cos\phi/\cos\theta \end{bmatrix} \tag{5-5}$$

虽然式(5-5)中，$\boldsymbol{J}_2(\eta_2)$ 对于纵摇角 $\theta=\pm 90^\circ$ 时没有定义。但是这并没有很大的影响，因为由于流体的作用，潜水器不会出现这么大的纵倾角。

3. 六自由度运动方程

在随体坐标系下潜水器的重心和浮心坐标为

$$r_{\mathrm{G}}=\begin{bmatrix} x_g \\ y_g \\ z_g \end{bmatrix} \qquad r_{\mathrm{B}}=\begin{bmatrix} x_b \\ y_b \\ z_b \end{bmatrix} \tag{5-6}$$

随体坐标系的原点 O 选取在浮心处，因此在随体坐标系下，潜水器六自由度运动方程为

$$m[\dot{u}-vr+wq-x_g(q^2+r^2)+y_g(pq-\dot{r})+z_g(pr+\dot{q})]=X$$

$$m[\dot{v}-wp+ur-y_g(r^2+p^2)+z_g(qr-\dot{p})+x_g(qp+\dot{r})]=Y$$

$$m[\dot{w}-uq+vp-z_g(p^2+q^2)+x_g(rq-\dot{q})+y_g(rq+\dot{p})]=Z$$

$$I_{xx}\dot{p}+(I_{zz}-I_{yy})qr-(\dot{r}+pq)I_{xz}+(r^2-q^2)I_{yz}+(pr-\dot{q})I_{xy}+$$
$$m[y_g(\dot{w}-uq+vp)-z_g(\dot{v}-wp+ur)]=K$$

$$I_{yy}\dot{q}+(I_{xx}-I_{zz})rp-(\dot{p}+qr)I_{xy}+(p^2-r^2)I_{xz}+(qp-\dot{r})I_{yz}+$$
$$m[z_g(\dot{u}-vr+wq)-x_g(\dot{w}-uq+vp)]=M$$

$$
\begin{aligned}
&I_{zz}\dot{r}+(I_{yy}-I_{xx})pq-(\dot{q}+rp)I_{yz}+(q^2-p^2)I_{xy}+(rq-\dot{p})I_{xz}+\\
&\quad m[x_g(\dot{v}-wp+ur)-y_g(\dot{u}-vr+wq)]=N
\end{aligned}
\tag{5-7}
$$

式中,m 是潜水器的质量;前三个方程为平动方程;后三个方程为转动方程。

潜水器的转动惯量在以浮心为原点的随体坐标系下定义的。由于 I_{xy}, I_{xz} 和 I_{yz} 相对于 I_{xx}, I_{yy}, I_{zz} 很小,可假设它们为零,也就是假设潜水器在两个轴向平面内对称。因此可以得到以下对角惯性张量:

$$
\boldsymbol{I}_0=\begin{bmatrix} I_{xx} & 0 & 0 \\ 0 & I_{yy} & 0 \\ 0 & 0 & I_{zz} \end{bmatrix}
$$

于是可将式(5-7)简化如下:

$$
\begin{aligned}
&m[\dot{u}-vr+wq-x_g(q^2+r^2)+y_g(pq-\dot{r})+z_g(pr+\dot{q})]=X\\
&m[\dot{v}-wp+ur-y_g(r^2+p^2)+z_g(qr-\dot{p})+x_g(qp+\dot{r})]=Y\\
&m[\dot{w}-uq+vp-z_g(p^2+q^2)+x_g(rq-\dot{q})+y_g(rq+\dot{p})]=Z\\
&I_{xx}\dot{p}+(I_{zz}-I_{yy})qr+m[y_g(\dot{w}-uq+vp)-z_g(\dot{v}-wp+ur)]=K\\
&I_{yy}\dot{q}+(I_{xx}-I_{zz})rp+m[z_g(\dot{u}-vr+wq)-x_g(\dot{w}-uq+vp)]=M\\
&I_{zz}\dot{r}+(I_{yy}-I_{xx})pq+m[x_g(\dot{v}-wp+ur)-y_g(\dot{u}-vr+wq)]=N
\end{aligned}
\tag{5-8}
$$

如果考虑在设计中,潜水器布置方式通常关于 y 轴对称,因此 $y_g\approx 0$,则方程(5-8)可进一步化简为

$$
\begin{aligned}
&m[\dot{u}-vr+wq-x_g(q^2+r^2)+z_g(pr+\dot{q})]=X\\
&m[\dot{v}-wp+ur+z_g(qr-\dot{p})+x_g(qp+\dot{r})]=Y\\
&m[\dot{w}-uq+vp-z_g(p^2+q^2)+x_g(rq-\dot{q})]=Z\\
&I_{xx}\dot{p}+(I_{zz}-I_{yy})qr-mz_g(\dot{v}-wp+ur)=K\\
&I_{yy}\dot{q}+(I_{xx}-I_{zz})rp-m[z_g(\dot{u}-vr+wq)-x_g(\dot{w}-uq+vp)]=M\\
&I_{zz}\dot{r}+(I_{yy}-I_{xx})pq-m[x_g(\dot{v}-wp+ur)]=N
\end{aligned}
\tag{5-9}
$$

这样,六自由度运动学方程就如式(5-9)所示了,方程式右端 X, Y, Z, K, M, N 表示作用在潜水器上的作用力(矩),包括潜水器受到的重力和浮力等

静力、推进器的推力、舵力、潜水器运动引起的流体水动力和一些环境干扰力等。基于“准定常运动”假设对水动力进行简化。所谓“准定常运动”，指的是以速度和加速度为标志的物体运动状态。或者说，以无量纲值表示的物体运动速度对时间的所有高阶导数都比运动速度和加速度小得多。这种运动假设加速度随时间的变化率很小，极限状态就可以看成是恒定加速度的运动。所受的水动力只与当时的运动状态（瞬时速度和加速度）有关，而与运动的过程无关，从而简化潜水器操纵运动时水动力的确定。因此，若当前时刻的运动状态和作用在艇体上的外力和外力矩可以得到，就能解算出潜水器下一时刻的运动状态，从而得以构造潜水器的运动仿真系统[75-76]。

4. 潜水器的受力分析

1）艇体水动力

潜水器艇体水动力是运动参数 u，v，w，p，q，r，$\dot{u}$，$\dot{v}$，$\dot{w}$，$\dot{p}$，$\dot{q}$，$\dot{r}$ 的函数。在基准点（通常以速度 u_0 作匀速直航）将艇体水动力 X_{H}，Y_{H}，Z_{H}，K_{H}，M_{H}，N_{H} 作泰勒展开，忽略高于二阶的水动力，速度只取到二阶，加速度项只取线性项，对艇体水动力作相应的简化，最后得到如下的潜水器艇体水动力表达式：

$$
\begin{aligned}
X_{\mathrm{H}} = {} & [X_{qq}q^2 + X_{rr}r^2 + X_{rp}rp] + [X_{\dot{u}}\dot{u} + X_{vr}vr + X_{wq}wq] + \\
& [X_{uu}u^2 + X_{vv}v^2 + X_{ww}w^2] \\
Y_{\mathrm{H}} = {} & [Y_{\dot{r}}\dot{r} + Y_{\dot{p}}\dot{p} + Y_{p|p|}\, p \mid p \mid + Y_{pq}pq + Y_{qr}qr] + [Y_{\dot{v}}\dot{v} + Y_{vq}vq + \\
& Y_{wp}wp + Y_{wr}wr] + \left[Y_r ur + Y_p up + Y_{v|r|}\frac{v}{\mid v \mid} \mid (v^2 + \right. \\
& \left. w^2)^{1/2} \mid \mid r \mid \right] + [Y_0 u^2 + Y_v uv + Y_{v|v|}\, v \mid (v^2 + w^2)^{1/2} \mid] + Y_{vw}vw \\
Z_{\mathrm{H}} = {} & [Z_{\dot{q}}\dot{q} + Z_{pp}p^2 + Z_{rr}r^2 + Z_{rp}rp] + [Z_{\dot{w}}\dot{w} + Z_{vr}vr + Z_{vp}vp] + \\
& \left[Z_q uq + Z_{w|q|}\frac{w}{\mid w \mid} \mid (v^2 + w^2)^{1/2} \mid \mid q \mid \right] + [Z_0 u^2 + Z_w uw + \\
& Z_{w|w|}\, w \mid (v^2 + w^2)^{1/2} \mid] + [Z_{|w|}\, u \mid w \mid + Z_{ww} \mid w(v^2 + \\
& w^2)^{1/2} \mid] + Z_{vv}v^2 \\
K_{\mathrm{H}} = {} & [K_{\dot{p}}\dot{p} + K_{\dot{r}}\dot{r} + K_{qr}qr + K_{pq}pq + K_{p|p|}\, p \mid p \mid] + \\
& [K_p up + K_r ur + K_{\dot{v}}\dot{v}] + [K_{vq}vq + K_{wp}wp + K_{wr}wr] + \\
& [K_0 u^2 + K_v uv + K_{v|v|}\, v \mid (v^2 + w^2)^{1/2} \mid] + K_{vw}vw \\
M_{\mathrm{H}} = {} & [M_{\dot{q}}\dot{q} + M_{pp}p^2 + M_{rr}r^2 + M_{rp}rp + M_{q|q|}\, q \mid q \mid] + \\
& [M_{\dot{w}}\dot{w} ++ M_{vr}vr + M_{vp}vp] + [M_q uq + M_{|w|q} \mid (v^2 + w^2)^{1/2} \mid q] +
\end{aligned}
$$

$$[M_0u^2+M_wuw+M_{w|w|}w|(v^2+w^2)^{1/2}|]+[M_{|w|}u|w|+M_{uw}|w(v^2+w^2)^{1/2}|]+M_{vv}v^2$$

$$N_H=[N_{\dot r}\dot r+N_{\dot p}\dot p+N_{pq}pq+N_{qr}qr+N_{r|r|}r|r|]+[N_{\dot v}\dot v++N_{wr}wr+N_{wp}wp+N_{vq}vq]+[N_pup+N_rur+N_{|v|r}|(v^2+w^2)^{1/2}|r]+[N_0u^2+N_vuv+N_{v|v|}v|(v^2+w^2)^{1/2}|]+N_{vw}vw \tag{5-10}$$

式中 $X_{\dot u}$，$X_{uu}Y_{\dot v}$，Y_v 等都为艇体水动力导数。

将式(5-10)代入式(5-9)，并将式中所有惯性水动力移到式(5-9)的左端，所有的非惯性水动力移到式(5-9)的右端，并将右端非惯性水动力表示成

$$\boldsymbol{F}_{vis}=[X_{vis}\quad Y_{vis}\quad Z_{vis}\quad K_{vis}\quad M_{vis}\quad N_{vis}]' \tag{5-11}$$

令 $\boldsymbol{X}=[u\quad v\quad w\quad p\quad q\quad r]'$

$$\boldsymbol{E}=\begin{bmatrix} m-X_{\dot u} & 0 & 0 & 0 & mz_G & 0 \\ 0 & m-Y_{\dot v} & 0 & -mz_G-Y_{\dot p} & 0 & mx_G-Y_{\dot r} \\ 0 & 0 & m-Z_{\dot w} & 0 & -mx_G-Z_{\dot q} & 0 \\ 0 & -mz_G-K_{\dot v} & 0 & I_x-K_{\dot p} & 0 & -K_{\dot r} \\ mz_G & 0 & -mx_G-M_{\dot w} & 0 & I_y-M_{\dot q} & 0 \\ 0 & mx_G-N_{\dot v} & 0 & -N_{\dot p} & 0 & I_z-N_{\dot r} \end{bmatrix} \tag{5-12}$$

则得

$$\boldsymbol{E}\dot{\boldsymbol{X}}=\boldsymbol{F}_{vis}+\boldsymbol{F}_t \tag{5-13}$$

其中，$\boldsymbol{F}_t$ 代表推进器推力。若潜水器安装有舵、翼等其他推进装置，$\boldsymbol{F}_t$ 代表所有推力的合力。

故

$$\dot{\boldsymbol{X}}=\boldsymbol{E}^{-1}(\boldsymbol{F}_{vis}+\boldsymbol{F}_t) \tag{5-14}$$

这样就得到潜水器六自由度运动方程的矩阵表达形式。此方程考虑了非线性水动力，适用于任何潜水器，对于方程中非线性水动力导数，有些不容易得到，可以用零代替。

2) 环境影响

通常，潜水器受到的环境干扰力较为复杂，如海流影响、壁面效应、海水浓度

及温度的影响等。这里假定水域为深广水域。除海流外,忽略其他因素的影响。

设来流平行于大地坐标系的水平面,海流流速为定值,求得相对流速为

$$\begin{cases} u_r = u - U_c \cos\theta \cos(\alpha_c - \psi) \\ v_r = v - U_c \sin(\alpha_c - \psi) \\ w_r = w - U_c \sin\theta \cos(\alpha_c - \psi) \end{cases} \tag{5-15}$$

式中,U_c 为流速;α_c 为流向角;ψ 为首向角。对时间微分后可得到相对加速度为

$$\begin{cases} \dot{u}_r = \dot{u} + U_c q \sin\theta \cos(\alpha_c - \psi) - U_c r \cos\theta \sin(\alpha_c - \psi) \\ \dot{v}_r = \dot{v} + U_c r \cos(\alpha_c - \psi) \\ \dot{w}_r = \dot{w} - U_c q \cos\theta \cos(\alpha_c - \psi) - U_c r \sin\theta \sin(\alpha_c - \psi) \end{cases} \tag{5-16}$$

将得到的相对加速度代到运动方程式(5-9)后,则可得操纵性预测方程。

3) 推进器推力

潜水器的推进器系统由推进器和舵、翼等组成。推进器系统的推力可根据所接收的电压指令,插值求解推进器敞水试验所获得的控制电压-推力曲线数值(见图 5-2),可得各个推进器在一定航速下一定电压所对应的推力值。为了更好地反映推进器系统的动态响应特性,需要考虑伴流分数与推力减额系数的修正、斜流修正以及实际推进器在工作中的时间滞后效应。

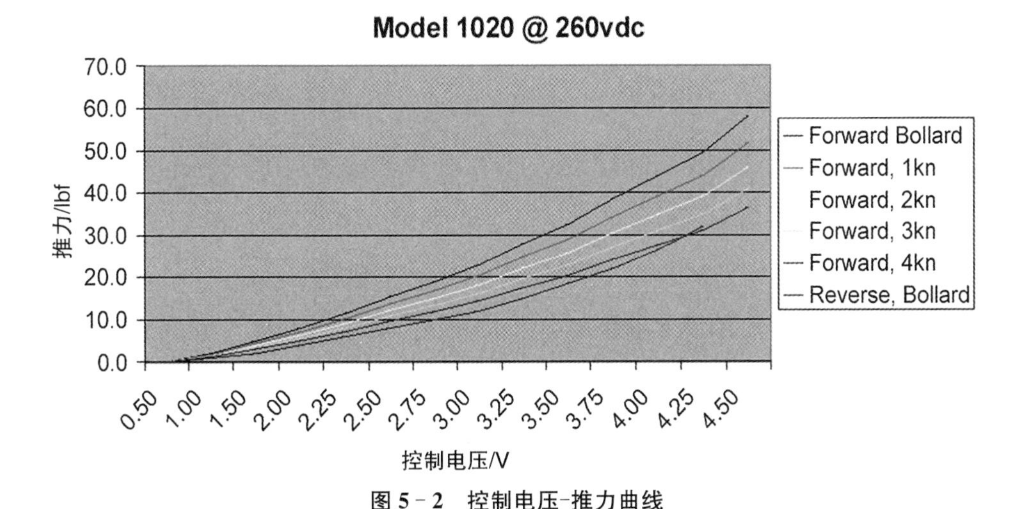

图 5-2 控制电压-推力曲线

4) 舵力

在操纵时,将舵转至某一舵角,根据已知的升力系数-攻角曲线和阻力系数-攻角曲线(见图 5-3),利用埃特金插值法,可以得到当前舵角下的升力系数 C_L

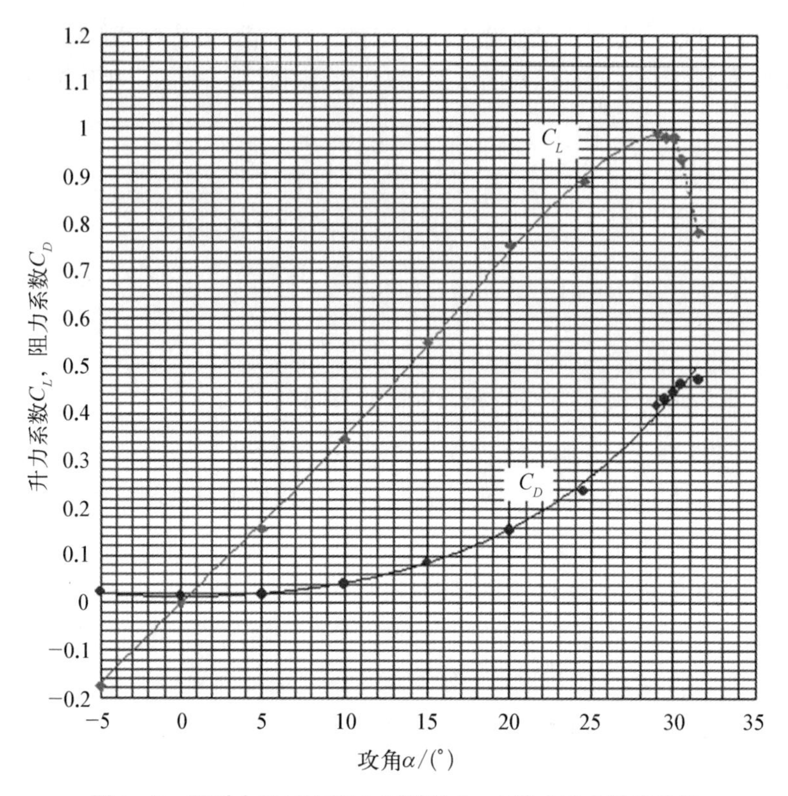

图 5-3 翼型为 NACA0015,展弦比 $\lambda=1$ 的水动力性能曲线

和阻力系数 C_D，从而可以算得升力 L 和阻力 D。

5）重力与浮力

作用在潜水器上的重力包括重量全排水量 P_0 和各种载荷的变化 $\sum_{i=1}^{n} P_i$（某些给定的任务要求潜水器负载可变，例如铺设管道、检修管道、布雷等）。P_0 的作用点为重心 $G(x_G, y_G, z_G)$，P_i 的作用点为 $G_i(x_{G.i}, y_{G.i}, z_{G.i})$。

作用在潜水器上的浮力包括全浮力 B_0 和浮力的各种变化 $\sum_{j=1}^{m} B_j$（艇耐压壳体受压容积改变，海水比重变化等）。B_0 的作用点为重心 $C(x_C, y_C, z_C)$，B_j 的作用点为 $C_j(x_{C.j}, y_{C.j}, z_{C.j})$。

所以，总的重力和浮力

$$
\begin{aligned}
P &= P_0 + \Delta P = P_0 + \sum_{i=1}^{n} P_i \\
B &= B_0 + \Delta B = B_0 + \sum_{j=1}^{m} B_j
\end{aligned}
\tag{5-17}
$$

其中，$P_0 = B_0$，它们的作用点坐标 $x_G = x_C$，$y_G = y_C = 0$，$z_G - z_C = h$。重力和浮力的方向总是铅垂的，所以在固定坐标系中的分量为(0，0，$P-B$)。利用坐标转换公式将固定坐标系中的分量——(0，0，$P-B$)转换到运动坐标系上去，可得

$$\begin{aligned} X &= -(P-B)\cdot\sin\theta \\ Y &= (P-B)\cdot\cos\theta\cdot\sin\phi \\ Z &= (P-B)\cdot\cos\theta\cdot\cos\phi \end{aligned} \tag{5-18}$$

静力对于运动坐标系原点的力矩为

$$M = \sum_{i=0}^{n}\boldsymbol{R}_{G.i}\times P_i + \sum_{j=0}^{m}\boldsymbol{R}_{C.j}\times B_j \tag{5-19}$$

其中 $\boldsymbol{R}_{G.i}$，$\boldsymbol{R}_{C.j}$ 为各重力和浮力作用点对于坐标原点的径矢。将此式展开用分量表示

$$\begin{aligned} K &= (\bar{y}_G\Delta P - \bar{y}_C\Delta B)\cdot\cos\theta\cdot\cos\phi - (hP_0 + \bar{z}_G\Delta P - \bar{z}_C\Delta B)\cdot\cos\theta\cdot\sin\phi \\ M &= -(hP_0 + \bar{z}_G\Delta P - \bar{z}_C\Delta B)\cdot\sin\theta - (\bar{x}_G\Delta P - \bar{x}_C\Delta B)\cdot\cos\theta\cdot\cos\phi \\ N &= (\bar{x}_G\Delta P - \bar{x}_C\Delta B)\cdot\cos\theta\cdot\sin\phi + (\bar{y}_G\Delta P - \bar{y}_C\Delta B)\cdot\sin\theta \end{aligned} \tag{5-20}$$

式中，

$$\bar{x}_G = \frac{\sum_{i=1}^{n} x_{G.i}P_i}{\Delta P},\quad \bar{y}_G = \frac{\sum_{i=1}^{n} y_{G.i}P_i}{\Delta P},\quad \bar{z}_G = \frac{\sum_{i=1}^{n} z_{G.i}P_i}{\Delta P}$$

$$\bar{x}_C = \frac{\sum_{j=1}^{m} x_{C.j}B_j}{\Delta B},\quad \bar{y}_C = \frac{\sum_{j=1}^{m} y_{C.j}B_j}{\Delta B},\quad \bar{z}_C = \frac{\sum_{j=1}^{m} z_{C.j}B_j}{\Delta B}$$

5.2.2 无人无缆潜水器的运动稳定性

潜水器运动稳定性是指其受小干扰后，受扰的运动参数能否自行回到初始运动状态的能力；它是潜水器整个双平面控制系统(水平面的航向控制系统与垂直面的深度控制系统)中的一个基本环节的重要特性。自动稳定性太差的潜水器必须频繁地控制螺旋桨或舵才能够保持其既定的航向和深度，对潜水器来说，它将增加航行阻力，消耗过多功率，甚至无法保持航向，难于定深。但是，如果稳定性过强又影响其机动性。因此在潜水器的设计过程中，运动稳定性的研究是

一个非常重要的问题。

根据潜水器受扰后的最终航迹保持其初始定常运动状态的特性，运动稳定性可分成三种情况：直线稳定性、方向稳定性和航线稳定性。具有航线稳定性的潜水器必同时具有直线稳定性和方向稳定性；具有方向稳定性的潜水器必具有直线稳定性：不具有直线稳定性的潜水器也不具有方向稳定性和航线稳定性。上述稳定性的划分也适用于操舵控制和舵自由摆动的情形，但通常指的是舵固定的情况，即自动稳定性。

对潜水器在水平面和垂直面的平面运动来讲，在水平面一般不具有航线和方向的自动稳定性，只可能具有直线稳定性；在垂直面不具有航线稳定性(即航行深度)，但具有方向和直线稳定性。在定常直航时，作用在潜水器上的外力与力矩在理论上是平衡的。但在实际的航行中，不可避免地有各种偶然的扰动；扰动会破坏定常运动中力的平衡，从而引起运动状态的偏离，而运动状态的改变也会引起作用力的进一步变化，最终影响运动的变化。在评价潜水器的运动稳定性时，通常采用两类标准：静稳定性和动稳定性。静稳定性比较简单，类似于静力学中浮体的稳性，有一定实用价值，与动稳定性有密切的关系，是一定条件下的动稳定性。而动稳定性是相对静稳定性而言的，即是通常所讲的运动稳定性的简称。本节将对潜水器运动的稳定性加以介绍[73-76]。

1. 水平面运动稳定性分析

静稳定性是指潜水器做定常运动时，只有一个运动参数变化，其他运动参数不变，且只考虑扰动力除去后的最初瞬间的运动趋势。对于在水平面做定常直航前进运动的潜水器，若受瞬时的弱干扰，则只有漂角的增量 $\Delta\beta$，即出现横向速度 $v=V\Delta\beta$，则潜水器有水动力增量 ΔY、水动力力矩增量 ΔN：

$$\Delta N=-\frac{1}{2}\rho L^{3}V^{2}N'_{v}\Delta\beta=l_{\beta}\Delta Y$$

$$\Delta Y=-\frac{1}{2}\rho L^{2}V^{2}Y'_{v}\Delta\beta \tag{5-21}$$

式中，ρ 为海水密度；L 为潜水器长度；V 为潜水器重心处航速(见图 5-4、图 5-5)；l_{β} 为水动力中心臂；Y'_{v}，N'_{v} 为无量纲水动力导数。

当水动力中心点 F 在重心 G 之前，即 $l_{\beta}>0$，力矩 ΔN 的作用使干扰引起的偏离 $\Delta\beta$ 增大，因而运动是不稳定的，如图 5-4 所示；反之，当 $l_{\beta}<0$，即水动力中心点 F 在重心 G 之后，力矩 ΔN 的作用使 $\Delta\beta\rightarrow 0$，所以运动是稳定的，如图 5-5 所示。

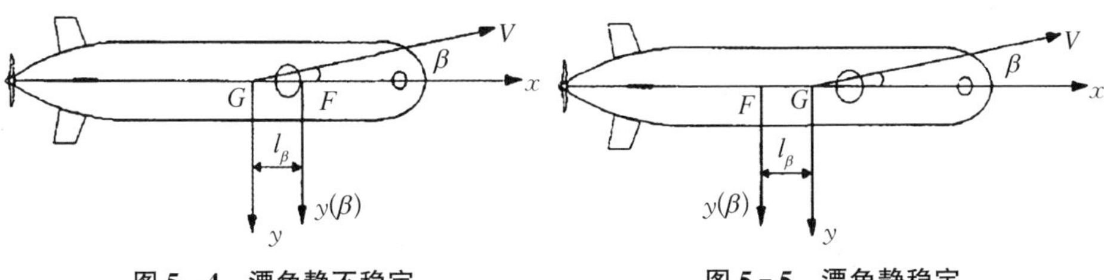

图 5-4 漂角静不稳定　　　　图 5-5 漂角静稳定

因此,漂角的静稳定性可以用无量纲水动力中心臂 $l'_\beta = l_\beta / L = N'_v / Y'_v$ 作为判据:

$l'_\beta > 0$, 漂角静不稳定;

$l'_\beta < 0$, 漂角静稳定;

$l'_\beta = 0$, 漂角静中性。

2) 动稳定性分析

分析潜水器在水平面的自动稳定性,在于研究首向角的扰动运动 $\Delta\psi(t)$ 的变化情况。考虑到首向角是角速度 r 的时间积分,因此可以先研究角速度的自动稳定性,取潜水器的艏摇线性方程:

$$T_1 T_2 \ddot{r} + (T_1 + T_2)\dot{r} + r = K\delta + KT_3\dot{\delta} \tag{5-22}$$

由于考虑的是自动稳定性,不操舵,所以方程右端项为 0,即

$$T_1 T_2 \ddot{r} + (T_1 + T_2)\dot{r} + r = 0 \tag{5-23}$$

式中,

$$T_1 T_2 = \left(\frac{L}{V}\right)^2 \frac{(I'_Z - N'_r)(m' - Y'_{\dot{v}})}{C_H}$$

$$T_1 + T_2 = \left(\frac{L}{V}\right)^2 \frac{-(I'_Z - N'_r)Y'_v - N_r(m' - Y'_{\dot{v}})}{C_H}$$

$$C_H = N'_r Y'_v + N'_v(m' - Y'_r)$$

当潜水器受到干扰后有角速度增量 Δr ,角速度变为

$$r(t) = r_0 + \Delta r(t) \tag{5-24}$$

联立方程式(5-23)和式(5-24),得到角速度扰动运动方程为

$$T_1 T_2(\Delta\ddot{r}) + (T_1 + T_2)(\Delta\dot{r}) + \Delta r = 0 \tag{5-25}$$

由韦达定理求得上式的两个特征根为

$$\lambda_1 = -\frac{1}{T_1} \qquad \lambda_2 = -\frac{1}{T_2} \tag{5-26}$$

则扰动方程(5-24)的通解为

$$\Delta r(t) = C_1 e^{\lambda_1 t} + C_2 e^{\lambda_2 t} \tag{5-27}$$

由通解可知,如果 λ_1,λ_2 具有自动稳定性,即潜水器受扰后,经过一段时间,将仍做直线运动,也就是具有直线自动稳定性。反之,则不具有自动稳定性。

下面研究首向角 ψ 的自动稳定性,由于

$$\Delta\psi(t) = \int_0^t \Delta r(t)\,dt \tag{5-28}$$

$$\psi(t) = \psi_0 + \Delta\psi \tag{5-29}$$

将式(5-27)代入式(5-28)中,得

$$\Delta\psi(t) = \int_0^t (C_1 e^{\lambda_1 t} + C_2 e^{\lambda_2 t})\,dt = \frac{1}{\lambda_1} C_1 e^{\lambda_1 t} + \frac{1}{\lambda_2} C_2 e^{\lambda_2 t} + C_0 \tag{5-30}$$

将式(5-26)代入式(5-30)中,有

$$\Delta\psi(t) = -T_1 C_1 e^{-\frac{t}{T_1}} - T_2 C_2 e^{-\frac{t}{T_2}} + T_1 C_2 + T_2 C_2 \tag{5-31}$$

由式(5-27)和式(5-31)可知,角速度 r 是直线稳定的,即 $t \to \infty$ 时 $\Delta r(t) \to 0$,但 $\Delta\psi \to$ 常数 $T_1 C_1 + T_2 C_2$,此时潜水器将沿着新的航向做直线运动,即潜水器具有直线稳定性,而不具有方向稳定性。下面就根据古尔维茨判别法进一步分析直航稳定性的判据。

为了判断潜水器在水平面的运动稳定性,只要判断特征方程式(5-25)的根的实部情况,而并不需要解出方程的根。由古尔维茨判别法,式(5-25)的两个根都具有负实部的充要条件是方程式的系数全部大于零,即

$$\begin{aligned} &T_1 T_2 > 0 \\ &T_1 + T_2 > 0 \end{aligned} \tag{5-32}$$

由于水动力系数 $N'_{\dot r}$, $Y'_{\dot v}$, $N'_{\dot r}$, $Y'_{\dot v}$ 都是负值,m', I'_Z 都是正值,所以直线稳定性条件式 $T_1 T_2 = \left(\frac{L}{V}\right)^2 \frac{(I'_Z - N'_{\dot r})(m' - Y'_{\dot v})}{C_H}$; $T_1 + T_2 = \left(\frac{L}{V}\right)^2 \frac{-(I'_Z - N'_{\dot r})Y'_v - N_r(m' - Y'_{\dot v})}{C_H}$ 中,分子都是正值,则其分母必须大于 0,因此,

潜水器稳定性条件又可以归结为如下等价的判别式：

$$C_H = N'_r Y'_v + N'_v (m' - Y'_r) > 0 \tag{5-33}$$

若 $C_H > 0$，则潜水器具有直线自动稳定性；若 $C_H < 0$，则不具有自动直线稳定性；系数 C_H 称为稳定性横准数。

在(5-33)式中第一项总是正的，而第二项 Y'_r 可能为正也可能为负，取决于潜水器的形状。N'_v 一般为负值，所以对式(5-33)影响较大的是 m'。而 m' 与潜水器的形体有很大关系，B/L（宽长比）、H/L（高长比）愈小，即潜水器的形体瘦长，则 m' 越小，其稳定性就越好。由于潜水器回转的枢心一般在首部，尾部水流的漂角大，首部水流的漂角小，所以在设计过程中，应当着重考虑尾部形体。

2. 垂直面运动稳定性分析

垂直面内运动稳定判别可以依据与水平面相似的方法进行；只是垂直面总存在一个静扶正力矩的作用，在进行运动稳定性分析时要把它考虑在内。

攻角静稳定性示意图见图 5-6 和图 5-7，分析过程与水平面相似。

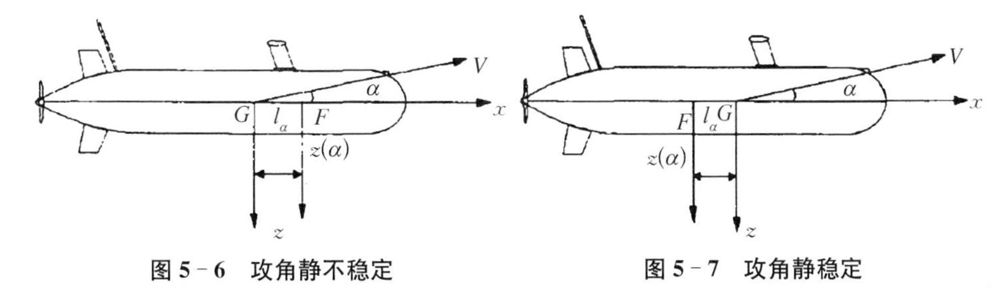

图 5-6 攻角静不稳定　　　　图 5-7 攻角静稳定

攻角的静稳定性可以用无量纲水动力中心臂 $l'_\alpha = l_\alpha / L = -M'_w / Z'_w$ 作为判据，对于潜水器，$l'_\alpha = -M'_w / Z'_w = -(1.0279 \times 10^{-2}) / (-4.2721 \times 10^{-2}) > 0$，即在垂直面静不稳定。

垂直面动稳定性可以用 $C_v + C_{vh}$ 来判定，其中

$$C_v = M'_q Z'_w - M'_w (m' + Z'_q) \tag{5-34}$$

$$C_{vh} = \left[\frac{Z'_w (I'_y - M'_q) - (m' - Z'_{\dot{w}})}{M'_q (m' - Z'_{\dot{w}}) + Z'_w (I'_y - M'_q)} \right] \tag{5-35}$$

如果 $C_v + C_{vh} > 0$，则具有垂直面的动稳定性。实际上，静扶正力矩的作用和航速密切相关。从公式 $M'_\theta = -m' g h / U^2$ 可以看出，航速低，扶正力矩的作用大；航速高，扶正力矩的作用相对降低。因此，衡准 $C_v + C_{vh}$ 与航速相关。如不

把扶正力矩的作用考虑在内，即满足 $C_v > 0$，就具有绝对动稳定性。

5.2.3 水平面操纵性

1. 水平面运动方程

由式(5－9)可得水平面运动的非线性运动方程组如下：

$$\begin{cases} m(\dot{u} - vr) = X_{\dot{u}}\dot{u} + X_{uu}u^2 + X_{vv}v^2 + X_{rr}r^2 + X_{vr}vr + X_{\delta\delta}\delta^2 + X_T \\ m(\dot{v} + ur) = Y_{\dot{v}}\dot{v} + Y_{\dot{r}}\dot{r} + Y_v v + Y_r r + Y_{v|v|}\, v\,|\,v\,| + \\ \qquad Y_{v|r|}\, v\,|\,r\,| + Y_\delta \delta + Y_{|r|\delta}\,|\,r\,|\,\delta \\ I_z\dot{r} = N_{\dot{v}}\dot{v} + N_{\dot{r}}\dot{r} + N_v v + N_r r + N_{v|v|}\, v\,|\,v\,| + \\ \qquad N_{v|r|}\, v\,|\,r\,| + N_{r|r|}\, r\,|\,r\,| + N_\delta \delta + N_{|r|\delta}\,|\,r\,|\,\delta \end{cases} \tag{5-36}$$

或者引入无量纲水动力系数，并将各(角)加速度项置于等式的左端，其他各项位于右端可改写为

$$\begin{cases} \left(m - \frac{1}{2}\rho L^3 X'_{\dot{u}}\right)\dot{u} = f_1(u,\ v,\ r,\ \delta) \\ \left(m - \frac{1}{2}\rho L^3 Y'_{\dot{v}}\right)\dot{v} - \frac{1}{2}\rho L^4 Y'_{\dot{r}} = f_2(u,\ v,\ r,\ \delta) \\ \left(I_Z - \frac{1}{2}\rho L^5 N'_{\dot{r}}\right)\dot{r} - \frac{1}{2}\rho L^4 N'_{\dot{v}}\dot{v} = f_3(u,\ v,\ r,\ \delta) \end{cases} \tag{5-37}$$

式中

$$\begin{cases} f_1(u,\ v,\ r,\ \delta) = \frac{1}{2}\rho L^4 (X'_{rr}r^2) + \frac{1}{2}\rho L^3 (X'_{vr}rv + m'vr) + \frac{1}{2}\rho L^2 (X'_{uu}u^2 + \\ \qquad X'_{vv}v^2 + X'_{\delta\delta}u^2\delta^2) + \frac{1}{2}\rho L^2 (a_T u^2 + b_T u u_c + c_T u_c^2) \\ f_2(u,\ v,\ r,\ \delta) = \frac{1}{2}\rho L^3 (Y'_r ur - m'ur + Y'_{v|r|}\, v\,|\,r\,| + Y'_{|r|\delta}u\,|\,r\,|\,\delta) + \\ \qquad \frac{1}{2}\rho L^2 (Y'_v uv + Y'_{v|v|}\, v\,|\,v\,| + Y'_\delta u^2\delta) \\ f_3(u,\ v,\ r,\ \delta) = \frac{1}{2}\rho L^5 (N'_{r|r|}\, r\,|\,r\,|) + \frac{1}{2}\rho L^4 (N'_r ur + N'_{r|v|}\, r\,|\,v\,| + \\ \qquad N'_{\delta|v|}\, ur\delta) + \frac{1}{2}\rho L^3 (N'_v uv + N'_{v|v|}\, v\,|\,v\,| + N'_\delta u^2\delta) \end{cases}$$

式(5－37)是一个关于 $\dot{u}$, $\dot{v}$, $\dot{r}$ 的代数方程组，由此解得 $\dot{u}$, $\dot{v}$, $\dot{r}$ 如下：

$$\begin{cases} \dot{u} = \dfrac{f_1}{m - \dfrac{1}{2}\rho L^3 X'_{\dot{u}}} \\ \dot{v} = \dfrac{\left(I_z - \dfrac{1}{2}\rho L^5 N'_{\dot{r}}\right) f_2 + \left(\dfrac{1}{2}\rho L^4 Y'_{\dot{r}}\right) f_3}{\left(m - \dfrac{1}{2}\rho L^3 Y'_{\dot{v}}\right)\left(I_z - \dfrac{1}{2}\rho L^5 N'_{\dot{r}}\right) + \left(\dfrac{1}{2}\rho L^4 N'_{v}\right)\left(-\dfrac{1}{2}\rho L^4 Y'_{\dot{r}}\right)} \\ \dot{r} = \dfrac{\left(m - \dfrac{1}{2}\rho L^3 Y'_{\dot{v}}\right) f_3 + \left(\dfrac{1}{2}\rho L^4 N'_{v}\right) f_3}{\left(m - \dfrac{1}{2}\rho L^3 Y'_{\dot{v}}\right)\left(I_z - \dfrac{1}{2}\rho L^5 N'_{\dot{r}}\right) + \left(\dfrac{1}{2}\rho L^4 N'_{v}\right)\left(-\dfrac{1}{2}\rho L^4 Y'_{\dot{r}}\right)} \end{cases}$$

若考虑运动参数 Δu，v，r，δ 为小量的弱机动情况，则有

$$\begin{aligned} & rv = \Delta r \Delta v \approx 0 \\ & ur = (u_0 + \Delta u)\Delta r = u_0 \Delta r + \Delta u \Delta r \approx u_0 r \end{aligned} \tag{5-38}$$

故式(5-36)简化为

$$\begin{cases} m\dot{u} = X \\ m(\dot{v} + u_0 r) = Y \\ I_z \dot{r} = N \end{cases} \tag{5-39}$$

式(5-39)中第一式用于确定航速 u，在弱机动时，u 的变化很小，一般可以取 $u = u_0$(或 $u = V\cos\beta \approx V$) 从而可以忽略 X 方程，这是线性运动方程的假设之一。

其二，作用于潜水器的水动力函数用泰勒级数展开时，考虑到是弱机动，略去展开式中的二阶及其以上项，只保留线性项，并认为 $Y_0 = N_0 = 0$。

$$\begin{cases} X = X_0 + X_{\dot{u}}\dot{u} + X_u u \\ Y = Y_{\dot{v}}\dot{v} + Y_{\dot{r}}\dot{r} + Y_v v + Y_r r + Y_\delta \delta \\ N = N_{\dot{v}}\dot{v} + N_{\dot{r}}\dot{r} + N_v v + N_r r + N_\delta \delta \end{cases} \tag{5-40}$$

取动系坐标原点在重心，并考虑到潜水器的首尾部不对称，由此所得的潜水器的水平面操纵运动线性方程式为

$$\begin{cases} (m - Y_{\dot{v}}\dot{v}) - Y_v v - Y_{\dot{r}}\dot{r} + (mV - Y_r) r = Y_\delta \delta \\ (I_z - N_{\dot{r}})\dot{r} - N_r \dot{r} - N_v v - N_{\dot{v}}\dot{v} = N_\delta \delta \end{cases} \tag{5-41}$$

相应的无量纲形式为

$$\begin{cases}(m'-Y_{\dot{v}}'\dot{v}')-Y_v'v'-Y_{\dot{r}}'\dot{r}'+(m'V-Y_r')r'=Y_\delta'\delta' \\ (I_z'-N_{\dot{r}}')\dot{r}'-N_r'\dot{r}'-N_v'v'-N_{\dot{v}}'\dot{v}'=N_\delta'\delta'\end{cases} \tag{5-42}$$

2. 水平面定常回转运动

直航中的潜水器，将方向舵转到一定舵角并保持不变，潜水器会在水平面内偏离原航线而做曲线运动，这种运动称为水平面回转运动。回转运动是潜水器定深直航、变深潜浮和转向机动三种最基本、最重要的运动方式之一。而回转性是水平面机动性的重要性能，它直接反映了大舵角时航向改变的能力，又称航向机动性。其参数主要如下。

(1) 定常回转直径：$D_s=D_0/L$。该参数为最方便常用的水平面机动性评价参数。

(2) 纵距 A_d：从操舵开始的坐标点至潜水器首向改变 90°时，潜水器重心在初始直航线方向上行进的距离。它描述了当潜水器前方有障碍物时采取转舵避碰的最短距离。

(3) 回转周期 T：以转舵开始时至回转 360°所计的时间。

潜水器在实际航行过程中，极少能够进行完整回转，它总是需要由一个航向变换到另一个航向，或者为了保持航向而机动操舵，对于潜水器这种机动幅度不大的特点，我们可以采用标准机动中的 Z 形操舵机动来反映研究它的应舵特性。

(4) 转期 t_a：从首次操舵开始至首次操反舵停止所历经的时间，若是以 10°/10°进行 Z 形操舵机动，那么 t_a 描述的就是在直航中操 10°舵角，潜水器首向角改变 10°所用的时间。

(5) 超越时间 t_{ov}：以操反舵算至潜水器停止向原方向转的时间。

(6) 超越首向角 ψ_{ov}：从操反舵开始潜水器朝原方向回转所历经的最大角度。

(7) 周期 T：以操舵瞬时到潜水器完成向左舷和右舷各摆动一次，恢复到初始首向角所用的时间。

5.2.4 垂直面操纵性

由式(5-9)可得垂直面运动的非线性运动方程组如下：

$$
\begin{cases}
m(\dot{u}+wq)=X_{\dot{u}}\dot{u}+X_{uu}u^2+X_{ww}w^2+X_{qq}q^2+X_{wq}wq+ \\
\qquad X_{\delta_s\delta_s}\delta_s^2+X_{\delta_b\delta_b}\delta_b^2+X_T+p\theta \\
m(\dot{w}-uq)=Z_0+Z_w w+Z_q\dot{q}+Z_w w+Z_{|w|}\mid w\mid+Z_{q|q|}\,q\mid q\mid+ \\
\qquad Z_q q+Z_{ww}w^2+Z_{q|w|}\,q\mid w\mid+Z_{|w|q}\mid w\mid q+ \\
\qquad Z_{\delta_s\delta_s}\delta_s^2+Z_{\delta_b\delta_b}\delta_b^2+Z_{|q|\delta_s}\mid q\mid\delta_s+p \\
I_y\dot{q}=M_0+M_{\dot{w}}\dot{w}+M_q\dot{q}+M_w w+M_{|w|}\mid w\mid+M_{w|w|}\,w\mid w\mid+ \\
\quad M_{ww}w^2+M_{|w|q}\mid w\mid q+M_{q|q|}\,q\mid q\mid++M_{\delta_s}\delta_s+M_{\delta_b}\delta_b+ \\
\quad M_q q+M_{|q|\delta_s}\mid q\mid\delta_s+X_T Z_T+M_\theta\theta \\
q=\dot{\theta}
\end{cases}
\tag{5-43}
$$

式(5-43)中,只有 $u(t)$, $w(t)$, $q(t)$ 和 $\theta(t)$ 四个未知运动参数,通常只有轴向力方程(X 方程)、垂向力方程(Z 方程)和纵倾力矩方程(M 方程)。为此补充运动关系式 $q=\dot{\theta}$,当给定操纵规律 $\delta_s(t)$, $\delta_b(t)$ 和静载情况 $p(t)$, $M_p(t)$ 时,即可求解潜水器的运动响应 $u(t)$, $w(t)$, $q(t)$ 和 $\theta(t)$。其数值解法与水平面运动方程的解法类似。

若忽略水平速度影响,则垂直面操纵运动线性方程式为

$$
\begin{cases}
(m-Z_{\dot{w}})\dot{w}-Z_w w-Z_{\dot{q}}\dot{q}-(mV+Z_q)q \\
=Z_0+Z_{\delta_b}\delta_b+Z_{\delta_s}\delta_s+p \\
(I_y-M_{\dot{q}})\dot{q}-M_q q-M_{\dot{w}}\dot{w}-M_w w \\
=M_0+M_{\delta_b}\delta_b+M_{\delta_s}\delta_s+X_T Z_T+M_p+M_\theta\theta
\end{cases}
\tag{5-44}
$$

则俯仰定常运动可表示为

$$
\begin{cases}
Z_w w+Z_{\delta_b}\delta_b+Z_{\delta_s}\delta_s+p=0 \\
M_w w+M_{\delta_b}\delta_b+M_{\delta_s}\delta_s+X_T Z_T+M_p+M_\theta\theta+M_0=0
\end{cases}
\tag{5-45}
$$

对于垂直面的微幅机动宜采用比较简单的线性运动方程作为数学模型。可作如下简化假设:

水动力展开式中所有的二阶项都舍去,也不考虑艇体上下非对称性的修正 $Z_{|w|}\mid w\mid$ 和 $M_{|w|}\mid w\mid$。此外 Z_*, M_* 项也不包含在方程内,这意味着零升力和零升力矩已经在基准航行中被均衡了。纵向速度在机动中保持常数 U,故 X 方程予以删去。

于是,得到以 $w(t)$ 和 $\theta(t)$ 为响应函数的线性运动方程如下:

$$
\begin{aligned}
&(m-Z_{\dot{w}})\dot{w}-Z_{w}w-(mx_{G}+Z_{\dot{q}})\ddot{\theta}-(mU+Z_{q})\dot{\theta}=Z_{T}+P \\
&(I_{y}-M_{\dot{q}})\ddot{\theta}+(mx_{G}U-M_{q})\dot{\theta}-M_{\theta}\theta-(mx_{G}+M_{\dot{w}})\dot{w}-M_{w}w \\
=&M_{T}+M_{p}
\end{aligned}
\tag{5-46}
$$

事实上，在垂直面内的机动不会出现像水平回转那样激烈的旋转运动，一般的垂直面机动都可视为微幅运动。因此，线性运动方程对于分析垂直面运动是很必要的。潜水器的实际操纵表明，线性方程与非线性方程的数值解非常接近，其最大相对误差约在10%以内，因此垂直面操纵运动线性方程很有实用价值[49,76]。如控制纵倾和定深，在保证足够精度前提下，解算线性方程的速度要比解非线性方程快得多，便于及时提供操舵要素。由其退化的俯仰定常运动方程是研究潜水器行进间均衡，保持定深直航，计算承载负浮力和分析垂直面机动特征量的基础，也很有实用价值。

5.3 无人无缆潜水器操纵推进设计

5.3.1 操纵性要求和标准

1. 对操纵性和舵的基本要求

使用中，潜水器在垂直面内的稳定性和机动性可用下列性能来表示[49]：

(1) 以最小的升降舵的偏转(操舵幅度和次数)和最小的深度偏差，保持指令深度的能力。

(2) 在最短时间内，迅速地进入或退出某种机动的能力，如由直线运动转为机动或由机动回到直线运动。

(3) 当操纵面处于零位时，潜水器迅速恢复平衡的能力。

对于水平面运动相应地也有类似的性能要求。在上述操纵性能中，其中(1)属控制稳定性问题，既与动稳定性的品质相关，又与舵的效能有关；(2)是机动性标准，在很大程度上取决于舵的效能指数；(3)则表示直线自动稳定性的程度。

在一般情况下，首先要求潜水器在垂直面内的各种航速下，具有不使用升降舵时的直线自动稳定性，即具有方向自动稳定性，这就要求绝对稳定条件成立。而在水平面内，潜水器进入或退出某种机动应比垂直面更迅速，这也限制了在水平面动稳定性的程度。通常是直线自动稳定的，也允许有较小的动不稳定性。

其次，从艇的实际操纵来看，上述三项操纵性能应包括下列潜水器操纵中的基本要求：

(1) 能在近水面有效地保持定深直航和定深转向运动(在规定的海情下)。

(2) 良好控制下的迅速转向变深机动，即可控制的快速空间机动。

(3) 具有适当的损失浮力、尾舵卡于下潜大舵角时的应急操纵能力(包括倒车操制)。

而且这些需求显然必需考虑到下面这样两个基本的客观情况：

(1) 满足低速和高速时两种操纵方式的要求。即低速时具备足够的操纵能力，达到对潜水器的可操纵性；在高速时不至于因为航速高使艇的动稳定性降低，机动能力过于强大而对艇体失去控制，即低速时可操纵，高速时可控制。

(2) 艇的操纵装置和艇体-舵翼的水动力具有一定的平衡能力，参与消除由于艇的载荷消耗、海水密度的改变、潜深引起艇壳压缩和水面二阶波吸力等产生的部分不平衡力与力矩。

再次，操纵性能的稳定性和机动性问题，通常总是必须同时考虑的。因为操纵性能的确定与其他工程设计问题一样，它不只是一个理论问题，而是综合各方面需要与可能的因素，凭借理论知识和实践经验，分析矛盾，权衡利弊，决定取舍来获得比较优良的方案。

方向舵、升降舵的基本功能是使艇保持或改变航向与深度。升降舵的基本作用有三个方面，下潜、上浮、控制纵倾与控制深度。在近水面要求能准确地控制纵倾和深度。而在较大深度，控制深度的变化率比保持定深的稳定性更为重要。将这些功能分解到首、尾升降舵是各有侧重的。

首舵的基本功能是① 用于低速操纵；② 克服近水面航行时，一定海况下的部分二阶波吸力，使潜水器能在规定的低速下保持近水面定深航行；③ 与尾舵联合使用可加速潜浮(相对舵) 或做无纵倾变深(平行舵)运动。

尾升降舵的基本功能是① 保证潜水器在确定的航速和有效舵角下，具有规定的升速率或改变纵倾角的能力；② 在规定舵角范围内，能克服水下转向时引起的深度变化，特别是克服中、高速急转时的“艇重”和“尾重”。

方向舵的基本功能是有效地保持指令航向，并保证潜水器在最大舵角时，于规定的航速下具有规定的首向角变化率。

2. 操纵性标准

操纵性标准就是对潜水器的操纵性能提出的一些明确而具体的指数，以保证航行安全、作战需要。选择操纵性指数时一般考虑[49]：

（1）应是操纵性中最重要、最有代表性的指数。

（2）便于实艇和船模试验测定，也要便于计算预报。

（3）形象直观，物理意义鲜明，易为操纵人员接受。

（4）数目要少，简单明了。

从实际使用角度看，从操纵系统的闭环特性出发，通过潜水器的仿真平台，模拟潜水器的实时操纵，是进行操纵性闭环研究的有效工具和操纵性设计的重要手段。但由于问题比较复杂，现在还没有一个适宜的标准。因此目前先从域中的操纵性，以及艇体舵翼的固有性能来提出操纵性要求。因为一般说来潜水器的固有操纵性越好，在实际航行条件下的操纵性能也越好。

潜水器操纵性指数应满足下列要求：

（1）为了使艇在深度和航向上具有足够的控制稳定性，必须具有如下性能：

a. 垂直面运动必须满足绝对稳定条件。

b. 水平面运动基本上是直线自动稳定的，也允许有较小的动不稳定性。

（2）具有如下垂直面的机动性能：

a. 定深等速直航时的平衡角是一适量的小值。过大的平衡角，不仅限制了有效舵角的使用范围，不利于操艇，而且增大阻力，影响航速。同时不利于艇的均衡。

b. 首、尾升降舵具有一定的升速率，尤其是尾升降舵应有较好的变深能力。

c. 首升降舵应无逆速，尾升降舵的逆速小些好，宜低于最小航速。

（3）水平面的机动性常用如下指数表示：

a. 具有适当的相对定常回转直径，或适当的定常回转角度。

b. 适当的首向角加速度和初转期。

（4）保持定深回转所需的升降舵角在规定的舵角范围内。

一些设计标准可参看《潜艇船体规范》中提出的操纵性具体标准，作为潜水器操纵性设计的基本依据，另有些指数是由技术任务书规定的。潜水器的使命任务不同，它们的操纵性能也会各有侧重，当然人们的设计观点也对艇的稳定性和机动性提出不同的要求。

3. 总体设计必须兼顾操纵性

对于潜水器操纵性的种种要求，最终落实于总体设计和操纵性设计等两个方面来解决[49]。

根据前面几章的介绍，主尺度和艇型等总体参数与操纵性的关系可概括如下：

(1) 在相同的排水量条件下，短粗艇型有利于改善机动性，减小回转半径。对于机动性要求高的艇应选用较大方形系数和较小的长径比 L/D 的短粗形艇型。反之，瘦长形艇型有利于提高稳定性。

(2) 天线围壳的存在影响水平面水动力中心的位置。围壳位置靠艇首布置，将改进水下回转能力，但同时会增大回转中的横倾角。围壳如过分靠前布置将使艇的水平面稳定性显著降低，甚至变成不稳定，并使水下回转时埋首下潜。一般围壳布置在距艇首 $L/3 \sim L/4$ 处，在水下排水容积中心(浮心)之前，其尺寸有减小的趋势。

(3) 艇形直接决定了水动力的大小和作用位置，水滴型潜水器前体较丰满使艇的水动力中心前移，尾舵的水动力力臂也大，故机动性较好。艇体上、下流场不对称会引起零升力、零力矩的增加。艇体在浮心纵向位置，从操纵性观点讲，希望靠前有利提高尾鳍的作用效率。艇体的总椭圆度、首尾收缩段的平均椭圆度，特别是尾部丰满程度等都与操纵性能有关。

可见，潜水器设计需把主尺度、艇型、尾形和操纵面与螺旋桨做全局性的综合考虑，既满足布置要求，又使操纵性和快速性都获得优良的性能。

(4) 稳心高对逆速值实际可能的影响甚小，但对水下回转的横倾有重要影响。实践表明，稳度大、方向舵舵效低，将使回转中的动力倾斜角显著降低；较大的稳心高，将提高垂直面的稳定性程度。水下稳心高稍大点好。

5.3.2 操纵推进配置设计

1. 以推进器为主的配置设计

该配置设计中，控制执行机构由推进器组成，如图 5-8 所示。尾部推进器作为主推进器，用于控制潜水器的航行速度，若主推进器采用导管式推进器，效率可提高约 20%，但推进器正反转方向的效率相差较大。垂直槽道推进器控制潜水器的垂直面运动，水平槽道推进器则用于控制潜水器水平面运动，这不但易于潜水器实现水中悬停、定深等高精度的位置控制，也可以实现横荡、纯升沉运动。槽道式推进器通过槽道的设计使得推进器产生槽道轴线方向的推力，其正反方向所产生的推力几乎一致。槽道推进器的效率与槽道的形状等有密切的关系，而槽道往往需要横贯潜水器艇体，给潜水器耐压舱的设计带来了一定的局限性。为了节省体积，往往不会采用体积过大的槽道推进器。

图 5-8 以槽道推进器为主的操纵方式

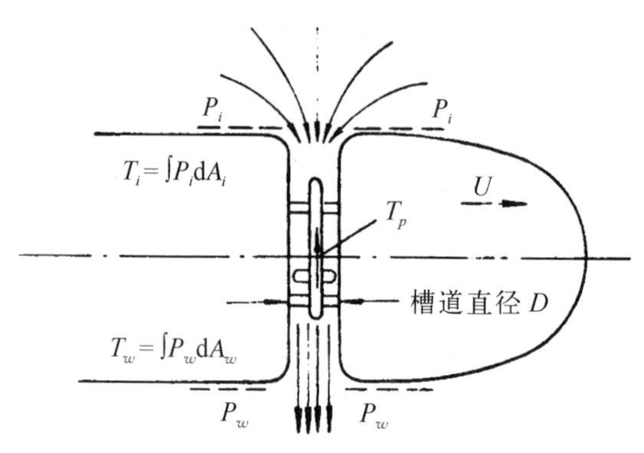

图 5-9 槽道推进器示意图

然而需要注意的是，槽道推进器所提供的推力由三部分组成（见图 5-9）：

(1) 入口处负压力 P_i。

(2) 泵产生的推力 T_p。

(3) 喷口伴流区的压力 P_w。

其中(1)(2)项取决于喷流速度，(3)取决于主速度与喷流速度之比。这种推进器所产生的侧推力在没有前进速度的情况下有很高的效率，但一旦有前进速度，则槽道推力和效率迅速下降。因此，以推进器为主的配置设计方案，对于潜水器低速航行时控制效果较为理想，而当潜水器航速较高时，则由于槽道推进器的推进效率急剧下降，造成潜水器难以有效地保持在首向和深度上的控制精度。

为了弥补在高速航行时槽道推进器推力下降的问题，在设计中可采取尾部主推进器斜向布置的方案，在图 5-10 中通过增大力臂，提高尾部主推进器产生力矩，从而改善对潜水器的俯仰与横摇的控制效果，降低槽道推进器推力不足的影响。

无论导管式推进器还是槽道式推进器都属于定距调速螺旋桨，其推力可以表示为

$$T=\rho n^2 D^4 K_T \tag{5-47}$$

式中，ρ 为水的密度；n 为螺旋桨转速；D 为螺旋桨直径；K_T 为推力系数。

为产生这一推力，螺旋桨需要输入的力矩为

$$Q=\rho n^2 D^5 K_Q \tag{5-48}$$

式中，K_Q 为力矩系数。其中 K_T，K_Q 均为螺旋桨几何参数的函数，这些几何参数包括叶片数量、叶片的螺距和叶片形状等。

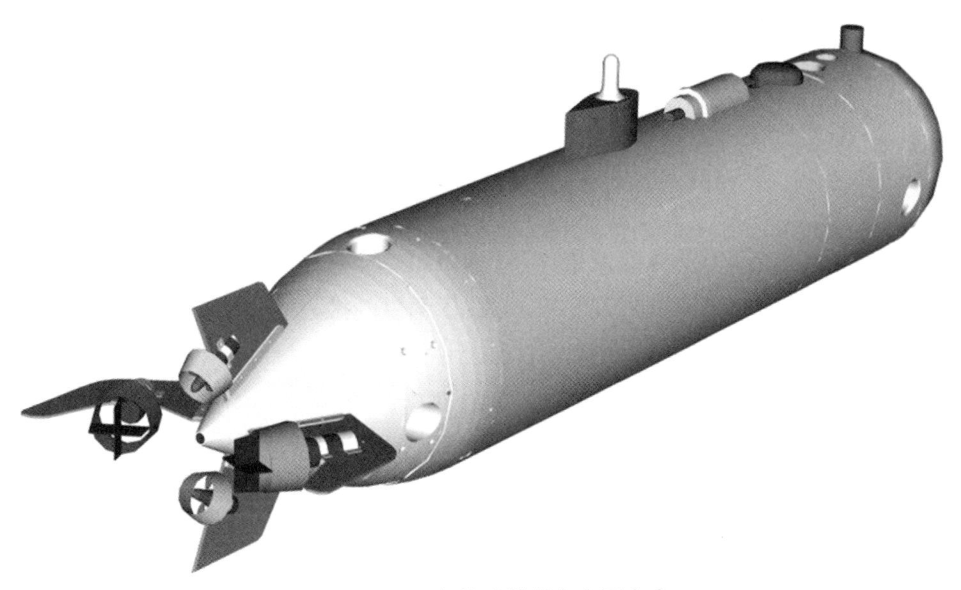

图 5-10 尾部推进器斜向布置方式

螺旋桨的效率定义如下：

$$\eta_0=\frac{TV_A}{2nQ}=J\ \frac{K_T}{K_Q}$$

式中，V_A 为螺旋桨的运动速度；η_0 为敞水效率；J 为进速系数。

由上面的公式可以看出，螺旋桨的输入为转速 n，其输出为推力 T，载体的线型、螺旋桨进出口的形状和半径、上下游的物体，这些都对螺旋桨的入流有影响，而海水的流速也影响螺旋桨的入流，从而影响推力。当水流沿推进器的推力轴线流入时，它对推进器推力的影响可以近似地用输出推力的线性减少来模拟。

$$T_A=T_0(1-K_{1T}V_C) \tag{5-49}$$

式中，T_A 为有入流时推进器的推力；T_0 为转速和螺距比不变而无入流时推进器输出的推力；V_C 为相对于推进器的入流速度；K_{1T} 为入流推力系数，入流速度不受载体和推进器的影响。在没有水流的情况下，载体的运动也会减小推进器的输出推力，这种情况相当于载体不动而有来流的情况。因此在控制系统设计中必须要考虑入流的影响。

通常而言，由于潜水器上所采用的推进器往往为成品电机与螺旋桨的整合体，尤其是一些商业推进器，最终用户往往不知道其内部结构，直接测量推进器的转速并不实际，同时考虑到在使用中推进器的输入往往为电压值，因此获得推进器推力与控制电压的关系以及在同一电压下推力与来流速度之间的关系较为实用。最为常用的获取这些关系的方法是通过推进器的敞水性能试验来获得这些拟合的关系曲线。

图 5-11 和图 5-12 为潜水器常用的导管推进器与槽道推进器的控制电压、来流速度与推力之间的关系。由图可以看出，导管推进器随着来流速度增加而推力明显减小，在正车和倒车的情况下推力减小了一半以上；而槽道推进器在正车和倒车的情况下推力近似相等，且受正向来流速度的影响也并不大。而实际上槽道推进器受侧向来流的影响较大，从产生的推力来说槽道推进器的效率在有侧向来流情况下明显下降。

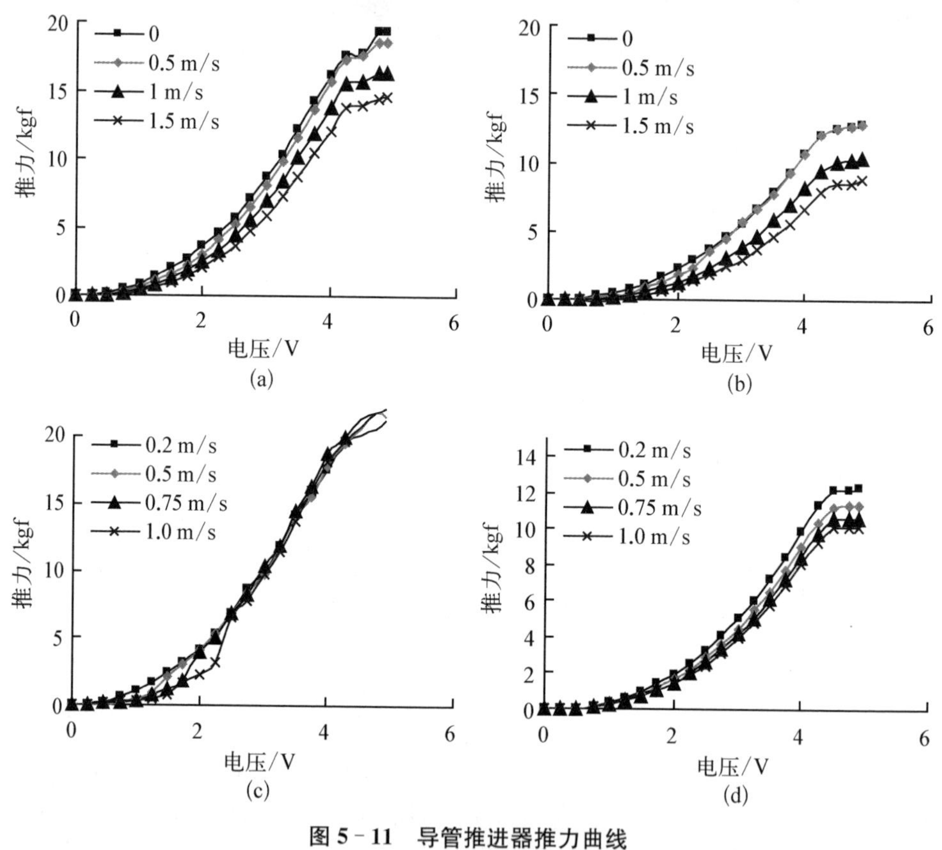

图 5-11　导管推进器推力曲线

(a) 前进正车　(b) 前进倒车　(c) 后退正车　(d) 后退倒车

2. 以舵翼为主的配置设计

在潜水器的操纵装置设计中，另一种经常采用的方式是以舵翼为主的配置，这种方式相比推进器配置方式更加节能。舵翼受到的流体水动力可分解成垂直水流方向的升力 L 和沿水流方向的阻力 D，其升力与阻力计算公式如下：

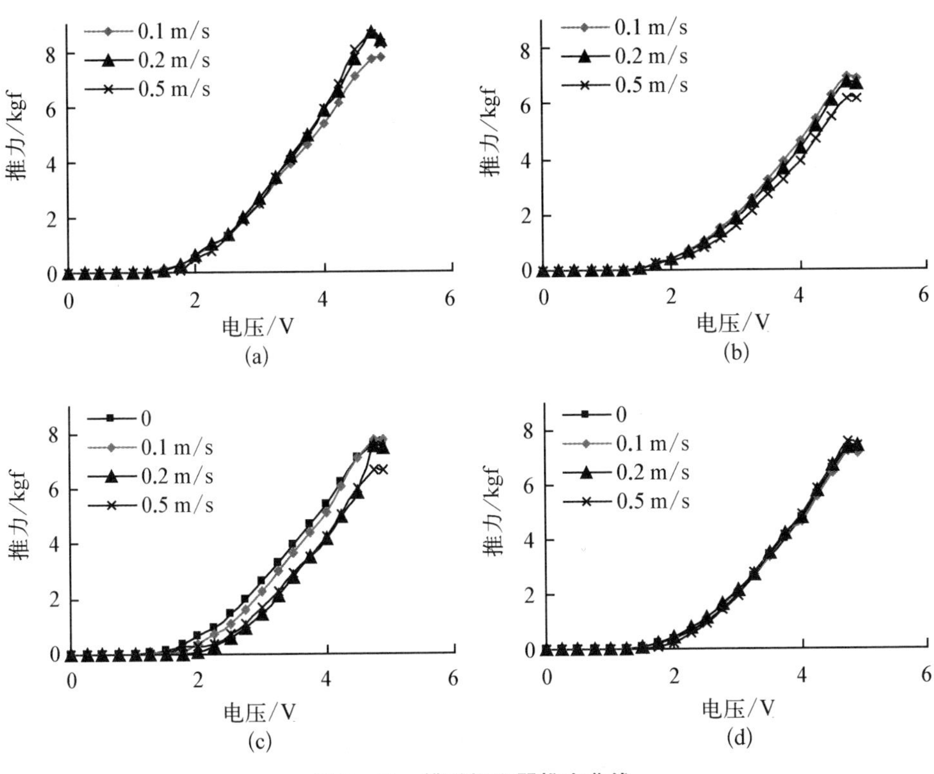

图 5-12　槽道推进器推力曲线

(a) 前进正车　(b) 前进倒车　(c) 后退正车　(d) 后退倒车

$$L = C_L\left(\frac{1}{2}\rho A_R V^2\right) \tag{5-50}$$

$$D = C_D\left(\frac{1}{2}\rho A_R V^2\right) \tag{5-51}$$

式中，C_L，C_D 分别为升力系数和阻力系数，它们均是舵、翼攻角的函数。

从式中可见，当潜水器航速 V 较低时，产生的升力 L 较小，但在高速时能够产生更大的控制力和力矩，因此该配置方式广泛应用于高速航行的潜水器姿态控制。如图 5-13 所示，潜水器模型中采用两个主推进器、首尾各两对水平舵以及尾部上下对称布置的垂直舵，尾部的水平舵和垂直舵带有固定的稳定翼。这种布置形式依靠首尾水平舵的转动控制潜水器垂直面的运动，利用尾部垂直舵控制潜水器水平面的运动。推进器的布置位置除了图中所示舵前布置外，也可布置在舵翼后部。但将推进器置于舵翼之前，推进器尾流会显著增加舵效，并随推进器的负荷增大而正比例增加，但会随二者间的间隙增大而减小。但由于该配置方式难以实现精确地定位运动，对于需要悬停作业的潜水器往往很少采用。另外舵翼的电机、传动机构往往需要占用大部分潜水器有限的尾部区域布置空间(见图 5－14、图 5－15)。

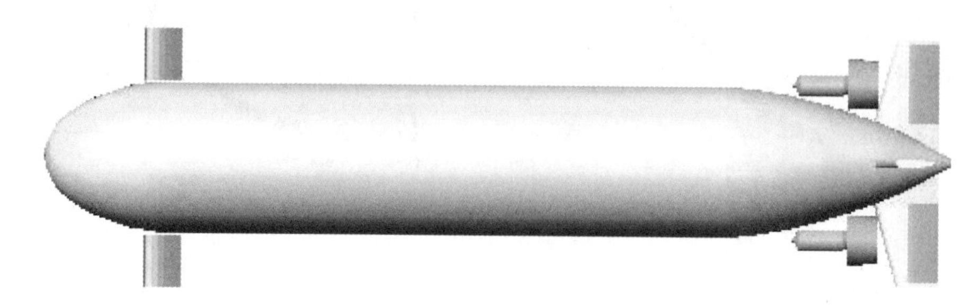

图 5－13 以舵翼为主的操纵方式

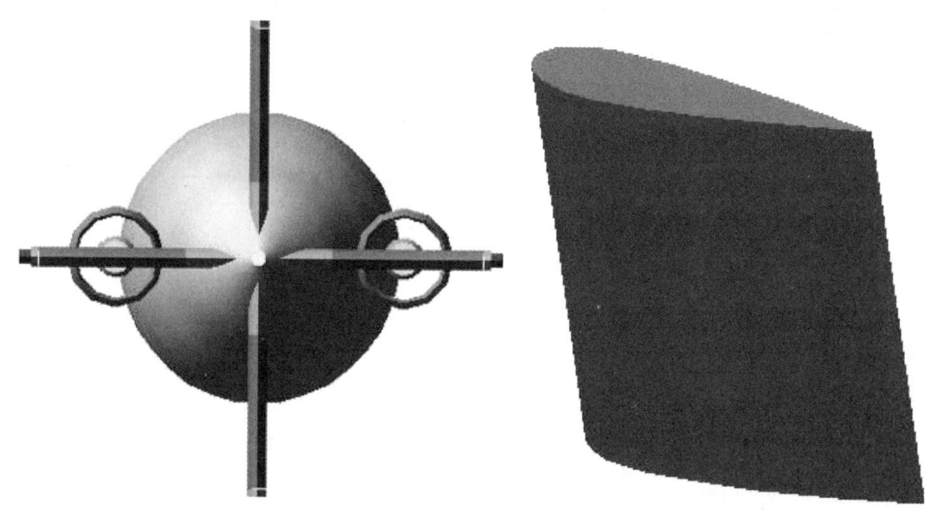

图 5－14 尾部布置形式 **图 5－15 舵模型示意图**

攻角 α 与 C_L，C_D 的关系数据可以通过水动力试验得到。在水动力试验暂时无法展开的情况下，可以采用经验公式计算，同样在做完水动力试验后，也应该以经验公式计算结果与试验测量值进行比较，校核试验结果的可靠性。经验公式为

$$C_L=\left(\frac{\partial C_L}{\partial \alpha}\right)\alpha+\frac{C_{DC}}{\lambda}\left(\frac{\alpha}{57.3}\right)^2$$

$$\frac{\partial C_L}{\partial \alpha}=\frac{2\pi\cdot 0.9\lambda}{57.3\left(\cos\Lambda\sqrt{\frac{\lambda^2}{\cos^4\Lambda}+4}+1.8\right)} \tag{5-52}$$

$$C_D=C_{d0}+\frac{C_L^2}{0.9\pi\lambda}$$

式中，$\frac{\partial C_L}{\partial \alpha}$ 为升力系数曲线在 $\alpha=0$ 时的斜率；C_{DC} 为横流阻力系数，取决于叶梢形状和纵斜比；C_{d0} 为翼型阻力系数；Λ 为 1/4 弦线后掠角；λ 为展弦比；α 为攻角。

在运动控制系统，往往通过舵翼的升力、阻力公式以及升力、阻力系数曲线来获得舵翼的攻角，通过采用电机控制舵、翼攻角来进行运动控制。

尾部舵的代表性布置形式包括十字形尾舵与 X 字形尾舵(见图 5－16)。

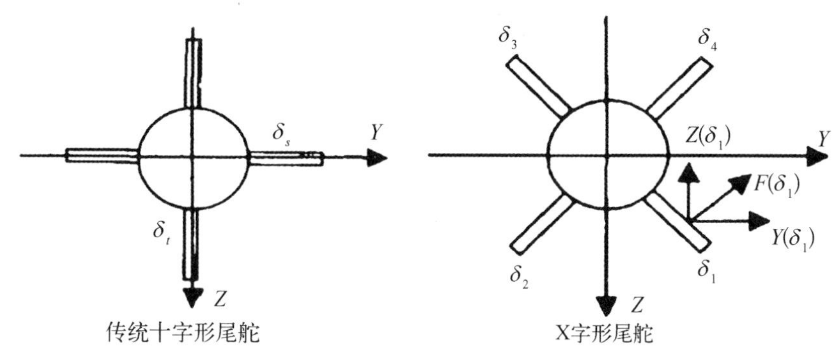

图 5－16　十字形尾舵与 X 字形尾舵布局方式

1）十字形尾舵

十字形尾舵中，两个水平舵和两个垂直舵呈十字形布置形式，有两种典型的布置形式：十字形对称布置和非对称布置。十字形对称布置操纵面时，水平和垂直尾舵正交、面积相等，但也有一些水平操纵面面积比垂直操纵面面积略大。水平面操纵面的幅度通常不同程度地超过最大艇宽。垂直操纵面的上下部分的面积可采用不对称形式，上大下小，其下部通常与基线齐平，但也有少数超过。

若舵采用襟翼舵形式时，操纵面面积中的固定部分(稳定翼)与可动部分的面积分配包括两种方式：“大舵小翼”和“小舵大翼”。当配置了较大的稳定翼和尺寸较小的舵时，艇的稳定性较好，但机动能力有所限制。反之，如把舵的面积选的较大，可得到较高的舵效，且当舵不转动时就相当于稳定翼的一部分，可使艇的机动性和稳定性同时改善。但是显然这将增大舵机功率，加大舵装置的重量、尺寸等。

2）X 字形尾舵

X 字形尾舵(简称 X 舵)可看作是十字形尾舵的一种变形形式，是指四个舵翼呈“X”字形正交布置，舵轴中心线与艇的纵中对称面呈±45°夹角的操纵面。

X字形尾操纵面产生的操纵力是一个空间力，而并非一个简单的变向力或变深力。4个分舵中的任意一个舵的单独偏转都会产生潜浮、转向和横倾的操纵效应，必须采用多个(一般是4个或2个)舵板综合控制用以改变潜水器航向或深度。

由于X舵的特殊结构，相对于传统十字舵而言X舵具有如下优点。

(1) X舵在总体布置上可以做到横向尺度不超宽，垂向尺度不突出基线。十字舵由于其横向、纵向都超过了基线，因此在近海底作业和回收时容易碰撞损坏舵装置。

(2) 由于X舵有较高的舵效，在舵效相同的情况下，X舵操纵面的总面积可比十字形舵减少10%左右；在相同舵面积条件下，X舵潜水器相对于十字形舵潜水器的回转直径与响应时间滞后都会有所减小。

(3) X舵可以对潜水器横倾进行控制，可有效减小操舵后回转中的艇重、尾重现象，也有利于改善桨舵间的干扰，减轻振动和噪声。

(4) 减小了舵卡造成的严重后果，提高了潜水器的安全性和水下动力抗沉能力。

X舵的缺点是由其操纵特性带来的，主要有：

(1) 由于X舵的每个舵板都有潜浮功能和转首功能，因此X舵操纵相对复杂。

(2) X舵需用的传动装置、机械设备多，造价高，增加了机械设备布置难度。

3. 舵翼与推进器混合配置设计

在一些潜水器中往往还采用舵翼和槽道推进器混合配置，形成一种过驱动控制方式(见图5-17)。在低速时采用侧向推进器控制首向，垂向推进器控制深沉与纵倾；在高速时改用垂直舵控制首向，水平舵控制升沉与纵倾。因此，该种配置方式可以兼顾潜水器高低航速下的控制需求。

但需要注意的是，此时需要一个控制方式切换来解决舵翼与槽道推进器间不同执行机构的转换问题。因为在实际应用中不可能规定在某一航速立即关掉推进器，开启舵，如果这样做的话由于控制指令的突变，潜水器控制必然会出现较大幅的振荡，甚至导致控制发散(见图5-18)。也就是说每一个执行器的控制指令最好是平缓地改变，所以说应该存在一个中间阶段，缓慢地将控制指令从推进器切换到舵，而实现的方法将不在本书中进一步阐述。

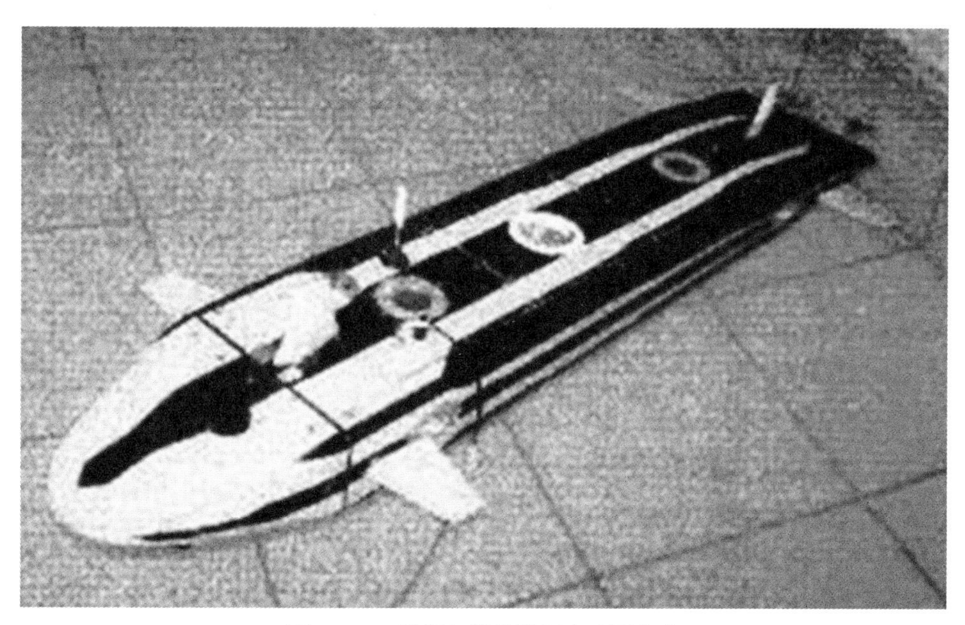

图 5-17 舵翼与推进器混合配置方式

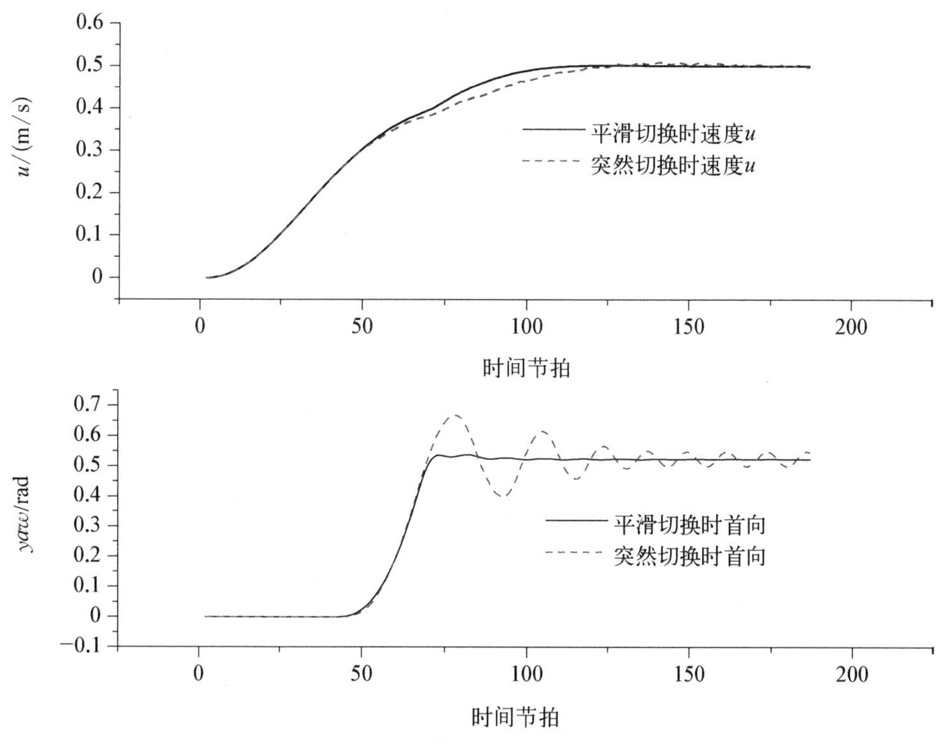

图 5-18 混合执行机构控制仿真试验

5.3.3 操纵面设计

操纵面设计的主要内容是以任务书的性能指标为基础，参照影响水动力性能的集合要素，来确定舵翼的各个几何参数和翼型，估算出舵翼舵面积和扭矩[6]。

1. 舵的几何要素

潜水器的舵翼是由船用舵演变过来的，因此其基本几何要素大致一样。无论船用舵或是潜水器上的舵翼，可以作为小展弦比的机翼，其几何形状（见图5－19）可用表征机翼的参数表示：

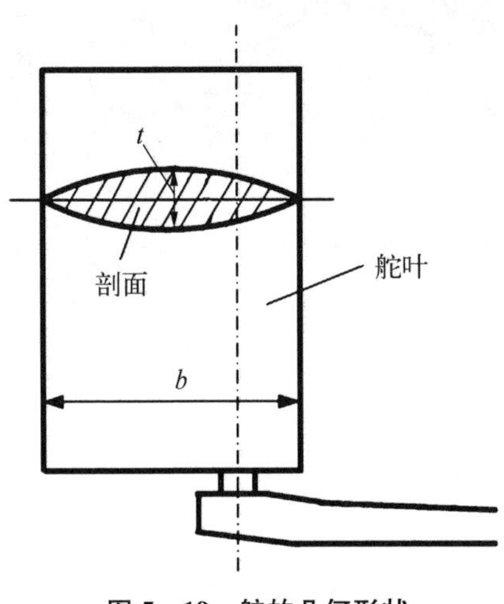

图5－19 舵的几何形状

展长 l，在舵叶平面内与来流垂直方向上的长度，对于非矩形舵，可用平均展长 $\bar{l}$。

弦长 b，在舵叶平面内与舵展垂直方向上的长度，对于非矩形舵，可用平均弦长 $\bar{b}$。

厚度剖面 t，舵弦剖面的最大厚度，对于非矩形舵，可用平均弦长剖面的最大厚度 $\bar{t}$。

后掠角 Λ，距导缘 1/4 弦长点的连线与舵展方向的夹角。

舵面积 S，舵叶的水平或侧投影面积。

平衡面积 S_0，舵轴至导缘间的舵水平或侧投影面积。

展弦比 λ，舵展长 l 与弦长 b 之比值，对于非矩形舵可用 $\bar{l}/\bar{b}$。

平衡比 S_0/S，舵的平衡面积与舵面积之比。

倾斜比 b_t/b_r，舵的叶梢弦长 b_t 与叶根弦长 b_r 之比。

厚度比 t/b，舵叶厚度 t 与弦长 b 之比，对于非矩形舵可用 $\bar{t}/\bar{b}$。

舵剖面，指与舵杆轴线垂直的舵叶剖面。对沿高度方向厚度不变的矩形舵，在整个高度方向其剖面是一样的。流线型舵的剖面常为对称机翼型。通常为使其能产生较大的升力和具有较小的阻力，前缘为圆形，后缘较尖。舵剖面形状一般为对称机翼型。为了提高舵的水动力性能，各国研究发表了许多舵剖面形状和水动力的系列试验资料，比较著名的有：NACA 系列（美国国家航空咨询委员会）、НЕЖ 系列（儒柯夫斯基）、ЦАГИ 系列（苏联中央空气动力研究所）（见图5－20）、JFS 系列（汉堡大学）、TMB 系列（泰勒水池）等。

其中 NACA 剖面使用最广泛，它升力大，阻力小，前缘不太肥，对提高螺旋桨的推进效率有利。儒柯夫斯基型，阻力较大，强度差，施工不便。

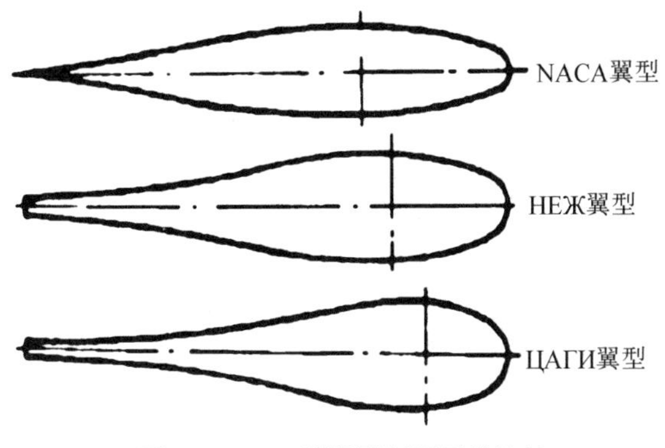

图 5-20 三种翼型剖面形状比较

2. 舵的水动力特性

设来流流速为 V 以攻角 α 流向舵剖面,则作用在舵上的水动力如图 5-21 所示。

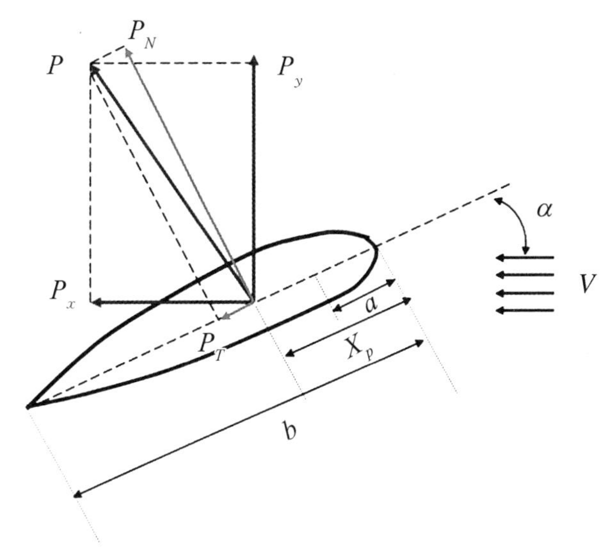

图 5-21 舵剖面上的水动力

图中各符号的定义为:

(1) 攻角 α,水流方向与舵剖面弦线方向的夹角,一般对称剖面的攻角 α 即舵角 δ。

(2) 舵杆轴线离前缘距离 a,对矩形舵,a/b 即平衡比 e, b 为舵剖面的弦长。

(3) 压力中心 X_p,即水动力合力作用点离前缘距离,压力中心系数:

$$C_p = \frac{X_p}{b} \tag{5-53}$$

(4) 作用在舵上的水动力合力 P，可分解为：升力 P_y 即水动力垂直于来流方向的分量，阻力 P_x 即水动力平行于来流方向的分量或法向力 P_N，垂直于剖面弦长方向的水动力分量，切向力 P_T 即平行于剖面弦长方向的水动力分量。

水动力合力 P 与相关分量的关系为

$$P=\sqrt{P_x^2+P_y^2}=\sqrt{P_N^2+P_T^2} \tag{5-54}$$

水动力合力 P 对于舵剖面前缘的力矩 M 称为作用于舵的水动力距：

$$M=P_N X_p \tag{5-55}$$

通常将作用在舵上的水动力按无量纲系数来表示：

升力系数：

$$C_L=\frac{L}{\frac{1}{2}\rho V^2 A_L} \tag{5-56}$$

阻力系数：

$$C_D=\frac{D}{\frac{1}{2}\rho V^2 A_D} \tag{5-57}$$

法向力系数：

$$C_N=\frac{P_N}{\frac{1}{2}\rho V^2 A_{\mathrm{R}}} \tag{5-58}$$

切向力系数：

$$C_T=\frac{P_T}{\frac{1}{2}\rho V^2 A_{\mathrm{R}}} \tag{5-59}$$

水动力合力系数：

$$C=\frac{P}{\frac{1}{2}\rho V^2 A_{\mathrm{R}}} \tag{5-60}$$

水动力矩系数：

$$C_M=\frac{M}{\frac{1}{2}\rho V^2 A_{\mathrm{R}} b} \tag{5-61}$$

上述各式中，ρ 为水的密度；V 为来流速度；A_R 为舵的面积，b 为舵剖面的弦长。

3. 影响水动力特性的因素

1) 几何要素的影响

分析舵的试验数据发现，对舵的水动力系数影响最大的是展弦比，其次是剖面厚度比及舵的侧面形状。

(1) 展弦比 λ。较大 λ 的舵在失速角以前具有较大的升力系数 C_L，但失速角较小，失速角对应的最大升力系数之值 $C_{L\max}$ 也较小。但实艇舵的雷诺数较模型舵大得多，因此舵的展弦比选大一些有利。一般地，对于具有“十字”形尾鳍的艇，垂直舵的上部之展弦比通常较大。

(2) 厚度比。分析舵升力系数 C_L 的试验资料发现，在失速以前，厚度比t/b对于升力系数的影响不大，但它影响失速角的大小，厚度比过大或过小都不好。此外，确定厚度比时还须估计舵轴直径的大小。因此设计舵的厚度比应在较好的范围内，兼顾结构形式和安装方式。

(3) 侧面形状(轮廓形状)。保持舵的展弦比不变，仅改变舵的外形，则升力系数改变不大，压力中心系数略有变化，因此，在舵的设计中，可以不必考虑舵外形改变对水动力的影响。外形设计的出发点一般为① 与艇体和螺旋桨的配合良好；② 施工方便；③ 造价低廉等。目前，艇体用的尾升降舵和方向舵一般为梯形舵，这是由于布置上方便和舵翼形状相配合，而且制造工艺简单。

(4) 平衡比 K。平衡比 $K=S_0/S$ 的大小，对舵的升力系数无影响，但对舵轴扭矩和舵机功率影响很大。K 越大，则小舵角时舵轴扭矩系数 C_M 越有较大的负值，促使舵角增大；而大舵角时 C_M 较小(此时舵的压力中心在舵轴之后，舵力使舵角减小)。选择平衡比，主要考虑的是应使舵机功率最小，故应使正车和倒车时舵轴的扭矩大致相等，尽量减小 $|M_{Q\max}|$，同时兼顾常用的舵角区的 M_Q 值不过大。

舵通常属于小展弦比($\lambda=1\sim3$)或极小展弦比的机翼，此时横向绕流已成为决定机翼流体动力特性的重要因素。在翼展的端部水流会由迎面流(下面)的高压区绕流到背部面(上面)的低压区(即横向绕流)，从而降低了小展弦比翼的流体动力特性。为此有的在外端或上下两端各加一块端板，目的是为了防止横向绕流，相当于增大了展弦比 λ。

由以上分析可知，在选择舵形状参数时，其主要出发点是在最大舵角时不产生“失速”的情况下，获得最大的升力系数，同时顾及到舵的水动力中心位置，节省舵机功率。在设计无人无缆潜水器舵的形状参数时，应充分考虑以上因素，并结合所设计艇体的外形和工艺性。

2）影响潜水器操纵面水动力特性的其他因素

（1）艇体的影响。在船后伴流场中工作的操纵面，与水流的相对速度、流动情况都受艇体影响，这些影响大致可有下列几方面：

a. 艇体对展弦比的映象效应。如将艇体看成紧贴操纵面一端的无限平板，产生映象作用，能使其有效展弦比比几何展弦比增加一倍。但实际上艇体是一曲面，舵板与艇体之间存在间隙并随舵角 δ 增加而增大。某试验结果表明：当 $\delta=0$ 时，有效展弦比几乎等于几何展弦比的 2 倍；当 $\delta=31°$ 时，其值约为 1.5 倍；对于回转体艇型，当 $\delta>6°$，映象作用就显著下降。根据映象效应，舵翼的根部应尽量贴近艇体安装。

b. 艇体边界层的影响。艇体边界层将影响尾部操纵面的有效面积，其有效面积估算公式为

$$S=S_1+\frac{S_2}{2n+1} \tag{5-62}$$

式中，S_1，S_2 为分别为边界层外、内的操纵面面积；n 为边界层内的速度分布律的指数。

所以尾操纵面的翼展尽量大点好，两侧的幅度按道理应与艇的最大宽度相等，但现代回转体艇型或十字尾型，一般都有不同程度的超宽，对于中型常规潜水器大致超宽 0.6～1.2 m。其外形宜采用较小倾斜度的梯形。

c. 艇体的整流效应。当潜水器以漂角 β、角速度 γ 做曲线运动时，在尾舵处不考虑艇体对水流影响的几何漂角 β_R 为

$$\beta_R=\beta+\arctan\frac{\chi_R\gamma\cos\beta}{V+\chi_R\gamma\sin\beta} \tag{5-63}$$

而方向舵的几何攻角 α_R 为

$$\alpha_R=\delta\pm\beta_R \tag{5-64}$$

式中，χ_R 为方向舵处的 R 点距坐标原点的距离；δ 为方向舵的名义舵角。

在式(5-63)中，当 γ 与 δ 同符号时取负号（如定常回转运动）；反之取正号（如 Z 行操纵中开始反向操舵）。

实际上，由于存在艇体（还有螺旋桨），水流有沿艇体纵向流动的趋势，即整流效应，使上述影响减小，尾部的实际漂角比 β_R 小，可用 $\varepsilon\beta_R$ 表示，或将效应系数 ε 写成 $\gamma/\beta_R=\varepsilon$（其中 γ 为整流拉直角）。一般 $\varepsilon\approx0.2$～0.7。舵板越紧靠艇

体,如常规艇型的艇尾嵌入式方向舵的整流系数 ε 可达 0.7 左右。

于是方向舵的有效攻角 α 为

$$\alpha = \delta \pm \varepsilon\beta_R \tag{5-65}$$

3) 艇体伴流和螺旋桨尾流的影响

艇体的伴流降低了舵与水的相对速度，使舵的迎流面速度为 $V_R = V_S(1-\omega_R)$(其中,V_R 为舵处实际来流速度;V_S 为艇速;ω_R 为舵处的伴流系数)。艇体和艇上附体对舵翼周围流畅的影响可应用 CFD 软件进行数值计算,并与敞水情况舵翼的升力系数、阻力系数进行对比,详细结果可参见文献[79]。

当舵完全处于螺旋桨尾流之中时,舵的水动力特性很大程度上由螺旋桨尾流场决定。通常,忽略尾流场的径向诱导速度,仅考虑轴向诱导速度和切向诱导速度。轴向诱导速度将增加流向舵的流体速度,从而使舵效显著增加。切向诱导速度将使舵的有效冲角改变。对于舵处的相对流速和相对水流冲角,可根据经验公式估算,本节不再详述,可参见文献[49]。

4. 舵面积估算

舵面积的正确选定是舵设计的重要内容。舵面积增大,对提高潜水器的回转性和直线稳定性都有益,因此是能使操纵性全面得到改善的主要因素。但舵面积过大将增加舵机功率、舵设备重量和所占空间,潜水器航行阻力也有所增加,舵面积大到一定程度,由于展弦比下降,反而使舵效降低。模型试验表明,舵面积大到一定程度后,对回转性的影响就不那么显著了。因此,在一个适当的数值范围内正确选择舵面积非常重要[77-80]。

过去的潜水器主要根据经验或是统计资料来选择操纵面,现代潜水器的操纵面设计则力图建立在水下操纵运动动力学的试验基础上。保证潜水器操纵性能必需的舵面积,取决于艇的使命、主尺度、艇型等。目前在实际选择操纵面面积时,基本上仍沿用以往行之有效的逐次近似的方法,并且充分借鉴母型资料与设计经验。

1) 母型和统计分析法

操纵面面积的确定,最好参考经过航行检验证明操纵性良好的母型来选取,母型艇的主艇体形状,特别是尾型应该接近于设计艇所确定的主艇体形状。在分析母型艇的操纵性能之优缺点时,要分析母型艇的操纵面无量纲几何参数与艇的操纵性能的关系,并考虑设计艇的战术指标、排水量、艇型、尤其要考虑艇的主尺度、尾型、航速范围,并按与排水量 $\Delta^{2/3}$ 成正比,或与艇的长和宽(直径)的乘积 $L \times D$ 成正比,来拟定艇操纵面面积的初值。

2）指标公式法

（1）水平尾鳍面积 S_{hsf}（水平稳定翼面积 S_{hs} + 尾升降舵面积 S_S）的确定。水平尾鳍的总面积由稳定性条件确定。根据静稳定性与动稳定性条件间的对应关系，取静不定系数 l_a 为某值，考虑 $|l'_a|=|-M'_w/Z'_w|$，应用水动力系数近似估算公式，可得如下水平尾鳍面积 S_{hsf} 的估算公式：

$$\frac{S_{hsf}}{L^2}=0.194\left(1+\frac{2}{\lambda_{hsf}}\right)\frac{(M'_w)_{mh}-l'_a(Z'_w)_{mh}}{\varepsilon(l'_a-l'_{hsf})} \tag{5-66}$$

式中，l'_a 为静不定系数（选定）；$(Z'_w, M'_w)_{mh}$ 为主艇体的水动力系数；ε 为艇体和鳍的干扰系数，作为第一近似值，可取 $\varepsilon \approx 1$ 或 0.74；$(l', \lambda)_{hsf}$ 为水平尾鳍的相对力臂与展弦比，由设计意图或按已选定的主艇体草图量取；如果水平稳定翼和尾升降舵是分开的，则取它们的平均值作为尾鳍的总值。同理也可以写出垂直尾鳍的总面积 S_{vsf} 估算公式与式(5-66)完全类似。

（2）升降舵面积 S_b 和 S_S 的确定。按机动性要求确定升降舵的面积，一般以升速率来确定。升速率公式为

$$\frac{\partial V_\zeta}{\partial \delta}=\frac{V^3}{57.3mgh}(-l'_\alpha-l'_\delta)Z'_\delta \tag{5-67}$$

式中舵力系数 Z'_{δ_s} 可用近似公式来确定，即

$$Z'_{\delta_s}=-\varepsilon\cdot 0.92\times 5.6\frac{2.75\lambda_s}{2.75\lambda_s+5.6}\cdot\frac{S_s}{L^2} \tag{5-68}$$

由式(5-67)、式(5-68)可得确定尾升降舵面积的公式如下：

$$\frac{S_s}{L^2}=K_1\left(1+\frac{2}{\lambda_s}\right)\frac{m'gh}{\varepsilon(l'_\alpha+l'_{\delta_s}-l'_{cf})V^3}\left(\frac{\partial V_\zeta}{\partial \delta_s}\right) \tag{5-69}$$

同理，升降舵面积 S_b 为

$$\frac{S_b}{L^2}=K_1\left(1+\frac{2}{\lambda_b}\right)\frac{m'gh}{\varepsilon(l'_\alpha+l'_{\delta_b}-l'_{cf})V^3}\left(\frac{\partial V_\zeta}{\partial \delta_b}\right) \tag{5-70}$$

式中，$\frac{\partial V_\zeta}{\partial \delta_b}$，$\frac{\partial V_\zeta}{\partial \delta_s}$，$l'_\alpha$ 为选定设计指标；l'_{δ_b}，l'_{δ_s}，λ_b，λ_s 为升降舵的无量纲力臂和展弦比，由设计意图和统计资料确定；V 为确定升速率的航速，一般为 $V=0.6V_{max}$；K_1 为常数，当 $\lambda\leqslant 3$ 时，取 11.1；当 $\lambda>3$ 时，取 9.12。

（3）垂直操纵面面积的确定。方向舵面积 S_r，主要应满足相对定常回转半

径 R_s/L 的要求，采用基于统计资料的波夏维柯夫公式：

$$\frac{R_s}{L}=\left(1-8\frac{\nabla_{\downarrow t}}{LF}\right)\frac{0.9}{\sin 2\delta}\cdot\frac{\nabla_{\downarrow t}}{SL} \tag{5-71}$$

式中，$\nabla_{\downarrow t}$ 为水下全排水量；F 为艇体纵中对称面面积；δ 为方向舵的舵角；R_s/L 为任务书给定。

5. 舵翼力矩以及受力估算

1）藤井公式

藤井、津田根据翼型舵的试验资料，提出了类似于古老的乔赛尔公式的经验公式。

法向力系数：

$$C_n=\frac{6.13\lambda}{2.25+\lambda}\sin\alpha \tag{5-72}$$

力矩系数：

$$C_m=0.165+0.21\sin\alpha+\frac{7}{\alpha}\sin\alpha \tag{5-73}$$

上述两公式已做了小展弦比的修正，适用于 $\lambda=0.5\sim3.0$。

2）普兰特(Prandtl)公式

当所设计的舵之展弦比 λ 与发表的试验值不一致时，可选用相近展弦比的试验资料，然后用下列普兰特公式进行换算：

$$\alpha'=\alpha+\frac{C_L}{\pi}\left(\frac{1}{\lambda'}-\frac{1}{\lambda}\right) \tag{5-74}$$

$$C'_D=C_D+\frac{C_L}{\pi}\left(\frac{1}{\lambda'}-\frac{1}{\lambda}\right) \tag{5-75}$$

式中，C_L，C_D，α 分别是展弦比为 λ 的升力系数、阻力系数和攻角；C'_D，α' 为展弦比为 λ' 的翼的阻力系数和攻角。

3）维克尔(Whicker)公式

维克尔根据大量小展弦比机翼试验资料，提出了半理论半经验公式，并与 NACA 系列的试验结果符合良好。公式如下：

$$C_L=\frac{\partial C_L}{\partial\alpha}\cdot\alpha+\frac{C_{DC}}{\lambda}\left(\frac{\alpha}{57.3}\right) \tag{5-76}$$

$$\frac{\partial C_L}{\partial \alpha}=\frac{2\pi \cdot 0.9\lambda}{57.3\left(\cos\Lambda\sqrt{\dfrac{\lambda^2}{\cos^4\Lambda}+4}+1.8\right)} \tag{5-77}$$

$$C_{m\frac{b}{4}}=\left(0.25-\frac{\partial C_m}{\partial C_L}\right)\frac{\partial C_L}{\partial \alpha}\cdot\alpha-\frac{1}{2}\frac{C_{DC}}{\lambda}\left(\frac{\alpha}{57.3}\right)^2 \tag{5-78}$$

$$\frac{\partial C_m}{\partial C_L}=\frac{1}{2}\frac{1.11\sqrt{\lambda^2+4}+2}{4(\lambda+2)} \tag{5-79}$$

式中，$\frac{\partial C_L}{\partial \alpha}$ 表示升力系数曲线 $\alpha=0$ 时的斜率；C_{DC} 表示舵横流阻力系数，取决于叶梢形状和倾斜比；Λ 表示舵 1/4 弦线后掠角；$C_{m\frac{b}{4}}$ 表示对距导缘为 $b/4$ 弦长点的力矩系数。

以上这些公式中，美国多采用维克尔公式，日本则广泛采用藤井公式。

5.4 操纵性试验

5.4.1 实艇操纵性试验

实艇操纵性试验包括水平面回转试验、Z形操纵试验、垂直面梯形试验及垂直面下潜试验等，可验证无人无缆潜水器计算机运动仿真方法的可用性与准确性，同时也为潜水器设计及操控人员提供操纵性资料。

1. 试验场所与仪器

试验场所应在足够开阔和相当深度的海区进行，试验海区内海水温度、密度等环境特征参数稳定，且尽量避开海流区域。试验的开展应选择海面平静、潮流小的时间进行。另外，依据艇体主尺度，试验也可在试验水池环境中开展。艇体应处于正常排水量状态，重心位置和浮心位置应与设计一致(见图 5-22 和图 5-23)。

试验仪器包括姿态传感器、速度传感器和位置传感器。姿态传感器用于实时测量潜水器的三轴角度和角速度姿态信息，包括磁罗经、光纤罗经等。速度传感器用于实时测定潜水器的水下航行速度，可采用多普勒测速仪(doppler velocity log，DVL)或相关速度计。位置传感器既用于测定潜水器入水点与出水点位置，也提供潜水器水下航行深度信息。可采用深度计和 GPS 定位系统(见图 5-24)。

图 5-22 哈尔滨工程大学深水池

图 5-23 无人无缆潜水器实艇

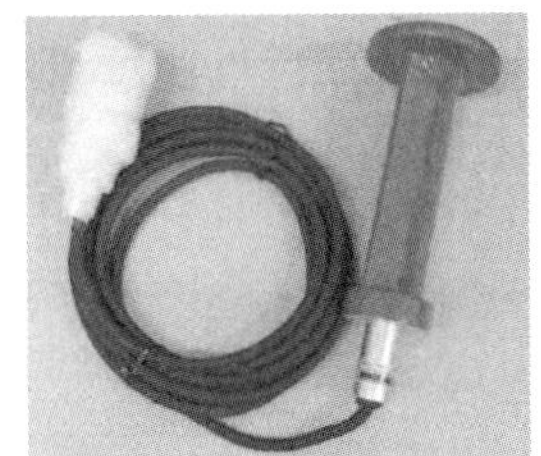

图 5-24 传感器

2. 水平面回转试验

回转试验用来评价无人无缆潜水器在水平面运动时的回转性(即航向机动性)。试验中,潜水器以预定航速直航,将方向舵快速转到预定舵角,并保持不动,直至船首向角改变 540°,一次试验结束。以同样方法进行相反舵角和其他舵角(或航速)下的回转试验(见图 5-25)。

整个回转运动包括转舵、发展和定常三个阶段。在定常阶段,潜水器的重心 G 做匀速圆周运动,圆的直径称作定常回转直径,它是表示潜水器水平面内机动

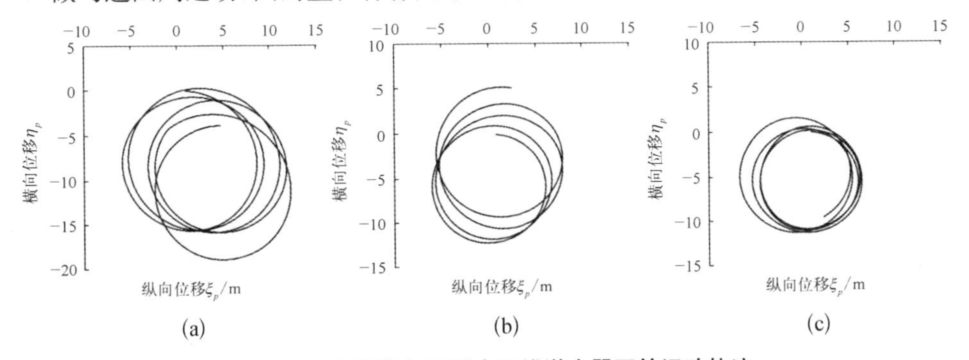

图 5-25 不同舵角下无人无缆潜水器回转运动轨迹

(a) 舵角 25° (b) 舵角 30° (c) 舵角 35°

性最重要最常用的特征参数。回转运动中，在潜水器上还存在一点，其横向速度为零，也就是合速度方向与艇首方向一致，该点称为枢心 P。枢心位于重心前，枢心与重心的距离一般取 0.4 倍的艇长。

试验时需测得枢心 P 处速度 $U_P(t)$ 和艇体首向角 $\psi(t)$，求出每一时刻 t 的回转枢心坐标 ξ_P 和 η_P，即

$$\begin{cases}\xi_P = \int_0^t U_P \cos\psi \mathrm{d}t \\ \eta_P = \int_0^t U_P \sin\psi \mathrm{d}t\end{cases} \tag{5-80}$$

根据重心 G 与枢心 P 关系得到艇体回转航迹(见图 5-26)，测得回转直径。回转直径还可以通过定常回转航速 U_s 和角速度 r_s 求得，定常回转直径 D_s 有如下关系式：

$$D_s = \frac{2U_s}{r_s} \tag{5-81}$$

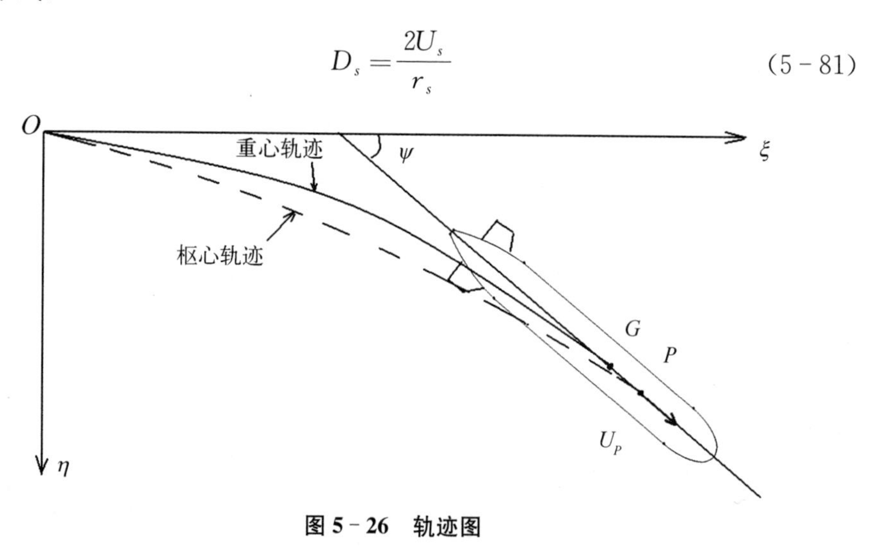

图 5-26　轨迹图

表 5-2 为不带挂载小型无人无缆潜水器回转运动特征参数。从表 5-2 可知，同一速度下，随着舵角的增大，潜水器回转角速度略有增大，回转周期减小，回转直径减小；同一舵角下，$U=0.8$ m/s 时的回转直径略小于 $U=0.5$ m/s 时的回转直径，$U=1$ m/s 时的回转直径略大于 $U=0.8$ m/s 时的回转直径，随着航速的增加回转直径先减小后增大[82]。

对于回转运动中，回转直径与航速是否有关一直是学者讨论的问题。朱继懋进行了深潜水器操纵性自航模试验，试验结果表明在水面回转运动时，回转直径随着航速的增大而变大；水下回转时，回转直径在试验速度范围内(0.6～1.32 m/s)几乎不变。徐亦凡通过回转直径计算值和实艇实测值比较发现潜水

表 5-2 不带挂载小型无人无缆潜水器回转运动特征参数

速度 U/(m/s)	0.5			0.8			1		
舵角/(°)	25	30	35	25	30	35	25	30	35
平均周期/s	103.3	74.3	73.5	54.4	46.4	41.4	48.0	41.3	36.3
平均角速度/(°/s)	3.48	4.85	4.90	6.62	7.76	8.70	7.50	8.73	9.93
平均速度/(m/s)	0.499	0.500	0.500	0.800	0.798	0.795	0.995	0.999	0.995
回转直径/m	16.43	11.82	11.69	13.85	11.79	10.47	15.20	13.12	11.49
修正回转直径/m	16.46	11.86	11.73	13.89	11.84	10.52	15.23	13.16	11.53

器以相同的方向舵角进行定深回转运动时，回转直径与航速相关，随着航速的增大而增大，但随航速的变化较小。Steenson 对 DELPHIN2 型无人无缆潜水器的自由液面操纵性能进行了试验研究，结果显示随着航速的增加回转直径降低。试验结果表明：同一舵角下，随着航速的增加，小型水下潜水器随着航速的增加回转直径先减小后增大，其回转运动时出现小幅度“海豚”运动现象，影响潜水器的回转性。由此可知小型潜水器水面回转运动时回转直径与纵倾及兴波密切相关。

3. Z 形操纵试验

Z 形操纵试验用来评价无人无缆潜水器在水平面运动时的应舵性，即运动响应快慢的转首性。标准 Z 形操纵试验条件为水下航行器以最大航速航行，操舵角 $\delta=10°$，执行首向角 $\psi=10°$。一般 Z 形操纵试验操舵角与首向角为 10°～20°，可相等可不等。

试验中，潜水器以预定航速直航，试验从操右舵开始，则方向舵快速操到 10°，当首向角改变达到 10°时，立即向左操舵到左 10°，当首向角达到左 10°时，又立即将舵操到右 10°，如此共操舵 5 次，一次试验结束。通过潜水器配置的姿态传感器和速度传感器内记潜水器的航速、首向角等参数(见图 5-27)。

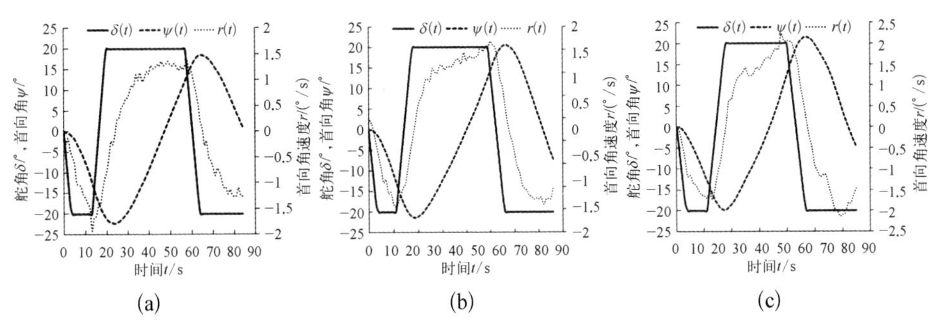

图 5-27 不同速度下潜水器 Z 形操纵试验曲线

(a) $U=0.3$ m/s (b) $U=0.4$ m/s (c) $U=0.5$ m/s

潜水器Z形运动时，随着航速的增加，初转期减小，超越时间减小，超越首向角增大，周期明显减小(见表5-3)。

表5-3 小型潜水器Z形操纵试验特征参数

速度U/(m/s)	0.3	0.4	0.5
初转期/s	13	11	11
超越时间/s	9	8	7
超越首向角/(°)	7.9	8.7	9.1
周期/s	85	71	62

4. 垂直面梯形操纵试验

垂直面梯形操纵试验是测定无人无缆潜水器对升降舵的应舵能力，同时测定其能否使无人无缆潜水器从某一航行深度转到另一深度航行。试验时无人无缆潜水器以一定速度航行，之后升降舵操到预定下潜舵角δ_0，当纵倾角达到预定的执行纵倾角θ_e时，立即回舵至零，当纵倾角和深度变化都经历极值后试验结束。梯形操纵试验的运动响应特征参数主要有执行时间t_e、超越纵倾角θ_{ov}、超越深度ζ_{ov}(见图5-28)。

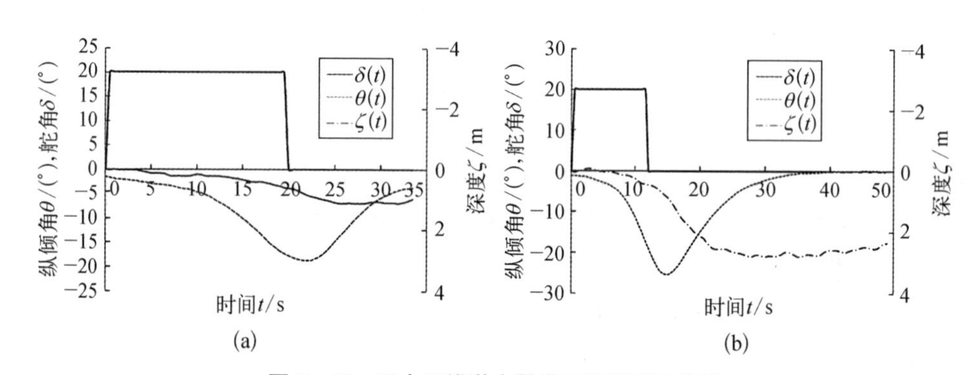

图5-28 无人无缆潜水器梯形操纵试验曲线

(a) $U=0.5$ m/s，$\delta_0/\theta_e=20°/17.2°$ (b) $U=0.8$ m/s，$\delta_0/\theta_e=20°/17.2°$

表5-4为无人无缆潜水器梯形操纵试验特征参数值。从表5-4可知，在相同舵角及执行纵倾角下，随着航速的增加执行时间变小，超越纵倾角及超越深度变大。

5. 垂直面下潜试验

垂直面下潜试验也称为升速率试验，其主要测定升降舵的升速率。升速率表示某一航速下操1°升降舵角能够产生的升速改变量，可作为垂直面机动性的

表 5-4 无人无缆潜水器梯形操纵试验特征参数

速度 U/(m/s)	舵角 /(°)	初始纵倾角 /(°)	执行纵倾角 /(°)	执行时间 /s	超越纵倾角 /(°)	超越深度 /m
0.5	20	1.5	17.2	19.5	1.4	0.53
0.8	20	1.2	17.2	11.5	8.3	2.38

一项指标。其表达式为

$$\frac{\partial V_\zeta}{\partial \delta}=\frac{\Delta \zeta}{\Delta t}/\delta \tag{5-82}$$

式中，V_ζ 为垂向速度；$\Delta\zeta$ 为 Δt 时间内垂向深度改变量。

无人无缆潜水器以某一航速直航时，操纵潜舵角，当艇的深度变化达到稳定状态时，回舵结束试验。试验过程中记录航速、下潜舵角、纵倾角和深度等参数的时间曲线。

图 5-29 至图 5-31 为不同航速及舵角下无人无缆潜水器下潜试验深度、纵倾角及垂向速度时间曲线。表 5-5 为不同航速及舵角下无人无缆潜水器下潜试验主要参数。

由图 5-29 至图 5-31 可知无人无缆潜水器能够按照航行速度和舵角顺利下潜，$U=0.8$ m/s 和下潜舵角 $\delta=10°$ 工况时，操舵后无人无缆潜水器要经历一

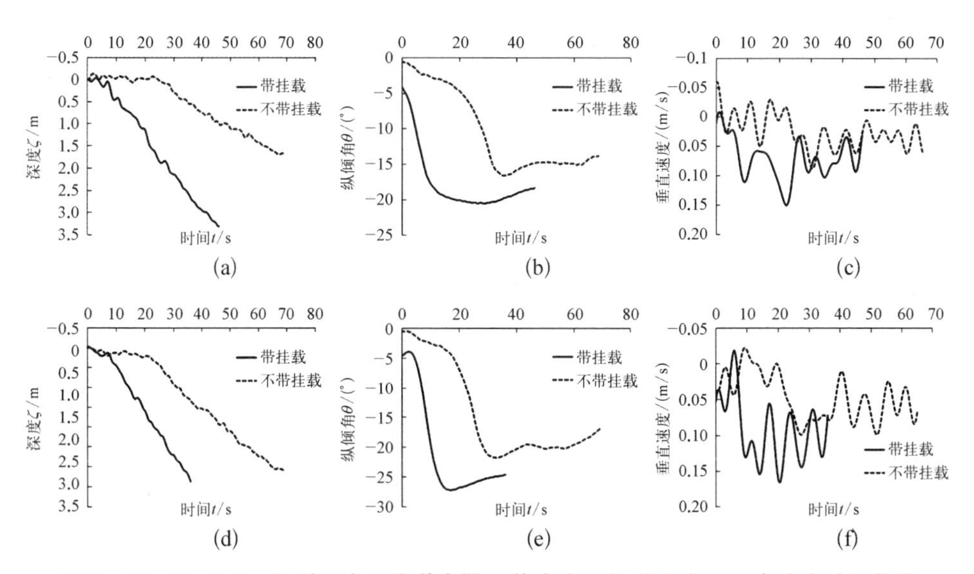

图 5-29 $U=0.5$ m/s 时无人无缆潜水器下潜试验深度、纵倾角和垂直速度时间曲线

(a) $\delta=20°$，深度曲线 (b) $\delta=20°$，纵倾角曲线 (c) $\delta=20°$，垂向速度
(d) $\delta=30°$，深度曲线 (e) $\delta=30°$，纵倾角曲线 (f) $\delta=30°$，垂向速度

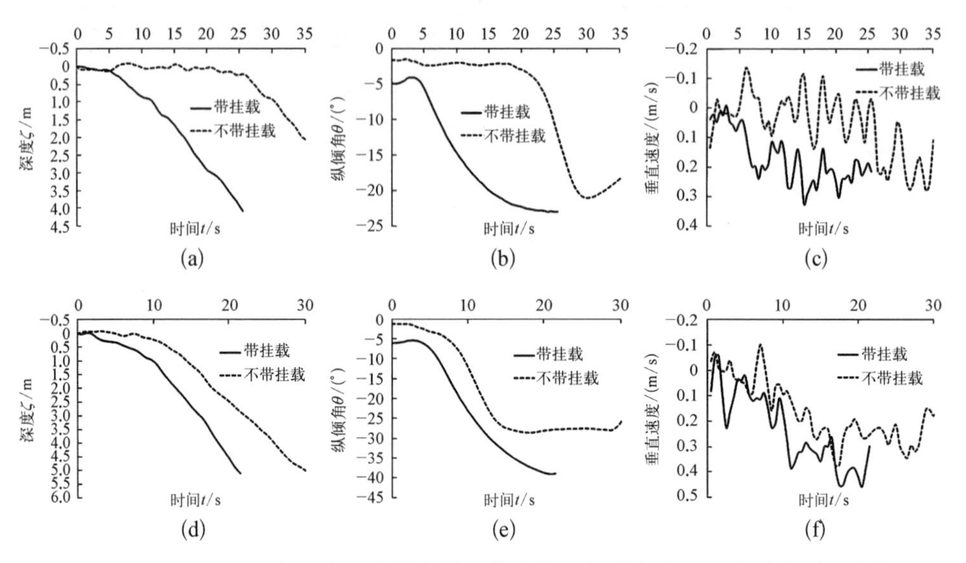

图 5-30　U=0.8 m/s 无人无缆潜水器下潜试验深度、纵倾角和垂直速度时间曲线

(a) $\delta=10°$,深度曲线　(b) $\delta=10°$,纵倾角曲线　(c) $\delta=10°$,垂向速度
(d) $\delta=20°$,深度曲线　(e) $\delta=20°$,纵倾角曲线　(f) $\delta=20°$,垂向速度

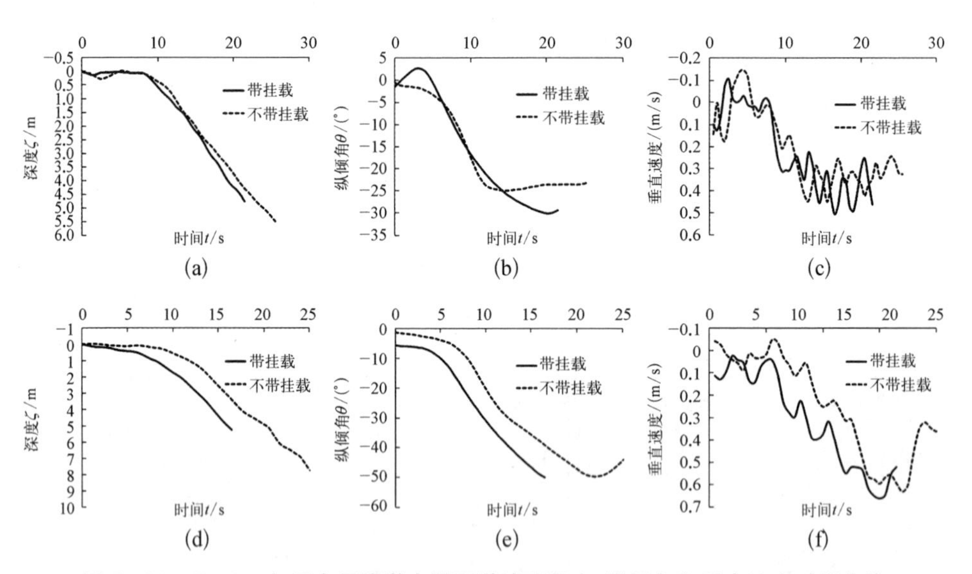

图 5-31　U=1 m/s 无人无缆潜水器下潜试验深度、纵倾角和垂直速度时间曲线

(a) $\delta=10°$,深度曲线　(b) $\delta=10°$,纵倾角曲线　(c) $\delta=10°$,垂向速度
(d) $\delta=20°$,深度曲线　(e) $\delta=20°$,纵倾角曲线　(f) $\delta=20°$,垂向速度

表 5-5 无人无缆潜水器下潜试验主要参数

速度 U/(m/s)	0.5		0.8		1	
舵角/(°)	20	30	10	20	10	20
稳定纵倾角/(°)	15.0	19.9	20.7	26.0	24.0	
稳定垂向速度/(°)	0.040	0.064	0.115	0.232	0.34	0.49
升速率/(m/s·(°))	0.0012	0.0015	0.0072	0.0080	0.034	0.025

段时间后才能下潜。无人无缆潜水器带挂载下潜时,存在一定的埋首初始纵倾角,原因是初始浮态有一较小的埋首纵倾角,目的是为了使无人无缆潜水器在低速小舵角时能够顺利下潜,其弊端是对稳定下潜角及下潜速度有一定影响。结合表 5-5 可知,相同航速及水平操舵角下,无人无缆潜水器带挂载时稳定纵倾角、垂向下潜速度及下潜深度大于不带挂载时的。

5.4.2 自由自航船模试验

自由自航船模试验是以直接模拟实船操纵为基础的一种物理模拟方法,用来预报、研究和改进潜水器的操纵性能。由于各种实船操纵性试验都可用自由自航船模进行,而且自航船模试验相对其他试验来讲,成本低,试验方便,时间短,结果直观,能迅速鉴别不同设计方案的优劣。其作用如下:

(1) 在潜水器设计阶段预报、研究、改进操纵性。

(2) 将各种理论或半理论半经验的计算方法,对船模操纵性的计算或数学模型的辨识结果,与自航船模试验结果相比较,以检验其正确性和可用性。

相似准则——为使船模与实艇的无量纲运动状态特征量和无量纲操纵指数相同,应满足几何相似、质量分布相似、运动相似和水动力相似,实现模型试验的现象相似,达到再现原来现象的本质。

水下自航船模试验必须满足以下条件:

(1) 几何相似,质量和质量分布相似。

(2) 雷诺数应大于临界值,一般认为操纵试验应使模型的雷诺数大于 1×10^6。

(3) 船模直航段满足重力相似,但这里是稳心高傅汝德数应相等,即

$$\frac{V_0}{\sqrt{gh_m}}=\frac{V_s}{\sqrt{gh_s}} \tag{5-83}$$

式中,V_0, V_s 分别表示模型和实船的直航速度;h_m, h_s 分别表示模型和实船的

稳心高。

总之，应满足稳心高相似、初始航速满足傅汝德数相等。

当前存在的主要问题：

(1) "尺度效应"问题尚未解决。由于船模与实船不能完全动力相似，引起无量纲运动参数和水动力的差别，称为"尺度效应"。导致：① 船模雷诺数小于实船，导致其边界层厚度大，舵和附体作用减小，稳定性和机动性较实船差。② 操纵面失速。

改进措施如下。

a. 技术措施，修改舵面积（一般是减小）。

b. 对实验结果进行修正。

(2) 自航船模试验技术未能充分开发。

(3) 自航船模试验，目前基本上还只能测量运动参数和辨识数学模型的综合参数，"系统识别"方法辨识部分水动力系数尚不普及，不便于从流体动力来分析研究船体和附体形状与操纵性的关系。

水下自航船模，除外形几何相似外，还需水密、耐压、使用方便。当前船模由耐压壳、首尾结构和天线围壳等组合而成，典型的耐压壳分成若干分段，并以 O 型密封圈来密封。同时大部分模试设备安装在矩形截面的框架上，框架可在滑轨上滑动进出耐压壳，以便维修船模内的设备。

自航船模试验设备可包括下列系统：

(1) 动力系统：包括主电机、变速齿轮箱、轴系、螺旋桨和电池。

(2) 无线电遥控系统：包括岸上发射机和水下接收机（装在模型内）两部分。按预先编制的试验程序，向水下模型发送完成试验所必需的动作之遥控指令，如控制船模的前进、后退、航速大小、舵角，记录器工作的起、止等。

(3) 自动驾驶仪：包括自动定深系统和自动稳向系统，使船模在预定深度上做水平运动，在给定航向上保持直航。

(4) 测量系统：分内测和外测两部分。常用深度计、罗经、DVL 等设备，测记船模的状态和运动参数，如下潜深度、纵倾角、横倾角、首向角及其角加速度、首尾舵角和方向舵角；测记推进参数，如螺旋桨转速、船模速度 V、推力及其力矩、舵杆力矩等。外测系统测量船模的轨迹、航速、漂角等参数。

当前较为适用且经济的系统是用水声定位原理实时测量水下船模的运动轨迹。

5.4.3 拘束模型试验

无论是潜水器的垂直面运动、水平面运动或是空间运动，要通过运动方程来分析问题，必须首先确知方程中的诸外力：重力、浮力，螺旋桨等推进操纵装置的力，艇体的水动力以及其他扰动力。在相应于艇体坐标系的运动方程中，它们是以水动力导数的形式来表达的。因此，求取所有水动力导数值成为进行操纵性理论分析的前提。由于潜水器艇体形状和它运动时周围流场比较复杂，按照流体力学的当前发展水平，尚难以从理论上把这些水动力导数一一精确地计算出来。目前要正确地求取水动力导数的唯一可靠的方法是进行试验测定。

测定水动力导数的直接方法主要靠约束船模试验，某些水动力导数也可以用实船(自航船模)试验来测定。所谓约束船模，指的是船模不是自由地置于水中航行，而是受到某些机构的约束，用机构来带动船模做特定的运动。基于准定常假设，用机构使船模在水中做基准的等速直线运动的同时，叠加上特定的运动分量并测定此时作用在船模上的水动力，那么，就能够测出该运动分量相对应的水动力导数。

用约束船模在实验室内进行试验，能够排除自然环境(如海流、波浪等)的干扰，获得所需要的试验条件；能够系统地改变船型和附体，有助于用试验研究几何参数对于各种水动力的影响；此外船模试验比较方便，费用较小。

1. 试验装置

平面运动机构由机械式振荡机构、电机及电控系统和电测系统三部分组成，其概貌如图 5-32 所示。平面运动机构的垂直振荡杆可调节振荡振幅、振荡频率，振荡杆下端通过测力传感器与模型连接。当两垂直杆不振荡，

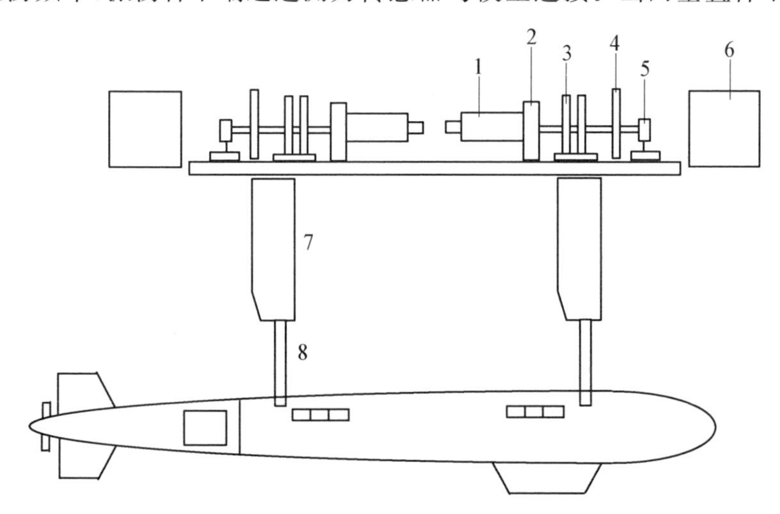

图 5-32 垂直型小振幅平面运动机构

1—步进电机；2—齿轮箱；3—偏心机构；4—光电控制装置；5—轴承；
6—拖车安装架；7—导流罩；8—振荡杆

模型处于水平状态下，可用于测量模型的阻力；调节两振荡杆使其同相振荡，造成纯升沉(纯横荡)运动，可测量模型的线速度系数与线加速度系数 Z'_w，$Z'_{\dot{w}}$，M'_w，$M'_{\dot{w}}$，Y'_v，$Y'_{\dot{v}}$，N'_v，$N'_{\dot{v}}$；调节两振荡杆相位差，造成纯俯仰(纯摇首)运动，可测量模型的角速度系数与角加速度系数 Z'_q，$Z'_{\dot{q}}$，M'_q，$M'_{\dot{q}}$，Y'_r，$Y'_{\dot{r}}$，N'_r，$N'_{\dot{r}}$；令模型进行纯横摇运动，可测得横摇水动力系数 K'_p，$K'_{\dot{p}}$，振荡杆的运动由计算机软件发给电机的信号来控制，以满足不同试验状态下的试验要求。

2. 试验内容[49,83-84]

1) 纯升沉振荡试验

潜水器模型的纯升沉振荡运动试验的目的是测量模型拖体的垂直面水动力系数 Z'_w，$Z'_{\dot{w}}$，M'_w，$M'_{\dot{w}}$。

调节两支振荡杆同相位、同振幅和同频率做正弦振荡，此时船模在水下垂直平面内做正弦运动，船模的纵倾角始终为零，同时，在水槽中通过控制水的流速，相当于船模以流水的速度在静水中航行。此时有

$$\zeta_1 = \zeta_2 = a\sin\omega t \tag{5-84}$$

式中，ζ_1，ζ_2 为两支杆的垂向位移；ω 为偏心轮的角速度，即支杆的振荡频率；a 为振幅。

船模的运动参数为

$$\begin{aligned} &\theta = \dot{\theta} = 0 \\ &w = \dot{\zeta} = a\omega\cos\omega t \\ &\dot{w} = -a\omega^2\sin\omega t \end{aligned} \tag{5-85}$$

设前后支杆的作用力为 F_1，F_2，即加在船模上的垂向力为 $Z=F_1+F_2$，它的力矩为 $M=(F_2-F_1)l_0$，其中 l_0 为支杆至两支杆间距中点的距离。船模在 Z，M 作用下做纯升沉运动。根据垂直面运动一般方程，纯升沉运动线性方程为

$$\begin{aligned} &Z_{\dot{w}}\dot{w} + Z_w w + Z_0 + F_1 + F_2 = m\dot{w} \\ &M_{\dot{w}}\dot{w} + M_w w + M_0 + (F_2 - F_1)l_0 = mx_G\dot{w} \end{aligned} \tag{5-86}$$

将式(5-85)代入求得船模拘束力和力矩为

$$\begin{cases} F_1 + F_2 = a\omega^2(Z_{\dot{\omega}} - m)\sin\omega t - a\omega Z_{\omega}\cos\omega t - Z_0 \\ (F_2 - F_1)l_0 = a\omega^2(M_{\dot{\omega}} + m\dot{x}_G)\sin\omega t - a\omega M_{\omega}\cos\omega t - M_0 \end{cases} \tag{5-87}$$

由式(5－87)可见,测力系统测得的拘束力和力矩包括三部分:

(1) 与支杆振荡(位移)同相位的流体惯性力(矩)。

(2) 与支杆振荡相位正交的阻尼力矩。

(3) 常量部分(即零升力和零力矩)。

将纯升沉运动得到的拘束力和力矩写成同样的格式,用下标 in 表示同相分量,用 out 表示正交分量,c 表示常量,则纯升沉运动为

$$\begin{cases} F_1 + F_2 = Z_{\text{in}} \sin \omega t + Z_{\text{out}} \cos \omega t + Z_{\text{c}} \\ (F_2 - F_1) l_0 = M_{\text{in}} \sin \omega t + M_{\text{out}} + M_{\text{c}} \end{cases} \tag{5-88}$$

式中,

$$\begin{cases} Z_{\text{in}} = a\omega^2 (Z_{\dot{\omega}} - m) \\ Z_{\text{out}} = -a\omega Z_{\omega} \\ Z_{\text{c}} = -Z_0 \\ M_{\text{in}} = a\omega^2 (M_{\dot{\omega}} + m x_G) \\ M_{\text{out}} = -a\omega M_{\omega} \\ M_{\text{c}} = -M_0 \end{cases} \tag{5-89}$$

从而可以得到

$$\begin{cases} Z_w = \dfrac{-(F_1 + F_2)_{\text{out}}}{a\omega} \\ Z_{\dot{w}} = \dfrac{(F_1 + F_2)_{\text{in}}}{a\omega^2} + m \\ M_w = \dfrac{-l_0 (F_2 - F_1)_{\text{out}}}{a\omega} \\ M_{\dot{w}} = \dfrac{l_0 (F_2 - F_1)_{\text{in}}}{a\omega^2} - m x_G \end{cases} \tag{5-90}$$

式中,F_1 表示平面运动机构中距离潜水器首部较近的支杆上所受到的力;F_2 表示平面运动机构中距离潜水器尾部较近的支杆上所受到的力;m 是潜水器模型的质量;l_0 为两杆间距离的 1/2;a 为振荡振幅;ω 为振荡圆频率;x_G 为潜水器模型的重心距潜水器模型测力中心的距离。下标 in 表示与运动同相的分量,out 表示与运动正交的分量。

将有量纲水动力系数无量纲化,得到无量纲水动力系数为

$$\begin{cases} Z'_w = \dfrac{Z_w}{\dfrac{1}{2}\rho L^2 U} \\ Z'_{\dot{w}} = \dfrac{Z_{\dot{w}}}{\dfrac{1}{2}\rho L^3} \\ M'_w = \dfrac{M_w}{\dfrac{1}{2}\rho L^3 U} \\ M'_{\dot{w}} = \dfrac{M_{\dot{w}}}{\dfrac{1}{2}\rho L^4} \end{cases} \tag{5-91}$$

式中,L 为潜水器模型长度;U 为拖曳速度;ρ 为水密度。

在模型试验中 $(F_1+F_2)_{\text{out}}$,$(F_1+F_2)_{\text{in}}$,$l_0(F_2-F_1)_{\text{out}}$,$l_0(F_2-F_1)_{\text{in}}$ 是以一个整体的形式给出的。因为作为测力装置的六自由度测力天平的固定位置是两支杆的中点位置。从而由数据采集系统中获得的数据都是两支杆中点处的力(矩)。因此实际计算中的计算公式如下:

$$\begin{cases} Z_w = \dfrac{-Z_{\text{out}}}{a\omega} \\ Z_{\dot{w}} = \dfrac{Z_{\text{in}}}{a\omega^2} + m \\ M_w = \dfrac{-M_{\text{out}}}{a\omega} \\ M_{\dot{w}} = \dfrac{M_{\text{in}}}{a\omega^2} - m x_G \end{cases} \tag{5-92}$$

式(5-92)中的力(矩)的正负号遵守艇体坐标系的符号规定。

由于本试验主要是测定线性水动力系数,大部分数据都可以根据不同的横坐标线性化(如 Z_{in} 就是关于 $a\omega^2$ 的线性函数),所以在处理数据时,可以进行线性拟合,可以得到 Z_w,$Z_{\dot{w}}$,M_w,$M_{\dot{w}}$。拟合后经过公式(5-91)运算可得无量纲化的线性水动力系数 Z'_w,$Z'_{\dot{w}}$,M'_w,$M'_{\dot{w}}$。

2) 纯横荡振荡试验

拖体模型的纯横荡振荡运动试验的目的是测量拖体的水平面的水动力系数 Y'_v,$Y'_{\dot{v}}$,N'_v,$N'_{\dot{v}}$。

将模型横倾 90°(按照静力学的横倾角正负的定义,试验中将模型横倾

$-90°$)后安装在垂直平面运动机构上进行纯升沉试验，就相当于深水中水平面的纯横荡运动。下面推导计算公式。

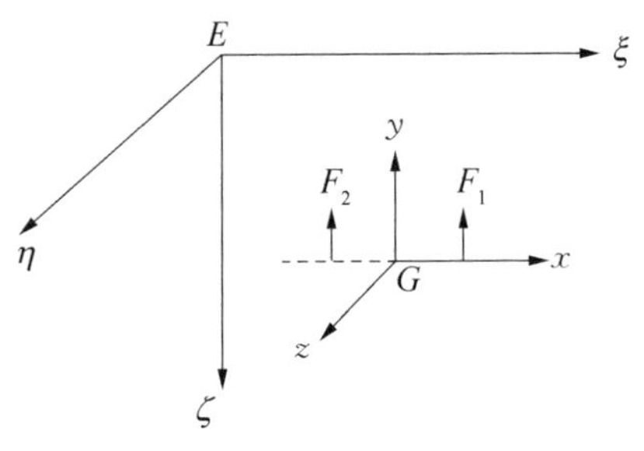

图 5-33 模拟纯横荡运动坐标系示意图

如图 5-33 的坐标系中（$E-\xi\zeta\eta$ 为大地固定坐标系，$G-xyz$ 为艇体坐标系）按照水平面坐标系符号法则，$F_1+F_2=Y$，$(F_1-F_2)l_0=N$，调节前后两支杆使之振幅相等，相位一致，即

$$\zeta_1=\zeta_2=a\sin\omega t \tag{5-93}$$

式中，ζ_1，ζ_2 为两支杆的垂向位移；ω 为偏心轮的角速度，即支杆的振荡频率；a 为振幅。

则得到纯横荡运动。它的特点是 $\psi\equiv 0$，而原点的运动轨迹是一正弦曲线：

$$\begin{cases}\xi=Ut\\ \zeta=a\sin\omega t\end{cases} \tag{5-94}$$

船模的运动参数为

$$\begin{cases}\zeta=a\sin\omega t\\ \psi=\dot{\psi}=0\\ v=-\dot{\zeta}=-a\omega\cos\omega t\\ \dot{v}=a\omega^2\sin\omega t\end{cases} \tag{5-95}$$

设前后支杆的作用力为 F_1，F_2，即加在船模上的垂向力为 $Y=F_1+F_2$，它的力矩为 $N=(F_1-F_2)l_0$，其中 l_0 为支杆至两支杆间距中点的距离。船模在 Y，N 作用下做纯升沉运动。根据水平面运动一般方程，纯横荡运动线性方程为

$$\begin{cases}Y_{\dot{v}}\dot{v}+Y_v v+Y_0+F_1+F_2=m\dot{v}\\ N_{\dot{v}}\dot{v}+N_v v+N_0+(F_1-F_2)l_0=m\dot{v}x_G\end{cases} \tag{5-96}$$

将(5-95)式代入(5-96)式可得船模拘束力和力矩为

$$\begin{cases}F_1+F_2=(m-Y_{\dot{v}})a\omega^2\sin\omega t+Y_v a\omega\cos\omega t-Y_0\\ l_0(F_1-F_2)=(mx_G-N_{\dot{v}})a\omega^2\sin\omega t+N_v a\omega\cos\omega t-N_0\end{cases} \tag{5-97}$$

由上式可见，测力系统测得的拘束力和力矩包括三部分：

(1) 与支杆振荡(位移)同相位的流体惯性力(矩)。

(2) 与支杆振荡相位正交的阻尼力矩。

(3) 常量部分(即零升力和零力矩)。

将纯横荡运动得到的约束力和力矩写成同样的格式,用下标 in 表示同相分量,用 out 表示正交分量,c 表示常量,则纯横荡运动为

$$\begin{cases} F_1 + F_2 = Y_{\text{in}} \sin \omega t + Y_{\text{out}} \cos \omega t + Y_{\text{c}} \\ (F_2 - F_1) l_0 = N_{\text{in}} \sin \omega t + N_{\text{out}} \cos \omega t + N_{\text{c}} \end{cases} \tag{5-98}$$

式中,

$$\begin{cases} Y_{\text{in}} = (m - Y_{\dot{v}}) a\omega^2 \\ Y_{\text{out}} = Y_v a\omega \\ Y_{\text{c}} = -Y_0 \\ N_{\text{in}} = (m x_G - N_{\dot{v}}) a\omega^2 \\ N_{\text{out}} = N_v a\omega \\ N_{\text{c}} = -N_0 \end{cases} \tag{5-99}$$

从而可以得到

$$\begin{cases} Y_{\dot{v}} = -\dfrac{(F_1 + F_2)_{\text{in}}}{a\omega^2} + m \\ Y_v = \dfrac{(F_1 + F_2)_{\text{out}}}{a\omega} \\ N_{\dot{v}} = -\dfrac{l_0 (F_1 - F_2)_{\text{in}}}{a\omega^2} + m x_G \\ N_v = \dfrac{l_0 (F_1 - F_2)_{\text{out}}}{a\omega} \end{cases} \tag{5-100}$$

式中,F_1 表示平面运动机构中距离潜水器首部较近的支杆上所受到的力;F_2 表示平面运动机构中距离潜水器尾部较近的支杆上所受到的力;m 是潜水器模型的质量;l_0 为两杆间距离的 1/2;a 为振荡振幅;ω 为振荡圆频率;x_G 为潜水器模型的重心距测力中心的距离;下标 in 表示与运动同相的分量;out 表示与运动正交的分量。

将有量纲水动力系数无量纲化,得到无量纲水动力系数为

$$Y'_{\dot{v}} = \frac{Y_{\dot{v}}}{\frac{1}{2}\rho L^3}$$

$$Y'_v = \frac{Y_v}{\frac{1}{2}\rho L^2 V}$$

$$N'_{\dot{v}} = \frac{N_{\dot{v}}}{\frac{1}{2}\rho L^4} \tag{5-101}$$

$$N'_v = \frac{N_v}{\frac{1}{2}\rho L^3 V}$$

式中,L 为潜水器模型长度;V 为拖曳速度;ρ 为水的密度。

在本模型试验中 $(F_1+F_2)_{\text{out}}$,$(F_1+F_2)_{\text{in}}$,$l_0(F_2-F_1)_{\text{out}}$,$l_0(F_2-F_1)_{\text{in}}$ 是以一个整体的形式给出的。因为作为测力装置的六自由度测力天平的固定位置是两支杆的中点位置。从而由数据采集系统中获得的数据都是两支杆中点处的力(矩)。因此实际计算中的计算公式如下:

$$\begin{cases} Y_{\dot{v}} = -\dfrac{Y_{\text{in}}}{a\omega^2} + m \\ Y_v = \dfrac{Y_{\text{out}}}{a\omega} \\ N_{\dot{v}} = -\dfrac{N_{\text{in}}}{a\omega^2} + m x_G \\ N_v = \dfrac{N_{\text{out}}}{a\omega} \end{cases} \tag{5-102}$$

式(5-102)中的力(矩)的正负号遵守艇体坐标系的符号规定。根据式(5-102)可知测量得的数值(Y_{out},Y_{in},N_{out},N_{in})是关于 $a\omega^2$,$a\omega$ 的线性函数,将以上试验数据用最小二乘法拟合后无量纲化可得到 N'_v,$N'_{\dot{v}}$,Y'_v,$Y'_{\dot{v}}$。

3)纯俯仰振荡试验

模型原点做余弦运动而模型纵轴时保持与原点轨迹相切,即原点处冲角 $\alpha\equiv 0$,称为纯俯仰运动(见图 5-34)。

潜水器模型进行纯俯仰振荡运动试验是为了测量其垂直面角速度与角加速度系数 Z'_q,$Z'_{\dot{q}}$,M'_q,$M'_{\dot{q}}$。

纯俯仰运动的时候,船模运动速度与重心轨迹曲线相切,船模攻角、船模动坐标系的 Z 向速度与加速度均为 0,即 $a=w=\dot{w}=0$。当保持前后支杆的振幅相等,调节其相位差,使后杆对前杆有一定的滞后角 ε:

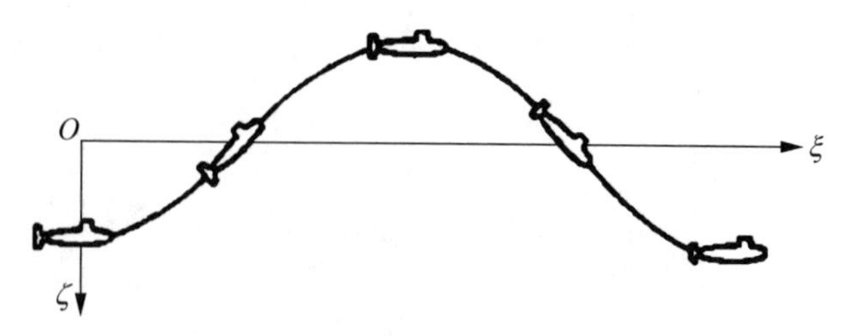

图 5-34 纯俯仰振荡运动

$$\varepsilon = 2\arctan \frac{l_0 \omega}{U} \tag{5-103}$$

式中，l_0 为两杆间距离的 1/2；ω 为振荡圆频率；U 为模型速度(即流速)，以下同。此时船模即作纯俯仰运动。

证明如下：

设前后支杆的位移各为

$$\begin{cases} \zeta_1 = a\cos\left(\omega t + \dfrac{\varepsilon}{2}\right) \\ \zeta_2 = a\cos\left(\omega t - \dfrac{\varepsilon}{2}\right) \end{cases} \tag{5-104}$$

则原点的运动轨迹应为

$$\begin{cases} \xi = Ut \\ \zeta = \dfrac{1}{2}(\zeta_1 + \zeta_2) = a\cos\dfrac{\varepsilon}{2}\cos\omega t \end{cases} \tag{5-105}$$

纵倾角 θ 满足如下关系：

$$\tan\theta = \frac{\zeta_2 - \zeta_1}{2l} = \theta_0 \sin\omega t \tag{5-106}$$

式中，

$$\theta_0 = \frac{a}{l}\sin\frac{\varepsilon}{2} \tag{5-107}$$

另一方面，模型的重心速度矢量恒与纵轴重合，即冲角恒等于零(见图 5-35)，应满足的条件为

$$\tan\theta = -\frac{\dot{\zeta}}{\dot{\xi}} \tag{5-108}$$

以式(5-105)～式(5-107)代入式(5-108)中得到：

$$\frac{a}{l}\sin\frac{\varepsilon}{2}\sin\omega t=\frac{a\omega}{U}\cos\frac{\varepsilon}{2}\sin\omega t \tag{5-109}$$

故有

$$\varepsilon=\arctan\frac{l\omega}{U} \tag{5-110}$$

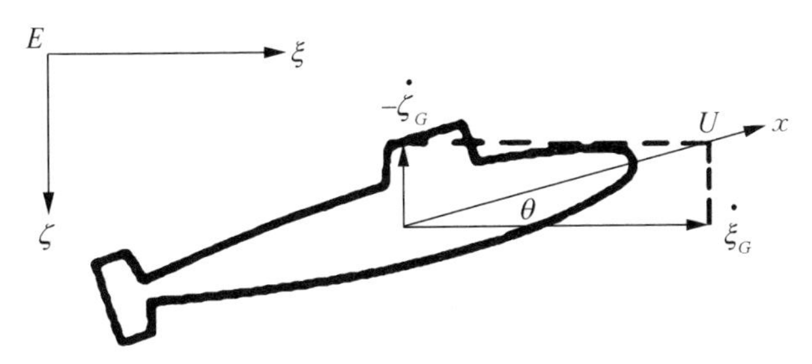

图 5-35 冲角恒为零的运动条件

船模的运动参数为

$$\begin{cases}\theta=\theta_0\sin\omega t,\ \left(\theta_0=\dfrac{a}{l_0}\sin\dfrac{\varepsilon}{2}\right)\\ q=\dot{\theta}=\theta_0\omega\cos\omega t\\ \dot{q}=-\theta_0\omega^2\sin\omega t\\ w=\dot{w}=0\end{cases} \tag{5-111}$$

设前后支杆的作用力为 F_1，F_2，即加在船模上的垂向力为 $Z=F_1+F_2$，它的力矩为 $M=(F_2-F_1)l_0$，根据垂直面运动一般方程得船模作纯俯仰运动的线性方程为

$$\begin{cases}Z_{\dot{q}}\dot{q}+Z_q q+Z_0+F_1+F_2=-mVq-mx_G\dot{q}\\ M_{\dot{q}}\dot{q}+M_q q+M_0-mgh\theta+(F_2-F_1)l_0=I_y\dot{q}+mx_G Vq\end{cases} \tag{5-112}$$

将式(5-111)代入式(5-112)整理，求得船模的约束力和力矩为

$$\begin{cases}F_1+F_2=\theta_0\omega^2(Z_{\dot{q}}+mx_G)\sin\omega t-\theta_0\omega(Z_q+mV)\cos\omega t-Z_0\\ (F_2-F_1)l_0=\theta_0[\omega^2(M_{\dot{q}}-I_y)+mgh]\sin\omega t+\\ \qquad\qquad\theta_0\omega(mx_G V-M_q)\cos\omega t-M_0\end{cases} \tag{5-113}$$

将纯俯仰运动得到的拘束力和力矩写成相同的格式，用下标 in 表示同相分量，用 out 表示正交分量，c 表示常量，则纯俯仰运动表示为

$$\begin{cases} F_1+F_2=Z_{\text{in}}\sin\omega t+Z_{\text{out}}\cos\omega t+Z_{\text{c}} \\ (F_2-F_1)l_0=M_{\text{in}}\sin\omega t+M_{\text{out}}\cos\omega t+M_{\text{c}} \end{cases} \tag{5-114}$$

式中，

$$\begin{cases} Z_{\text{in}}=\theta_0\omega^2(mx_G+Z_{\dot{q}}) \\ Z_{\text{out}}=-\theta_0\omega(Z_q+mV) \\ Z_{\text{c}}=-Z_0 \\ M_{\text{in}}=\theta_0[\omega^2(M_{\dot{q}}-I_y)+mgh] \\ M_{\text{out}}=\theta_0\omega(mVx_G-M_q) \\ M_{\text{c}}=-M_0 \end{cases} \tag{5-115}$$

平面运动机构的测力与数据处理系统将拘束力测出并将其分解，从而求得水动力系数。计算公式如下：

$$\begin{cases} Z_{\dot{q}}=\dfrac{(F_1+F_2)_{\text{in}}}{\theta_0\omega^2}-mx_G \\ Z_q=-\dfrac{(F_1+F_2)_{\text{out}}}{\theta_0\omega}-mV \\ M_{\dot{q}}=\dfrac{l_0(F_2-F_1)_{\text{in}}}{\theta_0\omega^2}+I_y-\dfrac{mgh}{\omega^2} \\ M_q=-\dfrac{l_0(F_2-F_1)_{\text{out}}}{\theta_0\omega}+mVx_G \end{cases} \tag{5-116}$$

式中，F_1 表示平面运动机构中距离潜水器首部较近的支杆上所受到的力；F_2 表示平面运动机构中距离潜水器尾部较近的支杆上所受到的力；m 是潜水器模型的质量；l_0 为两杆间距离的 1/2；$\theta_0=\dfrac{a}{l_0}\sin\dfrac{\varepsilon}{2}$；$\omega$ 为振荡圆频率；x_G 为潜水器模型的重心距测力中心的距离；U 是拖速（即流速）；I_y 为潜水器模型绕 y 轴的转动惯量。

将有量纲的角速度及角加速度系数无量纲化，得到无量纲水动力系数：

$$\begin{cases} Z'_q = \dfrac{Z_q}{\dfrac{1}{2}\rho L^3 U} \\ Z'_{\dot{q}} = \dfrac{Z_{\dot{q}}}{\dfrac{1}{2}\rho L^4} \\ M'_q = \dfrac{M_q}{\dfrac{1}{2}\rho L^4 U} \\ M'_{\dot{q}} = \dfrac{M_{\dot{q}}}{\dfrac{1}{2}\rho L^5} \end{cases} \tag{5-117}$$

式中,L 为潜水器模型长度;U 为流度;ρ 为水密度。

模型安装完毕以后,试验过程中要不断根据试验要求调整两个支杆的振幅,从而保证模型做纯俯仰运动。根据平面运动机构使用说明,达到试验要求的滞后角。

如使用说明中有下式:

$$y = a \times \cos\frac{\varepsilon}{2} \tag{5-118}$$

式中,$\varepsilon = 2\arctan\dfrac{l_0\omega}{V}$,表示滞后角;$l_0$ 为两支杆间距的 1/2;ω 为机构振动圆频率;V 为流速。根据试验要求,确定了机构振动频率 ω 以及速度 V 还有测力中心的振幅 y,因此两支杆的振幅 a 就可以得到,从而可以相应地调节两支杆的振幅,保证纯俯仰运动试验的实现。

需要已知的试验参数:振幅(m)、拖速(m/s)、振荡频率(Hz)。在实际的模型试验中 $(F_1+F_2)_{\text{out}}$,$(F_1+F_2)_{\text{in}}$,$l_0(F_2-F_1)_{\text{out}}$,$l_0(F_2-F_1)_{\text{in}}$ 是以一个整体的形式给出的。因为作为测力装置的六自由度测力天平的固定位置是两支杆的中点位置。从而由数据采集系统中获得的数据都是两支杆中点处的力(矩)。因此实际计算中的计算公式如下:

$$\begin{cases} Z_{\dot{q}} = \dfrac{Z_{\text{in}}}{\theta_0\omega^2} - mx_G \\ Z_q = -\dfrac{Z_{\text{out}}}{\theta_0\omega} - mV \\ M_{\dot{q}} = \dfrac{M_{\text{in}}}{\theta_0\omega^2} + I_y - \dfrac{mgh}{\omega^2} \\ M_q = -\dfrac{M_{\text{out}}}{\theta_0} + mVx_G \end{cases} \tag{5-119}$$

根据公式(5-119),可知测得的数值(Z_{out}, Z_{in}, M_{out}, M_{in})分别是关于$\theta_0\omega^2$, $\theta_0\omega$的线性函数,因此将试验所得数据用最小二乘法拟合后无量纲化可得到Z'_q, $Z'_{\dot{q}}$, M'_q, $M'_{\dot{q}}$。

4) 纯摇首振荡试验

潜水器模型进行纯摇首振荡运动试验是为了测量其水平面的水动力系数$Y'_{\dot{r}}$, Y'_r, $N'_{\dot{r}}$, N'_r。

试验中是将潜水器模型横倾$-90°$后安装在垂直型平面运动机构上进行纯俯仰运动(这相当于在深水中水平面的纯摇首运动)来描述纯摇首振荡运动的。

保证潜水器模型做纯摇首运动的条件:当保持前后支杆的振幅相等,调节其相位差,使后杆对前杆有一定的滞后角ε:

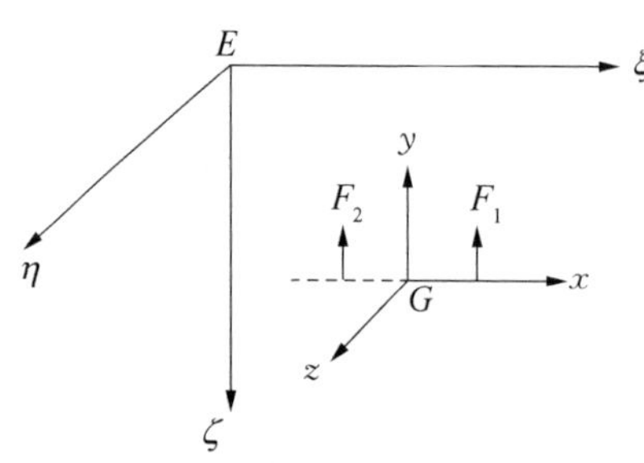

图 5-36 模拟纯摇首运动坐标系示意图

$$\varepsilon = 2\arctan\frac{l_0\omega}{V} \tag{5-120}$$

式中,l_0为两杆间距离的1/2;ω为振荡圆频率;V为模型速度,以下同。证明过程参见纯俯仰运动试验一节中的相关证明。下面推导计算公式:如图5-36所示的坐标系中船模的运动参数为

$$\begin{cases}\psi=\psi_0\sin\omega t\left(\psi_0=-\dfrac{a}{l}\sin\dfrac{\varepsilon}{2}\right)\\ r=\dot{\psi}=\psi_0\omega\cos\omega t\\ \dot{r}=-\psi_0\omega^2\sin\omega t\\ v=\dot{v}=0\end{cases} \tag{5-121}$$

在图5-36坐标系的情况下设前后支杆的作用力为F_1, F_2,即加在模型上的垂向力为$Y=F_1+F_2$,它的力矩为$N=(F_1-F_2)l_0$,根据水平面运动一般方程得做纯摇首运动的线性方程为

$$\begin{cases}Y_{\dot{r}}\dot{r}+Y_r r+Y_0+F_1+F_2=mVr+mx_G\dot{r}\\ N_{\dot{r}}\dot{r}+N_r r+N_0+(F_1-F_2)l_0=I_z\dot{r}+mx_G rV\end{cases} \tag{5-122}$$

将式(5-121)代入式(5-122)内整理,求得模型的约束力和力矩为

$$\begin{cases}F_1+F_2=(Y_{\dot r}-mx_G)\psi_0\omega^2\sin\omega t+(mV-Y_r)\psi_0\omega\cos\omega t-Y_0\\(F_1-F_2)l_0=(N_{\dot r}-I_z)\psi_0\omega^2\sin\omega t+(mVx_G-N_r)\psi_0\omega\cos\omega t-N_0\end{cases}\tag{5-123}$$

将纯摇首运动得到的拘束力和力矩写成相同的格式，用下标 in 表示同相分量，用 out 表示正交分量，c 表示常量，则纯摇首运动表示为

$$\begin{cases}F_1+F_2=Y_{\text{in}}\sin\omega t+Y_{\text{out}}\cos\omega t+Y_{\text{c}}\\(F_1-F_2)l_0=N_{\text{in}}\sin\omega t+N_{\text{out}}\cos\omega t+N_{\text{c}}\end{cases}\tag{5-124}$$

式中，

$$\begin{cases}Y_{\text{in}}=(Y_{\dot r}-mx_G)\psi_0\omega^2\\Y_{\text{out}}=(mV-Y_r)\psi_0\omega\\Y_{\text{c}}=-Y_0\\N_{\text{in}}=(N_{\dot r}-I_z)\psi_0\omega^2\\N_{\text{out}}=(mVx_G-N_r)\psi_0\omega\\N_{\text{c}}=-N_0\end{cases}\tag{5-125}$$

平面运动机构的测力与数据处理系统将拘束力测出并将其分解，从而求得水动力系数。计算公式如下：

$$\begin{cases}Y_{\dot r}=\dfrac{(F_1+F_2)_{\text{in}}}{\psi_0\omega^2}+mx_G\\Y_r=-\dfrac{(F_1+F_2)_{\text{out}}}{\psi_0\omega}+mV\\N_{\dot r}=\dfrac{l_0(F_1-F_2)_{\text{out}}}{\psi_0\omega^2}+I_z\\N_r=-\dfrac{l_0(F_1-F_2)_{\text{out}}}{\psi_0\omega}+mVx_G\end{cases}\tag{5-126}$$

式中，F_1 表示平面运动机构中距离潜水器首部较近的支杆上所受到的力；F_2 表示平面运动机构中距离潜水器尾部较近的支杆上所受到的力；m 是潜水器模型的质量；l_0 为两杆间距离的 1/2；ω 为振荡圆频率；x_G 为潜水器模型的重心距潜水器模型测力中心的距离；V 是拖速（即流速）；I_z 为潜水器模型绕 z 轴的转动惯量。

将有量纲的角速度及角加速度系数无量纲化，得到无量纲水动力系数为

$$\begin{cases} Y'_{\dot{r}}=\dfrac{Y_{\dot{r}}}{\dfrac{1}{2}\rho L^{4}} \\ Y'_{r}=\dfrac{Y_{r}}{\dfrac{1}{2}\rho L^{3}V} \\ N'_{\dot{r}}=\dfrac{N_{\dot{r}}}{\dfrac{1}{2}\rho L^{5}} \\ N'_{r}=\dfrac{N_{r}}{\dfrac{1}{2}\rho L^{4}V} \end{cases} \tag{5-127}$$

式中，L 为潜水器模型长度；V 为流速；ρ 为水的密度。

需要依靠调节不同流速、不同频率下对应的两支杆的振幅来保证模型做纯摇首运动，详细过程参见纯俯仰运动试验一节中的相关论述。

试验使用的振荡频率、振幅及水流速度已知，在模型试验中 $(F_1+F_2)_{\text{out}}$，$(F_1+F_2)_{\text{in}}$，$l_0(F_1-F_2)_{\text{out}}$，$l_0(F_1-F_2)_{\text{in}}$ 是以一个整体的形式给出的。因为作为测力装置的六自由度测力天平的固定位置为两支杆的中点位置。从而由数据采集系统中获得的数据都是两支杆中点处（即测力中心）的力（矩）。因此实际计算中的计算公式如下：

$$\begin{cases} Y_{\dot{r}}=\dfrac{Y_{\text{in}}}{\psi_0\omega^2}+mx_G \\ Y_{r}=-\dfrac{Y_{\text{out}}}{\psi_0\omega}+mV \\ N_{\dot{r}}=\dfrac{N_{\text{out}}}{\psi_0\omega^2}+I_z \\ N_{r}=-\dfrac{N_{\text{out}}}{\psi_0\omega}+mVx_G \end{cases} \tag{5-128}$$

根据式(5－128)，可知测量得到的数值 $(Y_{\text{out}}, Y_{\text{in}}, N_{\text{out}}, N_{\text{in}})$ 是关于 $\psi_0\omega^2$ 或 $\psi_0\omega$ 的线性函数，因此将试验所得数据用最小二乘法拟合后进行无量纲化可以得到水平面无量纲水动力系数 Y'_r，$Y'_{\dot{r}}$，N'_r，$N'_{\dot{r}}$。

5）横摇试验

在平面运动机构上附上一套横摇辅助装置，在支杆的后侧安装一套特定的辅助支杆，当主支杆锁牢而辅助支杆微幅振荡时，船模将做横摇运动。

当水槽中设定流速为 U，主支杆不动，辅助支杆上下振荡，船模周期性横摇，其横倾角为

$$\phi = \phi_0 \sin \omega t \tag{5-129}$$

此时，船模在支杆作用力 F_1，F_2 和扭矩 Q 作用下，运动方程如下：

$$\begin{cases} Y_{\dot{p}}\dot{p} + Y_p p + \Delta mg\varphi + Y_0 + F_1 + F_2 = 0 \\ K_{\dot{p}}\dot{p} + K_p p + K_0 + Q = I_x \dot{p} \\ N_{\dot{p}}\dot{p} + N_p p + N_0 + (F_1 - F_2)l = 0 \end{cases} \tag{5-130}$$

式中，Δmg 是船模重量与浮力之差值。注意到

$$\begin{aligned} p &= \dot{\phi} = \phi_0 \omega \cos \omega t \\ \dot{p} &= -\phi_0 \omega^2 \sin \omega t \end{aligned} \tag{5-131}$$

支杆力和扭矩可以表示为

$$\begin{cases} F_1 + F_2 = (Y_{\dot{p}}\omega^2 - \Delta mg)\phi_0 \sin \omega t - Y_p \phi_0 \omega \cos \omega t - Y_0 \\ Q = (K_{\dot{p}} - I_x)\phi_0 \omega^2 \sin \omega t - K_p \phi_0 \omega \cos \omega t - K_0 \\ (F_1 - F_2)l = N_{\dot{p}}\phi_0 \omega^2 \sin \omega t - N_p \phi_0 \omega \cos \omega t - N_0 \end{cases} \tag{5-132}$$

测出不同横倾角或不同频率下支杆力 F 的同相分量 F_{in} 和正交分量 F_{out} 以及扭矩的同相分量 Q_{in} 和正交分量 Q_{out} 则可得

$$\begin{cases} Y_{\dot{p}} = \dfrac{(F_1 + F_2)_{\text{in}}}{\phi_0 \omega^2} + \dfrac{\Delta mg}{\omega^2} \\ Y_p = -\dfrac{(F_1 + F_2)_{\text{out}}}{\phi_0 \omega} \\ K_{\dot{p}} = \dfrac{Q_{\text{in}}}{\phi_0 \omega^2} + I_x \\ K_p = -\dfrac{Q_{\text{out}}}{\phi_0 \omega} \\ N_{\dot{p}} = \dfrac{l(F_1 - F_2)_{\text{in}}}{\phi_0 \omega^2} \\ N_p = -\dfrac{l(F_1 - F_2)_{\text{out}}}{\phi_0 \omega} \end{cases} \tag{5-133}$$

将有量纲水动力系数无量纲化，得到无量纲水动力系数：

$$\begin{cases} Y'_{\dot{p}}=\dfrac{Y_{\dot{p}}}{\dfrac{1}{2}\rho L^4} \\ Y_p=\dfrac{Y_p}{\dfrac{1}{2}\rho L^3 U} \\ K'_{\dot{p}}=\dfrac{K_{\dot{p}}}{\dfrac{1}{2}\rho L^5} \\ K'_p=\dfrac{K_p}{\dfrac{1}{2}\rho L^4 U} \\ N'_{\dot{p}}=\dfrac{N_{\dot{p}}}{\dfrac{1}{2}\rho L^5} \\ N'_p=\dfrac{N_p}{\dfrac{1}{2}\rho L^4 U} \end{cases} \tag{5-134}$$

式中，L 为潜水器模型长度；U 为拖曳速度；ρ 为水密度。

由于试验条件限制我们只计算由扭矩 Q 决定的两项水动力系数即 $K_{\dot{p}}$，K_p。已知试验参数流速、横摇幅度、振荡频率，将试验获得的数据用最小二乘法拟合后按式(5-134)无量纲化可得相应的横摇无量纲水动力系数 K'_p，$K'_{\dot{p}}$。

6）斜航及纵向阻力试验

纵向阻力试验是将试验模型正浮状态固定在水槽内，在不同的流速下测定模型所受到的纵向力的大小，根据一系列的流速-阻力值就可以确定模型的纵向阻力系数。

斜航试验的目的是为了获得非线性水动力系数 $Y_{v|v|}$，$Z_{w|w|}$ 从而为下一步根据理论推算非线性水动力系数做准备。

将模型固定在循环水槽内，使其纵中剖面与水槽的中心线成一夹角 β，给定水流速度，当漂角为小量时，有

$$\begin{cases} u=V\cos\beta\approx V \\ v=-V\sin\beta\approx -V\beta \end{cases} \tag{5-135}$$

这相当于船模以速度 u 沿 Ox 轴做匀速直线运动上迭加一侧向扰动速度 v，而其他扰动均为 0。用六分力测力天平测量船模所受到的侧向力 Y 和转首力矩

N。然后以扰动速度 v 为横轴，侧向力 Y 和转首力矩 N 为纵轴画曲线，曲线在零点的切线斜率即为船模的速度导数 Y_v，N_v。由于前面的一系列试验中已经获得了船模的速度导数 Y_v，N_v，试验中关心的是非线性的速度系数，这可以由试验数据根据回归分析法得到。具体应用如下。

我们可以将侧向力 $Y(v)$ 写成如下形式：

$$Y(v)=Y_0+Y_v v+Y_{v|v|}v|v| \tag{5-136}$$

式中，Y_v 为线性速度导数；$Y_{v|v|}$ 为非线性速度导数。

可以把式(5-136)写成

$$Y(v)=a_0+a_1 v+a_2 v|v| \tag{5-137}$$

试验时，给定 v_i，测出每一试验的 Y_i，应用最小二乘法按式(5-137)回归试验数据，则可得各系数 $a_k(k=0,1,2)$。

根据最小二乘法公式，应使测量值 Y_i 和回归值 $Y(v)$ 的偏差平方和达到最小，即

$$\sum_i[Y(v)-Y_i]^2=\sum_i[a_0+a_1 v+a_2 v|v|-Y_i]^2=\text{最小}$$

应用极值原理，待定系数应为下列方程组的解：

$$\frac{\partial}{\partial a_k}\sum_i[Y(v)-Y_i]^2=0\quad(k=0,1,2) \tag{5-138}$$

将(5-137)式代入后得：

$$\sum_i[Y(v)-Y_i]\frac{\partial Y(v)}{\partial a_k}\bigg|_{v=v_i}=0\quad(k=0,1,2) \tag{5-139}$$

或

$$\begin{cases}\sum_i(a_0+a_1 v_i+a_2 v_i|v_i|-Y_i)=0\\ \sum_i(a_0+a_1 v_i+a_2 v_i|v_i|-Y_i)v_i=0\\ \sum_i(a_0+a_1 v_i+a_2 v_i|v_i|-Y_i)v_i|v_i|=0\end{cases} \tag{5-140}$$

解上述代数方程组可得

$$a_0=Y_0,\ a_1=Y_v,\ a_2=Y_{v|v|}$$

同样的方法，将模型旋转 90°(按照静力学中概念将模型横倾−90°)做同样的试验，将垂向力 Z 关于垂向速度 w 的函数写成如下形式：

$$Z(w) = Z_0 + Z_w w + Z_{w|w|} w \mid w \mid \tag{5-141}$$

式(5-141)又可以写成如下形式：

$$Z(w) = a_0 + a_1 w + a_2 w \mid w \mid$$

设不同速度下的垂向力为 Z_i，从而可以得到如下方程组：

$$\begin{cases} \sum_i (a_0 + a_1 w_i + a_2 w \mid w_i \mid - Z_i) = 0 \\ \sum_i (a_0 + a_1 w_i + a_2 w \mid w_i \mid - Z_i) w_i = 0 \\ \sum_i (a_0 + a_1 w_i + a_2 w \mid w_i \mid - Z_i) w_i \mid w_i \mid = 0 \end{cases} \tag{5-142}$$

解此方程组可得

$$a_0 = Z_0,\ a_1 = Z_w,\ a_2 = Z_{w|w|}$$

将试验所得数据利用回归分析法，可以得到无量纲水动力系数 Y'_0，Y'_v，Y'_{vv} 及 Z'_0，Z'_w，Z'_{ww}。

3. 若干非线性水动力系数的推算

水动力系数中有很大一部分是非线性的耦合系数，它们反映了当潜水器既有线速度又有加速度，或者两种角速度时耦合的水动力成分。一般来说这些耦合力相对较小，用试验精确地测定它们比较困难，所以，在使用上也可以从一些简化假设出发，寻求流体动力系数间的关系式。从而用那些易于测定的基本系数来近似推算另一些耦合系数[85-87]。

1) 若干耦合系数的近似关系式

耦合流体动力和其他流体动力一样，包含着黏性成分和惯性成分。如果假定一些耦合流体动力中的黏性成分和惯性成分相比，小得可以略去，那么用理想流体理论求得它们的惯性成分，就可以作为这些耦合流体动力的近似值。考虑到艇体左右对称，取 λ_{ij} 中下标 $i+j=$ 奇数项均为 0，艇体上下接近于对称，使 λ_{13}，λ_{15} 为甚小值而忽略不计[88-89]。

凡是加速度(包括线加速度 $\dot{u}$，$\dot{v}$，$\dot{w}$ 和角加速度 $\dot{p}$，$\dot{q}$，$\dot{r}$) 运动所引起的流体动力，均以惯性成分为主，黏性成分可以略去不计，这些线性项就代表艇的真实的总流体动力系数。对于线速度运动，包括线速度耦合运动，即 uv，uw，vw，u^2，v^2，w^2，按照势流理论的“达朗伯特悖论”，这一类流体动力全为黏性成分。对于直航中兼有角速度的耦合运动，如 vr，wq，此时的角速度将直接改变线速度的分布，由此引起的水动力中的黏性成分也不可忽略。其余有关角速度的运动所引起的非线性耦合流体动力，可以认为是黏性成分甚小，能够用理想流体中的惯性成分来近似代表真实的总流体动力。

根据上述分析，耦合运动的水动力分量中有 21 项可不考虑黏性成分，若包括 X_{vr}，X_{wp}，M_{vr} 则有 24 项，这些项可用加速度系数来等价地表示流体耦合系数。如表 5－6 所示。

表 5－6 加速度系数等价表示耦合系数

序号	耦合系数	等价系数	序号	耦合系数	等价系数	序号	耦合系数	等价系数
1	X_{qq}	$Z_{\dot{q}}$	9	K_{vq}	$Y_{\dot{r}}+Z_{\dot{q}}$	17	M_{pr}	$K_{\dot{p}}-N_{\dot{r}}$
2	X_{rr}	$-Y_{\dot{r}}$	10	K_{wp}	$-Y_{\dot{p}}$	18	N_{vq}	$-Y_{\dot{p}}$
3	X_{pr}	$-Y_{\dot{p}}$	11	K_{wr}	$-Y_{\dot{r}}-Z_{\dot{q}}$	19	N_{wp}	$Z_{\dot{q}}$
4	Y_{wp}	$-Z_{\dot{w}}$	12	K_{qr}	$N_{\dot{r}}-M_{\dot{q}}$	20	N_{pq}	$M_{\dot{q}}-K_{\dot{p}}$
5	Y_{pq}	$-Z_{\dot{q}}$	13	K_{pq}	$N_{\dot{p}}$	21	N_{qr}	$-N_{\dot{p}}$
6	Z_{pp}	$Y_{\dot{p}}$	14	M_{pp}	$-N_{\dot{p}}$	22	X_{vr}	$-Y_{\dot{v}}$
7	Z_{pr}	$Y_{\dot{r}}$	15	M_{rr}	$N_{\dot{p}}$	23	X_{wp}	$Z_{\dot{w}}$
8	Z_{vp}	$Y_{\dot{v}}$	16	M_{vp}	$-Y_{\dot{r}}$	24	M_{vr}	$Y_{\dot{p}}$

2）若干非线性耦合系数的推算

潜水器在执行任务时，如果在停悬状态下就地潜浮或横移，受到的流体动力是垂向的迎流阻力 $Z_{w|w|}$ 或横向迎流阻力 $Y_{v|v|}$。如果在潜浮时间有俯仰运动或横移时兼有转首运动，则旋转角速度将改变艇体长度上各处的线速度分布。以横向运动为例，原点的横向速度设为 v，绕原点的转首角速度为 r，则 x 轴上各点的横向速度分布即为 $v(x)=v+rx$。

根据环流-势流理论，大攻角下所产生的非线性水动力是横向绕流引起的。若艇体上任一微段 $\mathrm{d}x$ 处横向绕流阻力 $\mathrm{d}Y$ 为

$$\mathrm{d}Y=-C_y(x)\frac{1}{2}\rho v(x)\mid v(x)\mid \mathrm{d}F \tag{5-143}$$

式中，$C_y(x)>0$ 为横剖面 x 处的无量纲横向阻力系数；$\mathrm{d}F$ 为微段 $\mathrm{d}x$ 处垂直于来流方向上的投影面积。

用二元切片法，全艇的横向力 Y 和偏航力矩 N 为

$$Y=-\frac{1}{2}\rho\int_L C_y(x)v(x)\mid v(x)\mid \mathrm{d}F$$

$$N=-\frac{1}{2}\rho\int_{L}xC_{y}(x)v(x)\mid v(x)\mid \mathrm{d}F \tag{5-144}$$

近似认为主艇体各剖面形状相似，且不考虑附体的影响，此时可取 $C_y(x)=C_y=$ 常数，故有

$$\begin{cases}Y=-\frac{1}{2}\rho\int_{L}C_{y}v(x)\mid v(x)\mid \mathrm{d}F\\ N=-\frac{1}{2}\rho\int_{L}C_{y}v(x)\mid v(x)\mid \mathrm{d}F\end{cases} \tag{5-145}$$

当艇以等速 v 做横向运动时，上式 Y 可写成

$$Y=-\frac{1}{2}\rho C_{y}v\mid v\mid F_{0} \tag{5-146}$$

式中，$F_0=\int_L \mathrm{d}F$ 是艇体纵中剖面的投影面积。

同时，横向阻力又可按定义直接写成

$$Y=\frac{1}{2}\rho L^{2}Y'_{v|v|}v\mid v\mid \tag{5-147}$$

比较式(5-146)和式(5-147)可得

$$C_{y}=-Y'_{v|v|}\frac{L^{2}}{F_{0}} \tag{5-148}$$

将式(5-148)代入式(5-145)，从而有

$$\begin{cases}Y=\frac{1}{2F_{0}}\rho L^{2}Y_{v|v|}\int_{L}v(x)\mid v(x)\mid \mathrm{d}F\\ N=\frac{1}{2F_{0}}\rho L^{2}Y_{v|v|}\int_{L}xv(x)\mid v(x)\mid \mathrm{d}F\end{cases} \tag{5-149}$$

由于水平回转时枢心的位置一般位于艇首，这里近似取枢心在潜水器首侧，于是艇长各处的 $v(x)$ 与动系原点的 v 同向，从而又可将式(5-149)中带有绝对值的被积函数改写成

$$v(x)\mid v(x)\mid=\frac{\mid v\mid}{v}[v(x)]^{2}=\frac{\mid v\mid}{v}(v^{2}+2vrx+r^{2}x^{2})$$

这样式(5-149)则可写成：

$$\begin{cases} Y = \dfrac{1}{2F_0}\rho L^2 Y'_{v|v|}\dfrac{|v|}{v}\displaystyle\int_L (v^2 + 2vrx + r^2x^2)\mathrm{d}F \\ \quad = \dfrac{1}{2F_0}\rho L^2 Y'_{v|v|} v|v|\displaystyle\int_L \mathrm{d}F + \dfrac{1}{F_0}\rho L^2 Y'_{v|v|}|v| r\displaystyle\int_L x\mathrm{d}F + \\ \quad \dfrac{1}{2F_0}\rho L^2 Y'_{v|v|}\dfrac{|v|}{v} r^2\displaystyle\int_L x^2\mathrm{d}F \\ N = \dfrac{1}{2F_0}\rho L^2 Y'_{v|v|} v|v|\displaystyle\int_L x\mathrm{d}F + \dfrac{1}{F_0}\rho L^2 Y'_{v|v|}|v| r\displaystyle\int_L x^2\mathrm{d}F + \\ \quad \dfrac{1}{2F_0}\rho L^2 Y'_{v|v|}\dfrac{|v|}{v} r^2\displaystyle\int_L x^3\mathrm{d}F \end{cases} \tag{5-150}$$

记

$$\begin{cases} \displaystyle\int_L \mathrm{d}F = F_0 \\ \displaystyle\int_L x\mathrm{d}F = F_1 \\ \displaystyle\int_L x^2\mathrm{d}F = F_2 \\ \displaystyle\int_L x^3\mathrm{d}F = F_3 \end{cases} \tag{5-151}$$

式(5-151)分别是纵中剖面投影面积及其对于 z 轴的一次、二次和三次静矩。当艇体的型线 $z=f(x)$ 为已知时，根据 $\mathrm{d}F=2z\mathrm{d}x$，即可算得上述面积矩，代入(5-150)式得到：

$$\begin{cases} Y = \dfrac{1}{2}\rho L^2 Y'_{v|v|} v|v| + \rho L^2 \dfrac{F_1}{F_0} Y'_{v|v|}|v| r + \dfrac{1}{2}\rho L^2 \dfrac{F_2}{F_0} Y'_{v|v|}\dfrac{|v|}{v} r^2 \\ N = \dfrac{1}{2}\rho L^2 \dfrac{F_1}{F_0} Y'_{v|v|} v|v| + \rho L^2 \dfrac{F_2}{F_0} Y'_{v|v|}|v| r + \dfrac{1}{2}\rho L^2 \dfrac{F_3}{F_0} Y'_{v|v|}\dfrac{|v|}{v} r^2 \end{cases} \tag{5-152}$$

式(5-152)表示考虑 v，r 耦合影响所引起的横向绕流阻力所产生的流体动力，因而是流体黏性力。并且由于 v，r 并不在 Y，N 中引起流体惯性力，所以式(5-152)即为总的流体动力。另一方面，根据流体动力的展开式，Y，N 得非线性成分应表示为

$$\begin{cases} Y = \frac{1}{2}\rho L^2 Y'_{v|v|} v \mid v \mid + \frac{1}{2}\rho L^3 Y'_{v|r|} v \mid r \mid + \frac{1}{2}\rho L^4 Y'_{r|r|} r \mid r \mid \\ N = \frac{1}{2}\rho L^3 N'_{v|v|} v \mid v \mid + \frac{1}{2}\rho L^4 N'_{v|r|} v \mid r \mid + \frac{1}{2}\rho L^5 Y'_{r|r|} r \mid r \mid \end{cases} \tag{5-153}$$

比较式(5－152)与式(5－153)，并注意到 $v/r<0$，从而可以得到用横向阻力系数 $Y'_{v|v|}$ 表示的下列非线性耦合系数：

$$\begin{cases} Y'_{v|r|} = -\frac{2F_1}{LF_0} Y'_{v|v|} \\ Y'_{r|r|} = -\frac{F_2}{L^2F_0} Y'_{v|v|} \\ N'_{v|v|} = \frac{F_1}{LF_0} Y'_{v|v|} \\ N'_{v|r|} = -\frac{2F_2}{L^2F_0} Y'_{v|v|} \\ N'_{r|r|} = -\frac{F_3}{L^3F_0} Y'_{v|v|} \end{cases} \tag{5-154}$$

同理可得用 $Z'_{w|w|}$ 表示的部分非线性耦合系数：

$$\begin{cases} Z'_{w|q|} = -\frac{2A_1}{LA_0} Z'_{w|w|} \\ Z'_{q|q|} = \frac{A_2}{L^2A_0} Z'_{w|w|} \\ M'_{w|w|} = -\frac{A_1}{LA_0} Z'_{w|w|} \\ M'_{w|q|} = \frac{2A_2}{L^2A_0} Z'_{w|w|} \\ M'_{q|q|} = -\frac{A_3}{L^3A_0} Z'_{w|w|} \end{cases} \tag{5-155}$$

6 无人无缆潜水器水下导航定位技术

6.1 无人无缆潜水器导航定位技术概述

无人无缆潜水器实施水下探测、搜索或观测作业的过程中需要准确获得自身的位置信息以保证探测数据的有效性和可用性。与陆地、空中无人系统相比，无人无缆潜水器的导航定位尤其具有挑战性。由于水体对于GPS信号以及高频无线电信号强烈的吸收作用以及水下明显的非结构化水下特征，使得陆、空无人系统常用的无线电、扩频以及卫星定位系统只能在非常有限的范围内使用。

本章将针对水下导航系统的特点，从不同的技术途径出发，对水下导航定位技术进行介绍。

6.1.1 水下导航定位特点及要求

水下导航定位系统所采用的手段和传感器配置是与无人无缆潜水器的作业类型、作业范围大小以及水下作业所需的定位精度要求息息相关的。在很多情况下，不同类型的导航定位手段可以相互组合，从而形成性能更强的导航定位系统。

对无人无缆潜水器执行的大多数探测、观测任务而言，准确地沿着既定的航行路线航行并在指定的航点回收是最为基本的要求。如果潜水器无法准确回到指定航点的话将会面临回收失败的风险，如果水下航行过程中不能保证一定的位置精度，其很可能无法采集到关键的数据或者数据的可用性大打折扣。虽然目前的水下导航定位技术能够满足大多数海洋科学研究任务的要求，一些受限条件下的任务对水下导航定位提出了新的要求。举例来说，如果需要无人无缆航行器执行一些隐蔽的探测任务，水面支持船是无法与之配套作业的，这样一来潜水器需要长时间在水下航行，且尽量少地上浮水面校正位置，这就对其水下导航定位能力提出了严格的要求。

举例来说，对于短距离作业（10 km 左右）的潜水器而言，校正后的惯性导航系统满足潜水器的导航定位精度需求。如果导航精度需要进一步提升的话可以考虑增加多普勒计程仪或者水声定位系统。对于中等距离的作业（100 km 左右）而言，无人无缆潜水器作业过程中所选取的路径将直接影响到它的导航定位精度[90]。对于后文中将讲到较新的同时定位地图创建技术（simultaneous localization and mapping，SLAM）而言，如果潜水器的航行路径能够多次经过同一区域，则该项技术能够逐渐改进导航定位精度；如果潜水器航行路线是一条直线或者一个较大的闭环曲线，则由于缺少了对同一区域特征多次观测的机会，SLAM 技术也无法起到很好的效果。在这种情况下如果需要改进潜水器的导航定位精度，一种方式是布放水声信标网络实现对指定区域覆盖，并且将水声信标的位置信息提供给潜水器使用；另一种方式是获得该区域比较详细的地球物理信息地图，使得潜水器能够使用相应的探测和信息处理手段以确定自身位置。对于大航程(100 km 以上)的潜水器而言，高精度的导航系统还是有着比较大的技术挑战。一方面，惯性导航系统不可避免地随着航程的增加而产生漂移，另一方面在很大范围内布放水声信标网络也是不现实的；在这样的条件下，如果有作业区域比较准确的地球物理信息地图，潜水器通过对地球物理信息的探测和分析来确定自身的位置是比较可行的方案，然而，对于绝大多数区域而言，这样的地球物理信息地图是不存在的。

6.1.2 水下导航定位技术研究现状

目前水下最为常用的导航定位手段如图 6-1 所示[91]。

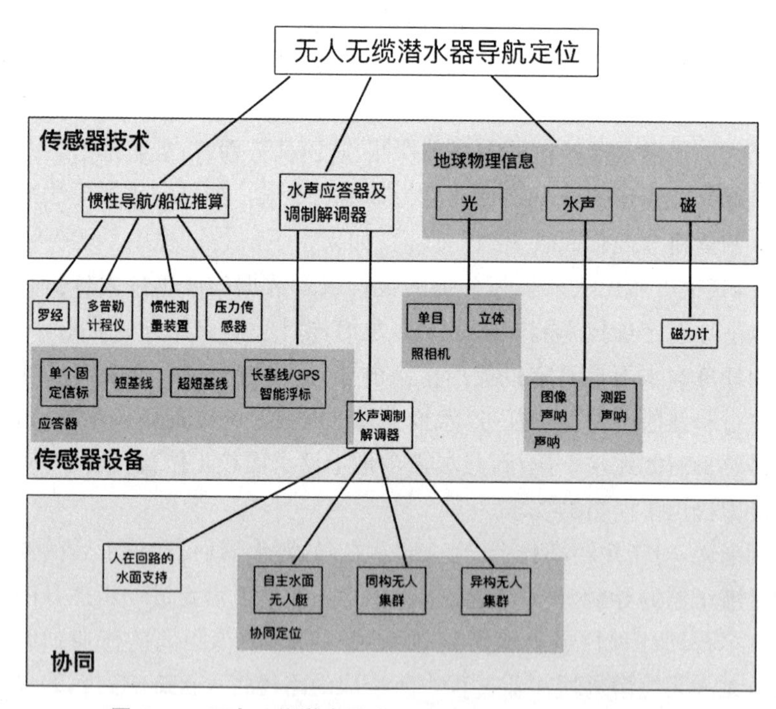

图 6-1 无人无缆潜水器水下导航定位技术分类示意图

如图 6-1 所示，无人无缆潜水器水下导航定位方式可以分为如下几类：

(1) 基于惯性/船位推算的导航定位：利用加速度计和陀螺仪进行位置

信息的增量式计算，这类导航定位方式的误差会随着计算时间的增加不断累积。

（2）基于水声应答器和调制解调器的导航定位：利用对水声信号在水声信标/调制解调器之间飞行时间的测量来进行位置信息的估算。

（3）基于地球物理信息的导航定位：利用外部环境特征进行导航定位计算，这通常需要配备能够进行外部环境信息测量、确认以及分类的传感器。

航位推算是最基本的导航方法之一，其基本原理是在知道当前时刻位置的条件下，通过测量载体移动的距离和方位，推算下一时刻所处的位置。水下导航中的船位推算方法是将潜水器的载体速度对时间进行积分获得位置的估计。该种方法需要利用速度传感器和航向传感器来测量相应信息，进行估算。这种方式是最为基本和简单的水下导航方式，问题在于随着时间的增长，导航精度会急剧下降。惯性导航是通过惯性测量装置获得平台的加速度信息，经过两次积分获得平台的位置变化量从而得到其位置估计。早期的惯性导航系统（简称惯导系统）由于体积、能耗的关系在潜水器上应用不多。近年来，随着光纤、激光等新型陀螺技术的进步，逐渐为其在潜水器上的应用提供了基础。水声导航技术是在声呐和无线电导航的基础上发展起来的导航技术。水声定位系统具有多个基元，基元间的连线一般称之为基线。根据基线长度的不同，可分为长基线、短基线和超短基线三种。目前法国、挪威等公司都推出了中、深水的商用超短基线水声定位系统产品。国内自“十五”以来，在国家高科技研究发展计划（863 计划）的支持下，水声定位技术得到了长足发展，部分技术初步具备产业化的条件。其中，哈尔滨工程大学孙大军教授团队开发的超短基线水下定位系统已经成功在“蛟龙”号和“深海勇士”号载人深潜水器上得到了应用，打破了国外技术垄断格局[92]。

随着学科呈现交叉发展的趋势，水声定位、导航技术的发展也逐渐打破以往单一声学测量的局限，逐步走向多信息、多技术的融合。水声定位与惯性导航集成发展，由惯性系统（INS）、多普勒计程仪（DVL）以及声学定位（APS）导航系统三者构成的组合导航逐渐成为主流的导航作业模式。在声学定位导航覆盖范围以外，惯性系统与多普勒计程仪的组合有效降低了惯性导航系统的时间漂移缺陷，提高了无声学定位系统时潜水器的导航准确度。当进入声学定位导航系统范围内时，通过定位系统提供的准确绝对位置输入消除惯性＋多普勒系统的精度漂移，改善系统的导航精度。该项技术最早由欧美多家研究机构与院校提出，发展至今已经成为国际水下导航定位的热点研究方向，逐渐推出相应的成熟产品并在无人无缆潜水器系统上得到应用。

6.1.3 数学基础

潜水器水下导航算法的基础是状态估计。考虑潜水器在 t 时刻的位置为 x_t，则导航算法的主要作用是不断的迭代计算潜水器位置估计的置信分布：

$$bel(x_t)=p(x_t \mid u_{1:t},\ z_{1:t}) \tag{6-1}$$

式中，u 为系统的控制输入或里程计信息；z 为用于导航定位计算的测量信息。潜水器状态的演化过程一般是由一个非线性的动力学方程描述的：

$$x_t=f(x_{t-1},\ u_t,\ \epsilon_t) \tag{6-2}$$

式中，ϵ_t 为系统过程噪声。系统状态的观测值是由测量方程给出的：

$$z_t=h(x_t,\ \delta_t) \tag{6-3}$$

式中，δ_t 是测量噪声。一般而言，潜水器在 t 时刻的状态观测值是利用不同类型的贝叶斯滤波器近似算法，通过预测-修正这一模式不断循环迭代估计得到的。其中，估计方程可以描述为

$$\overline{bel}(x_t)=\sum_{x_{t-1}} p(x_t \mid x(t-1),\ u_t)bel(x_{t-1}) \tag{6-4}$$

修正方程可以描述为

$$bel(x_t)=\eta p(z_t \mid x_t)\overline{bel}(x_t) \tag{6-5}$$

式中，η 为归一化因子。

在式(6-1)～式(6-5)的框架下，目前无人无缆潜水器上已经得到应用的状态估计算法如表 6-1 所示。关于上述滤波器的设计及应用，读者可以参考相应的书籍。

表 6-1 无人无缆潜水器常用的状态估计滤波算法简表[91]

滤波器名称	简　　介
贝叶斯滤波器	最优的滤波器，但是计算量非常大，不适用于潜水器内置的嵌入式计算机系统
卡尔曼滤波器	假定状态分布是高斯型的，可以用均值 μ 和协方差 Σ 来表示。需要式(6-2)和式(6-3)是线性方程。对于符合高斯分布和线性系统假设而言，卡尔曼滤波器是最优估计

（续表）

滤波器名称	简　　介
扩展卡尔曼滤波器	对卡尔曼滤波器进行扩展，从而解决状态过程和测量过程非线性的问题。在每一次迭代的过程中，式(6－2)和式(6－3)都将线性化处理。预测过程的计算比较快，但是测量更新过程由于涉及到矩阵的求逆，运算相对复杂一些
无迹卡尔曼滤波	以增加计算复杂度为代价，解决扩展卡尔曼滤波器的对非线性系统进行线性化带来的误差。通过无损变换使非线性系统方程适用于线性假设下的标准卡尔曼滤波体系，而不是像扩展卡尔曼滤波器那样，通过线性化非线性函数实现递推滤波。这种算法主要运用卡尔曼滤波的思想，但是在求解目标后续时刻的预测值和量测值时，则需要应用采样点来计算
扩展信息滤波器	假设系统的状态分布是高斯型的，通过信息矩阵 $\boldsymbol{I}=\boldsymbol{\Sigma}^{-1}$ 和信息向量 $\boldsymbol{\zeta}=\boldsymbol{\Sigma}^{-1}\boldsymbol{\mu}$ 来表征系统的状态方程。该种滤波器可以同时处理多种测量信息。预测过程由于需要进行矩阵求逆计算所以计算量比较大，测量更新过程计算比较快。在某些情况下性能优于扩展卡尔曼滤波
粒子滤波	对系统状态分布的非参数化描述方法。利用粒子集来表示概率，可以用在任何形式的状态空间模型上。其核心思想是通过从后验概率中抽取的随机状态粒子来表达其分布，是一种顺序重要性采样法
最小二乘回归	利用最小二乘优化方法来解决系统状态的最大后验估计概率问题。这种方法在某些情况下可以得到解析解。其优势在于系统的历史状态信息可以用于整个系统路径的优化，以及后面将提到的同时定位于地图创建

6.2　惯导或罗经与水声计程仪组合导航技术

惯性导航系统（简称惯导）依靠安装在载体（船舶、潜水器、飞机等）上的惯性陀螺仪、加速度计传感器进行角速度、角加速度信息的采集。在给定的初始条件下，通过计算机进行积分运算从而推算出载体的速度、位置等导航参数。惯性导航仅依靠惯性测量装置本身在载体内部独立的完成导航任务。

惯性导航系统分为平台式惯性导航系统和捷联式惯性导航系统两大类。其中平台式惯性导航系统将惯性传感器安装在稳定平台上，稳定平台由陀螺仪控制，使得平台始终跟踪预定的导航坐标系，为加速度计提供一个测量基准并使得惯性传感器的测量不受载体运动的影响。捷联惯性导航系统(strap-down inertial navigation system,SINS)是把惯性传感器直接固连在载体上,用计算机来完成导航平台功能的惯性导航系统。通常对于潜水器而言,捷联惯导系统的安装主轴需要尽量与潜水器的随体坐标系主轴相重合或者有固定的位移偏差。由于直接与载体连接,因此捷联惯导系统里面的罗经和加速度计传感器测量的是载体的角速度和加速度等信息,人们需要陀螺仪的测量信息用于解算载体相对于导航坐标系的姿态变换矩阵[93]。

与平台式惯导系统相比,捷联惯导系统省去了复杂的机电稳定平台,使得系统的体积重量和成本都有明显的降低,同时由于捷联惯导系统可以直接测量出载体随体坐标系下的加速度、角速度信息并可以直接(通过滤波)服务于载体的制导解算上,便于载体的决策与控制。鉴于上述原因,无人无缆潜水器大多都采用了捷联惯导系统的方式。由于惯导系统不可避免地随作业时间的增长产生漂移,导致导航精度不断变差,在实际的应用中捷联惯导系统往往与水声多普勒计程仪联合使用从而保证系统的导航误差维持在一定的水平上。

6.2.1 捷联惯导系统

典型的用于无人无缆潜水器上的捷联惯导系统如图 6-2 所示。该款捷联惯导系统是法国 iXblue 公司出品的捷联惯导系统 Phins,尺寸约 18 cm×18 cm×18 cm,质量约 4.5 kg。以前面章节提到的“海灵”号无人无缆潜水器为例,该潜水器在耐压舱内集成了 Phins 捷联惯导系统的照片如图 6-3 所示。

图 6-2 Phins 捷联惯导系统

如前所述,由于捷联惯导系统直接与潜水器固连在一起,其测量的数值为载体随体坐标系下的加速度、角速度值。为了能够进行惯性坐标系下的位置、姿态解算,需要进行一系列的数值计算。本节将简要介绍捷联惯导系统测量数值到惯性系统转换所用到的主要坐标系以及坐标系转换的运算。

惯性导航系统解算常用的坐标系如图 6-4 和图 6-5 所示。

(1) 随体坐标系(b-frame):如图 6-4 所示,该坐标系是固结在载体上的垂

图 6-3 安装在耐压舱内的捷联惯导系统

直坐标系。潜水器与水面船舶一样，其随体坐标系的三个坐标主轴 x_b，y_b，z_b 的定义遵循造船与轮机工程师协会关于随体坐标系的定义，x_b 轴由尾部指向首部为正，y_b 指向右舷为正，z_b 指向底部为正。随体坐标系的原点可根据需要选在潜水器的重心或中心上，这样一来捷联惯导在安装时需要保证与随体坐标系主轴的重合，如果由于实际安装位置的限制或安装工艺导致不重合的话，需要通过对准技术确定两者之间的偏差从而保证后续计算的准确性。在本节中，为了便于描述问题，可以假设捷联惯导系统的原点与随体坐标系原点重合，且第三个主轴与随体坐标系的三个主轴完全重合。

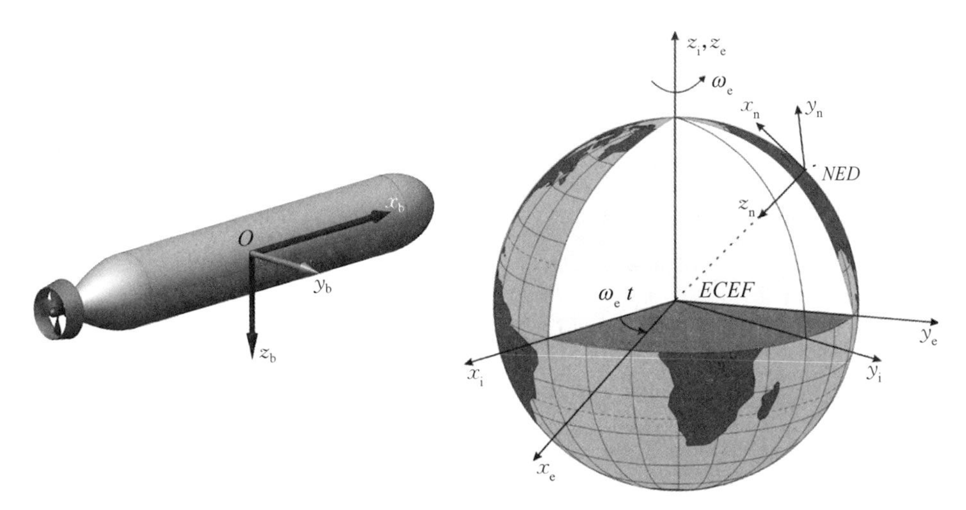

图 6-4 潜水器随体坐标系示意图

图 6-5 惯性坐标系-地球坐标系-导航坐标系示意图

(2) 惯性坐标系(i-frame)将地球近似看作一个规则的球体,则该坐标系的原点在球心处,惯性坐标系的三个坐标轴 x_i, y_i, z_i 不随地球的自转而转动(可以认为三个坐标轴指向空间中的三颗恒星),且 z_i 轴与地球的极轴相重合。

(3) 地球坐标系(e-frame):如图 6-5 所示,将地球近似看作一个规则的球体,坐标系的原点同样位于球心处。地球坐标系的三个坐标轴 x_e, y_e, z_e 由原点指向地球表面,该坐标系随地球的自转而转动,从而地球坐标系相对于惯性坐标系绕 z_i 轴以地球自转角速度 ω_{ie} 转动。

(4) 导航坐标系(n-frame):如图 6-5 所示,该坐标系的原点坐落在惯性导航系统的原点上,垂直坐标系的三个主轴分别指向北向、东向以及按右手定则垂直于北向、东向坐标轴组成的平面的"深度"方向坐标轴。也就是图中的 NED 坐标系。该坐标系相对于地球坐标系的旋转角速度记为 ω_{en}。

以上述坐标系为基础,我们可以分析并确定导航坐标系下的分量与捷联惯导系统测量之间的映射关系。令 $\boldsymbol{V}^n=[V_N \quad V_E \quad V_D]^T$ 表示 NED 坐标系下载体的线速度向量,则有如下关系式成立:

$$\dot{\boldsymbol{V}}^n=\boldsymbol{C}_b^n\boldsymbol{f}^b-[\Omega(\boldsymbol{\omega}_{en}^n)+2\Omega(\boldsymbol{\omega}_{ie}^n)]\boldsymbol{V}^n+\boldsymbol{g}_l^n \tag{6-6}$$

为了对上式进行求解,我们需要获得载体的速度、姿态角及其对时间的一阶导数。式中的角速度向量 ($\boldsymbol{\omega}_{en}^n$ 和 $\boldsymbol{\omega}_{ie}^n$) 可以表示为

$$\boldsymbol{\omega}_{en}^n=\begin{bmatrix}\dot{\lambda}\cos\varphi\\ -\dot{\varphi}\\ -\dot{\lambda}\sin\varphi\end{bmatrix}=\begin{bmatrix}\dfrac{V_E}{R_n+h}\\ -\dfrac{V_n}{R_n+h}\\ -\dfrac{V_E\tan\varphi}{R_n+h}\end{bmatrix},\ \boldsymbol{\omega}_{ie}^n=\begin{bmatrix}\omega_{ie}\cos\varphi\\ 0\\ -\omega_{ie}\sin\varphi\end{bmatrix}$$

式(6-6)中的作用力向量的在随体坐标系下的分量形式和在导航坐标系下的分量形式可以通过方向余弦矩阵进行关联,即

$$\boldsymbol{f}^b=\boldsymbol{C}_n^b\boldsymbol{f}^n \quad \boldsymbol{f}^n=\boldsymbol{C}_b^n\boldsymbol{f}^b \tag{6-7}$$

随体坐标系 b 相对于惯性坐标系 i 的角速度可以表示为

$$\boldsymbol{\omega}_{ib}=\boldsymbol{\omega}_{in}+\boldsymbol{\omega}_{nb} \tag{6-8}$$

式(6-8)中,随体坐标系相对于导航坐标系的角速度在随体坐标系下的投影可以表示为

$$\boldsymbol{\omega}_{nb}^{b}=\boldsymbol{\omega}_{ib}^{b}-\boldsymbol{C}_{n}^{b}\boldsymbol{\omega}_{in}^{n} \tag{6-9}$$

式中,导航坐标系相对于惯性坐标系的角速度在导航坐标系下的投影可以表示为

$$\boldsymbol{\omega}_{in}^{n}=\boldsymbol{\omega}_{ie}^{n}+\boldsymbol{\omega}_{en}^{n} \tag{6-10}$$

以上述数学关系式为基础,如图 6-6 所示,我们就可以利用加速度计和陀螺仪的信息,计算潜水器位置、姿态的变化量。在初始时刻已知潜水器位置姿态信息的条件下,可以逐步推算出后续时刻潜水器所处的位置和姿态[94]。

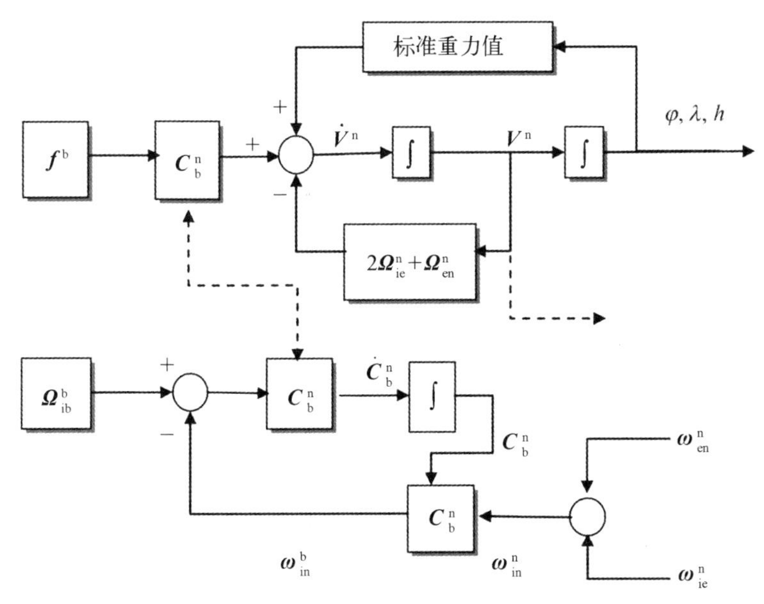

图 6-6 捷联惯导系统解算流程框图

6.2.2 罗经

罗经,也称为罗盘,是一种用来确定船舶、飞机的航向和观测目标方位的导航仪器,罗经分为磁罗经和电罗经两种,现代船舶通常都装有这两种罗经。飞机上也装有罗经,航空用的罗经称为航空罗盘。

磁罗经是利用自由支持的磁针在地磁作用下稳定指北的特性而制成的罗经。磁罗经由中国的司南、指南针逐步发展而成。磁罗经是通过检测地磁场来为航行器提供方向信息的传感器,具有成本低、体积小、重量轻、无累计误差且定向时间短等优点。目前基于磁电阻传感器的电子罗经具有体积小、响应速度快,便于系统集成的特点,从而成为低成本无人无缆潜水器的标准传感器之一。

图 6-7 HMR3000 型数字式磁罗经

图 6-7 所示的 Honeywell 公司出品的 HMR3000 型三轴磁阻式数字罗经就是其中的典型代表。

磁罗经是通过测量所处环境的磁场而获得指向信息的，因此容易受到周围铁磁、电磁材料的影响。由于上述原因产生的磁罗经航向测量方面的误差称为罗差，在不同应用环境下罗差会有所不同，因此需要在使用前对磁罗经进行航向校准。

电罗经又称陀螺罗经，采用的是利用陀螺仪的两个基本特性即定轴性和进动性，结合地球自转矢量和重力矢量，借助控制设备和阻尼设备而制成的提供真北基准的一种指向仪器(见图 6-8)。陀螺罗经是根据法国学者 L. 傅科 1852 年提出的利用陀螺仪作为指向仪器的原理而制造的。德国人安许茨于 1908 年，美国人 E. A. 斯佩里于 1911 年，英国人 S. G. 布朗于 1916 年分别制成以他们的姓氏命名的三种不同的陀螺罗经，布朗罗经以后又发展为阿马-布朗罗经。这三种罗经都已经各自形成了产品系列。

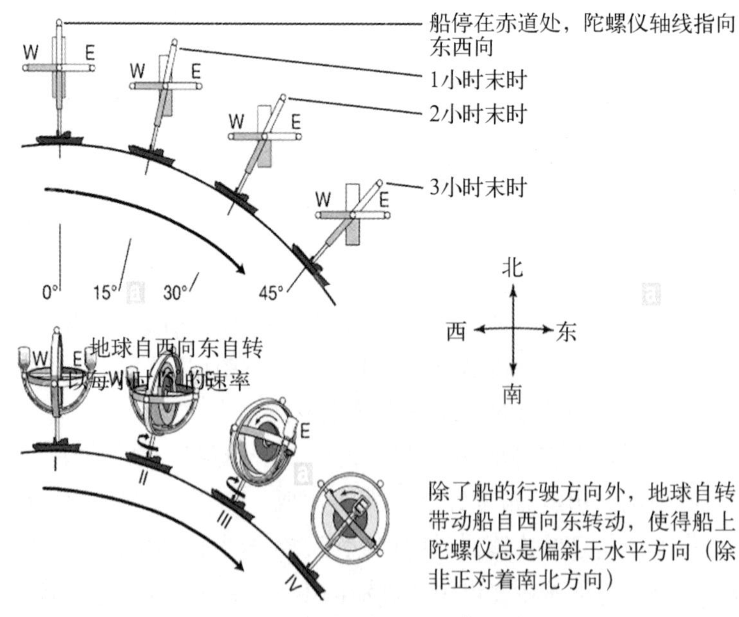

图 6-8 陀螺罗经工作原理示意图

6.2.3 水声计程仪

前面所介绍的传感器以测量潜水器的加速度姿态为主,除此之外潜水器还要用到另外一类重要的传感器——水声计程仪。水声计程仪利用声学原理来测量潜水器相对于海底的绝对速度值,该速度值与罗经设备一起使用,可以应用船位推算方法得到潜水器的位置估计,实现潜水器的自主导航。目前应用最广的声学测速和计程设备主要有多普勒计程仪和声相关计程仪两种。

多普勒计程仪(Doppler velocity log, DVL)也称为测速声呐,是迄今应用最广的舰船自主导航设备之一[见图 6-9(a)]。该种计程仪可以测得船舶(潜水器)相对于大地或水层的速度。其工作原理主要是根据声波的多普勒效应:当声源和接收器之间存在相对径向运动时,接收器收到的信号波形会发生改变,这表现为信号频率的偏移。频率的变化与相对运动的速度之间有着紧密的联系。基于这一原理,当潜水器上的发射环能器向海底斜下方发射声信号时[见图 6-9(b)],接收到的海底回波信号频率会随着潜水器速度的变化而变换,从而根据这一接收信号频率的变化可以推算出潜水器的矢量速度[95]。

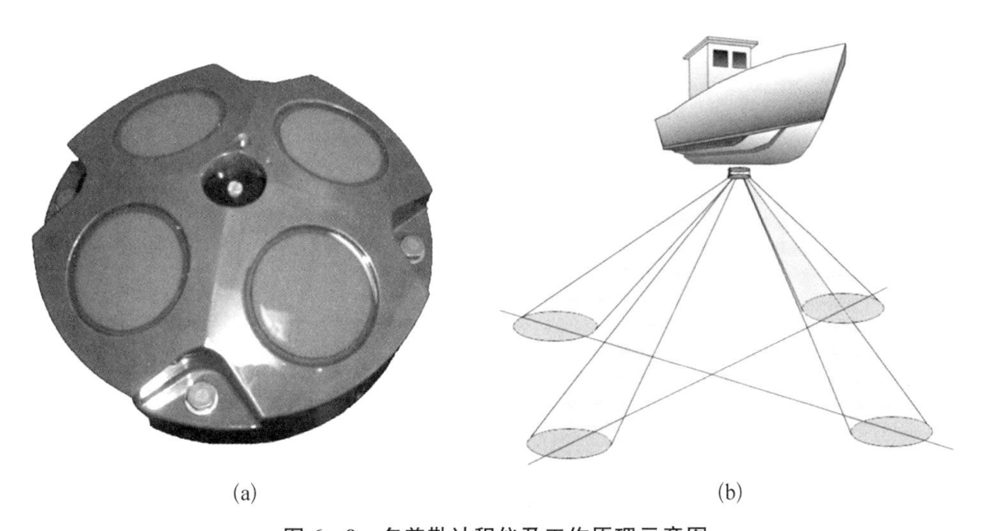

(a) (b)

图 6-9 多普勒计程仪及工作原理示意图

(a) 多普勒计程仪示意图 (b) 多普勒计程仪工作原理示意图

多普勒计程仪的优点在于可以在很低的速度下仍然具有较高的测速精度,缺点在于应用于大深度海底跟踪系统时由于对发射信号频率要求较低,发射束宽较窄,从而导致基阵尺寸过大。为了解决这一问题,近年来已经研制出了基于相控阵的多普勒计程仪。

声相关计程仪(acoustic correlation log, ACL)也称为相关测速声呐,主要是基于“波形不变”原理设计开发的。声相关计程仪是利用具有一定发射束宽的发射换能器垂直向海地发射声波束,通过安装在航行器上的多个接收水听器接收回波信号,采用实时相关技术进行速度解算以获得航行器航速的导航仪器。

上述两种水声计程仪各有其优缺点,可以根据潜水器的实际作业任务进行选型。对于目前大多数无人无缆潜水器而言,多普勒计程仪应用比较广泛。后面两节介绍的组合导航技术中使用的水声计程仪都是以多普勒计程仪为代表的。

船位推算(dead reckoning)的基本定义为:“从一已知的坐标位置开始,根据航行器在该点的航速和航行时间,推算航行体下一时刻位置的导航过程”。船位推算是最基本的导航方法之一。在水下环境中由于无法接收到无线电和GPS信号,所以船位推算导航方法及其改进方法显得尤为重要。对于罗经/多普勒计程仪组合导航以及捷联惯导/多普勒计程仪导航大致都可以归结到船位推算导航的范畴。两者的主要区别在于提供角度信息(角速度信息)传感器的精度和信息量有所不同,从而导致了所采用的船位推算算法的实现有些区别。

6.2.4 罗经/多普勒计程仪组合导航技术

船位推算的基本原理如图 6-10 所示,考虑水平面上的潜水器船位推算问题[96]:

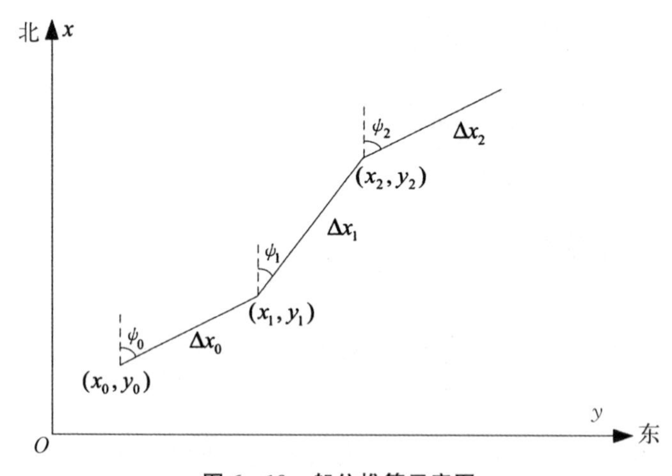

图 6-10 船位推算示意图

选定初始时刻潜水器在导航坐标系(NED 坐标系)下的位置为 (x_0, y_0),在此之后 $t_n(n \geqslant 1)$ 时刻潜水器的位置可以表示为

$$\begin{cases} x_n = x_0 + \sum_{i=0}^{n-1} \Delta x_i = x_0 + \sum_{i=0}^{n-1} V_i \cdot T \cdot \cos \psi_i \\ y_n = y_0 + \sum_{i=0}^{n-1} \Delta y_i = y_0 + \sum_{i=0}^{n-1} V_i \cdot T \cdot \sin \psi_i \end{cases} \tag{6-11}$$

式中，T 是航行器进行船位推算的时间间隔；Δx_i，Δy_i 表示在 i 时刻航行器在导航坐标系下 x 轴(北向)和 y 轴(东向)位置的变化量；V_i 表示 i 时刻航行器的速度大小；ψ_i 表示 i 时刻航行器的首向。多普勒计程仪测量到的是随体坐标系下的速度，因此需要将该速度向量转化到导航坐标系下供式(6-11)计算。由式(6-11)可知，如果通过罗经获得潜水器的首向信息，通过多普勒计程仪获得潜水器的速度信息，就可以进行潜水器的船位推算计算。

对于低成本的无人无缆潜水器而言，上述方式是较为经济的选择。其不足之处在于罗经的方向测量精度会对潜水器的导航精度产生严重的影响，并且海流信息往往无法由多普勒计程仪测出导致速度测量也存在一定的误差。上述原因都导致了该种导航定位方式的精度较差，一般而言可以达到航程的 10%左右。因此需要采取多种方法来改进罗经的方向测量精度和潜水器的速度测量精度。

6.2.5 捷联惯导/多普勒计程仪组合导航技术

捷联惯导系统能够同时测量潜水器的角速度和线加速度信息。通过滤波和处理能够得到航行器的角度信息，线加速度信息结合角速度信息一起进行处理可以得到潜水器的速度信息和位置变化信息，该信息可以通过多普勒计程仪测量的速度信息进行修正，从而提高导航定位精度(见图 6-11)。

捷联惯导系统的角速度和线加速度的测量信息都不可避免地存在噪声，所以随着时间的增长，捷联惯导系统的导航精度会逐渐变差。一般而言，单独使用捷联惯导系统进行导航的话，其导航偏差可以达到数公里每小时，而如果捷联惯导系统和多普勒计程仪(前提是多普勒计程仪的水声波束能够到达海底并形成有效回波)一起配合使用的话，其导航偏差大致为航程的 0.5%～2%。

潜水器航行过程中的实际位置 x_{true} 与其船位推算位置 x_{DR} 之间的偏差 e 可以用时间漂移偏差或航程漂移偏差来表示：

$$e = \frac{\| x_{\text{true}} - x_{DR} \|_2}{\Delta t} or e = \frac{\| x_{\text{true}} - x_{DR} \|_2}{\Delta x} \tag{6-12}$$

一般而言，捷联惯导系统的姿态和速度的测量信息比罗经测量到的信息噪声影响要小一些，从而导致其同等时间或航程下漂移偏差要小不少。

如图 6-11 所示，当潜水器配备的多普勒计程仪能够测量到对地速度时，该信息能够极大地改进捷联惯导系统的导航精度。举例来说，美国 DARPA 在 20 世纪 90 年代资助开发的灭雷及绘图无人潜水器，利用捷联惯导+多普勒计程仪测量的导航偏差达到 0.01%。丹麦技术大学开发的 MARIDAN 系列无人航行器实施区域探测过程中的导航偏差为 0.02%，直线航行时的导航偏差为 0.01%。利用捷联惯导系统+多普勒计程仪组合导航系统的问题在于，随着时间(航程)的增长，导航偏差值是不断增大的。该导航偏差是海流、航行器航速、传感器精度的函数。当潜水器能够时不时上浮至水面时，无线电或卫星能够为组合导航系统提供良好的位置修正信息，但当潜水器上浮至水面时，需要额外注意与水面船只的避让。当潜水器长时间在深海作业的时候，其上浮下潜过程将会消耗大量的能量，从而导致定时上浮校正的可行性不大。

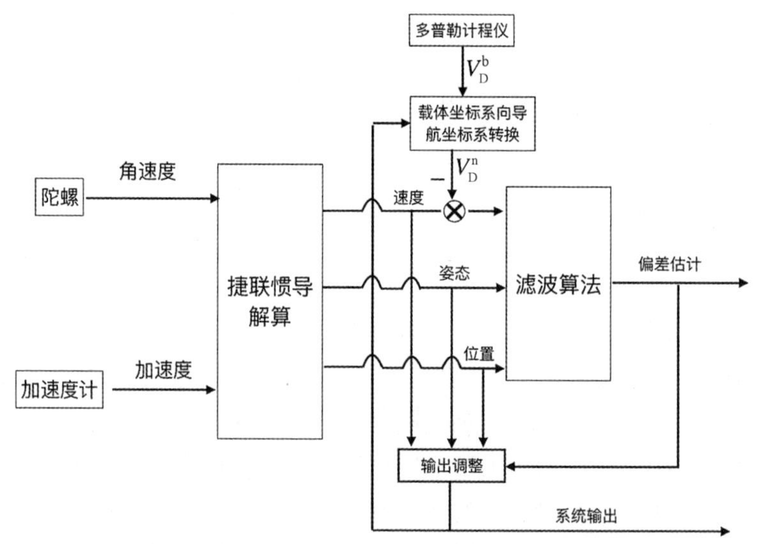

图 6-11　捷联惯导/多普勒计程仪组合导航流程示意图[98]

6.3　水声信标辅助导航技术

电磁信号无法在水下远距离传输(极低频信号除外)的实际物理情况限制其在水下定位中的应用。水声信号可以在水下较远距离传输，从而使得我们可以将水声换能器作为水下信标来帮助潜水器进行水下定位。这也是无人潜水器在水下环境中获得绝对位置信息最常用的手段。潜水器在下水工作之前信标就已经布置在已知的位置上。潜水器根据获得多个信标的距离和(或)方位信息通过三角解算获得自身的位置信息。

6.3.1 水声距离量测技术

根据水声收发器安装位置的不同,可以将其分为三种不同类型的基线定位系统(长基线、短基线、超短基线)。下面以长基线水声定位系统为例,介绍其工作原理。标准的长基线水声定位系统工作原理如图 6-12 所示。

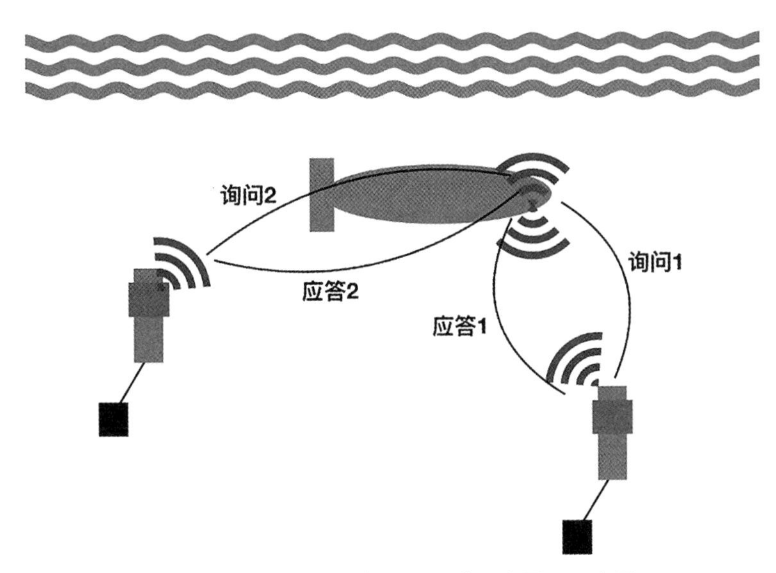

图 6-12 长基线水声定位系统工作原理示意图

多个水声信标(应答器)预先布置在潜水器作业区域的边界上。水声信标可以是通过锚链系统固定在海底也可以漂浮在海面上。每一个信标单元都在指定的接收信道上接听无人潜水器上收发器发出的询问信号(query ping),每个应答器单元等待各自特定的回应时间(turn around time,TAT)后利用各自的通信信道发送回复信号。无人潜水器上的应答器接收到回复信号后进行位置的解算。每个应答器单元设定独有的回应时间可以有效避免多个应答器信号的干扰,每个应答器单元利用各自的通信信道传递回复信号,便于无人潜水器确定应答信号的具体来源从而便于进行位置解算。无人潜水器发出询问信号和接收到第 i 个应答器回复信号的时间差可以用来确定单向传输时间 t_i^{owtt} [98]:

$$t_i^{\text{owtt}} = \frac{\Delta t_i - t_i^{\text{TAT}}}{2} \tag{6-13}$$

从而第 i 个应答器和无人潜水器之间的距离 d_i 可以表示为

$$d_i = \frac{c}{t_i^{\text{owtt}}} \tag{6-14}$$

式中，声速 c 是预先设定好的数值或潜水器携带的传感器现场测量的数值。利用潜水器与多个应答器之间的距离信息以及潜水器预先存储的应答器位置信息，即可进行自身位置信息的解算。基于水声信标的导航问题，主要的一个难点在于对潜水器作业区域声速剖面的确定。如式(6-14)所示，使用错误的声速剖面将直接导致距离估算出现偏差。

下面以三个应答器为例，进行无人潜水器位置信息的解算[99]。假设无人潜水器在导航坐标系下的位置坐标为 $(x,\ y,\ z)$，已知第 i 个应答器的位置坐标为 $(x_i,\ y_i,\ z_i)$，则式(6-14)可以表示为

$$(x-x_i)^2+(y-y_i)^2+(z-z_i)^2=d_i^2 \quad i=1,\ 2,\ 3 \tag{6-15}$$

为了便于问题的求解，可以考虑引入中间坐标系，该坐标系的原点设在 1 号应答器的位置上。中间坐标系下应答器的位置为 $(x'_i,\ y'_i,\ z'_i)$，而无人潜水器的坐标为 $(x',\ y',\ z')$。在此中间坐标系下计算出的潜水器位置信息可以比较方便地转换到原有导航坐标系下。进一步假设航行器能够获得较为准确的深度信息，从而式(6-15)转化为过约束问题(三个方程，两个未知数)。潜水器的位置可以表示为

$$x=\frac{b_1c_2-b_2c_1}{a_1b_2-a_2b_1}+x_1,\quad y=\frac{a_2c_1-c_2a_1}{a_1b_2-a_2b_1}+y_1 \tag{6-16}$$

式中，各参数的具体表达式为

$$\begin{aligned}
a_1 &= -2x'_2 \\
b_1 &= -2y'_2 \\
c_1 &= x'^2_2+y'^2_2+z'^2_2-2z'z'_2-d_2^2+d_1^2 \\
a_2 &= -2x'_3 \\
b_2 &= -2y'_3 \\
c_2 &= x'2_3+y'^2_3+z'^2_3-2z'z'_3-d_3^2+d_1^2
\end{aligned}$$

无人潜水器与应答器之间的有效通信距离以及定位精度是与询问和应答信号的频带相关的。长距离的长基线定位系统的使用频带约为 12 kHz，其通信距离能够达到 10 km 左右，绝对定位精度达到 1～10 m 量级；短距离的长基线定位

系统最多使用300 kHz的信号，有效通信距离为100 m左右，定位精度能够达到分米级。在一些特殊环境，比如浅水域或北极地区，区分应答信号是直接应答还是多途效应导致的间接应答是一个需要解决的问题，这需要一些额外的技术手段或滤波算法进行处理。长基线定位系统的一个变种可以称之为“双曲线导航”(hyperbolic navigation)。这种系统采用的应答器布置方式仍然如图6-12所示。潜水器不再主动地发送询问信号，而是被动地接收应答器发出的信号。应答器的布置形式及位置是预先知道的，并且每个应答器以其特定的顺序和频率发送信号，以上述信息为基础，潜水器就可以解算出自身的位置。该种方式的优点在于潜水器不用主动发送信号，从而节省能量。该种方式另一个优点是可以支持多个无人潜水器同时进行位置解算，而不用担心信号间的冲突。

超短基线定位系统(USBL)的工作原理与长基线系统的工作原理类似，但是其发射换能器和若干水听器按照一定的空间几何形状组成声学基阵(见图6-13)，可以安装在工作母船的船底，通过潜水器应答声学信号到达各基阵阵元的相位差来解算目标的方位角，通过测量潜水器应答声学信号到基阵的往返时延解算超短基线基阵与潜水器之间的距离。

图6-13 ISEAS出品的USBL

6.3.2 惯性/水声定位组合导航技术

在航空航天领域，对于全球卫星导航系统(GNSS)和惯性导航系统的组合技术已经有了大量的研究成果。对于水下而言，水声定位系统在一定程度上起到了全球卫星导航系统的作用，因此可以考虑惯性导航系统和水声定位系统的组合导航。借鉴前者的研究经验，依据组合导航系统的耦合程度和深度，可以将耦合模式分为简易组合、松耦合、紧耦合以及超紧耦合四类。限于篇幅的关系，就松耦合和紧耦合两种组合方式进行简单介绍[100]。

松耦合方式将两种导航系统各自输出的速度和位置信息的差值，作为滤波算法的量测输入，估计惯性导航系统的导航参数误差。这种耦合方式又称之为速度、位置耦合模式，其工作原理框图如图6-14所示。

在松耦合方式中，两个系统相互独立地工作。结构比较简单，系统设计和调试等比较容易实现。该系统的主要问题在于水声定位系统输出的信息已经是经

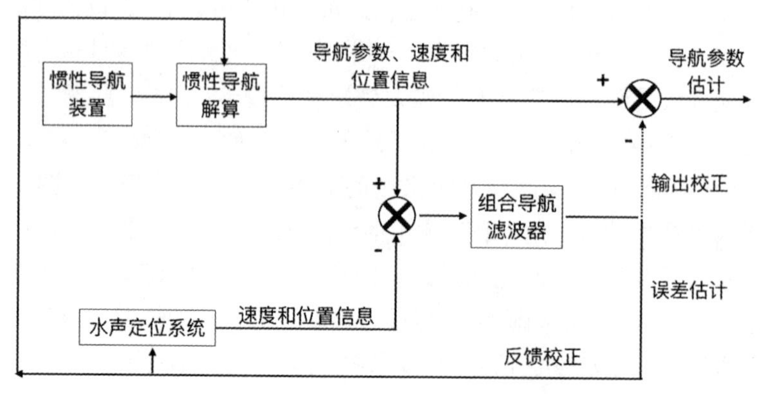

图 6-14 松耦合方式的组合导航示意图

过内部滤波器或处理算法处理过的，输出的信息误差往往是有色噪声且与时间相关。对于未知有色噪声的建模和分析存在一些困难。解决这一问题的常用方法是增加组合导航滤波器的迭代周期，直至超过误差的相关时间，从而在一个迭代周期内以损失有限的导航精度将量测误差作为白噪声处理。

紧耦合方式是将水声定位系统的斜距和斜距测量值与惯性导航系统输出的相应斜距和斜距差进行比较，得到的差值作为滤波算法的量测输入，估计惯性导航系统的导航参数误差并对其进行补偿。与此同时，误差估计值对水声定位系统的信息采集和处理也会起到一定的辅助作用。这种方式的原理如图 6-15 所示。在这种结构的组合导航方式中，两个系统相互辅助，丧失了系统的独立性，系统设计和调试难度相对较大。但是由于水声定位系统只提供斜距、斜距差以及方位角等信息，不需要进行滤波结算，所以输出的信息误差较为简单且便于进行滤波处理，从而能够适当地提高组合导航精度。

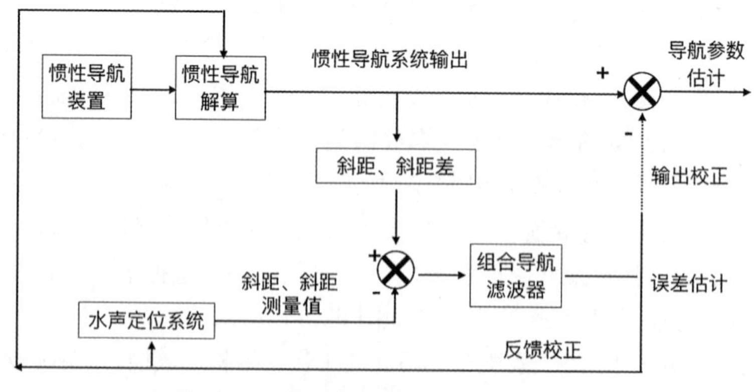

图 6-15 紧耦合方式的组合导航示意图

6.4 海底地形辅助导航技术

在一些情况下，由于代价过高或风险过大，在海底或母船布置水声通信系统的方式无法实施。如果我们能够事先获得潜水器作业区域准确的地球物理信息地图(水深图、海底地形图、磁场图、重力异常图等)，进一步如果潜水器自身携带的传感器能够较为准确地测量所在位置的地球物理信息，从理论上讲潜水器能够根据探测数据与信息地图上的匹配情况来确定自身的位置。

实现上述过程的前提是传感器测量的数据以及地球物理信息地图中存储的环境特征量具有足够的空间分辨率。实现该过程需要解决两个关键问题：一方面在于绘制目标区域详细的信息地图所需要的代价和难度；另一方面在于根据传感器测量信息在 n 维环境信息地图中寻找出最为匹配的峰值点所需的计算复杂度和计算时间[101]。地形辅助导航是指利用地形及其物理特征进行导航的总称。传统意义上的地形辅助导航可以分为景象匹配区域相关(scene matching area correlator，SMAC)和地形高度匹配(terrain elevation matching，TEM)两种。由于水下地形实景图像获取上的困难，目前水下地形辅助导航主要通过地形高度匹配技术来进行。

6.4.1 海底地形辅助导航原理

海底地形辅助导航系统的工作原理图如图 6－16 所示，主要由水深测量单元、地形匹配单元和导航数据融合等组成。

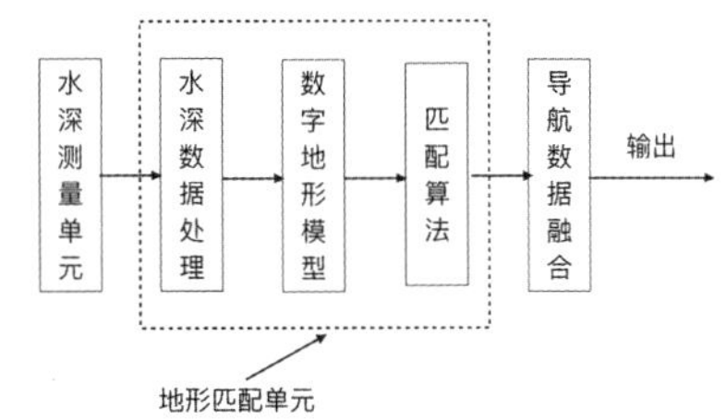

图 6－16 海底地形辅助导航原理示意图

海底地形辅助导航系统中，基本导航单元是为地形匹配单元提供定位信息的，可以是前面提及的惯性导航系统或者是船位推算系统。水深测量单元是用来测量一定范围内潜水器所处位置的水深信息，通过提取匹配地形特征后与数字地形图进行比较。水深值由潜水器到平均海平面的深度值和距离海底的高度值两部分加和而成。潜水器一般使用深度计测量所处位置的深度信息，测量精度比较高(可达到分米级)。潜水器距离海底的高度信息一般采用测高声呐为主要探测设备测量，包括单波束测量和多波束测量两种。单波束测量传感器即为常见的声学高度计，其利用换能器垂直向下发射短脉冲声波，声波在海底被反射并被换能器接收，从而根据声波发送-接收时间差以及声速信息即可测算潜水器距海底高度。多波束测深仪的使用可以实现大范围、高精度水深的测量，其可以同时获得垂直于航线方向多个测点的水深值。

地形匹配单元是整个辅助导航系统的核心，其包括水深数据处理、水下数字地形模型以及地形匹配算法三部分。由于海洋环境的影响，潜水器在运动过程中的测量总是受到干扰的，因此水深数据处理部分一般分为水深数据滤波、声速修正、潮位改正、空间姿态转换、地形特征提取等步骤。水下数字地形模型是存储在潜水器内置计算机中的、数字化的水下数字地图。水下数字地图可以是通过电子海图水深数据差值形成，也可以根据多波束测深系统实地测量得到。前者容易获得但精度较低，后者精度较高但是需要前期进行专门的地形勘测。匹配算法是在已知水下数字地图的条件下，通过结合实时测量的水深数据与基本导航单元指示位置，得到数字地图中匹配位置的过程。具体情况如图 6－17 所示，潜水器在地形匹配区航行时，利用测深系统测量航线附近一定范围内多个剖面上测量点距离水下机器人的距离，结合潜水器测量得到的深度信息获得测量点所处的水深信息。地形匹配算法利用实时测量的地形匹配信息，在预先存储的数字地形中确定与之匹配最佳的区块，从而确定潜水器自己的位置。

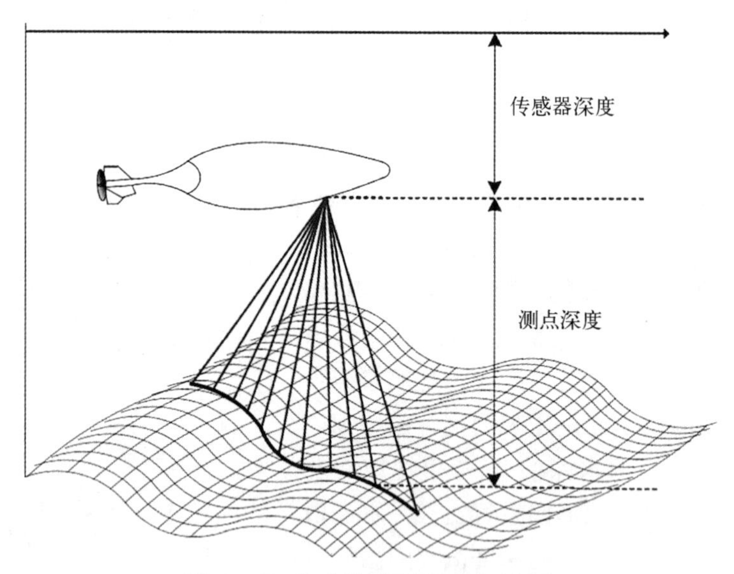

图 6－17　海底地形匹配原理示意图

6.4.2　海底地形建模

在海底地形辅助导航系统中，水下数字地形模型是实现地形匹配的基本条件，其精度是影响地形匹配定位精度的重要因素。一般而言，数字地形模型包含了一定区域内的地形信息，在水下数字地形图中则表现为水深信息。指定区域的海底数字地形模型由一定网格节点组成，节点值表示为(经度、纬度、深度)的形式，网格间距为数字地形的分辨率。陆地上的地形可以通过卫星测量或者航空照片获得大范围的地形高程数据，水下地形数据的获取要困难得多。此处将简要介绍作者所在单位在基于多波束测深数据建立局部海底地形模型方面开展的工作。

如图 6-18 所示，多波束系统通过向水底发射多束声脉冲，在接收到海底回波信号后，就会得到垂直于航行方向上的一组水深数据。当潜水器(或探测船)沿既定路径连续航行时，即可以得到一定宽度的条带状地形数据。当潜水器(或探测船)对既定区域进行探测后，就会得到该区域的地形数据覆盖。根据多波束声呐阵元确定的几何布置位置及其在潜水器上的安装情况，可以确定出每一个声呐脉冲对应的海底深度信息，再结合潜水器(探测船)的经纬度信息，即可获得该点所需的网格节点信息(经纬度、深度)，从而可以进行前期海底数字地形图的创建。

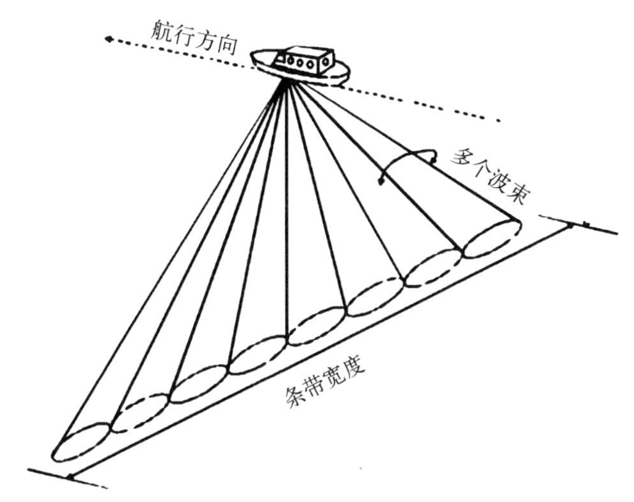

图 6-18　基于多波束声呐的海底地形扫描示意图

多波束声呐可以精确地测量海底相对于换能器的位置信息，要将这个相对位置与相应的经纬度位置相匹配还需要知道换能器的三维空间坐标位置及其安装方向。一般而言，换能器是安装在测量船上的，测量船在作业过程中容易受到风浪及其他船只的影响，因此需要在实施测量作业的过程中实时记录测量船的位置信息、姿态信息，并以此为前提修正测量结果，才能获得有效的水下数字地图。考虑到上述问题，利用多波束声呐进行水下地形图创建时一般需要如下辅助传感器（或信息）：

(1) 船姿运动参考单元：对测量船的姿态（横摇、纵摇、滚转）进行实时测量。多波束声呐与测量船固结在一起，测量船姿态的变化对测量结果和测量数据的修正有着重要的影响，因此需要引起额外的重视。

(2) 潮位修正信息：潮位变化依赖于探测区域，其大小变化与具体的测量时间有关系，因此有必要对相应时间段的测量数据进行潮位修正，从而提高测量精度和易用性。

(3) 导航系统：比如 GPS 或北斗系统，为测量船提供高精度的经纬度信息，从而便于将深度信息和绝对位置相关联。

(4) 声速修正：由于水温、盐度等的变化，声速也是在一定区间内变化的，对声速进行实时修正有利于提高测量精度。

(5) 单波束测深仪（附加）：独立于多波束声呐的测量设备，一方面可以与多波束声呐的部分测量数据进行比较，校正指定方向上的测深数据进而修正条带上的测量数据，另一方面发挥高频测量的优势，获得某些测线方向上更大密度的测量结果，改善海底地形数字地图。

6.4.3 海底地形特征提取与匹配

潜水器在进行地形匹配的过程中，首先需要获得海底地形的特征值，这里的地形特征表现为潜水器所处位置的水深值。

如图 6-19 所示，对于单波束的高度计而言，由于其波束是垂直向下（考虑潜水器的姿态修正）发射的，因此测量的水深值是测量高度值和潜水器深度值的叠加。高度计在每一个采样周期内测得一个点的深度信息，设潜水器在一段时间内获得沿航迹方向的一条线状深度信息，则该数据模型可以表示为

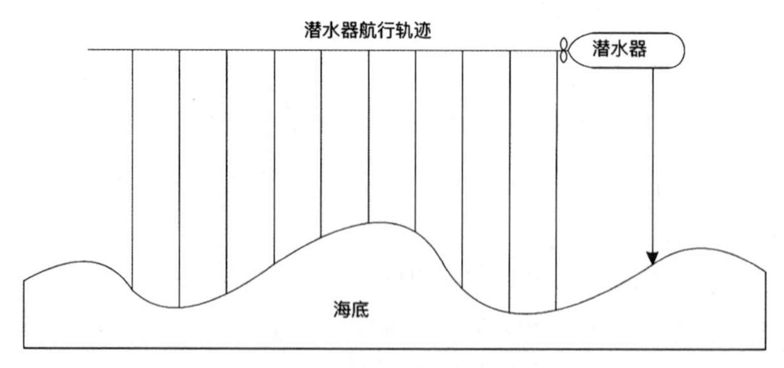

图 6-19 单波束测深示意图

$$\boldsymbol{H}_s=\begin{bmatrix} x_1 & y_1 & z_1 \\ x_2 & y_2 & z_2 \\ \vdots & \vdots & \vdots \\ x_n & y_n & z_n \end{bmatrix}$$

$\boldsymbol{H}_s$ 称为高度计测深信息矩阵；$(x_i,\ y_i,\ z_i)$ 为每个测深点的位置和深度信息；n 为测深点的个数。潜水器航行过程中，位置信息由基本导航单元提供，当需要进行实时地形特征建模时，只需考虑各测深点与初始测深点之间的关系，可以简化问题的分析，得到单波束下地形匹配模型为

$$\boldsymbol{I}_s=\begin{bmatrix} (\Delta x_1,\ \Delta y_1) & z_1 \\ (\Delta x_2,\ \Delta y_2) & z_2 \\ \vdots & \vdots \\ (\Delta x_n,\ \Delta y_n) & z_n \end{bmatrix} \quad (\Delta x_n=x_n-x_1,\ \Delta y_n=y_n-y_1)$$

如图 6-20 所示，对于多波束声呐而言，由于测量的是垂直于航行方向的多个波束测量点处的信息，每个测量点对应的波束角度各有所不同，从而形成垂直航向方向上的一条线状测深点信息。当进行地形匹配分析时，一条线上的数据信息量不够时可以考虑航线上一定距离内多条线信息的组合，形成测深面地形。由于多波束声呐测量得到的每个测深点的信息由波束入射角度和斜距组成，其测深数据模型可以用如下形式表示：

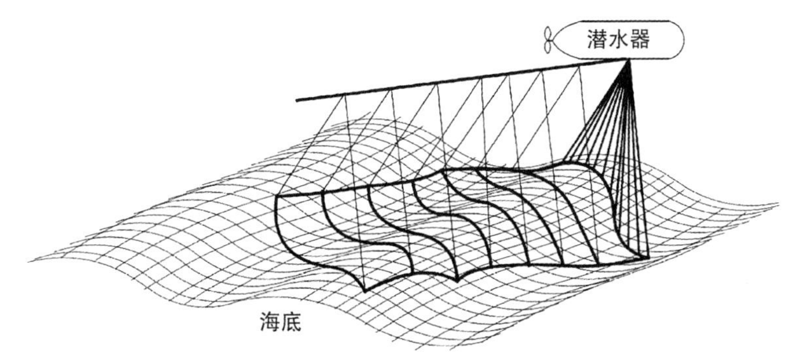

图 6-20　基于多波束测深声呐的地形测量示意图

定义单脉冲数据模型：$\boldsymbol{H}_{ma}=[a_1\quad a_2\quad \cdots\quad a_n]$ 为角度矩阵，$\boldsymbol{H}_{mt}=[t_1\quad t_2\quad \cdots\quad t_n]$ 为斜距矩阵，a_i，t_i 分别为各测深点对应波束的入射角和斜距。以此为基础，多脉冲组合下的数据模型为

$$\boldsymbol{H}_{ma}=\begin{bmatrix} a_{11} & a_{12} & \cdots & a_{1n} \\ a_{21} & a_{22} & \cdots & a_{2n} \\ \vdots & \vdots & \vdots & \vdots \\ a_{m1} & a_{m2} & \cdots & a_{mn} \end{bmatrix},\quad \boldsymbol{H}_{mt}=\begin{bmatrix} t_{11} & t_{12} & \cdots & t_{1n} \\ t_{21} & t_{22} & \cdots & t_{2n} \\ \vdots & \vdots & \vdots & \vdots \\ t_{m1} & t_{m2} & \cdots & t_{mn} \end{bmatrix}$$

$$\boldsymbol{D}_{mr}=\begin{bmatrix} (\Delta x_1,\ \Delta y_1) \\ (\Delta x_2,\ \Delta y_2) \\ \vdots \\ (\Delta x_n,\ \Delta y_n) \end{bmatrix}$$

其中，m 代表有 m 个声脉冲组合；n 代表每个声脉冲下有 n 个测深点。多脉冲下的数据模型多了一个矩阵 $\boldsymbol{D}_{mr}$，称为相对距离矩阵，其意义与前面多波束测深的定义相同。根据波束入射角和斜距的组合就可以得到测深点所处的空间方位和水深。仿照前面单波束模型的形式，多波束测深条件下的地形模型可以用如下矩阵形式来表示：

$$\boldsymbol{P}_{\bar{m}}=\begin{bmatrix} t_{11}\sin a_{11} & t_{12}\sin a_{12} & \cdots & t_{1n}\sin a_{1n} \\ t_{21}\sin a_{21} & t_{22}\sin a_{22} & \cdots & t_{2n}\sin a_{2n} \\ \vdots & \vdots & \vdots & \vdots \\ t_{m1}\sin a_{m1} & t_{m2}\sin a_{m2} & \cdots & t_{mn}\sin a_{mn} \end{bmatrix}+\boldsymbol{D}_{mr}$$

$$\boldsymbol{Z}_{\bar{m}}=\begin{bmatrix} t_{11}\cos a_{11} & t_{12}\cos a_{12} & \cdots & t_{1n}\cos a_{1n} \\ t_{21}\cos a_{21} & t_{22}\cos a_{22} & \cdots & t_{2n}\cos a_{2n} \\ \vdots & \vdots & \vdots & \vdots \\ t_{m1}\cos a_{m1} & t_{m2}\cos a_{m2} & \cdots & t_{mn}\cos a_{mn} \end{bmatrix}$$

式中，$\boldsymbol{P}_{\bar{m}}$ 称为位置矩阵；$\boldsymbol{Z}_{\bar{m}}$ 为深度矩阵。

以前述工作为基础，就可以进行海底地形匹配工作了。水下地形匹配算法的工作就是将潜水器测得的实时图与存储的基准图进行对准的过程，其精度直接影响地形辅助导航的精度。在地形匹配算法中，迭代最近点算法(iterative closest point，ICP)是最早使用的算法之一，其假定测深点位于等值线上，通过不断对潜水器航迹进行旋转和平移变换来达到目标函数的最优。由于受到观测值的限制和潜水器实际航迹的制约，比较难用于真实情况下的地形匹配。本节主要针对多波束测深的特性，介绍基于极大似然估计的海底地形匹配策略。

极大似然法的基本思想是构造一个自变量为 θ 的函数 $L(\theta)$，这个函数是变量 Y 的联合概率密度函数：$f(Y,\ \theta)$。参数估计的极大似然法就是选择参数 $\hat{\theta}$

以使似然函数 $L(\theta)$ 达到最大值：$L(\hat{\theta})=\max\limits_{\theta\in\Theta}L(\theta)$。对于给定的一组与参数 θ 有关的观测量 Y，由于观测结果是在被估计参数为某一特定条件下取得的，$f(Y, \theta)$ 实际上是条件概率密度函数，即 $f(Y, \theta)=f(Y\mid\theta)$。连续应用贝叶斯公式可以有

$$\begin{aligned} f(Y_N \mid \theta) &= f(y(N), Y_{N-1} \mid \theta) \\ &= f(y(N) \mid Y_{N-1}, \theta) f(Y_{N-1} \mid \theta) \\ &= \prod_{i=1}^{N} f(y(i) \mid Y_{i-1}) \end{aligned} \tag{6-17}$$

式中，N 表示观测量的总个数；i 表示观测序号。当观测数据足够多时，根据中心极限定理，假定 $f(y(i) \mid Y_{i-1})$ 符合正态分布，则有

$$f(y(i) \mid Y_{i-1}) = [2\sigma^2(i)]^{\frac{1}{2}} \exp\left\{-\frac{[y(i)-\bar{y}(i)]^2}{2\sigma^2(i)}\right\} \tag{6-18}$$

式中，$\bar{y}(i)$ 为条件均值；$\sigma^2(i)$ 为条件协方差。

因为对数函数是单调函数，大多数情况下 $f(Y, \theta)$ 关于 θ 可微，因此通常取 $\ln f(Y, \theta)$ 为似然函数，则 $\hat{\theta}$ 是方程 $\frac{\mathrm{d}}{\mathrm{d}\theta}\ln f(Y, \theta)=0$ 的解，此方程称之为似然方程。极大似然方法的目的就是通过求解似然方程来得到 θ 的极大似然估计。

根据无人无缆潜水器的运动规律，可以建立其以水平面坐标为状态变量的海底地形导航模型：

$$\boldsymbol{X}_{t+1} = \boldsymbol{X}_t + \boldsymbol{U}_t + \boldsymbol{v}_t \tag{6-19}$$

$$\boldsymbol{Y}_{t+1} = \boldsymbol{H}_t(\boldsymbol{x}_t) + \boldsymbol{E}_t \tag{6-20}$$

式中，$\boldsymbol{X}_t$ 为 t 时刻导航系统给出的潜水器水平面位置；$\boldsymbol{U}_t$ 为导航系统给出的两点之间偏移量；$\boldsymbol{v}_t$ 为导航系统误差；$\boldsymbol{Y}_t$ 表示 t 时刻多波束测量水深；$\boldsymbol{H}_t$ 表示在 $\boldsymbol{x}_t$ 处的数字地图水深插值函数；$\boldsymbol{E}_t$ 为水深测量误差，此处假设其为白噪声。为了简化问题的分析，对式(6-20)进行降维处理，有 $\boldsymbol{y}_t=\boldsymbol{h}_t(\boldsymbol{x}_t)+\boldsymbol{e}_t$。由于测量误差与 $\boldsymbol{x}_t$ 无关，则在 $\boldsymbol{x}_t$ 处具有测量值 $\boldsymbol{y}_t$ 的可能性为：$p(\boldsymbol{y}_t \mid \boldsymbol{x}_t)=p(\boldsymbol{e}_t)$。似然函数可以表示为

$$\begin{aligned} L(\boldsymbol{y}_t \mid \boldsymbol{x}_t) &= p(\boldsymbol{y}_t - \boldsymbol{h}_t(\boldsymbol{x}_t)) \\ &= \frac{1}{(2\pi)^{N/2}} \exp\left\{-\frac{1}{2}[(\boldsymbol{y})_t - \boldsymbol{h}_t(\boldsymbol{x}_t)]^{\mathrm{T}} \boldsymbol{C}^{-1} [(\boldsymbol{y})_t - \boldsymbol{h}_t(\boldsymbol{x}_t)]\right\} \end{aligned} \tag{6-21}$$

式中，N 表示测量波束的个数；$\boldsymbol{C}$ 表示测量误差的协方差矩阵。极大似然估计的优点在于对于给定的数据集，总能在数值上对问题求解，即当极大似然函数取得最大值时，极大似然估计就可以确定下来。所以，当已知一组地形测量数据的时候，地形定位的极大似然轨迹就是在定位点 $\boldsymbol{x}_t$ 可能的范围内，找到具有最大似然函数值的位置作为最佳定位估计值。

从原理上讲，总能够找到最大似然函数值从而确定潜水器的定位点。由于地形特征的变化以及各种误差的影响，不是每一处定位点的测量值都能够对应到唯一的定位点，也就是说似然函数可能存在伪峰值。单一的极大似然判别方式的缺点在于应对地形特征敏感程度上缺乏足够的鲁棒性。针对这一问题，有研究人员采用引入费希尔判据(Fisher criterion)的方式对似然估计量进行约束，以增强算法对不同地形特征的鲁棒性。

6.4.4 海底地形匹配辅助导航

基于极大似然估计的海底地形匹配算法流程如图 6-21 所示。

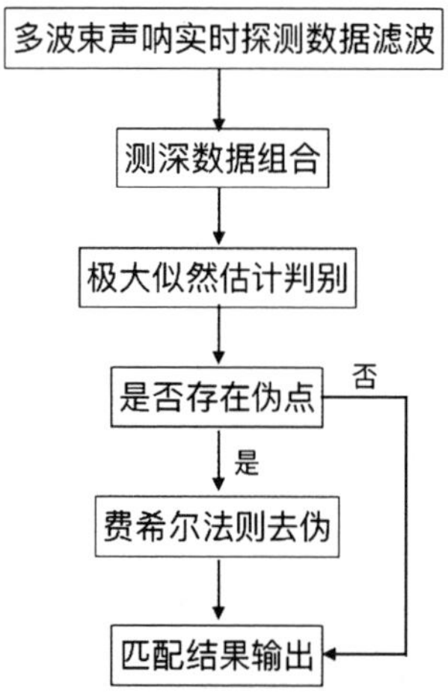

多波束声呐实时探测数据滤波
测深数据组合
极大似然估计判别
是否存在伪点
是
否
费希尔法则去伪
匹配结果输出

图 6-21 海底地形匹配算法流程图

其主要的步骤为：

(1) 多波束声呐实时获得探测数据，对探测数据进行滤波处理，去除噪声，提取真实地形信息。

(2) 测深数据由多个声脉冲信号组合而成，声脉冲的个数可以根据每个脉冲所提取的地形测深点的个数进行调整，考虑计算量和地形特征的约束，一般取 1～10 个。

(3) 由于多波束声呐具有较高的精度，一般地形条件下可以使用极大似然方法找出最佳的匹配点，当地形变化缓慢、地形较为平坦时会由于伪波峰的存在对结果的判断造成影响。

(4) 当因出现伪波峰而无法确定最佳匹配点时，使用费希尔判据，对地形特征进行分类，进而对相关伪波峰处的地形特征进行判别，去除伪波峰。

(5) 匹配结果可以直接用于对导航的修正，也可以与其他导航方法的结果进行融合后使用。

6.5 无人无缆潜水器同时定位与建图技术

6.5.1 水下同时定位与建图问题

前一节所介绍的海底地形匹配导航需要预先有作业海域相关的数字地形信息。在很多时候，该前提条件是不具备的。本节将要介绍的是同时定位与建图(simultaneous localization and Mapping, SLAM)技术，该技术可以描述为：机器人(潜水器)在未知的环境中从一个未知的位置开始移动，在移动过程中根据位置估计和传感器的观测进行自身定位，同时建立环境地图的技术[102]。这一概念自从20世纪80年代末期提出以来，由于其重要的理论和应用价值，被很多学者认为是实现真正自主移动机器人的关键技术。经过20余年的发展，同时定位与建图技术在理论和实践方面取得了长足的发展，建立了一些实用性很强的方法，并在室内、室外以及水下等环境得到了初步的应用。

同时定位与建图的基本原理如图6-22所示，无人潜水器利用搭载的探测传感器对其周围的目标(环境特征)进行探测。在t时刻定义如下变量：

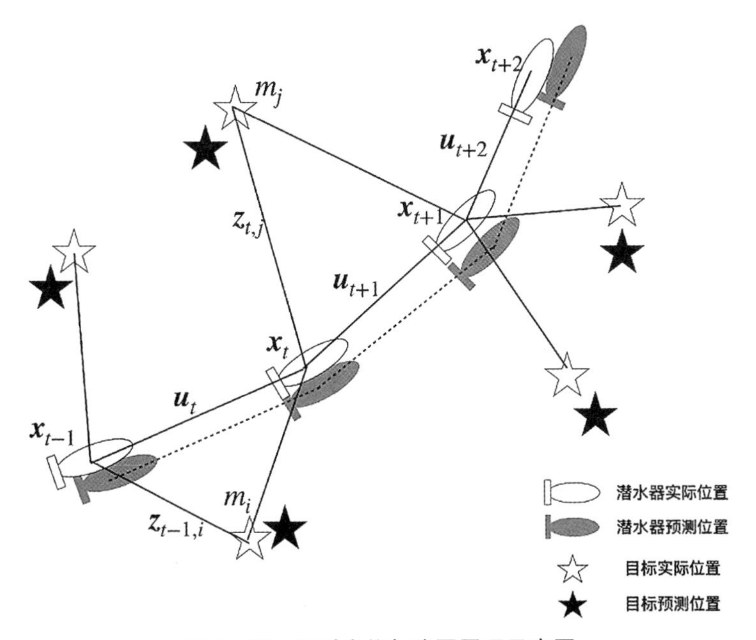

图6-22 同时定位与建图原理示意图

$\boldsymbol{x}_t$ 是描述潜水器位置和姿态的向量；$\boldsymbol{u}_t$ 为控制向量，该控制向量在 $t-1$ 时刻开始起作用，驱动潜水器在 t 时刻达到状态 $\boldsymbol{x}_t$；$\boldsymbol{m}_i$ 为描述第 i 个探测目标（路标）的实际位置；$\boldsymbol{z}_{t,i}$ 为潜水器在 t 时刻对第 i 个路标的探测值。此外，定义 $\boldsymbol{X}_{0:t}=\{\boldsymbol{x}_0, \boldsymbol{x}_1, \cdots, \boldsymbol{x}_t\}=\{\boldsymbol{X}_{0:t-1}, \boldsymbol{x}_t\}$ 为潜水器的位置时间序列；$\boldsymbol{U}_{0:t}=\{\boldsymbol{u}_0, \boldsymbol{u}_1, \cdots, \boldsymbol{u}_t\}=\{\boldsymbol{U}_{0:t-1}, \boldsymbol{u}_t\}$ 为潜水器的控制时间序列；$\boldsymbol{m}=\{\boldsymbol{m}_1, \boldsymbol{m}_2, \cdots, \boldsymbol{m}_n\}$ 为潜水器航行过程中所能探测到的路标集合；$\boldsymbol{Z}_{0:t}=\{\boldsymbol{z}_0, \boldsymbol{z}_1, \cdots, \boldsymbol{z}_t\}=\{\boldsymbol{Z}_{0:t-1}, \boldsymbol{z}_t\}$ 为潜水器航行过程中对路标的探测序列。

以上述定义为基础，潜水器的同时定位与建图问题可以归结为对于任意时刻 t 求获得关于潜水器位置和路标位置的概率分布：

$$P(\boldsymbol{x}_t, \boldsymbol{m} \mid \boldsymbol{Z}_{0:t}, \boldsymbol{U}_{0:t}, \boldsymbol{x}_0) \tag{6-22}$$

式(6-22)的概率分布描述了在潜水器初始位置、控制输入序列以及观测序列条件下关于潜水器位置和路标位置的联合后验概率密度。这一过程可以用递推的方式来进行：在 $t-1$ 时刻系统的概率分布为 $P(\boldsymbol{x}_{t-1}, \boldsymbol{m} \mid \boldsymbol{Z}_{0:t-1}, \boldsymbol{U}_{0:t-1})$，在此基础上根据更新的控制输入 $\boldsymbol{u}_t$ 和新的观测信息 $\boldsymbol{z}_t$ 进行后验概率密度的更新。在此流程下，我们需要定义系统的运动模型和观测模型以便分析和处理控制输入以及观测信息对于概率密度函数的影响。

潜水器系统的运动模型可以表示为

$$P(\boldsymbol{x}_t \mid \boldsymbol{x}_{t-1}, \boldsymbol{u}_t) \tag{6-23}$$

式(6-23)将潜水器的状态变化假设为一个马尔可夫过程，其 t 时刻的状态 $\boldsymbol{x}_t$ 只与 $t-1$ 时刻的状态 $\boldsymbol{x}_{t-1}$ 以及控制输入 $\boldsymbol{u}_t$ 有关，与观测信息以及地图信息无关。

潜水器的观测模型可以表示为

$$P(\boldsymbol{z}_t \mid \boldsymbol{x}_t, \boldsymbol{m}) \tag{6-24}$$

以上述潜水器状态和观测模型为基础，同时定位与建图问题可以分解为预测-观测修正两步迭代过程。

预测过程：

$$\begin{aligned} P(\boldsymbol{x}_t, \boldsymbol{m} \mid \boldsymbol{Z}_{0:t}, \boldsymbol{U}_{0:t}, \boldsymbol{x}_0) = & \int P(\boldsymbol{x}_t \mid \boldsymbol{x}_{t-1}, \boldsymbol{u}_t) \\ & \times P(\boldsymbol{x}_{t-1}, \boldsymbol{m} \mid \boldsymbol{Z}_{0:t-1}, \boldsymbol{U}_{0:t-1}, \boldsymbol{x}_0) \mathrm{d}\boldsymbol{x}_{t-1} \end{aligned} \tag{6-25}$$

测量修正过程：

$$P(\boldsymbol{x}_t, \boldsymbol{m} \mid \boldsymbol{Z}_{0:t}, \boldsymbol{U}_{0:t}, \boldsymbol{x}_0) = \frac{P(\boldsymbol{z}_t \mid \boldsymbol{x}_t, \boldsymbol{m})P(\boldsymbol{x}_t, \boldsymbol{m} \mid \boldsymbol{Z}_{0:t-1}, \boldsymbol{U}_{0:t}, \boldsymbol{x}_0)}{P(\boldsymbol{z}_t \mid \boldsymbol{Z}_{0:t-1}, \boldsymbol{U}_{0:t})} \tag{6-26}$$

从式(6-25)和式(6-26)出发,我们可以根据观测序列 $\boldsymbol{Z}_{0:k}$ 和控制序列 $\boldsymbol{U}_{0:k}$ 得到潜水器在 t 时刻的位置和地图中路标的联合后验概率分布 $P(\boldsymbol{x}_k, \boldsymbol{m} \mid \boldsymbol{Z}_{0:k}, \boldsymbol{U}_{0:k}, \boldsymbol{x}_0)$。整个概率分布函数迭代的过程可以看作是潜水器运动模型 $P(\boldsymbol{x}_t \mid \boldsymbol{x}_{t-1}, \boldsymbol{u}_t)$ 和观测模型 $P(\boldsymbol{z}_t \mid \boldsymbol{x}_t, \boldsymbol{m})$ 的函数。

6.5.2 水下同时定位与建图的数据关联技术

在潜水器应用同时定位与建图技术实现自身导航定位和绘制地图的过程中,数据关联(data association)问题是一个重要的技术问题。在 SLAM 技术中,该问题指的是建立不同时间、不同位置的传感器测量之间、传感器测量与地图特征(路标)之间的对应关系,以确定它们是否来源于环境中同一个物理实体的过程。因为潜水器在进行测量的过程中是不断运动的,传感器在每一个时间节拍上可以观测到多个环境特征,所以确定每一个量测值与物理实体之间的一一对应关系对于 SLAM 技术而言显得尤为重要。因为一旦观测信息和环境特征之间的对应出现差错,将会使得式(6-26)所示的测量修正过程出现差错,严重者甚至会导致定位与地图创建过程失败。

由于篇幅的限制,本节针对几种较为常见的数据关联算法进行简要介绍[103],细节可以查阅相关参考文献[104]。

1) 最近邻数据关联算法(NNDA)

该种方法假设传感器的观测值和环境特征之间的匹配都是相对独立的,从而可以选定统计距离最小或残差概率密度最大的匹配为数据关联的结果。这种方法实际上好似一种“贪心”算法,无法保证获得全局最优结果。当环境特征之间的距离比较近的时候,很容易发生关联失败的结果。因此,这种算法在环境特征较少且比较稀疏的情况下可获得较好的数据关联效果。

2) 单匹配最近邻算法(ICNN)

该算法在最近邻算法的基础上提出改进,预先设置一个关联门限阈值,将落入关联门限阈值且与特征预测位置最近的观测点作为特征关联对象。

3) 概率数据关联(PDA)

该方法将环境特征出现的频率用 0~1 之间的概率值来表示,充分利用了过去一段时间内的数据信息,对观测值有了一定的鲁棒性。其优点在于不依赖于过去数据关联的正确性,算法收敛性高,缺点在于对计算开销和存储空间要求都比较高。

4）联合相容性检验算法(JCT)

针对最近邻算法独立考虑每个观测与环境特征相容性而忽略地图中路标之间相关性的问题，联合兼容性检验算法检验同一时刻所获得的所有观测值与路标之间的联合相容性，并且选择其中相容性最大的关联假设作为该观测的关联取值。

5）联合相容分支定界算法(JCBB)

该方法是在联合相容检验算法的基础上，将分支定界算法和相容性的递增式计算搜索解释树方法结合起来以获得最优的数据关联。该算法将地图中路标的相关性约束引入到数据关联求解中来，比最近邻算法的约束更加严格，排除了许多最近邻算法无法排除的关联假设，从而有效降低计算量。该算法的问题在于当环境规模增大时，计算量和运算时间也会增长，从而限制其在大规模环境中的应用。

6）多假设数据关联算法(MHT)

有研究者发现，有时候某一时刻观测正确的数据关联需要经过一定的时间延迟后才能获得。多假设数据关联算法通过基于延迟逻辑的方法试图获得数据关联的最优解。该方法利用一个有限长度的时间滑动窗口建立了多个候选关联假设，并且通过假设的产生、假设概率计算以及假设的管理技术实现对多个目标的跟踪。该方法因为时间滑动窗口的作用，在一定时间之后可以获得最优或次优的数据关联，从而避免了一旦确定关联假设就不能对其进行修改的问题。

6.5.3 基于 EKF 的水下同时定位与建图技术

对式(6-23)～式(6-26)所描述的同时定位与建图问题而言，在实际的求解过程中我们需要给出潜水器运动模型和观测模型合适的表达形式，从而便于概率密度函数的计算。目前，对于运动模型和观测模型最为常用的一种表达方式是增加了高斯噪声的状态空间模型，这也就引出了较为常用的基于扩展卡尔曼滤波算法的同时定位与地图创建算法(EKF-SLAM)。

在 EKF-SLAM 算法中，与式(6-23)相对应的潜水器的运动模型表示为

$$P(\boldsymbol{x}_t \mid \boldsymbol{x}_{t-1}, \boldsymbol{u}_t) \Leftrightarrow \boldsymbol{x}_t = \boldsymbol{f}(\boldsymbol{x}_{t-1}, \boldsymbol{u}_t) + \boldsymbol{w}_t \tag{6-27}$$

式中，$\boldsymbol{f}(\cdot)$ 为潜水器的运动学模型；$\boldsymbol{w}_t$ 为均值为零、协方差为 $\boldsymbol{Q}_t$ 的高斯噪声。与式(6-24)对应的潜水器的观测模型表示为

$$P(\boldsymbol{z}_t \mid \boldsymbol{x}_t, \boldsymbol{m}) \Leftrightarrow \boldsymbol{z}_t = \boldsymbol{h}(\boldsymbol{x}_t, \boldsymbol{m}) + \boldsymbol{v}_t \tag{6-28}$$

式中，$\boldsymbol{h}(\cdot)$ 为潜水器的观测模型；$\boldsymbol{v}_t$ 为均值为零、协方差为 $\boldsymbol{R}_t$ 的高斯噪声。以上述定义为基础，基于卡尔曼滤波方法，可以计算系统联合后验概率分布 $P(\boldsymbol{x}_t, \boldsymbol{m} \mid \boldsymbol{Z}_{0:t}, \boldsymbol{U}_{0:t}, \boldsymbol{x}_0)$ 的均值为

$$\begin{bmatrix} \hat{\boldsymbol{x}}_{t|t} \\ \hat{\boldsymbol{m}}_t \end{bmatrix} = \boldsymbol{E}\left[\begin{matrix} \boldsymbol{x}_t \\ \boldsymbol{m} \end{matrix} \middle| \boldsymbol{Z}_{0:t} \right] \tag{6-29}$$

协方差可以表示为

$$\begin{aligned} \boldsymbol{P}_{t|t} &= \begin{bmatrix} \boldsymbol{P}_{xx} & \boldsymbol{P}_{xm} \\ \boldsymbol{P}_{xm}^{\mathrm{T}} & \boldsymbol{P}_{mm} \end{bmatrix}_{t|t} \\ &= \boldsymbol{E}\left[\begin{pmatrix} \boldsymbol{x}_t - \hat{\boldsymbol{x}}_t \\ \boldsymbol{m} - \hat{\boldsymbol{m}}_t \end{pmatrix} \begin{pmatrix} \boldsymbol{x}_t - \hat{\boldsymbol{x}}_t \\ \boldsymbol{m} - \hat{\boldsymbol{m}}_t \end{pmatrix}^{\mathrm{T}} \mid \boldsymbol{Z}_{0:t} \right] \end{aligned} \tag{6-30}$$

具体而言，系统预测过程可以表示为

$$\hat{\boldsymbol{x}}_{t|t-1} = \boldsymbol{f}(\hat{\boldsymbol{x}}_{t-1|t-1}, \boldsymbol{u}_t) \tag{6-31}$$

$$\boldsymbol{P}_{xx,\,t|t-1} = \nabla \boldsymbol{f} \boldsymbol{P}_{xx,\,t-1|t-1} \nabla \boldsymbol{f}^{\mathrm{T}} + \boldsymbol{Q}_t \tag{6-32}$$

式中 $\nabla \boldsymbol{f}$ 为运动学方程 $\boldsymbol{f}$ 关于预测值 $\hat{\boldsymbol{x}}_{t-1|t-1}$ 的雅可比矩阵。

系统的观测-更新过程可以表示为

$$\begin{bmatrix} \hat{\boldsymbol{x}}_{t|t} \\ \hat{\boldsymbol{m}}_t \end{bmatrix} = \begin{bmatrix} \hat{\boldsymbol{x}}_{t|t-1} \\ \hat{\boldsymbol{m}}_{t-1} \end{bmatrix} + \boldsymbol{W}_t[\boldsymbol{z}_t - \boldsymbol{h}(\hat{\boldsymbol{x}}_{t|t-1}, \hat{\boldsymbol{m}}_{t-1})] \tag{6-33}$$

$$\boldsymbol{P}_{t|t} = \boldsymbol{P}_{t|t-1} - \boldsymbol{W}_t \boldsymbol{S}_t \boldsymbol{W}_t^{\mathrm{T}} \tag{6-34}$$

$$\begin{aligned} \boldsymbol{S}_t &= \nabla \boldsymbol{h} \boldsymbol{P}_{t|t-1} \nabla \boldsymbol{h}^{\mathrm{T}} + \boldsymbol{P}_t \\ \boldsymbol{W}_t &= \boldsymbol{P}_{t|t-1} \nabla \boldsymbol{h}^{\mathrm{T}} \boldsymbol{S}_t^{-1} \end{aligned} \tag{6-35}$$

式中，$\nabla \boldsymbol{h}$ 为函数 $\boldsymbol{h}(\cdot)$ 在关于 $\hat{\boldsymbol{x}}_{t|t-1}$，$\hat{\boldsymbol{m}}_{t-1}$ 的雅可比矩阵。上面就是基于扩展卡尔曼滤波算法的同时定位与地图创建问题的简要描述。

6.5.4 基于鲁棒 UKF 的水下同步定位与建图技术[104]

由于水下潜水器的运动学模型和传感器的观测模型存在较强的非线性特性，前面的扩展卡尔曼滤波算法是对非线性系统的线性化近似，在大多数情况下能够获得较好的效果。本节介绍另外一种滤波器方法——无迹卡尔曼滤波算法来实现同时定位与建图问题。

无迹变换是一种用于计算经过非线性变换的随机变量统计的方法，该方法

不需要对量测模型和非线性状态进行线性化，而是对状态向量的概率密度进行近似，近似化后的概率密度函数仍然是高斯型。无迹变换的实现原理可以简单描述为：在原始分布状态中，按照某一规则选取一些点，使得这些点的均值和协方差都等于原状态分布的均值和协方差。将这些点代入到非线性函数中，相应得到非线性函数点集，通过该点集求取变换后的均值和协方差。由于这样的函数值没有经过线性化处理，没有忽略高阶项，因此得到的均值和方差估计比扩展卡尔曼滤波方法要准确。

无迹卡尔曼滤波算法是标准卡尔曼滤波算法和无迹变换的结合。虽然无迹卡尔曼滤波算法仍然隶属于标准卡尔曼滤波体系，但是其通过无迹变换使得非线性系统的方程满足线性假设而不会像扩展卡尔曼滤波算法那样，通过某种方式对非线性函数进行线性化处理以实现递推过程。由于其不需要计算雅可比矩阵，所以能够比扩展卡尔曼滤波算法更精确地逼近状态方程的非线性特征。为了便于问题的描述，将式(6-27)和式(6-28)描述的系统运动方程和量测方程简化为如下形式：

$$\boldsymbol{x}_t=\boldsymbol{F}_t\boldsymbol{x}_{t-1}+\boldsymbol{\omega}_t \tag{6-36}$$

$$\boldsymbol{z}_t=\boldsymbol{H}_t\boldsymbol{x}_{t-1}+\boldsymbol{v}_t \tag{6-37}$$

式中，$\boldsymbol{x}_t$ 状态变量；$\boldsymbol{z}_t$ 为观测变量；$\boldsymbol{F}_t$ 为系统状态转移矩阵；$\boldsymbol{H}_t$ 为系统观测矩阵；$\boldsymbol{\omega}_t$ 为系统过程噪声，假设其是均值为零，协方差为 $\boldsymbol{Q}_t$ 的高斯白噪声；$\boldsymbol{v}_t$ 为系统的观测噪声，假设其是均值为零、协方差为 $\boldsymbol{R}_t$ 的高斯白噪声。无迹卡尔曼滤波算法的计算过程如下：

(1) 初始化。状态向量 $\boldsymbol{x}_0$ 的初始统计特性为 $E(\boldsymbol{x}_0)=\bar{x}_0$，$D(\boldsymbol{x}_0)=P_0$，并且 $E(\boldsymbol{x}_0, \boldsymbol{w}_t)=0$，$E(\boldsymbol{x}_0, \boldsymbol{v}_t)=0$，扩展后的初始状态向量和方差为

$$\boldsymbol{x}_0^a=[\bar{\boldsymbol{x}}^{\mathrm{T}} \quad 0 \quad 0]^{\mathrm{T}}, \quad \boldsymbol{P}_0^a=\begin{bmatrix} P_0 & 0 & 0 \\ 0 & Q_0 & 0 \\ 0 & 0 & R_0 \end{bmatrix}$$

(2) 系统的扩展状态向量表示为

$$\boldsymbol{x}_t^a=[\bar{\boldsymbol{x}}_t^{\mathrm{T}} \quad \boldsymbol{w}_t^{\mathrm{T}} \quad \boldsymbol{v}_t^{\mathrm{T}}]^{\mathrm{T}}, \quad \boldsymbol{P}_t^a=\begin{bmatrix} P_t & 0 & 0 \\ 0 & Q_t & 0 \\ 0 & 0 & R_t \end{bmatrix}$$

选取粒子 $\boldsymbol{x}_{t-1}^a=[\bar{\boldsymbol{x}}_{t-1}^a \quad \bar{\boldsymbol{x}}_{t-1}^a+\sqrt{(n_a+\lambda)P_{t-1}^a} \quad \bar{\boldsymbol{x}}_{t-1}^a-\sqrt{(n_a+\lambda)P_{t-1}^a}\,]$ 且

$\boldsymbol{x}_{t-1}^{a}=[\bar{\boldsymbol{x}}_{t-1}^{x} \quad \bar{\boldsymbol{x}}_{t-1}^{w} \quad \bar{\boldsymbol{x}}_{t-1}^{\nu}]$。其中，$n_a=n_x+n_w+n_\nu$，$n_x$，$n_w$，$n_\nu$ 分别代表系统状态变量、过程噪声和量测噪声的维数。

（3）系统状态更新。

根据无迹变换的原理可以计算得到权值 W_i，在此基础上可以更新系统状态：

$$\boldsymbol{x}_{t|t-1}^{x}=\boldsymbol{f}(\boldsymbol{x}_{t-1}^{x},\ \boldsymbol{u}_{t-1},\ \boldsymbol{x}_{t-1}^{w})$$

$$\bar{\boldsymbol{x}}_{t|t-1}=\sum_{i=0}^{2n_a} W_i^{(m)} x_{1,\ t|t-1}^{x}$$

$$P_{t|t-1}=\sum_{i=0}^{2n_a} W_i^{(c)}[\boldsymbol{x}_{1,\ t|t-1}^{x}-\bar{\boldsymbol{x}}_{t|t-1}^{x}][\boldsymbol{x}_{1,\ t|t-1}^{x}-\bar{\boldsymbol{x}}_{t|t-1}^{x}]^{\mathrm{T}}$$

$$\boldsymbol{z}_{t|t-1}=\boldsymbol{h}(\boldsymbol{x}_{t|t-1}^{x},\ \boldsymbol{x}_{t|t-1}^{\nu})$$

$$\bar{\boldsymbol{z}}_{t|t-1}=\sum_{i=0}^{2n_a} W_i^{(m)} \boldsymbol{z}_{1,\ t|t-1}$$

（4）测量更新。

$$P_{z_{t|t-1}z_{t|t-1}}=\sum_{i=0}^{2n_a} W_i^{(c)}[\boldsymbol{z}_{1,\ t|t-1}-\bar{\boldsymbol{z}}_{1,\ t|t-1}][\boldsymbol{z}_{1,\ t|t-1}-\bar{\boldsymbol{z}}_{1,\ t|t-1}]^{\mathrm{T}}$$

$$P_{x_{t|t-1}z_{t|t-1}}=\sum_{i=0}^{2n_a} W_i^{(c)}[\boldsymbol{x}_{1,\ t|t-1}^{x}-\bar{\boldsymbol{x}}_{1,\ t|t-1}^{x}][\boldsymbol{z}_{1,\ t|t-1}-\bar{\boldsymbol{z}}_{1,\ t|t-1}]^{\mathrm{T}}$$

$$K_t=P_{x_{t|t-1}z_{t|t-1}} P_{z_{t|t-1}z_{t|t-1}}^{-1}$$

$$\bar{\boldsymbol{x}}_t=\bar{\boldsymbol{x}}_{t|t-1}+K_t(\boldsymbol{z}_t-\bar{\boldsymbol{z}}_{t|t-1})$$

$$\hat{P}_t=P_{t|t-1}+K_t P_{z_{t|t-1}z_{t|t-1}} K_t^{\mathrm{T}}$$

至此，可以得到无迹卡尔曼滤波器在 t 时刻的系统状态估计和方差。

6.6 无人无缆潜水器导航技术展望

6.6.1 海洋地球物理导航技术

如前所述，受到作业环境的限制，很多时候采用水声定位或惯性导航定位的方式是不可行的。利用所在海域自身的地球物理特性是一种具有较大发展潜力的辅助导航方法。前面介绍的海底地形辅助导航利用的是海底地形起伏特性进行导航。除此之外,还可以考虑磁场、重力场等地球物理特性。这种地球物理属性导航是自然界生物(鱼、鸟、鲸及其他动物)迁徙时常用的一种导航方式。与海底地形匹配导航类似,基于地磁导航是已知一定区域地球磁场强度关于水深和地理位置的分布图,在考虑每天磁场变化的前提下,利用潜水器测量到的地球磁场强度来估算自身位置的方法。据报道,美国已经开发出水下定位精度优于500 m 的地磁导航系统。重力场导航方式与前述方法类似,也是在已知地球重力分布图或者潜水器作业区域重力分布图的基础上,利用潜水器携带的重力探测仪器实时量测重力场,搜索与之匹配的路线从而确定自身位置的过程。美国新一代潜艇导航系统就具备重力场导航的能力,可以对惯性导航系统的漂移作出修正,从而改善其导航定位精度。

6.6.2 多潜水器同步定位与建图技术

多潜水器协同作业是未来无人无缆潜水器技术的重要发展方向之一。本节前面部分已经对同时定位与建图技术进行了基本的介绍。以此类推,多潜水器凭借其作业过程中空间上的分布和时间上的并行,在某种程度上能够相互"配合",共同实现对区域的建图工作,并改进自身的位置估计。与陆地、空中无人系统类似,为了实现协作,需要潜水器之间能够以某种方式进行信息的交互。这对于水下环境而言,需要潜水器面临更大的挑战。协同同时定位与地图创建(cooperative simultaneous localization and mapping,C - SLAM)技术能够通过如下"信息交互"形式来提高作业效率:

"直接信息交互":当潜水器之间能够直接通过水声信道或其他方式直接交换测量信息或者地图信息或者相互之间的测量信息时,能够有效地提高地图定位与创建的效率。

"间接信息交互":当多个潜水器能够对环境中的某些特征(路标)进行同步或异步的测量,并且能够对该信息进行统一的描述,则也能够有效地提高定位与建图的效率。

对于这一问题的研究,国际上也才起步不久,许多方法和技术有待进一步的检验。

7 无人无缆潜水器水下通信技术

7.1 水下信息无线传输技术概述

水下通信一般是指水上实体与水下目标之间的通信或水下目标之间的通信，是相对于陆地或空间通信而言的。水下通信分为水下有线通信和水下无线通信，本章主要针对水下无线通信相关技术进行介绍。随着世界范围内研究海洋、开发海洋热潮的逐渐兴起，在水下进行通信的需求也越来越迫切。在不同的作业场景中，水下平台(潜艇、无人无缆潜水器、水下传感器等)之间以及水下平台与水面船舶或岸基监控系统之间迫切需要一种无线的、可靠的传输方式以实现文字、声音或图像等信息的交互。根据使用要求的不同，水下信息的无线传输可用到的典型技术有水声通信、激光通信以及超长波通信。与陆地、空中惯常使用的电磁波有着明显的不同，就目前已知的能量辐射形式而言，声波是水下无线通信的最佳载体，因此是本章介绍的重点。激光通信以及超长波通信在近距离(百米左右量级)和远距离(数千千米量级)上有着特殊的应用，本章将做简要介绍。

7.1.1 水声通信技术

水声通信技术是指利用声波在水下的传播进行信息传送的技术，是目前实现水下目标之间中远距离通信最重要的手段。如图 7-1 所示[105]，水声通信的工作原理是将文字、图像或语音等信息转换成电信号，由编码器进行数字化处理、通过水声换能器将数字化的点信号转化成声信号，声信号以水体为介质，将携带的信息传递到接收端换能器，换能器再将声信号转换为电信号，解码器对该信息进行解释后还原出相应的文字、图像以及声音信息。

如图 7-1 所示，水声信道是连接发送、接收两方的媒介。水声信道是无线通信领域最为复杂的一种信道，这是由声波在海洋传播过程中受到海面波浪起

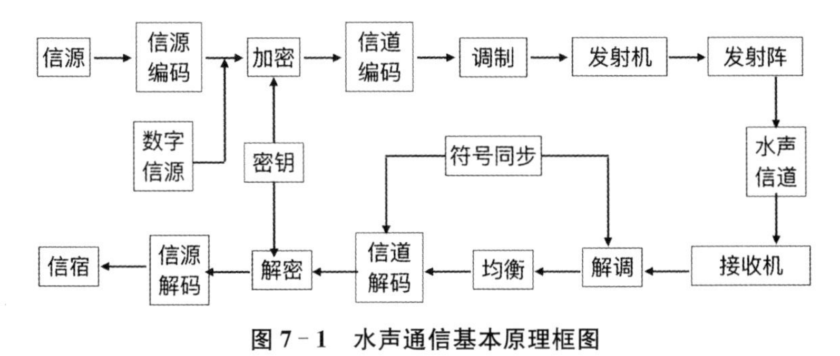

图 7-1 水声通信基本原理框图

伏、海底分层和不平整以及海水介质不均匀所产生的散射、折射效应而造成的。另外,浅海水声信道还会随着时间和空间而变化,这也为浅水域的水声通信带来了额外的复杂度。总的来说,水声信道具有如下的特点[107]:

(1) 带宽资源有限。由于水体对于高频信号强烈的吸收作用(见图 7-2),导致了水声通信中可用带宽只有几十千赫。这与无线电通信经常使用的带宽约几十兆赫形成了强烈的对比。

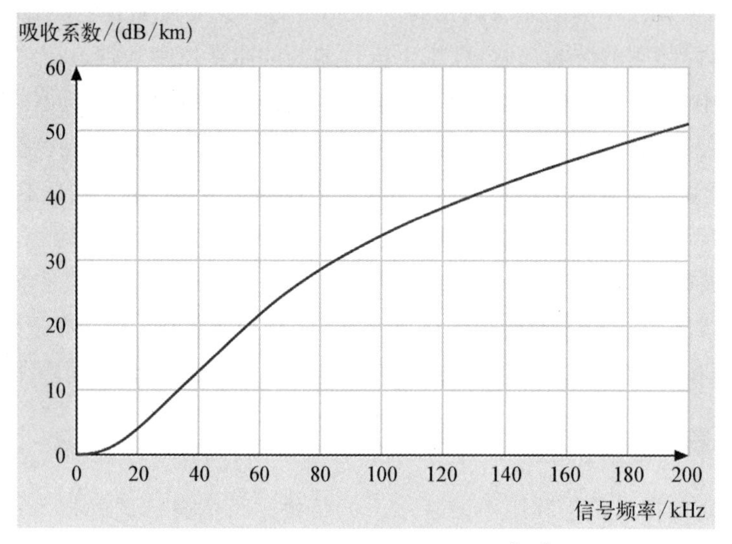

图 7-2 水声信号吸收系数曲线[106]

(2) 海洋环境噪声干扰严重。海洋环境噪声是水声信道中的一种干扰背景场,噪声源主要包括潮汐、洋流、海面波浪、地震活动、生物群体以及交通航运等。除了传播损失之外,海洋环境噪声也是限制水声通信系统接收信噪比(signal noise ratio,SNR)的重要因素。

(3) 多径效应复杂时变。除了有限的带宽和较高的海洋环境噪声之外,复杂时变的多径效应也是影响水声通信系统性能的重要因素之一。多径效应是指由于一个声源信号从不同方向以不同路径到达接收端时接收信号表现为发射信号不同时延、不同相位、不同幅度的叠加,从而增大信号接收端处理信号的难度和复杂度。多径效应主要是由于水面和海底对声信号的反射造成的,信道在时域的时延扩散会引起频域的频率选择性衰落,从而严重影响通信性能。

(4) 空间选择性衰落严重。空间选择性衰落是指不同地点域空间位置的衰落特性不一样,也就是说接收信号的强度和相位域接收阵元的位置有关。空间选择性衰落与海底海面的反射以及声速剖面等因素有关,尤其是在存在声速跃层(指声速在垂直方向上出现突变或不连续剧变的水层)的情况下,单个阵元发射或接收的系统可能会由于深度选择的不合理而严重降低通信性能。

(5) 多普勒效应严重。在水声通信中,收发平台之间的相对运动和海洋环境的起伏都会造成多普勒效应。多普勒效应在水声通信中产生的影响要远大于无线电通信,这是由信号载体传输速度与收发平台运动速度的比例决定的。这一特点是水声信道中的多普勒补偿不能像无线电通信中那样仅仅跟踪载波相位或者补偿载波频率,而需要在接收端估计出多普勒频移之后使用插值或者重采样的方法来补偿数据帧的展宽(或压缩)。

(6) 受起伏效应影响明显。由于海水介质的不均匀性(粗糙随机的海面、湍流、非均匀水团、海洋内波等),海洋中的声场也是随机起伏的。这种随机起伏效应也会影响水声通信的性能,主要表现在接收信号幅度和相位产生明显起伏,从而对水声信号的接收产生直接影响。

7.1.2 激光通信技术

对于水下激光通信而言,目前主要是指以蓝绿激光为载体进行水下通信的技术。研究显示,波长在 470～570 nm 之间的蓝绿激光对于海水具有较强的穿透能力。美国在 20 世纪 80 年代就开始试验用蓝绿激光对潜通信,结果显示 455 nm 的蓝绿激光对海水穿透深度可达 300 m。根据公开报道的信息,美国海军从 1977 年提出卫星利用激光-潜艇通信的可行性后,迄今为止共有 6 次海上大型蓝绿激光对潜通信试验,包括已成功进行的 12 km 高空对水下 300 m 深海的潜艇的单工激光通信试验。

与水声通信以及无线电波通信相比,蓝绿激光通信具有如下优势:一是光波工作频率高,信息承载能力强,从而可以组建大容量的无线通信链路;二是数据传输能力强,可提供超过 1 Gbit/s 的数据速率;三是不受海水盐度、温度、电磁等影响,抗干扰、抗截获和抗毁能力强;四是波束宽度窄,方向性好,能够有效降低敌方侦测效率;五是光波波长短,导致收发天线尺寸小从而可以大幅减少光通信设备重量。2010 年前后,美国伍兹霍尔海洋研究所的研究人员实现了 100 m 范围内水下光通信速率 10～20 Mbit/s 的通信能力,初步验证了利用水下激光进行短距离大数据量通信的可行性。尽管水下激光通信提供了一种高速率通信的可能,但其在真正实用化过程中还是面临一些技术问题:一是蓝绿激光与大多数海洋生物发光的光谱吻合,易对通信系统造成干扰;二是光通信具有极强的方向性,通信时必须知道水下目标所处的大致位置,容易暴露目标;三是目前的光通信大多还需借助高空飞行器发射激光,战时被摧毁的风险较大。

7.1.3 超长波通信技术

如前所述海水对无线电信号有着很强的吸收作用，频率越高（或者说波长越短），则衰减得越厉害。相比较而言，波长更长的长波、甚长波乃至超长波在海水中的衰减程度要小得多，能够进入到水下几十米乃至数百米的地方。超长波一般是指波长为 10～100 万米（频率为 300～30 Hz）的无线电波。超长波在海水中的衰减率相对较小，入水深度可以超过 100 m。超长波通信一般用在对潜通信方面。举例而言，1958 年前后，美国为了解决“北极星”潜艇的大深度通信问题，提出了用超长波进行通信的设想并进行了长期的试验研究。超长波通信电台的功率极大但通信速率极低，一般仅能够用预先约定意义的几个字母的组合进行信号通信。所以，对于无人无缆潜水器而言，该种通信方式是不适合的。

7.2 水声通信技术国内外研究现状

随着海洋开发、海洋军事的发展，水声通信技术在第二次世界大战后期开始得到重视。1945 年美国海军水声实验室采用单边带调制技术成功研制出应用于潜艇间通信的水下电话，称为第一个具有实际意义的水声通信系统。到了 20 世纪 80 年代，水声通信调制技术完成了从模拟到数字信号的转换。当时，大部分水声通信系统基本都采用非相干调制技术。到了 20 世纪 90 年代后期，水声通信调制技术完成了从非相干调制到相干调制技术的转变。进入 21 世纪以来，相干水声通信及其相关技术有了迅速的发展，水声通信系统的性能也相应显著提升。目前已经由最初的理论和实验研究阶段发展到实际的应用研究阶段，国外已经有商用产品出现，国内也逐步有相应的工程样机及产品面世[108]。

7.2.1 国外研究现状

就通信体制来看，国外研究的主要通信体制有 OFDM 水声通信、单载波水声通信和扩频水声通信。近些年美国华盛顿大学的应用物理研究室、伍兹霍尔海洋研究所、康涅狄格州立大学以及英国海洋研究所等单位在水声通信研究中取得了一系列的研究成果。

OFDM 技术具有频带利用率高、抗多途扩展能力强等特点，适合于近程高速水声通信。M. Stojanovic 提出了一种基于非均匀多普勒扩展、时变多途信道下的 OFDM 信号检测自适应多途算法[109]，在浅海信道 2.5 km 距离条件下通信速率达到了 30 kbit/s。Preisig 采用压缩感知理论的匹配跟踪算法估计信道，提出了一种基于时延-多普勒扩展函数的稀疏信道估计算法[110]。该方法不需要给出详细的时变信道模型且考虑了多径时延和多普勒扩展带来的影响，为稀疏信道估计提供了很好的参考价值，为后续 OFDM 水声通信中的稀疏信道轨迹奠定了基础。S. Zhou 等人在 Preisig 的研究基础上，针对不同路径具有不同多普勒频移的情况，深入研究了基于压缩理论的 OFDM 频域稀疏时变信道估计算法，同时分析了各种稀疏信号重建算法的优劣。他们提出的基于基跟踪(basis pursuit)信道估计算法的 OFDM 水声通信系统，在信道多途比较复杂的海洋环境下，实现了通信距离 1 km，通信速率 7.4 kbit/s 且误码率小于 10^{-3} 的指标。

远程水声通信、低信噪比水声通信等主要依赖扩频水声通信技术。扩频技术具有抗干扰能力强、低截获率、多址能力、时间分辨率高等特点，因此已经广泛应用在军事和民用无线通信领域。扩频技术在水声通信中应用面临的主要问题是载波相位的跳变。针对这一问题，鉴于内嵌锁相环的判决均衡器已经成功应用于单载波水声通信中，M. Stojanovic 等人将该技术应用到扩频水声通信中，解决了直扩系统所面临的载波相位跳变干扰问题，并对水声信道进行了均衡处理。扩频技术在水声通信中应用面临的另一个问题来自于水声信道的多途扩展干扰。该干扰会严重破坏伪随机序列的正交性，降低扩频增益。针对这一问题，Sozer 等人将 RAKE 接收机应用在直扩系统中，将接收各个路径信号延迟合并来抑制多途扩展干扰，从而提高输出信噪比。T. C. Yang 等人分析了直扩系统在低信噪比条件下的性能，根据实际接收信号幅度波动的统计特性以及得到的实际扩频增益对直扩系统的输出误码率进行了建模，分析了低信噪比条件下扩频信号的检测概率问题。他们采用 9 阶 m 序列设计的直扩系统实现了 −12 dB 信噪比条件下的水声通信，误码率小于 10^{-2}。

7.2.2 国内研究现状

近些年来国内水声通信领域发展迅速，取得了一批优秀的研究成果。在 OFDM 高速水声通信系统研究方面，中科院声学所设计的通信系统在 2005 年南海试验中，接收端在以 4 kn 航速航行过程时，6.6 km 范围内通信速率达到了 20 kbit/s。哈尔滨工程大学乔钢教授课题组在通信距离 800～3 500 m 范围内，能够实现通信速率 30～50 kbit/s 且通信误码率小于 10^{-4} 的超高速水声通信。

国内在扩频通信方面的研究起步较晚，2000 年左右才有少数相关研究报告。近几年来，国内相关研究单位在消化吸收的基础上逐渐开始研究信息的扩频技术。西北工业大学何成兵等人针对传统扩频通信数据传输率低的问题提出了循环移位扩频水声通信技术，该技术基于扩频序列优良的相关特性对发射信息序列进行循环移位编码，实现了 15 km 通信距离、2 kHz 带宽下通信速率为 438 bit/s，误码率小于 10^{-2} 的结果。哈尔滨工程大学周峰等人对循环移位扩频系统进行了进一步研究，相继提出了正交多载波 M 元循环移位键控扩频水声通信、正交码元移位键控扩频水声通信以及 M 元码元移位键控扩频水声通信等技术。哈尔滨工程大学殷敬伟等人将 Pattern 时延差编码应用在扩频水声通信系统中，提出了 M 元混沌扩频多通道 Pattern 时延差编码水声通信技术，既充分利用了扩频通信的优良性能，又提高了通信速率。

7.3 典型水声通信技术介绍

水声通信技术从模拟单边调带调制到数字通信中的 FSK、OFDM、OFDM - MIMO 等技术都是在无线电通信技术的影响下发展起来的。图 7 - 1 所示的水声通信基本原理框图中，选择合适的调制方式是其中重要的一环。所谓的调制，是指用来自信源的数字基带信号去使得某个载波按照基带信号的变化规律而变化。载波是一个确知的周期性信号，一般为余弦信号 $c(t) = A\cos(2\pi ft + \phi)$，其中 A 为振幅，f 为频率，ϕ 为初相位。这三个参量都可以独立地调制。根据需要调制的参数不同，可以把调制方式基本上分为振幅键控(ASK)、频移键控(FSK)、相移键控(PSK)。在此基础上，为了提高频带有限通信系统的频带利用率，又相继提出了多进制数字键控调制方式：多进制振幅键控(MASK)、多进制频移键控(MFSK)、多进制相移键控(MPSK)等。多进制数字键控调制方式在通信系统中得到了广泛的应用，现在已经发展成为比较成熟的通信方式，本节将选取 MFSK 作为代表在后面介绍其基本工作原理。随着技术的进步，特别是超大规模集成电路和数字信号处理技术的发展，在上述基本调制方法的基础上，有一些新的数字调制解调方法提出，比如最小频移键控(MSK)、正交分频复用(OFDM)、扩展频谱(SS)等。其中扩展频谱技术和正交分频复用技术在水声通信中得到深入研究和应用，本节后面将会针对这两项技术进行简要介绍。

7.3.1 水声扩频通信技术

扩频通信技术是 20 世纪 40 年代开始发展起来的一种通信技术。起初主要是用来为战争环境下的军队提供安全可靠的通信服务，后来逐渐扩展到民用通信以及网络构建等多个领域。本节将先对扩频通信的基本理论进行介绍[111]，然后在此基础上针对水下环境的扩频通信问题进行介绍[108,112-113]。

根据香农信息论中给出的信道容量公式 $C=B\times\log_2(1+S/N)$，C 为信道容量，B 为信道带宽，S/N 为信噪比。可以看出，为了提高信道容量，可以通过加大信道带宽或者提高信噪比两种方式实现。当信道容量一定时，信道带宽与信噪比的对数是成反比的，即增加信道带宽可以降低对信噪比的要求。扩频通信的基本原理就是用宽带传输技术换取信噪比降低来实现可靠传输。文献[7]中给出的示意图能够较好地体现这一原理。扩频通信可以理解为用来传输信息的信号带宽远远大于信息本身带宽的一种通信模式(见图 7-3)。

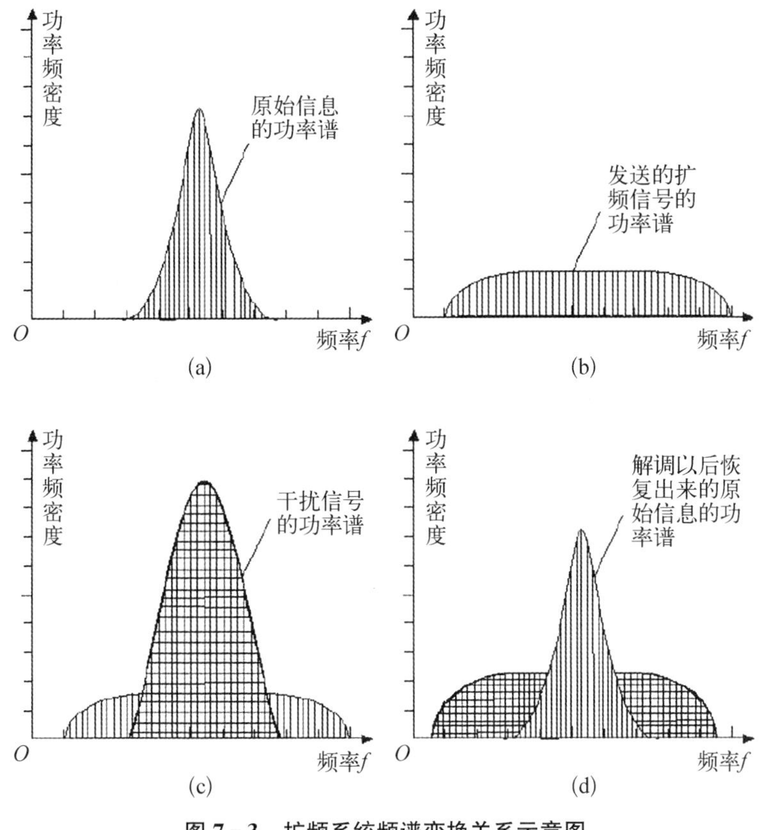

图 7-3 扩频系统频谱变换关系示意图

(a) 原始信息 (b) 调制后，频率扩展，信息的功率谱密度下降 (c) 在传输过程中，受到噪声干扰的情况 (d) 解调后，噪声的功率谱密度下降，信息的功率谱密度上升

目前，扩频通信主要有三种实现方式，即直接序列扩频、跳频扩频和跳时扩频。直接序列扩频(direct sequence spread spectrum，DSSS)是用待传输的数据信息直接与伪随机编码序列相乘后，生成复合码直接控制载波信号，扩展传输信

号的带宽。接收端产生一个与发送端伪随机编码序列完全同步的本地伪码序列,作为本地解扩信号,对接收信号进行相关处理。解扩后的信号送到解调器解调,从而恢复出所传信息(见图 7-4)。

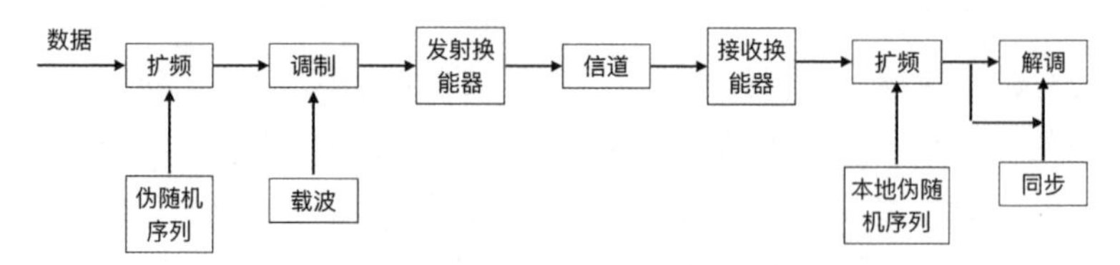

图 7-4 直接扩频通信原理示意图

跳频扩频(frequency hopping spread spectrum,FHSS)是经过数据信息调制后的基带信号做发射载波调制后发射,发射载波频率受伪随机序列发生器的控制,使发射信号的载波频率随伪随机序列的变化而跳变。

跳时扩频(time hopping spread spectrum,THSS)是使发射信号在时间轴上离散的跳变。信息数据送入受到伪随机序列控制的脉冲调制发射机,发射出携带信息数据的伪随机间隔发射信号,信号的发射时刻和持续时间受伪随机序列的控制。

上述几种方式可以混合使用,比如直扩+跳频,直扩+跳时,跳时+跳频等。它们比单一的扩频方式具有更优良的性能。本节将以直扩方式为例,对扩频水声通信的基本原理进行介绍,本部分主要内容来自于参考文献[113]。

如前所述,扩频技术是将信号扩展到一个很宽的频带上,然后发射出去。扩频信号的时间带宽积 $BT \gg 1$,可以在宽的信号带宽条件下实现远距离、高可靠的信息传输。同时,由于扩频信号具有良好的自相关特性,能够有效解决多径干扰问题。

假设通信系统接收到的信号为

$$x(t)=s(t)+n(t)=m(t)\cos(\omega t+\varphi)+n(t) \tag{7-1}$$

式中,$s(t)$ 为扩频信号;$n(t)$ 是均值为零、方差为 σ^2 的高斯白噪声;$m(t)$ 为扩频序列;ω 为载波频率;φ 为载波相位。假设信号与噪声是相互独立的,相关器输出为

$$R_x(\tau)=E[x(t)x(t+\tau)]=R_s(\tau)+\sigma^2\delta(\tau) \tag{7-2}$$

进一步假设扩频信号波形与载波波形是不相关的,有

$$R_s(\tau)=R_m(\tau)\cos(\omega\tau) \tag{7-3}$$

若扩频序列选用 m 序列，序列的长度为 N，码元的宽度为 T_c，其相关函数为

$$R_m(\tau)=\begin{cases}1-\dfrac{N+1}{NT_c}\mid\tau\mid, & \mid\tau\mid\leqslant T_c\\ -\dfrac{1}{N}, & \mid\tau\mid>T_c\end{cases}\tag{7-4}$$

由式(7-2)和式(7-3)可以得到

$$R_x(\tau)=R_m(\tau)\cos(\omega\tau)+\sigma^2\delta(\tau)\tag{7-5}$$

由式(7-4)和式(7-5)可以知道，扩频信号的自相关峰尖锐，自相关函数的能量主要集中在 $-T_c\leqslant\tau\leqslant T_c$ 之间。扩频信号自相关函数中存在 $\cos(\omega\tau)$，可以滤出频率为 ω 的分量后进行检测判决。当信道存在多径干扰时，只要多径时延超过伪随机码的一个码元宽度，则经过相关处理之后，就可以减弱甚至消除这种多径干扰的影响。

多径扩展是水声信道的重要特点之一。海面和海底的声反射以及由海洋空间特性不同(即海水的不均匀性)引起的声折射使得声波从发射机到接收机存在着许多不同的传播路径。信道的多径结构是紧密依赖于信道环境的。多径扩展引起的信号延时通常在浅海(水深小于 10 m)环境中可达 10 ms，在中等深度海洋(水深为 10～100 m)环境中达到 100 ms，在深海(水深大于 100 m)环境中达到 300 ms 或更长时间。由信号的多径传播产生的多径效应是水声通信最难克服的困难，多径信道使发送码在接收端产生波形变化，从而降低了通信的可靠性，限制了水声通信的信息传输率。

假设信源为数字脉冲序列 $s(t)$，采用具有良好自相关特性的 m 序列作为扩频序列 $c(t)$，其中 $s(t)$ 的码元宽度为 T，伪随机码的长度为 N，码元宽度为 T_c。扩频调制后的发射信号 $d(t)$ 的表达式为

$$d(t)=s(t)c(t)\cos(\omega_0 t)\tag{7-6}$$

假设接收端与直接路径信号的时延和相位已经实现同步，则接收信号 $r(t)$ 可以表示为

$$r(t)=s(t)c(t)\cos(\omega_0 t)+\sum_{i=1}^{L-1}\alpha_i s(t-\tau_i)c(t-\tau_i)\cos(\omega_0 t+\theta_i)+n(t)\tag{7-7}$$

式中，$n(t)$ 为高斯噪声；L 为路径数；τ_i 为相对时延；θ_i 为 $(0,\ 2\pi)$ 上均匀分布

的随机相位；α_i 为多径信道相对于直接路径的衰减因子。

对于直接路径的相关接收机输出为

$$z(t)=\int_0^T\Big[s(t)c^2(t)\cos\omega_0 t+\sum_{i=1}^{L-1}\alpha_i s(t-\tau_i)c(t-\tau_i)\cdot c(t)\cos(\omega_0 t+\theta_i)+n(t)c(t)\Big]2\cos\ \omega_0 t\mathrm{d}t \tag{7-8}$$

对 $\min(\tau_i)>T_c$，因为 m 序列有尖锐的自相关函数，$c(t)c(t-\tau)\approx 0$，于是有

$$\begin{aligned}z(t=T)&=\int_0^T[2s(t)\cos^2(\omega_0 t)+2n(t)c(t)\cos(\omega_0 t)]\mathrm{d}t\\&=s(T)+n_0(T)\end{aligned} \tag{7-9}$$

由上式可以看出，当多径时延超过伪随机码的一个码元宽度时，通过相关处理后信道多径的影响被减弱或者消除。此外，当多径时延大于伪随机码的码元宽度时，可以利用 Rake 接收机分离多径信号，将其变为有用信号。

7.3.2 水声 MFSK 通信技术

如本节开始所述，多进制频移键控(MFSK)调制方式是在二进制频移键控(2FSK)调制方式的基础上扩展形成的。2FSK 的基本原理是利用不同的基带数字信号来调制载波信号的频率，即不同频率的载波信号分别表示基带数字信号 0 或 1[114]：

$$s(t)=\begin{cases}A\cos(2\pi f_0 t+\varphi_0), & 0\\ A\cos(2\pi f_1 t+\varphi_1), & 1\end{cases} \tag{7-10}$$

式(7－10)中假定载波信号的初始相位分别为 φ_0，φ_1；振幅 A 为常数；$s(t)$ 为调制后的信号。MFSK 是多进制的 FSK 调制方式，比如 4FSK 就是采用 4 个不同的频率分别表示 4 个不同的码元，每个码元代表 2 bit 信息。MFSK 可以提高每个码元传输的比特数，因而对于较高速率的数字通信系统，MFSK 会是一个较好的选择。如图 7－1 所示的通信基本原理图中所示，当信号通过水声信道被接收机接收以后，需要进行信息的解调。FSK 解调的方式主要有两种：相干解调和非相干解调。在接收端需要利用本地载波相位信息进行信号检测和判断的称为相干解调，反之称为非相干解调，读者可以查阅相关的文献进行进一步的了解。此处将以基本的 MFSK 调制解调设计为例对其过程进行介绍。

常规 MFSK 调制，采用的是一个频率代表 m bit 或这一个码元。但是，由于

水声信道严重的频率选择性衰落，如果某一信号的频点受到严重的幅度衰减，则会产生较严重的误码。因此为了提高通信系统数据传输的可靠性，可以采用多个频点信号叠加来代表一个码元，这样即使码元中的某个频点受到严重的衰减，其他未被衰减的频点仍然可以用来检测和解调，可以有效降低数据传输的误码率。常规 MFSK 调制技术是在信道带宽 B 内选取 $M=2^N$ 个频点，每个频点代表 N bit 信息。比如，$M=8$ 则每个频点最多可以携带 3 bit 信息，因此发送的每个数据脉冲代表 3 bit 信息。

举一个简单的例子，如图 7－5 所示，在频带内选取 8 个频点，两个频点一组，每组代表 1 bit 信息。比如选取 f_1，f_2 为一组，当需要发送的数据为“1”时则发送频点为 f_1 的信号，发送的数据为“0”时则发送频点为 f_2 的信号。每个脉冲数据信号由 4 组频点信号叠加构成可以代表 4 bit 数据。根据发送数据的不同，在 4 组频点中选取对应的频率信号叠加。当通信系统接收端接收到数据脉冲信号之后，对其进行 N 点快速傅里叶变换（fast fourier transformation，FFT），通过判断所使用的 4 组频点分别在 N 点 FFT 变换中对应位置上的数据大小，然后每组之间进行比较，即可以解调出发送端发送的数据。这种方法能够有效地提高系统的传送可靠性，而且可以通过设置载频间隔的大小，控制接收端 FFT 解调的灵敏度。

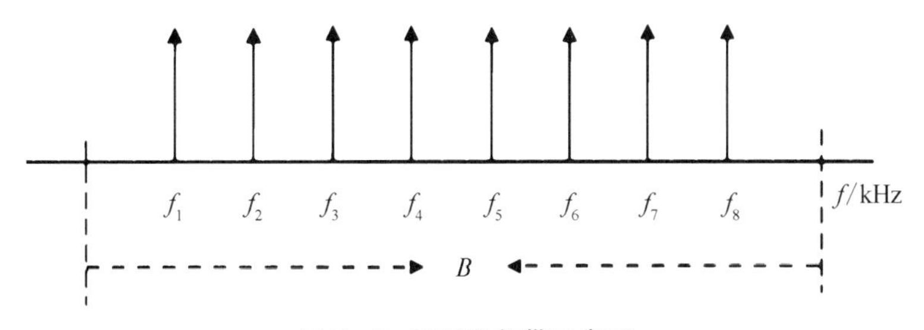

图 7－5 MFSK 频带示意图

7.3.3 水声 OFDM 通信技术

正交频分复用技术（orthogonal frequency division multiplexing，OFDM）技术是一种无线信道环境下的高速数据传输技术。其主要思想是在频域内将所给的信道分成多个正交子信道，在每个子信道上使用一个子载波进行调制，并且每个子载波并行进行传输。尽管总的信道是具有频率选择性、非平坦的，但是每个子信道相对来说是平坦的，在每个子信道上是窄带传输，即信号带宽小于信道的相干带宽，因此可以消除符号间的干扰。由于载波间频谱的部分重叠，所以它比传统的频分复用技术提高了频带利用率。

具体而言,其主要工作原理如下[116]:在发射端将待发射的二进制数据分组,每单组映射为复数序列 $\{d_0, d_1, \cdots, d_n, \cdots, d_{N-1}\}$,其中,$d_n = a_n + jb_n$. 对得到的复数组进行离散傅里叶逆变换(inverse discrete fourier transform,IDFT)以得到所需的新复数序列 $\{S_0, S_1, \cdots, S_{N-1}\}$:

$$S_m = \frac{1}{N}\sum_{n=0}^{N-1} d_n \exp\left(\mathrm{j}\,\frac{2\pi m}{N}\right)\ (m=0, 1, \cdots, N-1) \tag{7-11}$$

令 $f_n = \frac{n}{N \cdot \Delta t}$,$t_m = m \cdot \Delta t$,其中 Δt 为某一选定的时间长度,上式可以改写为

$$S_m = \frac{1}{N}\sum_{n=0}^{N-1} d_n \exp(\mathrm{j}2\pi f_n t_m)\ (m=0, 1, \cdots, N-1) \tag{7-12}$$

这可以理解为一多载波调制信号的和,其中载波间的频率差为

$$\Delta f = f_n - f_{n-1} = \frac{1}{N \cdot \Delta t} = \frac{1}{T} \tag{7-13}$$

将序列 $\{S_0, S_1, \cdots, S_{N-1}\}$ 以 Δt 为间隔做数字-模拟模转换,得到的连续信号作为发射信号(忽略 $1/N$):

$$x(t) = \sum_{n=0}^{N-1} d(n)\exp(\mathrm{j}2\pi f_n t)\ (0 \leqslant t \leqslant T) \tag{7-14}$$

在接收端以时间间隔 Δt 对接收信号进行模拟-数字采样,在通过离散傅里叶变换获得复数序列 $\{d_0, d_1, \cdots, d_{N-1}\}$,最后恢复二进制数据。

对 OFDM 中各子载波的正交性进行简单计算分析:设定 OFDM 发射信号周期为 T,子载波的数量为 N,则载波间正交性检验式可以表示为

$$R = \int_0^T \exp(\mathrm{j}2\pi f_k t) \cdot \exp(\mathrm{j}2\pi f_i t) \cdot \mathrm{d}t \tag{7-15}$$

令 $f_i = f_k + (i-k)\Delta f$,将其代入上式则有

$$R = \int_0^T \exp[\mathrm{j}2\pi(k-i)t/T]\mathrm{d}t = \begin{cases} T, & i=k \\ 0, & i \neq k \end{cases} \tag{7-16}$$

从而我们可以知道,OFDM 信号各载波之间是相互正交的。各子载波的频谱形状为 $\sin x/x$,载波频谱中一个峰值对应其他所有的零点,故而接收机可以

有效地对各载波进行解调。由于 OFDM 系统中载波间干扰为零，允许子载波之间相互重叠，所以系统的频带资源得到了充分的利用(见图 7-6)。

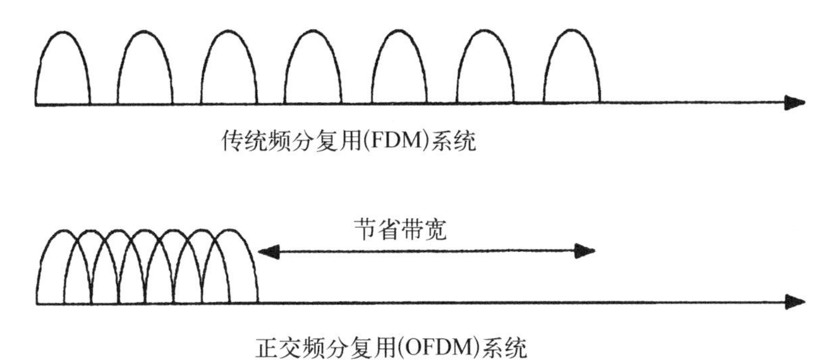

图 7-6 OFDM 与 FDM 带宽利用对比示意图

OFDM 技术在无线电领域有着良好的表现。由于水声信道和无线信道之间存在着巨大的差异，OFDM 技术在水下应用中是优缺点并存的。在优点方面具体表现：

(1) 具有强抗衰落能力。由于 OFDM 是一种多载波调制方式，传输的过程中信息被分配到多个子载波上，相较于单载波调制而言每个子载波上信号的持续时间都较长。这保证了 OFDM 对于信道衰落的较强抵抗能力。此外，子载波间的联合编码对于子信道之间起到了频率分集的作用，加强了系统抵抗载波脉冲噪声和信道衰落的能力。

(2) 高频带利用率。水声环境中频谱资源有限，最大限度地利用通信带宽是水声通信领域研究的重点。OFDM 技术中各子信道的载波相互正交，相对于传统的通过添加保护频带来分割子信道的做法可以获得更高的频带利用率。

(3) 强抗码间干扰能力。码间干扰是乘性噪声的一种，成因复杂多样，去除难度较大。工程应用中对于传统的加性噪声已经有了相对成形的应对措施，但对于码间干扰的认识还是存在着局限性。但可以确认的是只要传输带宽有限就一定会存在码间干扰。循环前缀的使用使得 OFDM 技术具备了抗码间干扰能力。

在缺点方面具体表现：

(1) 易受多普勒频偏影响。OFDM 子载波间要求保持正交，多普勒频移的存在可能会破坏这种正交性，进而引入载波间干扰，对于 OFDM 的性能有很大的影响。

(2) 峰均值功率比较大。每个 OFDM 符号都是由多个相互独立的子载波信号组成，其具有较大的瞬时功率，会产生较大的峰均值功率比，这将降低射频放大器的功率效率。

(3) 大保护间隔降低传输效率。保护间隔必须大于多普勒扩展时延,所以会引起传输效率的降低。

7.4 水声通信在无人无缆潜水器上的应用

7.4.1 远程指令遥控功能

水声遥控系统是典型的声呐系统。它的设计与性能预报可以利用声呐方程这一有力工具。水声遥控系统具有被动声呐和主动声呐的双重特点,一方面对于其接收机,遥控信号的波形是已知的,因此可以采用主动声呐的接收、检测方法;另一方面由于声波的传播损失是单程的,且不涉及目标强度,因此对它的分析应采用被动声呐方程 $SL-TL=NL-DI+DT$。其中,SL 表示声源级,用来描述主动声呐所发射的声信号强弱;TL 表示传播损失,定量描述声波传播一定距离后声强度的衰减变化。NL 表示海洋环境噪声级,度量环境噪声强弱;DI 表示接收换能器的接收指向性指数;DT 表示检测阈,描述设备刚好能正常工作所需的处理器输入端的信噪比值。系统水上分机发射的水声信号声源级可以根据需要选定,比如 $SL=200$ dB;水下分机采用无指向性接收换能器,因此可以认为接收指向性指数 $DI=0$。传播损失 TL 和背景噪声级 NL 与系统选用的信号频率有关。在 SL,DI 一定的情况下,TL,NL 共同决定着水听器输入信号的信噪比 $(SNR)_{\text{in}}=SL-(TL+NL)$[113]。

图 7-7 显示的是基于扩频技术的水声遥控系统的基本模型。其中信源编码、扩频模块由任意波形发生器实现,负责发射遥控指令。水声遥控指令信号经水声信道传播后到达系统的水下接收机部分,接收信号经过低噪声调理后,进行

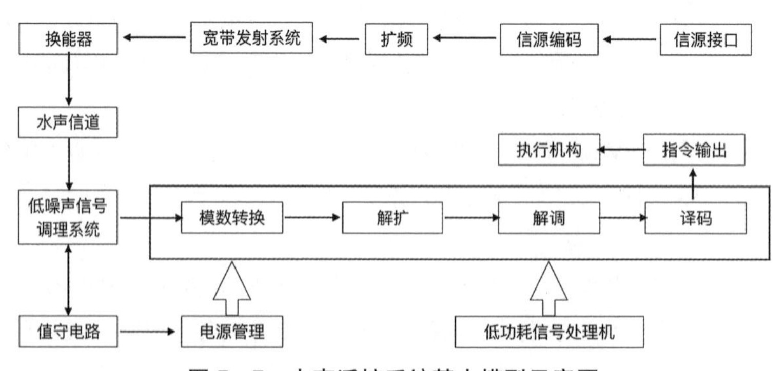

图 7-7 水声遥控系统基本模型示意图

相应的解扩及译码处理，并进行判决，根据判决结果给出相应的执行动作信号。

以该水声遥控系统为基础，设计人员就需要根据系统的使命任务或者作用距离指标选择适当的频段使得 $TL+NL$ 尽量小。除此之外，设计人员还要针对扩频调制方式，伪随机序列选择，水声扩频遥控接收机软、硬件设计与实现等实际的工程问题进行分析和实现。限于篇幅的关系这里不再赘述。

7.4.2 图像传输功能

在日常生活中，人们接收到的信息可大致分为三种：文字、语音、图像。与文字和语音相比，图像信息主要具有以下特点：一是直观性，对于接收到的文字信息，人们必须熟知符号的意义，才能正确理解接收到的信息，而图像可以直接被人理解；二是图像信息的信息量很大，一张图片可以传递很多信息，这是文字和语音无法描述的，而且文字和语音的描述带有很强的主观性。正是因为图像具有直观性并且能够表达文字、语音难以表达的内容，推动了图像通信的发展[12]。

中科院声学所朱敏研究员带领的团队在“蛟龙号”载人潜水器声学系统研发过程中针对“蛟龙号”的探测、定位、通信等作业需求开发了一套完整的声学系统。其中水声通信机可以传输图像、语音、数据、文字和命令，最大传输速率达到 10 kbit/s，最大作用距离达到 8～10 km。图 7－8 显示的就是该团队水声通信系统[13]中关于图像传输的原理示意图。

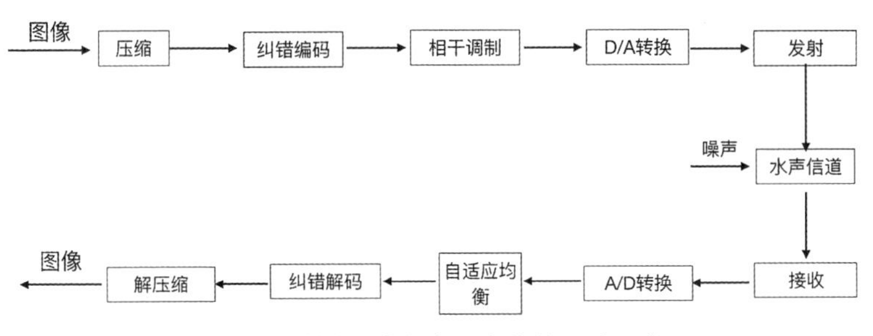

图 7－8 “蛟龙号”水声图像传输系统示意图

如图 7－8 所示，水声高速图像传输信号过程中的两部分核心内容是抗误码图像压缩方法和水声相干通信信号处理两部分工作。本节将对这两部分内容做简要介绍，大部分内容来自于参考文献[118－119]。

由于图像的数据量比文字、指令等大得多，为了快速传输图像往往需要对图像进行压缩。但是水声信号传输时常常存在误码，通常的图像压缩方法，比如 JPEG2000，是在低误码条件下工作的，难以在水声信道中使用，因此需要针对水声信道的特点开展抗误码水声图像压缩方法的研究。中科院声学所黄海云等人提出了基于离散小波的高误码率条件下的光学图像压缩方法,可以实现误码率为 10^{-2} 条件下的图像接收。

离散小波变换(discrete wavelet transform,DWT)因其特有的与人眼视觉特性相符的多分辨率能力以及反光选择能力,所以适合静态图像的压缩。在基于DWT方法的图像压缩过程中,选择好的小波是获得优质图像的关键因素,在水声图像压缩编码中,小波的选择可以遵循如下四条要素:① 小波具有对称性,不引入相位失真;② 消失矩大,从而使得大量小波系数接近于零;③ 小波支集小,使得在一个奇异点附近产生大幅值小波稀疏的个数少;④ 正则性好,使得小波具有好的光滑性,因为一个光滑的误差函数比一个不连续的奇异的误差函数具有更好的视觉效果。基于以上原则,CDF小波基是一个较好的选择,综合考虑编码效率和抗误码两方面的因素,CDF9/7是较为可行的方案之一。对于基于DWT的水声图像压缩实现以及试验验证,读者可以进一步查阅前述参考文献。

在进行图像压缩的基础上,图像高速传输的另外一个关键问题是水声相干通信信号的处理问题。以"蛟龙号"水声图像传输系统为例,中科院声学所的研究人员开发的水声相干通信接收机原理如图7-9所示。

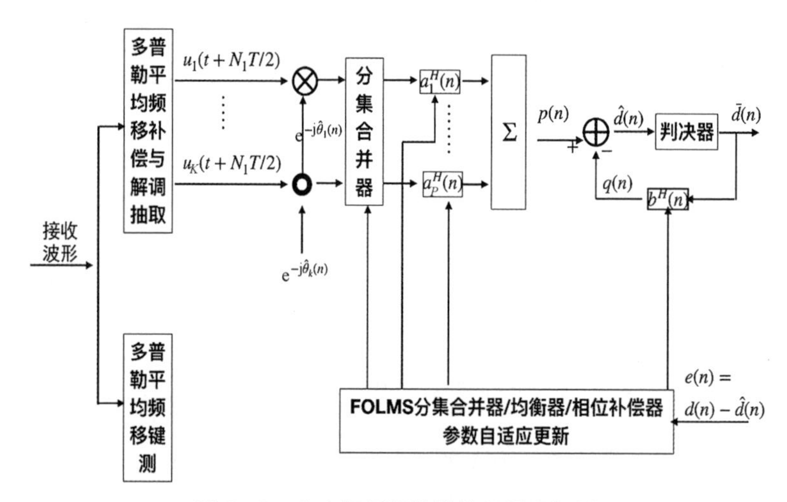

图7-9 水声相干通信接收机原理框图

如图中所示,系统中有 K 个接收基元,从而 K 路多普勒平均频移补偿后的信号 $u_k(n)$ 送入 K 个输入、P ($P \leqslant K$) 个输出的分集合并器,优化成 P 通道输出信号,再送入均衡器,最后完成符号判决输出。技术细节读者可参阅参考文献[14]。

7.4.3 应急通信功能

语言是人类最重要,也是最直接有效的交流方式之一。人们使用语言不需要进行复杂的培训，是人们与生俱来的能力。水下遇险人员听到救援人员的声音时，能够缓解紧张心理，增强求生信念，提高水下工作的主动性；同时，使用语音通信可以解放操作者的双手，提高工作效率。水面救援人员也可通过语音，直接获得水下各种情况，更加准确地制订各项救援方案，提高救援的成功概率。因此水下应急语音通信系统具有很大的应用价值和实际意义。本节将以水下语音通信作为应急通信的主要模式，简要介绍其基本原理和作业流程。

水下应急语音通信系统基本结构框图如图 7－10 所示，系统主要包括发射系统、水声信道和接收系统[120]。

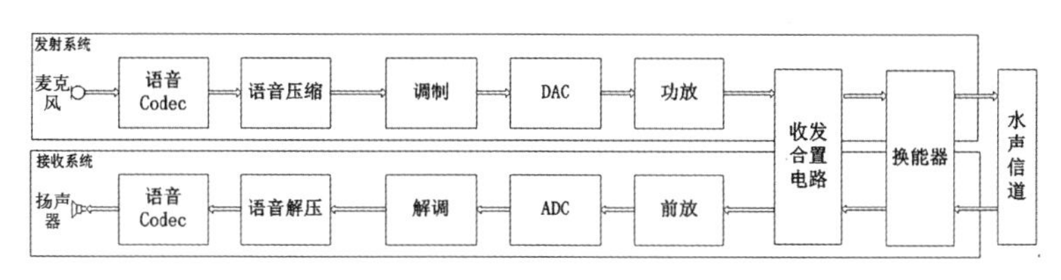

图 7－10　水下语音通信流程示意图

发射系统工作流程为：语音输入后首先进行模数转换，将模拟语音信号转换成数字语音信号，再对数字语音信号进行编码压缩，变成低码率的语音压缩包，然后进行通信调制，最后把已调信号转换成模拟信号送给功放，放大后的信号通过换能器发送到水声信道中。接收系统工作流程与之相反，换能器收到信号后经放大滤波，经 A/D 转换成数字信号，再进行信号的解调和解压缩，最后把数字语音信号转换成模拟语音信号，通过扬声器或耳机放音。

为了让语音信号适应远距离传输时水声信道带宽低的特点，必须降低语音信号的数据率。水下语音通信适合采用低速率、抗噪声能力强的语音编码。从编码速率、语音质量、算法复杂度和编码延时这 4 个因素考虑。为了满足上述要求，前面介绍的了 OFDM 调制方式是较为理想的方式之一。对于语音编码方面，哈尔滨工程大学乔钢教授团队对基于多带激励（MBE）模型的语音压缩编码算法潜水器开展了研究，比较适合低速率语音编码。MBE 语音压缩编码是一种参数编码，并不是对语音信号的波形进行编码，其语音压缩编码原理如图 7－11 所示。

MBE 语音编码需要提取语音信号的 3 个参数，即基音频率、清/浊音判决信息和谱包络幅度。基音频率的估计分为 3 个步骤：时域相关法的基音频率粗估、基音平滑和频域内的基音频率精估。清/浊音的判决可以利用在每个谐波处合成谱与加窗语音谱拟合的程度来确定。确定清/浊音后，就可以对各谐波的包络幅度做最后的确定。

MBE 合成语音原理如图 7－11 所示，将语音按各基音谐波频率分成若干个

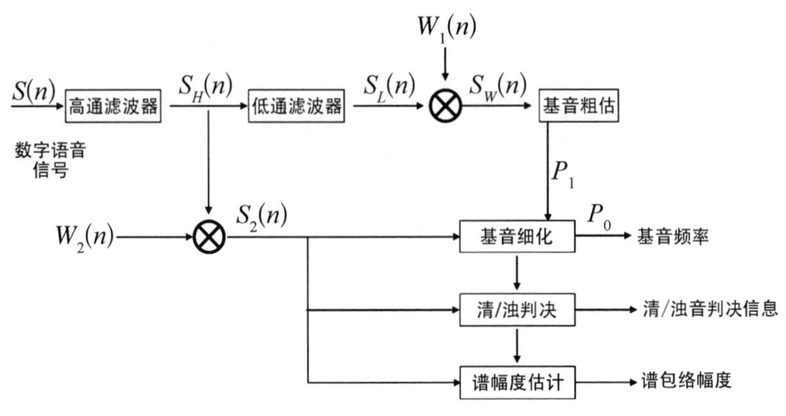

图 7－11 MBE 语音压缩编码原理图

子带,分别判断各个子带信号是浊音还是清音,采用不同的激励信号来产生合成信号,最后将各带信号相加,形成全带合成语音。MBE 适用于速率范围是 2.4～4.8 kbit/s 的语音信号,在低速率时,MBE 模型具有良好的音质,较好的自然度,抗噪声能力,这些优点使它优于传统的声码器;对最后合成的语音波形和原始语音一致度要求不高,但是语音信号谱还原得很好。

7.5 水声通信未来发展方向

水声通信是海洋中无线信息传输的主要技术手段,水声通信技术在未来海洋环境监测、水下潜水器/载人潜水器作业方面有着广泛的应用。同时,水声信道传输状态多变、海洋作业环境恶劣,对通信算法和设备可靠性提出了越来越高的要求。在水声通信各单项技术不断发展的基础上,水声通信组网技术逐渐成为研究的热点之一[121]。

水声通信及网络可以灵活地用于不同速率载荷、覆盖距离、水体深度、网络结构的情景,可以广泛地应用于海洋环境监测,实现水下不同空间位置多个固定、移动设备之间的信息交互。近年来,在国家“863”计划(以及后来的重点研发计划)、自然科学基金等支持下,我国在水声通信领域的通信算法、通信机制、网络协议仿真、组网应用试验、协议规范制定等方面取得了长足的进步,但总体而言还是落后于欧美国家,对水声信道模型的理论研究不够深入,对水声通信试验的开展和数据的分析也不够充分。

欧美各国有多家节点生产商,形成了系列化的水声通信产品,广泛应用于民用和军事领域。我国还没有被用户广泛认可的水声通信产品。

未来水声通信算法研究将会在时变信道的稀疏性、自适应迭代信号处理算法、先进的纠错码等方面形成技术优势。在节点应用方面，需要完善低功耗技术，降低换能器成本，提高节点信息融合能力，并结合应用形成系列化的产品。未来国内水声通信及组网的主要技术方向如下：

(1) 近程高速水声通信节点与组网技术。研制作用距离在 1～2 km 的近程高速水声通信节点，具备高处理能力、低功耗、小体积重量，集成定位信标和释放器功能。研究近程高速水声通信技术，重点提高在浅海信道下的性能，以满足浅海组网观测中大量数据的交互需要，研究优化组网协议和技术方案。

(2) 远程和超远程低速通信技术。发展远程和超远程低速通信技术，提高通信距离和速率，研制与之相适应的网络协议。

(3) 与水声通信能力相匹配的协同观测技术。由于水声通信网的信道容量有限，网络节点间可以交互的信息量比较少，为此，需要发展协同观测技术，提高观测站点的数据预处理能力，能够从大量的原始数据中提取出少量的特征信息，这样才能通过水声通信网达成协同观测的目标，充分发挥网络观测的协同优势。

(4) 海上演示验证试验。结合海洋观测、安全防护等应用需求，针对港口、近海、深海等不同试验海区类型开展海上演示验证试验，扩大网络规模和运行时间长度，使网络组成和任务使命复杂度提高，以充分检验网络观测的能力。将水声通信网与海底观测网相结合，实现水声通信网络与海底光电缆网络之间的更好衔接，提高深远海观测网络的灵活性。

8 无人无缆潜水器安全自救技术

8.1 无人无缆潜水器安全自救技术总体概述

无人无缆潜水器安全自救技术主要是指潜水器通过某种手段使其自身在面临某种危险状况时能够快速上浮到水面从而获得救援的技术。

无人无缆潜水器在水下执行作业任务的过程中不可避免地会遇到一些突发事件,比如传感器失灵、执行机构(舵/翼、螺旋桨)失效或耐压舱进水等情况。这些问题如果不及时处理,将会给潜水器系统的安全带来极大的影响,甚至引起不可挽回的损失。

由于水下信息交互固有的低速率、高延迟的特点,母船或者岸上的作业监控人员很难对无人无缆潜水器突发状况进行实时处理,需要潜水器自身对所处状况进行分析和处理。由于目前无人无缆潜水器智能水平较低,尚不具备独立分析和处理复杂状况的能力,在绝大多数情况下潜水器会利用安全自救系统执行相应的操作,通过各种方式获得正浮力从而上浮到水面上来等待救援。有的时候当潜水器失去上浮能力的时候,需要潜水器通过某些方式将救援浮标上浮到水面,从而引导救援力量实施打捞救援工作。

8.2 无人无缆潜水器安全自救技术原理分析

安全自救系统一般是作为一个相对独立(独立供电、独立通信)的系统安装在无人无缆潜水器上的。图 8-1 所示为编者所在团队与华中科技大学徐国华教授团队针对某型无人无缆潜水器所建立的自救系统原理框图[122]。

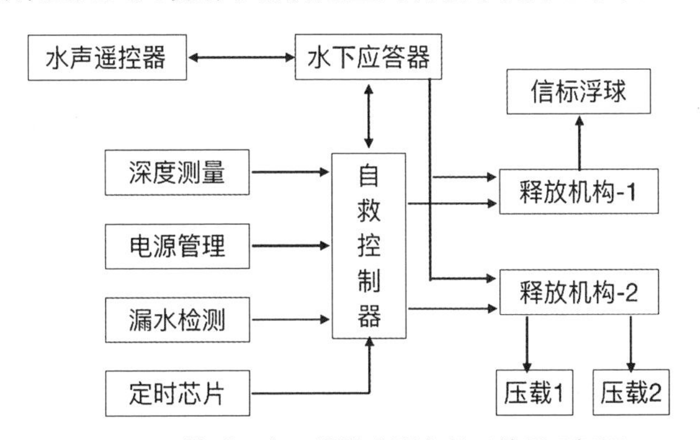

图 8-1 某型无人无缆潜水器自救系统原理框图

如图 8-1 所示，自救系统为潜水器上的一个独立系统，其电源、控制、检测及释放机构与潜水器其他系统相互独立。自救系统可以接收或发送水声通信编码，并释放压载。同时，自救系统还带有自救用的信标浮球，且浮球上系有强力缆绳。在潜水器下水作业之前配置好相应的浮力调整设施和救生信标。该系统主要组成部分如下：

(1) 水声通信。水声通信由水面遥控器、发射及接收换能器和水下应答器组成。水面遥控器发射和接收遥控指令和状态，水下应答器接收命令后，经自救控制器控制释放机构，并通过应答器回传状态。

(2) 深度测量。深度信息由自救控制器直接获取，可以判断机器人的深度是否正常，为自主进行自救作业提供依据。

(3) 信标浮球。其内装有无线电信号、GPS、频闪光设备及烟雾指示器等提示目标设备，自身有一定的正浮力，缆绳是零浮力的，因此可自己浮到水面。

(4) 释放机构，由电磁铁和爆炸螺栓驱动。电磁铁和爆炸螺栓可以由水声通信和自救控制器分别控制。水声信号可以直接将指令传递给释放机的驱动电路直接控制电磁铁和爆炸螺栓释放操作，也可以将释放指令发送给自救控制器实现释放。自救控制器可以根据监测到的系统信息(超深、超时等)来下达释放指令。

(5) 压载，是潜水器下水之前安装的金属压块，考虑当潜水器某些舱室进水时将金属压块抛掉，使得潜水器能够获得足够的浮力上浮至水面。

(6) 储缆器，存储一定长度的高强度中性浮力线缆，一方面可以作为连接应急通信浮标与潜水器的纽带，另一方面可以作为救援过程中拖曳潜水器的缆绳。

(7) 自救控制器，由相应的单片机和控制电路组成，实施自救系统电池管理、通信、释放机构驱动、自救决策与控制等任务。

该潜水器安全自救系统的工作原理可以简述为：潜水器发生故障无法上浮时，由人工从水面发送水声命令，通过水声通信装置下达命令直接通过驱动电路执行自救任务，若没能完成自救任务，则自救控制器下达指令执行自救任务。若潜水器故障时，水声通信也出现问题，水面命令不能下达，则在超过设定深度及设定的工作时间时，自救系统可自主释放预先配制好的自救压载、配重压载及信标浮球。执行过程如下：自救计算机控制电磁铁释放预先配制好的压载，提供足够的浮力使潜水器上浮；随后，自救计算机控制电磁铁释放自救信标浮球；若检测到电磁铁发生故障，自救计算机立即引爆电螺栓炸断栓销以释放自救信标浮球。借助信标浮球内的无线电装置、频闪光设备、信号旗及烟雾指示器，母船搜索到水面上的潜水器，抓住浮动强力缆绳，用吊车或绞车回收潜水器。

8.3 无人无缆潜水器安全自救技术模式分类

如前所述，无人无缆潜水器安全自救的主要原理是通过打破潜水器正常作业过程中浮力或重力的平衡，使得潜水器能够获得较大的浮力，从而漂浮到水面上来以增大其获得救援的机会。在极端条件下，无人无缆潜水器无法上浮到水面上时，希望其具备将信标送到水面上的能力，为后续救援提供较为准确的位置指示以增大其获救概率。本节将从增大潜水器浮力、减少潜水器重量以及释放指示信标三方面的安全自救手段进行简要介绍。

8.3.1 增加浮力上浮技术

潜水器增加浮力上浮的操作主要是通过浮力调节系统来实现的。浮力调节系统在潜艇和载人潜水器上应用较多，在无人无缆潜水器上的应用相对较少。浮力调节装置的工作介质通常分为油、水和气体。以油作为工作介质时，依靠皮囊充油或者抽油时皮囊体积的改变来改变皮囊的排水体积，从而改变载体的浮力，但载体的重力不发生变化。该方法的特点是液压回路比较简单，容易实现，稳定性好，灵敏度高，各个液压器件选择比较容易，组成系统的成本较低，但是机构调节能力有限，占用空间也比较大。用水作为工作介质，利用向水箱内充水或者排水改变载体的重量，载体的浮力不发生改变，从而改变载体重力和浮力的关系。采用水作为工作介质，在相同指标下，占用空间降低，机构能够调节的范围大大增加，但是系统稳定性差，响应不如液压油路快。用气体作为工作介质进行浮力调节，通过改变气体的体积，从而改变载体的排水体积，来改变载体的浮力大小。在水下通过抽放气体来实现浮力控制，虽然有利于减轻重量，但是由于气体在水下不同的深度，体积压缩情况不同，对于控制有很大的难度。而且，用气体作为工作介质，机构、性能不够稳定，重心和浮心容易发生偏移，这恰恰是浮力调节系统要注意的地方，并且对于载体航行而言，重心和浮心发生变化是十分不利于航行的，因此选择气体作为工作介质一般不可取[123]。

与油、气作为介质的浮力调节系统相比，海水泵式浮力调节系统由于其工作介质为海水，系统自身不需要携带调节介质，只需通过对工作环境中的海水充排就能实现调节浮力的作用，对于无人无缆潜水器而言占用的空间、重量比较小，因而在大范围、大潜深的作业中“性价比”更高一些，因此引起了国内外无人无缆潜水器研究机构的普遍兴趣。美国研制的“SEAHORSE”型潜水器上使用了两套海水泵式浮力调节装置,实现了大型无人无缆潜水器的深度调节和定深浮力微调,如图 8-2 所示[124]。

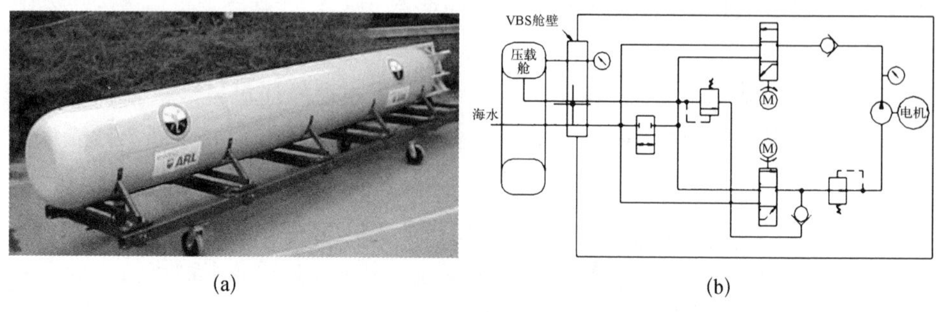

(a) (b)

图 8-2 美国"SEAHORSE"型 AUV 及其浮力调节系统原理图

(a) SEAHORSE 型潜水器 (b) SEAHORSE 的海水浮力调节系统

本节将以文献[125]中所描述的"蛟龙号"载人潜水器的浮力调节系统(见图 8-3)为例,介绍该类系统的工作原理和工作流程。图 8-3 中 A, B, C, D, E 为两位两通电磁阀,1 为压载舱,2 为液位测量计,3 为海水过滤器,4 为单向阀,5 为压力平衡阀,6 为溢流阀,7 为海水泵,8 为电机。该系统是直接通过高压海水泵来实现海水充排的。当 A, D 导通,B, C 关闭时,系统处于排水状态,海水流向为 $1 \rightarrow A \rightarrow 7 \rightarrow 9 \rightarrow 5 \rightarrow 4 \rightarrow D \rightarrow 3$,通过将海水从耐压容器内排出,获得额外的浮力。当 A, D 关闭,B, C 导通时,系统处于充水状态,海水流向为

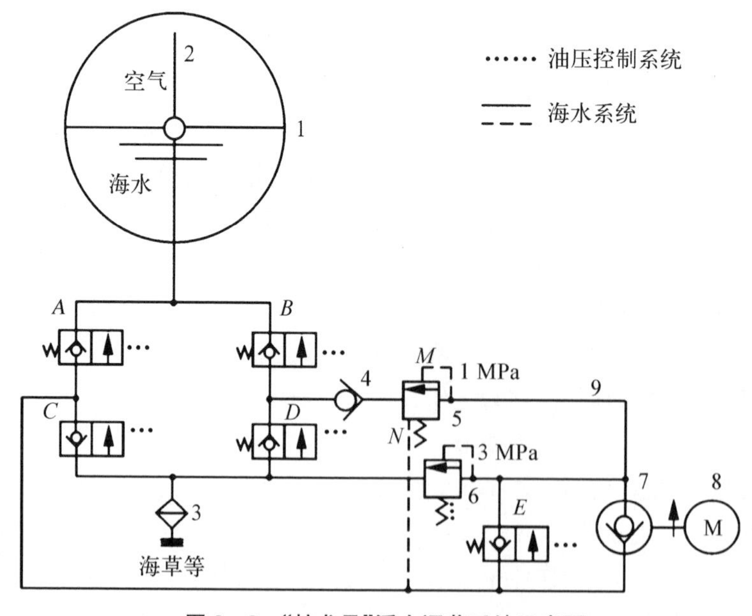

图 8-3 "蛟龙号"浮力调节系统示意图

3→C→7→9→5→4→B→1，从而减少部分浮力。图中的E是空载启动作用阀，4 为单向阀，作用是防止液体回流；5 是压力平衡阀，作用是使回路只有在泵工作且提供 1 MPa 以上压力时导通，避免单向阀的抖动以及泵不工作时海水不受控制地充排，在回路中起缓冲作用。海水泵式浮力调节的核心是动力源以及高压阀。针对这些实际问题及其在无人无缆潜水器上的应用，哈尔滨工程大学张铭钧教授团队的研究人员开展了大量的分析与研究工作，有兴趣的读者可以参考相应的文献[126]。

8.3.2 减轻重量的上浮技术

这里所提的减轻重量上浮主要是指抛弃潜水器上预先布置的固定载荷(或可抛弃式功能载荷)。以我国早期的“探索者”号无人无缆潜水器为例，其抛载系统包含如下 4 部分[127]：

(1) 抛载蓄电池。当遇到紧急情况时系统能够主动将一组蓄电池(空气中质量 126 kg，能够产生 75 kg 浮力)抛掉，从而保证系统迅速浮出水面，等待打捞。

(2) 抛下潜重块。该无人无缆潜水器采用的是无动力下潜方式，也就是依靠一块 20～30 kg 重的压载块产生的重力下潜，当到达指定深度附近的时候将该重块抛掉从而使得潜水器能够停留在指定深度作业。

(3) 抛定位信标。潜水器水下作业时如果发现指定的探测目标，则抛出定位信标到目标附近，以便母船对目标进行定位。

(4) 抛应急上浮浮标。当潜水器浮至水面而正常回收有困难时，可以抛出一个应急上浮浮标(约 5 kg 浮力)，浮标上面有闪光灯和无线电通信设备，并且浮标通过绳索与潜水器相连接，紧急情况下可以通过绳索拖曳潜水器至合适环境再进行回收。

本书前面章节中介绍的无人无缆潜水器在设计建造的过程中也配备了哈尔滨工程大学张铭钧教授团队开发的抛载系统。下面将结合该抛载系统进行简要介绍。

结合潜水器的作业工作时间、工作深度和工作能力等要求，综合考虑其所配备电池的能量大小、耐压壳体的厚度、搭载设备的多少等特点，对潜水器安全自救系统的物理参数及能够完成的功能提出了如下的设计要求：

(1) 设计搭载两套安全自救系统，一套为主动抛载装置，另一套为无源抛载机构。每套安全自救系统可弃压载重大于 6 kg，每套安全自救系统总重量(不含压载和抛载控制舱)不超过 4 kg。

(2) 正常情况下,两套安全自救系统可分别用于下潜压载的释放与上浮压载的释放,当需要紧急抛载时,可一起工作,抛掉全部压载实现潜水器上浮。

(3) 安全自救系统设计工作深度 1 000 m,独立工作时间 96 h。

(4) 安全自救系统安装后需保持小型智能探测系统的流线外形。

主动抛载装置控制抛载方式的实现可分为 3 种方式: ① 通信控制抛载方式;② 传感器信息控制抛载方式;③ 自检控制抛载方式。通信控制抛载方式是指安全自救系统通过接收来自潜水器上位机或水声通信设备给予的信息指令,完成压载的释放。此方式方便岸上监测系统随时发送指令使潜水器上浮。传感器信息控制抛载方式是指安全自救系统通过检测潜水器下潜深度以及工作时间,判断探测系统是否已超过预设深度或预设工作时间,从而进行压载的释放。此方式保证了潜水器在与岸上通信系统失去联系时仍能安全上浮。安全自救系统是为保证潜水器安全性而配备的系统,因此须确保其自身的安全可靠性。系统状态自检控制抛载方式是指其自身出现漏水或电源电压低于预设电压时释放压载,实现潜水器的上浮。

HAILING AUV 的主动抛载系统包括控制及动力舱、抛载机构、可弃压载三部分。其中控制及动力舱作为一个独立的水密舱布置在潜水器框架内,其他部分结构如图 8-4 所示。抛载机构为安全自救系统的执行机构,可弃压载是安全自救系统抛载的有效重量。抛载机构采用失电磁铁作为驱动元件,并通过杠杆机构传动到压载支撑点上,本系统采用失电磁铁,如图 8-5 所示。失电磁铁在不通电情况可产生吸力,通过杠杆传动使压载支撑点产生支撑力,从而可保证压载固定在潜水器上。当失电磁铁因通电而吸力消失时,可弃压载因自身的重力作用脱离压载支撑点,从而完成压载的释放。可弃压载的释放过程如图 8-6 所示。

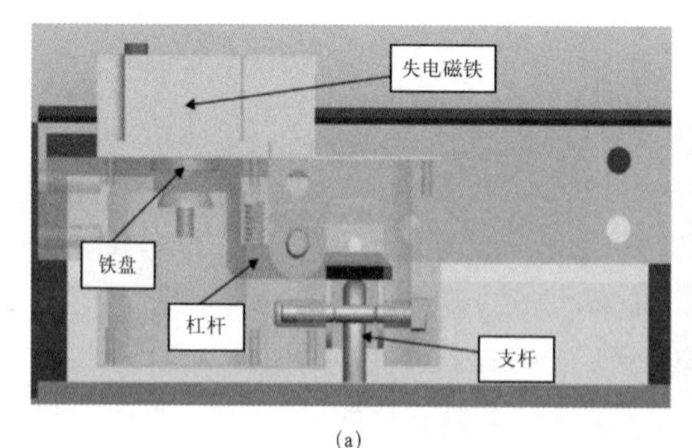

(a)

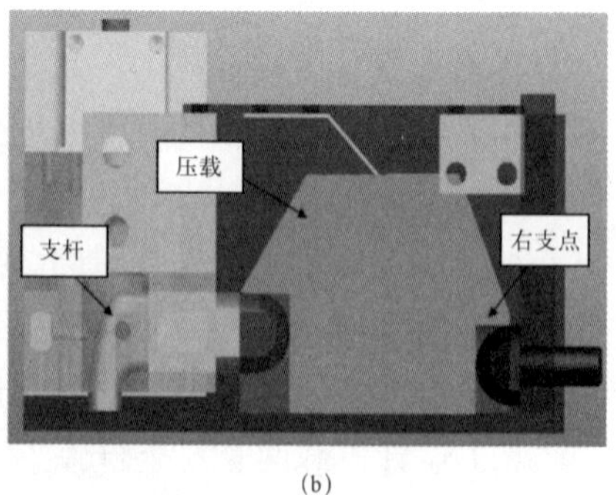

(b)

图 8-4 HAILING AUV 的主动抛载装置

(a) 主动抛载装置首向视图 (b) 主动抛载装置侧向视图

图 8-5 HAILING AUV 抛载装置使用的失电磁铁

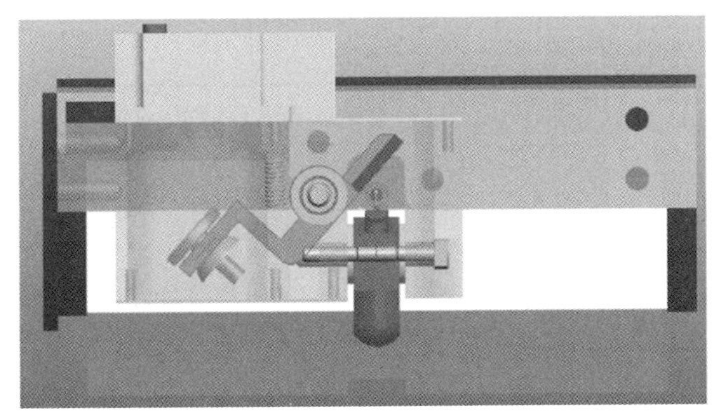

(a)

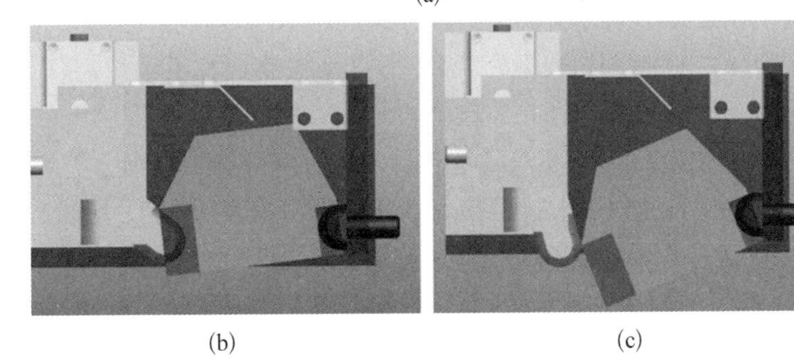

(b) (c)

图 8-6 HAILING AUV 主动抛载系统压载释放流程

(a) 杠杆上翘支杆下翻 (b) 压载下落过程 (c) 压载完全释放

8.3.3 释放信标技术

如前所述，无人无缆潜水器释放的另外一类重要载荷是信标。当潜水器遇到险情无法正常上浮到水面等待救援时，信标浮球就会发挥重要作用。信标浮球通过释放机构释放，浮到海面后，能够采集 GPS 定位信息，再通过浮球中的无线电台，将 GPS 定位信息传送给远端的母船或基站。这样救援人员就能得到潜水器的位置，便于实施救援。另外，也可通过基站电台，发送无线电信号给信标浮球，执行相应的任务(如自检，调节 GPS 输出信息的频率，关掉浮球部分设备的电源以省电，下达一些控制命令等)[128]。本部分将结合作者所在团队与华中科技大学徐国华教授团队研制的某潜水器用自救信标系统(见图 8－7)进行简要介绍。

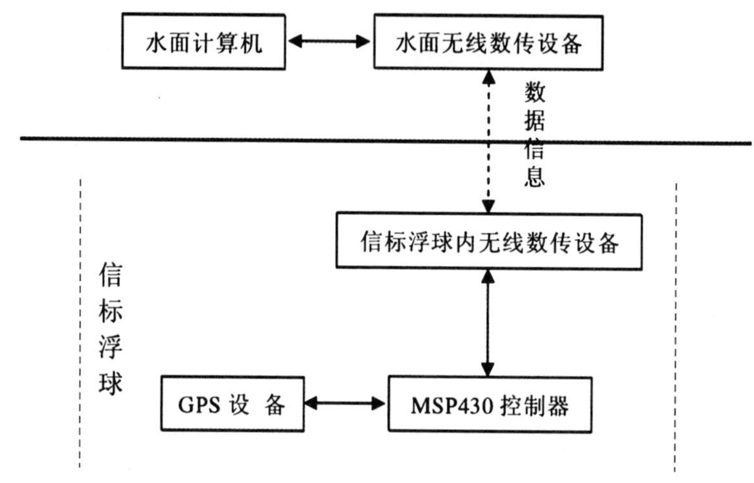

图 8－7 某潜水器自救信标系统硬件组成示意图

该自救信标系统的软件主要由三部分构成：一是 GPS 数据采集处理系统；二是基于 MSP430 控制器的数据处理系统；三是水面计算机串口通信综合控制系统。

GPS 数据采集处理系统的作用是测试 GPS 设备的性能，辅助了解 GPS 设备的工作特性；实时动态地对由 GPS 设备接收并经无线数传设备转发的、不同格式的数据信息进行分选处理，并给予显示；建立数据库，把分选处理后的数据信息保存在数据库中，以备观测之用，并把保存结果实时地给予显示。

基于 MSP430 控制器的数据处理系统，其主要作用是一方面接收 GPS 数据采集处理系统的处理结果，根据预先设定的协议将相应信息打包成一组十六进制数据信息，通过无线数传设备将信息发送出去；另一方面，接收水面监控系统的信息并且完成指定的操作。

水面计算机串口通信综合控制系统的主要作用是实现水面计算机与信标浮球之间交互式实时通信，对信标浮球发送过来的数据信息进行分析、处理，分类提取出各种相关信息并给予显示；对信标浮球进行实时精确的定位和轨迹仿真；

把所有已发送的命令信息、信标浮球的位置信息和信标浮球与母船之间的距离信息存储在水面计算机中,以便查阅和对数据做进一步的分析、处理。

8.4 无人无缆潜水器安全自救技术可靠性分析

自救系统安装在潜水器平台上,是潜水器的一个重要组成部分。它在潜水器发生紧急情况下工作,是潜水器得以生还的重要和唯一保障,因此必须具有非常高的可靠性。可靠性预计是可靠性分析的一个重要内容。平均故障间隔时间(MTBF)是衡量一个系统可靠性的重要指标,通过可靠性估计的相关方法,我们可以得到相应的系统 MTBF 估计。本部分援引了华中科技大学徐国华教授团队研究人员开展的工作,该工作以作者所在团队开发的无人无缆潜水器系统为对象,设计并开发了相应的潜水器安全自救系统,建立了其可靠性模型,应用元件应力分析方法与基础自救系统控制器部分的故障率 λ_s 以及平均故障间隔时间估计[122]。

系统的可靠性是在规定条件下和规定时间内不发生故障的概率。系统可靠性的定量估计,需要通过一定的统计数据的积累才能得到。对于电子设备的元器件,如电阻、电容、晶体管、集成电路等,已经积累了大量试验、故障率统计数据,建立了有效的数据库,且有成熟的预计标准和手册可供使用。所以可靠性的定量指标,在设计中是可以预计的。在建立系统的可靠性结构模型之前,规定有以下约束条件: ① 组成自救系统的各元器件或部件的故障是相互独立的;② 组成自救系统的各元器件或部件的可靠性特征量用故障率 λ 表示。③ 组成自救系统的各元器件或部件的寿命均服从指数分布;④ 所有的连接导线是可靠的;⑤ 整个软件是可靠的;⑥ 自救系统处于没有核辐射和电离辐射的环境中。

自救系统为潜水器上设置的一个独立系统,其电源、控制、检测及机构与潜水器其他系统独立。自救系统可以接收或发送水声通信编码,可以释放压载。同时,自救系统还带有自救用的信标浮球,且浮球上系有强力缆绳。当潜水器发生故障无法上浮时,由人工从水面发送水声命令执行自救任务。该系统执行过程如下: 自救控制器引爆爆炸螺栓释放预先配制好的压载,提供足够的浮力使潜水器上浮;随后,自救控制器控制电机驱动销轴释放自救信标浮球;若检测到电机驱动发生故障,自救控制器立即引爆电爆管炸断拴销以释放自救信标浮球。借助信标浮球内的无线电装置、频闪光设备、信号旗及烟雾指示器,母船搜索到上浮的潜水器,抓住浮动强力缆绳,用吊车或绞车回收潜水器。

在对自救系统功能框图分析的基础上，可以得到可靠性框图，各部分的可靠度分别记为 $R_i (i=1, 2, \cdots, 8)$，其中电机驱动和电机的总可靠度设为 R_5，电爆管驱动和电爆管的总可靠度设为 R_6。系统的总可靠性数学模型可以表示为

$$R_s(t)=R_1(t)\cdot R_2(t)\cdot R_{34}(t)\cdot R_{56}(t)\cdot R_7(t)\cdot R_8(t) \tag{8-1}$$

式中，

$$R_{34}(t)=1-[1-R_3(t)]\cdot[1-R_4(t)]$$

$$R_{56}(t)=1-[1-R_5(t)]\cdot[1-R_6(t)]$$

电子元器件的寿命服从指数分布，故其故障率为常数，因此式(8-1)中的每一部分可近似表达为 $R_i(t)=e^{-\lambda_i t}$，从而式(8-1)可以表示为

$$\begin{aligned} R_s(t)=&e^{-\lambda_1 t}\cdot e^{-\lambda_2 t}\cdot[1-(1-e^{\lambda_3 t})\cdot(1-e^{\lambda_4 t})]\cdot \\ &[1-(1-e^{\lambda_5 t})\cdot(1-e^{\lambda_6 t})]\cdot e^{-\lambda_7 t}\cdot e^{-\lambda_8 t} \end{aligned} \tag{8-2}$$

系统的平均故障间隔时间为

$$\text{MTBF}=\int_0^{\infty} R_s(t)\mathrm{d}t=\frac{1}{\lambda_1+\lambda_2+\lambda_{34}+\lambda_{56}+\lambda_7+\lambda_8} \tag{8-3}$$

从而可以得到系统的总故障率为

$$\lambda_s=\lambda_1+\lambda_2+\lambda_{34}+\lambda_{56}+\lambda_7+\lambda_8 \tag{8-4}$$

如此一来，在获得各个模块故障率 λ_i 的基础之上，我们就可以获得系统的故障率，从而获得系统的平均故障间隔。对于各个模块故障率的估算问题，有很多比较成熟的方法，比如元器件计数法、元器件盈利分析法、有源器件法、相似设备法等等，具体的细节问题将不在这里进一步介绍。有兴趣的读者可以查阅相关的可靠性书籍或文献。

从指定潜水器自救系统的可靠性预计过程，可以总结出几条提高系统可靠性的途径：① 由元器件的故障率模型可以看出，元器件的故障率会随着工作电压、环境温度的增加而成倍地增加，因此对元器件要进行降额设计，使其工作时承受的应力(电、热等应力)适当低于额定工作条件下所承受的应力，从而达到提高可靠性的目的。② 系统的可靠性遵循“木桶原理”，即其可靠度取决于系统中可靠度最低的部件或元件，故在条件允许的情况下尽量选择质量等级高即质量好的元器件。③ 对于系统的关键部件，可通过双冗余等冗余设计方法来提高系统的可靠性。

9 无人无缆潜水器能源技术

9.1 前言

能源是可以直接或经转换提供人类所需的光、热、动力等任一形式能量的载能体资源,换句话说,能源是自然界中能为人类提供某种形式能量的物质资源[1]。动力能源的滞后一直是阻碍无人无缆潜水器发展的瓶颈问题。目前大多数无人无缆潜水器采用电动力推进,电能由所携带的电池组提供。从无人无缆潜水器的应用角度来说,其理想电源应具备高能量密度、高功率密度(更高的充电和放电率)、成本低、寿命长、维修费用低、效率高和工作温度范围宽等特性。考虑缺少空气、光线不足、承受海水高压等水下环境的特殊性,无人无缆潜水器的理想电源又必须安全性高,可靠性好,容易控制,且电源运行状态不受温度和深度影响[1,12,20,130]。虽然近年来电源技术快速发展,涌现出了各式各样的电池类型,并且一些已经成熟地应用于电动或混合动力的汽车中,但是在多数海洋应用环境下,对于无人无缆潜水器来说,还未有适应各种应用背景且性能优良的电源出现。伴随着在科学研究、商业勘探和军事调查中越来越广泛的应用,无人无缆潜水器的使命任务也越来越复杂化,所搭载的传感器设备也越来越多样化,需要不断推动高容量替代品的研究[131-132],将无人无缆潜水器的可用能源向极限方向发展。本章首先简要介绍各种电池的原理及特性,然后针对使用最多的锂离子电池介绍能源管理及水下能源补充,最后介绍无人无缆潜水器能源技术的发展趋势。

9.2 无人无缆潜水器能源的分类及特性

能源种类繁多,而且经过人类不断的开发与研究,更多新型能源已经开始能够满足人类需求。本节将对一些典型能源的分类和特性加以阐述[12,20,133-134]。

9.2.1 锂离子电池工作原理及特性

锂离子电池,俗称“锂电”,是锂离子(Li^+)在正、负极之间反复进行脱嵌和嵌入的一种高能二次电池,电池中的活性物质在嵌入反应过程中能可逆地结合锂进行工作,反应期间可使锂离子可逆移出和插入宿主而不引起宿主结构发生明显变化,因此锂离子电池又称为摇椅式电池。

1. 锂离子电池工作原理

锂离子电池通常由正极、负极、电解液和隔膜4部分组成。锂离子电池在充电过程中，锂离子(Li^+)从正极材料中脱嵌后进入电解液，透过隔膜后嵌入负极材料内，等量的补偿电荷则经外部电路从正极迁移至负极以保持电荷平衡，此时正极失去电子发生氧化反应，负极则得到电子发生还原反应，电流由负极流向正极。在放电过程中，锂离子(Li^+)从负极材料中脱嵌后进入电解液，透过隔膜后重新嵌入正极材料，而补偿电荷则经外部电路从负极迁移至正极。此时正极发生还原反应，负极发生氧化反应，电流由正极流向负极。以传统氧化钴锂离子电池为例，其反应过程方程式如下：

正极：$LiCoO_2 \underset{\text{放电}}{\overset{\text{充电}}{\rightleftharpoons}} Li_{1-x}CoO_2 + xLi^+ + xe^-$

负极：$C + yLi^+ + ye^- \underset{\text{放电}}{\overset{\text{充电}}{\rightleftharpoons}} CLi_y$

全电池反应：$LiCoO_2 + x/yC \underset{\text{放电}}{\overset{\text{充电}}{\rightleftharpoons}} Li_{1-x}CoO_2 + x/yCLi_y$

锂离子电池中的锂离子来源于正极材料。正极材料的性能在很大程度上影响着电池的性能，并直接决定着电池的成本。为得到长循环寿命、高容量效率和高能量效率，正极材料必须能够结合大量的锂，而且必须在可逆交换锂时，结构不发生明显变化。为了获得高电池电压和高比能量，锂交换反应应该在高放电率下进行。同时正极材料必须与电池中的其他材料相容，特别是不能溶解于电解质，其价格应该也是可以接受的。

目前，人们研发了200余种嵌锂化合物用作锂离子电池正极材料，根据化合物结构不同，可分为层状结构 $LiMO_2$(M = Ni, Co, Mn)、尖晶石结构 $LiMn_2O_4$、橄榄石结构 $LiMPO_4$(M=Fe, Mn, Co, Ni) 和菱形 NASICON 结构 $Li_3M_2(PO_4)_3$(M=V, Fe, Ti) 等。根据化合物中主要元素含量的不同，可分为一元、二元、三元和聚阴离子型等。根据化合物放电电压的不同，可分为3 V、3.5 V、4 V和5 V正极材料。根据锂离子电池正极材料中电化学活性元素的不同，可分为钴系、镍系、锰系、铁系、钒系等。锂离子电池正极材料比较如表9-1所示。

表9-1 锂离子电池正极材料比较

	磷酸铁锂	钴酸锂	锰酸锂
正极材料成分	$LiFePO_4$	$LiCoO_2$	$LiMn_2O_4$
结构	橄榄石	层状	尖晶石

（续表）

	磷酸铁锂	钴 酸 锂	锰 酸 锂
工作电压/V	3.2～3.7	3.6	3.8～3.9
实际容量/(mA·h/g)	140～170	130～150	100～120
循环性能	好	较好	差
原料成本	低	高	低
环保性	好	含钴	好
电池性能	电容量高 安全性佳 循环寿命长	电容量高 安全性差 循环寿命佳	电容量低 安全性佳 高温循环寿命差

锂离子电池的负极材料主要是作为储锂的主体，在充放电过程中实现锂离子的嵌入和脱嵌。从锂离子的发展来看，负极材料的研究对锂离子电池的出现起着决定作用。一般来说，理想的锂离子电池负极材料应遵循以下原则：

（1）比能量高，大量的锂离子(Li^+)能够快速、可逆地嵌入和脱出。

（2）相对锂电极的电极电位低，锂离子(Li^+)嵌入、脱出过程中，电极电位变化小，电池电压保持平稳。

（3）充放电反应可逆性好。锂离子(Li^+)嵌入、脱出过程中，主体结构没有或者变化很小。

（4）材料表面结构良好，固体电解质中间相稳定、致密。

（5）锂离子(Li^+)在电极材料中具有较大扩散系数，变化小，便于快速充放电。

除上述原则外，还要考虑材料与电解液和黏结剂的兼容性，在嵌锂过程中尺寸和机械稳定性以及价格等问题。

目前，已经产业化的锂离子电池的负极材料可以分为以下几类：

（1）碳负极材料，主要包括人工石墨、天然石墨、中间相碳微球、石油焦、碳纤维、热解树脂碳等碳材料。

（2）锡基负极材料，可分为锡的氧化物和锡基复合氧化物两种。

（3）含锂过渡金属氮化物负极材料。

（4）合金类负极材料，包括锡基合金、硅基合金、锗基合金、铝基合金、锑基合金、镁基合金和其他合金。

（5）纳米级负极材料，包括碳纳米管、纳米合金材料。

（6）纳米氧化物材料。诸多公司已经开始将纳米氧化钛和纳米氧化硅添加在以前传统的石墨、锡氧化物、碳纳米管里面，极大地提高锂离子电池的充放电量和充放电次数。

部分负极材料的特性比较如表 9－2 所示。

表 9－2　部分负极材料特性比较

材料名称	具体种类	容量(mA·h/g)	加工性能	高温稳定性	特　点
金属锂及其合金负极材料	Li_xSi、Li_xCd 等	3 860	易	不稳定	具有高质量比容量，但易形成枝晶
氧化物负极材料(不包括和金属锂形成合金的金属)	氧化锡、氧化亚锡等	800～900	易	不稳定	循环寿命较高，可逆容量较好。比容量较低，大倍率充放电性能不佳
碳负极材料	石墨、焦炭、MCMB 等	360	易	优	广泛使用，充放电过程中不会形成 Li 枝晶，避免了电池内部短路。但易形成固体电介质层，产生较大的不可逆容量损失，容量较低

2. 锂离子电池特性

与传统的二次电池相比，锂离子电池具有如下突出的优点：

(1) 工作电压高。锂离子电池的工作电压为 3.6 V，是镍镉和镍氢电池工作电压的 3 倍(见表 9－3)。

(2) 能量高。锂离子电池放电能量目前已达 140 W·h/kg，是镍镉电池的 3 倍，镍氢电池的 2 倍。

(3) 循环寿命长。锂离子电池循环寿命已达 1 000 次以上，在低放电深度下可达几万次，超过了其他几种二次电池。

(4) 无记忆效应。锂离子电池可以根据要求随时充电，而不会降低电池性能。

(5) 对环境无污染。锂离子电池中不存在有害物质，是名副其实的“绿色电池”。

(6) 可快速充电。放电特性与铅酸电池相比，锂离子电池在前一阶段较好，在后一阶段较差。其在 1 h 内可以充满 80％的电池电量，2 h 内可充满 97％的电池电量。锂/氧化钴电池可在 6 h 内完全充电，而锌/氧化银电池，制造商推荐的充电时间为 30 h。

(7) 工作温度范围广。一般锂离子电池可在－20～60℃的范围内正常工作。

(8) 维护费用低。

锂离子电池的缺点主要在于价格较高,电池对电压敏感度高,以及需要保护电路。

表 9-3 锂离子电池与镉镍、镍氢电池性能的对比

技术参数	电池类型		
	镉镍电池	镍氢电池	锂离子电池
工作电压/V	1.2	1.2	3.6
比容量/(W·h/kg)	50	65	105～140
充放电寿命/次	500	500	5 000
自放电率/(%/月)	25～30	30～35	6～9
有无记忆效应	有	有	无
有无污染	有	无	无

锂离子突出的性能优势,使其在无人无缆潜水器中得到了较好的应用,促使无人无缆潜水器性能出现了较大的飞跃,其航速和续航力都得到了较大程度的提高,是目前无人无缆潜水器主要使用的电池之一[135-136]。如美国的 REMUS-100(见图 9-1)、法国的 ALISTER、英国的 TALISMAN、日本的 R2D4 等无人无缆潜水器都采用锂离子电池作为动力电池。近年来,锂离子电池的衍生物锂聚合物电池实现了商业化,并已经在无人无缆潜水器上得到应用。如挪威国防研究局(FFI)在 2004 年为 HUGIN-1000 无人无缆潜水器系列研发了锂聚合物电池,容量为 40 A·h,电压范围为 50.4～36.0 V。BLUEFIN-12 和 BLUEFIN-12S 分别采用 5 个和 7 个 1.5 kW·h 聚合物锂离子电池组作为动力能源。但是随着无人无缆潜水器工作时间的提升以及作业任务的多样,即使是目前比能量较高的锂离子电池也无法满足新一代无人无缆潜水器装备的要求,因此,急需锂离子电池技术能够有新的突破。

9.2.2 铅酸电池工作原理及特性

铅酸电池是普兰特于 1859 年发明的一种二次电池,得益于价格低廉、容易获取、安全可靠、放电性能好等优点,从发明直到当今时代,一直应用广泛。

1. *铅酸电池工作原理*

铅酸电池主要由正极极群、负极极群、电解液和容器组成。铅酸电池使用二

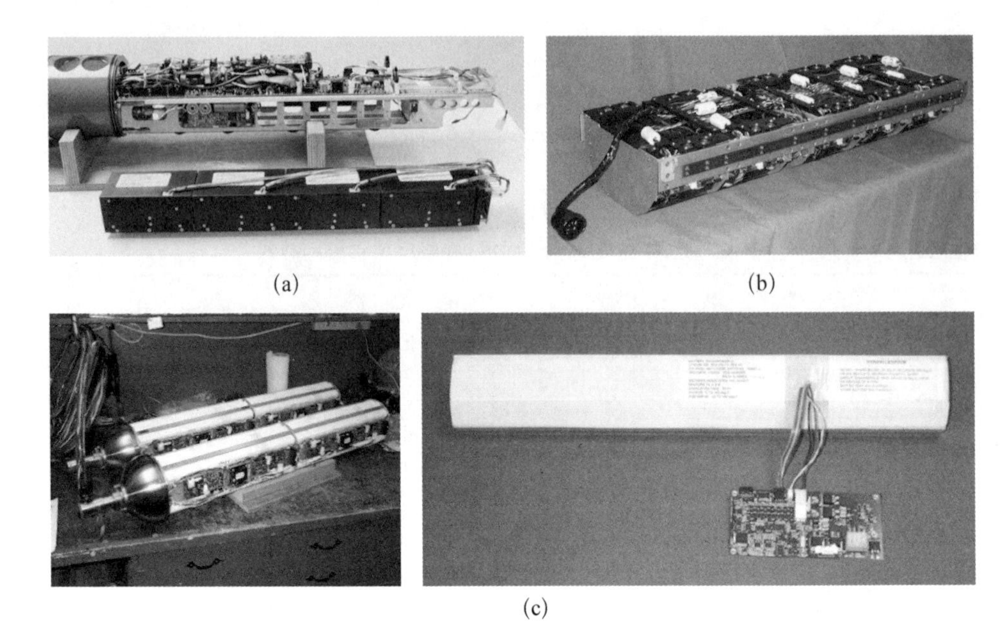

图 9-1 REMUS 无人无缆潜水器系列的能源使用

(a) REMUS-100 潜水器的 1 kW·h 电池组 (b) REMUS-600 潜水器的 5.5 kW·h 电池组
(c) REMUS-600 潜水器的电池组及 750 W·h 电池模块

氧化铅作为正极活性物质，高比表面积多孔结构金属铅作为负极活性物质。正极活性物质是影响铅酸电池性能和使用寿命的主要因素。负极则决定了电池的低温性能。

铅酸蓄电池在放电过程中，负极有少量铅进入电解质溶液生成 Pb^{2+}，而使极板带负电；另一方面，由于 Pb^{2+} 带正电荷，极板带负电荷，正、负电荷又要相互吸引，这时 Pb^{2+} 离子又有沉附于极板的倾向。这两者达到动态平衡时，负极板相对于电解液具有负电位，其电极电位约为 -0.1 V。Pb^{2+} 和电解液中解离出来的 SO_4^{2-} 发生反应，生成 $PbSO_4$，且 $PbSO_4$ 的溶解度很小，所以生成后从溶液中析出，附着在电极上，因此，反应式为

$$2H_2SO_4 \longrightarrow 4H^+ + 2SO_4^{2-}$$

$$Pb - 2e^- \longrightarrow Pb^{2+}$$

$$Pb^{2+} + SO_4^{2-} \longrightarrow PbSO_4$$

正极放电时有少量 PbO_2 进入电解液与 H_2O 发生作用，生成 $Pb(OH)_4$；而它不稳定，又很快电解成为 Pb^{4+} 和 OH^-，Pb^{4+} 沉附在正极板上，使正极板具有正电位，达到动态平衡时，其电极电位约为 $+2.0$ V。当 Pb^{4+} 沉附到正极板上

时,这时通过外线路来的 2 个电子被 Pb^{4+} 俘获,生成 Pb^{2+} 又与电解液中的 SO_4^{2-} 发生反应,变为 $PbSO_4$,这些 $PbSO_4$ 以固体形式被吸附在正极板上。电解液中存在的 H^+ 和 SO_4^{2-} 在电场的作用下分别移向电池的正负极,在电池内部产生电流,形成回路,使蓄电池向外持续放电。所以正极上的反应为

$$PbO_2 + 2H_2O \longrightarrow Pb(OH)_4$$

$$Pb(OH)_4 \longrightarrow Pb^{4+} + 4OH^-$$

$$Pb^{4+} + 2e^- \longrightarrow Pb^{2+},\ H^+ + OH^- \mathrel{=\!=\!=} H_2O$$

$$Pb^{2+} + SO_4^{2-} \longrightarrow PbSO_4$$

所以放电过程总的反应为

$$\underset{\text{正极活性物}}{PbO_2} + \underset{\text{电解液}}{2H_2SO_4} + \underset{\text{负极活性物}}{Pb} \longrightarrow \underset{\text{正极生成物}}{PbSO_4} + \underset{\text{电解液生成物}}{2H_2O} + \underset{\text{负极生成物}}{PbSO_4}$$

放电过程是化学能变成电能的过程,这时正极的活性物质 PbO_2 变为 $PbSO_4$,负极的活性物质海绵铅变为 $PbSO_4$,电解液中 H_2SO_4 分子不断减少,逐渐消耗生成 H_2O,H_2O 分子相应增加,电解液的相对密度降低。

在充电过程中,即将电能变成化学能。充电时,负极板上的 $PbSO_4$ 进入溶液,解离成 Pb^{2+} 与 SO_4^{2-}。电解液中的 H_2O 解离成 H^+ 与 OH^-。在负极上,充电时负极板上的 Pb^{2+} 这时获得两个电子,被还原成 Pb(以海绵状固态析出),这时电解液中的 H^+ 移向负极,在负极附近与 SO_4^{2-} 结合成 H_2SO_4。负极反应为

$$PbSO_4 \longrightarrow Pb^{2+} + SO_4^{2-}$$

$$Pb^{2+} + 2e^- \longrightarrow Pb$$

$$2H^+ + SO_4^{2-} \longrightarrow H_2SO_4$$

正极板上的 Pb^{2+} 在外电源作用下被氧化,失去两个电子变为 Pb^{4+},它又与 OH^- 结合生成 $Pb(OH)_4$,然后又分解为 PbO_2 和 H_2O,而 SO_4^{2-} 离子移向正极与 H^+ 结合生成 H_2SO_4:

$$PbSO_4 \longrightarrow Pb^{2+} + SO_4^{2-},\ Pb^{2+} - 2e^- \longrightarrow Pb^{4+}$$

$$Pb^{4+} + 4OH^- \longrightarrow Pb(OH)_4$$

$$Pb(OH)_4 \longrightarrow PbO_2 + 2H_2O$$

$$2H^{+}+SO_4^{2-} \longrightarrow H_2SO_4$$

所以充电过程总的反应为

$$\underset{\text{正极物质}}{PbSO_4} + \underset{\text{电解液}}{2H_2O} + \underset{\text{负极物质}}{PbSO_4} \longrightarrow \underset{\text{正极生成物}}{PbO_2} + \underset{\text{电解液生成物}}{2H_2SO_4} + \underset{\text{负极生成物}}{Pb}$$

充电过程中，正、负极板上的有效物质逐渐恢复，电解液 H_2SO_4 比重逐渐增加，所以从比重升高的数值也可以判断它充电的程度。电解液中，正极不断产生游离的 H^{+} 和 SO_4^{2-}，负极不断产生 SO_4^{2-}，在电场的作用下，H^{+} 向负极移动，SO_4^{2-} 向正极移动，形成电流。

到充电终期，$PbSO_4$ 绝大部分反应为 PbO_2 和海绵状 Pb，如继续充电，就要引起水的分解，正极放出 O_2，负极放出 H_2。

$$2H_2O \longrightarrow 2H_2 \uparrow + O_2 \uparrow$$

2. 铅酸电池特性

铅酸电池的优点如下：

（1）价格低廉。铅酸电池的原材料容易得到而且价格便宜、技术成熟、生产方便、产品一致性好，在世界范围内均可实现大规模生产，这也是铅酸蓄电池得到广泛使用的主要原因之一。

（2）比功率高。铅酸电池电势高，大电流放电，性能优良。

（3）浮充寿命长。在这方面，铅酸电池要远远高于镍氢电池和锂离子电池，其在 25℃浮充状态下使用可达 20 年。

（4）使用安全。铅酸电池易于识别电池荷电状态，可在较宽的温度范围内使用，而且电性能稳定可靠。

（5）再生率高。铅酸电池回收再生率远远高于其他二次电池，是镍氢电池和锂离子电池的 5 倍。

鉴于上述优点，早期潜水器多数选用铅酸电池作为动力能源。如早期的 REMUS 和 SAHRV 都采用了铅酸电池，电池总能量为 380 W·h，在 5 kn 航速下可持续工作 3.2 h，电池循环使用寿命为 100 次。由 Woods Hole 海洋研究所研发的用于深海海底观察的“ABE”号无人无缆潜水器，其上装载了固体电解液密封式铅酸电池，电池能量为 1.5 kW·h，无人无缆潜水器航速为 2 kn，续航力为 16 km。由佩里技术公司研制的用于试验和演示用的“MUST”号无人无缆潜水器，工作深度为 60.96 m，电源为铅酸悬挂式电解电池组，航速为 8 kn。另外，在 NPS 无人无缆潜水器 II、AE 1000（1992 年）、PHOENIX（1992 年）、PURL（1993 年）、U - MIHICO（1994 年）、EXPLORER （1994 年）、ODIlN II（1995

年)、EPAULARD(1995年)、HMI(1998年)等都装载了铅酸电池。

然而,铅酸电池也存在如下缺点:

(1) 比能量低。铅酸电池的实际比能量较理论比能量要低很多,理论值为170 W·h/kg,但实际比能量只有10~50 W·h/kg。

(2) 循环寿命较短。虽然铅酸电池循环寿命比镉镍/镍氢电池要高很多,但还是低于国际循环寿命指标值。

(3) 自放电。过充电时有大量的气体产生,铅酸电池的自放电比其他电池严重很多。

(4) 维护麻烦,污染严重。

虽然铅酸电池优良的性价比使得它在二次电池领域中长时间占统治地位,但随着电池新技术的不断采用,应用领域的不断开拓和深入,镍基电池和锂离子电池成本的降低和能量性能的提高,使得铅酸电池面临着很大的挑战。尽管新的铅酸电池技术——阀控式铅酸电池技术已趋成熟,但仍然存在循环寿命短、浮充电压不一致、可靠性不高、比能量低等问题。从而限制了它在无人无缆潜水器上的进一步使用,目前在美国现役的无人无缆潜水器中铅酸电池已逐步被淘汰,仅少量用于无人无缆潜水器的训练和测试。因此来说,铅酸电池只有在技术上不断改进和创新才不会被别的化学电源替代。

9.2.3 氢氧燃料电池工作原理及特性

燃料电池是一种将储存在燃料和氧化剂中的化学能直接转化为电能的发电装置,即通过电极上的氧化还原反应将化学能转化为电能。1839年英国的Grove发明了燃料电池,并用这种以铂为电极催化剂的氢氧燃料电池点亮了伦敦演讲厅的照明灯。但直到20世纪50年代燃料电池的研究才获得实质性的进展。从80年代开始,各种小功率燃料电池在宇航、军事、交通等多个领域中得到应用。

1. 氢氧燃料电池工作原理

氢氧燃料电池以氢气作为燃料,通入燃料电池的阳极,发生如下氧化电极反应:

$$H_2 + 2H_2O = 2H_3O^+ + 2e^-$$

氢气在催化剂上被氧化成质子,与水分子结合成水合质子,同时释放出两个自由电子。电子通过阳极向阴极方向运动,而水合质子则通过酸性电解质往阴极方向传递。在阴极上,氧气在电极上被还原,发生如下电极反应:

$$O_2 + 4H_3O^+ + 4e^- = 6H_2O$$

氧气分子在催化剂的作用下，结合从电解质传递过来的水合质子以及外电路传递过来的电子，生成水分子。总的电池反应为

$$2H_2 + O_2 = 2H_2O$$

从根本上讲，燃料电池与普通一次电池一样，分别在阴极和阳极上发生电极半反应，从而在外电路产生电流。所不同的是，普通一次电池是一个封闭体系，与外界只有能量交换而没有物质交换。换句话说，普通一次电池本身既作为能量的转换场所，同时也作为电极物质的储存容器，当反应物消耗完时，电池也就不能继续提供电能了。而燃料电池是一个敞开体系，与外界不仅有能量的交换，也存在物质的交换。外界为燃料电池提供反应所需的物质，并带走反应产物。从此可以看出，燃料电池是一个能量转化装置，只要外界源源不断地提供燃料和氧化剂，燃料电池就能持续发电。

氢氧燃料电池按电池结构和工作方式分为离子膜、培根型和石棉膜三类。

（1）离子膜氢氧燃料电池。该电池是采用阳离子交换膜作电解质的酸性燃料电池，目前也采用全氟磺酸膜。该电池放电时，在氧电极处生成水，通过灯芯将水吸出。这种电池在常温下工作、结构紧凑、重量轻，但离子交换膜内阻较大，放电电流密度小。

（2）培根型燃料电池。该电池属于碱性电池。氢、氧电极都是双层多孔镍电极（内外层孔径不同），加铂作催化剂。电解质为 80%～85%的氢氧化钾溶液，室温下是固体，在电池工作温度（204～260℃）下为液体。这种电池能量利用率较高，但自耗电大，起动和停机需较长的时间。

（3）石棉膜燃料电池。该电池也属碱性燃料电池。该电池的氢电极由多孔镍片加铂、钯催化剂制成，氧电极则是多孔银极片，两电极夹有含 35%氢氧化钾溶液的石棉膜，再以有槽镍片紧压在两极板上作为集流器。这种电池可瞬时停机。比磷酸铁锂电池要更环保。

2. 工作特性

氢氧燃料电池具有如下优点：

（1）能量转化效率高。在燃料电池中，燃料不是被燃烧变为热能，而是直接发电，因此不受卡诺热机效率的限制，理论上讲，燃料电池可将燃料能量的 90%转化为可利用的电和热，实际效率可望在 80%以上，是普通内燃机的 2～3 倍。

（2）无污染。氢氧燃料电池的整个反应是以氢气和氧气为原料，只能产生水和能量，可实现零排放，对环境无污染。

(3) 效率随输出变化的特性好。燃料电池在部分功率下运行效率可达60%,短时过载能力可达到200%的额定功率。

(4) 运行噪声低。燃料电池无机械运动部件,工作时仅有气体和水的流动。噪声只有约55 dB,适用于对噪声有要求的场所。

(5) 构造简单,可靠性高。与燃烧涡轮机循环系统或内燃机相比,燃料电池的转动部件很少,因而系统更加安全可靠;电池组合是模块结构,维修方便;处于额定功率以上过载运行时,它也能承受而效率变化不大;当负载有变化时,它的响应速度也快。

(6) 燃料(氢气)来源广泛,可再生。氢是世界上最多的元素,可再生,并且制备方法多样,可通过石油、甲醇等重整制氢,也可通过电解水、生物制氢等方法获取氢气。

(7) 燃料补充方便。燃料电池可以采用甲醇等液体为燃料,利用现有的加油站系统,采用与汽车加油大体相同的燃料补充方式短时间内完成燃料的补充。

(8) 环境适应性强。燃料电池功率密度高,过载能力大,可不依赖空气,因此可两栖使用,适应多种环境及气候条件。

氢氧燃料电池具有能量密度高,无需充电,燃料补充迅速,可长时间工作等特点;并且由于燃料和氧化剂等活性物质都是从电池外部供给,原则上只要这些活性物质不断输入,产物不断被排除,燃料电池就能连续发电,因此它在水下应用方面引起了世界各国广泛的关注,尤其对于工作时间1月以上的水下空间站和大航程、长航时的无人无缆潜水器,能源选择上较倾向于选用燃料电池[137]。MANTA无人无缆潜水器是美国海军水下作战中心于1996年提出的一种潜水器方案。该潜水器采用高能量密度的燃料电池作为电源,在航速5 kn时水下续航力为8 h,航程50 km,可以为执行复杂多样的任务提供强有力的保障。美国的海马无人无缆潜水器主要装备在俄亥俄级导弹核潜艇,用于近海作战,采用燃料电池,最大航速6 kn,可以在半径90 km的范围内连续工作125 h,在水下完成远程情报收集、监视和侦察任务,还可以完成反水雷和跟踪潜艇的监视任务。日本URASHIMA无人无缆潜水器的动力系统是由三菱重工(MHI)研制的一个完全封闭循环的燃料电池系统,如图9-2所示。该系统最大连续功率4.2kW,额定电压120 V,额定电流35A,最大效率54%,能使无人无缆潜水器以3 kn的速度航行300 km。

德国阿特拉斯电子公司开发出DeepC无人无缆潜水器,采用质子交换膜燃料电池和功率型电池相混合的电池系统,燃料电池的氢气和氧气分别储存在250×10^5 Pa和350×10^5 Pa的气瓶中,总能量可达140 kW·h。该潜水器能以

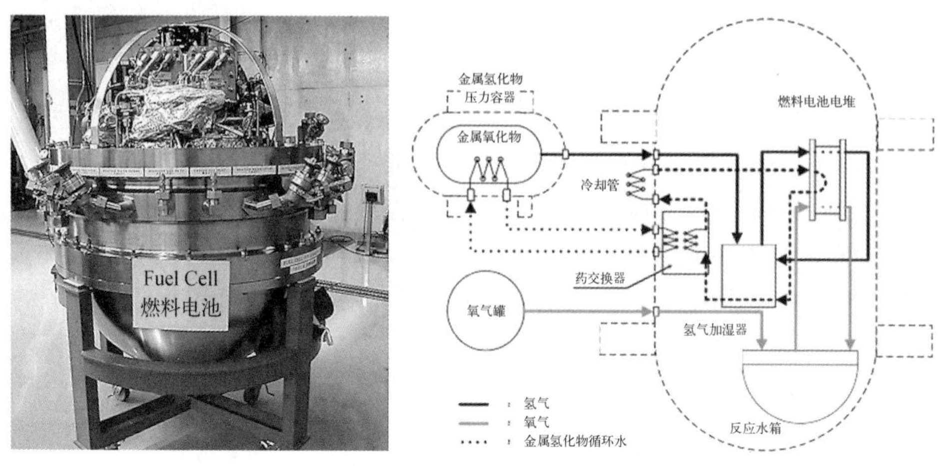

图 9-2　URASHIMA 无人无缆潜水器的燃料电池系统

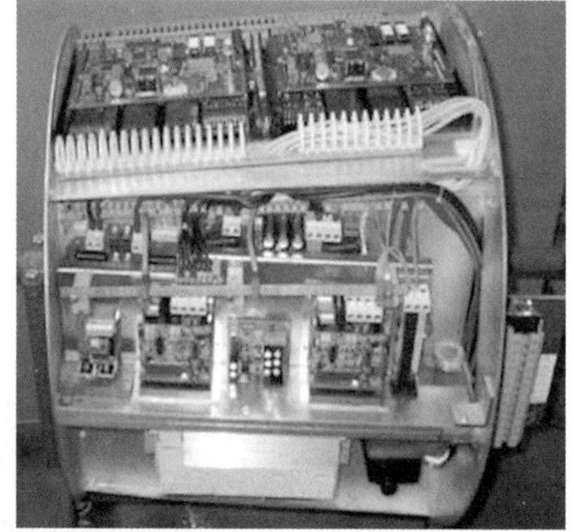

图 9-3　DeepC 无人无缆潜水器的燃料电池系统

4 kn 的巡航速度持续巡航 60 h，航程达到 400 km（见图 9-3）。

近年来，燃料电池得到了世界各国的广泛关注，其性能也有了很大提高。燃料电池系统的缺点是系统十分复杂，除了电池组外，还必须有氢气储存和输送系统、氧气储存和输送系统、控制管理系统等，这就导致整个系统的比能量较低；另一方面，氢气的储存和使用存在较大的安全隐患。目前仅在有限的大型无人无缆潜水器上使用。

9.2.4　海水电池工作原理及特性

海水电池又称水激活电池，是在 20 世纪 40 年代开发出来的一种无污染、长效、稳定可靠的电源。海水电池以活性金属或合金为电池阳极，金属网为负极，用取之不尽的海水作为电解质溶液，它靠海水中的溶解氧与金属反应产生电能。海水电池本身不含电解质溶液和正极活性物质，不放入海水，电池负极不会在空气中氧化，可以长期储存。使用时，把电池放入海水中便可供电。电池设计使用周期可长达一年以上，避免了经常更换电池的麻烦。海水电池没有怕压部件，在海水下任何深度都可以正常工作。

1. 海水电池工作原理

海水电池由阳极、阴极、隔膜、极柱和某一形状的外壳组成。大多数的海水电池阳极材料主要采用镁合金和铝合金，这主要是由于镁、铝具有优于其他金属的阳极性能，如电极电位负、密度小、比容量高等。海水电池的基本原理和反应如下：

$$Mg - 2e^- \longrightarrow Mg^{2+}$$

$$2AgCl + 2e^- \longrightarrow 2Ag + 2Cl^-$$

总反应方程式为

$$Mg + 2AgCl \longrightarrow MgCl_2 + 2Ag$$

海水电池分为以下几种基本类型：

(1) 浸没型电池。浸没型电池是通过将电池浸入到电解液中而激活的，其外型尺寸不一，放电电流可以达到 50 A，能够产生一伏到几百伏的电压。放电时间可以从几秒到几天不等。

(2) 控流型电池。控流型电池用作电鱼雷的电源。因为在放电过程中产生热量以及电解液循环，正极的电流密度可以达到 500 mA/cm^2 以上。

(3) 浸润型电池。浸润型电池在电极之间设计有吸湿能力的隔层，通过灌注电解质来激活电池，电解质被隔层吸收。这种电池当电流在 10 A 以上时，产生 1.5～130 V 电压。

2. 海水电池特性

海水电池最突出的特点是不需要携带电解质，可以在需要的时候利用天然海水形成电解液，其有银与无银电极优缺点比较如表 9-4 所示。

20 世纪 90 年代初，挪威国防研究所开始研究用于无人无缆潜水器的溶解氧海水电池。1993 年该研究所在 DEMO 号无人无缆潜水器上(见图 9-4)应用了大容量的镁-海水溶解氧电池，并进行了镁-海水溶解氧电池用于无人无缆潜水器动力系统方面的首次试验。测试结果表明，镁-海水溶解氧动力电池可驱动 1 t 重的无人无缆潜水器以 4 kn 航速行驶，续航里程达到 1 200 n mile。

表 9-4 电池阴极有银和无银比较

阴极类型	优　点	缺　点
氯化银阴极	(1) 可靠和安全 (2) 高功率密度,高能量密度 (3) 良好的负荷响应,瞬时激活	(1) 原料成本高 (2) 工作后自放电率高
无银阴极	(1) 国内供应充足 (2) 原料成本低 (3) 瞬间激活 (4) 安全可靠	(1) 需要支持导电网格 (2) 以低电流密度工作 (3) 与银相比能量密度低 (4) 激活后自放电率高

图 9-4 DEMO 号无人无缆潜水器

2000 年初,该研究所与法国合作,共同建造了一艘采用镁-海水溶解氧动力电池的 CLIPPER 无人无缆潜水器,并在法国瓦德内尔进行了测试。测试结果表明,电池系统输出功率可以达到 678 W,因此当无人无缆潜水器以 2 m/s 速度运行时,螺旋桨和泵所需功率为 406 W,则还有 272 W 能源可为无人无缆潜水器内部控制系统以及内部负载仪器等供电。

由于海水中溶解氧的浓度较低(一般约为 0.3 mol/m^3),海水溶解氧电池的输出功率较小,只适用于低功率、长航程无人无缆潜水器或者为无人无缆潜水器上的小功率仪器设备等提供动力,限制了在大功率无人无缆潜水器上的广泛应用。

9.2.5 铝氧半燃料电池工作原理及特性

半燃料电池是一种金属空气电池,利用金属与氧气的氧化反应来发电。在半燃料电池中,金属作为阳极,空气作为阴极,碱或盐作为电解质。该类电池可提供高达 500 W・h/kg 的能量密度,远高于普通电池。铝氧半燃料电池属于半燃料电池,早在 20 世纪 70 年代中期由美国首先研制成功,是一种能量密度高、成本低的电源。

1. 铝氧电池电化学原理

铝氧半燃料电池由铝阳极、空气阴极和电解液组成，电池放电时，铝阳极被氧化溶解，阴极上氧气被还原，同时释放出电能和热量，总反应如下：

$$4Al + 3O_2 + 6H_2O + 4KOH = 4KAl(OH)_4 + E(电能)\uparrow + H(热)\uparrow$$

自腐蚀反应：

$$2Al + 6H_2O + 2KOH = 2KAl(OH)_4 + 3H_2\uparrow$$

沉积反应：

$$4KAl(OH)_4 = 4KOH + 4Al(OH)_3$$

$$2Al(OH)_3 \longrightarrow Al_2O_3 \cdot 3H_2O$$

该电池的阳极反应产生偏铝酸盐，在碱性溶液中可以部分溶解，但随之电解液的电导率也下降，铝酸盐在溶液中达到饱和时会析出。空气阴极为多孔性氧电极，与氢氧燃料电池的氧电极相同，反应发生在电解质、活性剂和催化剂的三相界面，在陆地上工作时使用空气中的氧，在水下工作可使用液氧、压缩氧、过氧化氢或海水中的氧。伴随电化学反应的还有铝在电解液中的寄生自腐蚀反应，此反应消耗铝，降低其利用率，同时产生需要排除的少量氢气。

铝氧电池从充电方式来看可分为一次电池和可机械充电（更换铝负极和电解液）的二次电池，从电解液来看可以分为碱性和中性。中性电解质体系由于电导率较低且铝酸盐不可溶，因此，功率难以提高。碱性体系电导率高，能够溶解一定的铝酸盐，因此应用于相对较高功率需求的无人无缆潜水器。

2. 铝氧半燃料电池特性

铝氧半燃料电池优点使其成为最有发展前景的无人无缆潜水器动力电源之一，其优点主要体现在以下几个方面：

（1）比能量高，已经达到 260～400 W·h/kg，这一数值远高于其他各种电池。

（2）使用寿命达 3～4 年。

（3）使用时不会产生有毒有害气体，不污染环境。

（4）制作电池的资源丰富，原料充足。

（5）可设计为全封闭式，不产生噪声及尾痕。

美国、加拿大以及挪威海军分别用铝氧半燃料电池代替无人无缆潜水器上的银锌电池，使无人无缆潜水器的续航力都有较大的提高。XP－21 无人无缆潜水器是美国海军在1993年研制的第一个完成铝氧半燃料电池海上试验的潜水器[138]。1994年,加拿大研制的ARCS无人无缆潜水器,加装了铝氧半燃料电池[见图9-5(a)],在海上试验中,ARCS潜水器在水下以3 kn航速行驶了27 h,电池共产生了44 kW·h的总能量,其比能量为160 W·h/kg,续航时间是原使用镉镍电池的5倍[139-140]。挪威的C&C科技公司为HUGIN系列中HUGIN-3000无人无缆潜水器装备了铝氧半燃料电池[见图9-5(b)],该电池由6个单元串联组成,能提供50 kW·h能量,最大输出功率为1.2 kW,可在水下3 000 m处以4 kn的速度连续巡航60 h[142-143]。改进型HUGIN-4500无人无缆潜水器的总能量达到60 kW·h,比能量100 W·h/kg左右。

(a) (b)

图9-5 无人无缆潜水器上应用的半燃料电池

(a) ARCS无人无缆潜水器的半燃料电池 (b) HUGIN无人无缆潜水器的半燃料电池

铝氧半燃料电池拥有非常高的理论比能量,是未来很有开发潜力的动力电源,但在实际应用中仍存在很多问题有待解决,如铝阳极的腐蚀及表面钝化,电解液循环系统、氧贮存和供应系统、空气电极性能的改进,高活性低成本催化剂的研制,辅助循环系统以及浓度保持装置简化等。但可以肯定地说,铝氧电池是当今无人无缆潜水器动力电源发展的一个重要方向,它会推动无人无缆潜水器获得更大的续航能力,完成更为复杂、智能、多重的任务。

9.2.6 其他种类能源的工作原理及特性

1. 锌银电池

锌银电池的比能量为80～110 W·h/kg,是铅酸电池的2～3倍,可以大电流放电,在20世纪90年代曾大量用作无人无缆潜水器的主要动力电源,如美国的近程水雷侦察系统(NMRS)、先进无人搜索系统(AUSS)、ODYSSEY无人无缆潜水器,俄罗斯的MT-88无人无缆潜水器、韩国的OKPL-6000无人无缆潜水器等均采用锌银电池作为动力电源。但是锌银电池由于存在充电时间长,使用寿命短(20～30 次)、低温性能差、成本较高、维护费用高等不足，目前仅少量中小型无人无缆潜水器还在采用锌银电池。

2. 锂亚硫酰氯电池

锂亚硫酰氯电池是一种高比能量(比能量大于 300 W·h/kg)、高工作电压、超长寿命的原电池。2000 年，美国海军水下作战中心和波音公司联合研制远程水雷侦察无人无缆潜水器(LMRS)，该潜水器采用了大型的锂亚硫酰氯电池作为动力能源，电池组由 3 个模块组成、共 24 只单体串联而成。单体电池容量 1 200 A·h，以 38 A 电流工作时，单体电压可以达到 3.3～3.45 V，总功率为 2 800 W，电池比能量为 308 W·h/kg。该潜水器最大航速达 7 kn，航程可达 200 km，日工作区域达 90 km^2，能持续工作 40～48 h。锂亚硫酰氯电池由于是一次电池不能反复使用，所以成本较高，更重要的是安全性较低，特别是遇短路、大电流或高温时，会放出大量的热，容易造成电池热失控而引发起火或剧烈爆炸，使无人无缆潜水器装备损坏，导致任务暴露或失败，因此目前也极少使用。

3. 混合动力能源

混合动力能源则是将电池系统和热动力系统或其他能源系统相结合，充分发挥各自的优势，以满足不同的工作条件。混合动力系统已应用于一些无人无缆水下潜水器。如上述 URASHIMA 和 AUV - EX1 潜水器主要由燃料电池作为动力能源，锂离子电池作为辅助电源。AUV - EX1 潜水器分别由燃料电池和锂离子电池供电，可分别实现 300 km 和 100 km 的巡航能力。美国波音公司最新研制的 ECHO VOYAGER 无人无缆潜水器，采用电池系统和热动力系统混合方式，实现对电池系统的自主充电，续航能力由数天提高到 6 个月，可以实现 1.2 万千米范围的深海探索任务(见图 9 - 6)。

图 9 - 6 ECHO VOYAGER 无人无缆潜水器

4. 太阳能

通过直接使用太阳能电池板或间接使用聚光太阳能系统，可以实现把太阳光转换为电能。太阳能电池板(由光伏电池组成)通常用于商业和住宅发电。其转换效率仅为10%～12%，因此，它们总是成组安装。海洋表面可利用的太阳能量随纬度、季节和天气的变化而变化，年平均日总水平太阳辐射从小于1 kW·h/m² 到大约12 kW·h/m² 不等。因此，太阳能电池板是一种理想的将太阳辐射转换为无人无缆潜水器所需电能的方式。

SAUV系列潜水器是典型的由太阳能驱动的无人无缆潜水器。SAUV-Ⅰ潜水器的电源系统包括太阳能电池阵列、微处理器、电池电量监测计和充电控制器以及镍镉电池组。SAUV-Ⅱ潜水器配备了1.0 m² 的太阳能电池板和由288个锂离子电池组成的2 kW·h能源系统。该潜水器可执行监视类的长期水下作业任务(见图9-7)。

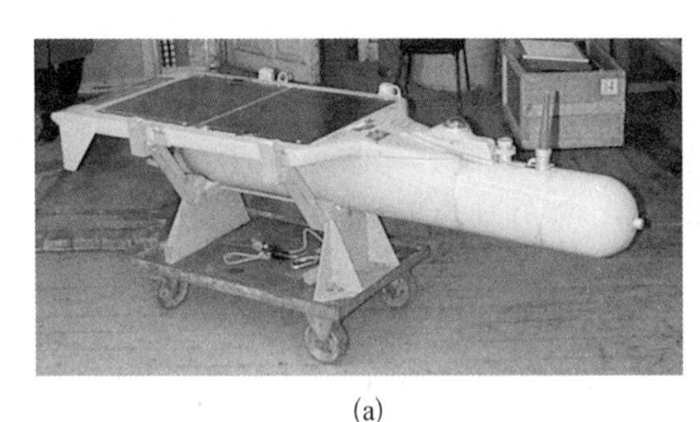

(a)

(b)

图9-7 太阳能系列无人无缆潜水器(SAUV)

(a) SAUV-Ⅰ (b) SAUV-Ⅱ

5. 柴油机

众所周知，柴油机在陆地上得到了广泛的应用，如果能够将排放物中的二氧化碳去除，并用氧气取而代之，则柴油机系统即可变成一个封闭式循环能源系统(CCDE系统)，成为不依赖空气能源系统的又一个不错的选择。柴油机具有燃油原料便宜、运行成本低、可靠性高的特点。如在“R-One”号AUV上便安装了CCDE系统(见图9-8)。该系统的能量输出为5 kW，总能量为60 kW·h，直流电压为280 V。在1998年的海试中，该潜水器以4 kn航速，在水下10～50 m的深度范围内完成了70 km的自主巡航，航行时间为12 h 37 min。对于“R-One”号AUV来说，应用CCDE系统与电池系统相比，具有如下优点：

(1) 系统的能源剩余量可以很准确地估算出来，从而在执行任务时可以不必考虑过多的安全余量。

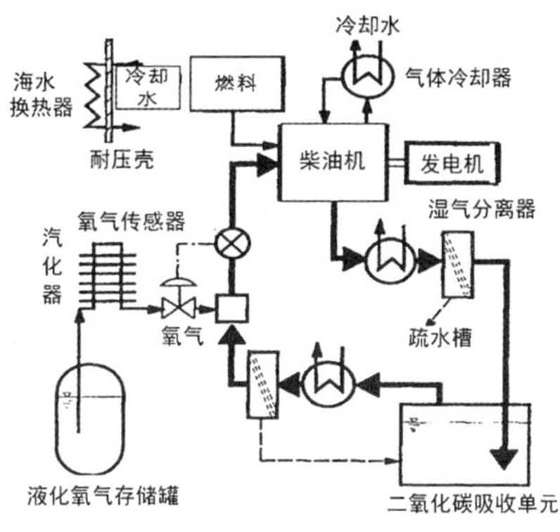

图 9－8 “R－One”号无人无缆潜水器及其 CCDE 系统示意图

(2) 只要能够及时增添燃油和液态氧，并及时更换二氧化碳的吸收剂，此系统就可以重复使用，而电池系统则需要长时间的充电，并且需要准备足够数目的电池以备更换。

(3) 系统的电压输出稳定。

然而，相对于电池系统而言，CCDE 系统的总能量较小，仅为 60 kW·h。

9.3 锂离子电池管理系统

随着锂离子电池的广泛应用，锂离子电池组的安全问题也逐渐受到重视，因此，设计电池管理系统，实现对锂离子电池的有效控制，延长电池使用寿命是十分必要的。

电池管理系统包括对单体电池和电池组状态的实时监测、剩余电量的准确估算、充放电的均衡管理三部分，从而使每块电池尽可能地在最佳状态工作，提高利用效率(见图 9－9)。其基本功能主要有：

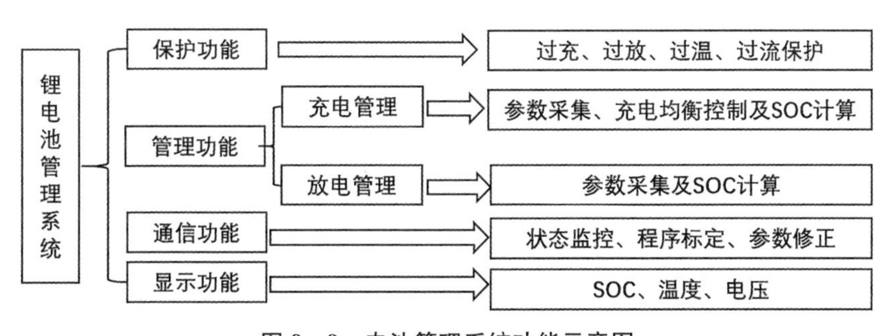

图 9－9 电池管理系统功能示意图

(1) 限制电池的过充和欠充。

(2) 确保电池组内电池之间的均衡。

(3) 保持电池组的安全运行。

早在2004年,为满足其电动鱼雷对高功率的要求,美国海军水面战中心在其动力电池组的每个模块上装有控制线路。BLUEFIN公司实现了比较完善的对锂离子电池过充、过放和高温的保护,以及完整的充电放电循环管理。PHOENIX公司为美国海军无人无缆潜水器研制了三级分布式的锂离子电池管理系统。该系统按单体电池、电池模块和电池组三个等级进行管理。每个单体电池上都有控制单元对其进行充放电保护。三级之间通过网络连接实时读取每节电池的工作数据,并提供短路、过载、过充和过放保护,单节电池关断,电压电流和温度的实时报告,温度保护等功能。KONGSBERG公司为HUGIN-1000无人无缆潜水器设计的电池管理系统,不仅具有防止电池短路等传统功能,还采取在电池的外部加装壳体、设置防火墙等措施,防止电池着火后损坏其他模块。

9.3.1 锂离子电池管理系统结构功能

锂离子电池管理系统主要实现电池管理控制策略的优化,提高电池组充放电效率,从而延长电池一次充电后的续航能力,并保证电池组工作时的安全性和可靠性。系统结构应该基于模块化和结构化的思想,可分别对每个模块进行调试和修改,增加系统各个模块的可维护性和移植性,尽量少地对硬件系统进行改动[138-140]。锂离子电池能源管理系统结构从功能上可以划分为状态监测、电池组荷电状态(state of charge,SOC)估算和均衡控制三部分,如图9-10所示。

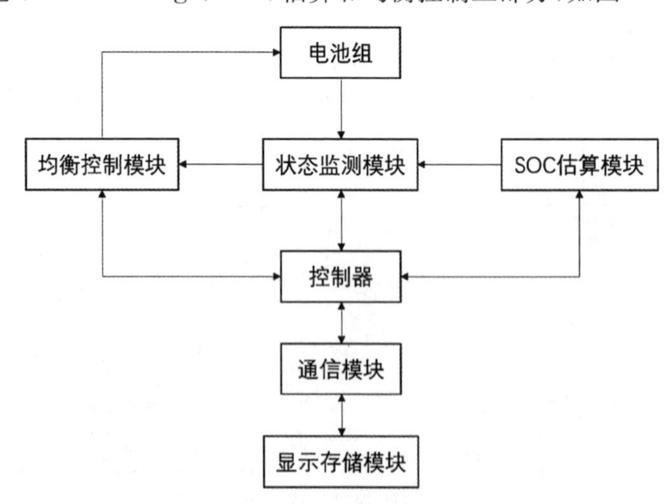

图9-10 电池组管理系统框图

各个模块功能如下：

1. 状态监测模块

该模块主要完成对系统基本状态的信息采集，其中包括对电池组单体电池电压，电池组总电压、电流、温度等信息的采集，这些基本信息不仅能够反映电池组当时的工作状态，同时还为后续估算模块和均衡控制模块的设计提供信息依据。现有的采集设备已经越来越完备，从最初只能采集少量的电池信息到现在几乎完备的信息采集系统，数据采集部件已经从最初的集成化发展到现在的小型化，可更好地应用于无人无缆潜水器电池管理系统。

2. 估算模块

电池组荷电状态和电池组健康状态是电池状态估算的主要内容，其中电池组荷电状态表示动力电池组的剩余容量，是估算潜水器续航能力的基础。对于无人无缆潜水器而言，剩余电量的估算结果是防止电池过充过放的主要依据，只有估算准确，才能有效地避免锂离子电池过充、过放等不良状态，最大限度地延长锂离子电池的使用寿命，提高对锂离子电池的利用效率。

3. 均衡控制模块

在锂离子电池制造的过程中，由于原材料或者制造精度等原因，单体电池性能不一致，这种不一致性在出厂时差异并不大，但是随着使用而不断扩大，容易使一些电池容量加速衰减，降低电池的使用寿命，使得其中最差电池单体性能代表电池组的性能，因此电池组各个电池单体间设置均衡电路是很有必要的。采用均衡控制模块，能够更好地完善电池组的使用效率和运行性能，在均衡模块的作用下，各个单体电池的性能更趋近一致，避免电池组发生过充、过放等危险情况，提高电池组整体工作性能。目前的均衡控制方法中，可以按照对能量的消耗，将其分为能量耗散型和能量非耗散型。

1）能量耗散型

能量耗散型是一种将多余的能量全部以热能的方式消耗的方法，主要通过电池组内单体电池自消耗放电来实现。

2）能量非耗散型

能量非耗散型是将多余的电量转移或者转换到其他电池中，一般的转换效率都在85%～95%之间，所以这种方法也有一定的损耗。可以将其分为能量转移和能量转换两种方式。

(1) 能量转移式均衡。利用电感、电容等储能型元件，将容量高的单体电池中的能量通过电感或者电容转移到能量低的单体电池中，图9-11中所示为开关电容均衡，通过切换电容开关传递相邻电池间的能量从而达到均衡的目的。

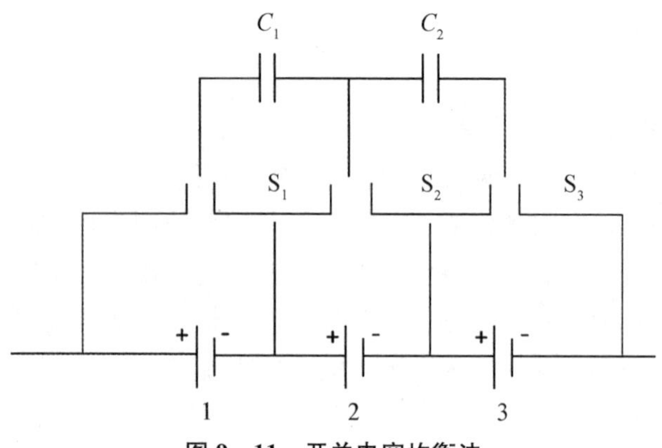

图 9-11　开关电容均衡法

(2) 能量转换式均衡。能量转换式均衡方法主要是指采用一变换器的均衡方式,可以分为集中式和分布式。集中式主要利用单向隔离反激变换器和多副边绕组变压器来实现,变压器原边接电池组的两侧,副边每个线圈都对应一节单体电池。图 9-12 中所示是一种直流反激变换的多副边绕组变压器均衡方式,在这种方式下,系统监测到能量低的单体时,将能量储存在变压器的线圈中,开关关闭时,储存的能量释放,能量低的单体吸收能量。缺点在于次级绕组很难匹配,变压器漏感造成的电压差也很难补偿,不易于模块化。

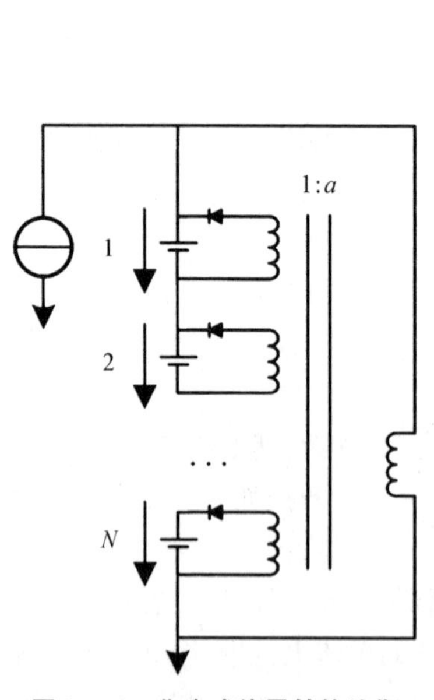

图 9-12　集中式能量转换均衡

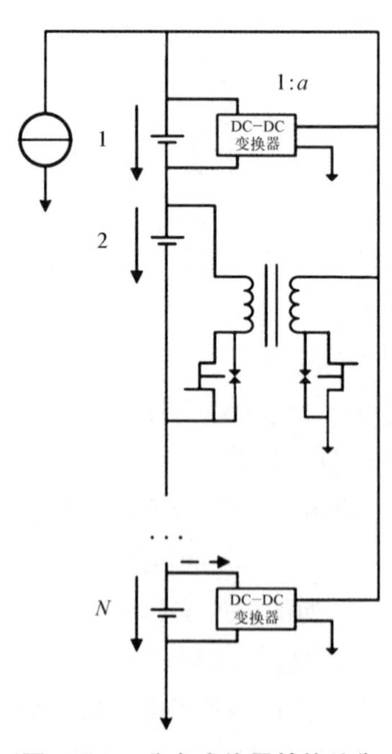

图 9-13　分布式能量转换均衡

分布式均衡是一种放电均衡，在每个单体电池两端都并联一个均衡电路，实现能量过高的电池向整个电池组或其余某些电池放电，图 9-13 所示为一种双向隔离反激 DC-DC 变换均衡器。

9.3.2 锂离子电池状态监测方法

状态监测模块的设计是锂离子电池管理系统中最为基础的部分，状态监测模块主要完成对电池组总电压，电池单体电压、电流、温度等基本信息的采集，监测这些电池基本信息除了了解电池组的实时状态之外，还为估算模块和均衡控制模块提供设计依据[138,141]。

状态监测模块框图如图 9-14 所示，数据采集部分将电池组信息采集之后，进入主控单元进行转换等数据处理，通过通信模块将采集到的信息传递给上位机，实现状态监测的功能。

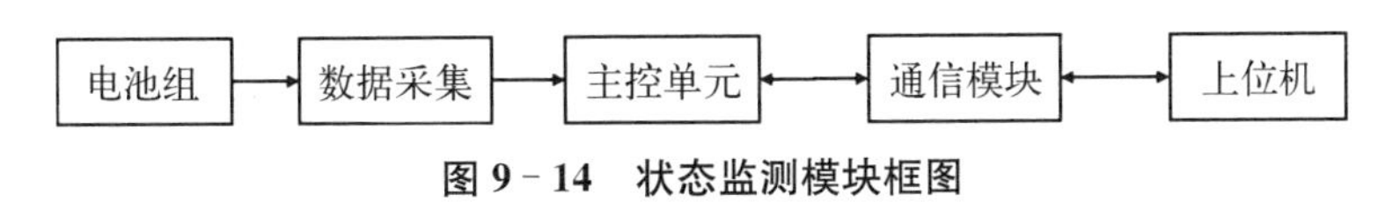

图 9-14 状态监测模块框图

系统设计电池组的采样通道，采样过程如图 9-15 所示，采用数字温度传感器采集电池组的温度值。采用霍尔传感器采集电池组的电流。将采集到的电流、电压信息通过控制器内部进行模/数转换，处理后的数据经总线传输。电流与电压的数据采集应是同一时刻的数值，方便计算电池单体的内阻，输出的数据最终显示在上位机上。系统还可以通过总线与无人无缆潜水器其他模块进行通信。

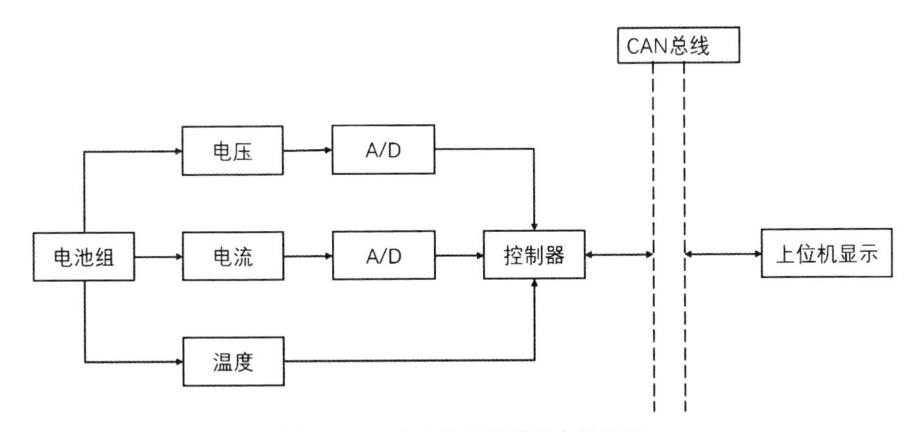

图 9-15 状态监测模块信息流程图

温度检测电路如图 9-16 所示。锂离子电池的工作温度是电池组的重要参数，也是计算中的重要影响因素，在判断锂离子电池的安全性和热处理等方面都需要实时测量温度参数。锂离子电池在工作的过程中一直都存在温度的变化，要实时采集温度参数，防止锂离子电池过热，影响使用寿命；在锂离子电池发生故障时，经常伴有温度异常的情况发生，尽量做到能够尽早发现尽早更换。

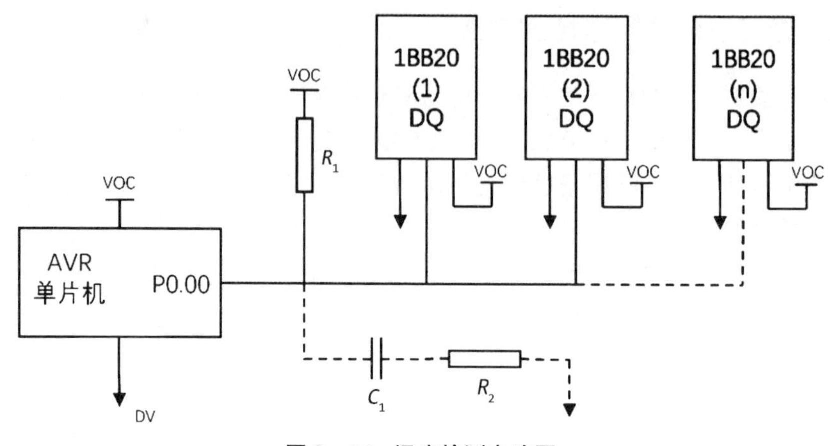

图 9-16　温度检测电路图

9.3.3　锂离子电池剩余电量估算方法

对于无人无缆潜水器用的锂离子电池组来说，电池在充电、放电的过程中，电池的一些特征参数会因为电池剩余电量变化而发生变化，通常用荷电状态来表征锂离子电池的剩余电量，其可以定义为电池在一定放电倍率下，剩余电量与电池容量的比值，即

$$SOC=\frac{Q_C}{C_I}$$

其中，Q_C 表示电池剩余量；C_I 表示电池以恒定电流 I 放电时具有的容量。

如果电池充满的时刻定义为 $SOC=1$，则有

$$SOC=1-\frac{Q}{C_I}$$

其中，Q 为电池已经释放出的电量，可知电池放电结束后 $SOC=0$。

在理想情况下，只考虑电流对电池容量的影响，可以将 SOC 定义为如下公式：

$$SOC(t)=SOC_0-\frac{1}{Cap_n}\int_0^t i(\tau)\mathrm{d}\tau$$

式中，$SOC(t)$ 是电池的实时剩余电量；SOC_0 是电池的初始容量；Cap_n 是电池的额定容量；i 为电池电流。该公式的意义是通过电流积分获得当前的 SOC 值，这也是安时法的理论依据之一。

无人无缆潜水器锂离子电池组的准确估算主要的作用不仅仅是简单地保护锂离子电池，延长电池的使用寿命，还能更好地提高整个无人无缆潜水器的运作性能[17,21]。其估算方法主要包括以下几种。

1. 安时计量法

安时计量法也简称安时法，是 SOC 的基本检测方法。具体方式是在对电池进行充电或放电的过程中，按时间对输入或输出电流进行积分，以此计算电池在时间 t 内充进或放出的电量。如果充放电初始状态为 SOC_0，那么电池组现有电量为 $SOC = SOC_0 + \frac{1}{C_N}\int_0^t \eta \cdot i(t)\mathrm{d}t$

式中，C_N 为电池额定容量；η 是充电效率或放电倍率；$i(t)$ 是充放电电流。

安时计量法是一种简单、可靠的 SOC 估算方法，易于工程实现，具有很大的优势。

2. 开路电压法

开路电压是指电池在静置时的端电压，实验证明电池开路电压与 SOC 值在静态时有相对固定的函数关系，所以可以根据这一关系，通过测量电池开路电压来确定 SOC 值。但这一方法在电池充放电过程中误差较大，在充放电的开始和结束阶段可取得较好的效果。实际中常常将开路电压法与安时计量法结合使用。

3. 阻抗测量法

电池的内阻也与 SOC 有一定的对应关系，测量方法是在电池组两端加交流信号，测量电池组端电压的变化，得到交流阻抗的大小。由于交流阻抗在电池电量处于中段时变化较小，所以只在电池电量较低或较高时测量较准确，且受初始电量、是否静置、温度及寿命的影响较大。现在内阻法很少用于电池剩余电量的估算。

4. 放电法

该方法是较为可靠的一种 SOC 估算方法，通过对电池进行恒定电流的放电，在到达电池下限时记录时间，计算时间与电流的乘积，得到电池所放电量与容量的比值，即为 SOC 估计值。该方法估算结果较准确，但是需要大量实验数据为基础。

5. 神经网络法

神经网络法是人工智能领域的重要方法，神经网络法中大量神经元通过复杂的相互连接而形成网络系统，通过对信息进行分布式的储存，可模拟人脑的基本特征。神经网络法估计 *SOC* 时，输入是电池电压、电流和工作温度，输出是电池 *SOC* 值，在输入和输出数据之间建立关系模型。

6. 基于卡尔曼滤波的 *SOC* 估算方法

卡尔曼滤波算法的核心是对状态做出最小方差意义上的最优估计，其基本思想是：根据分析电池模型的经验公式及电池 *SOC* 特性，建立卡尔曼滤波法估计 *SOC* 值模型的状态方程和量测方程，利用前一时刻的 *SOC* 估计值和当下时刻的观测值来更新对电池状态变量的估计，求出现在时刻的 *SOC* 估计值。

总体来说，目前常用的估算方法都存在一定的缺陷，如表 9-5 所示。以上所述各种方法进行 *SOC* 估算时，都不能非常好地得到估算值，所以，研究多种估算方法的结合是 *SOC* 估算的必然发展趋势。

表 9-5 现阶段国内外应用的主要估算方法的优缺点

SOC 估算方法	优　　点	缺　　点	使用场合
安时计量法	方法简单	电流测量精度会导致累积误差	可用于所有电动汽车电池
开路电压法	简单易行，精度较高	电池需要长时间静置以确保达到稳定状态来克服自恢复效应	不能满足在线监测的要求
阻抗测量法	在电池放电后期有较高精度和较好的适应性	电池单体内阻测量较难	适用于电池后期 *SOC* 估算，可与安时计量法组合使用
放电法	可靠、精度高	测量时电池必须处于脱机状态	电池的检修和维护
神经网络法	快速，方便，有较高精度	需要大量的参考数据	适用于各种电池
负载电压法	可在线估算，在恒流放电时，有较好的效果	不适用于变电流的情况	常用来作为电池充放电截止的判据
卡尔曼滤波法	不仅能够获得 *SOC* 的估算值，还能得到其估算误差	能力要求高	适用于各种电池

9.3.4 锂离子电池均衡方法

锂离子电池在串联成为电池组使用后，电池组中的单体电池在同样的充电电流情况下，常常会有容量大的单体电池处于浅充浅放的状态，电池容量衰减缓慢，有比较长的使用寿命；但是容量小的单体电池总是处于过充过放状态，电池容量衰减加快，寿命缩短。这种差异经过反复充放电后，会更加明显与严重，导致整个电池组的寿命降低，均衡控制模块就是尽量使各个单体电池的主要性能指标都基本达到一致，保证电池组各个单体电池容量能够控制在允许差距之内[17,22-23]。

1. 均衡控制策略

均衡控制模块对于电池组管理系统来说是十分重要的，主要功能就是使各个单体电池的主要性能指标都基本达到一致，也就是控制在可以允许的差距之内。在给锂离子电池组充电时，采用先恒流后恒压的充电方法。这也是最普遍的并且适用于无人无缆潜水器锂离子电池组的充电方法。在恒流充电的过程中，电池组电压逐渐提升，当电池电压达到一定值时就开始恒压充电，这时电池组的电流会有比较大幅度的下降。虽然每组电池的充电过程都是相同的，但是由于单体电池特性的不同，在充放电过程中就会逐渐出现不均衡性，例如会出现第一块电池最先充满的情况，最后一块电池最先放电结束的情况，这种过充电和过放电的情况会逐渐地导致电池组不一致性越来越严重，因此设计电路时应考虑到电池组的均衡充电问题，从而能更好地利用电池组，延长使用寿命。

电压参数是电池组不一致性最为直观、最容易测量的表现形式。电池在不同的剩余电量下充分静置后，测量电池组中单体电池的电压，就可以得到电池不一致的数据。在实际的应用过程中发现，一般的不均衡现象都是由于个别电池与其他电池存在较大电压差异，从而更加快速地达到电压最大值，此时如果不采取均衡措施，就不能对其他没有达到电压标准的电池继续充电，一般情况下，这样的电池在放电过程中也会是最先达到最低电压的电池，所以均衡充电是实际应用中必须考虑到的情况。在系统设计中，就以状态监测模块中测量得到的电压值作为均衡控制的依据，测量得到的电池电压数据就可以反映电池组各单体电池的不一致的情况，之后进入均衡模块进行电池组电压均衡，从而提高电池的使用效率，延长使用寿命。

2. 均衡控制方案设计

传统的充电方法是将串联电池组作为一个电池整体，流经每个单体的电流是相同的，充电的时间也相同。但是因为单体电池的不一致性，以及电池在使用过程中会处在不同的充放电状态，导致串联电池组中电池特性的不均衡。这种不均衡性，就会造成电池组中个别单体电池过充或者欠充，都直接影响了电池的寿命，设计均衡模块对无人无缆潜水器锂离子电池组是十分重要的。图 9-17 所示为均衡控制模块方案设计的构成图。

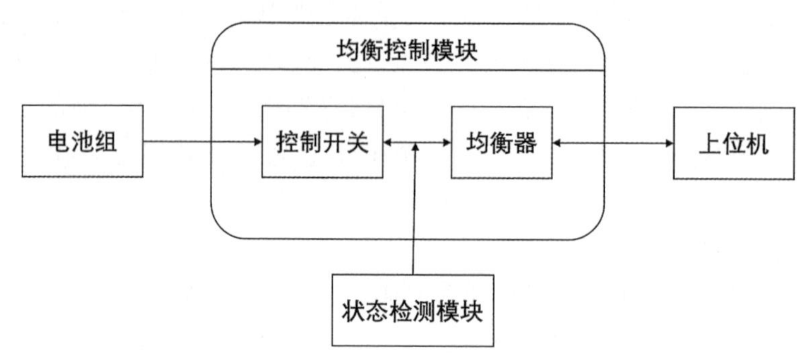

图 9-17 均衡控制模块构成图

所采用的均衡控制是在电池组充电过程中基于电池电压信息进行设计，当充电最终的单体电池电压偏差在±0.03 V 以内视为电池均衡。对电池电压达到设置的上下限时，进入均衡控制模块。根据这样的要求选用能量转换式均衡方案来进行均衡模块的总体设计。采用其中的集中式均衡方法是比较合适的，集中均衡也就是整个电池组采用一个均衡器，减少了很多硬件消耗，控制简单，同轴多副边绕组变压器可以实现该方法均衡。

3. 均衡控制实现

对于电池串联组成的电池组来说，由于各个单体电池的差异，不均衡的结果可以简单分成三类，一是多数电池均衡，但是个别单体电池电压过高；二是多数电池均衡，但是个别单体电池电压过低；最后一种是一部分电池电压比平均值稍高，另外一部分比平均值稍低。

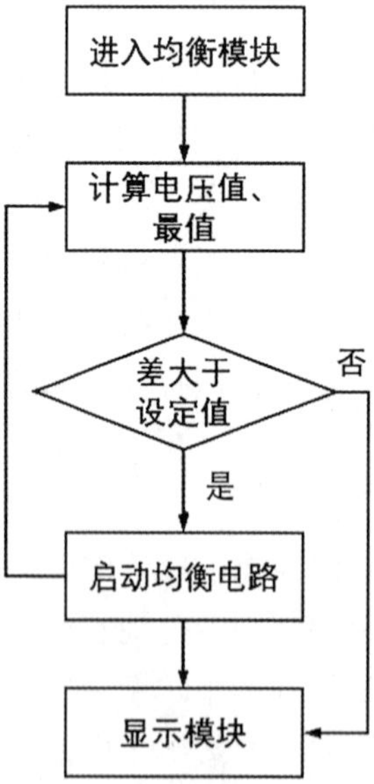

在实现电池组均衡控制模块的设计过程中，要有一定的指导性原则，如高效性，高效的均衡系统应该是一个对充电能量无耗散的系统，在目前应用到无人无缆潜水器的实际系统中，这样的系统是很难实现的，但却是未来发展的趋势；可扩展性，体现了系统设计的模块化，在设计之后能适合各种不同数量的电池组，能够顺利和方便地植入其他电池管理系统；实用性，一个优秀的均衡系统必然能够在有限的成本内最大限度地提高电池组的使用寿命和利用效率。通常的均衡控制模块设计流程如图 9-18 所示。首先进行电池电压的数据采集和处理，然后对电池电压值进行相应计算和判

进入均衡模块
计算电压值、最值
差大于设定值
否
是
启动均衡电路
显示模块

图 9-18 均衡流程图

断,如果出现电池电压值异常高于或异常低于限制电压的情况,启动均衡电路进行均衡处理。

9.4 二次锂离子电池水下能源补充

9.4.1 水下接触式能源补充

在水下进行传统导线传输电能时,对系统的水密性提出很高的要求。导线接头必须制成插拔接口。插拔接口可分为干态插拔接口和水下插拔防水接口[145-146]。

1. 干态插拔接口

此类导线接头在无水环境中进行插拔,连接好后放在水下有很好的绝缘性能,耐压可达到 138 MPa。其中插针及插脚材料为镀金黄铜等,导电性能好,广泛用于传输电力、信号等。干态插拔接口具有多种安装形式,如穿孔式、面板式、拖线式等,可适应不同的水下设备安装要求。图 9-19 所示为高强度环氧树脂水密接插件。其外壳材料可选用玻璃环氧树脂及不锈钢等,而绝缘材料为聚甲醛树脂。

图 9-19 水密接插件

2. 水下插拔防水接口

此类导线连接头可直接在水下进行插拔。连接好后,水下插拔防水接口具有很好的电气绝缘性能以及可靠性。由于海洋环境比较复杂,因此在设计时,接插件采用导向键、锥形倒模接插入口、旋紧螺纹等结构,并采用平衡式充油方式,从而保证了水下插拔防水接口具有很好的牢固性、水密性、便利性、准确性,避免在使用时误操作。图 9-20 所示为水下插拔防水接口对接过程。水下插拔防水接口具有多种安装形式,如穿孔式、面板式、拖线式等,可适应不同的水下设备安装要求。

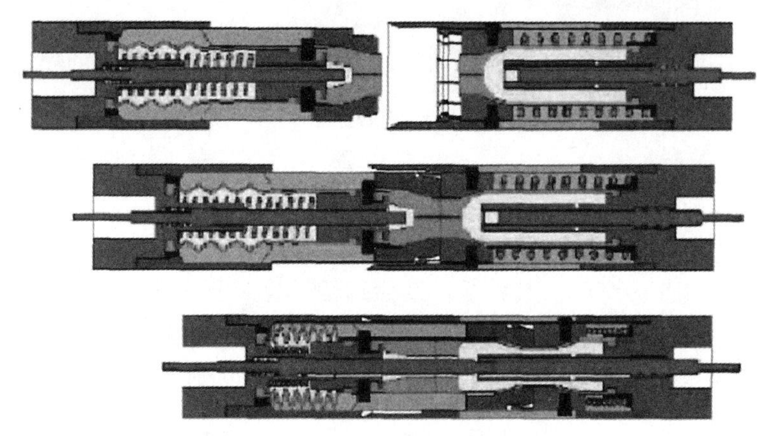

图 9-20　水下插拔防水接口对接过程

为保证密封效果,在安装插拔接口时需要较大的安装力,因此这种接头在使用中磨损十分严重,增大了使用的安全隐患。不仅如此,这种接头的材料工艺要求高,成本昂贵,从而增大了开发成本。

9.4.2 水下非接触式能源补充

水下无线充电技术是一种在水下以电磁场或电磁波形式进行能量传输的技术。水下无线充电系统具备以下的优点[147]:

(1) 系统中不存在裸露导体,能量的传输不会受到环境因素如海水等的影响。而且水下无线充电系统不存在机械磨损,因此在传输能量上,该系统比通过导线连接的系统更为可靠、耐用。

(2) 系统各部分都是完全独立的,从而保证了系统的电气绝缘。

(3) 系统的发送端部分和接收端部分是完全分离的。接收端部分可用多个绕组同时接受能量,从而可同时为多个用电负载提供电能。而水下无线充电系统的发送端和接收端可处于相对静止或运动状态,组织形式灵活多样,适用范围更加广泛(见表 9-6)。

表 9-6 水下无线充电方式和传统充电方式的比较

充电方式	传统充电	水下无线充电				
特点	导线连接	电磁辐射式	电磁谐振式		电磁感应式	
类型	移动接触	电磁波	紧耦合	松耦合	紧耦合	松耦合
基本原理	电路	波的传导	电场交流电路	分布式的电场电力电子	磁路交流电路	分布式磁场电力电子
最大传输距离	远距离	远距离	中等距离	中等距离	近距离	近距离
典型技术	导线连接器	天线波的引导装置	电容	容性能量传输	变压器	感性能量传输

水下无线充电技术分为电磁辐射式、电磁谐振式和电磁感应式。其中电磁辐射式无线充电技术适用于进行远距离能量传输;电磁谐振式适用于进行中等距离能量传输;电磁感应式仅适用于进行近距离能量传输[148]。目前在水介质中进行无线充电还十分少见。2001 年麻省理工大学和伍兹霍尔海洋研究所共同研制了 ODYSSEY 无人无缆水下潜水器。该无人无缆水下潜水器可在 2 000 m 水深作业,并采用电磁感应式无线充电技术,水下无线充电效率为 79%,传输功率为 200 W。2004 年日本 NEC 研究出了水下无线充电系统,专为水下设备进行无线充电。图 9-21 所示为水下无线充电系统,该系统使用电磁感应式无线充电技术,采用了特殊形状铁氧体磁芯和锥形线圈,水下无线充电效率为 90% 以上,传输功率为 500 W。

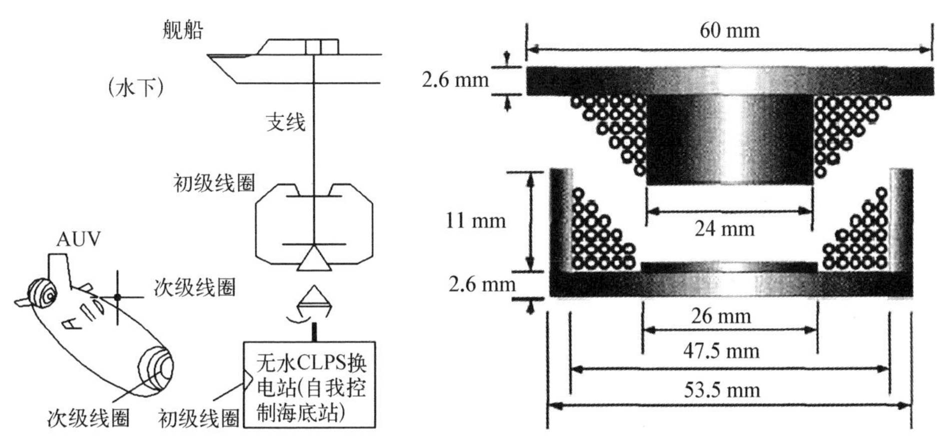

图 9-21 水下无线充电系统

2007年美国华盛顿大学在海底观测网的基础上，建立了为锚系海洋剖面观测仪提供能量补偿的水下无线充电系统[149]。如图9-22所示，该水下无线充电系统工作间隙为2 mm，能量传输效率高达70%以上，传输功率为250 W。

图9-22 海洋剖面观测仪水下无线充电系统

2012年由美国海军研究办公室指挥，潜艇部队组装及测试的无人无缆水下潜水器对接充电项目完成了试验[150-151]。该项目成功测试了水下无线能量传输和水下数据交换等功能。其中水下无线充电功率为450 W，而设计最大充电能力为1.5 kW/h。图9-23所示为无人无缆水下潜水器对接充电试验的过程。

1. 电磁辐射式无线充电技术

电磁辐射式无线充电技术借助于电磁波来进行能量传输。如图9-24所示，该无线充电系统中的初级端可以通过天线发送电磁波进行能量传输，然后次级端通过天线接收电磁波来接收能量。其实质就是利用电磁波代替输电导线，把空间中一端的能量传送到另外一端。

电磁辐射式无线充电技术具有以下优点：

(1) 微波束的方向性越强或者能量越集中，则无线充电系统能量传输效率越高。

(2) 波长比较长时，在大气中传输电能损耗非常小。

(3) 可以随意接收任意频段电磁波，并将接收的电磁信号转换为直流电能。

(4) 适用于进行中远距离的电能传输。

在水下无线充电过程中，发射天线需对准接收天线，即能量传输受方向限

图 9-23 无人无缆水下潜水器对接充电试验

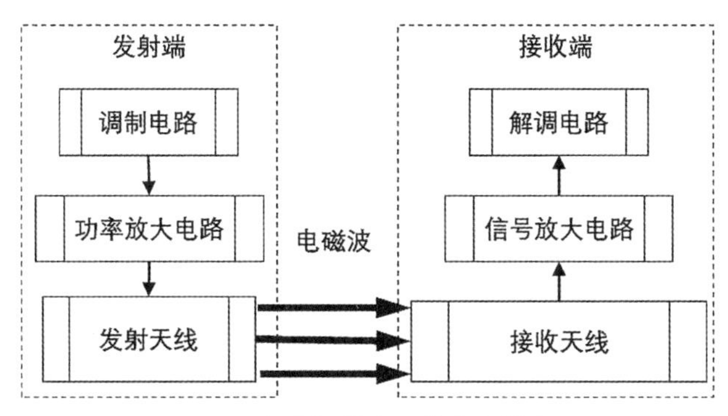

图 9-24 电磁辐射式无线充电技术原理

制。而电磁波在水中传输时衰减快，能量损耗大，传输效率低，对生物体都具有一定的伤害性。因此电磁辐射式无线充电技术一般应用于微波飞机、军用卫星、卫星太阳能电站等重大科技领域。

2. 电磁谐振式无线充电技术

电磁谐振式无线充电技术是利用谐振原理,即两个谐振频率相同的线圈之间可高效地传输能量,而对谐振频率不同的线圈几乎没有影响。电磁谐振式无线充电系统的初级端线圈发出一定频率的交变磁场,然后在次级端线圈与次级端的电容产生谐振,将交变磁场转换为电场,进而实现无线电能传输。

如图 9-25 所示,初级端发射线圈与次级端接收线圈构成谐振系统。电磁谐振式无线充电技术具有以下优点:

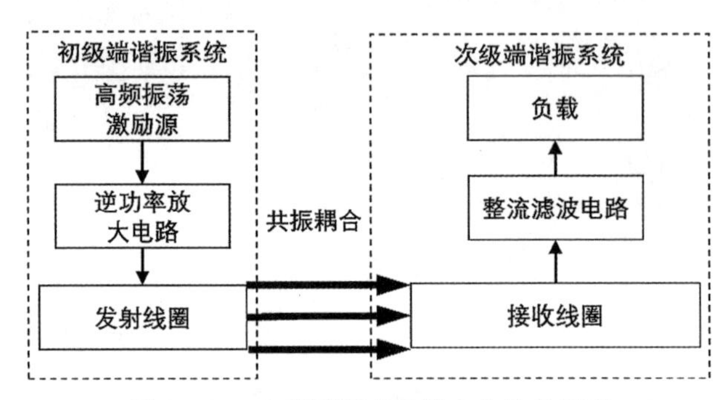

图 9-25 电磁谐振式无线充电技术原理

(1) 适用于进行中远距离的电能传输。加入增强线圈后,可进行远距离电能传输。

(2) 电磁谐振式无线电能传输通过谐振原理来传输能量,所以只有具有相同频率的物体才能接受能量,电能损耗小,而且对生物体没有太大伤害。

(3) 初级端发射线圈和次级端接收线圈的谐振频率完全相同以及初级端发射线圈和次级端接收线圈同轴排列,此时无线充电系统的能量传输效率是最高的。

(4) 线圈直径越大,则能量接受能力越强,而能量传输距离也越远。

在能量传输时,线圈之间的耦合具有一定的方向性,当两线圈相互垂直时水下无线充电系统几乎没有耦合,而当两线圈相互平行时水下无线充电系统耦合强,因此初级端发射线圈与次级端接收线圈的位置对能量传输效率影响很大。由于水下环境复杂,采用电磁谐振式无线充电技术时需要加入固定装置,以保证初、次级端线圈的相对位置为平行状态。在传输大功率能量时,电磁谐振式无线充电系统的初级端发射线圈、次级端接收线圈尺寸都很大,不适合在小型设备上使用。

3. 电磁感应式无线充电技术

电磁感应式无线充电技术主要是利用电磁感应的基本原理进行工作,所谓电磁感应现象是因磁通量的变化产生感应电动势的现象。即在初级端线圈的两端加入交变电压，磁芯中会产生交变磁场，继而在次级端线圈上感应出相同频率的交变电压，从而保证了电能从初级端向次级端的传输[152-154]。

如图 9-26 所示，在电磁感应式无线充电系统中，初级端磁芯和次级端磁芯是完全分离的。电磁感应式无线充电技术采用可分离式磁芯作为电磁耦合装置主体部分。初级端输入直流电，再通过初级电路进行逆变得到交变电，接着通过电磁耦合装置将交变电场转化成交变磁场，然后在次级端产生感应交变电，通过次级电路进行整流得到直流电。在电磁感应式无线充电系统中，拓扑电路分为初级电路、水下耦合电路、次级电路。电磁感应式无线充电技术具有以下特点：

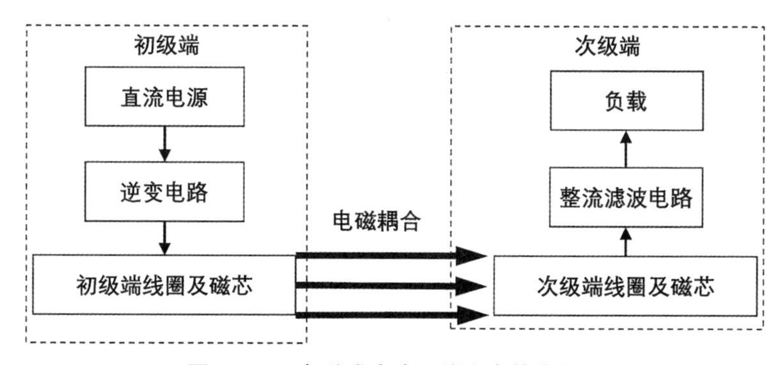

图 9-26 电磁感应式无线充电技术原理

(1) 无线充电距离非常近，一般在几厘米以内。

(2) 能量传输效率高。

(3) 电磁感应式无线充电装置尺寸一般都很小，而且可传输大功率电能。

(4) 随着磁芯之间距离的增大，电能传输的效率就会降低。

在目前的水下无线充电技术中，电磁感应式无线充电技术发展最为成熟。目前充电联盟 WPC 和电力联盟 PMA 均采用电磁感应式无线充电技术，并将该项技术应用到各种电子产品中。不仅如此，电磁感应式无线充电技术还运用到交通运输、生物医学、仪器仪表等领域。

9.5 无人无缆潜水器能源技术发展趋势

为适应未来无人无缆潜水器更加复杂化和多元化的任务需求，其能源动力的发展也被寄予了更高的期望，主要体现在如下几个方面[155-159]：

(1) 结构更紧凑，尺寸更小，质量更轻，能量密度更高(质量比能量要求在

200 W • h/kg 以上)。

(2) 更大的续航时间和距离,续航时间至少在 40 h 以上,最大达到 200 h 以上,续航距离达到 200～300 km。

(3) 输出功率需满足 2～7 kn 的航速需要,根据无人无缆潜水器的大小不同,输出功率需求多为 3～25 kW。

(4) 适合大潜深工作要求,工作深度从数百米到五六千米。

(5) 要求技术成熟、安全可靠,使用维护方便,成本低,适合批量生产。

通过上述几节分析可见,铅酸、银锌等电池已经不能很好地满足无人无缆潜水器日益拓展的任务需求。锂离子电池和燃料电池将成为无人无缆潜水器未来主要的能源。其发展方向主要为质子交换膜燃料电池或质子交换膜燃料电池和功率型电池的组合系统。未来随着固态氧化物燃料电池的工作温度降低,柔性薄片式陶瓷技术的发展,固态氧化物燃料电池凭借更高的利用效率和更广的燃料适应性,可能会取代质子交换膜燃料电池,并成为水下无人无缆潜水器的动力电源。而太阳能技术与核技术的不断成熟与进步,也将在无人无缆潜水器上发挥重要作用。

10 无人无缆潜水器浮力调节技术

10.1 概述

随着人类对海洋资源需求的增加，无人无缆潜水器作为探索和开发海洋的重要载体和工具得到了迅速发展。在复杂的海洋环境中，无人无缆潜水器的水下作业对载体的稳定控制提出了越来越高的要求。由于不同水域、不同深度下的海水密度变化，深海条件下潜水器有效浮容积的变化以及负载重量的改变，会引起潜水器重力和浮力的动态变化，因此需要对其进行浮力微调，来补偿由于水介质的特性（压力、温度）及排水体积的变化而引起的剩余浮力（正的或负的）[12,20,130,160]。另一方面，对于水下滑翔类无人无缆潜水器，需要主动地改变自身的浮力状态，以实现不同的航行姿态。因此，无人无缆潜水器浮力调节技术是通过微调或改变潜水器所受的浮力或重量，实现浮态动态平衡或浮态变化的一种技术手段，从而满足相对稳定的潜水器作业或航行姿态需要。

10.2 无人无缆潜水器浮力调节技术原理分析

目前，无人无缆潜水器浮力调节技术原理从调节方式的角度出发，可分为改变排水体积与改变载体质量两种方法[161]。

10.2.1 改变排水体积的浮力调节原理

改变排水体积浮力调节技术是在潜水器质量不变的情况下，通过改变潜水器自身的排水体积来实现浮力改变，主要包括油囊式浮力调节和温差相变式浮力调节两种方法[162-166]。

1. 油囊式浮力调节方法

油囊式浮力调节方法需要自身配备一套储存油液的耐压舱和体积可变的皮囊，通过将耐压舱内的油液打入或吸出油囊来改变潜水器的排水体积，一般浮力调节范围较小。

油囊式浮力调节装置主要由能承受最大深度压力的油箱、橡皮囊（油囊）、油泵、阀件和管系等部件组成。储油器放在耐压油箱内，油囊与海水接触，当所有的油都在耐压油箱里时，油囊受到压缩，排水体积最小，调节系统具有最小的浮力。当把油抽到油囊里时，系统的排水体积增加，而质量不变，浮力就增加，当油全部从耐压油箱抽出时，调节系统获得最大的正浮力，如图 10－1 所示。

当要求浮力增加时，如图 10－1 所示，液压泵启动，从储油器 7 抽取液压油压缩至略高于油囊 8 中的压力，单向阀 3 开启，液压油进入油囊，油囊伸长，体积膨胀，浮力增加，AUV 上浮；流路为 7→P→A→1→3→B→T→8。

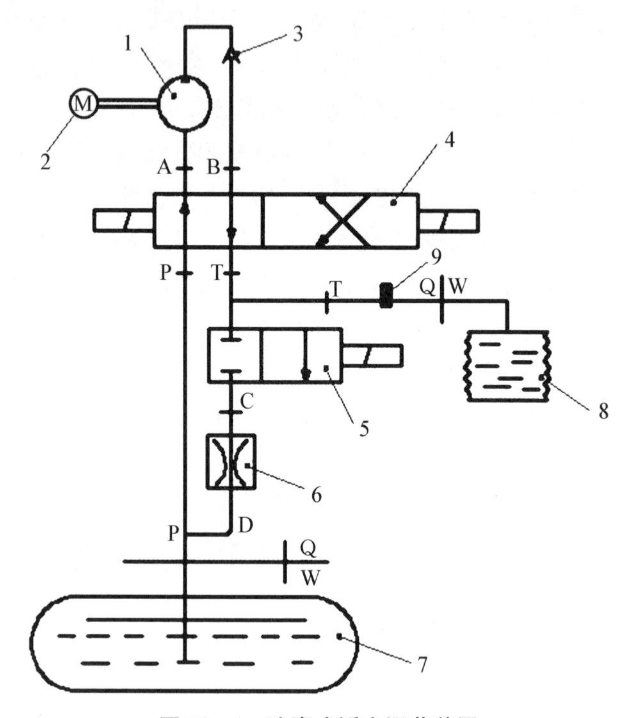

图 10－1　油囊式浮力调节装置

1—齿轮泵；2—直流电机；3—单向阀；4—电磁切换阀；
5—电磁截止阀；6—调速阀；7—储油器；8—油囊

当要求浮力减小时，由于储油器中充有压力气体，所以分为两种情况：

（1）在浅水中，油囊 8 中的压力小于储油器 7 中的压力，图中的电磁切换阀 4 进行油路切换，A 与 T，B 与 P 连通，液压泵启动，从油囊抽取液压油压缩至略高于储油器中的压力，单向阀 3 开启，液压油进入储油器，油囊缩短，体积减小，浮力减小；流路为 8→T→A→1→3→B→P→7。

（2）在深水中，油囊 8 中的压力大于储油器 7 中的压力，图中的电磁切换阀 4 位置不动，电磁截止阀 5 开启，T 与 C 连通，油囊中的液压油经调速阀 6 进入储油器，油囊缩短，体积减小，浮力减小。流路为 8→T→C→D→7。

该方法的浮力调节能力由注入或抽出的油量决定，油囊的最大容积应在设计时确定，一般说，其容积为潜水器全排水量的 3%。为了节省耐压壳里的容积，耐压油箱一般不布置在耐压壳内。橡皮囊由弹性材料做成波纹形。体积和形状根据耐压壳与非耐压壳之间的空间而定。当潜水器在深水区域作业时，橡皮囊在海水压力的作用下，会将囊内油体自动挤压到耐压油箱里，但在油囊的出口处需要安装节流阀以防止液压冲击。当作业深度较小时，则需要泵的协助才能将油体从油囊中抽出。

目前，油泵式浮力调节方法比较成熟，各类型高压力、大流量的油液压元件比较普遍，基本能满足系统不同调节能力的要求。该系统中的工作介质为油，使得其自身可以形成一个独立封闭的系统来循环调节浮力。虽然受工作环境中的海水等影响较小，但在无人无缆潜水器内部布置空间、艇体重量等方面严格受限的情况下，潜水器难以携带足够的调节介质和提供充足的调节空间，因此在实际应用中通常不能利用油泵式浮力调节方法进行大幅度调节，该方法比较适用于小潜深无人无缆潜水器的浮力调节。

2. 温差相变式浮力调节方法

温差相变式浮力调节方法也是一种改变平台排水体积而不改变其质量的调节方式。其主要利用海洋不同深度的水温变化，通过一种特殊的温敏工作材料，使得它从温暖的表层海水中吸收热量，而到了深水中后，由于温度降低再将热量释放出来。在热量的吸收与释放的过程中，工作材料发生液-固两相转换，从而导致其排水体积变化，进而在质量一定的情况下改变平台的净浮力。温差相变式浮力调节系统一般包括以下组成部件：

（1）工作流体缸，主要用于存放感温工质，是系统获取温差能的关键部件。

（2）工作气体缸，用于存储和释放工作流体缸传递过来的液体。

（3）体积可变的外部皮囊，用于存储和释放工作气体缸传递过来的液体。

（4）体积可变的内部皮囊，用于存储和释放外部皮囊传递过来的液体。

（5）两个活塞，活塞 1 隔离感温工质和传递液体，活塞 2 隔离工作气体和传递液体。

（6）两个单向阀，单向阀 1 控制传递液体只能由内部皮囊流入工作流体缸，阻止液体反向流动，单向阀 2 控制传递液体只能由工作流体缸流入工作气体缸，阻止液体反向流动。

（7）一个三通阀，控制工作气体缸、内部皮囊、外部皮囊之间传递流体的输送。

其具体的工作循环可分为以下四个步骤，如图 10－2 所示。

（1）潜水器在水面时，海水温度高，感温工质被加热、融化、膨胀，从而导致传递流体流入到工作气体缸中，推动活塞 2，压缩工作气体。此时，外部皮囊充

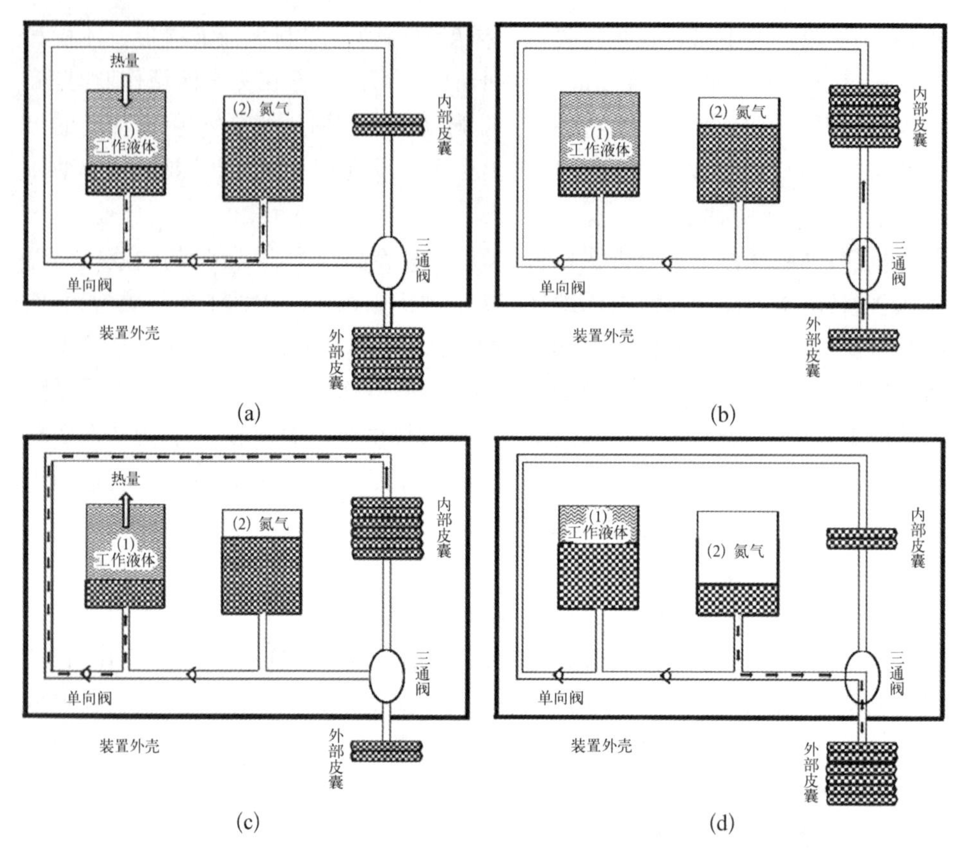

图 10－2　温差相变式浮力调整示意图

满流体而膨胀，外部皮囊体积达到最大，内部皮囊体积最小，此时潜水器的排水体积最大，从而潜水器浮力大于重力而自由漂浮在水表面。

(2) 潜水器下潜时，打开三通阀，外部皮囊与内部皮囊接通，外部皮囊的液体流入内部皮囊。外部皮囊因失去液体体积而减小，使得潜水器的总体积减小，而总体积的减小使得浮力减小，从而潜水器开始下降。

(3) 当浮力的变化达到要求时，三通阀关闭。当海水温度降低到感温工质的冰点时，感温工质发生凝固而体积收缩，使得液体由内部皮囊流到工作流体缸中。

(4) 开始上浮时，打开三通阀，储存在工作气体缸中的液体流入外部皮囊，外部皮囊的体积增大，使得潜水器的总排水体积增大，浮力也由负变为正。在上升过程中，潜水器到达温水区域时，感温工质融化而体积扩张，由于单向阀的作用，液体由工作流体缸流入工作气体缸，工作气体缸中的氮气被压缩。此时又回到了与图 10－2(a)相同的状态，循环完成。

10.2.2 改变载体质量浮力调节原理

改变载体质量方法是通过调节自身的载荷质量来调节剩余浮力的改变，分为可循环式浮力调节与一次性浮力调节[167-170]。

1. 可循环式浮力调节方法

可循环式浮力调节方法目前以海水泵式浮力调节方法为主要代表。海水泵式浮力调节方法是在无人无缆潜水器排水体积不变的情况下，利用对定体积的压载水舱充、排水来改变其自身的重量，从而达到浮力调节的目的。海水泵式浮力调节系统通常配备一套储存海水的耐压舱和进行吸、排海水的机构，可用于大范围浮力调节。其原理流程如图 10-3 所示。压载水舱中根据无人无缆潜水器每次任务的工作深度不同而充有不同压力的空气。系统工作时，充入水量的不同使空气的压力也随之改变。系统的工作过程主要是针对压载水舱的自动充水

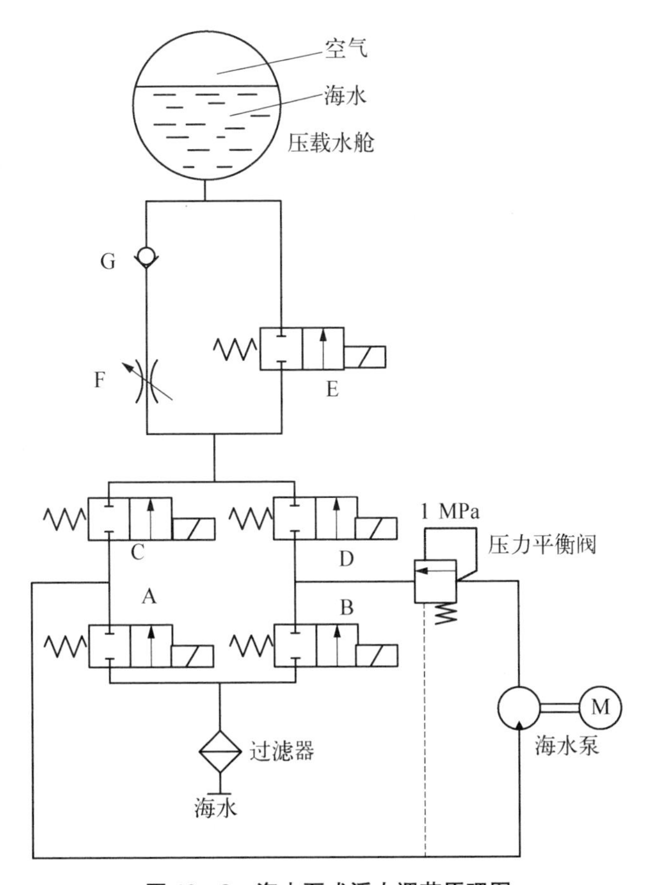

图 10-3 海水泵式浮力调节原理图

和排水以及利用海水泵的强制充水和排水两种工作方式。

1）自动充水和排水

当外界海水压力远大于压载水舱上部空气压力时，打开电磁阀A和C，海水经过过滤器、电磁阀A和C、节流阀F、止回阀G进入压载水舱，从而提供下潜力。节流阀F的作用是防止在深水工作时，海水进入压载水舱速度过快而造成液面扰动过大，从而影响对液位的精确检测。

当外界海水与压载水舱上部空气间的压差不大时，打开电磁阀A、C和E，海水经过过滤器、电磁阀A、C和E，直接进入压载水舱而提供下潜力。

当外界海水压力小于压载水舱内压力时，压载水舱里的海水通过电磁阀E、C和A，以及过滤器而排出，从而提供上浮力。由于止回阀G的作用，所以可不通过节流阀F而实现快速排水。

2）利用海水泵充水和排水

当外界海水压力小于压载水舱内压力而需要增加下潜力时，开启电磁阀A、D、E，启动海水泵，当泵的排压高出压载水舱内压力设定数值时，压力平衡阀自动打开，海水进入压载水舱，无人无缆潜水器的重量增加，下潜力增大。

当外界海水压力高于压载水舱内压力而需要增大浮力时，开启电磁阀E、C、B，启动海水泵，当泵的排压比外界海水压力高出设定数值时，压力平衡阀自动打开，海水排出压载水舱，无人无缆潜水器的质量减少而上浮力增大。

海水泵式浮力调节方法的优点是形式简单，浮力调节能力强，安全可靠，性能稳定。该方法已在无人无缆潜水器上得到了广泛使用。与油泵式浮力调节方法相比，由于其工作介质为海水，海水泵式浮力调节方法不需要携带调节介质，只需要通过对工作环境中的海水充排，就可完成调节浮力的作用，使得海水式浮力调节系统自身的体积和质量大幅度减小，因此，无人无缆潜水器只需提供较小的布置空间就能实现升沉运动，更能够满足大范围、大潜深浮力调节的需求。海水泵式浮力调节方法也有一定的局限性。首先，海水具有强腐蚀性、黏度低、润滑性差、汽化压力高等特点，使得海水液压元件需要解决的技术问题较多；其次，与外界环境进行物质交换，增加了系统的风险性；再次，使用寿命短，研制费用相对高。

2. 一次性浮力调节

一次性浮力调节主要是通过抛弃潜水器上的压载，从而达到减小质量的目的。该方法是一次性的，不可反复使用，如今已逐渐发展为无人无缆潜水器的辅助浮力调节方式，国内外大深度潜水器多数都配有这类辅助浮力调节的抛载机构。该调节方法所采用的压载类型包括机动压载、应急压载以及艇外重设备。对于机动压载来说，其投放数量可以控制，因此在下潜过程中可以用于调节潜水器的下潜速度，也可以通过二次抛载实现潜水器的无动力下潜与上浮。应急压载则是在发生突然情况时，通过抛弃压载，减小重量，使潜水器上浮，保证潜水器的安全。而对于艇外重设备来说，则是当发生紧急事件，应急失效的情况下，将其作为压载抛弃，使艇紧急上浮。

10.3 无人无缆潜水器浮力调节技术分类

10.3.1 改变排水体积的浮力调节技术综述

美国是最早开始研究油泵式浮力调节技术的国家之一，在 1964 年研制的第一代“ALVIN”号潜水器上采用了油囊式浮力调节方式，如图 10－4 所示[171]。能进水的玻璃钢舱室内有两个大型柔性油密封袋，潜水器中间设置 6 个耐压铝制球体，当完全抽出球体内油时，内部充有的空气压强约 0.1 MPa，通过浮力袋及球体之间液压油切换从而实现浮力调节，其最大工作深度为 2 000 m。

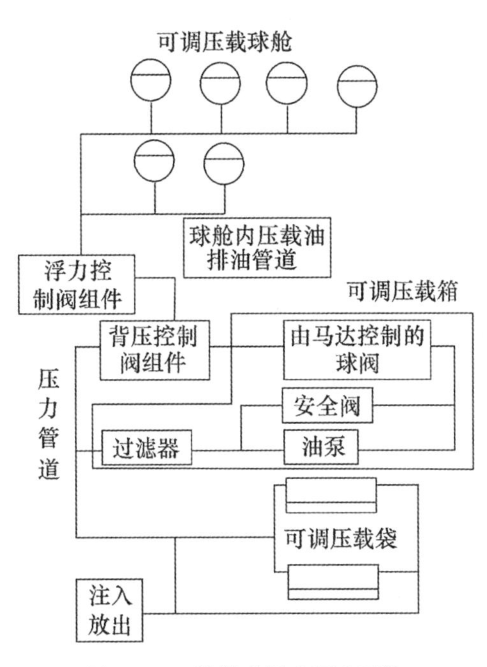

图 10－4 油囊式浮力调节系统

应用油囊式浮力调节方法的最典型无人无缆潜水器，是 2000 年日本研制的“URASHIMA”号无人无缆潜水器。该潜水器搭载 VBT（variable ballast tank），如图 10－5 所示。其直径为 440 mm，长为 750 mm，采用直流电机驱动，最大调节能力为 50 L，最大工作深度为 3 500 mm，能够实现潜水器浮力平衡和无动力升沉[172-174]。

2010 年，赵文德、张铭钧等人研制出应用于某长航程无人无缆潜水器的油囊式浮力调节装置[175-176]。该装置工作深度为 1 000 m，浮力调节能力为 18 kg，调节速度为 3 L/min。试验验证了该装置浮力调整的有效性（见图 10－6）。

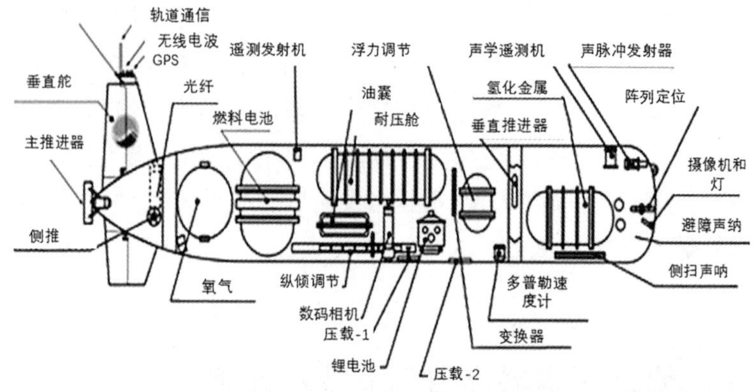

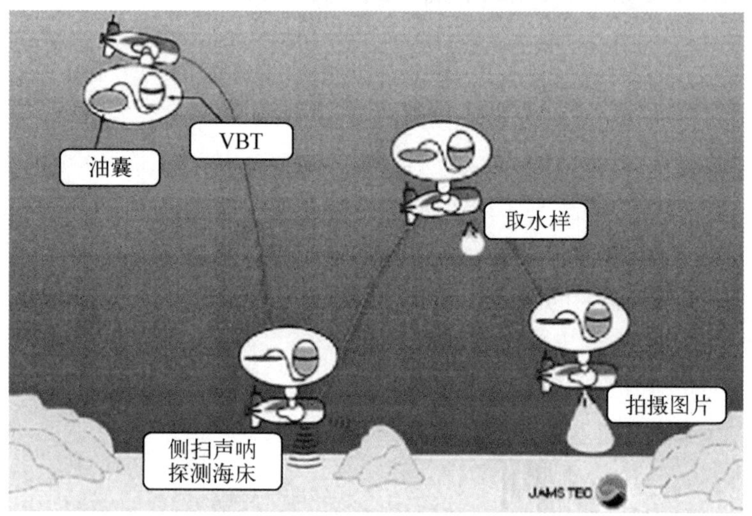

图 10－5 “URASHIMA”号无人无缆潜水器浮力调节系统布置及工作示意图

10.3.2 改变载体质量的浮力调节技术综述

20 世纪 60 年代,美国率先开展以海水为介质的液压传动技术研究工作,开发容积式海水泵用于“ALVIN”号的浮力调节,如图 10－7 所示。海水的注入/排出由一组 4 个截止阀控制,AD 通电(BC 断电)进行海水的排出动作,BC 通电(AD 断电)进行海水的注入动作。可调压载水舱在下水前预先充满了高压空气,所以它在水下工作过程中由于空气的压缩,内部压力有可能达到很高,从而有利于水舱的结构设计。出口处 30 MPa 的安全阀是起保护作用的。海水泵出口处的压力平衡阀使得泵的压强至少达到 1 MPa 以上时整个回路才打开。为实现低负载启动,系统中设置了旁通回路,还设置了液位控制机构,在系统工作到某一设计极限工况时实现自动保护。该系统的核心——高压海水泵为单向柱

图 10-6 某长航程无人无缆潜水器浮力调节系统

塞泵，所有的截止阀为油压驱动形式，其控制油路由单独的一套小型液压系统（5 MPa，0.4 L/min）提供，如图 10-7 所示。这些海水液压元件均可以承受 42 MPa 的压强，并且具有很好的耐海水腐蚀性能[123,177]。

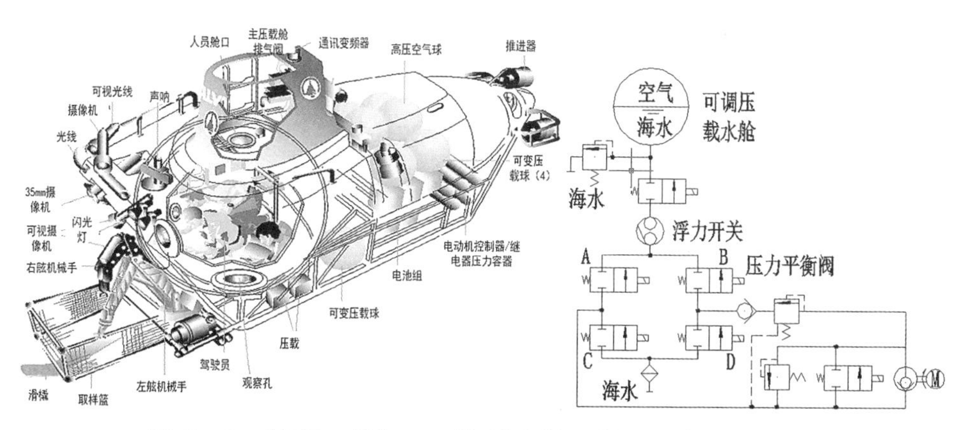

图 10-7 美国第二代“ALVIN”号潜水器及其浮力调节系统原理图

日本的“SHINKAI(深海)-6500”是目前世界上工作深度最大的载人潜水器，其可调压载系统的设计理念与“ALVIN”类似[125,178]，不同之处在于省去了可调压载舱出口处的截止阀和安全阀、浮力开关、单向阀与泵并联的安全阀以及电机空载启动用的换向阀，如图 10-8 所示。

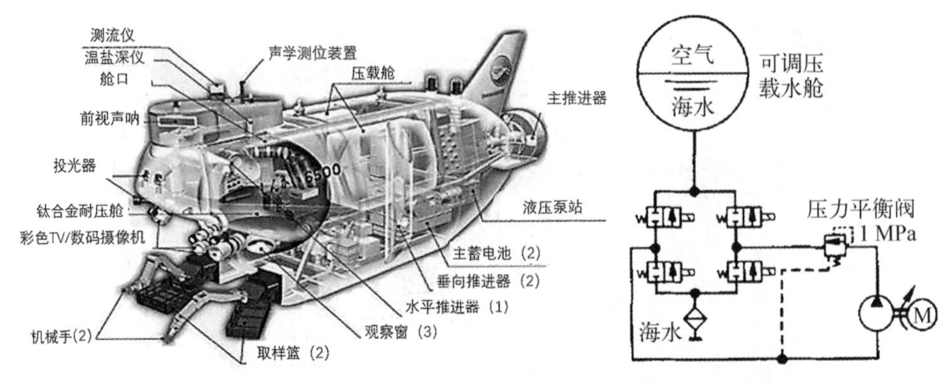

图 10-8　日本“SHINKAI(深海)-6500”号潜水器及其浮力调节系统原理图

1987 年,俄罗斯研制出了“MIR-1”号和“MIR-2”号 6 000 m 载人潜水器,该潜水器前后布置有两个压载水舱,首次在大深度载人潜水器中使用综合性的海水可调浮力系统,实现了纵倾调节及浮力微调系统的统一。

2005 年,美国研制了“SEAHORSE”号无人无缆潜水器(见图 10-9)。在海水表面的吸力与艇体首部的流体升力作用下,潜水器难以依靠舵力下潜,因此,该潜水器上配置了两套海水泵式浮力调节装置。为了降低成本,该装置使用以每分钟固定转速运行的电机和容积式泵,从而实现恒定的泵速。通过控制阀门的移动,将海水注入到水箱内或是从水箱中排出,通过关闭水箱或者打开水箱与海水连通[179]。该浮力调节装置可以在超过 350 m 深的环境条件下运行,调节速度为 9 L/min。

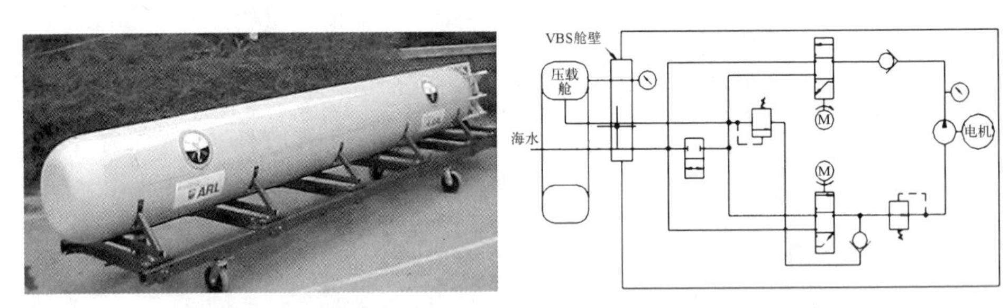

图 10-9　美国“SEAHORSE”号 AUV 及其浮力调节系统原理图

加拿大研制的 THESEUS AUV,主要用于在北冰洋冰层覆盖区域铺设海底光缆。针对电缆释放过程中的质量损失问题,在每个电缆线轴周围布置了环形硬质浮力调节水舱。当电缆从其配套线轴脱离时,通过海水泵将海水注入水舱内,使潜水器的净浮力依然保持在中性附近(见图 10-10)。

哈尔滨工程大学研制出了用于无人无缆潜水器的海水式浮力调节装置[126]。

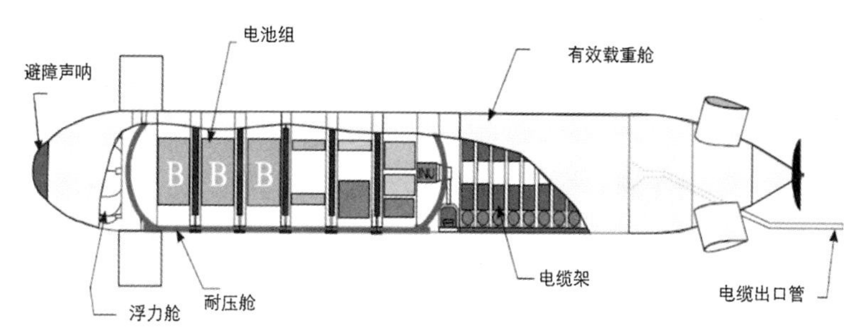

图 10-10　加拿大研制的 THESEUS 无人无缆潜水器布置原理图

通过在水池多次重复性试验和海上试验，系统的浮力调节精度控制在±0.2 kg，在水面最大调节速度能够达到 5 L/min。在 2 000 m 深度压力时，低速为 1.4 L/min，中速可达 3 L/min。系统能够实现压载舱液位检测、故障自检和漏水报警(见图 10-11)。

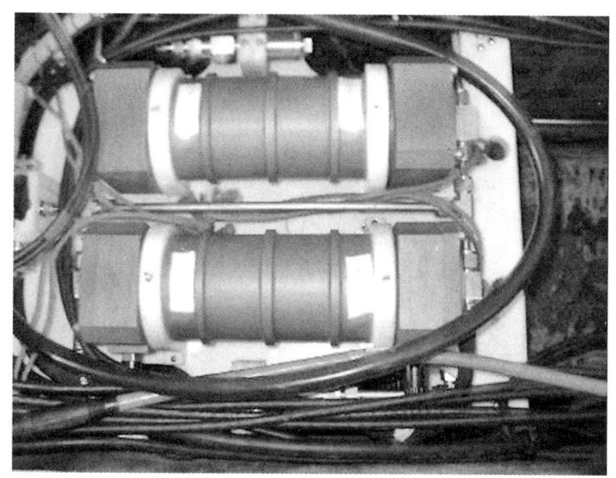
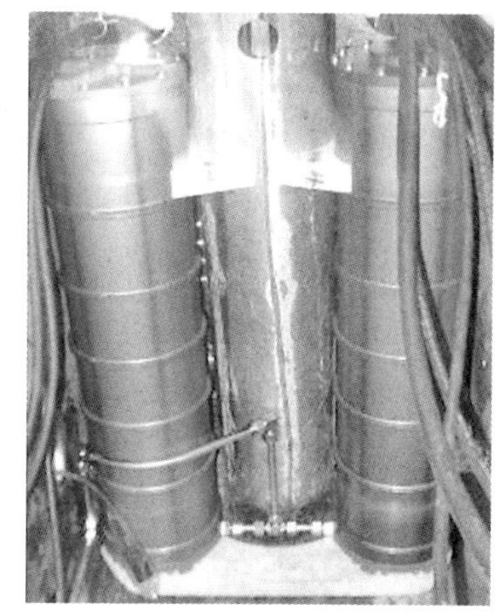

图 10-11　海水式浮力调节装置

在抛载式浮力调节方面，最早应用在“的里雅斯特”号潜水器，该潜水器采用铁丸作为抛载，铁丸放在用钢板焊成的筒内，筒的底部做成漏斗形，通过出口处电磁感应所产生的磁性来控制铁丸的下落，从而可调整潜水器下潜和上浮的速度。在紧急情况下，铁丸与筒可作为应急压载一起抛弃(见图 10-12)。日本的“SHINKAI-6500”号以及法国的“NAUTILE”号深潜水器上所使用的抛载机构都是依靠压载物的重力使潜水器逐渐下潜。

美国 SENTRY 无人无缆潜水器配备有一块下潜抛载、两块上浮抛载，每块抛载都与水声释放器相连。当 SENTRY 潜水器入水到达指定深度时，由于重力大于浮力，在水声释放器的控制下，释放下潜抛载，从而实现在指定深度作业。

图 10-12 “的里雅斯特”号潜水器

当上浮回收时,在水声释放器的控制下,释放上浮抛载,从而上浮到水面。为适应极地特殊的作业环境,英国 AUTOSUB 无人无缆潜水器也采用二次抛载的下潜方式,从而实现在浮冰海域的无动力快速下潜(见图 10-13)。

(a)

(b)

图 10-13 SENTRY(a)与 AUTOSUB(b)潜水器

10.4 无人无缆潜水器浮力调节驱动与控制技术

本节以海水泵式浮力调节方法为例,从浮力调节系统的组成、浮力调节控制系统构成以及控制方法实现三个方面阐述浮力调节驱动与控制技术[180-182]。

1）浮力调节系统的组成和原理

海水泵式浮力调节系统主要由下列部件组成：压载舱及液位计、调节阀、换向阀、压力平衡阀、安全阀、增压泵以及相应驱动的液压系统。液压系统包括齿轮油泵、液压阀件、水压补偿器、管系及控制系统等(见图 10－14 和图 10－15)。

液位传感器可选磁致伸缩传感器，控制阀门可选用电动执行器带动二通或三通球阀来起到切换及开关的作用，电动执行器可放在压载舱内，球阀与压载舱端面法兰相连，通过高压螺纹密封胶达到密封作用。

图 10－14　液位传感器调试

图 10－15　控制阀调试

浮力调节驱动的原理如下：

(1) 减小重力、增加上浮力，主要用于实现无人无缆潜水器的上浮、定深、上浮速度调整等功能。通过将海水从压载舱向外排，经过开关阀、切换阀、增压泵、平衡阀、单向阀、粗细过滤器，最后流向海水，因为总体的浮力不变，重力减少，所以无人无缆潜水器上浮。工作原理如图 10－16 所示。

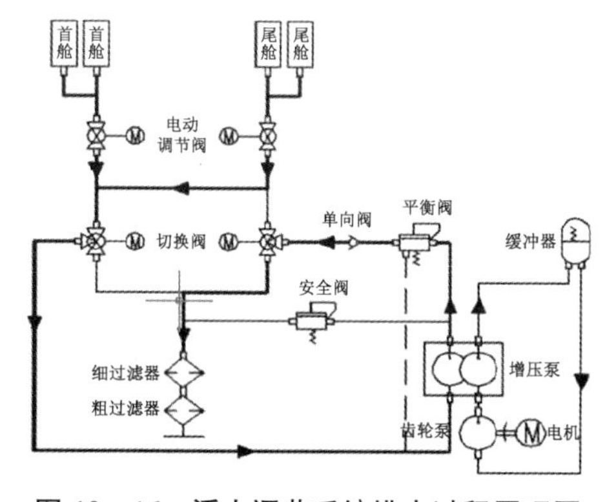

图 10－16　浮力调节系统排水过程原理图

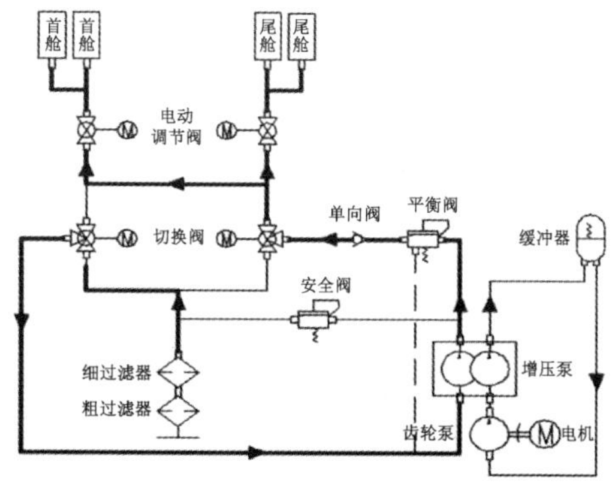

图 10－17　浮力调节系统进水过程原理图

(2) 增加重力,主要用于实现无人无缆潜水器的下潜、定深、下潜速度调节等功能。将海水通过粗细过滤器、切换阀、增压泵、平衡阀、单向阀、开关阀,最后充入压载舱,由于总体的浮力不变而重力增加,所以无人无缆潜水器下沉。如图 10-17 所示。

2) 浮力调节控制系统组成

浮力调节的控制系统主要由液位感知单元、电机驱动与控制单元、阀门驱动控制单元和漏水检测单元组成,系统如图 10-18 所示。

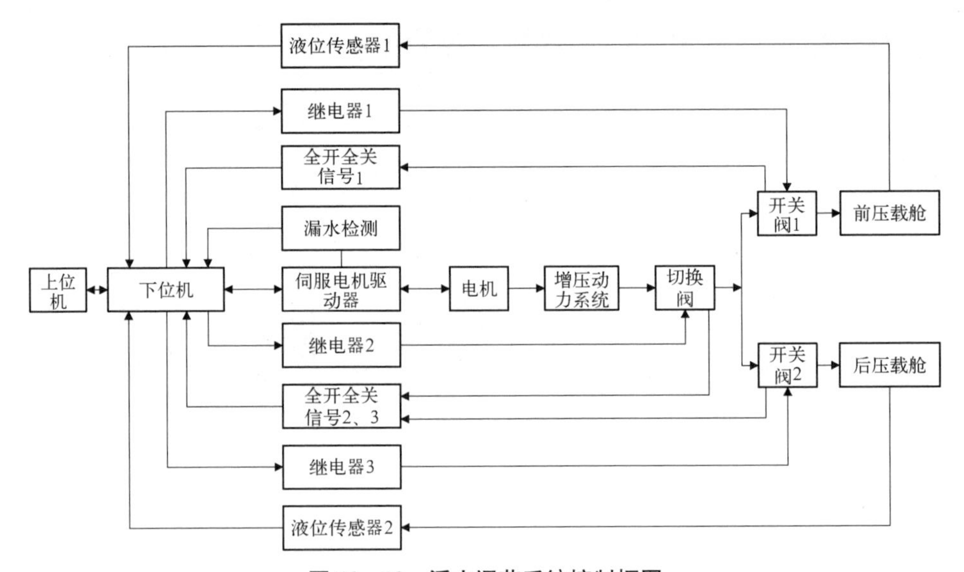

图 10-18 浮力调节系统控制框图

系统通过实时获取绝对式液位传感器得到压载舱水量信息,由于不存在累计误差,提高了系统浮力调节的精度;电机驱动与控制单元由直流伺服电机和配套的伺服驱动器组成,主要用来控制齿轮泵的转向和转速,再经过海水增压泵从而实现对压载舱海水的定量或定速充排;控制阀主要有切换阀和开关阀两类,都是通过继电器控制执行器正反转来实现阀的动作,执行器还可以反馈全关全开信号;此外,对各耐压密封舱装配了漏水检测装置,当舱内漏水后,漏水检测装置会及时报警,同时反馈给上位机。

海水泵式浮力调节系统通过上位机控制界面发送充排水控制指令,由下位机自动完成指令任务,包括阀组切换以及电机启动等动作,同时能反馈当前压载舱水量。海水泵式浮力调节系统控制流程如图 10-19 所示。

系统的控制电路主要功能为采集液位信息、控制电机运转以及阀门的切换三部分。下位机电路由上下两层电路板组成,下层由 DC110V 转 DC24V 模块

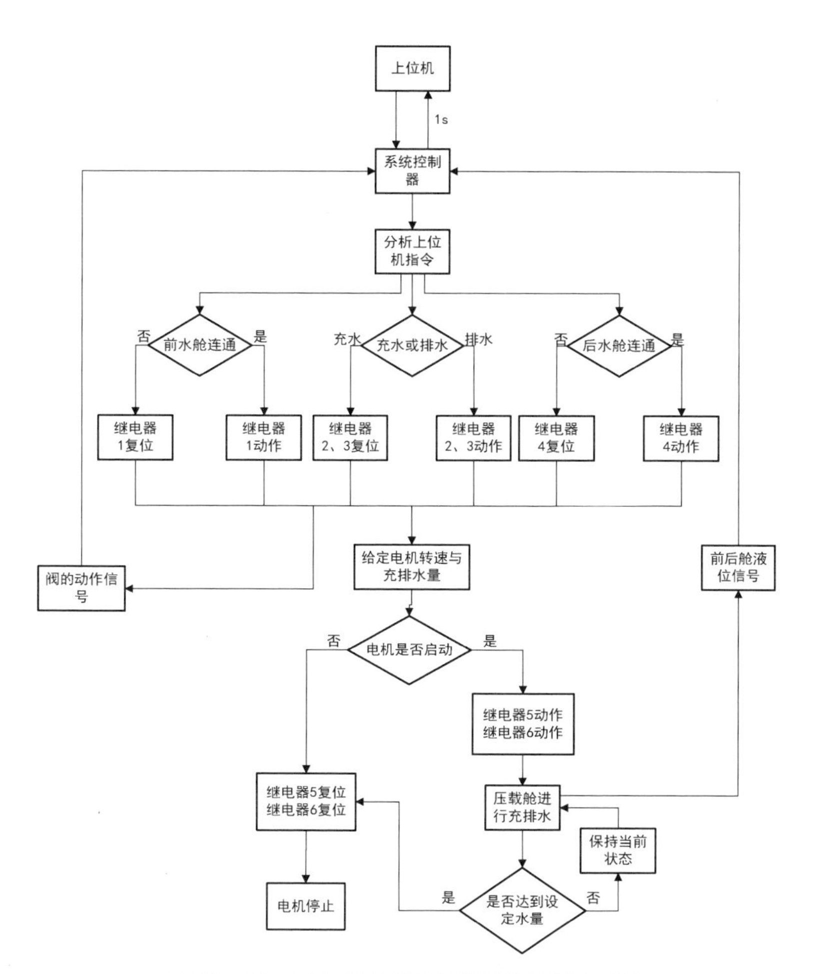

图 10－19　海水泵式浮力调节系统控制流程图

和继电器模块组成；上层为核心控制板，主控芯片为 ATmega128，用来控制继电器动作以及反馈信息采集。

控制电路部分主要包括了 RS232 串口通信电路、A/D 采样电路、D/A 控制电路以及漏水检测电路。A/D 电路用来采集液位传感器 4～20 mA 液位信息，D/A 电路是通过输出 0～5 V 模拟量来控制电机转速即充排水速度。若要缩小系统空间，可将控制电路板和电机驱动器密封在同一个耐压舱内，但此时应注意电磁兼容问题干扰。

3）浮力调节的控制方法

浮力调节系统定量充排水控制实际就是通过液位传感器对系统液位的控制，液位控制的精度直接影响着潜水器运动控制特性。目前，在液位控制系统中一般采用的控制算法有 PID 控制、自适应控制、预测控制及模糊控制等[126]。

（1）PID 控制方法。该方法是一种技术成熟且应用广泛的控制策略，主要用于单输入、单输出线性系统的控制，工程实际中的大部分控制对象为非线性系统，其一般都是通过结合其他控制算法来使用的，比如乔茂伟等[183]在液位控制中使用的粒子群(PSO)神经网络 PID 算法就是在传统 PID 控制的原理上改进得到的，通过这种融合使液位控制系统调节速度加快，响应时间变得更短，具有很好的鲁棒性，达到了一定范围内的最优控制。

（2）自适应控制方法。该方法能够根据系统运行指标或相关参数的变化来改变控制参数，使系统运行于最优工作状态或接近于最优工作状态，主要应用于具有一定程度不确定性的系统。由于液位控制的非线性、大时滞性以及强耦合性，同时水下环境又存在多种干扰因素，难以建立精确的数学模型，一般的 PID 控制算法无法满足液位控制的实际需要，自然也就应用了自适应控制算法。在液位控制系统中赵飞使用了无模型自适应控制，分别应用 PID 和无模型自适应控制方法对液位控制系统进行了仿真[184]，从仿真结果可以看出，当被控对象存在大时滞时，应用 PID 控制器进行控制将出现震荡，无模型自适应控制器则可以较好地跟踪期望值，得到满意的效果，表明无模型自适应控制理论和方法在非线性和大时滞系统中应用的有效性和优势。

（3）预测控制方法。该方法在线只需计算几个线性加权系数，主要研究的是控制量的结构，该方法具有精度高、鲁棒性好、计算量小和速度快等优点。随着对其不断研究改进又发展出了广义预测方法，这种方法在广义最小方差控制的基础上，在优化中引入了多步预测的思想，通过引入预测模型来预估计过程未来的输出状况与设定值之间的偏差，对于过程参数慢时变的系统，更易于在线估计参数，实现预测控制。谢启等在常规仪表和计算机结合的水槽液位控制系统中采用了预测控制算法[185]，实验结果表明，三阶对象在预测控制下的实际液位输出无超调，达到稳态时间较短，误差较小，当存在外部干扰时能得到有效抑制。王晓枫等在该水槽液位控制系统中又使用了广义预测算法[186]，实验结果说明所提出的算法具有良好的动态响应性能，能快速跟踪目标设定值，具有较好的控制效果，无论系统是否存在模型失配，只要控制系统是稳定的，就不会有静差。范瑞霞等也在液位控制系统中应用了广义预测控制[187]，根据实际液位控制中控制对象的特点以及出现的问题，引入了一个简单的比例控制并用于对象模型参数的递推估计，实验结果表明，在基于对象模型递推估计的基础上，广义预测算法能很好地使系统的输出跟踪设定值，使系统具有很好的稳态误差，同时具有较强的抗干扰能力，保证了液位控制系统的可靠性和实时性。

(4) 模糊控制。该方法是一种由经验得到的控制算法，在设计中对控制对象的数学模型精确性没有特别要求，模糊控制系统主要由模糊数据规则库、模糊器、模糊推理机和解模糊器四部分组成，模糊控制使用容易掌握的自然语言，具有动态响应优良、鲁棒性好等优点，可以较大程度适应系统控制参数的变化，目前模糊算法在液位系统控制中应用得较为广泛。钟伟华以单水箱为研究对象，设计了一种参数自整定的二维模糊 PID 控制器[188]，实验结果表明，相对传统 PID 控制方法，采用模糊自整定 PID 控制方法后上升时间和调节时间都变短，超调量减小，稳态精度提高。孔学森在三容水箱液位控制中使用了模糊 PID 控制方法[189]，无论是在模拟仿真环境中还是实际试验条件下，模糊 PID 的控制效果均优于常规 PID 控制，系统无超调，同时控制精度较高，相比常规 PID 方法，响应速度提高了约一倍。

随着工程要求提高，越来越多的研究人员开始尝试融合各种算法来提高液位控制系统的精度、速度和稳定性，比如模糊神经网络 PID 控制方法、模糊自适应 PID 控制方法等正逐渐被很多人试验研究，将会对浮力调节系统的实际控制效果起到更好的作用。

10.5 无人无缆潜水器浮力调节关键技术

由于海水泵式浮力调节系统具有原理和结构设计简单、浮力调节能力强、安全可靠、性能稳定的优点，而且系统直接以海水作为介质，没有污染问题；因而，在深潜水器上得到了广泛应用。其关键技术在于研制高压海水泵和高压海水阀[190-193]。

在深海环境下工作，浮力调整装置需满足耐高压、耐腐蚀等要求，相比油液压技术，水液压技术尚不成熟，系统所需的高压水液压元件较稀缺，因此对于海水泵式浮力调节方法来说，高压水液压元件研制是其所面临的关键问题。

10.5.1 海水切换阀研制

一般的浮力调节系统中所用的切换阀是用四个两位两通电磁阀即开关电磁阀组成的，通过两两相对通断实现充排海水。目前市场上的电磁阀大部分用在陆上低压设备中，高压电磁阀通常是单向作用的即进出水口有明确规定而不能反向使用，而双向作用的能达到的最大压力又很低，不能满足海水式浮力调节系统中高压双向作用的要求，研制一种高压双向电磁阀或者替代品来实现切换阀的功能，对于浮力调节系统具有重要作用。

浮力调节系统对切换阀的基本要求：① 结构紧凑，体积小；② 能直接用于海水中，耐高压耐腐蚀；③ 进出水口没有方向要求，双向耐高压；④ 驱动机构安全可靠。

针对上述要求，哈尔滨工程大学赵文德等人提出用两个电动三通球阀来实现充排水过程[175]，其原理如图 10－20 所示，通过将两个三通球阀组合在一起，初始阀位调整为充水(或排水)状态，只要同步旋转一定角度即可切换成排水(或充水)状态，也就能取代四个两位两通电磁阀，实现充排水切换的作用。

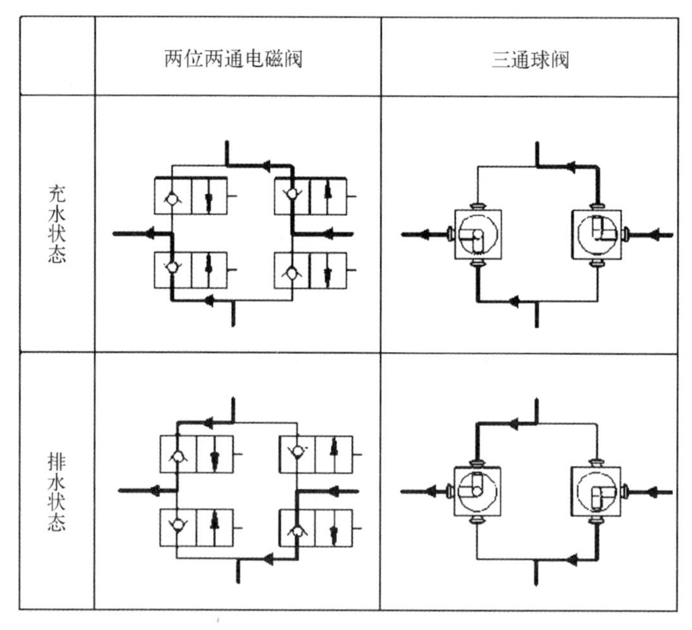

图 10－20 切换阀原理图

10.5.2 系统动力源研制

高压海水泵很稀缺，即便存在类似的高压泵，其体积、质量及额定流量一般也难以满足潜水器的研究任务要求，同时由于泵有最小流量限制，如果直接使用高压海水泵虽然压力能达到要求，但是泵会在允许的最小流量以下工作。泵在运转的过程中，除了大部分能量做功以外，会有一些能量以热量的形式损耗，当泵以额定流量运转时，此时效率最高，摩擦形成的热量比较少，能随着流体的流动及时排出，泵也就能够长时间正常运转；当流量逐渐减小时，泵的工作效率就会相应降低，随着摩擦产生的热量不能及时发散，泵体内部的温度逐渐升高，会导致其内流体过热甚至有可能汽化，进而影响泵的正常运转。如果泵运行在最小流量以下，就会出现较大脉动、振动以及噪声，其运转就会变得极不稳定且会对结构造成恶劣的影响，直接选用高压海水泵有一定问题。

通常海水式浮力调节系统的设计要求是高压力、低流量的，哈尔滨工程大学张铭钧等人为了避开高压，没有直接采用高压海水泵提供动力，而是研究设计了用低压齿轮油泵驱动海水增压泵的方式。该方式由低压油路经过海水增压泵驱动高压水路，虽然经过转换降低了系统效率，但动力源的初级变为油泵，同时泵的压力要求减小而流量增加，使压力和流量达到一种相对平衡的状态，提高了泵的选择范围。油路中增加了可伸缩补偿器，除了储油外，还可以补偿压力及减小脉动，使动力源更加可靠稳定运行，用此种低压油泵驱动海水增压泵的方式不仅能满足系统设计要求，而且也能为解决更大深度海水式浮力调节的动力源问题提供一种参考与借鉴。

10.5.3 压力平衡阀研制

深水环境中，浮力调节系统的换向阀处于开启状态时，压力平衡阀通过增压泵的出水口与入水口的压力差来控制阀门的开关，从而可防止高压海水经增压海水泵直接进入压载舱。压力平衡阀需要考虑的问题主要为气蚀、高压密封、海水腐蚀、阀芯振动与噪声等问题。

气蚀和气穴会影响阀芯的密封性能，减少阀的工作寿命。压力平衡阀的工作环境通常为高外压环境，需要考虑阀的密封性能。海水腐蚀后弹簧提供的力会下降，阀的开启压力精度会下降。阀芯的振动会造成阀芯表面出现裂纹，长时间工作后阀会出现泄漏，从而使阀的工作性能以及使用寿命下降。针对上述问题，哈尔滨工程大学赵文德等人采用阀芯的创新结构来解决气蚀和气穴问题，设计缓冲机构来解决阀的振动与噪声问题[168]。

首先，在压力平衡阀高压密封方面，阀芯与阀座的刚性密封采用二级节流锥阀密封；平衡口处阀芯在阀座内做直线运动，采用格莱圈进行动密封，相对 O 型圈来说，使用寿命更长、摩擦阻力更小；阀体与阀座的高压密封采用 O 型圈端面静密封，如图 10-21 所示。

在海水防腐方面，阀体、阀芯材料采用 316 L。阀座材料选为耐海水腐蚀性能优异的铝青铜。由于海水中的氯离子对丁腈橡胶材料的侵蚀性很强，阀门中的 O 型圈材料采用抗海水腐蚀性能较强的四丙氟橡胶和氟硅橡胶。弹簧采用耐海水腐蚀性能较好的 TP316 不锈钢丝。

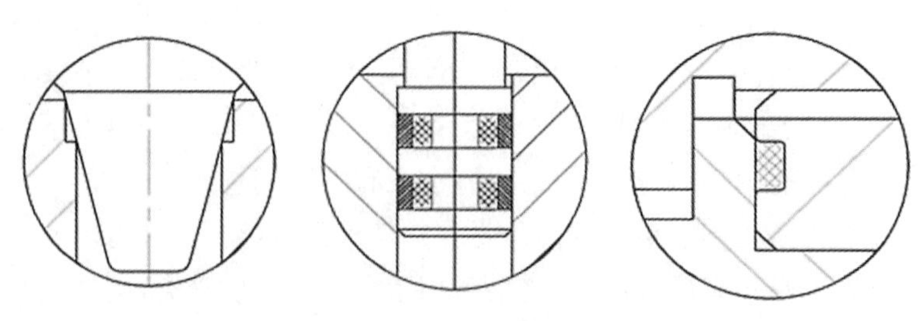

图 10－21　压力平衡阀中的高压密封形式

由于压力平衡阀在平衡口通过格莱圈进行动密封，格莱圈的阻力会起到阻尼作用，对于压力平衡阀可以有效减小阀芯振动，增加阀芯的使用寿命，此外该阀具有限位功能和调节开启压力功能，压力平衡阀如图 10－22 所示。

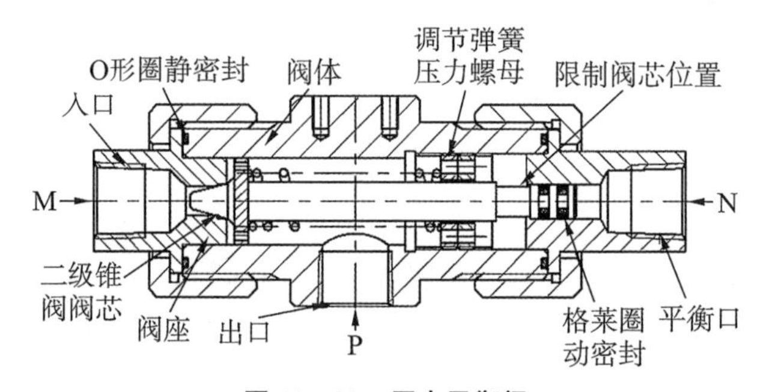

图 10－22　压力平衡阀

11 无人无缆潜水器布放与回收技术

11.1 潜水器布放与回收技术的重要性

自潜水器诞生之日起，其应用就离不开布放回收系统，虽然潜水器各方面技术有了长足的进步，但吊放回收潜水器仍然是影响潜水器水下作业的主要因素，它不仅直接关系到潜水器的作业能力，甚至威胁到潜水器生命安全[12,20,130,194]。

无人无缆潜水器布放与回收方式不但与自身的主尺度、质量等因素有关，也与支持母船(艇)的起吊装置、甲板机械或发射装置等配置相关。目前无人无缆潜水器布放与回收方式可以分为水面布放回收与水下布放回收两类。不同的布放回收方式，有不同的特点和使用要求。潜水器水面布放与回收装置相对简单，易于操控，但回收过程易受到海况影响；而水下布放回收则不易受外界环境影响，但水下布放回收对潜水器控制与定位精度提出了更高要求[195-197]。

11.2 常见潜水器布放与回收方法综述

从 1932 年瑞士皮卡尔教授研制出第一个潜水器“弗恩斯 1 号”起，潜水器吊放回收方式从最初的绳索吊放方式进行了不断改进和完善，以确保潜水器的安全布放和回收，提高使用效率和保障能力。具体的布放与回收方法可分为潜水器水面布放回收方法与潜水器水下布放回收方法。

11.2.1 潜水器水面布放与回收方法

由于布放与回收系统(除了极个别微小型潜水器)受能源、尺寸和质量的限制(现在潜水器重量一般小的有几十公斤，大的有几百吨)，潜水器通常都由支持母船运载到作业地点，然后从母船(或平台)上将其吊放至水中，而当它完成预定作业任务(或发生意外情况)时，又将它回收到支持母船(或平台)上进行维护和保养。对于任何吊放回收系统，海况都是一个主要影响因素。在风浪、海流的作用下，支持母船与潜水器会以不同的幅值和相位运动，很难掌握与控制，不但系索等用具难以锁住潜水器，而且潜水器由回收系统吊离水面处于空中位置时，母船的横摇、纵摇及升降运动都会使潜水器产生难以预料的运动，极易发生碰撞的危险。因此如何实现不利海况下的水面安全布放与回收对于潜水器来说是一个挑战。潜水器水面布放与回收方法主要包括以下几种[161,198-201]：

1. 利用起重机的布放与回收方法

该方法在支持母船（或岸基）上安装起重吊车，吊放时将潜水器吊入水中后，采用自动或潜水员帮助脱钩；回收时通过自动或人工将吊钩与潜水器的相应装置连接，然后迅速将潜水器吊出水面。采用起重机吊放潜水器是目前最常用的一种方法[202]。该形式收放系统结构简单，成本较低，且占用母船空间少，目前广泛应用于各类中小型潜水器收放作业。但是起重机的挂钩需要人为地挂到固连在潜水器的吊环上，潜水器下放到水中后，还需人工将挂钩脱离，在不利海况下会对作业人员人身安全造成较大的危险。起重机吊放系统能够将起重臂直接伸到水面与潜水器接触，一定程度上减少了由于潜水器摆动对释放和回收过程的影响，但是这种方法需要精确地控制起重臂的运动，避免起重臂对潜水器造成损坏，这在海况恶劣的情况下很难实现。

一般潜水器支持母船都装有起重机装置，在起吊力满足要求的条件下都可用来吊放回收潜水器，起吊装置又包括以下几种。

1）折臂起重装置

折臂起重装置其吊臂可以折曲，可以使吊臂末端靠近潜水器，所以摆动较小。有的在吊臂末端装有缓冲器，将潜水器与吊臂末端固连在一起后起吊，在起吊过程中潜水器不会摆动，更为安全（见图 11－1）。

图 11－1　折臂起重装置

2）无关节起重装置

如图 11－2 所示，吊杆 5 用顶索 3 固定在桁架起重机 1 上。辅助杆 6 铰接在吊杆 5 上，它的顶索 7 一端固定在吊杆顶部，另一端绕在随动绞车的卷筒上，起吊吊索 8 通过辅助杆的顶端。

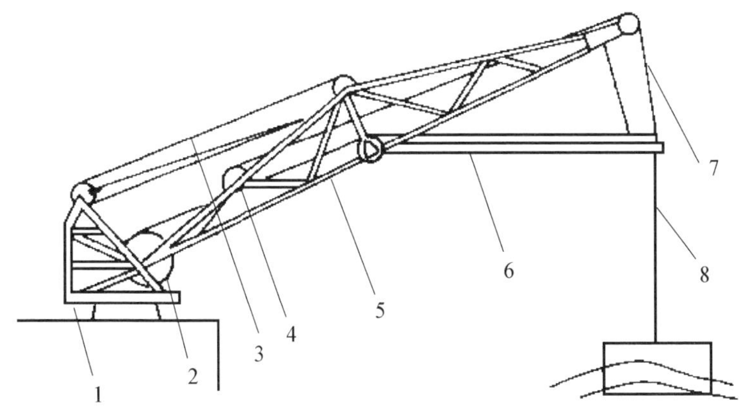

图 11－2　无关节起重装置

2. 利用 A 字形架机构的布放与回收方法

该方法是在 ROV 释放与回收方法的基础上演变而来的，该系统技术较成熟，操作起来比较安全，可承受较大的横向受力。可广泛用于各种类型潜水器收放作业。通常情况下，系统主要由门形架、缓冲对接保护装置、释放回收装置、钢缆绞车、液压系统、操作控制系统等部分组成。该系统具有结构合理、结构强度高、可靠性高、操作简便等优点，可安装在母船尾部，也可安装在母船舷侧。门形架收放系统还具有通用性，不仅可用于收放潜水器，还可用于其他水下作业设备的收放。

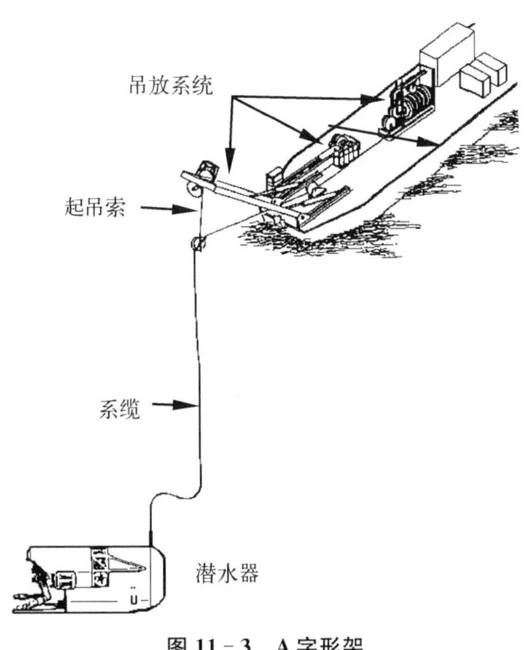

图 11－3　A 字形架

如图 11－3 所示，A 字形架起吊装置两根柱的下端装有铰接关节，用连接在柱和甲板的油缸控制起吊装置本体的倾倒程度。

连接两根柱的梁下面吊挂着称为吊架的机构，其中间安装有起吊装置。吊放时，绞车卷扬通过A字形架顶部的导缆环起吊缆将潜水器吊起，然后液压驱动的A字形架向尾舷外摆动，摆到最低位置后，绞车施放潜水器到水面，然后由潜水员脱钩。回收时，潜水员首先将水面上的潜水器拖曳到起吊缆所及的范围内，然后把起吊缆固定到潜水器的起吊环上，绞车卷扬起吊缆，提升潜水器到一定高度。A字形架向内摆动，将潜水器移送到母船甲板上方，再使绞车施放起吊缆，将潜水器放到甲板托架上。在起吊和回收时，为了防止潜水器的摆动，用两个系绳将潜水器拉紧。绞车最好使用恒张力绞车，以保证起吊缆绳不会因涌浪的作用产生松弛或承受过大的载荷。

在美国载人潜水器新"阿尔文"的支持母船"亚特兰蒂斯Ⅱ"的吊架上，安装了起吊新"阿尔文"的绞车和摇动缓冲装置(吸收母船和潜水器的相对摇动)。新"阿尔文"是采用一根吊索起吊的方式，起吊时摆动相当大，曾因碰撞发生过损坏，现在安装了一根稳定用的细绳索(稳索)(见图11-4、图11-5)。法国国家海洋研究所的"鹦鹉螺"号及日本海洋科学技术中心的"深海2000"号和"深海6000"号等潜水器都采用A字形架起吊装置。"深海6000"号上采用两根吊索起吊，产生的摆动很小。"维克斯航海者"号也是利用安装在尾部的A字形架系统回收"南鱼座"系统潜水器。它首先由潜水员将一根系绳拴到潜水器的尾部，将潜水器拉到能把吊索固定到潜水器的起吊眼板上。起吊索通过框架顶部和悬垂臂架的导缆环，然后绕到一台专门研制的恒张力补偿绞车上。潜水器在水平面内的转动通过系在左右舷的稳索来控制。"MARCAS2500"号支持母船的吊放回收系统如图11-6所示。

图11-4 新"阿尔文"号潜水器及其母船

图 11-5 美国载人潜水器新“阿尔文”号吊放

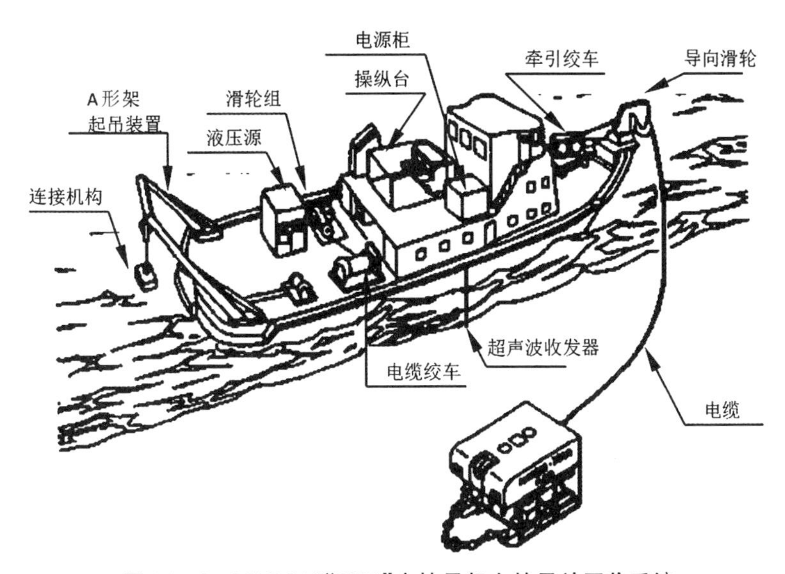

图 11-6 MARCAS“2500”支持母船上的吊放回收系统

3. 滑道式布放与回收方法

轨道收放系统是近年来用得比较多的一种释放和回收方式(见图 11-7),这种方法的优点是在回收或释放过程中为潜水器提供了一个相对稳定的出水或入水姿态,因为潜水器定位在与母船相连的滑道上,这就限制了潜水器因海浪作用而发生的摆动，避免了起吊方法中由于母船摆动诱使潜水器在起吊过程中产生晃动而引发的碰撞[203]。而且采用这种方法，即使在恶劣天气也只需要少数操作人员就可以完成。但是回收时，需要捕获带牵引绳的浮标，对工作人员操作技术要求较高。另外，这种方式占用甲板面积大，对于重量不太大的潜水器是适合的，但是对于重量较大的潜水器，如何通过滑道方式进行布放回收还是一个有待解决的技术难题。

图 11-7 轨道收放系统

该方案应用比较成熟的是挪威 KONGSBERG 公司。该公司为 HUGIN 系列 AUV 设计的专用安全收放装置配置在船尾，可以在 5 级海况下安全工作，在过去数年的千次作业中已经证明了其有效性和可靠性。其工作过程如下：

(1) 布放 HUGIN AUV 时，船头迎风，并以 2～3 kn 速度前进。收放装置的液压斗倾斜，解脱挂钩，HUGIN AUV 自行滑落到水中(见图 11-8)。

(2) 回收 HUGIN AUV 时，船行至距其 50～100 m 处，放出回收绳，钩住潜水器脱落的浮标，开动绞车拉回潜水器至液压斗。液压斗抬高回缩后，HUGIN AUV 即回收。在回收过程中，母船以 1～2 kn 速度前行(见图 11-9)。

美国 PERRY 公司 MUST 潜水器的吊放回收系统是利用母船甲板上的斜面滑道和坞式回收器进行潜水器的收放。下水时，绞车施放缆绳将坞式回收器沿斜面滑道下滑到水面，坞式回收器依其本身的浮力半浮在水面上，然后，使潜水器与坞式回收器脱钩下潜进行作业。回收时，当无缆潜水器浮到水面后，抛出的充气回收浮球带出 45.7 m 长的牵引绳，浮球被母船上的船员抓取后，将牵引绳同坞式回收器上的绞车相连接，然后将坞式回收器沿斜面滑道滑到水面，并半浮在水面，开动回收器上的回收绞车，将潜水器牵引到回收器内并锁住，最后斜面滑道绞车再将回收器及潜水器一同拉到滑道上，滑道摆平并回转，将潜水器置

图 11-8 KONGSBERG 公司的 AUV 布放系统

图 11-9 KONGSBERG 公司 AUV 回收系统工作过程

于母船甲板上。在母船干舷较低，有一定甲板空间的条件下，这是比较可行的回收方法。

4. 台架系统布放与回收方法

这种机构的绗架与潜水器用绳索相连，释放时通过绳索将潜水器收紧到一个用以限制其运动的框架中，然后操纵伸长臂将框架和潜水器伸到母船以外 4.5 m 的距离。接着框架转动 90°使潜水器与母船平行，然后下放绳索使潜水器进入水中，潜水器接触水面后，绳索呈松弛状态，这时可以将绳索与潜水器连接处的安全销拔去,实现与潜水器的分离。回收时采用捕获潜水器喷射出浮标的方式。

5. 月池式布放与回收方法

该方法是在船体中部对潜水器进行释放回收作业。潜水器通过母船上吊臂吊至船中月池上方,可直接从中央月池内吊放入水,也可根据潜水器的结构形式,在船中月池内设置垂直轨道,潜水器沿轨道直接滑入水中,该轨道式船中月池收放系统在布放时可有效保护潜水器安全。该形式系统需要安装在专用母船上,制造成本高。潜水器上浮到水面上时要具备导航和定位能力,以便准确地从母船月池内上浮到水面。母船也应具有动力定位功能,以保证潜水器吊到甲板之前,使潜水器在月池内漂浮,否则会使潜水器与母船月池壁发生碰撞(见图 11-10)。

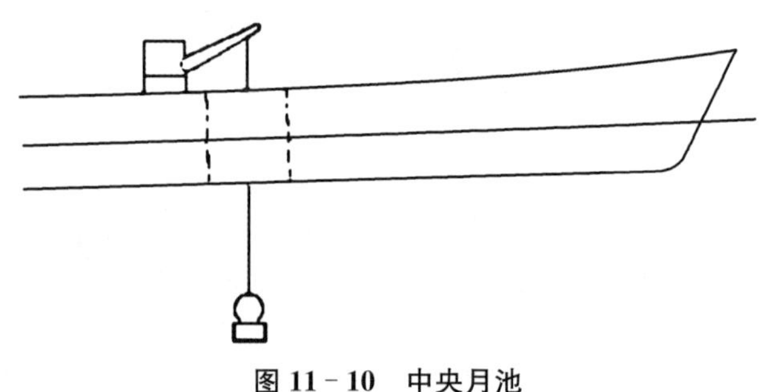

图 11-10 中央月池

11.2.2 潜水器水下布放与回收方法

1. 潜水浮箱布放与回收方法

该方法是将潜水器固定在浮箱上,用拖航的方法运送到下潜调查地点后,浮箱中充水至零浮力状态后下沉,到达指定作业深度后,解脱潜水器的固定装置,潜水器航行出浮箱进行作业[204]。反之,潜水器完成作业任务后,返航至浮箱内部并进行水下固定,与浮箱一同浮出水面。该方法的优点在于水下布放与回收的工作环境没有风浪干扰,但是这种方法需要潜水器能够准确地对回收笼进行定位并准确地到达回收笼中,这就需要潜水器与回收笼之间具有良好的相互定位能力,如图 11-11 和图 11-12 所示。

2. 升降平台布放与回收方法

该方法由母船上的专门机构来控制带有潜水器的平台升降,实现在水下30~50 m 水深处对潜水器的布放与回收作业。潜水器布放过程中,先将下潜平台拖运到作业区域,然后由潜水员打开平台进水阀门让下潜平台的主压载舱进

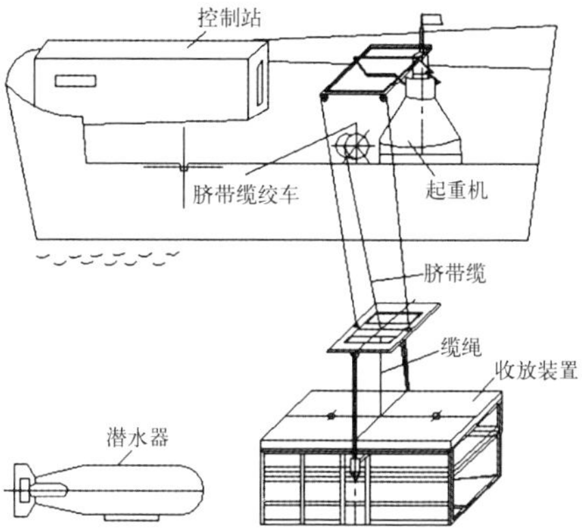

图 11-11 浮箱式收放系统

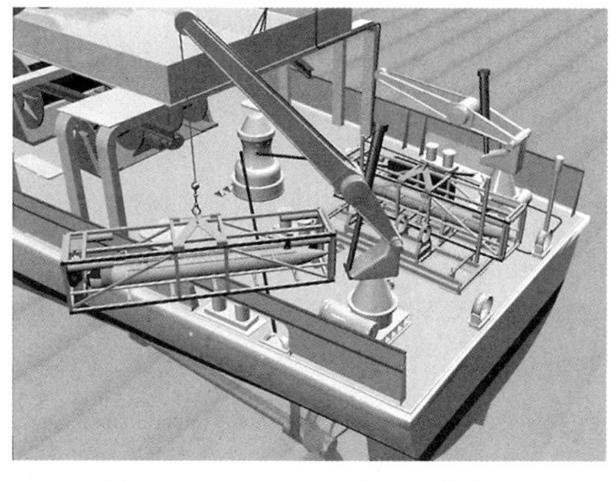

图 11-12 REMUS 布放回收方式

水，再让可变压载舱进水，当平台下潜到 20～35 m 水深处时，通过调节可变压载舱使下潜平台处于悬停状态，此时再由潜水员解除潜水器与下潜平台间的固联设施，使潜水器从平台内部分离，进行下潜作业。回收过程中，潜水器则按相反的程序进行。图 11-13 和图 11-14 分别为美国老“阿尔文”号潜水器及其最初的母船“鲁鲁”号双体船。

图 11-13 老“阿尔文”号潜水器

图 11-14 老“阿尔文”号潜水器支持母船

3. 潜艇布放与回收方法

与其他布放回收方法相比，潜艇布放回收具有隐蔽性好、受海情气象条件影响小等优点，其布放回收方法又可细分如下[205-210]。

1) 坞载方式

该方法是利用潜水器现有的空间进行改进，在潜水器首部或者上层建筑部位，设置用于搭载潜水器的坞舱，从而未破坏潜水器艇体型线，因此没有给潜水器增加额外阻力，不影响潜水器机动性。但是这种搭载方式可供改造空间有限，并且由于占用了潜水器空间，增加了潜水器设计难度。布放回收装置复杂，无人无缆潜水器自动导引、入坞和落座有难度，不便于现场修理。无人无缆潜水器需要承受深度、速度、机动和冲击载荷的影响。无人无缆潜水器布放回收相对简单(见图 11-15)。

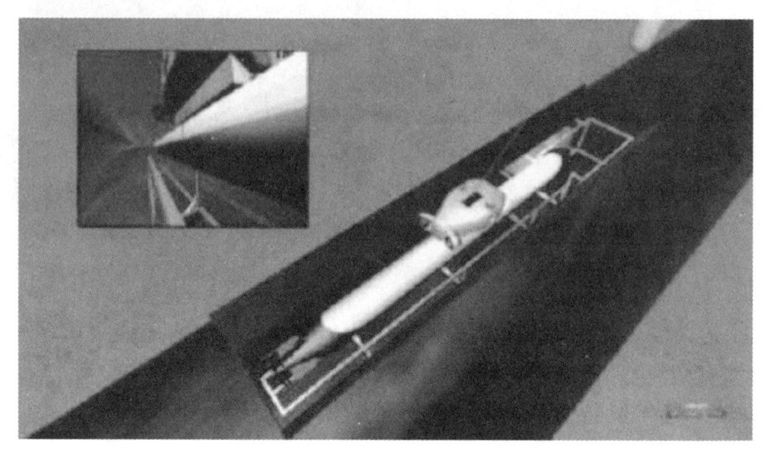

图 11-15 坞载方式

2) 背负方式

背负式搭载是在指挥台围壳后面安装专用壳体外舱，为搭载无人无缆潜水器和存储相关布放回收设备提供空间。若潜水器上配有内外可锁住的舱室，蛙人就能从潜水器中进入壳体外舱，辅助完成布放回收工作。依照布放回收方式，可分为直接式背负和间接式背负两种。该方式对无人无缆潜水器的尺度约束小，可搭载多个无人无缆潜水器，适用于多型无人无缆潜水器，特别是在蛙人配合下，几乎所有潜水器的布放和回收都能实现。母艇可方便地为无人无缆潜水器电池充电，下载无人无缆潜水器带回来的数据。但是，在整体设计上，对潜水器的现有线型、设计特征有较大影响，会增加潜水器的阻力，影响潜水器航速和机动性，且在一定程度上影响潜水器的隐蔽性。布放回收装置较复杂，无人无缆潜水器自动导引、入坞和落座难度大，不便于现场修理。无人无缆潜水器需要承受深度、速度、机动和冲击载荷的影响，导致其重量大、费用高(见图 11-16)[211]。

3) 鱼雷发射管方式

无人无缆潜水器在布放前，储存在可承受海水压力和耐水密的鱼雷发射管内，发射管给无人无缆潜水器提供了一个良好的存储环境，无人无缆潜水器没有给发射管造成突出体。不增加潜水器阻力，潜水器改动小。目前被证实在美国潜水器上已得到应用(见图 11-17)。

但是，受鱼雷发射管尺度限制，适合于直径小于 533 mm(鱼雷管直径)的鱼

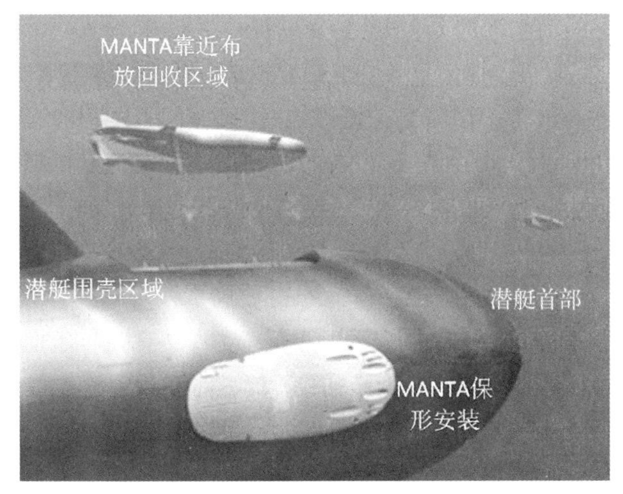

图 11-16 背负方式

图 11-17 鱼雷发射管方式

雷状无人无缆潜水器，无人无缆潜水器不能有突出附体，尺度也不能太大，限制了无人无缆潜水器的续航力和作战能力。另外，由于存在与鱼雷等武器争夺艇内空间的矛盾，因此，一艘攻击型核潜水器通常只能携带 1 套(两艘无人无缆潜水器)水雷侦察系统，携带无人无缆潜水器的数量受到限制。系统不适合安装在首部发射的潜水器上，鱼雷管布置方式影响回收。

4) 弹道导弹发射管方式

弹道导弹发射管方式是由通用动力电船公司提出的一种概念性方案。在布放前，无人无缆潜水器存储在可承受海水压力的水密导弹发射管内，其通用布放回收模块则整体布置在弹舱内，布放时，像气塞一样工作，将潜水器喷射到海里。

当要回收无人无缆潜水器时，机械臂伸出并抓住潜水器，将其放回母艇上。通用的布放回收模块是由升降桅杆和存储支架构成的装置，如图 11-18 所示[212]。无人无缆潜水器等装备的存储支架可以与升降桅杆呈垂直角度，升降桅杆由布放回收模块底部的液压机构驱动；装备的维护设备如电池充电器也设在布放回收模块内。此外，布放回收模块与潜水器通信的数据链设备、升降机构液压驱动单元、布放回收控制单元也设置在布放回收模块内，导弹发射管设有可供人员进出的通道口。这种布放回收方式的特点是，适用于在巡航导弹核潜艇上进行改装，对其弹舱进行简单的改进即可实现；通用布放回收模块具有通用性、模块化和独立性等特点，可在潜艇之外开展布放回收试验，对潜艇的依赖程度较低。此外，这种装置适用于尺寸较大的无人无缆潜水器，可复用性强。通用布放系统直径约 2.5 m，而鱼雷管限制潜水器直径小于 0.53 m。若导弹发射管尺度远大于鱼雷发射管尺度，对无人无缆潜水器横向尺度和形状的限制明显降低，具有“一管多弹/器”能力，一个导弹发射管可成组布放回收无人无缆潜水器，一艘巡航导弹核潜艇可携带几十个种类和大小都不同的无人无缆潜水器，携带能力明显高于攻击型核潜水器。但是，受导弹发射管长度尺度限制，无人无缆潜水器长度仍不能太长，否则无人无缆潜水器布放回收难度会加大。布放回收时，要求保证母艇保持几乎静止不动，这样才能避免母艇和无人无缆潜水器之间的碰撞和提高布放回收成功率。

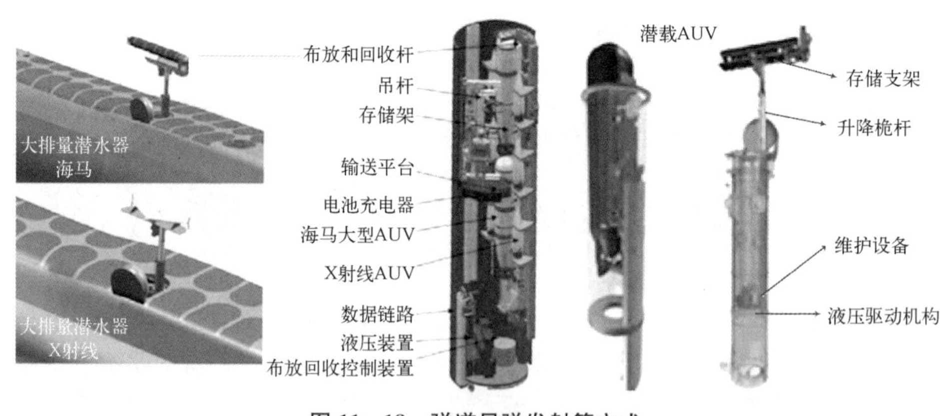

图 11-18　弹道导弹发射管方式

11.3　滑道式布放与回收技术

为满足工程实际需求和保证安全性，采用滑道式布放和回收技术，需精心设计滑道式布放回收装置,以及自动脱、挂钩装置的结构及控制系统。而如何解决滑道式布放回收装置与潜水器的碰撞接触是整个研究的难点。在潜水器靠近布放回收装置时,将强度适宜的复合材料应用在滑道上,避免潜水器由于碰撞而受到损伤。在接触过程中,滑道需要向水下自动倾斜一定角度,使其延伸到水下,并利用滑道的复合履带式结构将潜水器输送到水平面上的主船。设计中,运用有限元分析法对滑道式装置建立有限元分析模型,并对其进行强度分析及校核,以此对整个回收装置机械结构的目标函数进行优化。

11.3.1 工作原理

布放回收装置在工作的时候,由母船上的操作员通过上位机向下位机可编程控制器控制系统输入控制信号,下位机接收控制信号后,按预先设定的程序来控制相应电磁阀的动作顺序,从而控制所对应液压回路的液压缸或液压马达动作,完成对载体的布放回收等工作(见图 11-19)。

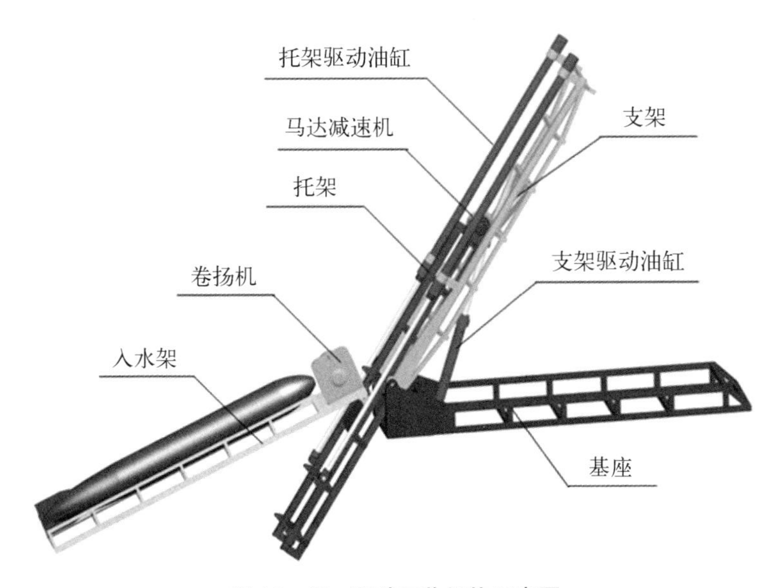

图 11-19 释放回收机构示意图

该系统由收放架体、液压系统及测控系统三大部分组成。控制系统上电,启动液压系统。支架驱动油缸动作,带动支架绕基座销轴转动,待转到指定工作角度后,托架驱动油缸前伸,托架带动入水架及潜水器一并前移,移动到位后剪断潜水器绳索,潜水器放入水中。潜水器回收时,马达带动链轮转动将入水架放入水中,卷扬机绳索与潜水器连接好后,将潜水器拖到入水架上,通过液压马达带动链轮将入水架及潜水器收回，托架驱动油缸动作将托架收回，支架驱动油缸缩回(见图 11-20)。

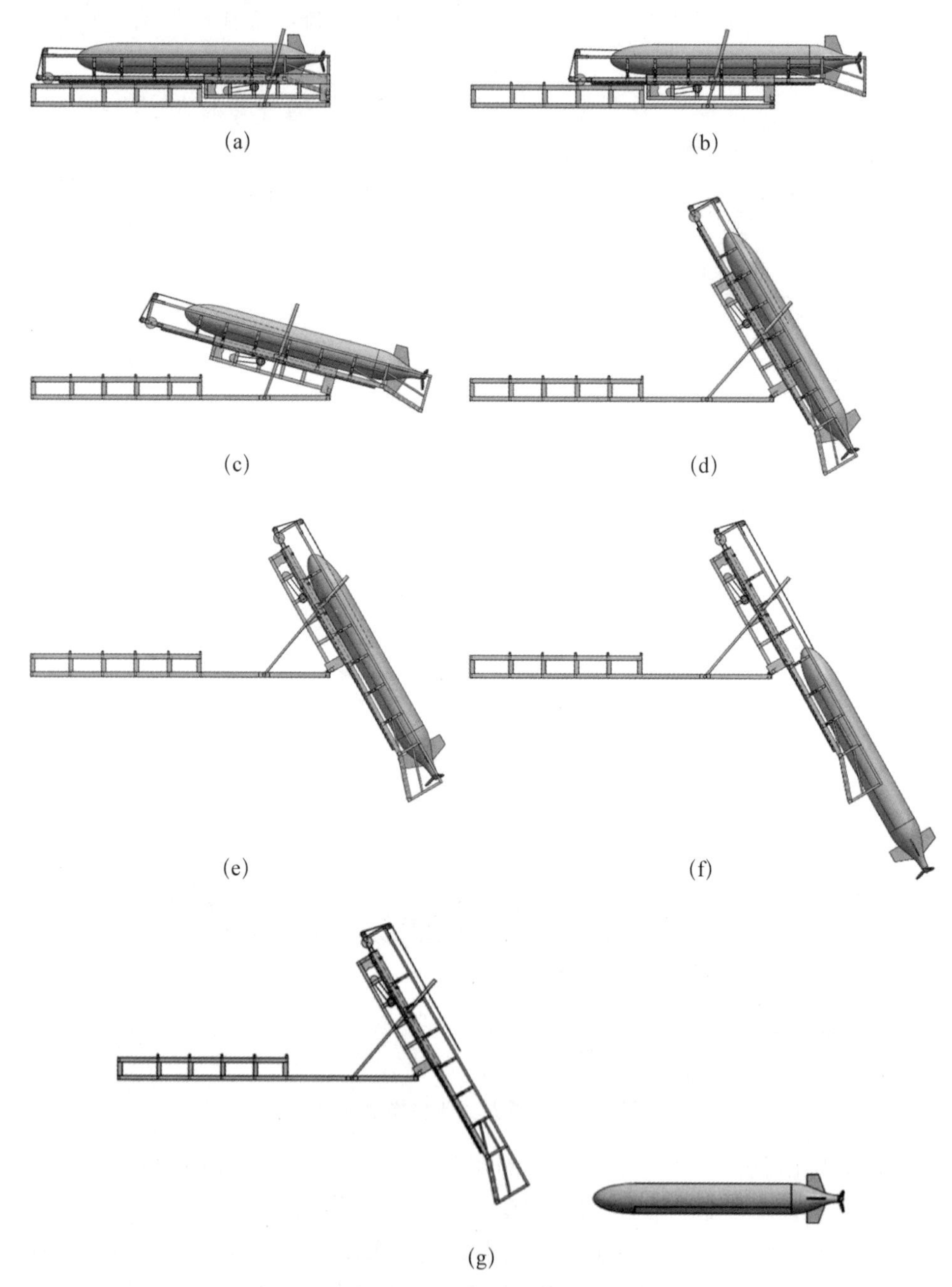

图 11-20 布放回收系统运动示意图

(a) 初始状态 (b) 滑动 (c) 转动 15° (d) 转动 60° (e) 再次滑动 (f) 释放探测系统 (g) 布放完成

11.3.2 液压系统设计

布放回收系统的液压原理如图 11-21 所示。系统主要由推力液压回路、齿轮进给液压回路、旋转回收液压回路及液压油源四部分构成。

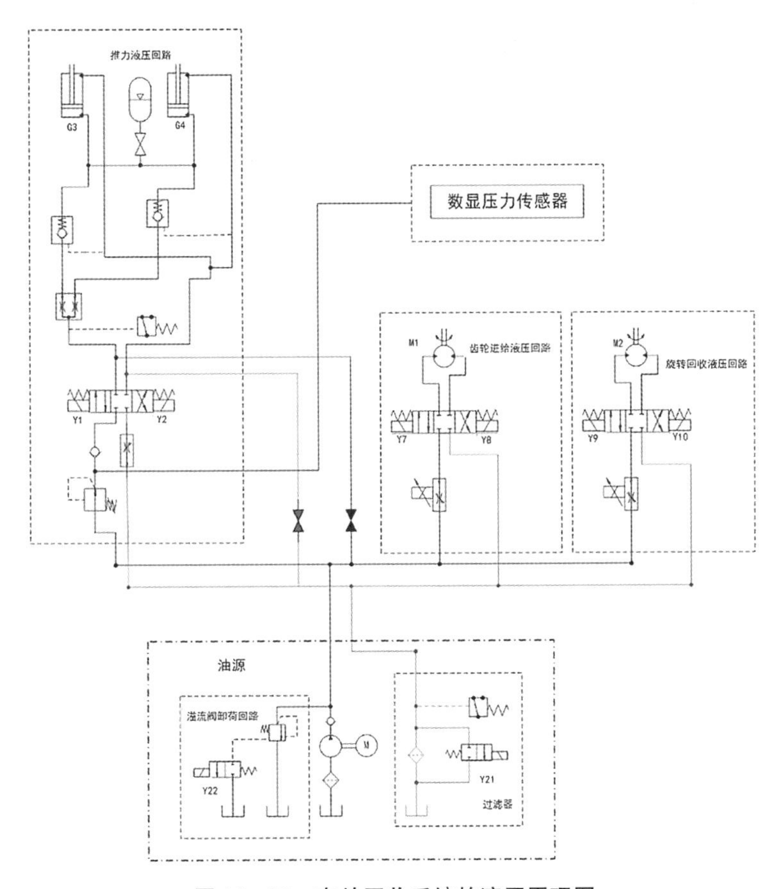

图 11-21　布放回收系统的液压原理图

推力液压回路的作用是同步控制两个液压缸完成释放过程中的旋转运动，该系统中装有气囊式蓄能器用来补偿泄漏，从而保证液压缸的正常工作。这种蓄能器中的气体与油液由一个气囊隔开，壳体是一个无缝、耐高压的外壳，皮囊用丁腈橡胶做原料与充气阀一起压制而成，囊内储放惰性气体，壳体下端的提升阀总能使油液通过油口进入蓄能器而又防止皮囊从油口被挤出。皮囊蓄能器使用的温度范围为−20～70℃。三位四通电磁阀处于左工位时，液压油经分流阀和两个液控单向阀进入两个液压缸无杆腔，实现两个液压缸的同步运动。当滑道旋转角度达到工作要求后，液压泵继续向蓄能器供油，直到供油压力升高到压力继电器的调定值时，压力继电器发出信号使三位四通电磁阀回到中位，实现液压泵的卸荷。此时为了弥补回路的泄漏，通过蓄能器实现补油保压功能，确保在释放回收的过程中两个液压缸始终处于工作状态。采用液控单向阀锁紧回路，并设置了蓄能器补油装置，保证了夹紧装置的稳定性。在进油路设置了减压阀和单向阀，在减压阀后安装单向阀，防止当主油路压力小于支油路压力时发生油液倒流的现象。在减压阀后还连接一个压力表，实现对油路压力的监控。采用了分流阀，使两个液压缸同时动作，并且设置了节流阀，保证了动作的平稳性。在该支油路中设置了回油节流调速回路，即在回油路安装一个调速阀，调整整个油路的流量，实现对两个液压缸的控制（见图 11－22）。

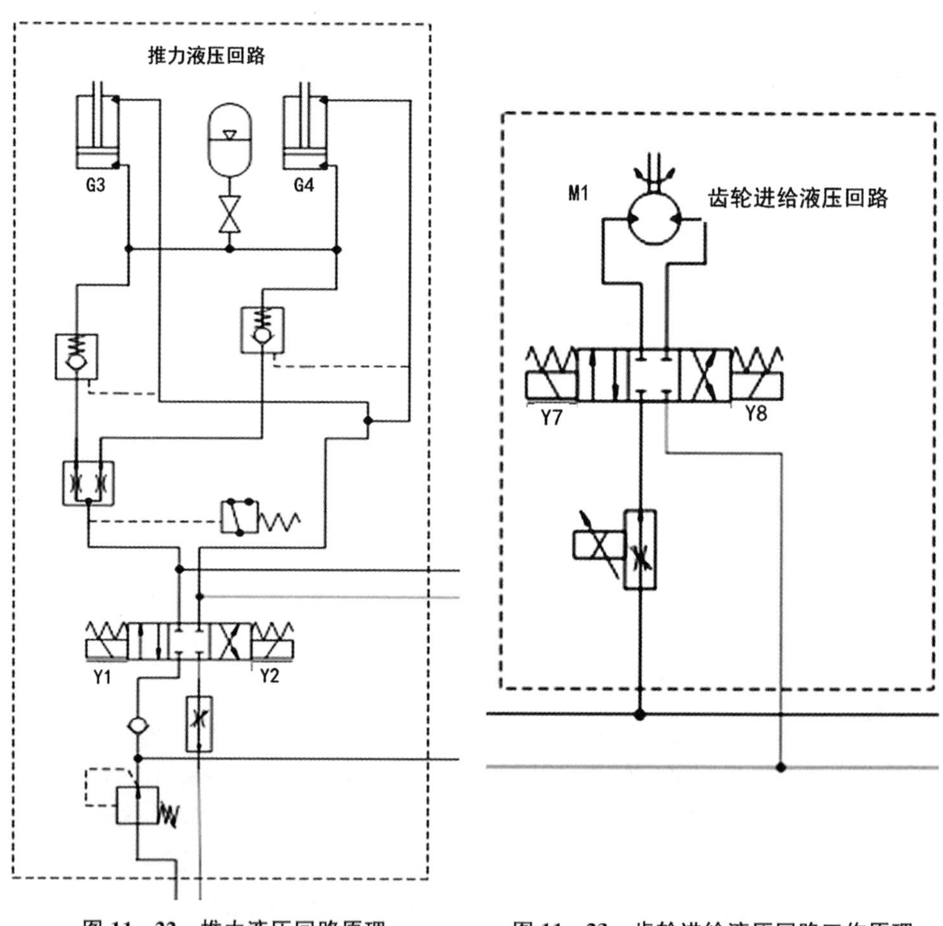

图 11－22 推力液压回路原理

图 11－23 齿轮进给液压回路工作原理

齿轮进给液压回路的作用是通过控制液压发动机带动齿轮齿条，进而使得滑动框架能够完成水平方向的运动，该回路采用进油节流调速回路控制双向定量液压发动机的转速，通过三位四通电磁换向阀控制液压发动机的旋转。该回路采用了比例调速阀，可以对流量进行线性调整，从而实时控制发动机的转速，以满足机具工作于不同海况时对发动机转速的不同要求。通过控制液压发动机的进油量实现对液压发动机的速度调节，流经调速阀的流量等于流入液压发动机的流量。对于旋转回收液压回路来说，它们的液压原理是相同的，只有液压发动机的型号和调速阀型号是不同(见图 11-23)。

在液压油源方面，采用定量泵供油，通过先导溢流阀卸荷回路来保护整个液压回路的安全，当二位二通阀在左工位时，油液直接流回油箱。在油源出口设置了过滤器和单向阀，并通过压力表观测油源的压力。在回油时，设置了一套回油过滤器，回油过滤器有 0.4 MPa 的背压，保证回油压力略高于外界压力。当回油压力达到压力继电器的设定值时，二位二通电磁阀 Y21 吸合，电磁阀处于右工位，回油直接流入油箱，此时回油无背压，如图 11-24 所示。

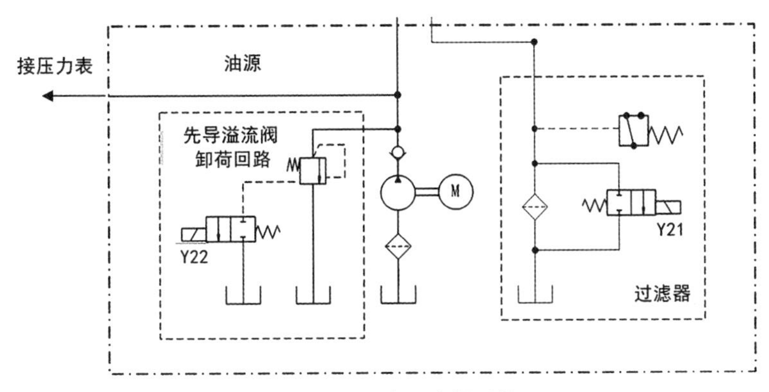

图 11-24　液压油源系统

对于布放回收装置，用可编程控制器对系统进行控制，可采用西门子 S7-200 系列 PLC 作为控制器。S7-200 系列 PLC 是西门子公司推出的整体式小型可编程控制器，结构紧凑，功能强，具有很高的性能价格比。

11.3.3 结构受力分析

基座用来与船体连接并安装支架，主要承受支架驱动油缸的作用力及托架以上结构件的作用力，分别作用在支架安装座和支架驱动油缸安装座上，如图 11-25 所示。

根据收放架体结构作出基座的受力简图，如图 11-26 所示。

通过动力学分析轮轨架体驱动油缸对基座的最大作用力(见图 11-27)。根据支架驱动油缸的作用角度求出力 F_2。考虑到基座销轴的摩擦力、油缸摩擦

图 11-25 基座示意图

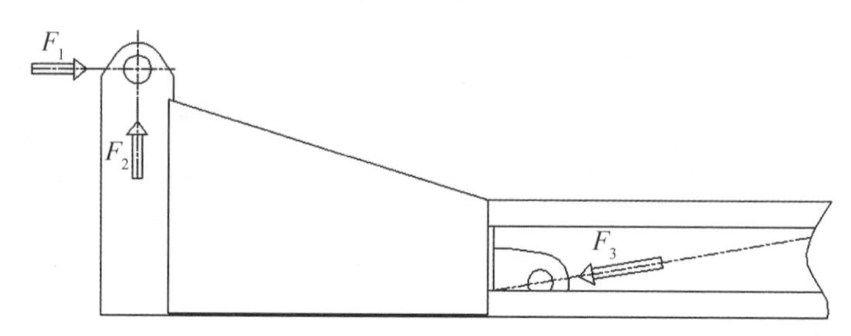

图 11-26 基座受力简图

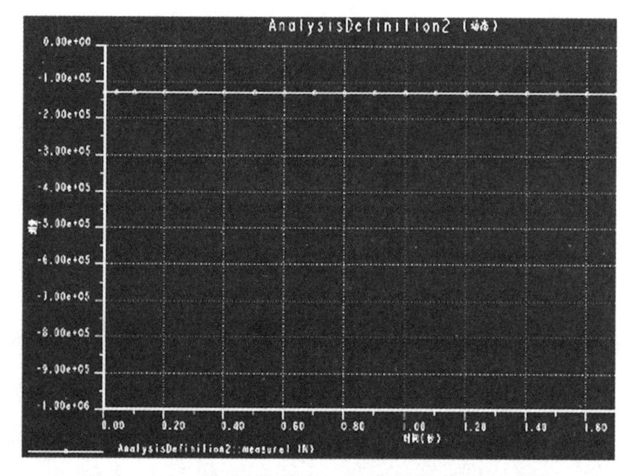

图 11-27 支架驱动油缸对基座的最大作用力

图 11-28 应力分析

力及其他因素的影响，对基座进行受力分析，其应力分析结果如图 11-28 所示。位移分析结果如图 11-29 所示。安全系数分析结果如图 11-30 所示。

支架用于安装托架，两根横梁采用 H 字形钢，托架的滚轮沿横梁滚动，其结构如图 11-31 所示。

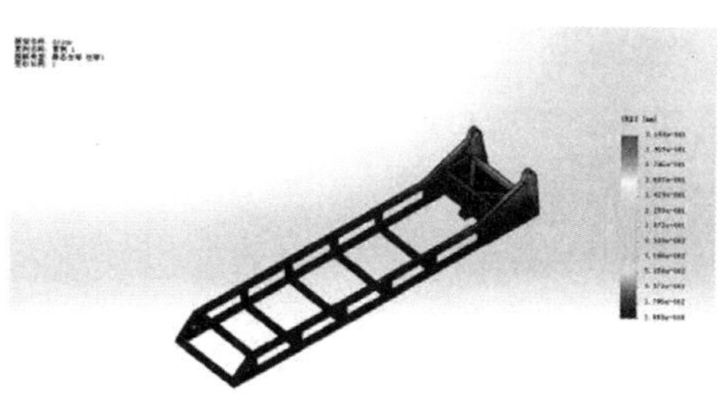

图 11-29 位移分析

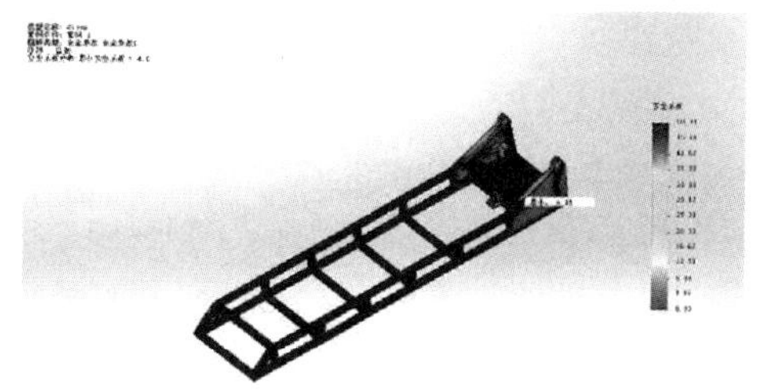

图 11-30 安全系数分析

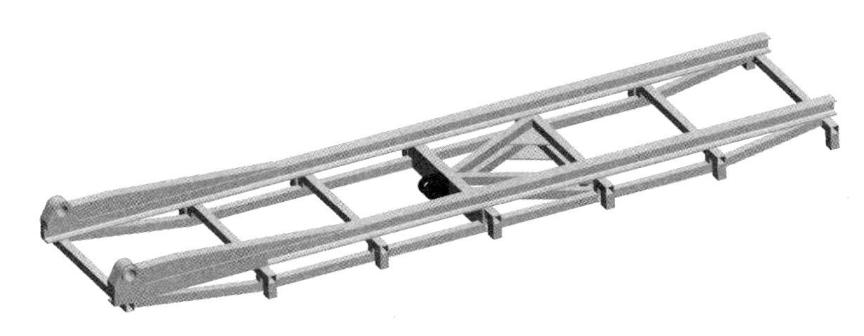

图 11-31 支架结构示意图

根据收放架体结构得出支架的主要受力与基座的受力相似，通过有限元分析分别求出其最大应力，如图 11-32 所示；最大位移如图 11-33 所示；安全系数分析如图 11-34 所示。

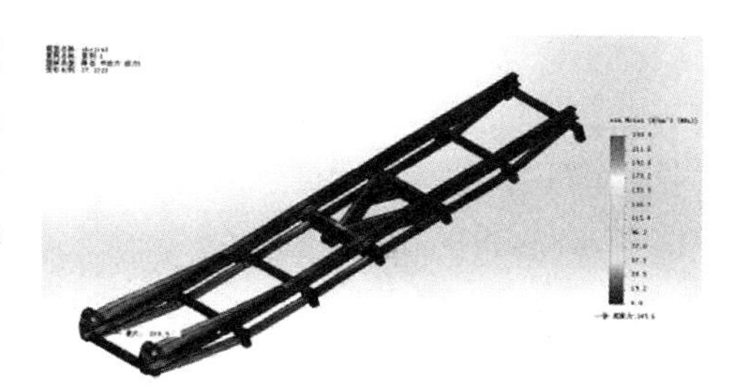

图 11-32 应力分析

托架主要用于安装入水架，负责将入水架及潜水器送入水中并收回。其结构如图 11-35 所示。

通过有限元分析分别求出其最大应力，如图 11-36 所示；最大位移，如图 11-37 所示；安全系数分析，如图 11-38 所示。

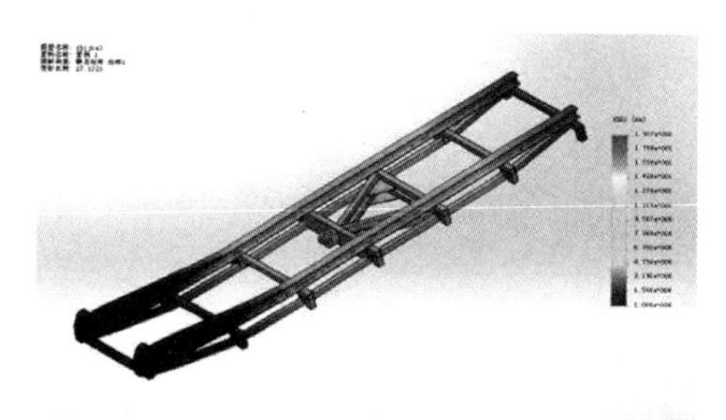

图 11-33 位移分析

图 11-34 安全系数分析

图 11-35 托架结构简图

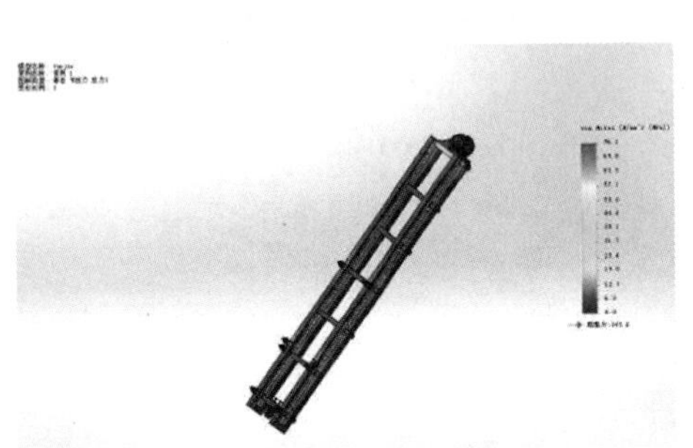

图 11-36 应力分析

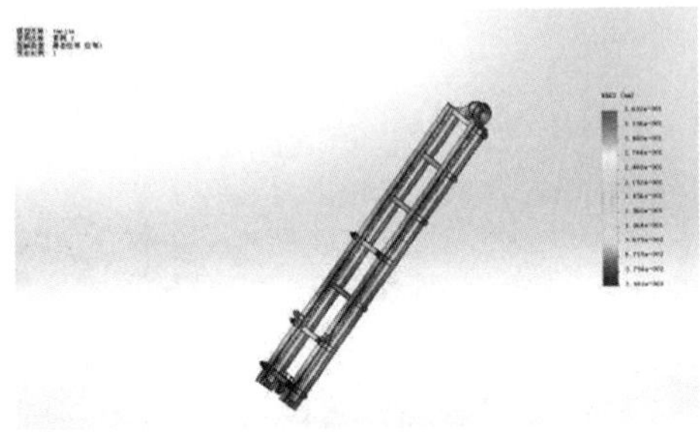

图 11-37 位移分析

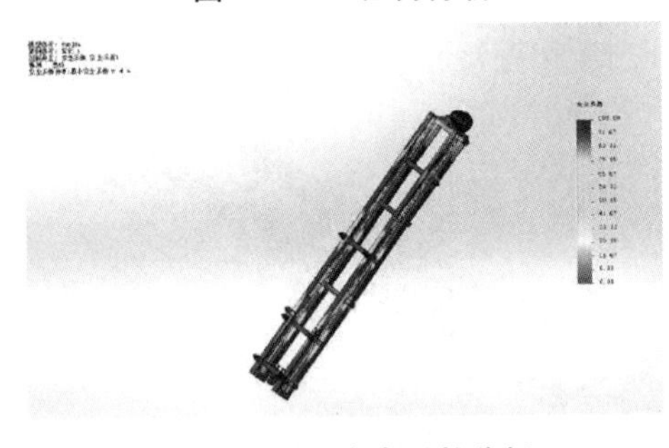

图 11-38 安全系数分析

对于托架驱动油缸，通过动力学分析计算出潜水器托架驱动油缸最大拉力，如图 11-39 所示。

入水架主要用于安装潜水器，底部安装有移动小车，小车靠电动机减速机带动链轮驱动。其主要在回收过程中起作用。结构如图 11-40 所示。

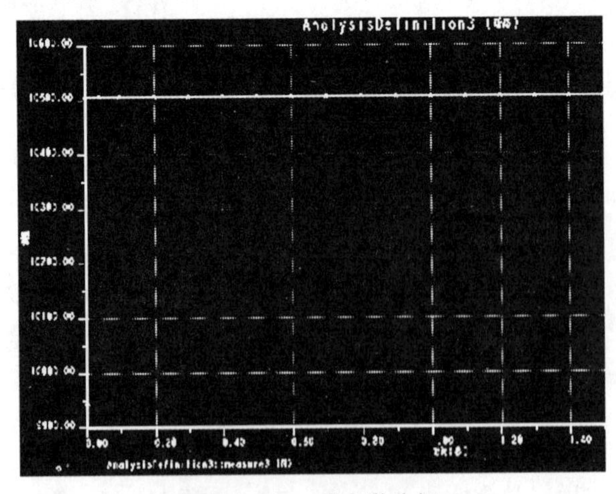

图 11-39 动力学分析

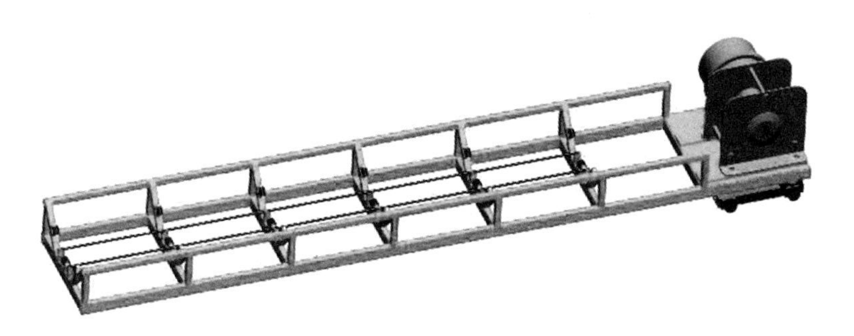

图 11 - 40　入水架结构简图

通过有限元分析得出最大应力，如图 11 - 41 所示；最大位移，如图 11 - 42 所示；安全系数分析，如图 11 - 43 所示。

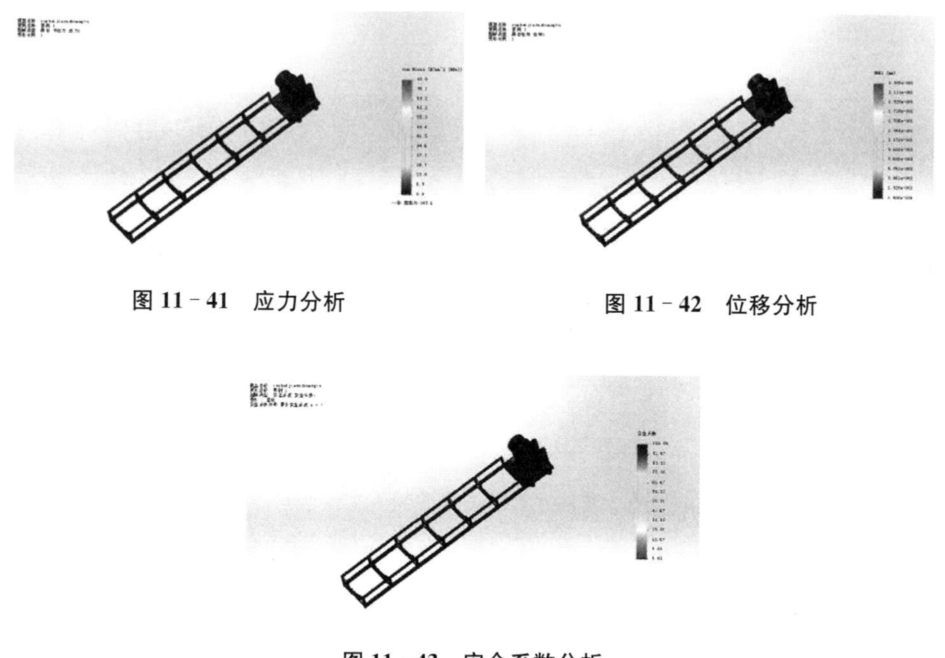

图 11 - 41　应力分析

图 11 - 42　位移分析

图 11 - 43　安全系数分析

11.4　潜水器布放与回收技术的发展趋势

无人无缆潜水器未来作业任务的多样化与复杂化，对潜水器的布放与回收提出了更高的要求，这也是未来潜水器布放与回收技术的发展方向，主要体现在如下几个方面：

1. 全天候的快速布放与回收技术

目前，无人无缆潜水器的布放回收方式主要是通过水面母舰借助吊车等第三方辅助装置来完成，自动化程度较低，对海况依赖性较强。因此，有效地克服复杂海况的干扰，实现潜水器自动化快速布放与回收，从而提高潜水器对突发事件的响应速度，增大潜水器作业效率，是未来研究的发展方向。

2. 其他系统的携带式布放与回收

以潜艇或水面无人艇作为平台，搭载无人无缆潜水器进行布放与回收，是一项前沿技术[213]，其关键在于研究先进的传感器技术、通信导航控制技术、无人无缆潜水器综合技术等方面，这些技术的发展将会有效地促进导引和捕获技术的改进，使得布放回收成功率大大提高(见图 11－44)。

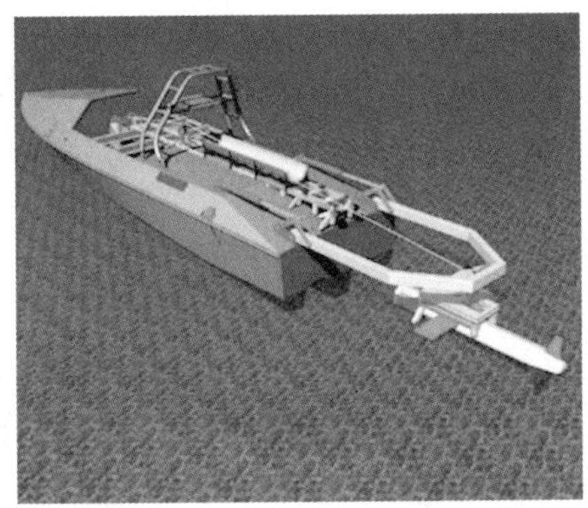

图 11－44　无人艇自主释放与回收无人无缆潜水器概念图

3. 空中投放式布放技术

空中投放式布放技术作为近年来新出现的布放方式，其优势在于不论海洋环境恶劣与否，都可以进行布放。其次，反应速度快，能在突发事件发生后的短时间内到达目标区域，适用于多数应急情况。其投放距离覆盖面更广，相应的成本可以大幅削减。例如在军事方面出现突发状况，通过空投方式可使潜水器在短时间内出现在应急现场排除困难。这使得空投这种方式得到各个国家的广泛重视。2013 年张铁栋等人提出了两种投放方案[214]，如图 11－45 所示，并开展了潜水器由空中入水后的性能预报研究。

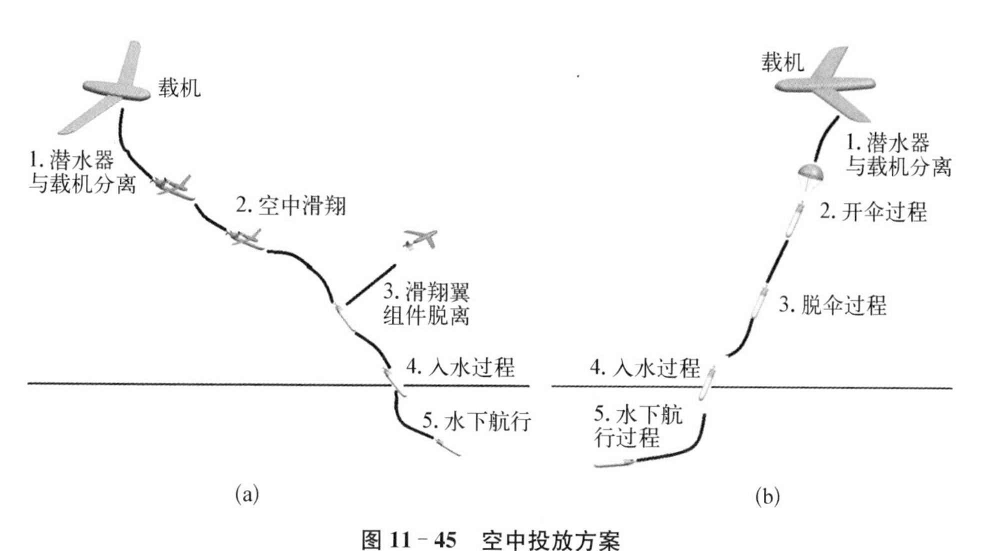

图 11－45　空中投放方案

(a) 滑翔式投放　(b) 降落伞式投放

12 无人无缆潜水器智能规划与控制技术

12.1 引言

无人无缆潜水器在水下未知环境中执行作业任务，需要其能够根据任务使命在一定程度上“自主”地完成一系列决策，并且依靠控制系统实现相应的目标。本章将对无人无缆潜水器系统的自主决策以及控制问题进行系统的介绍，使得读者对于潜水器智能决策（规划）系统的组成、全局规划与局部规划的实现以及针对特定作业的控制问题有一个清晰的了解和掌握。

12.2 智能规划体系结构

12.2.1 智能规划体系结构内涵

无人无缆潜水器的智能规划体系结构是指如何把感知、建模、规划、决策、行动等多种模块有机地结合起来，从而在动态环境中完成目标任务的一个结构框架。智能规划体系结构技术是包括人工智能技术和各种控制技术在内的集成技术，相当于人的大脑和神经系统。

12.2.2 智能规划体系结构分类

智能规划体系结构的研究一直受到关注，许多学者从不同的角度提出了不同的移动机器人体系结构，其中最有代表性的有两大类型：功能模块分解型与基于行为的分解型，又称为水平分解型与垂直分解型。

无人无缆潜水器是一种在水下运动执行特定使命的潜水器，其运行环境比较复杂，如何根据其特点和使命需求设计合理的体系结构一直以来都是研究的热点。无人无缆潜水器体系结构主要分为四种[215]：按照时间和空间分解原则的体系结构，简称时空分解结构；多级基于知识的操作和控制结构，简称情景评价体系结构；按智能递降精度递增原则的体系结构，简称智能递降结构；按行为响应原则的体系结构，简称行为响应结构。

时空分解结构[216]是一种多无人无缆潜水器控制结构，是由美国国家标准局（NBS）提出的。该控制结构的基本思想来源于美国航空航天管理局的远距离机器人计划、美国国防预先研究计划局的自治登陆车、空军的智能任务自动化计划、麻省理工学院的监控概念以及为自动化制造研究而开发的多级控制系统。该结构由六层三列组成。这三列功能从左至右分别为感知处理、环境模型、任务分解。各分层功能从上至下依次是使命层、组任务层、单机任务层、基本运动层、动力学层、坐标变换-伺服层。其优点在于执行任务的每个群体或个体的任务明确、要求具体、关系清楚、工作量适当，这种结构使得一项千头万绪的工作变得井然有序，从而保证了任务的质量和进度。但是，这种结构也存在信息交换和储存量大、信息交换缓慢等缺点。

情景评价体系结构是美国新罕布什尔大学海洋系统工程实验室开发的一个多级的、基于知识的操作与控制结构。该结构共分为四层，分别为用于使命评价的使命监控层、用于情景评价的规划层、用于数据评价的使命操作层和用于传感器管理的执行机构管理层。

智能递降控制体系结构是由美国普渡大学提出，主要适用于工业机器人智能控制的体系结构，它由三层组成，上层称为组织层，中层称为协调层，下层称为任务层，根据信息系统提供的信息进行规划，确定总体策略，形成宏观命令，再经协调层的规划设计，形成若干子命令和工作序列，分配给各个控制器加以执行。它在本质上和时空分解结构和情景评价结构是一致的，只不过是从不同的角度讨论问题。

行为响应体系结构是由美国麻省理工学院基于模拟人类大脑物理结构的连接主义的反射性，以移动式机器人研究为背景，提出以一种依据行为来划分层次和构造模块的思路，依次向上共分八个级别，代表不同行为的各个层次，每一层都可能与传感器以及执行机构打交道[217]。行为响应体系结构是一种完全的反应式体系结构，是基于感知与行为之间映射关系的并行结构图。上层行为包含了所有的下层行为，上层只有在下层的辅助下才能完成自己的任务，另一方面下层并不依赖于上层，虽然上层有时可以利用或制约下层，然而下层的内部控制与上层无关，增减上层不会影响下层。

大部分的无人无缆潜水器都是采用时空分解结构、行为响应体系结构或是两者的结合，以下是几种典型无人无缆潜水器的总体系统体系结构。

由美国 WHOI 开发研制的 ABE 无人无缆潜水器采用的是时空分解结构的一个简化结构[218-219]。它采用分布式分层递阶结构，将控制体系结构分为两层，其中一层运算能力和能耗都较低，另外一层则具有较强的计算处理能力且能耗相对较高，而这些层又分为不同的模块。其中 ABE 模块完成任务规划同时控制底层模块，导航模块用于计算路径以及执行导航算法，推进器模块用于闭环控制和推进器控制，罗经模块用于处理姿态传感器数据，深度计模块用于处理深度传感器，摄像机模块用于图像处理和存储。该体系结构较为简单，仅仅实现了时空分解结构的底层功能。

由美国麻省理工学院开发的 Odyssey 无人无缆潜水器是行为响应体系结构的范例[220-221]。它搭载有 130 万像素的摄像机和 600 kHz 的侧扫声呐，主要用于海底地形测绘、海洋学研究。它采用 RBM 状态表来确定当前所需执行的行为，然后从行为库选择指令来控制执行机构。由于采用基于行为响应体系结构，该无人无缆潜水器具有响应快的优点，但是由于要储存整个行为库较为耗费资源，同时其智能程度完全由库里包含的行为所决定。

美国海军研究生院自行设计和制造的 ARIES 无人无缆潜水器是时空分解体系结构与行为响应体系结构相结合的范例[222-223]。该无人无缆潜水器采用三层软件体系结构，分别为执行层、战术层和战略层。该体系结构的战略层采用 PROLOG 语言编程，主要用于生成使无人无缆潜水器完成其任务的指令。战术层采用 C 语言编程，它收到战略层的指令后调用一系列的函数来与战略层通信，同时还有一个与执行层的异步通信连接。执行层则用于驱动无人无缆潜水器的子系统来完成一系列的特定任务，它与战术层通过以太网连接。执行层中包括故障恢复算法，在避障或者需要紧急上浮时机器人放弃战术层的指令，而执行故障恢复算法生成的指令。ARIES 体系结构在整个三层之间采用的是时空分解结构而在执行层中采用的是行为响应体系。该体系结构通过将无人无缆潜水器的控制体系分为三层从而实现无人无缆潜水器的自主能力，简化了软件开发。但是该无人无缆潜水器没有学习能力而且其故障恢复功能较为简单，一般都是采用紧急上浮的方法。

哈尔滨工程大学水下机器人技术重点实验室曾根据任务需求提出了一套六层三列的分层控制体系结构[224]，如图 12－1 所示。为使潜水器具有良好的灵活性和适应性，根据递阶智能控制按照精度随智能降低而提高的原理，设计了分层递阶控制的体系结构，该体系结构分为六层、三列、全局数据库和人机接口等。六层为使命层、规划层、动作层、反应层、感知层和物理层，三列为感知融合列、动作规划列和学习评价列。各模块之间的信息流、控制流的输入输出关系明确，便于实现。

下面对这六层三列做具体说明：

物理层主要指构成潜水器本体的硬件设备，如各种传感器及推进机构等。

感知层对底层原始数据进行滤波和去噪，把信号转换成系统的内部表示，另一方面依据传感器的信息控制潜水器平台的精确运动及作业机构的启停等。

反应层对外部事件自动反应，特别是在危急情况下要求最快速的反应，如紧

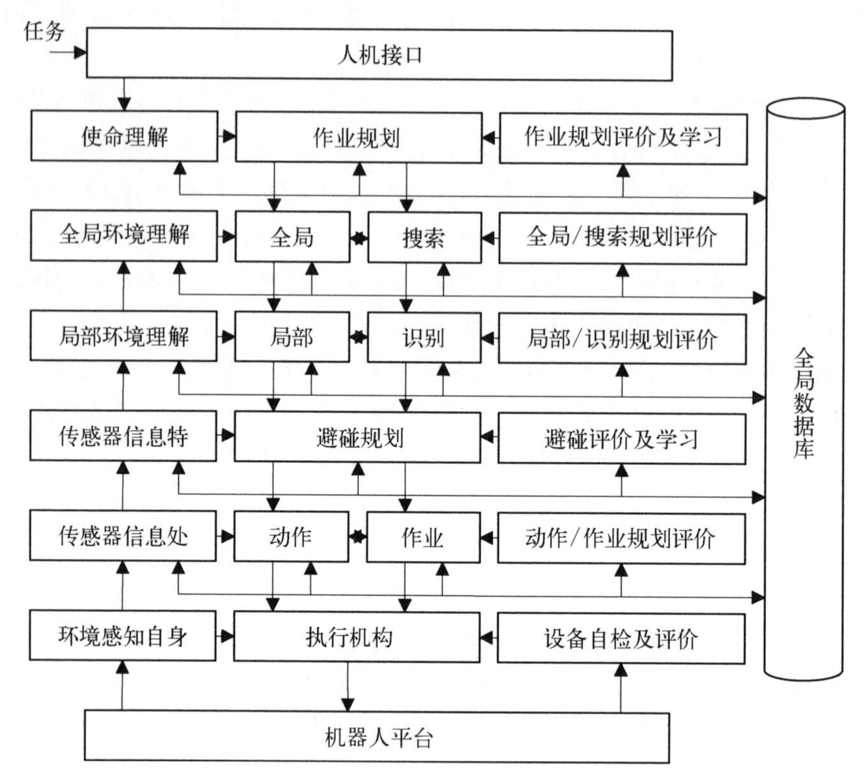

图 12-1 分层递阶控制体系结构

急避碰行为。

动作层依据规划层下达的子目标点进行实时的目标识别规划、路径跟踪规划和局部路径规划,形成潜水器当前的目标点。

规划层依据使命层作业规划形成全局目标点,如在目标投放作业中形成一系列关键点,在区域探测作业中,确定子区域的划分和子区域内部的全局目标点。

使命层依据所接收的作业命令进行任务分析和分解,调度规划层不同的功能模块。

感知融合列对潜水器上配置的各传感器的信息进行实时获取和处理,并依据信息处理的顺序,由下向上传递。物理层融合主要获取潜水器自身状态,如航向、姿态、速度等。感知层融合从各种传感器处获取外部环境和潜水器状态的原始数据,并进行预处理,如滤波、去噪、导航定位数据的推算及声、光信息的简单处理。反应层融合通过对已预处理的各种传感器数据进行信息融合,如对声、光信息的融合,感知障碍物的大小、距离和方位。在动作层主要依据环境感知传感器对视野内的目标进行识别、对跟踪对象进行方位判定以及对海流情况进行描述,从而得到环境的局部模型。规划层在局部模型的基础上,通过导航推算信息和数据的融合,形成对全局环境和目标的综合理解。在使命层,潜水器通过对水声通信信号的理解获知自己所要完成的使命。

动作规划列依据具体任务按时间、空间规划来分解和控制潜水器的动作。控制命令由上向下顺序传递。使命层依据对使命的理解进行作业规划,根据作业类型来调度相应的搜索规划模块和全局路径规划模块。规划层主要包含全局路径规划和搜索规划。动作层包含局部路径规划、识别规划和目标跟踪规划。在反应层,避碰规划是针对紧急情况所进行的反应式规划。在感知层,运动控制是对潜水器平台的运动施加控制,而作业控制是针对潜水器作业机构的控制。

评价学习列是针对任务的需要而增加的,可以提高潜水器对海洋未知环境的适应能力,使其在不同的层面都具有学习能力。依据评价的结果对相应的控制和规划模块进行扩充完善或做参数调整。在评价学习列中,不同的层次利用不同的学习方法。在感知层利用神经网络结合模糊控制来实现基础控制,在反应层则利用强化学习方法来实现避碰规则的获取。动作层利用人的先验知识和强化学习方法相结合来实现学习以弥补自身学习能力的不足。在规划层,利用遗传算法来实现全局路径规划。在作业规划层,利用自动机理论来实现作业规划。

12.3 任务规划

12.3.1 任务规划内涵

随着科学技术的不断提升和人们对各种规划求解自主性与高效性需求的不断提高,任务规划在诸多领域得到了广泛的研究与应用。如作业调度任务规划、卫星资源分配、作战任务规划以及移动机器人任务规划和近些年广泛关注的空中飞行器任务规划与潜水器任务规划等[225]。相对于早期的简单应用规划问题,无人无缆潜水器任务规划的真正研究起步较晚,但随着近些年对海洋开发利用和对无人无缆潜水器任务自主性、高效性需求的不断增加,作为无人无缆潜水器自主能力提升核心技术之一的任务规划得到了许多海洋大国和相关研究机构的高度重视。由于无人无缆潜水器的任务规划起步较晚,而任务规划又与机器人、航天器甚至卫星等领域的任务规划拥有某些共同之处；因此可以对其他领域相对较为成熟的研究进行了解与借鉴。

12.3.2 任务规划方法

1. 有限状态机方法

有限状态机(finite state machine，FSM)主要由有限个状态以及不同状态或同一状态之间可能存在的转换条件或相应关系组成，是一种较为常用和便于直观表示理解的模型方法，在实时系统设计和控制状态描述中得到了较为广泛的使用[226]。无人无缆潜水器的一次使命可以规划分解成不同的子任务，而不同子任务执行时又可以拥有不同的任务状态或行为动作，从而需要根据不同任务的具体状态和转换条件关系对其可能具有的状态与行为动作进行有效调整与合理表示。可以用 FSM 的对应状态来表示无人无缆潜水器当前所处的任务状态；当检测到某一条件变化或有相关触发事件后，可产生对应于 FSM 的转移条件，并能根据实际情况转移到一新任务状态，从而形象地刻画无人无缆潜水器任务工作与状态转换的关系；结合前面有关有限状态机的应用与理论分析，在给出具体无人无缆潜水器任务规划状态机设计与表示实例前，先结合 FSM 实际特点和无人无缆潜水器任务需求，对基于无人无缆潜水器任务规划的有限状态机相关概念定义与意义进行如下分析：

1) 状态

状态可以表述为对其所描述对象，应该满足某些具体条件、动作甚至是等待某些事件条件的一种综合描述；对应于无人无缆潜水器的某一任务规划过程可能会有多个不同状态，如无人无缆潜水器高层使命规划分解后的管道跟踪任务可能会含有搜索目标、靠近目标、识别管道和跟踪管道等不同的任务状态；而不同状态下无人无缆潜水器应该满足的具体条件限制、可以执行的相关动作以及能够进一步进行转换的后续状态，都可以通过在具体的无人无缆潜水器任务规划有限状态机中设置相应的任务状态和转换条件来进行有效表示。

2) 事件

无人无缆潜水器中的事件主要指随着无人无缆潜水器作业时间和空间的延续，在某一时间或空间中可能出现并对后续任务执行有一定影响的具体事件；如发现目标、识别成功以及跟踪失败等；它们通常会引起无人无缆潜水器任务状态的改变，进而影响具体动作的调整或整体任务的执行。

3) 转换

转换指的是不同任务状态间的一种转换关系；通常可以表示在无人无缆潜

水器当前状态下，当有一定的时空条件改变或具体事情产生后，可以通过执行一定的转换关系来变换到无人无缆潜水器另一任务状态；在识别目标过程中，如果发现有需要跟踪的管道，则需要进一步转换执行相应动作并由“目标识别”状态转换到“跟踪管道”的无人无缆潜水器任务状态。

4）动作

动作主要指无人无缆潜水器在某一时钟节拍内可以具体执行而不能中断的某些原子操作；设置为原子操作可以保证无人无缆潜水器相应动作为具体执行过程中自身控制的稳定性和连续可靠性，从而避免具体规划或控制命令的交叉干预和连续执行与稳定可靠性的丢失。

2. 基于有限状态机的无人无缆潜水器任务规划

结合前面有关FSM理论分析和无人无缆潜水器任务特点及其与FSM相结合的具体研究设计，以无人无缆潜水器管道跟踪任务为例[227]，给出管道跟踪任务的有限状态机，如图12-2所示；其中用圆圈表示对应的状态，因为搜索目标是转入管道跟踪任务后首次执行时的起始状态，同时也有可能是管道跟踪任务的结束状态，所以用双圆圈进行表示；其他状态则分别与无人无缆潜水器使命规划分解后的任务状态对应；不同的任务状态还可以继续深入地包含更加具体的行为动作，此处统一用单圆圈表示；状态间的连线和箭头方向指明了具体状态可

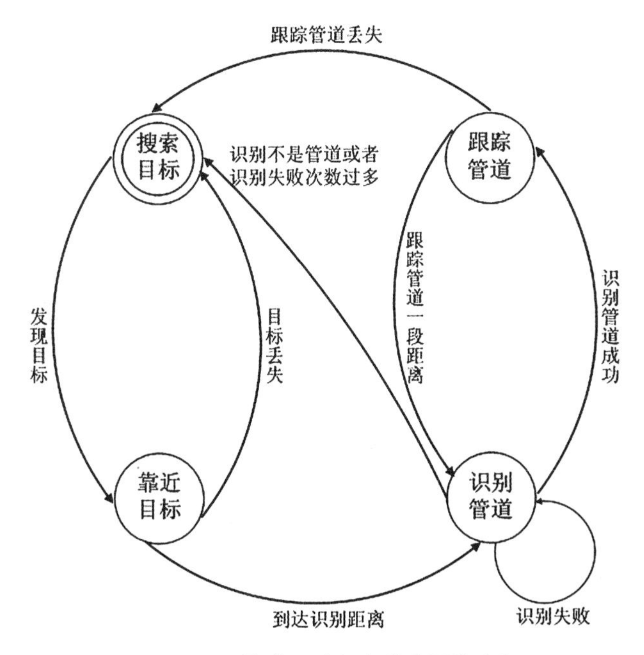

图12-2　管道跟踪任务的有限状态机

以存在的转换次序和对应关系；而状态连线处的条件说明则指出了对应状态转换时需要满足的相应条件或具体事件，也可以更深入地对应无人无缆潜水器实际行为动作调整时的约束关系；如果进一步将实际条件下的状态转换关系按时空顺序展开就可以得到无人无缆潜水器任务规划具体任务状态和行为动作的实际转换执行序列。

由图 12-2 所示的无人无缆潜水器管道跟踪任务有限状态机的主要任务状态和主要状态间的转换次序与条件关系可知，当无人无缆潜水器到达管道跟踪区域，正式转入管道跟踪任务后的主要状态转换和步骤流程如下：

(1) 搜索目标。当无人无缆潜水器航行到管道跟踪区域后，首先进入搜索目标状态并开始搜索目标；如果发现目标则转(2)靠近目标。

(2) 靠近目标。以目标为引导控制无人无缆潜水器向目标靠近；如果到达目标识别距离，则转(3)进行目标识别；如果在靠近目标的过程中发现目标丢失，则转(1)重新搜索目标。

(3) 识别管道。对目标进行识别并判断是否是需要跟踪的管道目标；在识别管道的过程中，需要减少海洋动态环境变化、水质清晰可分辨度以及摄像机精度等对识别结果的过多影响；当目标识别失败时需要进行限定次数内的重复识别确认，并对多次识别结果综合分析；当识别确定目标不是要跟踪的管道或者识别失败的次数超过限定次数时，转(1)重新搜索目标；否则，如果识别成功且是需要跟踪的管道，则转(4)进行管道跟踪。

(4) 跟踪管道。对管道信息进行分析并以管道为依据引导无人无缆潜水器对其进行跟踪；为了确保管道跟踪效果，每跟踪一段距离后，需要转(3)重复识别确认管道，以保证确实是需要跟踪的管道并对其进行了成功跟踪；在管道跟踪的过程中，如果发现管道目标丢失，则转(1)重新搜索目标。

无人无缆潜水器管道跟踪过程中，上述状态转换过程会不断重复执行，直到满足管道跟踪任务结束条件后退出任务；利用上述无人无缆潜水器管道跟踪任务的有限状态机可以对管道跟踪任务进行合理分析与形象表示，更可以根据状态间的转换条件和约束关系直接进行相应的功能实现。按照同样思想，可以用有限状态机模型对无人无缆潜水器的远程自主航行、区域搜索等任务进行合理分析与直观表示，并通过将其主要状态信息和转换方法对分层重规划监督决策开放；从而在无人无缆潜水器正常作业过程中，执行任务规划的功能；而当有相应事情发生并经分层重规划监督决策分析需要进行相关任务层重规划的时候，则可以进一步执行任务重规划的相关功能。

12.4 路径规划

12.4.1 路径规划内涵

路径规划是自主式移动机器人的一个重要组成部分，它的任务就是在具有障碍物的环境内，按照一定的评价标准，寻找一条从起始状态包括位置和姿态到达目标状态包括位置和姿态的无碰路径[228]。

自 20 世纪 70 年代以来，已相继提出了多种方法。无论采用何种方法，基本上都要遵循以下步骤：建立环境模型，即将现实世界的问题进行抽象后建立相关的模型；全局路径搜索方法研究，即寻找合乎条件的路径的算法；局部路径规划方法研究，即设计在线路径协调和避障的方法。

全局路径规划需要知道关于环境的所有信息，并产生一系列关键点作为子目标点下达给局部路径规划系统，其规划路径的精确程度取决于获取环境信息的准确程度。机器人在行走过程中，根据传感器的信息不断更新其内部的环境信息，从而确定出机器人的当前位置及周围局部范围内的障碍物分布情况，并在此基础上，规划出一条从当前点或某一子目标点到下一子目标点的优选路径。

机器人路径规划问题在理论上主要存在三个子问题：环境表示问题、寻空间问题、寻路径问题。解决路径规划问题的关键在于设计一种恰当的环境模型表示方法，然后按照模型中的连通性构造与之对应的可连通图。该连通图仅抽取环境模型的连通性，忽略与路径规划无关的信息，这种连通图构成了问题状态空间。在该状态空间内利用搜索技术进行搜索，可求解出机器人的规划路径。

路径规划问题具有如下特点：

(1) 复杂性。在复杂环境尤其是动态时变环境中，机器人路径规划非常复杂，且需要很大的计算量。

(2) 随机性。复杂环境的变化往往存在很多随机性和不确定因素。动态障碍物的出现也带有随机性。

(3) 多约束。机器人的运动存在几何约束和物理约束。几何约束是指机器人的形状制约，而物理约束是指机器人的速度和能量等。

(4) 多目标。机器人运动过程中路径性能要求存在多种目标，如路径最短，时间最优，安全性能最好，能源消耗最小。但这些目标之间往往存在冲突。

12.4.2 路径规划方法

1. 自由空间法

采用预先定义的如凸区法[229]、三角形法[230]、广义锥法[231]等基本形状构造自由空间,并将自由空间表示为连通图,通过搜索连通图来进行路径规划。该方法比较灵活,起始点和目标点的改变不会造成连通图的重构,但算法的复杂程度与障碍物的多少成正比,且不是任何情况下都能获得最短路径。为了提高表示的效率,人们采用层次结构表示。自由空间法的另外一个缺点就是只在二维空间下性能好,很难扩展到三维的工作环境,一旦扩展到三维的工作环境,其复杂度和计算时间都会大为增加。

2. 可视图法

将移动机器人视为一点,把机器人、目标点和多边形障碍物的各个顶点进行连接,要求机器人和障碍物各顶点之间、目标点和障碍物各顶点之间以及各障碍物顶点与顶点之间的连线,都不能穿越障碍物,这样就形成了一张图,称之为可视图[232-233]。由于任意两直线的顶点都是可视的,显然移动机器人从起点沿着这些连线到达目标点的所有路径均是无碰路径。对可视图进行搜索,并利用优化算法删除一些不必要的连线以简化可视图,最终可以寻找到一条无碰最优路径。可视图法在障碍物比较密集的环境搜索时间长,虽然可以求得最短路径,但缺乏灵活性。

3. 结构空间法

结构空间[234-235]是一种数据结构,移动机器人通过该数据结构来确定物体或自身的位置。结构空间表示法有许多种,最具代表性的是 Voronoi 图法[236]和四叉树[237]及其扩展算法[238]。Voronoi 图法的基本思想是:首先产生与环境障碍物中所有边界点等距离的 Voronoi 边,边与边的交点称为 Voronoi 顶点。然后,移动机器人沿着这些边行走,不仅不会与障碍物相碰撞,而且一定是在任意两个障碍物的中间。四叉树是一种递归网格,首先在移动机器人所处环境上建立一个直角坐标网格,然后用大的网格单元对机器人所处环境进行划分。倘若障碍物占用了网格单元的一个元素,则把这部分分割成四个网格(四叉树)。如果这四个网格中还有被占据的单元,则递归地对该单元再分割成更小的四个子网格。

4. 栅格法

栅格法将移动机器人工作环境分解成一系列具有二值信息的网格单元,多采用二维笛卡尔矩阵栅格表示工作环境[239]。每一个矩形栅格都有一个累积值,表示在此方位中存在障碍物的可信度，值越高，表示存在障碍物的可能性越高。用栅格法表示格子环境模型中存在障碍物可能性的方法起源于美国的 CMU 大学，通过优化算法在单元中搜索最优路径。由于该方法以栅格为单位记录环境信息，环境被量化成具有一定分辨率的栅格。因为栅格的大小直接影响着环境信息存储量的大小以及路径搜索的时间，所以在实用上具有一定的局限性。

5. 拓扑法

拓扑法是根据环境信息和运动物体的几何特点，将环境空间划分成若干具有一致拓扑特征的自由空间。根据彼此间的连通性建立拓扑网，从该网中搜索一条拓扑路径，即完成了路径规划的任务。该方法的优点在于因为利用了拓扑特征而大大缩小了搜索空间，其算法复杂性只与障碍物的数目有关，在理论上是完备的。但是，建立拓扑网的过程是相当复杂而费时的，特别是当增加或减少障碍物时如何有效地修正已经存在的拓扑网络以及如何提高图形搜索速度是目前有待解决的问题[240]。但是针对一种环境，拓扑网只需建立一次，因而在其上进行多次路径规划就可期望获得较高的效率。

6. 动态规划法

动态规划法是解决多阶段决策优化问题的一种数值方法，它将复杂的多变量决策问题进行分段决策，从而将其转化为多个单变量的决策问题。动态规划的基本原理为，作为整个过程的最优决策应该具有这样的性质，即无论过去的状态或决策如何，对于当前的决策所形成的状态而言，后续的决策必定构成最优策略。动态规划算法非常适合于机器人的全局路径规划。如何改进动态规划算法，以提高计算效率，是当前动态规划研究的一项重要内容。

7. 神经网络

神经网络作为一个高度并行的分布式系统，具有很强的学习能力、非线性映射能力和很高的自适应性、鲁棒性和容错性，可广泛应用于机器人导航与路径规划等方面。可以利用神经网络来描述环境约束并计算碰撞能量函数，将迭代路径点集的碰撞能量函数与距离函数的和作为优化目标函数，通过寻优得出无碰撞路径[241]。基于神经网络和模拟退火算法（simulated annealing algorithm，SAA）的移动机器人全局路径规划方法，已有许多文献提及[242-244]。引入 SAA，计算简单且能够避免局部极值的产生。但是，收敛速度相当慢，尤其是在普通 PC 机上运行时需花费大量机时。而基于自然机理来提出新的优化思想是一件极其困难的事情，因此围绕提高收敛速度，将它与算法混合的思想已发展成为提高 SAA 优化性能的一个重要而且有效的途径，其出发点就是使各种单一算法相互取长补短而产生较好的优化效果，目前已经成为众多研究的热点[245-246]。

8. 遗传算法

遗传算法是目前机器人路径规划研究中应用较多的一种方法。孙树栋等用遗传算法[247]完成了离散空间下机器人的路径规划,并获得了较好的仿真结果,但该路径规划是基于确定环境模型的。周明等提出一种连续空间下基于遗传算法的机器人路径规划方法,该方法在规划空间利用链接图建模的基础上,先使用图论中成熟算法粗略搜索出可选路径,然后再使用遗传算法来调整路径点,逐步得到较优的行走路线。该方法的染色体编码不会产生无效路径,但是对于环境复杂、障碍物数目较多的情况,该方法链接图的建立会有一定的困难。后又对其改进,提出一种遗传模拟退火算法,利用遗传算法与模拟退火算法相结合来解决机器人路径规划问题。有效地提高了路径规划的计算速度,保证了路径规划的质量。

12.5 局部路径规划

12.5.1 局部路径规划内涵

当潜水器按规划好的路径航行时还需根据当前感知到的局部环境进行动态局部规划。

12.5.2 局部路径规划方法

在多数情况下,局部路径规划的目的是要快速避开先前未知的障碍物,在这方面,比较典型和有效的办法是人工势场法及从它衍生的雷达法等。很多研究人员都把各种含有学习的算法引入局部路径规划,如动态二叉树法网[248]、遗传算法、强化学习[249]等。从某种角度看,蚁群算法[250]也是一个具有学习特性的算法。但带有学习性质的算法有些收敛速度慢,有些需进行多次训练才能较好地解决路径规划问题。基于传感器的模糊控制方法与神经网络控制方法,因其对硬件要求比较高,简单的配置不易使移动机器人实现快速实时的运动规划[251]。

1. 人工势场法

最初由 Khatib 提出,这种方法由于它的简单性和优美性而被广泛采用。其基本思想是把移动机器人在已知全局环境中的运动看作一种在虚拟的人工受力场中的运动。目标点对机器人产生引力作用,而障碍物对机器人产生斥力作用,引力和斥力的合力控制机器人的运动。该方法结构简单,易于实现,但是这种方法也存在着一些缺点，如存在陷阱区、在相近的障碍物前不能发现路径、在障碍物前产生振荡以及在狭窄通道中摆动等缺点[252-254]。针对人工势场法的缺陷，国内外许多专家学者不断寻找新的途径，以克服该方法所存在的弊端，如文献[255]结合栅型声呐测试，试图建立一种新类型的势场函数，为距离转换路径寻找算法。文献[256]采用预测与势场法相结合的算法解决移动机器人的导航问题，取得了良好效果。文献[257]通过引入虚拟障碍物使搜索过程跳出局部最优的陷阱，但引入虚拟障碍物可能会产生新的局部极小点，同时也增加了算法的复杂度。文献[258]提出了一种新的方法，沿障碍物轮廓建立势场密度并设计一，该方法用于静态或动态环境下的避障，效果良好。

2. 模糊逻辑算法

采用模糊控制方法建立规则，机器人直接由传感器得到的有限环境障碍信息，根据预先建立的一些规则做出反应[259]。用这种方法实现的自主机器人虽然智能程度较低，但具有很大的实用性，工程可实现性也较强。基于环境反应的方法[260]，不需要环境的数学模型来处理各种情况。该方法最大的特点是参考人的驾驶经验，计算量不大，易做到边运动边规划，能够满足实时性要求，克服势场法易产生的局部极点问题，效果比较理想。利用模糊逻辑解决局部规划问题其原理就是根据总结的规则确定输出值。但该方法在复杂环境中难构造出比较全面的规则库，且环境变化较大时，需要花费大量时间来调整和修改已构成的规则库，不具备适应能力[261]。

3. 基于行为的路径规划方法

最具有代表性的是美国的的包容式体系结构[262]。该方法采用一种类似动物进化的、自底向上的原理体系，把移动机器人所要完成的任务分解成一些基本的、简单的行为单元，这些单元彼此协调工作。每个单元有自己的感知器和执行器，二者混合在一起，构成感知-执行动作行为。机器人根据行为的优先级并结合本身的任务综合做出反应。这种方法的主要优点在于每个行为的功能较简单，因此可以通过简单的传感器及其快速信息处理过程获得良好的运行效果。但这种方法主要考虑机器人的行为，而对机器人所要解决的问题以及所面临的环境没有任何描述，只是通过在实际的运行环境中机器人行为的选择，达到最终的目标。

12.6 运动控制系统结构

无人无缆潜水器体系结构即无人无缆潜水器的控制结构[263]，作为影响无人无缆潜水器结构、行为功能的设计决策技术，是十分复杂的问题，既有理论和方法的问题，如运动学、流体动力学、运动求解、决策与规划、环境建模、故障诊断、组合导航等，也有组织与实施的问题，如任务的时间、空间分解，信息的采集加工与传递，全局数据库等。无人无缆潜水器要自主地完成众多关系复杂的任务，简单地堆砌这些方法不能解决问题，必须有一套完善的机制，能将上述内容有效地包容，使信息能及时顺畅地流通，使许多功能模块的作用能合理地在空间和时间域上发挥作用，这就是无人无缆潜水器体系结构的研究内容。无人无缆潜水器的体系结构主要包括高层规划控制以及底层运动控制。高层规划控制主要处理任务的空间、时间分解，决策规划问题，这与人脑的大脑功能极其相似。底层运动控制则包括运动学、动力学求解，运动信息采集，导航等功能，在功能上与人类的小脑即一些条件反射功能更为相似。图 12－3 所示的运动控制体系结构采用了基于 PC104 总线的多模块组成的嵌入式系统[264]。核心模块运行操作系统及控制软件，同时承担网络通信功能和数据记录存储。串口模块负责接收所有 RS232 通信接口的传感器原始数据，包括光纤罗经、DVL、深度计、高度计、电源检测等。A/D 模块负责采集和转换可燃气体浓度传感器输出的电压信号。D/A 模块负责将 8 个推进器的数字调速信号转换为模拟信号。DIO 模块用来直接驱动控制设备电源的固态继电器(SSR)，同时采集漏水检测输出的报警信息。电源模块为整个嵌入式系统提供 5 V 供电，其最大功率可达 50 W。

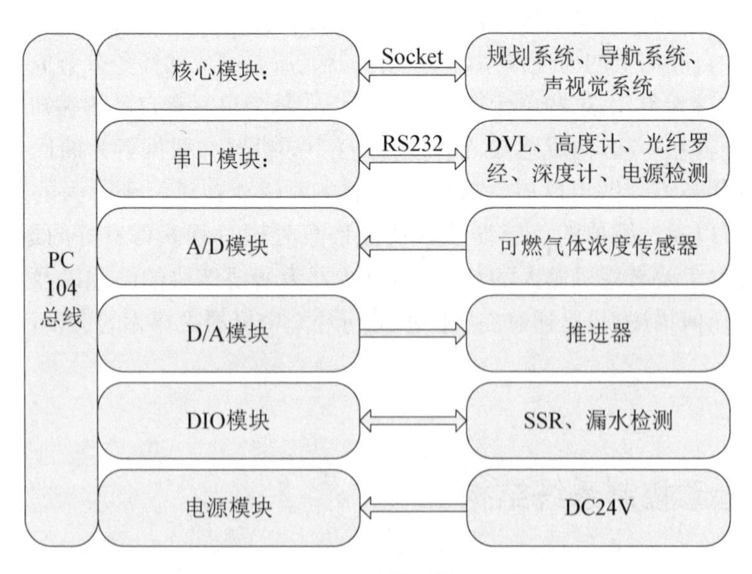

图 12－3 运动控制体系结构

12.7 运动控制方法

12.7.1 经典运动控制方法

1. PID控制

PID控制器是一种线性控制器,采用的是线性控制,其控制方式简单。缺点是需要较为准确的数学模型,而无人无缆潜水器具有动态非线性和时变性,操作条件不断变化,因此很难准确地估计它的水动力系数。海洋环境中海流的复杂性等使PID控制在处理这些问题时受到限制,很有可能产生比较差的操纵性能。

日本KDD研究和开发实验室研制的"AQUA探索者",东京大学研制"Twin Burger"号无人无缆潜水器,在姿态控制中采用PID和PD控制算法,法国的(Super Safir ROV)也采用PID控制状态,用于科学考察目的的"The towfish HokieStone"也采用PID控制。

2. 滑模变结构控制

滑模变结构控制(sliding mode variable structure control)起源于"邦邦"(Bang-Bang)控制的研究。1932年Kulebakin就曾研究过这一方法,到1968年正式出现"变结构控制"(variable structure control,VSC)这一名称。VSC早期的研究由苏联学者集中在规范空间进行,最初是用相平面法研究二阶线性系统;20世纪60年代以后,开始研究高阶线性系统;进入20世纪70年代,逐渐开始研究状态空间线性系统。S. V. Emelyanov、V. I. Utkin及U. Itkis等人已经对这些研究成果进行了全面总结。20世纪70年代末变结构控制理论传入欧美后,得到了不断的丰富和发展,同时得到了大量的理论和应用研究结果。近几十年来,由于计算机技术的飞跃发展及高速切换电路的产生,变结构控制系统的实现成为可能,尤其是滑动模态对系统摄动和外界干扰的自适应性引起了学者们的极大关注。这也是近几十年来变结构控制受到重视并获得巨大发展的主要原因。

变结构系统的滑动模态具有完全自适应性,这是变结构系统最突出的优点,也是它得到重视的主要原因。任一实际系统中都有一些不确定参数、变化参数,数学描述也总具有不准确性,还受到外部环境的扰动。尤其是系统中某些特别复杂的部分完全可以把它们视为对系统的摄动,从而建立起一个简单的受到某种摄动的模型。对摄动来说，它可能很复杂，如包括很多项，数学表达式复杂，甚至不确定等。但是由于构造变结构控制，使得这样的摄动完全不影响滑动模态，即滑动模态对摄动具有完全自适应性，这样我们就可以解决十分复杂的系统的镇定问题，这就是变结构控制系统的主要特点。

目前所指的“变结构控制”是指带滑动模态的变结构控制，因此又称滑模控制。该方法根据系统状态和预先确定的超平面之间的关系来改变控制结构。

滑模运动是变结构控制系统的主要特征，如何实现滑模运动是变结构控制的一个重要问题。Utkin 提出了滑模存在的充分条件为 $\lim_{s\to 0} s$，$\dot{s}<0$；Fillippov 提出 $\frac{\partial}{\partial t}\mid s\mid<0$；高为炳提出并发展了趋近率概念，其一般形式为 $\dot{s}=-\mathrm{sgn}(s)-f(s)$。这些滑模存在条件均是充分条件，它们都是基于李亚普诺夫函数及稳定性理论得出的，前两种只保证可到达性，不能反映到达过程的动态品质，后一种则能够反映到达过程的动态品质。

但是，理想的变结构控制需要有理想的切换过程，而在实际系统中，出于系统的惯性、时滞、延迟等的影响，实现理想的变结构控制所需的、无穷大的切换频率在任何实际系统中都是不可能实现的，由此必然会带来滞环，从而导致自振，这就是抖振的物理特征。抖振是影响变结构控制应用的一个重大缺陷，它破坏了滑动模态的优良性能，而且易引发系统未建模高频振荡，同时增加能量消耗，甚至对系统，尤其是机械系统产生破坏性的影响。目前，已有许多方法用来解决这一问题，其中较常用的方法有：柔化 sign(s)函数法[265]、边界层法[266]、趋近率法[267]和基于模糊控制[268]的减振方法。

变结构控制已用来解决复杂的控制问题。如理想运动的跟踪问题，理想模型的跟踪问题，模型跟踪的自适应问题，不确定系统的控制问题等[217]。它也开始用来解决实际问题。如机器人控制、飞机自适应控制、卫星姿态控制、电机控制和电力系统的控制等。

3. 自适应控制

自适应控制(self-adaptive control，SAC)作为现代控制理论的重要分支，它的提出最初用于解决航空航天领域的控制问题[269]。而稳定性理论、最优控制、参数估计等理论及计算机技术的发展极大提高了这一理论的实用性。目前普遍为人们接受的自适应控制有增益调度控制、模型参考自适应控制(MRAC)和自校正控制(STAC)等，其中后两者应用较多，理论较系统，代表了自适应控制技术的主流。

Goheen 等人于 1990 年提出了一种多变量自适应控制器作为潜水器自动驾

驶仪,用来克服自动定位时模型的不确定性[270]。Yuh 和 Choi 在 1996 年提出并实现了一种新的多输入多输出自适应控制器,试验在 ODIN 自主式潜水器进行[271-272]。文献[273]将一种自校正控制系统(STAC)应用于潜水器中,取得了良好的控制效果并指出此控制系统的优点,但没有提供相应的仿真或实验数据。

目前的自适应控制作为潜水器运动控制技术的一种方法,也存在其自身的局限性,主要表现如下:

(1) 从本质上讲,自适应控制是以精确的数学模型为基础的,它不仅要求事先知道对象的模型结构信息,还必须通过辨识获取对象的精确模型。这一点在潜水器这一复杂对象上是很难实现的。

(2) 自适应控制中应用的控制技术(如控制器设计、参数辨识等)主要是建立在线性控制理论基础上的,对于潜水器这种复杂、非线性、时变的系统,控制系统就难以设计与实现。

(3) 自适应控制要求闭环系统对于各种干扰具有强抑制能力和对参数变化具有低敏感性,能在各种工况和环境下稳定运行,而这正是潜水器控制系统尚未能做到的。这样在实际工作条件中,当外扰、内扰都作用于系统时,原有的自适应控制系统能否正常工作完全没有保证,系统鲁棒性很差。

4. S 面控制

S 面控制[274]由哈尔滨工程大学刘学敏提出,该方法结构简单,输入量少,适用于非线性系统。通过将模糊控制的思想与 PID 控制的结构相结合,既简化了控制器的设计,又能保证控制效果,在潜水器海上试验中取得了成功。

S 面控制器表达形式如下:

$$f=\frac{2}{1+\exp(k_1 e+k_2\dot{e})}-1+\Delta f \tag{12-1}$$

式中,k_1, k_2 为控制参数;e, $\dot{e}$ 为控制输入,分别表示偏差和偏差变化率;f 为控制输出,为便于分析 e, $\dot{e}$ 经过归一化处理,则 f 取值范围为[-1, $+1$],表示从反向最大输出至正向最大输出;Δf 为适应环境干扰的调整项,文献[76]将浮力的变化及海流等因素,考虑成一段时间内的固定干扰力,并给出了调整策略,通过调整 S 面的偏移,来达到消除固定偏差的目的。具体算法如下:

(1) 判断机器人的运动速度是否小于一个设定的阈值,如果是,转(2);如果不是,转(3)。

(2) 将该自由度的偏差值赋予一个设定的数组,同时将设定的计数值加 1,当该计数值达到一个预定的定值时,转(4)。

(3) 将数组的值往前窜一位，同时计数值减 1，转(1)。

(4) 对这一数组的数值加权平均，得到的平均偏差值用于计算控制输出的偏移量，自适应调整控制器的输出，以消除固定偏差，同时将计数值和数组归零，进行下一个循环。

k_1，k_2 符号根据 e，$\dot{e}$ 的定义来确定。以进退自由度为例，定义 $e=x-x_d$，$\dot{e}=\dot{x}-\dot{x}_d$，那么当 e 达到正向最大而 $\dot{e}$ 为零时，此时输出应为 $f<0$，则 $k_1>0$；当 $e=0$ 而 $\dot{e}$ 达到正向最大时，此时输出应为 $f<0$，则 $k_2>0$。若定义 $e=x_d-x$，$\dot{e}=\dot{x}_d-\dot{x}$，根据同样的分析有 $k_1<0$，$k_2<0$。因此，e，$\dot{e}$ 定义决定了 k_1，k_2 的符号，但是有一点可以明确，即 k_1，k_2 应该是同号的。

从表达式(12-1)可以看出，S 面控制器只包含两个控制参数 k_1，k_2，与 PD 控制的参数相对应，并且含义相同：k_1 代表比例项参数，该参数越大，系统上升时间越短，超调越大；k_2 对应微分项参数，该参数越大控制越平稳，超调越小。这样就可以参考 PD 控制的思想对 S 面控制器的两个参数进行调节。

根据以上分析可以得到以下几点结论：

(1) S 面控制的输入输出都是归一化的，因此需要选择合适的论域。

(2) S 面控制器实际上是一种非线性的 PD 控制。

(3) S 面控制参数需要人工选择，并且需要在实验中不断摸索改进。

(4) S 面控制方法不需要对控制对象进行建模。

因此，S 面控制非常适用于潜水器这种具有非线性、难以获得准确模型的载体运动控制问题，同时 PD 控制的实质可有效保证机器人运动控制的效果，参数含义明确易于调整的特点保证能够在时间有限的海上试验中迅速完成运动控制调试，缩短试验周期。

12.7.2 智能运动控制方法

1. 模糊控制

模糊控制(fuzzy control，FC)是以模糊集合论、模糊语言变量和模糊逻辑推理为基础，从逻辑上模拟人脑的一种控制方法[275]。它本质上是一种非线性控制，适于对难以建模的对象实施鲁棒性控制，最终控制形式简单，易于实现。传统模糊控制器的隶属函数、控制规则是根据经验预先总结而确定的，控制过程中不具有对规则进行修正、学习和适应的能力。目前，众多学者对模糊系统设计进行了深入的研究，对传统模糊控制进行了许多改进，现已出现了多种形式的模糊控制，如模糊模型及辨识、自组织模糊控制器(它们具有比例因子自调整能力、规则在线修改能力)、基于模糊模型的自适应模糊控制、模型参考自适应模糊控制、自适应阶梯模糊控制，并在稳定性分析、鲁棒性设计、模糊控制与传统控制方法及其他智能控制方法的交叉综合等方面取得了进展。

模糊控制系统的设计比较简单，按功能划分，主要由模糊化、模糊推理、反模糊化和知识库四部分组成。因此，模糊控制系统设计主要也需解决如下三个问题：

（1）精确量的模糊化，把语言变量的语言值化为某适当论域上的模糊子集。

（2）模糊控制算法的设计，通过一组模糊条件语句构成模糊控制规则，并计算模糊控制规则决定的模糊关系。

（3）输出信息的模糊判决，并完成由模糊量到精确量的转化，即反模糊化。

由于模糊控制系统设计简单，稳定性好，同样也适用于难以建立精确数学模型的非线性系统。模糊控制在潜水器控制领域取得了较好的应用效果。DeBitetto 研究了一种具有 14 个规则数的模糊逻辑控制器用于无人无缆潜水器的深度控制和纵倾控制[276]。Tsukamoto 等人研究了不基于模型的模糊逻辑控制器对只有一个推进器的无人无缆潜水器实施位置和速度控制。文献[277]用模糊控制器进行无人无缆潜水器的定深、定高和定航控制。然而，同样有些问题有待解决。首先，隶属函数、模糊规则需根据先验知识确定，从而带来参数选择盲目性的问题。其次，模糊规则细化所带来的计算机运算负荷过大的问题。此外，模糊控制如何与其他智能控制方法相结合，从而使其具有自学习和自适应能力的问题。

2. 神经网络控制

神经网络控制（neural net controller，NNC）是从结构上对人脑的模拟基础上，通过利用生物神经系统的分布式存储、并行处理、自适应学习等现象进行模仿的一种控制方法。作为一门年轻的交叉学科，神经网络依靠自身两个最大特点被引入控制领域，即对任意非线性映射的任意精度的逼近能力和通达学习改变连接权系数，从而改变自身输入输出映射关系的自适应、自学习能力。而潜水器运动控制的特点是具有较广的工作区间（航速变化范围、工作范围等），这一特点使得神经网络在这一领域的应用显得非常合适。

神经网络在控制系统中一般起到充当系统模型、控制器以及进行优化计算三种作用。其基本应用模式一般是将神经网络作为模型或控制器加入控制回路中，通过学习，实现对非线性系统的控制。因而，神经网络控制系统设计的关键在于选择合适的神经网络结构和学习算法。目前，神经网络结构总体上可分为前馈神经网络和反馈神经网络。其中，使用最为广泛的是利用 BP 算法的多层前馈网络（multilayer feedforward network，MFN）。

Yuh 提出将神经网络控制器[278-279]应用于潜水器的控制，在这个控制器中，他使用了带评价函数的回归自适应算法。这个控制器的特点是系统是自调整的而且是在线的，没有精确的动力学模型。Fujii 等人于 1998 年提出了一种基于神经网络的控制系统——自组织神经网络控制系统(SONCS)[280]，并将它应用于无人无缆潜水器“TWIN - BURGER”号的首向控制，验证了它的有效性。在他们的研究中，Ishii 提出了一种称作“虚拟跟踪(ITNN)”的控制器的快速自适应方法以改善 SONCS 耗时的自适应处理过程。

在重视神经网络上述优势的同时，应该注意到它在潜水器运动控制应用中的以下局限：

(1) 神经网络的学习过程也即自适应、自调整过程是需要时间的，当采用目前通用的多层前向网络加 BP 算法时，这一矛盾显得尤为突出。要在潜水器运动控制领域应用神经网络，必须从网型选择、学习算法乃至整个控制结构上做出相应的考虑、调整，以解决上述矛盾。

(2) 必须承认，神经网络作为智能控制的分支目前还处于理论发展阶段，没有完善成熟的理论体系指导神经网络控制器的设计，神经网络硬件发展相对滞后，尚不能实现神经网络结构决定的“并行运算”。

(3) 神经网络的结构和参数不易确定，要求设计人员在这方面具有丰富的知识和实际经验，而且当环境变化比较剧烈时，如在波浪中涨潮退潮时的港湾中(存在较大的环流)，外界干扰的幅度和周期与潜水器自身的运动幅度和周期相近，神经网络的学习就明显滞后，其控制很容易发生振荡，要想找到一个很合适的控制参数非常难。

12.7.3 运动控制参数优化方法

1. 基于改进 PSO 算法的 S 面控制参数优化

某小型无人无缆潜水器只有一个纵向推进器、两个舵和两个翼。潜水器横向运动和横摇运动不受控制，通过水的阻力来实现这两个方向的运动稳定性[282]。深度控制和纵倾控制是相关联的，深度控制通过潜水器的纵向运动和纵倾来实现，我们只关心潜水器的深度，纵倾角只要不达到影响潜水器仪器正常工作，并不加以限制。因此为该微小型潜水器构造 3 个 S 面控制器——纵向、首向和深度控制器。有 6 个参数要进行优化。由于无人无缆潜水器的运动是相互耦合的，因此 6 个参数作为每个粒子位置向量要同时进行优化，分别为 $\boldsymbol{k}_{e1}$，$\boldsymbol{k}_{v1}$，$\boldsymbol{k}_{e2}$，$\boldsymbol{k}_{v2}$，$\boldsymbol{k}_{e3}$，$\boldsymbol{k}_{v3}$。对于式 $u=2.0/(1.0+\mathrm{e}^{-k_1 e-k_2 \dot{e}})-1.0$，文献[252]中提出 k_1 和 k_2 应选择 3.0 左右。在实际控制过程中，由于随机函数 rand()的取值范围为[0，1]，故引入增益系数 10。

初始化粒子的位置向量各元素的取值一般应选取在 0.1～0.7 之间。进化速度在 0.002～0.01。鉴于文献[252]中提出了 k_1 和 k_2 的取值范围。为了加快收敛速度，在编程过程中，把粒子的初始值设定在 0.3 附近。

采用种群大小为 40，以均值 0.3、方差 0.01 的正态分布确定各个粒子的初始化位置。在程序中，各个粒子的位置向量放入数组 initpos[40][6]，速度向量放入数组 initvel[40][6]。

1）目标函数

粒子算法就是寻找使目标函数最小的 S 面控制器参数的组合。文中参考文献[260]采用目标函数

$$ITAE = \partial e_{\text{over}} + \beta t_s + \gamma\int_0^{50} e^2 \mathrm{d}t \tag{12-2}$$

式中：$ITAE$ 是目标函数；e_{over} 是系统最大超调量；t_s 是第一次达到目标的时间；$\int_0^{50} e^2 \mathrm{d}t$ 是第一次达到目标位置后，50 个控制节拍内误差平方的积分。∂，β 和 γ 是加权系数，由于 e_{over}，t_s，$\int_0^{50} e^2 \mathrm{d}t$ 的变化范围是不一致的，为了全面优化机器人运动性能的各个参数指标，通过未优化的 S 面控制机器人运动，得到运动参数并对它们进行计算，取 $\partial = 2.5$，$\beta = 4.8$，$\gamma = 0.2$。

2）粒子的适应度计算

评价各个粒子的适应度

$$Fitness_i = 1/\mathrm{e}^{ITAE} = 1/\mathrm{e}^{\sum_{k=0}^{3} \lambda_k ITAE_k} \tag{12-3}$$

式中，$ITAE$ 是综合考虑 3 个方向(纵向、摇首和深度)运动的目标函数经过加权求和的结果。3 种运动的加权系数是根据实际各方向控制的要求来确定的。对该微小型无人无缆潜水器的首向控制和深度控制要求相对较高。所以加权系数分别为纵向运动，$\lambda_1 = 0.2$；首向运动，$\lambda_2 = 0.5$；深度运动，$\lambda_3 = 0.3$。

3）选取当前每个粒子的个体最优值和粒子群的全局最优值

根据上面计算得到的各个粒子的适应度，按照 PSO 算法中的方式，把各个粒子的个体最优值和全局最优值分别放入数组 pbest[40][6] 和 gbest[80][6]中。

4）更新粒子群

对粒子群进行更新，从而得到下一代的进化粒子。为防止粒子进化的发散，

进行监控。对于位置超界的粒子,进行处理。

12.8 跟踪控制方法

12.8.1 路径跟踪控制方法

在利用侧扫声呐对海底进行扫描及利用多波束声呐对海底进行测量时,无人无缆潜水器需要按照规划系统给出的期望航线航行,以达到对探测区域的完全覆盖,并且具有一定的重叠度提高探测精度;而进行海底管线巡检时,需要无人无缆潜水器按照事先提供的海底管线路进行扫描探测作业,如图 12-4 所示。

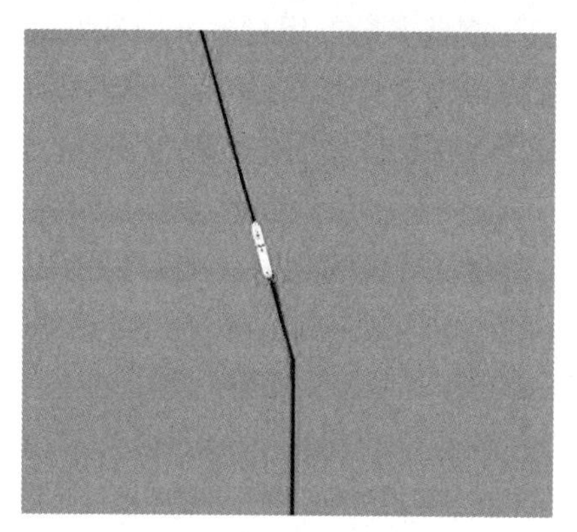

图 12-4 管道跟踪示意图

为了提高探测效率,无人无缆潜水器巡航速度不能太低,一般在 2～4 kn。在 2 kn 航速以上,槽道桨效率低下,一般将其关闭,此时无人无缆潜水器处于欠驱动状态。研究欠驱动路径跟踪问题对于无人无缆潜水器提高作业水平具有重要意义。

规划的海底扫描预测量路径一般为“梳状”路径,测线一般为直线;海底管线一般曲度不大,可看作由关键点连成的分段直线。

1. 基于椭圆视线的路径跟踪建模

假设条件:

(1) 前进速度由单独的控制器控制,并且前向速度控制是稳定的。

(2) 航行过程中,深度控制器的深度控制也是稳定的。

(3) w, p, q 都为小量,可以忽略,并且动系坐标原点与重心重合。

根据以上假设条件,空间三维路径跟踪问题即可简化为平面二维路径跟踪问题。

采用视线法实现无人无缆潜水器的路径跟踪控制。文献[283]使用了圆形视野,该形式比较简单,容易计算,但是忽略了纵向自由度和转首自由度控制能力的差异,对于容易转首的对象是适用的,对于转首能力稍弱的对象就不适用了,因为当研究对象远离目标路径时会产生较大的目标首向,导致接近目标路径后研究对象来不及调整首向而产生“超调”。文献[283]采用了“垂轨”的方式产生目标首向，即将研究对象在目标路径上的投影(垂足)作为目标点，用来计算目标首向，另外还增加了接近阻尼，抑制了“超调”现象，但是该方法较为复杂，不易实现。这里结合两种方法的优点，提出一种基于椭圆视野的视线法，可以使目标首向尽量“向前看”，更加有利于转首缓慢的研究对象对目标路径的跟踪。

将潜水器视野与航线的交点作为目标，获得期望首向角，通过设计一个非线性首向控制器，使潜水器首向保持在期望首向角，最终使潜水器沿着给定的航线航行，实现无人无缆潜水器的路径跟踪控制。椭圆视线法潜水器路径跟踪如图 12-5 所示。下面从三种情况对椭圆视野的优越性进行分析。

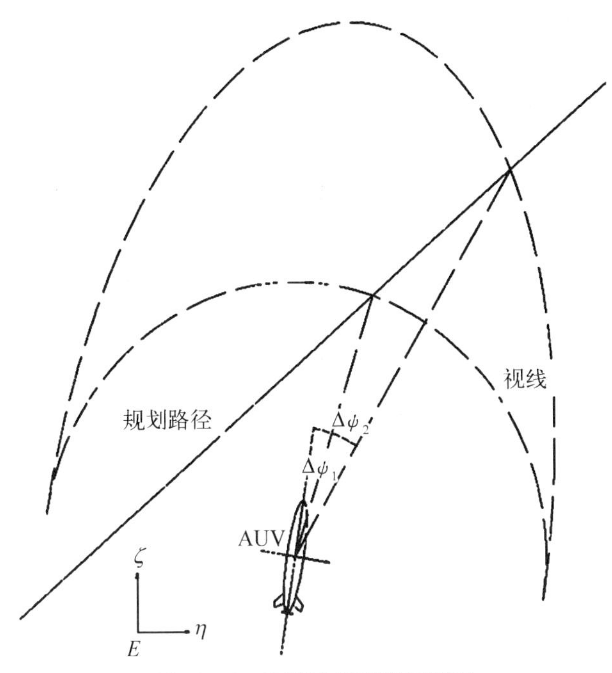

图 12-5 直线路径跟踪示意图

1）潜水器首向与路径方向基本一致，且处于视线范围内

设艇体坐标系下圆形和椭圆视野方程如下：

$$x_1 = \sqrt{R^2 - y_1^2} \tag{12-4}$$

和

$$x_2 = b\sqrt{1 - y_2^2/a^2}, \quad a = R \text{ 且 } a < b \tag{12-5}$$

设潜水器首向与规划路径方向一致，且视野交点横向坐标为 y_0，则首向角

调整量 $\Delta\psi$ 分别为

$$\Delta\psi_1 = \arctan \frac{y_0}{\sqrt{R^2 - y_0^2}} \quad \Delta\psi_2 = \arctan \frac{a y_0}{b\sqrt{a^2 - y_0^2}}$$

由于反正切函数为单调递增函数，因此可知 $\Delta\psi_2 < \Delta\psi_1$，说明在潜水器航向与路径方向基本一致时，相对于圆形视野，椭圆视野更有利于机器人向前航行，而不是急于转向，可以避免潜水器航迹产生波动。

2）潜水器首向与路径方向差距较大，且处于视线范围内

设潜水器首向与规划路径方向垂直，且视野交点纵向坐标为 x_0，则首向角调整量 $\Delta\psi$ 分别为

$$\Delta\psi_1 = \arctan \frac{\sqrt{R^2 - x_0^2}}{x_0} \quad \Delta\psi_2 = \arctan \frac{b\sqrt{a^2 - x_0^2}}{a x_0}$$

由于反正切函数为单调递增函数，因此可知 $\Delta\psi_2 > \Delta\psi_1$，说明在潜水器航向与路径方向相差较大时，相对于圆形视野，椭圆视野更加倾向于调整潜水器首向，使潜水器尽量避免与路径正交，有利于减小航迹的超调。

3）路径处于视线范围外

此时潜水器应该将首向调整至与路径垂直的方向，直到路径处于视野之内。由于路径会更早地出现在椭圆视野内，也就是说潜水器会更早地调整首向，避免接近规划路径的速度过快而导致的超调及震荡。

从以上分析可看出，椭圆视野比圆形视野更有利于无人无缆潜水器对目标路径的跟踪。

2. 跟踪控制

首先解决期望首向角的获得问题。

假设潜水器满足以下条件：

(1) 潜水器始终以期望首向航行，即 $\psi(t) = \psi_d(t)$。

(2) 忽略潜水器漂角，即 $v = 0$。

为了便于控制器设计，得到图 12-6。

考虑到机器人水平面运动方程：

$$\begin{cases} \dot{\xi} = u\cos\psi - v\sin\psi \\ \dot{\eta} = u\sin\psi + v\cos\psi \end{cases} \tag{12-6}$$

选择李亚普诺夫函数为

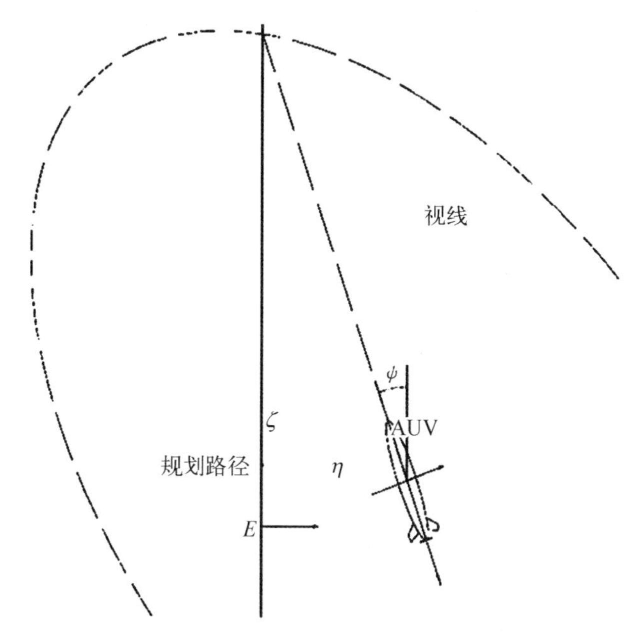

图 12-6　路径跟踪误差系统

$$V=\frac{1}{2}\eta^{2} \tag{12-7}$$

则 $\dot{V}=\eta\dot{\eta}=\eta(u\sin\psi+v\cos\psi)$，考虑到 $v=0$，则有 $\dot{V}=\eta u\sin\psi$，由图 12-6 可知 η 与 ψ 符号相反，那么有 $\dot{V}<0$ $(\eta\neq 0)$，因此 V 可稳定在 $\eta=0$ 处。所以只要满足假设条件，即可实现路径跟踪控制。对于假设条件(1)，通过设计首向控制器，即可实现 $\psi(t)=\psi_d(t)$；对于假设条件(2)，由于潜水器长宽比较大，当潜水器产生漂角后，由于水动力作用，横向速度很快减小到可忽略的程度，因此该假设条件很容易满足。

下面讨论首向控制器设计问题。

定义：

$$\begin{cases} z_1=\psi-\psi_d \\ z_2=r-\alpha \end{cases} \tag{12-8}$$

式中，ψ_d 为目标首向；α 将由稳定性方程确定。

则

$$\dot{z}_1=r-r_d=\alpha+z_2-r_d \tag{12-9}$$

由 $r_d=\dot{\psi}_d$ 及 $(I_{zz}-N_{\dot{r}})\dot{z}_2=(I_{zz}-N_{\dot{r}})\dot{r}-(I_{zz}-N_{\dot{r}})\dot{\alpha}=\tau-N_h-(I_{zz}-$

$N_{\dot{r}})\dot{\alpha}$，N_h 为剩余的其他水动力矩。

选择李亚普诺夫函数：

$$V=\frac{1}{2}z_1^2+\frac{1}{2}(I_{zz}-N_{\dot{r}})z_2^2 \tag{12-10}$$

则有

$$\begin{aligned}\dot{V}&=z_1\dot{z}_1+(I_{zz}-N_{\dot{r}})z_2\dot{z}_2\\&=z_1(\alpha+z_2-r_d)+z_2[\tau-N_h-(I_{zz}-N_{\dot{r}})\dot{\alpha}]\end{aligned}$$

选择虚拟控制：

$$\alpha=-cz_1+r_d \tag{12-11}$$

则

$$\begin{aligned}\dot{V}&=-cz_1^2+z_1z_2+z_2[\tau-N_h-(I_{zz}-N_{\dot{r}})\dot{\alpha}]\\&=-cz_1^2+z_2[z_1+\tau-N_h-(I_{zz}-N_{\dot{r}})\dot{\alpha}]\end{aligned}$$

令

$$\tau_N=(I_{zz}-N_{\dot{r}})\dot{\alpha}+N_h-kz_2-z_1 \tag{12-12}$$

则有

$$\dot{V}=-cz_1^2-kz_2^2\leqslant 0$$

因此系统在原点（$z_1=0$，$z_2=0$）是渐进稳定的，即系统(12-8)在点（$\psi=\psi_d$，$r=0$）是渐进稳定的。

由图 12-7 可以看出，在实际的海洋环境中，路径跟踪控制效果较好。由图 12-8 可以看出，系统中没有产生不期望的震荡现象。

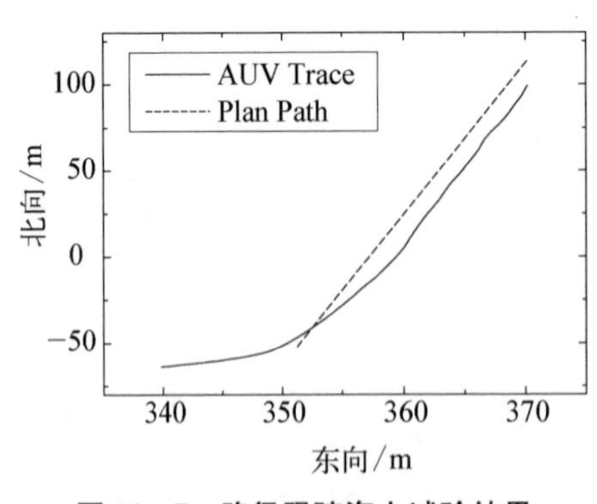

图 12-7 路径跟踪海上试验结果

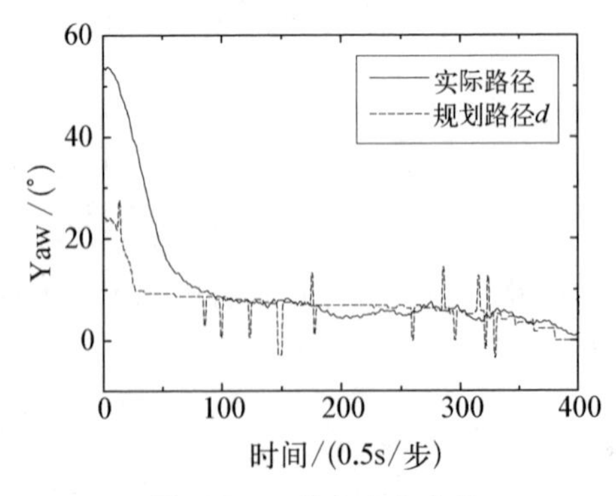

图 12-8 首向变化曲线

12.8.2 地形跟踪控制方法

无人无缆潜水器在执行一些任务时，例如海底管线跟踪检测、海床地质调查、海底磁场异常区探测等，需要保持距海底一定高度按照一定的航线航行，即地形跟踪。与定深航行相比，无人无缆潜水器地形跟踪难点在于：① 海底崎岖不平，地形变化剧烈导致跟踪困难；② 声学传感器对高度测量结果噪声大；③ 无人无缆潜水器垂向运动的机动能力有限。例如，日本 R2D4 潜水器对印度洋中洋脊进行探测[284]时，需要保持高度巡航，从探测结果上看，高度偏差有时可达 100 m 以上，因此研究无人无缆潜水器地形跟踪控制问题具有重要的应用价值。

文献[285]中 INFANTE 机器人配置了两个声学高度计，垂直布置的高度计提供当前高度信息，倾斜布置的高度计提供超前高度信息，通过构造预测控制器实现地形跟踪，进行了仿真试验。文献[286]采用改进的 RBF 神经网络设计地形跟踪控制器，克服了系统参数变化及水动力时变性，使系统状态偏差渐进稳定，通过两个水下剖面的仿真试验验证了控制器的有效性。文献[287]考虑了海流干扰和系统参数摄动影响，采用迭代方法，设计滑模增量反馈控制器，实现了欠驱动无人无缆潜水器地形跟踪控制，同时避免了无人无缆潜水器俯仰舵的抖振现象，减小了输出反馈控制的稳态误差与超调问题，仿真试验结果表明，所设计的控制器能够适应无人无缆潜水器系统的模型参数摄动及海流干扰。

本节研究了基于高度计和多普勒速度计(DVL)高度信息的无人无缆潜水器地形跟踪问题，着重解决复杂海洋环境下高度信息获取与欠驱动定高航行控制。最后通过海洋试验进行了验证。

1. 地形跟踪运动建模

无人无缆潜水器地形跟踪如图 12－9 所示。

图 12－9 中 O 点至水面距离 d 为潜水器当前深度，O 点至 B 点为高度 h，A

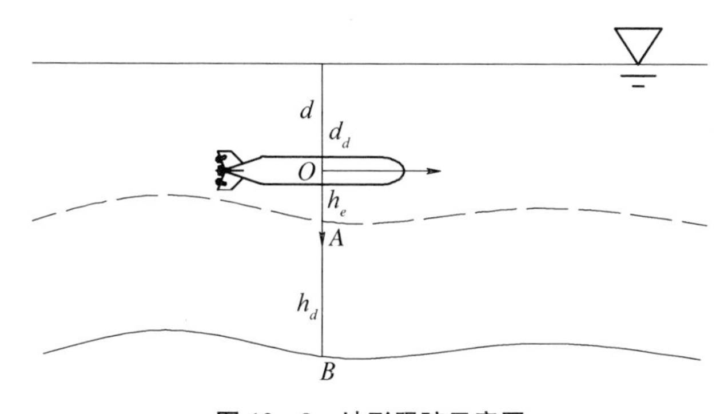

图 12－9　地形跟踪示意图

点至 B 点为目标高度 h_d，则高度偏差 $h_e=h-h_d$。

地形跟踪主要研究机器人垂直面运动，因此忽略横移、横摇、转首运动对垂直面的影响。垂直面运动模型如下：

$$\begin{bmatrix} m-X_{\dot{u}} & -X_{\dot{w}} & mz_g-X_{\dot{q}} \\ -X_{\dot{w}} & m-Z_{\dot{w}} & -mx_g-Z_{\dot{q}} \\ mz_g-X_{\dot{q}} & -mx_g-Z_{\dot{q}} & I_y-M_{\dot{q}} \end{bmatrix}\begin{bmatrix}\dot{u}\\ \dot{w}\\ \dot{q}\end{bmatrix}+\begin{bmatrix} -X_u & -X_w & -X_q \\ -X_w & -Z_w & -Z_q \\ -X_q & -Z_q & -M_q \end{bmatrix}\begin{bmatrix}u\\ w\\ q\end{bmatrix}+$$
$$\begin{bmatrix} 0 & 0 & 0 \\ 0 & 0 & -(m-X_{\dot{u}})u \\ 0 & (Z_{\dot{w}}-X_{\dot{u}}) & mx_g u \end{bmatrix}\begin{bmatrix}u\\ w\\ q\end{bmatrix}+\begin{bmatrix}0\\ 0\\ BG_z\sin\theta\end{bmatrix}=\begin{bmatrix}\tau_X\\ \tau_Z\\ \tau_M\end{bmatrix} \tag{12-13}$$

式中，$[u \quad w \quad q]^{\mathrm{T}}$ 为运动状态变量；m 为机器人质量；$X_{(.)}$，$Z_{(.)}$，$M_{(.)}$ 为水动力导数；$I_{(.)}$ 为转动惯量；x_g，z_g 为重心坐标；G_z 为稳心高；$\tau_{(.)}$ 为控制力(矩)。

2. 欠驱动高度控制器设计

无人无缆潜水器以较高速度定速航行时，由于缺失垂向控制，无人无缆潜水器运动具有欠驱动特性。为了实现定高航行，采用解耦的方式，即设计一个速度控制器和欠驱动高度控制器。速度控制器直接可采用 S 面控制方法设计，这里只介绍应用反步法设计欠驱动高度控制器。

由于高度属于深沉自由度控制问题，所以将高度偏差转化为深度偏差，即定义目标深度 d_d，使 $d_d=d+h_e$。

忽略耦合运动影响，假设升沉运动是稳定的，考虑纯俯仰运动过程，于是有

$$\begin{cases}(I_y-M_{\dot{q}})\dot{q}-M_q q+BG_z\sin\theta=\tau_M\\ \dot{d}=w\cos\theta-u\sin\theta\\ \dot{\theta}=q\end{cases} \tag{12-14}$$

参考文献[287]使用反步法设计了欠驱动深度控制器。考虑到模型误差及载体浮力变化，定高航行过程中可能会存在一定的误差。为了消除该偏差，可以设定目标纵倾角 θ_d，即令虚拟控制：

$$z_1=(d-d_d)+\lambda(\theta-\theta_d),\ \lambda>0$$

定义 Lyapunov 函数

$$V_1=\frac{1}{2}z_1^2 \tag{12-15}$$

则有

$$\dot{V}_1 = z_1 \dot{z}_1 = z_1 (w\cos\theta - u\sin\theta - w_d + \lambda q - \lambda q_d) \tag{12-16}$$

其中 $w_d = \dot{d}_d$，$q_d = \dot{\theta}_d$。

定义

$$\lambda q = \alpha_1 + z_2$$

代入式(12-16)有

$$\dot{V}_1 = z_1 (\alpha_1 + z_2 + w\cos\theta - u\sin\theta - w_d)$$

定义

$$\alpha_1 = u\sin\theta - w\cos\theta + w_d - k_3 z_1 + \lambda q_d,\ k_3 > 0$$

则式(12-16)可写为

$$\dot{V}_1 = -k_3 z_1^2 + z_1 z_2$$

定义 Lyapunov 函数，

$$V_2 = V_1 + \frac{1}{2} z_2^2 \tag{12-17}$$

则

$$\dot{V}_2 = \dot{V}_1 + z_2 \dot{z}_2 = -k_3 z_1^2 + z_1 z_2 + z_2 (\lambda \dot{q} - \dot{\alpha}_1) \tag{12-18}$$

将方程(12-14)代入，得

$$\dot{V}_2 = -k_3 z_1^2 + z_2 \left[z_1 + \frac{\lambda}{I_y - M_{\dot{q}}} (\tau_M + M_q q - BG_z W \sin\theta) - \dot{\alpha}_1 \right] \tag{12-19}$$

采用如下控制律：

$$\tau_M = -\left[M_q q - BG_z W \sin\theta - \frac{I_y - M_{\dot{q}}}{\lambda} (\dot{\alpha}_1 - z_1 - k_4 z_2) \right] \quad k_4 > 0 \tag{12-20}$$

则

$$\dot{V}_2 = -k_3 z_1^2 - k_4 z_2^2 < 0$$

因此，系统在原点 ($z_1 = 0$，$z_2 = 0$) 是稳定的，即深度控制在点 ($d = d_d$，$\theta = \theta_d$) 是稳定的。

下面讨论 θ_d 的选择问题。考虑到无人无缆潜水器运动强非线性的影响，θ_d 的选择需要综合考虑航行速度、剩余浮力、高度偏差、地形变化等诸多因素，因此不能给出一个清晰的表达式。为此，采用自适应调整 θ_d 的方式，尽量提高地形跟踪的精度。

定义 $\theta_d = k_5\theta_{d1} + k_6\theta_{d2}$，其中 θ_{d1} 为积分项，即 $\theta_{d1} = \int (d - d_d)/\lambda \mathrm{d}t$；$\theta_{d2}$ 为前馈项，即 $\theta_{d2} = \arctan(\Delta h/\Delta l) \approx \dot{h}/u$，表示潜水器前进 Δl 距离后高度改变 Δh 时目标纵倾角的变化量；k_5，k_6 为比例参数。

由图 12-10 可看出定高航行过程中高度保持较为稳定，偏差小于 1 m，实现了无人无缆潜水器地形跟踪运动控制功能。但是存在一定的稳态误差。该稳态误差可能是由于航速太低，艇体水动力不够，导致高度控制不够精确。

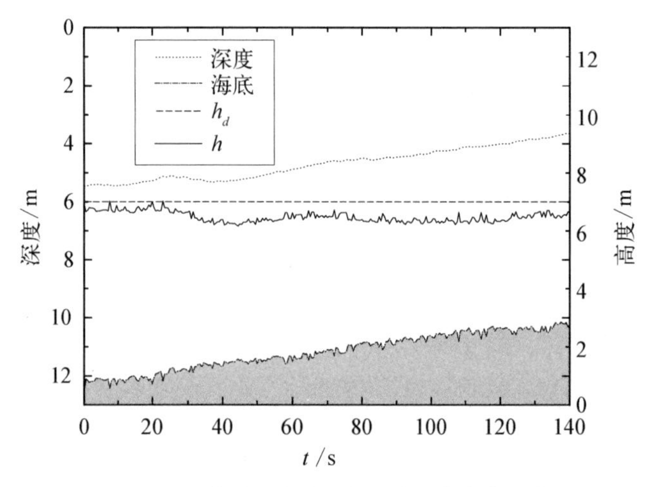

图 12-10 地形跟踪过程中深度和高度变化曲线

12.8.3 运动目标跟踪方法

1. 水声目标信息理解

水声目标信息是由声视觉子系统提供的，声视觉子系统利用前视声呐对探测区域进行扫描，对得到的水声图像进行处理，把每帧声呐图像中的目标从背景中提取出来，并计算目标相对于图像声呐的距离和方位信息[288]。声视觉子系统能够提供目标的数量是受限制的，其原因是若每次只提供 1 个目标信息，那么由于环境噪声的影响，可能会出现被跟踪目标的信息漏报；若每次将所有探测到的目标信息都上报，则可能会出现被跟踪目标的信息淹没在大量的虚假目标信息之中，无法准确地提取出来。目前，声视觉子系统提供信号最明显的 3 个目标信息。本节中如无特殊说明，目标信息即指声视觉系统提供的水声目标信息。

水声目标信息的理解首先要完成目标的甄别，即对声视觉子系统每次提供的 3 个目标，根据目标信息中包含的方位和距离信息对目标的运动属性加以区分，从而完成目标的分类。由于目标信息中包含了噪声干扰，同时子系统之间时间不同步及通信的延迟，使目标信息失去了实时性，所以需要对目标信息进行滤波处理，使之在时间序列上尽量平滑，完成对目标信息的理解。最后，通过跟踪运动目标的试验，对目标信息理解结果进行了检验，因此目标信息理解主要针对运动目标展开。目标跟踪过程如图 12－11 所示。

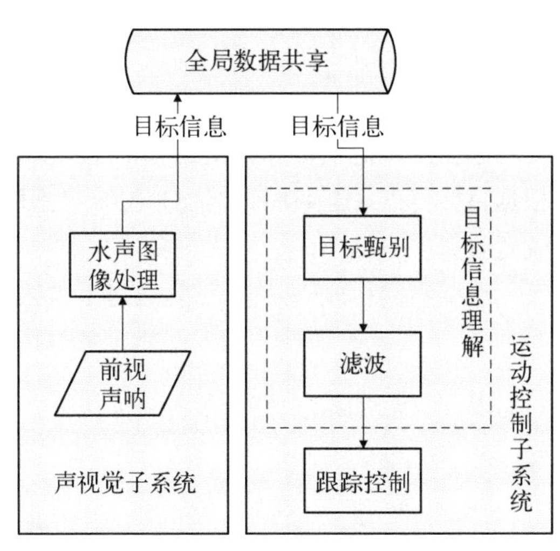

图 12－11　目标跟踪信息流

2. 目标甄别

声视觉系统给出的目标信息是声呐坐标系下的坐标数据，即目标相对于声呐的距离 d 和方位角 θ，由于无人无缆潜水器是运动的，在声呐坐标系下分析目标的运动本身就比较复杂，因此将目标信息转化为大地坐标系下，如图 12－12 所示。

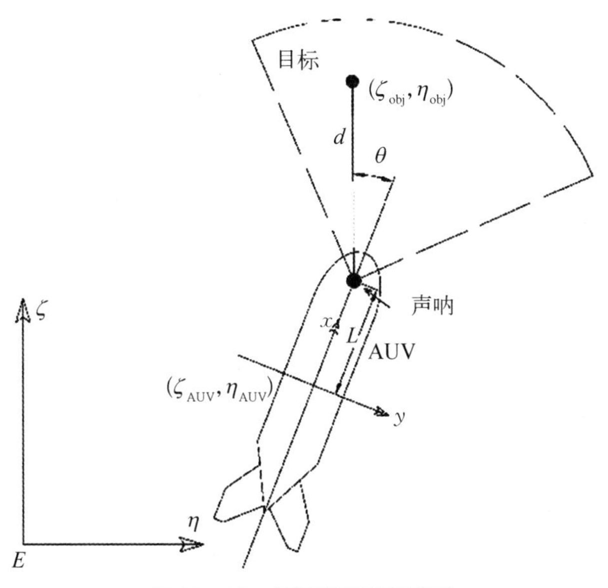

图 12－12　目标跟踪坐标定义

假设目标声呐坐标系下坐标为 (d, θ)，则大地坐标系下目标位置为

$$\begin{cases}\zeta_{\text{obj}} = \zeta_{\text{AUV}} + d\cos(\psi_{\text{AUV}} + \theta) + L\cos(\psi_{\text{AUV}}) \\ \eta_{\text{obj}} = \eta_{\text{AUV}} + d\sin(\psi_{\text{AUV}} + \theta) + L\sin(\psi_{\text{AUV}})\end{cases} \tag{12-21}$$

式中，$(\zeta_{\text{AUV}}, \eta_{\text{AUV}})$ 为潜水器大地坐标系下的位置；ψ_{AUV} 为潜水器当前首向；L 为声呐至潜水器坐标原点的距离。通过对大地坐标系下的目标信息进行分析，根据目标特点，把运动目标区分出来。图 12-13 给出了水池试验中记录的目标位置信息。

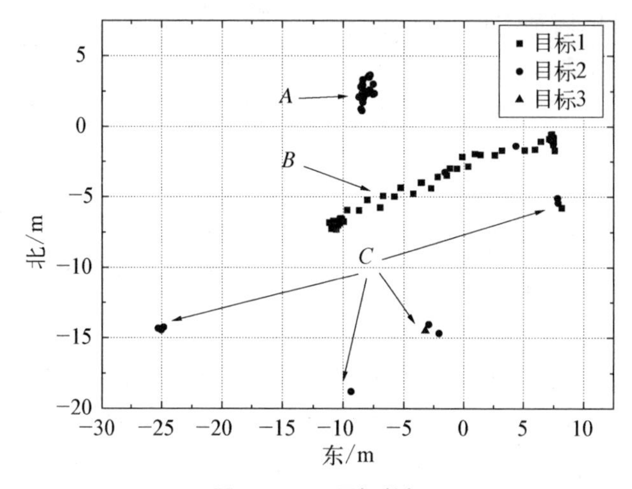

图 12-13　目标数据

从图中可以看出图中目标包含以下三类：

(1) 固定目标，如图中 A 所示，该类目标出现频率高，位置相对固定，可认为是一个固定目标。

(2) 运动目标，如图中 B 所示，该类目标位置变化过程一般是连续的。

(3) 随机目标，如图中 C 所示，该类目标为随机出现，位置不固定，可认为是噪声影响。

另外从图中还可看出，即使是同一个目标，其出现的顺序也是不同的，这可能和声视觉系统对水声图像处理方法有关。

有了对目标信息的初步认识，就可以根据对目标进行分类并加以区别。采用一种动态聚类分析的方法[289]，对目标进行分类。动态聚类分析中比较常用的 k 均值法，其基本原理和算法流程如下：

(1) 选择 k 个数据作为初始凝聚点，或将数据分为 k 个类，将这 k 个类的重心作为初始凝聚点。

(2) 对除凝聚点外的数据逐个归类，将数据归入凝聚点离它最近的那个类，更新该类的凝聚点，直到所有的样品都归类。

(3) 重复(2)，直到所有的数据都不能再归类为止。

这里距离采用欧氏距离。第 i 个数据和第 j 个数据的欧氏距离定义为

$$d_{ij}=\sqrt{(x_i-x_j)^2+(y_i-y_j)^2} \tag{12-22}$$

由于声视觉每次给出最多 3 个目标数据，若当前存在的目标及噪声目标总数大于 3 个，那么 $k=3$ 显然是不合适的，因此这里设置一个采样环节，即收集一段时间内所有的目标信息，先对这些目标进行分类，在得到初始数据凝聚点后，再对当前的目标信息进行动态分类。

另外，目标的实际位置是随时间变化的，因此在进行动态聚类时，某一类的数据(可能是同一个目标)凝聚点的计算应该充分考虑时效性，即凝聚点应该尽量靠近最后增加的数据，而且数据类包含的数据个数应该是有限的，过于久远的数据应该从中剔除。因此，凝聚点更新算法采用带有遗忘因子的加权平均方式进行计算，即

$$x_G=\frac{\sum_{i=1}^{n}x_i\rho_i}{\sum_{i=1}^{n}\rho_i},\ y_G=\frac{\sum_{i=1}^{n}y_i\rho_i}{\sum_{i=1}^{n}\rho_i} \tag{12-23}$$

式中，ρ_i 为第 i 个数据的权值，$\rho_i=0.7^{n-i}$。

为了突出对于动目标的聚类效果，最小距离采用如下方式计算：

$$d=\min(d_{iG},\ d_{in}) \tag{12-24}$$

式中，d_{iG} 表示待分类数据与第 i 个凝聚点的距离；d_{in} 表示待分类数据与第 i 类最后一个数据的距离。这样处理的好处在于能够把运动目标不同时刻的位置信息汇聚成一类，从而实现对运动目标的锁定。

经过一段时间采样、计算之后，可得到若干个类。对于数据个数过少的类可认为是随机噪声，随着时间推移，自然被遗忘舍弃。对于数据个数较多的类，可根据数据特征进行判断，其中最明显的一个特征值就是方差，方差越小表明数据越集中，则该类极有可能代表一个固定目标；相反，方差越大，表明数据越分散，同时数据又是连续变化的，所以该类应该是代表一个运动目标。根据上述方法，对于图 12-13 前 25 组目标数据进行聚类，得到结果如图 12-14 所示。

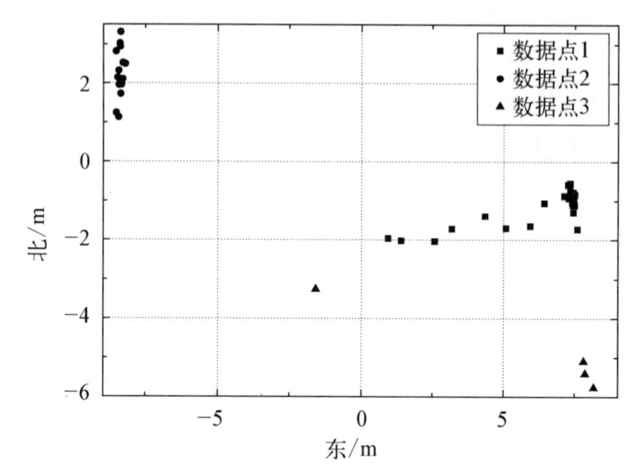

图 12-14 目标数据分类结果

从图中可看出对收集的 25 组数据计算后，共 43 个目标数据聚集成 3 个类，其中第 3 类为聚类失败的数据类，即噪声目标类。3 个类的具体信息如表 12-1 所示。

表 12-1 目标数据统计

类 别	数据个数	凝 聚 点	方 差
数据点 1	25	(−1.661 18, 3.488 534)	(0.195 259, 4.107 848)
数据点 2	14	(2.292 846, −8.365 2)	(0.216 081, 0.004 452)
数据点 3	4	—	—

从表 12-1 可以看出第 1 类代表一个运动目标。对图 12-13 的剩余数据继续动态聚类，计算结果如图 12-15 所示。图中正方形黑点表示归类到运动目标类的数据点，圆形黑点表示运动目标类的凝聚点位置。从图中可以看出，采用的动态聚类方法能够有效对位置连续变化的运动目标进行聚类，实现了对运动目标的准确甄别，为接下来的滤波及跟踪控制奠定了基础。

3. 目标信息滤波

声视觉系统给出的目标信息是包含噪声的，有时候目标信息本身就是噪声，即该目标实际并不存在。因此，对于甄别出的运动目标，其位置信息是不能直接用于跟踪控制的，必须对其进行滤波处理，尽量去除噪声干扰。噪声来源于以下几方面：① 目标物体受环境干扰产生的声学噪声；② 图像处理过程中产生的噪声；③ 潜水器载体导航定位系统中的噪声。

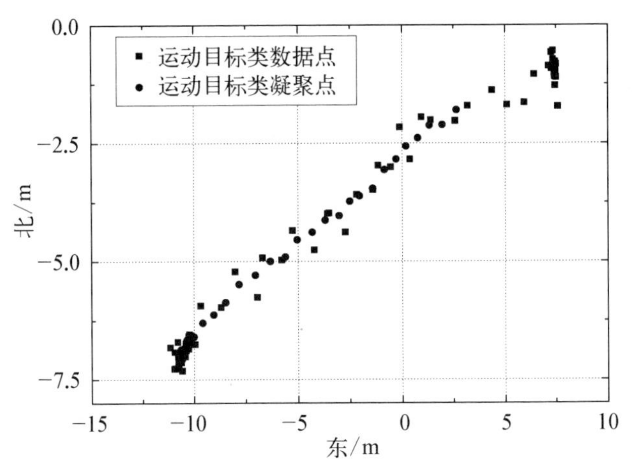

图 12-15　目标动态聚类结果

Kalman 滤波技术[290]是一组以递推关系给出的随机系统状态最优线性滤波算法，它具备优良的数学性质，在诸多领域中有着十分广泛的应用。理想条件下，利用经典卡尔曼滤波器(Kalman filter，KF)，即无偏最小方差估计，能得到较好的跟踪效果。然而，KF 关于模型及噪声统计特性不确定性的鲁棒性比较差，当运动目标发生突变时，利用经典卡尔曼滤波进行跟踪可能会出现运动目标丢失现象，导致滤波误差增大，跟踪性能下降。因此，利用强跟踪卡尔曼滤波器对运动目标进行跟踪[291]，其思想是在一步验前误差方差阵的计算公式中引入可在线计算的时变渐消矩阵，这样强跟踪卡尔曼滤波器就可保证可靠收敛，稳定性增强。它与经典卡尔曼滤波器相比具有以下优点：

(1) 较强的关于模型参数失配的鲁棒性。

(2) 较低的关于噪声及初值统计特性的敏感性。

(3) 极强的关于突变状态的跟踪能力，并在滤波器达到稳态时保持这种能力。

卡尔曼滤波是一个递推的过程，无需考虑多个历史信息，只是在每次递归运算时考虑前一个输入信息即可。选择状态向量为

$$\boldsymbol{X}=[x \quad \dot{x} \quad y \quad \dot{y}]^{\mathrm{T}} \tag{12-25}$$

状态方程：

$$\boldsymbol{X}_k=\boldsymbol{\Phi}_{k/k-1}\boldsymbol{X}_{k-1}+\boldsymbol{W}_{k-1} \tag{12-26}$$

观测方程：

$$\boldsymbol{Y}_k = \boldsymbol{H}_k \boldsymbol{X}_{k-1} + \boldsymbol{V}_k \tag{12-27}$$

令采样时间为 T，目标运动为匀速直线运动(弱机动)，则状态转移矩阵为 $\boldsymbol{\Phi}_{k/k-1}$ 及观测矩阵为

$$\boldsymbol{\Phi}_{k/k-1} = \begin{bmatrix} 1 & T & 0 & 0 \\ 0 & 1 & 0 & 0 \\ 0 & 0 & 1 & T \\ 0 & 0 & 0 & 1 \end{bmatrix} \tag{12-28}$$

$$\boldsymbol{H}_k = \begin{bmatrix} 1 & 0 & 0 & 0 \\ 0 & 0 & 1 & 0 \end{bmatrix} \tag{12-29}$$

方程式(12－26)和式(12－27)中的 $\boldsymbol{W}_{k-1}$ 和 $\boldsymbol{V}_k$ 可用其协方差矩阵表示如下：

$$\operatorname{cov}(\boldsymbol{W}_k, \boldsymbol{W}_i) = \begin{cases} \boldsymbol{Q}_k, & i = k \\ 0, & i \neq k \end{cases}, \operatorname{cov}(\boldsymbol{V}_k, \boldsymbol{V}_i) = \begin{cases} \boldsymbol{R}_k, & i = k \\ 0, & i \neq k \end{cases}, \tag{12-30}$$
$$\operatorname{cov}(\boldsymbol{W}_k, \boldsymbol{V}_i) = 0$$

经典卡尔曼滤波递推公式如下：

$$\begin{cases} \hat{\boldsymbol{X}}_{k+1/k} = \boldsymbol{\Phi}_{k+1/k} \boldsymbol{X}_{k/k} \\ \boldsymbol{P}_{k+1/k} = \boldsymbol{\Phi}_{k+1/k} \boldsymbol{P}_{k/k} \boldsymbol{\Phi}_{k+1/k}^{\mathrm{T}} + \boldsymbol{Q}_k \\ \boldsymbol{K}_{k+1} = \boldsymbol{P}_{k+1/k} \boldsymbol{H}_{k+1}^{\mathrm{T}} (\boldsymbol{H}_{k+1} \boldsymbol{P}_{k+1/k} \boldsymbol{H}_{k+1}^{\mathrm{T}} + \boldsymbol{R}_k)^{-1} \\ \hat{\boldsymbol{X}}_{k+1/k+1} = \boldsymbol{\Phi}_{k+1/k} \hat{\boldsymbol{X}}_{k/k} + \boldsymbol{K}_{k+1} (\boldsymbol{Y}_{k+1} - \boldsymbol{H}_{k+1} \hat{\boldsymbol{X}}_{k+1/k}) \\ \boldsymbol{P}_{k+1/k+1} = (\boldsymbol{I} - \boldsymbol{K}_{k+1} \boldsymbol{H}_{k+1}) \boldsymbol{P}_{k+1/k} \end{cases} \tag{12-31}$$

式中，$\hat{\boldsymbol{X}}_{k+1/k}$ 是 $k+1$ 时刻的预测结果；$\hat{\boldsymbol{X}}_{k/k}$ 是 k 时刻的最后结果；$\boldsymbol{P}_{k+1/k}$ 是 $\hat{\boldsymbol{X}}_{k+1/k}$ 对应的误差；$\boldsymbol{P}_{k/k}$ 是 $\hat{\boldsymbol{X}}_{k/k}$ 对应的误差；$\boldsymbol{Q}_k$ 为系统过程误差；$\boldsymbol{K}_{k+1}$ 为 $k+1$ 时刻的增益；$\boldsymbol{R}_k$ 为观测误差。

强跟踪卡尔曼滤波是对经典卡尔曼滤波的改进，通过在一步验前误差方差阵中引入时变渐消矩阵，使得滤波器工作在最佳状态。对式(12－31)中第 2 式进行如下修改：

$$\boldsymbol{P}_{k+1/k} = \boldsymbol{\lambda}_{k+1} \boldsymbol{\Phi}_{k+1/k} \boldsymbol{P}_{k/k} \boldsymbol{\Phi}_{k+1/k}^{\mathrm{T}} + \boldsymbol{Q}_k \tag{12-32}$$

式中，$\boldsymbol{\lambda}_{k+1}$ 称为时变渐消矩阵：

$$\boldsymbol{\lambda}_{k+1} = \operatorname{diag}(\boldsymbol{\lambda}_{1(k+1)} \quad \boldsymbol{\lambda}_{2(k+1)} \quad \cdots \quad \boldsymbol{\lambda}_{n(k+1)}) \tag{12-33}$$

式中：

$$\boldsymbol{\lambda}_{i(k+1)}=\begin{cases}a_i\boldsymbol{C}_{k+1}, & a_i\boldsymbol{C}_{k+1}>1\\ 1, & a_iC_{k+1}<1\end{cases} \tag{12-34}$$

$$\boldsymbol{C}_{k+1}=\frac{\mathrm{tr}[\boldsymbol{v}_{0(k+1)}-\boldsymbol{R}_{k+1}-\boldsymbol{H}_{k+1}\boldsymbol{Q}_k\boldsymbol{H}_{k+1}^{\mathrm{T}}]}{\sum_{i=1}^{n}a_i\,\mathrm{tr}[\boldsymbol{\Phi}_{k+1/k}\boldsymbol{P}_k\boldsymbol{\Phi}_{k+1/k}^{\mathrm{T}}\boldsymbol{H}_{k+1}^{\mathrm{T}}\boldsymbol{H}_{k+1}]} \tag{12-35}$$

$$\boldsymbol{v}_{0(k+1)}\begin{cases}\tilde{\boldsymbol{v}}_1\tilde{\boldsymbol{v}}_1^{\mathrm{T}}, & k=0\\ \dfrac{\rho\boldsymbol{v}_{0(k+1)}+\tilde{\boldsymbol{v}}_{k+1}\tilde{\boldsymbol{v}}_{k+1}^{\mathrm{T}}}{1+\rho}, & k\geqslant 1,\ 0\leqslant\rho<1\end{cases} \tag{12-36}$$

强跟踪卡尔曼滤波器实质上是一种带多重时变渐消因子的卡尔曼滤波算法，其中多重时变渐消因子的作用极为重要。当系统状态发生突变时，估计误差 $\tilde{\boldsymbol{v}}_{k+1}\tilde{\boldsymbol{v}}_{k+1}^{\mathrm{T}}$ 的增大将引起误差方差阵 $\boldsymbol{v}_{0(k+1)}$ 的增大、$\boldsymbol{\lambda}_{i(k+1)}$ 相应增大，使得增益矩阵 $\boldsymbol{K}_{k+1}$ 进行实时调整，从而残差序列保持正交，滤波器跟踪能力和动态性能得到改善。

为了避免目标状态的突变引起时变渐消因子的过度调节，即状态估计更加平滑，因此对 $\boldsymbol{v}_{0(k+1)}$ 采用下式计算[292]：

$$\boldsymbol{v}_{0(k+1)}=(1-e_k)\boldsymbol{v}_{0(k)}+e_k\frac{k+1}{k}\tilde{\boldsymbol{v}}_{k+1}\tilde{\boldsymbol{v}}_{k+1}^{\mathrm{T}},\ e_k=\frac{1-a}{1-a^{k+1}},\ 0<a<1 \tag{12-37}$$

使用强跟踪卡尔曼滤波器对运动目标位置信息滤波结果如图 12-16 所示。

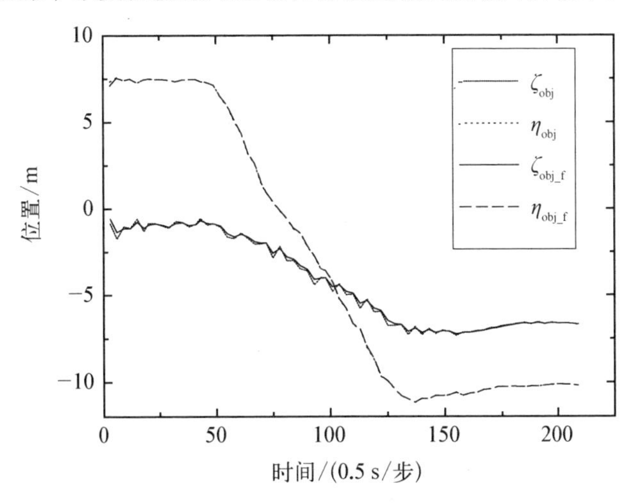

图 12-16 目标位置强跟踪卡尔曼滤波结果

从图 12－16 可以看出，使用强跟踪卡尔曼滤波器不仅能够克服噪声的干扰，使数据变得更加平滑，同时具有良好的跟踪性能，能够应对运动目标位置的突变，为跟踪控制提供了高质量的目标状态信息，有助于提高跟踪控制效果。

4. 目标跟踪控制

目标跟踪控制的主要工作是根据目标状态信息自适应的产生合适的期望状态指令，引导机器人连续的改变自身位置及姿态，保持与运动目标的相对位置关系。图 12－17 为目标跟踪示意图。

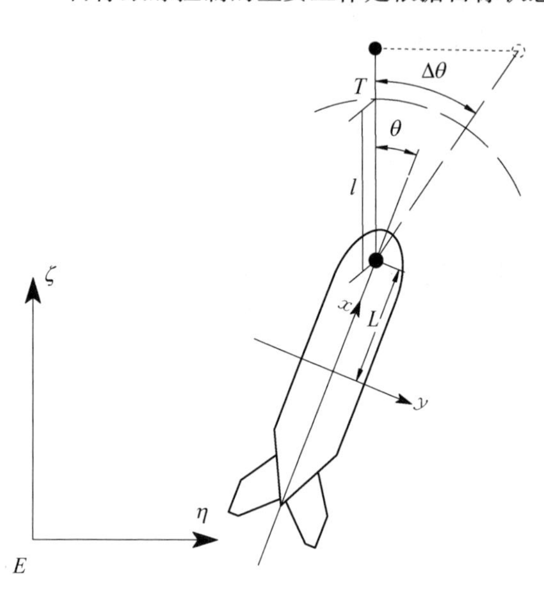

图 12－17　目标跟踪示意图

图中 l 为安全距离，即机器人与目标之间的最小距离为 l，这里 l 取值为 7 m。该安全距离还有另外的一个用意，就是前视声呐的探测范围为扇面扫过的区域，距离声呐越近的地方，声呐的探测范围越小，那么目标被遗漏的概率越大，因此尽量使目标处于声呐容易探测到的范围内。同时，为了避免目标声学信号衰减过度，该安全距离 l 也不宜过大。

期望位置目标可使用直线路径跟踪所采用的视线法，即将视线与安全范围圈的交点作为期望目标位置 T，而期望首向为指向被跟踪目标的方向（$\psi_{\mathrm{AUV}}+\theta$）。考虑到运动目标状态信息存在一定的延迟，因此，在产生机器人期望状态指令时必须附加一定的超前量，这样才能有效地克服信息延迟产生的不利影响。

将目标状态信息的预测值 $\hat{X}_{k+1/k}$ 作为前馈信息，并依此产生期望指令超前调整量。该超前调整量只需考虑首向调整即可，使目标尽量出现在机器人正前方对于跟踪是有利的，而调整期望目标位置可能会破坏安全距离的限制，对跟踪是不利的，所以不予考虑。期望首向调整量 $\Delta\theta$ 由下式计算：

$$\Delta\theta=\arctan\left(\frac{\hat{\eta}_{\mathrm{obj}}-\eta_{\mathrm{AUV}}}{\hat{\zeta}_{\mathrm{obj}}-\zeta_{\mathrm{AUV}}}\right)-\arctan\left(\frac{\eta_{\mathrm{obj}}-\eta_{\mathrm{AUV}}}{\zeta_{\mathrm{obj}}-\zeta_{\mathrm{AUV}}}\right) \tag{12-38}$$

则跟踪控制的期望状态指令为

$$\psi_d = \psi_{\mathrm{AUV}} + \theta + \Delta\theta \tag{12-39}$$

试验结果如图 12-18 所示。试验中，在起点处，首先完成了目标信息样本的积累，在完成运动目标甄别后开始对运动目标进行跟踪，跟踪过程中始终保持安全距离，当目标停止运动后，经过一段时间的判断结束跟踪控制。由图 12-18 可以看出，机器人完成了对运动目标进行跟踪，证明了目标信息理解能够根据现有的目标方位与距离信息，实现根据运动属性对目标进行甄别，并对目标信息进行滤波处理，提高信息的准确度。目标信息的理解为进一步研究运动目标跟踪的实际应用提供了基础，同时提高了运动控制系统的智能水平。

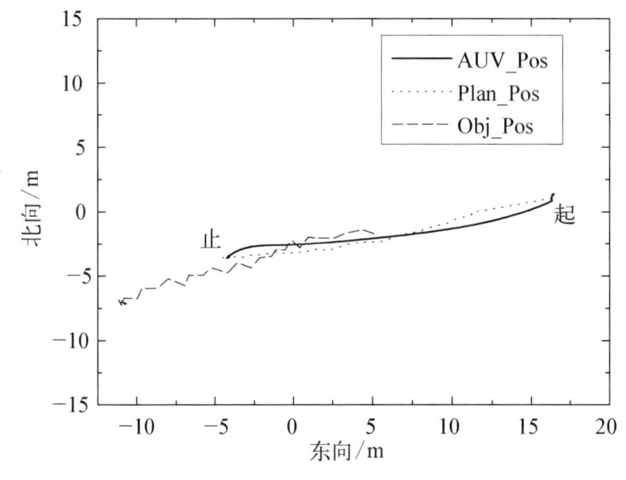

图 12-18　目标跟踪水池试验结果

13 多无人无缆潜水器系统控制技术

13.1 多无人无缆潜水器协同作业概述

作为探索海洋的重要工具之一，无人无缆水下航行器技术在近几十年间得到了广泛的应用和长足的发展。其在海洋水文探测、海底资源勘查、区域搜索与目标探测等领域成为人们了解海洋的重要工具。与此同时，基于军事目的无人水面/水下武器系统也逐渐成为西方先进国家的现役军事装备。随着对海洋理解的深入，新的海洋探索计划对无人无缆潜水器提出了更高的要求，并且其中的许多要求单个无人无缆潜水器系统往往无法实现。举例来说，某些海洋现象具有时变和空间不均匀性的特点，在这种情况下无法利用单个无人无缆潜水器对空间中某一点的连续观测数据来实现对该现象(或该现象的某些特性)的分析。有些探索任务对任务的时效性要求较高，单个无人无缆潜水器无法在规定的时间内完成搜索/探测任务。

多无人无缆潜水器是指由多个无人无缆潜水器(同构或异构)组成的系统，系统中的个体通过某种形式的协作共同完成特定的作业任务。随着技术的不断进步，在诸如大规模海洋环境探测、区域侦察与救护等领域，多无人无缆潜水器的研究逐渐列入相关科研机构的研究计划。除了能够完成单个无人无缆潜水器无法胜任的任务，多无人无缆潜水器与单无人无缆潜水器系统相比还具备有如下的优势：

(1) 多无人无缆潜水器中的不同个体可以搭载不同的探测设备，从而可以收集更多不同类型的探测数据，为后续数据分析提供更为完善的支持。

(2) 携带低精度探测设备的一组小型化、低造价无人无缆潜水器可以凭借其空间分布上的优势，取得比单个高精度、昂贵探测设备更有价值的探测结果。

(3) 利用多无人无缆潜水器可以实现对目标区域的立体式探索，可以使一台无人无缆潜水器停留在水面上作为水下无人无缆潜水器和岸基指挥中心的信息中继站，实现指令与采集数据的双向高效传输。

(4) 多无人无缆潜水器也保证了任务完成的可靠性。由于系统自身存在的冗余特性，单个无人无缆潜水器(或传感器)的失效并不影响整个任务的实施，从而可以很大程度上提高工作效率。

多无人无缆潜水器系统的上述特点决定了从分布式控制的角度出发研究多无人无缆潜水器的协调控制问题是更为合适的。对于该问题，国内外已经有多家研究机构开展了理论上的探索和试验研究。自从 Curtin 提出利用多无人无缆潜水器建立自主海洋水文采样网络[293](autonomous oceanographic sampling network,AOSN)的概念以来,以美国海军研究办公室(Office of Naval Research,ONR)为代表的政府机构就资助了一系列的海洋数据采集与监测项目。虽然每个项目的侧重点各不相同,但对于多无人无缆潜水器的理论与应用研究一直作为研究内容之一贯穿于各个项目之中。

近几年来,随着水声通信技术以及计算机技术的发展,欧洲相关研究机构也开展了关于无人无缆潜水器系统的相关研究工作。我国少数几家高校、研究院所也在预先研究基金、国家自然科学基金、国家高技术研究计划(863)项目的支持下对多无人无缆潜水器系统在不同任务背景下的应用开展了一些研究工作。下面就多无人无缆潜水器协同作业方面国内外的研究现状进行简要介绍。

1993 年,Curtin 等首先提出了自主海洋水文采样网络(AOSN)的概念,作为一种在特定区域采集海洋环境数据的手段。在当时,海洋水文数据的采集手段主要包括遥感卫星、锚泊型传感器阵列、船舶拖曳型传感器阵列、海洋浮标。AOSN 的目标是设计一种优化的采样策略,并将其与海洋数字模型相结合,实时调整采样策略,从而深入研究海洋的三维动态变化过程。AOSN 的系统组成包括多样化的采样设备,具有多种数据融合能力的海洋数字模型,以及用于优化采样策略的自适应采样决策系统。考虑到在未知环境条件下执行作业任务,对单 AUV 而言是一个巨大的挑战,AOSN 采用多 AUV 系统协同作业的,以提高作业效率和系统鲁棒性。在 AOSN Ⅱ 2003 年的试验中[294-295],共有 15 台水下滑翔机参与试验:5 台 Spray 和 10 台 Slocum(见图 13-1)。其中,Spray 的前进速度约为 25 cm/s,Slocum 的前进速度约为 30 cm/s,速度量级与蒙特利湾海域海流速度相当。多水下滑翔机协同的海上试验主要有三个步骤:前两个步骤测

图 13-1 AOSN Ⅱ试验系统示意图

试3台Slocum的协同编队控制算法，以及对探测海域温度场梯度的协同预测算法；第三个步骤进行了单台Slocum跟踪海洋浮漂的试验。多水下滑翔机之间采用人工势场法协调相对位置关系，从而形成一定的编队队形沿指定路径运动。采用人工势场组织编队队形，可以根据探测任务的采样精度要求，调整队形大小。规划的编队路径，既可以预先指定的，也可以实时规划，按梯度爬升法搜寻探测目标量的峰值。

2006年的ASAP项目[296]，在AOSN Ⅱ的基础上更进一步，在蒙特利湾西北方向一块、水深超过1 000 m的海域，进行了大规模的多水下滑翔机协同自适应采样。实验的目的在于，在上述探测海域范围内建立上升流锋面的三维数字模型，研究在上升流生成期间和上升流耗散期间，该海域的热量流动状况。在多水下滑翔机协同方面，ASAP与AOSN Ⅱ最大的区别在于，ASAP更多地考虑了水下滑翔机之间相对位置关系的反馈控制。ASAP对多水下滑翔机协同的设计，主要包括两个方面：设计适合的多水下滑翔机系统运动模式，从而提高系统采样能力；设计合适的反馈控制率，从而使水下滑翔机按期望的模式运动。水下滑翔机采用的分布式的反馈控制率，仅需要针对载体自身状态，以及相邻载体的位置状态等信息做出机动，因而系统具有良好的扩展性和鲁棒性(见图13-2)。

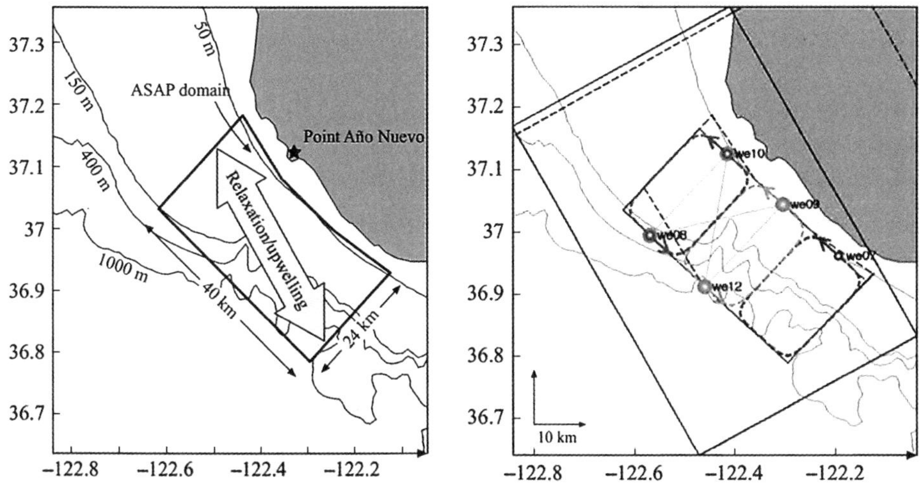

图13-2 ASAP项目试验区域及滑翔机运动轨迹

欧盟在多AUV系统领域的研究比美国起步要晚，前期的工作集中于多无人系统协调框架的研究和基础设施的搭建。2006年，德国、法国、葡萄牙、西班牙、意大利的多家研究机构，在欧盟第6框架计划(6th framework programme of European Union，FP6)的资助下，开展了名为“未知环境下异构无人系统的协调与控制(coordination and control of cooperating heterogeneous unmanned systems in uncertain environments,GREX)"的研究项目。该项目的主要研究工作包括:水中无人集成指挥控制系统的设计和开发;包含以太网、无线电、水声等多种通信方式的信息交互;多水中无人系统在位置环境下的协调控制。GREX于2009年11月在葡萄牙Sesimbra海域开展了多水面、水下无人系统的协同作业海上试验[297]。2009年,欧盟在FP7框架下资助了名为"多AUV协同认知与控制技术(coordinated cognitive control for autonomous underwater vehicles,CO3-AUV)"的项目。该项目的主要研究工作包括:多AUV系统仿真环境开发、2D/3D地图创建、水下导航技术、协同行为设计。2012年,欧盟在FP7框架下又资助了名为"海洋考古机器人系统(archaeological robot system for the world's seas,ARROWS)"和"海洋机器人系统的自组织与基于逻辑的节点链接(marine robotic system of self-organizing, logically linked physical nodes,MORPH)"的项目。ARROWS项目主要关注于多AUV系统的任务分配,以提高海底扫描效率。MORPH项目的主要研究工作包括:多AUV系统的编队控制、协同定位和协同导航。2012—2015年,MORPH项目进行了多次海上试验,以检验研究成果。2014年,欧盟的多AUV系统研究开始走向应用,意大利、葡萄牙、英国、德国、法国、荷兰的多家研究机构,在欧盟Horizon2020(FP7的延续)的资助下,开展了名为"可扩展移动水声组网技术"(widely scalable mobile underwater sonar technology,WiMUST)的项目。WiMUST对标美国的ASON等项目,目的在于建立包含多个水中无人系统的可扩展的水声组网系统,协同作业以提高效率,可用于大规模的海底地形探测、海洋水文采样、海洋搜救和考古以及军事侦察和搜索。2016年,WiMUST在葡萄牙海域开展了第一次海上试验。

中国关于多AUV系统的研究大多处于理论阶段,研究单位主要包括哈尔滨工程大学、中科院沈阳自动化研究所、西北工业大学、中国海洋大学、华中科技大学、上海交通大学等高校或研究所。哈尔滨工程大学在多AUV系统领域的研究主要包括:多AUV协同编队、协同导航、任务分配、通信机制、协同定位、避碰和避障等。西北工业大学的研究主要包括:多AUV协同编队、协同导航、任务分配、仿真平台、路径规划等。中科院沈阳自动化研究所的研究主要包括:多AUV协同编队、仿真平台、任务分配等。

多AUV系统的实验研究,在近几年也逐步展开。2014—2015年间,哈尔滨工程的水下机器人技术重点实验室的研究人员分别在威海、荣成附近海域进行了多AUV协同编队的海上试验。该实验系统,由2台或3台AUV和1个陆基信息节点组成，构造了时分复用的无线电和水声通信系统，采用路径跟踪、目标跟踪和基于行为等多种协同编队算法进行了海上试验。如图 13-3 所示，为进行编队的 3 台 AUV 如图 13-4 所示，为海上试验中 AUV 编队的效果。

图 13-3 哈尔滨工程大学组建的多 AUV 试验系统

2017 年 7 月，在中科院海洋先导专项南海综合调查航次中，布放了 12 台“海翼”型水下滑翔机，在东西走向 135 n mile、南北走向 75 n mile 的一块海域内，按网格路径进行了多水下滑翔机协同观测。该型水下滑翔机由中科院机器人与智能制造创新研究院（筹）研制，可以采集包括温度、盐度、浊度、含氧量等多种水文数据，并将数据实时传回陆地。

图 13-4 AUV 编队试验照片

2017 年 8 月，青岛海洋科学与技术国家实验室联合理事单位天津大学、中国海洋大学共同组织实施，并由中国船舶重工集团公司第七一〇研究所、中科院西安光学精密机械研究所、中山大学、复旦大学、广东海洋大学等单位共同开展，进行了针对南海北部海域“中尺度涡”的海洋立体组网观测。此次观测覆盖了“大气海水界面”至水下 4 200 米范围的 14 万平方公里海域，观测设备包括：“海燕”型水下滑翔机、波浪滑翔机、潜标、浮标、光纤水听器阵列和 AUV 等 30 余台/套海洋观测装备。这是我国首次多种类水面和水下移动平台、定点固定平台相结合的协作观测。图 13-5 所示为此次海上试验的场景。

总体而言，美国、欧盟等国家和地区的多 AUV 协同系统，经历了从单 AUV

图 13-5 “中尺度涡”组网观测试验中用到的潜水器系统

系统，初步的多AUV协同系统，到大规模多AUV协同探测系统的发展阶段。美国已经将多AUV协同系统应用于大规模海洋水文观测，在洲际范围内布置了多套观测系统；欧盟已经完成了初步的多AUV协同研究工作，开始转向应用研究方面。国内对于多潜水器协同作业方面的研究尚处于起步阶段，对于许多关键问题还没有完全解决。本章后面的几部分内容选取多潜水器协同作业所关心的几个关键技术问题进行介绍。

13.2 多无人无缆潜水器协同控制的特点

如前面章节所述，由于海水介质对电磁波的强烈吸收，陆地、空间多无人系统常用的以无线电为主要手段的信息交互方式不再适用于水下环境。这对于多无人无缆潜水器协同控制所需的信息交互带来严峻的挑战。本节将从无人无缆潜水器协同所必须面临的通信、导航以及潜水器平台能力三个方面进行简要介绍，揭示水下环境中协同控制的一些特点。

首先，无人无缆潜水器主要依靠水声通信系统进行信息交互。就通信能力而言，陆地和空中无人系统在大多数情况下能够通过标准的无线网络实现个体之间的互联互通，其基本的通信速率能够达到1 Mbit/s甚至更高。太空飞行器在有效时间窗内的通信速率也比无人无缆潜水器要高一些(NASA的火星漫步者最大通信速率能够达到256 kbit/s)。无人无缆潜水器一般的通信速率只能达到数十千比特/秒(较好通信条件下)甚至数百比特/秒(较差通信条件下)。更有甚者,由于通信是主动水声交互,当无人无缆潜水器的数量增多时,如何平衡个体之间的探测和通信需要也是一件不容易的事情。一般而言,多个无人无缆潜水器共享某个频段上的带宽,需要根据预先设定好的协议获得相应的信息发送时间窗。这样一来会进一步压缩水声信道传输数据的能力。因此,分布式的协调控制方法是多无人潜水器协同控制的必然选择。

其次,同样是由于海水对电磁波的强烈吸收作用,无人无缆潜水器水下导航定位精度无法与陆地、空中无人系统相媲美。水下环境很多时候是缺少特征的(水体)或者有时候特征无法准确区分甚至是特征随着时间不断变化的。这样的特点使得全局定位方法和局部定位方法都存在一定的困难。当多无人无缆潜水器协同开展某些任务时,相互之间的定位以及个体在全局中的定位问题往往都关系到任务的成败。对于某些科学研究而言,可以采用水面船只辅助导航的方式来提高多水下无人无缆潜水器的定位精度。在这种条件下,水面船只通过卫星定位系统获得自身位置的准确估计,然后通过水声定位、通信系统来修正无人无缆潜水器的位置估计。对于许多军事行动而言,上述方式存在极大的风险,从而难以应用。在某些无人无缆潜水器协同水下探测、跟踪作业过程中,往往需要其将定位误差保持在米级,这就对其导航定位能力提出了很高的要求。在既有的通信、定位条件下,如何通过无人航行器之间的相互协调,提高其导航定位精度,至今还是一个开放的课题。本章后续章节将会进行初步探讨。

再次,无人无缆潜水器平台本身的能力也会对协调控制问题提出挑战。潜水器工作在三维的水下空间,其不同的外形、不同的执行机构配置导致了潜水器的运动能力也各不相同。这样一来,就需要研究人员在设计潜水器协调控制任务规划和决策算法时充分考虑这一差异。潜水器的运动能力、探测半径都会对协调控制过程中决策制定以及任务修改的解算周期和频率做出限制。当多无人无缆潜水器系统由多个不同类型的异构潜水器组成的时候,这一问题显得尤为重要。

13.3 多无人无缆潜水器协调控制体系结构设计

无人无缆潜水器是由多个功能、结构互异的子系统组成的有机整体。在执行任务过程中,无人无缆潜水器的各个子系统通过相互之间信息的交互发挥各自的功能从而保证任务的顺利实施。无人无缆潜水器控制体系结构的作用就是将上述子系统通过一定的形式有效地包容,使信息能够及时流畅地流通,使许多功能模块的作用能合理地在空间和时间域上发挥作用[130]。对于多无人无缆潜水器系统来说,控制体系结构还应该能够为潜水器个体之间的交互、协调提供有效的支持。控制体系结构是多无人无缆潜水器系统协调作业的基础,决定了系统的整体行为能力和运行效率。总体而言,合理的无人无缆潜水器控制体系结构应当满足如下几个要求:

(1) 任务分配合理,使系统内计算机的任务负载均衡,实现有效计算资源的合理分配。

(2) 层次关系明晰,便于程序的独立编制和最终集成。

(3) 时序关系严格有序。

(4) 信息交换流畅,保证信息能够及时传递到需要的模块。

(5) 体系结构应当模块化、标准化和通用化,以有利于系统的升级和扩展,增加新功能和使用新方法。同时也应当能够降级和裁剪,以满足不同的实际需要,取得最佳的经济效益。

对于智能机器人的控制体系结构问题,国内外的相关学者已经做了大量广泛的研究,提出了多种不同的体系结构形式并成功地应用到不同的机器人系统之上。就无人无缆潜水器系统来说,主要包括如下三种不同形式的控制体系结构[298]:

(1) 分层递阶结构。

(2) 反应型结构。

(3) 混合型结构。

分层递阶控制体系结构将整个无人无缆潜水器系统的控制分解为依次渐进的不同层次,不同层次间通过数据的交换完成作业任务的解算,最终形成控制指令反馈给无人无缆潜水器系统的执行机构。整个控制结构是一个紧密配合的串行处理模式。该控制结构的形式如图 13-6 所示。采用该种控制体系结构的无人无缆潜水器系统包括伍兹霍尔海洋研究所的 ABE(autonomous benthic Explorer)[299]、得州农工大学为美国海军水面作战中心开发的无人无缆潜水器C(autonomous underwater vehicle controller)[300]以及蒙特利湾海洋研究所和斯坦福大学共同开发的 OTTER(ocean technologies testbed for engineering research)[301]。

反应型结构(基于行为的结构)中包含了一系列并行运行的行为模块,行为模块根据传感器信息的输入做出相应的决策,通过适当的行为决策输出策略对

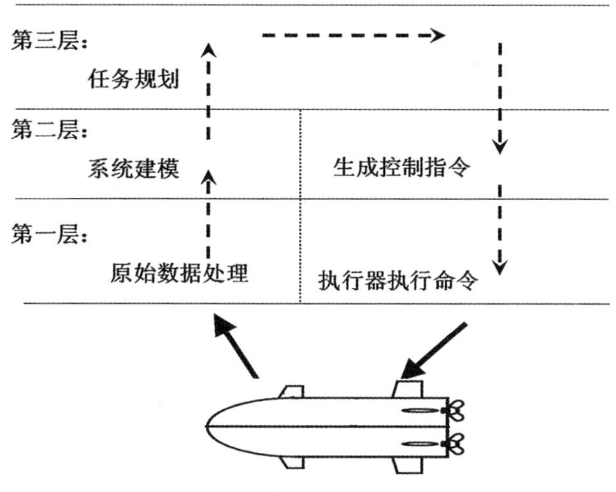

图 13-6 分层递阶控制体系结构示意图

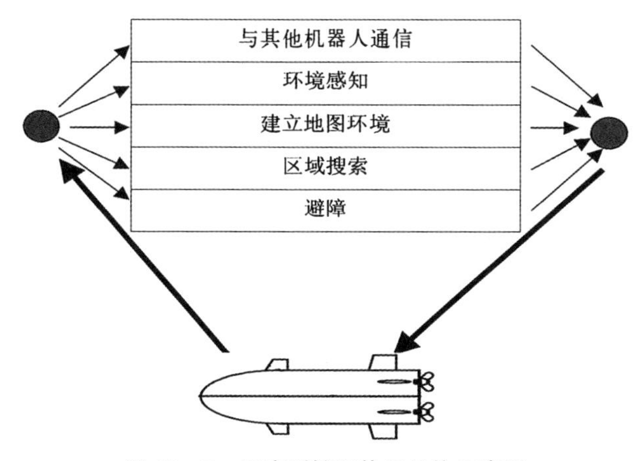

图 13-7 反应型控制体系结构示意图

不同行为模块的输出做出选择，从而获得驱动无人无缆潜水器的控制指令。该控制结构的形式如图 13-7 所示。采用该种控制体系结构的代表性无人无缆潜水器是麻省理工无人无缆潜水器实验室的 Odyssey Ⅱ[302]。

对于上述两种不同的控制体系结构的优缺点，相关学者已经做过比较多的对比分析。简要来说，分层递阶型体系结构具有较强的推理和思维能力，但实时响应能力较低、适应性较差；而反应型体系结构实时性较好，可以对非结构化、动态变化的环境做出快速的反应，但缺乏学习和规划能力，运行时也缺乏必要的灵活性[303]。

控制体系结构大多是针对单机器人系统而设计的，随着机器人技术的不断发展以及计算机技术的不断进步,多机器人系统的研究逐渐成为机器人领域的一个重要发展方向。相应的多机器人系统的体系结构问题逐渐引起相关学者的兴趣。总体而言,多机器人系统的体系结构可以分为集中式结构和分散式结构。集中式结构有一个负责全局规划的控制中心,该中心可以由多机器人系统中的某个机器人担任,也可以由群体以外的处理器担任。分散式结构可分为分层式结构和分布式结构,目前以分布式结构为主。在多机器人分布式控制体系结构中,每个机器人都是平等自主的智能体,各根据自己的目标和当前的状态进行决策。关于多机器人系统体系结构问题的大部分研究成果都集中在多陆地机器人系统上。

多无人无缆潜水器系统的体系结构问题的研究起步较晚,最初的相关研究都是从借鉴多陆地机器人系统的相关理论和方法展开的。Sousa 等人提出的多无人无缆潜水器系统通用控制体系结构[304]基本上采用了分层递阶的控制结构形式。该结构分为物理层、抽象层、功能层、协调层、组织层五个层次以对不同的功能进行抽象(见图 13-8)。东京大学的 Fujii 等人应用在 TWIN-BURGER 多无人无缆潜水器系统上的分布式运载器管理体系结构(distributed vehicle management architecture,DVMA)在形式上采用了分层递阶的形式,而在无人无缆潜水器底层的控制上还是采用了反应型结构的思想[305]。随着多智能体技术(MAS)的发展以及基于多智能体的控制体系结构在陆地移动式机器人上获得了成功的应用,近几年有关学者尝试将基于多智能体的控制体系结构引入到多无人无缆潜水器系统中来[306-307],并通过仿真以及初步的海上试验对其可行性进行了初步的验证。

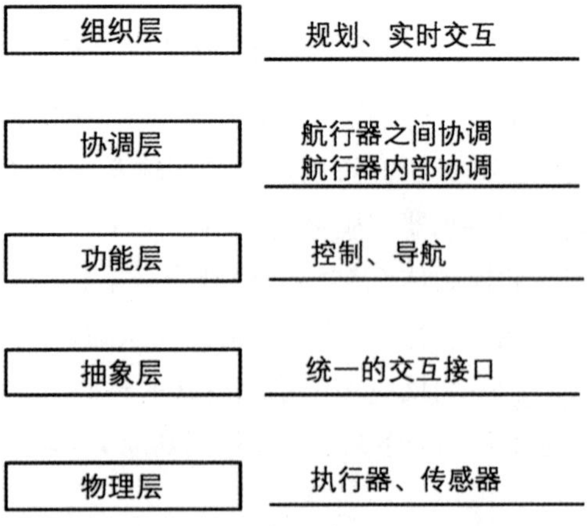

层次	功能
组织层	规划、实时交互
协调层	航行器之间协调 航行器内部协调
功能层	控制、导航
抽象层	统一的交互接口
物理层	执行器、传感器

图 13-8 多无人无缆潜水器通用控制体系结构

MOOS(mission oriented operating suite)是Paul Newman教授在麻省理工学院做博士后工作期间提出的一种分布式控制体系结构[308]。该体系结构在创建之初就是以无人无缆潜水器系统为主要应用对象的，其核心思想是将无人无缆潜水器的不同子系统抽象为功能相对独立的软件模块，为运行在智能无人无缆潜水器上的各个软件模块提供一个统一、高效、稳定的信息交互环境。该体系结构应用到GOATS项目中的多个无人无缆潜水器/USV上并在2002年以后的多次海上试验中进行了实践。目前，牛津大学移动机器人研究小组(Mobile Robot Group，MRG)、麻省理工学院计算机科学与人工智能实验室(Computer Science and Artificial Intelligence Laboratory，CSAIL)、麻省理工自主海洋环境感知实验室(Laboratory for Autonomous Marine Sensing Systems，LAMSS)以及美国海军水下作战中心(Naval Undersea Warfare Center，NUWC)的研究人员在美国海军研究办公室(ONR)的资助下针对无人无缆潜水器在不同作业中的应用开发了一系列的软件模块并开展了大量的仿真试验以及实际物理系统的湖上、海上试验[309]。到目前为止，该体系结构已经成功应用到多款水下(水面)潜水器系统，其中包括BLUEFIN公司的21英寸潜水器、Hyrdoid公司的REMUS-100和REMUS-600、Ocean Server公司的IVER2潜水器、Ocean EXPLORER 21英寸潜水器、Robotic Marine系统公司和SARA公司的水面无人小艇以及北约水下研究中心(NATO Underwater Research Center，NURC)的两部水面无人平台上(见图13-9)。

BLUEFIN 21″ UUV

IVER2 UUV
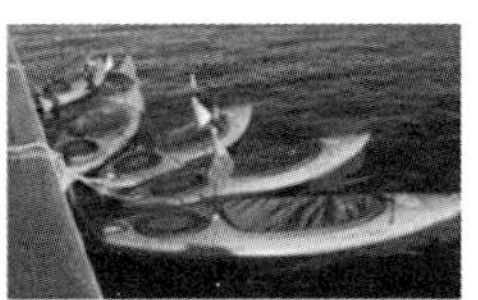
AUTON. KAYAKS

OEX 21″ UUV

REMUS-100

REMUS-600

NURC-USV

图13-9 应用MOOS的海洋无人航行器

2010年8月24—25日，首次MOOS开发与应用研讨会(MOOS Development and Application Working Group)在麻省理工学院举行，从事MOOS体系结构及软件系统开发和应用的研究人员齐聚一堂探讨MOOS的开发、发展以及在水面/水下无人系统上的应用情况。相关内容可以在 http：//www. moos-dawg. org 上找到。该次研讨会的举行标志着 MOOS 开始进入比较成熟的阶段，逐渐引起越来越多无人无缆潜水器技术研究人员以及商业无人无缆潜水器系统技术人员的关注。BLUEFIN 公司出品的无人无缆潜水器系统为 MOOS 体系结构的应用提供了相应的软件接口，以方便该体系结构在其产品上的应用。

在 MOOS 体系结构中，无人无缆潜水器的功能子系统（不同种类的传感器、导航推算、作业规划、运动控制、状态监测等）被抽象成了相互独立的软件模块，各功能模块以作为独立的进程/任务运行在无人无缆潜水器计算机上。所有的软件模块之间的信息交互通过统一的软件接口来实现。该体系结构的组织形式如图 13－10 所示。

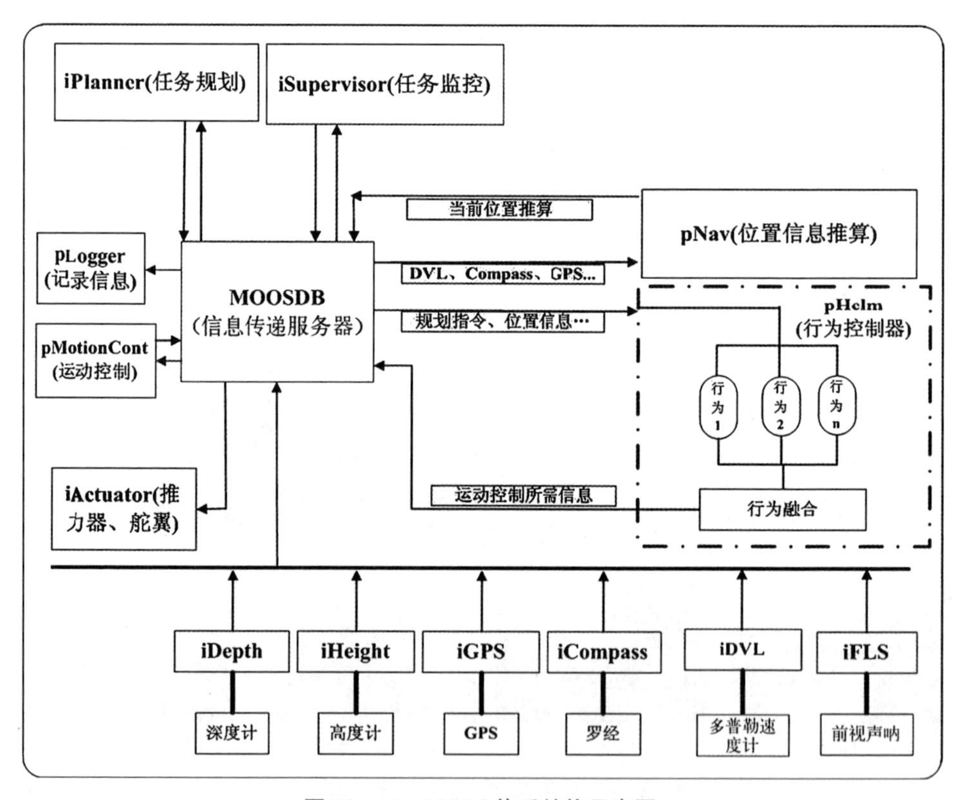

图 13－10 MOOS 体系结构示意图

该体系结构模块化、分布式的设计思想使其能够很方便地扩展到多无人无缆潜水器系统的应用中来。可以通过将无人无缆潜水器之间的通信手段（水声通信为主）抽象成为一个独立的软件模块增加到既有的体系结构中来，即可实现无人无缆潜水器之间的信息交互以达到协同作业的目的。图 13 - 11 为将 MOOS 体系结构应用到多无人无缆潜水器系统的示意图[308]。图 13 - 12 为针对多无人无缆潜水器协调控制问题建立的多无人无缆潜水器分布式控制体系结构。图中以网络协议为基础的进程间通信机制为同一无人无缆潜水器不同模块间的通信提供了高效、稳定的手段,相对独立的水声通信模块实现了对水声通信设备的抽象,同时为无人无缆潜水器之间的信息交互提供了统一的格式。如前所述,在本书建立的多无人无缆潜水器协调控制体系结构中,每个无人无缆潜水器个体都是平等的关系。每个无人无缆潜水器都是相对独立的个体,其在作业过程中根据探测到的信息(环境信息、自身状态信息、接收到的其他无人无缆潜水器信息)自主进行相应运动学/动力学指令的运算,从而完成相应的作业任务。这样一来每个无人无缆潜水器个体的软件组织形式都满足遵循了 MOOS 结构所提出的模块化模式,而多无人无缆潜水器系统内部无人无缆潜水器之间的信息交互是通过水声通信模块来实现的。水声通信模块通过对水声通信设备(水声 Modem)进行抽象,一方面与水声通信硬件打交道获得传递过来的水声信号,另一方面对上述信号进行解码将相应信息通过信息传递服务器(MOOSDB)转发给系统中其他模块使用。无人无缆潜水器执行协同作业任务时需要结合系统中其他个体的信息制定合理的协作策略。

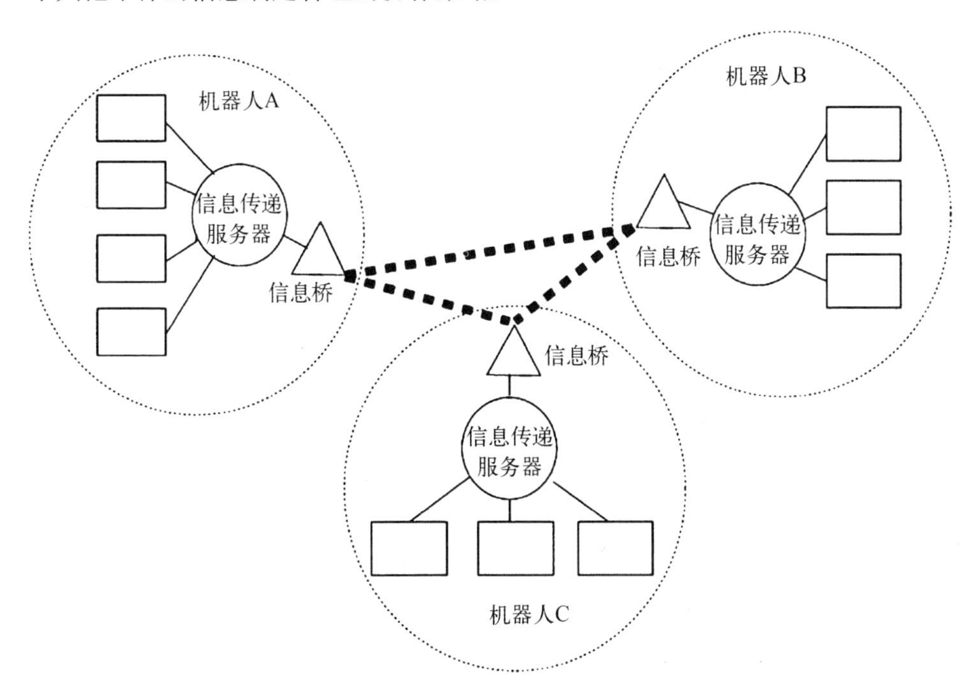

图 13 - 11 MOOS 体系结构在多无人无缆潜水器系统中的应用

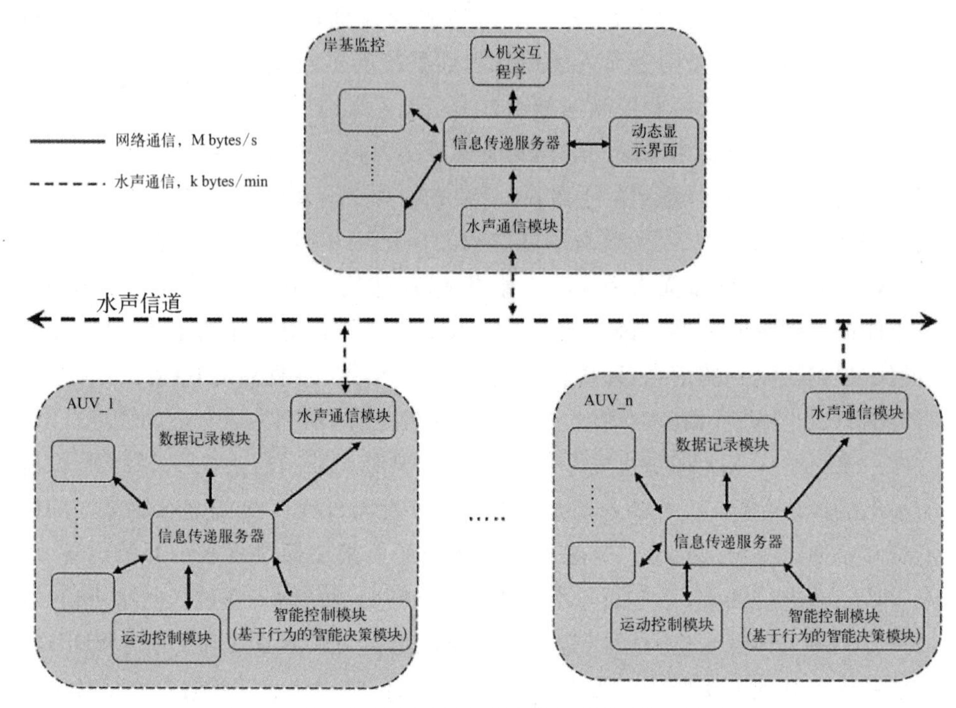

图 13-12　多无人无缆潜水器分布式控制体系结构

对于该体系结构中所采用的星型通信拓扑结构，有的学者指出其可能会成为整个系统工作的“瓶颈”所在，即如果信息传递服务器出现信息阻塞的情况，则整个系统将会处于危险状态[310]。在实际的无人无缆潜水器系统中，该问题出现的概率非常小，这可以从下面几方面来说明。

首先，实际作业过程中无人无缆潜水器搭载的功能模块有限，从而使得整个系统信息交互的数据量不会太大(水下图像的处理可以由系统中单独一台的计算机实现，而不必进行功能模块间图像数据的传输)，这一点使得基于网络协议的 MOOSDB 能够完全胜任信息的接收分发工作。

其次，从图中可以看出无人无缆潜水器不同模块之间进行交互所需的数据通信量不是特别大，从而 MOOSDB 与功能模块间进行信息传递的数据包数据量都比较小(基本每个包的大小都在 1 kB 以下)，在这种情况下数据包的数据量不会对基于网络协议的信息传递产生负担，从而可以保证信息传递的效率。

再次，由于采用了分布式的结构形式，可以在实际测试过程中根据系统资源的占用情况对不同软件模块在多台计算机中的分配做出适当的调整，从而使得 MOOSDB 所在的计算机能够有充分的资源供其使用而不造成 MOOSDB 的阻塞。

最后，该体系结构在实际的无人无缆潜水器系统上进行应用，并进行了上百小时的水中试验，其可靠性和可行性得到了充分的验证。

相对而言，采用这种形式的拓扑结构所带来的优势是明显的，因为无论功能模块的数量如何，通信结构总能保持这样一种简单的形式。该体系结构不会由于一个模块的增减对其他模块的代码造成变动，在很大程度上限制了一个模块的错误代码给其他模块带来的影响，从而大大节省了开发调试的时间和功能模块增加/裁剪的时间。同时，很多时候不同的模块需要同一信息作为解算输入，利用 MOOSDB 进行信息的统一分发保证了数据的一致性。

在 MOOS 体系结构下不同的功能是由相互独立的软件模块来实现的，软件模块之间通过 MOOSDB 实现数据的交互共同驱动无人无缆潜水器完成特定的作业任务。有时候为了执行不同的作业任务需要对传感器、作业工具等作业载荷进行替换，这意味着软件功能模块也需要及时地对上述变化进行调整和替换。针对作业过程中任务载荷快速搭载以及软件模块快速配置问题，MOOS 体系结构的软件实现采用了任务配置文件的形式满足上述要求。

MOOS 体系结构开放式、模块化的特点使得不同单位的研究人员可以根据所研究课题的实际情况开发新的功能模块或者修改现有的功能模块，在很大程度上方便了 AUV 软件系统的开发和调试。MOOS 体系结构为 AUV 软件系统的开发提供了便利的条件和良好的基础。整个 MOOS 体系结构的软件模块组织形式可以用图 13－13 来表示[311]。从图中可以看出，在此轮辐状软件组织结构中，处于核心地位的是 MOOS 体系结构核心通信模块（信息传递服务器模块以及实现信息传递算法的基本类库）。环绕核心通信模块的外层是实现 AUV 一些基本功能的通用模块（数据记录、任务发起及调度等），这些模块与核心模块之间是继承与发展的关系，即在核心模块相关类库的基础上添加一些基本的功

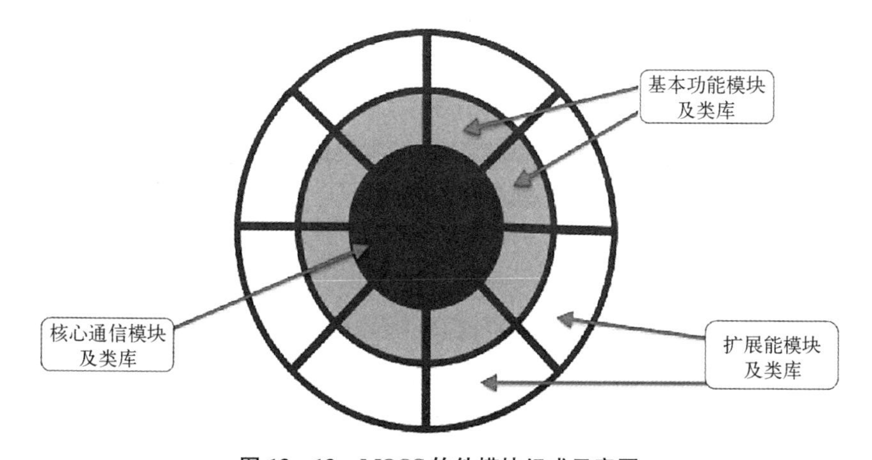

图 13－13　MOOS 软件模块组成示意图

能。最外一层是根据不同的任务要求开发的针对特定 AUV 系统的扩展功能模块(特定型号的传感器驱动与数据处理、系统状态监测、运动控制算法等),这些模块在内层相应模块的基础上进行进一步的功能扩展从而实现特定的作业使命。

上述软件组织形式呈现了很强的开放性,图中 MOOS 核心模块以及部分基本功能模块是以开源项目的形式存在的,不同研究机构的技术人员可以在此基础上开展新的功能模块(私有模块)的开发并很方便地嵌入到现有的系统中去,从而实现作业功能模块的快速搭载。从作者掌握的资料来看,MIT Sea Grant 的无人无缆潜水器实验室、MIT 自主海洋环境感知实验室、爱达荷大学的智能系统研究中心以及北约水下研究中心都针对其自有的水下/水面无人系统开发了相应的扩展功能模块以满足相关项目的需求。

采用此种体系结构的另外一个突出优点是很大程度上实现了软件的复用,提高软件复用带来的优势包括降低开发成本(减少开发时间)、提高系统性能、提高软件系统可靠性等,这对于缩短无人无缆潜水器系统研发周期、提高系统可靠性以及加快无人无缆潜水器系统向实用化发展具有积极的意义。

13.4 多无人无缆潜水器任务分配方法

多无人无缆潜水器系统在执行任务过程中所采用的协调策略与任务的特性有密切的联系。多机器人协同作业任务的复杂度与任务的耦合程度、机器人数量、空间分布以及工作环境动态特性有着直接的关系。本节从多无人无缆潜水器协同作业任务耦合程度出发,对任务进行分类并采取不同的协调控制策略实现多无人无缆潜水器系统的协调控制。多无人无缆潜水器所执行的协同作业任务从耦合程度的强弱来看可以分为两种类型,即紧耦合任务和松耦合任务。紧耦合任务指的是那些在协同作业过程中无人无缆潜水器彼此之间互相紧密依赖的任务,系统中成员的运行需要彼此之间运行状态及感知结果的交换。紧耦合类任务大多是那些具体的动作协调作业,团队中的个体需要及时更新其他成员的状态,并以此来修正自身的状态和行为,任何成员的失效都会导致整个任务在某种程度上的失败[312]。松耦合任务是指执行任务的潜水器不需要相互紧密配合来执行任务,这类任务通常表现为子任务之间在时间和空间上比较松散,任务没有太严格的时间约束[313]。多无人无缆潜水器编队航行、移动目标跟踪与观测、协同水下照相作业等需要多个无人无缆潜水器之间紧密配合完成任务,属于典型的紧耦合任务。多无人无缆潜水器区域探测、海洋环境数据采集等任务对潜水器之间紧密配合的程度要求较低，可以划入到松耦合任务的范畴。本部分将针对多无人无缆潜水器松耦合任务中核心的任务分配问题进行论述。后续章节将针对典型的紧耦合任务——编队控制问题进行论述。

在该松耦合类任务的执行过程中，无人无缆潜水器之间的依赖程度不是特别紧密，数据交换量不大。每个潜水器相对独立地完成既定的任务。这类任务强调的是任务节点在整个多机器人系统中的优化分配以实现更为灵活、优化的作业效果。多无人无缆潜水器系统在执行此类任务时，需要解决的核心问题是："哪个任务需要由哪个机器人来执行"，这也就是所谓的多潜水器任务分配问题（Multi-Robot Task Allocation，MRTA）。对于 MRTA 问题的研究，从 20 世纪 90 年代起就引起了国内外学者的广泛关注，涌现了许多研究成果。文献[314]对多潜水器系统任务分配的研究进展进行了比较全面的总结。

本部分主要介绍基于市场拍卖机制的任务分配方法进行多无人无缆潜水器系统任务分配的相关研究。在基于市场机制的任务分配理论下，多潜水器系统中的每一个潜水器都是相互平等的个体，每一个个体根据自身状态评价完成某个任务/某些任务所需的代价，个体以自身利益最大化为目标申请对某个/某些任务的执行权。整个多潜水器系统通过某种仲裁机制（通常是拍卖协议）来确定任务的执行者。虽然每个潜水器以实现自身利益最大化为目标，但在大多情况下这种分配方式的最终结果是实现了整个系统的利益最大化。近十几年来，基于市场机制的任务分配方法引起了国内外学习者的广泛关注和深入研究，取得了一系列的研究成果并在实际多潜水器系统上得到了应用。

卡内基梅隆大学的 Dias 设计了 TraderBot 系统，基于市场机制解决多潜水器协作探索中的任务分配问题[315]。佐治亚理工大学的 Sariel 等人将基于市场机制的任务分配应用到多无人无缆潜水器协作雷区搜索方面，并在仿真环境中验证了方法的有效性[316]。国内相关研究人员也在基于市场机制的多潜水器任务分配及协调方面开展了研究，其中国防科技大学的柳林在其博士论文中提出了基于密封第二价格拍卖合同网的任务分配算法 NeA－MRTA 和任务再次分配算法 ReA－MRTA，并通过仿真试验验证了方法的有效性[317]；哈尔滨工程大学的由光鑫博士探讨了市场机制在多无人无缆潜水器协调控制中的应用，建立了多无人无缆潜水器任务协调优化的"市场框架"，探讨了通信受限条件下基于市场机制多无人无缆潜水器任务分配的优化问题[312]，并通过仿真试验验证了方法的有效性。

本章节基于市场机制的多无人无缆潜水器任务分配是在在光鑫的研究工作

基础上进行的。与其所开展的工作相比,作者进行如下两方面的研究:首先,在基于市场机制的任务分配求解问题上提出了基于“聚类”算法的任务代价计算方法,提高了计算效率,改进了任务分配优化结果;其次,将多无人无缆潜水器基于市场机制的任务分配方法实现了多无人无缆潜水器协调控制体系结构下相应的软件功能模块,实现了该体系结构在多无人无缆潜水器系统松耦合类任务协调控制方面的扩展。

13.4.1 市场框架、拍卖模型及其在任务分配中的应用

大多数基于市场的多潜水器/多智能体协调方法都具有一些共性的元素,经济学中的市场理论对其中的一些主要元素都给出了定义。借用经济学中的概念,市场框架中至少应该包含如下要素[315]:

(1) 多潜水器系统应该有一个总的实现目标,该目标能够分解成一系列的子目标从而能够由系统中的个体或者系统中的部分成员完成。

(2) 对于给定的任务应当存在一个总体的目标评价函数从而体现系统设计者对于多机器人协调问题解空间中相应解的选择。

(3) 多机器人系统中每个个体都定义有相应的效用函数(代价函数),体现机器人个体对资源的需求和对任务的评价(完成任务需要的代价),同时也能够体现出对总体目标的贡献。但是,该效用函数应当不受当前系统状态和系统总目标的影响。

(4) 存在一个总体目标和潜水器个体效用函数间的映射,该映射反映了个体消耗资源和完成任务对实现总体目标的影响。

(5) 资源和任务可以通过一定的机制(如拍卖)在系统成员之间交换。该机制将系统成员的投标(系统成员效用的函数)作为输入,输出最大化成员效用的分配结果。该机制在最大化系统成员的效用函数的同时,能够不断地改进系统的总体目标评价函数,使得系统总体目标评价值趋于优化。

如同真实经济体,“市场”框架的核心是交易,即通过协商将任务转移到其他AUV处执行,以获得最佳的执行效果。每笔成功的交易都会使得任务完成的代价减少,全局代价也会随着这些任务在机器人之间的转移而降低。在基于市场框架的任务分配问题中,最常用的交易机制是拍卖。在拍卖过程中,拍卖人提供任务集合(任务宣告阶段,announcement phase),参与者通过投标来告知拍卖人自己对某些任务/任务子集的选择(投标阶段,bidding phase)。一旦参与者提供了所有的标的或者超过了一定的时间限制,拍卖人根据投标情况确定任务的分配(winner determine phase)。如此往复,直到所有的任务都分配到相应的潜

水器个体中。在多潜水器系统中,参与者投标确定的价格体现了潜水器完成任务所需付出的代价或者需要的报酬。一次成功的拍卖交易过程如图 13 - 14 所示。

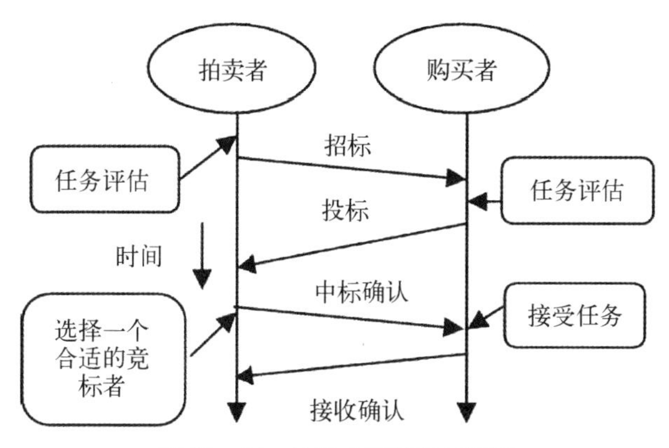

图 13 - 14　拍卖交易流程示意图

拍卖形式可以分为许多种,其中最简单的一种称为单轮第一价格密封叫价拍卖,即拍卖者每轮拍卖只将一件物品拍出给出价最高的参与者;如果购买者拍出的价格低于拍卖者的底价,则拍卖者保留该物品。在该类拍卖中,拍卖的价格就是最后成交价格。另外一种比较常用的拍卖形式称为在第二拍卖价格拍卖(Vickrey auction)[318],此种拍卖形式中成交的价格为该物品的第二最高价格。该方法是由诺贝尔经济学奖获得者 Vickrey 提出的,该拍卖模型的目的在于使购买者能够诚实地提出自己的拍卖价格,在多机器人系统中如果机器人个体都是"诚实"的个体,不存在欺诈行为,则上述两种拍卖模型的效果是一样的。组合拍卖模型更为复杂一些,在拍卖过程中,购买者对待拍卖物品集合中任意的物品组合进行投标,这种方式允许拍卖者考虑集合中物品/任务间的相互作用从而优化最终分配结果,但是随着拍卖物品集合数目的增长,可供选择的组合数呈指数增长,这也限制了该拍卖方法在中等或大规模情况下的应用。本节介绍的工作中采取了单轮第一价格密封叫价拍卖的形式。

针对多无人无缆潜水器系统在未来海洋环境中的应用,本节针对如下一类问题开展基于市场机制的多无人无缆潜水器任务分配问题研究:在某一片水下区域内分布着任务集合 $T=\{t_i\}$ $(i=1, 2, \cdots, n)$ 如海洋数据采集站、可疑目标等,多无人无缆潜水器系统 $R=\{r_j\}$ $(j=1, 2, \cdots, m)$ 需要完成对任务点集合的遍历以完成相应的作业。此种情况下多无人无缆潜水器系统任务分配问题归结为将任务集合 T 中的任务合理地分配给多无人无缆潜水器系统 R 中的每一个个体使得某一特定的系统目标评价函数 $f(g(r_1, T_1), g(r_2, T_2), \cdots, g(r_m, T_m))$ 达到最优。其中集合 $T=\{T_1, T_2, \cdots, T_m\}$ 是对任务集合的一个划分。每一个无人无缆潜水器执行对应任务子集中的任务。函数 $g(r_i, T_{i1})$，$i=1, \cdots, m$ 代表无人无缆潜水器计算其执行对应任务子集所需代价的效用函数。在本节中，我们选取潜水器个体的效用函数为其遍历集合中所有任务点所走过的路程，而系统目标评价函数 $f(g(r_1, T_1), g(r_2, T_2), \cdots, g(r_m, T_m))$ 定义为 $f=\min_T \sum_j g(r_j, T_j)$，即要求所有潜水器完成各自任务集合所走过的总路程最短。至此，本部分研究的多无人无缆潜水器任务分配问题实际上是多集合地旅行商问题的一个变体（v - MDTSP），是一个 NP - Hard 问题，很难在有限时间内得到问题的精确解。基于拍卖模型的计算方法为上述问题的求解提供了一种高效的近似求解途径，相关研究人员将其称为基于拍卖的多机器人行程安排问题（auction-based multi-robot routing）。Lagoudakis 等人针对不同的系统目标评价函数进行了分析，并针对不同的目标函数给出了基于拍卖模型的计算结果与最优结果的上下限[319]。

13.4.2 基于“聚类”方法的任务拍卖计算模型

按照图 13 - 14 所示的计算流程，每一轮拍卖机器人都根据自身的状态计算完成任务所需的代价并在此基础上争夺对待拍卖任务的执行权。拍卖过程中机器人对待拍卖任务 t 所提交的拍卖价格以如下方式确定：假定机器人 j 当前获得的可执行任务集合为 T_j，则新一轮拍卖开始时，机器人对新任务 t 进行竞价拍卖所提出的拍卖价格为 $g(r_j, T_j \cup t) - g(r_j, T_j)$。即机器人对任务的拍卖价格确定为将任务加入到当前已分配任务集合中后完成该集合内任务的代价减去未加入该任务时完成集合内任务的代价。该拍卖价格相当于经济学中的边际代价。值得注意的是，每个机器人计算任务的代价，即投标价格的时候都只依靠自身的信息，因此可以在这一阶段实现并行式的计算，与集中式方法相比能大幅提高运算效率，同时，在投标阶段每个机器人只交互关于任务、价格简单的数字信息，从而降低了对通信量的要求。

单轮第一价格密封叫价拍卖过程中，每一轮只能对单个任务进行投标，如此往复直至所有任务都分配完。这种方式计算量和通信量都较小，实现也比较简单，目前应用比较多。这种拍卖形式存在的主要问题是其分配结果有时与最优分配结果差距比较大。这可以从下面一个简单的例子来说明。如图 13 - 15 所示的简单任务分配情况。黑点代表机器人的位置，叉号代表四个任务点，所标数值代表任务、机器人的相对距离。在进行单任务拍卖的过程中，完成任务代价最低的机器人获得相应的任务，从而我们可得到图(b)中的任务分配结果，这明显与图(c)中的最优分配结果有较大的差距。

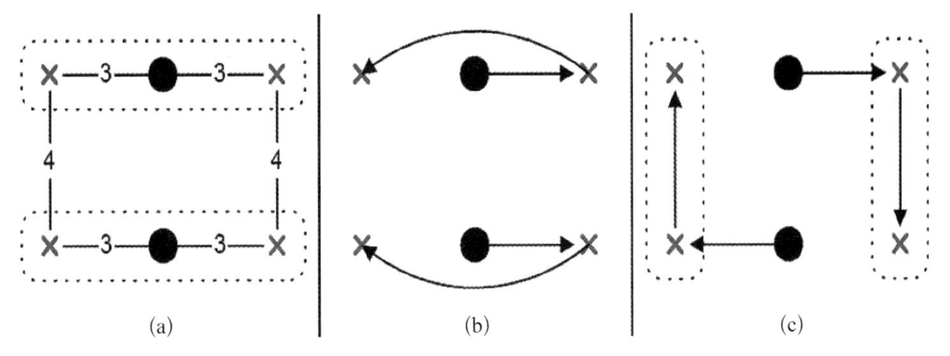

图 13-15 简单任务分配示意图

(a) 单任务拍卖 (b) 总代价=18 (c) 最优分配代价=14

出现这种情况的主要原因是在单任务拍卖过程中没有考虑任务间的协同作用(synergy)。所谓的协同作用是指：如果完成两个任务的代价小于分别完成两个任务的代价之和，则称两个任务间有正协同作用(positive synergy)，否则，如果完成两个任务的代价之和大于分别完成两个任务的代价之和，则称两个任务间有负协同作用(negative synergy)。这可以用图 13-16 来说明，图中机器人 R_1 完成任务 T_2、T_3 的代价小于分别完成两个任务的代价之和，因而任务 T_2、T_3 具有正协同作用，同理任务 T_1，T_2 间具有负协同作用。我们认为相邻的任务具有较强的正协同作用，应当在计算任务代价的时候将其作为一个整体来考虑。

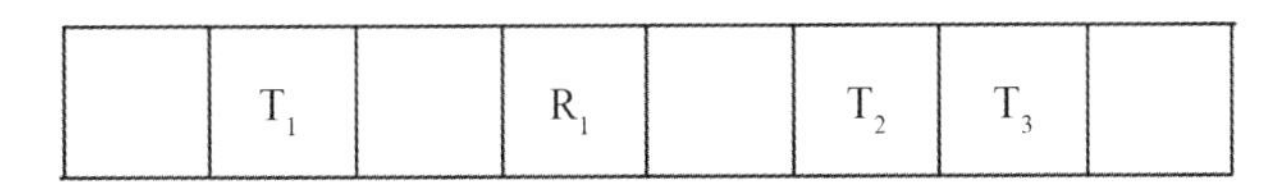

	T_1		R_1		T_2	T_3	

图 13-16 任务间协同作用示意图

Berhault 等人所研究的组合拍卖模型引入到多机器人任务分配中来，充分考虑了任务间的协同作用，有利于找到最优的分配方案[320]。基于组合拍卖模型的任务分配方法在实际应用中存在三个主要问题：首先，机器人不可能对所有可能的任务组合进行投标，因为组合任务数随着任务数的增大而呈指数增长；其次，组合拍卖过程中的胜者决定(winner determination)环节本身就属于一个 NP-Hard 问题，不存在时间复杂性为多项式的求解算法；最后，当任务数量增大时，组合拍卖计算模型的计算复杂度超出了实际的工作条件下无人无缆潜水器的计算能力，从而限制了应用范围。针对单任务拍卖存在的局部最优的问题，Dias 提出了基于 Leader 的拍卖方法，在拍卖过程中添加一个“组织者”以改善任务分配优化结果。在他的研究中同时指出基于任务聚类的方法是在优化结果改进中起着最主要的作用。受其工作的启发，本部分所介绍的方法着重从任务聚类方面着手来改进任务分配的优化程度。

基于“聚类”的任务代价计算就是将相邻的任务点组合成一个任务子集，而机器人在任务子集的基础上进行任务代价的计算。在每轮单任务拍卖的过程中，一个任务子集作为拍卖对象进行分配。在对任务进行任务子集分割的过程中本节采用了基于最小生成树的聚类方法。考虑平面内随机分布的一系列任务点，以任务点为顶点，任务点间的连线作为边，我们可以得到由上述顶点和边组成的完全图，应用图算法中的最小生成树算法可以得到以任务点为顶点的最小生成树，然后根据一定的条件，删除最小生成树中相应的边，就可以得到“聚类”后的任务集合。举例来说，对于任务几何点生成的最小生成树，当其边长 ω 满足条件 $\omega > \alpha \cdot \tilde{\omega} + \beta \cdot \sigma$ 时，该边将会被去掉。其中，$\tilde{\omega}$ 为最小生成树边长的平均值；σ 为最小生成树边长的标准偏差；α，β 为实数，一般取 $\alpha = 1$，$\beta \in [0,\ 1]$。图 13 - 17 显示的是 100 m×100 m 范围内随机生成的 20 个任务点及其聚类结果。针对聚类算法的有效性，进行了相应仿真算例的验证。

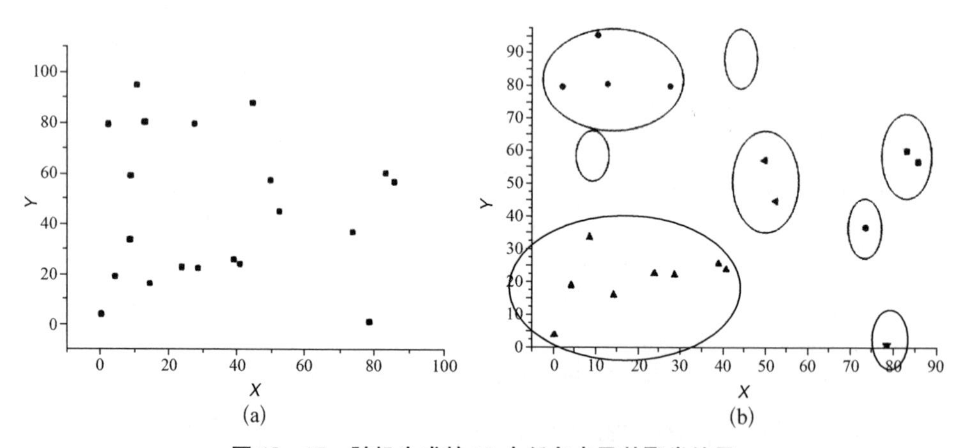

图 13 - 17　随机生成的 20 个任务点及其聚类结果

算例 1： 2 个机器人分配 8 个任务，进行 50 次随机初始化计算，不同方法获得的任务分配执行代价如图 13 - 18 所示。可以看出，应用“聚类”方法进行任务分配的方法，其任务分配优化效果要普遍优于基于单任务的任务分配方法。定义任务分配最优结果下的任务执行代价为 A_{opt}，基于拍卖模型的任务分配结果对应任务执行代价为 A，则基于拍卖模型的任务分配结果下任务执行代价与最

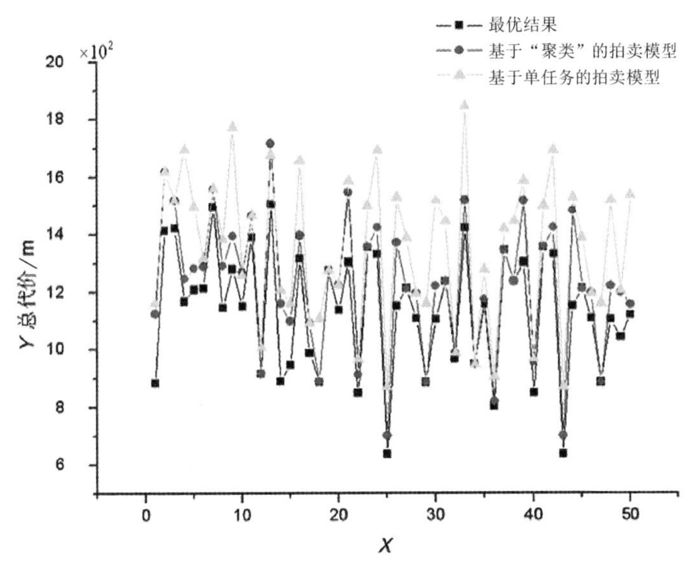

图 13-18　50次随机任务分配总代价曲线

优分配结果下任务执行代价的偏差可以表示为

$$P_{\text{dev}}=\frac{A-A_{\text{opt}}}{A_{\text{opt}}}\times 100\%$$

根据上述定义我们可以得到不同计算方法与最优结果的偏差曲线如图 13-19 所示。可以看出在 50 次试验中，应用"聚类"方法进行任务拍卖，有 12 次(24%)任务分配结果达到了最优分配结果，38 次(76%)任务分配结果与最优结果的偏差在 11%以内。相比较而言，基于单个任务的拍卖方法，有 1 次(2%)任务分配结果达到了最优分配结果，17 次(34%)任务与最优结果的偏差在 11%以内，取上述 50 次偏差的平均值，应用"聚类"方法的拍卖模型其平均偏差为 7.99%，而应用单任务方法的拍卖模型其平均偏差为 19.4%。由上述分析结果可见，应用"聚类"方法的拍卖模型，其优化效果优于基于单任务拍卖的结果。其中的关键就在于考虑到了任务间的协同作用，将具有正协同作用的任务总体考虑从而优化了任务分配结果。

为了进一步验证方法的有效性，对于较大规模的任务求解问题进行了对比计算。由于任务规模的增大，很难在短时间内获得问题的最优解。在中等规模问题中，应用遗传算法作为系统最优解的参考值以对比应用"聚类"方法的拍卖模型和应用单任务拍卖模型的系统优化结果。

算例 2： 工作区域大小为 600 m×600 m，3 个机器人分配 80 个任务。进行 20 次随机初始化计算，计算结果曲线如图 13-20 所示。计算结果表明，将"聚

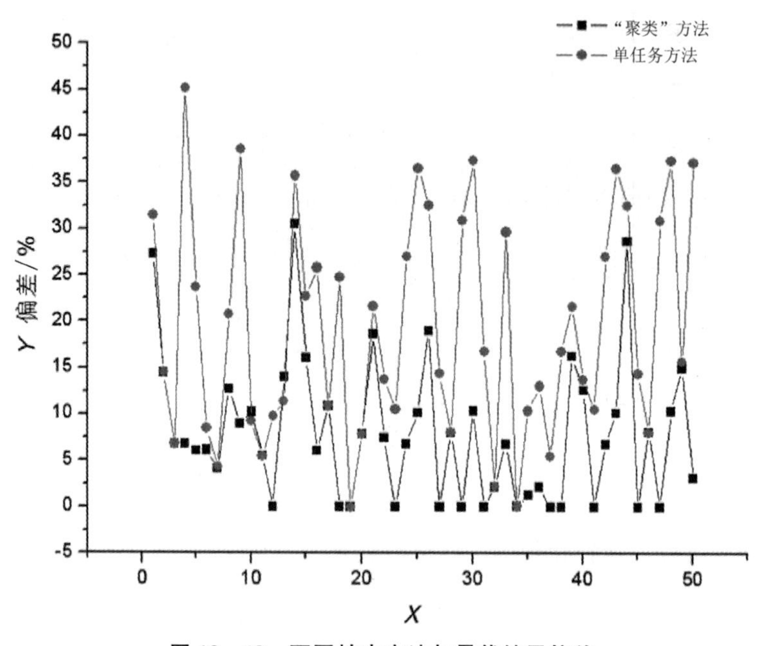

图 13-19 不同拍卖方法与最优结果偏差

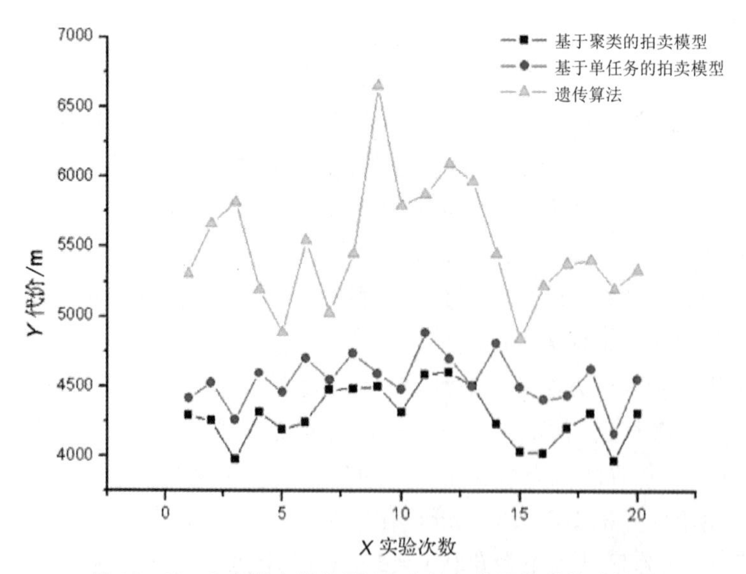

图 13-20 3 个潜水器分配 80 个任务分配代价仿真结果

类”方法应用到“拍卖”模型的代价计算过程中，考虑到任务间的“协同作用”一方面优化了最终结果，另一方面提高了运算速度，因为任务分配的单元不再是单个的任务而是任务的一个子集。这对于基于市场机制的任务分配方法在实际多潜水器系统中的应用具有积极的意义。

13.5 多无人无缆潜水器协调编队控制方法

在多 AUV 协同研究的初始阶段，多 AUV 的协同编队是一个重要的研究课题，可以演示和验证通信、导航、控制等多个系统的研究成果。在多 AUV 协同系统的应用层面，多 AUV 的编队控制也具有极大的价值。AUV 进行探测活动最简单的概括，即控制 AUV 到何处去采集数据。

以多 AUV 协同跟踪海洋中高密度的浮游植物带为例，系统中两个相邻的 AUV，其控制决策为以下三种的结合：浮游植物密度增加的方向；为避免碰撞，而与相邻 AUV 远离的方向；为避免系统分离，而与相邻 AUV 接近的方向。在理想条件下，多 AUV 系统会沿浮游植物的密度梯度方向，形成一种具有重复结构的类晶格队形。继续以监测浮游植物带为例，此处多 AUV 系统在固定区域进行采样，而非跟踪浮游植物带。多 AUV 系统的控制目标是采取高效的采样策略，最小化区域采样误差。系统中的每台 AUV 应根据邻居个体的采样位置，以及浮游植物带的时空分布情况，动态调整自身的采样策略。AUV 在控制算法的作用下，应驶向能源利用效率优化、远离区域中的其他 AUV、并且近期采样未覆盖的位置。在理想条件下，多 AUV 系统通过协同控制，将覆盖监测区域内具有浮游植物斑块的位置。进一步，多 AUV 协同采样监测系统应与海洋学数值计算模型形成闭环。多 AUV 系统采集的数据，上传给海洋学模型进行计算。计算结果将形成海洋学模型动态变化的预测，预测数据下载给多 AUV 系统，作为优化控制和采样策略的依据。在第一个例子中多 AUV 系统跟踪海洋浮游植物带，通过海洋学模型预测数据，可以获得浮游植物密度变化趋势，从而优化梯度搜索策略。在第二个例子中多 AUV 系统在固定区中，对海洋浮游植物带进行覆盖式监测，通过海洋学模型数据，可以获得区域覆盖采样的不确定度，多 AUV 系统据此使得系统采样的不确定度优化覆盖策略最小化。由此可见，系统地设计多 AUV 的控制算法，是保证多 AUV 系统可靠、高效完成作业任务的关键。此处的多 AUV 控制算法应具备如下能力：响应自身采集的海洋水文信息；响应系统中其他 AUV 的状态信息；响应在整个海洋观测大系统中的其他信息。

本部分针对多潜水器协同编队问题介绍两种编队控制方法：基于多智能体蜂拥算法的编队控制方法，人工势场和虚拟结构相结合的编队控制方法[321-322]。

13.5.1 基于多智能体蜂拥算法的编队控制方法

蜂拥的英文表示为flocking，其意思为大量个体的一起运动。在自然界中，蜂群、鸟群、鱼群、兽群等的集体运动为蜂拥的典型例子，如图13-21所示。形成蜂拥的群体，往往不具有全局的领航者或信息中心发布群体信息，群体中的个体根据简单的局部规则，即可协调形成群体的全局行为。从群体的角度而言，蜂拥具有分布性、自组织性、鲁棒性和较强的扩展性。蜂拥控制具有重要的应用价值，如无人机的编队飞行或无人无缆潜水器的地形探测。

图13-21 自然界中的蜂拥

设智能体群体为在平面上运动的 N 个质点，其中第 i 个智能体的运动学模型如下：

$$\begin{cases} \dot{\boldsymbol{q}}_i = \boldsymbol{p}_i \\ \dot{\boldsymbol{p}}_i = \boldsymbol{\tau}_i \end{cases}, \ i = 1, 2, \cdots, N \tag{13-1}$$

其中，$\boldsymbol{q}_i \in \mathbf{R}^2$，$\boldsymbol{p}_i \in \mathbf{R}^2$，分别为第 i 个智能体的位置向量和速度向量；$\boldsymbol{\tau}_i \in \mathbf{R}^2$ 为第 i 个智能体的控制输入。

设智能体之间的相互作用距离为 r，则有第 i 个智能体的邻居集合为

$$\boldsymbol{N}_i = \{j \mid \| \boldsymbol{q}_i - \boldsymbol{q}_j \| < r\}$$

式中，$\| * \|$ 表示向量模值。智能体群体可以构成一个相互作用的网络，在其

网络结构中以智能体构成网络的节点，智能体之间的相互作用构成网络的边。给定智能体之间的相互作用距离 r 后，智能体群体网络的拓扑结构可用图 $\boldsymbol{G}$ 表示。其邻接矩阵 $\boldsymbol{A}=[a_{ij}]$ 可表示为

$$a_{ij}=\begin{cases}w_{ij}, & \|\boldsymbol{q}_i-\boldsymbol{q}_j\|<r\\0, & \text{其他}\end{cases}$$

如图 13-22 所示，第 1 个智能体在其邻域范围内有 3 个智能体，分别为智能体 2、4、5，第 1 个智能体可以接收到其邻居智能体的信息从而产生相互作用。第 3 个智能体距离第 1 个智能体较远，不在邻居范围内，不产生相互作用。假设智能体 2、4、5 之间距离较远，无相互作用；智能体 2、3 之间距离较近，有相互作用。

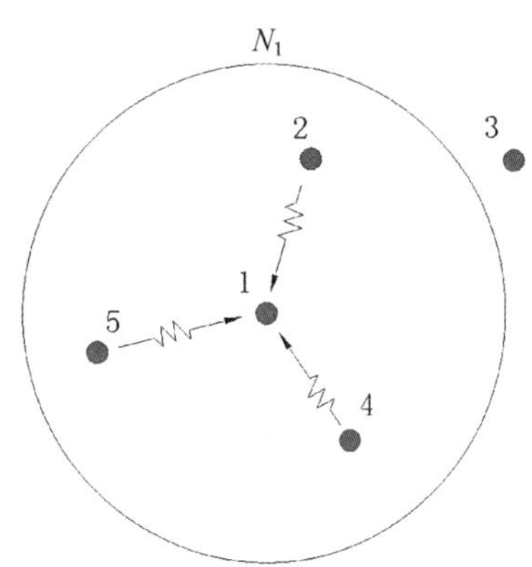

图 13-22 智能体邻居集合示意图

此时多智能体系统的邻接矩阵为 $\boldsymbol{A}$ 和 Laplace 矩阵 $\boldsymbol{L}$ 为

$$\boldsymbol{A}=\begin{bmatrix}0&1&0&1&1\\1&0&1&0&0\\0&1&0&0&0\\1&0&0&0&0\\1&0&0&0&0\end{bmatrix},\ \boldsymbol{L}=\begin{bmatrix}3&-1&0&-1&-1\\-1&2&-1&0&0\\0&-1&1&0&0\\-1&0&0&1&0\\-1&0&0&0&1\end{bmatrix}$$

智能体所在的空间位置和智能体之间的相互作用距离 r，共同决定了智能体之间的相互作用关系，进一步决定了多智能体系统的邻接矩阵 $\boldsymbol{A}$ 和 Laplace 矩阵 $\boldsymbol{L}$。另一方面，多智能体系统的邻接矩阵 $\boldsymbol{A}$ 和 Laplace 矩阵 $\boldsymbol{L}$ 表示了智能体之间的相互作用关系，并在一定程度上反映了智能体之间的相对位置关系。

在一个智能体组成的系统中，若每个智能体与其邻居智能体的距离均一致，则认为此时多智能体的相对空间位置构成了一个晶格状结构，可以用下式进行描述：

$$\|\boldsymbol{q}_j-\boldsymbol{q}_i\|=r,\quad \forall(i,j)\in E$$

满足上式的解 $\boldsymbol{q}$ 即认为多智能体形成了一个晶格状结构，如图 13-23 所示。

对于智能体与其邻居智能体的距离不能一致的系统，可在一定范围内变化，采用准晶格状结构对其进行描述。对于满足如下约束条件的一个多智能体相对空间位置结构 $\boldsymbol{q}'$，称为准晶格状结构，可用下式描述：

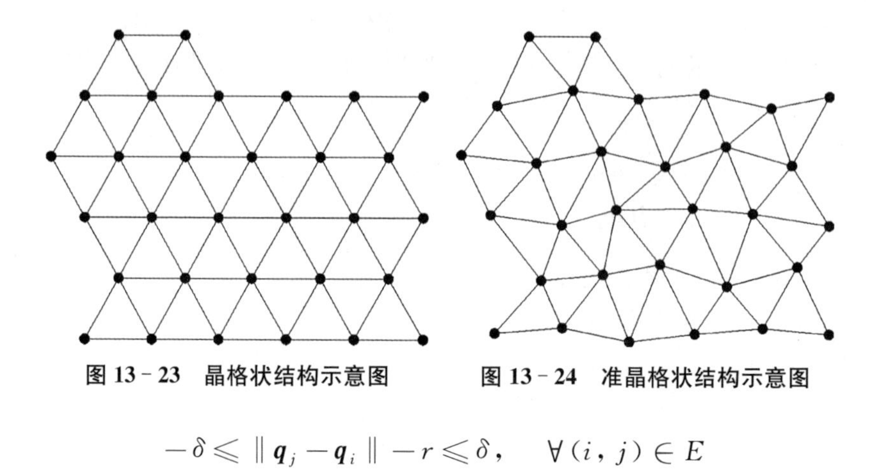

图 13-23 晶格状结构示意图　　图 13-24 准晶格状结构示意图

$$-\delta \leqslant \| \boldsymbol{q}_j - \boldsymbol{q}_i \| - r \leqslant \delta, \quad \forall (i, j) \in E$$

式中，δ 为邻居智能体之间距离与晶格的标准距离之间偏差的极限。对于准晶格状结构，邻居智能体之间的距离大致相等，如图 13-24 所示。

多智能体蜂拥算法的目标为通过设计控制项 $\boldsymbol{\tau}_i$，使多智能体的相对空间位置形成晶格状或准晶格状的结构，并使多智能体的速度向量收敛至一致的值。根据 Reynolds 三原则，可以将第 i 个智能体的控制项 $\boldsymbol{\tau}_i$ 表示成三种控制子项的共同作用，如下：

$$\boldsymbol{\tau}_i = \boldsymbol{f}_i^g + \boldsymbol{f}_i^d + \boldsymbol{f}_i^\gamma \tag{13-2}$$

式中，$\boldsymbol{f}_i^g$ 为人工势场项，用以实现智能体的聚合和避碰；$\boldsymbol{f}_i^d$ 为速度匹配项，用以实现速度匹配；$\boldsymbol{f}_i^\gamma$ 为制导项，用以跟踪虚拟领航者，使智能体群体按照期望路径运动。

人工势场项和速度匹配项的作用已经完全体现了 Reynolds 三原则，然而如果智能体群体的初始位置随机分布，其邻接矩阵可能是非连通的，从而导致群体的分裂。制导项的作用在于，通过使全部智能体跟踪相同的虚拟领航者，智能体群体由初始位置向领航者聚集，从而增加了系统拓扑结构的连通性，避免了群体分裂。此处以 Lennard-Jones 函数为基础进行人工势场的设计。Lennard-Jones 势函数最初由数学家 John Lennard-Jones 在 1924 年提出，用于表现惰性气体分子间的微观作用力，具有较小的斥力范围和较大的引力范围，并且斥力的幅值较大。

为便于对人工势场的改进，首先设计工具函数如下：

(1) 二阶光滑阶跃函数 $s_1(r)$：

$$s_1(r)=\begin{cases}1, & r<r_a \\ \rho_1(z), \quad z=\dfrac{r-r_a}{r_b-r_a}, & r_a\leqslant r\leqslant r_b \\ 0, & r>r_b\end{cases} \tag{13-3}$$

式中，r_a，r_b 为阶跃区间的左右边界；$\rho_1(z)$ 应为二阶光滑函数，其边界条件为

$$\begin{cases}\rho_1(0)=1 \\ \rho_1(1)=0\end{cases}, \begin{cases}\dot{\rho}_1(0)=0 \\ \dot{\rho}_1(1)=0\end{cases}, \begin{cases}\ddot{\rho}_1(0)=0 \\ \ddot{\rho}_1(1)=0\end{cases}$$

以余弦函数为基可求得满足条件的 $\rho_1(z)$ 如下：

$$\rho_1(z)=0.5+0.5625\cos\pi z-0.0625\cos 3\pi z$$

（2）二阶光滑阶跃函数 $s_2(r)$：

$$s_2(r)=\begin{cases}0, & r<r_a \\ \rho_2(z), \quad z=\dfrac{r-r_a}{r_b-r_a}, & r_a\leqslant r\leqslant r_b \\ 1, & r>r_b\end{cases} \tag{13-4}$$

式中，r_a，r_b 为阶跃区间的左右边界；$\rho_2(z)$ 应为二阶光滑函数，其边界条件为

$$\begin{cases}\rho_2(0)=0 \\ \rho_2(1)=1\end{cases}, \begin{cases}\dot{\rho}_2(0)=0 \\ \dot{\rho}_2(1)=0\end{cases}, \begin{cases}\ddot{\rho}_2(0)=0 \\ \ddot{\rho}_2(1)=0\end{cases}$$

以余弦函数为基可求得满足条件的 $\rho_2(z)$ 如下：

$$\rho_2(z)=0.5-0.5625\cos\pi z+0.0625\cos 3\pi z$$

（3）二阶光滑饱和函数 $s_3(r)$：

$$s_3(r)=s_1(r)r+(r_a+r_b)s_2(r)/2 \tag{13-5}$$

式中，r_a，r_b 用于调节饱和函数的区间范围。

（4）非线性距离映射函数 $r_\sigma(r)$：

$$r_\sigma(r)=\sqrt{r^2+\sigma^2} \tag{13-6}$$

式中，σ 为设计参数。可知当 $r\to 0$ 时，$r_\sigma\to\sigma$；当 $r\to\infty$ 时，$r_\sigma\to r$，此时 r_σ 与 r 近似为线性关系。

Lennard-Jones 函数的基本表示形式如下：

$$\phi_{\mathrm{LJ}}(r)=\frac{B}{r^{n}}-\frac{A}{r^{m}} \tag{13-7}$$

式中，r 表示两个智能体之间的相对距离；A，B 为设计参数。

Lennard - Jones 势函数的改进形式具有更为明确的物理意义，如下：

$$\phi_{\mathrm{LJ}}(r)=\frac{-e_{0}}{m-n}\left[m\left(\frac{r_{0}}{r}\right)^{n}-n\left(\frac{r_{0}}{r}\right)^{m}\right] \tag{13-8}$$

式中，r_0 称为“期望距离”，表示两智能体处于平衡状态时的相对距离；e_0 称为“分离能量”，由于在无穷远处势场能为零，e_0 表示使两个智能体完全分离的最小能量；n，m 为指数参数，影响势函数的形状。对势函数求导可得力函数如下：

$$f_{\mathrm{LJ}}(r)=\frac{\mathrm{d}}{\mathrm{d}r}\phi_{\mathrm{LJ}}(r)=\frac{e_{0}mn}{m-n}\left(\frac{r_{0}^{n}}{r^{n+1}}-\frac{r_{0}^{m}}{r^{m+1}}\right) \tag{13-9}$$

在多智能体系统中，智能体之间的相互作用距离应为有限值。相对位置距离较远的智能体之间的作用力应为零。由于人工势场力为人工势场的导数，在距离较大时人工势场应为一个恒定值。考虑采用阶跃 $s_1(r)$ 函数与势函数相乘，使得势函数在有限距离内收敛到零，改进的势函数表示如下：

$$\phi(r)=s_{1}(r)\phi_{\mathrm{LJ}}(r) \tag{13-10}$$

另一方面，由于距离 r 出现于势函数和力函数公式中分母的位置，当 $r \to 0$ 时，势函数和力函数的幅值趋近于无穷，与实际条件不符。考虑采用非线性距离映射函数 $r_\sigma(r)$ 替代距离 r，使得当 $r \to 0$ 时，$r_\sigma(r) \to \sigma$，进一步改进的势函数表示如下：

$$\phi(r)=s_{1}(r_{\sigma})\phi_{\mathrm{LJ}}(r_{\sigma}) \tag{13-11}$$

经过两次改进，Lennard - Jones 势函数在有限距离内收敛为零，并且在距离为零时幅值为有限值。势函数底部开口较为平坦，从而使系统具有较大可压缩性，当智能体之间的相对距离在平衡点附近时，智能体受到的势场力较小，从而减小对控制力的干扰。

改进的势函数 $\phi(r_\sigma)$ 和力函数 $f(r_\sigma)$ 如下：

$$\begin{cases}\phi(r)=s_{1}(r_{\sigma})\phi_{\mathrm{LJ}}(r_{\sigma})\\ f(r)=s_{1}(r_{\sigma})f_{\mathrm{LJ}}(r_{\sigma})+\dot{s}_{1}(r_{\sigma})\phi_{\mathrm{LJ}}(r_{\sigma})\\ r_{\sigma}(r)=\sqrt{r^{2}+\sigma^{2}}\end{cases} \tag{13-12}$$

设有第 i 个智能体处于第 j 个智能体产生的人工势场中，势函数表示如下：

$$\phi_{i,j}(\|\boldsymbol{q}_j-\boldsymbol{q}_i\|)=s_1(\|\boldsymbol{q}_j-\boldsymbol{q}_i\|_\sigma)\phi_{\mathrm{LJ}}(\|\boldsymbol{q}_j-\boldsymbol{q}_i\|_\sigma) \tag{13-13}$$

式中，$\|*\|$ 表示向量模值；$\|*\|_\sigma$ 表示向量模值的非线性映射。势函数在第 i 个智能体 i 的位置向量 $\boldsymbol{q}_i$ 处求负梯度，可得第 i 个智能体受到第 j 个智能体产生的势场力为

$$\begin{aligned}\boldsymbol{f}_{i,j}(\|\boldsymbol{q}_j-\boldsymbol{q}_i\|)&=-\nabla_{q_i}\phi_{i,j}(\|\boldsymbol{q}_j-\boldsymbol{q}_i\|)\\&=[s_1(\|\boldsymbol{q}_j-\boldsymbol{q}_i\|_\sigma)f_{\mathrm{LJ}}(\|\boldsymbol{q}_j-\boldsymbol{q}_i\|_\sigma)+\\&\quad\dot{s}_1(\|\boldsymbol{q}_j-\boldsymbol{q}_i\|_\sigma)\phi_{\mathrm{LJ}}(\|\boldsymbol{q}_j-\boldsymbol{q}_i\|_\sigma)]\boldsymbol{n}_{i,j}\end{aligned} \tag{13-14}$$

式中，$\boldsymbol{n}_{i,j}=(\boldsymbol{q}_j-\boldsymbol{q}_i)/\|\boldsymbol{q}_j-\boldsymbol{q}_i\|$，表示势场力的正方向，由第 i 个智能体指向第 j 个智能体；其余的部分为势场力的幅值。当第 i 个智能体与第 j 个智能体距离较小时，幅值为负，第 i 个智能体受到的势场力由第 j 个智能体指向第 i 个智能体，即斥力；当第 i 个智能体与第 j 个智能体距离较大时，幅值为正，第 i 个智能体受到的势场力由第 i 个智能体指向第 j 个智能体，即引力。

当第 i 个智能体处于智能体群体中，受到的势场力为其他所有临近智能体所产生的势场力的合力，表示如下：

$$\boldsymbol{f}_i^g=\sum_{j\in N_i}\boldsymbol{f}_{i,j}(\|\boldsymbol{q}_j-\boldsymbol{q}_i\|) \tag{13-15}$$

速度匹配的作用在于使智能体群体具有相同的运动趋势。智能体会根据临近智能体的速度信息动态调整自身速度，依据矢量叠加原理，计算临近智能体的总和速度，并以其平均值作为自身的期望速度。在实际计算中，智能体计算临近智能体与自身速度矢量的差值，以差值的矢量加和作为速度匹配项，表示如下：

$$\boldsymbol{f}_i^d=\sum_{j\in N_i}a_{ij}^d(\boldsymbol{q}_i,\boldsymbol{q}_j)(\boldsymbol{p}_j-\boldsymbol{p}_i) \tag{13-16}$$

式中，$a_{ij}^d(\boldsymbol{q}_i,\boldsymbol{q}_j)$ 为加权系数，是智能体相对距离的二阶光滑阶跃函数：

$$a_{ij}^d(\boldsymbol{q}_i,\boldsymbol{q}_j)=s_1(\|\boldsymbol{q}_j-\boldsymbol{q}_i\|) \tag{13-17}$$

智能体群体在运动的过程中，相对位置发生变化，智能体之间的邻居关系随之变化。当一个智能体进出另一个智能体的邻域，速度匹配项的作用会产生或消失，通过二阶光滑的阶跃函数，可使此变化过程平缓，避免力的突变，利于队形

保持稳定。

假设智能体群体有一个虚拟领航者，根据给定的任务规划群体的运动路径，或者跟踪某一运动目标。虚拟领航者通过路径跟踪算法或目标跟踪，计算自身的控制量，从而沿期望轨迹运动，虚拟领航者的模型如下：

$$\begin{cases}\dot{\boldsymbol{q}}^r = \boldsymbol{p}^r \\ \dot{\boldsymbol{p}}^r = \boldsymbol{\tau}^r\end{cases} \tag{13-18}$$

式中，$\boldsymbol{q}^r \in \mathbf{R}^2$ 为虚拟领航者的位置向量；$\boldsymbol{p}^r \in \mathbf{R}^2$ 为虚拟领航者的速度向量；$\boldsymbol{\tau}^r$ 为虚拟领航者的控制量向量。

虚拟领航者在运动的过程中向智能体群体广播自身位置和速度信息，智能体群体则通过制导项向虚拟领航者聚集，进而在虚拟领航者周围形成蜂拥队形。智能体的制导项表示为

$$\boldsymbol{f}_i^r = c_1^r(\boldsymbol{q}_r - \boldsymbol{q}_i) + c_2^r(\boldsymbol{p}_r - \boldsymbol{p}_i) \tag{13-19}$$

式中，c_1^r 为位置匹配部分的系数；c_2^r 为速度匹配部分的系数。

由综合智能体模型、人工势场项、速度匹配项和制导项，可得多智能体系统蜂拥编队的表示如下：

$$\begin{cases}\dot{\boldsymbol{q}}_i = \boldsymbol{p}_i \\ \dot{\boldsymbol{p}}_i = -\nabla_{q_i} \sum_{j \in N_i} \phi_{i,j}(\| \boldsymbol{q}_j - \boldsymbol{q}_i \|) + \sum_{j \in N_i} s_1(\| \boldsymbol{q}_j - \boldsymbol{q}_i \|)(\boldsymbol{p}_j - \boldsymbol{p}_i) + \\ \qquad \boldsymbol{f}_i^r(\boldsymbol{q}_i,\ \boldsymbol{p}_i,\ \boldsymbol{q}^r,\ \boldsymbol{p}^r)\end{cases} \tag{13-20}$$

分析多智能体系统蜂拥编队的稳定性，可由以下三个步骤进行：① 多智能体系统在人工势场项的作用下，将形成晶格状的队形结构；② 多智能体系统在人工势场项和速度匹配项的综合作用下，拓扑结构连通的多智能体群组，将收敛至速度一致的状态，并形成晶格状的队形结构；③ 多智能体系统在人工势场项、速度匹配项和制导项的综合作用下，系统将保持拓扑结构的连通性，整个多智能体群体的速度将收敛至虚拟领航者的速度，跟随虚拟领航者沿期望的编队路径运动，并在虚拟领航者位置周围形成准晶格状的队形结构。

根据 Reynolds 三原则可用多智能体蜂拥编队控制算法，此处我们考虑如何将其应用于多潜水器的协同编队中。蜂拥算法利用人工势场、速度匹配和虚拟领航者的综合作用，形成了一种控制智能体运动的合力，控制智能体形成蜂拥编队队形。在该算法中智能体采用质点模型，可以直接将所受到的合力

转化为该力方向上的加速度，产生相应的运动。然而，潜水器的模型为刚体运动模型，具有复杂的水动力系数，并且潜水器多以螺旋桨、舵、翼进行控制，存在欠驱动的运动特性。因此，需要解决蜂拥编队控制算法对多潜水器系统的工程适用性问题。

一种策略是直接将多智能体蜂拥编队算法应用于多潜水器的编队。蜂拥编队算法计算所得到的合力为潜水器期望受到的合力，包括潜水器艇体所受到的各种形式的水动力，螺旋桨、舵、翼施加的控制力，以及风、浪、流引起的环境干扰力。在计算过程中，应当根据期望合力计算潜水器的期望运动状态，并计算在此期望运动状态下，潜水器所受到的艇体水动力和环境干扰力。用期望合力减去艇体水动力和环境干扰力，可以得到期望的控制力，从而控制螺旋桨、舵、翼执行相应输出。此种方法相对复杂，即使不考虑环境干扰力的影响，由于潜水器系统本身动态特性的复杂性以及所处海洋环境的动态变化特点，计算潜水器所受到的艇体水动力也较为困难。

另一种策略是间接地将多智能体蜂拥算法应用于多潜水器的编队控制。以智能体作为潜水器的跟踪目标，多智能体系统在蜂拥算法的控制下形成一定的编队队形，潜水器跟踪对应的智能体，从而形成多潜水器的蜂拥编队。此处，智能体与虚拟领航者类似，为计算上的概念，并与潜水器有一一对应的关系。智能体的运动状态由对应的潜水器负责计算，智能体在蜂拥算法控制下，在虚拟领航者周围形成准晶格状的编队队形，潜水器跟踪智能体也在虚拟领航者周围形成相同队形。由此可知，智能体在多潜水器编队算法中起了辅助性的作用，将虚拟领航者的编队路径和运动状态，扩展成为多潜水器系统的编队路径和运动状态。间接转化策略利用了技术成熟的潜水器目标跟踪算法，故较为简单。可以将多潜水器的编队控制问题转化为两个问题：多潜水器编队队形的组织和单潜水器的目标跟踪。编队队形的组织采用多智能体蜂拥控制算法解决。

在多潜水器蜂拥编队系统中，潜水器之间的信息交互采取局部式的规则。潜水器仅与邻近潜水器交换其所持有的智能体的位置和速度信息。

如图 13-25 所示，无标号圆点表示虚拟领航者，有标号圆点表示智能体；虚拟领航者的信息由信息中心广播发布；智能体为计算上的概念，由对应的潜水器根据虚拟领航者信息、自身及临近潜水器的状态信息进行计算。图(a)为初始时刻潜水器随机分布于初始区域，潜水器设置自身对应的智能体具有相同的初始位置，虚拟领航者位于初始化位置；图(b)为任务开始执行后，潜水器根据多智能体蜂拥算法，计算智能体所需的控制量，智能体受到驱动而向前运动，从而生成智能体的轨迹，潜水器则以智能体为目标进行轨迹跟踪；图(c)为智能体在蜂拥算法的控制下，在虚拟领航者周围形成蜂拥状的编队队形；图(d)为潜水器跟踪智能体，最终在虚拟领航者周围形成潜水器的蜂拥编队队形。

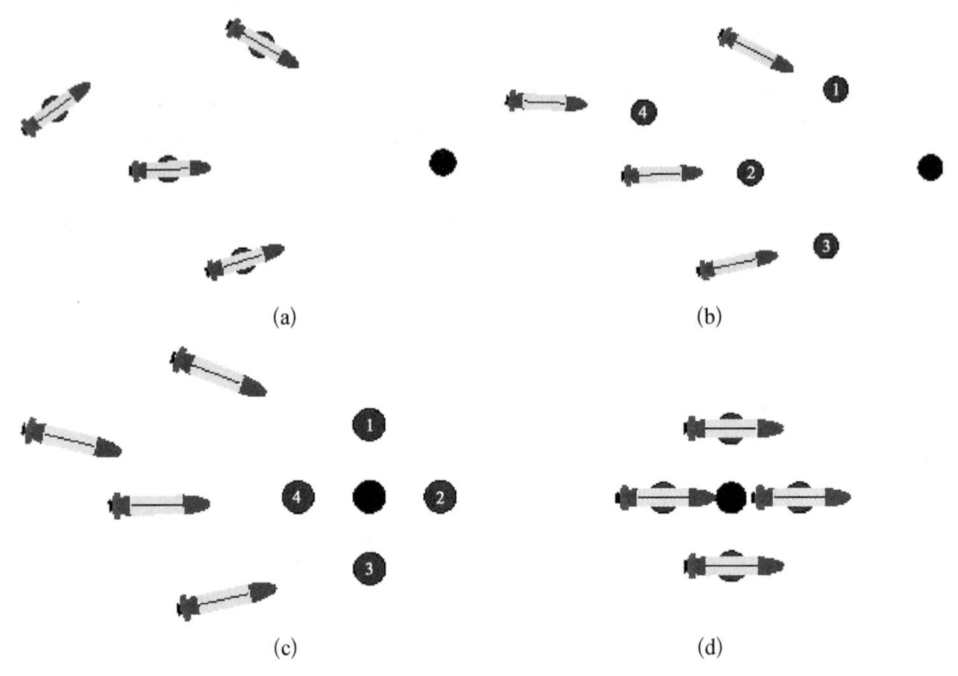

图 13-25 潜水器蜂拥编队间接策略示意图

为验证所提出的目标跟踪算法，设计潜水器目标跟踪仿真试验。选取潜水器的水动力参数如下：$m_{11}=25.8\ \mathrm{kg}$，$m_{22}=33.8\ \mathrm{kg}$，$m_{33}=2.76\ \mathrm{kg\cdot m^2}$，$m_{23}=m_{32}=6.2\ \mathrm{kg\cdot m}$，$d_{11}=27\ \mathrm{kg/s}$，$d_{22}=17\ \mathrm{kg/s}$，$d_{33}=0.5\ \mathrm{kg\cdot m^2/s}$，$d_{23}=0.2\ \mathrm{kg\cdot m/s}$，$d_{32}=0.5\ \mathrm{kg\cdot m/s}$。选取控制参数如下：$\Delta_e=8\ \mathrm{m}$，$\Delta_s=1\ \mathrm{m}$，$U_{a,\max}^{\mathrm{AUV}}=0.5\ \mathrm{m/s}$，$k_1=k_2=k_3=1$。

仿真实验 1： 4 个潜水器进行编队协同的仿真试验。潜水器的初始位置在 $\{(x, y) \mid x\in[0, 100], y\in[-50, 50]\}$ 的矩形区域内随机产生，首向在 $[-\pi/2, \pi/2]$ 的范围内随机产生。为了便于观察潜水器进行蜂拥智能体目标跟踪的控制效果，将智能体的初始位置在潜水器初始位置处向正北方向偏移 15 m。此偏移在实际应用中并非必要，可令智能体的初始位置与潜水器的初始位置相同。虚拟领航者的初始位置为 (100, 0)，以单位速度沿正北方向运动。多潜水器蜂拥编队仿真效果如图 13-26 所示。图 13-26 为潜水器跟踪蜂拥智能体的分时效果图；◇ 表示潜水器的位置，其上的箭头表示潜水器的速度向量，○ 表示智能体的位置，＊ 表示虚拟领航者的位置；图下方实线为潜水器的运动轨迹，图下方虚线为智能体的运动轨迹，图上方虚线为虚拟领航者的运动轨迹；子图(a)～(g)为编队过程中，不同时刻的系统状态，图(h)为编队形成后的局部放大图。图13-27为潜水器编队队形图，两点之间的连线表示两个潜水器之间具有邻居关系。

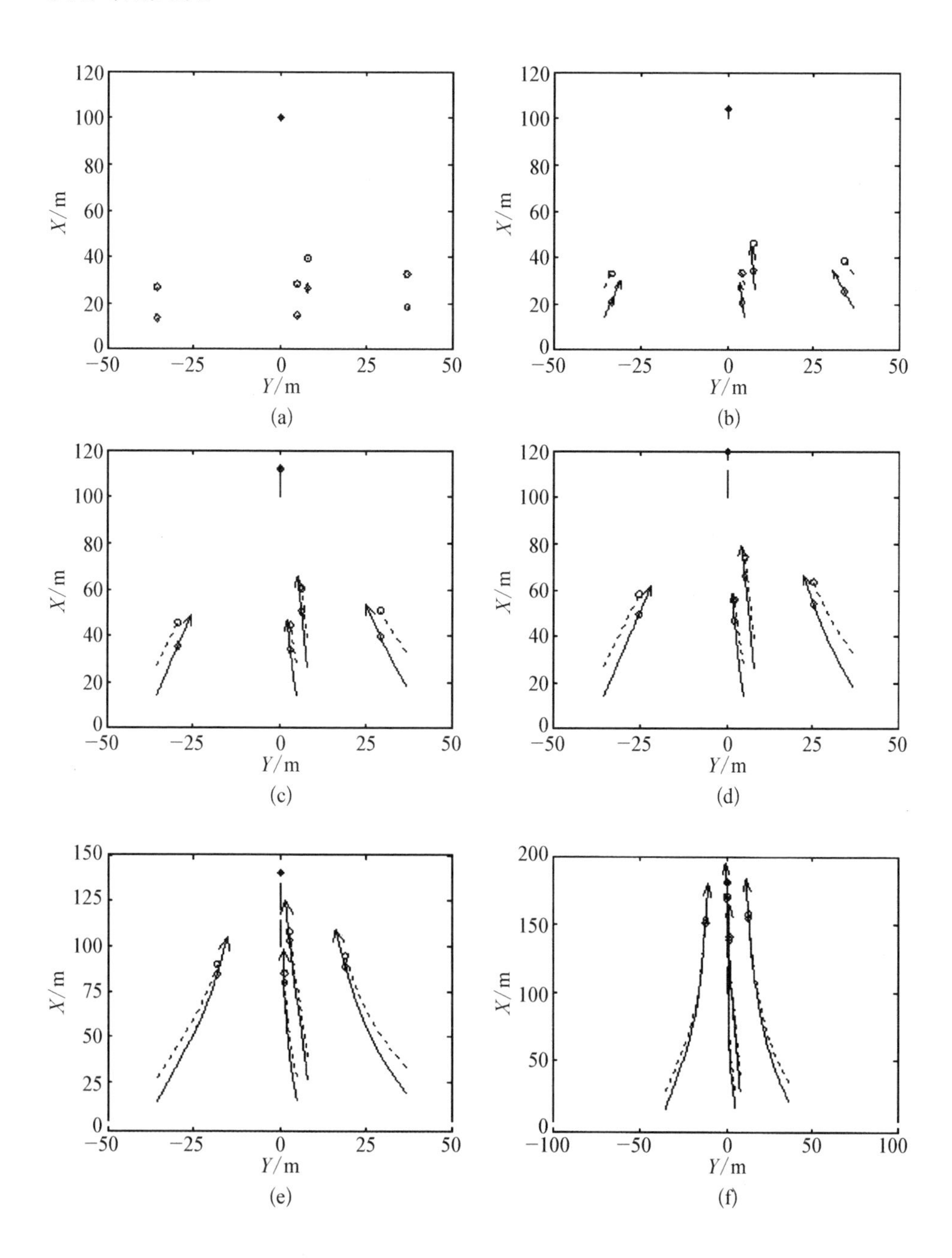

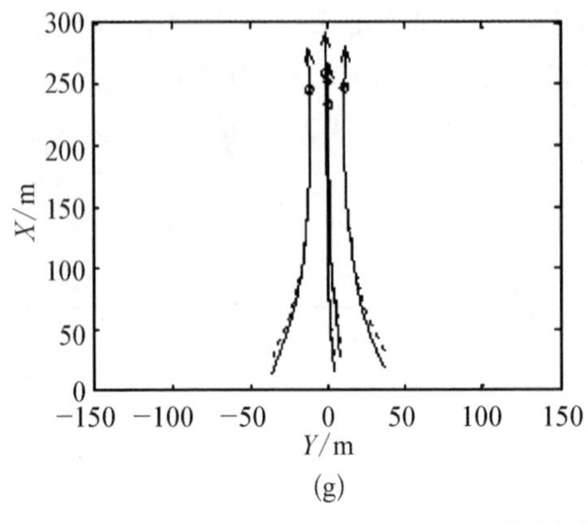

(g)

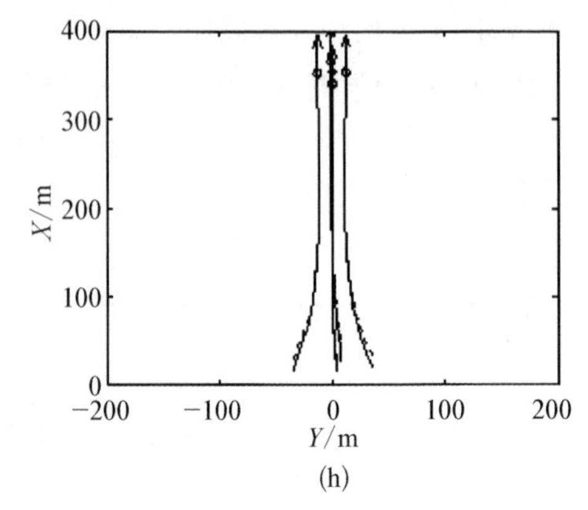

(h)

图 13-26 潜水器跟踪蜂拥智能体过程

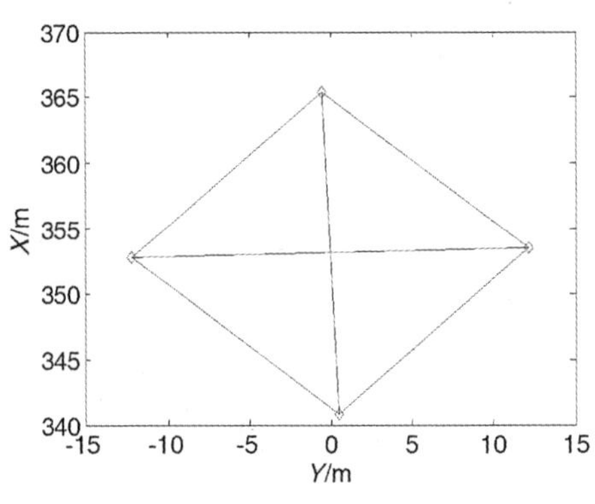

图 13-27 潜水器编队队形图

仿真实验 2: 12 个潜水器进行折线路径跟踪的仿真实验。折线路径点依次为(400, 0),(400, 200),(0, 200),(0, 400),(400, 400)。多潜水器编队仿真效果如图 13-28～13-29 所示,图形示意与仿真试验 1 相同。

由图可见,智能体在蜂拥算法的控制下,向着虚拟领航者运动,最终在虚拟领航者周围形成准晶格状的编队队形。潜水器对智能体进行了有效的跟踪,由初始时刻具有一定的位置偏差逐渐减小,最终潜水器的位置与智能体重合,从而也形成了准晶格状的队形,完成了编队任务。潜水器的跟踪误差由初始时刻的 15 m,逐渐收敛至零,并且在队形形成的过程中潜水器的间距始终大于零,未发生碰撞。

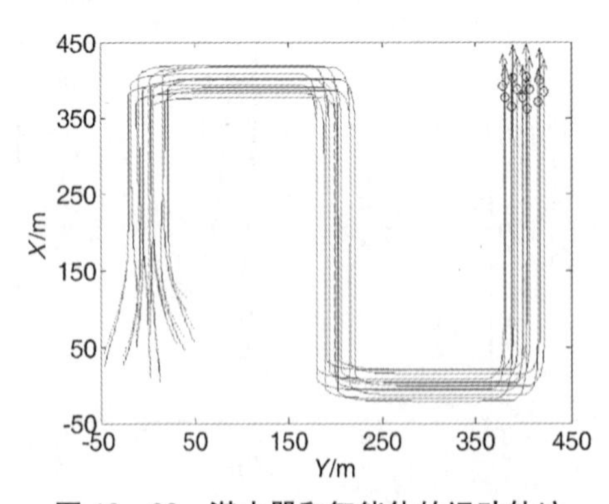

图 13-28 潜水器和智能体的运动轨迹

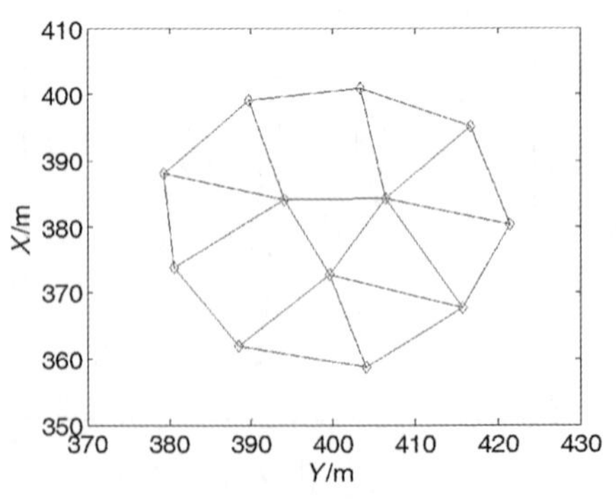

图 13-29 潜水器编队队形

13.5.2 人工势场和虚拟结构相结合的编队控制方法

在多智能体蜂拥算法中，通过构造人工势场函数，控制潜水器与邻居个体之间的相对位置关系，从而形成特定的编队队形。构造的人工势场不同，则系统的编队动态不同，最终形成的蜂拥编队队形也有所不同。对于蜂拥编队控制算法，编队的队形是不可控的，无法按照预先指定的潜水器之间的相对关系形成编队。对于某些特定的编队任务，潜水器群体在运动的过程中，潜水器之间需要特定的相对位置关系。对于此种要求蜂拥编队控制算法不能胜任。另外，上述算法解决了进行编队的潜水器个体之间的避碰问题，但是对于潜水器的编队避障问题并未进行研究。当潜水器群体在编队运行的过程中，遇到障碍物需要加以躲避，并重新组成编队。对于此动态过程的研究，将显著提高编队算法的适用性。

在之前的研究中，通过多智能体蜂拥算法组织多潜水器的编队队形，将期望的编队路径转化为每个潜水器的编队路径。这种"一变多"的转化思路，在多潜水器间接蜂拥算法中表现得更为明显。在此算法中，进行蜂拥编队的是虚拟的质点，潜水器通过跟踪与自身相对应的虚拟质点形成潜水器的蜂拥编队。虚拟质点作为中间介质起了组织编队队形，将期望的编队路径"一变多"的作用。与之前的算法类似，本部分通过虚拟结构算法组织潜水器的编队队形，将期望的编队路径映射为每个潜水器的期望路径。

该算法由三部分组成：虚拟结构、中间介质点和潜水器，其中前两者为算法上的概念，潜水器是最终的编队实体。如图 13-30 所示，中间黑色圆点为编队参考点，周围的浅灰色圆点为虚拟结构的组成点，表示虚拟结构的形状，即编队的队形形状；深灰色圆点表示中间介质点。编队参考点作为编队构成的中心，在其周围形成虚拟结构表示编队队形。中间介质点以虚拟结构上对应的组成点为期望位置，向其运动。潜水器则以中间介质点为跟踪目标，沿中间介质点形成的轨迹运动。在初始时刻，多潜水器在一定的范围内随机分布，中间介质点与潜水器的初始位置相同，并向虚拟结构的对应点处运动。潜水器在目标跟踪算法的控制下，跟踪中间介质点，最终实现自身的编队队形。

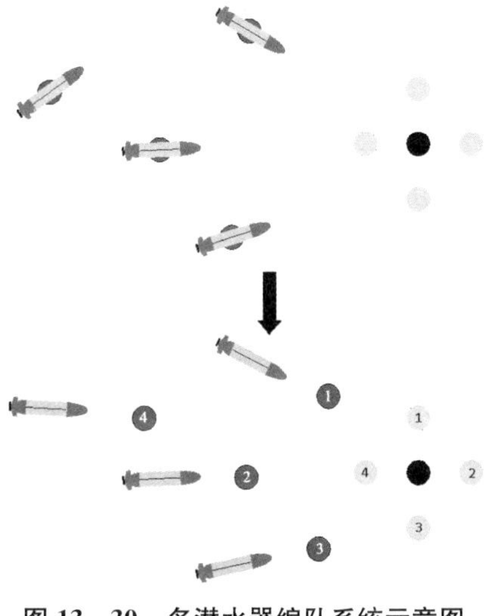

图 13-30 多潜水器编队系统示意图

多潜水器编队在作业区域内运行，可以考虑采用编队参考点路径规划、编队队形改变、编队队形缩放和自由压缩等四种编队避障策略。这里主要介绍一下编队参考点路径规划策略。

在编队参考点的运动模型中加入避障规划控制项，表示如下：

$$\begin{cases}\dot{\boldsymbol{q}}=\boldsymbol{p}^{\mathrm{r}}\\ \dot{\boldsymbol{p}}^{\mathrm{r}}=\boldsymbol{\tau}^{\mathrm{r}}+\boldsymbol{\tau}^{\mathrm{ob}}\end{cases}\tag{13-21}$$

式中，$\boldsymbol{\tau}^{\mathrm{r}}$ 为与编队路径规划相关的制导控制律，使编队参考点沿期望的编队路径运动；$\boldsymbol{\tau}^{\mathrm{ob}}$ 为避障规划控制项，使编队参考点的运动轨迹绕过障碍物所在区域。

由于编队参考点采用质点模型，可以采用人工势场进行编队避障规划。以编队躲避圆形障碍物为例，设编队参考点在障碍物边界上投影点的位置向量为 $\boldsymbol{q}_k^{\mathrm{pj,\,r}}$，表示如下：

$$\boldsymbol{q}_k^{\mathrm{pj,\,r}}=\boldsymbol{q}_k^{\mathrm{ob}}+R_k\frac{\boldsymbol{q}^{\mathrm{r}}-\boldsymbol{q}_k^{\mathrm{ob}}}{\|\boldsymbol{q}^{\mathrm{r}}-\boldsymbol{q}_k^{\mathrm{ob}}\|}\tag{13-22}$$

式中，$\boldsymbol{q}^{\mathrm{r}}$ 为编队参考点的位置向量；$\boldsymbol{q}_k^{\mathrm{ob}}$ 为第 k 个障碍物在大地坐标系下的位置向量；R_k 为圆形障碍物的半径。编队参考点处的势场能和势场力表示如下：

$$\begin{cases}\phi_k^{\mathrm{r}}(\boldsymbol{q}^{\mathrm{r}},\,\boldsymbol{q}_k^{\mathrm{pj}})=\phi_{hb}(\|\boldsymbol{q}_k^{\mathrm{pj,\,r}}-\boldsymbol{q}^{\mathrm{r}}\|)\\ \boldsymbol{f}_k^{\mathrm{r}}(\boldsymbol{q}^{\mathrm{r}},\,\boldsymbol{q}_k^{\mathrm{pj}})=f_{hb}(\|\boldsymbol{q}_k^{\mathrm{pj,\,r}}-\boldsymbol{q}^{\mathrm{r}}\|)\boldsymbol{n}_k^{\mathrm{r}}\end{cases}\tag{13-23}$$

式中，$\boldsymbol{n}_k^{\mathrm{r}}=(\boldsymbol{q}_k^{\mathrm{pj,\,r}}-\boldsymbol{q}^{\mathrm{r}})/\|\boldsymbol{q}_k^{\mathrm{pj}}-\boldsymbol{q}^{\mathrm{r}}\|$ 表示势场力的正方向，由编队参考点指向边界投影点；$f_{hb}(*)$ 为势场力的幅值。

将人工势场力作为避障规划控制项，加入编队参考点的运动模型中，可得

$$\begin{cases}\dot{\boldsymbol{q}}=\boldsymbol{p}^{\mathrm{r}}\\ \dot{\boldsymbol{p}}^{\mathrm{r}}=\boldsymbol{\tau}^{7}+\sum\limits_{k\in k^{\mathrm{r}}}f_k^{\mathrm{r}}(\boldsymbol{q}^{\mathrm{r}},\,\boldsymbol{q}_k^{\mathrm{pj}})\end{cases}\tag{13-24}$$

其中，k^{r} 为某一时刻编队参考点在作业区域中探测到的障碍物个数。

进行编队参考点规划避障的仿真试验，编队参考点的初始位置为 (0, 0)，沿正北方向以单位速度运动；中间介质点的初始位置与虚拟结构点相同，初始时刻即具有期望的编队形状，以缩短仿真时间；圆型障碍物的位置为 (400, 0)，半径为 60；编队参考点避障人工势场的作用范围为 50，中间介质点避障人工势场的作用范围为 17。对于在避障机动中，编队队形首向的控制可以采用两种策

略：① 使编队首向与行进路径相切；② 使编队首向与原路径相切，即在避障机动过程中保持首向不变。仿真效果如图 13 - 31 所示。

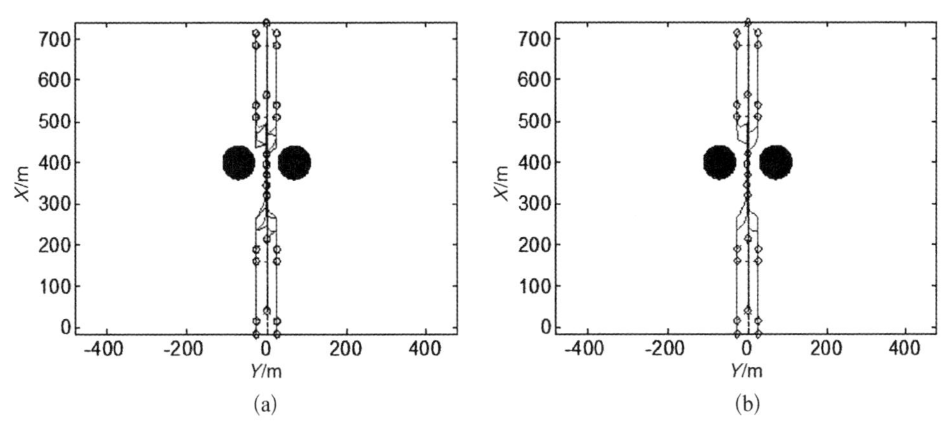

图 13 - 31 协同编队过程中动态避障仿真结果

虚拟结构的作用在于构成编队的队形，并生成每个潜水器对应的运动轨迹。虚拟结构以编队参考点为中心，产生虚拟结构体的形状。编队参考点沿期望的编队路径运动，虚拟结构也随之运动。如果不考虑编队队形的变换，可认为虚拟结构体为一个刚体。刚体在空间运动，其上的每一点存在与刚体运动特性相对应的轨迹。由于潜水器与虚拟结构上的点具有对应关系，通过设计虚拟结构的刚体运动，即可形成每个潜水器期望的运动轨迹。当每个潜水器按照期望的轨迹运动，则形成了潜水器群体的编队队形。图 13 - 32 所示为虚拟结构编队示意图。

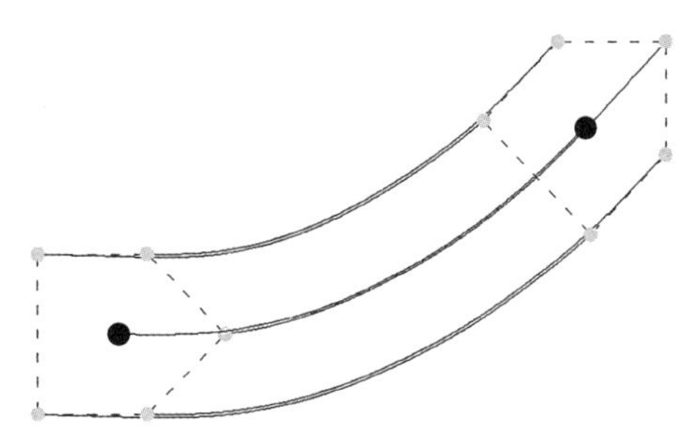

图 13 - 32 虚拟结构编队示意图

其中，黑色圆点表示编队参考点；灰色圆点表示编队过程中潜水器的期望位置；灰色圆点及其之间的虚线表示虚拟结构的形状轮廓；实线表示虚拟结构的运动轨迹，对应于潜水器的期望轨迹。

在之前的研究中我们采用多智能体蜂拥算法进行多潜水器编队，构造人工势场函数有两个作用：第一，避免编队成员之间的碰撞；第二，组织编队的队形。构造的人工势场具有吸引和排斥两个区域，在较小的距离范围内为排斥区域；在较大并且有限的距离范围内为吸引区域。排斥区域和吸引区域之间存在平衡点，此处的人工势场力为零。编队成员均产生人工势场，互为邻居关系的编队成员之间产生相互作用。邻居编队成员坐落于相互的平衡点上，从而产生了编队队形。

在本部分研究中采用虚拟结构算法组织编队队形，因而可以简化人工势场的设计。人工势场只在较小的距离范围内具有排斥力的作用，在其他区域的势场力为零。人工势场的作用仅仅是避免编队成员的碰撞，或编队的避障。

13.6 多无人无缆潜水器协同导航技术

作为导航定位领域最具研究前途的方向之一，协同定位在无线移动网定位、卫星定位及无人无缆潜水器定位等研究中正在成为一个新兴的研究主题，受到业界和学术界愈来愈多的关注[323]。第 6 章专门针对单个无人无缆潜水器的导航定位问题进行了介绍。如本章前面部分所介绍的，多无人无缆潜水器协同作业是未来的发展方向之一。潜水器之间如何利用相互之间的信息交互(测量)得到更为准确的位置估计，从而提高协同作业的效率，协同导航技术是需要解决的问题。

与前面章节介绍的声学基线定位方法做对比，多无人无缆潜水器的协同导航定位可以看作是基线定位系统的拓展与延伸，将固定的声学信标变成移动式的节点进行考虑，通过移动节点间相互的测量与通信，来实现较为准确的位置估计。对于这方面的工作，近十年来国内外初步开展了相关的研究，国内在这方面具有代表性的著作是西北工业大学刘明雍教授撰写的《水下航行器协同导航技术》一书，有兴趣的读者可以查阅该书及相关参考文献。

多无人无缆潜水器协同导航定位的原理[324]根据单体潜水器结构的不同可以分为两种：① 并行式，即系统中每个潜水器的功能和结构相同，使用各自的导航系统进行导航定位，通过水声通信，获得“伙伴”潜水器的位置信息，从而改进其位置估计；② 领航式，即系统中少量领航潜水器装备高精度导航设备，多个跟随潜水器装备低精度导航设备，跟随潜水器通过获得与领航潜水器的位置关系提高自身导航精度，并通过水声通信确定自身在系统中的位置。并行式的结构简单，但每个潜水器都装备高精度导航设备，成本会增加很多，而领航式兼顾了导航精度和成本，成为多潜水器协同定位导航研究的主要方向。

13.6.1 基于距离和方位的单领航者协同导航技术

在基于相对距离和方位测量的单领航者协同导航方法中，主潜水器携带有高精度的惯性导航设备、多普勒计程仪、卫星导航系统和深度计[325]。从潜水器配备精度较低的船位推算设备,主从潜水器之间通过水声通信设备进行信息交互以及相对距离的测量,并通过水声信号的相位差获得相对方位的信息[326]。由于潜水器的深度值可以通过压力传感器精确测量,可以将三维空间的定位问题转化到二维平面上处理。不失一般性,假设从潜水器标记为 A_i,其在 NED 坐标系下的位置坐标为 (x_i, y_i),首向角为 ϕ_i,前进速度为 u_i,其离散时间运动学方程可以表示为

$$\begin{bmatrix} x_i(k+1) \\ y_i(k+1) \\ \phi_i(k+1) \end{bmatrix} = \begin{bmatrix} x_i(k) \\ y_i(k) \\ \phi_i(k) \end{bmatrix} + \begin{bmatrix} u_i(k)+\cos\phi_i(k) \\ u_i(k)+\sin\phi_i(k) \\ \omega_i(k) \end{bmatrix} \tag{13-25}$$

从潜水器 A_i 与主潜水器 L 之间的每一组相对距离和方位量测值 $\boldsymbol{Z}_i(k+1)$ 可以由从潜水器 A_i 局部坐标系下的 $r_i(k+1)$ 和方位角 $\theta_i(k+1)$ 确定。为此,以 A_i 在 $k+1$ 时刻的位置 $\boldsymbol{X}_i(k+1)=[x_i(k+1) \quad y_i(k+1)]^{\mathrm{T}}$ 为原点建立局部坐标系 $\left\{\sum_i: A-X_iY_i\right\}$,其中 X_i 指向 A_i 的运动方向,Y_i 与 X_i 相互垂直,在此局部坐标系下,从潜水器 A_i 与领航潜水器 L 之间的相对距离和方位可以表示为

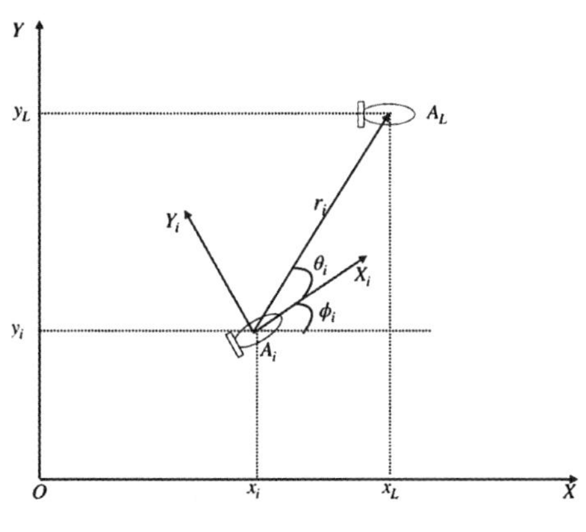

图 13-33 基于从潜水器的局部坐标系示意图

$$\boldsymbol{Z}_i(k+1) = \begin{bmatrix} r_i(k+1)\cos\theta_i(k+1) \\ r_i(k+1)\sin\theta_i(k+1) \end{bmatrix} \tag{13-26}$$

如图 13-33 所示,根据几何关系知道:

$$\begin{cases} r_i(k+1) = \sqrt{[x_L(k+1)-x_i(k+1)]^2+[y_L(k+1)-y_i(k+1)]^2} \\ \cos[\theta_i(k+1)+\phi_i(k+1)] = \dfrac{x_L(k+1)-x_i(k+1)}{r_i(k+1)} \\ \sin[\theta_i(k+1)+\phi_i(k+1)] = \dfrac{y_L(k+1)-y_i(k+1)}{r_i(k+1)} \end{cases} \tag{13-27}$$

根据上述几何关系,式(13-26)可以改写为

$$\boldsymbol{Z}_i(k+1)=\boldsymbol{C}^{\mathrm{T}}(\phi_i(k+1))[\boldsymbol{X}_L(K+1)-\boldsymbol{X}_i(k+1)] \tag{13-28}$$

式中，$\boldsymbol{C}(\phi_i(k+1))=\begin{bmatrix}\cos\ \phi_i(k+1) & -\sin\phi(k+1)\\ \sin\phi(k+1) & \cos\ \phi_i(k+1)\end{bmatrix}$

以上述分析为基础，可以得到从潜水器 A_i 的状态向量和量测向量为

$$\begin{cases}\boldsymbol{x}_i=[x_i(k) \quad y_i(k) \quad \phi_i(k)]^{\mathrm{T}}\\ \boldsymbol{Z}_i(k)=[r_i(k)\cos\theta_i(k) \quad r_i(k)\sin\theta_i(k)]^{\mathrm{T}}\end{cases} \tag{13-29}$$

包含多个从潜水器的协同导航系统，状态方程和量测方程可以表示为

$$\begin{cases}\boldsymbol{x}(k)=[\boldsymbol{x}_1^{\mathrm{T}}(k) \quad \cdots \quad \boldsymbol{x}_{N-1}^{\mathrm{T}}(k)]^{\mathrm{T}}\\ \boldsymbol{Z}(k)=[\boldsymbol{Z}_1^{\mathrm{T}}(k) \quad \cdots \quad \boldsymbol{Z}_{N-1}^{\mathrm{T}}(k)]^{\mathrm{T}}\end{cases} \tag{13-30}$$

根据潜水器的运动学方程和量测方程，有

$$\begin{cases}\boldsymbol{x}(k)=f(\boldsymbol{x}(k),\ k)+\boldsymbol{w}(k)\\ \boldsymbol{Z}(k)=g(\boldsymbol{x}(k+1),\ k)+\zeta(k)\end{cases} \tag{13-31}$$

式中，$\boldsymbol{w}(k)$，$\zeta(k)$ 分别是系统噪声和量测噪声，两者是均值为零且互不相关的白噪声，且方差分别为

$$E[\boldsymbol{w}(k)\boldsymbol{w}^{\mathrm{T}}(k)]=\boldsymbol{Q}(k),\ E[\zeta(k)\zeta^{\mathrm{T}}(k)]=\boldsymbol{R}(k) \tag{13-32}$$

记 f，g 关于系统状态的雅各比矩阵为

$$\begin{cases}\boldsymbol{F}(k+1,\ k)=\left.\dfrac{\partial f(\boldsymbol{x}(k),\ k)}{\partial \boldsymbol{x}}\right|_{\boldsymbol{x}=\hat{\boldsymbol{x}}(k|k)}\\ \boldsymbol{G}(k+1)=\left.\dfrac{\partial g(\boldsymbol{x}(k),\ k)}{\partial \boldsymbol{x}}\right|_{\boldsymbol{x}=\hat{\boldsymbol{x}}(k+1|k)}\end{cases} \tag{13-33}$$

以上述状态方程和量测方程为基础，我们就可以基于扩展卡尔曼滤波方法建立起从潜水器协同导航算法，实现迭代估计与校正的过程。具体的推导过程可以参阅《水下航行器协同导航技术》第四章相关内容。

13.6.2 基于纯距离信息的单领航者协同导航技术

如上一节所述，在主从式的协同导航中，主从潜水器均装备有水声通信设备，实现相互之间量测信息和参考信息的交互。领航潜水器通常配备由高精度惯性导航系统、多普勒计程仪以及深度计、高度计等传感器高精度组合的导航系

统;从属潜水器一般只配备由低精度的航向、姿态测量传感器,低精度的多普勒计程仪以及深度传感器等组成的基本导航推算系统。为了获得主从潜水器之间的相对距离和方位,潜水器的水听器系统配置相对复杂,增加了导航系统的成本和复杂度。为了将系统复杂度以及对量测手段的要求减到最低限度,国内外相关学者研究了仅利用主从潜水器之间距离信息的协同导航方法[327]。本节在整理国内外相关文献的基础上进行简要介绍。

假设 k 时刻从潜水器获得主潜水器发送的位置信息 $\boldsymbol{x}^C(k)=[x^C(k)\quad y^C(k)]^{\mathrm{T}}$,协方差矩阵 $\boldsymbol{P}^C(k)$、深度信息 $\boldsymbol{z}^C(k)$ 以及距离信息 $r(k)$(假设其方差为 σ_r^2)。其中,协方差矩阵式主潜水器对位置信息各分量的置信度描述,可以表示为

$$\boldsymbol{P}^C(k)=\begin{bmatrix}\boldsymbol{\sigma}_{xx}^C(k) & \boldsymbol{\sigma}_{xy}^C(k)\\ \boldsymbol{\sigma}_{yx}^C(k) & \boldsymbol{\sigma}_{yy}^C(k)\end{bmatrix} \tag{13-34}$$

由于潜水器配备的深度计能够具有足够的测量精度,因此可以根据主潜水器的深度信息 $\boldsymbol{z}^C(k)$ 和从潜水器的深度信息 $\boldsymbol{z}^A(k)$,将主从潜水器的位置投影到从潜水器的深度所在平面上来,从而将三维问题转化成二维问题处理。

潜水器在航行的过程中建立并维护一个距离矩阵 $\boldsymbol{D}$,该矩阵的每一个元素 $\boldsymbol{D}(n,m)$ 代表航行器对 $t(n)$ 时刻和 $t(m)$ 时刻(接收到主潜水器信息)之间的航行距离估计 $\boldsymbol{d}_{n,m}=[\mathrm{d}x_{n,m}\quad \mathrm{d}y_{n,m}]^{\mathrm{T}}$。与该距离矩阵对应的是对于距离估计的协方差矩阵 $\boldsymbol{Q}_{n,m}$。图 13-34 显示的就是潜水器根据 $t(n)$ 时刻和 $t(m)$ 时刻接收到的信息,自身在 $t(m)$ 时刻可能所在的两个位置估计。

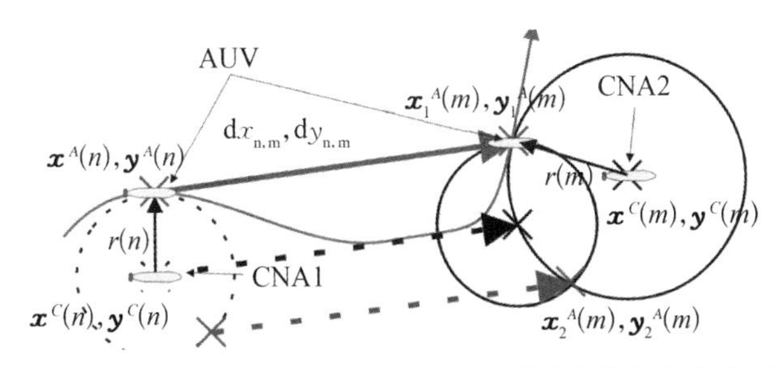

图 13-34 从潜水器根据 $t(n)$, $t(m)$ 两时刻的信息估算自身位置示意图

其中,以 $r(n)$ 为半径的圆环代表了 $t(n)$ 时刻潜水器的所有可能位置,将该圆环的圆心移动 $[\mathrm{d}x_{n,m}\quad \mathrm{d}y_{n,m}]^{\mathrm{T}}$,并求解二次函数,我们能够得到该圆环与圆心在 $\boldsymbol{x}^C(m)$、半径为 $r(m)$ 的圆环的 0 个/1 个/2 个交点:

$$\boldsymbol{X}^A(m)=F(\boldsymbol{x}^C(n),\ \boldsymbol{x}^C(m),\ r(n),\ r(m),\ \boldsymbol{d}_{n,m}) \tag{13-35}$$

$$\boldsymbol{X}^A(m)=\varnothing \quad 或 \quad \boldsymbol{X}^A(m)=x_1^A(m) \quad 或 \quad \boldsymbol{X}^A(m)=\begin{bmatrix} x_1^A(m) \\ x_2^A(m) \end{bmatrix}$$

根据 n ($n=\{1, 2, \cdots, m-1\}$) 时刻的其他信息，我们可以得到关于 $x^A(m)$ 的 $2(m-1)$ 个解。在后面的分析中，我们假设利用其中的 q 个解确定潜水器的实际位置。假设式(13-35)中 F 关于量测参数、接收主潜水器信息 $\boldsymbol{x}^C(n)$，$\boldsymbol{x}^C(m)$，$r(n)$，$r(m)$，$\boldsymbol{d}_{n,m}$ 的雅各比矩阵为 $\boldsymbol{J}_{n,m}$，关于 $\boldsymbol{x}^A(m)$ 估计的协方差矩阵 $\boldsymbol{P}^A(m)$ 可以表示为

$$\boldsymbol{P}^A(m)=\begin{bmatrix} \boldsymbol{\sigma}_{xx}^A(m) & \boldsymbol{\sigma}_{xy}^A(m) \\ \boldsymbol{\sigma}_{yx}^A(m) & \boldsymbol{\sigma}_{yy}^A(m) \end{bmatrix}=\boldsymbol{J}_{n,m}\boldsymbol{G}_{n,m}\boldsymbol{J}_{n,m}^{\mathrm{T}} \tag{13-36}$$

其中，

$$\boldsymbol{G}_{n,m}=\begin{bmatrix} \sigma_{xx}^C(n) & \sigma_{xy}^C(n) & 0 & 0 & 0 & 0 & 0 & 0 \\ \sigma_{yx}^C(n) & \sigma_{yy}^C(n) & 0 & 0 & 0 & 0 & 0 & 0 \\ 0 & 0 & \sigma_{xx}^C(m) & \sigma_{xy}^C(m) & 0 & 0 & 0 & 0 \\ 0 & 0 & \sigma_{yx}^C(m) & \sigma_{yy}^C(m) & 0 & 0 & 0 & 0 \\ 0 & 0 & 0 & 0 & \sigma_r(n) & 0 & 0 & 0 \\ 0 & 0 & 0 & 0 & 0 & \sigma_r(m) & 0 & 0 \\ 0 & 0 & 0 & 0 & 0 & 0 & \sigma_{\mathrm{dx}}(n, m) & 0 \\ 0 & 0 & 0 & 0 & 0 & 0 & 0 & \sigma_{\mathrm{dy}}(n, m) \end{bmatrix}$$

$$\boldsymbol{J}_{n,m}=\begin{bmatrix} \dfrac{\partial \boldsymbol{x}^A(m)}{\partial \boldsymbol{x}^C(n)} & \dfrac{\partial \boldsymbol{x}^A(m)}{\partial \boldsymbol{y}^C(n)} & \dfrac{\partial \boldsymbol{x}^A(m)}{\partial \boldsymbol{x}^C(m)} & \dfrac{\partial \boldsymbol{x}^A(m)}{\partial \boldsymbol{y}^C(m)} & \dfrac{\partial \boldsymbol{x}^A(m)}{\partial r(n)} & \dfrac{\partial \boldsymbol{x}^A(m)}{\partial r(m)} & \dfrac{\partial \boldsymbol{x}^A(m)}{\partial \mathrm{dx}_{n,m}} & \dfrac{\partial \boldsymbol{x}^A(m)}{\partial \mathrm{dy}_{n,m}} \\ \dfrac{\partial \boldsymbol{y}^A(m)}{\partial \boldsymbol{x}^C(n)} & \dfrac{\partial \boldsymbol{y}^A(m)}{\partial \boldsymbol{y}^C(n)} & \dfrac{\partial \boldsymbol{y}^A(m)}{\partial \boldsymbol{x}^C(m)} & \dfrac{\partial \boldsymbol{y}^A(m)}{\partial \boldsymbol{y}^C(m)} & \dfrac{\partial \boldsymbol{y}^A(m)}{\partial r(n)} & \dfrac{\partial \boldsymbol{y}^A(m)}{\partial r(m)} & \dfrac{\partial \boldsymbol{y}^A(m)}{\partial \mathrm{dx}_{n,m}} & \dfrac{\partial \boldsymbol{y}^A(m)}{\partial \mathrm{dy}_{n,m}} \end{bmatrix}$$

将 $\boldsymbol{x}_v^A(m)$，$v=\{1, 2, \cdots, q\}$ 的解以及相应的协方差矩阵合并为矩阵 $\boldsymbol{S}_v(m)$，则该矩阵可以表示为

$$\boldsymbol{S}_v(m)=\begin{bmatrix} \boldsymbol{x}_1^A(m) & \boldsymbol{y}_1^A(m) & \boldsymbol{\sigma}_{xx}^A(m) & \boldsymbol{\sigma}_{xy}^A(m) & \boldsymbol{\sigma}_{yx}^A(m) & \boldsymbol{\sigma}_{yy}^A(m) \\ \vdots & \vdots & \vdots & \vdots & \vdots & \vdots \\ \boldsymbol{x}_q^A(m) & \boldsymbol{y}_q^A(m) & \boldsymbol{\sigma}_{xx}^A(m) & \boldsymbol{\sigma}_{xy}^A(m) & \boldsymbol{\sigma}_{yx}^A(m) & \boldsymbol{\sigma}_{yy}^A(m) \end{bmatrix}$$

同时，定义位置矩阵 $\boldsymbol{T}_u(m-1)$ 为存储所有以往位置记录 $\boldsymbol{x}_u^A(m-1)$、相应的协方差矩阵 $\boldsymbol{P}_u^A(m-1)$ 以及航行器 $t(m-1)$ 时刻的累积过度成本 $c_u(m-1)$ 等信

息的矩阵：

$$\boldsymbol{T}_u(m-1)=\begin{bmatrix} \boldsymbol{x}_1^A(m-1) & \cdots & \boldsymbol{\sigma}_{yy}^A(m-1) & c_1(m-1) \\ \vdots & \vdots & \vdots & \vdots \\ \boldsymbol{x}_q^A(m-1) & \cdots & \boldsymbol{\sigma}_{yy}^A(m-1) & c_q(m-1) \end{bmatrix}$$

式中，代价函数可以认为是潜水器从 $\boldsymbol{x}_u^A(m-1)$ 到 $\boldsymbol{x}_u^A(m-1)$ 的概率的似然逆(inverse of likelihood)：

$$C_{m-1,\,m}(u,\,v)=[(\boldsymbol{P}_u^A+\boldsymbol{Q}_{m-1,\,m})^{-1}+(\boldsymbol{P}_v^A)^{-1}]^{-1}\cdot [(\boldsymbol{P}_u^A+\boldsymbol{Q}_{m-1,\,m})^{-1}(\boldsymbol{x}_u^A+\boldsymbol{d}_{m-1,\,m})+(\boldsymbol{P}_v^A)^{-1}\boldsymbol{x}_v^A] \tag{13-37}$$

以式(13-36)为基础，我们可以得到从 $\boldsymbol{T}_u(m-1)$ 到 $\boldsymbol{S}_v(m)$ 的 q^2 个过渡成本：

$$c_{u,\,v}(m-1,\,m)=C_{m-1,\,m}(u,\,v)+c_u(m-1),\quad \forall u=\{1,\,2,\,\cdots,\,q\},\; v=\{1,\,2,\,\cdots,\,q\} \tag{13-38}$$

从而我们可以得到新的位置矩阵 $\boldsymbol{T}_v(m)$：

$$\boldsymbol{T}_v(m-1)=\begin{bmatrix} \boldsymbol{x}_1^A(m) & \cdots & \boldsymbol{\sigma}_{yy}^A(m) & c_1(m) \\ \vdots & \vdots & \vdots & \vdots \\ \boldsymbol{x}_q^A(m) & \cdots & \boldsymbol{\sigma}_{yy}^A(m) & c_q(m) \end{bmatrix},\quad v=\{1,\,2,\,\cdots,\,q\}$$

其中，$c_v(m)$ 是从 $x_u^A(m-1)$ 到 $x_v^A(m)$ 的所有可能方案中代价最小的代价函数，即

$$c_v(m)=\min_{\forall u}(c_{m-1,\,m}(u,\,v)),\quad v=\{1,\,2,\,\cdots,\,q\} \tag{13-39}$$

从而，我们求解到的 $t(m)$ 时刻的潜水器位置估计 $\boldsymbol{x}_w^A(m)$ 为对应的 $c_w(m)=\min\limits_{\forall u}(c_{m-1,\,m}(u,\,v))$, $v=\{1,\,2,\,\cdots,\,q\}$ 的估计值。

举例来说，图 13-35 显示的是 $t(m)$ 时刻潜水器基于 $t(m-1)$, $t(m-2)$ 两个时刻的测量值进行协同导航定位的估算结果。从潜水器获得了主潜水器发送的位置/距离信息，该

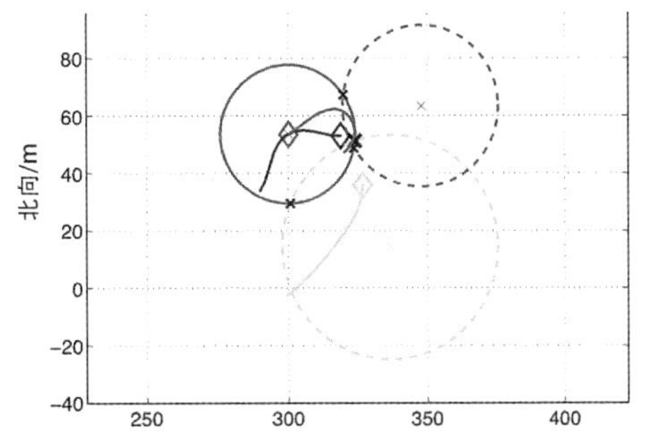

图 13-35　从潜水器基于前两次主潜水器量测信息进行协同定位示意图

位置/距离信息与从潜水器获得的 $t(m-1)$ 时刻的位置/距离信息沿从潜水器船位推算方向移动 $\boldsymbol{d}_{m-1,m}$ 后的位置相交，也与从潜水器获得的 $t(m-2)$ 时刻的位置/距离信息沿从潜水器船位推算方向移动 $\boldsymbol{d}_{m-2,m}$ 后的位置相交。上述三个圆周在 $t(m)$ 时刻的交点用“ x ”表示，其中最可能的解（式(13-35)的解）用“ X ”表示。

13.6.3 多领航者协同导航技术

多领航者协同导航中，主从潜水器均装备有水声通信设备，实现相互之间量测信息和参考信息的交互。领航潜水器通常配备由高精度惯性导航系统、多普勒计程仪以及深度计、高度计等传感器组成的高精度组合导航系统；从属潜水器一般只配备由低精度的航向、姿态测量传感器、低精度的多普勒计程仪以及深度传感器等组成的基本导航推算系统[328-329]。基于双领航潜水器的协同导航过程如图 13-36 所示。

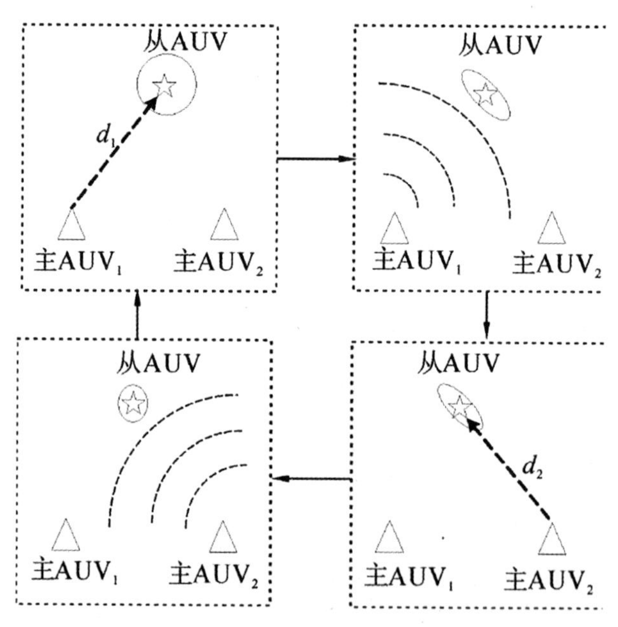

图 13-36 基于双领航潜水器的协同导航示意图

如图所示，两个主潜水器（三角形表示）配备精度较高的导航系统，主从潜水器协同工作时，主潜水器通过水声通信设备不断向外广播自身的位置轨迹及相应的误差协方差信息，从属潜水器接收到上述信息之后，利用自身导航推算系统获得初步导航估计，在此基础上，通过水声测距获得主、从潜水器之间的相对距离信息进行融合,对自身的导航信息进行进一步的改进。具体而言,1 号主潜水器首先向从潜水器发送脉冲测距请求信号,当 1 号主潜水器接收到从潜水器发送的测距应答信号之后,根据水声信号的往返传播时间计算出两者之间的线段距离 d_1,主潜水器将该信息连同自身位置信息发送给从潜水器,从潜水器利用该信息进行协同导航估算,实现对自身船位推算误差沿观测距离方向的一次校正。在此之后,2 号主潜水器进行同样的步骤,实现从潜水器基于 2 号主潜水器信息的校正。从图上可以看出,随着校正过程的迭代,从潜水器沿观测距离方向的位置误差不确定度会有明显的减小,从而发挥了协同导航方式的作用。

13.7 多无人无缆潜水器协同作业仿真系统开发

多潜水器协调控制仿真系统的建立为多潜水器协调控制研究提供了初步的验证平台,为相关理论与方法的验证提供了有效的手段。仿真系统对于多潜水器系统较高的建造成本以及复杂多变的工作环境来说尤其具有积极的意义。通过仿真环境下的大量试验,可以及时暴露系统设计和技术研究中出现的问题,提高系统的可靠性。为了对多潜水器协同规划与控制问题研究方案进行验证,作者所在课题组设计并实现了多潜水器协调控制仿真系统,针对多潜水器协调编队控制、协调区域探测等典型应用开展了仿真试验研究。

本章节所介绍的仿真环境实际上是用若干个仿真软件模块模拟 AUV 在海洋环境中的动力学/运动学演化过程、AUV 执行任务中的信息交互以及传感器信息接口,仿照 AUV 实际工作过程中的数据流、信息流传递形式对 AUV 作业过程进行动态模拟。课题所建立的多无人无缆潜水器协调控制仿真系统的结构如图 13 - 37 所示。整个仿真系统由一个仿真显控程序组和若干个 AUV 仿真程序组组成,每个 AUV 由一组并行运行的模块来表示,同一个 AUV 的不同模块之间通过 MOOSDB 进行信息的交互,不同 AUV 之间通过模拟的水声通信模块进行信息的交互。仿真显控程序的组成与 AUV 程序模块的组成类似,只是为了便于仿真测试增加了人机交互程序以及动态显示程序。仿真显控程序同样利用模拟的水声通信模块与 AUV 进行通信以获得不同 AUV 的信息,进而在动态显示界面中更新其显示(见图 13 - 38)。

所建立的多潜水器协调控制体系结构具有分布式、模块化的特点,这使其能够非常方便地进行仿真系统的搭建。举例来说,AUV 导航推算模块(pNav)在计算过程中需要获得多普勒速度计、罗经等传感器的信息,实际工作中这些信息

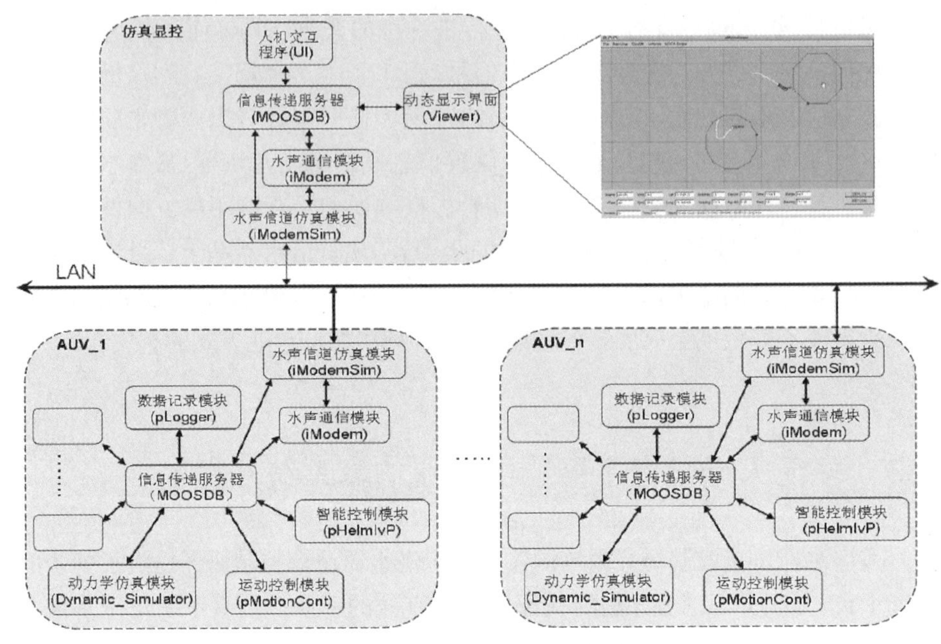

图 13-37 多潜水器仿真系统结构图

图 13-38 仿真系统照片

是由不同的传感器软件模块(iDVL，iCompass 等)进行数据处理后以一定信息格式通过 MOOSDB 传送给导航推算模块的。导航推算模块并不关心上述信息的真正来源，如果仿真系统中有相应的仿真模块按照实际传感器模块的信息格式向 MOOSDB 发送信息，导航推算模块会进行同样的计算过程。进一步以速度传感器 DVL 为例，实际工作过程中 iDVL 模块通过串口与实际的多普勒速度计相连，该模块对接收到的数据进行处理后向 MOOSDB 发布 AUV 的速度信息(Vel_x，Vel_y)以供其他模块(导航推算、智能决策、运动控制等)使用。在仿真环境下，DVL 仿真模块通过 MOOSDB 获得动力学仿真模块发布的仿真计算结果(sim_Vel_x,sim_Vel_y)后将其以真实速度信息的形式(Vel_x,Vel_y)向MOOSDB发布。对于其他模块来说仿真与真实作业过程中的信息流是没有区别的。这样一来,除了与外部环境打交道的软件模块(环境感知、状态监测、通信),该软件系统中的其他模块的运行模式在仿真和真实作业情况下基本上是一致的。也就是说所建立的多潜水器协调控制软件系统中的绝大多数核心模块(信息传递服务器、导航推算、智能控制、运动控制等)都能在仿真环境下进行充分的验证,上述通过仿真试验的代码可以直接应用到真正AUV系统的水池、海上试验中。这对于提高系统的可靠性、加快理论研究到实际工程应用的进度具有积极的意义。

以上述仿真系统为平台,研究人员开展了双潜水器动态避碰、多潜水器编队航行、双潜水器协同区域探测三项典型作业,仿真结果如下:

1) 双潜水器动态避碰仿真试验

在如图13-39所示的作业环境中,两个AUV需要在各自的作业区域内执行巡检任务。在初始阶段,只有"驶向目标点"行为处于激活状态,其期望输出控

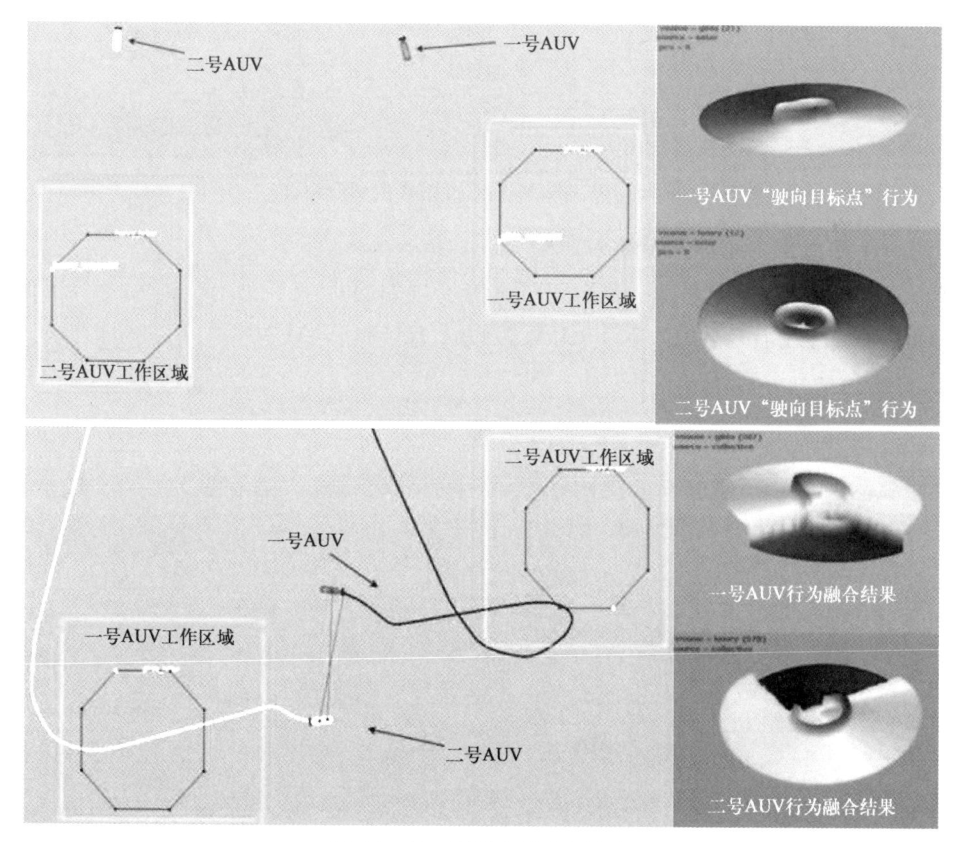

图13-39 双潜水器动态避让

制 AUV 驶向既定的目标点。

某一时刻，两个 AUV 的工作区域发生变化，AUV 需要驶向新的目标点，在此过程中两个 AUV 相向而行，为了保证 AUV 的安全，当其相对距离小于一定的阈值时，“动态避碰”行为将会被激活。此时将有两个行为同时对 AUV 的控制决策产生影响(见图 13 - 40)。

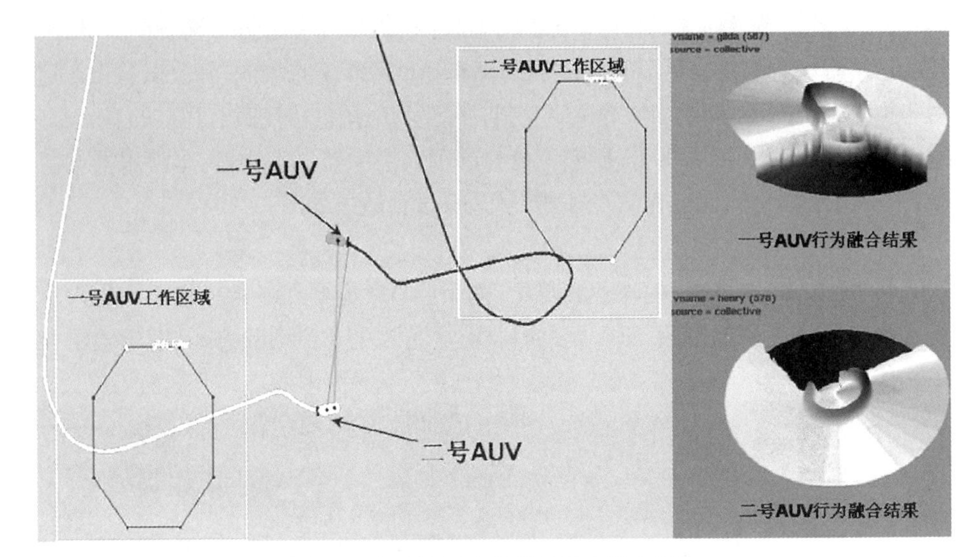

图 13 - 40　双 AUV 航行过程中动态避让

2) 多潜水器编队航行仿真试验

多 AUV 编队航行第一部分仿真试验场景如图 13 - 41 所示，领队 AUV 将沿指定的直线航行，1 号、2 号 AUV 被设计为与领队 AUV 呈等边三角形队形

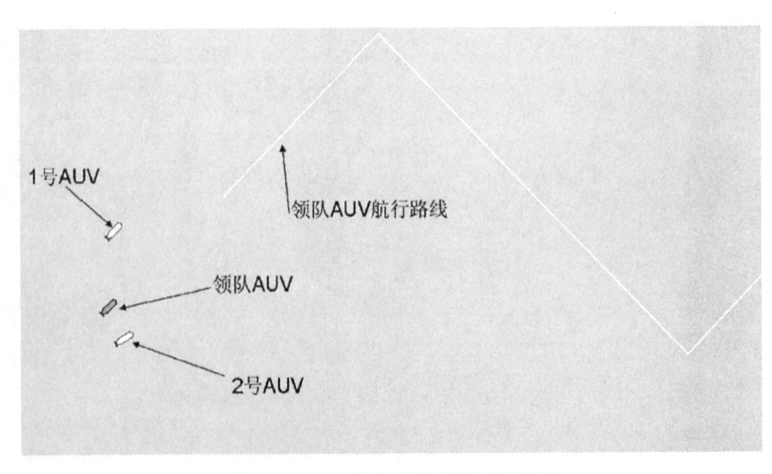

图 13 - 41　潜水器编队航行仿真

航行并且与领队 AUV 保持 40 m 的相对距离。

图 13-42 截图中，(a)为三个 AUV 初步形成队形时的截图，(b)为领队 AUV 转弯后不久 AUV 编队的截图，由于此处采用了基于行为的主从式编队航行方法，领队 AUV 首向角变化比较大时对应的两个跟随 AUV 的编队参考位置变化比较大，所以此时队形保持得不是很好。此时跟随 AUV 在相关行为的指引下逐渐靠近各自对应的编队航行位置并调整各自的首向。(c)为三个 AUV 重新形成编队后的截图。

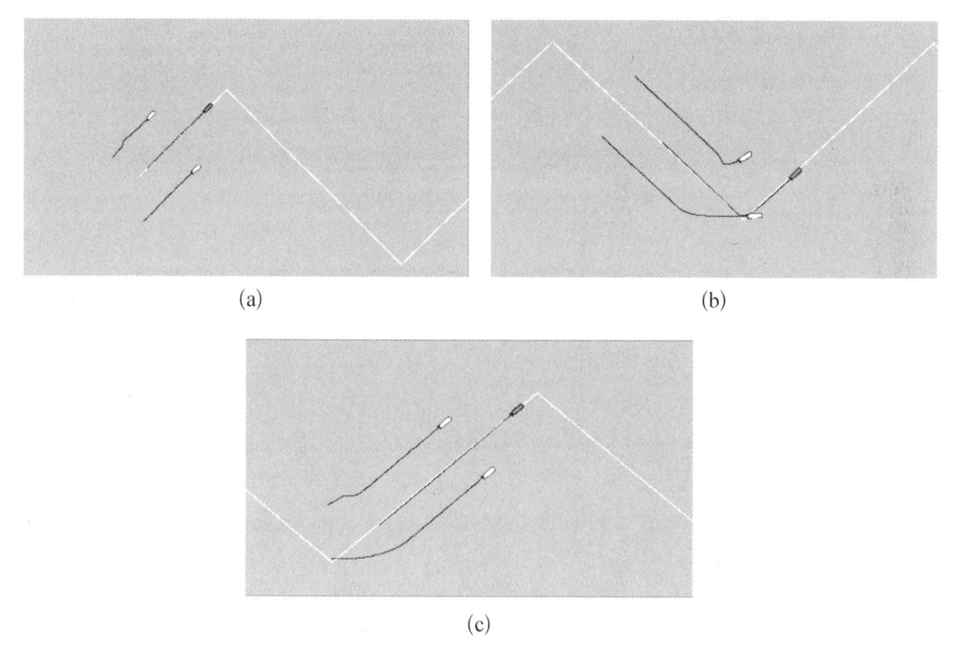

(a) (b) (c)

图 13-42 编队航行仿真截图

在本部分仿真试验中针对不同编队队形，修改潜水器的任务配置文件，以指定其在队形重点位置，通过仿真系统的动态演示，检验编队控制策略以及基于行为的智能决策方法对编队航行的支持(见图 13-43～图 13-47)。

3）双潜水器协同区域探测仿真试验

在美海军发布的 UUV 主计划中，智能潜水器系统在未来战场环境中的应用大致可分成 9 个方面，其中排在前两位的是 UUV 系统在情报获取(ISR)以及反水雷作战(MCM)中的应用。与单潜水器相比，多潜水器系统凭借其空间上的分布性以及携带传感器的多样性在进行某些特定探测、搜索作业时能够更为高效地完成既定的作业任务。潜水器主要靠搭载的声呐系统对目标进行探测，不同类型的探测声呐(前视声呐、侧扫声呐等)在探测范围、探测精度上有着很大的

图 13-43　并行编队初始状态截图

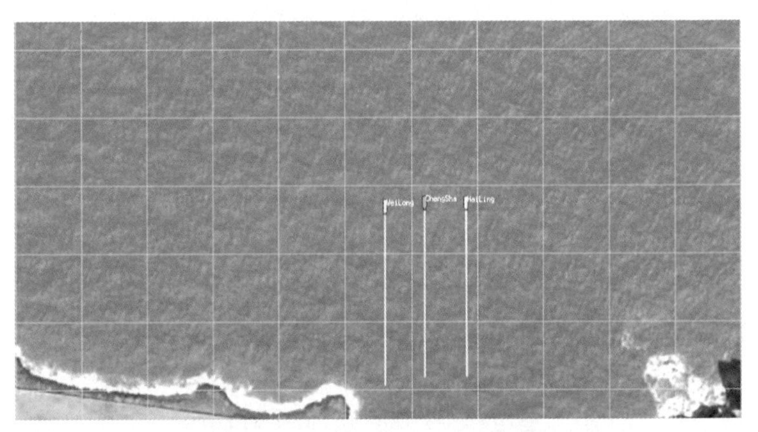

图 13-44　并行编队稳定后截图

区别。在执行协同区域搜索任务时需要根据潜水器系统搭载声呐系统的实际情况设计合理的协同搜索策略从而尽可能地发挥不同声呐各自的特点。本小节开展的仿真试验以特定区域内的目标搜索为应用背景，根据潜水器水声探测设备(声呐)配置情况的不同设计了两类协同区域搜索策，探讨利用多潜水器进行协同区域搜索的可行性。

多潜水器交叉区域搜索试验：本部分仿真试验中，多 AUV 系统由两个 AUV 组成并且都配备有相同的侧扫声呐。在这种情况下两个 AUV 针对所要探测的区域分别执行梳状搜索，并且搜索的路径相互垂直。这样一来，对于区域内存在的可疑目标两个 AUV 能够从不同的角度对其进行探测，从而降低单一

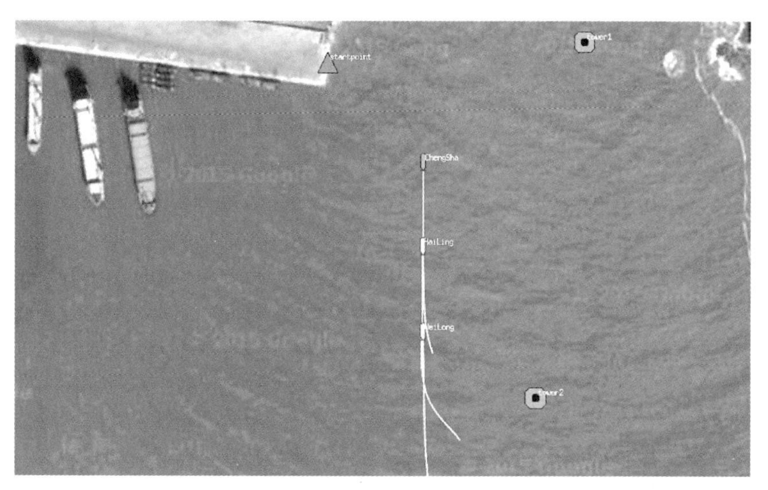

图 13-45 串行编队形成队形截图

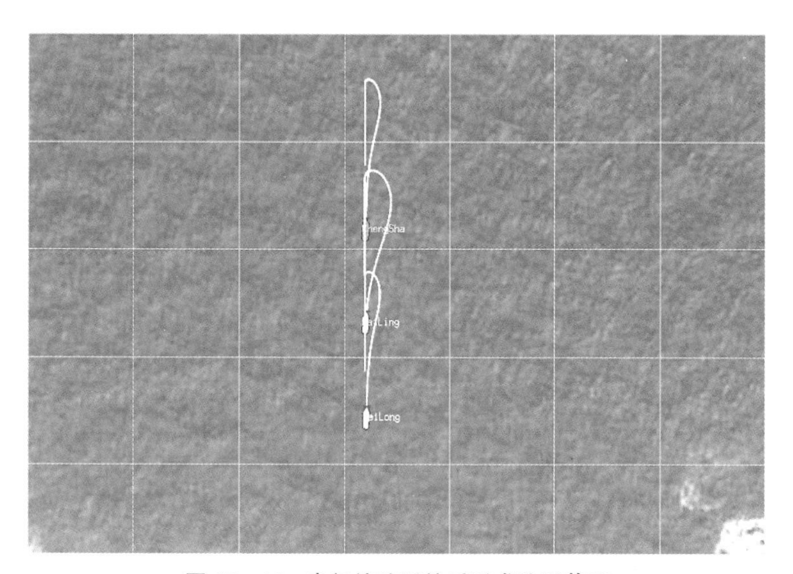

图 13-46 串行编队返航后形成队形截图

角度探测可能出现的漏报，提高可疑目标的检出率。试验过程中两个 AUV 相对独立地完成对指定区域的搜索任务。需要指出的是两个 AUV 在执行任务过程中需要获得相互的位置、速度、方向信息以采取必要的避碰措施保证自身的安全，同时从安全角度出发，AUV 对于探测到的目标也要在保证探测精度的条件下与其保持一定的距离。仿真场景如图 13-48 所示：作业区域范围为 500 m×500 m，作业区域内随机分布有 6 个目标，参与区域搜索作业的两个 AUV 初始位置如图所示，两个 AUV 均配备有侧扫声呐，侧扫声呐单边探测距离设定为

图 13-47　三角编队形成队形截图

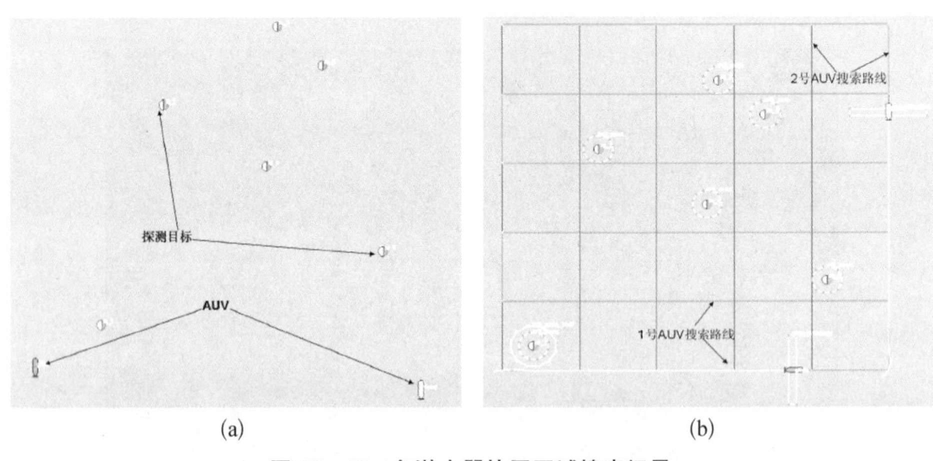

(a)　　(b)

图 13-48　多潜水器协同区域搜索场景

50 m。图(b)中显示了两个 AUV 的搜索路线，两个 AUV 分别按照既定的路线对该区域进行梳状搜索，所设定的路径间隔能够保证侧扫声呐的探测范围覆盖整个探测区域。图中每个探测目标外部都有一个圆圈用来象征性地表示该目标的安全距离，即 AUV 为了保证自身安全需要与探测目标保持的最短距离。在试验中每个 AUV 都配置包含一个“躲避障碍物”的行为，这里是把探测目标作为障碍物，使得 AUV 在探测到目标后与其保持一定的距离进行探测。当 AUV 与探测目标的相对距离小于一定的阈值时该行为将被激活，参与到 AUV 期望运动状态的决策中来。

该仿真场景下多潜水器协同区域搜索作业仿真结果如图 13-49 所示。从图中可以看出两个 AUV 都按照既定的搜索策略完成了对指定区域的搜索任

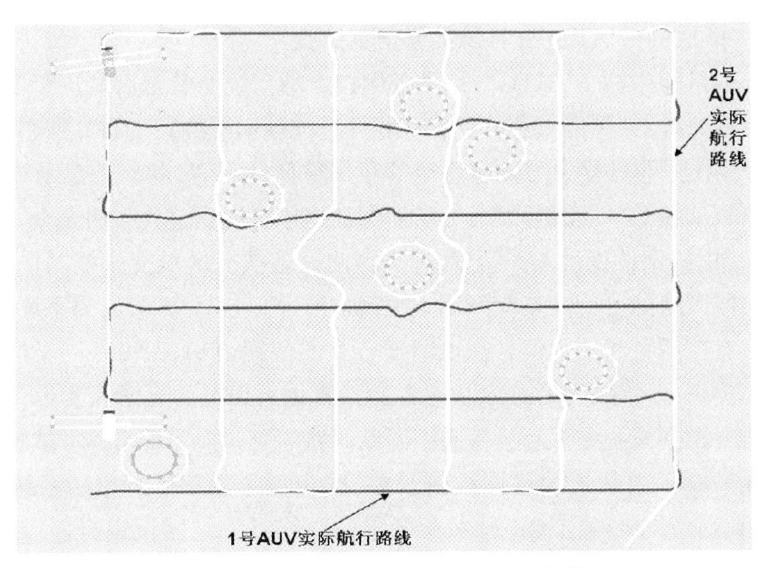

图 13-49 双潜水器协同区域搜索仿真截图

务，其搜索过程中记录的探测数据为后续的目标识别提供了基础。

从图 13-50 中可以注意到当两个 AUV 航行到搜索区域的中部时实际轨迹与指定的搜索路线有着较大的差别，这主要是由于两个 AUV 探测到相对距离小于一定的阈值范围以后“动态避碰”行为被激活，两个 AUV 各自选择更为安全的航行路线所致。两 AUV 区域搜索过程中动态避碰仿真过程截图如图 13-50 所示。

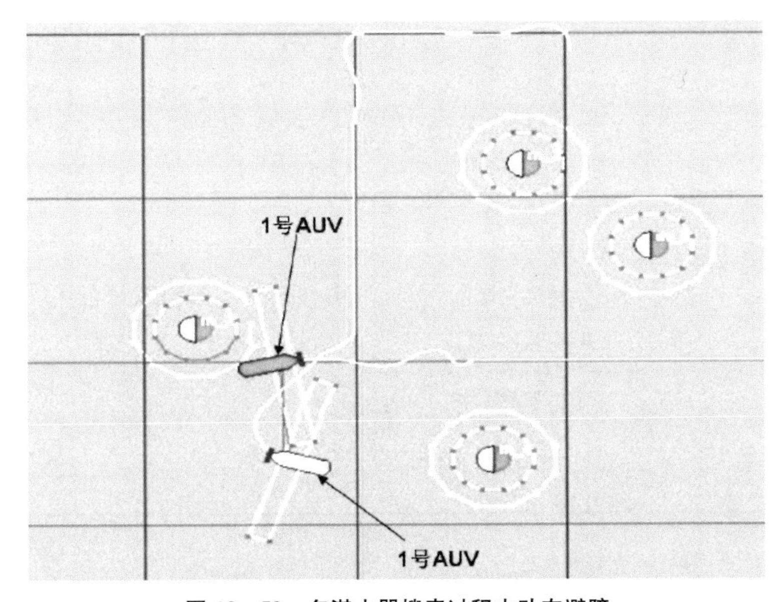

图 13-50 多潜水器搜索过程中动态避障

4）多潜水器主从式协作区域搜索仿真试验

前面的试验中两个AUV分别携带侧扫声呐系统对特定区域进行覆盖式搜索，所获得的探测结果能够相互比较和相互补充从而提高特定目的探测准确度。两个AUV在作业过程中需要通过通信获得彼此的位置、状态信息从而在一定的条件下自动激活“动态避障”行为从而保证作业区搜索过程中的安全。如果多AUV系统中的个体携带不同精度/种类探测设备执行区域搜索探测任务的话，上面的协同策略的可行性就会降低。举例来说，两个AUV组成的系统中，其中一个配备有探测距离较远但是探测精度较差的前视声呐，而另外一个搭载探测距离较近但精度较高的侧扫声呐(或者是探测距离很近的光学探测设备)，这种情况下需要根据系统中探测设备的不同设计新的协同搜索策略。本试验中针对这种情况采取了主从式的协同探测策略，即由两个AUV组成的系统中领队(主)AUV利用携带的前视声呐按照既定的路线对特定区域进行覆盖式搜索，在其搜索过程中如果探测到可疑目标就将该目标的位置发送给协作(从)AUV，该协作AUV在接收到信息后利用携带的高精度传感器展开对可疑目标的进一步探测，获得更为准确的信息从而完成对目标的探测识别。

仿真场景如图13-51所示，1号AUV作为领队AUV配备有前视声呐，其探测距离设定为60 m、开角120°。2号AUV作为协作AUV配备有侧扫声呐，单边探测距离假定为40 m。指定搜索区域的面积为500 m × 500 m，领队AUV生成探测路径完成对该区域的覆盖式搜索，当发现可疑目标时会将该目标的位置信息发送给协作AUV。协作AUV在一开始处于原地待命状态，当收到领队

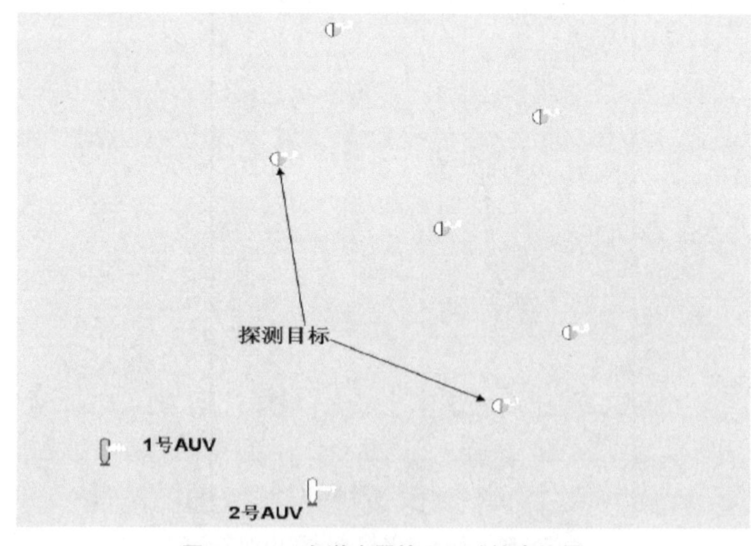

图13-51 多潜水器协同区域搜索场景

AUV 的信息后其会根据信息的内容动态生成探测行为完成对目标的进一步探测，获得关于可疑目标的更为详细的探测数据。如同前面的仿真试验一样，两个 AUV 在对该区域进行协同搜索的过程中为了保证自身的安全需要与探测到的可疑目标保持一定的距离，并且 AUV 之间也要保证一定的相对距离。上述问题是通过定义相应的躲避探测目标以及 AUV 间动态避碰等基本行为来实现的。图 13－52 显示了领队 AUV 的区域搜索路线以及领队 AUV 探测到第一个可疑目标后协作 AUV 所采取的行动。在本试验中协作 AUV 在接收到相关的信息后会开启侧扫声呐绕探测目标以一定的半径航行实现对可疑目标的多角度扫描。为了显示方便图中将 AUV 的尺寸进行了适当放大。

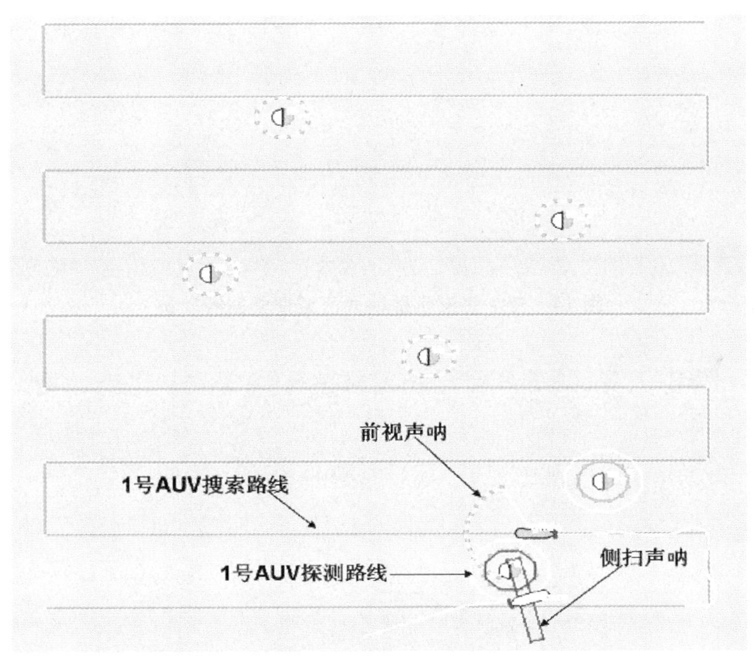

图 13－52　多潜水器主从式协同区域搜索仿真截图

图 13－53 显示了整个区域搜索作业基本完成时两个 AUV 所航行的轨迹。可以看出领队 AUV 的航行路线完成了对搜索区域的覆盖，而协作 AUV 的航行路线基本上实现了对可疑目标的多角度观察，为可疑目标的探测识别提供了更为详尽的数据。从图中可以看出领队 AUV 的轨迹在某些地方有一些小的波动，这主要是由于协作 AUV 驶向新的可疑目标过程中两个 AUV 实现动态避障引起的。取仿真过程中这样的典型时刻如图 13－54 所示，图中两个 AUV 之间

的连线表示 AUV 之间的相对距离已经超过了一定的阈值从而动态避碰行为也要参与到 AUV 的智能决策中来。同时从图中还可以看出，当主 AUV 探测到新的可疑目标后，将新目标的信息传递给协作 AUV 以激活新的探测行为。此时，如果协作 AUV 对当前目标的探测已经积累了足够的数据，其将停止对当前目标的探测转而探测下一个可疑目标。

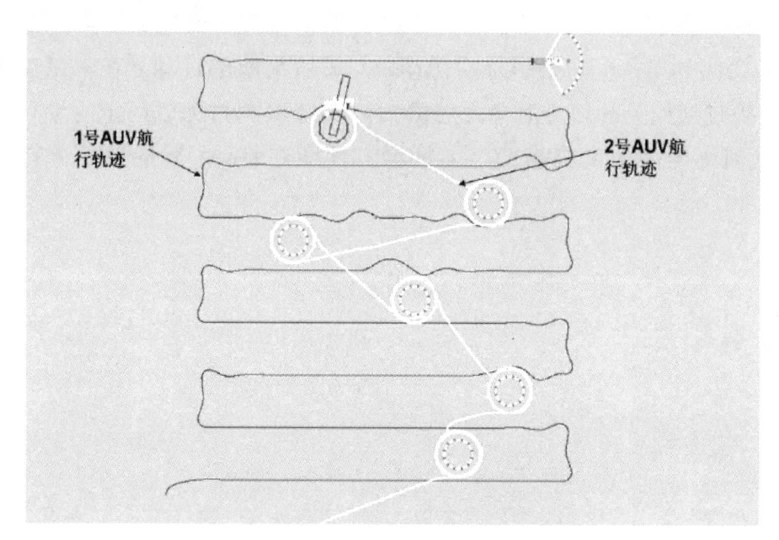

图 14－53 多潜水器协同区域搜索航行轨迹

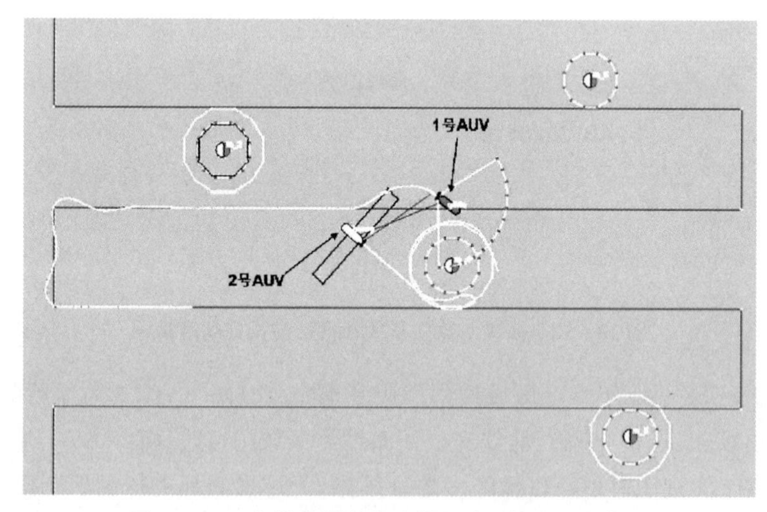

图 13－54 多潜水器主从式协同区域搜索仿真截图

本节针对多潜水器协同作业的需求，建立了分布式的多潜水器协同作业仿真环境，为多潜水器协同作业机制、协调控制策略研究方案的初步检验提供了必要的手段。课题组开展了多潜水器协调编队航行和双潜水器协同探测任务的仿真试验,验证了方法的有效性,为后续海上试验工作的开展提供了必要的参考。

14 无人无缆潜水器水下探测作业技术

14.1 无人无缆潜水器探测作业技术研究现状

随着对海洋资源探测开发和水下作业需求的不断增加，智能无人无缆潜水器(Autonomous Underwater Vehicle，AUV)正日益受到国内外重视。

水下光视觉系统的研究及应用和无人无缆潜水器技术的发展水平紧密关联。自20世纪80年代以来，各国研究机构和大量学者在水下光视觉方面进行了大量研究，伴随无人无缆潜水器技术的不断成熟，水下光视觉系统得到不断的完善与应用。按水下光视觉系统的技术能力划分，美国具有明显的领先优势，欧洲次之，亚洲地区日本具有较强的研究水平，目前水下光视觉的研究与应用领域主要为水下目标的光视觉探测与识别、水下光视觉目标跟踪及海底探测、水下光视觉短程导航。

相比于光电信号，声波信号具有如下优点：水对声波信号的吸收率较低，声波信号在水中的传输速度远远大于其在陆地上的传输速度，传播距离较远等，而且水声探测技术还具有抗电磁干扰能力强、隐蔽性好等特点。因此，基于声呐的探测手段是水下环境特别是深海环境中进行探测的主要手段。基于前视声呐的声视觉跟踪系统在海上防御、海上安全作业及海洋开发等领域有着广泛的应用价值和重要的战略意义。侧扫声呐是目前常用的海底目标(如沉船、水雷、管线等)探测工具，它的特点是分辨率高，能实时连续显示海底声学图像，通常在海上作业的同时就能迅速判定目标的性质和大体尺度，在各类应急扫海测量和目标探测工作中，侧扫声呐起到了重要的作用。在水深测量领域，多波束系统以全覆盖和高效率证明了它的优越性，是目前海道测量、海洋调查普遍采用的技术手段。

14.1.1 水下声学探测作业技术研究现状

1. 国外水下声学探测作业技术研究现状

现阶段国外前视声呐目标检测与目标跟踪方面的应用已相对比较成熟，各研究机构也一直在开展各种多维避碰和目标识别跟踪算法的研究。2005年，加拿大的Horner等[330]用Blueview Blazed前视声呐实现对无人无缆潜水器的跟踪。试验所使用潜水器为NPS ARIES，如图14-1所示，其声呐阵列安装方式如图14-2所示。为了证明上述系统所使用的障碍物检测算法的有效性，在正式试验前做了仿真试验，图14-3为仿真模拟的结果。图14-4为实际试验的结果，采集接收声呐数据并对其声呐数据进行处理后，将障碍物检测出来并将其高度和位置信息传给控制器,控制器完成高度调整。

图 14-1　NPS ARIES 无人无缆潜水器

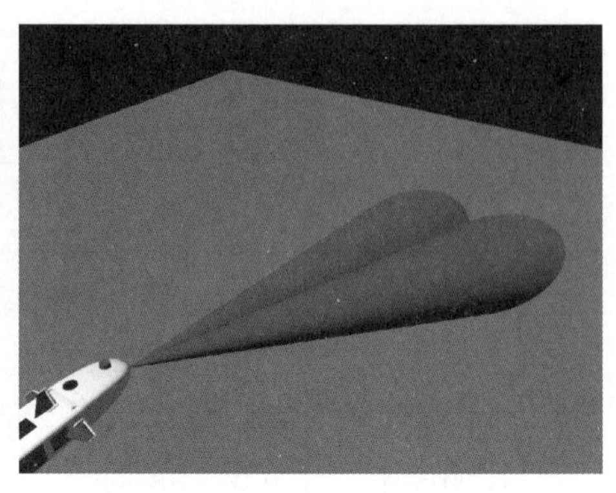

图 14-2　声呐阵列安装方式

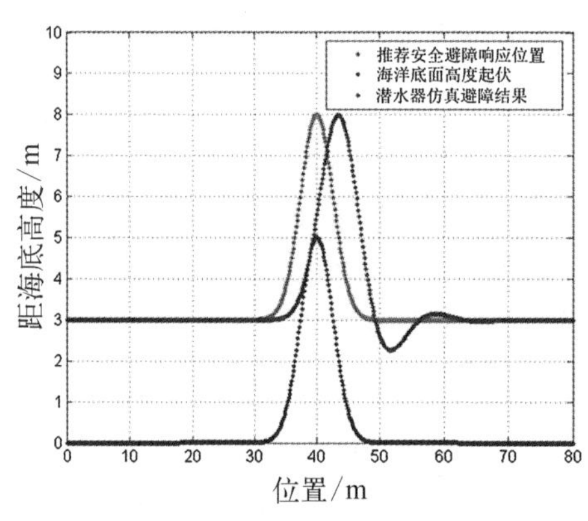

图 14-3　仿真结果

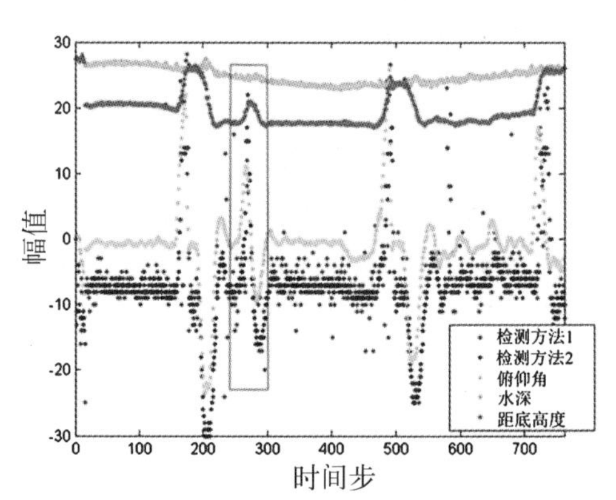

图 14-4　试验结果

2008 年,挪威海洋研究所的 Handegard 和阿拉斯加渔业研究中心的 Williams[331],通过拖动在水中的拖网实现对双频识别声呐(DIDSON)数据进行自动跟踪。该过程主要包括目标检测、多目标跟踪以及从跟踪数据中提取行为信息,如目标速度和方向等参数,该过程具体如图 14-5 所示。在图(d)中,圆圈间的直线表示实时轨迹,两个重叠圆圈中最右侧的“+”符号表示检测到的目标,圆圈表示波门,两个重叠圆圈中左侧的两个“+”表示前一时刻的预测,重叠圆圈中右侧的圆圈表示预测和实际量测之间成功关联,重叠圆圈中左侧的圆圈则表示两者未能成功关联。

2016 年,韩国浦项科技大学的 Juhwan Kim,Hyeonwoo Cho 等[332]提出了使用一种针对前视声呐序列图像的基于卷积神经网络(CNN)的水下目标识别和检测的方法,实现了对小型遥控式潜水器的定位。在遥控式潜水器运动于某一特定区域之前,利用神经网络训练提前采集好的背景声呐图像,因此在实际试

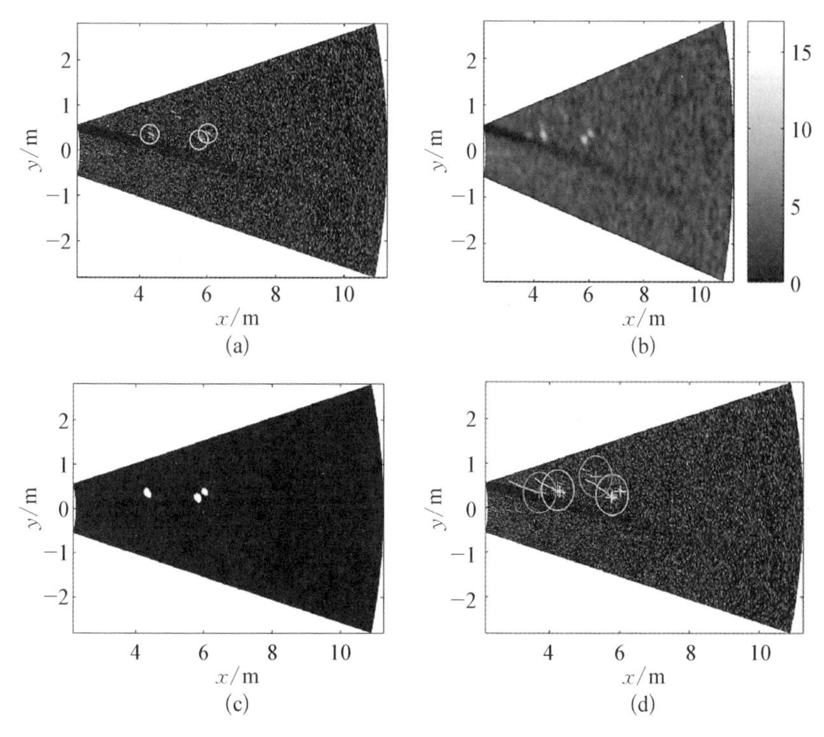

图 14-5　利用声呐数据实现对目标的自动跟踪过程

(a) 原始声呐图像　(b) 滤波后图像　(c) 阈值分割后图像　(d) 数据关联结果

验中就不会将背景的一部分检测为目标对象。针对上述方法进行海上试验，试验中处理了数百幅声呐序列图像以找到遥控式潜水器的位置信息。该试验目标检测结果如图 14-6 所示，运动轨迹如图 14-7 所示，不同形状的轨迹代表了不同时刻序列图像的路线。

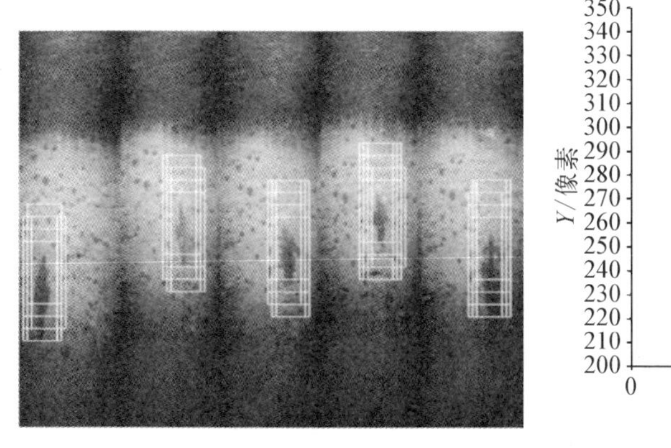

图 14-6　目标检测结果

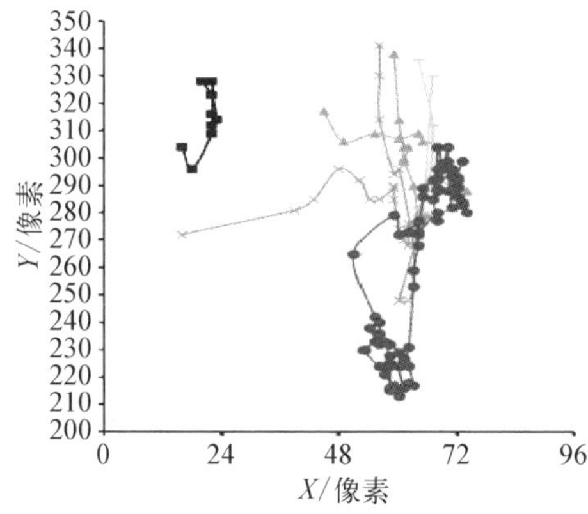

图 14-7　运动轨迹图

20 世纪中叶，英国海洋地质学家提出将声学侧扫原理应用于海底地貌探测。20 世纪 60 年代，继英国海洋研究所推出首个实用型侧扫声呐系统后，世界各国相继开发出了多种型号的侧扫声呐系统。侧扫声呐最初采用舷挂式布放，1964 年出现拖曳式侧扫声呐。1970 年，英国海洋研究所研制出适合大洋使用的 GLORIA 侧扫声呐，作用距离可达 20 多公里。20 世纪 80 年代以后，计算机的普及促进了侧扫声呐数字化的进程，从仪器制造到数据采集及后处理都发生了根本性的变化。20 世纪末，国外出现了一系列数字化的侧扫声呐，使侧扫声呐技术上了一个新台阶。换能器作为侧扫声呐系统的重要组成部分，水声应用的每一步发展都离不开换能器技术的发展，磁致伸缩稀土换能器、压电复合材料换能器等新型换能器层出不穷，它们以大功率、小体积、抗干扰等优势引起了人们的重视。美国已研制出了多种型号的无人无缆潜水器，可搭载侧扫声呐、多波束等多个传感器，借助无人无缆潜水器可提高侧扫声呐定位精度，同时也尝试借助光纤实现水下目标的实时定位[333]。

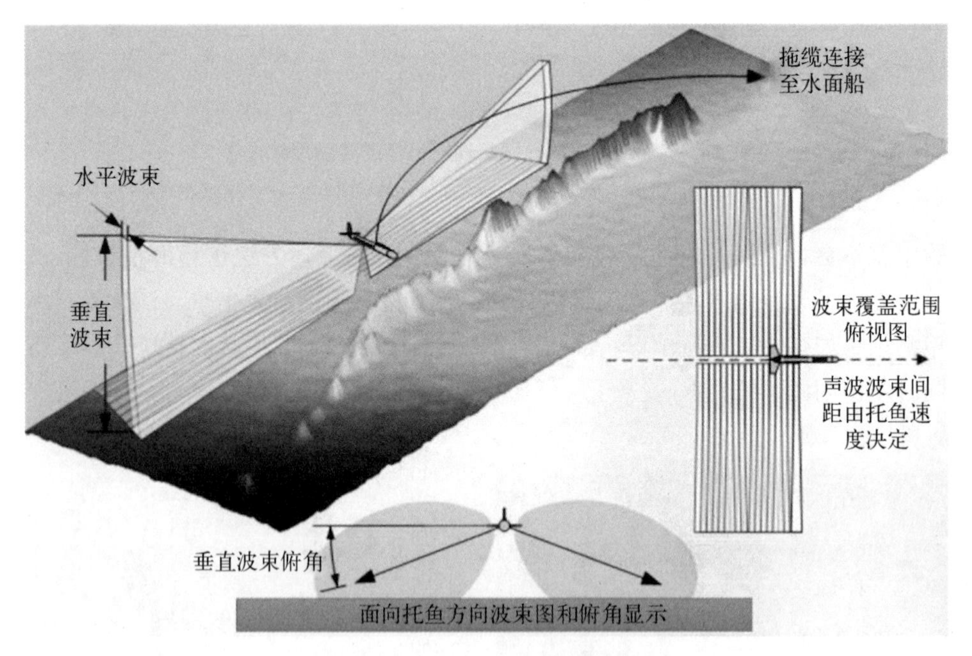

图 14－8　侧扫声呐原理图

目前国外已研制出多款各具特色的侧扫声呐仪器。美国某公司的 EdgeTech6205 测深声呐将条带测深和双频侧扫声呐系统进行高度集成，采用 10 个接收传感器和一个分离式传输元件，大数量的传输通道在抑制多路径效应、增强反射回波方面具有较好的表现，可在浅水环境消除常见的噪声，实时产生高分辨率的三维海底地形图。此外，该公司还提供 EdgeTech2200 和 2205 型侧扫声呐，可搭载在无人无缆潜水器上使用（见图 14-9）。美国另一家公司的 Klein5000 侧扫声呐，采用多波束控制和数字动态聚焦技术，高速侧扫的同时获得高分辨率的声呐图像。美国某公司研发的 C3D 测深侧扫声呐系统采用多阵列换能器和加拿大 Simon Fraser 大学独家授权计算到达角度瞬时成像（computer angle of arrival transient imaging，CAATI）专利算法[334]，使测深精度达 5 cm，侧扫精度达 4.5 cm。基于 CAATI 技术的条带测深/侧扫声呐系统 C3D-LPM，相对于普通的相干声呐，能够有效分辨和消除由散射造成的虚假信号（图 14-9）。由图 14-10 可见，C3D-LPM 探测的图像更直观表达了海底面的特征。C3D 可以使用托鱼方式或舷侧安装，也可搭载到无人无缆潜水器上。某公司研发的 DSS-DX-4503D 侧扫声呐采用自主研发的 CAATI 技术，可以准确地显示水体和海底复杂的几何结构，可应用于浅水区精细探测作业。来自丹麦的“水声呐”在浅水区同样具有较强的适用性，采用相位差分算法，多个传感器协同工作，通过干涉测量法计算底部坐标，可以获取非常精细的地貌特征。法国某公司近几年推出的一款高性能的合成孔径声呐系统 SHADOWS，利用对目标多次发射声脉冲波束聚焦算法，可有效提高大量程的分辨率。

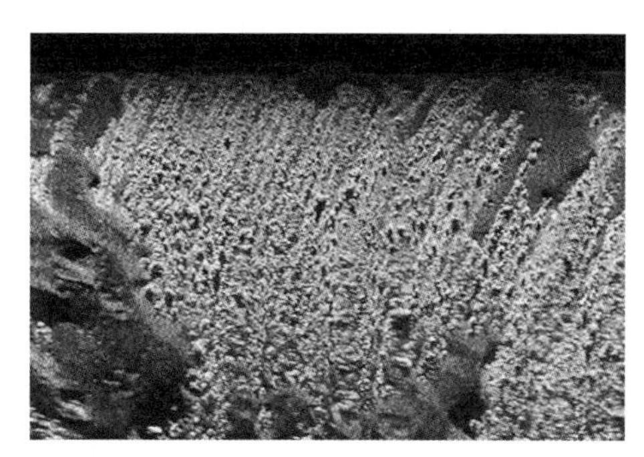

图 14-9　某型侧扫声呐及其探测图像

美国 Woods Hole 海洋研究所于 1956 年首次提出多波束测深的构想，多波束测深声呐系统及相关技术研究历经 60 余年的发展，使海底探测技术经历了一个革命性的变化，深刻地改变并正影响着海洋学领域的调查研究方式。近 30 多年时间，世界各国已研发出了多种型号的多波束测深系列产品，其中具有技术领先水平的国家主要有美国、加拿大、德国、挪威和丹麦等。目前国际上知名的多波束测深声呐产品主要包括：美国某公司的 SeaBeam 系列，德国某公司的 FANSWEEP 系列，挪威某公司的 EM 系列，丹麦某公司的 SeaBat 系列以及美国某公司的 SONIC 系列。

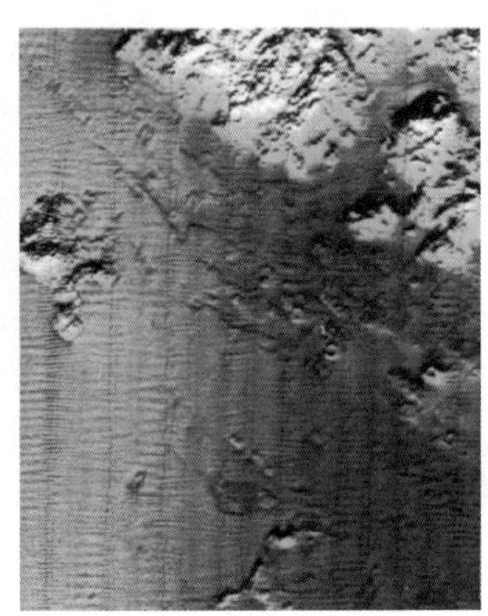

图 14－10　侧扫声呐与 C3D－LPM 对同一海底探测结果对比

目前，国外 MBE 多波束声呐已搭载在多个型号的无人无缆潜水器上执行海底提醒探测任务。美国某公司的 REMUS 无人无缆潜水器具备卓越的性能。REMUS 系列无人无缆潜水器搭载 GEOSWATHPLUS 测深侧扫声呐探测结果如图 14－11 所示。挪威某公司先后推出 HUGIN 系列无人无缆潜水器，下潜深度分别为 1 000 m、3 000 m、4 500 m、6 000 m。其中，HUGIN－3000 型已经为 8 个国家完成了海底地形调查以及多项水下探测作业任务。HUGIN－3000 潜水器长 5.35 m，最大直径 1 m，空气中质量 1 400 kg，以 4 kn 速度航行，工作水深 3 000 m，携带的电池可维持大约 40 h 的水下自主航行，续航力约为 290 km，可搭载 EM2040 型多波束声呐（见图 14－12）。英国研制的 AUTOSUB 系列无人无缆潜水器，也已成功地进行了多次海洋探测，尤其是已经开展了冰下探测作

图 14－11　REMUS－6000 及其探测海底地形示意图

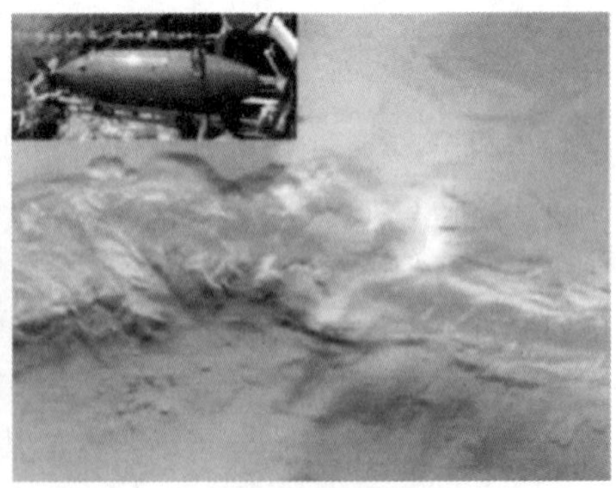

图 14－12　HUGIN－3000 与地形测量结果示意图

业。目前所研制的 AUTOSUB－6000 为英国最新的无人无缆潜水器，其长度为 5.5 m，直径为 0.9 m，质量为 2 800 kg，最大潜深可达 6 000 m，在 2 kn 的航速下续航力可达 400 km，可搭载 KONGSBERG EM2000 型多波束声呐(见图 14－13)。美国某公司研制的 BLUEFIN 系列无人无缆潜水器，包括 BLUEFIN－9、BLUEFIN－9M、BLUEFIN－12S、BLUEFIN－12D、BLUEFIN－21，其中 BLUEFIN－21 直径 0.53 m，长 4.93 m，空气中质量 750 kg，下潜深度 4 500 m，3 kn 航速下续航力 25 h，可搭载 RESON SeaBat 7125 型多波束声呐(见图 14－14)[335]。

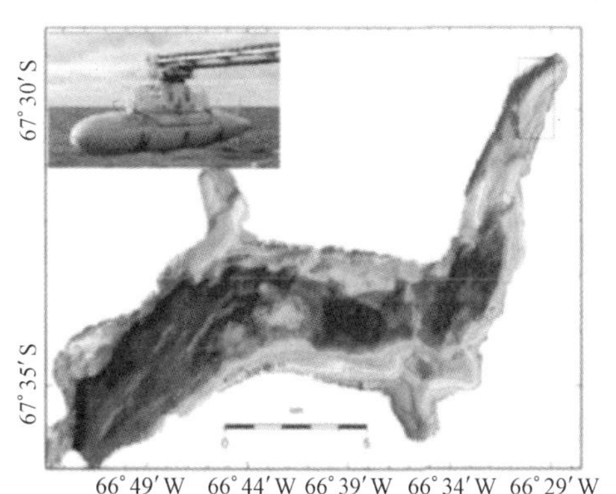

图 14－13 “AUTOSUB”及探测海底地形示意图

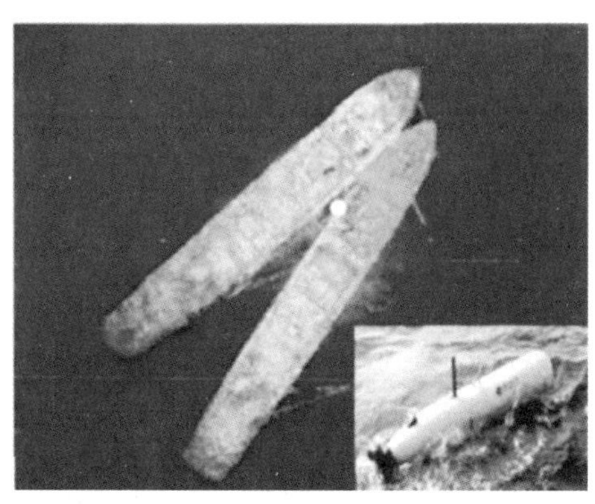

图 14－14 BLUEFIN－21 与测量结果(沉船)示意图

2. 国内水下声学探测作业技术研究现状

国内基于前视声呐的水下目标检测与跟踪的研究起步比较晚，主要进行研究的几家单位为哈尔滨工程大学、西北工业大学、中科院声学研究所和沈阳自动化研究所等。主要研究内容包括前视声呐信息的提取，单目标、多目标跟踪算法以及数据关联方法等。

图 14－15 无人无缆潜水器－ZS

目前，国内的一些具有声视觉系统的无人无缆潜水器主要包括以下几种：哈尔滨工程大学无人无缆潜水器实验室的“ZS”以及“WL”系列潜水器，“ZS”无人无缆潜水器如图 14－15 所示，可搭载 881A 型前视声呐或 Super SeaKing DST 型前视声呐，如图 14－16、图 14－17 所示，此两款声呐均为单波束声呐。搭载前视声呐可完成的工作主要包括基于前视声呐的无人无缆潜水器避障，基于前视声呐的水下目标的探测与跟踪，局部路径规划，无人无缆潜水器的声视觉跟踪系统设计等[336]。

图 14－16　881A 前视声呐

图 14－17　Super SeaKing DST 前视声呐

西北工业大学的水下信息处理与控制国家重点实验室研究工作包括无人无缆潜水器前视声呐模拟及避障研究[337-338]，虚拟环境下无人无缆潜水器的避障研究，无人无缆潜水器路径规划算法等。沈阳自动化所与俄罗斯联合研制了无人无缆潜水器 CR－02[339]，搭载 Micron Sonar DST 声呐，完成基于前视声呐的环境信息提取和实时避碰，如图 14－18 所示。

图 14－18　无人无缆潜水器 CR－02

上海交通大学的 Jinbo Chen 等人考虑到利用光学摄像头进行水下图像采集时受水质和光照条件的影响较大，而声呐不受光照和水质条件的影响，用遥控式潜水器搭载前视声呐的方法实现了在混浊水域中的管道跟踪[340]。该算法针对前视声呐噪声严重、对比度低的特点，设计了声学图像预处理算法，采用 Gabor 滤波和 Canny 算子边缘检测算法对声图像中的管道边缘进行提取，然后用 Hough 变换对可能成为管道边缘的直线进行拟合，该算法还采用了 Kalman 滤波器，对管道可能出现的区域进行预测，缩短检测所需的时间。使用的遥控式潜水器及前视声呐布置如图 14－19 所示，采集到的管道声呐图像及处理过程如图 14－20 所示。

相比国外，国内对侧扫声呐技术的研究相对滞后。我国在 1970 年开始研制侧扫声呐。1972 年，中国科学院声学研究所和华南工学院(现华南理工大学)均研制了舷挂式的侧扫声呐产品。1975 年，中国科学院声学研究所研制出拖曳式侧扫声呐并装备海测部队。1996 年中科院魏建江等人[341]研制的 CS－1 型侧扫声呐系统，利用 100 kHz 和 500 kHz 双频探测解决了分辨率和作用距离的矛盾，

图 14-19 声呐图像处理流程

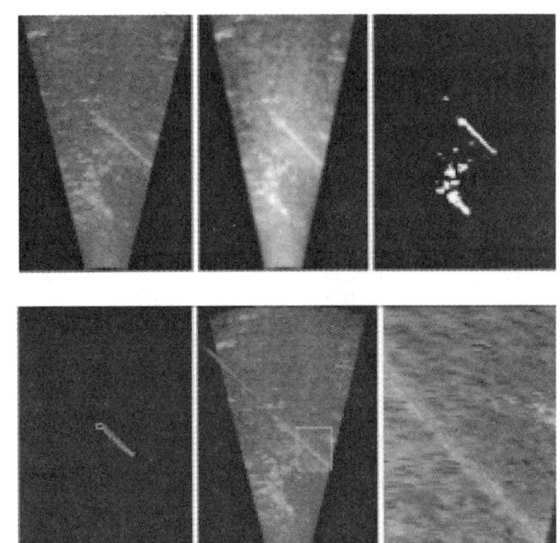
图 14-20 声呐图像处理过程

在当时达到了国际先进水平。2000 年,中国科学院声学研究所又开发出海底图像声呐,通过把侧扫声呐、海底浅层剖面声呐和侧高声呐组合在一起,为水下探测又提供了一种新设备。21 世纪以来,国家更加重视维护海洋权益,"十五"期间制定的"863"计划中有对侧扫声呐研制的相关专题,加快了侧扫声呐系统国产化的进程。

由于无人无缆潜水器搭载侧扫声呐等换能器进行海底地形测量具有独特的优势,我国从 20 世纪 80 年代已经着手研究无人无缆潜水器技术。"十二五"期间,哈尔滨工程大学联合中船重工集团等单位成功研制了智水系列无人无缆潜水器、微龙系列无人无缆潜水器等[335]一系列产品。此外,"蛟龙"号和"彩虹鱼"号等载人潜水器的重大突破也在一定程度上促进了声呐技术的发展。目前国内侧扫声呐生产商主要有中科院声学研究所,以及一些其他国内相关公司等。北京某公司研发的 DSS3065 双频侧扫声呐采用全频谱 Chirp 调频技术,300 kHz 和 600 kHz 同时工作,垂直航迹分辨率达 2.5 cm,相比国外同类产品性能相差不大。但由于侧扫声呐系统的复杂性,要完全实现产品国产化还有很长的路要走[333]。

哈尔滨工程大学无人无缆潜水器技术重点实验室研制的"海灵"号和"橙鲨"号无人无缆潜水器均搭载多波束声呐完成了海底地形探测任务[335]。"海灵"号无人无缆潜水器 2007 年引进国内首台无人无缆潜水器型 GeoSwath 测深侧扫声呐地形探测系统,2014 年进行了升级改造,"海灵"号无人无缆潜水器和地形测量结果如图 14-21 所示。"橙鲨"2013 引进国内首台无人无缆潜水器型 SeaBat7125 声呐系统,"橙鲨"号无人无缆潜水器与地形测量结果如图 14-22 所示。

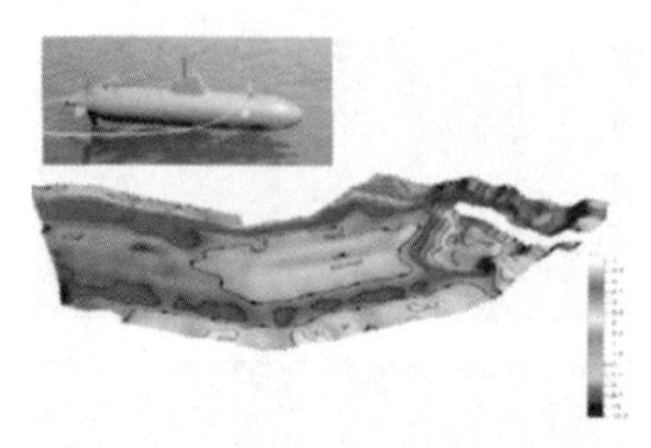

图 14－21 “海灵”号无人无缆潜水器携带测深侧扫声呐 GeoSwath 进行地形测量结果

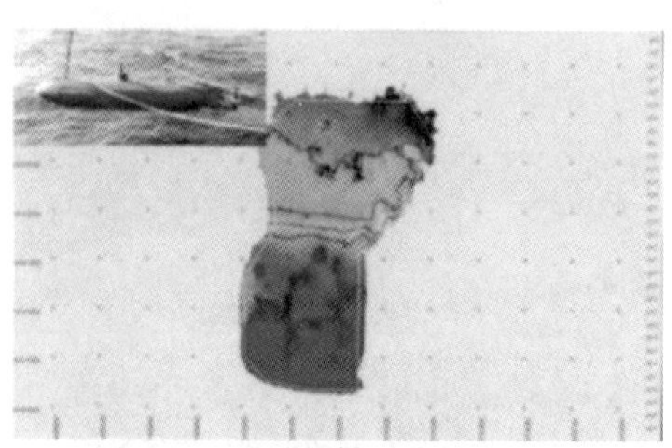

图 14－22 “橙鲨”号无人无缆潜水器携带 SeaBat 多波束声呐进行地形测量结果

14.1.2 水下光学探测作业技术研究现状

1. 国外水下光学探测作业技术研究现状

美国海军研究生院(Naval Postgraduate School)对其自主设计与建造的无人无缆潜水器 PHOENIX 进行深入研究,运载器的任务包括任务规划、实时作业控制、水下目标识别与分类、规定航迹导航与避碰作业等方面[342]。其视觉识别系统采用距离选通的策略进行水下目标探测与识别任务,在广阔水域采用声呐进行目标探测与导航,接近探测目标时采用水下摄像机进行目标光视觉图像的采集,图像处理系统对目标图像进行预处理、目标轮廓提取操作,并应用目标的轮廓信息进行聚类识别,光视觉系统如图 14－23 所示。对提取的目标轮廓与图像库中的目标轮廓进行距离比较,距离小于阈值范围的轮廓被认为成目标。该系统针对已有目标的模型进行识别,识别精度受模型库的大小限制,但对特定目标的识别效果较好。

美国海军的水下搜索系统(AUSS)是较早具有光视觉系统的水下无人运载

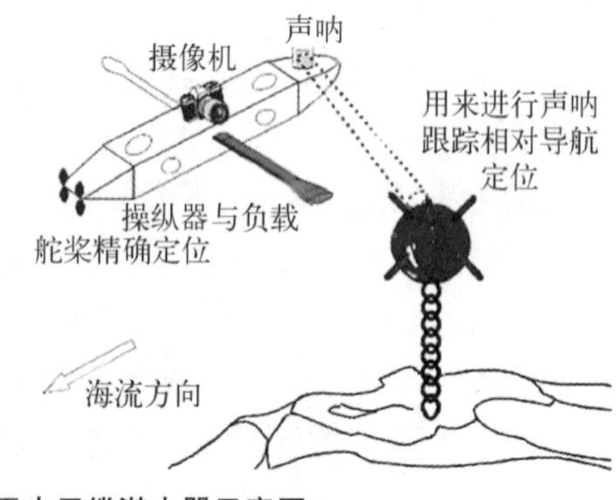

图 14－23 “PHOENIX”无人无缆潜水器示意图

器，其结构形态如图 14－24 所示，其上搭载具有人工智能处理能力的嵌入式计算机系统。该潜水器的潜深可达 6 100 m，当发现海底目标后打开搭载的水下照明灯，并应用 CCD 相机进行目标的光视觉采集。获取的光视觉图像结果编码压缩，以水声通信方式实时传递给水面母船，回传图像的处理界面如图 14－25 所示[343]。AUSS 的水下光视觉处理系统能在较大水域范围内快速获取目标位置，并通过光视觉系统完成目标图像的回传，提高海底探测的效率。

图 14－24 “AUSS”结构形态图

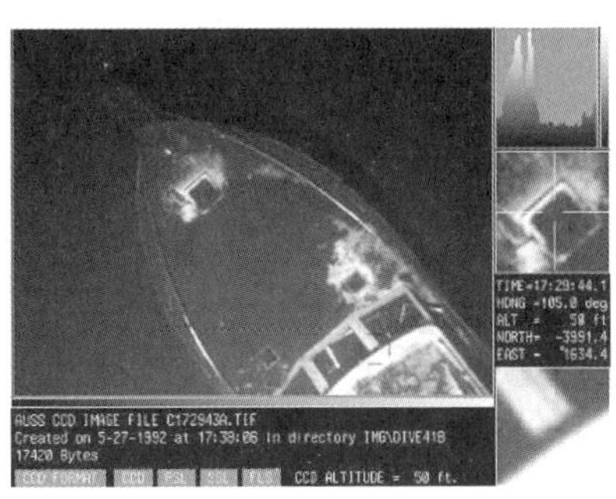

图 14－25 “AUSS”运载器及传回的海底图像

美国蒙特雷海洋研究所(MBARI)为研究海洋中生物种类及分布状态，提出以水下遥控运载器搭载高分辨率水下摄像机的方案，对不同深度的水下图像视频进行定量界面分析(QVT)，从而取代以前对海洋生物调查采用的拖网捕捞形式[344]。水下遥控运载器的视频监测范围可达水下 50～4 000 m，光视觉视频记录可清晰观测生物种群规模及聚集形式。为弥补传统的 QVT 分析靠人工标记大量视频数据的不足，MBARI 科研人员开发了自动化 QVT 视频内容检测系统，视频图像处理如图 14－26 所示。该系统以神经元选择性注意算法对视频图像进行处理，应用线性卡尔曼滤波器在视频序列的每帧图像上追踪候选对象，如果对象可以通过几帧图像追踪成功，将其图像标记为“潜在目标”帧。应用此技

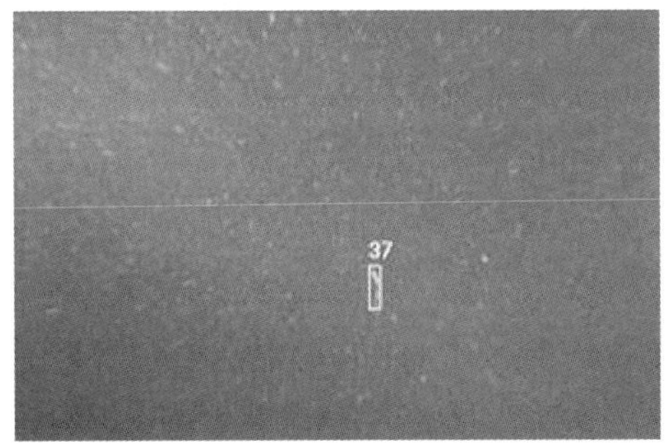

图 14－26 QVT 对水下图像的识别图

术可极大提高视频目标的注释与标记速度，解放人员的劳动强度并提高识别准确率。

美国蒙特雷海洋研究所(MBARI)为研究海底的生物种类及分布，提出应用无人无缆潜水器(Imaging 无人无缆潜水器)搭载高分辨率水下摄像机，采用运动控制方法使 Imaging 无人无缆潜水器保持与海底距离 3 m 进行视频采集，具体形态如图 14-27 所示。其搭载的传感器设备包括高分辨率水下照相机、两个氙气闪光灯，避碰声呐、声调制解调器和导航声呐等。Imaging 无人无缆潜水器对海底光视觉图像的采集速度是遥控无人无缆潜水器的 3 倍，通常将 Imaging 无人无缆潜水器的水下运动速度设置为 1 m/s，其中搭载的相机每 1.8 s 进行一次采集，重叠的图像可融合成一幅 4 m 宽的图像，分辨率足以看清海底生物的形态细节[345]。Imaging 无人无缆潜水器控制系统具有可精确调节的双频水下照明灯，其光线能均匀照亮海底区域，高分辨率的图像和照明设备大大提高了手动目标识别精度，并对计算机自动进行图像识别提供保障。

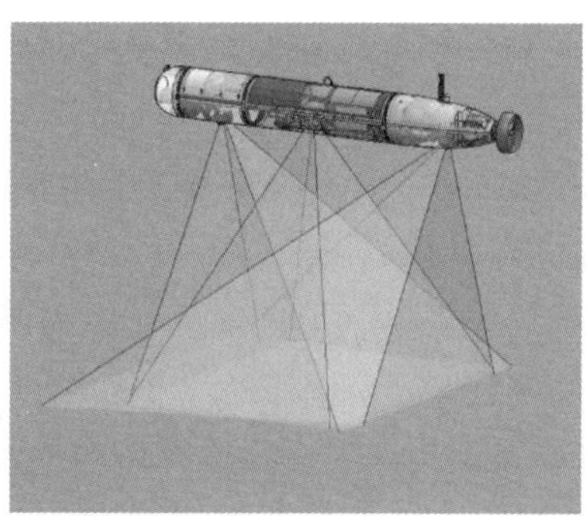
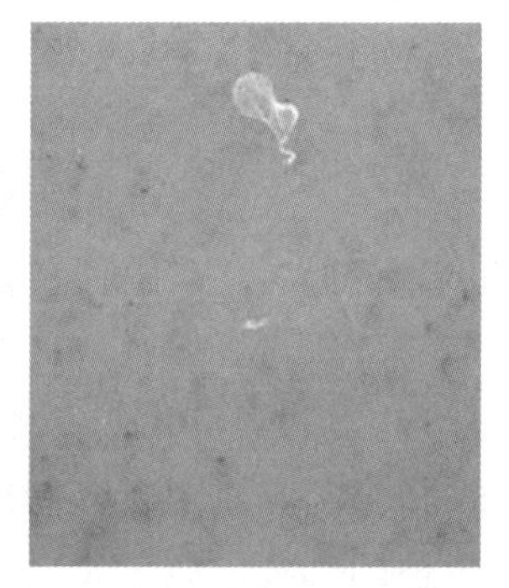

图 14-27　Imaging 无人无缆潜水器及采集图像示意图

图 14-28　URIS 无人无缆潜水器示意图

西班牙 Girona 大学研发了微型无人无缆潜水器“URIS”，由于其结构紧凑且体积较小，可灵活地用于控制结构、模拟动态建模及水下光视觉成像研究领域[346]，如图 14-28 所示。URIS 的光视觉传感器选用两个水下摄像机，一个为彩色前置水平摄像头，主要功能是对水下目标进行探测；另一个是黑白摄像头布置于运载器的垂向底部，可进行水下视频拍摄，通过检测与匹配视频序列图像中目标的特征点，并应用卡尔曼滤波器对下一幅图像中相关特征点位置进行估算，最后以广义霍夫变换算法实现运载器的运动轨迹估计。

20 世纪 80 年代开始，部分国家开展了利用无人无缆潜水器进行水下管道检测和跟踪的相关实验研究工作。目前，大部分海底管道的检测工作是靠遥控式潜水器来实现的，少数研究机构已经开始基于无人无缆潜水器的水下管道自动检测跟踪方法的研究，并获得了一些具有代表性的成果。西班牙巴利阿里群岛大学的 J. Antich 和 A. Ortiz 研究了一种水下光视觉电缆检测方法[347]。该方法选取最小生长树法分割水下管道图像，利用 Sobel 算子进行边缘检测，使用卡尔曼滤波对直线的方向进行预测，对图像中可能作为管道边缘的直线进行拟合，最终定位管道在图像中的位置。将水下电缆序列图作为检测对象，实现了水下电缆检测和跟踪。图像中，虽然部分电缆被沙石和藻类覆盖，但是仍能取得较好的检测结果。该方法处理的平均成功率达到 90%，处理速度为 25 帧/秒。但该水下电缆检测方法只对单根直线电缆进行了检测试验，并没有进行弯曲电缆或多根电缆的相关检测试验，处理过程如图 14－29 所示。

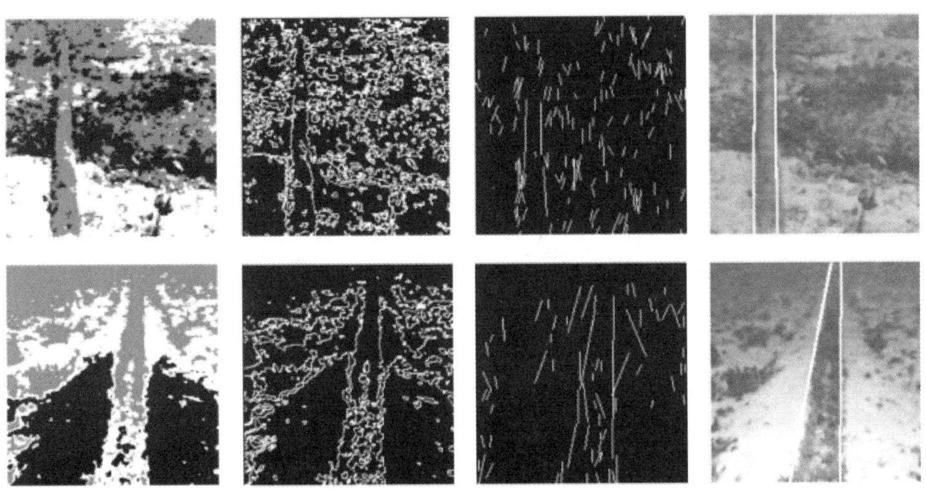

图 14－29 电缆检测方法处理过程

西班牙加泰罗尼亚工业大学的 A. Grau、J. Climent 等人提出了一种基于纹理分析的特征提取方法[348]，用于海底电缆的检测跟踪。该管道检测方法流程如图 14－30 所示，首先对摄像机采集的图像进行预处理，然后对图像进行特征提取，包括区域直线密度、线条方向突变、区域不连续性及像素孤立程度，之后利用凝聚层次聚类算法分割电缆与背景，最后得到电缆在图像中所处的位置。该方法受光照条件影响较小,在管道与阴影的区分方面表现良好,但在环境干扰物存在时可能会导致管道检测错误(见图 14－31)。

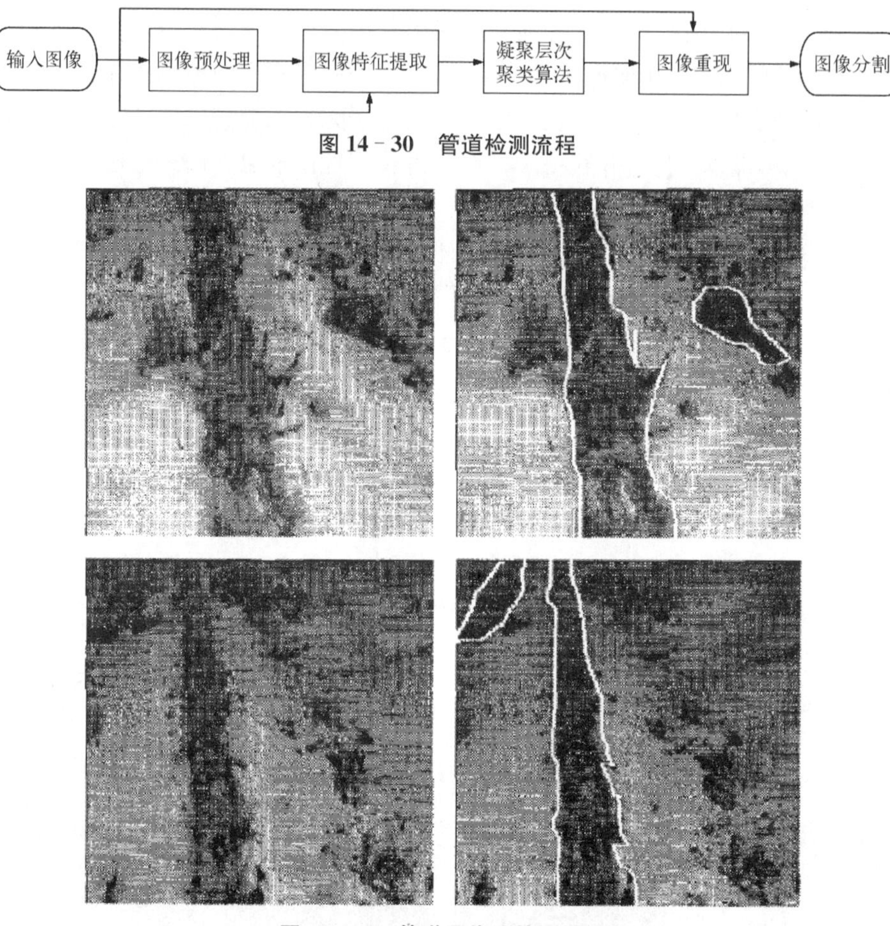

图 14－30 管道检测流程

图 14－31 管道图像及检测结果

挪威科技工业研究院以无人无缆潜水器为载体平台对水下管道进行光视觉与声视觉探测,从而完成管道的检测与跟踪任务。无人无缆潜水器装备的光视觉传感器为两台彩色摄像机,其目的是构成水下双目视觉系统,型号为 KONGSBERG SIMRAD OE14－110 和 OE14－376;声视觉传感器为 Tritech Micron Echo Sounder DST 数字 Chirp 声呐,潜水器形态如图 14－32 所示[349]。

试验环境为室内水池,试验数据采集及处理过程如图 14－33 所示。该研究院研究的双目光视觉管道检测方法[350],首先对摄像机采集的图像进行分割和形态学处理,然后对左右两个摄像机获得的图像进行特征点匹配,最后通过坐标转换获得管道与无人无缆潜水器的相对位置。试验过程中潜水器的两个相机分别进行图像采集与处理，获得图像目标分割信息，并应用特征点对左右图像的特征点进行匹配，获得距离信息，将声呐探测作为探测系统辅助信息，从而完成水下管道的跟踪任务。研究人员应用该方法，成功实现了对直径 14 cm 的水下管道的跟踪检测试验[351]。

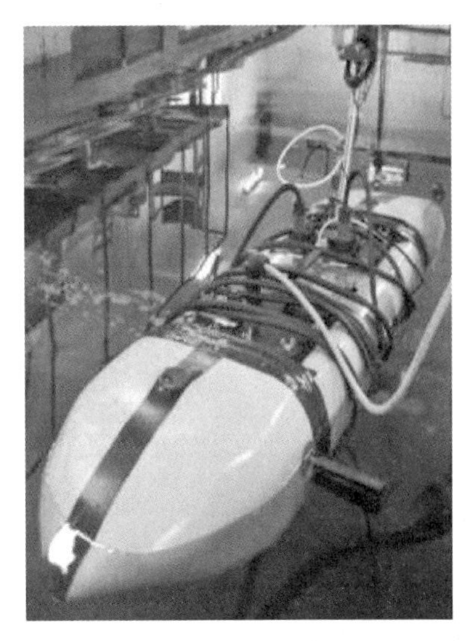

图 14－32 挪威科技工业研究院双目立体视觉无人无缆潜水器示意图

意大利安科纳大学的 P. Zingaretti、G. Tascini 等人提出了一种实时的水下管道跟踪方法[352-353]，用于实时获得遥控式潜水器相对于管道的位置。该方法使用滤波、谱分析、特征增强等图像处理算法识别出管道的两侧轮廓，并利用前一帧图像中提取的特征对管道出现区域进行预测，从而加快检测速度。使用水下管道的图像序列和同步的导航数据验证了所研究方法的有效性，该方法成功实现了管道的实时检测，试验中图像处理速度为 8 帧/秒，遥控式潜水器模拟航速为 2.5 kn，试验使用的图像与处理结果分别如图 14－34 和图 14－35 所示。

意大利 Udine 大学的 G. L. Foresti 和 S. Gentili 研究了一种基于光视觉的水下目标检测方法[354]，使用 BP 神经网络对目标和背景进行分割，然后根据相关参数对管道的两条边缘进行拟合，最后通过计算得到管道位置。该方法的管

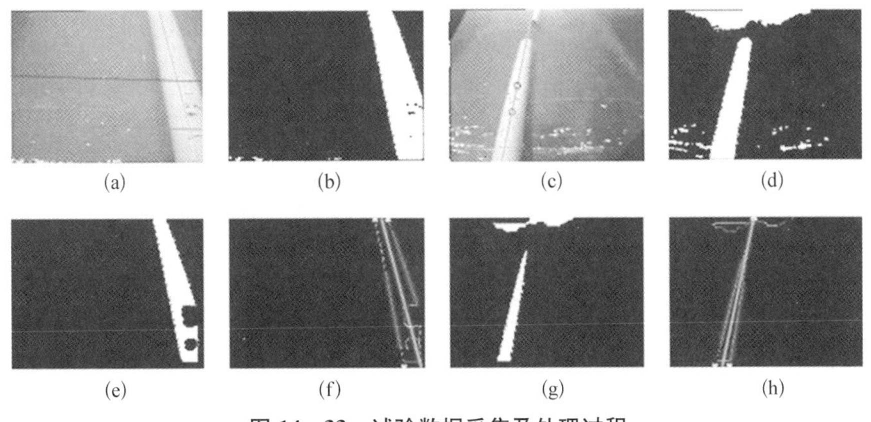

图 14－33 试验数据采集及处理过程

(a) 管道 1 原始图像 (b) 管道 1 图像阈值分割结果 (c) 管道 2 原始图像 (d) 管道 2 图像阈值分割结果 (e) 管道 1 图像形态学处理 (f) 管道 1 图像边缘检测结果 (g) 管道 2 图像形态学处理 (h) 管道 2 图像边缘检测结果

道检测结果如图 14－36 所示，如后两幅图中存在海藻等杂物或部分沙土掩埋的情况，但该方法仍能够得到管道位置。

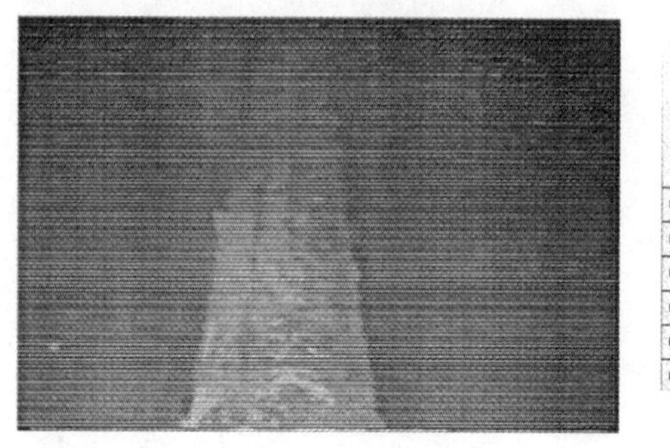

图 14－34　原始管道图像

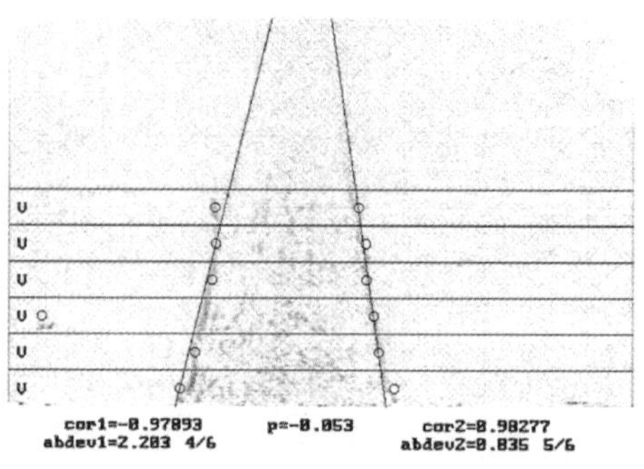

图 14－35　管道检测结果

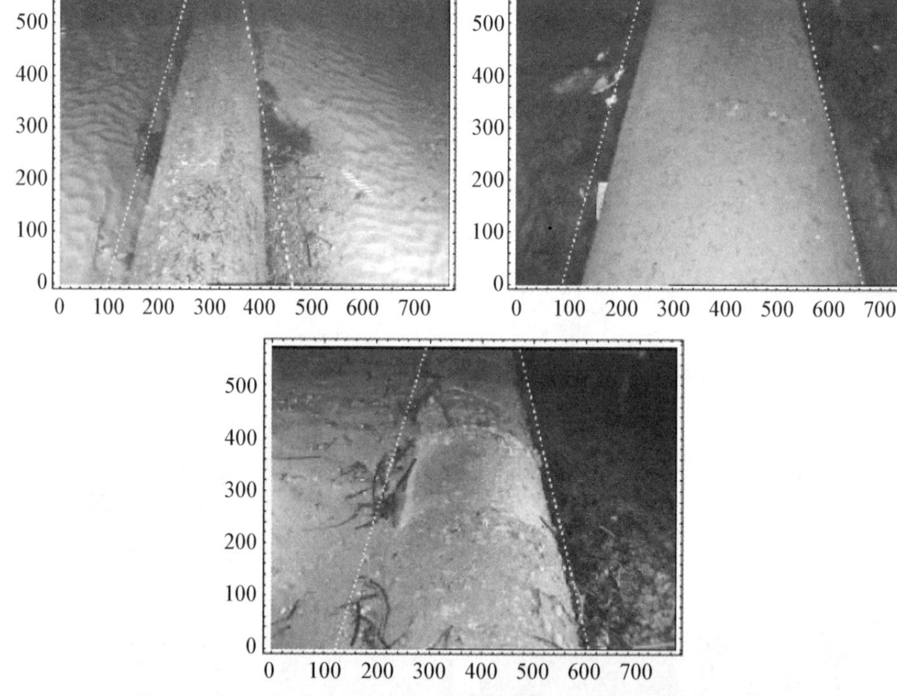

图 14－36　不同环境下的水下管道(虚线代表检测出的管道边缘)

俄罗斯科学院海洋技术问题研究所在无人无缆潜水器上安置摄像机(VIC)和电磁感应器(EMS)以实现对海底线缆的定位和跟踪，无人无缆潜水器线缆检测如图 14－37 所示[355]。将一根线缆放置在与机器人呈 180°的方位上，线缆长 800 m，直径为 12 mm。初始阶段无人无缆潜水器作 Z 字形运动，利用电磁感应器对线缆进行识别，获得线缆的初始位置。无人无缆潜水器移动，采用VIC与EMS的集成系统对线缆进行检测，完成跟踪。此次试验的成功率在90%以上，而单独采用EMS时，其检测正确率为30%。

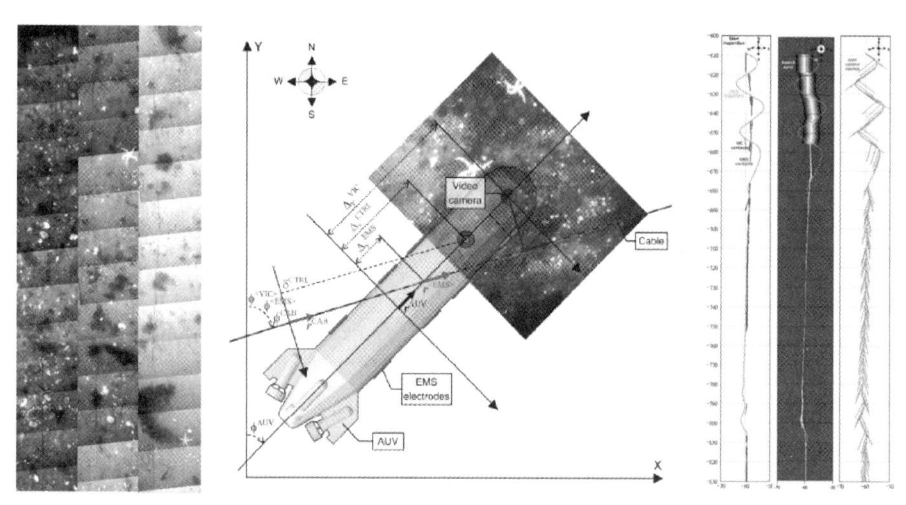

图 14-37　无人无缆潜水器线缆检测

俄罗斯科学院海洋技术问题研究所对无人无缆潜水器的海底电缆检测与跟踪方法进行了研究和试验[356]，试验使用的电缆长800 m，直径12 mm。采用电磁感应系统进行电缆跟踪试验时，跟踪的成功率只有30%，而结合光视觉系统和电磁探测系统进行跟踪试验时，跟踪成功的概率增加到90%。图14-38为试验中采集的电缆图像序列。图14-39显示了两种情况下无人无缆潜水器的跟

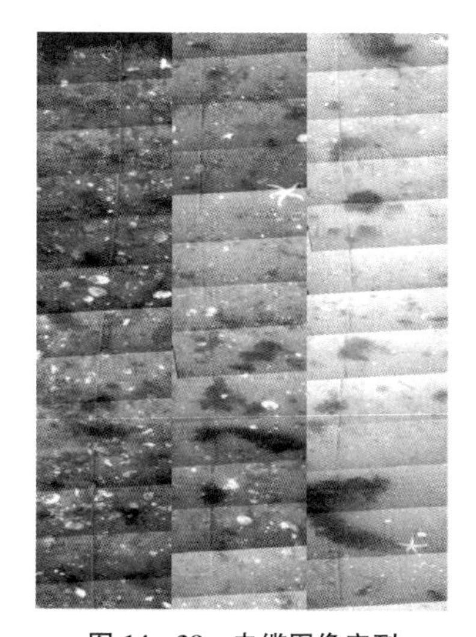

图 14-38　电缆图像序列

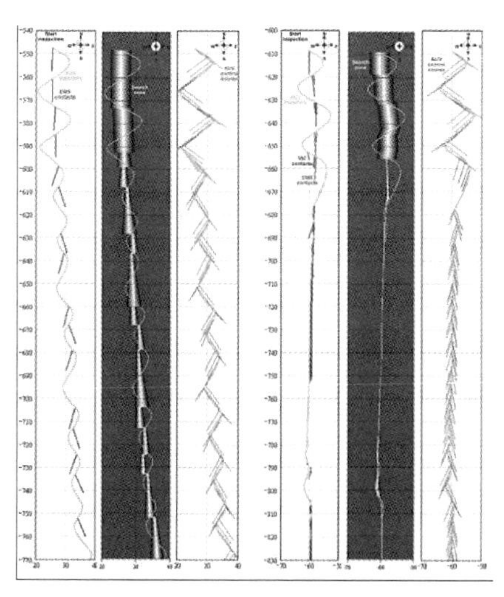

图 14-39　机器人跟踪轨迹

踪轨迹,左侧为采用电磁感应进行管道跟踪的无人无缆潜水器运动轨迹,右侧为采用电磁感应和光视觉结合的方式进行管道检测跟踪时的无人无缆潜水器运动轨迹。

法国研制的 ALISTAR－3000 型无人无缆潜水器[357],如图 14－40 所示,该无人无缆潜水器最大工作水深达 3 000 m,配备有 6 个推进器,最大航速可达 6 kn,具有较好的稳定性、机动性以及悬停能力。2004 年 6 月在法国土伦海军基地,ALISTAR－3000 进行了管道检测跟踪试验,无人无缆潜水器上搭载了摄像机和声呐设备,检测对象为长 500 m、直径 508 mm 铺设在海底的管道,试验过程中潜水器在距管道的上方 1～2 m 处航行。ALISTAR－3000 于 2006 年夏天在墨西哥湾进行了另一次海试,采用声呐和磁力计相结合的管道检测方法,并且加入了新的算法使得潜水器可以自动寻找管道并锁定管道的位置,成功实现了无人无缆潜水器水下管道检测。

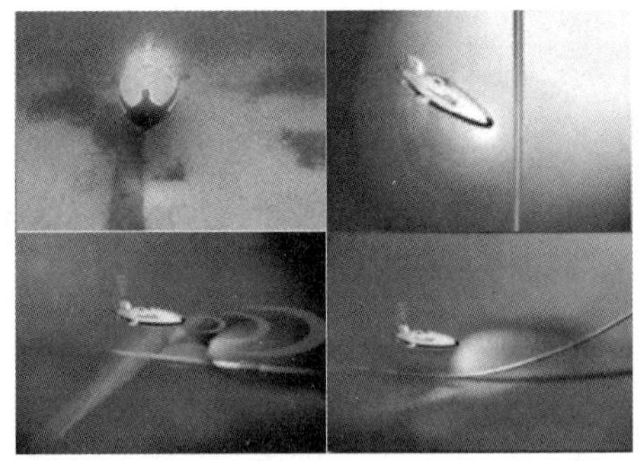

图 14－40　ALISTAR－3000 及管道跟踪图

悉尼大学联合 ANU 信息科学与工程研究院(RSISE)对无人无缆潜水器“KAMBARA”进行基于水下光视觉系统的导航控制研究,其结构与硬件连接关系如图 14－41 所示。其中水下光视觉导航系统传感器由两个 Pulnix TMC－73 水下摄像机和一个具有云台的 Pan/Tilt 水下摄像机组成,摄像机与视频采集卡连接。双 Pulnix TMC－73 水下摄像机可为无人无缆潜水器提供立体视觉,Pan/Tilt 水下摄像机可结合视觉处理系统对采集的影像序列图像进行目标提取处理,通过序列中提取的目标位置信息对其运动进行预测,并将结果反馈给运载器控制系统[358]。KAMBARA 通过视觉系统检测目标进行自身运动控制的机制可理解为:系统启动摄像机对水下目标进行采集,并应用两个相关联的处理器对目标进行跟踪,系统中的特征距离相关器对左右两幅图像进行距离特征计算。最终根据目标状态与方向信息对运载器的移动方向进行预测。KAMBARA 无人无缆潜水器双目视觉系统结合人眼特性，对每台水下相机采集的目标特征点进行距离计算。对双目视觉图像中通过特征点匹配提供导航信息的研究方法还需要很多理论与方法验证，并且水下图像目标繁杂，如何建立完善的图像特征模版仍需要后续研究进行支撑。

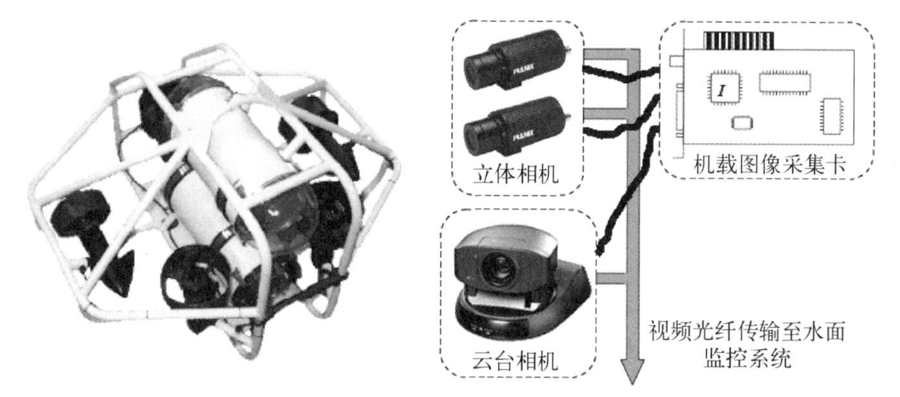

图 14-41 KAMBARA 无人无缆潜水器外观及光视觉硬件组成示意图

日本东京大学研制的水下智能运载器 TANTAN，应用光视觉系统对水下浮游生物的分布状态及水质监测进行考察，其外观形态如图 14-42 所示。其光视觉系统采用较合理的嵌入式形式，运载器前端透明防水罩内布置一台水下微光摄像机，型号为 Sony EVI-370，可以提供前视微光图像采集[359]。此外，TANTAN 运载器搭载一台水下显微镜对浮游生物和其他水体生物进行检测。光视觉处理系统应用图像处理与图像识别的研究理论与方法对图像中的目标按照类型、尺寸等基本信息进行分类统计，在自然的湖泊试验环境中得到较为理想的处理结果。

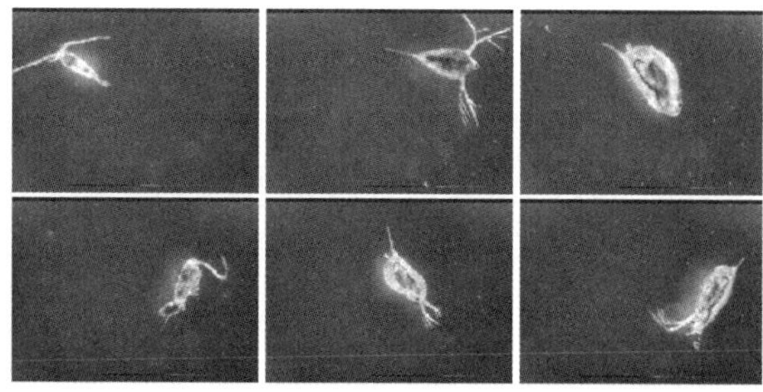

图 14-42 TANTAN 无人无缆潜水器示意图

日本东京大学的 A. Balasuriya 等人研制了 TWIN-BURGER-2 型无人无缆潜水器[360]，如图 14-43 所示。TWIN-BURGER-2 配备了 5 个推进器，其中包括两个尾部主推、两个垂推和一个侧推，两个水下摄像机以水平向下 55°

安装于潜水器首部,此外潜水器上还安装了声呐,该潜水器可以获取海底的二维光学图像信息和三维声学图像信息。视觉检测系统检测不到电缆时,会建立一个电缆模型来预测电缆可能出现的范围,并通过航位推算重新找到电缆位置。TWIN - BURGER - 2 型无人无缆潜水器在日本琵琶湖进行了管道检测跟踪试验,试验过程中潜水器处于在管道上方 1.2 m 处,航速 0.2 m/s,处理管道图像的速度为 3 帧/秒,试验时管道布置如图 14 - 44 所示。

图 14 - 43 TWIN - BURGER - 2 型无人无缆潜水器

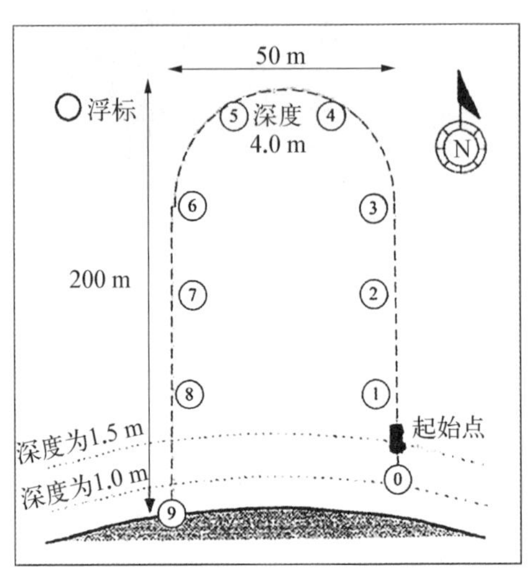

图 14 - 44 管道布置图

日本东京工业研究所的 Chao Chen 等人所研发的 AQUA EXPLORER - 1000 型无人无缆潜水器[361]如图 14 - 45 所示,实现了水下电缆的实时检测跟踪。该无人无缆潜水器长 2.3 m,最大航速为 2 kn,最大工作深度为 1 000 m。该机器人具备光视觉检测及磁探测能力,水下摄像机与水平面成 30°角安装,进行管道检测时视场宽度为 3.5 m,在两侧安装有三轴磁敏传感器。光视觉检测系统采用 Hough 变换方法,对水下图像中可能作为电缆边缘的直线进行提取,随后进行电缆特征的匹配,最后得到电缆位置,并根据得到的电缆位置信息预测下一帧电缆位置。在电缆掩埋等丢失电缆视觉信息的情况下,无人无缆潜水器可以利用磁敏传感器检测电缆周围的交变磁场,对电缆位置进行确定,实现被掩埋电缆的跟踪。AQUA EXPLORER - 1000 于 1994 年进行了电缆跟踪试验,成功检测并跟踪了一条长度为 2.6 km 的海底电缆(见图 14 - 46),检测过程中无人无缆潜水器距管道竖直距离 1 m,航行速度为 0.5 m/s,管道位置的刷新频率为 3 次/秒。由于该无人无缆潜水器的光视觉检测系统是基于传统的 Hough 变换设计的，无法检测弯曲的水下管道或电缆，且检测结果易受管道状态及环境影响。

图 14-45　AQUA EXPLORER-1000

图 14-46　水下电缆图像

日本 KDD 实验室的 S. Matsumoto 和 Y. Ito 于 1995 年开发了一种基于光视觉的海底电缆检测系统[362]，使用自适应阈值分割法提取出海底电缆的边缘，利用 Hough 变换找到图像中可能的电缆边缘，最后对比之前图像的电缆位置，从 Hough 变换的结果中筛选出电缆的边缘。该检测系统成功实现了对海底电缆图像序列的检测，并使用一台配备了 Ospley SIT 摄像机的 Deep Ocean Phantom S2 型遥控式潜水器，成功跟踪了一条铺设在实验水池底部 25 mm 的电缆。因为在 Hough 变换中提取直线数目的限制，该电缆检测系统无法实现多根管道的检测。该方法使用的遥控式潜水器及部分检测过程如图 14-47 所示。

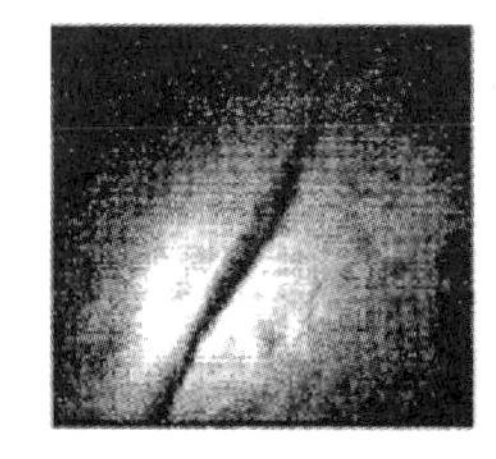

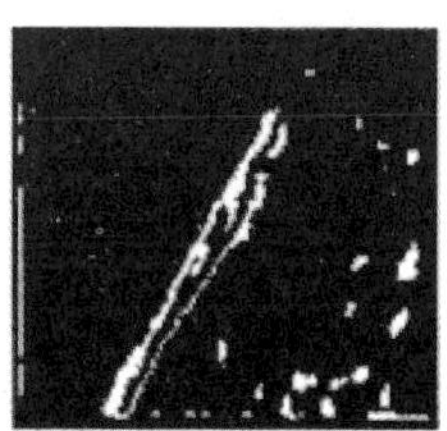

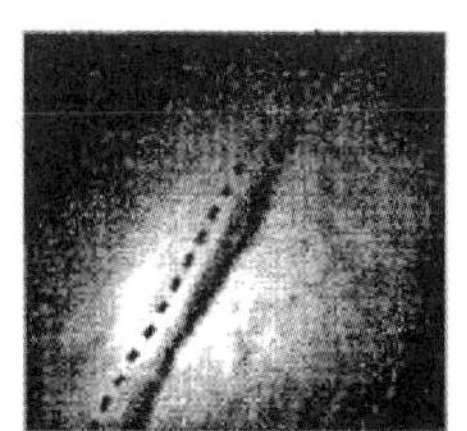

图 14-47　电缆检测系统遥控式潜水器及检测过程

此外，各国研究机构对水下光视觉做了很多研究与实践工作。如巴拿马丛林液体实验室进行的热带水下观测台项目[363]，在1 800万平方米的水域中布放水下光视觉侦测平台，通过传感器阵列与水下摄像机获取水域内的温度、盐度、压力、水流速度、生物物种等信息，并通过网络将数据进行共享。

2. 国内水下光学探测作业技术研究现状

哈尔滨工程大学机器人技术重点实验室与中国船舶科学研究中心合作研发一套水下目标搜索与图像识别算法，该方法包含小波算法并应用Ainet神经网络方法进行目标识别。实验室于“十五”期间研发了具有水下光识别能力的某型无人无缆潜水器，如图14-48和图14-49所示。搭载的传感器主要为水下摄像机、云台及辅助照明灯。2004年和2005年的海试中对水下光视觉图像和声视觉图像进行处理，成功获得目标位置、尺度等信息。该实验室于2009年在哈尔滨工程大学深水水池50 m×30 m×10 m进行水下管道视觉跟踪模拟试验，采用无人无缆潜水器，搭载水下微光摄像机成功对直径为250 mm、长度为30 m的模拟管道进行15次跟踪试验。2013年建立水下光视觉和声视觉基于特征集融合的目标检测方法，并将检测方法应用于新的无人无缆潜水器上。试验在深水池内进行，在水池底部布放五根直径为250 mm、长为6 m的管道，利用无人无缆潜水器进行多组跟踪试验，跟踪成功率在85%以上。

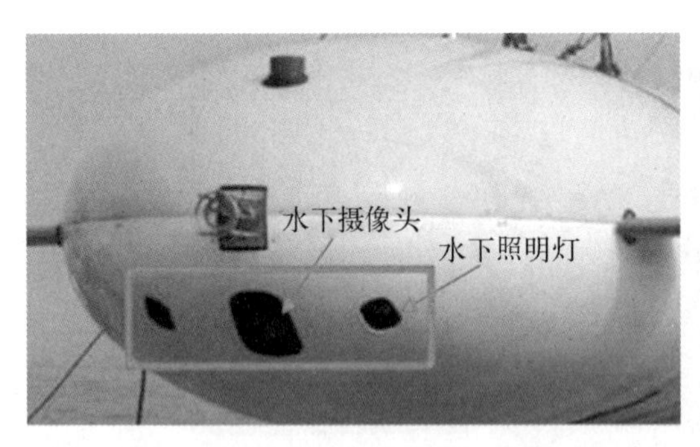

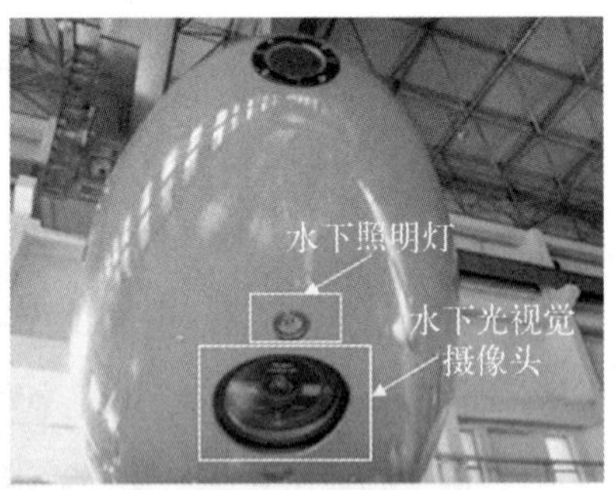

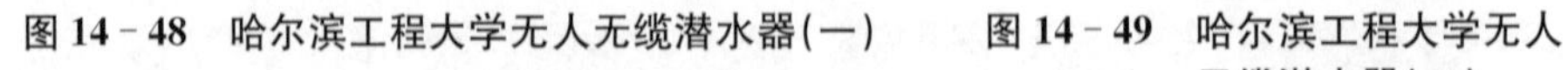

图14-48 哈尔滨工程大学无人无缆潜水器(一)

图14-49 哈尔滨工程大学无人无缆潜水器(二)

上海交通大学在3 m深水池环境通过航模搭载两台CCD水下摄像机对水下管道进行检测与跟踪，实时给出管线及故障点相对船体位置，具有较快处理速度。沈阳自动化研究所结合7 000 m载人运载器的作业任务与需求，实现了一种基于单目光视觉位姿测量原理的无人无缆潜水器悬停定位方法，建立水下目标识别与跟踪实验系统。沈阳自动化研究所曾开发出了一种磁探测管道检测方法，根据磁场梯度测量仪的原理，采用人工半自动引导和自动跟踪相结合的控制方式实现了水下钢管的探测。使用某型无人无缆潜水器对一根在水下 2 m 处，长为 20 m，直径为 16.5 cm 的直钢管进行了跟踪检测试验。试验所搭建的场景图 14－50 所示。

图 14－50　无人无缆潜水器水下管道跟踪试验

14.1.3　其他探测作业技术发展现状

1. 深海热液/冷泉探测技术发展现状

目前，西方国家在深海热液探测方面主要使用的现场快速分析系统，也称作在线化学传感仪，其他物理传感器如温度、压力、浊度等也通常被集成到系统中。与原位探测不同的是，现场快速分析系统并不是放置在一个固定的地点，而通常安装在深海拖体上随船行进，这就对快速分析系统的响应时间、稳定性等方面提出很高的要求。现场快速分析系统能够随时检测到由于热液活动而造成的物理、化学环境参数的异常，并通过传输系统，把这些异常情况通过数字脉冲的形式传输到科考船的计算机上去，科学家们通过获取计算机的数据对海底环境参数进行分析，从而可以探测海底环境的异常。

在原位探测方面，欧美国家也取得了很大的进展。1999 年，热泉流体的主成分被美国科学家在 370℃下首次成功探测。这种类似的原位探测器分为两种：一种是安装到深潜水器上，由机械把手放置到热液口附近；另一种是人为地放置到热液喷口附近。两种类型的原位探测器都是对热液口进行长期的探测。除此之外，原位探测技术也受到美国航空局的密切关注，航天科学家们人为，在未来的外星生命探索中，原位探测技术可能扮演重要角色，同时，科学家们还提醒，原位探测技术的军事作用难以忽略。

21 世纪初期，在深海热液探测技术领域内，我国与西方发达国家差距较大，大多数的深海探测设备只能依靠进口，这与陆地和领海大国的地位极不相称。近年来，随着世界各国海洋研究开发的重视，我国增加了对海洋研究与开发的投入，并且取得了丰硕的成果，如经国家“863”立项，由国家海洋技术中心自主研制的温盐深高精度剖面仪，已达到世界先进水平。近年来，我国许多科学家和工作人员积极地参与海洋科学考察,使我国在深海探测方面取得了长足的发展,缩短了与西方发达国家的差距。表 14－1 比较了我国的 CTD 剖面仪与国外知名厂商的 CTD 剖面仪的性能。

表 14－1 国内外 CTD 性能对照表

产品名称		国内 CTD 剖面	国内 CTD 剖面	国内 CTD 剖面
温度	测量范围/℃	－5～＋35	－5～＋32	－2～＋35
	测量精度/℃	±0.003	±0.002	±0.001
电导率	测量范围/(mS/cm)	0～65	0～70	0～70
	测量精度/(mS/cm)	±0.003	±0.003	±0.003
压力	测量范围/MPa	0～36	0～60	0～60
	测量精度/MPa	±0.015%F.S.	±0.015%F.S.	±0.015%F.S.

声学在海洋热液/冷泉探测过程中扮演了举足轻重的角色。在水声发展进程中,声呐(sonar)技术是发展最成熟的,它适用于长距离通信,而且在浑浊的水中性能可靠。常见的有两种声呐系统:① 回声探测仪,用来测量水深;② 多普勒计程仪,用来测速。目前,先进的声呐系统在船舶及潜水器上已经得到了广泛的应用,主要涉及商用及军用,如目标探测、定位、分类、跟踪,路径规划,猎雷,水下导航,海底图描绘,地震预测,检查管道等。

基于声呐系统的迅速发展,目前国内外已经开始海洋热液/冷泉声学探测设备的研制。声学探测技术也主要往两个方向发展。第一,近距离贴近式探测,利用海洋拖曳或海洋探潜水器,将声学探测设备或系统对热液/冷泉近程探测。其中 Cron 等人用一对水听器构成的海底热液噪声测量系统记录了洋中脊热液黑烟囱喷口的噪声,在 Juan de Fuca Ridge 热液口连续测量了 48 小时,但之后声学装备受损失效;WoodsHole 海洋研究所的 D. Yoeger 采用无人无缆潜水器搭载海洋热液观测系统,观测热液羽状体垂直上升速度。第二,大范围走航式探测,船只在保证正常行驶的情况下,搭载声学设备,大面积扫描,搜索海底热液/冷泉。美国罗格斯大学 Rona 教授改装了现有的声呐系统,发展了声学方法重建热液羽流三维轮廓图像技术,并实现了对海底黑烟囱喷发羽流的三维图像声学测量(见图 14－51)。

2. 水下激光成像侦察技术发展概况

长期以来,蛙人在水下特种作战行动中的出色表现和不凡战绩使其一直被视为水下战场的主要威胁之一。特别是随着相关技术的不断发展,配备了高新

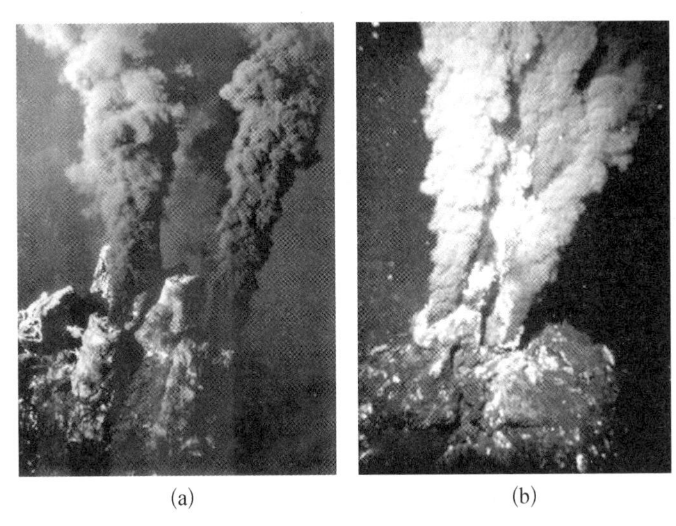

(a) (b)

图 14－51 海底热液喷口图像

(a) 黑烟囱 (b) 白烟囱

装备的现代蛙人更是能够胜任各种复杂环境下的水下特种作战任务，如潜入敌方海军港口和军事基地进行破坏活动，对停靠在港内的军舰实施破坏，在浅水海域进行布雷和反水雷作业等。为应对蛙人日益严重的威胁，近年来各国都加大了对反蛙人作战的研究。反蛙人侦察是反蛙人作战的主要行动方式之一，主要采取水下侦察的方式，对敌蛙人目标进行探测和识别。目前水下反蛙人侦察的主要方法有光电侦察、水声侦察、磁力探测等。水下激光成像系统作为一种主要的反蛙人光电侦察装备，与传统的水下电视和水下照相等光电侦察设备相比，具有探测距离远、成像质量高等诸多优点，是一种具有更好应用前景的水下反蛙人侦察装备。

目前，水下激光成像侦察技术已经得到了广泛研究，并且已有不少水下激光成像侦察系统被实际应用到多种民用和军用领域，如海洋勘查、水下搜救、反水雷及其他军事目标等。

3. 水下多目标跟踪技术的发展概况

多目标跟踪(Multiple Target Tracking，MTT)领域是信息融合最活跃、成果最丰富的研究领域之一。MTT 主要包括目标初始航迹形成、航迹维持、航迹终止与删除。Sittler 对多目标跟踪理论和数据关联问题进行了深入研究，取得了开创性的进展。卡尔曼滤波技术的出现给现代目标跟踪技术提供了新的动力，使之有了划时代的进步。Bar-Shalom 和 Singer 将数据关联技术和卡尔曼滤波技术有机结合，使得多目标跟踪技术取得了突破性的进展。随后的一段时期，很多学者在多目标跟踪和数据关联方面提出了许多经典算法，如时间相关模型、概率数据关联滤波器和联合概率数据关联滤波器、多假设跟踪、交互式多模型、分层融合等算法。20 世纪 90 年代，对多维分配算法在数据关联中的应用、变结构交互多模型、概率多假设跟踪、分布式融合以及随机集理论等方面的研究极大地丰富和发展了多目标跟踪理论。近年来，粒子滤波方面的研究成果促进了目标跟踪技术的发展，同一时期，Mahler 等学者对随机集理论进行了应用方面的探索和创新，给多目标跟踪技术的发展带来了新的活力，成为近些年来的一个重要的研究方向，获得了大量的研究成果。

国内对多目标跟踪技术的研究起步较晚。20 世纪 80 年代初才开始从事多目标跟踪技术的研究，到 80 年代末才出现有关多传感器信息融合技术研究的报道。海湾战争后，信息融合和多目标跟踪技术逐渐受到重视，许多单位和学者对这一领域进行了深入研究。在信息融合和多目标跟踪的理论和应用研究方面，国内的发展水平与国外相比存在较大的差距，需要进一步加大投入，赶超国外先进技术。

14.2 水下探测作业技术

14.2.1 水下声学探测作业技术

1. 声呐技术简介

迄今为止，海洋中声波是唯一能远距离传播的能量载体，电磁波和光波在进入水下十几米就衰减到很弱。无人无缆潜水器要感知水下环境，获得环境特征需要借助其所携带的传感器，如声呐、水下摄像机等。而声呐是水下智能机器人中应用最广泛的水下环境探测装置。声呐（sound navigation and ranging，Sonar）全称应为声音导航与测距，是一种利用声波判断海洋中物体位置及类型的方法和电子设备。声呐利用声波对水下目标障碍物进行探测和定位。水下所有能发出声波或产生回波的物体，均可以作为目标障碍物被声呐探测到。

声学水下目标探测利用目标障碍物自身发出的声波或回波来确定目标障碍物的存在；定位是利用声波来确定目标距离声呐的距离，以及相对于声呐的深度和方位；跟踪是对水中的目标进行连续的探测；识别是区分目标的大小、形状等特性。声呐按工作原理可分为主动声呐和被动声呐两类。主动声呐主动发射探测信号，利用信号在水下传播途中遇到目标障碍物时所反射的回波数据来判断目标存在与否,目标距离声呐的距离等信息。主动声呐由换能器基阵、控制器、发射机和接收机等组成(见图 14-52)。发射信号从各种散射体上的散射产生的混响会对主动声呐产生干扰,严重时会影响信号的接收。被动声呐本身不发射信号,利用接收换能器基阵接收目标障碍物自身的(包括噪声)辐射的声波来探测目标障碍物(见图 14-53)。被动声呐与主动声呐相比,无须发射声波。

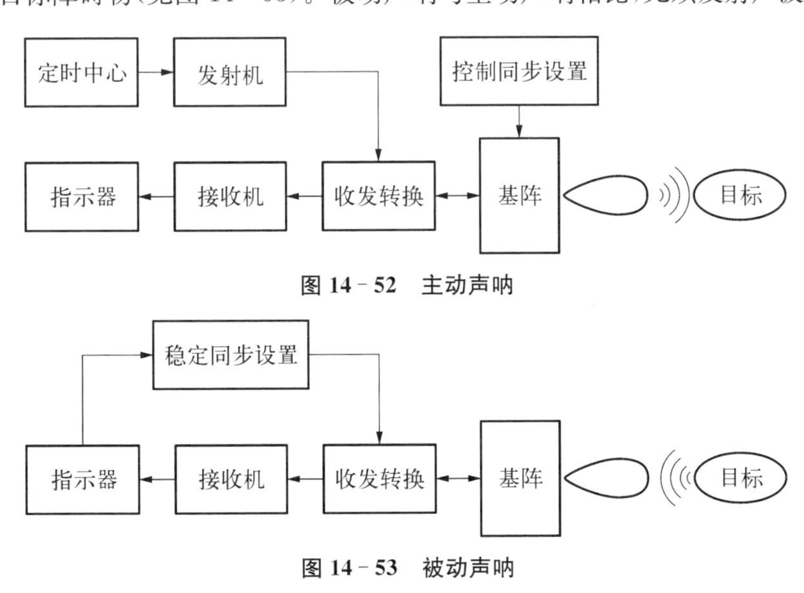

图 14-52 主动声呐

图 14-53 被动声呐

2. 几种常见声呐

1) 前视声呐

前视成像声呐是一种高分辨率水下成像设备,具有分辨率高、结构相对简单、体积小巧、成本可控的特点,在水下避障与航线规划、水下考古、水下矿产与能源勘探、反水雷、海底电缆与管道的铺设与检修等诸多方面都有广泛的应用。前视声呐系统研究有很高的军用与民用价值,前视成像声呐技术是水下声成像技术的重要技术。前视声呐采集的图像如图 14-54 所示。

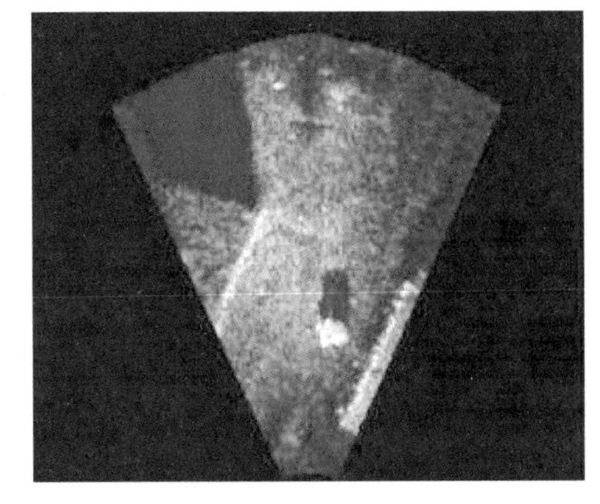

图 14-54 微型多波束前视声呐采集的图像

2) 侧扫声呐(旁侧声呐海底地貌仪)(side-scan sonar)

侧扫声呐主要应用于以下几个方面:海洋测绘、海洋地质调查、海洋工程勘探、寻找水下沉船沉物、探测水雷和海洋测绘。侧扫声呐可以显示微地貌形态和分布,可以得到连续的有一定宽度的二维海底声图,而且还可能做到全覆盖不漏测,这是测深仪和条带测深仪所不能替代的,所以港口、重要航道、重要海区,都要经过侧扫声呐测量。侧扫声呐采集的图像如图 14-55、图 14-56 所示。

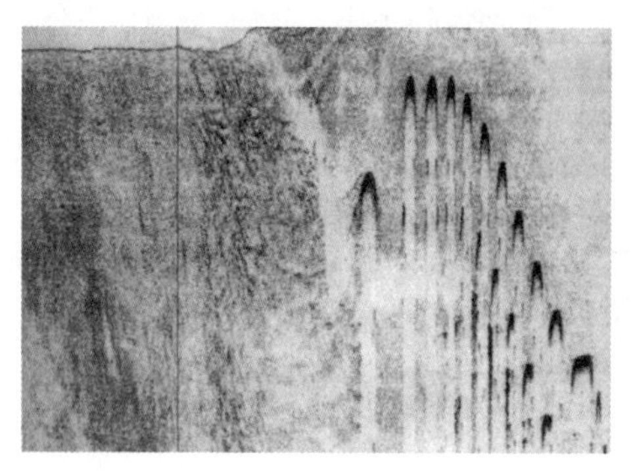

图 14-55 栈桥式码头的桥桩图像

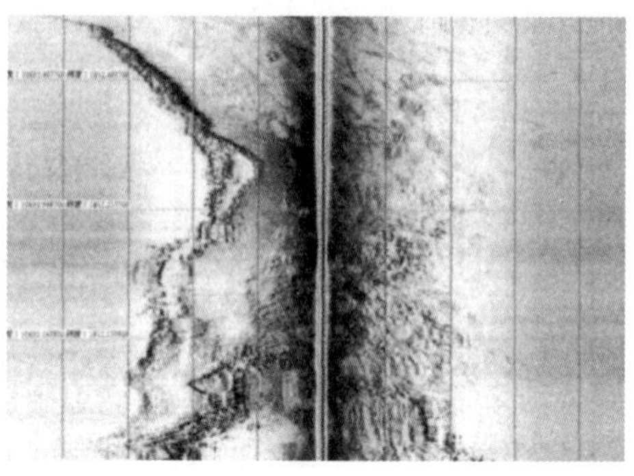

图 14-56 石质海岸向水下倾斜延展及在其潮滩斜坡上发育的珊瑚礁地貌

侧扫声呐应用于海洋地质调查:侧扫声呐的海底声图可以显示出地质形态构造和底质的大概分类,尤其是巨型侧扫声呐,可以显示出洋脊和海底火山,是研究地球大地构造和板块运动的有力手段。侧扫声呐应用于寻找水下沉船沉物和探测水雷时分辨力高,可以发现水雷等小目标,可以发现沉船,并能显示沉船坐卧海底的姿态和破损情况。传统的侧扫声呐每侧采用一条换能器阵,这样只能形成二维的声图,而得不到水深数据。为了提高测量效率,开发出了三维侧扫声呐,其基本工作原理就是在每侧至少使用两条接收换能器件阵元,通过测量信号到达两阵元间的相位差,得到侧向的水深度数据(见图 14-57)。

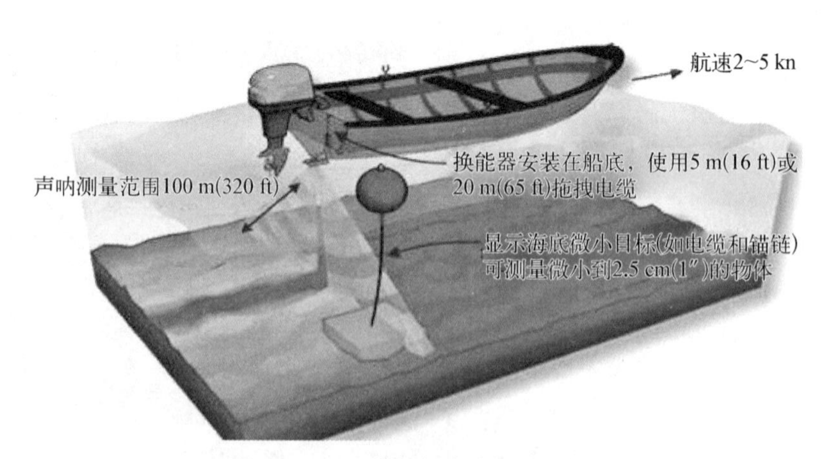

图 14-57 三维侧扫声呐探测示意图

3）浅层剖面声呐

浅层剖面声呐记录着海底不同介质对声波传输过程中的发射强度。不同介质中，声波传输速度不同，反射和透射系数也不相同。浅层剖面声呐接收到的反射信号随两种介质的反射和投射系数增加而增强。因此，浅层剖面声呐接收反射信号包含了海底底层大量底质信息。人们通过观测，记录和分析海底沉积物对声波的反射影响，可以获得海底沉积物的底质属性，也可直观识别海底底层底质构造。浅层剖面声呐采集图像如图 14－59 所示。

图 14－58　R/V ARANDA（海洋研究机构）在南极海域使用 MD DSS 浅层剖面声呐

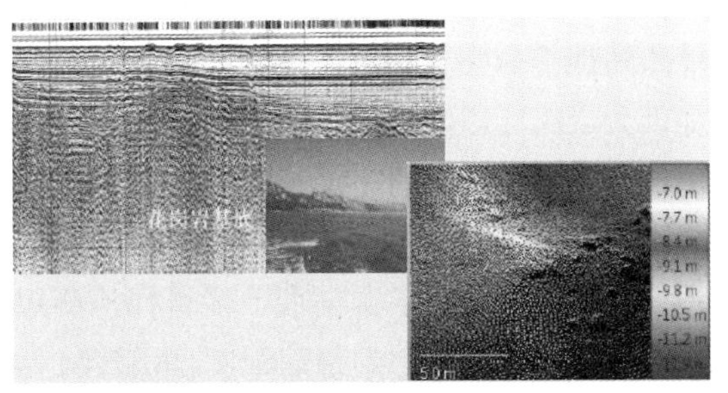

图 14－59　浅层剖面声呐采集的图像

浅层剖面声呐（浅层剖面仪）与侧扫声呐的区别如下：

（1）侧扫声呐换能器阵列位于拖鱼的两侧，而浅层剖面仪换能器阵列位于拖鱼的正下方。

（2）浅层剖面声呐能更深地穿透地层，选择系统工作频率较低；但较低的工作频率，降低了其回波信号的分辨能力。

（3）侧扫声呐对海底表面凸出的目标以及不同性质的目标（如金属、陶瓷等）具有较强的探测能力；浅层剖面声呐可探测深埋于海底的目标，尽管分辨率不高，但能区别于背景环境，准确判定目标的存在。

4）多波束声呐

多波束声呐主要用于海底地形测量、扫海测量和海上施工区域的测量。多波束声呐系统分为船载多波束系统和无人潜水器搭载多波束系统。船载多波束测深系统，每发射一个声脉冲，可以获得船下方的垂直深度，同时获得与船的航迹相垂直的面内的几十个水深值，从而实时绘出海底地貌图。通过船上计算机对各种数据的处理，可由绘图仪绘出等深线图，精确测定航行障碍物的位置、深度。船载多波束声呐系统地形测量结果如图 14－60 所示。多波束声呐集合了多种传感装置和高新技术，如现代信号处理技术、高精度导航定位技术等，科技含量高，结构复杂，目前主要有美国、加拿大、德国、挪威等国家在生产。

图 14－60 船载多波束系统探测示意图

3. 无人无缆潜水器声学探测系统

由于无人无缆潜水器经常需要在恶劣且复杂多变的水文条件下执行作业任务，所以其环境感知能力显得尤为重要。声学感知系统具有良好的环境感知性能，可以为无人无缆潜水器提供大量的环境信息，因此构建具有探测跟踪能力的声视觉系统对无人无缆潜水器环境感知能力的完善具有非常重要的意义。无人无缆潜水器声学探测系统是潜水器系统的一个子系统，其信息流的处理、跟踪功能的实现都与整个潜水器系统密不可分。为了实现水下多目标检测跟踪任务，无人无缆潜水器声学探测系统的设计必须考虑到跟踪精度、可靠性、实时性这三个方面，需要选择可靠、简单、有效的算法来实现跟踪功能。

无人无缆潜水器是一个多学科交叉的复杂系统工程，主要包括以下几个方面：载体设计、水动力建模与计算、智能作业规划与路径规划、智能运动控制、水下导航定位、环境感知等。声视觉跟踪系统是无人无缆潜水器系统的重要组成部分，它采集前视声呐返回的目标和环境数据，通过数据处理模块进行图像处理和目标跟踪运算，得到要跟踪目标的运动轨迹，并将其传递给控制中心和水面 PC 机。

声视觉跟踪系统的硬件系统主要包括以下两大部分：声视觉处理计算机和前视声呐。声视觉计算机负责完成视觉建模、顶层视觉信息处理和理解、与机器人主控计算机的网络通信，实现不同系统间的数据交互，另外也可与水面 PC 机进行网络通信实现对底层运行状态和处理参数的监控。声视觉计算机核心模块采用的是 Celeron 400 的处理器，集成了 Intel 82559ER 网卡，兼容 PCI 总线技术，集成 ATA 接口，配有 4 G 电子硬盘，提高了整个系统的稳定性和数据存储性能。各处理模块之间采用 PC104 总线通信，核心模块与主控计算机系统之间分别采用 TCP 协议与 UDP 协议的两种网络通信模式，与声呐传感器之间通过搭载的串口板，采用 RS 232 协议进行串行通信，实现声呐探测数据采集。对于前视声呐传感器，系统中选用上一节介绍的单波束扫描成像声呐，其具有性价比高、体积小等优点，适于无人无缆潜水器的组装。声视觉跟踪系统的硬件系统结构如图 14－61 所示，PC104 计算机选用的 CPU 模

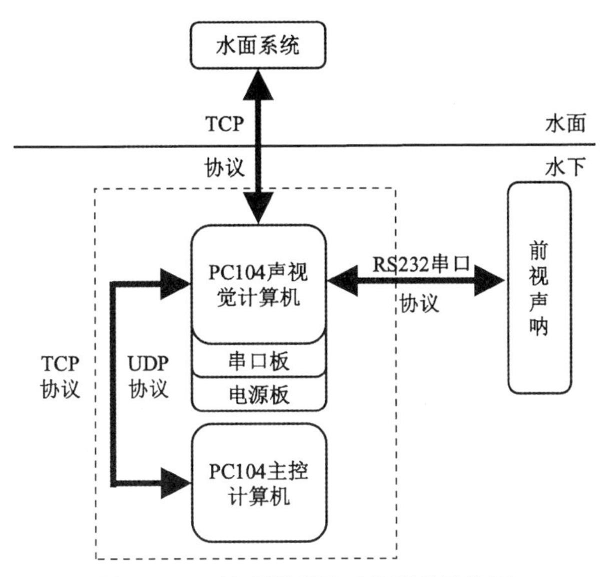

图 14-61　声视觉跟踪系统硬件结构图

块板如图 14-62 所示。

图 14-62　PC104 核心模块

以“橙鲨”无人无缆潜水器为例，该型无人无缆潜水器采用英国某公司生产的 Super SeaKing DST 双频数字机械扫描式前视声呐，如图 14-63 所示。SeaKing DST 型声呐主要具有以下几个优点：多频率，高性能低价格，尺寸小，其采集到的声呐图像分辨率较高。

Super SeaKing DST 声呐使用了合成传感器和 Chirp 技术。与传统声呐相比，新型传感器设计使用合成材料具有

图 14-63　“橙鲨”无人无缆潜水器及其搭载的前视声呐

更大范围的推测能力，其探测范围得到了很大程度的提高。此声呐采用先进的数字变频技术，工作频率为 325 kHz 和 650 kHz，其具体参数如表 14－2 所示。

表 14－2 Super SeaKing DST 前视声呐主要参数

工作频率(低)/kHz	250～350	工作频率(高)/kHz	620～720
最大探测距离(325 kHz)/m	300	最大探测距离(650 kHz)/m	100
最小探测距离/m	0.4	电源要求	18～36VDC @10VA
最大工作水深(标准)/m	4 000	最大工作水深(可选)/m	6 000

Super SeaKing DST 前视声呐通过 RS 232 协议传输串口数据，其接收回波数据的具体流程图如图 14－64 所示。

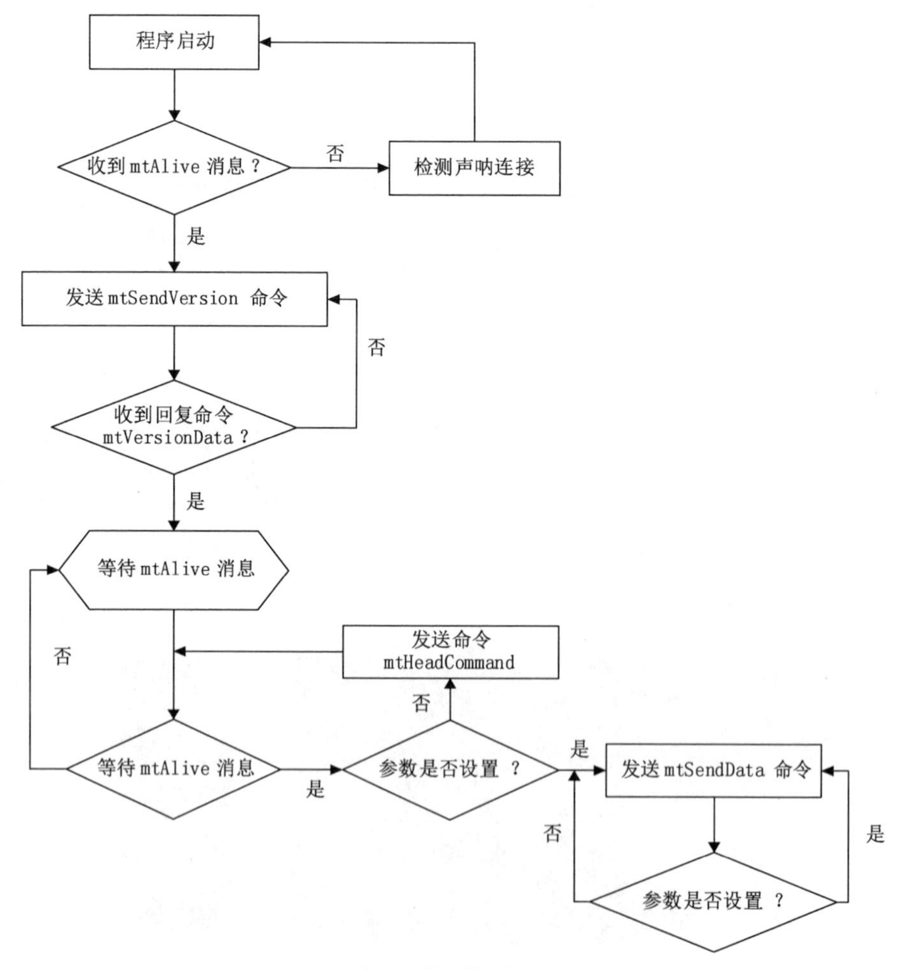

图 14－64 声呐接收回波步骤

Super SeaKing DST 单波束扫描成像声呐的发射基阵以步进的方式旋转，声呐的控制系统每发出一个旋转指令，声呐的发射头开始转动一个步进角度，角度的大小取决于机械步进角度大小的设置。同时，声呐头向探测区域发射一束带有一定开角的声波脉冲，并在区域内停留片刻以收集回波数据。当声呐头接收到回波数据后，将再次旋转同样的角度，不断重复上述过程。

声视觉跟踪软件系统是基于 VxWorks 嵌入式操作系统设计的。VxWorks 操作系统是一种实时嵌入式操作系统，可以在对实时性要求很高的环境中实现对外部事件的响应。VxWorks 具有 Wind Kernel 系统功能，可以实现任务调度管理、任务间通信、内存管理、系统中断管理等功能。在声视觉跟踪软件系统设计过程中，为了完成串口数据采集与传输、网络通信、图像处理算法和目标跟踪算法等多个任务之间的调度问题，VxWorks 采用基于优先级的抢占式调度算法控制各任务的执行。基于优先级的抢占式调度算法的基本思想是：一个具有更高优先级的任务一旦进入 Ready 状态(任务已经得到除了 CPU 之外的所有资源，仅仅在等待 CPU 资源)，将抢占当前运行任务的 CPU 资源进行上下切换后进入运行状态，这样 VxWorks 操作系统总是会把 CPU 分配给优先级最高且满足 Ready 条件的任务。

水下声视觉系统的软件体系结构涵盖了两个部分：中间模块和顶层模块。中间模块主要负责声呐数据预处理，作用是根据不同时刻采集到的回波数据合成一幅清晰的声呐图像。顶层模块主要完成声呐图像处理和目标运动预测。通过对声呐图像的处理，获得物体区域信息，同时对其在下一时刻出现的区域和运动状态进行预测，并将预测结果报送给运动控制器和图像处理模块，以便运动控制器进行风险评估和图像处理模块进行快速的局部区域图像处理。声视觉跟踪系统的软件体系图如图 14-65 所示。

以上声视觉跟踪系统体系具体可以归纳为以下几个问题。

(1) 声呐数据处理阶段：通过机械旋转波束基阵完成固定扇面内的扫描，完成区域探测任务，需要注意如何依据每次接收到的固定扇区内的回波数据生成高质量的水声图像，以及如何解决无人无缆潜水器受海流影响发生航迹偏差而引起的声呐成像畸变。

(2) 图像预处理阶段：针对声呐图像的噪声特点，需要对比不同滤波器的性能和运算时间，使其达到“保边去噪耗时短”的效果；结合声呐图像局部亮度特性，需选择适当的图像增强算法，从而实现对声呐图像质量的有效改善。

(3) 图像分割阶段：由于前视声呐图像中目标区域缺少纹理、边缘、角点等较为明显的细节特征，更多地表现为模糊的边缘和明暗交错的亮斑。因此，分割

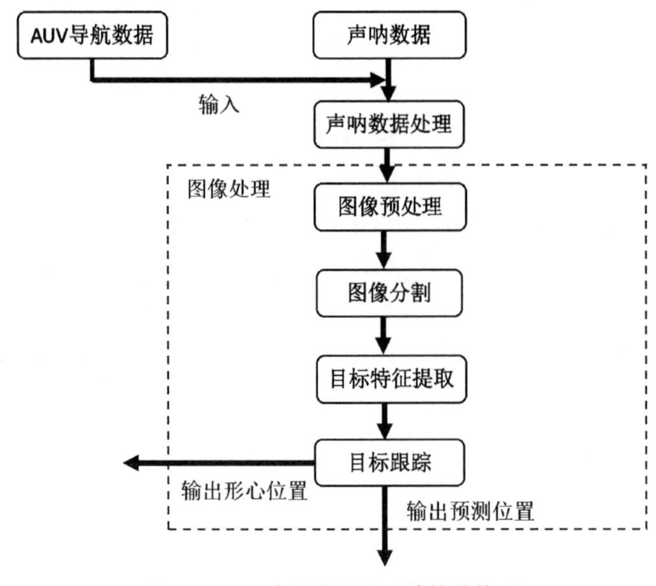

图 14-65　声视觉跟踪系统软件体系

方法的选择应注重分割后的区域连通性，减少“过分割”或未能从背景区域将目标分割出来的情况。

(4) 目标特征提取阶段：在前视声呐图像中，目标的区域缺少光学图像中的颜色、纹理等细节信息，所表现出的边缘、面积、亮度以及形状等特征也是非稳态的，因此仅采用单一特征很难完成目标检测跟踪任务，所以本系统提出采用组合特征线索来实现对目标点的跟踪。

(5) 目标跟踪阶段：对于声呐图像来说，目标区域的成像结果会受到目标与声呐相对位置关系、所处的水声环境特点以及目标材质等诸多因素影响，而上述因素的存在，也造成目标区域在运动过程中更多地表现为一种非线性运动状态。

14.2.2　水下光学探测作业技术

水下微光成像系统研究是一项颇具规模的工程，涉及众多关键技术，如水下辐射衰减特性、水下辐射光谱特性、水下辐射背向散射、成像光谱匹配、选通技术、三维信息获得方法与技术、多谱信息融合算法与技术、运动效应、密封技术等。

1. 水下光场理论

1) 水下光场与辐射模型

从辐射传递方程[式(14-1)]出发我们可以得到光子在水下传输特性，以及水下光场的分布。

$$\mu \frac{\partial L(\mu, \phi)}{\partial \tau} = -L(\mu, \phi) + w \iint_{(\mu', \phi')} L(\mu', \phi') \cdot \widetilde{\beta}(\mu', \phi' \to \mu, \phi) \mathrm{d}\mu' \mathrm{d}\phi' \tag{14-1}$$

$$\mathrm{d}I = -k\rho I \mathrm{d}s \tag{14-2}$$

式中，ρ 代表密度；k 代表对某种波长的光的能量消光截面。光能量的减弱是因为水体的吸收效应以及水体对光的散射效应。

同时，光强度也可由多次散射而增强，多次散射使得所有其他方向的光的一部分射入所研究的辐射方向。而增大的辐射强度可表示为

$$\mathrm{d}I = j\rho \mathrm{d}s \tag{14-3}$$

2）水对光的散射作用

水下光学成像与在空气中成像有很大的区别。在水中水分子的吸收作用使得得到的图片会呈现颜色的衰减，同时前向散射会造成图片的模糊，后向散射噪声会使图像清晰度下降（见图 14-66 和图 14-67）。

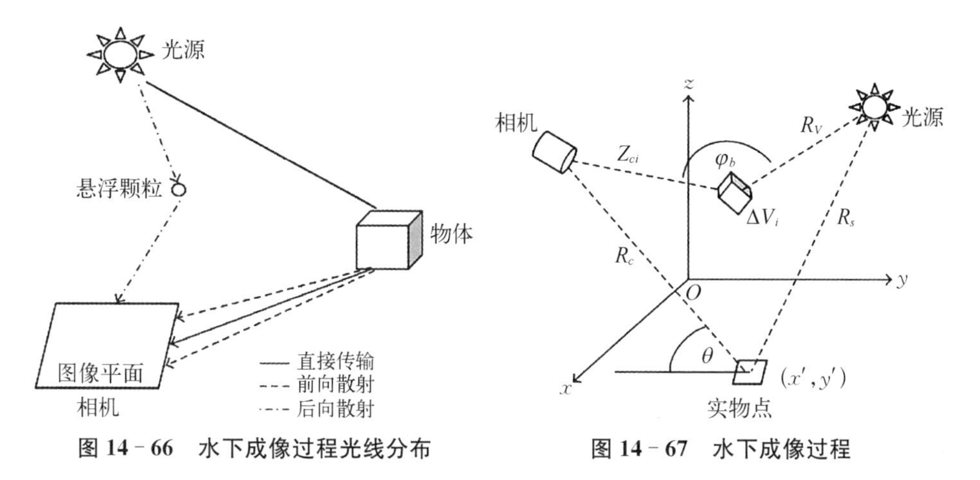

图 14-66　水下成像过程光线分布　　**图 14-67　水下成像过程**

（1）直接传输部分：当光源被被测物反射后向接收器（摄像机）传输的过程中，一部分能量由于吸收和散射作用而消耗。

（2）前向散射部分：前向散射部分与直接传输部分类似，但是它是由接收方向小角度前向散射引起。这部分光会造成图像的模糊。

（3）后向散射部分：后向散射噪声是其他方向上的光经过多次散射进入接

收器平面的。

(4) 水下辐射后向散射：除了海水的吸收外，还有散射导致水中光束能量的衰减。海水中引起后向散射的因素很多，主要有水分子和各种粒子，包括悬浮质粒子、浮游植物及可溶有机物粒子等。当一束光入射到海水的一小体积上发生散射后，它的能量将分布于很宽的角度范围，即散射光的强度随散射角而发生变化。这种变化用海水散射函数来表示。

散射的机制主要有两种：瑞利散射(水分子)和米氏散射(粒子)。清洁大洋水主要是水分子散射，沿岸混浊水主要是粒子散射。

海水的散射主要集中于前向散射，一般占总散射的 90%以上，后向散射只占小部分，通常小于 10%。沿光线前进方向的散射最强，而垂直方向最弱；与光前进相反的方向的散射强度比前进方向附近的散射强度小 3～4 个量级。

3) 水对光的衰减作用

在水下这个特殊的环境中，光在水中传输时衰减很大，因为水对光有着严重的吸收和散射作用。因此人眼在水中不能看得很远。即使通过人工照明的水下电视摄像机，一般也只能观察到十米远处的物体。目前扩大水下观察距离的途径主要有以下三种：

(1) 采用大功率的，有良好水中传输性能的新光源。

(2) 提高接收器光谱灵敏度。

(3) 尽量减少后向散射光的影响。

光在水下的衰减是由两个互不相关的物理过程引起的，即由海水中的悬浮微粒以及水分子对光波的散射和吸收造成的。这就使得光在海水中的衰减相当快，其衰减程度和成像距离呈指数关系。水对光谱中紫外和红外部分表现出强烈的吸收。这是由于水分子在这些谱带上强烈的共振造成的。紫外共振起因于电子的激发，红外共振起因于分子激发(见图 14-68)。

大部分波段的光在水下传播时都会受到强烈的吸收衰减，只有波长在 0.5 μm 左右波段的蓝绿光在水中的吸收衰减系数最小，穿透能力最强，而且此波段又处于电磁波的“大气口”。紫外和红外波段的光波在水中的衰减很大，在水下无法使用。蓝绿光的衰减最小，故常称该波段为“水下窗口”。蓝光比红光在水中的传输性能要好得多。可见光波长范围：390～770 nm；蓝靛色光波长范围：390～455 nm；绿色光波长范围：455～492 nm；黄色光波长范围：492～577 nm。因此，水下图片一般呈现黄绿色或蓝绿色(见图 14-69)。

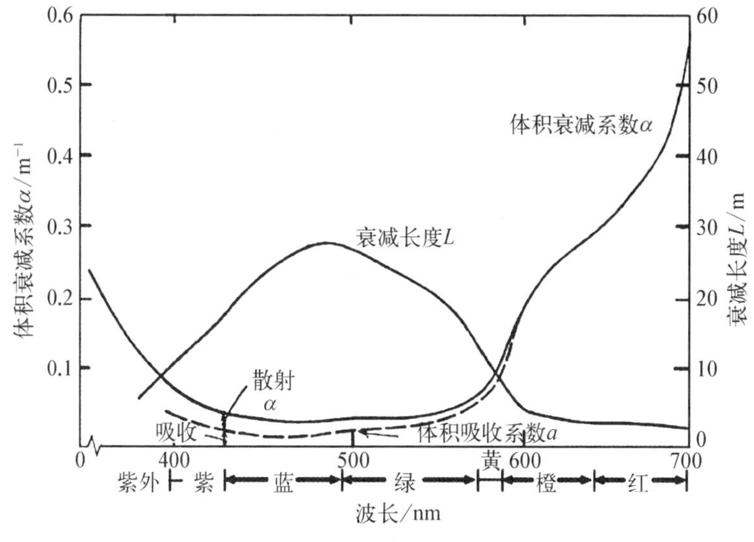

图 14－68　光在水下的衰减

图 14－69　水下图像所呈现的颜色

2. 水下光学图像与声学图像对比

水介质的特性是强散射效应和快速吸收功率衰减，因此直接将相机运用到水中，由于强散射效应，图像的噪声很大，降低了视频图像的质量，造成水下摄像机的成像距离有限。由于光在空气与水的分界面折射等因素影响，水下自然光照条件很差，在深水区自然光的照明非常微弱，需要提供水下照明设备，来保证水下摄像机的正常工作，水下照明装置就成为水下摄像必不可少的设备（见图 14－70、图 14－71）。以下为一种水下高清摄像机与一种多波束图像声呐的参数对比，具体参数如表 14－3、表 14－4 所示。

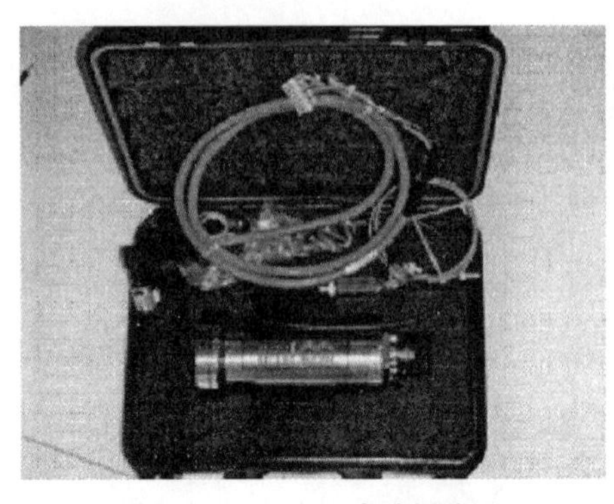

图 14-70 水下高清摄像机

图 14-71 多波束图像声呐

表 14-3 水下摄像机参数

参　　数	水 下 摄 像 机
分辨率/(像素)	1 920×1 080
工作电压/V	11～30(DC)
工作电流/mA	400(最大)
信号噪声衰减/dB	>50
高清输出	Y/Pb/Pr 或是 HD-SDi 视频流
高清格式	1080/50i、1080/60i、720/50p、720/60p
标清输出	PAL 或是 NTSC 视频流
长宽比	16∶9 或是 4∶3
控制设置	单线、双线或是 RS232 输入
工作水深/m	6 000
光学变焦/mm	5.1～51.0
水中的质量/kg	1.4
镜头的直径/mm	98.4
相机长度/mm	186.1

表 14-4 多波束声呐参数

参　　数	前 视 声 呐
操作频率/kHz	450
最大扫描距离/m	135
最大标准操作水深/m	305

（续表）

参　　数	前 视 声 呐
距离分辨率/m	0.05
波束数	256
波束宽度	1°×15°
扫描扇区	45°
扫描视场角	45°×15°
通信协议	以太网 10base-T 或 100base-T
数据率/(Mbit/s)	6
操作温度/℃	−8～38
输入电压/V_{DC}	12～48
空气中重量/kg	2.6
水中重量/kg	0.64
外形尺寸/in	9.6×6.9×4

在浑浊、光线很暗的海水环境中搜寻目标主要有两种情况：距离目标比较远时，考虑采用前视声呐的方式来实现目标的搜寻；距离目标比较近时，采用水下摄像机的方法。在比较浑浊的水中，光学摄像机成像的距离是有限的，而声呐相机的成像又是比较模糊的。因此需要对声呐相机获得的目标图像做目标识别处理，对光学摄像机做图像处理以实现水下目标的高清晰成像（见图 14-72～图 14-74）。

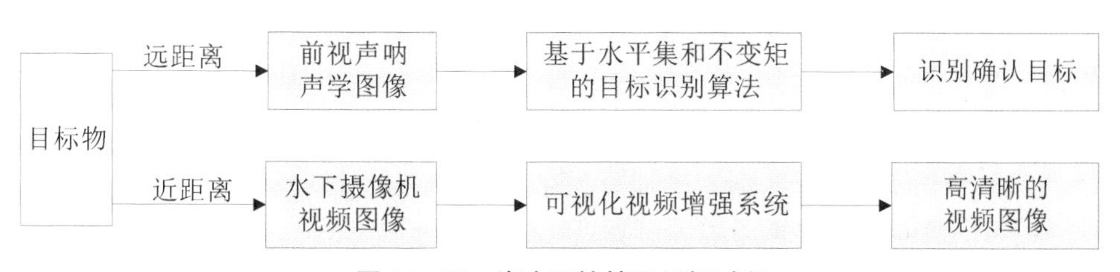

图 14-72　海水环境搜寻目标过程

3. 摄像系统硬件组成

硬件是系统的物理实现，任何程序都必须依赖硬件来最终实现其功能。硬件系统的性能在很大程度上影响着程序、算法的性能。因此构建一个合理适用的硬件系统将为后面的软件实现提供一个良好的前提。

电荷耦合器件（CDD）广泛应用在数码摄影、天文学，尤其是光学遥感技术、

图 14-73　近距离图像增强前后对比图

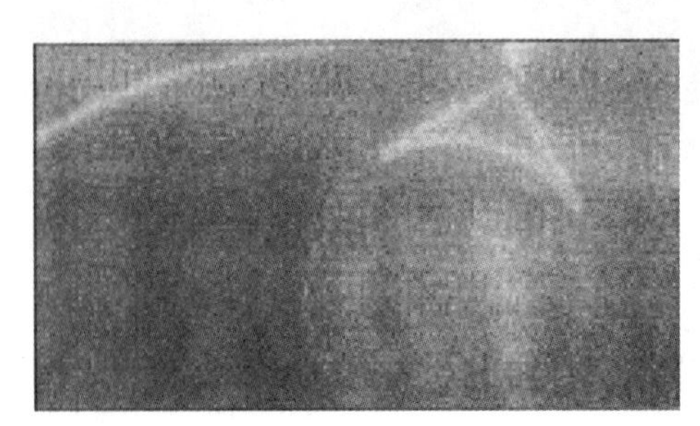
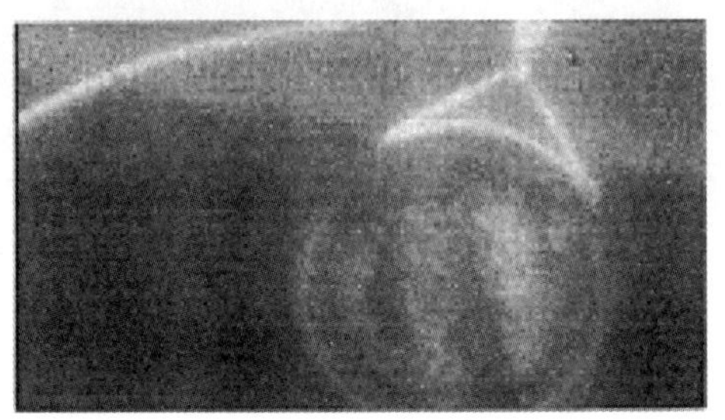

图 14-74　远距离图像增强前后对比图

光学与频谱望远镜和高速摄影技术上。CCD 基本工作原理如图 14-75 所示。首先感光元根据入射光量的多少产生积累电荷并存储在感光元内。然后这些电荷被输送到垂直移位寄存器，再以行作为单位输出到水平移位寄存器，最后在水平移位寄存器内将电荷全部输出。

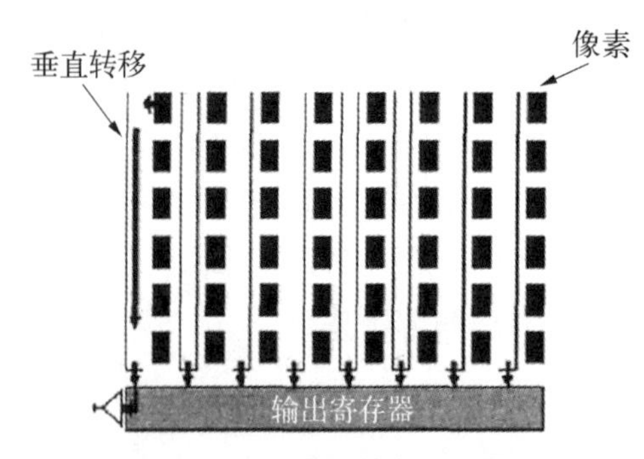

图 14-75　CCD 基本工作原理

衡量 CCD 的指标很多，如像素数量、CCD 尺寸、灵敏度、信噪比等，其中各种重要指标列举如下。

分辨率：是摄像机反映图像细节的能力，主要取决于 CCD 光敏像元阵列的大小、CCD 摄像机的模拟通道频带宽度和镜头的分辨率等。一般有两种表示方法：一种以线对数来表示，即分辨相同宽度的黑白间隔线对的能力，单位为线对/毫米(lp/mm)，另一种表示方法是全图像的像素数，例如用 704×576、1 280×1 024 或 2 048×2 048 进行表示。

光学尺寸：指 CCD 版面的尺寸，它限制了能与之匹配的镜头尺寸，一般镜头的尺寸不能超过此 CCD 的光学尺寸。CCD 的光学尺寸一般分为 1/3 in、1/2 in、2/3 in 和 1 in 几种，但该标号并非实际尺寸(见图 14-76)。

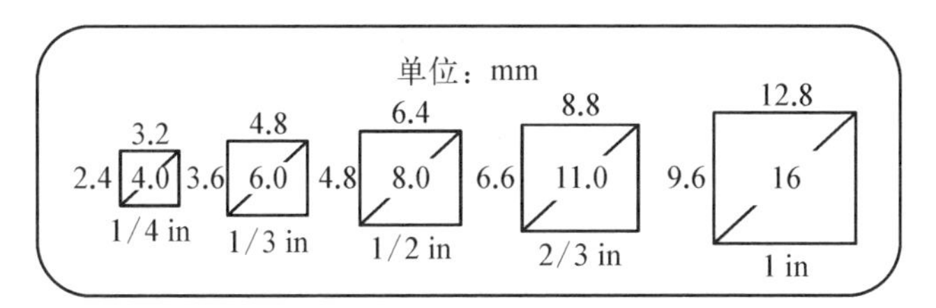

图 14－76　CCD 面积尺寸示意图

像素尺寸：即每个 CCD 感光元的尺寸，它在一定程度上决定了摄像机的分辨率，像素尺寸越小，即像素密度越高，摄像机分辨率越高。

CCD 面积越大容纳感光元件越多，信噪比越低，干扰少，成像效果也越好。

并非简单采用 1 in≈2.54 cm，结合 CCD 出现之前管用的摄像机上使用的摄像管和显示方式。

电子快门：所谓电子快门是对摄像机而言的，其原理与照相机不同，它是利用电子的方法来控制每个 CCD 像元存储电荷的时间，从而实现拍摄不同运动速度物体的要求。对于运动速度快的物体快门要调快，否则就会出现模糊。电子快门的调节可以通过 CCD 摄像机上的串行总线来控制，也可通过程序设定，还有的摄像机上带有开关组合来实现调节。

输出方式：数字摄像机内置了 A/D 转换装置，输出的信号是二进制数字，常见的数字接口有 IEEE1394(Firewire)，USB 等。

信号系统的动态范围：一个信号系统的动态范围定义为最大不失真电平和噪声电平的差。在一定的刺激范围内，当物理刺激量呈指数变化时，人们的心理感受是呈线性变化的，这就是心理学上的韦伯定律和费希纳定律。它揭示了人的感官对宽广范围刺激的适应性和对微弱刺激的精细分辨规律，好像人的感受器官是一个对数转换装置一样。当拍摄的景物亮度范围超过 CCD 图像传感器的动态范围时（如在一些景物亮暗对比明显的场景），超过部分的图像细节将在 CCD 记录中丢失，要想获取图像的全部细节，就必须要提高成像的动态范围。

1) 光学镜头相关参数

CCD 摄像机最前端都是由一个光学镜头使外界的景物成像在 CCD 光敏面上。合理选择并安装光学镜头是保证清晰成像的关键（见图 14－77）。光学镜头的主要参数如下。

图 14－77　光学镜头

焦距：焦距是 CCD 光学镜头的首要参数，它直接影响 CCD 摄像机工作距离的远近和视场角的大小。短焦距看近景，长焦距看远景；短焦距的视场角较大，长焦距的视场角较小。另外，焦距越小，图像的畸变越趋于严重。一个镜头的焦距可以是一个固定值，也可以是一个连续可调的范围，即可变焦距。

视场角：一般分为水平视场角和垂直视场角。一个镜头，当焦距确定时它的视场角也是确定的。但对于摄像机而言，当镜头确定时，CCD 摄像机的光学尺寸越大，则摄像机的视场角也越大；当摄像机的光学尺寸确定时，镜头焦距越长，摄像机的视场角越小。

曝光：是用来计算从景物到达相机光通量大小的物理量。EV 称为曝光值，$EV=log_2(A^2/T)$。曝光值反映光圈和快门曝光时间的组合，它是曝光单位，不是亮度单位，也不是图像传感器的曝光量。它是为使图像传感器维持一定的曝光量，光圈和快门的控制量值。场景不同，背景不同，测光方式不同，EV 值就不同。

光圈：利用其进光孔控制曝光时到达数码摄像机感光芯片上的光线照度强弱的装置。光圈除控制进光照度进而控制进光量之外，还可以控制成像质量和景深。

快门：利用其开启时间的长短控制进光时间，进而控制进光量（曝光量）。进光量为进光时间与光线照度的乘积。为了曝光准确，光圈与快门充分合作。在同一拍照环境，光圈缩小，曝光时间增加；光圈放大，曝光时间缩短。光圈数字越大，代表镜头叶片的洞孔越小，景深越大，能进入的光量越少。图像曝光过度，则减小光圈，增加快门速度。图像曝光不足，则加大光圈，减慢快门速度。

2）图像采集卡

图像采集卡（image grabber 或 frame grabber）将摄像机的视频信号以帧为单位，送到计算机的内存和 VGA 帧存，供计算机处理、存储、显示和传输使用。图像卡要能准确接收前端摄像机的各种规格的视频数据；接收外来的触发脉冲，并启动摄像机的曝光和重扫描；要为后端的主机以总线的最高瞬时速度提供准确稳定的图像数据；要有高的数据传输效率；有的系统还要提供独立的视频显示输出。图像卡需具有对前后端的控制、采集、传输和显示等作用，又要尽可能地减少 CPU 的参与，以便增加 CPU 对图像的处理效率。

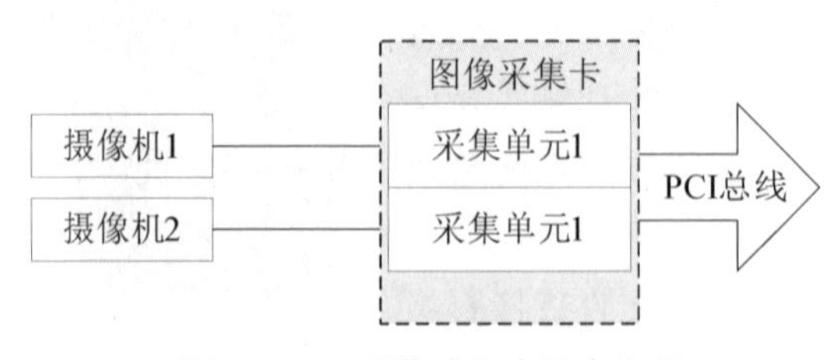

图 14-78 图像采集卡同步方式

双目或多目同步探测时，要求多路摄像机在同一时刻曝光。一槽多卡图像卡或一卡多插头就可以解决这个问题。如图 14-78 所示，这种卡可以同时接收多路独立的视频信号。CPU 可以同时指令它们采集图像,从而将多个摄像机同步起来。另外还有一种解决方法,即外触发方式,将摄像机按图 14-79 的方式连接起来,由摄像机 1 去与其他摄像机同步,通过视频分配器来分别拷贝视频信号接到其他摄像机的外同步输入端。

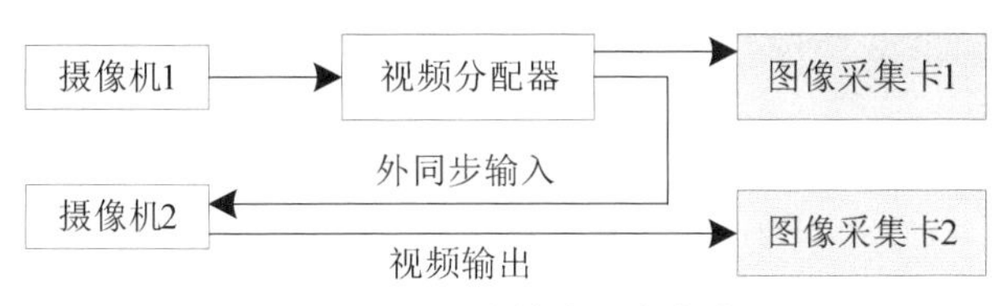

图 14-79 外触发同步方式

3) 图像采集设备的选取

两个摄像机必须具有相同的焦距。焦距对测量结果的影响主要反映在对应点的匹配上。两个焦距相差较大将使对应点的匹配精度降低从而使测量精度降低,当两个光学系统的焦距相差超出一定范围以后,由于左右摄像机的放大倍数相差很大,使像差过大无法进行对应点的识别,从而使整个测量系统无法工作。在双目测距系统中为提高匹配精度同时降低匹配的难度,必须要保证两个光学系统的焦距一致。

实际镜头选用方法举例:选用两个 DH-SVI300 黑白数字摄像机组成双目系统,其性能指标如表 14-5 所示。该型摄像机在信号输出方式上选择 IEEE 1394 标准。与 USB 标准相比,IEEE 1394 在数据传输过程中几乎不需要 CPU 进行干预,因此更适于多路图像同时传输或实时处理。

表 14-5 DH-SVI300 黑白数字摄像机性能指标

分辨率/像素	1 280×1 024
光学尺寸	1/2 CCD
像素尺寸(μm×μm)	4.65×4.65
输出方式	IEEE 1394

根据上述性能参数和下面的公式(14-4)可以计算出所需镜头焦距的指标:

$$\Delta z = \frac{z^2}{f \cdot b} \Delta d \tag{14-4}$$

式中,Δz 为所需的距离分辨率;z 为工作距离;f 为镜头焦距;b 为双目系统的基线长;Δd 为视差分辨率,一般是像素尺寸的 1/5 ~ 1/10。

双目系统由两个数字摄像机、两块图像采集卡以及两根 1394 连接电缆组成。双目系统的硬件组成如图 14-80 所示。

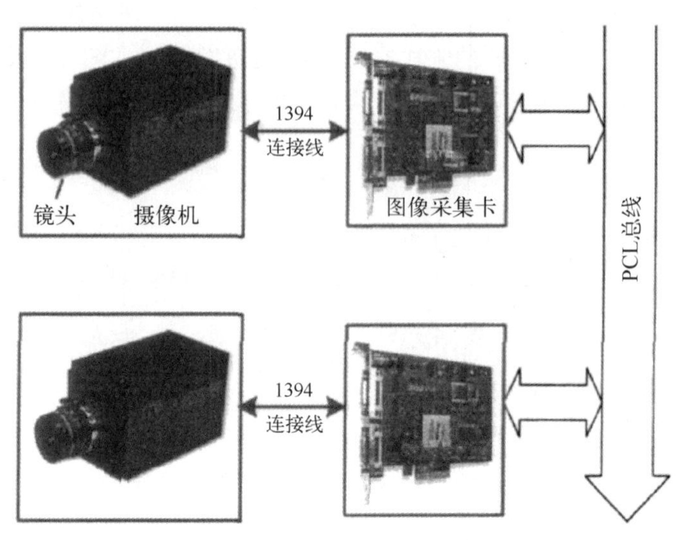

图 14-80　双目系统组成

4. 水下摄像机成像模型

摄像机的成像模型指的是三维空间中物体的表面点与对应的图像平面上的点之间的投影关系。理想的摄像机成像模型是基于中心投影定理，即针孔成像模型。针孔成像模型可以描述为：物体表面的反射光经过针孔投影到成像平面上，并假设光在传播过程中保持直线传播[364-365]。理想情况下的针孔很小，透光量少，快速曝光时不能提供充足的光线，也难以获得清晰的图像。在实际的摄像机中往往用透镜或者透镜组来代替针孔。透镜成像原理与针孔成像原理一样，但是在成像过程中带来了透镜引起的畸变。在视觉系统对精度要求较高时，在针孔模型的基础上，需要引入畸变模型，完成视觉测量的任务。在无人无缆潜水器水下管道检测与跟踪系统中，准确地实现管道的图像坐标到无人无缆潜水器坐标的映射是很关键的。本节在分析了理想的针孔成像模型的基础上，考虑了透镜引起的畸变因素，增加了畸变项，最终获得摄像机的非线性成像模型。

理论成像模型采用针孔成像模型，该模型由光心、光轴和成像平面组成，如图 14-81 所示。

图中 $O'-x'y'$ 为成像平面，垂直于成像平面的轴为光轴，点 O 为光心，f 为摄像机的焦距，$O-xyz$ 为固定在摄像机上的坐标系，(x, y, z) 为物体表面上的点，(x', y') 为对应的成像点。实际成像过程中，成像平面上的点是倒立的，为了方便观察和分析，将成像平面移动到光心的前面，成像点 (x', y') 可以看作空间点 (x, y, z) 和光心 O 之间的连线与成像平面的交点，如图 14-82 所示。

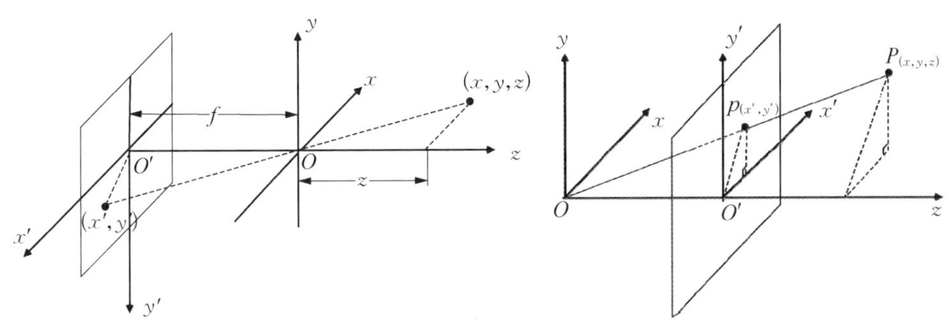

图 14-81 针孔成型模型　　图 14-82 移动后的针孔成像模型

图中的两个三角形是相似三角形，根据中心投影定理，有如下关系式：

$$\frac{x'}{x}=\frac{y'}{y}=\frac{f}{z} \tag{14-5}$$

得到以世界坐标系表示的 P 点坐标与其投影点(图像坐标系) p 的坐标 (x', y') 的关系如式(14-6)所示。式中 $\boldsymbol{M}_1$ 由 $(\alpha_x, \alpha_y, u_0, v_0)$ 决定。由于 $(\alpha_x, \alpha_y, u_0, v_0)$ 只与摄像机内部参数有关，称这些参数为摄像机内部参数；$\boldsymbol{M}_2$ 由摄像机相对于世界坐标系的方位决定，称为摄像机外部参数。确定某一摄像机的内外参数称为摄像机标定。

$$s\begin{bmatrix}x'\\y'\\1\end{bmatrix}=\begin{bmatrix}1/\mathrm{d}X & 0 & u_0\\0 & 1/\mathrm{d}Y & v_0\\0 & 0 & 1\end{bmatrix}\begin{bmatrix}f & 0 & 0 & 0\\0 & f & 0 & 0\\0 & 0 & 1 & 0\end{bmatrix}\begin{bmatrix}R & T\\0 & 1\end{bmatrix}\begin{bmatrix}X_w\\Y_w\\Z_w\\1\end{bmatrix}$$

$$=\begin{bmatrix}\alpha_x & 0 & u_0 & 0\\0 & \alpha_y & v_0 & 0\\0 & 0 & 1 & 0\end{bmatrix}\begin{bmatrix}R & T\\0 & 1\end{bmatrix}\begin{bmatrix}X_w\\Y_w\\Z_w\\1\end{bmatrix}=\boldsymbol{M}_1\boldsymbol{M}_2\boldsymbol{X}_w=\boldsymbol{M}\boldsymbol{X}_w \tag{14-6}$$

式中，(u_0, v_0) 为摄像机光轴与图像平面的交点位置。

5. 摄像机的畸变模型

摄像机中使用透镜或者透镜组来代替针孔，理论上是可以定义不造成畸变的透镜的。但是实际中，由于制造工艺和安装精度等因素，使得成像中往往存在或大或小的透镜引起的畸变。图 14-83 显示了用摄像机拍摄标准网格线的成像结果，可以看出离图像中心越远网格线越不规整，畸变越大。摄像机的畸变会使图像中的像素产生位移，越靠近边缘像素的位移越大，会对目标的识别和位置

图 14-83 摄像机的畸变

的估算造成不良影响。

为了提高管道检测与跟踪系统中视觉测量的精度，在分析摄像机的成像模型时，考虑了两种主要的摄像机畸变，即径向畸变和切向畸变。透镜的形状不精准会带来径向畸变，而安装的误差则会带来切向畸变。下面给出了这两种畸变的矫正公式。

对于径向畸变，有

$$\begin{cases} u = u_0 + (u_d - u_0)(1 + k_1 r^2 + k_2 r^4 + k_3 r^6) \\ v = v_0 + (v_d - v_0)(1 + k_1 r^2 + k_2 r^4 + k_3 r^6) \end{cases} \tag{14-7}$$

对于切向畸变，有

$$\begin{cases} u = u_0 + 2p_1(v_d - v_0) + p_2[r^2 + 2(u_d - u_0)^2] \\ v = v_0 + 2p_2(u_d - u_0) + p_1[r^2 + 2(v_d - v_0)^2] \end{cases} \tag{14-8}$$

式中，r 为径向距离，$r = \sqrt{(u_d - u_0)^2 + (v_d - v_0)^2}$；$(u_d,\ v_d)$ 为空间点在图像中的实际位置；$(u,\ v)$ 为进行径向畸变矫正之后的位置；k_1，k_2，k_3 为径向畸变系数；p_1，p_2 为切向畸变参数；$(u_0,\ v_0)$ 为摄像机的畸变中心，需要对摄像机进行标定试验来得到以上畸变参数。

代入可得摄像机畸变校正公式：

$$\begin{cases} u = u_r + u_t \\ v = v_r + v_t \end{cases} \tag{14-9}$$

式中，u_r，v_r 为径向畸变；u_t，v_t 为切向畸变，根据以上公式，即可对所拍摄的图像进行畸变校正，消除摄像机畸变对水下管道光视觉定位精度的影响。

6. *水下双目测距原理及方法*

双目测距利用目标点在左右两幅视图上成像的横向坐标之间存在的差异。经双目标定(见图 14-84)和双目极线校正(见图 14-85)以后，采用三角测距方法可求出目标点距离。

水下双目视差法原理示意图如图 14-86 所示。具体方法如下：双目摄像机呈光轴平行地放置，间距即基线长为 b，已知两个摄像机的焦距均为 f。目标物在两个摄像机的 CCD 平面上成的像点出现在不同位置上，即对应着不同的像素，这个像素差就称为视差 d。用 D 表示单个像素的尺寸，运用几何光学原理双目摄像机标定不仅要得出每个摄像机的内部参数，还需要通过标定来测量两个摄像机之间的相对位置（即右摄像机相对于左摄像机的三维平移t和旋转$\boldsymbol{R}$参数）

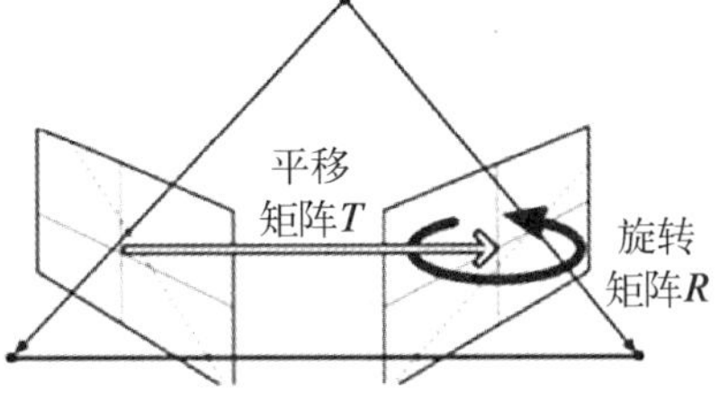

$$x_{c1} = R_1 x_w + t_1$$
$$x_{c2} = R_2 x_w + t_2$$

摄像机C_1（C_2）与世界坐标系相对位置的外部参数为旋转矩阵$\boldsymbol{R}_1$（$\boldsymbol{R}_2$）和平移向量$\boldsymbol{t}_1$（$\boldsymbol{t}_2$）

空间任一点P在世界坐标系、摄像机C_1坐标系和摄像机C_2坐标系下的非齐次坐标分别为X_w，X_{c1}，X_{c2}

$$x_{c1} = R_1 R_2^{-1} x_{c2} + t_1 - R_1 R_2^{-1} t_2$$

$$R = R_1 R_2^{-1}$$
$$t = t_1 - R_1 R_2^{-1} t_2$$

两个摄像机之间的几何关系可用$\boldsymbol{R}$和$\boldsymbol{t}$表示

图 14-84　双目摄像机外参数标定

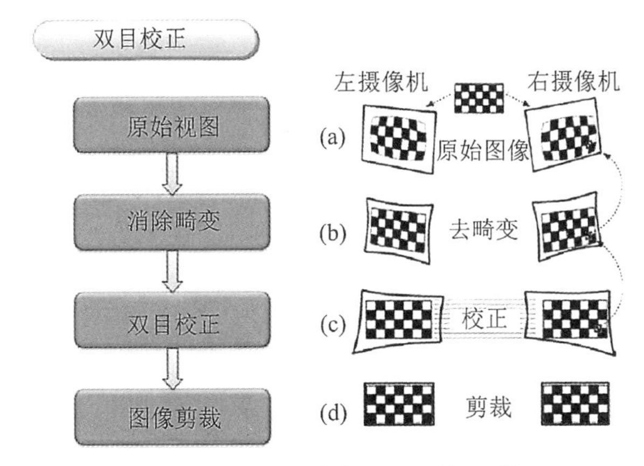

图 14-85　双目畸变小区及校正过程

可推导出求距离 r 的公式为

$$r = \frac{b \cdot f}{d \cdot D} \tag{14-10}$$

由式(14-10)可见，增加基线长度，可以增大视差，从而可以减小视差的计算误差带来的影响，但实际上过长的基线会引起以下问题：① 引起双目系统联合视域缩小。随着基线的增加，区域离双目摄像机会越来越远，使这个距离内的目标不可见。换用大视角镜头可以克服这个难题，但同时大视角镜头又会引发严重畸变等其他问题。② 增加立体匹配的难度。两个摄像机分别从不同角度观察同一目标，所以观察到的目标有轻微不同，当基线加长，两摄像机观察到的

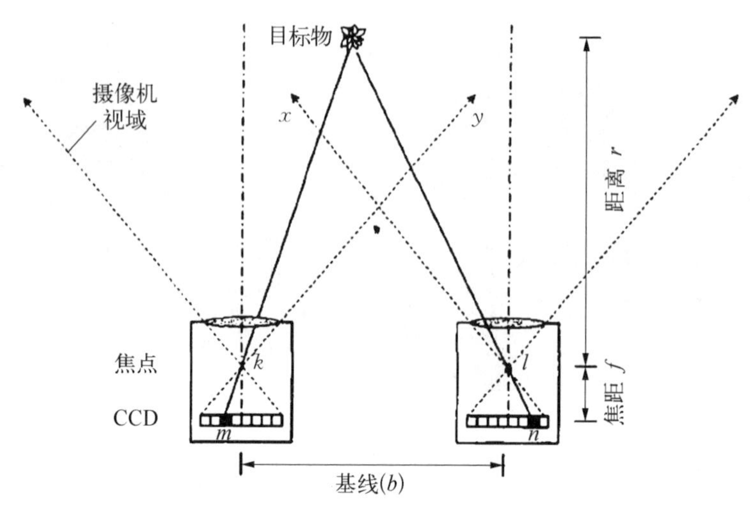

图 14-86　双目视差法测距原理示意图

目标的差异增大，两幅图像的相关性下降，导致立体匹配更加困难。

光学三角测距法是一种最常用的光学三维测量技术，以传统的三角测量为基础，通过待测点相对于光学基准线偏移产生的角度变化计算该点的深度信息。根据具体照明方式的不同，三角法可以分为被动三角法和主动三角法。双目立体视觉三角测距法属于被动三维测量技术，优点在于其适应性强，可以在多种条件下灵活测量物体三维信息。但是被动三维测量技术需要大量相关匹配运算和较复杂的空间几何参数的标定等，测量精度低，常用于对三维目标的识别、理解，以及用于位置、形态分析。在双目三角测距方法中，如图 14-87 所示，首先假设有一个点 P，沿着垂直于相机中心连线方向上下移动，则其在左右相机上的成像点的位置会不断变化，即视差 d 的大小不断变化，并且点 P 和相机之间的距离 r 跟焦距 f 成正比，而与视差 d 存在着反比关系。前提需要在两个相机成像上定位到同一个点 P 上，要把左右两个图片的点匹配起来，涉及到双目校正的动作。如果通过一幅图片上一个点的特征在另一个二维图像空间上匹配对应点，这个过程会非常耗时。为了减少匹配搜索的运算量，我们可以利用极限约束使得对应点的匹配由二维搜索空间降到一维搜索空间，在一维搜索空间内计算该点的视差 d。

7. 水下摄像机标定与试验

水下摄像机的标定就是通过实验与计算，获取摄像机成像几何模型中参数的过程。标定的精度将会直接影响计算机视觉的精度。摄像机的标定可以分为传统的摄像机标定方法和摄像机自标定方法两大类。这两类方法的区别在于是否需要参照物。传统的摄像机标定方法通过对特定的标定参照物进行图像处理，

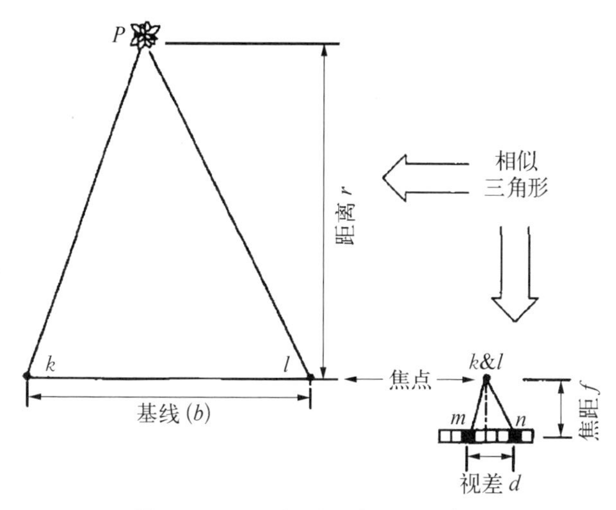

图 14-87　三角测距法原理示意图

然后通过一系列的公式变换和计算，求出摄像机模型的内部参数和外部参数。自标定的方法不依赖参照物，而是通过摄像机自身参数之间的约束关系来标定。

基于 2D 平面靶标的摄像机标定法又称张正友标定方法。该标定法的基本思路是：摄像机在不同的方位上拍摄同一个平面靶标，然后通过线性模型分析，计算出摄像机参数的优化解，最后用最大似然法对参数进行非线性求精。实验过程中摄像机和 2D 平面靶标都可以自由移动。

根据摄像机成像几何模型分析，世界坐标系与图像像素坐标系之间有如下的转换关系：

$$S\begin{bmatrix}u\\v\\1\end{bmatrix}=\boldsymbol{M}_1[\boldsymbol{r}_1\quad \boldsymbol{r}_2\quad \boldsymbol{r}_3\quad \boldsymbol{t}]\begin{bmatrix}x_R\\y_R\\z_R\\1\end{bmatrix}\tag{14-11}$$

式中，(x_R, y_R, z_R) 为世界坐标系下的一点；(u, v) 为其映射到图像像素坐标系上的位置；S 为尺度因子；$\boldsymbol{M}_1$ 为摄像机模型的内参矩阵；$[\boldsymbol{r}_1\quad \boldsymbol{r}_2\quad \boldsymbol{r}_3]$ 为世界坐标系相对于摄像机坐标系的单位旋转矩阵；$\boldsymbol{t}$ 为平移向量。张正友标定法假设平面靶标位于世界坐标系中 $z_R=0$ 的平面上，则式(14-11)可以简化为

$$S\begin{bmatrix}u\\v\\1\end{bmatrix}=\boldsymbol{M}_1[\boldsymbol{r}_1\quad \boldsymbol{r}_2\quad \boldsymbol{t}]\begin{bmatrix}x_R\\y_R\\1\end{bmatrix}=\boldsymbol{H}\begin{bmatrix}x_R\\y_R\\1\end{bmatrix}\tag{14-12}$$

上式中，$\boldsymbol{H}=[\boldsymbol{h}_1 \quad \boldsymbol{h}_2 \quad \boldsymbol{h}_3]=\boldsymbol{M}_1[\boldsymbol{r}_1 \quad \boldsymbol{r}_2 \quad \boldsymbol{t}]$，则 $\boldsymbol{r}_1=\boldsymbol{M}_1^{-1}\boldsymbol{h}_1$，$\boldsymbol{r}_2=\boldsymbol{M}_1^{-1}\boldsymbol{h}_2$，根据单位旋转矩阵的特性，有

$$\begin{cases}\boldsymbol{r}_1^{\mathrm{T}} \cdot \boldsymbol{r}_2=0 \\ \|\boldsymbol{r}_1\|=\|\boldsymbol{r}_2\|=1\end{cases} \tag{14-13}$$

则可以构造如下方程式：

$$\begin{cases}\boldsymbol{h}_1^{\mathrm{T}}\boldsymbol{M}_1^{-\mathrm{T}}\boldsymbol{M}_1^{-1}\boldsymbol{h}_2=0 \\ \boldsymbol{h}_1^{\mathrm{T}}\boldsymbol{M}_1^{-\mathrm{T}}\boldsymbol{M}_1^{-1}\boldsymbol{h}_1=\boldsymbol{h}_2^{\mathrm{T}}\boldsymbol{M}_1^{-\mathrm{T}}\boldsymbol{M}_1^{-1}\boldsymbol{h}_2\end{cases} \tag{14-14}$$

当已知 N 个空间点和其对应的图像上的像素点时，可以根据式(14－13)求解 $\boldsymbol{H}$ 矩阵，继而根据式(14－14)求解出 $\boldsymbol{M}_1$，$\boldsymbol{M}_1$ 中所包含的摄像机的内部参数。

张正友标定法既具有较好的鲁棒性，又不需昂贵的精制标定块，操作简单，对环境要求也不高，是工程中比较常用的摄像机标定方法。

水下图像采集的过程中，会受到水流以及复杂环境变化的影响。考虑到张正友标定法受环境影响小，且标定精度高等优点，选用其对实际无人无缆潜水器上安装的 Typhoon VMS 水下微光摄像机进行标定。

实验过程中，采用黑白棋盘格作为 2D 平面靶标，如图 14－88 所示，棋盘中每个小方格的大小为 60 mm×60 mm。固定水下微光摄像机，调整靶板的位置和姿态，获取多组靶板图像。试验中分两组采集了共 40 幅标定板图像，图 14－88 给出了部分标定图像。

图 14－88　水下摄像机标定图像

表 14-6 给出了两组摄像机内部参数的标定结果,对两组实验的结果求取平均值,作为摄像机的内部参数值

表 14-6　水下摄像标定结果

	f/d_x	f/d_y	u_0	v_0	k_1	k_2	k_3	p_1	p_2
第 1 组	860.770 8	866.340 4	379.212 3	296.662 1	−0.155 7	0.514 5	0.002 1	−0.001 3	0.0
第 2 组	837.096 4	841.677 2	355.877 6	297.543 2	−0.206 0	0.515 9	0.001 3	−0.000 9	0.0
平均值	848.389 9	853.260 9	367.440 7	297.157 7	−0.170 5	0.513 8	0.001 7	−0.001 1	0.0

通过标定的摄像机参数信息,可以对摄像机畸变进行校正,使用校正后的图像进行管道检测可以避免因畸变造成的管道检测误差。水下摄像机畸变校正效果如图 14-89 所示,其中图(a),(c),(e),(g)为原始图像,图(b),(d),(f),(h)为畸变校正效果图,在前四幅图像中可以看到,原始图像靠近边缘处畸变严重,池底的直线与标定板边缘发生了明显的弯曲,经过校正后图像畸变被消除。(f),(h)两幅图像是摄像机运动状态下拍摄的,可以看到在原始图像中,当目标位于摄像机视野的边缘时发生了非常严重的畸变,对原始图像进行畸变校正后目标的尺寸、形状恢复正常。

8. 水下双目测距与试验

双目立体视觉系统中左右摄像机的外部参数分别为 R_l, T_l,与 R_r, T_r,则 R_l, T_l 表示左摄像机与世界坐标系得相对位置,R_r, T_r 表示右摄像机与世界坐标系的相对位置。

对任意一点,如它在世界坐标系、左摄像机坐标系和右摄像机坐标系下的非齐次坐标分别为 x_w, x_l, x_r,则

$$\begin{aligned} x_l &= R_l x_w + T_l, \quad x_r = R_r x_w + T_r \\ x_r &= R x_l + t \end{aligned} \tag{14-15}$$

令 $R = R_r R_l^{-1}$, $T = T_r - R_r R_l^{-1} T$ 表示两摄像机之间的几何关系。对双目摄像机分别进行标定,得到 R_l, T_l 与 R_r, T_r,则双目摄像机的相对几何位置就可以由计算得出。

标定板由围在正方形线框里的 64 个正方形方块组成,类似棋盘,这些正方形呈 8 行 8 列分布。所有正方形尺寸均相同,正方形的边长为 60 mm。标定板的尺寸可大可小,一般在标定图像上标定板的大小应占整个图像的 1/3 左右(见图 14-90)。

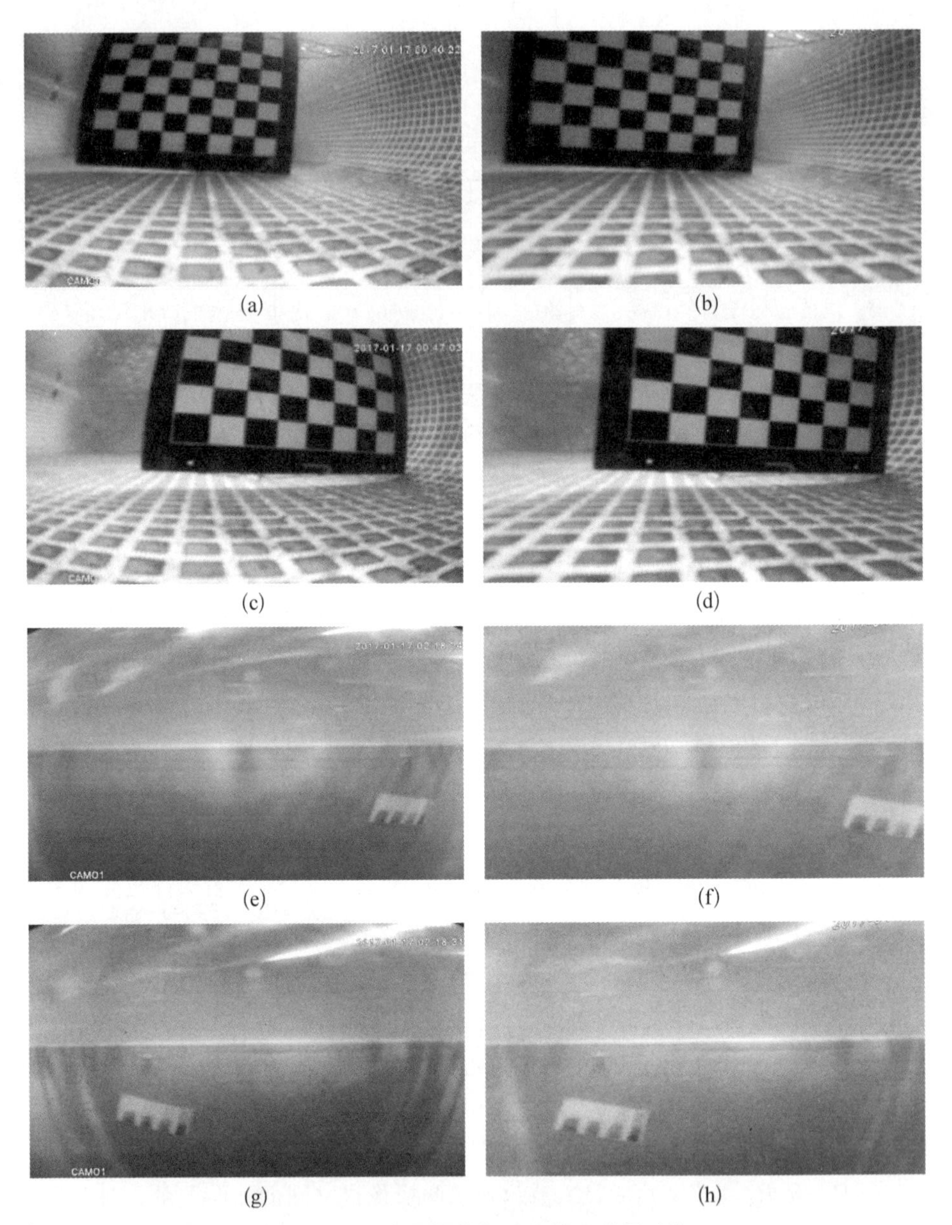

图 14-89 水下摄像机畸变校正效果对比

将两个摄像机平行放置固定好后,不再改变其相对位置。根据多次标定的经验,利用标定板标定要注意：标定板尺寸精确,平面平整干净;拍摄过程中标定板应尽可能遍历整个视域范围;标定板应变换多种不同位置和姿态;拍摄标定板图像应不少于 20 幅;拍摄时的光照至少应使标定板图像的亮度明显高于背景图像亮度,但光照也不宜过强。

(a)

(b)

图 14－90　水下标定板与标定实验场景

(a) 水下标定图像　(b) 水下标定实验场景

水下双目立体标定是为了建立标定模板中标定点在世界坐标系下的坐标与标定点在图像坐标系下的坐标之间的联系，进而可以求解到右摄像头相对于左摄像头的平移和旋转矩阵。双目标定试验左、右目摄像机均采用 KONGSBERG 摄像头(oe15－358)迷你水下摄像机，其结构完整，性能优越。适用于一般用途的水下观察应用，特别是空间有限的场合，如遥控式潜水器的机械手，或者是船尾观察，也可安装在潜水员头盔上进行水下观察，是高性价比的水下摄像方案，如图 14－91 所示。

oe15－358 额定工作水深为 3 000 m，结构紧凑，坚固，使用了最先进的微型固态技术，感光度好，成像清晰，具体参数如下：

图 14－91　KONGSBERG 水下摄像机

1) 电气参数

(1) 传感器像素：752(H)×582(H)。

(2) 水平分辨率：570(高度)。

(3) 感光度：1.3×10_3 Lux(faceplate)(15%视频信号)。

(4) 传感器类型：隔行传输 1/3 in CCD。

(5) 信噪比：>49 dB weighted。

(6) 扫描线：625 行/50 Hz。

(7) 电源输入：16～24 V DC，250 mA(最大)。

(8) 视频输出：1.0 V Pk－Pk 复合视频信号输出(75 Ω)。

(9) 电磁兼容性：EN 50081－1 Emission；EN 50082－1 Immunity。

2) 环境参数

(1) 工作深度：3 000 m(标准)。

(2) 工作温度：−5～40℃。

(3) 储存温度：−20～60℃。

(4) 振动指标：10 g，20～150 Hz，三维(不工作状态)。

(5) 冲击指标：30 g 峰值，25 mS 半正弦脉冲。

3) 光学参数

(1) 标准镜头：2.6 mm f/1.6。

(2) 光圈控制：自动。

(3) 焦距控制：固定。

(4) 视角：80°(水中对角线)。

4) 机械参数

(1) 尺寸：整机直径：62 mm；长度：163 mm(除连接器外)。

(2) 质量：1.0 kg(空气中)，0.5 kg(水中)。

(3) 标准外壳：HE30T6 海洋等级铝。

(4) 表面处理：坚固的氧化铝 OPS2A，黑色涂层。

(5) 连接器：3 引脚 Subconn U/W mateable，

引脚 1—视频输出；

引脚 2—0 V，视频屏幕；

引脚 3—电源输入。

具体的标定过程如图 14 - 92 所示：

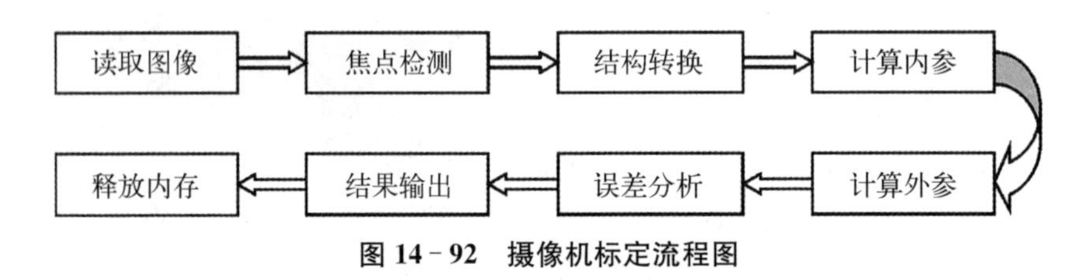

图 14 - 92　摄像机标定流程图

运用 Matlab 标定工具箱，对水下摄像机进行标定的流程如下：

(1) 运行 Matlab 后添加 toolbox_calib 文件夹到 matlab path 环境。打开 calib_gui 运行，调用函数 calib_gui.m。

选择其中一种模式，调用函数 calib_gui_normal.m，即可以使用工具箱进行标定了。

(2) 输入图片名以及图片格式，则完成图片读取，调用的是 check_active_images.m 程序命令，载入全部图片后如图 14 - 93 所示。

(3) 寻找可用棋盘角点。本次实验在每幅棋盘内部找到 7×7 个内部角点，

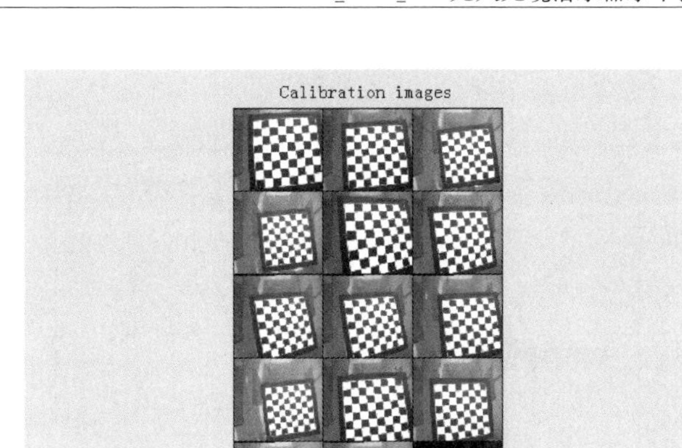

图 14-93 导入标定图片

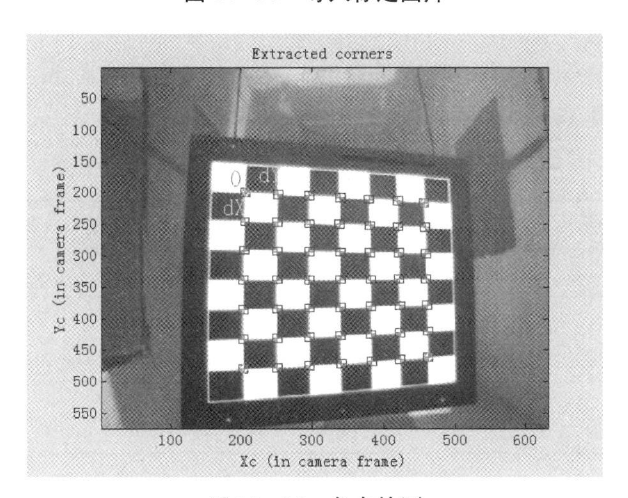

图 14-94 角点检测

并输入小方格的边长 60 mm，如图 14-94 所示。

(4) 角点提取完成后调用 go_calib_optim. m 以及 go_calib_optim_iter. m，摄像机的标定结果就会出现。标定完成后可以得到摄像机内部和外部参数。

(5) 误差分析方面，采用的是 analyse_error 模式实现。

(6) 双目立体标定。载入左右摄像机单独标定时得到的包含各自标定内参数、外参数和畸变参数信息的 mat 文件。由于其拍摄的图像是同时完成的，所以在进行的点提取过程中，都是以棋盘左上角作为坐标原点来进行图像的抓取。所以在上述左右摄像机外参数中，本身也有一些相应的关系内容隐含在其中。在进行图像分析过程中可以直接使用 MATLAB 进行信息的提取。完成双目立体标定后，左右摄像机位置关系如图 14-95 所示。

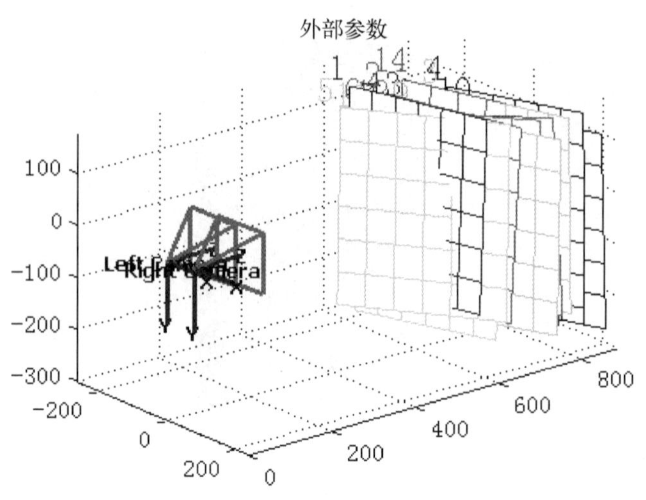

图 14-95 左右摄像头与标定板的位置

分别统计左右摄像机的相应参数的标定结果如表 14-7、表 14-8 所示。立体标定结果如表 14-9 所示。

表 14-7 左摄像机标定结果

焦距长度	[591.787 68 591.776 79]±[8.201 28 8.251 95]
主点坐标	[382.858 45 282.854 12]±[4.234 27 3.250 08]
畸变系数	[−0.167 10 0.140 99 −0.001 92 0.000 96 0.000 00]± [0.013 97 0.047 66 0.001 21 0.001 01 0.000 00]

表 14-8 右摄像机标定结果

焦距长度	[592.863 83 592.749 66]±[8.390 40 8.387 87]
主点坐标	[358.517 92 276.140 26]±[3.818 66 3.179 78]
畸变系数	[−0.192 19 0.193 67 0.000 04 −0.000 11 0.000 00] ±[0.011 50 0.031 64 0.001 02 0.001 08 0.000 00]

表 14-9 立体标定结果

旋转向量	***r*** =[0.013 19 0.029 95 0.003 95]± [0.005 84 0.005 70 0.000 51]
平移向量	***T*** =[−79.542 64 8.798 53 3.273 67]± [0.472 11 0.505 93 1.965 67]

旋转向量：经过罗德里格斯变换得到旋转矩阵。双目水下摄像机外参数的标定信息用左右摄像机之间旋转矩阵和平移向量来表述。

$$R=\begin{bmatrix} 0.9995 & -0.0038 & 0.0300 \\ 0.0041 & 0.9999 & -0.0131 \\ -0.0299 & 0.0132 & 0.9995 \end{bmatrix} \tag{14-16}$$

$$T=[-79.54264 \quad 8.79853 \quad 3.27367] \tag{14-17}$$

从立体标定的结果看，旋转矩阵 $\boldsymbol{R}$ 近似于单位矩阵，基本上无旋转，符合平行双目立体视觉模型，标定得到两摄像机相距为 79.542 64 mm，而两摄像机之间的实际距离为 80 mm，标定结果与之相近，表明立体标定结果比较准确。利用双目视觉系统分别对 0.15 m，0.2 m，0.3 m，0.4 m，0.5 m，0.6 m 远的零件拍照，拍摄的实际水下目标零件的双目图像如图 14－96 所示。

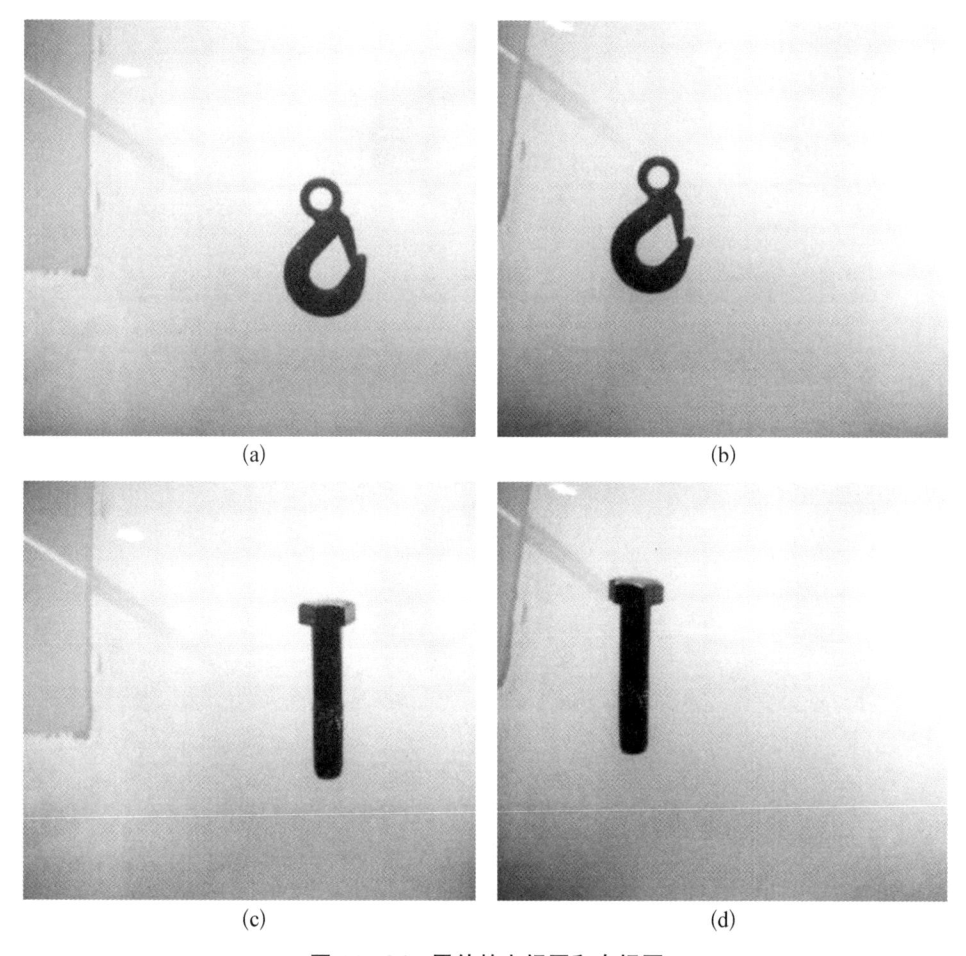

图 14－96　零件的左视图和右视图

(a) 水下吊钩左视图像　(b) 水下吊钩右视图像　(c) 水下螺栓左视图像　(d) 水下螺栓右视图像

要计算目标点在左、右两个视图上形成的视差，首先要把该点在左、右视图上两个对应的像点匹配起来。然而，在二维空间上匹配对应点是非常耗时的，为了减少匹配搜索范围，我们可以利用极线约束使得对应点的匹配由二维搜索降为一维搜索。

而双目校正的作用就是要把消除畸变后的两幅图像严格地行对应，使得两幅图像的对极线恰好在同一水平线上，这样一幅图像上任意一点与其在另一幅图像上的对应点就必然具有相同的行号，只需在该行进行一维搜索即可匹配到对应点。双目校正后的零件左右图像如图 14－97 所示。

(a)

(b)

图 14－97 水下零件校正图像

(a) 水下吊钩校正图像 (b) 水下螺栓校正图像

为了精确地求得目标零件某个点在三维空间里的距离，我们需要获得的参数有焦距 f、视差 d、摄像头中心距 T_x。要获得 x 坐标和 y 坐标的话，还需要额外知道左右像平面的坐标系与立体坐标系中原点的偏移 c_x 和 c_y。其中 f, T_x, c_x 和 c_y 可以通过立体标定获得初始值，并通过立体校准优化，使得两个摄像头在数学上完全平行放置，并且左右摄像头的 c_x，c_y 和 f 相同(也就是实现左右视图完全平行对准的理想形式)。

应用水下摄像机标定方法，可得所需的参数值。而立体匹配所做的工作，就是在之前的基础上，求取最后一个变量：视差 d(d 一般需要达到亚像素精度)。从而最终完成了求一个点三维坐标所需要的准备工作。利用双目视觉系统对水下目标零件进行拍照，对拍摄到的水下目标零件的双目图像应用改进的 SIFT 算法进行立体匹配，就可以得到相应的目标零件视差图。立体匹配主要是通过找出每对图像间的对应关系，根据三角测量原理，应用改进的 SIFT 算法进行立体匹配，得到相应的视差图，如图 14 - 98 所示。

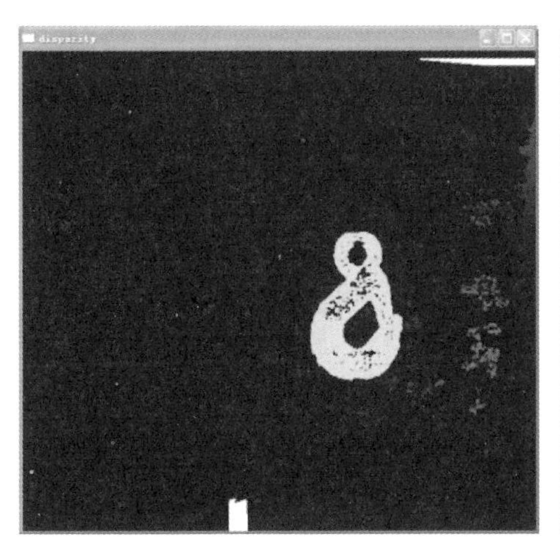
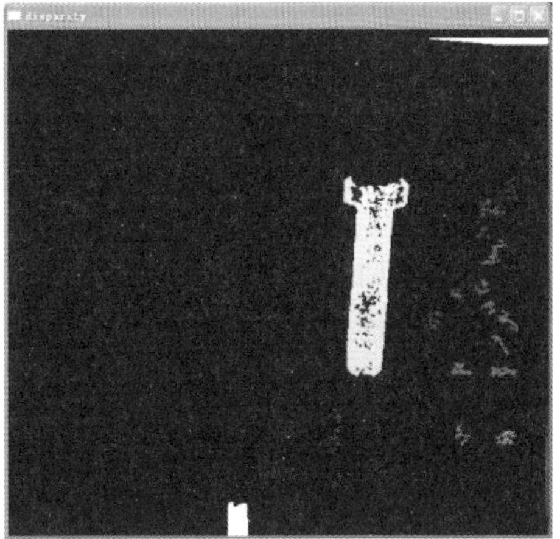

图 14 - 98　水下零件视差图

在获得了视差信息后，根据投影模型很容易地可以得到原始图像的深度信息和三维信息。取目标零件的一个特征点，计算测量目标零件在摄像机坐标系下的三维信息，采用经过改善的 SIFT 算法来进行图像信息的处理，其处理的结果将更加精准。利用 OpenCV 的 reProjectImageTo3D 函数结合 Bouquet 校正方法得到的 Q 矩阵就可以得到环境的三维坐标数据，然后可以利用 *Matlab* 来实现对水下目标零件的三维重建，零件的三维重建图如图 14 - 99、图 14 - 100 所示。

将拍摄到的多组景物图像输入计算机，应用改进的 *SIFT* 算法对这些图像进行处理，经过特征提取、图像配准、视差计算后，每个零件得到的测距数据如表 14 - 10 所示。

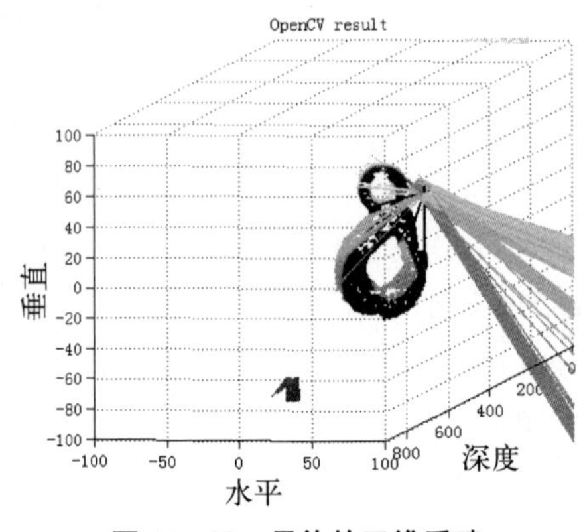

图 14-99　吊钩的三维重建

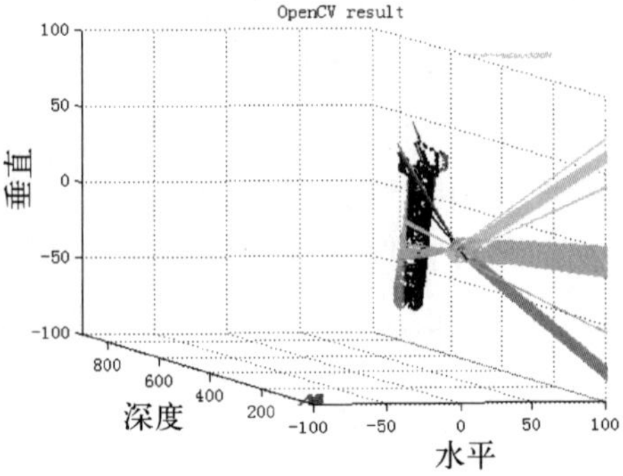

图 14-100　螺栓的三维重建

表 14-10　目标测距结果

实测距离/m	吊钩坐标(x, y, z)	螺栓坐标(x, y, z)
0.15	(0.005 054, 0.027 776, 0.163 902)	(0.025 249, −0.034 756, 0.169 760)
0.2	(−0.012 771, −0.001 034, 0.213 746)	(0.027 299, −0.054 723, 0.211 700)
0.3	(0.023 804, −0.006 903, 0.304 402)	(−0.035 418, −0.038 292, 0.337 139)
0.4	(0.018 331, −0.043 029, 0.481 147)	(0.003 243, −0.100 826, 0.467 041)
0.5	(−0.001 174, −0.079 313, 0.529 083)	(−0.041 273, −0.115 780, 0.560 084)
0.6	(−0.016 133, −0.094 613, 0.619 133)	(−0.048 027, −0.092 922, 0.651 734)

吊钩和螺栓的测距误差统计如表 14-11 所示。

表 14-11　目标测距误差

实测距离/m	吊钩测距误差/%	螺栓测距误差/%
0.15	8.6	8.8
0.2	5.6	5.7
0.3	3.3	3.5
0.4	2.5	2.6
0.5	3.1	3.3
0.6	3.2	3.2

表 14-11 表明,目标距离为 0.15 m 时,测距误差最大,随着距离增加相对误差有所减小,但目标距离大于 0.4 m 时,测距误差又开始增大。总体来说,目标距

离摄像机光心 0.3～0.6 m 时的测距误差小于 5%，达到测距系统性能指标要求。

14.2.3 无人无缆潜水器光学探测系统

执行无人无缆潜水器光学探测系统任务的环境感知系统是用光视觉处理计算机对由采集卡实时获取的数字图像信号进行实时在线处理、分析和理解，并将管道的位置信息传递给无人无缆潜水器，用于实时导航。规划控制计算机接收环境感知层的信息并做出决策，向潜水器的执行机构发出指令。环境感知系统用于实现人类的视觉系统功能，规划控制计算机相当于人类的大脑。基于水下管道检测与跟踪任务中传递的数据信息，可以将其软件结构从低到高分为 7 个模块，如图 14-101 所示。

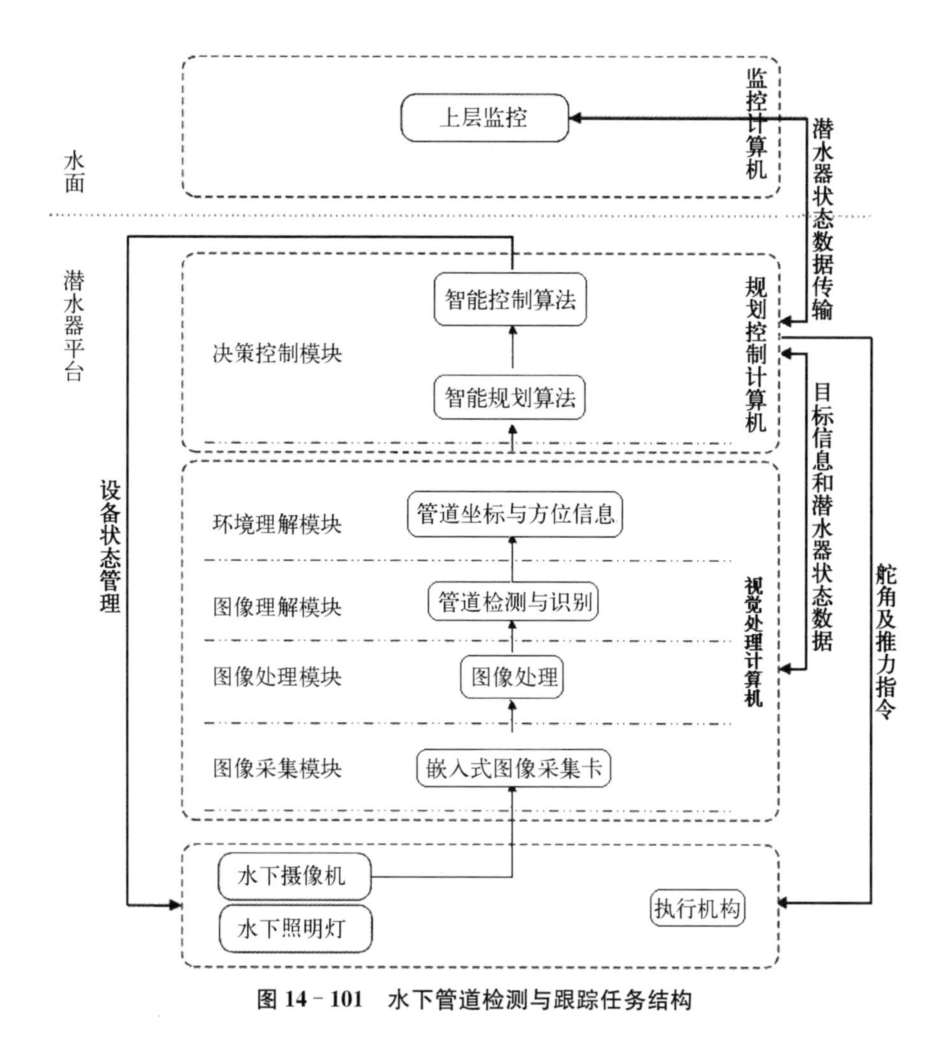

图 14-101　水下管道检测与跟踪任务结构

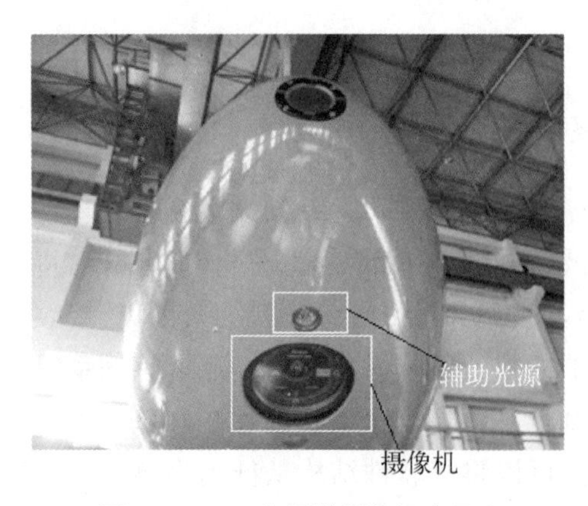

图 14－102 光视觉摄像机在无人无缆潜水器布置

(1) 图像采集模块：图像采集模块是嵌入式图像采集卡获取摄像机视频流并将其传递给图像处理计算机，存入特定的缓冲区，由视觉处理计算机去读取单帧图像(见图 14－102)。

(2) 图像处理模块：图像处理模块是对图像采集模块获取的单帧图像进行实时处理，包括对管道图像数据预处理、分割以及形态学处理等。通过在最低抽象层次图像上进行图像预处理，可以增强对于后续处理重要的图像特征，抑制不需要的变形，改善图像数据。通过图像分割可以将图像划分为与其中含有的真实世界的物体或区域有强相关性的组成部分，在对处理后的图像数据进行分析之前，图像分割是最重要的步骤之一。形态学处理主要用于从图像中提取对表达或描绘区域形状有意义的图像分量，使后续的图像分析识别工作能够抓住目标对象最为本质(最具区分能力)的形状特征。

(3) 图像理解模块：图像理解模块用于背景和目标的分类，物体的识别是图像处理方法的最后步骤。图像理解模块通过识别算法获得管道对象区域，对管道轮廓进行识别，获取管道的特征信息。

(4) 环境理解模块：水下管道检测与跟踪系统的环境理解模块是以管道的图像特征点作为输入，由 2D 图像特征点映射得到机器人与管道的相对位置坐标及方位信息，作为无人无缆潜水器管道跟踪的导航信息。

(5) 数据传输模块：视觉处理计算机与规划控制计算机通过 TCP/IP 网络协议进行通信，规划控制计算机以视觉处理计算机提供的目标信息作为自主完成任务的依据，视觉处理计算机结合规划控制计算机提供的潜水器状态位置信息进行解算，实时获取管道与潜水器的相对位置信息。

(6) 规划控制模块：规划控制模块从指定指令出发，自动执行相应的规划控制算法，指导潜水器自主完成对应的动作序列，进而完成任务。

(7) 行为模块：水下管道检测与跟踪系统的行为层模块是规划控制模块通过管道的位置和方位信息计算推进器所需推力以及舵所需转动角度。

无人无缆潜水器的管道检测与跟踪系统中环境感知层的硬件包括水下微光摄像机、辅助照明灯、图像采集卡和光视觉处理处理机。无人无缆潜水器的管道检测与跟踪系统是基于 PC104＋平台的，其硬件结构如图 14－103 所示。

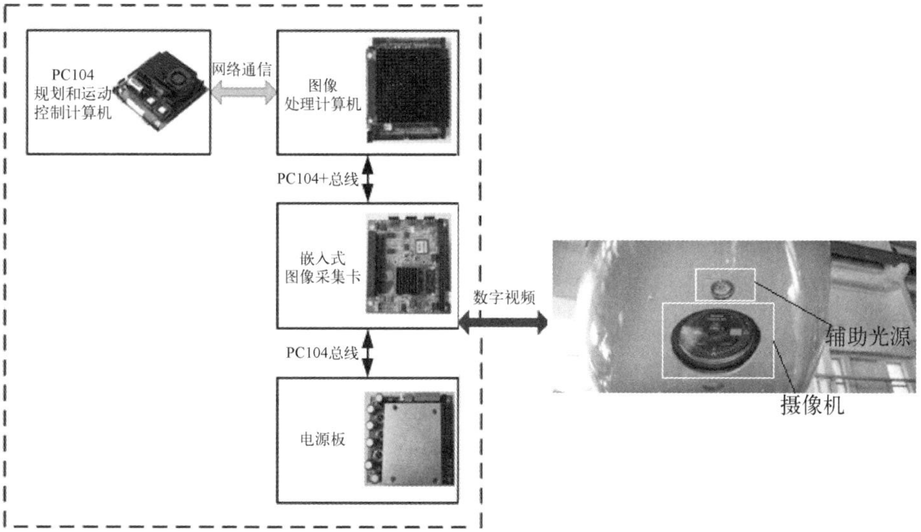

PC104
规划和运动
控制计算机
网络通信
图像
处理计算机
PC104+总线
嵌入式
图像采集卡
数字视频
辅助光源
摄像机
PC104总线
电源板

图 14－103　管道检测与跟踪系统硬件结构

该系统采用嵌入式结构设计，VxWorks 是一种高效、稳定、强实时性、强专业性的多任务操作系统，特别适合于多数据采集、多任务通信、强实时性和强稳定性的工程应用。其中图像采集卡[见图 14－104(a)]是某科技嵌入式计算机科技公司的一款基于高清图像信号采集和高清声音信号采集的 SEM/MPEG－4 HD 视音频嵌入式采集卡。水下微光摄像机获得物体的反射光信号并转换为模拟信号输入到嵌入式图像采集卡中，图像采集卡将模拟信号量化采样转换为数字图像，输入到光视觉处理计算机。系统中的光视觉处理计算机[见图 14－104(b)]PMP 是一款采用新一代超低功耗 Intel Pentium M 或 Intel Celeron M 处理器的 PC/104＋核心模块，它在主板集成了以太网接口、高性能图形处理器以及增强型的 EIDE，10/100Base－T。外挂一个 80 GB 的硬盘[见图 14－104(c)]，用于存储图像和处理数据。

无人无缆潜水器光学探测成像几何模型：

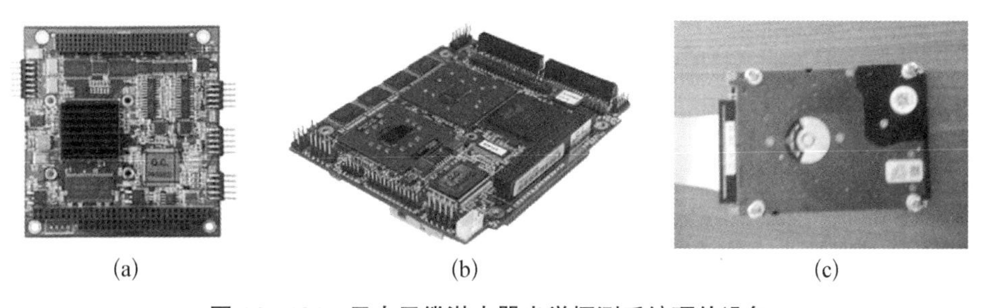

(a)　(b)　(c)

图 14－104　无人无缆潜水器光学探测系统硬件设备
(a) 图像采集卡　(b) 光视觉处理计算机　(c) 硬盘

在水下管道检测与跟踪系统中，摄像机是安装在无人无缆潜水器上的，且有一定的水平倾角，图 14－105 显示了系统中摄像机成像的几何模型，为了便于分析，将成像平面移动到光心和空间点之间，成像点为空间点 $P(x_R, y_R, 0)$ 与光心的连线在成像平面的交点 $p(u, v)$：

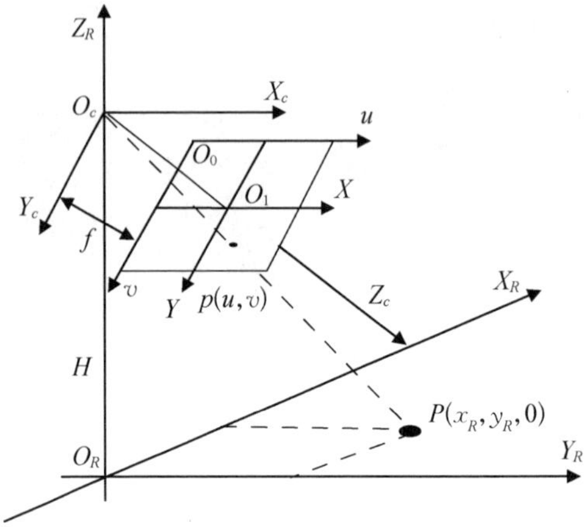

图 14－105　系统成像几何模型

系统中有三个坐标系，依次为世界坐标系、摄像机坐标系、图像坐标系。

世界坐标系：对应于图中的 $O_R-X_RY_RZ_R$ 坐标系，也称为大地坐标系，是客观世界的据对坐标，用来表示客观的三维场景。

图像坐标系：对应于图中的 O_1-XY 坐标系，原点为透镜的光轴与成像平面的交点，也称图像的物理坐标系。但是在图像处理中习惯以图像的左上角为起始点，因此，还定义了一个图像像素坐标系 O_0-uv，获取的管道位置就是相对于图像像素坐标系的。

摄像机坐标系：对应于 $O_c-X_cY_cZ_c$ 坐标系，以摄像机的光心为原点，摄像机坐标系相当于中间坐标系。摄像机坐标系到世界坐标系的转换关系可以通过摄像机的安装位置确定，获取了摄像机的焦距、畸变中心等内部参数后，又可以推导出摄像机坐标系和图像坐标系的转换关系。

经过管道检测获取的管道在水下图像中的坐标位置对于无人无缆潜水器来说是“无用的”，只有转换到无人无缆潜水器坐标系下才能被无人无缆潜水器所理解。下文主要研究了图像坐标系与无人无缆潜水器坐标系的投影关系。

1）摄像机坐标系与世界坐标系的转换

根据空间刚性变换的性质，坐标系的变换可以由平移和旋转来实现，因此世界坐标系到摄像机坐标系的转换可以由一个正交矩阵 $\boldsymbol{R}$ 和一个平移矩阵 $\boldsymbol{T}$ 来完成，如式(14－18)所示：

$$\begin{bmatrix} x_c \\ y_c \\ z_c \end{bmatrix} = \boldsymbol{R} \begin{bmatrix} x_R \\ y_R \\ z_R \end{bmatrix} + \boldsymbol{T} \tag{14-18}$$

式中 $\boldsymbol{R}$ 和 $\boldsymbol{T}$ 分别定义如下：

$$\boldsymbol{R} = \begin{bmatrix} r_{11} & r_{12} & r_{13} \\ r_{21} & r_{22} & r_{23} \\ r_{31} & r_{32} & r_{33} \end{bmatrix}, \quad \boldsymbol{T} = \begin{bmatrix} t_x \\ t_y \\ t_z \end{bmatrix} \tag{14-19}$$

将式(14－19)代入式(14－18)得

$$\begin{bmatrix} x_c \\ y_c \\ z_c \\ 1 \end{bmatrix} = \begin{bmatrix} r_{11} & r_{12} & r_{13} & t_x \\ r_{21} & r_{22} & r_{23} & t_y \\ r_{31} & r_{32} & r_{33} & l_z \\ 0 & 0 & 0 & 1 \end{bmatrix} \begin{bmatrix} x_R \\ y_R \\ z_R \\ 1 \end{bmatrix} \tag{14-20}$$

式中，(t_x, t_y, t_z) 为世界坐标系的原点 O_R 在摄像机 $O_c - X_c Y_c Z_c$ 下的位置；$\boldsymbol{R}$ 为正交旋转矩阵，满足：

$$\begin{cases} r_{11}^2 + r_{12}^2 + r_{13}^2 = 1 \\ r_{21}^2 + r_{22}^2 + r_{23}^2 = 1 \\ r_{31}^2 + r_{32}^2 + r_{33}^2 = 1 \end{cases} \tag{14-21}$$

则 $\boldsymbol{R}$ 中只有三个独立变量，加上 (t_x, t_y, t_z) 共六个变量，这六个参数可以根据摄像机的安装位置和安装角度来确定。

2) 图像物理坐标系与摄像机坐标系的转换

前面分析了理想的摄像机成像模型，图 14－105 中空间点 $P(x_R, y_R, 0)$ 转换到摄像机坐标系下的坐标为 (x_c, y_c, z_c)，该点映射到图像物理坐标系上的点为 $P(x, y)$，由此可获得如下关系式：

$$\frac{x}{x_c} = \frac{y}{y_c} = \frac{f}{z_c} \tag{14-22}$$

写成齐次表达形式：

$$z_c \begin{bmatrix} x \\ y \\ 1 \end{bmatrix} = \begin{bmatrix} f & 0 & 0 & 0 \\ 0 & f & 0 & 0 \\ 0 & 0 & 1 & 0 \end{bmatrix} \begin{bmatrix} x_c \\ y_c \\ z_c \\ 1 \end{bmatrix} \tag{14-23}$$

3) 图像物理坐标系与图像像素坐标系的转换

图 14－105 中图像处理坐标系 $O_1 - XY$ 的原点 O_1 为透镜的光轴与成像平面的交点，设点 O_1 在坐标系 $O_0 - uv$ 下的像素坐标为 (u_0, v_0)。假设单个像素在 O_1X 和 O_1Y 方向上所占的物理尺寸分别为 d_x 和 d_y，则图像物理坐标系与图像像素坐标系有如下转换关系：

$$\begin{cases} u = \dfrac{x}{d_x} + u_0 \\ v = \dfrac{y}{d_y} + v_0 \end{cases} \tag{14-24}$$

写成齐次坐标的形式有

$$\begin{bmatrix} u \\ v \\ 1 \end{bmatrix} = \begin{bmatrix} \frac{1}{d_x} & 0 & u_0 \\ 0 & \frac{1}{d_y} & v_0 \\ 0 & 0 & 1 \end{bmatrix} \begin{bmatrix} x \\ y \\ 1 \end{bmatrix} \tag{14-25}$$

4）世界坐标系与图像像素坐标系的转换

综上可以推导出世界坐标系与图像像素坐标系之间的转换关系如下：

$$z_c \begin{bmatrix} u \\ v \\ 1 \end{bmatrix} = \begin{bmatrix} \frac{f}{d_x} & 0 & u_0 & 0 \\ 0 & \frac{f}{d_y} & v_0 & 0 \\ 0 & 0 & 1 & 0 \end{bmatrix} \begin{bmatrix} \boldsymbol{R} & \boldsymbol{T} \\ 0^{\mathrm{T}} & 1 \end{bmatrix} \begin{bmatrix} x_R \\ y_R \\ z_R \\ 1 \end{bmatrix} = \boldsymbol{M}_1 \boldsymbol{M}_2 \begin{bmatrix} x_R \\ y_R \\ z_R \\ 1 \end{bmatrix} = \boldsymbol{M} \begin{bmatrix} x_R \\ y_R \\ z_R \\ 1 \end{bmatrix} \tag{14-26}$$

式中，$\boldsymbol{M}_1$ 为内参矩阵，其中的 f/d_x，f/d_y 分别为 O_1X 和 O_1Y 方向上的等效焦距，(u_0, v_0) 为摄像机的畸变中心，这四个参数为摄像机的内部参数，需要通过摄像机的标定获取；$\boldsymbol{M}_2$ 为外参矩阵，参数可由摄像机的安装位置和角度来确定。

14.2.4 无人无缆潜水器水下嗅觉追踪技术

深海多金属硫化物，主要分布于世界大洋中脊、弧后扩张盆地等板块活动地带，水深从数百米到 3 500 米，是一种具有远景意义的海底多金属矿产资源。目前，国际海底管理局关于“区域”内多金属硫化物的勘探规章即将出台，美国、德国、法国、俄罗斯、日本等国已基本做好了多金属硫化物矿区申请准备，围绕国际海域多金属硫化物资源的勘探、开发及其相关的深海科学调查研究如火如荼展开，新一轮国际海底矿产资源勘探开发竞争形势更趋激烈，勘探技术的先导支撑作用日显突出。我国在海底热液硫化物资源调查和研究尚处于起步阶段，虽取得了一些进展，但与美国、俄罗斯、英国、法国、日本、德国等国相比，无论在调查力度、技术水平和能力等方面都存在较大差距，急需强化技术和装备研发与应用，为在新一轮多金属硫化物资源争夺中占有一席之地提供技术保障。

无人无缆潜水器确定气味源位置的方法是通过对源头可能区域进行再搜索的过程；每次再搜索过程结束后源头可能位置区域就会缩小，进行多次再搜索过程之后可能位置区域就会很小，这时就可以确定该位置为热液源头位置（见图 14－106、图 14－107）。步骤如下：

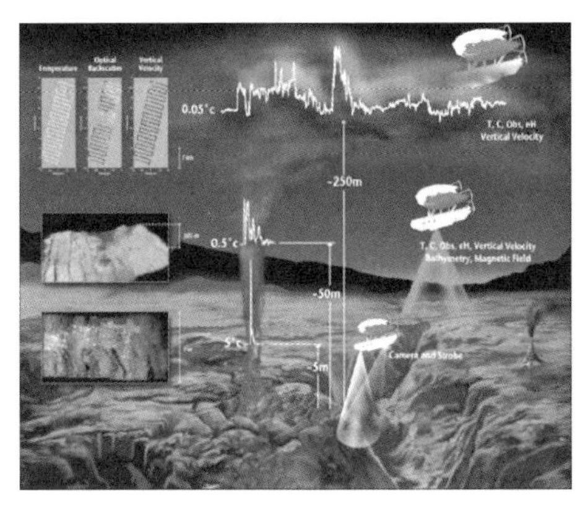

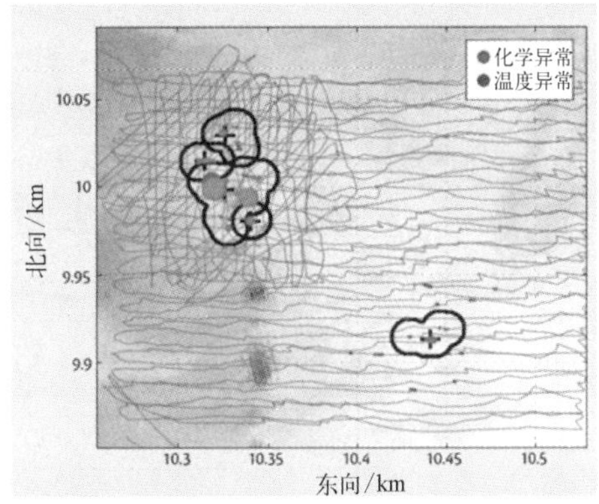

图 14－106　ABE 型无人无缆潜水器海底热液探测三步法示意图

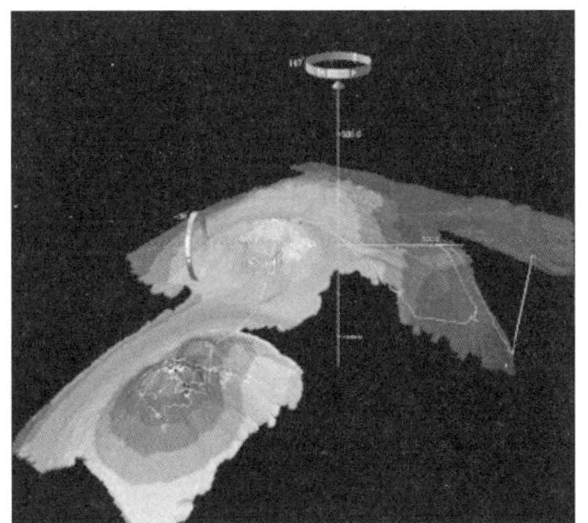

图 14－107　海底视频图片及磁场分布图

（1）无人无缆潜水器基于行为的规划主要分运动至起始点、搜索热液、跟踪热液、丢失热液、重新获得热液、找到热液源头区域、返回母船（见图 14－108）。无人无缆潜水器从母船位置运动到起始点的过程中，无人无缆潜水器会以最大速度运动到指定的位置区域（见图 14－109）。

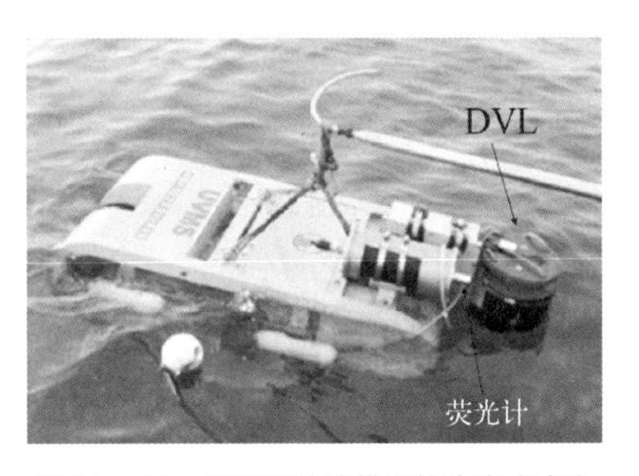

图 14－108　罗丹明溶液模拟热液追踪试验

（2）无人无缆潜水器是从整个区

域最下游的角落开始进行搜索。潜水器会以一定的首向角度进行近似于锯齿形状的搜索(见图 14-110)。

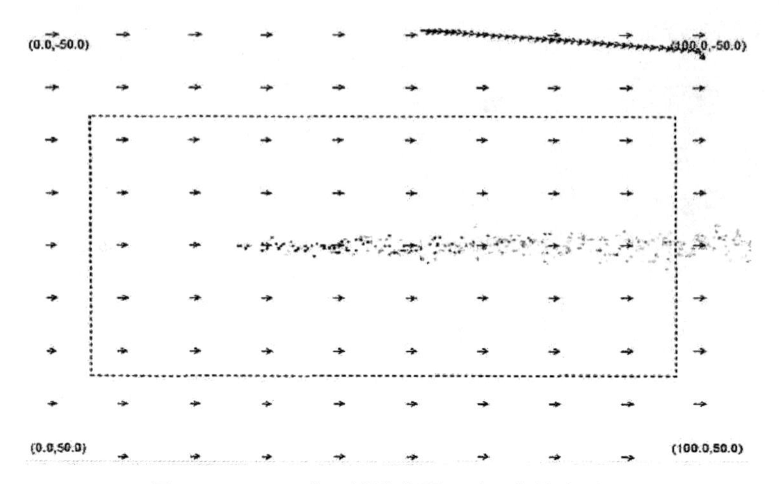

图 14-109 无人无缆潜水器运动至起始点过程

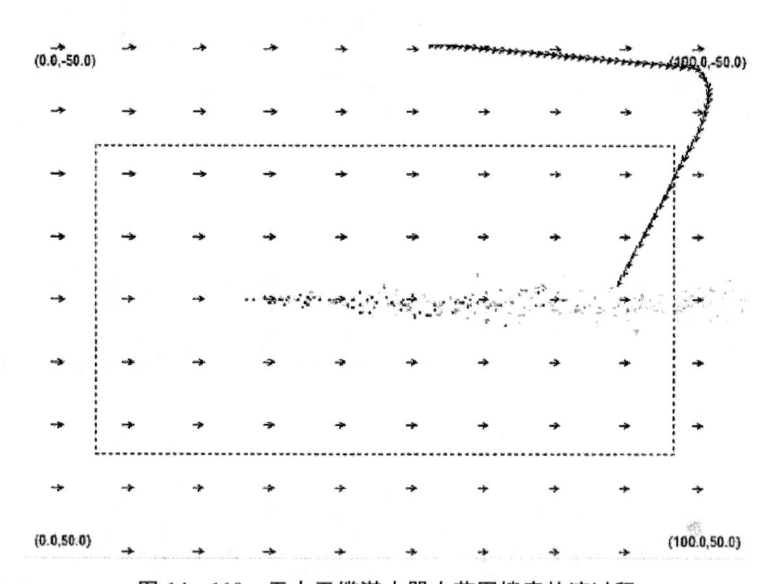

图 14-110 无人无缆潜水器大范围搜索热液过程

a, b, c, d 表示在跟踪过程中失去化学物质信息的点,潜水器运动到这 4 个点位置时,会按照行为规划器设定好的行为转换规则进行转换,从跟踪热液行为转换到丢失热液行为。并且在进行重新获得热液行为之前顺利找到热液(见图 14-111)。

(3) 无人无缆潜水器在重新得到化学物质信息之后会继续进行跟踪热

液行为。在图 14 - 112 中三叶草的中心点 a 是之前丢失化学物质信息的位置,d 是三叶草叶片的尺寸,通过对 d 的调整可以控制机器人的搜索范围(图 14 - 113)。

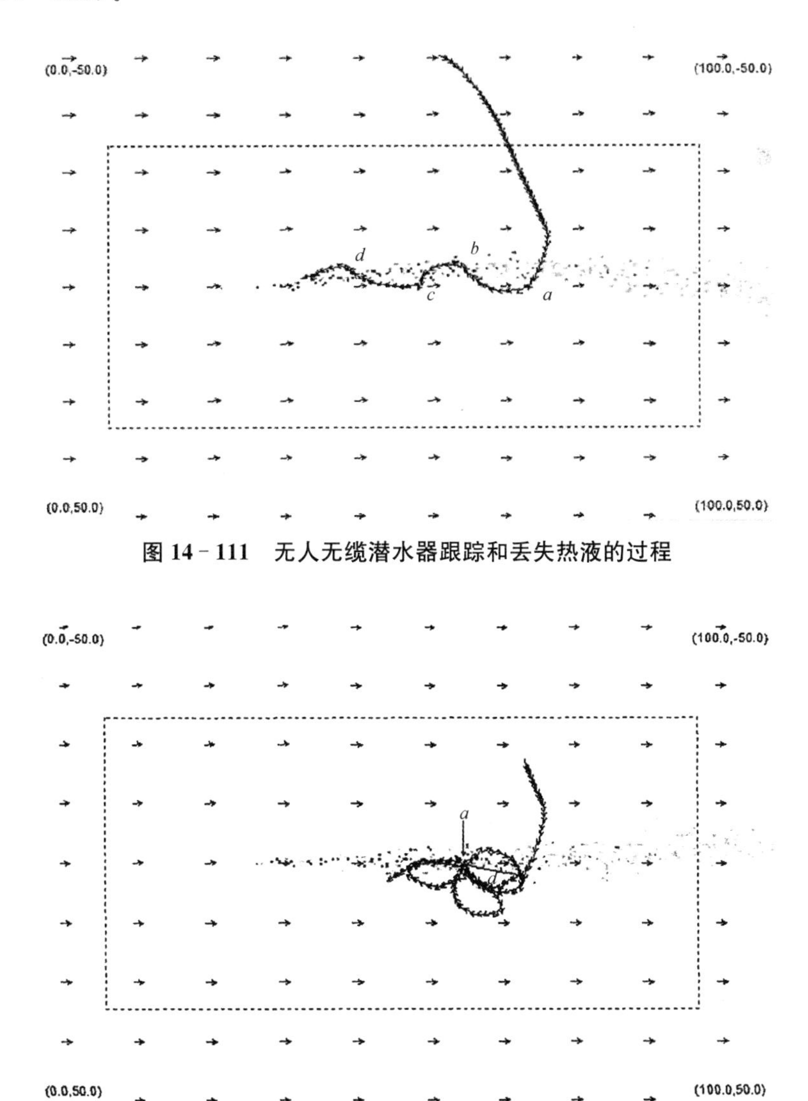

图 14 - 111　无人无缆潜水器跟踪和丢失热液的过程

图 14 - 112　无人无缆潜水器重新获得热液过程

(4) 在无人无缆潜水器在确定源头位置后返回母船的过程中,会以最大速度返回母船(见图 14 - 114)。

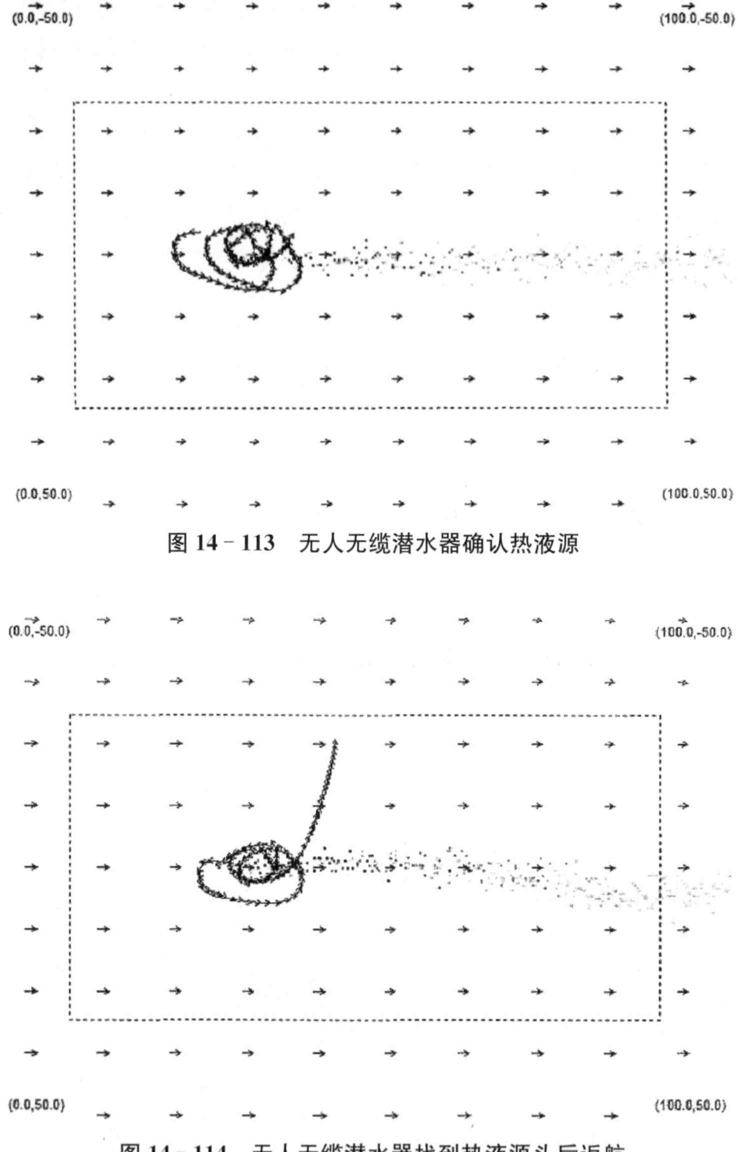

图 14－113　无人无缆潜水器确认热液源

图 14－114　无人无缆潜水器找到热液源头后返航

14.2.5　水下电子侦察技术

水下信息侦察是指利用分布在太空、空中、陆上、海上、水下的平台和系统，全方位地获取水下作战所需要的信息，它是水下信息作战的最基本内容，也是其他水下作战行动的基础。另外，潜艇凭借其独特的信息侦察能力，在融入综合一体化的信息系统后，能够通过网络与水面、空中甚至太空的作战单元获取情报共享,支援其他形式的信息作战,从而成为高科技战争中信息侦察一体化系统的重要组成部分。

1. 水下电子侦察技术的发展趋势

(1) 发展综合一体化的侦察系统。20 世纪 90 年代中期,美国斥巨资将其“舰队信息战中心”、海底水声监视系统、“白云”系列海洋监视卫星、电子侦察卫星和 P-3C 等反潜平台联成一体,形成了一张纵横交错的水下信息探测网,以实现其控制水下信息权的目的。

(2) 发展可快速部署的水下信息侦察系统。为了实施新的海军战略,美海上力量的主战场由远洋转变为沿海地带,要求所使用的反潜装备必须能够在浅水及沿海区域环境噪声强烈、声学条件复杂的情况下有效地对付新一代“安静”型潜艇。为此,美国正在加紧研发能够快速部署到“危机地区”近海的水下侦察系统。这种传感器可从战区上空或水下迅速部署,与一个能够向武器系统迅速传递数据的网络连接在一起。这种系统不仅将进一步完善其水下信息侦察体系,还将水下侦察的触角延伸到了敌对国家的近海。

2. 水下电子侦察行动与方式

水下电子侦察行动按实施的时机可分为预先侦察和实时侦察。预先侦察是指和平时期对未来作战对象、作战环境实施的侦察,包括对敌方潜艇和反潜平台、反潜预警和指挥控制系统的性能、部署,以及对有关海域信息作战环境的侦察。其目的是为战时信息进攻和防御提供战术、技术情报。实时侦察是指战时对当面作战对象实施的侦察。其目的是及时获取信息作战目标的战术、技术参数,直接用于支援信息进攻与防御行动。

水下电子侦察行动按目的可分为技术侦察和战术侦察。技术侦察主要是测定敌方各种信息装备的技术参数,各种平台的声、光、电的频谱特性。其目的是为发展信息对抗装备、确定信息对抗技术对策提供依据。战术侦察主要查明敌方作战平台的类型、位置、运动要素及编成,为指挥员分析判断敌人的行动企图和定下决心提供依据。

水声探测是获取水下信息的主要手段。为满足水下信息作战的需要,声呐的发展出现了一些新的趋势。一是继续向低频、大功率、大基阵方向发展。根据声波在海水中的传播特性,开发大孔径低频声呐技术是解决水下远程信息获取、进行有效信息作战的前提。海军强国竞相发展的被动拖曳线列阵和舷侧阵是这种低频大孔径技术的代表。二是向系统性、综合性发展。一艘现代化潜艇的声呐的数量最多达到十几部。将这些声呐进行综合控制、综合管理、对其信息综合处理、集中显示,并实现与作战系统之间的综合,由此构成具有探测、跟踪、分类、识别、定位、通信、侦察、导航、鱼雷报警、系统控制、作战指挥、武器使用等多种功能的综合系统，以适应水下信息作战的需要。三是信息技术的应用促进了声呐的智能化。用计算机进行声呐波束形成、信号处理、目标跟踪与识别、系统控制，大大提高了声呐的战术、技术性能。

为了更全面地掌握水下战场信息，非声学的信息侦察手段得到了较快的发展。雷达探测是主要的非声学探测设备，普通体制的雷达能够探测水面状态潜艇或露出水面的升降装置，星载合成孔径雷达则可以通过间接测量水下潜艇机动时对海水的扰动效应所引起的表面波形变化，发现位于几百米深度的潜艇。红外探测是利用潜艇热尾流来探测潜艇。潜艇的热尾流一般可使海水温度升高0.005℃。据资料介绍，目前装备在P-3C反潜巡逻机上的红外探测仪的灵敏度可达0.001℃。磁探仪是利用潜艇运动引起的地磁场变异，对潜艇进行定位和识别，是一种应用广泛的机载探潜设备。激光探测是利用蓝绿激光对海水的穿透能力来发现潜艇，特点是识别目标快，定位精确，适合于引导武器攻击。此外，还能利用气体分析、海洋生物发光等技术来获得水下信息。

14.2.6 其他水下探测作业技术

1. 水下激光成像技术

1）激光成像技术简介

结合激光技术和水下成像的特殊性，出现了激光成像技术。与普通光相比，激光的单色性好，能量集中，高准直性，易于同步，而蓝绿光在水中传输又具有“窗口透明”效应，这些特点使得激光特别适合水下目标的检测和识别。目前，在水下激光技术常见的主要有同步扫描技术；距离选通技术；水下三维激光成像技术；条纹管水下激光三维成像技术。

激光水下探测中，背景光、散射光，尤其是强烈的后向散射光等噪声信号会严重影响系统的探测结果和目标成像质量（见图14-66）；距离选通技术能够有效地克服这些噪声对激光水下目标探测系统的影响，且成本较低，技术成熟，是解决这一问题的有效途径。前向散射：光在传输方向上的散射。使光束传输距离明显增大，传输距离越远，前向散射光作用越大。对照明有利，对水下光束扫描和水下摄影不利。后向散射：后向散射比前向散射强烈。主要来自水分子、水中杂质对光的散射。强烈的后向散射光会使接收器产生饱和而接受不到任何有用信息。

距离选通成像系统采用一个脉冲激光器，具有选通功能的增强型CCD(ICCD)成像区间，通过对接收器口径进行选通来减小从目标返回探测器的激光后向散射。在该系统中，非常短的激光脉冲照射物体，照相机快门打开的时间相对于照射物体的激光发射时间有一定的延迟，并且快门打开的时间很短，在这段时间内，探测器接收从物体返回的光束，从而排除了大部分的后向散射光。由于从物体返回来的第一个光子经受的散射最小，所以选通接收最先返回的光子束可以获得最好的成像效果。如果要获得物体的三维信息，可以通过使用多个探测器设置不同的延迟时间来获得物体在不同层次的信息，因而它具有提供成像物体准三维信息的能力。

2）激光水下目标距离选通技术基本原理

目前，激光扫描水下成像系统大多采用氩离子连续波激光器，具有光束质量好、分辨率高、图像稳定等特点。激光水下目标距离选通技术采用脉冲激光器作为照明光源，选通摄像机作为接收器。

激光水下目标距离选通技术的基本原理：根据激光传输的距离不同而使得不同深度水体散射光和目标反射的信号光返回接收系统的时间不同，通过控制选通摄像机选通门开启时间实现去除大部分水体散射光和背景光对系统的影响的目的（见图 14－115）。

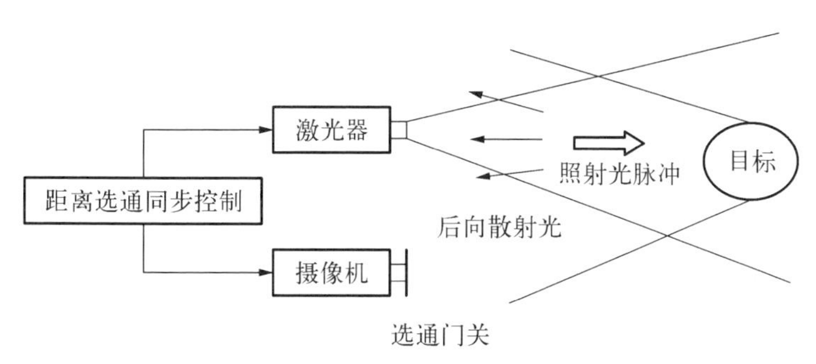

图 14－115　激光水下目标距离选通技术

具体选通过程：

（1）激光器向探测目标发射一束强激光脉冲，被目标反射后向接收系统传输，在这个过程中，摄像机的选通门处于关闭状态，阻止这一过程中的水体散射光和背景光进入接收系统。

（2）当目标反射回来的激光脉冲到达接收系统时，摄像机选通门处于打开状态，允许目标反射光进入接收系统并最终成像，选通门延迟时间与目标到系统的距离相关。

（3）接收到目标反射的光信号后，再将摄像机选通门关闭，阻止水体散射光及背景光辐射等干扰光进入选通摄像机，选通门开启持续时间与需要观测的景深相关（见图 14－116）。

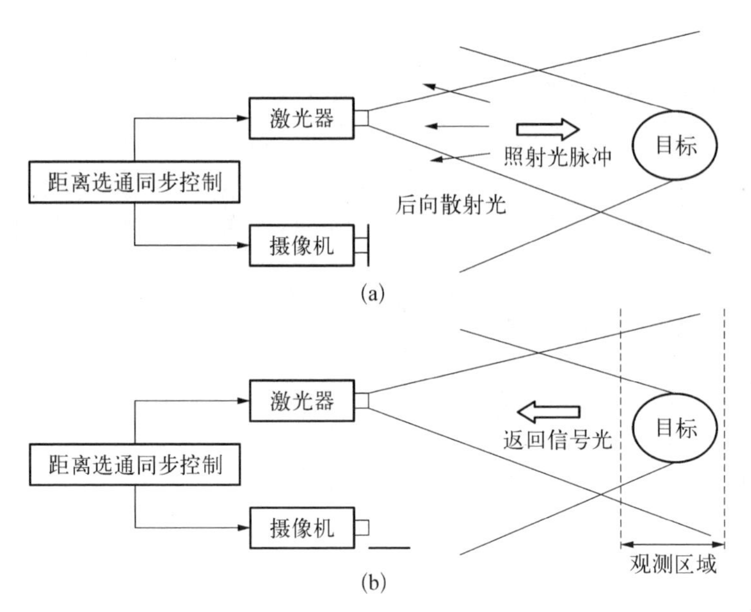

图 14－116　激光水下目标距离选通具体过程

(a) 选通门关　(b) 选通门开

3）激光水下目标距离选通成像系统组成

激光水下目标距离选通成像系统主要由激光发射模块、同步触发模块、信号接收模块、图像处理模块组成(见图 14－117)。

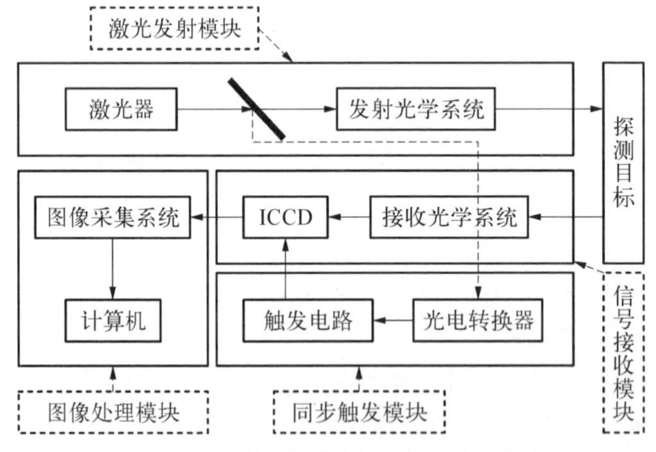

图 14－117　激光水下目标距离选通成像系统

激光器发射的激光脉冲被分束镜分为两部分：一小部分光经光电转换器、触发电路作为同步控制电路的延时基准控制延迟时间，使目标反射信号到达 ICCD 摄像机的时间与选通门打开时间一致；另一部分光经过发射光学系统扩束后对目标进行照明，目标反射信号经接收光学系统被ICCD摄像机接收成像，并最终显示和存储在计算机上，获得的图像主要与选通门打开这一时间段进入ICCD摄像机的光信号相关。

4）选用水下激光器的方法

激光器选用条件如下。峰值功率：由于水介质对激光强烈的衰减作用，要求激光器具有较高的峰值功率，探测水深越大，所需要的激光功率越高。脉冲宽度：为了更好地将目标信号光和散射光区分开来，要求激光器具有较窄的脉冲宽度。激光颜色：激光波长应处于水介质的透光窗口内，激光在水中的传输衰减越小，能够探测的水深就越大。参考脉冲激光器参数指标：输出能量在数十毫焦到数百毫焦之间，激光波长为1.06 μm，经倍频后得到532 nm的激光，脉冲宽度为10 ns。

5）光在水下的衰减

水对光谱中紫外和红外部分表现出强烈的吸收。这是由水分子在这些谱带上强烈的共振造成的。紫外共振起因于电子的激发，红外共振起因于分子激发。由图14-119可见，大部分波段的光在水下传播时都会受到强烈的吸收衰减，只有波长在0.5 nm左右的蓝绿光在水中的吸收衰减系数最小，穿透能力最强，而且此波段又处于电磁波的“大气窗口”。蓝绿光的衰减最小，故常称该波段为“透光窗口”。蓝光比红光在水中的传输性能要好得多(见图14-68)。

6）选通ICCD摄像机的方法

增强电荷耦合器(intensified CCD，ICCD)是通过光纤与电子管式或微通道板式图像增强器相连的CCD摄像机。ICCD的优点在于对光的响应高度线性。

ICCD主要分为非选通型ICCD和选通型ICCD两类。非选通型ICCD摄像机本身没有光快门，不具有快速开关的功能，主要用于对微弱光图像信号的增强和放大；选通型ICCD摄像机是由具有快速开关功能的像增强器通过光纤光锥与CCD摄像机耦合而成的，它同时具备对微弱光信号放大和快门的作用，且灵敏度高，低光照条件下的性能优于CCD。

选通ICCD摄像机是利用选通像增强器光电阴极上的选通脉冲实现的，其工作原理：① 当像增强器处于导通状态时，光电阴极与微通道板输入面之间的电压V_B为负电压，光电阴极发射出来的电子可以自由进入微通道板的输入面，而后在加速电压V_{MCP}的作用下打在微通道内壁上进行电子倍增实现信号放大。微通道板出射的电子经过加速电压V_S加速，打到荧光屏上，完成电光转换。② 当像增强器处于关闭状态时，电压V_B为正电压，光电阴极发射出来的电子电压V_B作用下返回光电阴极，不能到达微通道板。因此只要快速改变电压V_B的正负和大小，就可以实现快速选通。由于电脉冲从光阴极边缘到其中心所需要的时间，目前通过降低光电阴极电阻等方法，性能较好的ICCD摄像机可以实现纳秒级的选通。采用的ICCD摄像机主要性能参数如表14-12所示。

表14-12 采用的ICCD摄像机主要性能参数

CCD有效像元数：1 024×1 024		CCD暗电流(e^-/p/s)@−25℃ 0.25(典型)，1(最大)	
像增强器类型	Gen Ⅱ	Gen Ⅲ Filmless	Unigen™ Ⅱ
分辨率	54～64	57～64	64
EBI(e^-/p/s) (制冷条件下)	0.05～0.2 (0.005～0.02)	0.02 (0.002)	0.02 -NA-
延迟时间：0.01 ns～21 s		时间分辨率、时间抖动：10 ps/35 ps rms	

选用像增强器类型是Gen Ⅲ Filmless；其像增强器的量子效率，532 nm波长的光电阴极量子效率Q约为50%；根据光电阴极量子效率公式，$Q=124\times S/\lambda(\mathrm{mA\cdot W^{-1}\cdot nm^{-1}})$；可以求得ICCD等效噪声约为$P_d=2\times10^{-19}$(W/pixel)。其能效曲线如图14-118所示。

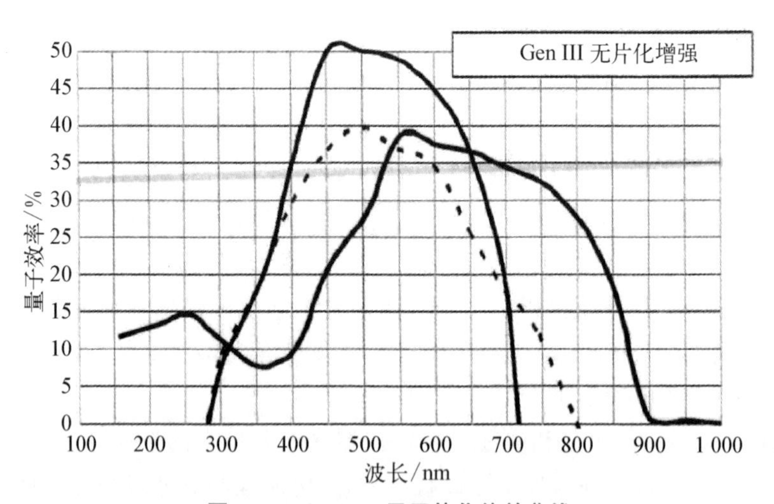

图14-118 Gen Ⅲ无片化能效曲线

7）距离选通同步控制电路(见图14-119)

若系统到水面高度为h，探测水深为z，由激光水下目标距离选通成像的原理，可知选通门开启延迟时间为

$$\tau=\frac{2h}{c}+\frac{2nz}{c} \tag{14-27}$$

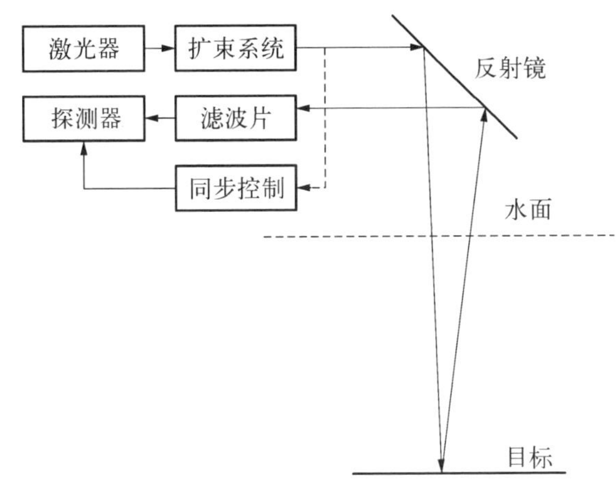

图 14-119 距离选通同步控制光路图

式中，c 为光速；n 为水的折射率。选通门宽 t_w 与所观察的景深 d_s 的关系为

$$t_w = \frac{2nds}{c} \tag{14-28}$$

当 $h=10$ m，$z=5$ m，$t_w=0.5$ m 时，理想的激光距离选通成像时序关系，如图 14-120 所示。其中，波形 1 为照明激光脉冲；波形 2 为激光脉冲在整个传输过程中返回接收系统的后向散射光信号，主要是水介质产生的后向散射，激光从系统到水面这段距离内大气产生的后向散射很小，可以忽略；波形 3 为接收器接收到的目标反射回来的激光脉冲信号；波形 4 为接收器选通门的选通脉冲。

理想距离选通成像时序关系图忽略了激光器、触发电路、延迟脉冲发生器和像增

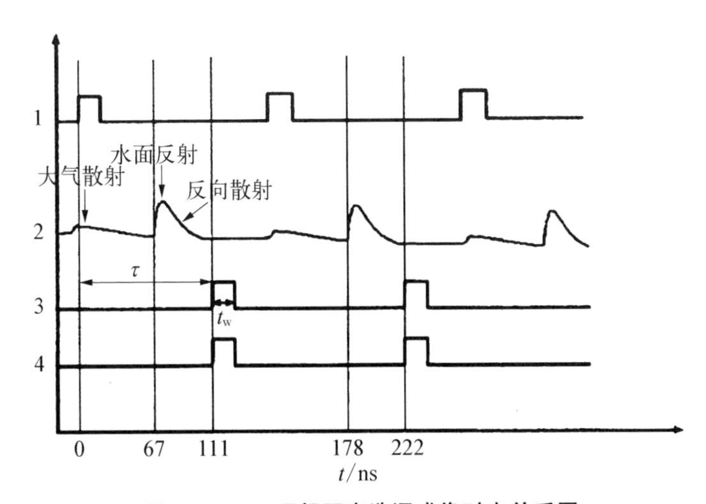

图 14-120 理想距离选通成像时序关系图

强器驱动电路等的传输延迟时间，在系统搭建时必须考虑这些传输时间延迟。表14－13中为实际测量的不同激光出射能量下的Nd：YAG激光器的出光延迟时间。

表14－13　激光出射能量下的Nd：YAG激光器的出光延迟时间

激光器电压/V	激光出射能量/mJ	激光器出光延迟时间/ns
450	14.7～17	1 030
500	65～73	990.0
550	131～136	971.2
600	185～192	960.0
650	255～259	948.8
700	327～332	945.6
750	380～386	940.8

有两种触发方式可以实现脉冲激光器与图像信号接收器ICCD之间的同步，即内触发方式与外触发方式。① 内触发方式中延迟脉冲发生器产生的源触发信号分别从两个延迟通道输入到脉冲激光器与ICCD摄像机，分别控制这两个延迟通道的延迟时间就可以实现脉冲激光器与ICCD摄像机的同步。内触发方式要求从收到触发信号到产生激光输出的传输延迟时间必须固定，脉冲激光器的输出光前沿抖动也必须足够小。② 外触发方式是从激光器初始输出的激光脉冲中分出的一小部分光，经光电转换器转换成电信号后作为源触发信号输入到延迟脉冲发生器，再根据目标距离和所需观察的景深调节延迟脉冲发生器输出信号的延迟时间和占空比，达到控制ICCD摄像机选通门开启延迟时间和开启持续时间的目的。外触发方式对激光器的传输延迟没有要求，只需考虑像增强器驱动电路和延迟脉冲发生器等的传输延迟时间（见图14－121）。

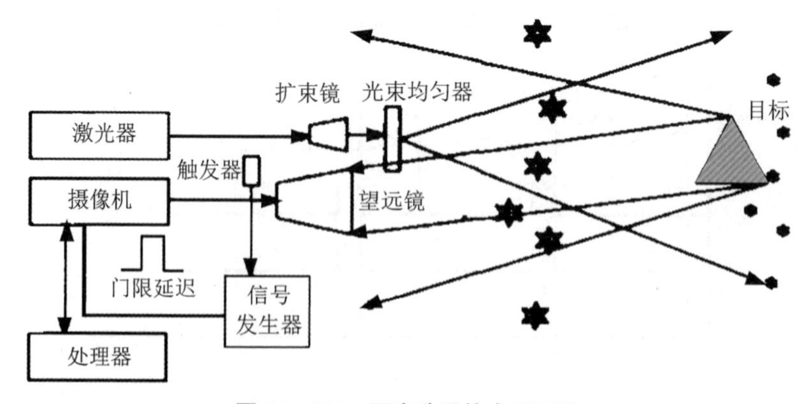

图14－121　距离选通技术原理图

8）激光水下目标距离选通成像实验

采用输出波长为 532 nm 的 Nd：YAG 激光器、ICCD 摄像机、数字延迟脉冲发生器 DG535 等搭建了激光水下目标距离选通成像系统（见图 14－122 和图 14－123）[366]。

图 14－122　激光水下目标距离选通成像系统

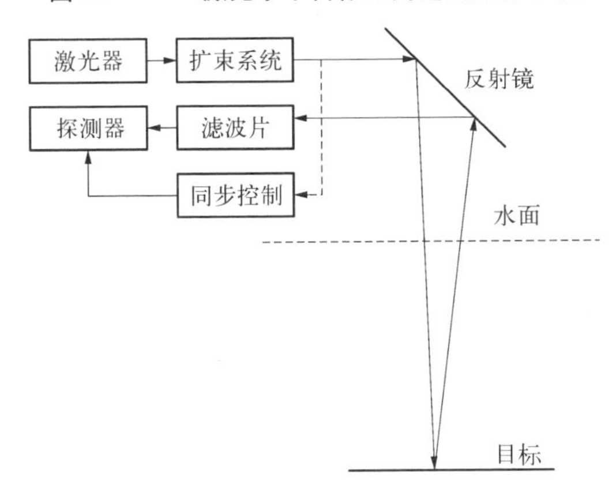

图 14－123　激光水下目标距离选通成像系统光路示意图

目标成像质量随水深增加逐渐降低，在水深 8 m 处达到分辨目标条纹的极限，在水深 10 m 处仍能够明显看到目标反射光（见图 14－124～图 14－132 和表 14－14）。

图 14－124　水面目标（水深 0 m）目标选通成像

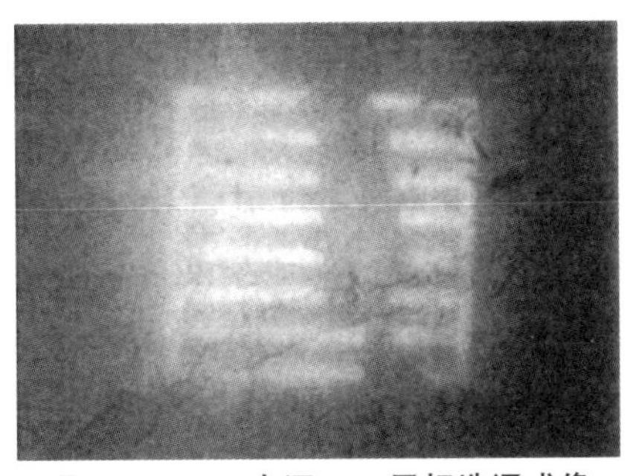

图 14－125　水深 4 m 目标选通成像

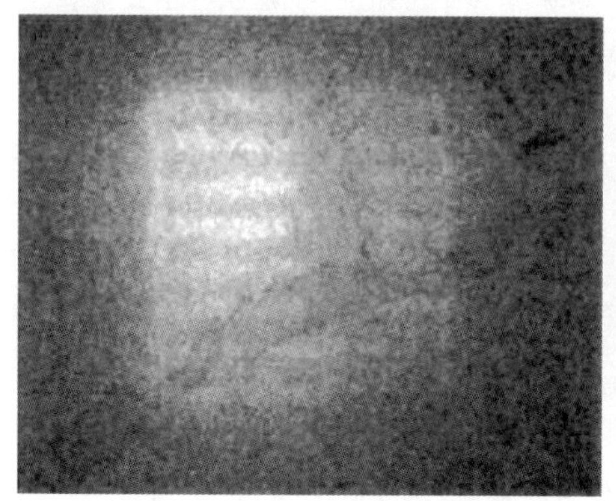

图 14-126 水深 6 m 目标选通成像

图 14-127 水深 8 m 目标选通成像

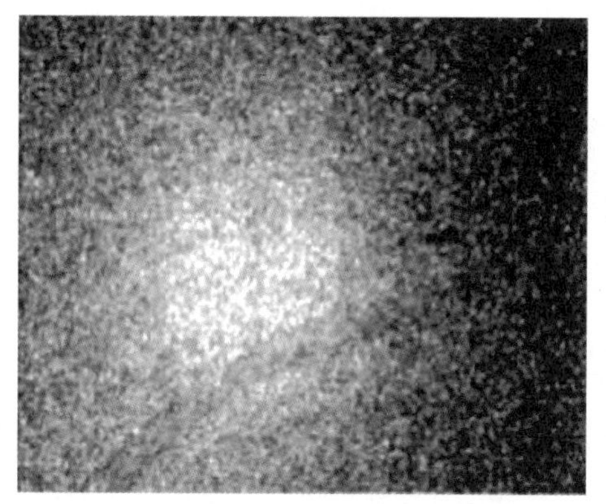

图 14-128 水深 10 m 目标选通成像

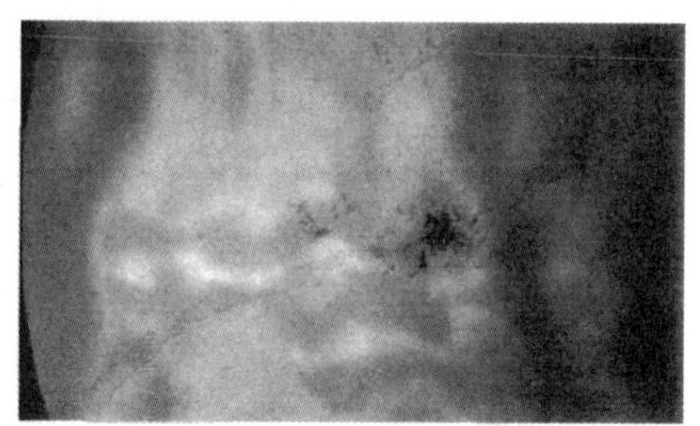

图 14-129 有波浪时水深 4 m 目标成像

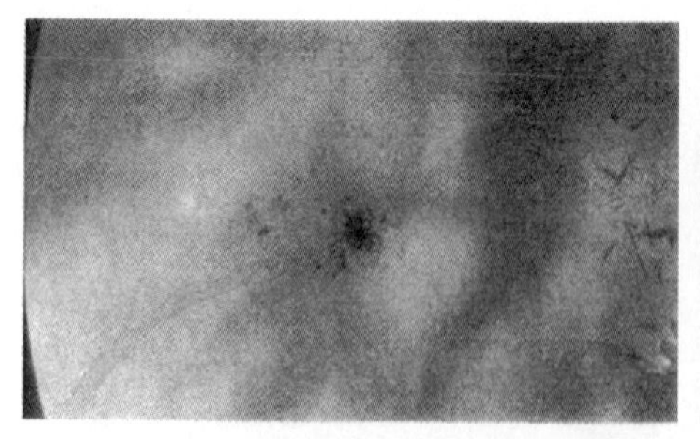

图 14-130 波浪较大时水深 8 m 目标成像

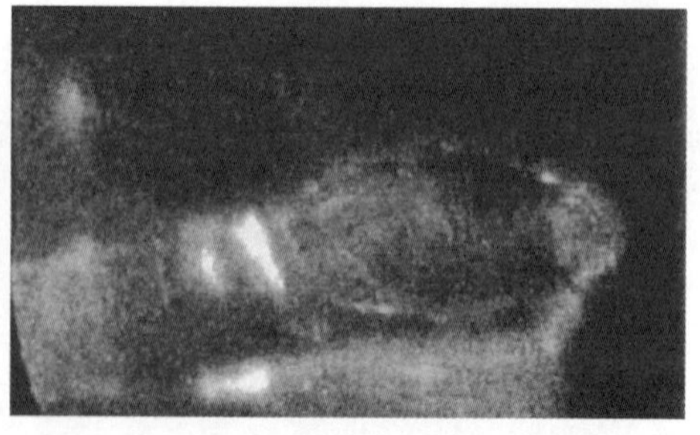

图 14-131 水深 9 m 时探测到的鱼成像

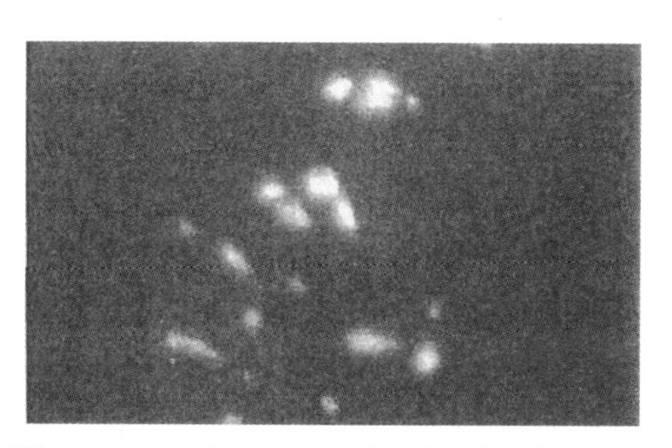

图 14－132　水深 11 m 时探测到的小鱼群成像

表 14－14　不同水质下系统成像水深

水质类型	衰减系数/m	识别目标水深/m	发现目标水深/m	理论最大探测水深/m
仙海湖水	0.8	8	10	12.5
自来水	0.15	40	53	66.7
特别清澈的海水	0.03	200	267	333
公海的海水	0.07	86	114	143
大陆架的海水	0.12	50	67	83.3
海滩的海水	0.18	33	44	55.6
近海和港口的海水	0.43	14	19	23.3

2. 偏振光水下成像技术

偏振光成像技术是利用物体的反射光和后向散射光的偏振特性的不同来改善成像的分辨率。根据散射理论，物体反射光的退偏度大于水中粒子散射光的退偏度。如果激光器发出水平偏振光，当探测器前面的线偏振器为水平偏振方向时，物体反射光能量和散射光能量大约相等，对比度最小，图像模糊；当线偏振器的偏振方向与光源的偏振方向垂直时，则接收到的物体反射光的能量远大于光源的散射光能量，所以对比度最大，图像清晰(见图 14－133)。偏振成像技术缺点：反射光通过偏振片时，反射光的能量被减小。

海水和物体都具有退偏效应。如果用偏振光作为水下成像的照明光源，探测目标接近朗伯体(Lamber)。据散射理论可得物体的近似退偏度为

$$\Delta = \frac{1}{(1+D^2)^2} \tag{14-29}$$

式中，D 为物质的散射率；Δ 为退偏度。

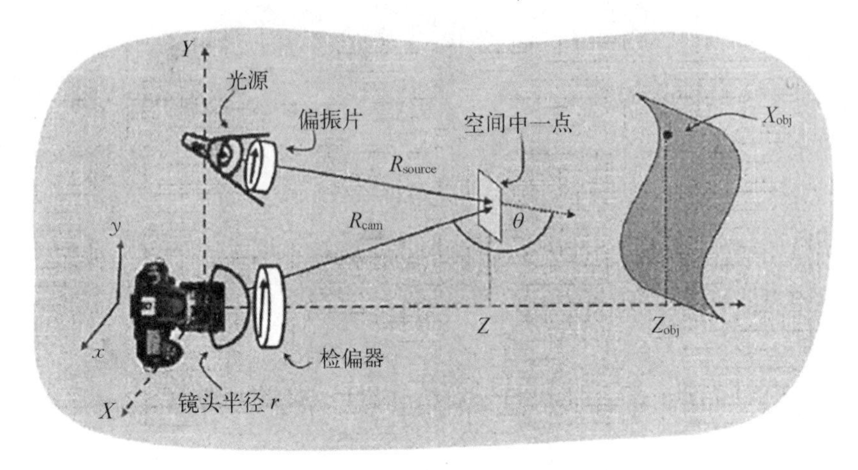

图 14-133　主动偏振成像系统示意图

用 532 nm 的激光器照明，水的浑浊度为 10，水的后向散射光的散射率约为 1.5，物体的散射率为 0.5，即可得到水的退偏度约为 0.095，物体的退偏度为 0.64。由于水中悬浮粒子后向散射的退偏度远小于物体后向散射的退偏度，所以根据悬浮粒子后向散射退偏度与物体后向散射退偏度的差异，通过调整接收器 CCD 前的检偏器的角度，可将粒子的后向散射光滤除，而物体的反射光通入检偏器进入成像。

2004 年 Schechner 和 Karpel 提出通过偏振成像提高自然照明条件下的水下图像能见度，所研制的 Aqua - Polaricam 水下偏振成像系统用在 Nikon D100 SLR 数字相机上，利用至少两幅通过偏振片并在其不同角度（如水平的或垂直的）下采集的图像，发现其在景物对比度和色彩修正上获得了重大改善。2006 年由 Treibitz 和 Schechner 提出采用宽视场偏振光照明，在接收器前放置检偏器并采集两幅偏振态相互垂直的水下偏振成像图像处理方法，可有效地对后向散射光起到调制作用。

基于距离选通的水下偏光成像系统主要包括脉冲激光器和 CCD。脉冲激光器发出的光通过起偏器，再经扩速镜后变为线偏振光，照射到水槽中物体的表面。CCD 前放置一个光开关，设定延时时间，用同步控制装置控制光开关的开启和关闭，开启时间是激光器脉宽的 1～2 倍。与目标处于同一位置的水粒子散射光即使通过光开关，因粒子的散射光和目标的反射光的退偏度不同，也可通过调整检偏器的角度，把水粒子散射光滤除。因此，进入探测器的光大部分都是带有目标信息的反射光。选用和未选用偏振光技术的图像如图 14 - 134 和图 14 - 135 所示。

图 14-134 距离选通图像(含大量后向散射)

图 14-135 基于距离选通的偏振方式图像

3. 同步扫描成像技术

同步扫描技术采用准直光束点扫描和基于光电倍增管的高灵敏度探测的窄视域跟踪接收。利用同步扫描技术,并且逐个像素点重建图像,从而大大减少后向散射光,提高图像的信噪比和作用距离。同步扫描成像技术的缺点:激光功率低(一般小于 5 W),目标反射光的能量少,接收器的灵敏度要求高,并且连续接收使得后向散射光及环境背景光等噪声光的累积较大。

4. 条纹管水下激光三维成像技术

条纹管水下激光三维成像使用脉冲激光,接收装置是时间分辨条纹管。条纹管发射器发射一个偏离轴线的扇形光束,然后成像在条纹管的狭缝光电阴极上,用平行板电极对从光电阴极逸出的光电子进行加速、聚焦和偏转,同时垂直于扇形光束方向有一个扫描电压能够实时控制光束偏转,这样就能得到每个激光脉冲的距离和方位图像。

14.3 水下探测作业设备

按工作方式划分,水下声学探测设备可分为单波束测深仪、多波束测深仪以及侧扫声呐等,如图 14-136 所示。

(1) 单波束测深仪。由于发射声波信号的波束覆盖区域面积较小,航迹覆盖为窄窄的线条,所以这种测量方式工作效率较低,且很容易漏掉待测的小目标,基本用于单点水深测量。

(2) 多波束测深仪。为增大数据覆盖密度,在波束数目增加时,需要缩短信

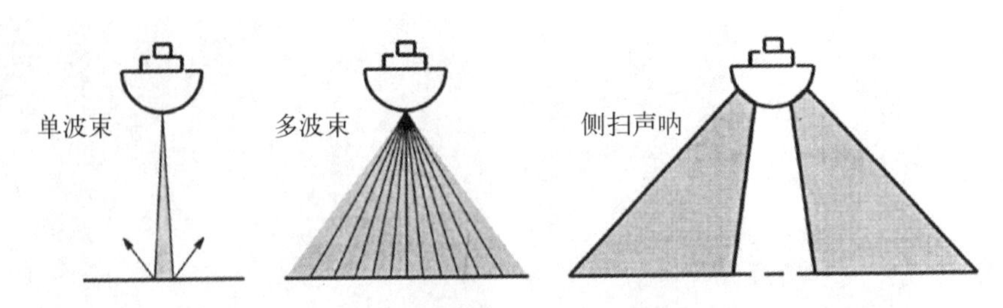

图 14-136　三种声学设备探测原理示意图

号的时间周期，容易产生回波混淆的情况。此外，处于两端的波束，由于较低的掠射角，测量的数据稳定性较差。

(3) 侧扫声呐分别向垂直航向方向的两侧发射声波信号，由于信号连续覆盖测量区域，这种测量模式的数据分辨率最高可达厘米级。提高测量数据的分辨率和增大测量覆盖区域面积。高分辨率需要采用高频信号或者大尺寸孔径声呐，但高频信号吸收衰减十分严重，而声呐孔径的物理尺寸受到实际条件的约束。侧扫声呐一般可以分为短距-高分辨率和长距-低分辨率两种系统，前者采用较高频率信号，一般用于油井、管线、沉船等目标的测量任务，后者主要用于深海地形测量等。

目前水文勘测领域主要使用三种声学设备：第一是多波束测深仪(multibeam echo sounders)，进行高精度水深测量；第二种是侧扫声呐(side scan sonar)，进行海底成像；第三种是相干声呐(swath sonar)，进行浅水区海底成像和水深测量。

14.3.1　扇形扫描声呐探测设备

扇形扫描声呐探测设备属于单波束前视声呐，其工作原理为：前视声呐的换能器基阵通常是以“步进”方式旋转的。声呐系统每发出一个旋转指令，声呐头的波束指向开始顺时针或逆时针转动一个步进角度，以一定的垂直开角和水平开角向探测区域发射一次声脉冲；并在新的方位上暂留片刻，以便接收采集回波数据。扇形扫描声呐在声呐的串口返回数据中除了可得到声呐此时的各种状态参数外，还可得到回波强度值。接收到回波后，再旋转同样的角度，继续如上的过程，直至从声呐扫描范围一侧到另一侧，然后返回，周而复始地自动搜索目标。扇形扫描声呐图像属于前视距离-方位-强度形式的二维图像。881A 前视声呐的外形和主要性能参数如图 14-137 和表 14-15 所示。

图 14-137 881A 前视声呐(加拿大 IMAGENEX)

表 14-15 881A 前视声呐主要性能参数

频　率	默认设置：310 kHz,675 kHz 或 1 MHz
换能器	图像形式,流体补偿
换能器声呐波束宽度	310 kHz：2.4° 675 kHz：2.1° 1 MHz：1.4°
分辨率	1～4 m：2 mm(0.08″)>5 m：10 mm(0.04″)
最小探测距离	150 mm (6″)
最大操作深度	1 000 m(3 000 m 可提供)
最大电缆长度	1 000 m(RS-485)
接口	R5-485 串行接口@115.2 kbit/s(或者可选择的 RS-232 串行接口)
电源	2A-36 V UC(小于 5 W 时)
尺度	79.4 mm (3.125″)直径 182 mm (7.125 0″)

声呐图像与普通光学图像相比,具有分辨率低、图像质量差、随机干扰因素多、色彩单一、可读性差、无法实时比对等缺点。有两个因素使声呐图像不同于一般图像,一是其成像机理,二是复杂多变的海洋环境。包括声波强度随传播距离的增加严重衰减,使回波信号的动态范围增大,信噪比迅速降低;海水温度、盐度的变化,造成声速变化,影响斜距计算准确性;声波的折射造成声波波束非直线传播;严重的海洋环境噪声和设备噪声干扰,造成声呐图像斑点噪声强,目标轮廓模糊,辐射畸变和几何畸变严重等降质现象。严重时会遮盖和歪曲海底的真实地貌,误导图像判读。声呐图像的这些特点,给图像处理和判读造成很大困难。扇形扫描声呐图像采集与预处理流程如图 14-138 所示。

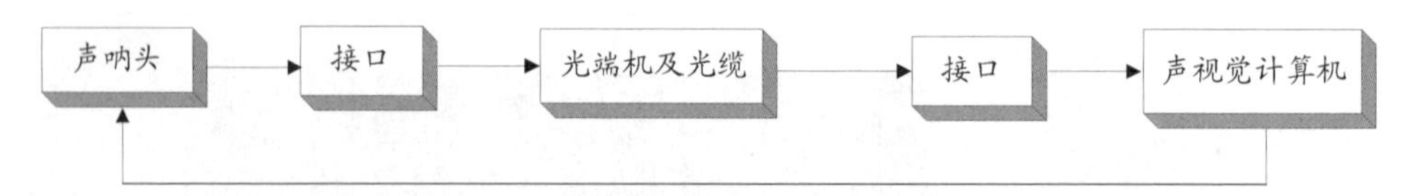

图 14 - 138　声呐图像采集与预处理流程图

由于机械式扫描前视声呐在扫描过程中，相邻波束之间缺少回波信息，经预处理虽然可以消除部分噪声（见图 14 - 139），但需要通过波束内插将缺失回波数据的像素点进行灰度填充，如图 14 - 140 所示。

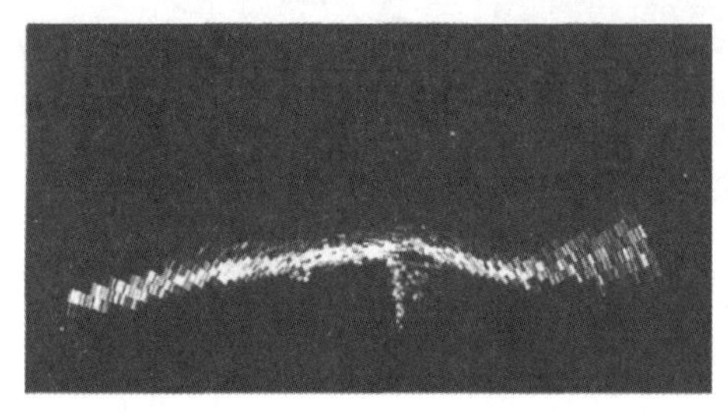

图 14 - 139　声呐图像的预处理

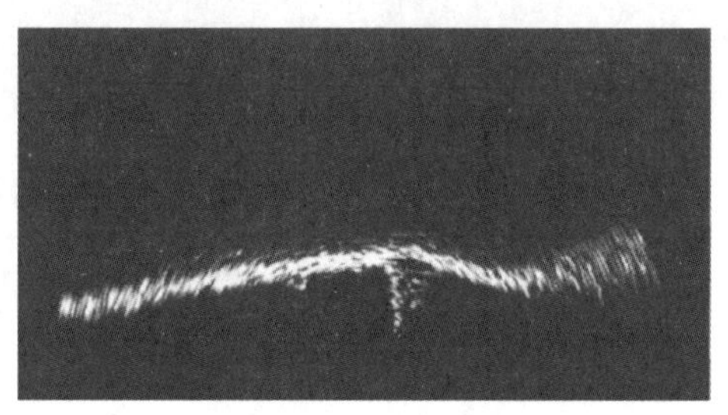

图 14 - 140　波束内插

由图 14 - 141 可见，运动目标周围存在面积较大的干扰目标。利用混合高斯模型提取背景（见图 14 - 142），并在声呐图像中剔除背景，仅保留目标图像，结果如图 14 - 143 所示。通过将目标与干扰目标进行分离，可以实现对目标的有效跟踪。

前视声呐对运动目标的跟踪结果如图 14 - 144、图 14 - 145 所示。由图 14 - 144、图 14 - 145 可见，由于采用 Kalman 跟踪方法设定初始值造成一定

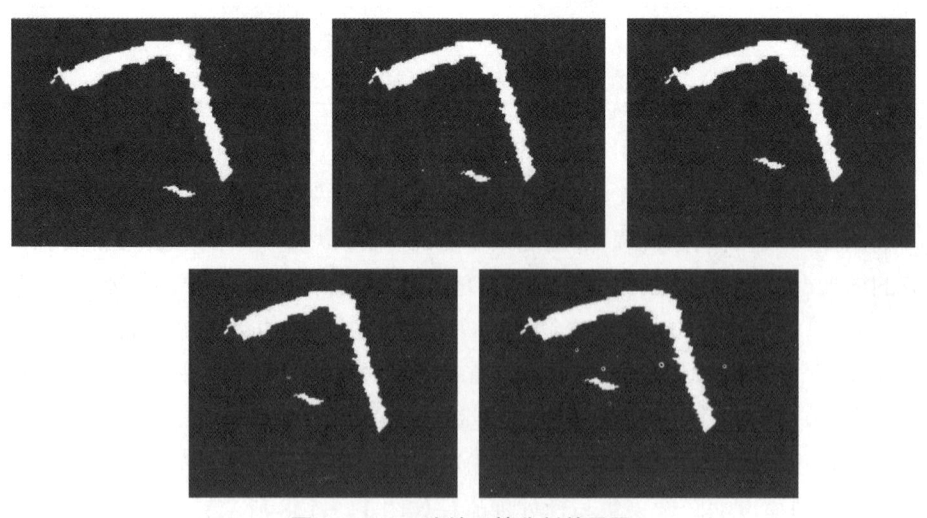

图 14 - 141　连续 5 帧分割效果图

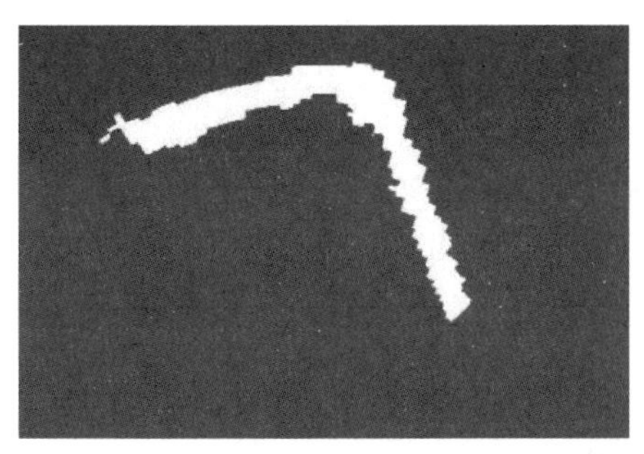

图 14-142 利用混合高斯模型提取背景

图 14-143 获得运动目标

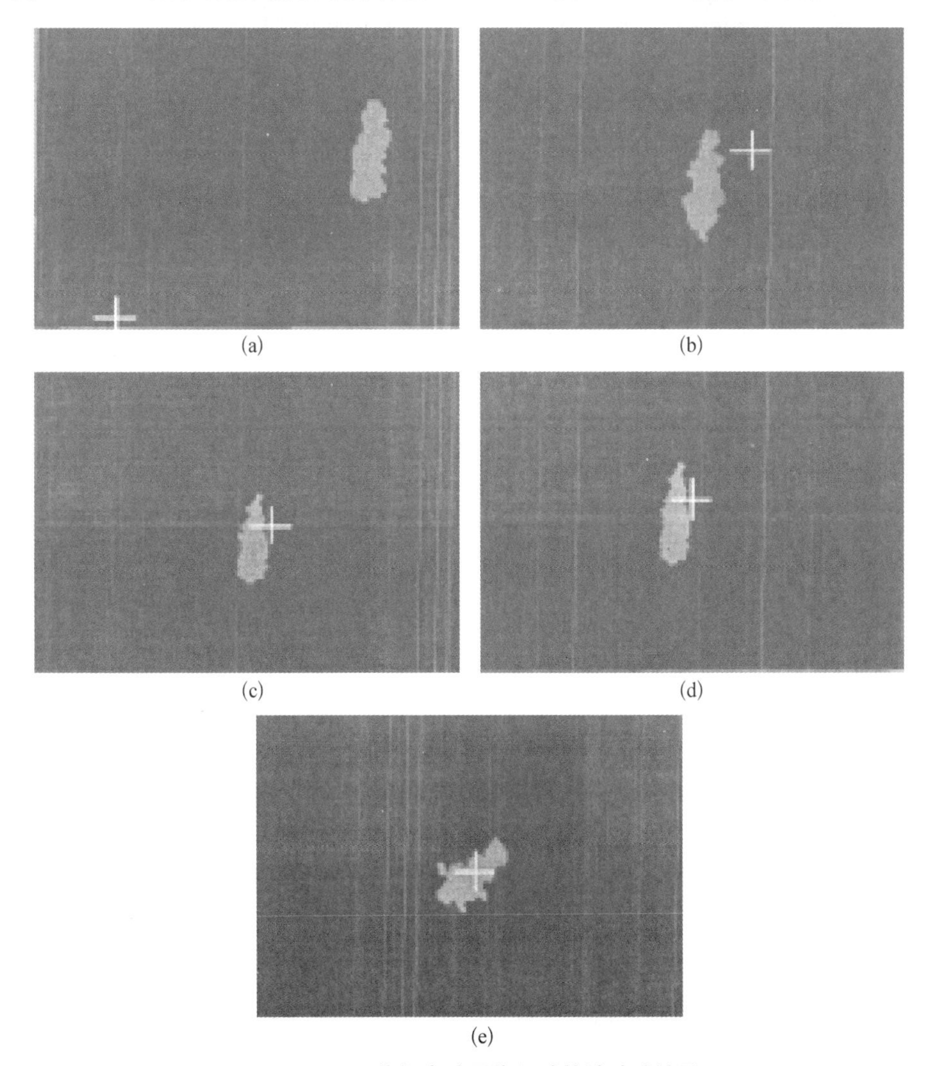

(a) (b) (c) (d) (e)

图 14-144 前视声呐图像运动估计试验结果

(a) 第 1 帧 (b) 第 7 帧 (c) 第 10 帧 (d) 第 12 帧 (e) 第 20 帧

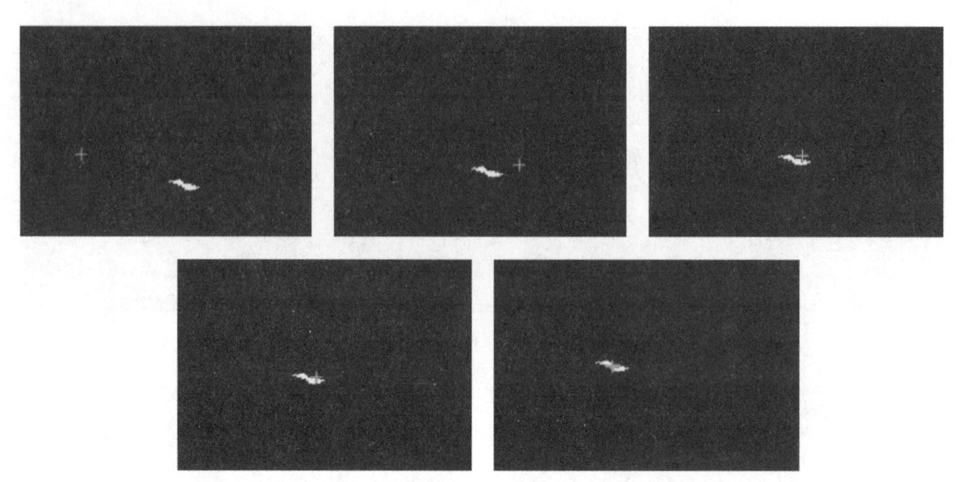

图 14-145 连续 5 帧跟踪效果(十字星代表目标质心位置)

的跟踪误差,但随着 Kalman 滤波的迭代运算,对目标运动位置的估计在数帧之后已基本与目标的质心相重合,实现了对运动目标的跟踪。

14.3.2 合成孔径声呐探测设备

1. 合成孔径声呐探测设备

国外合成孔径声呐(SAS)发展历程如下:1965 年,Wiley 申请到了首个 SAS 的技术专利;1969 年,Walsh 申请了"Acoustic Mapping Apparatus 声学定位装置"专利,首次将合成孔径技术应用于水下侧扫声呐;20 世纪 70 年代受阻,几乎处于停滞状态;1978 年,Gilmour 的专利使用了拖曳阵列平台,突破了单接收器声呐的速度约束;几乎在同时,Cutrona 在理论上论证了 SAS 的可行性,并强调了方位向接收器阵列的重要性,这些研究给 SAS 技术的发展带来了新的动力;1983 年,Spiess 和 Anderson 申请专利,利用两个 SAS 独立接收阵列的相位干涉测量水深度(见图 14-146)。

SAS 技术发展过程中遇到的两个主要的技术瓶颈:

(1) 系统平台的测绘速率问题。由于合成孔径技术的苛刻条件,方位向进行的充分采样与声速较低的传播速度,使得平台的行进速度受到严格约束,测绘速率低下。通过采用方位向的阵列技术,将多个接收器在方位向组成阵列,同时接收目标区域的回波信号,提高了数据采样率,使得测绘速率得到改善。

(2) 平台的随机运动问题。在数据采集过程中,由于扰动造成的系统平台偏离直线路径,仅靠平台的导航装置只能得到数据的较低精度运动信息,无法成功地进行合成孔径处理。更为精确的运动补偿需要利用数据自身,比较成功的就是自聚焦等技术的引入，Eichel 等在 1990 年申请的 Phase Gradient Autofocus (PGA)技术专利。

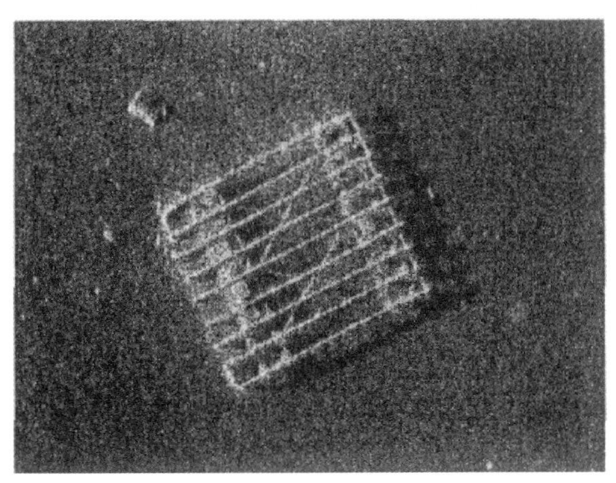

图 14－146　SAS 采集海底目标图像

图 14－147　SAS 采集海底沉船图像

我国 SAS 发展历程如下：1997 年 7 月，合成孔径声呐研究正式列入了国家“863”计划项目，李启虎院士作为课题首席科学家主持该项目的研究工作；2002 年，中科院声学所和中船重工 715 所研制的湖试样机，在浙江千岛湖试验成功，成像中还发现了旧的新安江河道和两岸河堤，图像分辨率达 10 cm、作用距离 400 m；2005 年，海军工程大学声学技术研究室，也完成 SAS 试验样机的研制，并进行了消声水池试验和湖试；2008 年，中科院声学所完成了一套应用型的双频 SAS 系统的研制；2010 年，浙江大学完成了我国第一套无人无缆潜水器平台 SAS 系统；2012 年，国内某声呐公司的 SAS 产品 Shark SAS 系列声呐测量系统，赴阿曼探测打捞郑和船队遗迹(见图 14－147)。

合成孔径声呐(SAS)利用小孔径声呐阵列，通过对各个方位的回波信号进行相应的处理，合成得到等效的虚拟大孔径，从而获得目标区域的高分辨成像(见图 14－148)。利用小孔径基阵的移动来获得移动方向(方位方向)上大的合成孔径，从而得到方位方向上的高分辨率。其工作模式如图 14－149 所示。

合成阵列，即通过合成多个换能器的信号获得更大孔径更高分辨率数据。如果合成阵列成像平台在采样时的前行速度是固定的，运动时间内所观测的场景不变的话，就可以通过合成方法得到一个等同的任意长度的孔径，其分辨率计算公式如下：

$$\delta_y = \frac{R\lambda}{2L} \tag{14-30}$$

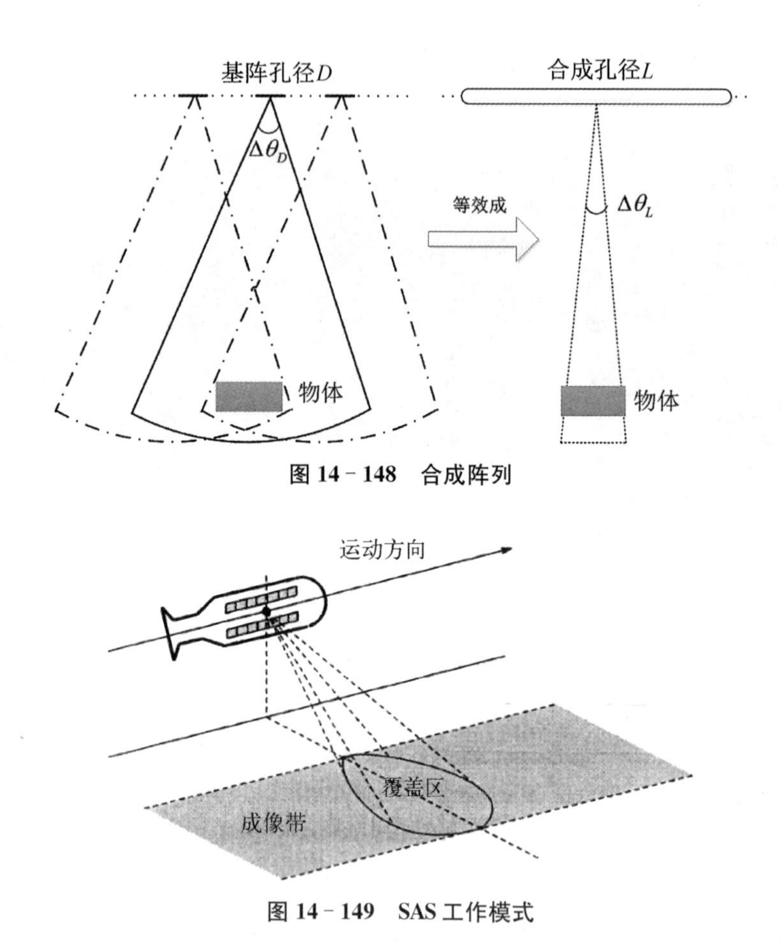

图 14 - 148　合成阵列

图 14 - 149　SAS 工作模式

式中，L 为合成孔径长度，对于条带式系统，L 的取值有一定的限制；R 为到目标点的距离。分辨率与距离和波长成正比，与孔径长度成反比。使用过程中的合成孔径长度由波束宽度决定：

$$L = R\theta_{3dB} = \frac{R\lambda}{D} \tag{14-31}$$

式中，D 为基阵孔径。

将式(14 - 31)代入式(14 - 30)可得到条带式合成孔径系统的分辨率为

$$\delta_y = \frac{R\lambda}{2L} = \frac{D}{2} \tag{14-32}$$

由式(14 - 32)可见，合成孔径系统的方位向分辨率与目标距离和成像频率无关，这就可以实现长距离低频率获得高分辨率成像的可能，这是真实孔径系统无法实现的。这种方位向上的高分辨率是与距离无关的,这是传统的侧扫声呐系统所不具备的优点。传统侧扫声呐与SAS图像分辨率对比如图14-150所示。

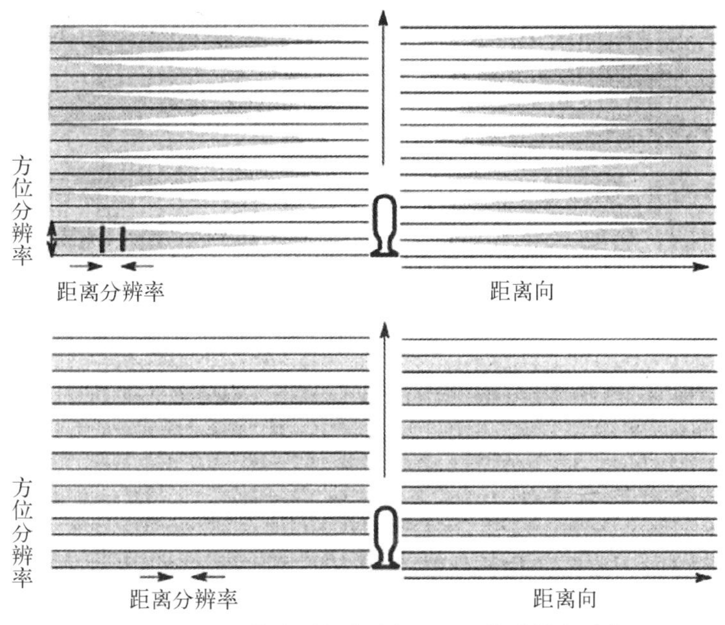

图14-150 传统侧扫声呐与SAS图像分辨率对比

2. 合成孔径声呐探测设备改进

(1) 成像算法。SAS成像是一个反演问题,是从接收器获得的回波信号推算观测区域的水底反射率图像。最简单的成像算法是时间域相关方法,通过使用简单的相关处理,即可以获得SAS图像。该方法具有原理简单、适应不同几何成像关系系统的优点,但是计算量大,类似的还有后向投影等方法。为了提高算法的效率,利用高效的FFT方法改进SAS成像算法效率,这类成像算法主要包括使用方位向一维FFT变换的距离——多普勒方法(RD)和距离向与方位向二维FFT变换的波数方法等。声呐基阵应具有足够带宽,以便确保成像具有足够高的距离分辨率。当中心频率较低时,基阵相对带宽一般较大,增加了研制难度。目前通常采用匹配层等技术实现宽带声呐基阵(见图14-151)。

(2) 运动补偿问题。由于合成孔径处理要求SAS平台直线恒速行进,这种要求在实际的数据采集过程中是无法满足的。获得清晰的高分辨率SAS图像,则必须要对平台行进路线的偏离进行补偿纠正。SAS平台一般装置有惯性导航以及其他辅助导航工具等,如果要满足清晰成像的要求,偏移量的测量误差就

图 14-151 声呐基阵

需要控制在波长/弧秒的范围内，这对于导航工具来说是无法完成的，还是要借助数据自身的处理。

实际处理时，一般将运动补偿分为粗运动补偿(coarse MOCOMP)和细运动补偿(fine MOCOMP)(或称为微导航)两个部分。粗运动补偿是利用导航工具对获得的数据信息进行纠正，而细运动补偿则是在前者处理的基础上，利用数据自身的自聚焦方法进一步进行补偿纠正，从而最终获得清晰的SAS图像。

SAS数据的图像处理，主要围绕目标探测、图像分类、变化检测以及图像特征的研究。与传统声呐图像相比，SAS数据自身宽波束和低频率的特点，使得两者直观上呈现差异。SAS成像可用于矿藏、管线、沉船等目标探测。

SAS成像方法的缺点是必须保持回波信号的相位相干性。如果回波信号不具相干性，SAS图像将严重降质。为了避免这一情况的出现，需要满足严格的运动和采样限制条件。此外，其他缺点还有数据处理负担和系统复杂性，随着计算机硬件设备的发展和处理能力的提高，计算处理上的负担已不再是主要瓶颈问题。

SAS与SAR(合成孔径雷达)的区别如下：

(1) 电磁波在空气中的传播速度约为 3×10^8 m/s，声波在水中的传播速度约为 1.5×10^3 m/s。为了保证回波数据的相干性，需要严格限制单接收器SAS平台的前行速度，实际上很难保证SAS平台这种稳定的低速运动的，SAS系统一般采用接收器阵列的方法解决。

(2) 大气中电磁波信号的衰减主要取决于天气状况，且对SAR的影响微乎其微。水中声波信号的吸收情况则要明显得多，主要取决于水体黏度和其化学过程，对于给定频率的声波信号，其有效的作用距离基本可认为是固定的。

(3) 大气中电磁波的传播速度是可以精确测定的，而水体中声波的传播速度因水下复杂的环境而波动变化，速度值会随着深度、温度以及盐碱度的不同而变化，这种变化的双重影响可能会使传播路径达到约 2%的测量误差，最终可能会导致 SAS 图像散焦以及影响定位精度。

(4) 星载 SAR 平台由于距离地面高度较大，成像区域的掠射角变化范围较小，而 SAS 系统的相对垂距可能较小(几十米)，掠射角变化范围大，水底地形起伏对成像结果的影响更大。

(5) 星载 SAR 平台由于卫星轨道设计，平台行进平稳，轨道定位精度一般都很高；而 SAS 系统稍差，平台行进易受干扰，水下的导航定位设备精度不高，进行系统的运动补偿处理对于 SAS 成像必不可少。

(6) 关于干涉测量，相比于 SAR 系统，SAS 系统属于单次观测，而且基线较短，以及水下的复杂噪声环境，使得数据的相干性变得更为复杂；此外，水下先验地形数据的缺失，也是进行 SAS 干涉测量需要考虑的问题。

常用合成孔径声呐型号如表 14 - 16 所示。

表 14 - 16　常见合成孔径声呐型号

声 呐 型 号	探 测 领 域	范围/m	距离分辨率/cm	环境适应性/m
AQUAPIXMINSAS	无人无缆潜水器或水面无人艇	300	纵向 3，横向 1.5	3 000
T - SAS	水面船	150	纵向 5，横向 3.5	浅海
Aqua Pix InSAS	无人无缆潜水器	300	纵向 3，横向 3	600

合成孔径声呐是通过小的孔径及其运动形成等效大孔径。合成孔径声呐具有如下特点：

(1) 分辨率高且与距离无关，因而可以对远距离目标高分辨率成像。

(2) 可以工作在低频频率上，因而具有一定的穿透性，适合海底地质勘探。

(3) 点目标信噪比有较大改善，适合于漫散射背景下点目标检测，故适合于混响背景下水雷探测，尤其是沉底雷的探测。

(4) 分辨率相等条件下，测绘速率一般高于侧扫声呐。

SAS 采集的海底沉船图像如图 14 - 152 所示。

基于合成孔径技术的双频合成孔径声呐可以广泛应用于海底地质地貌、海底管道以及人类活动痕迹等探测，从而实现对海底目标的布设和检查、海底地形地貌的判别、海底地质结构的鉴别和分类、水文因素引起海底变化等；对海洋规律的探索、海洋的开发利用以及军事活动都具有重要的研究价值和意义。双频

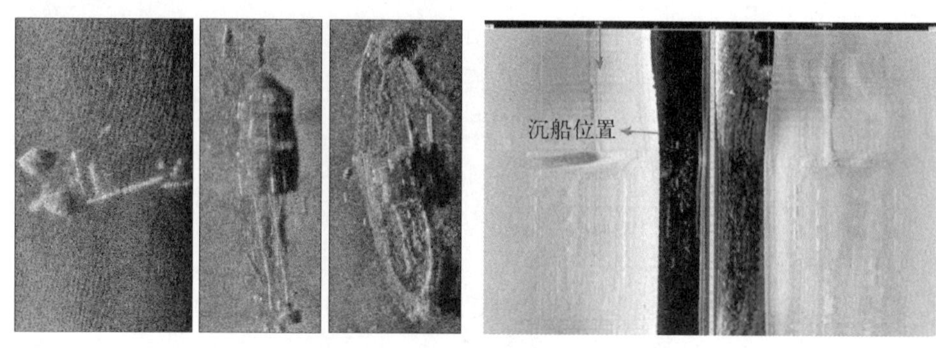

图 14－152　SAS 采集的海底沉船图像

合成孔径声呐探测结果如图 14－153 所示。由图 14－153 可见，高频图像轮廓、细节比低频图像更为清晰；高频图像比低频图像亮度更高。对海底掩埋管道可以采用浅层剖面声呐进行探测，探测结果如图 14－154 所示。

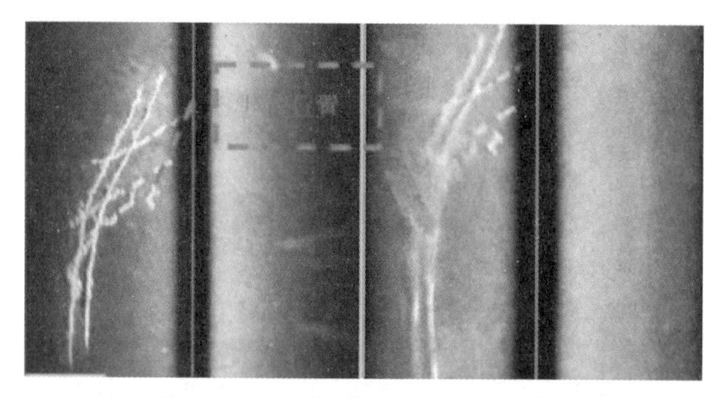

图 14－153　钻井平台下方管线探测结果（左为高频，右为低频）

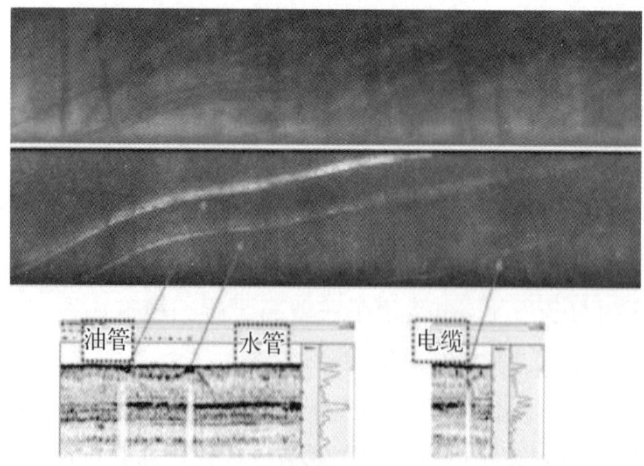

（上：高频，下：低频，电缆直径：14 cm，水管直径：20 in，油管直径：40 in）

图 14－154　掩埋管道探测结果

3. 干涉合成孔径声呐探测设备

干涉合成孔径声呐(interferometric synthetic aperture sonar, InSAS)是一种新型的水下成像技术。它是在合成孔径声呐的基础上在垂直航迹方向增加一副(或多副)接收基阵,通过比相测高的方法得到场景的高度信息,从而得到场景的三维图像。InSAS 兼备合成孔径声呐分辨率与成像距离和工作频率无关的特性以及测深精度高的优点,对数字海洋开发具有重要意义。InSAS 采用垂直的接收器阵列,阵列之间通过回波的时间延迟之差(相位差),用来推导接收回波的方向,进而计算反射点的位置(见图 14-155)。

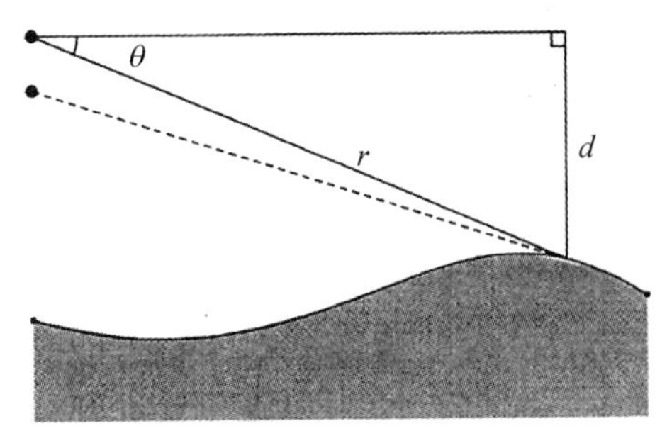

图 14-155 干涉测量示意图

处理过程基本划分为四部分:

(1) 原始数据处理,即将接收器阵列获得的原始回波数据和系统平台的导航信息,经过运动补偿、合成孔径处理,得到高分辨率的 SAS 图像数据。

(2) 配准和初始相位处理,即是将 SAS 图像对进行图像配准,克服不同接收器之间的相对时间延迟,重采样后统一到相同的坐标系下,使得同一目标在相同的位置上,同时对干涉相位的初始相位值进行估计。

(3) 干涉数据生成,即对配准后的 SAS 图像对进行共轭相乘,获得 SAS 干涉数据,计算相干系数图,并根据干涉相位进行相位解缠。

(4) 最终产品生成,即根据相位解缠结果解算干涉图中各个像素点的距离向坐标和相对深度,并根据导航信息,将结果转换到地理坐标系中,成为可用的水下地形数据。

干涉合成孔径声呐在海底探测中的应用主要包括航道测量、地形/地貌测绘、水下考古、打捞和石油工业以及水雷识别等。研究 InSAS 对我国国民经济建设和国防具有重要意义。

14.3.3 侧扫声呐探测设备

侧扫声呐的基本工作原理与侧视雷达类似,侧扫声呐左右各安装一条换能器线阵,首先发射一个短促的声脉冲,声波按球面波方式向外传播,碰到海底或水中物体会产生散射,其中的反向散射波(也叫回波)会按原传播路线返回换能器被换能器接收,经换能器转换成一系列电脉冲。硬的、粗糙的、凸起的海底,回波强;软的、平滑的、凹陷的海底,回波弱;被遮挡的海底,不产生回波;距离越远回波越弱(见图 14－156～图 14－158)。

图 14－156 侧扫声呐原理示意图

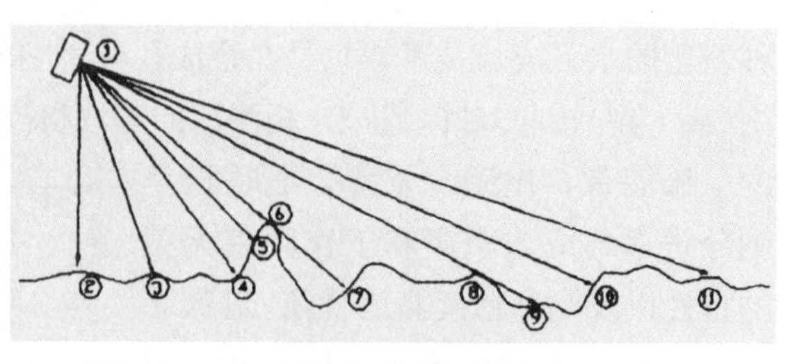

图 14－157 侧扫声呐发射声波信号示意图

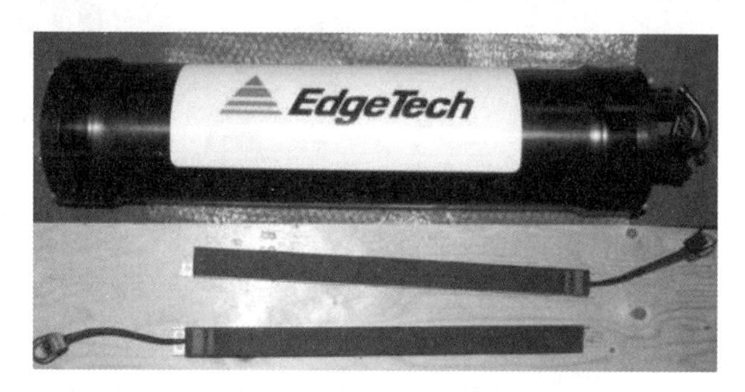

图 14－158 EdgeTech 型侧扫声呐产品

侧扫声呐电信号-图像转化方式。利用接收机和计算机对这一脉冲串进行处理,最后变成数字量,并显示在显示器上,每一次发射的回波数据显示在显示器的一横线上,每一点显示的位置和回波到达的时刻对应,每一点的亮度和回波幅度有关。将每一发射周期的接收数据一线接一线地纵向排列,显示在显示器上,就构成了二维海底地貌声图。声图平面和海底平面成逐点映射关系,声图的亮度包涵了海底的特征(见图 14－159)。

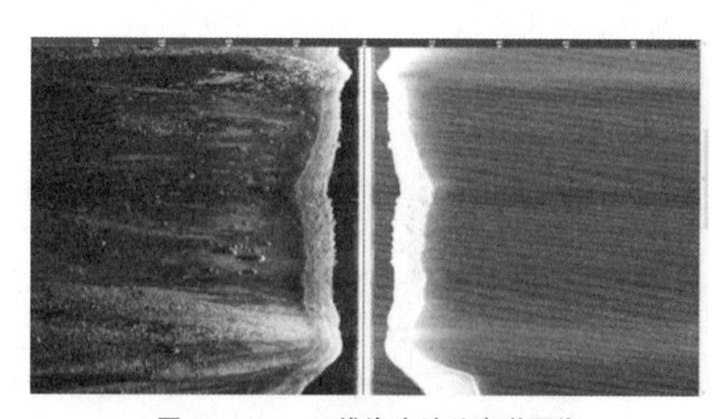

图 14－159 二维海底地貌声学图像

对于基本型的侧扫声呐，由于其工作原理的限制，在应用过程中出现了如扫测速度与扫测宽带矛盾，不能提供水深数据，分辨率不高，不能自动检测和判别小目标等问题。为了解决这些问题，目前侧扫声呐的发展趋势是高速、高分辨率、三维和自动识别。

高速侧扫声呐对于单波束侧扫声呐而言，为了满足测量规范中全覆盖的要求，侧扫声呐最大拖曳速度 V 与量程 R 应满足如下关系：

$$V = L \cdot \frac{C}{2} \cdot \frac{1.94}{R \cdot H} \tag{14-33}$$

式中，L 为目标尺度；C 为声速；R 为量程，单位为 m；H 为期望在目标上测量的点数。

多波束是在同一时刻形成多个波束的信号，多脉冲是利用在一个发射周期内发射多个不同类型的编码信号来实现航速的提高，其最大拖曳速度 V 与量程 R 的关系如下：

$$V = M \cdot L \cdot \frac{C}{2} \cdot \frac{1.94}{R \cdot H} \tag{14-34}$$

14.3.4 多波束声呐探测设备

多波束声呐（多波束测深系统）集合了多种传感装置和高新技术，如现代信号处理技术、高精度导航定位技术等，科技含量高，结构复杂，目前主要有美国、加拿大、德国、挪威等国家在生产。多波束测深系统的组成如图 14－160 所示。整个结构的换能器基阵由许多单个换能器组合而成，每个换能器又分为发射阵和接收阵两部分，整个系统就是利用发射阵向所在海区发射扇形的声波，利用接收阵接收回声信号。换能器发出的声波信号呈扇形，且垂直于航线方向，一般垂直航线的开角为 60°～120°，沿航线的开角为 3°～5°。接收阵在接收到所有换能器发射的声波信号后，将其叠加组合，形成一整片区域的海底信息。这些由海底反馈的声信号信息经过软件的处理，将各部分数据整合，最终会形成高精度的数字成果图（见图 14－161）。图 14－162 描述了海域海底绘图系统中的多型多波束探测系统。

14.3.5 水下摄影和海底电视

水下微光成像技术已广泛地应用于军事领域和民用领域。在军事领域，水下光电探测系统可以安装在潜艇、灭雷具、无人无缆潜水器等水下载体上，用于

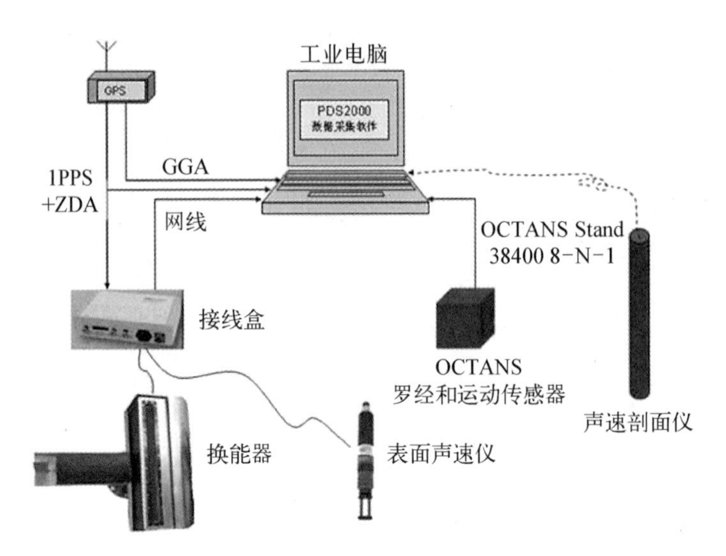

图 14-160　多波束测深系统的组成

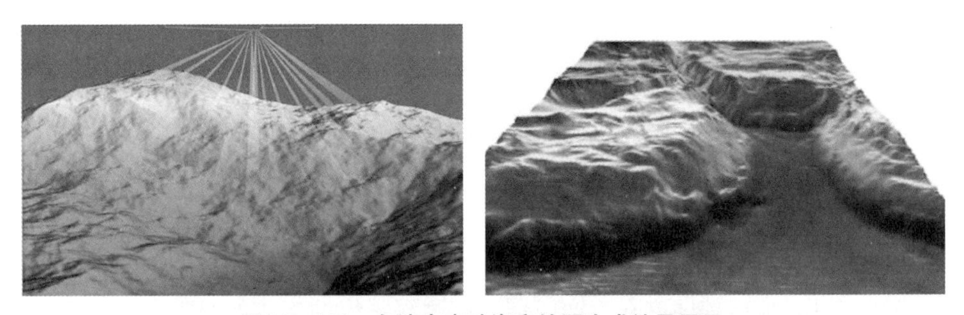

图 14-161　多波束声呐海底绘图生成结果显示

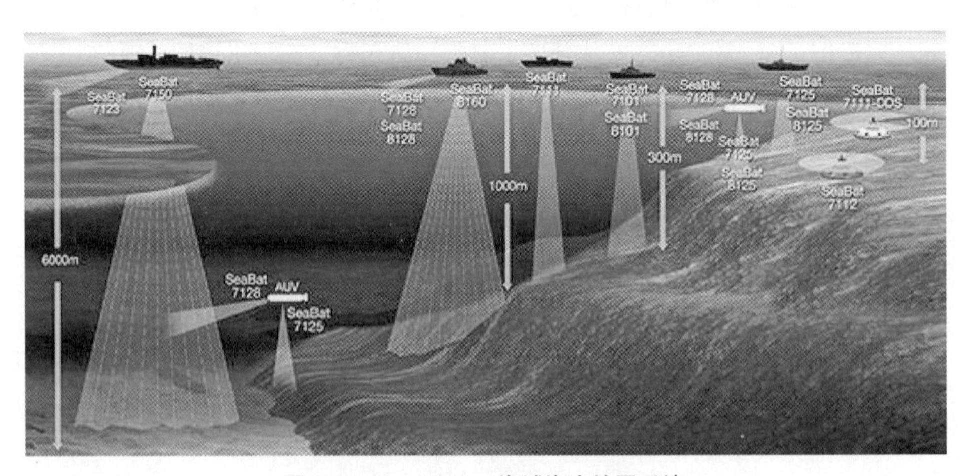

图 14-162　6 000 m 海域海底绘图系统

水中目标侦察、探测、识别等，可实施探雷、探潜、反潜网探测和潜艇导航避碰等。在民用领域，水下光电探测系统可用于水下工程安装、检修，水下环境监测，救生打捞，海底地貌勘探，石油勘探钻井位置测定，生物研究等海洋开发。水下微光成像技术是集微光夜视技术、水下探测技术、信息处理技术等交叉融合的一项综合性高新技术，已成为光电信息领域发展的一个重要方面。

1. 水下摄像与人类视觉类比

水下摄影技术模拟人类视觉的功能，人眼视觉描述如下：

1）人类视觉系统的基本构造

人的视觉系统主要包括屈光系统和感光系统。屈光系统包括角膜、房水、晶状体、玻璃体等。感光系统主要指视网膜(视细胞)(见图 14－163)。

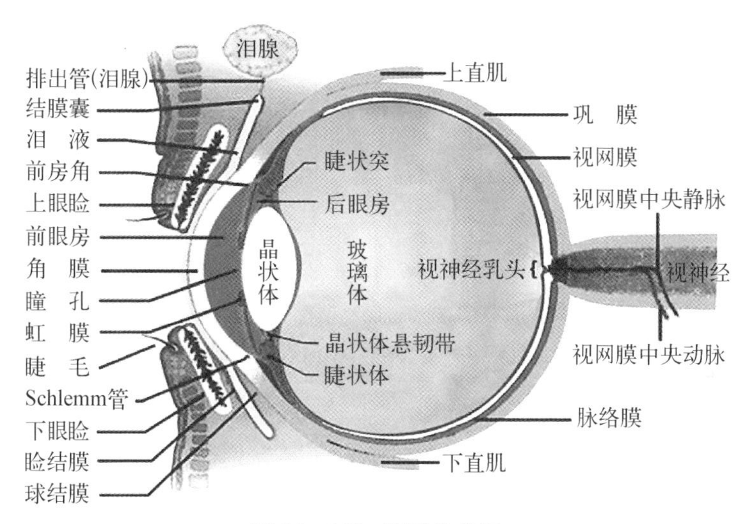

图 14－163 眼球结构图

2）视觉感知的两个层次

视觉感知的两个层次为：① 视觉低级感知层次；② 视觉高级感知层次。

可见光波长范围：400～760 nm。视网膜上获得周围世界的光学成像，将光图像信息转化为视网膜的神经活动电信息，由视神经纤维将图像信息传给大脑，由大脑获得图像感知视觉高级感知层次，大脑对视神经纤维传来的图像信息进行分析和理解，通过图像获得对周围世界感知的信息和知识。目前，人们对大脑的高级感知层次知之甚少，仍是生理学、神经科学、生物物理学、生物化学研究的重要课题。

3）视网膜感知行为

视网膜上的接收器有杆状体和锥状体。视杆体(rods)：细长而薄，数量约为 1.3 亿,它们提供暗视(scotopic vision),即在低几个数量级亮度时的视觉响应,其光灵敏度高。视锥体(cons):结构上短而粗,数量较少,6 百多万个,光灵敏度低,提供明视(photopic vision),其响应光亮度方位比杆式体要高 5~6 个数量级。在中间亮度范围是两种视觉细胞同时起作用。视锥体集中分布于视网膜中心。

人眼的明暗视觉与彩色视觉:弱光时,视杆体起作用,看到黑白图像;强光时,视锥体起作用,分别颜色与细节。人眼存在红、绿、蓝三种锥状细胞,至今还是一种假说,尚未得到生理解剖学的证实(见图 14-164)。

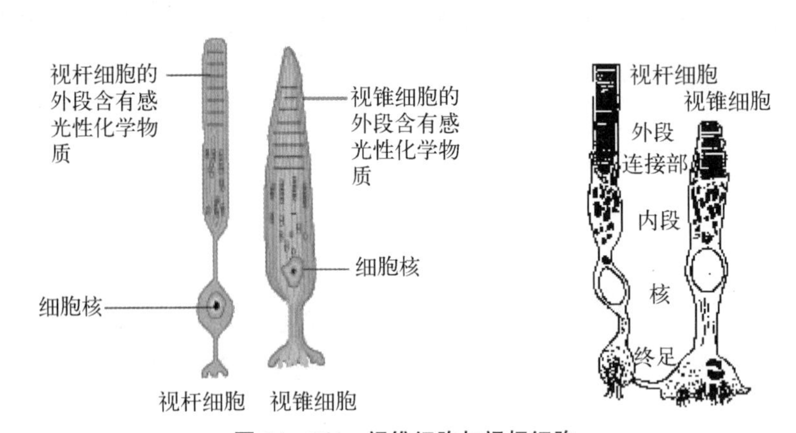

图 14-164 视锥细胞与视杆细胞

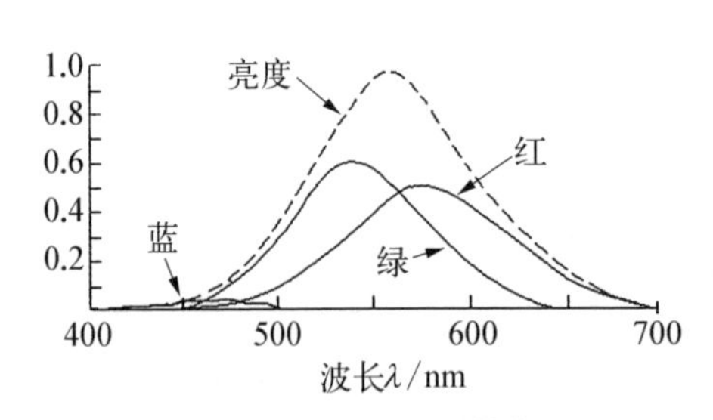

图 14-165 人的视敏曲线

4) 人眼对可见光波的感知范围

在能量相同、波长不同的可见光谱范围内,人眼对不同波长的光所得到的亮度感觉是不同的。其中对 555 nm 的光感觉到的亮度最大,即视敏度($K=555$)最大(见图 14-165)。

在可见光谱范围之外,人眼是没有亮度感觉的。视杆体和视锥体的相对视敏曲线不同。例如在图 14-166 中,人类视觉通常对黄绿色光最为敏感。

2. 水下光视觉系统组成模块

一个完整的水下光视觉系统通常由底层模块、中层模块和高层模块组成。底层模块主要是视觉系统的硬件设备,用来实时获取水下图像,一般由水下摄像机(见图 14-167)和视频采集卡(见图 14-168)组成。

中层模块主要负责图像处理工作,包括图像预处理、目标分割、运动目标检

图 14－166　黄绿色常见于目标警示

图 14－167　视频采集卡

图 14－168　CCD 摄像机

测及特征提取等内容。就图像处理而言，众多的研究人员也提出了诸如图像滤波增强、边缘检测、图像分割、特征配准，以及结合数学理论、人工智能算法的图像处理手段，但基本上都是针对具体应用环境而不具备普适性。

高层模块是水下光视觉系统的最终实现部分，通过目标物特征提取及目标模型的先验知识，得到水下图像的初步理解和判断，完成水下目标物的自动识别，并在此基础上结合摄像机成像模型，恢复目标三维信息，为无人无缆潜水器、机械手提供定位、判决信息(探测与识别属于高层模块)。

世界最大水下摄像机如图 14－169 所示。海底高清图像如图 14－170 和图 14－171 所示。

3. 海底电视监控系统

电视的实现，不仅扩大和延伸了人们的视野，而且以其形象、生动、及时的优点提高了信息传播的质量和效率。现今，信息可谓与电视密不可分。多媒体的概念虽然与电视的概念不同，但在其综合文、图、声、像等作为信息传播媒体这一点上是完全相同的。利用多媒体计算机和网络的数字化、大容量、交互性以及快

图 14 - 169　巴布亚新几内亚新不列颠南海岸 100 英尺水下安置 1 300 磅的 IMAX 3D 摄像机

图 14 - 170　海底高清摄像机拍摄的鱼类

图 14 - 171　海底高清摄像机拍摄的乌贼

速处理能力，对视频信号进行采集、处理、传播和存储是多媒体技术正在不断追求的目标。因此，视频可以视为多媒体的一种重要媒体。

海底电视监控系统使海洋调查人员能够对海底微地形、地貌和地质特征进行直接的观察，配合其他海底勘查装备（如水下定位、采样设备）还可实现通过电视目视观察探测对象的定点探测和采样，从而大大提高海底地质勘查的能力和效果，提高工作效率。

国外用于海洋调查的深拖系统已装备彩色电视，并投入使用，但需配置光缆，价格极其昂贵，拖曳式结构在海底地形复杂区工作安全性不好。国内在1995年引进带黑白电视的深拖系统，后又开发出自己的黑白电视的深拖系统。由于这些设备多数沿用模拟电视路线，性能不够好，而且使用不便，效果不甚理想。1998年，在东太平洋开辟区某测站，广州海洋地质调查局应用海底电视监控系统，在科考船的计算机屏幕上看到了真实的、原始的海底世界。这是我国第一次取得了清晰的海底摄像纪录。2001年，在我国南海海域开展的天然气水合物资源调查中，广州海洋地质调查局应用海底电视监控系统，发现天然气水合物存在的地貌特征标志——碳酸盐结壳。2002年，广州海洋地质调查局调查人员在海底运用海底电视监控系统，完成多个站位的摄像任务，获得从水下1 500～3 500 m的若干小时的摄像记录，平均一个站位的准备工作已从初期的一整天缩短到不足两小时。

国土资源部矿产资源研究所与广州海洋地质调查局、国家海洋局第二海洋研究所的科技人员自1998年起开展合作，在中国大洋协会、中国地质调查局、国土资源部科技司及国家“863”计划的大力支持下，先后研发出了四代海底电视监控系列产品，该海底电视监控系统均采用数字编码方式，结合不同科考船通信电缆特性采用不同的视频编码技术，达到了较好的应用效果。所开发产品均应用到大洋锰结核、结壳（见图14-172）、天然气水合物的考察工作，获取了大量的极具价值的视频数据资料，为我国大洋调查作出了重要贡献[367]。

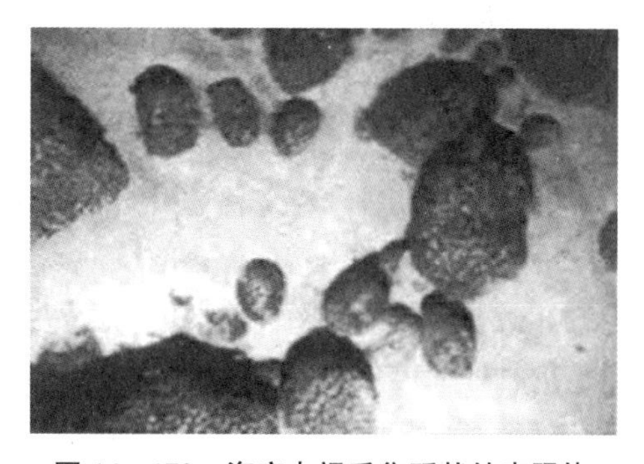

图14-172 海底电视采集砾状结壳照片

高质量海底电视与录像系统如图14-173所示，为一种国家海洋局大洋协会科考船“大洋一号”铠装同芯电缆海底电视系统，该系统为地质专家提供海底地质与地形地貌的连续视觉信息。图中，铠装电缆采用铜芯直径3 mm的电缆，

1 MHz 信号衰减率约 4 dB/km，缆长 10 000 m。铠装铜芯电缆与光缆相比，主要弱点是在长距离(万米)无中继的情况下数据传输率低。因此需要提高视频图像的压缩比，减小数据流的带宽，这也是实现铠装铜芯电缆海底彩色电视监控系统、改善其图像质量的关键。

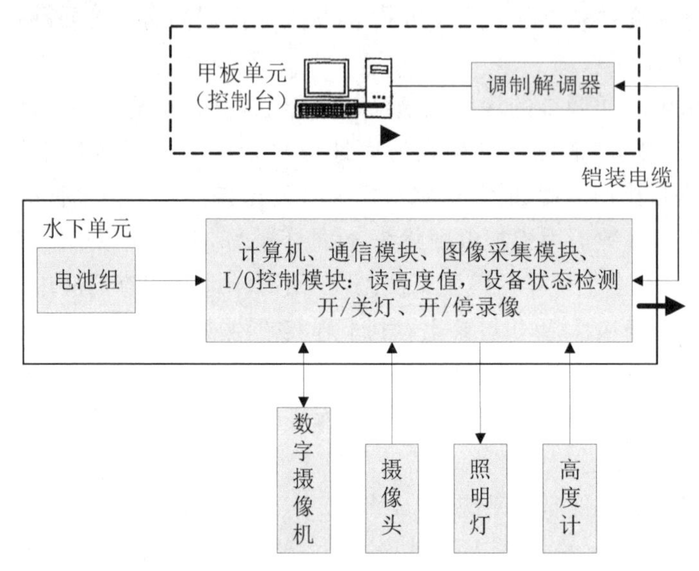

图 14-173　6 000 m 海底电视系统结构图

在海底电视监视条件下，选用适当的采样手段(抓斗、多管、钻机等)采集石样、土样、水样、气样，并将声、电磁、热、核、力学等传感器放置在选定对象上进行多参数探测，涉及的主要关键技术是：高性能的海底电视与录像系统。通过高分辨率水下电视与录像对海底进行直接的连续地质观察，可获得宝贵的视觉信息，经验丰富的地质专家可从中识别出各种地形、地貌、地质和构造现象。利用计算机技术还可获得高精度三维数字地形图，对海底地质构造、地貌以及资源和环境的研究与评价工作中有重要意义。海底电视监控系统将在海洋矿产资源调查、深海区域地质调查、海洋生物研究、海洋考古、海底搜索等众多的海洋领域和现实生活中发挥巨大的作用，具有广阔的应用前景。

4. 水下光视觉技术难点和关键问题

水下特殊的成像环境使得基于光视觉的应用难度表现在五个方面：

(1) 水介质对光线有着散射和吸收作用，各波长的光线在水下的衰减程度并不相同。

(2) 实际水体环境中存在大量的微生物颗粒及各种浮游生物，它们的存在使得水下图像清晰度低、噪声干扰严重。

(3) 图像序列中有很多运动因素，除了运动特性已知的机器人系统外，海洋环境中还存有波、浪、流、涌及推进器造成的水流等无法测量的运动信息，这在一定程度上增加了图像处理的难度(水流扰动)。

(4) 水下光视觉的可视距离与水体的清晰程度息息相关，水体环境的改变对于有固定作业距离的无人无缆潜水器系统是一种挑战。

(5) 对于能源有限的无人无缆潜水器系统来说，深海作业时光源的使用受到一定的限制(能源限制)。

水下光视觉技术有以下关键问题需要解决：

(1) 水下目标物检测与提取方法研究。面对复杂的水下成像环境，如何提取鲁棒性高、稳定性强的图像特征，既保证算法的噪声抑制能力，又不失其准确性，是保证水下目标识别、三维定位准确性的重要因素。

(2) 高精度的目标三维定位方法研究。单目视觉定位精度有限，且需要依据目标的某些先验知识；双目立体视觉视场狭窄，图像特征匹配技术仍不够成熟；多传感器信息融合也是实现目标三维定位的一个有效途径，如何将图像信息与其他辅助传感器信息有机结合，实现目标的高精度定位，是水下光视觉定位技术的重点，也是难点所在。

(3) 图像处理实时性能提高方法研究。无人无缆潜水器在自主作业过程中，需要机器人具有快捷准确的反应能力，实时性是其中一个重要性能指标，如何提高水下光视觉系统各个环节的处理速度，在实现无人无缆潜水器可靠定位与作业规划中具有重要的意义。

14.4 水下目标探测与识别技术应用

14.4.1 基于传感器网络的水下目标识别技术应用

1. 研究的背景和意义

近年来，微机电系统技术、传感器技术和无线通信技术迅速发展，已经成为新兴的 IT 热点领域。鉴于无线传感器网络(WSN)拥有的广泛应用前景，全世界的工业界与学术界都在高度关注它的发展。继因特网之后，WSN 被认为是将对新世纪人类生活方式产生重大影响的 IT 热点技术。为了实现水下网络信息化，需开发网络功能和 WSN 技术构造水声传感器网络，在无人干预的情况下，通过自组织路由和水声通信技术自行组网，利用多跳中继方式把节点的观测数据汇集到 sink 节点实现信息融合。

多传感器数据融合已成为现代高新技术条件下多种战争模式中目标识别的重要手段之一。由多个不同类型的水下传感器提取出独立、互补的特征向量，经基于水下传感器网络的融合技术能比较完全地对目标进行描述以提高识别正确率。在目标融合识别技术的长期研究中，各个海军先进的国家在其中扮演了重要的角色。他们组建了大量专业的科研团队，致力于实现声呐辅助识别技术的发展。美、法、英、俄等潜艇大国则更侧重于水下目标融合识别技术的提升，其研究工作已持续数年。我国的大陆海岸线和岛屿岸线分别占 1.8 万和 1.4 万多千米，为了捍卫祖国领土完整、保卫祖国海岸线免受他国侵扰、提升海上作战能力，我国海军必须尽快掌握水下目标识别这一关键技术。

虽然近年来多传感器目标识别技术已经广泛应用在军用、民用领域上，也打下了坚实的理论基础，收获了大量实践成果，但是随着传感器形式的日益增多造成的信息量剧增、声呐系统的灵敏度向更高层次的发展以及无人无缆潜水器产生的噪声信号呈现越来越低的趋势，水下目标融合识别成为一个愈加复杂的问题。计算智能是指通过建立特定的数学模型描述问题对象，使之变得可操作、可计算的一门学科。近些年来，计算智能开始融合各种算法，结果表明各算法通过融合可以弥补互相的不足，增强各自的能力，即可以将神经网络、遗传算法和证据理论等智能算法融合起来用于水下传感器网络目标识别。该结论的理论意义和现实意义至关重要。

2. 水下传感器网络系统结构

水下声学传感器网络(USN)，可使水声传感器实现对三维海洋区域的网络监测。水下节点主要分为三类：

(1) 水面的浮标节点。该节点既具有水线通信功能，又具有通过携带的无线电通信及 GPS 装置实现的与陆地通信功能和自身定位及同步功能。该节点可辅助 USN 实现与其他节点的网络同步。

(2) 水下的潜标节点。它们需依赖声学通信与其他节点进行通信，该类节点具备感知和探测能力。

(3) 固定在海锚链上的潜标。该节点与水下潜标节点功能相同。

上述三类节点共同组成了整个 USN(见图 14-174)，根据需要在待监测海区进行监测。特定情况下，无人无缆潜水器可以随时介入网络作为水下移动节点传输指令、搜集信息、辅助水下节点进行组网。同时，无人无缆潜水器还可以作为 USN 系统内具有主动协同探测功能的节点，来协助网络完成目标探测任务。USN 系统中配有一个指挥控制节点，通常布置在岸基或水面舰上。指挥控

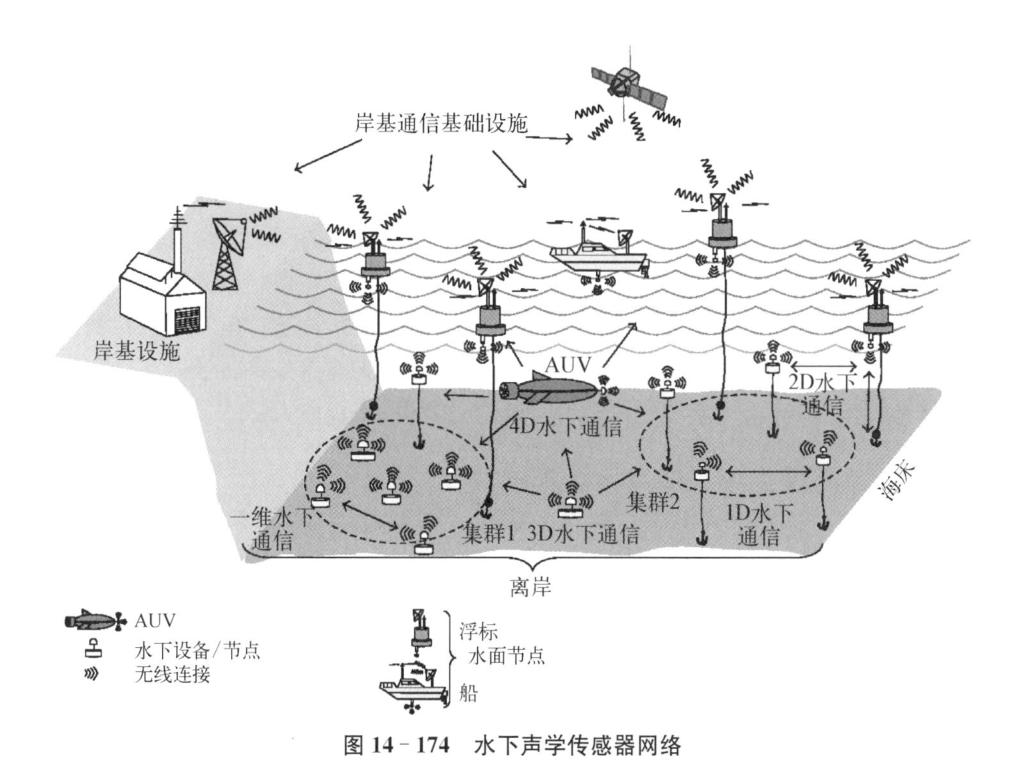

图 14-174 水下声学传感器网络

制节点任务主要根据搜集到的信息做决策,也可作为主节点实现探测目标信息融合任务。

3. 发展趋势

目标识别已广泛应用于军事和民用领域,例如人脸识别、指纹识别、文字识别等。目标识别作为信息融合的一项重要任务,也是 C^3I 系统的关键功能之一。C^3I 系统是指挥自动化技术系统,是利用电子计算机实现指挥、控制、通信和情报各分系统密切联系的综合系统。C^3I 系统名称中 C^3 是指挥(command)、控制(control)、通信(communication)的三个单词英文首字母的简称,I 是情报(intelligence)首字母,其前身为 C^2 和 C^3。

国外对 C^3I 系统目标识别的基本理论、体系结构、软硬件的研究和开发取得了系列成果,并已成功研制出成熟的系统。例如,美国装备宙斯盾巡洋舰的"协同作战能力(CEC)系统",欧洲的"战场维护与目标探测(BETA)系统",英国的"飞机敌我识别(ZFFF)系统"等。国内也投入了大量的精力研究多传感器目标识别技术,全国各院校和研究所在该技术的研究过程中取得了可观的研究成果。例如,以飞行目标的分类识别为主要应用背景,有机结合人工神经网络和 D-S 证据理论,设计一种三级数据融合的目标识别系统模型,通过仿真验证了算法的有效性,识别率也有了显著的提升。

虽然多传感器数据融合在目标识别的应用中已有了相当广泛的研究,但算法仍有很多缺陷,其中最为棘手当属隶属度和基本概率赋值。此外,到目前为止数据融合问题本身尚未形成完善的理论框架和有效的广义融合模型及算法,其绝大部分研究工作都只针对特定应用领域。近年来,包括神经网络、遗传算法、模糊推理等在内的智能计算迅速发展。未来从生物智能中得到启示也将日益增多,通过与其他学科相互交叉渗透,算法也将更鲁棒、更先进。在多传感器数据融合的目标识别中应用这些融合算法作为今后的发展趋势,有助于提高目标探测的精确度、保证检测系统的可靠性、增强系统的抗干扰能力。

14.4.2 水下图像中人造目标检测技术

1. 研究的背景和意义

近年无人无缆潜水器快速发展,已对深海探测和开发发挥了十分重要的作用。无人无缆潜水器的一个重要应用是对水下复杂场景中的人造目标(油管、电线、光纤等)进行检查和维护。无人无缆潜水器在对水下场景中的目标的检查和维修过程中,须首先检测到水下场景中目标的存在。例如,在科学考察探测中,无人无缆潜水器不停记录水下视频数据,通常一天能产生巨量的视频数据。然而,大部分视频数据并未包含感兴趣目标的有用信息。因此,如何从水下复杂的背景中利用无人无缆潜水器自动检测出人造目标,是应用中亟待解决的难题。此外,水下目标检测算法的处理速度还应满足实时性的要求。

目前,水下复杂场景中人造目标的检测存在两个主要问题:

(1) 水下光线衰减和散射效应严重,水下图像常出现颜色退变和散射模糊。此问题导致颜色和纹理特征无法直接作为检测水下人造目标的特征。

(2) 水下实际场景非常复杂,除人造目标外,还包含各种珊瑚、暗礁等。此问题导致传统的阈值分割等方法难以适用。

开展水下图像中人造目标检测技术研究具有重要的科学研究价值和广泛的实际应用前景。典型的人造目标包括:① 海洋油气开发平台;② 跨海大桥;③ 码头港口桩基;④ 海底油气管道;⑤ 海底电缆、水雷;⑥ 船底走私货物等(见图 14-175)。

2. 研究现状

在国外,为了实现海底复杂场景中人造目标的自动检测,Christian 等人利用视觉注意机制生成的显著图来估计可能的目标区域,然后采用主动轮廓法分

图 14-175 无人无缆潜水器自动检测的应用

割人造目标。在其视觉注意机制中采用了颜色、亮度、方向三个特征信息，在最后的显著图中融合了 44 个特征图，可见其实时性很难满足要求[368]。试验结果表明：大多数情况下该算法能有可观的检测效果，但当人造目标与背景颜色相近时，极易造成检测失败。Adriana 也研究无约束海底视频中人造目标的自动检测算法[369]。其研究发现：水下光线衰减和散射效应使得纹理和颜色特征不适合作为检测依据，而轮廓特征在水下成像环境中最为稳定，可将其作为检测依据。另外，通过确定最优空间尺度可确保检测到的目标轮廓可靠适用。但确定最优尺度需要一个迭代的过程，每一次迭代都需要用 Canny 算子检测原始图像的边缘，耗时太多，实时性低。Bazeille 利用单一的颜色特征检测水下人造目标，未考虑图像序列间的一致性[370]。Oliver 先用 Harris 和 Hessian 检测器检测区域物体，再用 SIFT 和 GLOH 描述区域，最后进行关于区域检测和描述性能的一系列对比试验。该算法的主要缺点为性能随着水质的下降逐渐衰减[371]。

国内的人造目标检测研究主要基于简单水体背景，即视频图像中主要包括人造目标和单一水体背景。而检测方法主要包括两种：阈值分割方法和基于不变矩特征的方法。但由于海底场景复杂多变，常常会含有礁石、珊瑚礁、水草和各种生物等，对这些检测算法产生干扰，因此并不适用于真实海况。

14.4.3 水下光视觉定位系统关键技术

1. 研究的背景和意义

水下光视觉能获得丰富的水下信息，在无人无缆潜水器近距离作业时至关重要，因此受到了广泛关注。展开基于水下光视觉的目标检测和三维定位技术研究对提高无人无缆潜水器自主作业能力及智能化水平具有重要的理论研究意义和实际应用价值。

人类获得的约83%外部世界环境信息均来自视觉。从狭义上讲，视觉的最终目的是对周围环境信息做出合理解释和描述。从广义上讲，最终目的还包括在这些解释和描述的基础上制订出相应的行为规划。从20世纪50年代起，研究人员就始终致力于机器视觉的理论研究，试图创造出与人类视觉功能相似的机器视觉系统，实现客观理解三维世界。

其中最具代表性的是视觉计算理论(computational theory of vision)，由麻省理工大学Marr教授于1973年提出。该理论认为机器视觉系统有三个层次的信息处理装置：计算理论层、表示与算法层、硬件实现层，对应视觉过程中的初级、中级和高级视觉处理阶段[372]。如图14-176所示，初级阶段从原始图中提取角点、边缘、纹理等基本特征，构成二维要素图；中级阶段获取图像特征的2.5维图形，恢复场景中可见物体的深度和轮廓信息；高级阶段是结合输入图像、二维要素图及2.5维图形来识别和重构三维物体。该理论相对完整地表达了二维图像重构三维物体形态的可能性与基本方法，他搭建了首个最完善的视觉理论框架，为机器视觉的研究提供了系统的理论基础，至今仍供大多数研究者学习参考。

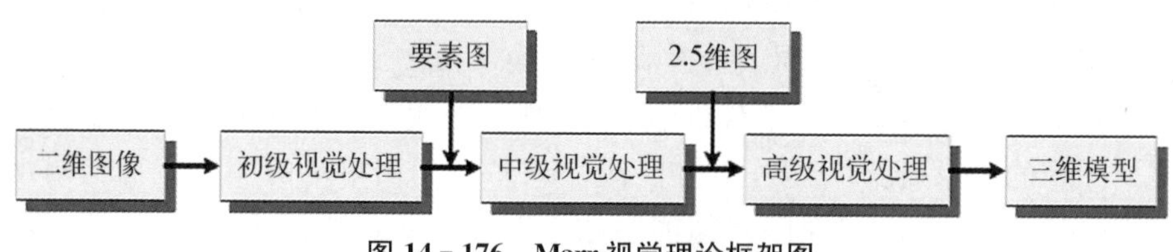

图14-176 Marr视觉理论框架图

进入20世纪90年代，伴随微电子技术的快速发展、CCD摄像机和专业图像处理硬件的出现，机器视觉的研究方向从单纯的理论框架分析转向了结合实际应用的研究，自此，机器人光视觉技术得以飞速发展。

2. 水下目标跟踪定位研究现状

2003年，日本东京大学Hayato Kondo和Tamaki Ura将由CCD和两个点结构光激光发射器组成的激光测距装置应用于自治式无人无缆潜水器Tri-

Dog1 上，该机器人头部装有一个 Pan&Tilt 彩色摄像机，2 个点结构光激光发射器安装在摄像机周围并与摄像机光轴保持平行，根据摄像机与激光发射器的位置关系，利用三角形测距原理精确计算目标物位置及其与机器人之间的偏离角度[373]。将该定位结果应用于水下目标检测、短距离导航，有效避免了声波在近距离目标检测时存在的盲区缺陷。和上述 Tri Dog1 上的激光测距装置类似，由于激光较高的指向性能，VideoRay 多应用于对静目标物的三维重构技术中(见图 14-177)。

图 14-177 VideoRay 上的激光测距装置

2008 年，雅典 National Technical University 控制系统实验室 George C 等人以三自由度遥控式潜水器 VideoRay 为载体，研究了基于单目视觉和两个点状激光发射器信息融合的目标跟踪定位方法，该定位系统通过建立每个激光发射点在图像平面上的坐标与激光发射器至目标坐标系的发射距离的映射关系，对已知物体或固定形状的物体进行三维定位，计算得到当前状态下无人无缆潜水器相对于跟踪目标质心处的位姿向量，并将其应用于无人无缆潜水器的闭环运动控制体系中，采用 Snake 主动轮廓跟踪方法对目标物体进行有效跟踪[374]。但由于硬件结构的不完善，该跟踪定位系统的有效使用范围仅为 40～150 cm。此外在目标物边界跟踪时多次进行人为干预，降低了该系统的自主性和灵活性。

2009 年，日本海洋技术研究所 Shojiro Ishibashi 等人为减少遥控式潜水器 KAIKO 在海底探测生物时对操作人员的过度依赖，提出了一种利用双目立体视觉获取水下目标三维位置信息的方法，实现了两个基本功能：在不依靠操作手柄的外界干预条件下完成确定水下目标的位置信息；通过检测目标轮廓上特征点之间的像素距离获得水下目标的真实尺寸[375]。摄像机标定及立体视觉定位实验结果表明，该定位精度能保证在期望的直线范围内。目前对于水下生物的跟踪定位研究还在起步阶段，实验论证仅在陆地上完成，新的摄像机标定方法尚需做进一步的实验验证。

2006 年，以 7 000 m 载人潜水器的水下悬停为应用背景，中国科学院沈阳自动化研究所郝颖明等人分别针对已知模型和未知模型的目标物，提出了无人无缆潜水器视觉悬停定位技术的基于模型的单目视觉位姿测量方法和基于特征的视觉伺服方法，并构建了水下目标识别与跟踪、三维位姿计算及无人无缆潜水器控制三项关键技术的水下演示实验系统[376]。2010 年，哈尔滨工程大学无人无缆潜水器技术重点实验室研究了一种基于光视觉的水下管道自动跟踪系统，此系统以单目 CCD 摄像机为视觉传感器，通过研究高鲁棒的水下图像处理方法、水下管道实时识别方法和信息理解三项关键技术，结合视觉系统测量方法获得无人无缆潜水器导航信息，在室内水池环境下，以综合探测智能机器人为实验载体，成功完成了多次水下管道跟踪检测试验[377]。

3. 无人无缆潜水器手眼协作研究现状

2005 年，日本东京大学生产技术研究所 URA 实验室 Epars Yann 等在无人无缆潜水器 TWIN - BURGER - 2 上，用双目立体视觉系统检测和识别水中浮游生物。其视觉伺服控制过程如图 14 - 178 所示[378]。首先控制机器人绕自身旋转并实时检测是否有目标物出现，若有则用双目立体视觉对其定位，两次使用 PD 控制器分别控制机器人的方向角和升沉运动，尽可能保证机器人与目标物在同一深度平面内。一旦机器人与目标物间相对位置固定，机器人就给机械手发送信号，通过双目立体视觉的定位信息引导机械手移动至目标物上方，然后迅速下移捕捉目标物。

图 14 - 178 无人无缆潜水器 TWIN - BURGER - 2

2010 年，夏威夷大学 ASL 实验室研究人员完成了世界上首次全自主操作无人无缆潜水器 SAUVIM[379]。在自主作业过程中，目标物位于一个位置粗略给定的平台上，在到达目标的可能区域中心时，SAUVIM 使用 DIDSON 声呐搜索作业平台逐步逼近直至悬停在平台上方 30 cm 处。在近距离作业中，机器人启用位于机械手腕关节处的 CCD 摄像机进行精确的目标搜索，一旦发现目标，利用单目视觉精确检测已知尺寸的目标物的距离及方位角，此时机械手 MARIS 进入跟踪模式，成功锁定目标物后完成目标抓取工作(见图 14 - 179)。

2010 年，华中科技大学水下作业技术实验室徐国华教授等人提出了一种基于视觉和接近视觉信息融合的定位方法，并将该方法成功应用到其自行研究的四自由度水下机械手 HuaHai - 4E 上，最终实现了水下目标物的定位及抓取[380]。其工作原理为：视觉传感器不断搜索水下目标，通过 SIFT 算子对目标进行匹配识别，并引导机械手对准目标物；当目标进入接近工作范围内，启动超声传感器，通过三探头轮流收发跟踪并抓取目标。这种控制原理类似于“刺激-反应”机理，故有较好的实时跟踪能力(见图 14 - 180)。

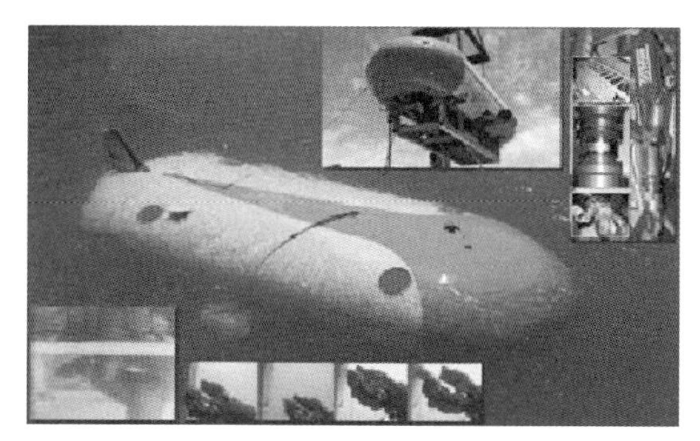

图 14-179　无人无缆潜水器 SAUVIM 及其作业过程

另外还有些研究机构结合视觉技术和机器人控制技术，将其应用到实际作业任务。2009 年，韩国科学与技术研究院 J-Yeong Park 等人以微小型无人无缆潜水器 ISiMI 为载体，提出了一种基于单目视觉引导的机器人自动回收方法，并通过了水池实验验证(见图 14-181)[381]。

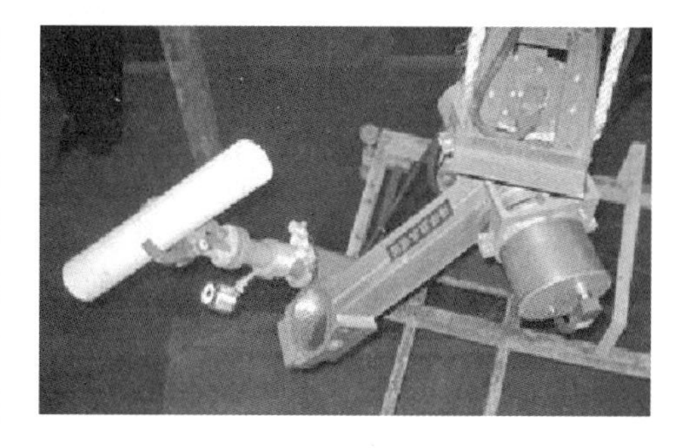

图 14-180　四自由度水下机械手 HuaHai-4E

西班牙 Girona 大学在无人无缆潜水器 URIS 上配备了两个独立摄像头，通过对图像序列的分析，利用广义 Hough 变换实现无人无缆潜水器的运动轨迹估计(见图 14-182)[382]。

近年来，国内外研究学者在无人无缆潜水器的光视觉领域取得了不少研究成果。在水下无人运载器自主作业时，目标特征提取及三维定位技术是无人无缆潜水器实现自主导航和避障的关键技术。

14.4.4　基于多传感器融合的目标识别技术

1. 研究的背景和意义

现代的海军战斗瞬息万变，潜艇悄无声息地航行在波涛汹涌的大洋洋面下，在敌军舰艇出乎意料的位置点和时间点突然出现并给以沉重的打击。大型水面舰艇几乎无法避开如今先进的卫星预警技术，想要靠它攻击敌方几乎不可能，于是潜艇就成为最可靠的武器载荷平台，也是最有效的第二次核打击力量。现今潜艇正向深、快、静等方向发展，致力于通过占领地球的“底层空间”对付敌国的潜在威胁。

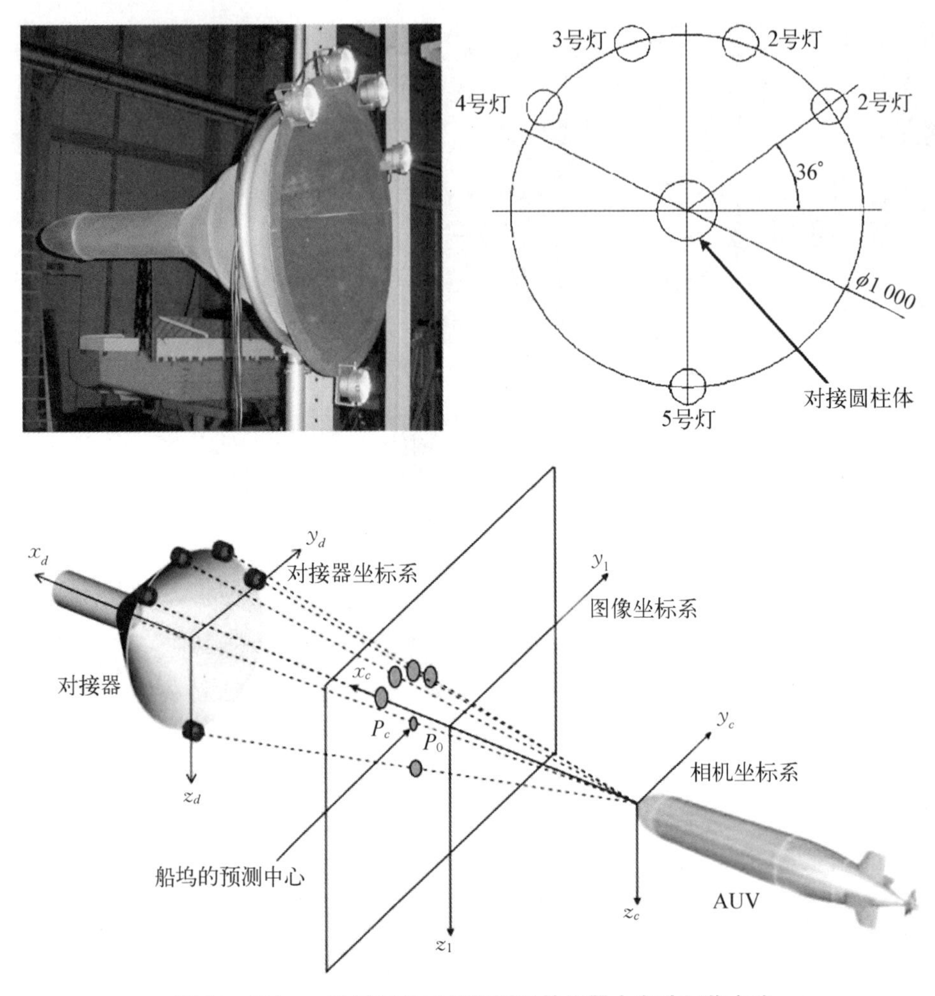

图 14-181　一种基于单目视觉引导的机器人自动回收方法

反潜艇目标已成为对付这种隐形战斗武器的主要防护手段。事实上，要对付未来潜在的敌人，就必须在敌方潜艇防守最薄弱的时候对其实施攻击，即在敌方潜艇离港前向其发起进攻，使其彻底丧失战斗能力。积极战术是对锚地内的地方舰艇展开攻击。因此，潜艇目标识别技术起着关键的作用。潜艇目标识别技术通过多传感器搜集的观测数据发现目标，优化综合处理来获取目标的状态估计、目标属性、行为意图、态势估计、威胁评估、精确制导、辅助决策等作战信息，从而完成对态势和敌方威胁的有效评估。

多传感器信息融合技术是近些年发展起来的一门实践性应用技术，是针对一个系统使用多种传感器这一特定问题而展开的一种关于数据处理的研究。多

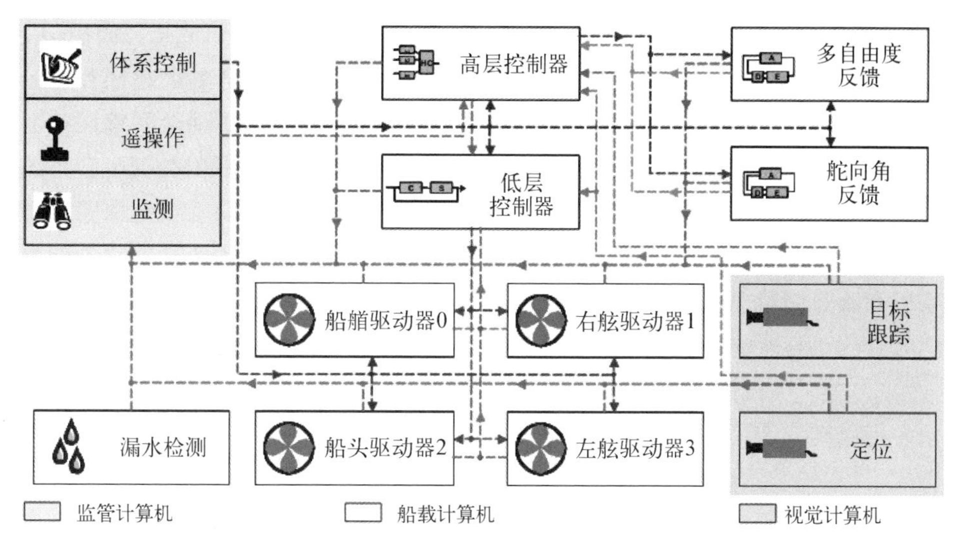

图 14-182 利用广义 Hough 变换实现无人无缆潜水器的运动轨迹估计

传感器信息融合技术利用多个传感器获取多种类的信息，获得对环境或对象特征的全面、正确的认知。该技术克服了单一传感器给系统带来误报的大风险以及可靠性和容错低的缺陷，为人类探索未知环境提供了一种重要的解决途径。从根本上讲，信息融合技术实际是对人脑处理复杂问题的一种近似模拟。

多传感器的数据融合已成为现代条件下目标识别的重要手段。在对目标进行识别时，单个传感器提取的特征往往由于其自身的探测特点不能获得对目标的完全描述，而利用多个传感器提取的独立、互补的特征向量，可获得对目标较为完全的描述，从而有效提高识别的准确率。基于信息融合的目标识别、基于智能规则推理的点目标识别、基于联合特征向量法的面目标识别等基于多传感器的数据融合技术都对目标的识别研究具有重要的意义。

2. 数据融合系统的研究现状

国外对信息融合技术的研究起步较早。在 1973 年，美国的研究机构就在国防部的资助下开展了声呐信号理解系统的研究，当时美国军方研究利用多个独立连续的声呐信号探测敌方潜艇，发现其性能远优于利用单个声呐。这一尝试对现代战争有非常重要的意义。自此，信息融合技术便有了快速发展，越来越多研究部门在数据融合技术研究方面投入巨资。采用数据融合的军事系统研制也相继获得成功。20 世纪 70 年代初，美国的研究机构在国防部资助下，利用计算机技术对多个连续声呐信号进行融合处理，以实现对敌方潜艇位置的自动检测，该举使数据融合作为一门独立的技术首次在军事应用中受到青睐。之后相继开发了几十个军用信息融合系统，其中最典型的是战场管理和目标检测系统

(battle field exploitation and target acquisition system, BETA)。BETA 在 20 世纪 80 年代中期投入使用，在一定程度上证实了数据融合的可行性和有效性。自 20 世纪 80 年代末期以来，各发达国家已致力于为数据融合系统设计混合的传感器和处理器，称为第二代融合系统。美国 90 年代研制的数据融合系统主要有：全源信息分析系统(ASAS)、战术陆军和空军指挥员自动情报保障系统(LENSCE)、敌态势分析系统(ENSCS)等。英国目前已经投入使用的数据融合系统有莱茵河英军机动指挥控制系统(WAVELL)、舰载多传感器数据融合系统(CZKBS)、飞机的敌/我/中识别系统(ZFFF)、炮兵智能数据融合示范系统(AIDD)等。美国的 C^3I 系统是最早应用数据融合技术的实际系统，它在海湾战争中得以实战使用。美军每年用于数据融合的研究费用高达 1 亿美元。目前，美国、日本等发达国家正加紧数据融合技术与实用系统的研制，且已有局部环境信息融合系统问世，并显示出强大的生命力，正向基于 Internet 的全源信息融合系统发展。

国内对信息融合技术的研究则起步相对较晚。起初从事多目标跟踪技术研究是在 20 世纪 80 年代初，到 80 年代末才开始出现有关多传感器信息融合技术研究的报道。当时人们对它的含义有着不同的理解，主要的提法有：数据合成，数据汇编，数据汇集，数据总和，数据融合等。到 90 年代中期，信息融合技术在国内已发展成为多方关注的共性关键技术，涌现了大量热门研究方向，学者们致力于研究机动目标跟踪、分布检测融合、多传感器综合跟踪与定位、分布信息融合、目标识别与决策信息融合、态势评估与威胁估计等领域的理论及应用。陆续出现了一批多目标跟踪系统和有初步综合能力的多传感器信息融合系统。

目前，新一代舰载、机载、弹载与各种 C^3I 系统正在向多传感器信息融合方向发展。自 20 世纪 90 年代以来，北京系统工程研究所致力于运用多传感器信息融合技术进行巨系统决策方面的研究；国防科技大学李宏、孙仲康等人则研究了多传感器数据采集，并提出了解决航迹相关的融合算法；刘同明、解洪成对海军舰队指挥数据融合技术进行了研究；李德毅运用数据融合技术对 C^3I 系统可靠性、抗毁性和抗干扰性进行了统一测量评价工作。

3. 数据融合在潜艇识别方面的应用

潜艇目标识别的重要意义在于它与目标状态估计的结合构成了战场态势评定与威胁判断的基础，它是作战指挥决策的重要依据。目前军内外对潜艇目标识别开展了大量研究，但是大多数研究仅对潜艇被动声呐噪声信号进行频谱分析来提取目标识别的唯一特征，这种信息过于单一，识别的准确率和可靠性低。据报道，系统的统计识别准确率不到 50%，无法应用到实际作战中。

作为潜艇水下作战的主要探测装备，声呐设备的种类正在不断增加，因此指挥和情报中心必须对来自不同声呐设备的信息进行有效融合，以提高潜艇识别目标的准确性和实时性，以便作战指挥做出正确的决策。另外，目标磁感应信号等传感器信号也是潜艇目标识别时的重要信息，空中截取的敌情通报可用于判定目标的威胁程度等。

4. 潜艇目标的特征提取

由于潜艇目标的特征很难通过图像传感器等测得，要识别潜艇目标只能用其他特征信息来实现目标的准确识别，从而反映水下目标的具体情况，潜艇目标特征主要有以下几种类型。

1）目标噪声声呐信号特征

噪声声呐信号是水下目标的重要特征，噪声频域信息具有不易干扰、易分离等特点。潜艇辐射噪声的声源有四类：机械噪声、螺旋桨噪声、水动力噪声和海底固定噪声。

2）目标磁感应信号特征

由铁磁材料做成的目标均会在其周围形成与原地磁场不同的磁场，不同的目标引起地磁场变化，产生规律性的影响。潜艇在海里时，潜艇本身固有的铁磁性与地磁场的相互影响，不同的潜艇经过时地磁场的变化规律不同，潜艇的运动与静止以及运动的快慢都可以通过地磁场的变化规律测得，通过磁性传感器测量地磁磁性的变化可以大致判定舰体的大小和型号等。

3）声呐发现目标的距离

噪声测距能测定目标噪声的方位和噪声到达目标上不同水听器的相位差，从而测定目标的距离。声呐对不同的目标发现距离是不一样的。因而，声呐发现目标的距离间接地反映了目标的特性。

4）目标水压特征

不同的目标造成的水中压力场不同，水中压力场很难人工复制，故水下压力的抗干扰性很强，可真实反映目标特征。潜艇在水下会有各种压力场的作用，包括静力和动力两个压力场。利用水下压力传感器可以得到不同特征潜艇或者其他目标的信息。由此判断潜艇的动力推进方式，包括核动力推进和常规动力推进。核动力潜艇在艇上设有堆舱，舱内有核反应堆、热交换器等，同时还设有主机舱，内有带传动装置的蒸汽轮机等。由原子核裂变产生的热能，经热交换器和蒸汽轮机转换为动能，带动螺旋桨推动潜艇航行。常规动力潜艇一般采用柴油机、电动机推进。在水下潜航时用蓄电池和电动机推进，在水面或通气管状态航行时用柴油机推进，同时带动发电机给蓄电池充电。同时根据水压确定潜艇的排水量而了解潜艇的大小，是大型潜艇(2 000 吨以上)、中型潜艇(1 000～1 500 吨)、小型潜艇(300～500 吨)还是袖珍潜艇(几十吨以内)。

5) 敌情通报

通过对空中指挥信息的截取确定目标的种类、位置、速度和航向等信息。可以对发现的目标进行对比，确定目标的类型来识别目标。按任务和武器装备情况，可分为弹道导弹核潜艇、攻击型核潜艇和常规潜艇。空中截取目标信息一般利用雷达，还可以通过侦探敌方的机密动向确定目标的情况。

5. 实例分析

来自噪声声呐传感器的报告：

$$P_1=\begin{bmatrix}\text{置信度}=\omega_1^r=r_1^1+r_1^2=1\\ P_1(\omega_1^1):P_1(\omega_1^2)=r_1^1:r_1^2=0.7:0.3\end{bmatrix}\quad \omega_1^1=a_3\vee a_4\quad \omega_1^2=a_1\vee a_2 \tag{14-35}$$

来自目标磁感应信号传感器的报告：

$$P_2=\begin{bmatrix}\text{置信度}=\omega_2^r=r_2^1+r_2^2+r_2^3=1\\ P_2(\omega_2^1):P_2(\omega_2^2):P_2(\omega_2^3)=r_2^1:r_2^2:r_2^3=0.1:0.4:0.5\end{bmatrix}$$
$$\omega_2^1=a_1\quad \omega_2^2=a_2\vee a_3\quad \omega_2^3=a_4 \tag{14-36}$$

来自目标距离声呐传感器的报告：

$$P_3=\begin{bmatrix}\text{置信度}=\omega_3^r=r_3^1+r_3^2+r_3^3+r_3^4=0.5\\ P_3(\omega_3^1):P_3(\omega_3^2):P_3(\omega_3^3):P_3(\omega_3^4)=r_3^1:r_3^2:r_3^3:r_3^4=0.05:0.05:0.10:0.30\end{bmatrix}$$
$$\omega_3^i=a_i\quad i=1,2,3,4 \tag{14-37}$$

目标水压传感器的报告：

$$P_4=\begin{bmatrix}\text{置信度}=\omega_4^r=r_4^1+r_4^2+r_4^3+r_4^4=1\\ P_4(\omega_4^1):P_4(\omega_4^2):P_4(\omega_4^3):P_4(\omega_4^4)=r_4^1:r_4^2:r_4^3:r_4^4=0.10:0.15:0.25:0.50\end{bmatrix}$$
$$\omega_3^i=a_i\quad i=1,2,3,4 \tag{14-38}$$

来自雷达等传感器关于敌情通报的报告：

$$P_5=\begin{bmatrix}\text{置信度}=\omega_5^r=r_5^1+r_5^2+r_5^3+r_5^4=1\\P_5(\omega_5^1):P_5(\omega_5^2):P_5(\omega_5^3):P_5(\omega_5^4)=r_5^1:r_5^2:r_5^3:r_5^4=0.09:0.11:0.20:0.60\end{bmatrix}$$

$$\omega_3^i=a_i\quad i=1,2,3,4 \tag{14-39}$$

融合中心根据传感器报告和所给出的各传感器的权重，采用最佳身份融合和D-S证据推理方法进行融合，融合结果如表14-17所示，识别结果如表14-18所示。

表 14-17　融合结果

	a_1	a_2	a_3	a_4
身份融合方法	0.012	0.022	0.233	0.733
证据推理方法 信任度/拟真度	0.021/0.010	0.028/0.014	0.013/0.263	0.723/0.816

表 14-18　神经网络目标识别结果

	a_1	a_2	a_3	a_4
网络输出概率	0.011 8	0.022 2	0.223	0.734
误　差	8.1113×10^{-7}	5.1113×10^{-7}	6.2333×10^{-7}	0.000 5

表14-17和表14-18中，a_1 表示大型潜艇；a_2 表示中型潜艇；a_3 表示小型潜艇；a_4 表示袖珍潜艇。

根据上述几种方法我们得出本系统中的最佳识别结果，那就是传感器所反映的数据识别的目标是 a_4（袖珍潜艇）。

15 水下滑翔机

15.1 概述

近年来,全球性的海洋开发利用热潮推动了我国管理、研究、开发和利用海洋的步伐,由此带动了对高时效、全方位的海洋信息和产品的热切需求,发展海洋经济已经提升到了国家战略的高度,走向远海、深海已成必然趋势。为了更好地开发、利用、保护海洋资源,迫切需要一种造价低、续航能力强的水下观测平台来完成对海洋环境和海洋资源的连续探测,为此进行了大量的研究工作和科学实验。

水下滑翔机(underwater glider,UG)作为一种新型的海洋调查监测装备,能够高效地完成深远海中长时序、大范围、三维连续海洋环境参数收集任务,它不仅可以沿垂直剖面进行监测作业,还可以在水平剖面进行大范围的海洋环境测量与监测。由于配备了 GPS 导航定位系统,它还具有实时数据传输与指令接收能力。水下滑翔机在运动过程中通过携带的任务观测传感器收集海洋信息。

水下滑翔机目前已经广泛应用于海洋参数远程监测、海洋生物与生态学研究、气候与气象服务、油气工业应用、极区观测与冰山研究以及军事应用等诸多方面,表现出很大的市场需求,且这一需求正在逐年增加。同时,水下滑翔机观测系统也具有重要的社会效益,研究成果可纳入国家海洋环境监测预报体系,为海洋灾害实时预报预警提供了可靠的监测手段,为海上的生产活动提供信息支撑。水下滑翔机观测系统无论对于海洋科学研究本身,还是对我国海洋经济发展以及海洋国防安全,都具有重要的作用和意义。

水下滑翔机的概念最早由美国海洋学家 Henry Stommel 于 1989 年正式提出,并由美国伍兹霍尔海洋研究所(Woods Hole Oceanographic Institution,WHIO)工程师 Douglas C. Webb 等人在美国海军研究办公室(Office of Naval Technology,ONR)支持下研制出样机,命名为 SLOCUM[383]。目前,市场上成熟的 UG 产品主要有:美国 Teledyne Webb 公司的电能 SLOCUM Glider[384]、美国 BLUEFIN Robotics 公司的 Seaglider[385] 和美国 iRobot 公司的 Spray Glider[386],但都对我国禁运。

基于驱动形式的固有特点,水下滑翔机分为浮力驱动型水下滑翔机、混合推进型水下滑翔机[387]以及利用环境能源驱动的水下滑翔机。Jo Borchsenius 提出了利用海洋化学能驱动水下滑翔机方案[388];M. Arima 研制了利用太阳能驱动水下滑翔机原理样机[389];Andrea Caiti 开展了波浪能驱动水下滑翔机理论研究[390];Webb Research Cooperation 研制了温差能驱动水下滑翔机[391]。

15.2 当前技术现状

15.2.1 水下滑翔机平台技术现状

1. 整体现状简介

按照 UG 技术特点和发展规律,其技术方向可分为单机技术和组网技术(见图 15-1)。单机技术包括浮力驱动技术、多模式混合推进技术、波浪能驱动技术、面向特定任务的水下滑翔机深潜应用技术以及适于 UG 平台的传感器融合与集成技术等;组网技术则面向可靠性高、实用性强的 UG 单体,开展多机协同、编队与网络构建技术研究等。

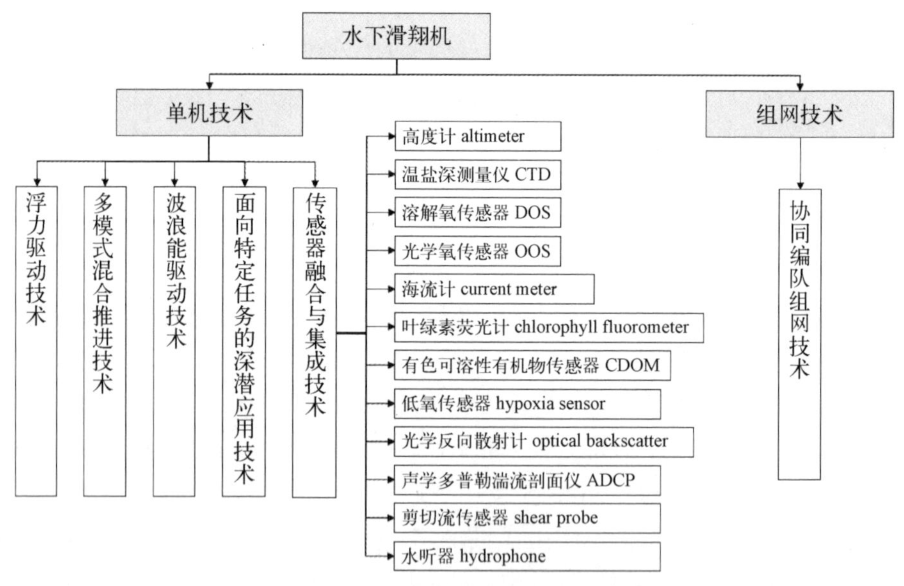

图 15-1 水下滑翔机主要技术方向

当前国外 UG 技术主要集中在美国、法国、英国和澳大利亚等海洋强国。美国作为水下滑翔机技术的起源地和领军者,自 20 世纪 90 年代开始其技术研究,目前其 UG 单体技术已经非常成熟,具有 Slocum、Spray、Seaglider、ANT Glider[392]等多款水下滑翔机产品,且产品的可靠性和实用化程度高,应用广泛。美国还开展了利用波浪能推进的波浪水下滑翔机 WaveGlider,也具有良好的应用前景。在网络构建技术方面，美国也已开展了多个水下滑翔机编队和网络的应用示范，进一步拓展了UG的单机能力，显示了巨大的应用价值。除美国之外，欧洲和澳大利亚则从21世纪开始，专注于水下滑翔机的应用技术和组网技术研究，目前已经组建了各自的水下滑翔机观测网，并有专门组织维护“UG编队”的日常运行和观测，显示了其在水下滑翔机应用方面的技术水平。

我国对水下滑翔机的研究开始于21世纪初期，虽然起步较晚，但UG单机相关技术发展迅速。2005年，天津大学研制完成温差能驱动水下滑翔机原理样机，并成功进行了水域试验。同年，中国科学院沈阳自动化研究所开发出了水下滑翔机原理样机，并完成了湖上试验[393-394]。

2007年开始，在国家“863”计划的支持下，中国科学院沈阳自动化研究所与中国科学院海洋研究所共同开展了水下滑翔机样机的研制工作，2008年研制成功我国水下滑翔试验机样机。天津大学于2007年研制出混合推进滑翔机试验样机，并在抚仙湖完成水域试验。浙江大学[395]、国家海洋技术中心[396]、中国船舶重工集团公司第七一〇研究所[397]、上海交通大学[166]、西北工业大学[398]也对滑翔机进行了相关研究。近年来，中国船舶重工集团公司第七〇二研究所也开展了500 m以下的水下滑翔机研究，并开发了相应样机[399]。

2012年，由天津大学、中科院沈阳自动化研究所、华中科技大学、中国海洋大学共同承担“863”计划项目“深海滑翔机研制及海上试验研究”，进行多型水下滑翔机的工程样机开发，加速推进了深海UG技术工程化。

2014年3—4月，依托于“863”计划项目“深海滑翔机研制及海上试验研究”，多型水下滑翔机参与了南海海试研究。此次试验UG实现了连续无故障运行219个剖面、航程约600 km的航行，缩短了我国与国外的技术差距，为UG的实用化奠定了基础。

2017年3月，中科院沈阳自动化研究所的“海翼”号深海滑翔机，在马里亚纳海沟完成了大深度下潜观测任务并安全回收，最大下潜深度达到6 329 m[400]。

2018年4月，天津大学研发的“海燕-10000”水下滑翔机在马里亚纳海沟首次下潜至8 213 m，刷新了深海滑翔机工作深度的世界纪录。天津大学研制的长航程“海燕-L”，设计航程3 000 km级，于2018年1月16日在南海布放，5月14日安全回收；连续运行119天，完成剖面862个，航行里程2 272.4 km，再次创造国产水下滑翔机连续工作时间最长、测量剖面最多、续航里程最远等多项新纪录，将我国水下滑翔机的观测能力提升到四个月。

在水下滑翔机组网技术研究方面，2014年9月，天津大学在国内最早实现了3台水下滑翔机的组网和协作观测。2017年7月，中科院沈阳自动化研究所在南海海域布放了共计12台“海翼”系列水下滑翔机，开展了多机的集群测试。同期，天津大学联合中国海洋大学等研究机构，面向海洋中尺度涡现象开展了包括“海燕”水下滑翔机、C-Argo浮标、波浪滑翔机、深海潜标在内的共计30台的规模化立体综合调查，实现了“海燕”水下滑翔机、波浪滑翔机、综合调查潜标、自动升降剖面潜标、光纤水听器阵列、C-Argo浮标等多种海洋观测先进设备的异构组网同步观测。虽然我国尚未构建和运行国家层面的水下滑翔机观测网络，但相关专项项目已经启动。

2. 具体技术特点及发展现状

1) 单机技术

单机技术包括浮力驱动技术、多模式混合推进技术、波浪能驱动技术、面向特定任务的水下滑翔机深潜应用技术以及适于UG平台的传感器融合与集成技术等。

(1) 浮力驱动型水下滑翔机。

1991年1月，Teledyne Webb Research(TWR)公司第1台Slocum水下滑翔机在美国佛罗里达州的Wakulla Springs进行了深度为20 m的29次工作循环，标志着水下滑翔机的正式诞生[401]。此后，Slocum水下滑翔机技术一直由TWR公司进行改进和完善。目前，Slocum水下滑翔机按照浮力驱动系统的等级，已有30 m、100 m、200 m、350 m、1 000 m等多种系列，是当前应用最为广泛的一款水下滑翔机产品[402]。

1999年，美国Scripps海洋研究所和Woods Hole海洋研究所共同研制成功Spray水下滑翔机。Spray是目前投入实际应用潜深最大的水下滑翔机，工作深度为1 500 m[403]。目前Spray在BLUEFIN公司实现商品化，与Slocum和Spray形成鼎立之势，为滑翔机的主流产品之一。

1999年，美国华盛顿大学应用物理实验室(University of Washington, Applied Physics Laboratory, APL)成功研制了Seaglider水下滑翔机。它使用与海水压缩率相似的材料作为耐压壳体，可以有效地减小其浮力改变量，更节省能源[404]。目前，Seaglider已经由KONGSBERG公司实现商品化，也是当前水下滑翔机的主流产品之一。

近年来，在海军研究办公室的资助下，美国Exocetus公司耗时6年研发了用于浅海的Exocetus Coastal Glider (之前称为ANT Littoral Glider)。在6年中Exocetus公司共向美国海军交付了18台水下滑翔机，这些水下滑翔机共进行了4 500 h的作业。Exocetus Coastal Glider的浮力系统容量可达5 L，使得滑翔机运行速度很容易达到2 kn，与其他滑翔机比较，性能优势明显。

(2) 混合推进型水下滑翔机。

随着水下滑翔机的广泛应用和使用需求的逐步深入,为提高水下滑翔机在较强海流下的抗流能力,混合推进型水下滑翔机也逐渐成为最近十年和当前的研究热点。

2004年,美国普林斯顿大学的 R. Bachmayer 和 N. E. Leonard 等人首次提出了混合推进水下滑翔机"Hybrid Glider"的概念设计,在水下滑翔机的尾部直接加装螺旋桨推进器,实现多模式混合推进[405]。

2008年,法国 ACSA 公司开发成功 SeaExplorer 混合推进水下滑翔机,它集成了螺旋桨推进系统,可在 AUV 工作模式和 Glider 工作模式间自由切换,最大工作水深约 700 m,结合水下声学定位系统,能够不浮出水面完成自定位,可用于长时海洋监测和冰下测量。目前 SeaExplorer 也已经实现商品化,得到一定程度的应用[406]。

2009年,北约水下研究中心(NATO Undersea Research Centre,NURC)开始研发混合推进水下滑翔机 Folaga。它具有鱼雷型外壳,中部配备有浮力驱动装置,用以实现滑翔运动,首部和尾部安装有泵喷推进器,可以通过螺旋桨和泵喷共同实现水平推进运动[407]。

同年,法国 ENSIETA 学院研发了混合推进水下滑翔机 Sterne。其长度为 4.5 m,外径 0.6 m,质量约为 990 kg。此水下滑翔机两侧布置有水平机翼,同时拥有可驱动的水平尾鳍和垂直尾舵,用于螺旋桨推进模式下的控制[408]。

2011年,美国蒙特利海湾研究所(Monterey Bay Aquarium Research Institute,MBARI)研制了混合推进水下滑翔机 Tethys AUV。此水下滑翔机全长 2.29 m,外径 0.305 m,尾部布置有螺旋桨推进器,可实现短时的混合推进能力。

2012年至今,针对美国 Teledyne Webb Research(TWR)公司生产的 Slocum 水下滑翔机,加拿大纽芬兰纪念大学(Memorial University of Newfoundland,MUN)、加拿大国家研究委员会(National Research Council Canada,NRC)和美国 TWR 研究人员在其尾部加装可折叠螺旋桨推进器,以增强滑翔机在浅海运行的机动能力,拓展其应用范围和海域。当需要推进运动时,滑翔机尾部螺旋桨展开,可增加航行速度;需要滑翔运动时,尾部螺旋桨折叠,从而减少滑翔阻力。

最近几年,我国在混合推进滑翔机方面也已经开展了技术探索并取得了关键技术的突破。天津大学水下机器人团队在 2009 年研制了工作深度 500 m、净重 130 kg 的混合推进水下滑翔机 Petrel,并做了湖域测试。2013 年和 2014 年,混合推进滑翔机 Petrel Ⅱ也在我国南海进行了初步的混合推进测试，具备了一定的技术基础[409]。2015 年 4—6 月，天津大学水下机器人团队投入多台“海燕”水下滑翔机参加由科技部 21 世纪办公室组织协调的海试长航程比测，试验中更是实现了无故障工作 30 天，完成 1 000 m 深海观测剖面 229 个、水平航行距离达到 1 022.5 km 两项国内新纪录。目前，天津大学“海燕”混合驱动水下滑翔机已经通过产品定型并正在积极进行商业化推广和示范化应用。

以上多款已实现商品化和正在研制中的水下滑翔机产品具体性能指标归纳在表 15 - 1 中。

表 15 - 1 国内外水下滑翔机产品及其主要技术指标

名　称	研发单位	主要技术指标/研发状态
Slocum 电能驱动 UG	美国 Teledyne Webb Research 公司	G2 系列：机身长 1.5 m，直径 0.22 m，净重 55～70 kg，平均水平速度 0.35 m/s；由下潜深度可分为 30 m，100 m，200 m，350 m 及 1 000 m 级(通过置换前端盖浮力引擎模获得)；碱性电池续航能力为 350～1 200 km，15～50 天；可充电电池续航能力为 700～3 000 km，1～4 个月；锂电池续航能力为 3 000～13 000 km，4～18 个月。已实现产品化
Spray UG	美国 Scripps 海洋研究所和美国伍兹霍尔海洋研究所	机身长 2 m，翼展 1.2 m，净重 51 kg，连续运行时间 6 个月，运行速度 0.23 m/s(最高 0.25 m/s)，航程约为 3 600 km，最大下潜深度 1 500 m。已实现产品化
Seaglider UG	美国华盛顿大学应用物理实验室	机身长 1.8 m，直径 0.3 m，翼展 1 m，天线杆长度 1 m，净重 52 kg，最大下潜深度 1 000 m，最大航程 4 600 km，锂电池包分为 24 V 和 10 V 两种，容量 10 MJ，典型速度 0.25 m/s。已实现产品化

（续表）

名　称	研发单位	主要技术指标/研发状态
ANT Littoral Glider/ Exocetus Coastal Glider 	美国 Exocetus 公司	机身长 2 m，直径 0.32 m，翼展 2 m，净重 120 kg，最大下潜深度为 200 m，浮力系统容积 5 L，最大速度 1 m/s。已实现产品化
SeaExplorer 混合推进 UG 	法国 ACSA 公司	机身长 2 m，直径 0.25 m，天线长 0.7 m 可折叠，翼展 0.565 m（尾部），净重 59 kg，体积变化 1 L（±500 mL），最大水平速度 0.5 m/s，负载 8 kg，下潜深度 700 m，持续运行时间 2 个月。已实现产品化
Folaga 混合推进 UG 	北约水下研究中心	机身长 2 m，直径 0.14 m，净重 30 kg，最大水平速度 1 m/s，负载 8 kg，下潜深度 100 m
Sterne 混合推进 UG 	法国 ENSIETA 学院	机身长度为 4.5 m，外径 0.6 m，质量约为 990 kg

（续表）

名　称	研 发 单 位	主要技术指标/研发状态
Tethys 混合推进 UG 	美国蒙特利海湾研究所	全长 2.29 m，外径 0.305 m
Slocum 混合推进 UG 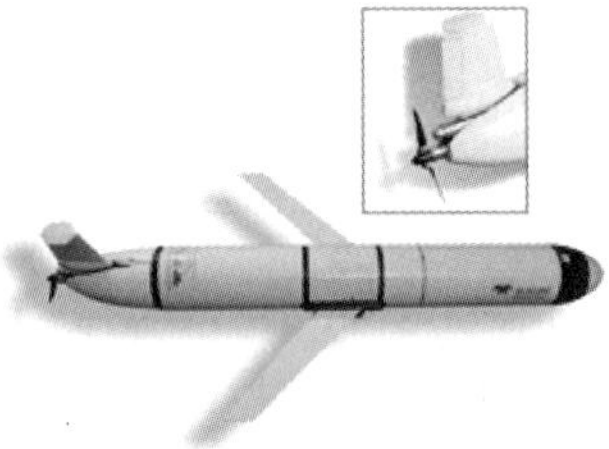	加拿大纽芬兰纪念大学、加拿大国家研究委员会和美国 TWR 公司	在 Slocum 水下滑翔机基础上，尾部加装可折叠螺旋桨推进器
Petrel Ⅱ 混合推进 UG 	中国天津大学	采用混合推进技术，长 1.8 m，直径 0.3 m，重约 70 kg，最大工作深度 1 500 m，最大航程 1 500 km，可持续不间断工作超 40 天，具备独立在水下全天候工作的能力
“海翼”水下滑翔机 	中国科学院沈阳自动化研究所	机身长 2.5 m，直径 0.22 m，翼展 1.2 m，重量 65 kg，工作深度 1 000 m，航程 1 000 km，航速 1 kn，能源为电能，连续工作时间为 1 个月

（续表）

名　　称	研发单位	主要技术指标/研发状态
我国其他 UG 海试样机	中国华中科技大学、中国船舶重工集团公司第七一〇研究所、中国海洋大学等研发单位	均已通过南海海上试验验证

(3) 波浪滑翔机。

波浪滑翔机(wave glider)是一种基于波浪能推进的新型海洋无人航行器，具有超长航时、自主、零排放、经济性等突出优点。波浪滑翔机能够长时续自主地执行海洋环境监测、水文调查、气象预报、生物追踪、远程预警、通信中继等作业任务。

2006 年，美国 Liquid Robotics 有限公司成立并开始波浪滑翔机的研发和生产。2009 年，该公司研制的波浪滑翔机 Red Flash 取得成功，完成了一系列海试试验[410]。2011—2013 年该波浪能 UG 进行了穿越太平洋海试试验- PacX，打破了无人船(unmanned ocean vehicle)最远航程的世界纪录[411-412]。波浪能滑翔机 Red Flash 的基本结构由水面船部分和水下滑翔动力部分组成，其基本参数见表 15 - 2。波浪滑翔机自研发成功至今已经开展了系列试验。2007 年，波浪能滑翔器经历了飓风 Flossie，验证了可抵御 10＋ft 海况和 40＋kn 风速的恶劣海况的能力[413]。其后，波浪能滑翔器在调查阿拉斯加海岸时，遇到了 20＋ft 海况和 50＋kn 风速，可安然无恙地工作。2009 年 4 月，波浪能滑翔器在 Monterey Bay 海洋生物研究所布放的深海锚系浮标 M2 附近实现了 50 m 半径的站点保持，同时，对波浪能滑翔器与 M2 的传感器数据进行了对比，除了温度有所差别之外其他数据吻合较好。2009 年 10 月，Sean Wiggins 等在普阿克海滩近海进行测试[414]，此次海试携带 120 GB 硬盘驱动器记录了 75 h 声学数据。2010 年 3 月 11—12 日，在夏威夷近海岸用波浪滑翔机和 HARP 技术记录了鲸鱼的声音。此次对水听器拖曳系统的改进及电缆整流罩的使用减少了低频噪声，使得较低频率的鲸鱼声音具有较高保真性。2010 年 10 月，Ryan N Smith 等在加利福尼亚州蒙特雷湾进行 CANON/ BIOSPACE 的试验，除了采集所需的科学实验数据，还记录了风速和方向、舵的方向和滑翔机的水平速度[415]。2012 年 3 月 Chuck Greene 等在夏威夷基亚拉凯库亚湾进行了一系列的试验。试验表明该系统是收集高质量声学数据的有效手段，可用于研究海洋生物的分布和迁移模式。2011 年 11 月，4 个波浪能滑翔器从 San Francisco 出发经过 4 个月 3 200 n mile 的航行到达夏威夷。此后，其中两个穿过赤道向澳大利亚前进，另外两个跨过世界上最深的马里亚纳海沟前往日本。在持续 12 个月的航行后，4 个波浪能滑翔器均在 2012 年底到达目的地，整个航程总计 9 000 n mile。

表 15-2 美国 Liquid Robotics 公司波浪滑翔机基本参数(含海试情况)

Red Flash 基本结构			
整体结构(水下滑翔动力机构通过缆绳与水面船连接)		水面船结构	

结构参数			
尺寸	水面船：2.1 m×0.6 m 滑翔动力机构：0.4 m×1.9 m	质 量	75 kg
排水量	150 kg	续航时间	1 年
设计性能参数			
推进能源	通过机械结构把波浪能转换成推进能源	航速	大于 0.5 kn(一级海况)； 大于 1.5 kn(三级)
电池电量	太阳能电池板＋665 Wh 的锂离子电池	可用负载功率	连续功率 10 W(典型值)，取决于所处的纬度、天气等
通信系统	铱星，无线电模块	导航系统	12 通道的 GPS，电子罗盘，流速测量(可选)
应急保护设备	闪光灯，无线电信标，声信标(可选)		

(续表)

海上试验情况(截至 2009 年)	
累计航行时间(所有滑翔机)	1 906 天(约 5.2 年)
累计航行里程(所有滑翔机)	>42 100 n mile
最远航行任务	247 天(截至 2009/08/21)
累计航行里程(单台滑翔机)	2 150 n mile(截至 2009/08/21)
最恶劣海况	六级海况

(4) 深海水下滑翔机。

为突破滑翔机的深度极限,美国华盛顿大学海洋学院(University of Washington, School of Oceanography)研制了用于深海环境监测的长航程水下滑翔机 Deepglider,其长度为 1.8 m,质量为 62 kg,设计深度为 6 000 m,航程为 10 000 km,连续工作时间为 18 个月,可搭载温度、盐度和溶解氧等传感器[416]。Deepglider 耐压壳体采用碳纤维复合材料,以满足 6 000 m 大深度的要求。其研发分为两个阶段,第一阶段为深度 4 000 m 的样机研发,于 2006 年 11 月在华盛顿沿岸做了首次海试。此次试验,Deepglider 最大下潜深度为 2 713 m,航行距离 220 km,航行时间为 39 天。第二阶段为 6 000 m 的样机研发,3 台 Deepglider 于 2011 年在大西洋做了海试研究,最大下潜深度达到了 5 920 m,航程总计 275 km。此次试验过程中两台滑翔机丢失。从 2014 年 3 月至今,研究人员又在百慕大海域布放了两台 Deepglider 滑翔机,对采集和发送数据情况进行进一步测试。

国内,天津大学自 2016 年开始大深度 4 000 m 水深、1 500 km 级长航程水下滑翔机的关键技术攻关,目前已开发出深海水下滑翔机的原理样机并通过了海上试验验证。中科院沈阳自动化研究所研制的"海翼"号 7 000 m 水深级水下滑翔机于 2017 年 3 月在马里亚纳海沟海上试验中最大下潜深度达到了 6 329 m。2018 年 4 月,青岛海洋科学与技术国家实验室海洋观测与探测联合实验室(天津大学部分)的"海燕-10000"号深海滑翔机在马里亚纳海沟首次下潜至 8 213 m,刷新了深海滑翔机工作深度的世界纪录。

(5) 适于 UG 平台的传感器融合与集成技术。

目前国内外水下滑翔机已成功实现多种传感器的集成与融合,典型的传感器包括:温盐深测量仪(conductivity-temperature-depth system,CTD)、溶解氧传感器(dissolved oxygen sensor)、光学氧传感器(optical oxygen sensor)、海流计(current meter)、水质传感器、叶绿素荧光计(chlorophyll fluorometer)、有色可溶性有机物传感器(colored dissolved organic matter sensor,CDOM)、低氧传

感器(hypoxia sensor)、光学反向散射计(optical backscatter)、水听器(hydrophone)、高度计(altimeter)、声学多普勒湍流剖面仪(acoustic doppler current profilers,ADCP)和剪切流传感器(shear probe)等,为海洋物理、化学、声学等现象的分析提供了重要支撑。另外水下滑翔机正在进行集成测试的传感器以及具有集成潜力的传感器如下:γ射线传感器(gamma radiation sensor)、辐射计(radiometer)、硝酸潜水紫外分析仪(submersible ultraviolet nitrate analyzer,SUNA)、射束衰减器(beam attenuator meter,BAM)、藻胆色素传感器(phycobilins)、深海光度计(生物荧光计)(bathyphotometer,bioluminescence)、养分传感器(nutrient sensors)、小型声呐等。这些传感器在探测海洋物理化学成分、海洋地形以及辐射等方面有重要的用途,也是今后的研究方向之一。我们按照不同应用领域,列出了当前水下滑翔机所搭载的主流传感器和正在研究集成和可能与水下融合的传感器,及其它们主要的性能指标,具体参见表 15-3。

表 15-3 目前国外水下滑翔机已经集成的各类传感器

传感器及其典型 UG 应用	主要用途	主要性能
温盐深测量仪(CTD) 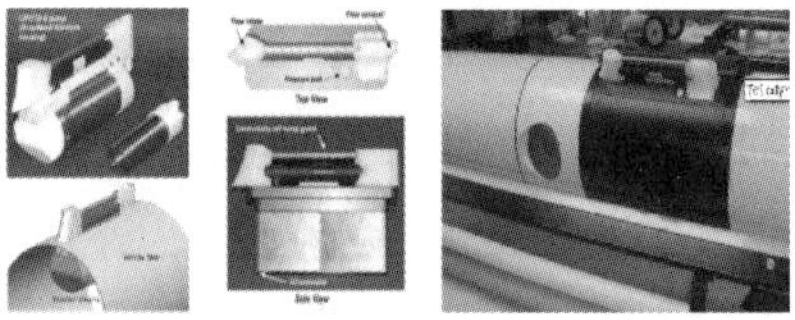 GPCTD、Slocum Glider Payload CTD 及其在 Slocum 上的位置	测量海水的温度、深度和导电性	导电性测量范围 0~9 S/m,温度测量范围 −5~+42℃,深度测量范围 0~2 000 dbar
溶解氧传感器 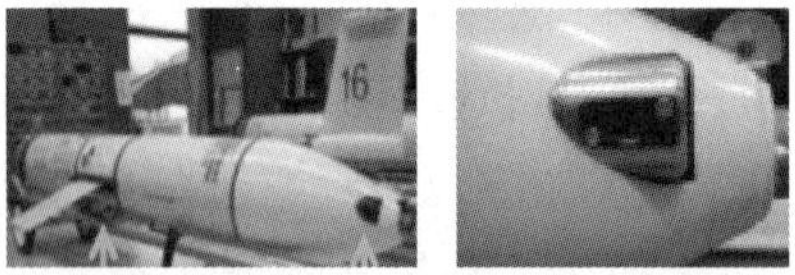 RU16 水下滑翔机及传感器在 UG 上的位置	测量海水中溶解氧含量	6.5~24 V 直流电压供电,功率 60 mW
水听器 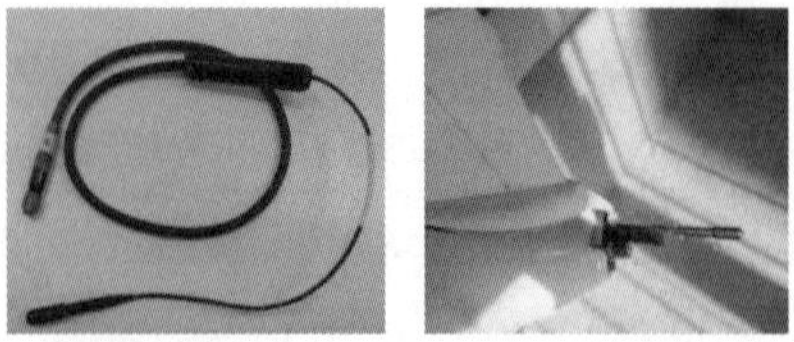 水听器及其在 Slocum 上的安装位置	监测海洋生物、船舶和飞行器的位置和航行信息	灵敏度不低于−160 dB,能够探测 0~50 kHz 频率范围内的声音信号,具有全指向性

（续表）

传感器及其典型 UG 应用	主要用途	主要性能
剪切流传感器 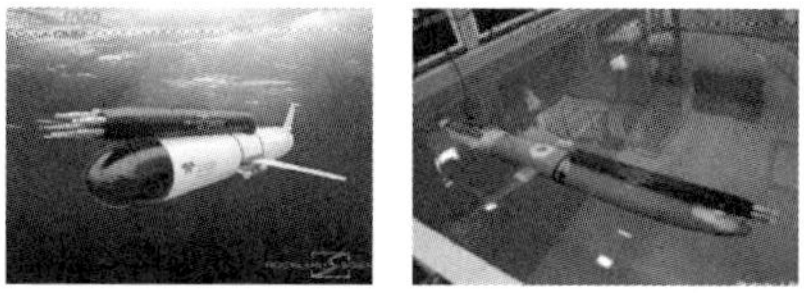 搭载在 Slocum 及 Spray 上的 MicroRider	测量海洋流速剪切，估算海洋湍流动能耗散率	额定压力 1 000 dbar，采样频率 512 Hz，模拟输入 0～5 V，功耗 1 W，自带储存卡和数据处理电路
海流计  搭载有 Nortek 公司 400 kHz Aquadopp 海流计的 Slocum 水下滑翔机	测量海水流速和海流方向	最大采样频率 1 Hz，回声强度为：声学频率 2 MHz，分辨率 0.45 dB，测量单元格大小 0.75 m
声学多普勒湍流剖面仪  集成在 Spray 及 Seaglider 上的 ADCP  TWR 公司集成在 Slocum 上的 ADCP	海洋调查、测量海水流速、流向等水文要素	工作范围 150 m，工作频率 300 Hz、600 Hz 或 1 200 kHz，低噪声，低功耗
光学反向散射计 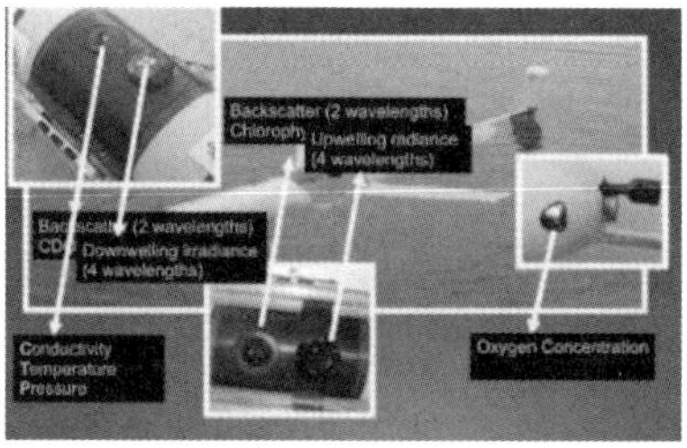 光学反向散射计与 Slocum 的集成	监测海水悬浮物质	灵敏度 0.003 m^{-1}，测量范围 0～5 m^{-1}，线性度 99%，采样 1～4 Hz，承压 600 m

（续表）

传感器及其典型UG应用	主要用途	主要性能
高度计	测量仪器距海底的距离	工作频率200 kHz，波束宽 20°，数字分辨率1 mm，量程1～100 m
叶绿素荧光计	测量叶绿素a的浓度	灵敏度0.02 μg/L，测量范围0～125 μg/L，采样频率8 Hz，承压600 m
水质传感器	测量水中的氨氮、叶绿素、含氧量、浊度等	工作深度200 m，可测量18种水质参数
养分传感器	测量海水中的养分含量	检量极限0.25 μm，LED波长870 nm
有色可溶性有机物传感器	测量有色可溶性有机物的含量	低功耗，内置浊度清除系统
γ射线传感器	测量海水的射线强度与海水放射性辐射	有效长度241.6 mm，有效直径20 mm，工作温度范围－40～75℃，以Ce-137校准

a. 温盐深测量仪(CTD)：CTD用于测量海水的电导率、温度和深度，是当前滑翔机可搭载的主流传感器。主要供货方为美国海鸟(Seabird)公司。目前该公司已经设计了两种滑翔机可搭载的CTD，一种为Glider Payload CTD (GPCTD)，另一种为Slocum专用Slocum Glider Payload CTD (OEM instruments)。

b. 溶解氧传感器/光学氧传感：2010年美国南卡罗来纳州立大学和罗格斯大学在RU16 Slocum水下滑翔机上安装了光纤化学氧传感器，以确定2010年8—11月四个月新泽西海岸的低氧区位置及变化频率，并确定溶氧量是否受环境因素的影响。2012年在南加州沿海海洋观测系统(Southern California Coastal Ocean Observing System，SCCOOS)中，部分滑翔机实现了溶解氧传感器的集成，用于观测南加州湾近海水域的低氧状况，该溶解氧传感器所获得的数据可用于估计与海洋酸化相关的参数。

c. 水听器：2009年，Ferguson和Rodgers等人实现水听器与Slocum的集成，布放于澳大利亚新南威尔士州杰尔维斯湾的入口处监测水下声波环境，以提取海洋生物、船舶和飞行器的位置和航行信息。2010 年 5 月，俄勒冈州立大学在 Slocum 尾舵处安装全向水听器(HTI92B)，并将其布放于西马塔火山附近，用于监测海底火山爆发所发出的声波信息，拓展了滑翔机的应用方向。2012 年，Wall 等[417]将水听器集成于 UG 的后罩中，成功地在大空间范围内检测到鱼发出的声音。2012 年 11—12 月，在缅因州中部海湾，2 台 UG 采集了超过 25 000 种由鲸鱼等造成的声学信号[418]。2013 年 5 月，葡萄牙阿尔加维大学在葡萄牙海岸布放了搭载 SR－1 水听器的 Slocum 用于探测水下噪声，结果表明水下滑翔机可对水下噪声进行时间和空间尺度上的有效探测。

d. 剪切流传感器/微结构测量：剪切流传感器用于测量海洋流速剪切，从而估算海洋湍流动能耗散率。2009 年，F. Wolk、R. G. Lueck 和 L. St. Laurent 完成了剪切流传感器模块(MicroRider)与 Slocum 滑翔机的融合，在美国马萨诸塞州附近湖域开展实验，获得了 5 组剖面数据。此后，英国利物浦国家海洋技术中心分别于 2011 年 6 月至 7 月、9 月和 2012 年 9 月在利物浦湾、苏格兰因奇马诺克岛海域及爱尔兰南部凯尔特海域利用搭载 MicroRider 的 Slocum 滑翔机进行了多次试验，获得了大量湍流数据，并且分析了海水与空气的热交换机制。

e. 海流计：华盛顿大学 APL 实验室与 Nortek 公司合作，将 1 MHz Aquadopp 海流计成功集成到 Seaglider 滑翔机上。此设备的设计深度可达 1 000 m，能够用于大深度、高分辨率的海流测量。同时，Webb 公司与 Nortek 公司合作开发的 400 kHz Aquadopp 海流计，将海流计与水下滑翔机外形相匹配，实现了两者的融合与集成。2008 年，加拿大纽芬兰纪念大学(Memorial University of Newfoundland，MUN)和加拿大国家研究委员会(National Research Council Canada，NRC)的 Ralf Bachmayer 博士及其研究小组，使用此款水下滑翔机对格陵兰岛雅各布冰川水下部分和冰山周围流场进行了监测。测量数据对于预报冰山漂流路径、控制冰山灾害和入侵具有重要作用。

f. 声学多普勒湍流剖面仪(ADCP)：2005 年起，Nortek 公司与 WHOI、华盛顿大学、罗格斯大学和 Scripps 海洋研究所等单位合作，致力于开发用于水下滑翔机携带的 ADCP 设备和数据处理方法。2012 年，Nortek 公司研制出专业的小尺寸、低能耗、测速精度高的 ADCP 系统，实现了与滑翔机的集成。目前 ADCP 已经装备在 Seaglider 和 Spray 滑翔机上。2012 年 1 月，第一台 ADCP 集成于 Seaglider 上，用于探测南极洲海洋环流和浮游生物含量。2013 年 1 月到 3 月，Spray 携带 ADCP 在圣地亚哥近海进行了相关传感器测试，得到了令人满意的结果。

g. 光学反向散射计：2008 年 7 月，美国海军办公室将 Slocum 滑翔机与光学反向散射仪进行集成，在四个不同的沿海水域：夏威夷群岛、利古里亚海、阿拉伯湾和黄海布放，用于验证光学反向散射计与光线衰减的关系。

h. 叶绿素荧光计：2002 年 4 月，WET Labs 公司开发了叶绿素荧光计 ECO-BB2F，实现了与 Seaglider 的有效集成，此滑翔机在胡安·德富卡海峡布放，历时 6 天穿越华盛顿大陆架，航行近 150 个剖面，完成了对叶绿素浓度的测量。2003 年 11 月，罗格斯大学沿海海洋观测实验室在新泽西大陆架布放了 4 台电驱动 Slocum 滑翔机，每台滑翔机上均搭载了荧光计，航行时间达 2～4 周，采集到了相关的叶绿素数据并对其进行了绘图分析，为以后对海洋生物环境的研究提供了数据支持。在 2009 年 2 月 18 日，一台电驱动 Slocum 滑翔机在南乔治亚海峡布放，其上面携带了 Wet-Labs BBFL2S Triplet Fluorometer 传感器，对叶绿素 a 浓度进行测量，对该海区的叶绿素分布趋势分析提供了丰富数据。

2）组网技术

水下滑翔机作为一种长时序、大航程的智能潜水器，进行编队、组网和协同观测是其最重要的应用方式之一。自 20 世纪 90 年代末至今，水下滑翔机单机技术成熟后，多台（套）水下滑翔机编队、水下滑翔机网络越来越多地应用到海洋探测实际中。在国际上几乎所有重要的海洋观测系统和海洋观测计划中，都存在水下滑翔机编队和网络构建的研究任务和应用试验。目前国外水下滑翔机观测网已经完成了多次示范，取得了显著成果，显示了水下滑翔机网络在海洋监测和探测方面的重要作用（见图 15-2）。2014 年 9 月，天津大学在国内最早实现了 3 台水下滑翔机的组网和协作观测。2017 年 7 月，中科院沈阳自动化研究所在南海海域布放了共计 12 台“海翼”系列水下滑翔机，开展了多机的集群测试。同期，天津大学联合中国海洋大学等研究机构，面向海洋中尺度涡现象开展了包括“海燕”水下滑翔机、C-Argo 浮标、波浪滑翔机、深海潜标在内的共计 30 台的规模化立体综合调查，实现了“海燕”水下滑翔机、波浪滑翔机、综合调查潜标、自动升降剖面潜标、光纤水听器阵列、C-Argo 浮标等多种海洋观测先进设备的异构组网同步观测。但遗憾的是，我国尚未开始国家层面的水下滑翔机观测网络的构建和运行。

（1）自主海洋观测网 AOSN。

20 世纪 90 年代开始，由美国海军研究院资助的自主海洋采样网（autonomous ocean sampling network，AOSN）启动，试验的目的是为了观测大范围近海和沿海区域内，各种重要海洋特性和海洋现象[419]。AOSN 分别于 2000 年、2003 年和 2006 年在美国蒙特利海湾进行了一系列的海洋观测试验。

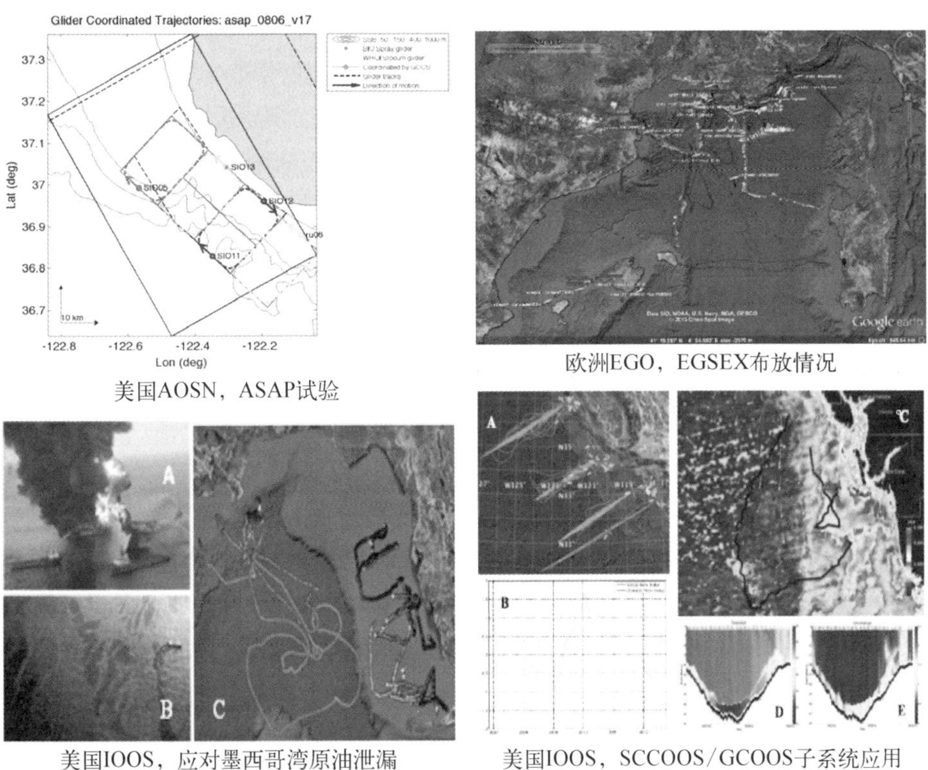

美国AOSN，ASAP试验

欧洲EGO，EGSEX布放情况

美国IOOS，应对墨西哥湾原油泄漏

美国IOOS，SCCOOS/GCOOS子系统应用

澳大利亚IMOS近海水下滑翔机观测网络

图 15-2　国外水下滑翔机观测网

2000 年秋季，在 AOSN 一期试验中，水下滑翔机验证了同一时刻、不同地点进行海洋观测的技术可行性，使多水下滑翔机构建海洋观测网成为可能。2003 年 8 月，AOSN 二期试验（AOSN Ⅱ）在蒙特利海湾进行。其采用一组水下滑翔机，组成水下自适应采样网络，充分利用海流预测，设计控制策略并实现水下滑翔机的布局结构调整。通过合理布置各类传感器，使得每一个滑翔机均可在密集区域采集信息，从而大大提高观察和预测能力。此次试验共有 10 台 Slocum 水下滑翔机和 5 台 Spray 水下滑翔机参与，分别搭载 CTD、叶绿素、荧光计等传感器，对夏季蒙特利海湾上升流进行了为期 40 天的调查试验，获得 12 000 组剖面试验数据，提高了海洋学家对海洋上升流、跃层和锋面的认识和理解，充分显示了基于多水下滑翔机网络在海洋观测领域的优势。2006 年 8 月，在 AOSN Ⅱ的基础上，开展了自适应采样与预报（adaptive sampling and prediction，ASAP）试验研究，以验证如何利用多个水下滑翔机进行高效的参数采样。ASAP 在蒙特利海湾展开试验，共有 4 台 Spray 水下滑翔机和 6 台 Slocum 水下滑翔机参加，对蒙特利海湾西北部寒流的周期上升流进行了调查。试验中水下滑翔机协同控制系统（glider coordinate control system，GCCS）用来优化水下滑翔机间的相对距离和编队优化。通过 ASAP 试验，多台（套）水下滑翔机作为分布式、移动的海洋参数自主采样网络，在海洋环境参数采样中显示了卓越优势和广阔前景。

（2）欧洲滑翔机观测站 EGO。

由英国、法国、德国、意大利、西班牙和挪威等国家的科学家组成的欧洲滑翔观测站（European Gliding Observatories Network，又称 Everyone's Gliding Observatories Network，EGO），主要目的是研究如何协调组织滑翔机编队实现全球性、区域性及近海岸等不同范围内的长期海洋观测任务。2005—2014 年 4 月底，EGO 共布放了约 300 台水下滑翔机执行各种海洋观测任务：2005 年 12 月—2007 年 8 月，EGO 在大西洋布放了 2 台 Spray 水下滑翔机，用于实时采集大西洋海域内大范围海洋剖面的数据信息；2007—2008 年，EGO 在地中海布放了 7 台 Slocum 滑翔机和 1 台 Spray 滑翔机，对物理生物耦合现象进行观测研究；2009 年 11 月—2010 年 2 月在塞浦路斯南部海域布放 5 台 Slocum 和 1 台 Seaglider，从利马索尔（Limassol）海港至 Eratosthenes 海山底区域范围内对海洋环流进行观测；2010—2011 年分别在佛得角群岛附近和热带大西洋海域进行了编号 SWARM01 和 SWARM02 试验；2012 年 9 月—2013 年 5 月，EGO 进行了 EGSEX（European glider swarm experiment）试验，在地中海西北海域布放了 8 台 Slocum 滑翔机，携带硝酸盐传感器对海域纵垂面硝酸盐含量变化进行观测。

(3) 综合海洋观测系统 IOOS。

综合海洋观测系统(Integrated Ocean Observing System,IOOS)于 2002 年组建,是美国海洋大气署主持的跨系统联邦计划,为全国性组织[420]。IOOS 非常重视滑翔机在海洋观测网中的作用,于 2012 年 8 月初步提出"National Glider Network Plan",建议成立数据中心(DAC),采用统一的滑翔机数据格式,分享观测数据。该计划在 2014 年 1 月提出正式的"U. S. IOOS® National Underwater Glider Network Plan",旨在搭建一个初步的滑翔机网络,建立数据管理和传输中心,提高滑翔机编队和数据管理能力。水下滑翔机网络在 IOOS 中的典型应用主要有以下两例。

应对突发状况能力突显:在 2010 年发生的美国墨西哥湾原油泄漏事故中,水下滑翔机观测网成功预测了原油泄漏的羽流流向,显示了其他观测平台无法比拟的优越性。由 AUV 和水下滑翔机共同组成的观测网可按规定路径采集数据,通过监测海水透明度和氧含量来估计漏油量,通过采集温度、盐度和水流参数估计泄漏原油的流向,并通过采集其他海洋信息以便评价漏油事件对海洋环境的影响。在此次原油泄漏事故中,IOOS 共计布放 7 台 Slocum 水下滑翔机、3 台 Seaglider 水下滑翔机和 1 台 Spray 水下滑翔机,为原油泄漏事故的控制和处理提供了巨大的技术支持。在"U. S. IOOS® National Underwater Glider Network Plan"中提到,由 2010 年墨西哥湾漏油事故中组建临时滑翔机观测网络的经验启发,提出沿美国海洋沿岸建立持续的水下滑翔机观测网络,以应对随时可能发生的海洋突发事故,是滑翔机未来的重要发展和应用方向。

海洋特殊现象观测的有力工具:自 2006 年,南加州近海观测系统(Southern California Coastal Ocean Observing System,SCCOOS,IOOS 子系统)在加利福尼亚南部海岸沿线布置滑翔机观测网。该网络通过采集海洋参数变化,研究其对内陆造成的影响。该网共使用 4 台 Spray 水下滑翔机对南加州近海海域的温度、盐度、深度、叶绿素浓度和反向散射等参数进行采样。通过持续观测 50 m 深的温度变化,得出温度变化指数,进而帮助人们对气候变异现象进行深入研究。自 2010 年起,墨西哥湾观测系统(Gulf Coast Ocean Observing System,GCOOS,IOOS 子系统)开始设计利用滑翔机网络进行赤潮观测。2012 年秋季,GCOOS 与南佛罗里达大学海洋科学学院和 Mote 海洋实验室合作,在佛罗里达大陆架利用水下滑翔机编队对 Karenia brevis 藻类进行了观测研究,观测结果对研究埃克曼层底部上涌的上升流特性具有重要作用。

(4) 澳大利亚综合海洋观测系统(IMOS)。

澳大利亚综合海洋观测系统(Australia's Integrated Marine Observing

System, IMOS)建于2007年。ANFOG(Australian National Facility for Ocean Gliders)是IMOS系统的子观测网，负责水下滑翔机编队的运行和维护。ANFOG的水下滑翔机编队可用来对澳大利亚周边海洋进行观测，目前滑翔机编队分布如图15-2所示。2012—2013年，ANFOG共布放了包括Seaglider和Slocum在内的数十台水下滑翔机，共计执行超过150个调查任务。任务范围覆盖观测海域温度、盐度，海洋酸化和气候变异等，并完成了对大陆架海域的物理、化学、生物现象的观测和预报。

15.2.2 水下滑翔机应用技术现状

目前，水下滑翔机平台在国内外应用广泛，在诸多方面显示了重要的应用价值，极大满足了海洋经济发展、灾害预防、海洋科学与国防科技等的各类需求。正是海洋科学、海洋技术、国防科技等民用、军用两方面的需求指引着水下智能无人系统的研究与发展方向。

1. 民用方面的需求

1) 突发事件的应急响应

水下滑翔机平台可以用于突发事件的应急响应，比如海洋污染监测、海洋搜救与打捞、桥梁检测等。

2010年4月20日美国墨西哥湾发生石油泄漏，保守估计2 000万加仑的原油泄漏在墨西哥湾。在此次灾难中，众多组织、企业和研究院校志愿组织布放了多台水下滑翔机对事发海域的温度、盐度和海流速度进行水下观测，为进一步确定泄漏原油随海流运动的方向提供了重要支持。在本次事件中，充分体现了水下滑翔机单机平台和多滑翔机网络系统具有其他观测设备无可比拟的优越性，同时具备可靠的应急响应能力。

2014年3月，马航MH370失踪，美国的蓝鳍金枪鱼水下机器人是唯一可以下水测量和搜救的方法。一般地，我们有四颗卫星就可以完成定位，随着水声通信技术的发展及水下滑翔机技术的成熟，只要在这片海域同时存在4台以上的UG，就能准确地对未知移动物体进行定位。因此，依靠这类技术，未来飞机若坠落海洋，我们便能很快知道它的位置信息，使有效救援成为可能。

2) 气候变异的观测

随着厄尔尼诺现象的发生，出现了大范围气候变异现象，引起了人类社会的高度重视。当下，对边界流进行观测是研究气候变异的关键。水下滑翔机具有长时持久观测能力，是边界流观测的理想平台。早在2004年，水下滑翔机成功从伍兹霍尔出发，横渡至百慕大群岛，进行边界流观测。2009年，著名Scarlet

Knight Slocum 水下滑翔机成功横渡大西洋，显示了水下滑翔机可靠的航行性能以及持久的作业能力。相对于其他观测系统，水下滑翔机能够对动态环境持续观测采样，具有无法超越的性能，可为气候变异现象的研究提供强有力的支持。

3) 提高海洋自然灾害预警能力

(1) 对飓风/台风天气的准确预报是降低灾害损失、保护人类生命财产安全的重要手段。由于水下智能无人系统具备极端环境中可靠的采样能力，可在飓风/台风掠过海面时进行实时观察，反馈重要的第一手动态温度和盐度信息，从而大大提高飓风/台风风力的预报精度，可为保护人类的生命财产安全做出重要贡献。

(2) 水下智能无人系统观测网络平台具备对赤潮现象(harmful algal blooms，HAB)多维度观测能力。目前，由水下滑翔机网络、卫星、水面船、系泊设备组成的多平台、多学科交叉观测系统，已经成为赤潮等现象的新型观测平台。

(3) 低溶解氧现象影响海洋水质和渔业生产，是当地关注的重要环境问题。低溶解氧区域通常存在于水表之下，单纯的水表测量手段并不能满足人们获得该现象的全部信息需求。水下滑翔机已经成功应用于美国近海水域溶解氧的采样任务中，证明了水下智能无人系统网络平台具备提供国家性水质监测服务的能力。

2. 军用方面的需求

目前，美国军方结合水下滑翔机的声学应用，也开展了声学滑翔机 XRay 和 ZRay 的技术研究，通过系列化测试，可以用于潜艇监测以及各类低频声源监测[421-422]。可见，水下滑翔机平台在海洋国防安全方面的应用潜力。

1) XRay

2005 年，美国海洋物理实验室、斯克里普斯海洋学研究所和华盛顿大学应用物理实验室联合开发了基于飞翼设计的 XRay 声学水下滑翔机，希望其达到 1～3 kn 的巡航速度，1 200～1 500 km 的航程，并能够在部分浮力下滑时保持 6 个月的驻地(见图 15-3)[423]。

该水下滑翔机的设计使浮力变化之间的水平距离最大化，水平运输中消耗的机械功率最小化，从而实现“持久性”。其翼展 6.1 m，比现有的水下滑翔机大 20 倍，是最大的水下滑翔机。2005 年的海上试验表明，38 L 浮力发动机的水平速度为 1.8 m/s 时，升阻比为 17/1。机翼上的两个水听器使用波束形成技术记录来自部署船的辐射噪声，并验证原型机翼飞行特性等方面。新滑翔机上的有

图 15-3 美国 Scripps Institution of Oceanography 的 XRay 滑翔机

效载荷包括一个低功率的 32 单元水听器阵列，沿着机翼的前缘放置，用于中频(1～10 kHz)的大物理孔径和一个 4 分量矢量传感器。阵列累积收集的数据说明了窄带检测和定位算法的性能。后续开发的飞行行为最大限度地提高阵列的探测和定位能力。

次年，第一个完全自主的 XRay 水下滑翔机在蒙特雷湾成功部署和运行了验证实验，实现了通过水下声学调制解调器以及铱卫星系统在内的实时滑翔机状态报告通信。有效载荷为水听器阵列，每声道带宽为 10 kHz，位于沿 6.1 m 机翼前缘的声呐穹顶中。在水下滑翔机的“飞行”中，升阻比超过了 10/1。2007 年，XRay 2 改进完成，并于 2008 年进行了 55 次现场测试，验证了其特定飞行行为可提高水听器阵列改进检测和定位。

XRay 可以在迅速隐蔽地部署后停留几个月，可被编程以监测大面积的海洋(最大范围超过 1 000 km 的车载能源供应)。由于其低噪声性能，很难被声学感测器探测到。XRay 能够方便快捷地展开和回收，且其有效载荷携带能力、越野速度，水平点到点的运输效率比现有的滑翔机更好。后来部署在夏威夷附近的菲律宾海和蒙特利海湾。

2) ZRay

ZRay 是一款基于 XRay 模型的改型，由美国海军研究办公室资助，于 2010 年 3 月完工的体宽 6 m 的混合型机身滑翔机[424]。在 ZRay 之前，有一系列性能越来越强的水下滑翔机，包括 Stingray(2004)和 XRay(2005)。

ZRay 通过安装在滑翔机前沿的声呐外壳中的 27 单元水听器阵列收集声学

数据，其目标是跟踪和自动识别目标。ZRay 左翼中的 16 元水听器频率 10 Hz～15 kHz，右翼 11 元水听器分低频（10 Hz～7.5 kHz）/中频（100 Hz～50 kHz）和高频（1～160 kHz）。ZRay 具有 35/1 的升阻比，并可将水射流用于良好的姿态控制和推进。宽带声学传感器也位于其“鼻子”和“尾巴”。其长续航能力（1 个月，1 000 km 范围）具有潜在的反潜作战应用。2011 年，ZRay 在圣地亚哥进行了海底被动声学自主监测（PAAM）测试，并设计用于在海军声学测试领域（见图 15－4）。

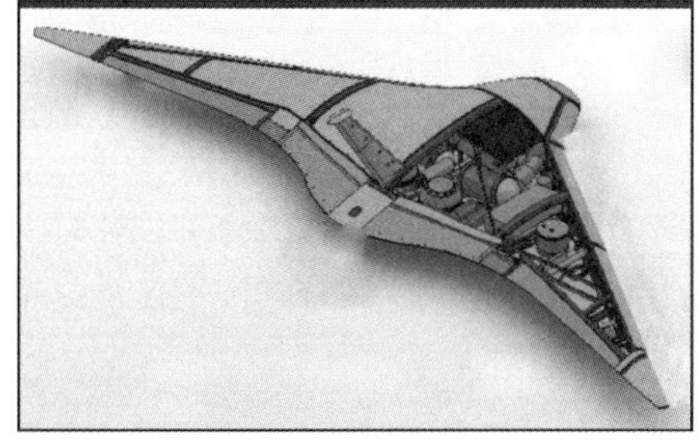

图 15－4　美国 ZRay 水下滑翔机

近些年来，空间感应水下滑翔机也得到了美国海军的关注和大力投入。Teledyne 公司为美国海军研制的 LBS－G 空间感应水下滑翔机用于获取重要的海洋学数据，改善海军演习期间舰队的定位，在考虑温度层对声呐传播的影响，该水下滑翔机对于隐藏核潜艇的狩猎也有明显用途。

LBS－G 空间感应水下滑翔机采用创新的推进概念，使用浮力的变化来推动自身穿越海洋。目前下潜深度为 1 000 m 以下，单次剖面可滑翔 5 000 m，“鼻子”中的传感器收集海洋学数据。在地面上，水下滑翔机报告其位置，通过卫星传输数据，并接收任何发送的命令。这种推进系统可支持水下滑翔机海上运行数星期，从而在地区范围内进行“潜伏”（见图 15－5）。

2009 年，LBS－G 空间感应水下滑翔机完成 223 天内横渡大西洋的任务。2010 年底开始初期生产。2011 年获得美国海军的批准，进入水下沿海战区空间感应滑翔机（LBS－G）项目的全速率生产阶段。2013 年美国海军加大了该项目的投入，希望将其用于针对远征作战的重要的地雷对策和其他任务，最终减少或消除水手和海军陆战队员进入危险的浅层和离岸的水域清理地雷。

美国等国家为提高其监视公海的能力，着力开发了使用的 Wave Glider 技术的波浪滑翔机。

图 15-5 LBS-G 空间感应水下滑翔机海试图

图 15-6 Wave Glider SV3 波浪滑翔机

波浪滑翔机的模式依靠从波浪本身的能量转换到它的燃料供应，2009 年推出了 Wave Glider SV3 版本（见图 15-6），在保持波浪能量的基础上，增加太阳能电池板和电池存储容量，不仅足以推进自主滑翔机，还为传感器、电子设备和发射机供电。

15.3 浮力驱动型水下滑翔机

15.3.1 工作原理

浮力驱动型水下滑翔机依靠改变自身的浮力来实现沉浮，依靠调整重心的位置改变俯仰角，获得水平方向的随流运动，其工作流程可分为水面准备阶段、滑翔下潜、滑翔上浮及水面等待 4 个阶段。浮力驱动型水下滑翔机的工作原理如下。

(1) 浮力驱动：载体质量恒定，依靠高压泵使油囊体积变化实现载体剩余浮力变化，从而导致水下滑翔机在浮力和重力作用下产生上升、下沉运动。

(2) 水平运动：特殊形状的机翼将升降运动中垂直作用力分解出水平分力，从而推动 UG 向前运动，即在上升或下沉时形成锯齿状轨迹。

(3) 姿态控制：通过载体内电池包旋转或前后移动，改变载体重心位置，从而改变水下滑翔机姿态，形成俯仰或横滚角度。在机翼和尾翼配合下，就可在上升和下沉运动时产生回转运动。

(4) 数据传输和定位：浮出水面后获取 GPS 定位，传输观测数据，根据下一个目标点确定航行参数。航行过程中，依靠姿态传感器，通过船位推算法，逼近目标点。

(5) 海洋观测：水下滑翔机在运动过程中，搭载的传感器采集数据，形成观测资料，通过卫星传输，由岸站/船台下载资料到服务器，形成数据库(见图 15 - 7)。

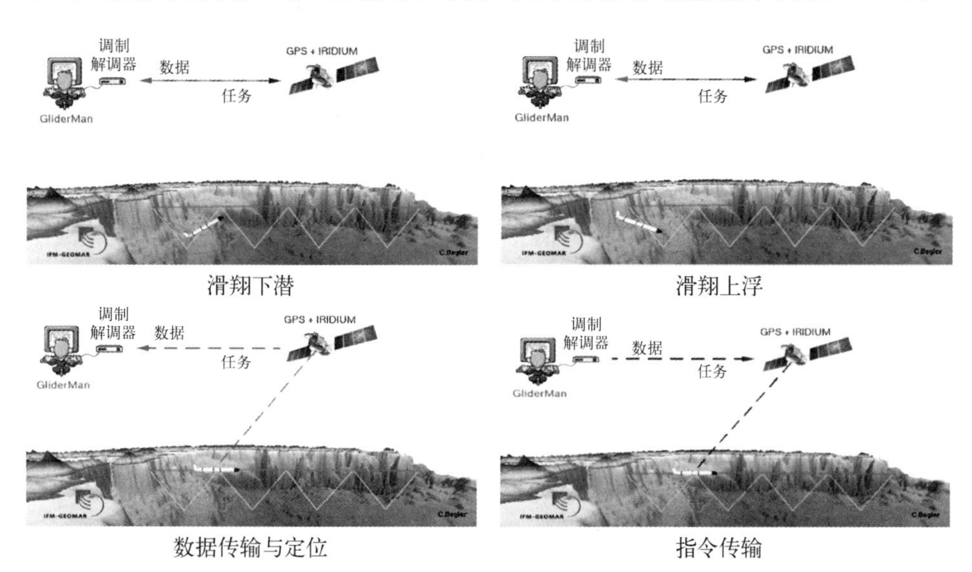

图 15 - 7　浮力驱动型滑翔机工作原理(引自：www.geomar.de/数据资料提供服务)

水下滑翔机布放使用时，先进行初始化，获得初始 GPS 定位后在控制系统操控下按规划的路径进入滑翔阶段，调节浮力为负，改变质心、浮心距，系统向下滑翔；调节质心偏转改变航向，使其朝向预定航路点运行，到达设定深度后，反向操控，浮力驱动为正，并使航行姿态朝上，产生向前向上的滑翔运动，直至航行体浮出水面进行定位及通信。重复上述过程，就形成了自主航行的锯齿形滑翔运动轨迹。上述过程中观测传感器将按设定时序监测温、盐、流等参数，经分析处理后，将相关信息通过卫星或无线电传回地面接收台站。

15.3.2　主要组成

浮力驱动型水下滑翔机采用了传统鱼雷流线型外形，有助于降低航行阻力，并尽量避免外部安装结构与附件。滑翔机平台采用模块化设计，共包含以下单元：浮力驱动单元、载体结构单元、姿态调节与能源单元、导航与控制单元、应急单元和测量单元，整体结构如图 15 - 8 所示，可划分为前导流罩、前舱段、中舱段、后舱段、尾部浸水舱五大部分。

前导流罩用于保护上断电、数据下载接头和浮力系统的外皮囊，导流罩上的排水孔有利于外皮囊油量发生变化排出或吸入海水进而改变滑翔机平台浮力。

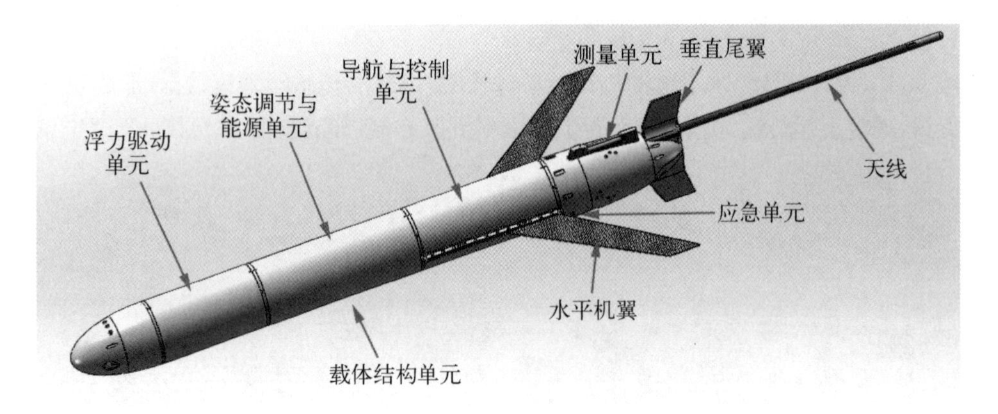

图 15-8 "海燕"浮力驱动型滑翔机结构示意图

前舱段安装有浮力调节单元。主要由安装在耐压主体内的伺服电机、液压泵、电磁阀、内皮囊和安装在耐压壳体外的皮囊组成。浮力调节单元的伺服电机可驱动液压泵,调节内外皮囊内的液压油体积,改变系统的总浮力来实现滑翔机上浮或下潜运动。

中舱段安装有姿态调节与能源单元、载体结构单元。主要由俯仰、滚转姿态调节机构和电池包组成。电池包为滑翔机工作提供能源,此外通过俯仰、滚转姿态调节机构调整电池包在滑翔机轴向和周向的位置,从而实现滑翔机整体重心在轴向和周向上的改变,进而完成滑翔机俯仰和滚转姿态的调整。

后舱段装有导航与控制单元。主要由电源管理单元、通信模块和控制中心等电子设备组成。

尾部浸水舱装有应急单元和测量单元,安装了任务传感器、应急抛载单元和垂直尾翼,同时,尾部浸水舱后端固定有杆状天线。

浮力驱动型滑翔机采用浮力驱动并结合重心、浮心的相对位置改变实现滑翔运动。其总体设计参数如表 15-4 所示。

表 15-4 "海燕"浮力驱动滑翔机总体设计参数表

序　号	特　　性	参　　　数
1	外　形	2.3 m 长(不含天线),直径 220 mm
2	质　量	69 kg,负载 5 kg
3	水平机翼	翼展 1.1 m,弦长 160 mm
4	垂直尾翼	翼展 400 mm,弦长 100 mm
5	俯仰姿态角	下潜 $-65^{\circ}\sim-15^{\circ}$,上浮 $15^{\circ}\sim65^{\circ}$

15.3.3 技术特征与技术优势

水下滑翔机与无人遥控式水下航行器相比，其自身携带能源，按照既定的任务要求可以在大范围内进行海洋勘测调查，具有能耗小、续航能力长、制造成本低、可重复利用、投放回收方便等优势。与基于测量船的海洋监测相比，使用水下滑翔机可以大大节省测量成本，而且不受海况的影响，可以实时获得监测数据，适于大范围长期的海洋立体监测，能够长时间不间断地进行海洋信息的搜集，海洋探测和科研的范围从时间和空间上得到了拓展，特别地，噪声小、隐蔽性好等特点使其在军事上的应用前景无可估量，在大范围、长时序、大纵深的涉海行为中，拥有更广阔的前景。此外，它还具备短时延信息传输和大范围运行的能力，是海洋四维空间强有力的观测和探索工具之一。UG还可用于探测和追踪典型或突发海洋事件，适用于“中尺度”和“亚中尺度”海洋动力过程的观测，可为海洋学领域的研究提供高分辨率的空间和时间观测数据。

UG在新兴的全球海洋观测系统中发挥着重要作用。作为一种有效的新兴海洋探索平台，UG可在深远海和大陆架等独特海洋环境中进行重复调查，其操作灵活，具备多机协作观测等特性，在这类精细化密集型海洋环境观测中具有广阔的应用前景。

15.3.4 典型应用情况

水下滑翔机已经成为大尺度多样性持续性观测的合适平台。所谓大尺度，就时间尺度而言，时间可持续数周或者更长；就空间尺度而言，距离从几十到几百千米不等。持续时间最长的连续性水下滑翔机项目是发生在靠近加利福尼亚海岸，该项目旨在观测气候变化对区域海域的影响。靠近加利福尼亚海域的渔业的波动导致加利福尼亚合作海洋渔业调查(CalCOFI)项目的实施[425]，该项目是目前世界上运行时间最长的海洋观测项目。整个水下滑翔机数据库目前主要由来自剖面数达到80 000个以及航程累积182 000 km的滑翔机测量数据组成。

水下滑翔机已经广泛应用到观测低纬度的太平洋西边界流。目前全球第二大最广泛的连续性水下滑翔机项目已经从2007年在所罗门海开始实施，其目标是在假定其能够影响厄尔尼诺现象的前提下定量化赤道运输[426]。通过控制水下滑翔机横穿所罗门海，Rudnick等人监测到按照一个月作为特定时间尺度的净运输量，其结果已用于验证区域模型是否有效[427]。向西方向流动的北赤道流会遇到菲律宾陆地的阻碍，结果其分叉形成朝向北的黑潮和朝向南的棉兰老岛海流。Lien 等人通过水下滑翔机对黑潮进行观测发现，该地区永久性含盐量极值与精细尺度变化有关[428]。Gawarkiewicz 等人利用该水下滑翔机观测到黑潮侵入中国台湾北部的大陆架[429]。Schönau 等人在帕劳群岛部署的水下滑翔机持续性重复横断面横穿北赤道流的观测，旨在辨识出持续性的海洋暗流以及定量化海洋暗流与通过北赤道流运输的精细尺度水团的混合，该观测的持续时间约为四年半[430]，类似的观测也使用过 Argo 浮标[431]。

水下滑翔机也已经应用到高纬度海域用来观测全球重要的水团形成与运输过程。Beaird 等人在冰岛-法罗岭海域进行了持续三年的水下滑翔机观测，最终对在北欧海域和大西洋海域之间进行交换的全球重要位置的强密度流溢出量进行了定量化处理[432]。Høydalsvik 等人在挪威大西洋海流的交通运输估计是由一系列横穿法罗-设得兰海峡的水下滑翔机横断面完成的[433]。Ullgren 等人于 2014 年利用调查船与两台水下滑翔机完成了对法罗浅滩海峡的水质调查[434]。Curry 等人使用来自水下滑翔机以及系泊站位重复六年的观测数据通过目标分析，完成了通过戴维斯海峡的流量定量化，结果显示其具有很强的年度和年际变化[435]。

对于利用水下滑翔机进行海洋调查来说，自适应采样是其主要的强项，这样的自适应使得水下滑翔机能够作为实用的海洋平台进行可辨识海洋特征例如锋面和涡流等的高效观测。对于涡流的传播与进化，水下滑翔机能够用来跟踪涡流并可进行重复的横穿最强海流梯度区域的测量。针对自适应采样的通用方法研究，表明它在尺度涡的可变性方面具有很大的优势。在原创性论文中，Martin 等人于 2009 年在阿拉斯加海湾进行了重复的横穿涡流试验以便能够找到涡流作为深度和径向位置函数的确切结构[436]。该涡流的描述主要包括速度、温度、盐度和势能涡量(PV)以及涡流相对涡量的贡献。Todd 等人于 2009 年在北加利福尼亚海湾一个岛的顶端进行了横穿一个气旋涡的剖面试验，结果发现在涡流中心处被抬高的等密度线是透光层营养物的主要来源，而且在涡流中心处具有更高的叶绿素浓度[437]。Pelland 等人在华盛顿海岸部署水下滑翔机对大量涡流重复横穿观测，其观测时间大约为五年半[438]。另外也已观测到涡流的自身旋转，对于反气旋涡流来说，其主要负责海洋热量和盐量的运输。这些下斜温跃层涡流被认为是由作用在向北流动的加利福尼亚暗流的摩擦力矩形成。Baird 和 Ridgway 于 2012 年在塔斯曼海开展了三个水下滑翔机测量任务试验，结果发现反气旋涡流从大陆架形成的水流向极地运输过程中扮演着重要的角色[439]。中尺度涡结构可被大气风暴强加到海洋环流中，如被设计用来观测台风发生的全方位试验(包括应用水下滑翔机)[440]。

在高纬度地区的冬季对流对水团的形成具有重要作用。对流下面的重新分层被认为是由涡流部分控制的。Hatun 等人于 2007 年同时利用两台水下滑翔机对伊尔明厄海的涡流进行观测并对这些涡流导致春天的重新分层做出估计[441]。利用这些来自相同水下滑翔机以及 Argo 浮标的数据,Frajka-Williams 等人于 2014 年得出结论:在深海对流内部的侧向密度梯度是引起接下来所有重新分层现象的充分条件[442]。这些研究工作只是利用水下滑翔机进行更大范围如对流尺度到环流尺度观测的部分工作[443]。Fan 等人于 2013 年利用系泊设备和一台水下滑翔机完成了涡流部分特征的估计,并得出涡流对伊尔明厄海的热量与盐量平衡起主要作用[444]。Kohut 等人于 2013 年利用单台水下滑翔机数据,以及来自系泊设备和调查船的数据辨识出了在南极洲地区的深海侵入体[445]。

水下滑翔机已应用到墨西哥湾流海域,相较于剖面式浮标,水下滑翔机的自身导航能力能够提供更加便捷的操作。而且在该海域的循环过程中,涡流起着主导作用,且墨西哥湾流是一种环流,是大西洋西边界流的一个分支。对于几个月的时间尺度来说,该环流可向北扩展并分离形成一个环流涡流。这种分离被认为是由存在于环流以及环流涡流边缘的更小气旋涡流控制的[446-448]。中尺度特征的层次结构使得利用水下滑翔机进行墨西哥湾流的观测是行之有效的方法。Rudnick 等人于 2015 年利用水下滑翔机进行观测以及四维可变数据同化模型[449]。Gopalakrishnan 等人完成了海表高度差异、涡量、环流涡流以及气旋涡流的深度结构的定量化研究[450]。

水下滑翔机很适合在大陆架地区进行海洋观测。在风驱动下的东边界上升流系统中,其根本问题就是在海表远离海岸流和朝向海岸流的共同作用下的横穿板块的热量运输。Davis 于 2010 年利用搭载有 ADCPs 传感器的水下滑翔机进行观测,最终发现回流只是在海表风力埃克曼层之下,也就是说如果回流能够扩展到海洋底部,热通量要少于期望值[451]。Timmermans 和 Winsor 于 2013 年在楚科奇海利用两台水下滑翔机检验在海表层中的中小尺度水平结构[452]。

Schofield 等人利用水下滑翔机在美国东海岸中大西洋湾进行了持续循环的观测[453]。Castelao 等人于 2008 年利用水下滑翔机观测到变化的温盐结构的主要特征涉及远离海岸的河水运输[454]。Xu 等人在浮游植物生长方面利用生物地球化学模型和水下滑翔机数据对风驱动下的洋流混合进行了调查研究[455]。Miles 等人利用水下滑翔机观测到覆盖大陆架板块的风暴将产生足够强大的海流使得该地区海底的沉积物悬浮于海水中[456]。Todd 等人于 2013 年利用两台水下滑翔机在中大西洋湾进行结构函数的测量以期能够使多样性尺度定量化[457]。

欧洲科学家利用大量的水下滑翔机对地中海海域进行了长时间的观测与调查。其中利用水下滑翔机观测数据、船舶和卫星测高数据,在地中海西北部的巴利阿里海海域检验中尺度涡的结构成为特别的焦点[458-459]。Heslop 等人于 2012 年对使用水下滑翔机进行评估从而进一步完成了对穿过巴利阿里海走廊运输量的估计[460]。Juza 等人于 2013 年将包括水下滑翔机数据在内的整套数据与前向模型仿真相结合以检验地中海西北部海域的环流影响,尤其是形成于大陆架地区的水团[461]。

竖直速度与中尺度和中小尺度特征是相互关联的,而这些因素对于生物的生产率起着至关重要的作用,水下滑翔机具有跟踪这些特征的能力。因此水下滑翔机能够在研究物理与生物耦合过程中发挥巨大作用。例如:等密度线的抬升是由涡流驱动生产量引起的,该现象已被在亚热带北太平洋海域的水下滑翔机观测到[462]。Frajka-Williams 等人于 2009 年利用水下滑翔机在拉布拉多海海域进行水华的观测,结果发现水华现象与涡流和锋面是相关的[463]。单台水下滑翔机被用来调查在远离澳大利亚海域的暖心核涡流处的生物地球化学变量的分布[464]。Hodges 和 Fratantoni 于 2009 年利用五台水下滑翔机编队来观测叶绿素荧光薄层,结果发现它们的进化是由海洋剪切主导的[465]。Biddle 等人在冰山附近部署水下滑翔机来辨识溶解氧的异常高浓度,发现该现象主要是由来自融水的微量营养物的注入引起的[466]。

在近岸海域的大量中尺度特征包括锋面、喷射和涡流,影响着作为自底向上过程的生物结构。沿着美国西海岸区域,针对这些过程的一些研究已经展开,主要是利用持续性的水下滑翔机进行观测。Perry 等人于 2008 年在远离华盛顿海域就注意到密度分层,叶绿素荧光和光学后散射的关系在年际循环中会发生变化[467]。Powell 和 Ohman 于 2015 年在远离加利福尼亚海域观测到叶绿素荧光和声学后散射在密度锋面与梯度同时存在的现象[468]。

由于水下滑翔机速度较为缓慢,所以比较适合用于被动声学测量。Baumgartner 和 Fratantion 于 2008 年在缅因湾海域利用四台水下滑翔机组成的编队进行观测,结果发现塞鲸的发声具有不变的频率,即每天一个循环,而这与他们进食的桡足类猎物的迁徙是紧密相关的[469]。Klinck 等人于 2012 年在远离夏威夷海域利用水下滑翔机对突吻鲸进行了监控[470]。总之,利用水下滑翔机可以更好地观测整个食物链。

水下滑翔机能够以几小时为一个周期或者几分钟为一个周期进行更高频率内波的测量，借助于对竖直速度进行估计，主要利用水下滑翔机在静止水域和存在内波海域的轨迹差异。Merckelbach 等人于 2010 年利用来自冬季利翁湾的水下滑翔机数据，对该区域的竖直速度进行了估计，得到的结果与来自内波或者对流的期望值是一致的[471]。Rudnick 等人于 2013 年基于水下滑翔机数据提出另外一种计算竖直速度的方法，即通过计算一个相对简单的高通滤波器而不再是一个复杂的最优化滑翔模型，结果生成了一个内波的频谱[472]。

由于水下滑翔机近中性的浮力以及平稳的姿态，选择水下滑翔机作为湍流的测量平台是再自然不过的了。观测湍流的方法之一就是通过浮标观测，主要是基于竖直速度频谱要高于浮力系统频谱的特点[473]。相同的方法也可应用到水下滑翔机上，如 Beaird 等人于 2012 年利用来自北海溢出流的数据分析得出：在三个重要海底山脊处，下降流的耗散现象加强。搭载有湍流测量传感器（剪切流探针和快速响应热敏电阻器）的水下滑翔机被部署在法罗群岛海峡对耗散进行测量，并与船舶上搭载的微结构剖面仪进行数据对比[474-476]。利用相似配置的水下滑翔机，Palmer 等人于 2015 年在凯尔特海进行了湍流的测量[477]。Gregg 等人发现水下滑翔机对于按照每 10 m 竖直距离间隔进行海洋观测是非常合适的，这样能够通过精细尺度参数化进行耗散的估计[478-479]。

15.4 混合推进型水下滑翔机

15.4.1 工作原理

水下滑翔机运动速度较慢，运动形式单一，同时滑翔机运动过程中，其轨迹易受外部海洋环境影响。为提高滑翔机的自主灵活性以及抗干扰性，混合推进型水下滑翔机通过在滑翔机尾部增加螺旋桨推进方式，结合浮力驱动能力，提高电能混合驱动滑翔机的机动性。

电能混合驱动滑翔机的工作流程可分为水面准备阶段，滑翔下潜，水下推进航行，滑翔上浮及水面等待 5 个阶段。

航行开始时，电能混合驱动滑翔机受到净浮力作用漂浮在水面上，通过卫星通信和无线通信方式与甲板单元进行通信。

在收到控制指令后，电能混合驱动滑翔机通过浮力调节单元减小自身排水体积，使自身浮力小于重力，开始下沉；同时，姿态调节机构移动内部压载重物以改变重心位置，使其达到向下滑翔所需的姿态角；下潜过程中，借助水平翼和垂直尾翼受到的水动力，实现向前向下滑翔运动。在下潜过程中，任务传感器进行数据测量工作。

到达预定工作深度后，电能混合驱动滑翔机通过浮力调节单元增大自身排水体积，使系统浮力大于重力，实现系统运动由下潜到上升的转变；同时姿态调节机构工作，使其达到向上滑翔所需的姿态角。在滑翔过程中，电能混合驱动滑翔机会使用姿态调节机构实时调整自身姿态，使滑翔机按照设定滑翔角和航向，保持稳定滑翔运动。

同时，在下潜或上浮过程中，电能混合驱动滑翔机可以根据作业环境的变化或预定的任务程序，从滑翔模式转变到 AUV 推进模式。此时，浮力调节单元使系统接近中性浮力状态，姿态调节机构使机身保持水平或其他姿态，螺旋桨推进单元开启。

当完成作业任务回到水面之后，电能混合驱动滑翔机会根据预设程序，使通信天线伸出水面，进行 GPS 定位，并通过卫星将测量的数据发送给控制中心，同时接受新的控制指令。之后，电能混合驱动滑翔机再次进入水面准备阶段，至此完成一次工作循环。

电能混合驱动滑翔机工作流程如图 15－9 所示。

15.4.2 主要组成

在前期设计的基础上，电能混合驱动滑翔机采用模块化设计，共包含以下单元：浮力驱动单元、载体结构单元、姿态调节与能源单元、导航与控制单元、应急单元、螺旋桨驱动单元和测量单元，整体结构如图 15－10 所示。电能混合驱动滑翔机分为耐压密封舱和浸水舱。其中，耐压密封舱分为三段：前舱、中舱和后舱。前舱主要容纳浮力驱动单元，包括外皮囊、内油箱、液压油路和电机控制器；中舱主要容纳姿态调节和能源单元，包括电池包和姿态调节机构；后舱主要容纳导航与控制电源，包括主控计算机、通信模块等。前浸水舱主要用于外皮囊膨胀，后浸水舱用于搭载测量单元，同时固定应急单元、高度计、天线等。电能混合驱动滑翔机采用浮力驱动并结合重心、浮心的相对位置改变实现滑翔运动，同时具备可更换的螺旋桨推进单元，以短时提高滑翔机运动速度。其总体设计参数如表 15－5 所示。其结构如图 15－10 所示。

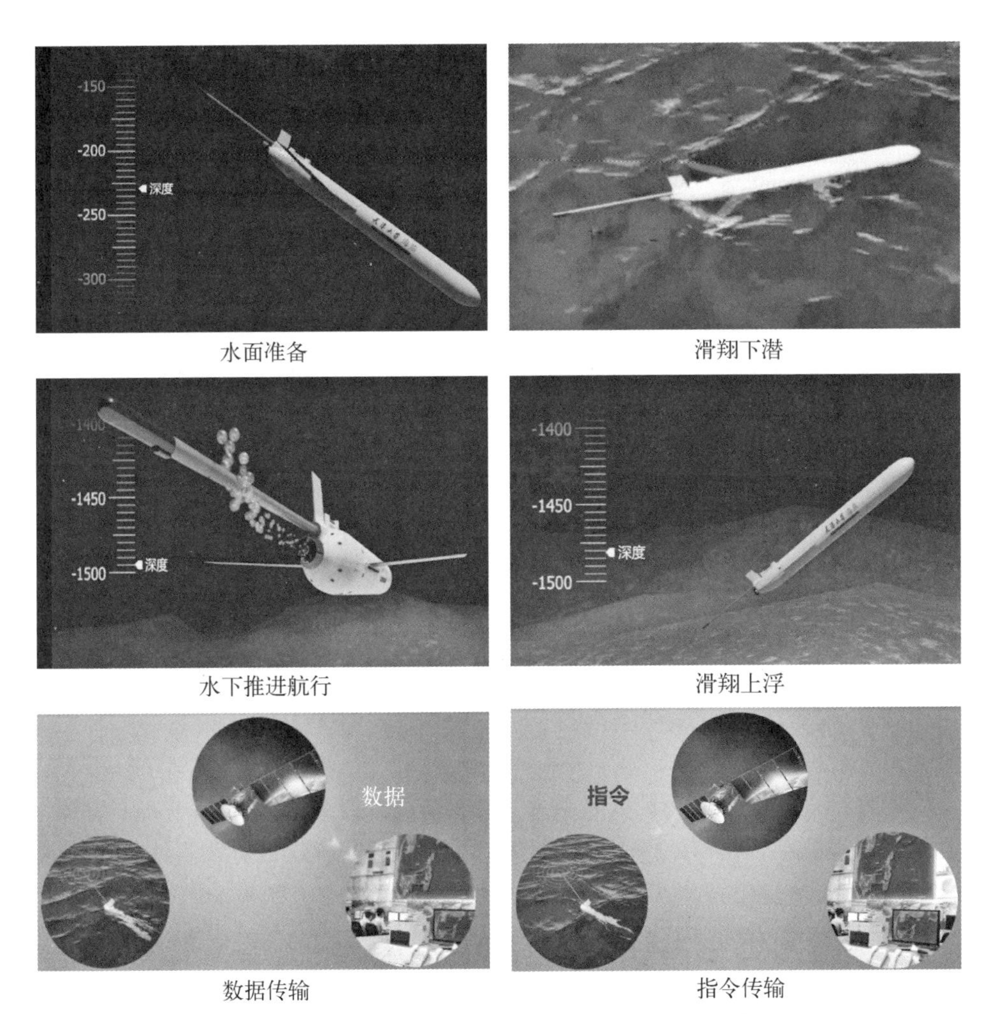

图 15-9 “海燕”电能混合驱动滑翔机工作流程示意图

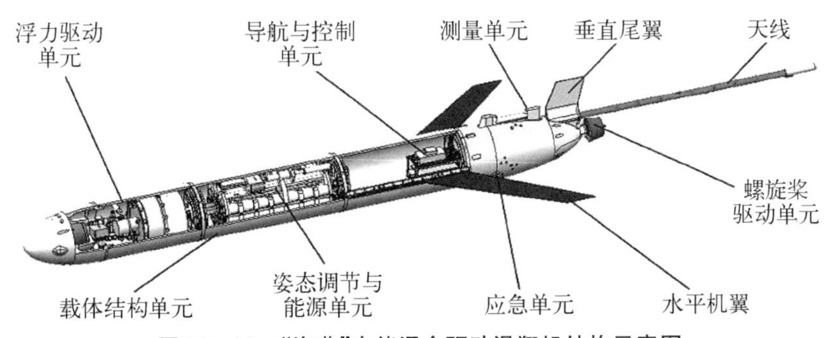

图 15-10 “海燕”电能混合驱动滑翔机结构示意图

表 15-5 “海燕”电能混合驱动滑翔机总体设计参数表

序　号	特　性	参　数
1	外　形	2.3 m长(不含天线),直径220 mm
2	质　量	69 kg,负载5 kg
3	水平机翼	翼展1.1 m,弦长160 mm
4	垂直尾翼	翼展400 mm,弦长100 mm
5	俯仰姿态角	下潜−65°～−15°,上浮15°～65°

15.4.3 技术特征与技术优势

混合推进型水下滑翔机兼具无人遥控式水下航行器和水下滑翔机的功能和优点,当需要执行大尺度、长时序海洋环境信息收集任务时,采用浮力驱动模式;当遭遇强劲海流或进入危险海域而需要快速灵活性能时,转换成浮力驱动与螺旋桨驱动混合模式。这种新型电能水下滑翔机具备大航程、长时序、高机动性、低噪声和通用性强等优点,为海洋环境监测提供了多样化选择和硬件支持。

15.4.4 典型应用情况

混合推进型水下滑翔机依靠本身的螺旋桨就可以克服1.5 kn左右的水流,在海流较强时有着独特的优势。同时可以采用螺旋桨推动的方式直线穿过浅水区,抵达深水区后再转换为正常的锯齿状滑翔模式,减少能量的消耗并提高效率。螺旋桨与原有的浮力系统相结合几乎可以穿过所有滑翔机可能遇到的低密度层,拓展了观测范围。美国得克萨斯A&M大学研究院于2013年夏天开始在墨西哥湾建立海洋观测点,每月定期投放混合推进型水下滑翔机,对墨西哥湾西部大陆架附近海域进行长期的中尺度环流观测、水质观测和研究天气变化对海域的影响[480]。在海洋探测的同时调查海域中存在的不良现象,例如海湾西部藻类大量繁殖致使水中氧含量过低等。在2015年春季和夏季在墨西哥湾西北部部署了5个Slocum G2混合推进型水下滑翔机,包括浅水区(20 m)和深水区(1 000 m)以上,总运行时长达200天以上,克服了低于2 mg/L的低氧阈值等部分复杂海域并完成观测任务[481]。

水下滑翔机为极地的大规模探索提供了较为便利和廉价的方法,在2014年8—9月期间法国巴黎第六大学与ACSA公司合作在北纬72°30′—74°30′、东经32°—33°的巴伦支海海域投放SeaExplorer滑翔机,搭载CTD、溶解氧传感器、荧光检测仪等传感器完成航程约 388 km 的海域监测任务[482]。

“中尺度涡”对于海洋中的能量与物质运输会造成很大影响，水下滑翔机具有功耗低、航程长、耐久性高等优点而广泛应用于海洋研究。在 2015 年 5 月南海北部，中国天津大学部署了三台水下滑翔机（一台海翼、两台海燕-Ⅱ水下滑翔机），对位于东径 115.6°～117°达到 1 000 m 深的暖涡进行追踪观测，研究了暖涡不规则的三维结构对附近海域生态状况造成的影响[483]。

水下滑翔机在各种恶劣的天气状况下都能够出色地完成海洋观测任务，适合于对水下噪声情况进行采样。2016 年 8 月天津大学在中国南海投放海燕-Ⅱ号水下滑翔机并搭载水下被动声学监控系统（underwater passive acoustic monitoring system），获得了丰富的海洋声学数据，再经过删除自噪声等分析处理后成功绘制了南海水下噪声谱图，进一步了解了水下环境噪声特性[484]。

南海北部具有显著的海水垂直层化季节变化及剧烈变化的海底地形特征，是孤立内波活动的多发区，内波峰高谷深，垂直作用力很大，会影响海洋生态环境和船舶安全等[485]。中国天津大学于 2017 年 8 月在中国南海北部部署海燕-Ⅱ号水下滑翔机，重复对 1 500 m 以内的温、盐、深剖面图进行采集，再结合成像光谱仪图像和滑翔机垂直速度等参数对孤立内波的产生和演变进行了详细的观测[486]。

15.5 波浪滑翔机

15.5.1 工作原理

波浪滑翔机是一型利用其特殊双体结构转换波浪起伏为前向动力的无人水面船。该平台利用海洋波浪和太阳能源完成长时序、大尺度的海上航行观测而无须频繁人工维护，此外，具有在极端海况下的可靠工作能力和综合集成多类型科学传感器的搭载能力，是适合构建全球大洋海气界面业务化观测的重要基础平台。

波浪滑翔机具有北斗卫星通信、定点虚拟锚泊、路径自动跟踪的功能，按照 0.5～1 m/s 的大范围平均前向速度可以实现一年 10 000 km 的海上连续航行，进而完成海水表层温度、盐度、流场、浪高以及大气层下垫面风、温、湿、气压等环境参数连续走航测量。

波浪滑翔机为人类监测世界海洋环境开辟了崭新的途径，其将波浪起伏直接转换为前向推进,同时利用太阳能为系统供电,通过搭载各种类型科学传感器,以完成长时期全球海洋巡航调查作业。波浪滑翔机主要由水面艇体与用承力挂缆连接的水下滑翔驱动装置组成。在波浪作用下水下滑翔驱动装置产生向前的动力带动水面艇体前进。另外,安装在甲板上的太阳能电池板提供系统所需的能源供给,为传感器、无线通信系统和导航控制系统提供能源。传感器能够测量海水的温度、盐度、波浪高度和海面气象等数据信息,并通过卫星将这些数据实时传到岸站指挥中心(见图 15-11)。

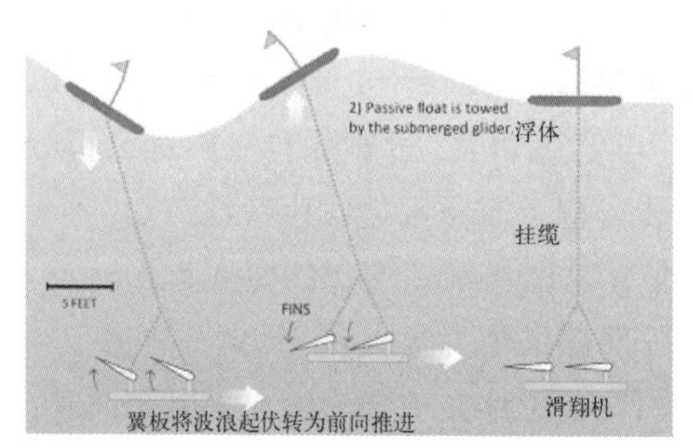

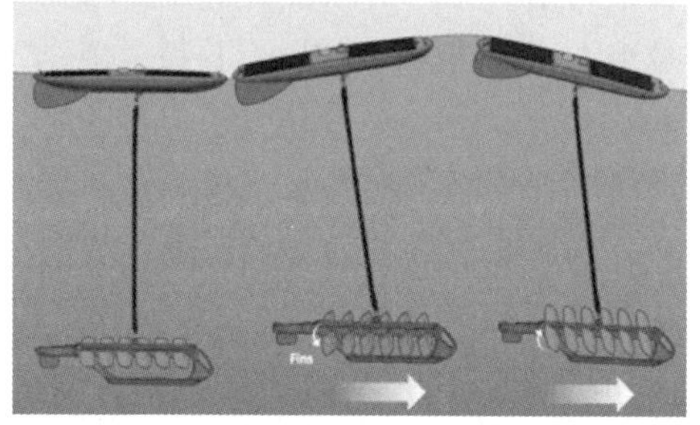

图 15-11　波浪能滑翔机双体结构及运动机理

波浪滑翔机采用水面浮体和水下滑翔体的双体结构,两者通过柔性挂缆链接。波浪滑翔机的水面浮体具有正浮力,漂浮在水面,随波起伏;滑翔体具有负浮力,由伸缩性很小的柔性挂缆与浮体连接;波浪滑翔机整体呈正浮力。由于挂缆不具伸缩性以及滑翔体是负浮力,因此当浮体随波浪下沿下落时,滑翔体随之下潜,此时翼板受到重力和垂直于翼板的水作用力,此两个力产生一个前向的分力,该分力即驱使滑翔体向前运动。当浮体随波浪上升沿上升时,挂缆拉动滑翔体随之上升,此时翼板主要受到挂缆拉力和垂直于翼板的水作用力,这两个力同样产生一个前向的分力,该分力驱使滑翔体向前运动。其工作原理如图 15-12 所示。

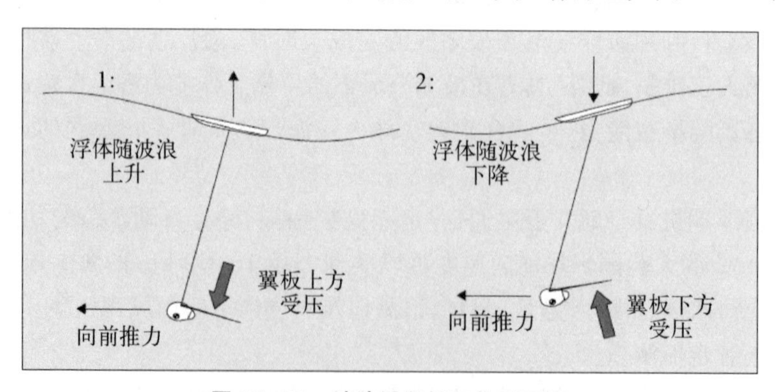

图 15-12　波浪滑翔机工作原理图

因此，只要有波浪带动水面浮体上升和下降，水下的滑翔体就会向前运动，从而带动浮体也向前运动。另外，滑翔体上带有舵板，可以控制波浪滑翔机前进的方向，并且该方向和波浪的方向无关。波浪滑翔机的前进速度与波浪的高度、周期及海面风速、风向等因素有关。

15.5.2 主要组成

波浪滑翔机主要由水面浮体、滑翔体和链接挂缆三部分组成。水面浮体包括太阳能电池板、浮体材料包围的密封舱体、导航控制组件、各类传感器负载以及可充电电池等；滑翔体包括可转动的翼板、翼板支撑框架及舵机等，如图 15－13 所示。

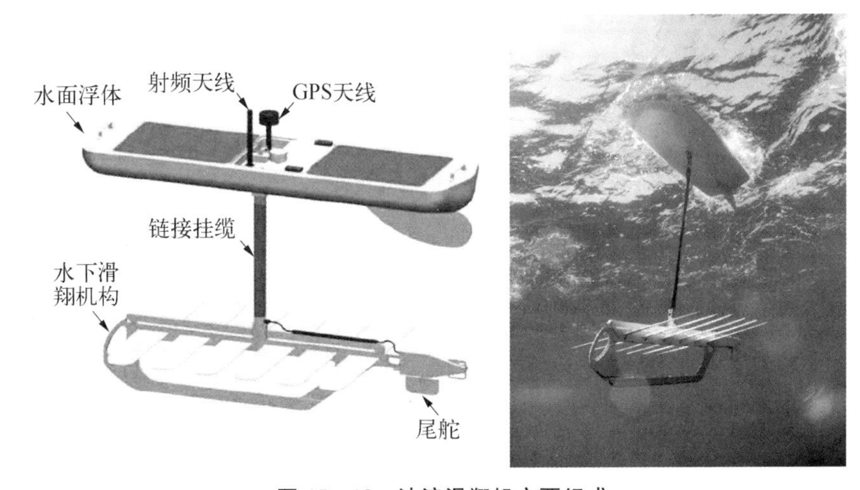

图 15－13　波浪滑翔机主要组成

15.5.3 技术特征与技术优势

目前，海洋观测的主要手段有现场直接测量、数值模拟和卫星遥感。由于数值模拟和卫星遥感估算的海洋物理效应数据与真实情况误差较大，所以，现场直接测量方法更受关注。船只观测付出的人力、物力、财力巨大，出航又受到天气和海况的限制，续航能力有限，测量成本高，取得的数据无论是在空间的广度和时间的频度上都受到极大限制。浮标和潜标观测系统在获取海洋数据的适时变化性方面比船只观测有优势，但只能定点观测，而且锚泊布阵受成本限制一般较稀疏，不能真实地反映海洋数据在空间的变化。另外，大部分潜标测量的水文数据不能实时地传送到岸站，测量数据不能进行实时分析，只能周期性地回收数据。水下滑翔机等运动测量平台能比较好地弥补上述平台的不足，可在水下大范围机动，获取一定深度的剖面数据，但鉴于总体尺寸与能量的局限，其扩展能力和续航力受到制约，并且无法观测海平面气压、风速、风向以及波浪等要素。

波浪滑翔机具有强大而灵活的传感器搭载能力，可探测多种水文、气象、声以及化学等要素。波浪滑翔机的水面浮体具有海面、海表传感器搭载能力，通过安装不同类型的传感器，可实现对风速、风向、温度、湿度、气压等水气象数据的观测，水面浮体和水下滑翔体搭载的传感器可实现温度、盐度、流场、浪高等海表、水下水文数据的测量。另外，根据用户需求，还可以搭载特殊传感器，实现对指定要素的探测，例如实现对微生物、CO_2、pH 值等的测量，以及实现对水声的记录等。相对于潜标、剖面浮标等海洋观测装置不能完全实时传递数据，波浪滑翔机可以实现严格意义上的数据实时传输。配合对数据的及时处理，可提供更为精确的预报。另外，通过搭载水声通信机，波浪滑翔机还可转发水下观测装置的数据到岸站，同时给水下观测装置发送岸站指令，成为水下设施、装备与岸站沟通的桥梁[487]。

15.5.4 典型应用情况

波浪滑翔机为解决目前海洋观测面临的范围广、时间长、时效性差、成本高等难题提供了一种可行的技术手段，将在以下几个领域发挥显著作用。

1. *海洋动力环境研究*

众所周知，海洋动力环境变化对全球气候有决定性的影响。深入了解海洋动力环境变化规律，建立预测模型，是全球海洋环境科学家长期以来研究的课题，目前的研究成果距离完全掌握海洋动力环境变化规律、准确预报发展趋势的目标还有很大的差距。海洋动力环境研究的基础工程之一就是通过布放大量的观测装置获取大范围、长时间的水文气象要素。目前，包括我国在内的很多国家及国际组织在不同海域布放了大量的浮标、潜标及水下滑翔机用于获取海洋水文数据。波浪滑翔机与浮标、潜标以及水下滑翔机等观测装置相比，在海洋动力环境观测研究方面具备一定的优势。波浪滑翔机能按照规划路径，实现长距离、大范围机动测量，也能实现虚拟锚泊定点测量；具有多界面测量能力，既可测量水下和水面要素，也可对水上气象要素进行测量；且对测量得到的数据能够实时地传到岸站进行分析。因此，将在海洋动力环境观测方面大量应用。波浪滑翔机具有较强的通信能力，能很方便地与浮标、潜标以及水下滑翔机进行组网，从而大大提高海洋动力环境探测效率和实时性。

2. *海洋环境保护*

沿海区域的水质变化，不仅对沿海居民的生活有极大影响，对沿海渔业养殖也影响极大。近年来,我国沿海海洋经济快速发展,海洋环境保护形势日益严峻。渤海湾“康菲”漏油及青岛海域藻类泛滥等事件都导致了相关海域的生态灾难。以波浪滑翔机为基础的海洋环境观测系统能为海洋环境保护提供日常监测、事前预警以及事态监控。在美国,波浪滑翔机已经用于BP公司发生墨西哥湾石油泄漏后的不间断水质检测,利用波浪滑翔机在石油钻井平台周围巡游,实时监测漏油情况。

3. 海洋安全和维权

1994年《联合国海洋法公约》生效,使地球表面积35.8%的海洋成为沿海国家的管辖区,管辖海区的“国土化”及控制权对海洋国家的命运具有重大影响。争夺海洋国土、海洋资源和海洋通道的斗争交织,形成一系列的海洋斗争焦点。目前,世界范围内有370多处海域存在划界纠纷,近1 000个岛礁存在归属争议,尤以我国的海洋安全和权益维护问题更为突出。通过波浪滑翔机搭载相应的传感器,可实现对敏感海域进行无人、长时间的机动探测和调查,获取信息并实时传递到岸站,这将为我国海洋安全和权益保护提供强有力的支撑。

15.6 未来发展趋势

当前在世界范围内,水下滑翔机的单机技术已经成熟,美国、法国均有多型水下滑翔机产品,实用性和可靠性通过大量的实际应用试验得到了充分验证。根据美国、澳大利亚、欧洲等国家和地区当前技术发展和研究热点分析,未来水下滑翔机的发展路线主要集中在以下几个方面。

1. 混合推进型滑翔机技术研究

随着水下滑翔机的广泛应用和使用需求的逐步深入,为提高UG在较强海流下的抗流能力,增加其工作模式和应用灵活性,混合推进水下滑翔机也成为当前的研究热点和未来重要发展方向。涉及的关键技术包括推进方式融合技术、多模态运动控制技术,以及小型高压下螺旋桨推进技术等。

2. 波浪能驱动滑翔机技术研究

波浪滑翔机的理论研究方面,未来需要以流体力学、波浪理论等为基础,从波浪推进机理研究等理论源头出发,从根本上解决推进、耐波性等核心问题,进一步提高推进效率使系统具有更佳的航行性能和载荷能力。

基于多体动力学和流体力学理论,构建更为合理的波浪滑翔机空间运动操纵性模型,有效描述其在海洋环境中多自由度复杂的耦合运动。

探讨将智能控制、自适应等理论同常规 PID 控制算法相结合，提高系统控制性能以及对恶劣海洋环境的自适应能力，借鉴和发展无人系统在智能、规划与决策等方面的研究成果，进一步提高波浪滑翔机的智能水平。

波浪滑翔机具有的独特能力，丰富了现有无人系统体系，未来波浪滑翔机将与无人艇、无人机、无人潜水器、潜标等装备共同组成异构无人作业系统，需要开展相应研究提高协同能力，以拓展其作业模式和应用潜力；深入研究海洋能源捕获、转化和高效利用技术，从而提高波浪滑翔机的续航力及载荷能力。

3. 更多适于滑翔机的传感器融合与集成技术研究

当前国外在滑翔机应用的小型、低耗传感器设计方面发展迅速，已成功研发并实现多种传感器与滑翔机的集成，应用效果显著。我国在海洋传感器设计和集成方面具有较好的基础，但面向滑翔机应用的小型低能耗传感器，与国际先进技术水平差距较大，也是水下滑翔机涉及的关键技术之一。

4. 滑翔机协同编队与组网技术研究

水下滑翔机作为一种长时序、大航程的自治式潜水器，进行编队、组网和协同观测是其最重要的应用方式之一。国际上几乎所有重要的海洋观测系统和海洋观测计划中，都有水下滑翔机编队和网络构建的研究任务和应用试验，显示了水下滑翔机网络在海洋监测和探测方面的重要作用。我国多水下滑翔机编队组网技术的研究刚刚起步。此部分涉及的关键技术包括多机编队与协同控制，以及网络构建技术。

预期到 2025 年，我国水下智能无人系统在 UG 方面将实现下述的技术突破：

(1) 平台技术方面，将突破低功耗运行、高能量载荷、大深度下潜等一系列技术，并在可靠性、稳定性、环境适应性方面实现提升，预期平台技术能够达到连续航程 3 000 km，连续航时 6 个月以上的技术水平。在下潜深度方面，除常规 1 000 m 潜深、1 500 m 潜深之外，预期可以突破 10 000 m 大深度下潜，在深海科学研究方面实现特定功能。同时在常规的小型水下滑翔机之外，一些特种水下滑翔机也将逐步开展研制，预期采用飞翼外形结构的中大型水下滑翔机可实现海试研究，可将当前水下滑翔机的滑翔速度提升到 1 kn 以上。波浪滑翔机也可达到实用化技术水平，连续航时可达 1 年以上，航程超过 4 000 km。

(2) 功能方面，在基本的温、盐观测能力之外，随着面向水下滑翔机专用的低功耗、小型化的传感器技术成熟，水下滑翔机预期可实现与下述传感器的集成应用，包括温盐深测量仪、溶解氧传感器、光学氧传感器、水质传感器、光学反向散射计、水听器、高度计、声学多普勒湍流剖面仪、剪切流传感器等，实现海洋微结构湍流、常规海流、叶绿素、溶解氧、溶解氧、浊度、辐射观测以及水声通信、水声侦听等多项综合功能，大大拓展当前水下滑翔机在海洋观测、探测和海洋安全方面的应用价值。

(3) 组网应用方面，预期将逐步统一我国现有的多型水下滑翔机的通信协议、数据存储协议、操控方式方法等，形成水下滑翔机研制、测试、应用等统一标准和规范。并预期可以实现我国水下滑翔机 30 台以内的中小规模组网应用，在典型海洋现象，如中尺度涡、南海分支等，以及海洋安全保障方面发挥技术支撑。

(4) 水下智能网络方面，我国将在突破无人系统网络发展关键技术基础上，首次初步建成近海(第一岛链)水下智能无人系统网络，可形成无人系统平台(包括 UG 和 AUV)间的水下通信和信息实时交互。

预期到 2035 年，我国水下智能无人系统在 UG 方面将实现下述的技术突破：

(1) 平台技术方面，UG 将实现更远、更深、更快、载荷更大等目标，预期至 2035 年，伴随电池技术突破，水下滑翔机连续航程超过 20 000 km，续航时间可达 4 年以上。滑翔速度可达 4～5 kn，满足复杂海洋环境的使用需求。工作深度成系列化发展，形成 30 m、200 m、1 000 m、3 000 m、6 000 m 及万米全海深的观测和探测能力，满足多样化应用需求。

(2) 功能方面，至 2035 年，水下滑翔机的任务传感器搭载能力预期会大幅提升，能够搭载包括侧扫、浅剖、多波束等海洋地形地貌和地质特征勘测的专业仪器，实现海洋动力环境、海洋地质地貌等的观测和探测功能。

(3) 组网应用方面，预期至 2035 年，将实现我国水下滑翔机的大规模组网应用，几百至上千台水下滑翔机可以实现海洋的精细化观测和探测，为参数获取和透明化海洋提供技术支撑。

(4) 水下智能海洋移动观测平台方面，将成功开发万米潜深，万公里续航，具备水下垂直剖面、滑翔运动、直线推进等多功能完全自主型海洋移动观测平台(包括 UG 和 AUV)，基于相关关键技术的突破，我国将建成中、远海无人系统网络，实现海洋动力环境、生物生态、地质地貌等多要素综合、超长时、立体化全天候网络观测能力。

参 考 文 献

[1] 陈强. 水下无人航行器[M]. 北京：国防工业出版社，2014.

[2] Lermusiaux P F J. Adaptive modeling, adaptive data assimilation and adaptive sampling[J]. Physica D, 2007, 230: 172-196.

[3] Nervegna M F. A sonar-based mapping system for an unmanned undersea vehicle[D]. Cambridge, MA: Massachusetts Institute of Technology, 2002.

[4] Ferguson J S. The Theseus autonomous underwater vehicle. Two successful missions[C]//Proceedings of International Symposium on Underwater Technology, Tokyo, Japan: IEEE Press, 1998: 109-114.

[5] Purcell M, Gallo D, Packard G, et al. Use of REMUS 6000 AUVs in the research for the air france flight 447[C]//Proceedings of IEEE OCEANS 2011, Wakoloa, HI, USA: IEEE Press, 2011: 1-7.

[6] Mandelert N, Ferrand J, Cooper P. Autonomy for operatioinal MCM AUVs based on high resolution sonar[C]//Proceedings of IEE OCEANS 2010, Sydney, Australia: IEEE Press, 2010: 1-5.

[7] 张燕武. 进大海探索，入无人之境-自主水下航行器引领海洋科学新发现[J]. 工程研究，2016，8(2)：201-207.

[8] Department of Defense of United States. Unmanned systems integrated roadmap: FY2013-2038[M]. USA: Department of Defense of United States, 2014.

[9] US Navy. The navy unmanned undersea vehicle (UUV) master plan [M]. US Navy, 2004.

[10] Brown T, Ringwald T, Damiano J, et al. Next generation mine countmeasures for the very shallow water zone in support of ambitious operations[M]. California: Naval Postgraduate School, 2012.

[11] Rajala A, Edwards D. Allocating AUVs for mine map development in

MCM[C]//Proceedings of IEEE OCEANS 2006, Singapore: IEEE Press, 2006: 1 - 8.

[12] 朱继懋. 潜水器设计[M]. 上海: 上海交通大学出版社,1992.

[13] Butler B, Hertog V D. Theseus: a cable-laying AUV[C]//Proceedings of IEEE OCEANS 1993, Victoria, BC, Canada: IEEE Press, 1993: 1210 - 1213.

[14] Taylor M, Wilby A. Design considerations and operational advantages of a modular AUV with synthetic aperture sonar[C]//Proceedings of IEEE OCEANS 2011, Waikoloa, HI, USA: IEEE Press, 2011: 1 - 5.

[15] Stokey R P, Roup A, von Alt C, et al. Development of the REMUS 600 autonomous underwater vehicle [C]//Proceedings of IEEE OCEANS 2005, Washington, DC, USA: IEEE Press, 2005: 1 - 4.

[16] Furlong M E, Paxton D, Stevenson P, et al. Autosub long range: a long range deep diving AUV for ocean monitoring[C]//in Proceedings of IEEE OCEANS 2012, South Ampton, UK: [s. n.], 2012: 1 - 7.

[17] 李硕,刘健,徐会希,等. 我国深海自主水下机器人的研究现状[J]. 中国科学: 信息科学,2018,48(9): 1152 - 1164.

[18] Copros T, Scourzic D. Alister — rapid environment assessment AUV (autonomous underwater vehicle) [C]//Proceedings of 13th French-Japanese Oceanography Symposium, Marseille, France: [s. n.], 2008: 233 - 238.

[19] 陈先,周媛,卢伟. 固体浮力材料[M]. 北京: 化学工业出版社,2011.

[20] 张铁栋. 潜水器设计原理[M]. 哈尔滨: 哈尔滨工程大学出版社,2011.

[21] 王建. 多学科优化设计在水下无人航行器设计中的应用研究[D]. 哈尔滨: 哈尔滨工程大学,2016.

[22] 杨卓懿. 无人潜水器总体方案设计的多学科优化方法研究[D]. 哈尔滨: 哈尔滨工程大学,2012.

[23] 崔桐. 微小型水下航行器多学科优化设计[D]. 哈尔滨: 哈尔滨工程大学, 2013.

[24] 刘彩云. 面向多目标遗传优化的 AUV 概念设计[D]. 哈尔滨: 哈尔滨工程大学,2013.

[25] 杜月中. 流线型回转体外形设计综述与线型拟合[J]. 声学技术,2004, 23(2): 93 - 96.

[26] 宋保维,李福新.回转体最小阻力外形优化设计方法[J].水动力学研究与进展,1994,9(5):523-530.

[27] Granville P S. Geometrical characteristics of streamlined shapes[J]. Journal of Ship Research, 1969, 11(3): 12-20.

[28] 胡克,俞建成,张奇峰.水下滑翔机器人载体外形设计与优化[J].机器人,2005,27(2):108-117.

[29] 牛江龙.长航程潜水器艇型设计及结构分析[D].哈尔滨:哈尔滨工程大学,2008.

[30] 李喜斌.智能水下机器人Ⅳ型平台方案设计探讨[D].哈尔滨:哈尔滨工程大学.

[31] Granville P S. Geometrical characteristics of nose and tail for parallel middle bodies[J]. Journal of Ship Research, 1970, 11(7).

[32] 吴人结.复合材料[M].天津:天津大学出版社,2000.

[33] 胡保全,牛晋川.先进复合材料[M].北京:国防工业出版社,2006.

[34] 李松松,段秋实,吴一辉.应用有限元法分析碳纤维复合飞轮强度[J].吉林大学学报(工学版),2003,33(1):33-37.

[35] 刘强,马小康,宗志坚.斜纹机织碳纤维/环氧树脂复合材料性能研究及其在电动汽车轻量化设计中的应用[J].复合材料学报,2011, 28(5):83-88.

[36] 李彬.复合材料潜水器起吊工况结构强度及模态分析研究[D].哈尔滨:哈尔滨工程大学,2013.

[37] 胡勇,赵俊海,刘涛,等.大深度载人潜水器上的复合材料轻外壳结构设计研究[J].中国造船,2007,176(1):51-57.

[38] 张银亮.普及型水下机器人模块连接结构综合分析研究[J].机械设计与研究,2006(3):30-33.

[39] Eugene Allmendinger E. Submersible vehicle systems[M]. Jersey City, NJ: Society of Naval Architects and Marine Engineers, 1990.

[40] 盛振邦,刘应中.船舶原理[M].上海:上海交通大学出版社,2004.

[41] Hoerner S F. Fluid Dynamic Drag[M]. 1965.

[42] Gillmer T C, Johnson B. Introduction to naval architecture[M]. 2nd ed. USA: US Naval Institute Press, 1982.

[43] 张亮,李云波.流体力学[M].哈尔滨:哈尔滨工程大学,2001.

[44] 王福军.计算流体动力学分析-CFD软件原理与应用[M].北京:清华大

学出版社,2004：126－128.

[45] Fuglestad A L, Grahl-Madsen M. Computational fluid dynamics applied on an autonomous underwater vehicle [C]//Proceedings of the 23rd International Conference on Offshore Mechanics and Arctic Engineering Vancouver, USA, 2004.

[46] Phillips A, Furlongm, Turnock S R. The use of computational fluid dynamics to assess the hull resistance of concept autonomous underwater vehicles [EB/OL]. [2008－04－10]. http://ieeexplore.ieee.org/stamp/stamp.jsp? tp=&arnumber=4302434&isnumber=4302189.

[47] Listakm, Pugal D, Kruusmaa M. CFD simulations and real world measurements of drag of biologically inspired underwater robot [EB/OL]. [2008－05－27]. http://ieeexplore.ieee.org/stamp/stamp.jsp? tp=&arnumber=4625556&isnumber=4625485.

[48] 苏兴翘,高士奇,黄衍顺.船舶操纵性[M].北京：国防工业出版社,1989：138－163.

[49] 施生达.潜艇操纵性[M].北京：国防工业出版社,1995.

[50] 高婷.潜水器螺旋桨和舵翼的优化设计[D].哈尔滨工程大学硕士学位论文,2013.

[51] 中华人民共和国国家军用标准 GJB/Z205－2001.潜艇操纵性设计计算方法[S].国防科学技术工业委员会,2001.

[52] 许辑平等.潜艇强度.北京：国防工业出版社.1980.

[53] 石德新,王晓天.潜艇强度[M].哈尔滨：哈尔滨工程大学出版社,1997.

[54] Park C M, Yim S J. Ultimate strength analysis of ring-stiffened cylinders under hydrostatic Pressure [C]//Proceedings of the 12th Conference on OMAE, [s. l.], 1993(1)：399－404.

[55] 刘培婧,刘均,陈杰,等.具有特殊肋骨型式的耐压壳体强度与极限承载能力分析[J].中国舰船研究,2014,9(2)：30－36.

[56] 陈铁云,陈伯真.弹性薄壳力学[M].武汉：华中工学院出版社,1983.

[57] 施德培,李长春.潜水器结构强度[M].上海：上海交通大学出版社,1991.

[58] 徐秉汉,朱邦俊,欧阳吕伟,等.现代潜艇结构强度的理论与试验[M].北京：国防工业出版社,2007.

[59] 中国船级社.潜水系统和潜水器入级与建造规范[S].北京：人民交通出版社，1996.

[60] 刘涛.大深度潜水器耐压壳体弹塑性稳定性简易计算方法[J].中国造船，2001，42(3)：8－14.

[61] 王林，蒋理，王仁华，等.初始缺陷对耐压圆柱壳塑性稳定性影响初探[J].江苏科技大学学报(自然科学版)，2007，21(5)：1－3.

[62] Germanischer L. Calculation and pressure hulls under external pressure [S]Hamburg: Germanischer Lloyd Aktiengese Uschaft, 1998.

[63] Germaniseher L. Rules for classification and construction, 1-ship technology, 5-underwater technology, 1-diving systems and diving simulators[S]. Hamburg: Germanischer Lloyd Aktiengese Uschaft, 2009.

[64] Germaniseher L. Rules for classification and construction, 1-ship technology, 5-underwater technology, 3-unmanned submersibles [S]. Hamburg: Germanischer Lloyd Aktiengese Uschaft, 2009.

[65] Germaniseher L. Rules for classification and construction, 1-ship technology, 5-underwater technology, 2-manned submersibles [S]. Hamburg: Germanischer Lloyd Aktiengese Uschaft, 2009.

[66] 刘伟，杨卓懿，庞永杰，等.基于CCS和GL规范的深潜水器耐压结构计算研究[J].船海工程，2013，42(3)：34－40.

[67] 陆蓓，刘涛，崔维成.深海载人潜水器耐压球壳极限强度研究[J].船舶力学，2004，8(1)：51－58.

[68] 李良碧，王仁华，俞铭华，等.深海载人潜水器耐压球壳的非线性有限元分析[J].中国造船，2005，46(4)：11－18.

[69] 黄建成，胡勇，冷建兴.深海载人潜水器框架结构设计与强度分析[J].中国造船，2007，48(2)：51－59.

[70] 叶彬，刘涛，胡勇.深海载人潜水器外部结构设计研究[J].船舶力学，2006，10(4)：105－114.

[71] 蒲映超，初艳玲，洪英.大深度载人潜水器极限承载能力非线性有限元分析方法研究[J].船舶工程，2014，36(3)：119－122.

[72] 苏玉民，庞永杰.潜艇原理[M].哈尔滨：哈尔滨工程大学出版社，2005.

[73] 王波.微小型水下机器人运动仿真研究[D].哈尔滨：哈尔滨工程大学，2008.

[74] Prestero T. Verification of a six-degree of freedom simulation model for

the REMUS AUV[D]. Cambridge, MA: Massachusetts Institute of Technology and the Woods Hole Oceanographic Institution, 2001.

[75] Wang B, Wan L, Xu Y, et al. Modeling and simulation of a mini AUV in spatical motion[J]. Journal of Marine Science and Application, 2009(8): 7 - 12.

[76] 王波. 苏玉民. 秦再白. 微小型水下机器人操纵性能与运动仿真研究[J]. 系统仿真学报,2009,21(13): 4149 - 4152.

[77] 张赫. 长航程潜水器操纵性能与运动仿真研究[D]. 哈尔滨: 哈尔滨工程大学,2008.

[78] 沈海龙,赵藤,杜茉,苏玉民. 水下机器人舵翼设计与水动力性能预报研究[C]//第二十二届全国水动力学研讨会暨第九届全国水动力学学术会议文集,2009: 619 - 625.

[79] 吕欣倍,张铁栋,王聪,等. 水下自主航行器舵翼水动力性能分析[J]. 扬州大学学报(自然科学版),2015, 18(3): 56 - 59.

[80] 于宪钊. 微小型水下机器人水动力性能计算[D]. 哈尔滨: 哈尔滨工程大学,2009.

[81] 黄昆仑. 微小型水下机器人水动力系数计算[D]. 哈尔滨: 哈尔滨工程大学,2006.

[82] 赵金鑫. 大挂载水下航行器操纵性能分析及双体干扰研究[D]. 哈尔滨: 哈尔滨工程大学,2013.

[83] 徐树峰. 某型水下机器人操纵性研究[D]. 哈尔滨: 哈尔滨工程大学, 2013.

[84] 李刚. 穿梭潜水器水动力特性的数值模拟和试验研究[D]. 哈尔滨: 哈尔滨工程大学,2011.

[85] 杨路春. 潜艇在有外部搭载情况下操纵性水动力导数的数值计算方法研究[D]. 哈尔滨: 哈尔滨工程大学,2009.

[86] Peterson R S. Evaluation of semi-empirical methods for predicting linear static and rotary hydrodynamic cofficients[R]. New York: NCSC TM, 1997.

[87] Eric P H. Prediction of hydrodynamic cofficients utilizing geometric considerations [D]. Monterey, California: Naval Postgraduate School, 1995.

[88] George D W. Estimates for added mass of a multi-component deeply

submerged vehicle[R]. Canada：DTIC，1998.

[89] 潘子英，吴宝山，沈泓萃. CFD在潜艇操纵性水动力工程预报中的应用研究[J]. 船舶力学，2004，8(5)：42－51.

[90] Dhanak M R，Xiros N I. Springer handbook of ocean engineering [M]. Heidelberg：Springer，2016：341－343.

[91] Liam P，Saeedi S，Seto M，et al. AUV navigation and localiation：a Review[J]. IEEE Journal of Oceanic Engineering，2014，39(1)：131－149.

[92] 唐晓伟，李丽云. 国产高精度"超短基线定位系统"打破国外垄断[N]. 科技日报，2014－10－25(001).

[93] 于青. AUV捷联惯式惯性导航系统研究[D]. 青岛：中国海洋大学，2008.

[94] Jwo D J，Shih J H，Hsu C S，et al. Development of a strapdown inertial navigation system simulation platform[J]. Journal of Marine Science and Technology，2014，22(3)：381－391.

[95] Rudolph D，Wilson T A. Doppler velocity log theory and preliminary considerations for design and construction[C]//Proceedings of IEEE Southeastcon[C]. Orlando，FL，USA：IEEE Press，2012：1－7.

[96] Yan Z P，Peng S P，Zhou J J，et al. Research on an improved dead reckoning for AUV navigation[C]//Proceedings of 2010 Chinese Control and Decision Conference，Xuzhou，China：IEEE，2010：1793－1797.

[97] Zhang Y G，Ding Y，Li N. A tightly integrated SINS/DVL navigation method for autonomous underwater vehicle[C]//Proceedings of 2013 International Conference on Computational and Information Sciences，Shiyang，China：IEEE，2013：1107－1110.

[98] Dhanak M R，Xiros N I. Springer handbook of ocean engineering [M]. Heidelberg：Springer，2016：345.

[99] Dhanak M R，Xiros N I. Springer handbook of ocean engineering [M]. Heidelberg：Springer，2016：347－348.

[100] 白金磊. INS/USBL组合导航技术研究[D]. 哈尔滨：哈尔滨工程大学，2016.

[101] 陈小龙. AUV水下地形匹配辅助导航技术研究[D]. 哈尔滨：哈尔滨工

程大学,2012.

[102] Durrant-Whyte H, Bailey T. Simultaneous localization and mapping: part I[J]. IEEE Robotics and Automation, 2006, 13(2): 99 - 110.

[103] 柴红霞. 移动机器人在 SLAM 中数据关联方法的研究[D]. 大连: 大连理工大学,2010.

[104] 邵刚. 自主式水下机器人同时定位与地图创建[D]. 哈尔滨: 哈尔滨工程大学,2014.

[105] 王毅凡,周密,宋志慧. 水下无线通信技术发展研究[J]. 通信技术,2014,47(6): 589 - 594.

[106] Dhanak M R, Xiros N I. Springer handbook of ocean engineering [M]. Heidelberg: Springer, 2016: 364.

[107] 贾宁,黄建纯. 水声通信技术综述[J]. 物理,2014,43: 650 - 657.

[108] 杜鹏宇. 移动扩频水声通信及多址技术研究[D]. 哈尔滨: 哈尔滨工程大学,2016.

[109] Stojanovic M. Low complexity OFDM detector for underwater acoustic channels[C]//Proceedings of IEEE Oceans 2006, Boston, MA, USA, 2006: 1 - 6.

[110] Li W, Preisig J C. Estimation of rapidly time-varying sparse channels [J]. IEEE Journal of Ocean Engineering, 2007, 32(4): 927 - 939.

[111] 于江,王春岭,沈刘平,张磊. 扩频通信技术原理及其应用[J]. 中国无线电,2014(3): 44 - 47.

[112] 周锋. 水声扩频通信关键技术研究[D]. 哈尔滨: 哈尔滨工程大学,2012.

[113] 宋磊. 扩频技术在水声遥控中的应用研究[D]. 哈尔滨: 哈尔滨工程大学,2008.

[114] 陈乃锋. MFSK 水声通信信号处理子系统的设计与实现[D]. 哈尔滨: 哈尔滨工程大学,2010.

[115] 张钰珩. 高阶高速率 OFDM 水声通信技术的研究[D]. 哈尔滨: 哈尔滨工程大学,2014.

[116] 杨颖. 基于声卡的图像水声传输技术研究[D]. 哈尔滨: 哈尔滨工程大学,2011.

[117] 朱敏. 蛟龙号载人潜水器声学系统[J]. 声学技术,2013,32(6): 1 - 4.

[118] 朱维庆,朱敏,王军伟,等. 水声高速图像传输信号处理方法[J]. 声学学报,2007,32(5): 385 - 397.

[119] 黄海云，朱维庆，朱敏. 水声通信中基于小波变换的图像编码研究[J]. 海洋技术，2005，24(4)：36－41.

[120] 白冰. 水下应急语音通信系统的设计与实现[D]. 哈尔滨：哈尔滨工程大学，2017.

[121] 朱敏，武岩波. 水声通信及组网的现状和展望[J]. 海洋技术学报，2015，34(3)：75－79.

[122] 郭悦. 智能水下机器人自救控制系统研究[D]. 武汉：华中科技大学，2006.

[123] 严安庆，方学红，杨邦清. 浅谈潜水器浮力调节系统的研究现状[J]. 水雷战与舰船防护，2009，17(2)：55－59.

[124] Tangirala S, Dzielski J. A variable buoyancy control system for a large AUV[J]. IEEE Journal of Oceanic Engineering, 2007, 32(4): 762－771.

[125] Qiu Z L. Design and research on a variable ballast system for deep-sea manned submersibles[J]. Journal of Marine Science and Application, 2008(7): 255－260.

[126] 张杰. 海水式浮力调节系统及其控制技术研究[D]. 哈尔滨：哈尔滨工程大学，2014.

[127] 唐荣庆，曹智裕，张希贤. 探索者号自治式水下机器人抛载系统的研制[J]. 海洋工程，2001，19(2)：85－87.

[128] 徐先伟. AUV 自救信标通信与定位软件研制[D]. 武汉：华中科技大学，2008.

[129] 帕克. 能源百科全书[M]. 程惠尔译. 北京：科学出版社，1992.

[130] 蒋新松，封锡盛，王棣棠. 水下机器人[M]. 沈阳：辽宁科学技术出版社，2000.

[131] 陈强. 美国军用 UUV 现状及发展趋势分析[J]. 舰船科学技术，2010，32(7)：129－134.

[132] 王童豪，彭星光，潘光，等. 无人水下航行器的发展现状与关键技术[J]. 宇航总体技术，2017(4).

[133] 托马斯 B. 雷迪. 电池手册[M]. 汪继强，刘兴江，译. 北京：化学工业出版社，2013.

[134] 刘勇，石治国，王传东. 水下无人平台用电源的发展现状[J]. 电源技术，2016，40(9)：1903－1904.

[135] 蔡年生. 锂离子电池用于海军装备的研究[J],船电技术,2006,26(3):50-53.

[136] 刘勇,梁霍秀. 水下装备用锂离子电池的研制进展[J]. 电源技术,2008,32(7):485-487.

[137] 黄瑞霞,朱新功,王敏,等. UUV 用铝氧电池[J]. 电源技术,2009, 33(5):430-433.

[138] 沈超. 水下机器人锂电池管理系统研究[D]. 哈尔滨:哈尔滨工程大学,2011.

[139] 乔思洁. 锂电池管理系统的研究与设计[D]. 青岛:中国海洋大学,2009.

[140] 周亚楠. 锂电池管理系统的研究与实现[D]. 青岛:中国海洋大学,2008.

[141] 刘新蕊. 电动汽车动力电池组管理系统研究[D]. 大连:大连理工大学,2010.

[142] 刘浩. 基于 EKF 的电动汽车用锂离子电池估算方法研究[D],北京:北京交通大学 2010.

[143] 刘开绪,付保红,邹立君. 锂离子电池组能量均衡控制[J]. 长春工业大学学报,2010,31(4):407-411.

[144] 陈渊睿,伍堂顺. 动力锂电池组充放电智能管理系统电源技术[J]. 电源技术,2009,33(8):666-670.

[145] 陈建平. 潜水器设计中电缆胶接,密封技术研究[J]. 舰船科学技术,1997,(2):11-14.

[146] Painter H, Flynn J. Current and future wet-mate connector technology developments for scientific scabed observatory applications [C]// OCEANS 2006, Boston, MA, 2006, 881-886.

[147] 余涛. 水下无人航行器无线充电技术研究[D]. 哈尔滨:哈尔滨工程大学,2015.

[148] 梁兴威. 水下机器人非接触式信息交换技术研究[D]. 哈尔滨:哈尔滨工程大学,2016.

[149] 杨磊. 适用于海底观测网络的水下非接触式数据传输技术研究[D]. 杭州:浙江大学,2011.

[150] 羊云石,顾海东. AUV 水下对接技术发展现状[J]. 声学与电子工程,2013(2):43-46.

[151] 燕奎臣,吴利红. AUV 水下对接关键技术研究[J]. 机器人,2007,29(3):267-273.

[152] 刘洋. 基于磁耦合的水下非接触通信系统研制[D]. 杭州：杭州电子科技大学，2009.
[153] 李泽松. 基于电磁感应原理的水下非接触式电能传输技术研究[D]. 杭州：浙江大学，2010.
[154] 文海兵，胡欲立，张克涵，等. 水下航行器非接触式充电电磁耦合器磁场分析[J]. 计算机测量与控制，2013，21(2)，458－460.
[155] 王晓武，林志民，崔立军. 无人潜水器及其动力系统技术发展现状及趋势分析[J]. 舰船科学技术，2009，31(8)：31－34.
[156] 蔡年生. UUV 动力电池现状及发展趋势[J]. 鱼雷技术，2010，18(2)：81－87.
[157] Kamenev Y，Lushina M，Yakovlev V. New lead-acid battery for submersible vehicles[J]. Journal of Power Sources，2009(188)：613－616.
[158] Pendergast D R，Edward P D. A rechargeable lithium-ion battery module for underwater use[J]. Journal of Power Sources，2011，196(2)：793－800.
[159] Stephen M. Autosub6000：A deep diving long range AUV[J]. Journal of bionic engineering，2009(6)：55－62.
[160] 张铭钧. 水下机器人[M]. 北京：海洋出版社，2000.
[161] 郑荣，常海龙. 浮力调节系统在作业型 AUV 上的应用研究[J]. 微计算机信息，2006，22(26)：207－209.
[162] 樊祥栋. 海洋探测型 AUV 载体设计与分析[D]. 哈尔滨：哈尔滨工程大学，2008.
[163] 方旭. 油囊式浮力调节装置的研制[D]. 武汉：华中科技大学，2012.
[164] 谷军. 油气囊组合式升降平台技术[C]//第五届中国国际救捞论坛论文集，2008：45－50.
[165] 谢春刚. 温差能驱动的水下滑翔器热机设计与实验研究[D]. 天津：天津大学，2005.
[166] 倪园芳. 温差能驱动水下滑翔机性能的研究[D]. 上海：上海交通大学，2008.
[167] 王得成. AUV 浮力调节与安全抛载系统[D]. 哈尔滨：哈尔滨工程大学，2015.
[168] 赵文德，张杰，赵勇，等. 大深度海水浮力调节系统研制[J]. 哈尔滨工程

大学学报,2015,36(9): 1269 - 1275.
[169] 程小亮,徐国华,杨剑涛. AUV 自救系统关键技术分析[J]. 海洋工程,2011,40(5): 180 - 183.
[170] 郭跃. 智能水下机器人自救控制系统研究[D]. 武汉: 华中科技大学,2006.
[171] James W M. Alvin, 6000-Ft submergence research vehicle[C]. New York: The Society of Naval Architects and Marine Engineers, 1966: 50 - 65.
[172] Tadahiro Hyakudome, et al. Which stage does the AUV "URASHIMA" evolve[C]//Proceedings of The Thirteenth International Offshore and Polar Engineering Conference, 2003: 172 - 177.
[173] Aoki T, Tsukioka S, Yoshida H, et al. Advanced technologies for cruising AUV URASHIMA[J]. International Journal of Offshore and Polar Engineering, 2008, 18(2): 81 - 90.
[174] Hyakudome, et al. Key technologies for AUV "URASHIMA" [J]. Oceans Conference Record (IEEE), 2002, 1: 162 - 166.
[175] 赵文德,李建朋,张铭钧,等. 基于浮力调节的 AUV 升沉运动控制技术[J]. 南京航空航天大学学报,2010,42(4): 411 - 417.
[176] 李建鹏. 水下机器人浮力调节系统及其深度控制技术研究[D]. 哈尔滨: 哈尔滨工程大学,2010.
[177] 邱中梁,冷建兴,陈建平,等. 深海载人潜水器可调压载系统研究[J]. 液压与气动,2003(11): 9 - 11.
[178] 潘彬彬,崔维成,叶聪,等. "蛟龙"号载人潜水器无动力潜浮运动分析系统开发[J]. 船舶力学,2012,16(2): 58 - 60.
[179] 高波,汤国伟. 深海载人潜水器可调压载与应急抛载系统研究[J]. 中国制造业信息化,2006,23(35): 82 - 84.
[180] 范腾涛. AUV 浮力调节系统及深海模拟实验研究[D]. 哈尔滨: 哈尔滨工程大学,2017.
[181] 杨钢,郭晨冰,李宝仁. 浮力调节装置实验研究[J],机床与液压,2008,36(10): 52 - 53+56.
[182] 赵勇. 水下浮力调节设计及模拟实验技术研究[D]. 哈尔滨: 哈尔滨工程大学,2013.
[183] 乔茂伟,韦永斌. 基于 PSO 的神经网络 PID 在液位控制中的应用研究

[J]. 自动化与仪表：控制系统，2012，(9)：43-47.
[184] 赵飞. 无模型自适应控制原理在液位控制中的应用[J]. 中国信息科技，2006(24)：106-109.
[185] 谢启，杨马英，余主正. 基于预测函数控制算法的水槽液位控制系统[J]. 中国控制工程，2003(11)：509-511+544.
[186] 王晓枫，余世明，熊小华，等. 基于广义预测控制算法的水槽液位控制系统[J]. 机电工程，2009(3)：35-37+107.
[187] 范瑞霞，莫伟锋，毕军. 广义预测控制在液位控制系统中的应用研究[J]. 北京理工大学学报，2003(4)：194-197.
[188] 钟伟华. 液位系统的模糊 PID 控制器设计研究[J]. 中国-东盟博览，2013(2)：192.
[189] 孔学森. 模糊自适应 PID 对三容水箱液位控制的仿真与试验研究[D]. 秦皇岛：燕山大学，2012.
[190] 江涛，刘银水，等. 海水浮力调节系统压力平衡阀研究[J]. 液压与传动，2013(6)：90-92.
[191] 胡玉梅，刘银水，江涛，等. 海水液压电磁阀的研制[J]. 流体传动与控制，2012(4)：23-27.
[192] 廖义德，刘银水，黄艳，等. 二级节流阀抗气蚀性能的实验研究[J]. 流体机械，2003，31(6)：1-3.
[193] 陈经跃，刘银水，吴德发，等. 潜水器海水液压浮力调节系统的研制[J]. 液压与气动，2012(1)：79-83.
[194] Nicholson W, Healey A J. The present state of autonomous underwater vehicle (AUV) applications and technologies[J]. Marine Technology Society Jornal, 2008, 42(1): 44-51.
[195] 王蓬. 军用 UUV 的发展与应用前景展望[J]. 鱼雷技术，2009，17(1)：5-9.
[196] Department of the Navy. The navy unmanned undersea vehicle (UUV) master plan[EB/OL]. (2000-04-20). http://www.navy.mil/nav.ata/technology.
[197] Department of the Navy. The navy unmanned undersea vehicle (UUV) master plan[EB/OL]. (2004-11). http://www.navy.mil/nav.ata/technology.
[198] 曾勇. UUV 布放回收技术[J]. 水雷战与舰船防护，2015，23(1)：

13 - 16.

[199] 钱东,唐献平,赵江. UUV 技术发展与系统设计综述[J]. 水下无人系统学报,2014,22(6):401 - 414.

[200] 张浩立,邓智勇,罗友高. 潜水器布放回放系统发展现状[J]. 舰船科学技术,2012(4):3 - 6.

[201] 潘光,黄明明,宋保维,等. AUV 回收技术现状及发展趋势[J]. 水下无人系统学报,2008,16(6):10 - 14.

[202] Lester G. Remus launch & recovery systems[R]. Uust, 2007.

[203] Freeman D K. Remote delivery of unmanned system technologies [R]. Naval Surface Warfare Center, Panama City, FL, 2005.

[204] Wang D T, Kang S Q, Guan Y L, et al. A launch and recovery system for an autonomous underwater vehicle "explorer"[C]//Proceedings of the 1992 Symposium on Autonomous Underwater Vehicle Technology, Washington, DC, USA. 2 - 3 June 1992.

[205] 吴泽伟,吴晓锋,杜虎. 水下特种运载器水下回收方式[J]. 火力与指挥控制,2016(2):28 - 31.

[206] 曹和云,倪先胜,何利勇,等. 国外潜载 UUV 布放与回收技术研究综述[J]. 中国造船,2014(2):200 - 208.

[207] 陈强,孙嵘. 潜艇布放回收 UUV 方式[J]. 舰船科学技术,2011,33(7):145 - 149.

[208] 蒋荣华. 潜载 UUV 的作战使用分析[J]. 舰船电子工程,2015(10):17 - 20.

[209] 周杰,周文林. 潜用 UUV 回收技术[J]. 兵器装备工程学报,2011,32(8):45 - 47.

[210] 李大鹏,王臻. 水下无人航行器潜艇搭载技术研究[J]. 中外船舶科技,2012(4):23 - 30.

[211] Panoch A. AUV launch and recovery — A challenge for submerged submarines[R]. Naval Forces, 2015.

[212] 杨咚. 水下无人航行器回收技术研究[J]. 科技广场,2013(5):177 - 182.

[213] Edoardo I S. Automated launch and recovery of an autonomous underwater vehicle from an unmanned surface vessel[D]. Florida: Florida Atlantic University, 2016.

[214] Zhang T D, Zhang R R, Xing W, et al. The numerical modeling approach of an air launched AUV impacting into water[C]. Aberdeen, OCEANS, 2017.

[215] Demetrious G A. A hybrid control architecture for an Autonomous Underwater Vehicle [D]. Louisiana: University of Southwestern Louisiana, 1998.

[216] 李开生,张慧慧,费仁元,等. 机器人控制体系结构研究的现状和发展[J]. 机器人,2000,22(3): 235 - 240.

[217] Miller D J, Lennox R C. An object-oriented environment for robot system architecture[J]. IEEE Control System, 1991, 11(2): 14 - 23.

[218] Yoerger D R, Bradley A M, Walden B B. A deep ocean AUV for scientific seafloor survey, the Autonomous Benthic Explorer [J]. Unmanned Systems, 1991, 9(2): 17 - 23.

[219] Yoerger D R, Bradley A M, Walden B B. System testing of the Autonomous Benthic Explorer [C]//Proceedings of the IARP 2nd workshop on mobile robots for Subsea environments, Monterey, CA, 1994: 95 - 106.

[220] Perrier M, Bellingham J G. Control software for an autonomous survey vehicle[R]. Technical Report MITSG 93 - 20J, MIT Sea Grant College Program, Autonomous Underwater Vehicle Laboratory, Cambridge, MA, 1994.

[221] Bellingham J G, Bales J W, Atwood D K, et al. Demonstration of a high-performance, low-cost Autonomous Underwater Vehicle [R]. Technical Report MITSG 93 - 28, MIT Sea Grant College Program, Autonomous Underwater Vehicle Laboratory, Cambridge, MA, 1994.

[222] Healy A J, Marco D B, McGhee R B, et al. Coordinating the hovering behaviors of the NPS AUV Ⅱ using onboard sonar serving [C]// Proceeding of the International Advanced Robotics Program, The 2nd Workshop on mobile robots for Subsea Environments, Monterey, CA, 1994: 95 - 106.

[223] Healy J, Marco D B, McGhee R B, et al. Evaluation of the tri-level hybrid control system for NPS PHOENIX Autonomous Underwater

Robotics and Intelligent Control (URIC)-A joint U. S. [J]. Portugal Workshop, Lisbon, Portugal, 1995: 78 - 90.

[224] 徐玉如,庞永杰,甘永,等. 智能水下机器人技术展望[J]. 智能系统学报, 2006(1): 9 - 16.

[225] 韩丽洁. 水下机器人任务规划技术研究[D]. 哈尔滨: 哈尔滨工程大学, 2010.

[226] 薛红香. 水下机器人任务规划方法研究[D]. 哈尔滨: 哈尔滨工程大学, 2009.

[227] 张汝波,吴俊伟,刘冠群,等. 自主式水下机器人分层规划与重规划[J]. 华中科技大学学报(自然科学版),2013,41(S1): 77 - 80.

[228] 蒋新松. 机器人学导[M]. 沈阳: 辽宁科学技术出版社,1994.

[229] Crowley A L. Navigation for an intelligent mobile robot[J]. IEEE Journal of Robotics and Automation, 1985, 1(1): 31 - 40.

[230] 袁曾任,姜焕东. 智能移动式机器人的一种全局路径规划方法和基于知识的路径控制器[J]. 机器人,1992,14(2): 25 - 30.

[231] Brooks R A. Solving the find-path problem by good representation of free space[J]. IEEE Trans on Systems, Man and Cybernetics, 1983, 13(3): 190 - 197.

[232] Alexopoulos C, Griffin P M. Path planning for a mobile robot[J]. IEEE Trans on Systems, Man and Cybernetics, 1992, 22(2): 318 - 322.

[233] Li C, Dong Y L. An efficient algorithm for finding a collision-free path among polyhedral obstacles[J]. Journal of Robotics Systems, 1990, 7(1): 129 - 137.

[234] Murphy R R. Introduction to AI Robotics[M]. Boston: MIT Press, 2002.

[235] Choset H, Nagatani K. Topological simultaneous location and mapping: toward exact localization without explicit localization [J]. IEEE Trans on Robotics and Automation, 2001, 12(2): 125 - 137.

[236] Aurenhammer. Voronoi diagrams-a survey of fundmental geometric data structure[J]. ACM Computing Surveys, 1991, 23(3): 345 - 405.

[237] 高春晓,刘玉树.三维地形中基于加权框架四叉树的路径规划[J].北京理工大学学报,2002,22(1):56-59.

[238] Hwang J Y, Kim J S, Lim S S. A fast path planning by path graph optimization[J]. IEEE Trans on Systems, Man and Cybernetics, 2003, 33(1): 121-128.

[239] Weber H. A motion planning and execution system for mobile robots driven by stepping motors[J]. Robotics and Autonomous Systems, 2000, 33(4): 207-221.

[240] 艾海舟,张拔.基于拓扑的路径规划问题的图形算法[J].机器人,1990, 12(5):20-24.

[241] 陈华志,谢存禧,曾德怀.基于神经网络的移动机器人路径规划算法的仿真[J].华南理工大学学报(自然科学版),2003, 31(6):56-59.

[242] 禹建丽,Kroumov V.一种快速神经网络路径规划算法[J].机器人,2001, 23(3):201-205.

[243] 朱咏杰,王树国,常疆.一种基于神经网络的移动机器人路径规划算法[J].高技术通讯,2002(9):42-45.

[244] Fierro R, Lewis F L. Control of a nonholonomic mobile robot using neural networks[J]. IEEE Trans on Neural Networks, 1998, 9(4): 589-600.

[245] 王卓鹏.一种改进的快速模拟退火组合优化算法[J].系统工程理论与实践,1999,2(5):73-76.

[246] 缪国春,贺知明.改进模拟退火算法在码组优化中的应用[J].工业控制计算机,2004,17(2):35-36.

[247] 周明,孙树栋.遗传算法原理及应用[M].北京:国防工业出版社,1999.

[248] 唐平,杨宜民.动态二叉树表示环境的A*算法及其在足球机器人路径规划中的实现[J].中国工程科学,2002,4(9):50-53.

[249] 张汝波,杨广铭,顾国昌,等.Q-学习及其在智能机器人局部路径规划中的应用研究[J].计算机研究与发展,1999,36(12):1430-1436.

[250] 温文波,杜维.蚁群算法概述[J].石油化工自动化,2002,1(19):19-22.

[251] Maaref H, Barret C. Sensor-based fuzzy navigation of an autonomous mobile robot in an indoor environment[J]. Control Engineering Practice, 2000, 8(7): 757-768.

[252] 马兆青,袁曾任. 基于栅格的移动机器人实时导航和避障[J]. 机器人,1996,18(6): 344 - 348.

[253] Keron Y, Boresstein J. Potential field methods and their inherent limitations for mobile robot navigation[C]//Proc IEEE Int Conf Robot Automation, California, 1991: 1398 - 1404.

[254] Hwang Y K, Ahuja N. Potential field approach to path planning [J]. IEEE Trans on Robotics and Automation, 1992, 8(1): 23 - 32.

[255] 李贻斌,李彩虹. 移动机器人导航技术[J]. 山东矿业学院学报,1999,18(3): 67 - 71.

[256] 董立志,孙茂相. 基于实时障碍物预测的机器人运动规划[J]. 机器人,2000,22(1): 12 - 16.

[257] 朱向阳,丁汉. 凸多面体之间的伪最小平移距离(Ⅱ)机器人运动规划[J]. 中国科学 E 辑,2001,31(3): 238 - 244.

[258] Agirrebeitia J, Avile's R, de Bustos I F, et al. A new APF strategy for path planning in environments with obstacles[J]. Mechanism and Machine Theory, 2005, 40: 645 - 658.

[259] 张汝波,顾国昌,张国印. 水下智能机器人模糊局部规划器设计[J]. 机器人,1996,18(3): 158 - 162.

[260] 崔茂源,田彦涛,赵中祺. 基于模糊逻辑的自主移动机器人实时滚动路径规划及控制[J]. 吉林工业大学自然科学学报,1999,29(1): 59 - 64.

[261] 张捍东,郑睿,岑豫皖. 移动机器人路径规划技术的现状与展望[J]. 系统仿真学报,2005(2): 439 - 443.

[262] Brooks R, Robis A. Layered control system for a mobile robot [J]. IEEE Trans on Robotics and Automation, 1986, 2(1): 14 - 23.

[263] 甘永. 水下机器人运动控制系统体系结构的研究[D]. 哈尔滨: 哈尔滨工程大学,2007.

[264] 李岳明. 多功能自主式水下机器人运动控制研究[D]. 哈尔滨: 哈尔滨工程大学,2013.

[265] 阎俏,孙莹,李克军. 变结构控制理论中抖振问题的研究[J]. 继电器,2001,29(5): 17 - 19.

[266] 张天平. 自适应模糊滑模变结构控制器的一种新设计[J]. 控制与决策. 2000,15(6): 678 - 681.

[267] 高为炳. 变结构控制理论基础[M]. 北京: 中国科学技术出版社,1990.

[268] 张昌凡,王耀南.滑模变结构控制的智能控制及其应用[J].中国电机工程学报,2001,21(3): 27-29, 44.

[269] 赵国良,姜任锋.自适应控制技术与应用[M].北京: 人民交通出版社,1991.

[270] Goheen K R, Jeffery R E. Multivariable self-tuning autopilots for autonomous and remotely operated underwater vehicles[J]. IEEE Journal of Oceanic Engineering, 1990, 15(3): 144-151.

[271] Yuh J. An adaptive and learning control system for underwater robots[C]//13th World Congress International Federation of Automatic Control, San Francisco, CA, 1996(A): 145-150.

[272] Press W H, Teukolsky S A, Vetterling W T, et al. Numerical Recipes[D]. Cambridge: Cambridge University Press, 1992.

[273] 朱克强.水下航行器的模拟与控制[J].中外船舶科技.1992.

[274] 刘学敏,徐玉如.水下机器人运动的S面控制方法[J].海洋工程,2001,19(3): 81-84.

[275] 汤兵勇,路林吉,王文杰.模糊控制理论与应用技术[M].北京: 清华大学出版社,2002.

[276] DeBitetto P A. Fuzzy logic for Depth Control of Unmanned Undersea Vehicles[J]. IEEEE Journal of Oceanic Engineering. 1995, 20(3): 242-248.

[277] 谢俊元.载人遥控水下机器人运动模糊控制[J].软件开发应用,1996(4): 9-11.

[278] Tabaii S S, El-Hawary F, El-Hawary M. Hybrid adaptive control of autonomous underwater vehicle[C]//Proceedings of Symposium of Autonomous Underwater Vehicle Technology, 1994: 275-282.

[279] Yuh J. A neural net controller for underwater robotic vehicles[J]. IEEE Journal of Oceanic Engineering, 1990, 15(3): 161-166.

[280] Yuh J. Learning control for underwater robotic vehicles[J]. IEEE Control System Magazine, 1994, 14(2): 39-46.

[281] 郭冰洁.微小型水下机器人运动控制[D].哈尔滨: 哈尔滨工程大学,2008.

[282] Forssen T I, M Breivik, R Skjetne. Line-of-sight path following of underactuated marine craft[C]//Proceedings of the 6th IFAC MCMC,

2003, 244 - 249.

[283] Brhaug E, Pettersen K Y, Pavlov A. An optimal guidance scheme for cross-track control of underactuated underwater vehicles[C]//14th Mediterranean Conference on Control and Automation, 2006.

[284] Tamaki Ura. Dives of AUV "r2D4" to Rift Valley of Central Indian Mid-Ocean Ridge System[C]//Oceans 2007 Europe International Conference, 2007, 1078 - 1083.

[285] Nuno P, Carlos S, Rita C, et al. A bottom-following preview controller for autonomous underwater vehicles[C]//Proceedings of the 45th IEEE Conference on Decision and Control, 2006, 715 - 720.

[286] Bian X Q, Zhou J J, Jia H M, et al. Adaptive neural network control system of bottom following for an underactuated AUV[C]//MTS/IEEE Seattle, OCEANS 2010, 2010.

[287] 边信黔,程相勤,贾鹤鸣,等. 基于迭代滑模增量反馈的欠驱动 AUV 地形跟踪控制[J]. 控制与决策,2011,26(2): 289 - 292.

[288] Zhang T D, Wan L, Chen Y, et al. Object track in underwater sonar images[C]//Proceedings of 2nd International Conference on Image and Signal Processing, 2009.

[289] 王学民. 应用多元分析[M]. 上海: 上海财经大学出版社,2004.

[290] 李璐. 机动目标跟踪领域的数据滤波技术应用[J]. 电子科学技术评论, 2005(4): 25 - 28.

[291] 王春柏,赵保军,何配琨. 模糊自适应强跟踪卡尔曼滤波器研究[J]. 系统工程与电子技术,2004,26(10): 1367 - 1370.

[292] 赵学梅,陈恳,李冬. 强跟踪卡尔曼滤波在视频目标跟踪中的应用[J]. 计算机工程与应用,2011,47(11): 128 - 131.

[293] Thomas C B, James B G, Josko C, et al. Autonomous ocanography smapling networks[J]. Oceanography, 1993, 6(3): 86 - 94.

[294] Ramp S, Davis R, Leonard N, et al. Preparing to predict: the second autonomous ocean sampling network experiment in the monterey bay [J]. Deep-sea Research, Part II, 2009(56): 68 - 86.

[295] Haley P, Lermusiaux P, Robinson A, et al. Forecasting and reanalysis in the monterey bay california current region for the autonomous ocean sampling network-Ⅱ experiment [J]. Deep-sea

Research, Part Ⅱ, 2009, 56: 127 - 148.

[296] Paley D A. Cooperative control of collective motion for ocean sampling with autonomous vehicles [D]. Princeton: Princeton University, 2007.

[297] Pascoal A, Silvestre C, Oliveira P. Vehicle and mission control of single and multiple autonomous marine robots [J]. IEEE Control Series, 2006, 69: 353 - 386.

[298] Ridao P, Battle J, Amat J, et al. Recent trends in control architecture for autonomous underwater vehicles [J]. International Journal of System Science, 1999, 30(9): 133 - 156.

[299] Yoerger D, Bradley A, Walden B. System testing of the autonomous benthic explorer[C]//Proceedings of 2nd workshop on mobile robots for subsea environments, 1994: 159 - 170.

[300] Barnett D, McClaran S, Nelson E, et al. Architecture of the Texas A&M Autonomous Underwater Vehicle Controller[C]//Proceedings of the 1996 Symposium on Autonomous Underwater Vhicle Technology, 1996: 231 - 237.

[301] Rock S, Wang H, Lee M. Task-directed precision control of MBARI/standford otter AUV [C]//Proceedings of the 1996 International Program Development in Undersea Robotics and Intelligent Control, 1995: 131 - 138.

[302] Bellingham J, Leonard J J. Task configuration with layered control [R]. MIT Technic Report, 1994.

[303] 李文锋,张帆,闫新庆,等.移动机器人控制体系结构的研究与进展[J],中国机械工程,2008,19(1): 114 - 119.

[304] Sousa J, Pereira F. Hybrid systems theory framework for the design of a control architecture for multiple autonomous underwater vehicles [C]//Proceedings of IEEE International Symposium on Industrial Electronics, Guimaraes, Portugal: IEEE, 1997: 747 - 752.

[305] Fujii T, Ura T. Autonomous underwater robots with distributed behavior control architecture[C]//Proceedings of IEEE International Conference on Robotics and Automation, Nagoya, Japan: IEEE, 1995: 1868 - 1873.

[306] Yan Z P, Hou S P. A coordinated method based on hybrid intelligent control agent for multi-AUVs control [C]//Proceedings of IEEE International Conference on Information Acquisition, Weihai, China: IEEE, 2006: 1179 - 1184.

[307] Stozing C C, Evans J, Lane D M. A multi-agent architecture to increase coordination efficiency in multi-AUV operations [C]// Proceedings of IEEE Oceans 2007, Aberdeen, UK: IEEE, 2007: 1 - 6.

[308] Newman P M. MOOS-A mission oriented operating suite[R]. Technic Report OE2003 - 07, Department of Ocean Engineering, MIT, 2003.

[309] Schmidt H, Balasuriya A, Benjamin M. Nested autonomy with MOOS-IvP for interactive ocean observatories [C]//Proceedings of International Conference on Marine Environment and Biodiversity Conservation in the South China Sea, Kaohsiung, Taiwan: 2010: 9 - 17.

[310] Chitre M. DSAAV - A distributed software architecture for autonomous vehicles [C]//Proceedings of IEEE OCEANS 2008, Quebec City, QC, Canada: IEEE, 2008: 1 - 10.

[311] Benjamin M R, Newman P M, Schmidt H, et al. An overview of MOOS-IvP and a brief user guide to the IvP helm autonomy software [R]. Tech. Report. MIT - TR - 2009 - 028, Computer Science and Aritifical Intelligence Laboratory, MIT, 2009.

[312] 由光鑫. 多水下机器人分布式智能控制技术研究[D]. 哈尔滨: 哈尔滨工程大学,2006.

[313] 董炀斌. 多潜水器系统的协作研究[D]. 杭州: 浙江大学,2007.

[314] 黎萍,杨宜民. 多机器人系统任务分配的研究进展[J]. 计算机工程与应用,2008,44(17): 201 - 206.

[315] Dias M. Traderbots: A new paradigm for robust and efficient multirobot coordination in dynamic environment [D]. Pittsburgh: Carnegie Mellon University, 2004.

[316] Sariel S, Balch T, Erdogan N. Naval mine countermeasure missions: a distributed, incremental multirobot task selection scheme[J]. IEEE Robotics and Automation, 2008, 15(1): 45 - 52.

[317] 柳林.多机器人系统任务分配与编队控制技术研究[D].长沙：国防科学技术大学,2006.
[318] Ausubel L M, Cramton P. Vickrey auctions with reserving pricing [J]. Economic Theory, 2004, 23: 493 - 505.
[319] Lagoudakis M, Markakis V, Kempe D, et al. Auction-based multi-robot routing [C]//Proceedings of International Conference on Robotic, Science and Systems, 2005: 343 - 350.
[320] Berhault M, Huang H, Keskinocak P, et al. Robot exploration with combinatorial auctions [C]//Proceedings of IEEE International Conference on Intelligent Robots and Systems, Las Vegas, NV, USA: IEEE, 2003: 1957 - 1962.
[321] 潘无为,姜大鹏,庞永杰,等.相位耦合振子模型下的AUV自适应编队控制算法[J].哈尔滨工程大学学报,2017,38(1): 115 - 119.
[322] 潘无为,姜大鹏,庞永杰,等.人工势场和虚拟结构相结合的多水下机器人编队控制[J].兵工学报,2017,38(2): 326 - 334.
[323] 徐博,白金磊,郝燕玲,等.多AUV协同导航问题的研究现状与进展[J].自动化学报,2015,41(3): 445 - 461.
[324] 张立川,许少峰,刘明雍,等.多无人水下航行器协同导航定位研究进展[J].2016,26(5): 475 - 482.
[325] 刘明雍.水下航行器协同导航技术[M].北京：国防工业出版社,2014.
[326] 田坦.水下定位与导航技术[M].北京：国防工业出版社,2007.
[327] Bahr A, Leonard J J. Cooperative localization for autonomous underwater vehicles[J]. Experimental Robotics, Springer Tracts in Advanced Robotics, 2008, 39: 387 - 395.
[328] 高伟,刘亚龙,徐博,等.基于双主替领航的多AUV协同导航方法[J].哈尔滨工程大学学报,2014,35(6): 735 - 740.
[329] 张福斌,马朋,刘书强.基于距离测量的双领航AUV间协同导航算法[J].系统工程理论与实践,2016,36(7): 1898 - 1904.
[330] Horner D P, Healey A J, Kragelund S P. AUV experiments in obstacle avoidance [J]. Oceans, 2005(2): 1464 - 1470.
[331] Handegard N O, Williams K. Automated tracking of fish in trawls using the DIDSON [J]. Ices Journal of Marine Science, 2008, 65(4): 636 - 644.

[332] Kim J, Cho H, Pyo J, et al. The convolution neural network based agent vehicle detection using forward-looking sonar image [J]. Oceans, 2016: 1 - 5.

[333] 库安邦,周兴华,彭聪.侧扫声呐探测技术的研究现状及发展[J].海洋测绘,2018, 38(1): 50 - 54.

[334] 沈蔚,程国标,龚良平,等.C3D测深侧扫声呐探测系统综述[J].海洋测绘,2013, 33(4): 79 - 82.

[335] 李岳明,李晔,盛明伟,等.AUV搭载多波束声呐进行地形测量的现状及展望[J].海洋测绘,2016, 36(4): 7 - 11.

[336] 张铁栋,万磊,曾文静,等.智能无人无缆潜水器声视觉跟踪系统[J].高科技通讯,2012,22(5): 502 - 509.

[337] 马文杰,严卫生.虚拟环境下自主水下航行器的避障研究[J].鱼雷技术,2008(2): 21 - 24.

[338] 马文杰,严卫生.自主水下航行器避障的视景仿真实现[J].计算机仿真,2008(6): 198 - 201.

[339] 刘涛,徐芑南."CR - 02"6000无人自治无人无缆潜水器载体系统[J].船舶力学,2002(6): 114 - 118.

[340] Chen J B, Gong Z B, Li H Y, et al. A detection method based on sonar image for underwater pipeline tracker [C]//Proceedings of 2011 2nd International Conference on Mechanic Automation and control Engineering, Hohhot, China, 2011: 3766 - 3769.

[341] 魏建江,尹东源.CS - 1型侧扫声呐系统[J].海洋技术. 1998, 17(2): 1 - 5.

[342] Brutzman D, Burns M. NPS PHOENIX AUV software integration and in-water testing [C]//Proceedings of the 1996 Symposium on Autonomous Underwater Vehicle Technology, 1996: 99 - 108.

[343] http: //www. navaldrones. com/AUSS. html.

[344] http: //www. mbari. org/technology/emerging-current-tools/.

[345] http: //www. mbari. org/at-sea/vehicles/autonomous-underwater-vehicles/imaging-AUV/.

[346] Carreras M, Ridao P, Garcia R, et al. Vision-based localization of an underwater robot in a structured environment [C]//IEEE International Conference on Robotics and Automation, 2003: 971 -

976.

[347] Matsumoto S, Ito Y. Power cables: real-time vision-based tracking of submarine cables for AUV[C]//Proceedings of Oceans, San Diego, USA, 9 - 12 October 1995, 1997 - 2002.

[348] Grau A, Climent J, Aranda J. Real-time architecture for cable tracking using texture descriptors [C]//OCEANS'98 Conference Proceedings, 1998: 1496 - 1500.

[349] Gøril M B, Sigurd A F. Robust pipeline localization for an autonomous underwater vehicle using stereo vision and echo sounder data [J]. The International Society for Optical Engineering, 2010: 1 - 12.

[350] Goril M B, Sigurd A F, Oystein S. Robust pipeline localization for an autonomous underwater vehicle using stereo vision and echo sounder data [C]//Proc. of SPIE-The International Society for Optical Engineering, 2010, 7539: 75390B-1 - 12.

[351] 宋艾玲,梁光川,王文耀. 世界油气管道现状与发展趋势[J]. 油气储运, 2006,25(10): 1 - 6.

[352] Antich J, Ortiz A. Underwater cable tracking by visual feedback [J]. Pattern Recog. Image Anal. 2003, 2652: 53 - 61.

[353] Zingaretti P, Tascini G, Puliti P, et al, Imaging approach to real-time tracking of submarine pipelines [C]// IS&T/SPIE Electronic Imaging, Real Time Imaging Conference, SPIE, San Jose, 1996: 129 - 137.

[354] Foresti G, Gentili S. A hierarchical classification system for object recognition in underwater enviroments [J]. IEEE Journal of Oceanic Engineering, 2002, 27(1): 66 - 78.

[355] Webster M. The art and technique of underwater photography [M]. Surray: Fountain Press, 1998.

[356] Inzartsev A V, Pavin A M. AUV cable tracking system based on electromagnetic and video data [C]//OCEANS 2008, MTS/IEEE Kobe Techno-Ocean, 2008: 1 - 6.

[357] http: //www. ecagroup. com/en/solutions/alistar-3000-auv-autonoumous-underwater-vehicle.

[358] Chanop S, Alexander Z. Kambara: past, present, and future [C]//

Proceedings of the 2001 Australian Conference on Robotics and Automation, 2001: 61 - 66.

[359] Michio K, Tamaki U, Yoji K, et al. A new autonomous underwater vehicle designed for lake environment monitoring [J]. Advanced Robotics, 2002, 16(1): 17 - 26.

[360] Zingaretti P, Maria S. Robust real-time detection of an underwater pipeline [J]. Engineering Applications of Artificial Intelligence, 1998, 11, 257 - 268.

[361] Balasuriya. Multi-sensor fusion for autonomous cable tracking [C]// OCEANS'99 MTS/IEEE Riding the Crest into the 21st Century, 1999.

[362] Matsumoto S, Ito Y. Real-time vision-based tracking of submarine-cables for AUV/ROV [J]. Oceans, 1995(3): 1997 - 2002.

[363] http://www.divebasecoiba.com/index.php/about-pixvae/the-liquid-jungle-laboratory.

[364] 白雁兵,高艳.机器视觉系统坐标标定与计算方法[J].电子工艺技术, 2007(6): 354 - 357.

[365] 张东清,罗友,孙艳玲,等.一种简单的摄像机标定技术在视觉定位中的应用[J].生命科学仪器,2012,12: 16.

[366] 钟森城.激光水下目标成像关键技术研究[D].绵阳:中国工程物理研究院,2012.

[367] 顾玉民,赵金花,吴宣志. MPEG4 在海底彩色电视监控系统中的应用[J].海洋技术,2004,23(3): 46 - 50+58.

[368] Christian B, Ronald P. A fully automated method to detect and segment a manufactured object in an underwater color image[C]// Advanced in Signal Processing For Maritime Applications, 2010, 0 (0): 1 - 10.

[369] Adriana O, Emanuele T. Detecting man-made objects in unconstrained subsea videos[C]//British Machine Vision Conference, 2002, 21(3): 517 - 526.

[370] Bazeille S, Quidu I, Jaulin L. Identification of underwater man-made object using a colour criterion[C]//Proceedings of the Institute of Acoustics, 2007, 34(5): 45 - 52.

[371] Kenton Oliver, Weilin Hou, Song Wang. Image feature detection and matching in underwater conditions [C]//British Machine Vision Conference, 2010, 21(7): 23 - 36.

[372] Vision D M: A computational investigation into the human representation and processing of visual information [M]. [s. l.]: W. H. Freeman and Company, 1982.

[373] Konda H, Ura T. Visual observation of underwater objects by autonomous underwater vehicles[J]. The 3rd International Workshop on Scientific Use of Submarine Cables and Related Technologies, 2003(6): 145 - 150.

[374] Karras G, Kyriakopoulos K. Visual servo control of an underwater vehicle using a laser vision system[C]//2008 IEEE/RSJ International Conference on Intelligent Robots and Systems, 2008, 9: 4116 - 4122.

[375] Ishibashi S. The stereo vision system for an underwater vehicle[C]//2009 IEEE/OES Conference on OCEANS, 2009: 1 - 6.

[376] 郝颖明,吴清潇,周船,等. 基于单目视觉的水下机器人悬停定位技术与实现[J]. 机器人,2006, 28(6): 6565 - 661.

[377] 唐旭东,庞永杰,张赫,等. 基于单目视觉的水下机器人管道检测[J]. 机器人,2010, 32(5): 592 - 600.

[378] Yann E, Nose Y, Ura T. Autonomous underwater sampling using a manipulator and stereo visual servoing[C]//Proc. IEEE OCEANS, 2005, 2: 731 - 736.

[379] Giacomo M, Song K, Junku Y. Underwater autonomous manipulation for intervention missions AUVs[J]. Ocean Engineering, 2009, 31(1): 15: 23.

[380] Xiao Z, Xu G, Peng F, et al. Development of a deep ocean electric autonomous manipulator[J]. China Ocean Engineering, 2011, 25(1): 159 - 168.

[381] Park J, Jun B, Lee P, et al. Experiments on vision guided docking of an autonomous underwater vehicle using one camera [J]. Ocean Engineering, 2009, 36(1): 48 - 61.

[382] Garcia R, Cufi X, Carreras M. Estimating the motion of an underwater robot from a monocular image sequence[C]//Processdings

of the 2001 IEEE/RSJ International Conference on Intelligent Robots and Systems, 2001, 10: 1682 - 1687.
[383] Henry S. The slocum mission[J]. Oceanography, 1989, 2(1): 22 - 25.
[384] Webb D C, Simonetti P J, Jones C P. SLOCUM: an un-derwater glider propelled by environmental energy[J]. IEEE Journal of Oceanic Engineering, 2001, 26(4): 447 - 452.
[385] Eriksen C C, Osse T J, Light R D, et al. Seaglider: a long-range autonomous underwater vehicle for ocean-ographic research[J]. IEEE Journal of Oceanic Engineering, 2001, 26(4): 424 - 436.
[386] Sherman J, Davis R E, Owens W B, et al. The autono-mous underwater glider "Spray"[J]. IEEE Journal of Oceanic Engineering, 2001, 26(4): 437 - 446.
[387] Liu F, Wang Y, Wang S. Development of the hybrid underwater glider Petrel Ⅱ[J]. Sea Technology, 2014, 55(4): 51 - 54.
[388] Borchsenius J, Pinder S. Underwater glider propulsion using chemical hydrides[C]//Sydney: OCEANS 2010 IEEE, 2010: 1 - 8.
[389] Arima M, Okashima T, Yamada T. Development of a solar-powered underwater glider [C]//2011 IEEE Symposium on Underwater Technology and Workshop on Scientific Use of Submarine Cables and Related Technologies, 2011: 1 - 5.
[390] Andrea C, Vincenzo C, Sergio G, et al. Lagrangian modeling of the underwater wave glider[C]//OCEANS 2011-SPAIN, 2011: 1 - 6.
[391] Douglas C W, Paul J S, Clayton P J, et al. Slocum an underwater glider propelled by environmental energy[J]. IEEE Journal of Oceanic Engineering, 2001, 26(4): 447 - 452.
[392] Кожемякин И В, Блинков А П, Рождественский К В, et al. Перспективные Платформы Морской Робототехнической Системы И Некоторые Варианты Их Применения [J]. Известия Южного федерального университета. Технич-еские науки, 2016(1): 174.
[393] 王树新,王延辉,张大涛,等. 温差能驱动的水下滑翔机设计与实验研究[J]. 海洋技术学报,2006,25(1): 1 - 5.
[394] 王树新,李晓平,王延辉,等. 水下滑翔器的运动建模与分析[J]. 海洋技

术学报,2005,24(1):5-9.

[395] Yang C, Peng S, Fan S. Performance and stability analysis for ZJU glider[J]. Marine Technology Society Journal, 2014, 48(3): 88-103.

[396] 秦玉峰,张选明,孙秀军,等. 混合驱动水下滑翔机高效推进螺旋桨设计[J]. 海洋技术学报,2016,35(3):40-45.

[397] 陈刚,张云海,赵加鹏. 基于混合模型的水下滑翔机最佳升阻比特性[J]. 四川兵工学报,2014(2):150-152.

[398] 田文龙,宋保维,刘郑国. 可控翼混合驱动水下滑翔机运动性能研究[J]. 西北工业大学学报,2013,31(1):122-128.

[399] 马冬梅,马峥,张华,等. 水下滑翔机水动力性能分析及滑翔姿态优化研究[J]. 水动力学研究与进展,2007,22(6):703-708.

[400] Yu J, Jin W, Tan Z, et al. Development and experiments of the Sea-Wing7000 underwater glider[C]//Anchorage, AK, USA: Oceans-Anchorage, 2017.

[401] Schofield O, Kohut J, Aragon D, et al. Slocum gliders: robust and ready[J]. Journal of Field Robotics, 2010, 24(6): 473-485.

[402] Woithe H C, Chigirev I, Aragon D, et al. Slocum glider energy measurement and simulation infrastructure[C]//Oceans 2010. Sydney: IEEE, 2010.

[403] Rudnick D L, Davis R E, Sherman J T. Spray underwater glider operations[J]. Journal of Atmospheric and Oceanic Technology, 2016, 33(6): 1113-1122.

[404] Rudnick D L, Davis R E, Eriksen C C, et al. Underwater gliders for ocean research[J]. Marine Technology Society Journal, 2004, 38(2): 73-84.

[405] Bachmayer R, Leonard N E, Graver J, et al. Underwater gliders: recent developments and future applications[C]//International Symposium on Underwater Technology, Taipei: IEEE, 2004.

[406] Claustre H, Beguery L, Patrice P L A. SeaExplorer glider breaks two world records multisensor UUV achieves global milestones for endurance, distance[J]. Sea Technology, 2014, 55(3): 19-22.

[407] Alvarez A, Caffaz A, Caiti A, et al. Fòlaga: A low-cost autonomous

underwater vehicle combining glider and AUV capabilities[J]. Ocean Engineering, 2009, 36(1): 24 - 38.

[408] Wood S L, Mierzwa C E. State of technology in autonomous underwater gliders[J]. Marine Tech-nology Society Journal, 2013, 47(5): 84 - 96.

[409] 刘方. 混合驱动水下滑翔机系统设计与运动行为研究[D]. 天津：天津大学,2014.

[410] Hine R, Willcox S, Hine G, et al. The wave glider: A wave-powered autonomous marine vehicle [C]//Oceans 2009, MTS/IEEE Biloxi-Marine Technology for Our Future: Global and Local Chall-enges, Biloxi: IEEE, 2009.

[411] LRI. Liquid Robotics' marine robot completes 9,000 mile cross-Pacific journey to set new world record [EB/OL]. http: //liquidr.com/news_events/press/2012/2012 - 12 - 05-pacx-arrival-aus-tralia.html.

[412] LRI. Liquid Robotics Pacific Crossing Data. [EB/OL]. http: //pacxdata.liquidr.com.

[413] Manley J, Willcox S. The wave glider: A persistent platform for ocean science[C]// OCEANS 2010, Sydney: IEEE, 2010: 1 - 5.

[414] Wiggins S, Manley J, Brager E, et al. Monitoring Marine Mammal Acoustics Using Wave Glider[C]// OCEANS 2010, Sydney: IEEE, 2010: 1 - 4.

[415] Smith R, Das J, Hine G, et al. Predicting Wave Glider Speed from Environmental Measurements[C]// OCEANS 2011, IEEE, 2011: 1 - 8.

[416] Osse T J, Eriksen C C. The Deepglider: A Full Ocean Depth Glider for Oceanographic Research [C]//OCEANS, Vancouver: IEEE, 2007: 1 - 12.

[417] Wall C C, Lembke C, Mann D A. Shelf-scale mapping of sound production by fishes in the eastern gulf of mexico, using autonomous glider technology[J]. Marine Ecology Progress, 2012, 449(449): 55 - 64.

[418] Baumgartner M F, Fratantoni D M, Hurst T P, et al. Real-time

reporting of baleen whale passive acoustic detections from ocean gliders [J]. Journal of the Acoustical Society of America, 2013, 134(3): 1814-1823.

[419] Fratantoni D M, Haddock S H D. Introduction to the autonomous ocean sampling network (AOSN Ⅱ) program[J]. Deep Sea Research Part Ⅱ Topical Studies in Oceanography, 2009, 56(3-5): 61.

[420] Harlan J, Terrill E, Hazard L, et al. The integrated ocean observing system high-frequency radar network: status and local, regional, and national applications[J]. Marine Technology Society Journal, 2010, 44(6): 122-132.

[421] Stephen. Autonomous underwater gliders[J]. In Tech, 2009, 47(5): 84-96.

[422] D'Spain G L, Jenkins S A, Zimmerman R, et al. Underwater acoustic measurements with the liberdade/X-Ray flying wing glider [J]. Acoustical Society of America Journal, 2005, 117(4): 2624.

[423] Arima M, Tonai H, Yoshida K. Development of an ocean-going solar-powered underwater glider [C]//The Twenty-fourth International Ocean and Polar Engineering Conference, Busan: International Society of Offshore and Polar Engineers, 2014: 444-448.

[424] Hildebrand J A, D'Spain G L, Roch M A, et al. Glider-based passive acoustic monitoring techniques in the southern california region [R]. La Jolla: Scripps Institution of Oceanography, 2009.

[425] Mcclatchie S. Regional fisheries oceanography of the california current system[M]. Germany: Springer, 2013.

[426] Hristova H G, Kessler W S, Mcwilliams J C, et al. Mesoscale variability and its seasonality in the Solomon and Coral Seas [J]. Journal of Geophysical Research Oceans, 2014, 119(7): 4669-4687.

[427] Rudnick D L, Jan S, Centurioni L, et al. Seasonal and mesoscale variability of the kuroshio near its origin[J]. Oceanography, 2011, 24(4): 52-63.

[428] Lien R C, Ma B, Cheng Y H, et al. Modulation of kuroshio transport by mesoscale eddies at the Luzon Strait entrance [J]. Journal of Geophysical Research Oceans, 2014, 119(4): 2129-2142.

[429] Gawarkiewicz G, Jan S, Lermusiaux P F J, et al. Circulation and intrusions northeast of Taiwan: chasing and predicting uncertainty in the Cold Dome[J]. Oceanography, 2011, 24(4): 110 - 121.

[430] Schönau M C, Rudnick D L. Glider observations of the North Equatorial Current in the western tropical Pacific[J]. Journal of Geophysical Research Oceans, 2015, 120: 3586 - 3605.

[431] Qiu B, Rudnick D L, Chen S, et al. Quasi-stationary North Equatorial Undercurrent jets across the tropical North Pacific Ocean[J]. Geophysical Research Letters, 2013, 40(10): 1 - 5.

[432] Beaird N L, Rhines P B, Eriksen C C. Overflow waters at the Iceland-Faroe Ridge observed in multiyear seaglider surveys[J]. Journal of Physical Oceanography, 2013, 43(11): 2334 - 2351.

[433] Høydalsvik F, Mauritzen C, Orvik K A, et al. Transport estimates of the Western Branch of the Norwegian Atlantic Current from glider surveys[J]. Deep Sea Research Part I Oceanographic Research Papers, 2013, 79(3): 86 - 95.

[434] Ullgren J E, Fer I, Darelius E, et al. Interaction of the Faroe Bank Channel overflow with Iceland Basin intermediate waters[J]. Journal of Geophysical Research Oceans, 2014, 119(1): 228 - 240.

[435] Curry B, Lee C M, Petrie B, et al. Multiyear volume, liquid freshwater, and sea ice transports through Davis Strait, 2004—10 * [J]. Journal of Physical Oceanography, 2014, 44(4): 1244 - 1266.

[436] Martin J P, Lee C M, Eriksen C C, et al. Glider observations of kinematics in a Gulf of Alaska eddy[J]. Journal of Geophysical Research Atmospheres, 2009, 114(C12): 43 - 47.

[437] Todd R E, Rudnick D L, Davis R E. Monitoring the greater San Pedro Bay region using autonomous underwater gliders during fall of 2006 [J]. Journal of Geophysical Research Atmospheres, 2009, 114(C6): 113 - 114.

[438] Pelland N A, Eriksen C C, Lee C M. Subthermocline Eddies over the Washington Continental Slope as observed by seagliders, 2003 - 09 [M]// Continental stagecraft. Harcourt, Brace & Co. 1922: 2025 - 2053.

[439] Baird M E, Ridgway K R. The southward transport of sub-mesoscale lenses of Bass Strait Water in the centre of anti-cyclonic mesoscale eddies[J]. Geophysical Research Letters, 2012, 39(2): L02603-L02608.

[440] Mrvaljevic R K, Black P G, Centurioni L R, et al. Observations of the cold wake of Typhoon Fanapi (2010)[J]. Geophysical Research Letters, 2013, 40(2): 316 - 321.

[441] Hátún H, Eriksen C C, Rhines P B. Buoyant eddies entering the Labrador Sea observed with gliders and altimetry[J]. Journal of Physical Oceanography, 2007, 37(12): 2838 - 2854.

[442] Frajka-Williams E, Rhines P B, Eriksen C C. Horizontal stratification during deep convection in the Labrador Sea[J]. Journal of Physical Oceanography, 2014, 44(1): 220 - 228.

[443] Eriksen C C, Rhines P. Convective to gyre-scale dynamics: seaglider campaigns in the Labrador Sea 2003 - 2005[M]// Arctic-Subarctic Ocean Fluxes. 2008: 613 - 628.

[444] Fan X, Send U, Testor P, et al. Observations of Irminger Sea Anticyclonic Eddies[J]. Journal of Physical Oceanography, 2013, 43(43): 805 - 823.

[445] Kohut J, Hunter E, Huber B. Small-scale variability of the cross-shelf flow over the outer shelf of the Ross Sea[J]. Journal of Geophysical Research Oceans, 2013, 118(4): 1863 - 1876.

[446] Vukovich F M, Maul G A. Cyclonic eddies in the Eastern Gulf of Mexico[J]. J. Phys. Oceanogr, 1985, 151(1): 105 - 117.

[447] Cherubin L M, Morel Y, Chassignet E P. Loop current ring shedding: the formation of cyclones and the effect of topography[C]// AGU Spring Meeting, AGU Spring Meeting Abstracts, 2010: 569 - 591.

[448] Walker N, Leben R, Anderson S, et al. Loop current frontal eddies based on satellite remote-sensing and drifter data[M]. New Orleans, LA: US Department of the Interior Minerals Management Service, 2009.

[449] Rudnick D L, Gopalakrishnan G, Cornuelle B D. Cyclonic eddies in the Gulf of Mexico: observations by underwater gliders and simulations

by numerical model[J]. Journal of Physical Oceanography, 2015, 45(1): 313 - 326.

[450] Gopalakrishnan G, Cornuelle B D, Hoteit I. Adjoint sensitivity studies of loop current and eddy shedding in the Gulf of Mexico[J]. Journal of Geophysical Research Oceans, 2013, 118(7): 3315 - 3335.

[451] Davis R E. On the coastal-upwelling overturning cell[J]. Journal of Marine Research, 2010, 68(68): 369 - 385.

[452] Timmermans M L, Winsor P. Scales of horizontal density structure in the Chukchi Sea surface layer[J]. Continental Shelf Research, 2013, 52(1): 39 - 45.

[453] Schofield O, Chant R, Cahill B, et al. The decadal view of the mid-Atlantic Bight from the COOL room: Is our coastal system changing? [J]. Oceanography, 2008, 21(4): 209 - 117.

[454] Castelao R, Schofield O, Glenn S, et al. Cross-shelf transport of fresh water on the New Jersey Shelf[J]. Journal of Geophysical Research Atmospheres, 2008b, 113(C7): 63 - 72.

[455] Xu Y, Cahill B, Wilkin J, et al. Role of wind in regulating phytoplankton blooms on the Mid-Atlantic Bight[J]. Continental Shelf Research, 2012, 63(4): S26 - S35.

[456] Miles T, Glenn S M, Schofield O. Temporal and spatial variability in fall storm induced sediment resuspension on the Mid-Atlantic Bight [J]. Continental Shelf Research, 2013, 63(4): S36 - S49.

[457] Todd R E, Gawarkiewicz G G, Owens W B. Horizontal scales of variability over the Middle Atlantic Bight Shelf break and continental rise from finescale observations[J]. Journal of Physical Oceanography, 2013, 43(43): 222 - 230.

[458] Ruiz S, Pascual A, Garau B, et al. Mesoscale dynamics of the Balearic Front, integrating glider, ship and satellite data[J]. Journal of Marine Systems, 2009, 78(4): S3 - S16.

[459] Bouffard J, Pascual A, Ruiz S, et al. Coastal and mesoscale dynamics characterization using altimetry and gliders: A case study in the Balearic Sea[J]. Journal of Geophysical Research Atmospheres, 2010, 115(C10): 105 - 109.

[460] Heslop E E, Simón R, John A, et al. Autonomous underwater gliders monitoring variability at "choke points" in our ocean system: a case study in the Western Mediterranean Sea[J]. Geophysical Research Letters, 2012, 39(20): L20604.

[461] Juza M, Renault L, Ruiz S, et al. Origin and pathways of Winter Intermediate Water in the Northwestern Mediterranean Sea using observations and numerical simulation[J]. Journal of Geophysical Research Atmospheres, 2013, 118(12): 6621 - 6633.

[462] David N, Steven E, Eriksen C C. Net community production in the deep euphotic zone of the subtropical North Pacific gyre from glider surveys[J]. Limnology & Oceanography, 2008, 53: 2226 - 2236.

[463] Frajka-Williams E, Rhines P B, Eriksen C C. Physical controls and mesoscale variability in the Labrador Sea spring phytoplankton bloom observed by Seaglider[J]. Deep Sea Research Part Ⅰ Oceanographic Research Papers, 2009, 56(12): 2144 - 2161.

[464] Baird M E, Suthers I M, Griffin D A, et al. The effect of surface flooding on the physical-biogeochemical dynamics of a warm-core eddy off southeast Australia[J]. Deep Sea Research Part Ⅱ Topical Studies in Oceanography, 2011, 58(5): 592 - 605.

[465] Hodges B A, Fratantoni D M. A thin layer of phytoplankton observed in the Philippine Sea with a synthetic moored array of autonomous gliders[J]. Journal of Geophysical Research, 2009, 114(C10): 157 - 165.

[466] Biddle L C, Kaiser J, Heywood K J, et al. Ocean glider observations of iceberg-enhanced biological production in the northwestern Weddell Sea[J]. Geophysical Research Letters, 2014, 5915(16): 59150J - 59150J - 8.

[467] Perry M J, Sackmann B S, Eriksen C C, et al. Seaglider observations of blooms and subsurface chlorophyll maxima off the Washington coast [J]. Limnology & Oceanography, 2008, 53(5): 2169 - 2179.

[468] Powell J R, Ohman M D. Covariability of zooplankton gradients with glider-detected density fronts in the Southern California Current System[J]. Deep Sea Research Part Ⅱ Topical Studies in

Oceanography, 2015, 112: 79 - 90.

[469] Baumgartner M F, Fratantoni D M. Diel periodicity in both sei whale vocalization rates and the vertical migration of their copepod prey observed from ocean gliders[J]. Limnology & Oceanography, 2008, 53(5): 2197 - 2209.

[470] Klinck H, Mellinger D K, Klinck K, et al. Near-real-time acoustic monitoring of beaked whales and other cetaceans using a Seaglider™. [J]. Plos One, 2012, 7(5): e36128.

[471] Merckelbach L, Smeed D, Griffiths G. Vertical Water Velocities from Underwater Gliders [J]. Journal of Atmospheric & Oceanic Technology, 2010, 27(27): 547 - 563.

[472] Rudnick D L, Johnston T M S, Sherman J T. High-frequency internal waves near the Luzon Strait observed by underwater gliders[J]. Journal of Geophysical Research Oceans, 2013, 118(2): 774 - 784.

[473] D'Asaro E A, Lien R C. Lagrangian measurements of waves and turbulence in stratified flows[J]. Journal of Physical Oceanography, 2000, 30(20): 641 - 655.

[474] Beaird N, Fer I, Rhines P, et al. Dissipation of turbulent kinetic energy inferred from seagliders: an application to the Eastern Nordic Seas Overflows[J]. Journal of Physical Oceanography, 2012, 42(12): 2268 - 2282.

[475] Fer I, Peterson A K, Ullgren J E. microstructure measurements from an underwater glider in the turbulent faroe bank channel overflow [J]. Journal of Atmospheric & Oceanic Technology, 2014, 31(5): 1128 - 1150.

[476] Peterson A K, Fer I. Dissipation measurements using temperature microstructure from an underwater glider [J]. Methods in Oceanography, 2014, 10: 44 - 69.

[477] Palmer M R, Stephenson G R, Inall M E, et al. Turbulence and mixing by internal waves in the Celtic Sea determined from ocean glider microstructure measurements[J]. Journal of Marine Systems, 2015, 144: 57 - 69.

[478] Gregg M C. Scaling turbulent dissipation in the thermocline[J].

Journal of Geophysical Research Atmospheres, 1989, 94 (C7): 9686 - 9698.

[479] Gregg M C, Sanford T B, Winkel D P. Reduced mixing from the breaking of internal waves in equatorial waters[J]. Nature, 2003, 422(6931): 513 - 515.

[480] Perry R L, DiMarco S F, Walpert J, et al. Glider operations in the northwestern Gulf of Mexico: the design and implementation of a glider network at Texas A&M University[C]. San Diego: IEEE OCEANS, 2013.

[481] Dimarco S F, Knap A H, Wang Z, et al. Deadzones, Dying Eddies, and the Loop Current: stability, ventilation, and heat content from buoyancy glider observations in the Northwest Gulf of Mexico in spring and summer 2015[C]. American Geophysical Union, Ocean Sciences Meeting, 2016.

[482] Field M, Beguery L, Oziel L, et al. Barents Sea monitoring with a SEA Explorer glider[C]. OCEANS 2015, IEEE, 2015.

[483] Qiu C H, Mao H B, Wang Y H, et al. An irregularly shaped warm eddy observed by Chinese underwater gliders [J]. Journal of Oceanography, 2019, 75(2): 139 - 148.

[484] Liu L, Xiao L, Lan S Q, et al. Using petrel Ⅱ glider to analyze underwater noise spectrogram in the south china sea[J]. Acoustics Australia, 2018, 46(1): 151 - 158.

[485] 蔡树群,何建玲,谢皆烁,等. 近 10 年来南海孤立内波的研究进展[J]. 地球科学进展,2011(7): 703 - 710.

[486] Ma W, Wang Y H, Yang S Q, et al. Observation of internal solitary waves using an underwater glider in the Northern South China Sea [J]. Journal of Coastal Research, 2018.

[487] Bingham B, Kraus N, Howe B, et al. Passive and active acoustics using an autonomous wave glider [J]. Journal of Field Robotics, 2012, 29(6): 911 - 923.

索　引

G

H

J

K

L

T

W

X

Y

Z